Dr. Peter Erling (Hrsg.)

Handbuch Mehl- und Schälmüllerei

4., aktualisierte, erweiterte Auflage

Autoren:
Dr. Cornel Adler, Dr. Jens Begemann, Detlef Blass, Sabine Botterbrodt,
Hubertus Boxler, Dr. Markus Böckelmann, Ottokar Feiß, Stefan Grund,
Dr. Stefan Gräber, Dr. Gerold Häberli, Dr. Frank Hauert, Stefan Kastenmüller,
Jens Kersten, Hasso Klabunde, Thomas Krüger, Wolfgang Meissner,
Prof. Dr. Thomas Miedaner, Hans-Rainer Rohde, Werner Rohde,
Uwe Schulz, Heinrich Sollberger, Volker Strobel, Michaela Waldbart

ERLING

1. Auflage 2003
2. Auflage 2004
3. Auflage 2008
4. Auflage 2019

Bibliografische Information der Deutschen Nationalbibliothek
Die Deutsche Nationalbibliothek verzeichnet diese Publikation in der Deutschen Nationalbibliografie;
detaillierte bibliografische Daten sind im Internet
über http://dnb.dnb.de abrufbar.

ISBN 978-3-86263-127-8

mail@erling-verlag.com · www.erling-verlag.com
Korrektorat: Eva Maurer, Nicole Schulze-Wons
Satz/Layout: Annika Stelter, Anna-Lena Wahl
Gedruckt in der Europäischen Union
Der Inhalt dieses Buches ist auf säurefreiem, alterungsbeständigem Papier gedruckt, hergestellt aus chlorfrei gebleichtem Zellstoff aus FSC-zertifiziertem Holz.

Vorwort zur 4. Auflage

Herausgeber und Autoren freuen sich über die nach wie vor sehr positive Aufnahme des »Handbuch Mehl- und Schälmüllerei« in Ausbildung, Studium und Praxis. Aus diesem Grund wurde eine neue Auflage erforderlich. Im Rahmen der 4. Auflage, nun erstmalig vollständig in Farbe und in einem neuen Layout, sind alle Texte grundlegend überarbeitet und aktualisiert worden, ohne dabei vom langjährig bewährten Aufbau des Inhalts abzuweichen. Abbildungen wurden verbessert, Bilder ergänzt und das neue Rechts- und Normenwerk umfassend berücksichtigt.

Doch was wäre solch ein ambitioniertes Lehrbuchprojekt ohne die versierten Kenner der Materie, denen es aufrichtig am Herzen liegt, ihr umfangreiches Fachwissen der heranwachsenden Generation an Müllern weiterzugeben. Allen beteiligten Autoren und auch zahlreichen Firmen, sei an dieser Stelle für ihre wieder einmal so engagierte, qualitätsvolle Mitarbeit herzlichst gedankt.

Das »Handbuch Mehl- und Schälmüllerei« soll den Menschen, die in diesem interessanten, vielseitigen, wandlungsfähigen Beruf mit tiefen historischen Wurzeln tätig sind, die notwendigen Kenntnisse vermitteln und sie in eine gute Zukunft begleiten. Möge es für einen großen Leserkreis weiterhin ein geschätztes Lehrbuch und Nachschlagewerk sein, das häufig zu Rate gezogen und gerne zur Hand genommen wird.

Für Anregungen jeglicher Art sind wir sehr dankbar.

Clenze, April 2019 Dr. Peter Erling

Vorwort zur 1. Auflage

Die Müllerei erlebte in den zurückliegenden Jahrzehnten einerseits große Fortschritte in der Technik und Automatisierung der Prozessabläufe einer Mühle. Andererseits stellt das Getreide, ein Naturprodukt mit sehr veränderlichen stofflichen Eigenschaften, fortwährend hohe Anforderungen an die Verarbeitung zu Lebensmitteln von gleichmäßig hoher Qualität. Kaum ein anderes berufliches Umfeld ist so komplex und erfordert so breit gefächerte Kenntnisse, wie das der Müllerei. Nicht zuletzt aufgrund dessen müssen Müllereitechnologen an einer gut aufbereiteten Wissensvermittlung besonders interessiert sein.

Die Idee zu diesem Buch ergab sich aus der Tatsache, dass die letzten umfassenden Werke über Müllerei ein halbes Jahrhundert zurückliegen. Im Dezember 2001 haben sich die Herren Hasso Klabunde und Werner Rohde mit dem Herausgeber in Braunschweig zu einer ersten Planungsrunde für ein neues Fachbuch getroffen. Im Juli 2003 erfolgte die Abschlussbesprechung. Zwischenzeitlich konnten zahlreiche, durch berufliche Praxis, Forschungs- oder Lehrtätigkeit auf ihrem Gebiet besonders versierte Autoren für die jeweiligen Abschnitte gewonnen werden.

Das Buch soll in die verschiedenen Themengebiete der Mehl- und Schälmüllerei einführen. Es ist insofern als Handbuch zu verstehen, da es sowohl dem Lernenden als auch dem Fachmann mit jahrelanger Praxiserfahrung gleichermaßen als Nachschlagewerk dient. Zudem tragen die einzelnen Abschnitte in der Darstellung den Charakter des jeweiligen Autors. Gemeinsam ist allen, dass viel Wert darauf gelegt wurde, die große, sehr vielfältige Menge an Informationen übersichtlich aufzubereiten und mit Praxisbeispielen zu versehen, sodass sich immer wieder Vergleiche anstellen lassen. Leser mit sehr unterschiedlichem Wissensstand werden aus diesem Buch entsprechend Gewinn ziehen können.

Ohne das große Engagement und eine gehörige Portion an Idealismus aller Autoren wäre solch ein umfangreiches Projekt nicht möglich gewesen. Sie haben durch ihren fundierten Sachverstand maßgeblich zum Gelingen dieses Buchs beigetragen. Die Herren Hasso Klabunde und Werner Rohde übernahmen zudem höchst kompetent, in großer Geduld die inhaltlichen Abstimmung der Co-Autoren sowie die sorgfältige Durchsicht des gesamten Manuskripts. Allen Beteiligten sei an dieser Stelle für die hervorragende Zusammenarbeit sehr herzlich gedankt.

Bergen/Dumme, August 2003 Dr. Peter Erling

Grußwort

Müller – keine Ausbildung wie jede andere!
Abwechslung und Verantwortung – das sind die zwei am häufigsten genannten Stichworte, wenn Schülerinnen und Schüler der Müllerschulen nach dem Besonderen an ihrem Beruf gefragt werden.
Wie abwechslungsreich die Arbeit in der Müllerei ist und welche große Verantwortung mit der Ausübung des Berufs einhergeht, das zeigen die Kapitel des Handbuchs für die Mehl- und Schälmüllerei, das seit Jahren das Standardwerk für die Aus- und Weiterbildung für die Branche ist und nun in der 4. Auflage erscheint.

Die Faszination für den Beruf leitet sich aus dem Zusammenspiel von Handwerk und Technik sowie Natur und Wissenschaft ab. Müllerinnen und Müller stellen aus Naturprodukten mit sehr heterogenen Eigenschaften, Mahlerzeugnisse von gleichbleibender Qualität her. Dazu benötigen sie sehr gute Kenntnisse über die Rohstoffe sowie über die Mühlentechnik und die verschiedenen Verfahren in der Mühle. Ein breites und spannendes Aufgabenfeld, mit großer Verantwortung.

Das aktualisierte Fachbuch bietet Auszubildenden und Nachwuchskräften in der Müllerei Hilfestellung für ihren Einstieg ins Berufsleben in allen Bereichen. Gleichzeitig bleibt es ein umfassendes Nachschlagewerk für die wichtigsten Fachthemen in der Mehl- und Schälmüllerei. Von Getreidekunde über Lagerung, Vorratsschutz, Silo- und Fördertechnik, Qualitätsmanagement, Technik des Walzenstuhls bis zur Anlagensicherheit – um nur einige Stichworte zu nennen – werden alle relevanten Themen der Müllerei ausführlich beleuchtet.

Das Umfeld der Müllerei bleibt dynamisch. Die Anforderungen an Produkte und Unternehmen wachsen stetig. Es ist wichtig, dass in der Ausbildung eine solide Grundlage gelegt wird, die es ermöglicht, Antworten auf hochkomplexe Fragestellungen zu geben. Fragen, die die Branche schon beantwortet, aber auch Fragen, die erst noch auf sie zukommen.

Dies zu leisten ist gemeinsame Aufgabe von Schulen und Unternehmen sowie vom Verlag, die das aktuelle Basiswissen didaktisch gut aufbereitet zur Verfügung stellen. Vielen Dank dafür!

Hans-Christoph Erling
Sprecher des Vorstandes,
Verband Deutscher Mühlen

Dr. Peter Haarbeck
Geschäftsführer,
Verband der Getreide-, Mühlen- und Stärkewirtschaft VGMS

VERBAND DEUTSCHER MÜHLEN

Inhalt

1 Getreidekunde

Dr. Stefan Gräber, Dr. Gerold Häberli, Prof. Dr. Thomas Miedaner

1.1 Getreideproduktion

Die Weltgetreideproduktion beträgt jährlich rund 2,8 Mrd. t (EU: ~ 300 Mio. t, alle Anbau-, Produktionszahlen [1], Tab. 1-1). Getreide zählt zu den landwirtschaftlichen Erzeugnissen mit den größten Welthandelsumsätzen. Die verschiedenen Getreidearten sind in vielen Teilen der Erde Grundnahrungsmittel für den Menschen, haben eine zentrale Rolle in der Ernährung landwirtschaftlicher Nutztiere und sind Ausgangsstoffe für technische Produkte.

Je nach Region werden unterschiedliche Getreidearten angebaut (Abb. 1-1), wobei Weizen, Reis und Mais von der Größe der Anbaufläche insgesamt mit Abstand dominieren, gefolgt von Gerste (Tab. 1-1). Weizen, Reis und Mais liefern alleine bereits rund 90 % der Weltgetreideernte und weit über die Hälfte der Nahrungsenergie. Global betrachtet von nur untergeordneter Bedeutung sind Sorghum, Hafer, Roggen, Hirse und Triticale. Die Hektarerträge unterliegen gemäß den örtlichen Gegebenheiten sehr großen Schwankungen, sie ergeben je nach Getreideart, Sorte, Anbautechnik, Klima und Bodenbeschaffenheit zwischen 5 dt und 100 dt.

Eine wachsende Weltbevölkerung, der gesteigerte Verzehr von veredelten (tierischen) Produkten, die verstärkte industrielle Verwendung sowie die zunehmende Gewinnung von Energie aus Biomasse werden zukünftig zu einem noch höheren Bedarf an pflanzlichen Erzeugnissen führen. Schätzungen zufolge können nur 12 % dieses Bedarfs aus einer Ausweitung der Anbauflächen gedeckt werden,

Tab. 1-1: Weltweite Produktion der wichtigsten Getreidearten 2016 [1]

Getreideart	Produktion (Mio t/Jahr)	Anbaufläche (Mio. ha)	Ertrag (dt/ha)
Mais	1060	188,0	56,4
Weizen	750	220,1	34,1
Reis	741	159,8	46,4
Gerste	141	46,9	30,1
Hirse*	92	87,0	11,6
Hafer	23	9,4	24,4
Triticale	15	4,2	36,6
Roggen	13	4,4	29,4
Gesamt	2835	719,8	269,0

* *Sorghum und Millet*

da der größte Teil der kultivierbaren Fläche bereits landwirtschaftlich genutzt wird. Langfristig gesehen verringert sich die landwirtschaftliche Nutzfläche durch Versiegelung (Bebauung etc.) und Bodenerosion sogar. Weit über 80 % der erforderlichen Ertragszuwächse werden daher aus einer weiteren Intensivierung des Anbaus stammen müssen. Durch effizientere Züchtungsmethoden (z. B. Gentechnik, Genomeditierung, genomische Selektion), durch die Züchtung von ertragreicheren, standortangepassten Sorten, durch einen gezielten Einsatz von Dünge- und Pflanzenschutzmitteln sowie durch die Anwendung von verbesserten Kultivierungsmaßnahmen könnten die Flächenerträge weiterhin kontinuierlich gesteigert werden. Gentechnik ist aufgrund der Ressentiments der Konsumenten in Deutschland tabu, sodass nach wie vor die klassische Sortenzüchtung die Hauptrolle in der Ertragssteigerung spielt, ergänzt um Verfahren der Zell- und Gewebekultur und Markertechnologien.

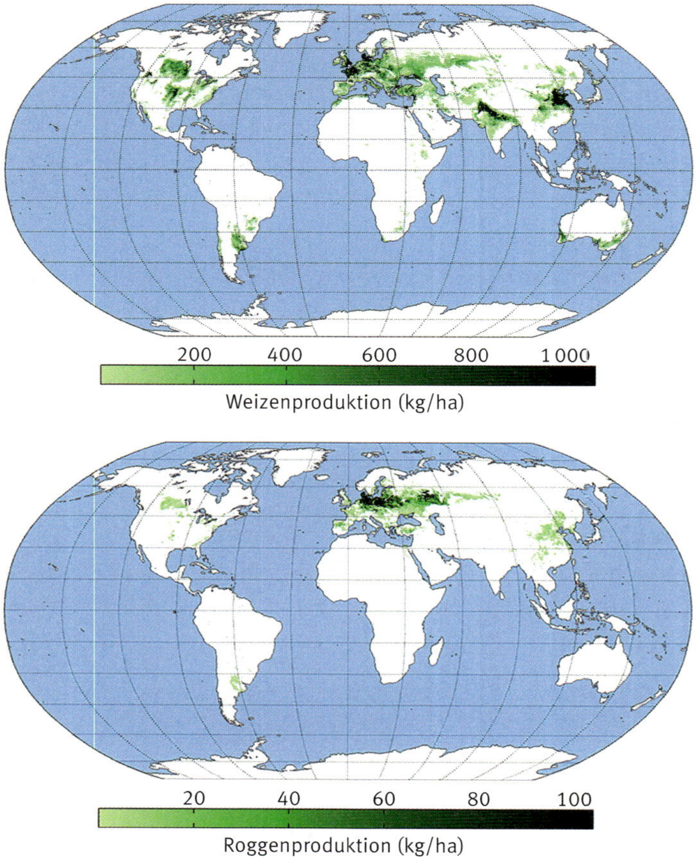

Abb. 1-1: Geografische Verbreitung der Getreidearten am Beispiel von Weizen und Roggen, vorwiegend im gemäßigten Klima der nördlichen und südlichen Breiten

1.2 Getreidearten

Die echten Getreidearten sind monokotyle (einkeimblättrige) Grasarten, die sich aus Wildgräsern unter züchterischem Einfluss, vor allem bezüglich steigender Kornerträge, verbesserter Standortanpassung und Krankheitsresistenzen, über Jahrhunderte hinweg zu gezielt angebauten Kulturpflanzen entwickelten. Im Folgenden werden die einzelnen Getreidearten charakterisiert.

1.2.1 Weizen

Englisch: wheat
Botanisch: *Triticum* sp. L.
Fruchtform: Ähre
Besonderheit: es existieren nackte und bespelzte Formen
Verwendung: menschliche Ernährung, Tierfutter, Stärkeindustrie

Weizen gehört zu den ältesten Kulturpflanzen überhaupt. Sein Ursprung wird in den Steppengebieten des vorder-asiatischen Raums angenommen, in Mesopotamien (Iran, Irak, Syrien), wo bei Ausgrabungen Weizenkörner gefunden wurden, die ein Alter von rund 8 000 Jahren aufwiesen. Wildformen wurden zunächst gesammelt, später dann auch gezielt angebaut. Die erste vom Menschen systematisch kultivierten Weizenarten waren Einkorn (*Triticum monococcum* ssp. *monococcum*) und Emmer (*Triticum turgidum* ssp. *dicoccum*). Heute nimmt Weizen mit rund einem Drittel den größten Anteil der weltweiten Getreideanbaufläche ein und ist auch von der jährlichen Erntemenge (Welt: ca. 750 Mio. t, Europa: ca. 250 Mio. t), neben Mais und Reis, die bedeutendste Getreideart.

Die Nomenklatur von Weizen ist ziemlich verwirrend. Mit einer Namensgebung nach technologischen oder nach genetischen Kriterien wäre eine gewisse Vereinfachung zu erreichen (Abb. 1-2) [4]. Je nach Anzahl an Chromosomen kann der Weizen in drei Hauptgruppen eingeteilt werden (Abb. 1-3), welche sich auch von ihren Verarbeitungseigenschaften unterscheiden:

- Diploider Weizen (n=14 Chromosomen): Häufigste Art: Einkorn
- Tetraploider Weizen (n=28 Chromosomen):
  Häufigste Arten: Hartweizen, Emmer
- Hexaploider Weizen (n=42 Chromosomen):
  Häufigste Arten: Weichweizen, Dinkel

Sommerweizen Winterweizen		Agronomische Kriterien (Zeitpunkt der Aussaat bzw. Kälteresistenz)
Rote Weizen Weiße Weizen		Kornfarbe (Pigmentierung der Samenhaut)
Durumweizen Weichweizen	bzw. Hartweizen • harte Weichweizen • weiche Weichweizen	Technologische und strukturelle Kriterien (Struktur des Endosperms)
Brotweizen Biskuitweizen		Technologische Kriterien
Diploide Weizen Tetraploide Weizen Hexaploide Weizen		Genetische Kriterien (Anzahl der Chromosomen)
Nacktsamige Weizen Bedecktsamige Weizen		Botanische Kriterien (Dreschfähigkeit)
Extensoweizen Kontrollierter Anbau Bio-Weizen		Anbautechnische Kriterien
Dinkel Emmer Einkorn		Trivialnamen

Abb. 1-2: Einteilungskriterien für Weizen

Weichweizen (*Triticum aestivum* ssp. *aestivum*)

Der Weichweizen (hexaploid), hier vor allem die Winterform, dominiert mit etwa 90 % den Weltweizenanbau.

Als Selbstbefruchter, wie auch Gerste oder Hafer, gibt es bei Weizen nur homogene Liniensorten; sie bleiben über Jahre hinweg stabil. Es können jedoch in geringer Häufigkeit (1–3 %) auch Auskreuzungen vorkommen; zudem kommt es bei langfristiger Vermehrung zur Anhäufung von Mutanten und Vermischungen.

Die Weizenpflanze wird etwa 0,5 bis 1 m hoch, der Halm ist rundlich. Von der Gesamterscheinung wirkt die wachsende Pflanze dunkelgrün und die Ähre gedrungen. Winterweizen wird im Herbst ausgesät. Die Körner keimen schnell und entwickeln die ersten Blätter. Die kleinen Pflanzen bilden Nebensprossen (Bestockung) aus und überwintern. Im Frühjahr setzt das Streckungswachstum ein und die Blätter entwickeln sich zu ihrer endgültigen Größe. Am Ende des Streckungswachstums ist bereits eine vollständige Ähre mit Ährchen und Blüten vorhanden. Die Ähren schieben nach außen. Mit der Blüte ist die Pflanzenent-

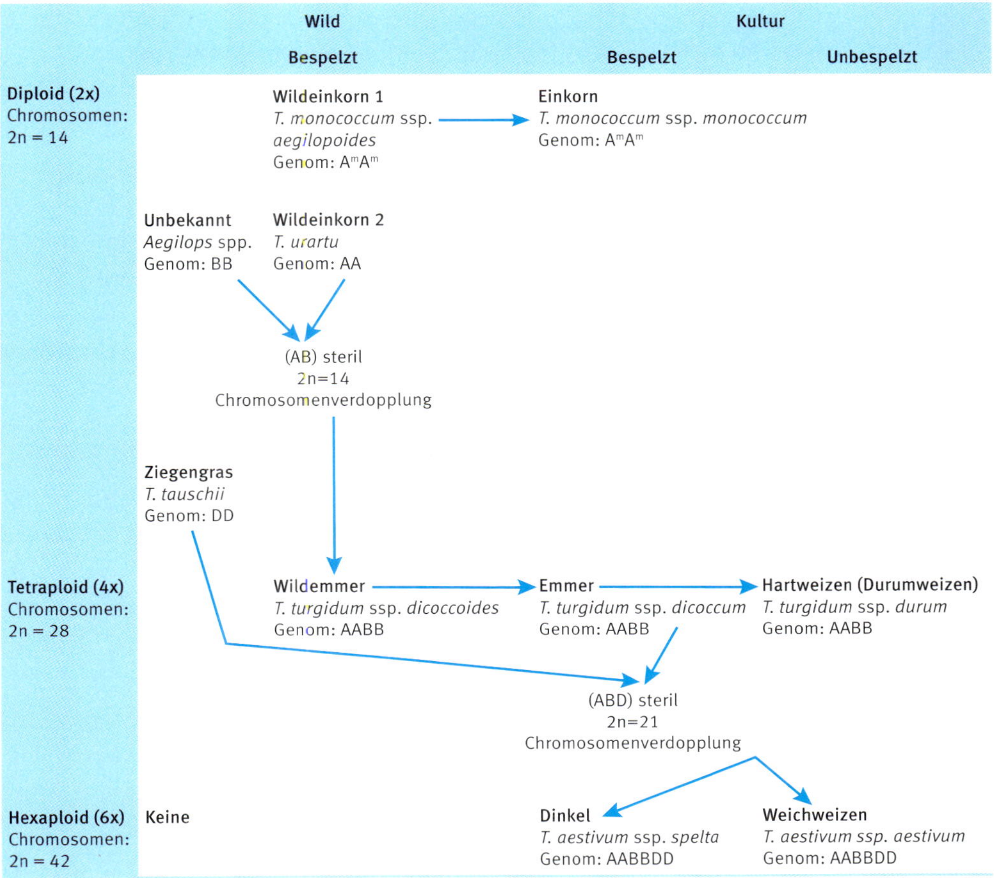

Abb. 1-3: Der Stammbaum des Weizens; T = *Triticum*, spp. = verschiedene Arten, ssp. =subspecies (= Unterart) [8, nach 11]

wicklung abgeschlossen. Nach der Befruchtung entwickeln sich die Körner. Je Pflanze wachsen ein bis drei ährentragende Halme, was etwa 350 bis 700 Halme je m^2 entspricht. In jeder Ähre entwickeln sich etwa 25 bis 40 Körner.

Die globalen Flächenerträge von Weizen konnten in den letzten Jahrzehnten wesentlich erhöht werden. Sie variieren jedoch ganz erheblich zwischen einzelnen Regionen und zwischen den verschiedenen Weizensorten, wobei die Durchschnittserträge in Mitteleuropa zwischen 60 und 70 dt/ha liegen. Winterweizen erbringt in der Regel höhere Erträge als Sommerweizen und dieser ist in Bezug auf Ertrag wiederum dem Hartweizen (Durum) überlegen. Die rasante Entwicklung der Weizenproduktion (auch Reis) wird mit dem Begriff »Grüne Revolution« bezeichnet, welche in Indien von 1967 bis 1981 eine Erhöhung der Pro-Kopf-Versorgung von 23 kg/Jahr auf 50 kg/Jahr gebracht hat.

Weizen stellt von allen Getreidearten an Klima, Boden und Wasserversorgung die höchsten Ansprüche. Er benötigt eine minimale Niederschlagsmenge von 220 mm/Jahr und erbringt auf neutralen, humusreichen und eher festen Böden die besten Erträge. Obwohl bis etwa -20 °C frostresistent, bevorzugt er insgesamt ein gemäßigtes Klima. Ähnliche anbautechnische Bedürfnisse zeigt auch der Dinkel, welcher sich in rauen, niederschlagsreichen Klimazonen gegenüber dem Weizen behaupten konnte, aber in warm-feuchten Gebieten häufig von Braunrost befallen wird.

Weltweit werden jährlich etwa 750 Mio. t Weizen geerntet, davon allein in Europa etwa 250 Mio. t. Europa verfügt damit über die größten Anbauflächen, mit weitem Abstand gefolgt von China, Indien, den USA, Russland, Kanada. Die Erträge weichen zum Teil wesentlich von den Flächenanteilen ab, da der Getreideanbau nicht überall gleichermaßen intensiv betrieben wird. In den wichtigsten Anbauländern schwanken die Hektarerträge bei Weizen zwischen 12 dt/ha (Kasachstan) über 20 dt/ha (Australien) und 35 dt/ha (USA) bis zu 79 dt/ha (Großbritannien), wobei gerade in Mittel- und Nordeuropa Spitzenerträge von weit über 100 dt/ha erzielt werden.

Etwa 25 % der gesamten Weltweizenernte werden von den Erzeugerländern exportiert, davon 90 % unvermahlen sowie 10 % in Form von Mehl. Die wichtigsten Exportländer waren 2016 Russland (14 % am Gesamtexport), die USA (13 %), Kanada (11 %), Australien (9 %) und die Ukraine, Argentinien und Deutschland (je 6 %). Die Bedeutung Osteuropas, insbesondere von Russland und der Ukraine, als wichtige Weizenproduzenten und Exporteure wird weiter zunehmen. Etwa ein Drittel des geernteten Weizens gelangt in Deutschland über diverse Verarbeitungsstufen direkt in die menschliche Ernährung (Abb. 1-4). Weichweizen kann besonders gut zu Brot verarbeitet werden, was durch das Phänomen der Kleberbildung (spezifische Glutenstruktur, hoher Anteil an Kleberproteinen mit viskoelastischen Teigeigenschaften) bewirkt wird. Ein großer Teil der Weizenernte wird, ebenso wie andere Getreidearten, als eine wichtige Futterkomponente in der Ernährung landwirtschaftlicher Nutztiere (Abb. 1-4) oder als Industrierohstoff (z. B. Stärke, Alkohol) verwertet.

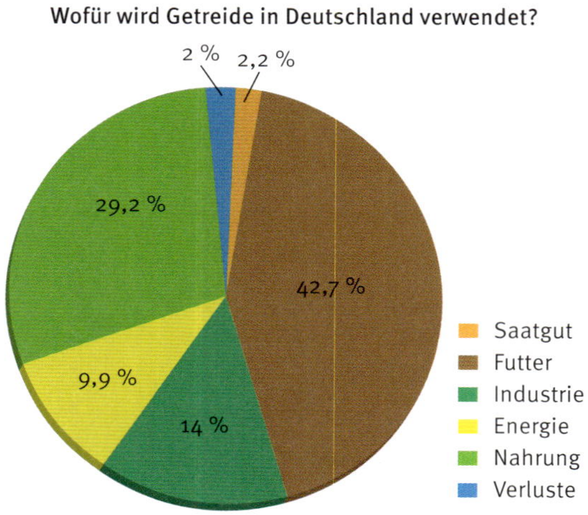

Abb. 1-4: Verwendung von Getreide in Deutschland [1a]

Hartweizen (*Triticum turgidum* ssp. *durum*)

Hartweizen, auch als Durum bezeichnet, entwickelte sich im Laufe der Entstehung des Ackerbaus aus dem Kulturemmer. Er entstand erstmals im Nahen Osten und unterscheidet sich vor allem durch seine freie Dreschbarkeit (= Nacktweizen) vom Emmer. Seine Körner sind, ebenso wie beim Weichweizen, nicht von einer harten Spelze umgeben, sondern werden beim Dreschen unmittelbar frei. Hartweizen wurde aufgrund seiner Trockentoleranz und geringeren Ansprüche an Böden und Nährstoffen zur wichtigsten Weizenform des Mittelmeerraums.

Hartweizen eignet sich aufgrund seines glasigen Korns besonders zur Nudelproduktion. In Deutschland wird er auf rund 20 000 ha im Rheintal, am Oberen Neckar und im Regenschatten des Harzes angebaut und kann etwa ein Viertel des heimischen Bedarfs der Rohware decken. In Österreich ist ein ähnlich großer Durumanbau im pannonischen Trockengebiet (Niederösterreich und Burgenland) anzutreffen. Weltweit werden jährlich über 30 Mio. t produziert, davon rund 40 % im Mittelmeerraum, in dem besonders Nordafrika (4,8 Mio. t), Italien (3,9 Mio. t), Frankreich (1,7 Mio. t), Spanien und Griechenland (jeweils > 0,6 Mio. t) große Produzenten sind. Deutschland hat bei weitem die höchsten Erträge mit über 50 dt/ha im langjährigen Mittel, in Italien werden aufgrund von Trocken- und Hitzestress oft nur rund 30 dt/ha geerntet.

Einkorn, Emmer, Dinkel

Einkorn, Emmer und Dinkel erleben gerade eine Renaissance, bedingt durch den Trend zur naturnahen Ernährung und zum ökologischen Anbau [21]. Sie werden als Urweizen bezeichnet, obwohl sie als Kulturpflanzen nur unwesentlich älter als der Weichweizen sind. Sie sind allerdings, außer dem Dinkel, züchterisch nicht so intensiv, teilweise gar nicht, optimiert worden, sodass der Begriff Urweizen schon einen gewissen Sinn ergibt. Einkorn, Emmer und Dinkel sind bespelzte Weizenarten, müssen also vor der Verarbeitung entspelzt werden. Wie alle Weizenarten lösen auch Einkorn, Emmer und Dinkel Zöliakie aus.

Einkorn (*Triticum monococcum* ssp. *monococcum*)

Einkorn hat einen hohen Rohproteingehalt, allerdings nur eine geringe Backfähigkeit aufgrund der, verglichen mit Weichweizen, schlechteren Kleberqualität. Einkorn ist das Getreide mit dem höchsten Gehalt an Carotinoiden, der Vorstufe zu Vitamin A, sowie Tocolen, der Vorstufe des Vitamins E. Weiterhin enthält Einkorn hohe Werte an Zink und Selen, dies sind wichtige Spurenelemente. Trotz eines nur geringen Ertragsniveaus und schlechten agronomischen Eigenschaften stellt Einkorn eine interessante Alternative zur ernährungsphysiologischen Aufwertung unserer Nahrung dar. Am Rande sei bemerkt, dass »Ötzi«, die Eismumie, der beim Überqueren der Alpen ums Leben kam, Einkorn in seiner Tasche als Proviant dabei hatte.

Emmer (*Triticum turgidum* ssp. *dicoccum*)

Emmer hat gegenüber Einkorn ein besseres Ertragsniveau, allerdings ist er agronomisch problematisch im Anbau, er neigt zu Lager und ist anfällig für manche Pilzerkrankungen (z. B. Braunrost, Mehltau, Ährenfusariosen). Die Backfähigkeit von Emmer lässt sich als mittel bis gut beschreiben. Besonders in regionalen Produktsortimenten finden sich immer häufiger Emmerbackwaren.

Dinkel (*Triticum aestivum* ssp. *spelta*)

Dinkel, auch Spelz genannt, hat wegen seiner höheren Erträge schon in geschichtlicher Zeit eine große Bedeutung erreicht. Dinkel war noch Ende des 19. Jahrhunderts die am meisten angebaute Weizenart in Südwestdeutschland, erst mit dem Anstieg der Bedeutung des Weichweizens wurde Dinkel immer mehr verdrängt, bis er Mitte des 20. Jahrhunderts nahezu bedeutungslos war. Erst in den letzten 30 Jahren erfolgte eine Rückbesinnung auf den Dinkel. Die Inhaltsstoffe des Dinkels ähneln denen des Weichweizens stark, die Eiweißzusammensetzung verlangt aber eine andere Teigführung bei der Backwarenherstellung. Aus der Not heraus wurde Dinkel in der Teigreife geerntet und, um ihn lagerfähig zu machen, über Feuer getrocknet. Dieser sogenannte Grünkern kann in Form von Graupen, Grieß oder Mehl genutzt werden. Daraus werden Suppeneinlagen, Salat oder Bratlinge hergestellt.

Dinkel ist mit Weichweizen frei kreuzbar, wodurch eine vergrößerte Vielfalt im Sortenpool entsteht.

1.2.2 Roggen

Englisch: rye
Botanisch: *Secale cereale* L.
Fruchtform: Ähre
Besonderheit: Fremdbefruchter
Verwendung: Tierfutter, menschliche Ernährung, Bioenergie

Der Roggen stammt ebenfalls aus dem Nahen Osten, wo er schon früh in die Felder der Ackerbauern einwanderte und dort als Unkraut gewisse

Kultureigenschaften (feste Spindel, größere Körner) entwickelte. Er kam im Gefolge der frühen Kulturformen von Weizen und Gerste über die Region des Schwarzen Meers nach Nord- und Mitteleuropa. Hier entwickelte er sich unter der Selektionswirkung harter Winter vom Unkraut zur Kulturpflanze (sekundäre Kulturpflanze). Erst ab 500 n. Chr. nahm der Anbauumfang in Mitteleuropa zu. In Deutschland war Roggen bis in die 1960er Jahre das Hauptgetreide, wurde dann aber zunehmend vom Weizen verdrängt.

In der Regel wird Roggen als Wintergetreide angebaut, die Sommerform ist aufgrund des geringeren Ertrags sehr selten zu finden. Roggen ist auf schlechten, sandigen Böden immer noch von höherer Produktivität als Weizen, er ist trockentolerant, robust und weniger anfällig für die meisten Krankheiten. Als Fremdbefruchter kommt Roggen entweder als Populations- oder als Hybridsorte vor. Beide Sortentypen sind heterogen, die Einzelpflanzen jeweils heterozygot, es ergibt sich im Feld deshalb ein vielgestaltiges Bild. Die Roggenpflanze kann bis 1,8 m hoch werden. Der Halm ist rundlich und von der Gesamterscheinung wirkt die Pflanze blau bis graugrün. Der Fruchtstand ist eine Ähre mit etwa 50 Körnern, die im Reifezustand von bläulicher bis grauer Farbe sind. Die Flächenerträge bewegen sich durchschnittlich zwischen 20 dt/ha und 50 dt/ha. Mit Hybridroggen konnten die Flächenerträge um 15 % bis 25 % gesteigert werden. Die schlechte Pollenstäubeleistung mancher Hybridsorten erhöht jedoch das Infektionsrisiko mit dem Mutterkornpilz. Inzwischen gibt es aber auch Hybridsorten auf dem Markt, die sich in diesem Punkt nicht mehr von Populationssorten unterscheiden. In feuchten Erntejahren kommt es wegen der geringen Keimruhe des Roggens leicht zu Auswuchsschäden mit hoher Enzymaktivität, was die Verarbeitungseigenschaften beeinträchtigt.

Trotz seiner Robustheit steht Roggen in der globalen Bedeutung der Getreidearten an letzter Stelle, unter anderem wegen der relativ geringen Mehlausbeute, der aufwendigen Technologie der Brotherstellung mit Sauerteig und der sich ändernden Verzehrgewohnheiten. Weltweit wurden in den letzten Jahren etwa 13 bis 17 Mio. t Roggen geerntet. In Europa liegen die Anbauschwerpunkte in Deutschland, Polen, Russland, Weißrussland, der Ukraine und den nordischen Ländern. Ferner wird Roggen in geringem Umfang in Kanada und in den USA angebaut. Rund 8 % der Roggenernte gelangen in den Export, welcher von Polen (43 %), Deutschland (19 %) und Kanada (12 %) dominiert wird. In Deutschland werden rund 60 % des

Roggens im eigenen Betrieb verfüttert, 15 % werden zur Biogasgewinnung (Strom- und Wärmeerzeugung) eingesetzt, weniger als 20 % dienen der Brotherstellung. In Osteuropa, Skandinavien und Finnland wird Roggen zu einem wesentlichen Teil für die menschliche Ernährung (Brot, Grütze) verwendet. Sein hoher Anteil an essenziellen Aminosäuren (v. a. Lysin) macht ihn für die Ernährung besonders wertvoll.

1.2.3 Triticale

Englisch: triticale
Botanisch: x *Triticosecale*
Fruchtform: Ähre
Besonderheit: als Kreuzung vom Mensch geschaffene Kulturpflanze
Verwendung: Tierfutter, Bioenergie

Triticale ist eine Kreuzung (Gattungshybride) zwischen tetraploidem Hartweizen (*Triticum turgidum* ssp. *durum*) als weiblichem und diploidem Roggen (*Secale cereale* L.) als männlichem Partner; er ist deshalb hexaploid. Erste Züchtungsversuche gelangen bereits zum Ende des 19. Jahrhunderts. Ab Mitte der 1950er Jahre gelang es, ausreichend ertragreiche Sorten zu züchten. Ziel dieser Neuzüchtung war es, die positiven Eigenschaften beider Ausgangsgetreidearten miteinander zu kombinieren. Die entstandene Kreuzung sollte Anspruchslosigkeit, Winterhärte und Krankheitsresistenz des Roggens sowie Ertragsfähigkeit, Standfestigkeit und Qualitätseigenschaften von Weizen in sich vereinen. Diese Erwartung bestätigte sich allerdings nicht in vollem Umfang.

Man unterscheidet Winter- und Sommerformen, wobei nur die Winterformen von Bedeutung sind.

Diese junge, vom Menschen geschaffene, hexaploide Getreideart ist gekennzeichnet durch:

- schwache Kleberstruktur: klebrige Teige,
- auf guten Böden liegen die Erträge eher unter denen des Weizens,
- bessere Anpassungsfähigkeit an nährstoffarme Böden als Weizen, aber schlechtere als Roggen,
- bessere Anpassungsfähigkeit an schlechtere Witterungsbedingungen als Weizen,
- höherer Lysingehalt als Weizen und Roggen,
- höhere biologische Wertigkeit.

Triticale wird hauptsächlich als Komponente in der Tierernährung (Schwein, Geflügel, Wiederkäuer) eingesetzt. Ein weiteres Einsatzgebiet ist die Produktion von Biogas (Strom-, Wärmeerzeugung) sowie von Bioethanol, weil er eine etwas höhere Alkoholausbeute als Weizen und Roggen besitzt.

1.2.4 Gerste

Englisch: barley
Botanisch: *Hordeum vulgare* L.
Fruchtform: Ähre
Besonderheit: bespelzt
Verwendung: Tierfutter, Malz (Bierproduktion)

Ursprungsgebiete der Gerste sind der Vordere Orient und die östliche Balkanregion. Seit der Jungsteinzeit (5 000 v. Chr.) wird die Gerste in Mitteleuropa angebaut. Gerste gedeiht am besten auf tiefgründigen, gut durchfeuchteten Böden in gemäßigten Klimazonen. Sie kommt aber auch mit ungünstigen Bedingungen gut zurecht und benötigt bis zur Reife nur eine bemerkenswert kurze Vegetationszeit. Ihre Winterhärte ist jedoch weniger ausgeprägt als die von Weizen und Roggen.

Die Gerstenpflanze ist von gelblichgrüner Erscheinung und wird 0,7 bis 1,2 m hoch. Der Fruchtstand ist eine Ähre mit langen Grannen. Die Ähren sind im reifen Zustand geneigt bis hängend. Gerste wird als Sommer- oder als Winterfrucht angebaut. Je nach Anzahl und Stellung der Ähren an der Ährenspindel und je nachdem, ob bespelzt oder unbespelzt, unterscheidet man drei verschiedene Klassen [7]:

- Bedecktsamige mehrzeilige Gerste (vier- oder sechszeilig); Kennzeichen: drei Körner pro Ansatzstelle, nicht so kräftig entwickelt, jedoch insgesamt höhere Kornerträge; Anbau: USA, Kanada, Europa, Indien; Verwendung: Futtergerste
- Bedecktsamige zweizeilige Gerste; Kennzeichen: pro Ansatzstelle nur ein Korn, das voll und kräftig ausgebildet ist; Anbau: Europa, Nordamerika; Verwendung: Braugerste, Malzherstellung
- Nacktsamige Gerste; Anbau: Südostasien (nur noch geringe Mengen); Verwendung: Futtergerste, menschliche Ernährung (Grütze)

Für Tierfutter wird ein hoher Proteingehalt angestrebt, für Braugerste ein geringer. Als besondere, wertvolle Inhaltsstoffe hat Gerste zwischen 2 und 11,3 % β-Glucane, bezogen auf die Trockenmasse (TM), ein Stoff der ernährungsphysiologisch bedeutsam ist. Denn β-Glucane senken, täglich in ausreichender Menge konsumiert, das Risiko von Herz-Kreislauf-Erkrankungen. Dies darf nach einer neuen EU-Verordnung auch als Gesundheitshinweis (als sogenannter Health Claim) beworben werden. Allerdings spielt Gerste in der Ernährung als Grütze, Graupen oder Flocken nur eine untergeordnete Rolle.

Bei der bedecktsamigen Gerste sind die Spelzen mit dem Korn fest verwachsen.

Wintergerste liefert in Mitteleuropa, je nach Standort, zwischen 50 bis 90 dt/ha, Sommergerste hingegen lediglich zwischen 40 bis 60 dt/ha. Die Hektarerträge erreichen in Kanada bis 37 dt, in Australien bis 24 dt und in Pakistan nur etwa an 9 dt [1].

Weltweit werden jährlich etwa 140 bis 150 Mio. t. Gerste geerntet, davon mehr als die Hälfte in Europa (89 Mio. t). Die bedeutendsten Erzeugerländer sind Russland (13 %), Deutschland (8 %), Frankreich und die Ukraine (je 7 %) sowie Australien, Spanien und Kanada (je 6 %), gefolgt von der Türkei und Großbritannien (je 5 %), sowie den USA (3 %). Von der gesamten Welternte gelangen etwa 23 % in den Export, wobei Frankreich und Australien (je 18 %) und Argentinien (10 %) die wichtigsten Exportländer sind.

1.2.5 Hafer

Englisch: oat
Botanisch: *Avena sativa* L.
Fruchtform: Rispe
Besonderheit: bespelzt, hoher Fettgehalt
Verwendung: menschliche Ernährung, Tierfutter

Hafer stammt ursprünglich aus dem Mittelmeergebiet, von wo diese hexaploide Getreideart wahrscheinlich als Unkraut vor allem im Emmer (*Triticum turgidum* ssp. *dicoccum*) nach Norden gelangte und in den feuchteren Klimazonen gute Wachstumsbedingungen vorfand (sekundäre Kulturpflanze). Die ersten Nutzungsbelege in Mitteleuropa lassen sich auf 2 400 v. Chr. datieren.

Der Hafer stellt eine sehr artenreiche Gattung dar. Weltweit wird heute vor allem der hexaploide Saathafer *Avena sativa* (weißer Hafer) angebaut. An seine Stelle tritt in wärmeren Regionen Nordafrikas und Amerikas der tetraploide Mittelmeerhafer *Avena byzantina* (roter Hafer) [7]. Hafer wird als Sommer- oder Wintergetreide kultiviert, wobei die Sommerform deutlich dominiert.

Die Haferpflanze wird 0,6 bis 1,5 m hoch. Der Halm ist hohl und rundlich. Hafer hat als Fruchtstand keine Ähre, sondern eine Rispe. Die Haferkörner sind fest von Spelzen umschlossen, im Gegensatz zur Gerste aber nicht mit diesen verwachsen. Hafer bevorzugt ein gemäßigtes Klima mit hohen Niederschlägen. Für die Produktion von 1 kg Trockensubstanz braucht der Hafer mehr Wasser als alle übrigen Getreidearten. Hafer ist jedoch in Bezug auf Besonnung, Wärme und Boden außerordentlich genügsam.

Hafer war im nördlichen Europa bis in die erste Hälfte des 20. Jahrhunderts gleich nach Roggen die wichtigste Getreideart. Heute ist hier der Haferanbau gegenüber den anderen Getreidearten unterrepräsentiert, einerseits wegen der kleinen Verarbeitungs- und Verbrauchsmengen, andererseits wegen der großen Vorteile von Weizen und Gerste.

Die Weltproduktion von Hafer lag in den letzten Jahren zwischen 22 und 26 Mio. t, auf einer Anbaufläche von 9 bis 10 Mio. ha. Die bedeutendsten Erzeugerländer sind Russland (21 % der Weltproduktion), Kanada (13 %), Polen und Australien (je 6 %), USA (4 %). Etwa 12 % der gesamten Produktion gelangen in den Export. Die durchschnittlichen Flächenerträge stagnieren, da Hafer züchterisch kaum bearbeitet wird. Sie betragen weltweit im Durchschnitt etwa 22 dt/ha. In Mittel- und Nordeuropa liegen sie im intensiveren Anbau bei etwa 50 dt/ha.

Nur etwa 14 % der Haferproduktion werden für die menschliche Ernährung und für industrielle Zwecke eingesetzt, rund 77 % gelangen indes in die Tierfütterung. In den letzten Jahren hat der Haferkonsum (Flocken, Grieß, Extrusionsprodukte etc.) für die menschliche Ernährung wieder etwas an Bedeutung gewonnen.

Hafer zeichnet sich durch seinen hohen Fettgehalt (5–7 %) aus, der über das ganze Korn verteilt ist, anders als bei allen anderen Getreidearten, wo das Fett im Keimling lokalisiert ist. Besonders ernährungsphysiologisch wertvoll wird der Hafer durch seine hohen β-Glucan-Gehalte, die zwischen 2,3 und 8,5 %, bezogen auf die Trockenmasse, betragen. Diese lassen sich, wie bei der Gerste, als gesundheitsförderlich bewerben. Der höchste Lysingehalt im Protein von allen Getreidearten ergibt die höchste biologische Wertigkeit. Enzyme des Fettstoffwechsels (Lipasen) sind dafür verantwortlich, dass Hafer zur Ranzigkeit neigt. Dadurch ist auch die Haltbarkeit beeinträchtigt. Durch gezielte Inaktivierung der Lipasen durch Rösten, Darren oder Dämpfen lässt sich die Haltbarkeit verlängern.

1.2.6 Mais

Englisch: corn (amerik.), maize (brit.)
Botanisch: *Zea mays* L.
Fruchtform: Kolben
Besonderheit: glutenfrei
Verwendung: menschliche Ernährung, Tierfutter, Energiegewinnung

Mais ist ursprünglich eine tropische Getreideart, eine wärmeliebende, sehr frostempfindliche Kurztagspflanze, welche ihren Ursprung in Zentral- und Südamerika hat [7]. In der Region zwischen Peru und Mexiko wird er seit 7 000 Jahren angebaut. Schon in den Hochzeiten der Inka- und Mayakulturen stellte er die dominierende Ernährungsgrundlage für die dortige Bevölkerung dar. Die ersten Maiskörner brachte Christoph Kolumbus von seiner zweiten Entdeckungsfahrt mit nach Europa. Dort wurde er ab 1525 auf kleinen Flächen in Südspanien angebaut, später folgten Italien und die Türkei. In Mitteleuropa blieb der Maisanbau seit dem 16. Jahrhundert zunächst auf die wärmeren Regionen des Rheintals beschränkt. Erst nach den Missernten der Kartoffel in den Jahren 1805/06 sollten sich durch gezieltere Auslese robuste, dem kalten Klima besser angepasste Maissorten herausbilden. Nach dem Zweiten Weltkrieg begann die Hybridzüchtung nach amerikanischem Vorbild. Als Ergebnis wird seit etwa 1970 Mais in Mitteleuropa großflächig angebaut. Dies wurde durch strenge Auslese auf Kühletoleranz und Frühreife erreicht. Mais wächst heute als Silomais (s. u.) bis hoch nach Dänemark und Schweden.

Mais wird 1,5 bis 2,5 m hoch. Botanisch unterscheidet er sich von den anderen Getreidearten durch seine einhäusige Getrenntgeschlechtlichkeit (monözisch-diklin). Die männlichen Blüten entwickeln sich am Ende der Sprossachse in Rispenform. Die weiblichen Blüten bilden sich an Nebenachsen der Hauptsprossachse jeweils an der Ansatzstelle der Blätter. Der Blütenstand ist ein Kolben, der von Hüllblättern (Lieschblätter) umgeben ist.

Die Keimungstemperatur für Mais liegt bei über 8 °C, für eine gute Pflanzenentwicklung benötigt er etwa 90 frostfreie Tage und 500 bis 700 mm Jahresniederschlag. Seine Ansprüche an den Boden sind gering. Als C4-Pflanze ist Mais besonders gut an trocken-heiße Standorte mit hohem Lichtangebot angepasst. C4-Pflanzen nutzen das vorhandene Kohlendioxid im Vergleich zu C3-Pflanzen (z. B. Weizen, Gerste) besser und haben dadurch deutlich höhere Massenzuwächse. C3-Pflanzen können diesen Nachteil nur durch längere Vegetationsphasen ausgleichen.

Beim Körnermais werden, im Gegensatz zu Futtermais (Grünmais, Silomais, Corn-Cob-Mix, Liesch-Kolben-Schrot etc.) und Energiemais, nur die vollreifen Körner im Mähdruschverfahren geerntet. Die Charakterisierung der Maiskörner wird aufgrund der Farbe (weiß, gelb, rot) und der Kornhärte (Anteil der Glasigkeit des Endosperms) vorgenommen. Die Graduierung innerhalb einer Varietät erfolgt nach dem Volumengewicht, dem Wassergehalt, dem Anteil gebrochener Körner und Fremdmaterialien, dem Anteil von allgemein beschädigten Körnern und speziell von hitzebeschädigten Körnern.

An der weltweiten Körnermaisproduktion (über 1 000 Mio. t) partizipieren vor allem die USA mit 36 %, China mit gut 22 % sowie Brasilien mit rund 6 %, gefolgt von Argentinien, Mexiko, der Ukraine und Indien (je 2–3 %). Von der gesamten Maisproduktion gelangen 14 % in den Export. Die größten Exportnationen sind die USA (38 %), Argentinien (17 %) und Brasilien (15 %).

Die Flächenerträge des Körnermais sind großen regionalen Schwankungen unterworfen und reichen von 16 dt/ha (Nigeria) bis 110 dt/ha (USA). Die durchschnittlichen Hektarerträge weltweit liegen bei 56 dt/ha. Heute in den Industrieländern hauptsächlich angebaute Hybridmaissorten ermöglichen gegenüber Nicht-Hybridmais 15 bis 20 % höhere Erträge.

Weltweit ist Mais die wichtigste Stärkepflanze. Mais wird nur zu etwa 7 % in der menschlichen Ernährung eingesetzt, wobei im Verbrauch regional große Unterschiede bestehen (USA, GB: 5 kg/Kopf/Jahr; Malawi: 170 kg/Kopf/Jahr). Rund 85 % der weltweiten Körnermaisernte werden für die Tierfütterung und weitere 7 % für industrielle Zwecke verwendet. Mais wird größtenteils mit dem konventionellen Verfahren der Trockenmüllerei verarbeitet und nur relativ wenig mit der sogenannten Nassmüllerei, welche vor allem in der Stärkeproduktion Anwendung findet. Der Maiskeimling ist auffallend groß. Er macht 10 bis 12 % der Kornmasse und bis zu 30 % des Kornvolumens aus. Und er enthält 50 bis 58 % des Gesamtfetts, ist also sehr fettreich. In den USA wird aus Mais Tierfutter, Ethanol und Zucker gewonnen.

1.2.7 Reis

Englisch: rice
Botanisch: *Oryza sativa* L.
Fruchtform: Rispe
Besonderheit: bespelzt, glutenfrei
Verwendung: menschliche Ernährung, Tierfutter

Reis ist eine wärmebedürftige tropische Sumpfgetreideart mit dem Ursprung in Ostasien, wo man ihn bereits 5 000 v. Chr. kultivierte. Mit vielen Varietäten nimmt der asiatische Saatreis (*Oryza sativa*) mit Abstand die führende Rolle ein. Es gibt zahlreiche Reissorten, welche sich durch eine gute Anpassungsfähigkeit an verschiedene Umweltbedingungen auszeichnen, wobei feuchtwarme Klimazonen nach wie vor die bevorzugten Anbaugebiete sind. Auch heute noch stammt der größte Anteil der jährlich weltweit produzierten Reismenge aus dem Nassreisanbau Ostasiens. Das Überfluten der Reisfelder bezweckt neben der Bewässerung auch eine effektive Unkrautkontrolle. Neben dem Nassreisanbau hat der ertragsschwächere, aber mechanisierbare Trockenreisanbau erheblich an Bedeutung gewonnen, verlangt jedoch 800 bis 1 500 mm Niederschlag während der Vegetationsperiode. Die wichtigste Bodeneigenschaft ist ein gutes Wasserhaltevermögen.

Der Fruchtstand der etwa 1,5 m hohen Reispflanze bildet, wie beim Hafer, keine Ähre sondern eine Rispe aus. Die Spelzen umschließen das Reiskorn fest und müssen nach Ernte und Trocknung mechanisch entfernt werden. Die bespelzten, wie auch die entspelzten Körner sind hellbraun bis braun, auch Sorten mit roten Körnern sind bekannt. Die schalenfreien polierten Körner sind weiß bis gelblich. Die Klassierung von Reis erfolgt aufgrund der Kornform (*Oryza sativa* ssp. *japonica*: kurz, breit, dick; *Oryza sativa* ssp. *indica*: lang, dünn, leicht abgeflacht) und seit einiger Zeit aufgrund der Kocheigenschaften, welche je nach Amylosegehalt pappig (*japonica*) oder nicht klebrig (*indica*) sind.

Die wichtigsten Reisanbaugebiete liegen in Asien, Afrika (Hügelland ohne Bewässerung) und in den USA, zu einem sehr kleinen Teil auch in Südeuropa. Aufgrund des Wärmebedarfs und der Frostempfindlichkeit übersteigt der Reisanbau auch in den Tropen kaum Höhenlagen von 1 200 m. In Indien wird Reis jedoch noch bis in Höhenlagen von 3 000 m angebaut. Unter idealen klimatischen Bedingungen mit Bewässerungsmöglichkeiten sind zwei bis drei Ernten pro Jahr zu erzielen [7]. Die Haupternte fällt dann mit der Regenzeit zusammen, die zweite Ernte findet während der Trockenzeit statt. Diese zusätzliche Ernte erreicht als Folge der intensiveren Besonnung während des Pflanzenwachstums zumeist höhere Erträge als die Haupternte. Der Reisanbau erfolgt zu 90 % des Weltertrags praktisch ohne jegliche Mechanisierung und zu 10 % hoch mechanisiert (z. B. USA).

Weltweit werden jährlich etwa 740 Mio. t Reis geerntet. Die gesamte Reisanbaufläche nimmt mit etwa 160 Mio. ha nur 73 % der weltweiten Weizenanbaufläche ein. Die durchschnittlichen Hektarerträge liegen bei Reis jedoch um etwa 34 % über denjenigen des Weizens (s. Tab. 1-2). Die größten Anbauflächen befinden sich in Indien (43 Mio. ha) und China (30 Mio. ha), mit weitem Abstand folgen Indonesien (14 Mio. ha), Bangladesh (11 Mio. ha) und Thailand (9 Mio. ha). Die wichtigsten Produzentenländer sind China

(210 Mio. t), Indien (160 Mio. t), Indonesien (77 Mio. t), Bangladesh (53 Mio. t) und Vietnam (43 Mio. t) [1]. Nur etwa 5 % der gesamten Reisproduktion gelangen in den Export, wobei Thailand und Indien (je 25 %) die bedeutendsten Reisexportländer sind, gefolgt von Vietnam (13 %), Pakistan (10 %) und den USA (8 %).

Reis wird zur Hauptsache unmittelbar in der menschlichen Ernährung eingesetzt (92 %), nur rund 4 % gelangen in die Tierfütterung, 3 % in die Industrie und 2 % werden als Saatgut verwendet. Der jährliche Pro-Kopf-Verbrauch für die menschliche Ernährung beträgt, je nach Region, 7 kg (Westeuropa) bis 174 kg (Myanmar). Reis ist für mehr als die Hälfte der Weltbevölkerung nach wie vor das wichtigste Grundnahrungsmittel. In einzelnen Ländern beträgt der Reisanteil an der gesamten Nahrungsaufnahme über 80 %.

1.2.8 Hirse (Rispen-, Kolben-, Mohrenhirse)

Englisch: millet, sorghum
Botanisch: Millet = u. a. *Panicum miliaceum* L., *Setaria italia* L., Sorghum = *Sorghum bicolor* L.
Fruchtform: Kolben oder Rispen
Besonderheit: Sammelbegriff für verschiedene Gräser mit kleinen Körnern, glutenfrei
Verwendung: menschliche Ernährung, Tierfutter

Hirse ist ein Sammelbegriff für verschiedene Arten von Gräsern, in deren Fruchtstand sich relativ kleine Körner entwickeln. Um die Vielfalt der Arten zu unterscheiden, wird eine vereinfachte Einteilung in drei Gruppen vorgenommen:

- Rispenhirse (*Panicum miliaceum* L.)
- Kolbenhirse (*Setaria italica* L.)
- Mohrenhirse (*Sorghum bicolor* L. syn. *S. vulgare*)

Darüber hinaus gibt es in weiten Teilen Afrikas zahlreiche tropische und subtropische Hirse-Arten (z. B. Perl-, Fingerhirse, Teff), die nur regionale, dann jedoch große Bedeutung für die Ernährung der Bevölkerung haben. Die bespelzten Sorten müssen vor dem Verzehr geschält werden. Die Hirsen halten auf relativ trockenen, oft armen Böden aus, wo keine andere Getreideart mehr gedeiht. Rispen- und Kolbenhirse wachsen jedoch auch in Mitteleuropa, wo die Rispenhirse bis ins Mittelalter eine wichtige Feldfrucht war. Hier ging mit dem Vordringen der Kartoffel der Anbau der Hirse sprunghaft zurück. In der heutigen Zeit spielt er in den gemäßigten Breiten kaum noch eine Rolle.

Mohrenhirse (Sorghum), auch Milocorn genannt, ist die bedeutendste Hirseart. Wie alle Sorghum-Arten stammt sie aus Afrika. Im Sudan- und Tschadgebiet erfolgten die ersten Bemühungen um eine Domestikation. Im Verlauf eines Jahrhunderts wurde in den USA aus dem ursprünglichen Primitivgetreide eine der wichtigsten Futterpflanzen der Weltwirtschaft gezüchtet. Die neuen Hybridsorten sind ertragreich, niedrig im Wuchs und gleichmäßig abreifend.

Als eine C4-Pflanze mit hohen Licht- und Temperatur-, aber geringen Bodenansprüchen wird Sorghum hauptsächlich in den warmen, kontinentalen Trockengebieten angebaut. In diesen Ursprungsgebieten spielt die Hirse auch heute noch eine große Rolle für die menschliche Ernährung, für die Bierherstellung und für die Tierfütterung.

Die Produktion von Sorghum-Saat beläuft sich weltweit jährlich auf etwa 64 Mio. t. Die wichtigsten Anbaugebiete liegen in den USA (19 %), Nigeria (11 %) und dem Sudan (10 %), gefolgt von Mexiko (8 %), Äthiopien und Indien (je 7 %). Die durchschnittlichen Hektarerträge betragen weltweit etwa 14 dt/ha. In den USA und in Mexiko erreicht man Flächenerträge von 33 bis 49 dt/ha [1]. Der Exportanteil an der gesamten Produktion beträgt rund 14 %. Die wichtigsten Exportländer sind die USA (79 %) und Australien (9 %). Rund 500 Mio. Menschen, vor allem in den semi-ariden Gebieten, nutzen Sorghum-Hirse als Grundnahrungsmittel. Hirse hat einen hohen Fettgehalt (3,5–5 %), ist kieselsäurereich und enthält Gerbstoffe in der Schale. Hirse ist die mineralstoffreichste Getreideart, was sie für die Ernährung wertvoll macht. Die Körner sind von einer harten pergamentartigen Schale umgeben, nach deren Beseitigung die Fruchtschale und Samenschale freiliegen. Die Schale lässt sich nur durch sorgfältige Bearbeitung (Schälen, Polieren) entfernen.

1.2.9 Pseudocerealien

Pseudocerealien sind keine Getreidearten, weil sie botanisch nicht zu den Gräsern gehören. Da diese Pflanzen aber alle stärkereiche Körner bilden, die ähnlich verwendet werden wie Getreidekörner und auch sonst viele Gemeinsamkeiten mit diesen haben, werden die Pseudogetreiden handelsrechtlich den Getreiden zugeordnet. Zu den Pseudocerealien gehören Buchweizen, Amarant, Quinoa (= Reismelde) und Chia. Alle Pseudogetreidearten eignen sich für eine glutenfreie Ernährung. In ihrer biologischen Wertigkeit übertreffen Sie das Weizeneiweiß, unter anderem, weil sie die dort limitierende Aminosäure Lysin in ausreichender Menge aufweisen (Tab. 1-2). Amarant, Quinoa und vor allem Chia haben auch einen deutlich höheren Eiweiß- und

Tab. 1-2: Energie- und Nährstoffgehalte (je 100 g verzehrbarer Anteil von Buchweizen, Quinoa, Reismelde), Amarant, Chia im Vergleich zu Weizen (Souci et al., 2009 [11a], bzw. USDA , 2018 für Chia [11b])

Inhaltsstoff	Buchweizen	Quinoa	Amarant	Chia	Weizen
Energie (kcal)	336	334	365	486	298
Kohlenhydrate (g)	71,0	58,5	56,8	42,1	59,5
Eiweiß (g)	9,1	13,8	14,6	16,5	10,9
... davon Lysin (g)	0,55	0,86	0,82		0,38
Fett (g)	1,7	5,0	8,8	30,7	1,8
Magnesium (mg)	140	275	310	335	95
Kalium (mg)	510	780	675	407	380
Kalzium (mg)	20	80	215	631	35
Eisen (mg)	3,5	8,0	9,0	7,7	3,2
Zink (mg)	2,7	2,5	4,0	4,6	2,6
Vitamin B1 (mg)	0,24	0,17	0,8	0,62	0,46
Vitamin B2 (mg)	0,15	–	0,19	0,17	0,095

Fettgehalt gegenüber Weizen (Tab. 1-2). Generell sind auch einige Mineralstoffgehalte der Pseudocerealien sehr viel höher als bei Weizen, bei einigen auch die Gehalte an den Vitaminen B1 und B2, deshalb werden sie heute als gesundes »Superfood« beworben.

Buchweizen

Englisch: buck wheat
Botanisch: *Fagopyrum esculentum* Moench
Besonderheit: bespelzt, glutenfrei
Verwendung: menschliche Ernährung, Tierfutter

Buchweizen gehört zu den Knöterichgewächsen. Aus seinen dreikantigen 4 bis 6 mm langen Nussfrüchten, die an Bucheckern erinnern – daher auch der deutsche Name –, lässt sich Mehl gewinnen. Sie sind von dunkelbrauner bis schwarzer Farbe. Buchweizen ist anspruchslos und gedeiht auf armen, sandigen Böden. Die Hauptanbaugebiete sind in Russland, dann folgen mit weitem Abstand die Ukraine, der Balkan, Polen, Kasachstan, Brasilien, Nordamerika und Japan. Die Welternte schwankt um 2,4 Mio t. Für die menschliche Ernährung wird Buchweizen zunächst entspelzt, in der Regel nach einer hydrothermischen Behandlung. Dann können die Körner zu Mehl verarbeitet werden und dieses dient als Rohstoff für Brot und Kleingebäck, Teigwaren, und Feine Backwaren.

Amarant

Englisch: amaranth
Botanisch: *Amaranthus* L.
Besonderheit: kleinkörnige Früchte, grünlich bis bläulich-rot, glutenfrei
Verwendung: menschliche Ernährung, Tierfutter

Unter den weltweiten 60 Amarant-Arten gibt es drei Körner produzierende Arten (*A. hypochondriacus* L., *A. cruentus* L. und *A. caudatus* L.), die in Südamerika angebaut werden. Die Amarant-Arten gehören taxonomisch zu den Fuchsschwanzgewächsen. Als Ursprungsregion gilt Zentralamerika, wo Amarant schon den alten Völkern als Nahrungspflanze diente und von wo er sich nach Südamerika ausbreitete. Heute wird Amarant weltweit angebaut. Amarant ist aufgrund einiger Inhaltsstoffe ernährungsphysiologisch wertvoll (Tab. 1-2). Der Proteingehalt liegt bei 14 bis 16 % mit einem hohen Anteil Lysin. Amarant lässt sich als Mehl verarbeiten, als Flocken oder als gepuffte Körner in Müslis oder Müsliriegeln, für Suppen, als Gemüse oder als Aufstreu auf Backwaren.

Quinoa

Englisch: quinoa
Botanisch: *Chenopodium quinoa* Willd.
Besonderheit: kleinkörnige Früchte, grünlich bis bläulich-rot, glutenfrei
Verwendung: menschliche Ernährung

Quinoa, oder auch Reismelde, gehört wie der Amarant zu den *Amaranthaceae*. Quinoa wächst in den Höhen der Anden bis 4 300 m. Die Erträge schwanken dort zwischen 5,7 dt/ha und 11,5 dt/ha. Inzwischen wird Quinoa auch in Kanada, Finnland und Großbritannien angebaut. In Süddeutschland erzielt man in Versuchen Erträge zwischen 29 und 43 dt/ha [21]. Die kleinen Körner werden hauptsächlich in Naturkostläden zum Verkauf angeboten. Quinoasamen ist ernährungsphysiologisch ähnlich wertvoll wie Amarant. Die Quinoasamen sind möglicherweise der beste pflanzliche Eiweißlieferant weltweit. Den Inkas diente Quinoa als wichtigstes Grundnahrungsmittel, denn durch den hohen Gehalt an lebenswichtigen Nährstoffen, essenziellen Vitaminen und Mineralien

(s. Tab. 1-2) versorgte er die Menschen mit allem, was sie benötigten. Deshalb ist Quinoa auch als Inkareis, Andenhirse, Reisspinat oder Perureis bekannt. Die Quinoafrüchte enthalten bitter schmeckende Saponine, die durch Wässern in alkalischen Lösungen ausgewaschen werden müssen. In Deutschland muss Quinoa als Lebensmittel frei von Bitterstoffen sein, Kinder unter 2 Jahren sollten vorsichtshalber kein Quinoa essen, da Spuren der Bitterstoffe enthalten sein können. Quinoa kann wie Reis gekocht als Beilage gereicht werden, die Blätter können wie Gemüse oder Salat zubereitet werden. Ansonsten sind die Verwendungsmöglichkeiten mit denen von Amarant zu vergleichen.

Chia

Englisch: chia seed
Botanisch: *Salvia hispanica* L.
Besonderheit: kleinkörnige Früchte, seit 2009 »novel food« in der EU
Verwendung: menschliche Ernährung, Kosmetik

Chia, oder der mexikanische Salbei kommt ursprünglich aus Mexiko und Guatemala. Bei den Maya und den Azteken war Chia eine wichtige Nahrungspflanze, wurde aber auch für Körperkosmetik und zu medizinischen Zwecken eingesetzt. Chia-Samen können roh gegessen werden oder als Verdickungsmittel in Soßen verwendet werden. Legt man die Samen in Wasser, bilden sie ähnlich wie der Leinsamen, eine äußerst schleimige Polysaccharidschicht. Dabei quellen die Samen stark und nehmen das Zwölffache ihres Eigengewichts an Wasser auf. Dies muss beim Verzehr beachtet werden und durch ausreichendes Trinken ausgeglichen werden. Die ernährungsphysiologischen Vorteile von Chia gegenüber zum Beispiel Leinsaat sind klein. In Deutschland ist ein Chia-Anbau mit den derzeitigen Sorten nicht möglich.

1.3 Morphologie des Getreidekorns

Alle Getreidearten gehören zur Klasse der einkeimblättrigen Pflanzen (Monokotyledonen), welche bei der Keimung nur ein Blatt bilden. Innerhalb dieser Klasse werden sie der Familie der Gräser (Gramineen) zugeordnet. Sie besitzen parallelnervige Blätter und unterscheiden sich durch ihre Blütenstände, die entweder als Ähren, Rispen oder Kolben ausgebildet sind. Die Blüte ist von zwei Hüllspelzen und einer häufig begrannten Deckspelze umgeben. Die Früchte (Körner) der Getreidepflanzen werden botanisch

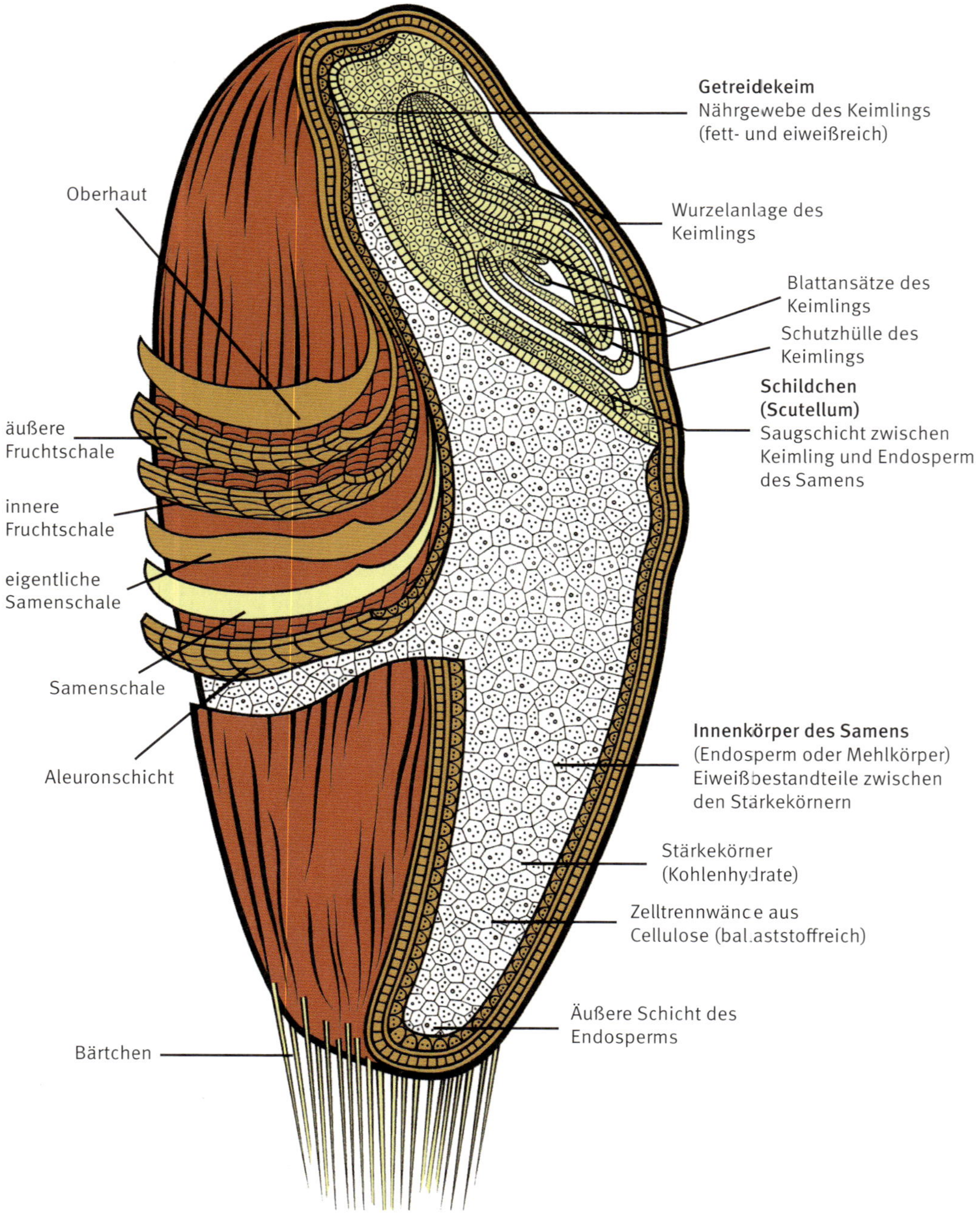

Abb. 1-5: Längsschnitt durch ein Weizenkorn

Tab. 1-3: Aufbau und chemische Zusammensetzung des Getreides am Beispiel von Weizen in % i.Tr. [12b]

	Anteil	Asche	Stärke	Protein	Fett	Zellulose
Fruchtschale	4–5	3,0–3,5	–	5–6	0,5–1,0	30
Samenschale	1,5–2,0	10–12	–	15	0,0–0,5	30–35
Aleuronschicht	8–10	10–11	–	25–30	7–10	5
Keimling	2–3	4–6	–	30–35	25–30	–
Mehlkörper (Endosperm)	80–85	0,38–0,75	78–84	10–13	1–2	0,3

als einsamige Schließfrüchte (Karyopsen) bezeichnet. Diese Körner haben alle einen ähnlichen Aufbau und unterscheiden sich durch ihre Größe, ihre Form, ihre Farbe, ihre Anzahl an Chromosomen und ihre chemische Zusammensetzung. Sie besitzen alle eine Schale (Schutzschicht), ein stärkehaltiges Endosperm (Reservestoffe für die Keimung) und einen Keimling (Anlage für die neue Pflanze). [7], [16]

Der Aufbau des Getreidekorns lässt sich vereinfacht in Keimling, Mehlkörper (Endosperm) und Schalenschichten (Samenschale, Fruchtschale) unterteilen. Je nach Getreideart variieren die prozentualen Anteile der verschiedenen morphologischen Gewebe. Die einzelnen Gewebezonen des Korns sind aus Zellen aufgebaut, welche in ihrer Form, Größe und Funktion unterschiedlich sind. Einige dieser Zellen (z. B. Keimling, Aleuronschicht) sind lebendes Gewebe und haben einen eigenen Stoffwechsel. Die lebenden Zellen atmen, wobei Glucose zusammen mit Sauerstoff mithilfe von Enzymen zu Kohlendioxid, Wasser und Energie umgewandelt wird.

Die Schale schützt das Getreidekorn vor äußeren Einflüssen und verleiht ihm Stabilität. Sie besteht aus der Fruchtschale (*Pericarp*) mit der äußeren Schutzschicht (*Epidermis*), den Längszellen, den Querzellen und den Schlauchzellen. Die Längszellen bilden ein bis drei Lagen. Quer zur Längsrichtung des Korns verlaufen die Querzellen, die beim Weizen relativ fest, beim Roggen hingegen eher locker sind. Gerste besitzt mehrere Lagen Querzellen, beim Hafer sind sie nur undeutlich zu erkennen. Unter den Querzellen sind die Schlauchzellen meist einzeln in unregelmäßiger Form zu finden. Bei einigen Getreidearten, so beispielsweise bei Weizen, befinden sich am Kornende einzellige Haare, die man als »Bart« bezeichnet. Die unter der Fruchtschale liegende Samenschale (Testa) besteht aus dünnwandigen, bräunlich gefärbten, kompakten Zellen (Farbstoffschicht). Bei den roten Weizen sind hier Pigmente enthalten, wodurch die Körner ein rötlich-braunes Aussehen haben. Bei den weißen Weizen fehlen diese Farbstoffe, sodass die Körner gelblich-hell erscheinen. Zwischen der Samenschale und den Aleuronzellen befindet sich ein farbloses Häutchen, die hyaline Schicht. Diese Membran ist semipermeabel, d. h. sie verhindert den Wassereintritt von außen in das Korninnere, lässt jedoch Wasser aus dem Korninneren nach außen passieren. Auf diese Weise saugen sich die Körner bei nassen Witterungsverhältnissen nicht mit Wasser voll, können aber in den verschiedenen Reifestadien kontinuierlich Wasser an ihre Umgebung abgeben. Die Fruchtschale und die Samenhaut bestehen zum größten Teil aus Zellulose und Hemizellulose.

Die Aleuronschicht ist die nährstoffreiche äußere Schicht des Mehlkörpers. Hier sind die Aleuronzellen, mit Ausnahme bei der Gerste, einlagig angeordnet. Während des Wachstums werden aus ihnen durch Zellteilungen die stärkehaltigen Endospermzellen gebildet, botanisch gehören sie deshalb zum Endosperm. Gegenüber dem Endosperm grenzt sich das Aleurongewebe mehr oder weniger unregelmäßig ab, was eine müllerische Abtrennung erschwert. Die Aleuronschicht ist auf der anderen Seite mit der äußeren Schalenschicht verwachsen, sodass sie vorwiegend zusammen mit dieser in der jeweiligen Mahlfraktion anfällt. Aleuronzellen enthalten Proteine (kein Kleberprotein), verschiedene Mineralstoffe (Hälfte des Kornaschegehalts), Lipide und Vitamine, jedoch keine Stärkekörner. Es sind zahlreiche Enzyme vorhanden, welche beim wachsenden Getreidekorn viele der Stoffwechselvorgänge katalysieren.

Der Keimling (*Embryo*) liegt dem Nährgewebe seitlich an und besteht aus Wurzelkeim (*Radicula*), Keimblatt (*Scutellum*) sowie der Blatt- bzw. Sprossanlage (*Plumila*). Er ist biologisch betrachtet das wichtigste Gewebe des Getreidekorns, denn aus dem Keimlingsgewebe entwickelt sich nach dem Keimungsvorgang die neue Getreidepflanze. Die Zellen des Keimlings sind dachziegelartig ausgebildet, haben einen Zellkern und sind gefüllt mit feinkörnigem Plasma, das einen hohen Anteil an Lipiden, Proteinen, Zuckern, Rohfasern, Mineralstoffen und Vitaminen aufweist.

Das Endosperm (Mehlkörper) ist aus dünnwandigen Zellen aufgebaut, in denen im Wesentlichen kleine Stärkekörner prall gefüllt in einer Matrix aus Protein und wenig Lipiden eingebettet sind. Je nach Dichte dieses Zellgewebes, ist die Kornhärte unterschiedlich. In mehligen Getreidearten (z. B. Weichweizen) ist die Dichte geringer als in glasigen (z. B. Hartweizen). Die Stärkekörner variieren in ihrer Größe, Form, Zusammensetzung und ihren Eigenschaften: Weizen hat beispielsweise mit 5 bis 15 µm und 25 bis 50 µm zwei sehr voneinander abweichende Größenfraktionen an Stärkekörnern, Mais

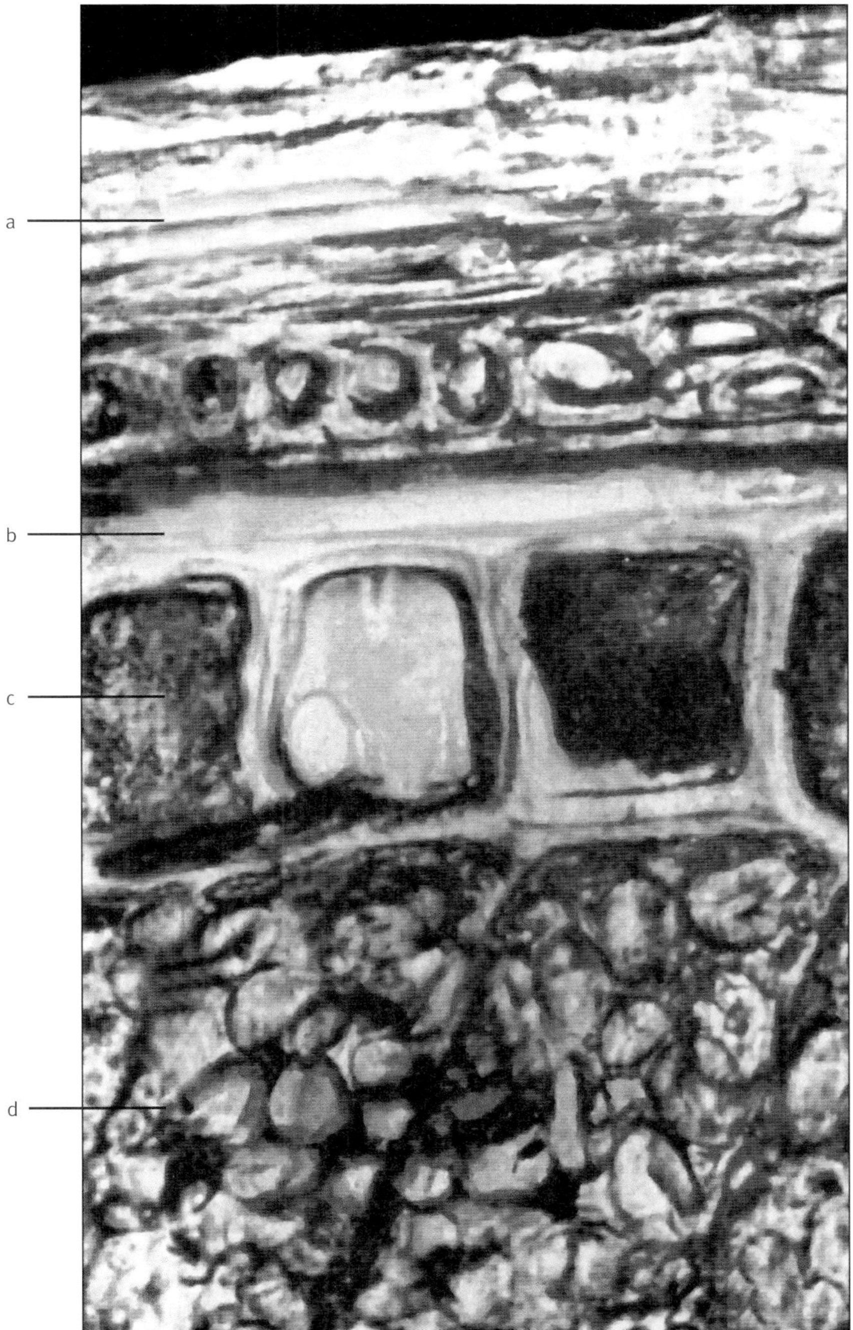

a Fruchtschale; b Samenschale; c Aleuronschicht; d Mehlkörper-Grenzzone

Abb. 1-6: Weizenkorn, Schale und Mehlkörper-Grenzzone vergrößert eine relativ gleichmäßige Korngrößenverteilung der Stärke um 10 µm. Reis besitzt von allen Getreidearten die kleinsten Stärkekörner. Noch kleinere Stärkekörner haben die Pseudocerealien Amarant und Quinoa.

1.3.1 Konsequenzen für die Vermahlung

Die Kenntnis vom botanischen Aufbau des Getreidekorns ist eine wichtige Voraussetzung für das Verständnis der Vorgänge der selektiven Zerkleinerung in der Mehlmüllerei. In den Abbildungen 1-7 und 1-8 sind dazu Makroaufnahmen mit einem Längs- und einem Querschnitt über die ganze Kornfläche am Beispiel von Weichweizen dargestellt. Während die üblichen Abbildungen das Korn in den Proportionen meist nicht richtig wiedergeben, handelt es sich hierbei um Schnitt-Gesamtbilder, welche die natürlichen Größenverhältnisse der einzelnen Bestandteile des Korns zueinander veranschaulichen.

Das Korn einer deutschen Weichweizensorte (Heine VII) in Abbildung 1-7 und 1-8 hat einen Durchmesser von 3 mm und eine Länge von 7 mm. Die Vergrößerung beträgt beim Längsschnitt 22 : 1 und beim Querschnitt 48 : 1. Abbildung 1-6 zeigt einen erheblich stärker vergrößerten Ausschnitt aus den Randschichten. Aus dem morphologischen Aufbau des Weizenkorns ergeben sich eine Reihe von Konsequenzen für dessen Vermahlung, die Zerkleinerung des Mehlkerns und die Abtrennung der Kleie und des Keims:

- Die ovale Kornform mit dem Spalt verhindert einfaches Abschälen der Schaleschichten. Zudem sind die Schalenschichten unter sich und mit dem Mehlkern fest verwachsen. Zwischen der zur Kleie zu zählenden Aleuronschicht und dem Endosperm besteht keine natürliche, botanisch bedingte Trennschicht. Eine Lockerung an der für die Vermahlung erforderlichen Trennfläche (14) zwischen Aleuronschicht und Mehlkörper ist nicht festzustellen.
- Zwischen einzelnen Weizensorten zeigt sowohl die Dicke der gesamten Schale, als auch der einzelnen Schichten nur geringe Unterschiede. Eine Beziehung zur Mehlausbeute ist nicht festzustellen. Die Dicke der Schichten schwankt innerhalb verschiedener Messstellen des einzelnen Korns bereits stärker als zwischen Körnern verschiedener Sorten, die an der gleichen Stelle gemessen wurden. Die Dicke der Schalenschichten ist also nicht entscheidend für gute und schlechte Mahleigenschaften.
- Die müllerische Trennschicht liegt zwischen Aleuronschicht und den stärkehaltigen Endospermzellen (14), stellt aber keine ebene Begrenzungsfläche dar. Ein unmittelbares Trennen des Mehls von der Schale ist daher nicht möglich. Im Längs- wie im Querschnitt sind verschieden große Aleuronzellen zu sehen, wodurch Stufen in der Begrenzungsfläche entstehen,

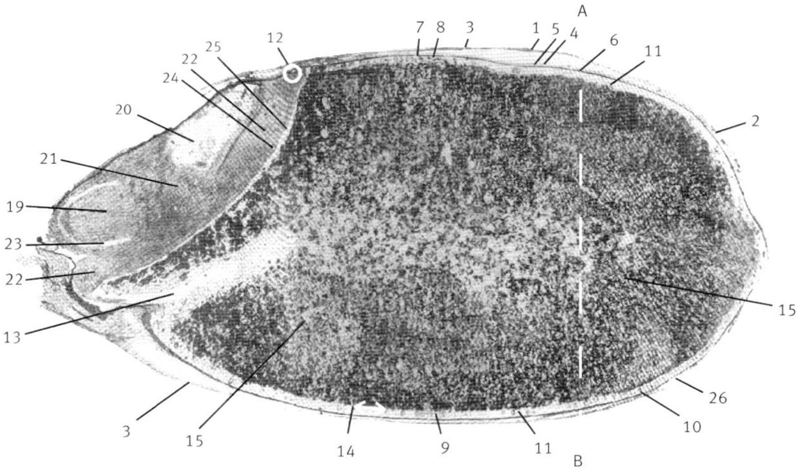

1 Längszellenschicht; 2 erhalten gebliebene Längszellen; 3 losgelöste Teile; 4 Querzellen; 5 Schlauchzellen; 6 Farbschicht; 7 Hyaline Schicht; 8 Aleuronschicht; 9 Stufen in der Begrenzung zwischen Mehlkörper und Aleuronschicht; 10 Aleuronzelle mit zwei Zellkernen; 11 mit abgeschnürter Tochterzelle; 12 Aleuronschicht und Hyaline-Schicht laufen aus und umschließen den Keim nicht mit; 13 Spalt mit stark deformierter Schale und Aleuronschicht; 14 Müllerische Trennschicht; 15 Mehlkörper (stärkehaltig); 16 kubisch-vieleckige Mehlkörpergrenzzellen; 17 Prismatische Mehlkörperzellen; 18 Innenzellen des Mehlkörpers; 19 Wurzelkeimanlage; 20 Blattkeimanlage; 21 Meristemisches, d.a. wachstumsfähiges Gewebe; 22 Schildchen; 23 Lockerzelle zwischen Embryo und Schildchen; 24 Aufsaugeschicht; 25 »Leere« Schicht; 26 Hier ist die gesamte Fruchtschale beim Mikrotomschnitt abgelöst worden; AB Die Linie AB auf dem Längsschnitt zeigt die Schnittebene des Querschnitts, die entsprechende Linie im Querschnitt die Ebene des Längsschnittes

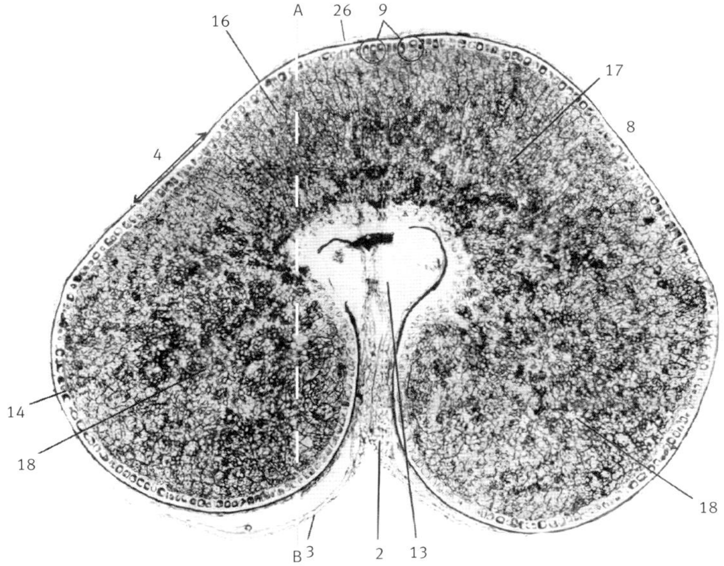

Abb. 1-7: Längsschnitt durch ein Weizenkorn, 22-mal vergrößert (oben)

Abb. 1-8: Querschnitt durch ein Weizenkorn, 48-mal vergrößert (unten)

(1-6–1-8: Dr. H. Cleve, MIAG)

die das Herausbrechen des Mehls erschweren. Die mit 10 und 11 bezeichneten Stellen lassen auch den Grund für die Stufenbildung erkennen. Die Endospermzellen entstehen aus den Aleuronzellen. An den besonders weit in das Endosperm hineinragenden Aleuronzellen sind zwei Zellkerne zu sehen (10). Eine solche Zelle wird bald eine Endospermzelle als Tochterzelle abschnüren. Ist eine solche Tochterzelle bereits abgeschnürt (bei 11 zu erkennen), so ist in der Aleuronschicht eine Vertiefung entstanden. Da die Stärkeeinlagerung erst in den Endospermzellen stattfindet – die Aleuronzellen enthalten keine Stärke –, erklärt sich, dass die Mehlkörpergrenzzone mit ihren jungen Zellen eiweißreicher ist, als die relativ eiweißärmeren Zellen aus dem Innenendosperm, in denen die Stärkeeinlagerung schon weiter fortgeschritten ist. Aus dem gleichen Grund ist sie auch aschereicher.

- Die Endospermzellwände sind an der Begrenzungsfläche dicker als im Inneren des Endosperms. Die Ursache liegt ebenfalls in ihrer Entstehung aus Aleuronzellen. Die Zellwände der Aleuronzellen sind 5 bis 7 µm stark. Im Rückenteil und in den Backen des Endosperms sind die Zellen (17) langgestreckt und prismatisch, also auch ihre Wände gestreckt. Sie messen hier etwa 3 µm. Auch die unregelmäßig vielseitigen Zellen (18) in der Mitte der Backen sind größer als die Mehlkörpergrenzzellen und haben daher dünne Zellwände.
- Müllerische Trennung zwischen Aleuronzellen und Mehlkörper: Die Stelle 9 im Längsschnitt veranschaulicht die Schwierigkeiten bei der Trennung. Nachdem das Korn bei den ersten Schroten aufgebrochen wurde, kratzen die weiteren Schrote den Mehlkörper aus den Schaleschichten heraus. Der Spalt dringt ungefähr bis zur Mitte in das Korn ein oder geht sogar darüber hinaus. Im Querschnitt ergibt sich eine Spalttiefe von 1,5 mm bei einem Korndurchmesser von 2,3 mm, also eine Relation zwischen Tiefe und Durchmesser von 65 %. Besonders zu beachten ist auch, dass viele Weizenkörner eine gespreizte Furche haben, während bei diesem Kornschnitt die Furche fast flach ausläuft. Es ist zu erkennen, dass die Schale oberhalb von 13 im Querschnitt zwischen Mehlkörper und Aleuronschicht besonders starke Verwerfungen hat.
- Der Keim sitzt tief im Korn. Im Längsschnitt macht er 20 % der Rückenfläche aus. Er besteht u. a. aus der Blattkeimanlage (20) und der Wurzelkeimanlage (19). Zwischen beiden befindet sich wachstumsfähiges (meristemisches) Gewebe (21). Dieser Teil bildet den eigentlichen Embryo. Er liegt in einem schildförmigen Gebilde, dem Scutellum (22). Den Übergang zum Endosperm bildet die Epithel- oder »Aufsaugschicht« (24) und die oft als »leere Schicht« (25) bezeichnete Zellreihe.

Für die Vermahlung interessiert weiter, wie fest die einzelnen Keimteile untereinander und mit dem Endosperm verkittet sind. Der Keim im Längsschnitt zeigt die Lockerzellen (20). Zwischen Wurzelkeim und Scutellum ist ein deutlicher Riss sichtbar. Auch zwischen Blattkeim und Scutellum besteht eine Lockerung. Zwischen Meristem und Scutellum ist zwar keine Lockerung, jedoch deutlich ein unterschiedlicher Zellbau erkennbar. Die Epithelschicht und die »leeren« Grenzzellen des Endosperms sind fest miteinander verwachsen. Beim Schroten springt der embryonale Teil des Keims heraus und wird im Verlaufe des weiteren Vermahlungsgangs als »Mühlenkeim« gezogen. Man gewinnt dadurch Keime mit hohem Fett- und Wirkstoffgehalt. Als natürliche Vitamin-E-Quelle spielen sie bei der Ernährung eine große Rolle. Das ernährungsphysiologisch auch sehr wertvolle Scutellum bleibt zunächst am Endosperm haften, wandert jedoch leider infolge seiner Zähigkeit überwiegend in die Kleie.

1.4 Chemische Zusammensetzung des Getreidekorns

Alle Getreidearten ähneln sich in ihrer stofflichen Zusammensetzung. Von den Korninhaltsstoffen dominieren die Kohlenhydrate (ca. 70 %), gefolgt von Proteinen (6–16 %), Lipiden (2–7 %) und Mineralstoffen (2–5 %). Die Aussagen über die chemische Zusammensetzung der Getreidearten variieren zum Teil erheblich. Dies ist zurückzuführen auf unterschiedliche Analysemethoden und auf die Herkunft der Proben. Je nach Sortenwahl, Witterungsverlauf, Düngereinsatz, Bodenbeschaffenheit und Anteil der jeweiligen morphologischen Schichten in den Körnern, können diese Werte größeren Schwankungen unterliegen.

Tab. 1-4: Durchschnittliche chemische Zusammensetzung verschiedener Getreidearten in % [10]

Getreide	Wasser	Protein	Fett	Verwertbare Kohlenhydrate*	Stärke	Nahrungsfasern**	Mineralstoffe
Weizen	13,2	11,7	2,0	61,0	58,9	10,3	1,8
Reis	13,1	7,2	2,2	73,4	71,8	2,9	2,9
Mais	12,5	8,5	3,8	64,7	63,6	9,2	1,3
Gerste	11,7	9,8	2,1	63,3	60,7	9,8	2,3
Sorghum	11,4	10,3	3,2	66,1	75,5	7,3	1,8
Hafer	13,0	11,7	7,1	59,8	59,6	5,6	2,9
Hirse	12,1	9,8	3,9	68,8	64,0	3,8	1,6
Roggen	13,7	8,8	1,7	60,7	58,4	13,2	1,9

* *Zucker, Dextrine, Stärke*

** *»Nahrungsfasern«, »Ballaststoffe« und »Diätfasern« sind synonyme Begriffe*

1.4.1 Kohlenhydrate

Kohlenhydrate enthalten die Elemente C, O und H und umfassen die Monosaccharide (Glucose, Fructose), die Disaccharide (Maltose, Saccharose), die Oligosaccharide (Raffinosen, Maltooligosaccharide) sowie die Polisaccharide (Stärke, Dextrine, Zellulose, Pentosane, Fructosane). Diese Stoffe unterscheiden sich sowohl technologisch als auch ernährungsphysiologisch voneinander. Neben den reinen Kohlenhydraten kommen im Getreide in kleinen Mengen immer auch komplexe Verbindungen mit anderen Inhaltsstoffen vor, wie Glycolipide oder Glycoproteine.

Die einzelnen Substanzen innerhalb dieser großen Stoffgruppe werden üblicherweise nach ihrem Molekulargewicht klassifiziert [9]. Beim Molekulargewicht handelt es sich um die relativen Massen der einzelnen Atome, die zusammen ein Molekül bilden und in Atommasseneinheiten (AME) ausgedrückt werden. Eine Atommasseneinheit entspricht dem 12. Teil der Masse eines Kohlenstoffatoms 12C bzw. ungefähr der Masse eines Wasserstoffatoms. Zusätzlich zum Molekulargewicht werden zur Charakterisierung der Kohlenhydrate häufig ihre molekulare Struktur und die Verdaulichkeit herangezogen:

- Kohlenhydrate mit einem kleinen Molekulargewicht (~ 150 AME–340 AME bzw. 660 AME): Monosaccharide, Disaccharide, Trisaccharide, Tetrasaccharide
- Kohlenhydrate mit einem mittleren Molekulargewicht (~ 340 AME–1600 AME): Oligosaccharide
- Kohlenhydrate mit einem hohen Molekulargewicht (1600 AME): Verdauliche Polysaccharide, Bestandteile der Stärke, Amylose, Amylopektin, Pentosane, Cellulose, Hemicellulose, Pektine
- Verdauliche Kohlenhydrate: Zucker, Amylose, Amylopektin, Dextrine, Glycogen

Im Getreide ist die Stärke als Speicherprodukt der Karyopse das wichtigste Kohlenhydrat und der dominierende Inhaltsstoff überhaupt. Sie ist ausschließlich im Endosperm in Form von Körnern unterschiedlicher Struktur und Größe eingelagert (2–50 µm), die aus einem Gemisch linearer (Amylose) und verzweigter (Amylopektin) α-Glucane aufgebaut sind. Baustein der α-Glucane ist die α-D-Glucose. Das Verhältnis von Amylose zu Amylopektin beträgt in den meisten Stärkekörnern etwa 25 : 75. Es gibt jedoch spezielle Getreidezüchtungen, die praktisch nur aus Amylopektin bestehen (Waxy Mais) bzw. nur Amylose enthalten (Amylomais). Die α-Glucane bilden in den Stärkekörnern einen kristall-

Rasterelektronenmikroskopie

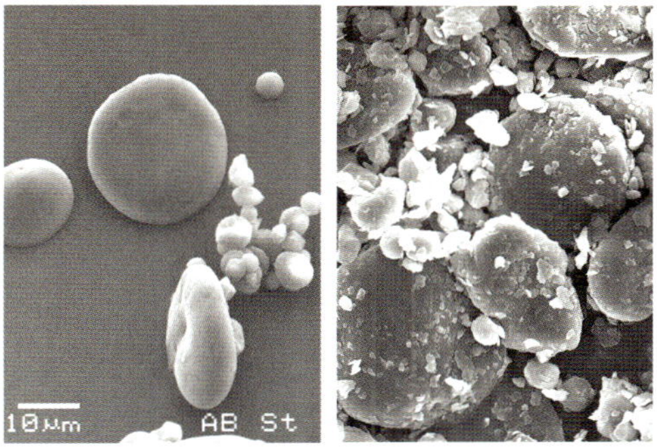

Abb. 1-9: Das **Mehl** – *links:* unbeschädigte A- und B-Stärke aus Weizen; *rechts:* Weizenmehl mit sehr hoher Wasseraufnahme durch stark geschädigte Stärke

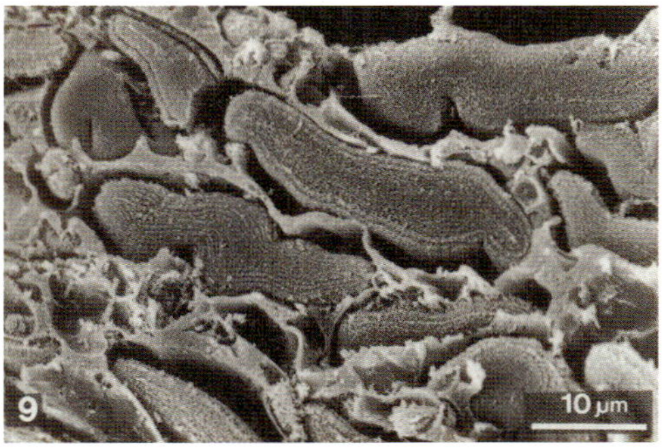

Abb. 1-10 *(oben)*: Die **Brotkrume** – verformte, teilverkleisterte Stärkekörner und Porenwandbeschichtung. Letztere entsteht aus den löslichen Teiginhaltsstoffen, die im freien Wasser von der Stärke gebunden waren, und enthält viel Amylose, die beim Backen aus den Körnern ausgetreten ist.

Lichtmikroskopie

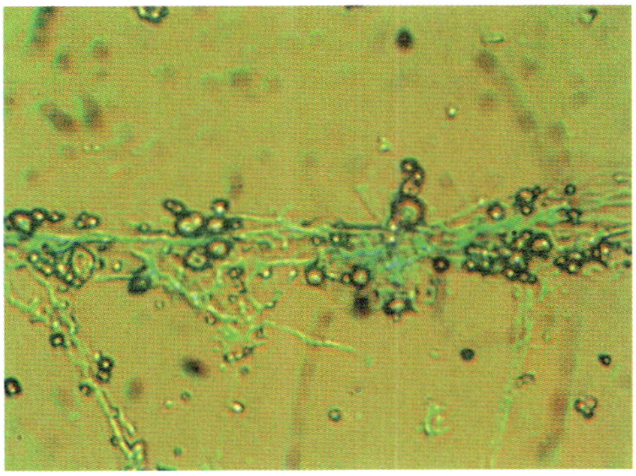

Abb. 1-11 (links): **Stärkekörner** und **Gluteninfäden** (Gliadin mit 60 % Ethanol ausgewaschen). Gluteninfäden bestehen aus vielen Gluteninmakromolekülen, die vor allem über Wasserstoffbrücken zusammengehalten werden. Sie sind die Ursache für die Elastizität und die Stützfunktion des Klebergerüsts im Weizenteig.

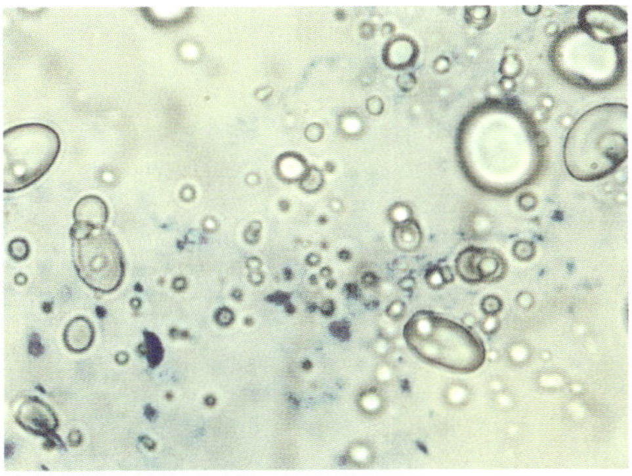

Abb. 1-12: Feine zelluläre Endospermproteine, vor allem Kleberproteine (blau angefärbt) und Stärke eines zerdrückten Mehlpartikels vor der ersten Wasserzugabe

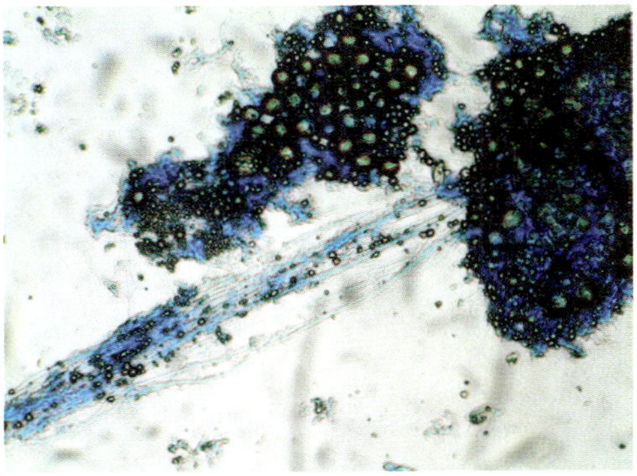

Abb. 1-13: Aus zwei Mehlpartikeln mit blau angefärbten Eiweißquellen nach Wasserzugabe spontan Kleberfäden hervor (Kleberaggregation). Diese werden beim Kneten zum Kleber zusammengedrückt und verknäuelt.

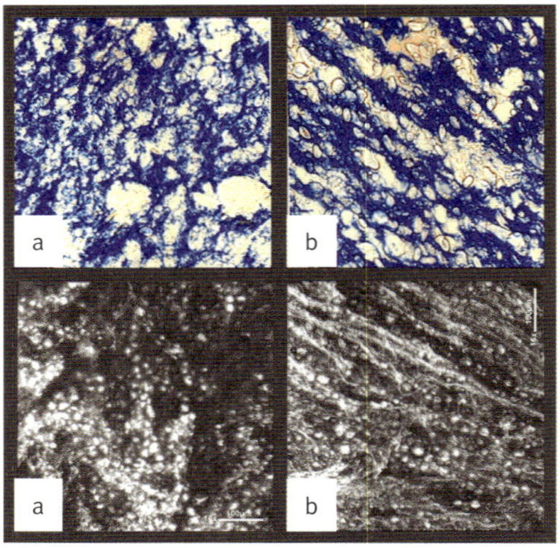

Abb. 1-14: **Kleberstrukturen und Stärkeansammlungen im Backteig**

a: Direkt nach dem Kneten sind Kleber und Stärke ziemlich homogen verteilt. Der Kleber zieht sich sofort zu dichteren Kleberteilchen zusammen, die nur über dünne Fäden untereinander verbunden sind. Dadurch ist die Teigstabilität noch nicht optimal (vgl. Abb. 1-15 a).

b: Nach kurzer Teigruhe entstehen durch Rundwirken zusammenhängendere, dickere Kleberstränge, wodurch die Dehnbarkeit und Reißfestigkeit des Klebers und damit die Teigstabilität erhöht wird (vgl. Abb. 1-15 b).

Obere Reihe: Gefrierschnitte von Teig nach Anfärben der Proteine, Lichtmikroskopie
Untere Reihe: konfokale Lasermikroskopie

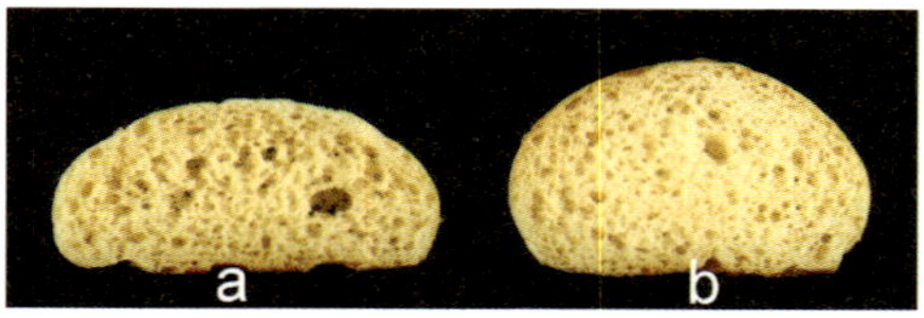

Abb. 1-15: **Einfluss der Kleberaggregation auf die Gebäckform**

a: Teig nach Abb. 1-14 a, nur geknetet und innerhalb 30 sek geformt.

b: Teig nach Abb. 1-14 b nach 10 min Ruhe rundgewirkt und geformt.
Gesamtgärzeit in beiden Fällen gleich.

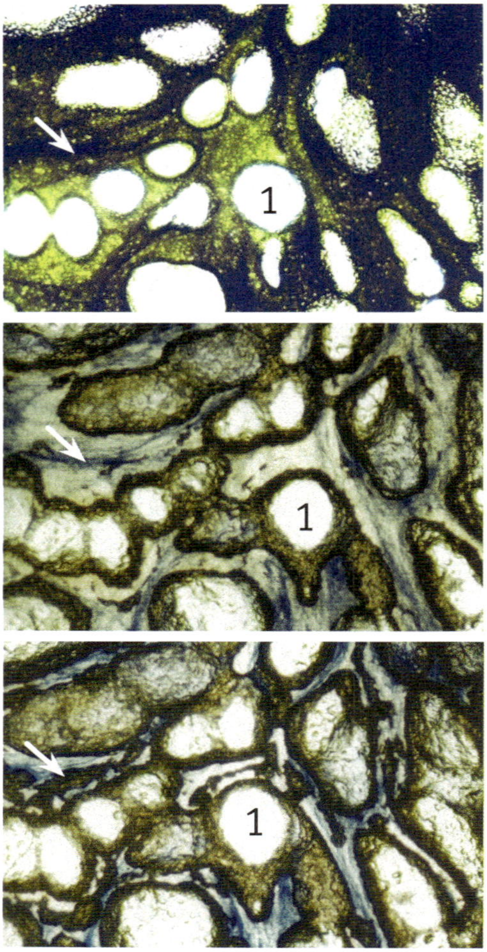

Abb. 1-16: **Teiggare und Backen**

Oben: **Gärender Teig**, Kleber blau angefärbt. Die Gärgasblasen entstehen in den Stärkeansammlungen, die viel freies, kapillar gebundenes Wasser mit den löslichen Mehlbestandteilen festhalten (1 = Fusionierung einer kleinen Gärgasblase in eine größere hinein - wie bei Seifenschaum, ein von der Oberflächenspannung gesteuerter Vorgang).

Mitte: Beginn der **Stärkeverkleisterung**, die Stärke wird transparent und die blauen Kleberstränge sind deutlich zu erkennen.

Unten: **Krume** nach dem Backen und Abkühlen

Pfeile: Kontraktion der Porenwände

Lichtmikroskopie

1-9–1-14 (obere Reihe), 1-15, 1-16: Dr. R. Kieffer, Deutsche Forschungsanstalt für Lebensmittelchemie
1-14 (untere Reihe): MP Newberry, LD Simmons, MP Morgenstern, Institute for Crop and Food Research, New Zealand

ähnlichen Ordnungszustand und zeigen deshalb in polarisiertem Licht eine charakteristische Doppelbrechung.

Die herausragende Bedeutung der Stärke unter den Kohlenhydraten des Getreides beruht auf ihrem besonderen funktionellen Verhalten, der Quellung und Verkleisterung, dem irreversiblen Übergang vom gelösten in einen unlöslichen, entquollenen, mikrokristallinen Zustand. Sie ist, neben Klebereiweiß (Weizen) bzw. Pentosanen (Roggen), Hauptbestandteil der Gebäckkrume. Durch Zugabe von Wasser (20 °C) entsteht zunächst eine Suspension, denn in kaltem Wasser ist Stärke unlöslich (niedrigste Viskosität). Bei 40 °C nehmen die Stärkekörner Wasser auf und beginnen zu quellen, behalten aber noch ihre ursprüngliche Form bei. Wird die Temperatur auf 50 °C erhöht, nehmen die Stärkekörner noch mehr Wasser auf. Sie können sich aufgrund ihrer Volumenzunahme nicht mehr gegeneinander verschieben. Zwischen 60 °C und 90 °C erfolgt die Verkleisterung der Stärke: Die Körner platzen auf und haben ihre ursprüngliche Form verloren, die Amylopektinketten verkleben untereinander (höchste Viskosität) [15].

Bei der Stärkeverkleisterung entfalten sich die Moleküle und gehen in einen Zustand hoher Unordnung über, dabei verlieren sie ihre Doppelbrechung. Die linearen Amylosemoleküle wandern aus den Stärkekörnern und gehen in die wässrige Phase über. Die Viskosität (Zähigkeit) nimmt stark zu. Beim Abkühlen unter die Verkleisterungstemperatur gehen die Moleküle teilweise wieder ihren ursprünglichen Ordnungszustand ein, was als Retrogradation bezeichnet wird. Dieser Zustand wird jedoch nicht mehr vollständig erreicht, sodass keine Doppelbrechung nachgewiesen werden kann. Die viskose Flüssigkeit wird dabei in ein festes Gel überführt (Pudding) und ein Teil des aufgenommenen Wassers wird wieder freigesetzt. Solche Vorgänge sind bei allen stärkehaltigen Produkten zu finden, welche zusammen mit Wasser auf ihre Verkleisterungstemperatur erwärmt werden (Brotbacken, Kochen von Teigwaren, Binden von Saucen, Extrudieren, Quellstärken als Verdickungsmittel in kaltem Wasser etc.).

Stärke gehört zu den verdaulichen Kohlenhydraten und wird bereits im Mund und vor allem im Dünndarm zu Glucose abgebaut. Diese Glucose wird in der Hauptsache für die Energiegewinnung oder für körpereigene Synthesen benötigt. Für die Aufrechterhaltung der regulären Hirnfunktion werden beispielsweise täglich rund 120 g Glucose gebraucht [5].

Pentosane, eingelagert vor allem in den Randschichten des Korns, sind für die Backfähigkeit von Roggen von besonderer Bedeutung. Lösliche Pentosanfraktionen binden große Mengen an Wasser und verbessern dadurch die Viskosität des Teigs. Unlösliche Pentosane assoziieren mit Eiweiß zu

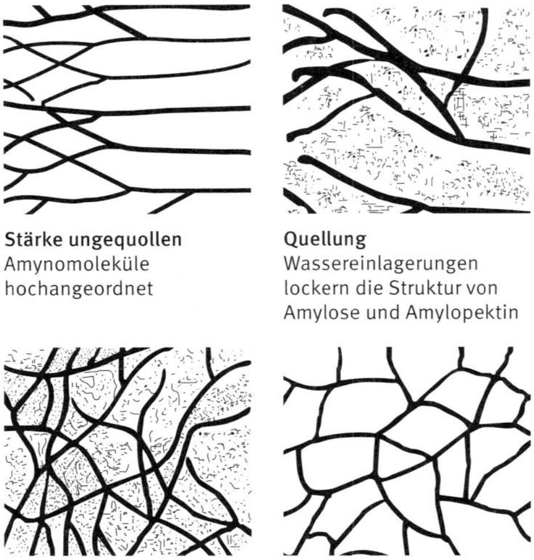

Stärke ungequollen
Amynomoleküle hochangeordnet

Quellung
Wassereinlagerungen lockern die Struktur von Amylose und Amylopektin

Stärkekorn platzt, Amylose und Amylopektin gleiten ineinander und bilden ein ungeordnetes Gemisch

Erstarren zu Gel
Gequollenes Amylopektin bildet ein Gerüst, in das die gelöste Amylose eingelagert ist

Abb. 1-17: Prinzip der Stärkeverkleisterung [12b]

sogenannten Quellstoffen. Diese Quellstoffe haben wichtige teigrehologische Eigenschaften, ohne die der Roggen nicht backfähig wäre. Sie umschließen die Stärkekörner raumnetzartig mit einem Film, quellen bei Wasserzugabe stark auf und wirken mit ihren Membranen einer Entweichung der Gärgase entgegen, wenngleich das Gashaltevermögen deutlich geringer ist als beim Weizenkleber. Die Quellstoffe erfahren während des Backprozesses keinerlei stoffliche Veränderung, wie etwa Proteine (Gerinnung) oder Stärke (Verkleisterung), und unterliegen nur in geringem Umfang einer Entquellung. Hierdurch erklärt sich die gute Krumenfeuchte und -elastizität von Roggenbackwaren.

Unverdauliche Kohlenhydrate werden auch als Rohfasern, Faserstoffe, Ballaststoffe oder Nährfasern (Diatry Fibres) bezeichnet. Im Gegensatz zur Stärke können Rohfasern von körpereigenen Enzymen nicht abgebaut werden, sie spielen jedoch in der Ernährung eine wichtige Rolle [2]. Bei Rohfasern unterscheidet man zwischen wasserlöslichen und -unlöslichen Substanzen (Tri-, Tetra-, Oligo-, Polysaccharide, Pentosane, Zellulose, Hemizellulose etc.). Die Getreidekörner enthalten in der Regel zwischen 5 % bis 13 % Rohfasern, mit Ausnahme von Reis (2,9 %) und Hirse (3,8 %). Rund 54 % der unlöslichen Rohfasern Hemizellulose, Zellulose und Lignin kommen in den Randschichten des Getreides, der Kleiefraktion, vor, 37 % im Endosperm und 9 % im Keimling. Die löslichen Nahrungsfasern Pentosane, Oligosaccharide, Hemizellulosen machen etwa 25 % der gesamten Rohfasern bei Getreidekörnern aus. Davon sind rund 25 % im Schalengewebe, 60 % im Endosperm und 15 % im Keimling nachweisbar. Rohfasern können nur zu einem sehr geringen Anteil durch die Darmflora (Bakterien im Dickdarm) aufgespalten werden und sind deshalb praktisch unverdaulich. Im Verdauungstrakt absorbieren sie sehr viel Flüssigkeit und bewirken dadurch eine längere Verweildauer des Speisebreis im Magen. Im Dünndarm und Dickdarm wird die Verweilzeit des Speisebreis durch einen hohen Rohfaseranteil hingegen verkürzt, sodass cancerogene Substanzen (Nitrosamine) zu wenig Zeit haben, um mit den Schleimhäuten zu reagieren, weshalb bei rohfaserreicher Diät weniger Krebserkrankungen des Dickdarms festzustellen sind. Außerdem können Rohfasern auch Sterine (Cholesterin) und eventuell gewisse toxische Substanzen (Schwermetalle) binden und aus dem Körper ausscheiden.

Beim Abbau von löslichen Rohfasern durch Bakterien im Dickdarm entstehen kurzkettige Fettsäuren, welche ins Blut zurückresorbiert werden und in der Leber eine günstige Wirkung auf die Stoffwechselvorgänge haben (Wirkung von β-Glucan). Durch den teilweisen Abbau löslicher Rohfasern entstehen aber auch Gärgase, welche zu Blähungen führen können. Und die organischen, kurzkettigen Fettsäuren fördern Diarrhö (Durchfall). Obwohl die Rohfasern für die Verdauung außerordentlich wichtig sind, sollten sie nicht in übermäßigen Mengen konsumiert werden, da dieses zu Darmverschlüssen führt. Die tägliche Aufnahme sollte bei etwa 35 g liegen.

1.4.2 Proteine

Proteine sind lineare oder verzweigte Ketten von Aminosäuren mit einem Molekulargewicht von 10 000 AME. Sie enthalten immer die Elemente C, O, H und N sowie in einigen Fällen darüber hinaus das Element S. In der Regel werden Proteine nach physikalischen Eigenschaften (Löslichkeit, Extrahierbarkeit/Fraktionierung, Molekulargewicht, elektrische Ladung, Rheologie etc.) und nach ihrer physiologischen Funktion (Strukturproteine, Enzyme etc.) charakterisiert [12].

Es sind insgesamt 20 verschiedene natürliche Aminosäuremoleküle bekannt, wovon je etwa zehn essenziell und zehn nicht-essenziell sind. Die Grundstruktur ist bei allen Aminosäuren gleich, die einzelnen Aminosäuren unterscheiden sich nur durch die Art ihrer Reste R (polar, apolar). Aminosäuren sind über die sogenannten Carboxyl-Gruppen (-CO_2H) und über die Aminogruppen (-NH_2) miteinander verbunden. Die Reste Rx ragen aus der Aminosäurekette heraus. In einem linearen Proteinmolekül wären somit die Eigenschaften durch die Art der Reste vorgegeben. Jedoch nur wenige Proteine liegen als lineare »Fäden« vor. Die meisten Proteinmoleküle bilden eine »Faltblattstruktur«, »Helix« oder »geknäuelte« Form. Die verschiedenen Reste können demnach nach innen oder nach außen orientiert sein. Je nach Orientierung und Art (polar, apolar) dieser Reste, haben die Proteinmoleküle unterschiedliche chemische und physikalische Eigenschaften (Reaktionsfähigkeit, Löslichkeit, elektrische Ladung etc.). Bezüglich der Größe der Moleküle unterscheidet man zwischen Aminosäuren (freie Aminosäuren), Peptiden (Di-, Tri-, Oligopeptide) und Proteinen.

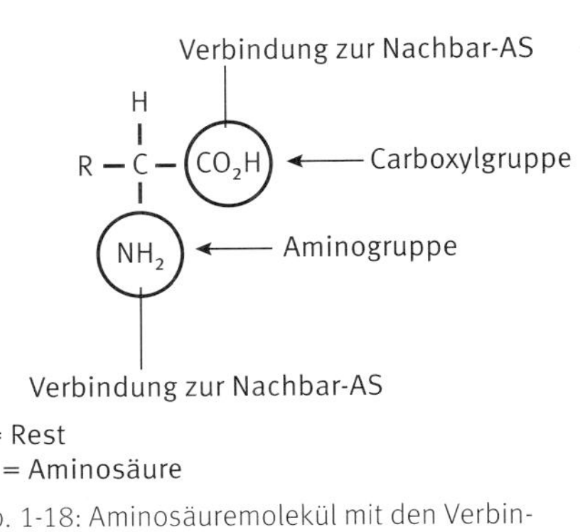

Abb. 1-18: Aminosäuremolekül mit den Verbindungsstellen zu den Nachbarmolekülen

Getreideproteine werden nach ihren Löslichkeitseigenschaften klassifiziert (Osbornfraktion) in:

Fraktion	Löslichkeitsverhalten
Albumine	löslich in Wasser
Globuline	löslich in salzhaltigem Wasser
Prolamine (Gliadine)	löslich in 70 % Ethanol
Gluteline (Glutenine)	unlöslich in Ethanol

Getreideproteine enthalten etwa 20 % Albumine und Globuline und rund 80 % Prolamine und Gluteline. Beim Weizen werden die Prolamine als Gliadine und die Gluteline als Glutenine bezeichnet.

Weizen hat im Unterschied zu den übrigen Getreidearten die besondere Fähigkeit, dass sich beim Anteigen heller Mehle mit Wasser ein im Wesentlichen aus den Gliadinen und Gluteninen zusammengesetzter Proteinkomplex bildet, der Kleber (Gluten), der mit seinen kohäsiven, viskoelastischen Eigenschaften in hohem Maße die Backfähigkeit eines Weizenmehls bestimmt und strukturbildend wirkt. Kleberproteine bilden im Teig ein feines, dreidimensionales Netzwerk aus Strängen. Sie können auf diese Weise das Gärgas Kohlendioxid (CO_2) zurückhalten, wodurch sich feine Poren bilden und das Volumen des Teigs vergrößert wird.

Die Kleberbildung geht, vereinfacht, folgendermaßen vonstatten: In der Teigbildung gequollene Glutenine verlieren durch die mechanische Beanspruchung beim Knetvorgang ihre Raumstruktur. Unter Aufbrechung der Disulfidbrücken, welche die Untereinheiten der Polymere miteinander verbinden, werden die Eiweißmoleküle aufgefaltet und die Peptidketten gestreckt. Andauerndes Kneten führt zur lamellenartigen Anordnung der Peptidkette. Zwischen den einzelnen Peptidketten der neuen Formation bilden sich wiederum Disulfidbrücken. Einzelne, auf diese Weise entstandene Klebereiweiße lagern sich

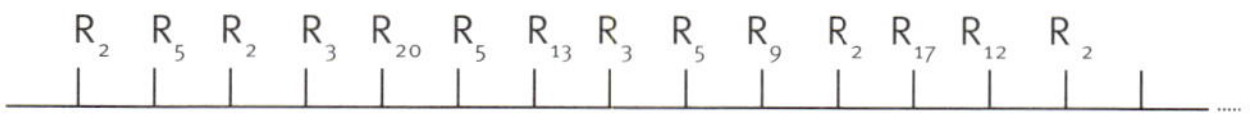

Abb. 1-19: Ausschnitt aus einem Proteinmolekül [5]

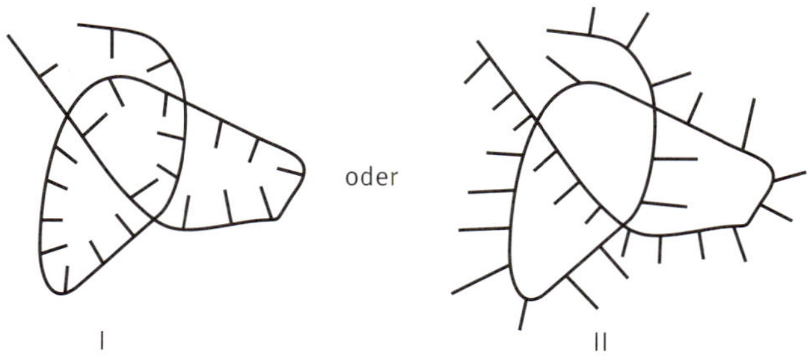

Abb. 1-20: Mögliche Zustandsvarianten eines Proteinmoleküls, bei dem die Reste nach innen (I.) oder nach außen (II.) orientiert sind.

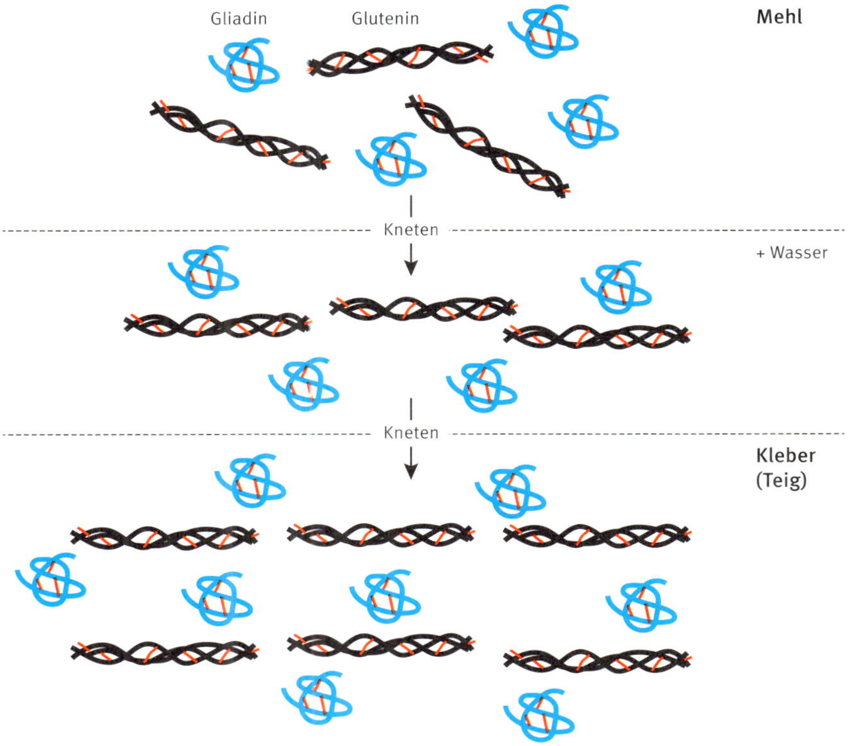

Abb. 1-21: Funktionelle Wirkung von Gliadinen und Gluteninen im Weizenteig

beim weiteren Kneten zu Strängen zusammen und durchziehen nach und nach den gesamten Teig. Lipoproteinschichten trennen die Eiweißstränge, sodass sie aneinander vorbeigleiten können. Daraus resultiert die Zähigkeit und Elastizität des Klebers.

Unterschiede in der Quantität und Qualität des Klebers sind weitgehend genetisch festgelegt und beruhen in erster Linie auf dem Gliadin-Glutenin-Verhältnis der jeweiligen Weizensorte. Je nach Zusammensetzung entstehen dabei Teige, die als »elastisch« oder »kurz« beurteilt werden. Das niedermolekulare Gliadin verhält sich wegen seiner hohen Wasserbindekapazität eher kurz, weich und schmierig. Im Gegensatz dazu wirkt Glutenin aufgrund einer geringen Wasseraufnahme im Teig eher elastisch. Elastische Teige ergeben ein voluminöses, feinporiges Gebäck und kurze Teige zeichnen sich aus durch eine gedrungene, grobporige Gebäckstruktur. Je nach Relation beider Fraktionen zueinander nimmt das Gluten im Verhalten eine entsprechende Zwischenstellung ein.

Werden Proteine erhitzt oder mit Säuren und anderen Reagenzien zusammengebracht, so verlieren sie ihre ursprüngliche Form und damit ihre physiologische und technologische Funktion (Denaturierung). Je höher der Wassergehalt, desto rascher erfolgt die Denaturierung. Getreideproteine werden schon bei Temperaturen zwischen 50 °C und 100 °C denaturiert. Bei der Weizentrocknung muss deshalb mit besonderer Sorgfalt vorgegangen werden. Zu hohe Temperaturen inaktivieren die Enzyme (Proteasen, Amylasen), die bei der Brotherstellung eine wichtige Rolle spielen. Gleichzeitig werden die kleberbildenden Proteine (Gliadine und Glutenine) teilweise oder ganz zerstört, sodass der Kleber verkürzt oder gar nicht mehr gebildet werden kann.

Ernährungsphysiologisch sind die Proteine Lieferanten von Aminosäuren, welche zur Synthese von körpereigenen Substanzen benötigt werden [5]. Der Nährwert von Proteinen ist abhängig von der Art und der Menge der darin vorkommenden Aminosäuren. Je besser die Aminosäurezusammensetzung der Proteine mit dem täglichen Bedarf übereinstimmt, desto höher ist der Nährwert oder die biologische Wertigkeit des Proteins. Dabei spielen vor allem die essenziellen Aminosäuren eine Rolle, die vom Organismus nicht selber in genügenden Mengen synthetisiert werden können. Wenn dem Hühnerei eine biologische Wertigkeit von 100 zugeschrieben wird, so bewegen sich die Getreideproteine zwischen 49 (Mais) und 67 (Hafer, Reis). Dies bedeutet, dass rund zweimal mehr Getreideproteine konsumiert werden müssen als Hühnerei-Proteine, um den gleichen Nährwert zu erhalten. In den unterschiedlichen Geweben der Getreidekörner sind die Proteinqualitäten allerdings verschieden. Generell weisen die löslichen Proteine (Albumine, Globuline) eine bessere biologische Wertigkeit auf als die unlöslichen Proteine (Prolamine, Gluteline). Keimlingsgewebe und Aleuronschicht enthalten vorwiegend Albumine und Globuline, wogegen die Prolamine und Gluteline vor allem im Endosperm vorkommen.

Ungefähr 1 % der Bevölkerung verträgt keine Produkte, die Weizen, Roggen, Triticale oder Gerste enthalten, da sie sonst an Zöliakie oder Sprue erkranken. Hierbei handelt es sich um eine genetisch bedingte Erkrankung, bei der sich die Falten oder Villi und Mikrovilli der Dünndarmschleimhaut bei Kontakt mit Prolaminen der erwähnten Getreidearten entzünden und schließlich degenerieren. Dadurch können auch andere Nährstoffe nicht mehr in genügenden Mengen aufgenommen werden, was bei unveränderter Diät zum Tode führt [14]. Bei rund 10 % der Zöliakiepatienten bricht die Krankheit im Kleinkindalter aus und bei 90 % nach dem 19. Lebensjahr. Solche Erkrankungen können nur vermieden werden, wenn Prolamine dieser Getreidearten nicht mehr zugeführt werden oder es gelingt, die Aminosäuresequenz in kritischen Bereichen des Gliadins durch gentechnische Methoden zu ändern. Alternative Ernährungsmöglichkeiten sind gegeben mit Pseudocerealien oder Reis bzw.

Mais. Momentan ist es sogar fast Mode, sich glutenfrei zu ernähren, auch wenn man gar keine Unverträglichkeit hat. Dieses Verhalten geht parallel mit dem Schlechtreden von Weizen und Weizenprodukten.

1.4.3 Lipide

Getreidelipide sind Fette oder Fettbegleitstoffe mit hydrophoben bzw. lipophilen Eigenschaften, die etwa je zur Hälfte polar und neutral sind. Hinzu kommen geringe Mengen an Lipoproteinen und Glycolipiden. Weizen besteht zum Beispiel insgesamt zu etwa 2,2 Gew. % aus Lipiden. Besonders lipidreich sind Keimling und Aleuron, daneben enthält der Mehlkörper die sogenannten Stärke-Lipide.

Triglyceride (24 %) sind, neben Glycolipiden (24 %) und Phospholipiden (23 %), die bedeutendste Fettgruppe im Getreide. Ihr Gehalt an essenziellen Fettsäuren ist fünf bis acht mal höher als bei tierischen Triglyceriden.

Die Nicht-Stärke-Lipide haben einen Einfluss auf die rheologischen Eigenschaften von Teigen. Sie sind als polare Moleküle deutlich grenzflächenaktiv und können Bindungen sowohl mit Wasser als auch mit Fetten eingehen. Mit diesen Eigenschaften wirken sie im Teig als Emulgatoren. Zum einen verbessert sich die Elastizität und Dichtigkeit der sich bildenden Gasbläschen, indem sich polare Lipide in die Membrane des Klebers einlagern. Zum anderen wird die Haftung der Stärke an den Gluten-Komplex gefördert. Als Folge erhöhen sich Gärtoleranz, Gashaltevermögen sowie Krumenelastizität des Gebäcks. Darüber hinaus schließen polare Fette durch Bindungen die Amylose ein und verzögern so das Altbackenwerden, dienen also der Frischhaltung von Backwaren.

1.4.4 Mineralstoffe, Spurenelemente

Mineralstoffe sind Ionenverbindungen (Salze). Der Mineralstoffgehalt im Getreidekorn liegt etwa bei 1,5 bis 4 Gew. %, abhängig von Getreideart, Korngröße und Düngung. Rund 61 % der Mineralstoffe der Getreidekörner kommen in den Aleuron- und Subaleuronzellen vor. 95 % aller Mineralstoffe sind Phosphate oder Sulfate von Kalium, Magnesium und Kalzium. Die wichtigsten Spurenelemente sind Eisen, Mangan und Zink (1–5 mg/100 g). 70 % bis 75 % des Phosphors kommt in der Phytinsäure vor, die mit verschiedenen Metallionen (Ca, Zn, Fe etc.) reagieren kann und zu unlöslichem, unverdaulichem Phytat umgewandelt wird. Während der Verdauung gehen die Mineralstoffe verloren (verringerte Bioverfügbarkeit), da sie mit dem Phytat in den Exkrementen ausgeschieden werden. Phytinsäure wirkt auch als Antioxidans und verhindert damit die oxidative Zerstörung

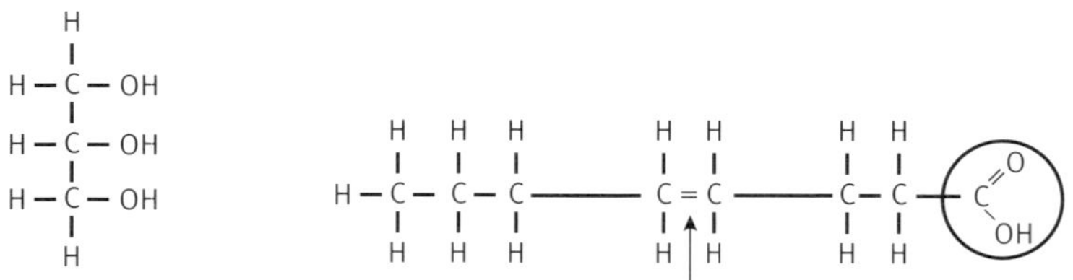

Abb. 1-22: Die verschiedenen Komponenten eines Triglycerid-Moleküls

von wasserlöslichen und essenziellen Nahrungsbestandteilen (Vitamin C etc.) oder die Bildung von aggressiven (cancerogenen) Radikalen im Verdauungstrakt. Der Gehalt an Mineralstoffen und Spurenelementen wird bei der Aschebestimmung erfasst.

1.4.5 Vitamine

Getreidekörner enthalten eine ganze Reihe von wasserlöslichen Vitaminen, die auf die verschiedenen Gewebe unterschiedlich verteilt sind [9].

Bei den fettlöslichen Vitaminen dominiert das Tocopherol, Vitamin E, welches vorwiegend im Keimlingsgewebe und in den Aleuronzellen konzentriert ist.

Am meisten Tocopherol enthält Einkorn. Vitamine haben als Mikroelemente praktisch keinen Einfluss auf die verarbeitungstechnischen Eigenschaften von Getreidekörnern. Eine Ausnahme bildet die Ascorbinsäure, oder Vitamin C, welche als Oxidationsmittel dem Brotmehl beigegeben werden kann, um die Teigfestigkeit zu erhöhen. Während des Backprozesses werden die Vitamine vollständig zerstört.

1.4.6 Enzyme

Von Enzymen sind – wenn es um Qualität und Verarbeitung von Getreide und dessen Mahlprodukten geht – im Wesentlichen nur die Amylasen von Bedeutung. Durch das Enzym α-Amylase wird die Stärke zu Dextrinen abgebaut. Das Enzym β-Amylase bewirkt einen weiteren Abbau zu Maltose. Verkleisterte Stärke wird leichter durch Enzyme abgebaut als mit natürlicher Stärke. Der enzymatische Abbau verringert den Anteil an verkleisterungs-fähiger Stärke. Liegt die Verkleisterungstemperatur eines Mehls unter dem Temperaturoptimum der Amylaseaktivität (60 °C) kommt es zur Verflüssigung des Teigs, da die Stärke das von denaturiertem Protein oder Pentosanen abgegebene Wasser nicht vollständig aufnehmen kann. Die Verflüssigung beim Backen führt dann zu Wasserstreifen

Tab. 1-5: Vitamine im Getreidekorn. Bei den fettlöslichen Vitaminen dominiert das Tocopherol, Vitamin E, welches vorwiegend im Keimlingsgewebe und in den Aleuronzellen konzentriert ist.

	Keimling (%)	Aleuronzellen (%)	Endosperm (%)
Thiamin, Vitamin B_1	64	32	3
Riboflavin, Vitamin B_2	26	37	32
Niacin, Vitamin PP	2	82	12
Pyridoxin, Vitamin B_6	21	61	6
Pantothensäure	7	41	43
Biotin	53	42	5
Folsäure	32	51	17

und feucht-rissiger Krume im Gebäck. Eine zu geringe Amylaseaktivität hat hingegen ein vermindertes Volumen mit trocken-fester Gebäckkrume zur Folge.

Roggen tendiert durch seine genetisch bedingte geringe Keimruhe wesentlich stärker zu einer enzymatischen Stärkekorrosion als Weizen. Diese Eigenschaften hängen mit den relativ kurzkettigen Amylose- und Amylopektinmolekülen sowie der Korngrößenverteilung der Stärke zusammen.

Die Beurteilung der α-Amylaseaktivität erfolgt mithilfe der Fallzahl oder des Amylogramms [6]. Die Messwerte geben einen direkten Hinweis auf den Zustand der Stärke und damit auf die technologischen Eigenschaften des Getreides.

1.4.7 Wasser

Getreide enthält immer auch einen bestimmten Anteil an Wasser. Dieser Wassergehalt des Getreides steht über die für Wasserdampfmoleküle durchlässige Membran der Schalenschicht mit der Luftfeuchtigkeit der Umgebung im Gleichgewicht. Er ist zum Beispiel je nach Reifegrad des Getreides, Erntebedingungen (Witterungsverhältnisse), Trocknungsverfahren oder Lagerungsbedingungen größeren Schwankungen unterlegen. Von allen Bestandteilen des Korns hat der Keimling den höchsten Wassergehalt.

Der Wassergehalt hat eine große Bedeutung für den Handel (Gewicht), die Lagerfähigkeit und die Qualitätserhaltung von Getreide. Getreidekörner bieten im allgemeinen günstige Voraussetzungen für die Lagerhaltung, da sie unter regulären Bedingungen nur einen geringen Gehalt an Wasser aufweisen. Getreide mit einer Feuchtigkeit von unter 14 % gilt als lagerfest. Liegt die Feuchtigkeit darüber, kann das Getreide schonend mit Warmluft getrocknet oder aber gekühlt werden.

Durch die Atmung wird Trockensubstanz (Stärke, Zucker) zu Kohlendioxyd, Wasser und Wärme umgewandelt, was jedoch bei sachgemäßer

Lagerung lediglich einen Gewichtsverlust an Kornmasse von etwa 3 % pro Jahr bewirkt (Lagerschwund).

1.5 Qualitätseinstufung, Kriterien der Sortenzulassung

Die Verarbeitungsqualität des Getreides ist abhängig von einer Vielzahl von Faktoren, wie zum Beispiel den Anbaubedingungen (Boden, Klima, ackerbauliche Maßnahmen). Im Falle des Weizens wird sie jedoch im Wesentlichen auch von der Sorte (genetisches Potenzial) bestimmt. Daher wird die Qualitätseinstufung von neugezüchteten Getreidesorten im Folgenden am Beispiel von Weizen näher beschrieben.

Alle angebauten oder als Saatgut in Verkehr gebrachten Weizensorten bedürfen einer Prüfung und Zulassung. Für die Bundesrepublik Deutschland geschieht dies durch das Bundessortenamt in Hannover. Die Züchter reichen ihre Sortenmuster ein und beantragen die Zulassung. Die sogenannte Wertprüfung erfolgt innerhalb von drei Erntejahren nacheinander. Die Sorten werden hierbei neben Anbau- (z. B. Reife, Neigung zu Auswinterung, Krankheitsresistenz) und Ertragseigenschaften (z. B. Kornzahl/Ähre, Tausendkorngewicht) auch nach den Verarbeitungseigenschaften (Weizen: Backversuch Rapid-Mix-Test, RMT) in bestimmte Qualitätsgruppen (Weizen: E, A, B, C, K) eingeteilt. Jährlich

Tab. 1-6: Zuordnung der Sorten zu den Qualitätsgruppen bei Weichweizen anhand bestimmter Parameter mit geforderten Ausprägungsstufen [12c]

	E-Gruppe Eliteweizen	A-Gruppe Qualitätsweizen	B-Gruppe Brotweizen	K-Gruppe Keksweizen	C-Gruppe sonstiger Weizen
Volumenausbeute (RMT)	mind. 8	mind. 6	mind. 4	max. 4	–
Elastizität des Teigs	normal etwas zäh	normal etwas kurz etwas zäh zäh	geschmeidig[1] normal etwas kurz etwas zäh zäh	geschmeidig[1] normal etwas kurz	–
Oberflächenbeschaffenheit des Teigs	feucht etwas feucht normal	feucht etwas feucht normal	feucht etwas feucht normal etwas trocken	feucht etwas feucht normal etwas trocken	–
Fallzahl	mind. 6	mind. 5	mind. 4	mind. 6	–
Rohproteingehalt	mind. 6	mind. 4	mind. 3	max. 3	–
Sedimentationswert	mind. 7	mind. 5	mind. 3	max. 3	–
Wasseraufnahme	mind. 7	mind. 5	mind. 4	max. 3	–
Mehlausbeute (T550)	mind. 5	mind. 5 mind. 4[2]	mind. 4 mind. 3[2]	mind. 5	–

[1] ohne Tendenz zu nachlassend
[2] bei Sommerweizen

wird dazu die sogenannte »Beschreibende Sortenliste« herausgegeben, welche die Ergebnisse dieser Prüfung für die einzelnen Sorten beinhaltet.

Die Bonitierung (Einstufung, Bewertung) von Fallzahl bis einschließlich Volumenausbeute erfolgt nach einem Punktesystem (Ausprägungsstufen) mit den Noten 1 (sehr niedrig) bis 9 (sehr hoch) anhand der Relation zu bestimmten Referenzsorten, bei Weichweizen sind dies beispielsweise »Batis« (Winterweizen) und »Thasos« (Sommerweizen). Für die Beurteilung der Teige gibt es feste Begriffe wie »normal«, »etwas kurz«, »etwas zäh«, »geschmeidig«, »etwas feucht« o.ä.

Zur Orientierung, welchen absoluten Werten die oben genannten Ausprägungsstufen in etwa entsprechen, werden diese am Beispiel der Ausprägungsstufe 5 (= mittel) angegeben:

Fallzahl	256	–	285 s
Rohproteingehalt	13,0	–	13,3 %
Sedimentationswert	33	–	39
Griffigkeit	48	–	50 %
Wasseraufnahme	55,2	–	56,2 %
Aschewertzahl	647	–	672
Mehlausbeute	73,8	–	75,7 %
Volumenausbeute	622	–	651 ml

Im Folgenden sind drei Weichweizensorten unterschiedlicher Qualitätsgruppen mit ihren jeweiligen Verarbeitungseigenschaften aufgeführt, so wie sie in der Beschreibenden Sortenliste [12c] zu finden sind:

Eigenschaft	Akteur	Tobak	Elixer
Backqualitätseinstufung	**E**	**B**	**C**
Fallzahl	8	7	6
Fallzahlstabilität	+	+	o
Rohproteingehalt	8	2	3
Sedimentationswert	9	5	4
Griffigkeit	6	6	3
Wasseraufnahme	4	6	1
Mineralstoffwertzahl	4	6	8
Mehlausbeute T 550	7	6	5
Volumenausbeute	8	6	4
Elastizität des Teigs: Überwiegende Eigenschaft	3	3	5
Erkennbare Tendenz	–	–	4
Oberflächenbeschaffenheit des Teigs	3	3	3

1 = schlechteste, 9 = höchste (beste) Ausprägungsstufe
Fallzahlstabilität: + = gut, o = mittel

Ein sogenannter »Aufmischeffekt« ergibt sich bei Weizen immer dann, wenn eine Mischung aus dem Mehl einer E- oder A-Sorte und einer B-Sorte verbacken wird und das Brötchen im Rapid-Mix-Test eine mindestens 15 ml höhere Volumenausbeute erzielt, als es die Volumenausbeute der reinen E-, A- oder B-Weizenmehle erwarten ließe (Synergieeffekt). Der Aufmischeffekt hängt von der Proteinmenge und -qualität sowie von der Teigeigenschaft der Basismehle ab. Sofern der Proteingehalt ausreichend ist, passen beispielsweise die »geschmeidigen« Teigeigenschaften einer Weizensorte (z. B. B-Weizen »Greif«) gut zu »etwas zähen« Teigeigenschaften (z. B. A-Weizen »Renan«). Sie werden daher auch als »Passerweizen« bezeichnet. Weizensorten mit »normaler«, kombiniert mit solchen von »weicher« oder »kurzer« Teigelastizität ergeben hingegen lediglich geringe bis mittlere Aufmischeffekte.

Beispiel für die Berechnung des Aufmischeffekts:

Greif, 3 Teile	650 ml	1950 ml
Renan, 1 Teil	730 ml	730 ml
Mischung, 4 Teile (Summe)		2680 ml
Mischung, 1 Teil	2680/4	650 ml
Tatsächlich erbackene Volumenausbeute (RMT)		715 ml
Aufmischwert (Differenz)		45 ml

Bei den anderen Getreidearten gibt es indes keine verbindliche Einteilung der Sorten in Qualitätsgruppen in dem Maße wie bei Weizen, da die Sorteneigenschaften einerseits einen weitaus weniger gravierenden Einfluss auf deren Verarbeitungseigenschaften haben und andererseits für die Qualitätsmerkmale keine eindeutige Sortenabhängigkeit besteht, sondern beispielsweise der Standortfaktor überwiegt. Proteingehalt und Proteinqualität sind wichtig für das Backvolumen. Der Zusammenhang zwischen Proteingehalt und Backvolumen ist nicht für alle Sorten gleich eng. Deshalb ist für den Müller auch immer die Sortenkenntnis wichtig, um ein wirtschaftliches Mehl herzu stellen, mit dem auch ein optimales Backergebnis erzielt werden kann.

1.6 Keimung, Auswuchs

Damit im Getreidekorn nach seiner physiologischen Reife (Ernte) der Keimungsvorgang eingeleitet werden kann, müssen verschiedene Bedingungen erfüllt sein [5]. Wie alle anderen Entwicklungsstadien, wird auch die Keimung durch spezifische Wachstumsregulatoren initiiert. Solche Pflanzenhormone werden in der Pflanze durch Feuchte-, Temperatur- oder Lichtreize (Tageslänge) selbst produziert und aktivieren die entsprechenden Enzyme, welche dann den neuen Wachstumsabschnitt einleiten.

Nach der Ernte muss das Korn einer kritischen Temperatursumme ausgesetzt sein, damit die natürliche, von Getreideart und -sorte abhängige Keimruhe überwunden werden kann (Feuchtigkeit: min. 30 bis 35 %, max. 42 bis 46 %; Temperatur: min. 2 bis 8 °C, opt. 25 °C, max. 42 °C). Es muss zudem genügend Sauerstoff vorhanden sein, denn im Stadium der Keimung herrscht in den lebenden Zellen des Korns bereits eine intensive Atmungstätigkeit. Mit zunehmender Lagerungsdauer verringert sich die Keimbereitschaft immer mehr, bis das Korn schließlich nicht mehr keimfähig ist. Unter optimalen Lagerungsbedingungen ist die Zeitspanne bis zur Einstellung der Keimbereitschaft bei den Getreidearten unterschiedlich, sie reicht von 3 bis 5 Jahre bei Mais bis 11 bis 16 Jahre bei Weizen. Das Getreide sollte nicht hitzegeschädigt (z. B. unsachgemäße Trocknung) und auch nicht mechanisch beansprucht (z. B. unsachgemäße Förderung) sein.

Von der Reife bis zum Keimen verändert sich die Enzymaktivität des Getreidekorns, wodurch die Inhaltsstoffe (Speicherstoffe, gespeicherte Energie für die Jungpflanze) des Endosperms abgebaut (mobilisiert) werden. Durch solche Abbauvorgänge entstehen neue Substanzen, welche die physikalischen, verarbeitungstechnologischen Eigenschaften vollständig verändern. Dextrine und Maltose, die Abbauprodukte der Stärke, zeigen beispielsweise keine Verkleisterungsfähigkeit mehr und können deshalb nur noch wenig Wasser aufnehmen. Sie sind im Gegensatz zur Stärke osmotisch aktiv, wasserlöslich und können die feinen Poren von Zellmembranen (semipermeabel) wegen ihrer Größe nicht passieren, wohingegen die kleineren Wassermoleküle von außen durch die Membranen in die Lösung eindringen. Dies führt zu einer Volumenvergrößerung der Lösung wodurch der Druck auf die Membran steigt (osmotischer Druck).

Abb. 1-23: Schematische Darstellung des Keimungsvorgangs

Stärke $\xrightarrow{\alpha\text{-Amylase}}$ Dextrine $\xrightarrow{\beta\text{-Amylase}}$ Maltrose

Protein $\xrightarrow{\text{Endoproteasen}}$ Polypeptide $\xrightarrow{\text{Exoprotease}}$ Aminosäuren

Abb. 1-24: Enzymatischer Stoffabbau während des Keimungsvorgangs

Die stärkste Veränderung der Enzymaktivität beim Keimungsvorgang zeigt die α-Amylase. Die α-Amylaseaktivität kann daher als Indikator für den Keimungszustand (Auswuchs) herangezogen werden. Für die Beurteilung der Qualität der Brotgetreidearten Roggen und Weizen spielt zum Beispiel die Bestimmung der α-Amylaseaktivität (Fallzahl, Amylogramm) eine besondere Rolle. Durch eine erhöhte Enzymaktivität wird gebundenes Wasser beim Backen freigesetzt und der Anteil von Dextrinen steigt, wodurch klebrige Teige entstehen. Die Brote aus solchen Teigen haben eine feuchte, grobporige Krume und eine dunkle Krustenfarbe. Polypeptide und Aminosäuren zeigen ebenfalls veränderte Löslichkeitseigenschaften und sind nicht mehr in der Lage, große, kohärente und dreidimensionale Netzwerke des Klebers zu bilden.

1.7 Wachstum und Ernte der Getreidepflanze

Die Beizung des Saatgetreides ist für den Getreideanbau eine unverzichtbare Maßnahme, um bestimmte samen- (Schimmelpilze etc.) und bodenbürtige (Steinbrand etc.) Krankheitserreger fernzuhalten. Mit der Keimung wird der Ruhezustand des Getreidekorns durch Wasseraufnahme, Wärmeeinwirkung, Sauerstoffaufnahme und zum Teil Lichteinwirkung beendet, vorausgesetzt es ist noch keimfähig. Die Keimung setzt, zunächst unter Substanzverlust, mit Beginn der Organdifferenzierung im Embryo ein. Die Nährsubstanzen sind im Samen als Vorratsstoff (Eiweiß, Stärke) vorhanden. Durch Enzyme (Biokatalysatoren) werden diese Vorratsstoffe aktiviert und zum Embryo transportiert. Nach der Keimung entwickelt sich die junge Getreidepflanze unter dem Einfluss von Wärme und Wasser sowie mithilfe der Photosynthese (Sonnenenergie, CO_2) und der Nährstoffe (Mineralstoffe) aus dem Boden.

Die Jugendentwicklung der Pflanze ist die wichtigste Phase für Organanlage und -differenzierung. Diese ist stark abhängig von Umweltfaktoren, insbesondere vom Licht und von der Temperatur. Die spätere Ertragshöhe wird während dieser Zeit bereits entscheidend mitbestimmt. Beim Weizen bilden sich zum Beispiel in der Jugendphase zunächst aus der Wurzelanlage des Keims drei bis acht Würzelchen und danach aus der Blattanlage das Keimblatt, das den Boden durchstößt (Auflaufen). Anschließend bilden sich am Halm bis zu sieben Blätter aus. In der Jugendphase findet auch die Seitentriebentwicklung (Bestockung) statt. Je nach den Licht- und Nährstoffverhältnissen bildet die Getreidepflanze mehrere Bestockungstriebe. Im dichten Bestand sind dies ein bis zwei Triebe, am Rand können es auch noch mehr Triebe sein. An jedem Trieb wächst später eine Ähre/Rispe. Nur der Mais wurde durch die Züchtung auf einen dicken Halm reduziert. Hier findet in der Regel keine Bestockung mehr statt.

Die Hauptwachstumsphase ist durch starkes Massenwachstum gekennzeichnet. Der Haupthalm macht ein schnelles Längenwachstum durch, er schießt (Schossung, Streckung), und erreicht etwa dreiviertel seiner endgültigen Höhe. Nun setzt das Ährenschieben ein, mit der Ausbildung des Blütenstands (Ähre), mit 20 bis 30 Ährchen pro Ähre und zwei bis drei Blütchen je Ährchen (Beispiel Weizen).

Während der Reifephase nimmt das Wachstum der Gesamtpflanze ab. Es findet eine Verlagerung von Substanzen innerhalb der Pflanze statt, zum Teil mit Wachstum einzelner Organe auf Kosten der Gesamtpflanze. Bei allen Getreidearten ist der Reifezustand erreicht, wenn der Feuchtigkeitsgehalt und die Enzymaktivität in den Körnern am geringsten ist. Zu diesem Zeitpunkt sind im Korn alle Stoffe eingelagert. Die Ernte kann bereits ab Gelbreife (E1) ohne Verlust an Trockensubstanz (TS) erfolgen (Tab. 1-7, 1-8), wobei die Körner anschließend getrocknet werden müssen. Das Stadium zwischen Vollreife und Totreife entspricht der Mähdruschernte. Auswuchs ist bei Weizen bereits acht Tage nach Erreichen der Vollreife möglich, bei Roggen auch schon während der Reife, sofern die art-/sortenspezifische Keimruhe überwunden ist und warm-feuchte Witterungsverhältnisse vorherrschen.

Durch anbautechnische Maßnahmen soll für das Wachstum der Kulturpflanzen eine möglichst optimale Umgebung geschaffen werden. Das Erbgut einer bestimmten Sorte stellt ein Potenzial dar, welches durch standortbezogene Sortenwahl und durch geeignete Anbautechnik gezielt gefördert werden kann.

Die Beschaffenheit des Bodens kann durch Bodenbearbeitung (pflügen etc.), durch Düngung, durch Melioration oder durch Bewässerung für den Anbau

Tab. 1-7: Reifestadien des Getreides

Reifestadium	**Eigenschaften**
Milchreife, Fruchtbildung	Korn entwickelt; grünlich weich, milchiger Mehlkern; 50 % Feuchte
Teigreife, Samenreife	Mehlinhaltsstoffe bereits geringfügig verdichtet; Fingernageleindruck reversibel; 40 % Feuchte
Gelbreife	Korn gelb, fest; Fingernageleindruck irreversibel, aber noch zu feucht; 30 % Feuchte
Vollreife	Weitere Verdichtung der Nährstoffe; kann nur schwer mit dem Fingernagel eingedrückt werden; 16–20 % Feuchte
Totreife, Absterben	Korn wird spröde, kann nicht mehr mit dem Daumennagel eingedrückt werden

Tab. 1-8: Kornentwicklung bei Weizen

Reifegrad	Ernte	Wassergehalt	TKG	1 000-Korn-Vol.
Befruchtung	–	–	–	–
3–4 Wochen	–	–	–	–
Milchreife	–	› 60–45 %	–	–
2–3 Wochen	–	51 %	29 g	53 ml
Gelbreife	–	~40–20 %	–	–
2–3 Wochen	E_1	30 %	42 g	43 ml
Vollreife	–	~16 %	42 g	35 ml
1 Woche	E_2	16 %	42 g	35 ml
Totreife	E_2	‹ 16 %	42 g	35 ml
Auswuchs	–	~30 %	–	–

teilweise optimiert werden. Durch einen günstigen Fruchtwechsel (Fruchtfolge) kann die Fertilität (Fruchtbarkeit) des Bodens gefördert werden und gleichzeitig können bodenbürtige Krankheitskeime reduziert bzw. eliminiert werden. Unkrautbekämpfung und Pflanzenschutz sind weitere Faktoren, welche eine optimale Entwicklung der Kulturpflanzen fördern. Vorbeugende bzw. nach dem Schadschwellenprinzip begleitende Maßnahmen halten den Krankheits- bzw. Konkurrenzdruck auf den Pflanzenbestand gering, der ansonsten ein Schwächen oder Absterben wichtiger Pflanzenteilen bewirken würde.

Die klimatischen Verhältnisse (Tageslänge, Einstrahlungsmenge und -intensität, Niederschlagsmenge und Temperaturverlauf während der Vegetationsperiode) haben einen entscheidenden Einfluss auf Getreideertrag und -qualität [18]. Die Sortenwahl muss sich an diesen regionalen Gegebenheiten orientieren. Die Temperatur ist ein Steuerungsfaktor für die Geschwindigkeit aller chemischen Reaktionen und damit auch für das Wachstum einer Pflanze. Kulturpflanzen in gemäßigten Klimazonen benötigen für das Wachstum eine minimale Durchschnittstemperatur von +5 °C. Die Zeitspanne, in der diese Temperatur nachhaltig überschritten wird, ergibt die Vegetationszeit.

Einige Wachstumsabschnitte werden durch Temperaturreize ausgelöst, so zum Beispiel die Blühbereitschaft der Wintergetreidearten durch Kälte (Vernalisation: -3 bis +13 °C). Auch die Qualität der reifenden Körner wird durch Temperatureinwirkungen während der Vegetationsperiode beeinflusst (z. B. Trocken-, Hitzeschädigung am Korn) [13]. Lichtintensität und Lichtdauer sind als Energielieferanten bei der Photosynthese ausschlaggebend für den Stoffaufbau und damit für das Wachstum und die Kornausbildung. Die Lichtdauer kann ebenfalls bestimmte Wachstumsabschnitte einleiten, so z. B. die Blütenbildung.

1.7.1 Qualitätsbeeinflussende Faktoren

Ertrags-, Qualitäts- und Hygieneeinbußen am Getreide können durch Besatz, wie beispielsweise beschädigte Körner, Schmachtkörner, Krankheiten, Schädlinge oder Unkrautsämereien, verursacht werden (Abb. 1-25). Im Folgenden sind die wichtigsten Faktoren aufgelistet, welche den Ertrag, die Kornentwicklung, die Getreidelagerung und vor allem auch die Qualität der Mahlprodukte beeinträchtigen (Tab. 1-9). Dabei führen sehr viele Schadfaktoren zu einem verringerten Tausendkorngewicht (TKG), weil die Einlagerung von Assimilaten ins Korn der letzte ertragsbestimmende Einfluss ist. Die Verminderung der Wurzelmasse, der Assimilationsfläche (Blatt, Ähre), eine erschwerte Nährstoffleitung im Halm, eine Unkrautkonkurrenz oder eine Schädigung durch Herbizide führt zu kleineren Körnern bis hin zu Schmachtkörnern, die entfernt werden müssen. Auch ein Pflanzenausfall durch abiotischen Stress oder Krankheitsbefall hat weitgehende Qualitätseinbußen zur Folge. Dadurch wird der Kornertrag vermindert, der Pflanzenbestand wird ungleichmäßig, reift ungleich ab und es kommt zu erhöhten Feuchtigkeitsgehalten im Erntegut und zu sehr unterschiedlich großen Körnern. Erfolgt die Schädigung im frühen Stadium, dann versuchen die Nachbarpflanzen den Schaden durch verstärkte Bestockung auszugleichen, was aber zu noch mehr Ungleichheit im Erntegut führt. Sind in derselben Partie sehr große und sehr kleine Körner enthalten, lässt sich kaum ein optimales Mahlergebnis erzielen. Ein geringerer Proteingehalt ist in der Regel mit einer schlechteren Backqualität verbunden.

Durch Resistenzzüchtung wird versucht, die krankheitsbedingten Ertrags- und Qualitätsschäden zu reduzieren bzw. zu eliminieren. Kurzfristig müssen entsprechende pflanzenbauliche Maßnahmen und Pestizide zur Vermeidung von Krankheiten bzw. von Konkurrenzdruck durch Unkräuter eingesetzt werden.

Im Weizen treten als hauptsächliche Krankheitserreger Rostpilze (*Puccinia*-Arten) auf, vor allem Gelbrost oder Braunrost. Insbesondere bei ungünstigen Witterungsverhältnissen muss verstärkt mit Fusarien gerechnet werden. Diese befallen u. a. die Ähren (»Ährenfusariosen«) und führen dann zu Schmachtkorn, Einbußen in der Futter- und Backqualität sowie zur Bildung von Giftstoffen (»Mykotoxine«, s. Unerwünschte Stoffe). Durch die Kümmerkornbildung wird der Proteingehalt oft höher. Die Backqualität ist trotzdem vermindert, weil die Klebereiweiße enzymatisch angegriffen sind. Zudem gibt es viele Bruchkörner. Im Falle einer ungenügenden Fruchtfolge (getreidestarke Fruchtfolge) und auf Grenzstandorten kann häufig auch Schwarzbeinigkeit und Halmbruchkrankheit beobachtet werden. Kurzstrohige Sorten und hohe N-Gaben fördern das Aufkommen

Besatz in Getreide

Besatz nennt man die unerwünschten Bestandteile einer Getreidepartie. Oder anders gesagt: zum Besatz zählen sämtliche Bestandteile einer Getreideprobe, die nicht einwandfreies Grundgetreide sind. Besatz besteht aus den vier Fraktionen Bruchkorn, Kornbesatz (Schmachtkorn, Fremdgetreide, Körner mit Schädlingsfraß, bei Hartweizen: Körner mit Keimverfärbung/fleckige Körner, durch Trocknung überhitzte Körner), Auswuchs sowie Fremd-/Schwarzbesatz (Fremdkörner, verdorbene Körner, Verunreinigungen, Spelzen, Mutterkorn, Brandbutten). Lebende Schädlinge werden nicht zum Besatz gezählt sondern als ein separates Kriterium betrachtet.
Je nach Getreideart (Weizen, Roggen, Mais etc.) und Verwendungszweck (Saatgetreide, Brotgetreide, Futtergetreide etc.) variieren Definition und zulässiger Anteil des Besatzes. Die Besatzdefinitionen und Methoden der Besatzanalyse für die verschiedenen Getreidearten sind in folgenden Standards und Normen festgelegt:

- ICC-Standard Nr. 102/1 (Weizen)
- ICC Standard-Nr. 103/1 (Roggen)
- DIN EN 15587 (Weizen, Hartweizen, Roggen, Triticale, Futtergerste)
- DIN EN 16378 (Mais, Hirse)

Der Besatz gelangt über den Feldbestand, bei der Ernte, beim Transport, während der Trocknung oder bei der Lagerung in die Getreidepartie.
Die verschiedenen Besatzfraktionen beeinträchtigen die Verarbeitung des Getreides und die Verwendung der daraus hergestellten Produkte auf folgende Weise:

- Gesundheit, durch Giftigkeit, Pilzbefall, Infektionen,
- Abweichungen im Geschmack,
- Abweichungen in der Farbe,
- Verderb während der Lagerung, durch erhöhte Feuchtigkeit, Pilzbefall etc.,
- Beanspruchung von Transport- und Lagerraum,
- Verschleiß, Maschinen- und Anlagenstörung/-bruch.

Besatz führt, je nach Art und Umfang, zu Ausschuss von Ware und/oder Mehraufwand während der Lagerung und des Verarbeitungsprozesses.

Besatzanalyse

Die Besatzanalyse dient den folgenden Zwecken:

- Entscheidung über die Annahme/Ablehnung der Partie,
- Preisbildung/-findung (Zu-/Abschläge),
- Erkennen von Maßnahmen für Getreidereinigung und Lagerung.

Durchführung

Mittels Sieb- und Handauslese werden alle artfremden Bestandteile und nicht einwandfreies Grundgetreide aussortiert und anschließend mengenmäßig sowie prozentual erfasst. Je geringer der Anteil an den verschiedenen Besatzfraktionen ist, desto weniger Schwierigkeiten sind bei der weiteren Verarbeitung zu erwarten.

Tab. 1-9: Qualitätsbeeinflussende Faktoren, ihre Ursachen bzw. Folgen und mögliche Qualitätseinbußen (zu »Unerwünschte Stoffe« s. Tab. 1-10)

Faktor	Ursache/Folge	Qualitätseinbußen
Ungünstige Witterungsfaktoren		
Ungenügende Kälteeinwirkung	Vernalisation Wintergetreide	Keine Körner
Frostschäden	Auswinterung, Spätfröste im Frühjahr, Frühfröste vor Ernte	Pflanzenausfall
Hitzeschäden	Hitze, zu hohe Trocknungstemperaturen	Verfärbung/Beschädigung des Keimlings, Schwarzbesatz
Dürreschäden	Notreife	Pflanzenausfall, TKG, Schmachtkorn
Regen, Wind, hohe Luftfeuchtigkeit	Lagerschäden, Pilzbefall	Auswuchs
Ungünstige Bodenverhältnisse		
Suboptimaler pH-Wert	Versauerung	TKG
Staunässe		Pflanzenausfall
Nährstoffversorgung	Schlechte Verfügbarkeit, Mangel	TKG, Kornform, geringerer Proteingehalt
Managementfehler		
Unkraut	Konkurrenz um Nährstoffe, Licht, Raum	TKG, Schwarzbesatz, hohe Kornfeuchte, Auswuchs
Fehlerhafte Bodenbearbeitung	Verdichtung, Staunässe	TKG
Schädigung durch Herbizide	Anwendung bei Sonne, Nässe, Kälte	TKG
Verspätete Ernte	Lagergetreide	Auswuchs, Kornfeuchte
Tierische Schädlinge		
Nematoden		Verzögerte Reife, TKG
Drahtwürmer und Engerlinge		Pflanzenausfall
Brachfliege		Pflanzenausfall
Fritfliege		Pflanzenausfall, Schädlingsfraß, Kümmerkorn
Sattelmücke		Frühreife, Schmachtkorn
Blattläuse		TKG, Schwärzepilze
Weizengallmücke		Verfärbte Körner, Pilzinfektionen
Getreidewanzen		Geringerer Proteingehalt
Pilzkrankheiten		
Keimlingskrankheiten	*Fusarium*-Arten	Pflanzenausfall
Fußkrankheiten	*Oculimacula*, *Fusarium*-Arten	TKG
Blattkrankheiten	Mehltau, Roste, Blattseptoria	TKG, geringerer Proteingehalt
Ährenfusariosen	*Fusarium*-Arten	TKG, Schmachtkorn, höherer Proteingehalt, Schwarzbesatz, Unerwünschte Stoffe
Mutterkorn	*Claviceps*	Schwarzbesatz, Unerwünschte Stoffe
Brandkrankheiten	Stein-, Hart-, Flugbrand	Schwarzbesatz, Unerwünschte Stoffe

① Weichweizen

② Hartweizen

③ Roggen

④ Triticale

⑤ Gerste *rechts:* unbespelzt

⑥ Hafer *rechts:* unbespelzt

⑦ Mais

⑧ Bruchkorn

⑨ Schmachtkorn

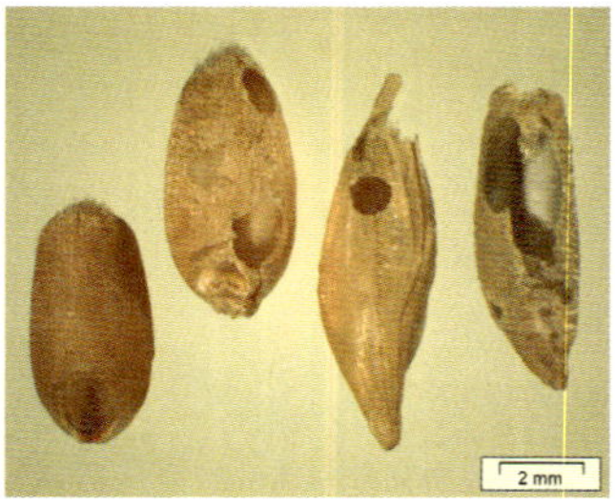

⑩ Schädlingsfraß

⑪ Wanzenweizen /Gallmückenschaden

⑫ Keimverfärbungen

⑬ durch Trocknung überhitzte Körner

⑭ Auswuchs

⑮ verdorbene Körner

Abb. 1-25: Getreide und ausgewählte Besatzarten

(16) Befall mit Fusarium (Frühinfektion)
links: gesundes Korn

(17) Befall mit Fusarium (Spätinfektion)
links: gesundes Korn

(18) hitzegeschädigte Körner

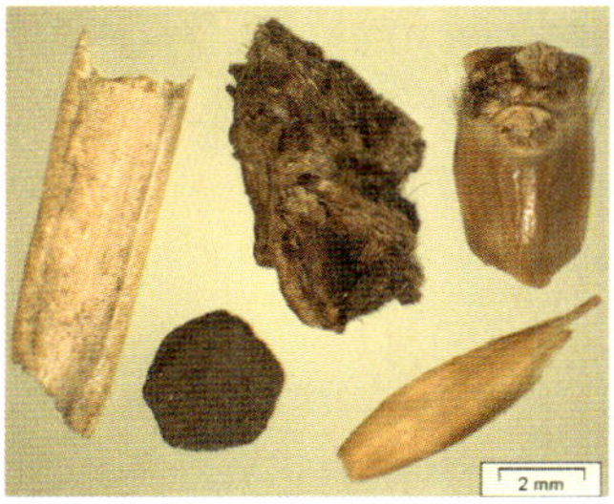

(19) Verunreinigungen

(20) Spelzen

(21) Symptom: Mutterkorn

(22) Symptom: Brandbutten

(23) Hahnenfuß /Adonisröschen

(24) Schuppenkopf / Klappertopf

(25) Kornrade / Stechapfel

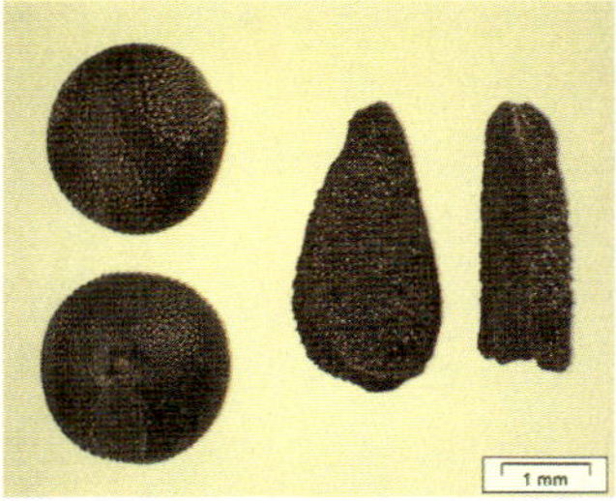

(26) Kuhkraut / Schwarzkümmel

(27) Knoblauch / Weinberglauch / Ambrosie

(28) Taumellolch / Roggentrespe

(29) Flohknöterich / Sonnenwolfsmilch

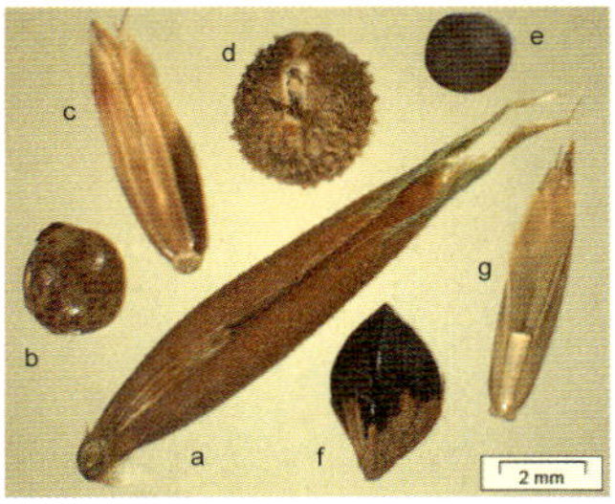

(30) a) Flughafer, b) Rauhaarige Wicke
c) Ackerfuchsschwanz, d) Labkraut,
e) Raps, f) Windenknöterich, g) Weidelgras

Abb. 1-25 *(Fortsetzung)*: Getreide und ausgewählte Besatzarten (Universität Hamburg) von Blatt- und Ährenmehltau sowie von Schwarzrost. In Sommergerste kommt bei entsprechend feucht-warmer Witterung häufig Mehltau und Gelbrost vor. Bei Winterroggen entsteht in schneereichen Gebieten häufig Schneeschimmel. Hybridroggensorten mit geringerer Pollenschüttung neigen zur Bildung des Mutterkorns (Abb. 1-25), das eine Vielzahl toxischer Alkaloide enthält. Hafer ist bei schlechter Fruchtfolge besonders anfällig für das Getreidezystenälchen.

Das Erntegut sollte zudem frei sein von Unkrautsämereien (Besatz, Abb. 1-25), da diese teilweise toxische Substanzen enthalten, Mahlprodukte verfärben und/oder einen artfremden Geschmack bzw. Geruch verursachen können; Beispiele

- Hahnenfuss-Samen sind giftig und führen zu einer Mehlverfärbung.
- Adonisröschen oder Sommer-Teufelsauge enthalten in ihren Samen Herzglykoside.
- Samen von Knöterich-Gewächsen führen zu unerwünschten Verfärbungen von Mehl und Backwaren.
- Samen des großen Klappertopfs enthalten Alkaloide (toxisch) und verfärben das Mehl.
- Skabiosa-Samen enthalten giftige Inhaltsstoffe, verfärben Mehl, Gebäck und Teigwaren, vermindern die Glutenqualität und haben einen unangenehmen öligen und bitteren Geschmack.
- Acker-Schwarzkümmel beeinträchtigt den Mehlgeschmack.
- Samen des Weinbergs-Lauchs verursachen einen knoblauchartigen Geruch in Mehl und Backwaren.
- Stechapfelsamen enthalten ein toxisches Alkaloid (100 Samen [= 1 g] wirken für ein Kleinkind tödlich).
- Taumellolchsamen sind meistens mit Schimmelpilzen befallen, die ein toxisches Alkaloid produzieren.
- Knoblauch führt zu Geruchs- und Geschmacksbeeinträchtigungen bei Getreideprodukten und verschmiert in der Mühle die Riffelwalzen.
- Samen der Sonnen-Wolfsmilch wirken toxisch.

Für getreideverarbeitende Betriebe ist es aus Gründen der internen Qualitätssicherung (Produkt-/Prozessqualität), der haftungsrechtlichen Regelungen (Produkthaftung) sowie der Verantwortung gegenüber dem Verbraucher und der Öffentlichkeit zwingend erforderlich, nur gesunde und saubere Getreidepartien einzulagern und zu verarbeiten, da die Güte der Rohstoffe immer direkt auch die Qualität der Endprodukte (Nahrungsmittel für die menschliche Ernährung) beeinflusst.

Tab. 1-10: Übersicht über Krankheiten und Unerwünschte Stoffe des Getreides

Klasse	Spezifikation
Samenbürtige Krankheiten	Brande
	Mutterkorn
	Ährenfusariosen
Kornbesatz	Schmacht-, Kümmer-, Bruchkorn
	Getreidestaub, Abrieb
	Körner mit Auswuchs, Verfärbungen
	Fremdgetreide
	Schädlingsfraß (Insekten, Nager)
Fremd-/ Schwarzbesatz	Überhitzte Körner
	Verdorbene Körner
	Unkrautsamen, tote Insekten
	Mutterkorn
	Fusariumgeschädigte Körner
	Brandbutten
	Verunreinigungen (Spelzen, Staub, Steine, Eisenteile)
Pflanzenschutzmittelrückstände	Verschiedene
Mykotoxine	Aflatoxin*
	Ochratoxin A*
	Fusarientoxine* (DON, ZON)
	Mutterkornalkaloide
Toxische Spurenelemente	Blei*
	Cadmium*
	Quecksilber*
	Zinn
	Arsen
Sonstige Kontaminanten	Dioxine*
	PCB*
	Polyzyklische aromatische Kohlenwasserstoffe*
	Nitrosamine
	Acrylamid
Antibiotika	Verschiedene

** EU-weite Höchstmengen in Getreide oder Getreideerzeugnissen festgelegt s. Tab. 1-11; DON=Deoxynivalenol, ZON = Zearalenon*

1.7.2 Unerwünschte Stoffe

Getreide ist ein Lebensmittel und muss deshalb möglichst frei von Krankheiten, Korn- und Schwarzbesatz und Unerwünschten Stoffen sein (Tab. 1-10). Dies ist insbesondere wichtig, weil der Besatz gesundheitsschädlich oder sogar giftig sein kann (z.B. Mutterkorn, Fusarium-befallene Partien), Mineralstoff- und Feuchtigkeitsgehalt erhöht werden, Farbveränderung in Mehl und Gebäck möglich sind (z.B. Samen der Kornrade), unnötig Lagerraum beansprucht wird. Zudem können Unkrautsämereien, beschädigte Körner, Schmachtkörner oder Unerwünschte Stoffe (Abb. 1-25) erhebliche Ertrags-, Qualitäts- und Hygieneeinbußen am Getreide verursachen.

Unerwünschte Stoffe gehören zu zwei Kategorien. Bei absichtlich angewendeten Stoffen spricht man von Rückständen (z. B. Rückstände von Pflanzenschutzmitteln), bei unabsichtlich enthaltenen Stoffen von Kontaminanten. Dazu zählen Verunreinigungen, die durch Schadstoffe aus der Luft und dem Boden von der Pflanze aufgenommen werden (Umweltkontaminationen, s. 1.7.3) oder durch Mykotoxine, die von Pilzen gebildet werden. Bei der Weiterverarbeitung der Lebensmittel können noch weitere Unerwünschte Stoffe, wie z. B. Acrylamid, gebildet werden oder durch Verpackungen in die Lebensmittel übergehen. Für einige Stoffe wie Mykotoxine, Schwermetalle und Polyzyklische aromatische Kohlenstoffe (PAK) sind in der »Verordnung zur Festsetzung der Höchstgehalte für Kontaminanten« (Verordnung (EG)) 1881/2006) Höchstmengen festgelegt. Sie gelten EU-weit (Tab. 1-11).

Als unverarbeitetes Getreide gilt dabei Getreide nach Mähdrusch, Trocknung, Reinigung und Sortierung, solange es nicht physikalisch behandelt wurde (also nicht Bürsten, Schälen!). Man geht davon aus, dass dieses Getreide weiterverarbeitet wird, wodurch sich die Mykotoxinmengen in unterschiedlichem Maße reduzieren. Deshalb gelten hier auch die höchsten Mengen, bei Getreide zum »unmittelbaren Verzehr durch den Menschen« sind sie bereits deutlich niedriger. Die Höchstgehalte für verarbeitete Lebensmittel (z. B. Brot, Gebäck) und vor allem für Säuglings- und Kleinkindernahrung liegen nochmals niedriger und sind in der Tabelle nicht aufgeführt [20]. Die Höchstmengen gelten nicht für Reis und Reisprodukte wegen ihrer nur sehr geringen Belastung durch Fusarium-Toxine. Bei T-2 und HT-2 gibt es keine Höchstmengen, sondern nur Empfehlungswerte, die aber juristisch nicht bindend sind. Ebenso gibt es für Futtermittel nur Empfehlungs- oder Orientierungswerte, die hier nicht berücksichtigt werden [20]. Streng genommen gelten die EU-Höchstmengen für Mutterkorn nur für Weizen zur Intervention, sie werden aber im Markt auch für Roggen angewandt, wo sie eigentlich viel wichtiger sind.

Tab. 1-11: Mykotoxin-Höchstmengen für unverarbeitetes Getreide zur Herstellung von Lebensmitteln und in der Mühle anfallende Getreideprodukte (EG) 1881/2006 bzw. (EG) 1126/2007 für Mais

Toxin	Lebensmittel	Höchstmenge [µg/kg]
Deoxynivalenol	Hartweizen, Hafer, Mais	1750
	Andere Getreide	1250
	Getreide, Getreidemehl, Kleie und Keime zum unmittelbaren Verzehr	750
Zearalenon	Speisegetreide	100
	Mais	350
	Alle Getreide, Getreidemehl, Kleie und Keime zum unmittelbaren Verzehr	75
Fumonisine (Summe B_1 + B_2)	Mais	4000
	Mais und Maisprodukte zum unmittelbaren Verzehr (z. B. Mehl, Schrot, Keime, Öl)	1000
	Frühstückscerealien auf Maisbasis	800
T-2 und HT-2	Hafer (ungeschält)	1000[1]
	Gerste, Mais	200[1]
	Sonstige Getreide	100[1]
	Hafer zum unmittelbaren Verzehr	200[1]
	Mais zum unmittelbaren Verzehr	100[1]
	Sonstige Getreide zum unmittelbaren Verzehr	50[1]
Ochratoxin A	Rohe Getreidekörner	5
	Alle Getreideerzeugnisse	3
Aflatoxine (Summe B_1+B_2+G_1+G_2)	Getreide	4
	Mais	10
Mutterkorn	Getreide, vor allem Roggen	0,05 %[2]

[1] *Keine Höchstmengen, sondern EU-Empfehlung vom 27. März 2013.*
[2] *Sklerotien oder Sklerotienbruchteile in 500 g Getreide, nach Verordnung (EU) Nr. 1272/2009 für die Interventionsgetreide Weichweizen und Hartweizen*

Die Höchstmengen zeigen natürlich auch die Gefährlichkeit der einzelnen Toxine an. Je stärker sie den menschlichen Organismus schädigen, umso geringer sind die Werte. Deshalb gibt es die geringsten Werte für Aflatoxine und Ochratoxin A, während für Fumonisine mehr als tausendfach höhere Werte gelten. Die Höchstmengen variieren je nach Getreideart, da auch der Befall der Getreidearten sehr unterschiedlich sein kann. So ist Hafer aufgrund seiner Spelzen besonders häufig von Fusarium-Arten befallen, durch die Entspelzung für die menschliche Ernährung wird aber ein großer Teil der Mykotoxine entfernt. Auch Mais und Hartweizen sind besonders anfällig für Fusarium-Arten, deshalb sind hier die Werte für Deoxynivalenol höher als bei anderen Getreiden. Fumonisine finden sich praktisch nur in Mais und Maisprodukten. Zearalenon hat dagegen relativ strenge Höchstwerte, da es bereits in geringer Konzentration eine hormonartige Wirkung hat.

In der Getreidehandelskette unterscheidet man zwischen Mähdruschgetreide der Qualität »gesund und handelsüblich« und dem Mahl- bzw. Speisegetreide. Zwischen den drei Verarbeitungsstufen erfolgt jeweils eine Reinigung auf Korn- bzw. Schwarzbesatz. Während der Kornbesatz noch als verwertbar gilt, ist Schwarzbesatz ein Abfallstoff, der nur durch Verbrennung rückstandslos beseitigt werden kann.

Im Hinblick auf einen vorbeugenden Verbraucherschutz ist das Vorkommen Unerwünschter Stoffe im Getreide wegen ihrer Gefährlichkeit für Mensch und Tier zu minimieren. In diesem Zusammenhang bezeichnet Persistenz die Eigenschaft von Stoffen, in der Umwelt über lange Zeiträume verbleiben zu können, ohne durch physikalische, chemische oder biologische Prozesse abgebaut zu werden. Aufgrund ihrer großen Stabilität können persistente Stoffe und deren Um- und Abbauprodukte über die Nahrungskette in die Organismen gelangen und diese schädigen. Die Persistenz kann mit der Halbwertzeit quantifiziert werden.

1.7.3 Umweltkontaminationen

Eine Reihe von Substanzen aus den Emissionen von Industrie, Verkehr, Landwirtschaft und privaten Haushalten haben eine nachteilige Wirkung auf die Umwelt und damit auf das Wachstum der Kulturpflanzen. Abgase aus Verbrennungsreaktionen (SO_2, NO_x), freigesetzte toxische Schwermetalle, Pestizide und persistente Substanzen belasten Böden und Pflanzen. Über die Aufnahme solcher Substanzen durch die Kulturpflanzen gelangen diese Stoffe in die menschliche Nahrungskette. Im Rahmen eines effektiven Verbraucherschutzes sind für bestimmte Substanzen und Kontaminanten zugelassene Höchstmengen festgelegt worden, die auf dem »no-effekt-level« (NOEL) basieren, versehen mit einem Sicherheitsfaktor von meist 100. Aufgrund einer verschärften Umweltgesetzgebung stellen gefährdende Kontaminationen jedoch zurzeit kein Problem dar.

Abgase aus Verbrennungsreaktionen und Kohlenwasserstoffe können (Tab. 1-12) in den bodennahen Schichten der Atmosphäre zusammen mit dem Sonnenlicht photochemische Reaktionen ein-

Tab. 1-12: Die hauptsächlichen Luftschadstoffe

Schadstoff	Relative Menge	Toxizitätsfaktor	Toxischer Effekt
Kohlenmonoxid (CO)	1,00*	1**	1***
Kohlenwasserstoffe	0,24*	2**	0,5***
Stickoxide (NO_X)	0,15*	80**	12***
Schwefeloxide (SO_2, SO_3)	0,23*	30**	7***
Rußpartikel	0,17*	100**	17***

* *Staatliche Untersuchungen der USA aus dem Jahre 1970*
** *Geschätzte Werte aufgrund der effektiven Einflüsse auf die Umwelt*
*** *Relative Menge X Toxizitätsfaktor*

gehen, sodass Ozon produziert wird. Dieses Ozon ist ein starkes Oxidationsmittel und kann die Pflanzenblätter schädigen, was zu einer reduzierten Photosyntheseleistung führt. Zudem gelangen Fluorchlorkohlenwasserstoffe (FCKW) und andere Gase in die Stratosphäre und bewirken in einer Höhe zwischen 15 km und 50 km einen Abbau der dort vorhandenen schützenden Ozonschicht. Dadurch werden gewisse UV-Strahlen nicht mehr absorbiert und gelangen auf die Erdoberfläche und haben einen negativen Effekt auf Lebewesen.

Literaturverzeichnis

Verwendete Literatur

[1] *FAOSTAT. Data. Production. Crops (2016), Internet: http://www.fao.org/faostat/en/#data/QC
FAOSTAT. Data. Trade. Crops and Livestock products (2016),
Internet: http://www.fao.org/faostat/en/#data/TP*

[1a] *BLE 2018. Versorgungsbilanz für Getreide – Wirtschaftsjahr 2016/2017. Internet: https://www.ble.de/DE/BZL/Daten-Berichte/Getreide-Getreideerzeugnisse/Getreide.html;jsessionid=70938F793AD720866AB26E61DB11CEE7.1_cid335?nn=8907004#doc8985384bodyText4*

[2] *Häberli, G.: Kleie als Diätfasern; Funktion und Eigenschaften; Die Mühle+Mischfuttertechnik, 128 (1992) 21, S. 300 ff.*

[3] *Häberli, G.: Vom Getreide zum Mehl; International Journal for Vitamin and Nutrition Research; 21 (1981), S. 19–31*

[4] *Häberli, G.: Verschiedene Weizenarten und einige ihrer Merkmale; Mühlenanzeiger (1990) 4, S. 1*

[5] *Häberli, G.: Skripten: Einführung in die Ernährungslehre und Einführung in die Getreidekunde; SMS, St. Gallen, 2000 unveröffentlicht*

[6] *ICC Standard Nr. 107: Falling Number method; Häberli, G., Allvin, B. (1992)*

[7] *Kent, N.L. and Evers, A.D.: Technology of Cereals; Fourth edition (1994) Elsevier Science Ltd., The Boulevard, Langford Lane, Kidlington, Oxford OX5 1GB, U.K.*

[8] *Miedaner, T. Kulturpflanzen. Springer Verlag Berlin, Heidelberg (2014)*

[9] *Pomeranz, Y.: Wheat Chemistry and Technology; Association of Cereal Chemists, Inc., 3340 Pilot Knob Road, St.Pauls, Minnesota 55121, 1971*

[10] *Schweiz. Lebensmittelbuch (SLMB), Kapitel 14 – Cerealien, Müllereiprodukte, Backvormischun gen, Mehlmischungen, Fertigmehle; Eidg. Drucksachen- und Materialzentrale, Bern (2001)*

[11] *Simmonds, D. h.: Wheat and Wheat Quality in Australia; CSIRO Editorial Service Section, Austra lia (1989)*

[11a] *Souci, S.W., Fachmann, W., Kraut, H. Lebensmitteltabelle für die Praxis. 5. Auflage. ISBN 978-3-8047-2679-6 Wissenschaftliche Verlagsgesellschaft Stuttgart. (2011)*

[11b] *USDA National Nutrient Database for Standard Reference, Release 1 April, 2018, Basic Report 12006, Seeds, chia seeds, dried. Internet: https://ndb.nal.usda.gov/ndb/foods/show/302498*

[12] *Fischbeck, G.,Heyland, K.-U. und Knauer, N.: Spezieller Pflanzenbau; Eugen Ulmer Verlag Stuttgart (1973)*

[12a] *Kirsch, B. und Odenthal, A.: Fachkunde Müllereitechnologie – Werkstoffkunde; Bayerischer Müllerbund (2003)*

[12b] *Skobranek, H.: Bäckereitechnologie, Verlag Handwerk und Technik (1991)*

[12c] *Bundessortenamt: Beschreibende Sortenliste – Getreide, Mais, Ölfrüchte, Leguminosen, Hackfrüchte*

[12e] *Geissler, G.: Pflanzenbau in Stichworten, Bd. 1, Die Kulturpflanzen, Verlag Ferdinand Hirt, 1970*

Empfohlene Literatur

[12d] *Belitz, H.-D. and Grosch, W.: Food Chemistry; Springer-Verlag Berlin, Heidelberg (1999)*

[13] *Dexter, J.E., Martin, D.G., Preston, K.R., Tipples, K.H. and Mac Gregor A.W.: The Effect of Frost Damage on the Milling and Baking Quality of Red Spring Wheat; Cereal Chemistry, 62 (1985) 2, S. 75–80*

[14] *Lähdeaho M.-L. et al.: Activation of Celiac Disease Immune System by Specific a-Gliadin Peptides; Cereal Chemistry, 72 (1995) 5, S. 475–479*

[15] Morris, V.J.: Starch gelation and retrogradation; Trends in Food Science and Technology, 1 (1990) 1, S. 2–6

[16] Percival, J.: The Wheat Plant; Gerald Duckworth & Co Ltd, The Old Piano Factory, 43 Gloucester Crescent, London NW1, (1974)

[17] Pomeranz, Y.: Functional Properties of Food Components; Academic Press, Inc., Orlando, Florida, 1985

[18] Schipper, A., Jahn-Deesbach, W. und Weipert, D.: Untersuchungen zum Klimaeinfluss auf die Getreidequalität. Getreide Mehl und Brot, (1986) 4, S. 99–103

[19] Whistler, L.R., Paschall, E.F.: Starch: Chemistry and Technology; Academic Press New York and London, (1965)

[20] Frenzel, W., Krüger, J., Schwarz, P.: Besatz in Getreide; Agrimedia, Clenze; 2009

[21] Deutsche Warenbörsen (Hrsg.): Einheitsbedingungen im deutschen Getreidehandel; Agrimedia Clenze, 2018

[22] Lindhauer, M., Lösche, K. und Miedaner, T.: Warenkunde Getreide; Agrimedia, Clenze, 2017

[23] Miedaner, T. und Longin, F.: Unterschätzte Getreidearten, Agrimedia Clenze, 2017

[24] Otteneder, H. (Hrsg.): Rückstände und Kontaminanten in Getreide und Getreideerzeugnissen; Agrimedia, Clenze, 2. Auflage, 2019

2 Fördertechnik in Silo und Mühle

Wolfgang Meissner

2.1 Allgemeines

In Silo und Mühle werden hauptsächlich folgende mechanische Stetigförderer eingesetzt:

- Schneckenförderer,
- Trogkettenförderer,
- Gurtbecherwerk (Elevator),
- Gurtbandförderer,
- Sonderformen, wie Schwingförderer oder Pendelbecherwerke u. ä.

In der Mühle werden außerdem eingesetzt:

- Saug-Pneumatik
- Druck-Pneumatik

Die Saug-Pneumatik wird auch bei der Schiffs- bzw. Fahrzeugentladung angewandt. Bei der Be- bzw. Entladung von Tankfahrzeugen wird mit Druck-Pneumatik gearbeitet.

Welches Fördermittel für die Förderaufgabe am besten geeignet ist, wird anhand folgender Kriterien entschieden:

- Förderleistung, in Tonnen bzw. Kubikmetern pro Stunde,
- Förderlänge, in Metern,
- Fördergut,
- Einsatzort,
- Einsatzart,
- geltende Vorschriften (TA-Luft, TA-Lärm, UVV),
- (Staub-)Explosionsschutz.

2.1.1 Förderleistung

Im Mühlenbetrieb ist bezüglich der Förderleistung zwischen größeren Stundenleistungen in Getreidesilo und -umschlaganlage, mit von 200 bis 1 000 t sowie kleineren Stundenleistungen in Mühlen, Mühlensilos und Schälmühlen mit 5 bis 150 t zu unterscheiden. Das Leistungsspektrum für den wirtschaftlichen Einsatz der einzelnen Fördermittel ist jeweils begrenzt. So können beispielsweise größere Förderleistungen, wie sie in Siloanlagen erforderlich sind, durch Schneckenförderer oder Pneumatik nicht optimal erbracht werden. Der Unterschied in den Stundenleistungen wirkt sich unter anderem auf Energieeffizienz, Verschleiß, Aspiration und Staubexplosionsschutz aus.

Die Betrachtung der erforderlichen Leistung der mechanischen Fördermittel erfolgt grundsätzlich in Volumen, nicht in Gewicht. Daher muss hier zur Größenbestimmung der Fördermittel (Querschnitt) die gewünschte Förderleistung von t/h mittels der Schüttdichte gemäß Tabelle 2-1 in m^3/h umgerechnet werden. Weitere Schüttdichten sind in Kapitel Schälmüllerei aufgeführt. Die Schüttdichten und Böschungswinkel sind vor allem abhängig von Granulation, Kornform, Besatz und Feuchtigkeit der Produkte. Nur zur Ermittlung des Leistungsbedarfs in kW wird die Förderleistung in t/h in die entsprechende Formel eingesetzt.

2.1.2 Förderlänge

In der Praxis ist zwischen Förderlängen von weniger und von mehr als 50 m zu unterscheiden. Förderlängen von über 50 m sind in kompakten Mühlen eher selten anzutreffen und bleiben in der Regel den großen Silo- und Umschlaganlagen vorbehalten. Dieses gilt auch für die Förderhöhen. Somit gibt es in Mühlen beim Einsatz der mechanischen und pneumatischen Fördermittel normalerweise keine Beschränkungen. Aufmerksamkeit muss jedoch den Schrägförderern geschenkt werden, was den richtigen Querschnitt, die Fördergeschwindigkeit und das Zugmittel anbelangt.

2.1.3 Fördergut

Das zu fördernde Gut hat einen großen Einfluss auf die Auswahl, aber noch mehr auf die jeweilige Ausführung des Fördermittels. Es wird zwischen normalfließenden und schwerfließenden sowie zwischen unempfindlichen und empfindlichen Schüttgütern unterschieden. Empfindliche Güter sind beispielsweise Haferflocken, Pellets oder Reis, unempfindliche sind beispielsweise die Getreidearten, Schrote, Kleie oder Mehle. Bei den normalfließenden Schüttgütern handelt es sich hauptsächlich um die Getreidearten, wie Weizen und Roggen usw., die eine Schüttdichte von ca. 750 kg/m^3 haben. Mit normaler Feuchtigkeit (bis ca. 15 %) und geringem Besatz haben diese Güter ein gutes Fließverhalten. Sie lassen sich dann mit den entsprechenden Fördermitteln bei maximal möglicher Geschwindigkeit fördern. Die schwerfließenden Schüttgüter, mit Schüttdichten von 200 bis 500 kg/m^3, wie Weizenkleie, Mehle oder Flocken, werden hingegen mit minimaler Geschwindigkeit gefördert. Das Vorgenannte gilt allerdings im Wesentlichen nur für die mechanischen Fördermittel, nicht für die Pneumatik. Zu beachten ist außerdem

Tab. 2-1: Mittlere Schüttdichten und Böschungswinkel für die wichtigsten Schüttgüter

Schüttgut	Schüttdichte in kg/m³	Böschungswinkel in Grad
Weizen	730–780	24–32
Roggen	680–760	30–36
Hafer	450–600	40–45
Gerste	600–700	35–45
Mais	700–750	30–40
Rohreis (Paddy)	510–600	35–45
Weißreis	810–850	26–35
Hirse (Milokorn)	700–800	20–30
Weizen-Mehl T 405–550	550–600	65–70
Weizen-Mehl T 812–1300	450–550	55–60
Roggen-Kleie	300–400	50–65
Weizen-Kleie	250–400	50–65
Weizen-Grieß	500–600	40–50

die Empfindlichkeit des Guts. Schneckenförderer eignen sich beispielsweise weniger gut für die Förderung von empfindlichen Gütern.

2.1.4 Einsatzort

In Mühlen und Schälmühlen werden die meisten Fördermittel innerhalb von Gebäuden angeordnet. Es sind daher in der Regel keine besonderen Maßnahmen gegen Regen, Schnee und Wind erforderlich. Allenfalls für druckluftgesteuerte Auslaufschieber ist auf Frost Rücksicht zu nehmen, was bedeutet, dass ein Kältetrockner für die Druckluftaufbereitung vorzusehen ist. In Siloanlagen kommen auch im Freien angeordnete Förderer zum Einsatz. Bei den allseits geschlossenen Konstruktionen, wie Trogkettenförderern, werden nur geringe Änderungen an der Bauart erforderlich, während bei offenen Konstruktionen, wie Gurtbandförderern, erhebliche Probleme auftreten. Hier müssen kostenintensive und wartungsunfreundliche Baumaßnahmen oder Umhausungen vorgesehen werden. Auch mögliche Belastungen durch Lärm oder Staub sind zu bedenken.

2.1.5 Einsatzart

Im Normalfall soll ein Fördermittel das Fördergut vom Aufgabepunkt zum Abgabepunkt fördern. Darüber hinaus gibt es eine Reihe anderer Förderaufgaben. Diese sind:

- Verteilung des Guts in verschiedene Silozellen (Verteilförderer),
- Aufnahme des Guts aus verschiedenen Silozellen (Sammelförderer),
- Förderung in Verbindung mit Mischen des Guts,
- Austragung des Guts mit Dosierung,

um nur die wichtigsten Aufgaben zu nennen. Bei der Beschreibung der einzelnen Fördermittel wird jeweils auf deren besondere Eignung hingewiesen.

2.1.6 Vorschriften

Die in Mühlen und Siloanlagen angeordneten Fördermittel verursachen im Wesentlichen Staub und Lärm und stellen potenzielle Gefahren für Unfälle, Feuer und Staubexplosionen dar. Um sowohl Menschen als auch Maschinen und Anlagen vor diesen Gefahren zu schützen, sind eine ganze Reihe von Gesetzen, Vorschriften und Verordnungen erlassen worden. Von den zuständigen Stellen, wie Gewerbeaufsichtsamt, TÜV etc. werden bereits in der Anfangsphase der neu zu errichtenden Anlage entsprechende Auflagen erteilt und nach der Fertigstellung abgenommen. Hier sind einige für diesen Bereich wichtige als Beispiel genannt:

- technische Anleitung zur Reinhaltung der Luft (TA-Luft),
- technische Anleitung zum Schutz gegen Lärm (TA-Lärm),
- Betriebssicherheitsverordnung,
- Explosionsschutzverordnung,
- ATEX-Richtlinien zum Explosionsschutz,
- DIN EN 60079-17 (VDE 0165-10-1:2014-10) explosionsgefährdete Bereiche,
- Unfallverhütungsvorschriften der Berufsgenossenschaften (UVV).

2.2 Mechanische Fördermittel

An dieser Stelle werden die wesentlichen Merkmale, Bestandteile und Funktionen der mechanischen Stetigförderer beschrieben, die vorwiegend in Getreidesilos und Mühlen Verwendung finden. Auf Spezialausführungen und -einsätze wird hingegen nicht näher eingegangen. Eine allgemeine Übersicht über den Raumbedarf in Relation zur Stundenleistung der einzelnen Fördermittel gibt Abbildung 2-1.

2.2.1 Schneckenförderer

Dieses einfache Fördermittel ist vornehmlich dort einzusetzen, wo kleine Stundenleistungen (bis ca. 15 t) über kurze Strecken (bis ca. 20 m) zu fördern sind. Für die meisten Fördergüter geeignet, hat der Schneckenförderer außerdem noch den Vorteil, dass bei der Förderung auch eine Mischung des Guts stattfindet.

Der Einsatz als Mehlsammelschnecke in einer Mühle ist daher ideal. Daran ändert auch die Tatsache nichts, dass konstruktionsbedingt immer ein Produktrest auf dem Trogboden verbleibt, da zwischen dem Schneckengewinde und dem Trogboden ungefähr 10 mm Luft ist. Darf kein Rest im Trog verbleiben, werden die Böden abklappbar ausgeführt.

Für höhere Stundenleistungen und längere Förderwege ist der Schneckenförderer dagegen weniger geeignet, denn aufgrund der Reibung des Guts an der Trogwand, am Gewinde und im Gut selbst – deswegen der Mischeffekt – ist der Energiebedarf im Vergleich zu den anderen mechanischen Fördermitteln wesentlich höher. Die Reibung und die Scherkräfte zwischen Produkt und Schnecke können außerdem zu unerwünschtem Bruch oder Abrieb beim Fördergut führen.

Der Schneckenförderer ist nach DIN 15262 genormt, d. h. die Durchmesser und die Steigung des Gewindes sind festgelegt. Es gibt darüber hinaus Spezialanfertigungen, wie für Austragsschnecken und ähnlichem.

Die Hauptbestandteile des Schneckenförderers sind (Abb. 2-2):

- Trog aus Stahlblech, unterteilt in »Schüsse« von entsprechender Länge (ca. 2 m) vollkommen staubdicht geschlossen,
- Schneckenwelle aus Stahlrohr mit Verbindungsbolzen und dem
- Schneckengewinde aus Stahlblech,
- End- und Zwischenlager, Ein- und Auslaufstutzen und mögliche Zwischenausläufe mit Schiebern und deren elektrischer oder pneumatischer Betätigung.

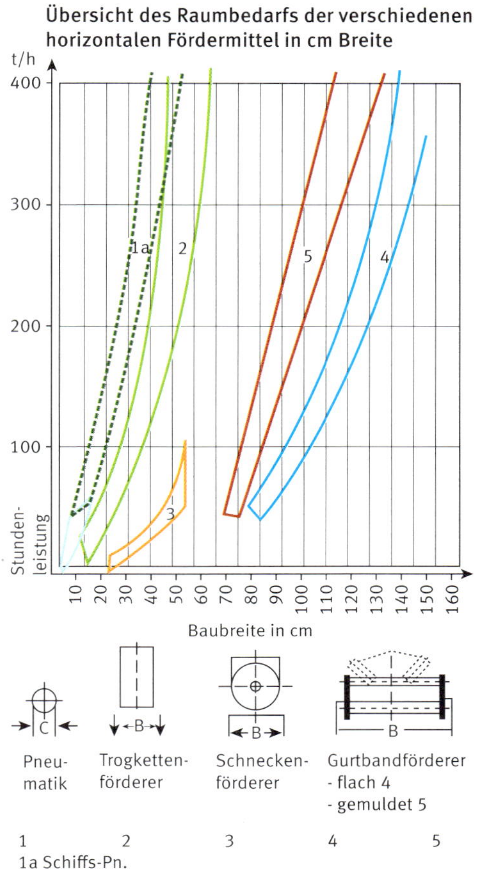

Abb. 2-1: Übersicht des Raumbedarfs der verschiedenen horizontalen Fördermittel

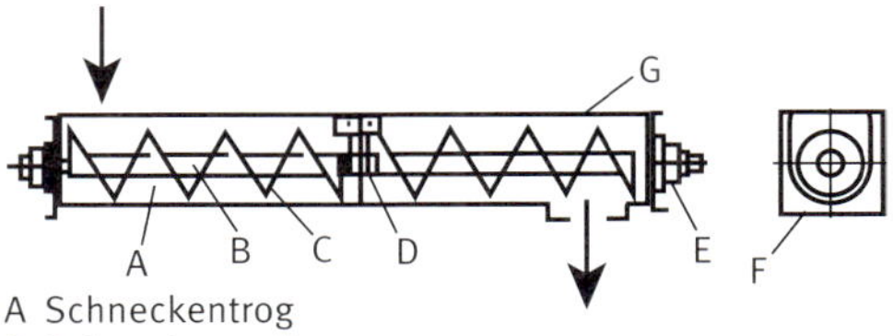

A Schneckentrog
B Schneckenwelle
C Gewinde
D Zwischenlager
E Endlager mit Antriebszapfen
F Trogfuß
G Trogdeckel

Abb. 2-2: Schneckenförderer

Für spezielle Zwecke können statt Gewinde auch Paddel auf der Schneckenwelle angebracht werden. Ebenso kann der Trog bei Senkrechtförderung oder Dosierung in zylindrischer Form ausgeführt werden.

Der Antrieb erfolgt meist mittels eines Getriebemotors, verbunden über eine elastische Kupplung oder als Aufsteckgetriebemotor. Weitaus seltener ist der Antrieb mit Riemen. Durch die Drehung der Welle wird das Fördergut in axialer Richtung bei jeder Umdrehung um die Steigung S vorwärts bewegt. Links- und Rechtsdrehung sind möglich, ebenso Links- und Rechtsgewinde. Schneckendurchmesser, nach DIN, und Steigung S sind normalerweise bis zu 315 mm gleich groß, während größere Durchmesser eine etwas kleinere Steigung haben. Die Fördergeschwindigkeiten betragen für normalfließende Schüttgüter etwa 0,3 bis 0,7 m/s, für schwerfließende etwa 0,2 bis 0,4 m/s. Daraus ergeben sich Drehzahlen – je nach Schneckendurchmesser – von etwa 50 bis 200 min^{-1}.

Die Stundenleistung eines Schneckenförderers errechnet sich, wie bei allen mechanischen Förderern, aus dem Förderquerschnitt multipliziert mit der Fördergeschwindigkeit. Der Förderquerschnitt des Schneckenförderers beträgt in der Regel 45 % der Kreisfläche. Dieser Füllungsgrad von 45 % spielt bei der Wahl der Fördergeschwindigkeit eine Rolle. Wird der Füllungsgrad erhöht, d. h. wird höher geschüttet, kann nicht die Höchstgeschwindigkeit gewählt werden. Ist der Füllungsgrad geringer, kann im genannten Rahmen schneller gefördert werden. Beide Fälle treten oft ein, da bei der Berechnung Durchmessergrößen herauskommen, die nicht in der Norm liegen. Dann muss entweder ein etwas größerer oder kleinerer Durchmesser, entsprechend der Norm, eingesetzt werden. Bei Schrägförderung muss der Füllungsgrad geringer bleiben, was zu einem größeren Durchmesser führt.

Die genormten und in den Anlagen normalerweise eingesetzten Durchmesser und Steigungen sind: 160, 200, 250, 315 mm; 400 mm mit 355 mm Steigung. Die dazu empfohlenen maximalen Drehzahlen sind: 148, 120, 96, 80, 68 min^{-1}, alles entsprechend der DIN 15262. Für die Berechnung des Leistungsbedarfs ist der Verschiebewiderstand (Förderfaktor) Lambda wichtig. Dieser beträgt laut DIN für normalfließende Schüttgüter 1,85. Für schwerfließende Produkte wird in der Praxis mit 2,2 gerechnet.

Schneckenförderer-Berechnung

Förderleistung in m³/h = $V = \frac{D2 \times \pi}{4} \times \varphi \times v$

Antriebsleistung in kW = $P = \frac{V \times \varsigma \times L \times \lambda}{367}$
(effektive Leistung!)

für ansteigende Förderung: $\frac{V \times \varsigma \times L \times \lambda}{367}$

$v = \frac{S \times n}{60}$; richtet sich nach Produkt

v = Fördergeschwindigkeit m/s;
D = Schnecken-Durchmesser in m;
S = Schnecken-Gewinde-Steigung in m;
L = Länge in m;
λ = Förderfaktor 1,85–2,3;
H = Steigung in m;
φ = Füllungsgrad;
ϱ = Schüttdichte t/m³

Berechnungsbeispiel

Für die Förderung von 5 t/h grober Weizenkleie über eine horizontale Förderstrecke von 12 m, soll der entsprechende Schneckenförderer nach den vorgenannten Formeln berechnet werden:

1. Berechnung der Fördermenge in m³/h:

$$V = \frac{t}{\varrho}$$

Schüttdichte ϱ (Rho) lt. Tabelle 0,25 t/m³

$$V = \frac{5}{0{,}25} = 20\ m^3/h$$

2. Berechnung der Fördermenge in m³/s (1 h = 3600 s):

$$V = \frac{20}{3600} = 0{,}00555\ m^3/s$$

3. Wahl der Fördergeschwindigkeit in m/s:

Da grobe Weizenkleie ein schwerfließendes Produkt ist, muss eine geringe Fördergeschwindigkeit vorgesehen werden. Auch die Stundenleistung ist klein.

Gewählte v = 0,25 m/s .

4. Berechnung der erforderlichen Förderfläche Afö in m²:

$$A_{fö} = \frac{V}{v} = \frac{0{,}00555}{0{,}25} = 0{,}022\ m^2$$

5. Berechnung der erforderlichen Schneckenfläche A s in m²:

Der Füllungsgrad wird mit 45 % (0,45) angenommen. φ (Phi)

$$A_s = \frac{A_{fö}}{\varphi} = \frac{0{,}022}{0{,}45} = 0{,}049\ m^2$$

6. Berechnung des erforderlichen Schneckendurchmessers in m:
Die Grundformel der Kreisfläche

$$A = \frac{A_{fö}}{\varphi} = \frac{D^2 \times \pi}{4} \qquad \text{(oder } A = r^2 \pi\text{)}$$

muss hierbei nach D umgestellt werden.

$$\pi = \text{Pi } (3{,}14....)$$

$$D = \sqrt{\frac{4 \times A}{\pi}}$$

$$D = \sqrt{\frac{4 \times 0{,}049}{\pi}} = 0{,}249 \text{ m bzw. } 249$$

Gewählt wird daher ein Schneckendurchmesser von 250 mm.

7. Berechnung der erforderlichen Antriebsleistung in KW:

$$P_{eff} = \frac{V \times \varrho \times L \times l}{367} = \frac{20 \times 0{,}25 \times 12 \times 2{,}3}{367} = 0{,}367 \text{ kW}$$

Da diese Antriebsleistung praktisch nicht eingesetzt werden kann, was bei derartigen Stundenleistungen und Förderlängen häufig vorkommt, muss hier die »Mindest-Antriebsleistung« entsprechend Motorgrößen-Abstufung eingesetzt werden, was 1,1 bzw. besser 1,5 KW entspricht.

8. Berechnung der Antriebsdrehzahl nA in Umdrehungen pro Minute (1/min): Aus der angenommenen Fördergeschwindigkeit v von 0,25 m/s errechnet sich die erforderliche Antriebsdrehzahl n_A entsprechend der umgestellten Grundformel

$$v = \frac{S \times n}{60} \text{ m/s} \qquad n = \frac{60 \times v}{S} \text{ l/min}$$

Da hierbei die Steigung S gleich D ist, ergibt sich:

$$n_A = \frac{60 \times 0{,}25}{0{,}25} = 60 \text{ l/min}$$

2.2.2 Trogkettenförderer

Der Trogkettenförderer – auch Redler genannt, nach seinem Erfinder, dem Engländer Arnold Redler – hat einen führenden Platz in der Förderung von Getreide und schwerfließenden Produkten eingenommen. Mit dem Trogkettenförderer können praktisch alle anfallenden Stundenleistungen sowie die meisten Förderlängen wirtschaftlich, sicher und sauber bewältigt werden. In Großanlagen wird er jedoch wegen des relativ hohen Leistungsbedarfs vom Gurtbandförderer ersetzt. Gegenüber dem Schneckenförderer ist er bei mittleren bis großen Leistungen und Längen wesentlich günstiger. Auch die Abmessungen sind gegenüber Schneckenförderern und Gurtbandförderern kleiner (Abb. 2-1). Bei richtiger Konstruktion und Wartung ist eine restlose Entleerung gegeben. Reversible Förderung, also eine Förderung in beiden Richtungen, ist ebenso möglich wie Förderung auf dem unteren und oberen Trum, auch gleichzeitig, bei Einsatz eines Zwischenbodens.

Der Trogkettenförderer besteht aus einem vollkommen geschlossenen Trog in Stahlblechausführung, in dem eine endlose Kette läuft, die an den beiden Enden des Trogs jeweils von einem Kettenrad umgelenkt wird (Abb. 2-3). Ein Kettenrad wird angetrieben, während das andere als Spannvorrichtung ausgeführt wird. Beide Kettenräder werden mit Welle oder Achse in Wälzlagern gelagert. Das untere Kettentrum rutscht auf dem Trogboden bzw. auf einer daraufgeschraubten Schleißschiene. Das obere, rücklaufende Kettentrum wird durch eine Führungsschiene oder Tragrolle geführt. Eventuell kann auch ein Zwischenboden eingebaut sein, auf dem dann die Kette läuft und das Fördergut mitnimmt. Der Trog wird dann höher ausgeführt. Die Blechdicken des Trogs betragen etwa 4 bis 8 mm, wobei der Deckel dünner ausgeführt wird. Anstelle des Bodenblechs kann als Schutz vor Verschleiß und Lärm auch eine Kunststoffausführung gewählt werden.

Als Kette wird normalerweise eine Laschenkette nach DIN 8165 und 8167 eingesetzt. Für spezielle Fälle und große Förderleistungen sind andere Ketten im Einsatz (Abb. 2-4).

Der Ein- und Auslauf des Guts ist beim Trogkettenförderer kein Problem. Er kann durch beliebig viele Ein-/Auslaufstutzen oder Zwischenein-/ausläufe mit ferngesteuerten Schiebern erfolgen. Durch eine entsprechende Aspiration ist ein staubfreier Betrieb gewährleistet. Erwähnt werden soll noch, dass normalerweise von einem Trogkettenförderer keine Staubexplosionsgefahr ausgeht, denn dazu ist die Kettengeschwindigkeit zu gering.

Folgende Trogbreiten in mm sind allgemein üblich: 100, 125, 160, 200, 250, 315, 400, 500, 600 mit einer Einstrangkette. Für noch größere För-

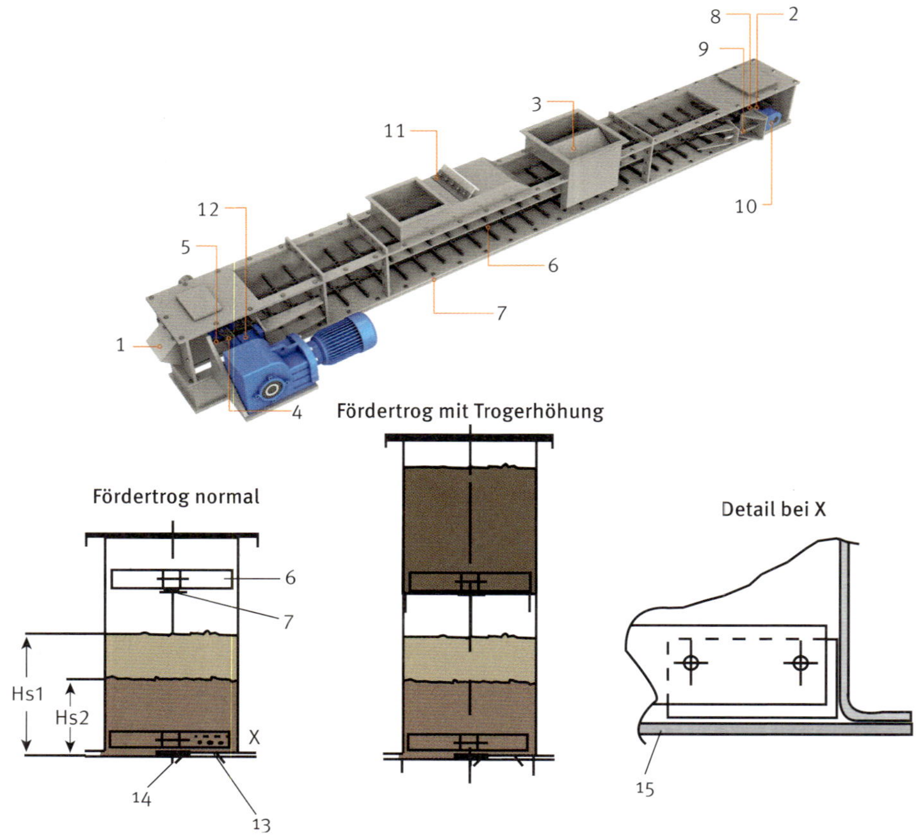

1 Antriebsstation, 2 Spannstation, 3 Tröge, 4 Antriebswelle, 5 Antriebskettenrad, 6 Förderkette, 7 Ketten-Rückführschiene, 8 Kettenspannrad, 9 Spannvorrichtung, 10 Förderguteinlauf, 11 Verstellbare Zapfkasten-Einlässe (optional), 12 Fördergutauslauf, 13 Ausräumer am Kettenglied, 14 Schleißschiene, 15 Trogboden aus Stahl oder Kunststoff, Hs1 Schütthohe bei normalfließenden Produkten, Hs2 Schütthöhe bei schwerfließenden Produkten

Abb. 2-3: Trogkettenförderer

derleistungen, die aber in dem behandelten Bereich nicht vorkommen, sind Breiten bis etwa 1 400 mm und darüber mit Mehrstrangketten möglich.

Die Funktion des Trogkettenförderers beruht darauf, dass die zwangsläufig zwischen den Kettengliedern geförderte Produktschicht durch die innere Reibung eine darüberliegende Schicht des Produkts mitnimmt. Dabei muss die Reibung dieser Schicht an den Trogwänden überwunden werden, sodass das Produkt daran entlang gleiten kann. Wie hoch die Schichthöhe sein kann, kommt auf den Wert der inneren Reibung an. Der Winkel der inneren Reibung entspricht dabei dem Schüttwinkel. Auch die Wandrauigkeit und die Kettengeschwindigkeit sowie Kettenform und Mitnehmerabstand spielen eine Rolle.

Bei normalem Getreide, wenig Besatz und Feuchte (max. 15 %), kann eine Schichthöhe von etwa der Breite des Trogkettenförderers angesetzt werden.

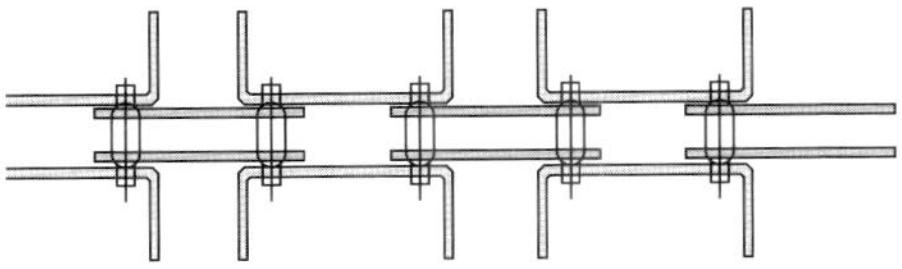

Laschenkette nach DIN mit doppelt angebogenen Mitnehmern

Gliederkette mit Kunststoffmitnehmern

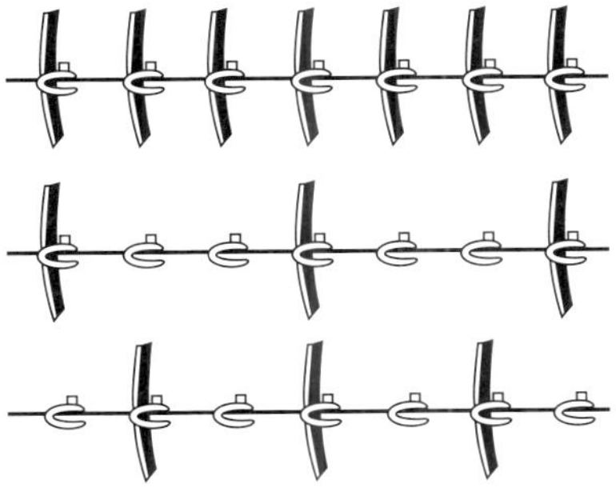

Gabelkette (Bühler) für verschiedene Förderaufgaben

Gliederkette mit Stahlmitnehmern

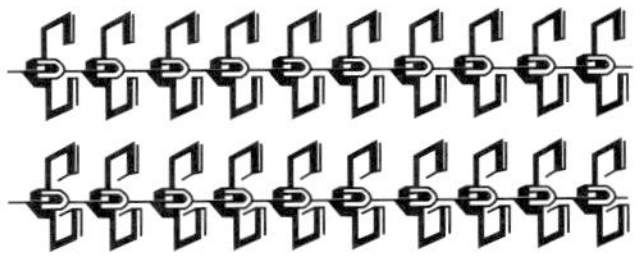

Gabelketten für Senkrechtförderung

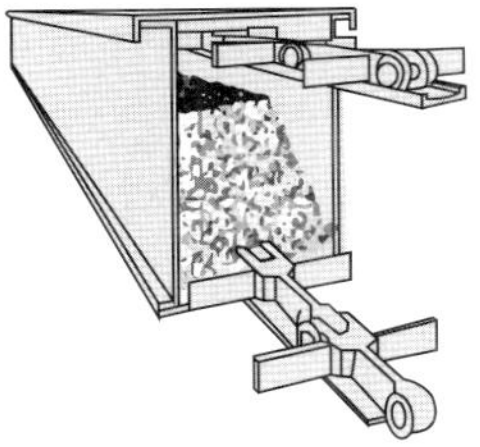

Schnitt durch einen Trogkettenförderer mit Gabelkette

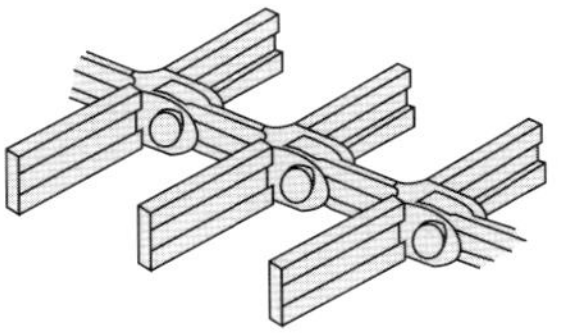

Gabelkette mit aufgesteckten Kunststoffprofilen

Abstand (Teilung) und Form der Mitnehmer bestimmen die Schichthöhe mit und damit die Förderleistung in t/h

Abb. 2-4: Ketten für Trogkettenförderer

Das bedeutet, dass bei einer Trogbreite von 250 mm mit einer Schütt(schicht)-höhe von 250 mm ausgegangen wird. Allerdings beträgt die maximal mögliche Schütthöhe bei diesen Trogkettenförderern etwa 450 mm, selbst wenn der Trog breiter ist. Für Getreide mit höherer Feuchtigkeit und/oder hohem Besatz, sind Schütthöhen und Fördergeschwindigkeit geringer anzusetzen. Bei schwerfließenden Produkten, wie Mehl oder Kleie und ähnlichem, wird von einer Schütthöhe von zwei Dritteln der Trogbreite ausgegangen, d. h. für einen Trog von 300 mm Breite ist eine Schütthöhe von 200 mm normal. Auch hierbei gilt das Limit von maximal zwei Dritteln von 450 mm.

Fördergeschwindigkeit

Die Geschwindigkeit der Förderkette und damit weitgehend auch des Förderguts hängt wesentlich von der Art des Förderguts sowie von der Stundenleistung und Anordnung des Förderers ab.

Wie bei den anderen mechanischen Fördermitteln auch, soll die Fördergeschwindigkeit nicht unnötig groß gewählt werden. Besonders bei den schwerfließenden Produkten gilt für den Trogkettenförderer breit vor hoch. Das heißt für die Praxis: Es ist besser die Trogbreite größer zu wählen, als die Schütthöhe zu erhöhen. Hohe Fördergeschwindigkeiten (v > 0,8 m/s) sollten nur bei hohen Förderleistungen (Q > 200 t/h) angesetzt werden. Im Rahmen der Anordnung von Zwischenausläufen ist eine langsame Geschwindigkeit ebenfalls von Vorteil, um dem Produkt genügend Gelegenheit zum vollständigen Auslaufen zu geben. Das gilt besonders bei schwerfließenden Produkten. Gut ist auch die Anordnung von zwei nacheinander eingesetzten Zwischenausläufen die für einen guten Einlauf in die Silozelle sorgen.

Bei zu hoher Kettengeschwindigkeit wird die Kette unter dem Produkt durchgezogen, eine Förderung kommt dann nicht zustande. Die angewandten Ketten- bzw. Fördergeschwindigkeiten liegen im Bereich von etwa 0,5 bis 1,2 m/s für normal- und etwa 0,4 bis 0,8 m/s für schwerfließende Produkte. Aus diesen Werten wird ersichtlich, je schwerer fließend ein Produkt ist oder wird, z. B. durch Feuchtigkeit oder Besatz, bei Pellets durch Mehlanteil, desto langsamer muss die Geschwindigkeit gewählt werden. Bei langsamer Förderung wird die Fläche bei gleicher Fördermenge größer, d. h. der Trog muss breiter werden. Bei schneller Förderung verhält es sich umgekehrt. Schnelle Förderung erhöht allerdings auch den Verschleiß, den Lärmpegel und den Leistungsbedarf. Der größte Verschleiß tritt beim Leerlauf ein. Schon bei der Planung sollte darauf geachtet werden, z. B. bei längeren Förderstrecken mit Zwischenausläufen besser zwei kürzere Förderer einzusetzen. Das macht sich auch im Energiebedarf günstig bemerkbar, ist aber bei der Anschaffung etwas teurer. Auch auf einen Geradlauf der Kette durch richtige Führung der Spannvorrichtung ist zu achten, um Lärm und Verschleiß zu vermeiden.

Bei der Anordnung von Zwischenausläufen werden an den Kettenmitnehmern kleine Schöpfbecher, etwa alle 3 m, vorgesehen, die etwaiges übergeschlepptes Produkt aus der Antriebsstation wieder mit in den Förderstrom bringt. Über den Zwischenausläufen sind Abstreifer angebracht, die bei geschlossenem Auslauf hochgeklappt werden.

Der Trogkettenförderer kann waagerecht bis zu einer Steigung von etwa 15° eingesetzt werden, allerdings dann mit einer Kette mit doppeltangebogenen Mitnehmern. Auch eine »abgeknickte« Anordnung ist prinzipiell möglich, sollte aber vermieden werden (Körnerbruch, Verschleiß und Lärm). Auf Sonderformen, wie Senkrechtförderung soll hier nicht eingegangen werden, da sie nur sehr selten vorkommen.

Die Kettenräder, auch Kettensterne genannt, haben Teilkreis-Durchmesser von etwa 300 bis 600 mm und entsprechend der Kettengeschwindigkeit Drehzahlen von etwa 20 bis 50 min^{-1}.

Der Antrieb erfolgt bei kleineren Leistungen mittels Getriebemotor und elastischer Kupplung bzw. Aufsteckgetriebemotor. Bei Antriebsleistungen von mehr als 15 kW ist eine Ausführung mit einer Anlaufkupplung zwischen Motor und Getriebe vorzusehen. Auch ein Kettentrieb zwischen Getriebe und Antriebswelle des Förderers ist möglich. Dadurch kann eine Getriebestufe sowie die elas-tische Kupplung eingespart werden. Auch ist dadurch eine seitliche Platzeinsparung möglich, da der Antrieb dann über der Antriebsstation angeordnet werden kann. Als Sicherheitsvorrichtung werden ein Drehzahlwächter an der Spannstation sowie eine Schanzklappe an der Stirnwand der Antriebsstation vorgesehen.

TKF-Berechnung (nach VDI 2320):
Förderleistung in $m^3/h = V = B \times h_s \times v$

Antriebsleistung in kW (effektiv)

$$P = 0{,}5 + \frac{2 \times L \times K \times \mu_2 \times \upsilon}{102} + \frac{L \times V \times \varrho \times \mu_1}{367}$$

bei **Schrägförderung** $+ \frac{V \times \varrho \times H}{367}$

Kettenzug $K_z = \frac{P \times 750}{\upsilon}$ (N)

h_s = Schütthöhe (in m), bis max. ca. 0,4 m bei Schwergetreide, normal $h_s = B$;
B = Trogbreite in m;
K = Kettengewicht in kg/m;
μ_1 = Reibwert Gut/Trog = 0,4;
μ_2 = Reibwert Kette/Boden = 0,6

$\upsilon = \frac{D_t \times \pi \times n}{60}$ (m/s) $\quad A_{Fö} = \frac{V\,(m_3/s)}{\upsilon\,(m/s)}$; (m^2)

$B = \sqrt{A_{FÖ}(m)}$ bis 0,4 m Breite

$B = \frac{A_{fö}\,(m)}{0{,}4}$ (m) über 0,4 m Breite

$B = \sqrt{3/2\, A_{FÖ}\,(m)}$ bei schwerfl. Produktion

bis ⅔ von 0,4 m (0,266 m)

D_t = Teilkreis-Durchmesser Antriebskettenrad

n = Drehzahl, min^{-1}

$A_{Fö}$ = erforderliche Förderfläche in m^2

Die Berechnung des Trogkettenförderers, insbesondere der erforderlichen Trogbreite, der Antriebsleistung und des auftretenden Kettenzugs, kann entsprechend den angegebenen Formeln vorgenommen werden.

Selbstverständlich müssen auch die Unfallverhütungsvorschriften (UVV) eingehalten werden, die unter anderem das Verschrauben der Trogdeckel sowie die Schutzvorrichtungen am Antrieb vorschreiben. Dieser Hinweis gilt sinngemäß auch für die anderen Fördermittel.

2.2.3 Gurtbecherwerk (Elevator)

Mit Elevatoren und Schnecken als Förderelemente wurden vor etwa 250 Jahren die ersten automatisierten Getreidemühlen gebaut. Auch bei der Entladung von Schiffen wurde der Elevator bereits im 19. Jahrhundert eingesetzt. Der Name »Elevator« ist insofern irreführend, als in Amerika

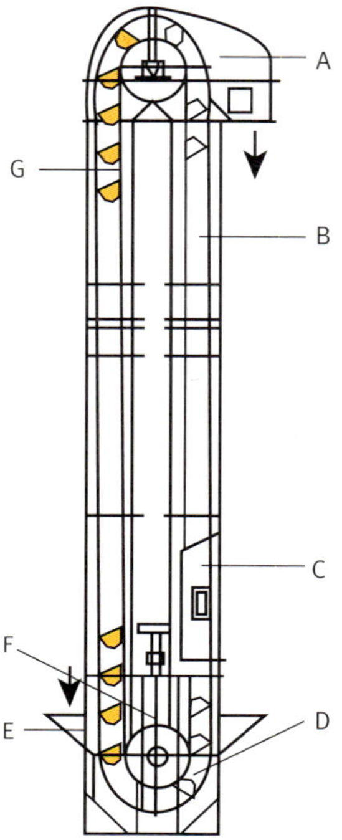

A = Elevatorkopf mit Kopfscheibe, Antriebswelle und Lagern; B = Elevatorschächte; C = Inspektionsklappe; D = Elevatorfuß mit Fußscheibe, Achse und Lagern; E = Einlaufstutzen; F = Spindel und Spannvorrichtung; G = Elevatorgurt mit Bechern

Abb. 2-5: Gurtbecherwerk (Elevator)

darunter die gesamte Siloanlage verstanden wird, und in anglo-amerikanischen Ländern der Personenaufzug (passenger elevator) gemeint ist. Nach der deutschen Norm heißt es Gurtbecherwerk, um gegenüber dem Kettenbecherwerk zu unterscheiden. Der Begriff »Elevator« hat sich im Fachgebiet aber derart eingeprägt, dass es auch im Folgenden dabei bleiben soll.

Für die Senkrechtförderung ist der Elevator von den mechanischen Stetigförderern am energiegünstigsten und nur in ganz seltenen Fällen durch ein anderes Förderelement zu ersetzen, wie die Pneumatik in der Mühle. Außer der reinen Hubarbeit für das Fördergut sind nur der Schöpfwiderstand im Elevatorfuß, die Walkarbeit der Gurtumlenkung sowie die Lagerreibung aufzubringen.

Die Hauptbestandteile des Elevators sind (Abb. 2-5):

- Elevatorkopf mit Gehäuse aus Stahlblech geteilt, mit Auswurföffnung, Kopfscheibe mit Antriebswelle sowie Wälzlagern, die bei kleinen Baugrößen direkt am Gehäuse angebracht sind, bei größeren freistehend gelagert sind,
- Elevatorfuß mit Gehäuse aus Stahlblech mit Einlaufstutzen, Fußscheibe mit Achse und Flansch-Wälzlagern sowie beidseitigen Spannspindeln oder Gewichtsspannung, Entleerungs- bzw. Schanzschiebern,
- Elevatorschächte in Stahlblechausführung mit Verbindungsflanschen, in eckiger oder runder Ausführung mit Inspektionsöffnungen,
- Elevatorgurt mit Kunststoffeinlagen aus Polyester-Polyamid (EP) und beidseitiger Gummiauflage und geschlossenen bzw. offenen Kanten sowie bei größeren Bauarten einer Gurtverbindungslasche,
- Elevatorbecher aus Stahlblech oder Kunststoff, in verschiedener Ausführung, meist halbtief bzw. flach, mit Becherschrauben und Tellerscheiben zum Aufschrauben auf den Gurt (Abb. 2-6).

Die Förderung beginnt mit dem Einlauf des Guts in den Elevatorfuß, wo es von den Bechern aufgenommen (»geschöpft«) wird. Hier kommt es darauf an, auf welcher Seite der Produkteinlauf erfolgt. Die angegebenen maximalen Gurt- bzw. Fördergeschwindigkeiten sind nur dann einsetzbar, wenn die Speisung in das absteigende Trum erfolgt. Auch die Becherteilung – wie viele Becher je Meter Gurt – hängt mit davon ab, ebenso die Becherform. Der Einlauf in das aufsteigende Trum bedingt, besonders bei schwerfließenden Produkten langsame Geschwindigkeiten, da durch das Gegenlaufen der Becher gegen das Produkt eine Verwirbelung entsteht, die eine optimale Becherfüllung verhindert. Das Gleiche gilt für eine zu enge Becherteilung.

Das durch die Becher nach oben geförderte Gut wird, bei entsprechender Geschwindigkeit, durch die bei der Umlenkung über die Kopfgurtscheibe entstehenden Fliehkraft, in einer parabelförmigen Kurve ausgeworfen. Wichtig ist dabei, dass die Kopfform des Gehäuses dieser Auswurfkurve entspricht, da sonst, besonders bei hohen Förderleistungen, Rückfall- und Verschleißprobleme auftreten. Auch auf eine Mindestgeschwindigkeit von ungefähr 1,6 m/s ist zu achten, damit ein einwandfreier Auswurf erreicht wird und das Fördergut nicht wieder mit nach unten genommen wird.

Der Elevator ist in der Lage, alle im Bereich von Silo und Mühle auftretenden Stundenleistungen und Förderhöhen zu bewältigen. Es ist jedoch bei sehr hohen Stundenleistungen (>500 t/h) besser, zwei Förderlinien vorzusehen, um bei Störungen immer noch mit einer Linie weiterfördern zu können und die Einzelteile im üblichen Größenbereich zu dimensionieren, zwecks einfacher Ersatzteilbeschaffung. Dieser Hinweis gilt allgemein auch für die anderen Fördermittel im Anlagenbereich.

Technische Daten

Der Durchmesser der Kopfscheiben beträgt 250 bis 1 250 mm, die Breiten der Kopfscheiben 150 bis zu

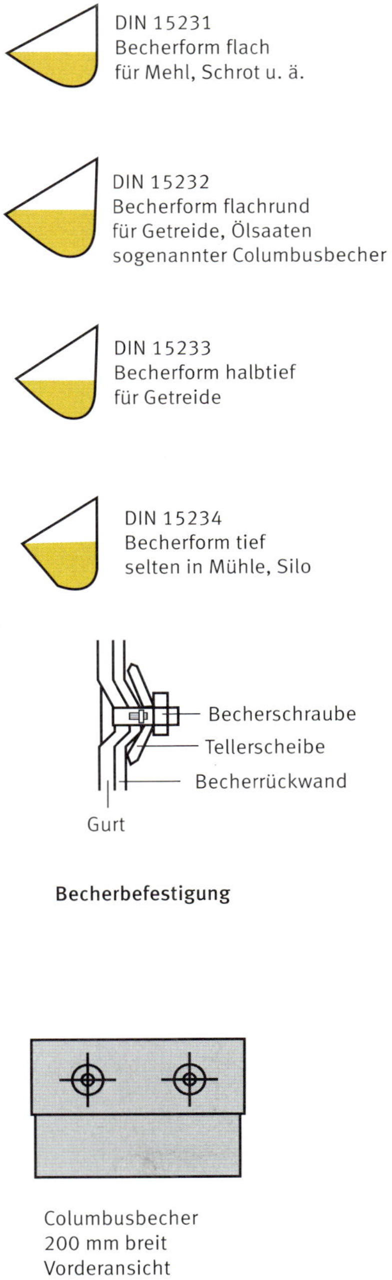

Abb. 2-6: Becher für Gurtbecherwerk

1 000 mm, gemäß der benötigten Förderleistung. Der Fußscheiben-Durchmesser entspricht dem Kopf-Durchmesser. Der Elevatorgurt besteht aus drei bis fünf Einlagen Polyester-Polyamid (EP), je nach Höhe und Stundenleistung, wobei jedoch auf eine gewisse Steifigkeit zu achten ist, um ein Flattern zu verhindern.

Es werden in der Regel halbtiefe Elevatorbecher nach DIN 15230 verwendet, sogenannte Columbusbecher. Darüber hinaus gibt es eine Reihe von Spezialbechern. Für schwerfließende Produkte können auch flache Becher eingesetzt werden, besonders dann, wenn es sich um kleinere Stundenleistungen – wie bei Mühlen üblich – handelt. Die Becherteilung, d. h. Anzahl der Becher pro Meter beträgt, entsprechend der Becherhöhe, zwischen 4 bis 10 Stück. Der Mindestbecherabstand sollte 20 mm nicht unterschreiten, besonders dann nicht, wenn die Gurtgeschwindigkeit im oberen Bereich liegt und/oder wenn es sich um schwerfließendes Produkt handelt. Auch bei einer tiefen Becherform muss ein größerer Abstand gewählt werden.

Die Gurtgeschwindigkeit ist abhängig von Fördergut, Einlaufseite und Förderleistung und liegt im Bereich von etwa 1,8 bis 3,8 m/s. Im Falle von normalfließendem Gut und Einlauf in das absteigende Trum kann mit der Höchstgeschwindigkeit gearbeitet werden, wenn eine große Förderleistung zu erbringen ist. Bei Einlauf in das aufsteigende Trum sollte die Geschwindigkeit bis maximal etwa 3,0 m/s betragen. Unter gleichen Bedingungen ist bei schwerfließendem Produkt ebenfalls von maximal 3,0 m/s auszugehen.

Als Sicherheitsvorrichtung ist üblich bzw. vorgeschrieben (Vorschrift UVV):

- Rücklaufsperren, bei Elevatoren höher als 5 m, kann entweder direkt an der Kopfwelle angeordnet sein, was teuer ist, oder aber im Getriebe des Antriebs,
- Drehzahlwächter, an der Fußachse,
- Schieflaufwächter, im Elevatorschacht, oben und unten,
- Schanzklappe, im Auslaufstutzen,
- Berstscheiben, in den Schächten und Ex-Klappe im Elevatorkopf,
- Sprinkleranlage mit Temperaturfühlern, am Elevatorkopf.

Elevatorberechnung (nach DIN 15231-37):

Förderleistung in m³/h:

$$V = \frac{\upsilon \times 3{,}6 \times l_B}{t_B}$$

Antriebsleistung in kW:

$$P = \frac{V \times \varrho \times (H \times H_s)}{310} \text{ (Motorleistung!)}$$

Umfangskraft:

$$F_u = 1{,}05 \times \frac{V \times \varrho \times (H \times H_s)}{3{,}6 \times \upsilon} \times 10 \text{ (N)}$$

Gurtzug T_1 :

$$F_u + T_E + \frac{F_\upsilon}{2} \text{ (N)}$$

Gurt-Lagenzahl:

$$z = \frac{T_1 \times S}{B \times K_z}$$

l_B = Becherinhalt in l
t_B = Becherteilung in m
v = Gurtgeschwindigkeit in m/s, rd. 1,8–3,8 m/s, abhängig von Produkt und Aufgabe
H_s = Schöpfverlust-Höhe in m = $v^2 \times 0{,}8$
T_E = Eigengewicht eines Strangs (Gurtgewicht + Becher + Schrauben) der Gesamthöhe in m!
F_v = Vorspannkraft, rd. 0,25 F_u, max. 1 000 N
B = Gurtbreite in cm
K_z = Festigkeit in N/cm

Welche Einrichtungen von den jeweiligen Behörden vorgeschrieben werden, muss vor Erstellung der Anlage abgeklärt werden.

Auf den Explosionsschutz wird besonderer Wert gelegt, da der Elevator eine der größten Gefahrenquellen für Staubexplosionen darstellt. Das liegt auch daran, dass die Elevatorbecher eventuell vorhandene Glimmnester zerschlagen und somit die sehr staubhaltige Luft im Elevator mit einer Zündquelle zusammenbringen. An dieser Tatsache ändern auch Kunststoffbecher nichts. Für eine wirkungsvolle Aspiration ist deshalb zu sorgen, die hauptsächlich eine Staubablagerung verhindern soll. Allerdings wird dadurch auch wieder mehr Luftsauerstoff in den Elevator gebracht. Die Berstscheiben und Explosions-Klappen sind deshalb so wichtig, damit sich eine Verpuffung, die erste Stufe einer Staubexplosion, nicht weiter ausbreiten kann.

Der Antrieb des Elevators erfolgt in der Regel über einen Getriebemotor, bei Leistungen bis 15 kW, bzw. über Getriebe, Anlaufkupplung und Motor bei höherer Antriebsleistung. Der Antrieb wird mit der Elevatorkopfwelle mittels elastischer Kupplung verbunden. Auch Aufsteck-Getriebemotoren werden eingesetzt.

Die Berechnung eines Elevators kann nach den angegebenen Formeln vorgenommen werden.

2.2.4 Gurtbandförderer

Dieses mechanische Stetigfördermittel für die horizontale und leicht geneigte Förderung von Schütt- und Stückgut kommt in den zumeist kompakt angeordneten Mühlenanlagen in der Regel nur für die Förderung von Säcken zum Einsatz. Durch die offene Bauart und die verhältnismäßig großen Abmessungen ist es für die Loseförderung mit kleinen Stundenleistungen und Förderlängen ungeeignet, obwohl der Energiebedarf gegenüber Schnecken- und Trogkettenförderern wesentlich geringer ist.

Für Großsilos und Umschlaganlagen ist der Gurtbandförderer hingegen sehr gut einsetzbar und kommt bei Stundenleistungen größer als 200 t und Förderlängen über 50 m häufig zur Anwendung. Die auftretenden Nachteile, wie etwa Staubentwicklung oder schwierige Fernbedienung von Zwischenabgaben, werden durch aufwendigen Personaleinsatz oder entsprechende Technik wettgemacht.

Förderleistungen und -längen sind praktisch unbegrenzt, d. h. alles was im Bereich Silo und Umschlag verlangt wird, kann durch einen Gurtbandförderer erbracht werden (Abb. 2-7). Die gängigen Gurtbreiten sind: 500, 650, 800, 1 000 mm und darüber. Diese Breiten werden in drei verschiedenen Arten ausgeführt: Flachband, zweiteilige Mulde, dreiteilige Mulde (Abb. 2-7). Die dazugehörigen Tragrollen haben Durchmesser von 63, 89, 108 und 133 mm. Für das fördernde, obere Gurttrum sind die Abstände von Rolle zu Rolle ungefähr 1,25 m und für das rücklaufende untere Trum etwa 2,5 m. Der Gurt aus Kunststoff mit meist drei bis fünf Einlagen aus Polyester-Polyamid (EP) hat beiderseits eine schützende Gummiauflage. Die Antriebsrollen-Durchmesser haben 400, 500, 630, 800 und 1 000 mm. Die Umkehrrollen sind etwas kleiner, ebenso die Spannrollen. Für kurze Gurtbandförderer ist die Umkehrrolle meist die Spannstation mit Spindelspannvorrichtung und bei längeren, etwa ab 40 m, wird eine Gewichtsspannvorrichtung eingesetzt.

Die Produktaufgabe auf den Gurtbandförderer erfolgt über einen sogenannten Auflaufschuh, der so konstruiert werden muss, dass das Gut möglichst »glatt« aufläuft, damit wenig Staubentwicklung auftritt. Der Gutauswurf erfolgt in der Abwurfhaube am Bandende. Auflauf und Auswurf werden gut aspiriert. Bei Zwischenabgaben wird ein Abwurfwagen mit Umlenkrollen und Haube eingesetzt. Hierbei sind die Aspiration und der Anschluss an den Zelleneinlauf meist durch das Personal vorzunehmen oder durch technische Vorrichtungen, die allerdings sehr überwachungsintensiv sind.

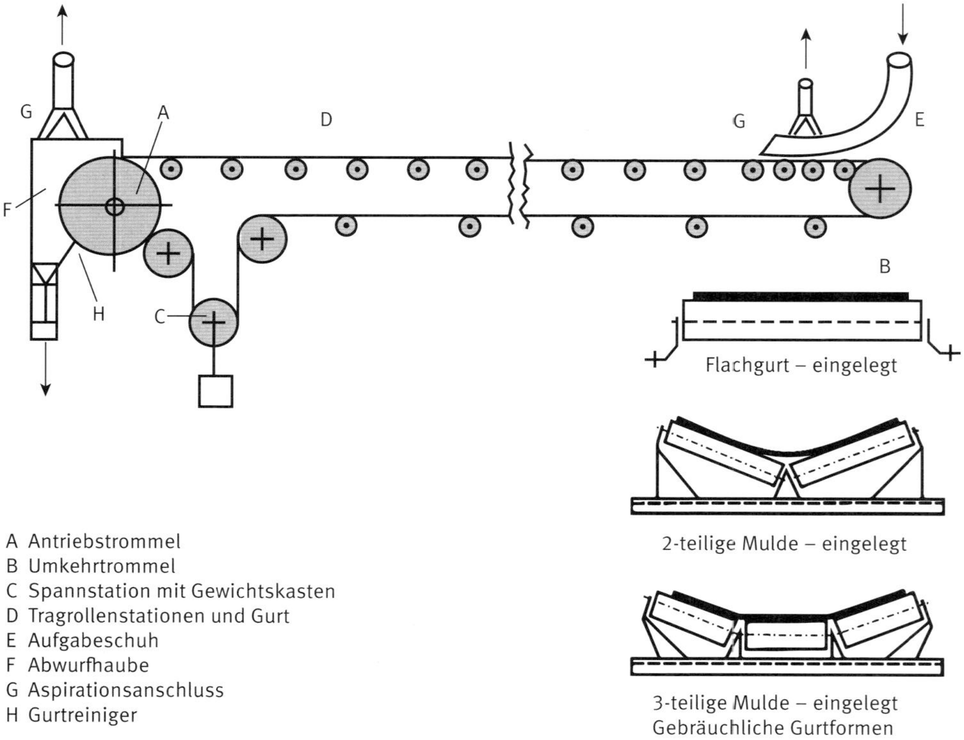

A Antriebstrommel
B Umkehrtrommel
C Spannstation mit Gewichtskasten
D Tragrollenstationen und Gurt
E Aufgabeschuh
F Abwurfhaube
G Aspirationsanschluss
H Gurtreiniger

Abb. 2-7: Gurtbandförderer

Sind Gurtbandförderer im Freien eingesetzt, muss eine Abdeckung gegen Witterungseinflüsse vorgesehen werden, die jedoch die Sichtkontrolle erschwert. Bei Schrägförderung, etwa bis 15°, ist eine Rücklaufsperre am Antrieb vorzusehen. Abstreifer oder Bürsten werden an der Antriebsrolle installiert, um den Gurt von etwa anhaftenden Verunreinigungen zu säubern. Weitere Einzelheiten zum Gurtbandförderer sowie Berechnungsformeln sind in der DIN 22 101 einzusehen.

2.2.5 Sonstige Fördermittel

Laufrohrsystem

Zur Verbindung der Fördermittel untereinander bzw. mit den Lagerstellen (Zelle, Behälter, Box) werden Laufrohre eingesetzt. In der Silotechnik sind diese meist aus Stahlblech in zylindrischer oder eckiger Form, für die Mühlenanlagen auch aus Leichtmetall in zylindrischer Form gefertigt. Dazu gehören die entsprechenden Verbindungs- und Anschlussstutzen, Verteiler, wie Klappenkästen oder Mehrfachverteiler als Schwenk- bzw. Drehrohrausführung. Die Abmessungen reichen – je nach Durchsatzleistung in t/h – von 100 bis 300 mm Durchmesser. Für größere Stundenleistungen, etwa ab 200 t, werden eckige Rohrausführungen, quadratisch bzw. rechteckig, vorgesehen. Die Blechdicken bewegen sich in der Größe von 1 bis 3 mm, bei größerer Abmessung auch bis 6 mm.

Das Laufrohrsystem ist bei abrasiven (schleißenden) Schüttgütern einem erhöhten Verschleiß ausgesetzt. Hier sind Schleißbleche und/oder Auskleidungen mit Spezialwerkstoffen (z. B. Rhino-Hide) an den gefährdeten Stellen vorzusehen bzw. »Totschläger« bei großen Gefällestrecken zur Reduzierung der Fallgeschwindigkeit einzubauen. Das dient bei empfindlichen Schüttgütern auch der Verminderung der Gutbeschädigung. Weitere Einzelheiten, wie Rohrneigungswinkel, besonders für Produkte der Schälmüllerei, sind der speziellen Fachliteratur zu entnehmen.

Spezial-Fördermittel

Neben den bereits aufgeführten Fördermitteln können für spezielle Zwecke, zum Beispiel in der Schälmüllerei, besondere Fördermittel zum Einsatz kommen. Wenn es sich in diesen Einsatzgebieten um empfindliche Güter handelt, wie beispielsweise Haferflocken, ist die Förderung entsprechend schonend vorzunehmen. Generell bedeutet das, dass die Fördergeschwindigkeiten sehr gering anzusetzen sind und gewisse Fördermittel vom Einsatz auszuschließen sind. Geeignete Fördermittel für diese speziellen Verwendungen sind im Wesentlichen:

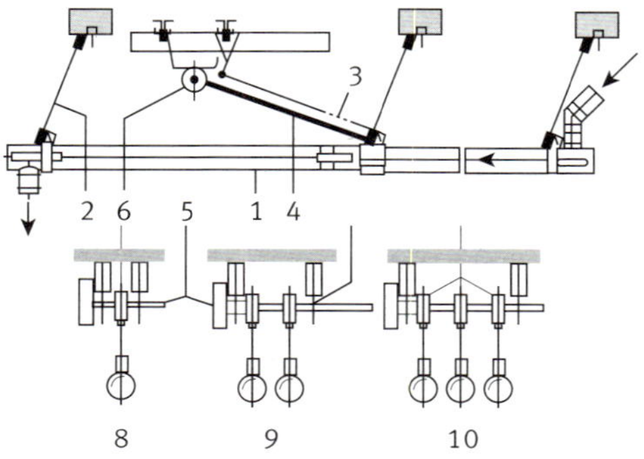

1. Förderrohr, 2. Aufhängefeder, 3. Zugfeder, 4. Stoßstange, 5. Antriebswelle, 6. Exzenter, 7. Lagerung, 8. einfaches Förderrohr, 9. doppeltes Förderrohr, 10. dreifaches Förderrohr

Abb. 2-8: Schwingförderer

- Schwingförderer, Schüttelförderrohre (Abb. 2-8),
- Pendelbecherwerke,
- Spezial-Förderbänder,
- Pneumatische Langsamförderer (Takt-Schub, Fluid-Lift u. ä.).

Die technische Auslegung und Berechnung dieser Fördermittel sowie deren Einsatz ist sehr kompliziert und sollte deshalb nur von erfahrenem Personen vorgenommen werden. Für die Details sei auf die Spezialliteratur zu diesem Thema verwiesen.

2.3 Pneumatische Förderung und Aspiration

2.3.1 Allgemeines

Zum technischen Verständnis sollen an dieser Stelle zunächst einige Grundbegriffe aus der Luft- und Strömungstechnik erläutert werden.

Überdruck und **Unterdruck** misst man mit Druckmessern oder Manometern. Man stelle sich ein U-förmig gebogenes Glasrohr zur Hälfte mit Wasser gefüllt vor, das wie in Abbildung 2-9 an ein Rohr angeschlossen ist. Im Ruhezustand, d. h. wenn das Rohr ohne Strömung mit der Außenluft verbunden ist, wird die Wassersäule im U-Rohr in beiden Schenkeln gleich hoch stehen. Wird, wie im linken Teil der Abbildung 2-9, Luft durch das Rohr gedrückt, steht es im Überdruck, die Wassersäule im U-Rohr wird auf der Außenseite hochgedrückt. Wenn umgekehrt die Luft aus dem Rohr gesaugt wird, stellt sich der Zustand, wie im rechten Teil der Abbildung 2-9, oben ein, die Wassersäule im U-Rohr steigt auf der Innenseite, das Rohr steht im Unterdruck.

Das Maß »h« – in mm gemessen – ist der Über- bzw. Unterdruck in »mm Wassersäule«, abgekürzt mm WS, war früher allgemein die Maßeinheit für den Druck und ist gleichbedeutend mit kg/m^2. Schüttet man 1 kg (= 1 Liter) Wasser auf 1 m^2, erreicht man die Höhe von 1 mm. Heute sind diese Maßeinheiten ersetzt durch Pascal (Pa) bzw. Kilopascal (kPa), bei höheren Drücken ist daneben die Einheit bar oder Millibar gebräuchlich. Die Einheiten sind wie folgt umzurechnen:

1 bar = 10 000 mm WS = 100 kPa

1 Pa = 0,1 mm WS

1 kPa = 1 000 Pa = 100 mm WS = 100 kg/m^2

Die **Luftgeschwindigkeit** v in einem Rohr wird durch die Kontinuitätsgleichung bestimmt und errechnet sich aus der Luftmenge V in m³/s und dem Rohrquerschnitt A in m²:

$$V = \frac{V}{A}\ [m/s]$$

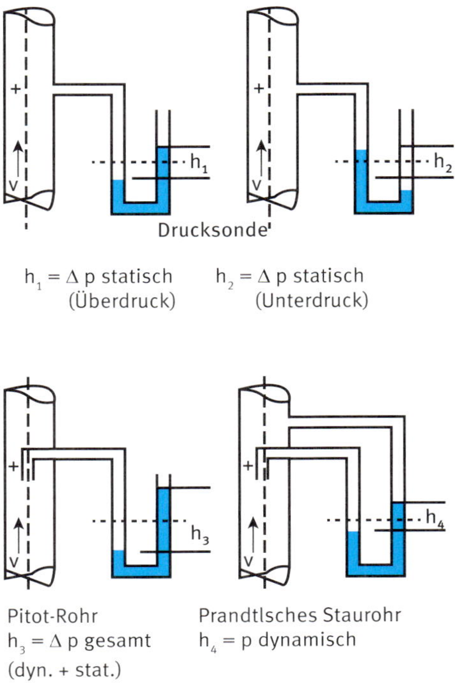

Abb. 2-9: Rohre für Druckmessung

Der **Gesamtdruck** Δp_{ges} setzt sich zusammen aus dem **statischen Druck** Δp_{stat} sowie dem **dynamischen Druck** Δp_{dyn}

Es handelt sich hierbei um Differenzdrücke (Δ) zum herrschenden atmosphärischen Luftdruck, ungefähr 101 kPa bei 15 °C, und zur Meereshöhe. Während der statische Druck positiv (Druck) oder negativ (Saug) sein kann, ist der dynamische Druck immer positiv. Da es keine Differenz-Luftgeschwindigkeit gibt, heißt es nur p_{dyn}.

Gemessen werden kann der Gesamtdruck Δp_{ges} mit dem Pitot-Rohr, wie in Abbildung 2-9 unten links dargestellt.

Der dynamische Druck wird mit dem Prandtlschen Staurohr gemessen, Abbildung 2-9 unten rechts, und ergibt umgerechnet die vorhandene Luftgeschwindigkeit in m/s. Er ist also direkt von der Luftgeschwindigkeit abhängig und sollte immer so gering wie möglich gehalten werden, da er sich auch auf die statische Druckdifferenz auswirkt. Die Betriebssicherheit darf allerdings nicht durch zu geringe Luftgeschwindigkeiten gefährdet werden.

Der dynamische Druck errechnet sich folgendermaßen:

$$P_{dyn} = \frac{\upsilon^2 \times \varrho \times 10}{2 \times g} = \frac{\upsilon^2 \times \varrho}{2} = \upsilon^2 \times 0{,}612\ [Pa]$$

υ = Luftgeschwindigkeit m/s
ϱ = spezifisches Gewicht der Luft = 1,2 kg/m³
g = Erdbeschleunigung = 9,81

Wie zu ersehen ist, steigt der dynamische Druck im Quadrat der Luftgeschwindigkeit. So entspricht eine Luftgeschwindigkeit von

10 m/s = 61 Pa
oder
18 m/s 198 Pa.

Die **Schwebegeschwindigkeit** ist die Luftgeschwindigkeit, bei der ein Produkt im senkrecht aufsteigenden Luftstrom in der Schwebe gehalten wird. Sie ist eine entscheidende Größe bei der Auslese von Leichtteilen aus dem Getreide im Steigsichter, wie auch bei der pneumatischen Förderung, bei der die Luftgeschwindigkeit deutlich höher sein muss als die Schwebegeschwindigkeit. Messen kann man sie in einem Schwebestand, einem konischen Rohr, das sich nach unten verjüngt und in ein zylindrisches Rohr mündet. Eine Probe des Produkts wird bei höherer Luftgeschwindigkeit in das Rohr eingebracht, sodass es im konischen Teil gehalten wird. Dann wird die Luftgeschwindigkeit durch Drosselung solange abgesenkt, bis das Produkt, bzw. dessen schwerere Teile, durch den unteren zylindrischen Teil ausfallen. Die dabei gemessene Luftgeschwindigkeit liegt dann dicht unter der Schwebegeschwindigkeit.

Der **Rohrwiderstand** in einem Aspirations- oder Förderrohr ist die statische Druckdifferenz in kPa zwischen dem Anfang und Ende des Rohrs. Er wird wesentlich beeinflusst durch die Luftgeschwindigkeit, die Rohrlänge und die Anzahl und Art der Rohrkrümmer. Der **Gesamtwiderstand** einer Aspirations- oder Förderanlage ist die Summe aller statischen Widerstände – Maschinen, Rohre, Abscheider, Sammelleitungen, Filter, Schalldämpfer, Regenhauben etc. – und des dynamischen Drucks und wird zur Auslegung des Ventilators benötigt.

2.3.2 Pneumatische Förderung

Luft für die Förderung von feinkörnigen Produkten einzusetzen, ist nicht neu. Bereits im Jahr 1893 wurde in England die erste Schiffsentladung für Getreide mittels einer Saug-Pneumatik vorgenommen, mit einer beachtlichen Stundenleistung von 100 t. In die Mühlen zog die Pneumatik erst etwa 50 Jahre später ein, obwohl Patente und Überlegungen in dieser Richtung schon viel früher (1909) bestanden. Die Pneumatik ersetzte in Mühlen in der Vermahlung die mit vielen Problemen behaftete mechanische Förderung.

Aus Energie- und Verschleißgründen ist die Pneumatik in Silo- und Umschlagsanlagen nicht zu finden, mit Ausnahme der pneumatischen Schiffsentladung. Gegenüber der mechanischen Förderung ist der Leistungsbedarf der Pneumatik bei größeren Stundenleistungen um ein Vielfaches höher. Auch der Anlagenverschleiß ist durch die hohe Förder (Luft)-Geschwindigkeit und vor allem durch die Fremdkörper im Getreide (z. B. Steine, Sand) nicht tragbar. Die durch den Luftstromerzeuger verursachte Lärmbelastung darf nicht unerwähnt bleiben.

In Mühlen mit relativ kleinen Stundenleistungen und »weichem« Produkt ist die Pneumatik heute nicht mehr wegzudenken, allerdings nur als Passagen-Förderung und für die Mehl- bzw. Nachprodukten-Förderung. Kleine Abmessungen, restlose und damit hygienische Förderung, eine Förderlinie für waagerechte und senkrechte Förderung sowie Sicherheit gegen Brandgefahr sind weitere Argumente für den Einsatz in der Mühle. Die Pneumatik auch in der Mühlenreinigung einzusetzen, wurde, bis auf Ausnahmefälle bei komplizierter Förderstrecke, nach einiger Zeit wieder aufgegeben. Sowohl Leistungsbedarf als auch Verschleiß sind in diesem Fall zu kostspielig.

Technik der pneumatischen Förderung

Der Fördervorgang spielt sich in einem meist zylindrischen Stahlrohr mittels eines mit etwa 20 m/s fließenden Luftstroms ab. Diese Luftgeschwindigkeit wird, mit Ausnahme der Schiffsentlader (ca. 30 m/s), bei den meisten Pneumatikanlagen vorgesehen. Höhere Luftgeschwindigkeiten würden zu höherem Widerstand und Verschleiß der Anlage sowie zu Beschädigung des Förderguts führen. Eine geringere Luftgeschwindigkeit birgt die Gefahr des »Schanzens« (Verstopfen).

Luftstromerzeuger, Ventilator oder Drehkolbengebläse, technisch auch Strömungs- bzw. Verdrängermaschine genannt, sorgen für den Luftstrom in der erforderlichen Luftmenge und Druckdifferenz. Je nachdem wo der Luftstromerzeuger angeordnet ist, ergibt sich als Unterschied in der Arbeitsweise entweder eine **Saug-Pneumatik** oder eine **Druck-Pneumatik** (Abb. 2-10). Ist der Luftstromerzeuger hinter der Produkt-Einschleusung angeordnet, herrscht im Förderrohr ein Unterdruck im Verhältnis zur normalen Atmosphäre und es wird von einer Saug-Pneumatik gesprochen. Bei Anordnung vor der Einschleusung herrscht ein Überdruck und es handelt sich um eine Druck-Pneumatik. Wann und wobei welche Art eingesetzt wird, lässt sich in etwa so beantworten: Saug-Pneumatik bei kleinen Stundenleistungen und kleinen Förderlängen, Druck-Pneumatik bei etwas größeren Stundenleistungen und Förderlängen. Abhängig ist das aber auch von der Förderaufgabe, denn so kommt beispielsweise bei der Schiffsentladung nur Saug-Pneumatik in Frage. Prinzipiell ist es so, dass bei erforderlichen Druckdifferenzen von ungefähr über 0,1 bar immer im Druckbetrieb gearbeitet wird. Auch hier gilt die Schiffsentladung als Ausnahme.

Das zu fördernde Produkt muss in einem bestimmten Verhältnis – Menge Luft zu Menge Produkt – in diesen Luftstrom eingeschleust werden und

Saug-Pneumatik Einstranganlage

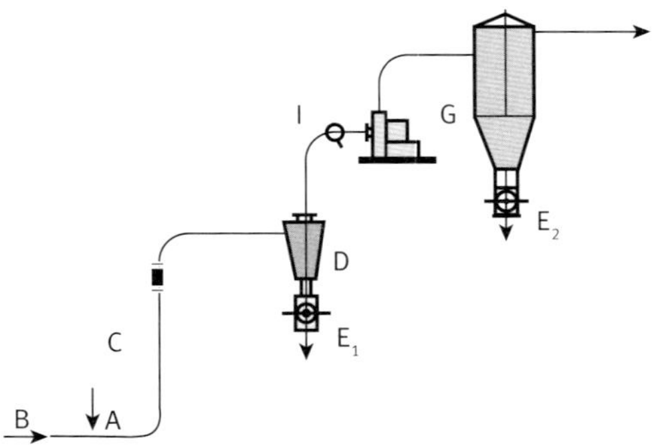

A Produkt-Einspeisung und Förderluft durch:
- Zulaufrohr
- Vibrorinne
- Durchfallschleuse

B Zusatz-Förderluft
C Förderrohrleitung
D Materialabscheider
E_1 Durchfallschleuse für Produktaustragung
E_2 Durchfallschleuse für Staubaustragung
F Hochdruckventilator
G Düsenfilter
H Reinluftaustritt
I Luft-Regulierklappe

Druck-Pneumatik Einstranganlage

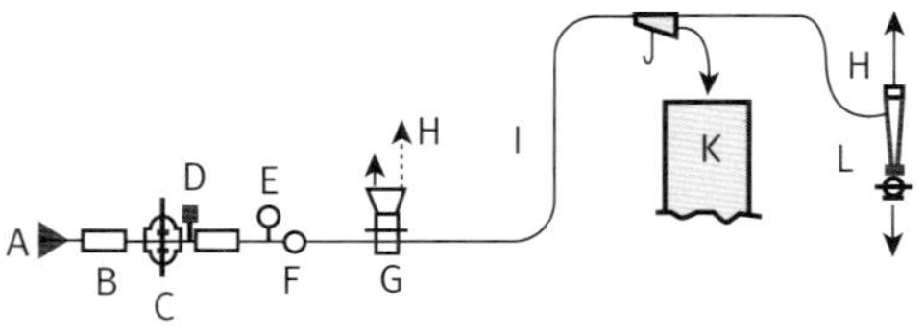

A Luftansaugstutzen
B Schalldämpfer saug- und druckseitig
C Drehkolbengebläse
D Sicherheitsventil
E Druckmesser
F Rückschlaganlage
G Durchblaseschleuse für Produkteinspeisung
H Aspirationsanschluss
I Förderrohrleitung
J Rohrweiche
K Silozelle
L Materialabscheider mit Durchfallschleuse

Abb. 2-10: Schema Saug-, Druck-Pneumatik

wird dann in der Luft »fliegend« bis zur Abgabestelle gefördert. Die in Silo und Mühle eingesetzten Pneumatiken arbeiten im sogenannten Dünnstrom-Verfahren, d. h. es wird mit viel Luft und wenig Produkt gearbeitet. Es besteht auch hier ein Unterschied zwischen Saug- und Druck-Pneumatik. Da die Mengenverhältnisse kg Luft zu kg Produkt – auch »Mischungsverhältnis« oder »Aufladezahl« genannt und mit μ gekennzeichnet – unterschiedlich sind, ergibt sich, dass bei Druck-Pneumatik wegen des höheren Mischungsverhältnisses mit kleineren Rohrdurchmessern gearbeitet werden kann. Das führt zu kleineren Luftmengen, die sich wiederum günstig auf die Anlagengröße (z. B. Filter, Luftstromerzeuger) auswirken.

Zur Orientierung sollen hier die Mischungsverhältnisse, wie sie in der Praxis üblich sind, angegeben werden:

- Pneumatische Passagen-Förderung 1 : 3, für I. Schrot auch bis 1 : 4
- Saug-Pneumatik im Einzelstrang bis 1 : 5
- Schiffs-Pneumatik bis 1 : 22
- Druck-Pneumatik bis 1 : 15

Die Saug-Pneumatik hat bei höherem Unterdruck den Nachteil, dass das Gewicht der Luft, also deren Dichte in kg/m^3, geringer wird. Hierbei wird von Expansion gesprochen. Je weniger Luftdruck desto mehr m^3 werden für ein kg Luft gebraucht. Da die Aufladung μ aber kg Luft zu kg Produkt setzt, ist bei zu geringem Luftdruck die erforderliche Luftmenge in m^3 unwirtschaftlich hoch. Die Antriebsleistung des Luftstromerzeugers errechnet sich beispielsweise aus Druckdifferenz mal Luftmenge. Je höher also die Druckdifferenz zum herrschenden Luftdruck ist, desto mehr Antriebsleistung ist erforderlich, zumal ja gleichzeitig die Luftmenge in m³ durch die Expansion ansteigt. In der Anlagenpraxis haben sich folgende Druckdifferenzen bewährt:

- Saug-Pneumatik im Einzelstrang bis ca. - 10 kPa (= 0,1 bar),
- Druck-Pneumatik bis ca. + 60 kPa (= 0,6 bar),
- Pneumatische Passagen-Förderung: ca. - 6 bis - 8 kPa in Abhängigkeit von der Förderlänge.

Für die Mehlförderung in einem Mehlsilo werden bei der dafür eingesetzten Druck-Pneumatik etwa + 30 bis + 40 kPa nötig sein. Die genauen Werte, die ja auch noch gewisse Reserven für den sicheren Betrieb der Anlage enthalten müssen, kann nur der erfahrene Fachmann ermitteln. Die aufgeführten Formeln und Beispiele sollen nur eine ungefähre Größenordnung wiedergeben.

2.3.3 Anlagenteile einer Pneumatik Luftstromerzeuger

Für die Saug-Pneumatik kommt der Radial-Ventilator (Strömungsmaschine) zum Einsatz (Abb. 2-11). Im Gegensatz zum Ventilator für die Aspiration, der einen kleinen Raddurchmesser bei größerer Breite hat, hat der Ventilator für die Pneumatik einen großen Raddurchmesser, bis ungefär 800 mm, und ist schmal, etwa 100 bis 150 mm. Die Drehzahlen liegen etwa bis 4 000 min⁻¹ und erbringen damit die erforderliche Druckdifferenz. Die nötige Luftmenge wird auch durch die Radbreite erzielt. Der Radial-Ventilator baut auch ohne Widerstand eine Druckdifferenz auf, wobei er sich entsprechend seiner Kennlinie verhält, d. h. wenig Widerstand gleich viel Luft und umgekehrt (Abb. 2-12).

Für die Druck-Pneumatik wird meist das Drehkolbengebläse (Verdrängermaschine), auch als Roots-Gebläse bekannt, eingesetzt (Abb. 2-13). Aber auch andere Verdrängermaschinen, wie Schraubenverdich-

Hochdruck-Ventilator
Antrieb über Riementrieb

Niederdruck-Ventilator
Direktantrieb über Motorwelle

Abb. 2-11: Radial-Ventilator für Hoch-, bzw. Niederdruck

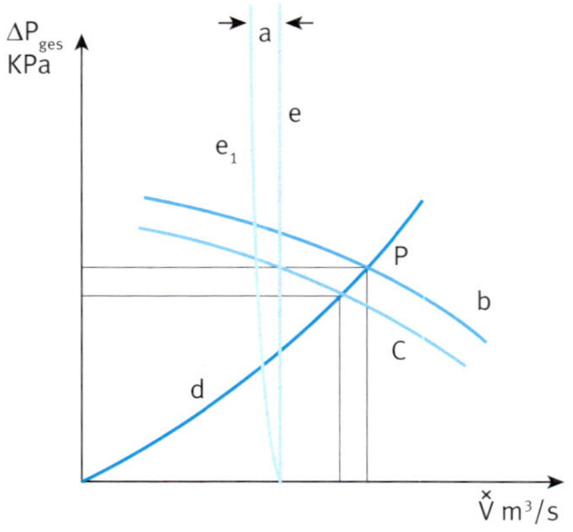

a Abweichung durch Spaltverluste
b Kennlinie für Radialventilator mit höherer Drehzahl
c Kennlinie für Radialventilator mit geringerer Drehzahl
d Anlagenkennlinie
P Betriebspunkt
e theoretische Kennlinie eines Drehkolbengebläses
e_1 praktische Kennlinie eines Drehkolbengebläses

Abb. 2-12: Kennlinien für Radialventilator, Drehkolbengebläse und eine Anlage

ter, kommen zum Einsatz, sofern die erforderliche Druckdifferenz größer als 0,6 bar ist. Eine Weiterentwicklung des herkömmlichen zweiflügligen Drehkolbengebläses ist das dreiflüglige entsprechend Abbildung 2-13, welches leiser arbeitet und preisgünstiger ist. Im Gegensatz zum Ventilator baut das Drehkolbengebläse jedoch ohne Widerstand keine Druckdifferenz auf. Das ist ein wesentlicher Grund, warum es bei der Mühlen-Passagen-Förderung nicht eingesetzt werden kann.

Die gelieferte Luftmenge ist konstant und von der Drehzahl abhängig. Die Druckdifferenz ist abhängig vom Anlagenwiderstand und durch ein Überdruckventil begrenzt.

Für beide Luftstromerzeuger gilt, dass bei hohen Drehzahlen ein erheblicher Lärm entsteht, der entsprechend gedämpft werden muss (TA-Lärm). Der Antrieb erfolgt entweder direkt gekuppelt oder mittels Riementrieb. Letzteres hat den Vorteil, dass die Änderung der Drehzahl durch Wechsel der Riemenscheiben leicht möglich ist, während beim direktgekuppelten Ventilator eine gleichwertige Einstellung nur mit einem neuen Laufrad zu erreichen ist, was entsprechend teurer ist. Dafür benötigt er aber weniger Wartung.

Die Abbildung 2-12 macht deutlich, wie sich die beiden Luftstromerzeuger unterscheiden. Sie zeigt auch die Änderung der Luftmenge V und der Gesamtdruckdifferenz in Abhängigkeit von der Drehzahl des Ventilators. Für den Radialventilator gelten die leicht verständlichen sogenannten Proportionalitätsgleichungen:

$$\frac{V_1}{V_2} = \frac{n_1}{n_2} \qquad \frac{\Delta p_1}{\Delta p_2} = \frac{n_1^2}{n_2^2} \qquad \frac{P_1}{P_2} = \frac{n_1^3}{n_2^3}$$

Sie besagen, dass bei Drehzahländerung eines Ventilators die Luftmenge V proportional steigt (bzw. fällt), die Druckdifferenz Δp mit dem Quadrat der Drehzahl und der Leistungsbedarf P in der dritten Potenz zur Drehzahl.

In der Abbildung ist weiterhin als Beispiel die Kennlinie einer Anlage eingezeichnet. Man kann sich diese Linie beim Anfahren der Anlage vorstellen.

Bei Stillstand sind sowohl Luftmenge als auch Druckdifferenz gleich Null. Mit höherer Drehzahl des Ventilators steigt die Luftmenge und im Quadrat dazu auch die Druckdifferenz (statischer Druck). Das heißt eine Verdoppelung der Luftmenge ergibt die vierfache Druckdifferenz. Die Kennlinie bildet somit eine Parabel. Der Schnittpunkt mit der Kennlinie des Ventilators bei seiner vollen Drehzahl kennzeichnet den Betriebspunkt.

Drehkolbengebläse, 2-flügelig, herkömmliche Bauart

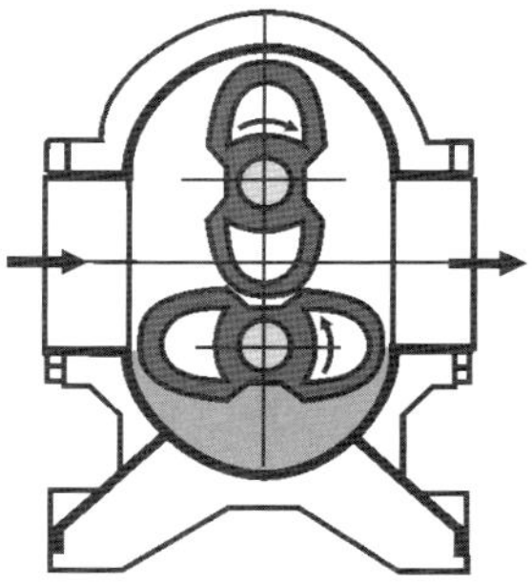

Drehkolbengebläse, 3-flügelig, neuere Bauart

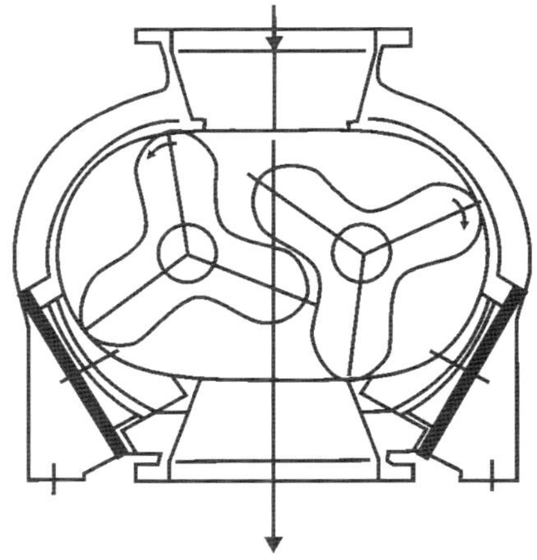

Abb. 2-13: Drehkolbengebläse, 2- und 3-flügelig

Schleusen

Um das Fördergut in die Rohrleitung einzubringen, sind unterschiedliche Vorrichtungen erforderlich. Es ist leicht verständlich, dass es einfacher ist, das Produkt in eine unter Unterdruck stehende Rohrleitung einzubringen, als gegen einen Überdruck anzugehen. Für die Saug-Pneumatik kann deshalb mit einfachen Zulaufrohren, Vibrorinnen oder mit Durchfallschleusen gearbeitet werden. Für die Druck-Pneumatik ist die aufwendigere Durchblaseschleuse (Abb. 2-14) erforderlich. Sie benötigt einen Aspirationsanschluss, da durch den Überdruck Staubluft austritt, oder einen Filterschlauch, der abgereinigt werden muss.

Die Schleusen haben Zellenräder, deren Durchmesser und Längen sich nach der Stundenleistung richten und in Bereichen von etwa 160 bis 400 mm liegen. Die Drehzahlen bewegen sich im Bereich von etwa 20 bis 50 min^{-1}. Angetrieben werden die Schleusen meist als Gruppe bei der Passagen-Pneumatik, bzw. als Einzelantrieb bei der Druck-Pneumatik, mittels gekoppeltem Getriebemotor.

Materialabscheider

Sobald die Förderung abgeschlossen ist, muss das Produkt von der Förderluft getrennt werden. Bei der Druck-Pneumatik ist das meist sehr einfach, indem der Luft-Produkt-Strom beispielsweise in eine Silozelle geführt wird, wo eine natürliche Trennung durch die Schwerkraft stattfindet. Die Luft wird durch einen Filter ins Freie geleitet.

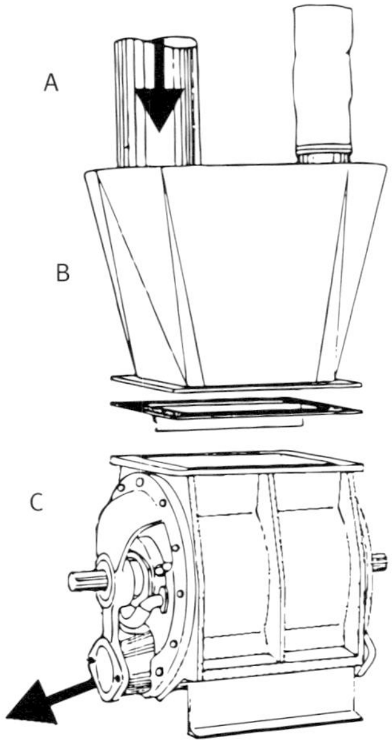

Durchblaseschleuse
A Zulaufrohr
B Einlaufstutzen mit Aspirations-Schlauch
C Schleuse

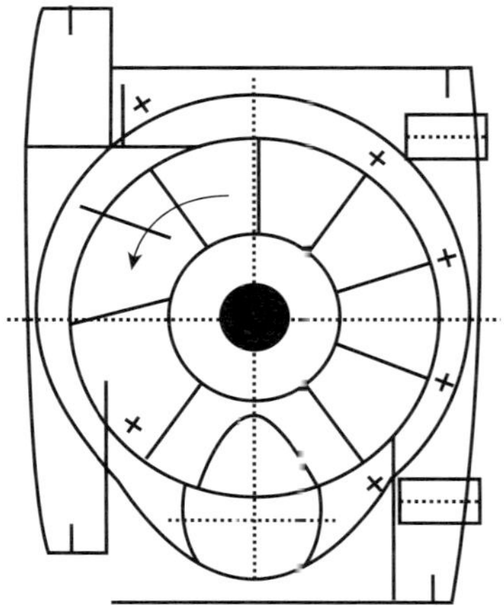

Querschnitt

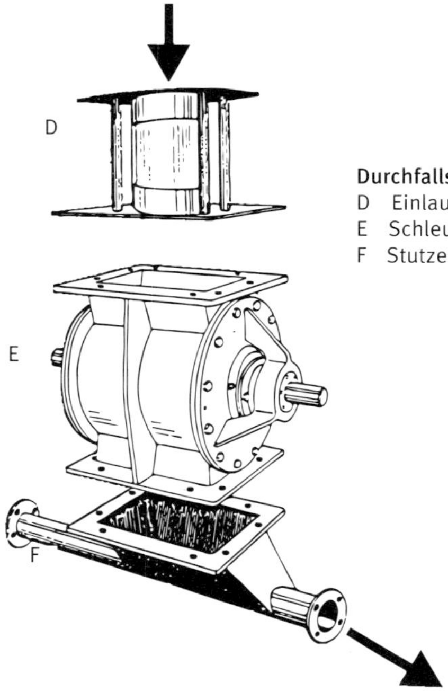

Durchfallschleuse
D Einlauf mit Schauglas
E Schleuse
F Stutzen mit Saugrohr-Anschluss

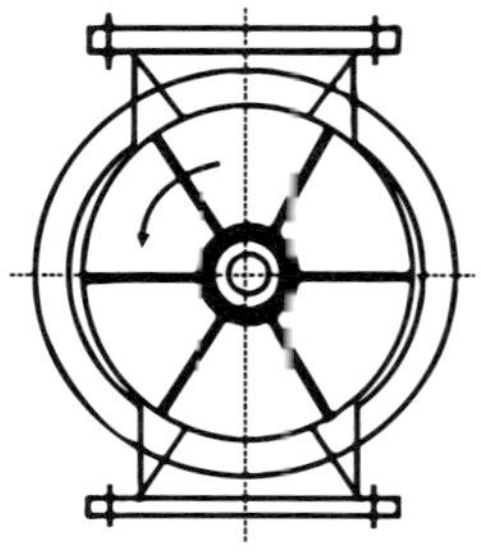

Querschnitt

Abb. 2-14: Durchblase- und Durchfallschleuse

Bei der Saug-Pneumatik muss die Trennung von Luft und Produkt durch Fliehkraft in einem sogenannten Materialabscheider (Fliehkraftabscheider) vorgenommen werden (Abb. 2-15). Im Inneren des Abscheiders bildet sich eine Wirbelsenke, bei der drei Kräfte auf das Produktteilchen einwirken, die Zentrifugalkraft Z, die Schwerkraft g und die Wirbelschleppkraft W. Dadurch rutscht das Produktteilchen an der Abscheiderwand nach unten und wird ausgetragen, während die Luft am Umstülppunkt in der Abscheidermitte nach oben durch das Tauchrohr geführt wird. Wird zu viel Luft in den Abscheider gebracht, erhöht sich durch die größere Luftgeschwindigkeit auch die Fliehkraft. Das ist für die Abscheidung zwar gut, aber der Umstülppunkt wandert weiter nach unten und es wird Produkt mit der Abluft mitgerissen. Bei zu wenig Luftzufuhr im Abscheider lässt die Fliehkraft nach und der Abscheidegrad der Feinteile wird schlechter. Eine genaue Einstellung der Luftmenge ist deshalb besonders wichtig.

Als Faustformel für die Durchsatzleistung eines Materialabscheiders kann als Luftmenge in m³/min der Abscheiderdurchmesser in dm zum Quadrat angenommen werden, also z. B. Durchmesser 300 mm = 3 dm, 3 × 3 = 9 m³/min. Unter dem Materialabscheider ist eine Durchfallschleuse angeordnet. Da die Abluft des Abscheiders noch Feinstmaterial enthält, wird sie über einen Filter abgeführt.

Filter

Für die Endreinigung der Abluft ist ein Filter vorzusehen. Nur dadurch ist die Einhaltung der TA-Luft (max. 50 mg Staub pro m³ Abluft) einzuhalten. Außerdem handelt es sich hierbei um ein gutes Produkt, was in der Mühle schon immer zurückgewonnen wurde. Die modernen Düsenfilter haben einen Reststaubgehalt von unter 20 mg/m³, allerdings muss die Beaufschlagung stimmen. Der Filter (Abb. 2-16) selbst besteht aus einem Stahlblechgehäuse, meist zylindrisch mit dem Zwischenteil für den Staublufteintritt und Fliehkraftabscheidung, dem Filterteil zur Aufnahme der Schläuche, dem Spüllufttank und der Spüldüsen mit Steuerung sowie dem konischen Unterteil zum Staubsammeln und Austragen. Zum Abreinigen der Schläuche wird öl- und kondenswasserfreie Spülluft mit ca. 0,5 bar Überdruck eingesetzt. Die Filterschläuche werden auf Stützkörben gehalten und können entweder durch eine seitlich angebrachte Tür oder nach oben herausgenommen und gewechselt werden, je nach Gebäudesituation.

Die Anzahl der benötigten Filterschläuche sowie deren Länge ergeben sich aus der erforderlichen Filterfläche in m², die sich aus der Beaufschlagung (m³/m²) errechnet. Der abgereinigte Staub (in der Mühle das Filtermehl) fällt in den Konus und wird über eine Durchfallschleuse ausgetragen. Der

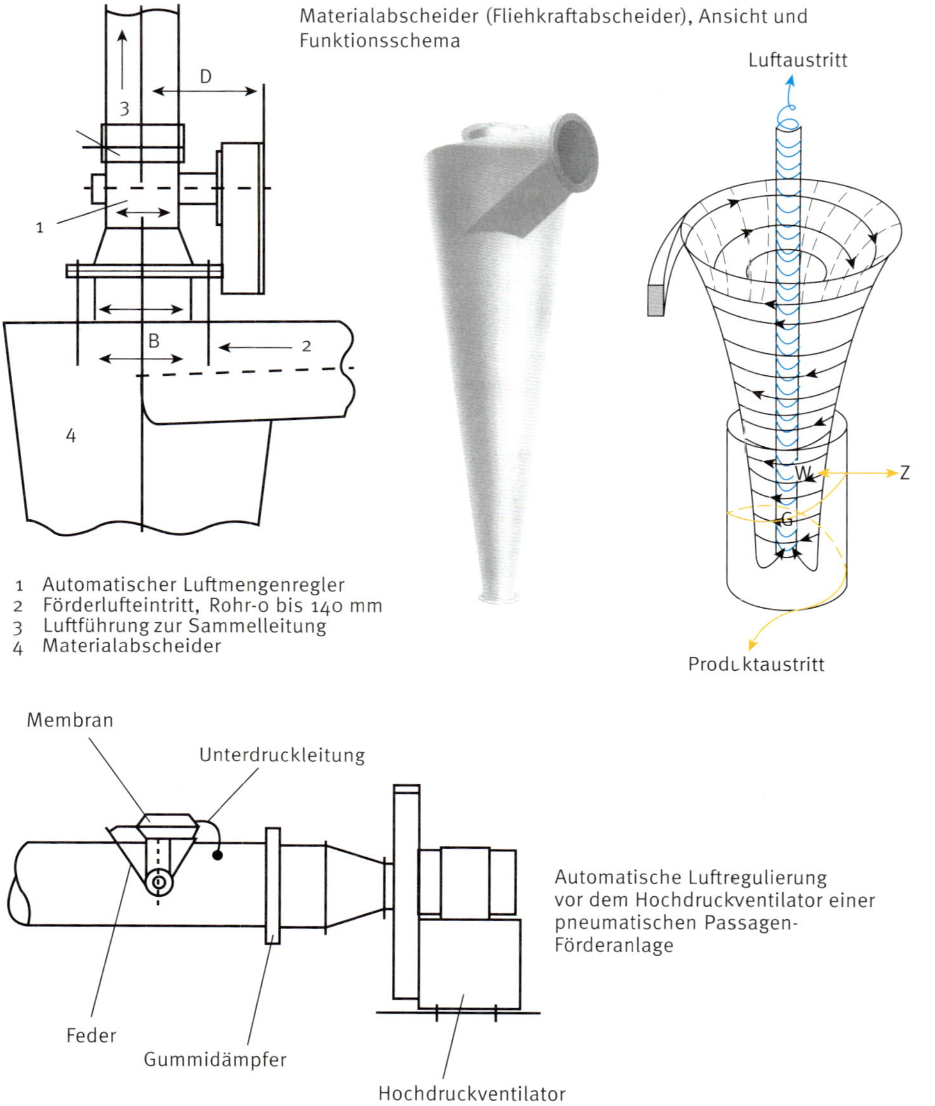

Abb. 2-15: Fördergutabscheider mit Regulierklappe und automatischer Luftregulierung vor HD-Ventilator

Filter kann auch in explosionsgeschützter Bauart (druckstoßfest) und mit Druckentlastungskanal-Anschluss ausgeführt werden.

Förderrohre

Als Förderrohre werden nahtlos gezogene Stahlrohre beispielsweise nach DIN 2248 eingesetzt. Die Durchmesser betragen in der Praxis meistens 40 bis 150 mm, die Wanddicken 3 bis 5 mm. Die gesamte Förderrohrleitung wird durch Schweißen verbunden. An geeigneter Stelle wird ein Schauglas zur Kontrolle des Gutstroms eingebaut, ebenso eine lösbare Rohrverbindung, die im Verstopfungsfall geöffnet werden kann. Anschlussstutzen für die Luftstromerzeuger, Schleusen und Einlaufschuhe unter den Walzenstuhl-Auslauftrichtern gehören ebenso dazu, wie Förderrohrweichen bzw. Mehrfachverteiler für die Druck-Pneumatik.

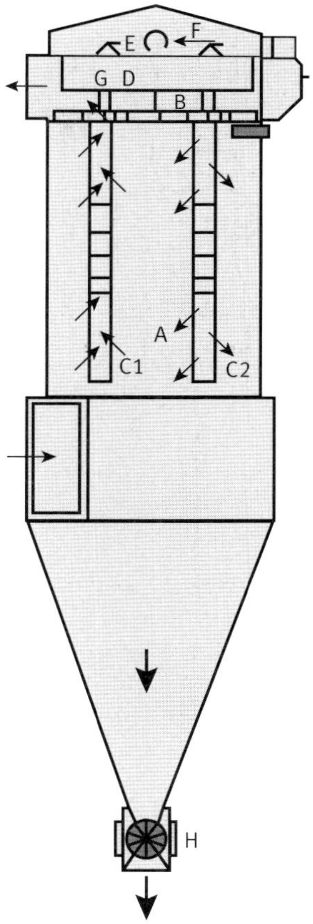

A Staubluftkammer
B Reinluftkammer
C1 Filterschlauch außenbeaufschlagt mit Staubluft
C2 Filterschlauch bei Abreinigen durch Spülluft
D Spülluftdüsen
E Spülluftventile
F Niederdruck-Spülluft
G Spülufttank
H Staubaustragung durch Durchfallschleuse

Abb. 2-16: Düsenfilter

2.3.4 Passagen-Förderung

Die gebräuchlichste Mehrstranganlage ist die Passagen-Förderung in der Mühle, wo an einem Radial-Ventilator, je nach Mühle, bis zu 25 Stränge angeschlossen sein können. Damit eine solche Anlage effektiv und sicher arbeiten kann, sind einige Einstellungen vor und während des Betriebs vorzunehmen. Da die Luft immer den Weg des geringsten Widerstands wählt, muss dafür gesorgt werden, dass an jeder Stelle – in jedem Strang – die Luftmenge zur Verfügung steht, die errechnet wurde bzw. tatsächlich gebraucht wird. Diese Einstellung kann mittels der Drosselklappe am Materialabscheiderkopf vorgenommen werden.

Änderungen der Klappenstellung können erforderlich werden, wenn die Mühlenleistung innerhalb eines bestimmten Rahmens erhöht wird oder durch Schwankungen der Beschüttungsmengen (z. B. Wechsel der Getreideart, Kombi-Mühle). Hier kann auch eine automatisch arbeitende Klappe (Abb. 2-15) vorgesehen werden, aber nur ab 70 mm Rohrdurchmesser. Einmal während der Inbetriebsetzung eingestellt, passt der automatische Luftmengenregler bei jeder Schwankung der Belastung die Luftmenge an und hält sie auf niedrigem Niveau. Das spart nicht nur Energie, sondern reduziert auch den Filtermehlanfall – ein Nebeneffekt, den jeder Müller begrüßen wird. Der größte Vorteil ist aber die höhere Sicherheit, weil jede

Schwankung automatisch aufgefangen wird. Zur Anpassung der Gesamtluft dient die Hauptdrossel am Ventilator. Wird die Mühle mit unterschiedlichen Leistungen gefahren – wie bei extrem verschiedenen Mischungen oder in kombinierten Mühlen – sollte bei niedrigeren Leistungen gedrosselt werden. Ist die Drossel auch bei der höchsten Leistung nicht ganz offen, so ist eine Anpassung des Ventilators – durch Drehzahl- oder Laufradänderung – erforderlich, wie oben erwähnt. Die sichere Arbeit der Passagen-Pneumatik gehört zu den wichtigsten Punkten des Mühlenbetriebs überhaupt.

Filter- und Ventilator-Anordnung

Wird nur die Passagen-Luft über den Filter geführt, so kann der Ventilator vor (Druckbetrieb) oder nach (Saugbetrieb) dem Filter angeordnet werden. Bevorzugt wird der Druckbetrieb, da hierbei der Filter als Schalldämpfer für den Ventilator dient und ein Öffnen der Filtertür im Notfall möglich ist (Abb. 2-18). Soll auch Aspirationsluft vom Filter gereinigt werden, so muss der Hochdruck-Ventilator (HD-) vor dem Filter angeordnet und ein zweiter Ventilator (Niederdruck-Ventilator, ND-) hinter dem Filter vorgesehen werden.

Berechnung einer pneumatischen Passagen-Förderung

Die Berechnung erfolgt am Beispiel einer 120 t/24 h Weizenmühle, entsprechend Kapitel 7, Abbildung 7-8. Die Mühle arbeitet mit 17 Passagen sowie drei Überhebungen von Schleudern und Filter. Durch die doppelten Stränge am I. und II. Schrot ergeben sich 22 Förderleitungen. Die Gebäude-Abmessungen liegen im mittleren Bereich, d. h. mit einer Höhe von 17 m und einer Breite von 7 m. Die Anlage soll mit einem Hochdruck-Ventilator vor und einem Niederdruck-Ventilator nach dem Filter ausgerüstet werden. Zu berechnen bzw. festzulegen sind:

- die erforderliche Pneumatik- und Gesamtluftmenge VL in m³/s,
- die Durchmesser der Förderleitungen in mm,
- der HD-Ventilator mit Antriebsleistung in kW,

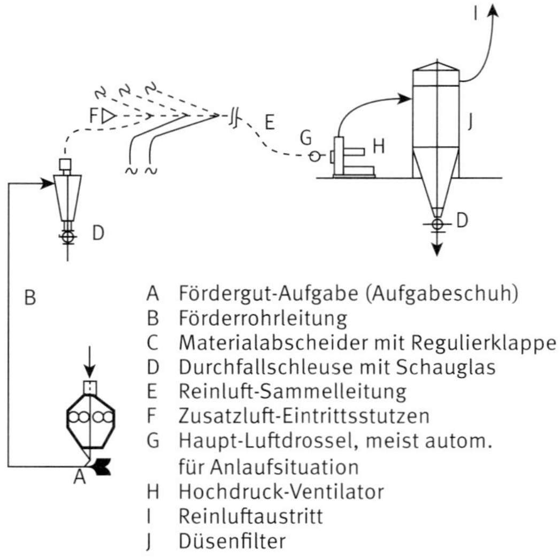

Abb. 2-17: Anordnung einer pneumatischen Passagen-Förderung

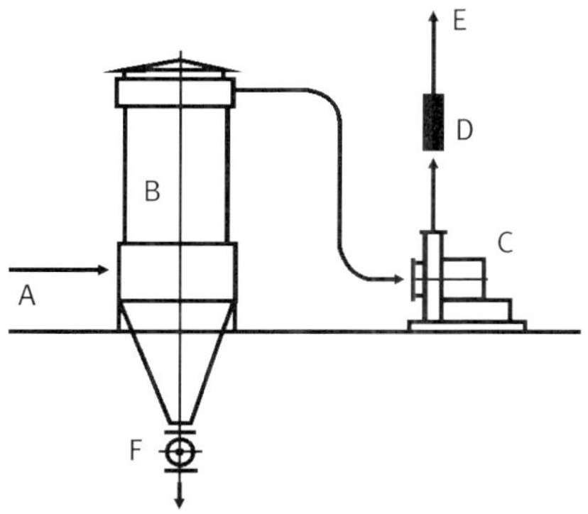

A Staublufteintritt
B Düsenfilter mit abklappbarem Filterkopf
C Hochdruckventilator (nach dem Filter)
D Schalldämpfer
E Reinluftaustritt
F Staubaustritt (Filtermehl), Durchfallschleuse

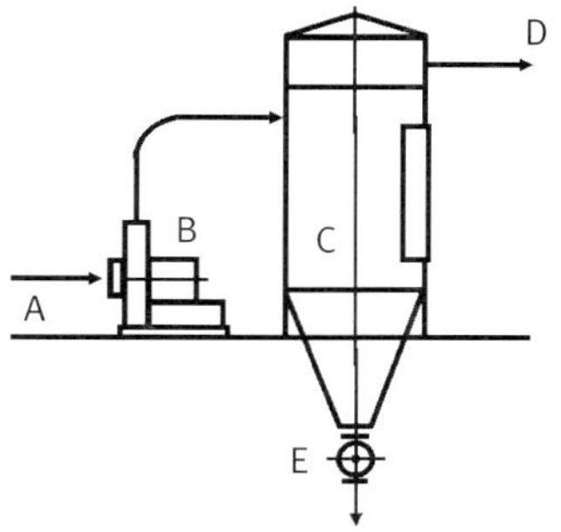

A Staublufteintritt
B Hochdruck-Ventilator (vor dem Filter)
C Düsenfilter mit seitlicher Tür für Schlauchwechsel
D Reinluftaustritt
E Staubaustritt (Filtermehl), Durchfallschleuse

Abb. 2-18: Anordnungen von Ventilatoren und Filtern

- der ND-Ventilator mit Antriebsleistung in kW,
- der Düsenfilter mit Schlauchanzahl und -länge.

Bestimmung der Pneumatikluftmenge in m³/s

Zur Berechnung der Pneumatikluftmenge muss zunächst eine Tabelle mit allen Fördersträngen und den zu fördernden Leistungen (in % bezogen auf den I. Schrot) erstellt werden. Die später in Kapitel 7.3.2 in Tabelle 7-15 aufgeführten Beschüttungen der Passagen sollen hierfür als Grundlage dienen. Da diese Beschüttungen als Momentaufnahme zu verstehen sind und infolge Veränderungen in der Walzenführung, Vermahlungsfeuchtigkeit etc. teilweise erheblich schwanken können, sind für die Auslegung der Förderstränge entsprechende Leistungsreserven einzurechnen. Sie müssen in den mittleren und hinteren Passagen der Mühle relativ größer sein als bei den vorderen Passagen, weil die zu erwartenden Schwankungen durch die Aufschaukelung nach hinten größer sind. Sie dürfen andererseits nicht zu groß sein, denn unnötige Leistungsreserven kosten Kraft. Der Mehrbedarf an Energie ist aber nicht so groß, wie man erwarten könnte, weil es sich in den hinteren Passagen um die kleinsten Stränge handelt.

In Tabelle 2-2 sind diese Beschüttungen zunächst als Prozente und in der darauffolgenden Spalte in kg/s umgerechnet aufgeführt. Mit dem Mischungsverhältnis μ und der Luftgeschwindigkeit vL in den nächsten Spalten ergeben sich mittels der Formel für den Rohrdurchmesser d die erforderlichen Rohrdurchmesser und die dazugehörige Luftmenge in m^3/s.

Bestimmung der Förderrohrdurchmesser

Die errechneten lichten Rohrdurchmesser müssen wegen der Normung und Standardisierung den erhältlichen Größen angepasst werden. So wird z. B. für die Durchmesser 88,7 und 92,7 das gleiche Rohr mit Innenmaß von 89,2 mm gewählt. Ergeben sich bei der Rechnung größere Durchmesser als etwa 120 mm, wie hier bei I. und II. Schrot, so ist die Leistung zu halbieren und auf zwei Stränge zu verteilen. Ergeben sich Durchmesser kleiner als etwa 40 mm, so muss der Mindestdurchmesser von 39,9 mm verwendet werden. Zu den gewählten Rohren wird dann in der letzten Spalte die Luftmenge gerechnet, die in der Addition aller Einzelluftmengen die Pneumatik-Luftmenge ergibt.

Bestimmung der Rohrwiderstände

Sie gehört zur vollständigen Berechnung der Mühlen-Pneumatik dazu, zum einen um die Widerstände untereinander anzugleichen, zum anderen um die Gesamt-Druckdifferenz für den HD-Ventilator zu ermitteln. Die Berechnung kann anhand der Formelsammlung gemäß den Tabellen 2-3, 2-4 und 2-5 vorgenommen werden. Es ist jedoch keinem Müller anzuraten, seine Mühlen-Pneumatik selbst zu berechnen, denn es gehört außer der Beherrschung der Formeln auch einige Erfahrung dazu, die nur die Unternehmen des Mühlenbaus haben, wie die Bestimmung der optimalen Druckhöhe des Ventilators abhängig von der Förderlänge. Solche Berechnungen werden heute mithilfe von Computerprogrammen erledigt und hier nicht weiter vertieft.

Bestimmung des Hochdruck-Ventilators

Hier wird von einer geschätzten Gesamt-Druckdifferenz von 7 000 Pa für den HD-Ventilator ausgegangen, da dieser nur für die Förderung zuständig ist. Mithilfe der Herstellerangaben ist ein entsprechender HD-Ventilator für die berechnete Luftmenge von 2,0 m^3/s bei einer Gesamtdruck-Differenz von 7 000 Pa auszuwählen. Es gelingt nur selten, einen Ventilator zu finden, der die errechneten Werte genau erbringt.

Die Antriebsleistung errechnet sich folgendermaßen:

$$P_{eff} = \frac{V_L \times P_{tot}}{\eta} = \frac{2 \times 7\,000}{0{,}75} = 18\,667 \text{ W} = 18{,}7 \text{ kW}$$

Tab. 2-2: Berechnung der Luftmengen der pneumatischen Passagen-Förderung

Nr.	Passage	Besch. %	kg/s	μ	Luft m/s	Luft m³/s	Rohr *gerechnet*	Rohr *gewählt*	Luft m³/s
1	I. Schr	50	0,694	3	20	0,193	110,8	107,9	0,183
2	I. Schr	50	0,694	3	20	0,193	110,8	107,9	0,183
3	II. Schr	36	0,500	3	20	0,139	94,1	95,8	0,144
4	II. Schr	36	0,500	3	20	0,139	94,1	95,8	0,144
5	III. Schr	45	0,625	3	20	0,174	105,2	102,2	0,164
6	v. MS n. IV.Si	9	0,125	3	20	0,035	47,0	49,4	0,038
7	IV.Schr	35	0,486	3	20	0,135	92,7	89,2	0,125
8	V. Schr f	15	0,208	3	20	0,058	60,7	58,9	0,054
9	Filter. n. MS	5	0,069	3	20	0,019	35,1	39,9	0,025
10	KS 1-3 n. MS	15	0,208	3	20	0,058	60,7	58,9	0,054
11	Sort.	30	0,417	3	20	0,116	85,9	83,1	0,108
12	1. A	40	0,556	3	20	0,154	99,1	95,8	0,144
13	2. A	35	0,486	3	20	0,135	92,7	89,2	0,125
14	3. A	18	0,250	3	20	0,069	66,5	64,8	0,066
15	1. M	25	0,347	3	20	0,096	78,4	77,3	0,094
16	2. M	18	0,250	3	20	0,069	66,5	64,8	0,066
17	3. M	12	0,167	3	20	0,046	54,3	55,7	0,049
18	4. M	12	0,167	3	20	0,046	54,3	55,7	0,049
19	5. M	8	0,111	3	20	0,031	44,3	43,7	0,030
20	6. M	8	0,111	3	20	0,031	44,3	43,7	0,030
21	7. M	8	0,111	3	20	0,031	44,3	43,7	0,030
22	8. M	10	0,139	3	20	0,039	49,6	49,4	0,038
						Σ 2,006			Σ 1,944

Der dazu passende Normmotor wäre 22 kW, ist aber wegen des hohen Anlaufstroms sehr knapp ausgelegt. Für einen sicheren Betrieb müssten 30 kW gewählt werden. Der Wirkungsgrad h wird als Richtwert mit 0,75 angenommen. Bei größeren Ventilatoren kann dieser bis 0,83, bei kleinen bis 0,55 gehen. Die weiteren nötigen Angaben zu diesem HD-Ventilator, wie Kennlinie, Drehzahl, Schallpegel etc. sind ebenfalls aus der Produktbeschreibung zu ersehen. Ebenso der gesamte Antrieb, eventuell mit Riemenübersetzung oder Kupplung.

Bestimmung des Niederdruck-Ventilators

Der ND-Ventilator hat den Filterwiderstand sowie den Schalldämpfer- und Abluftrohrwiderstand zu überwinden. Praxisgerecht wird hierfür eine Gesamtdruckdifferenz von ca. 3 000 Pa vorgegeben.

Einzelwerte des Druckverlustes (Pascal) bei Saug- und Druck-Pneumatik

1. Luftbeschleunigung: $\Delta p_{bl} = \frac{1}{2} \times \varrho_L \times v_L^2 = P_{dyn}$

2. Gutbeschleunigung: $\Delta p_{bG} = \varrho_L \times \mu \times v_L \times v_G$

3. zusätzlicher Druckverlust bei Zuführungsaggregat (Düse): $\Delta\pi_{bZ} = \xi \times (\Delta p_{bL} + \Delta p_{bG})$

4. horizontale Förderstrecke: $\Delta\pi_h = \lambda \times (1 + \mu \times K_h) \times \frac{1}{d} \times p_{dyn}$

5. vertikale Förderstrecke: $\Delta\pi_v = \lambda \times (1 + \mu \times K_v) \times \frac{1}{d} + \frac{v_L}{v_G} \times \mu \times \iota_v \times \varrho_L \times g$

6. Verluste Rohrkrümmer 90°: $\Delta\pi_K = \xi \times p_{dyn} \times (1 + \varepsilon \times \mu) \times n$

7. Verluste Fördergutabscheider: $\Delta\pi_A$ = etwa 2...2,5 × p_{dyn},
Gesamt-Druckverlust eines Förderstrangs 1. bis 7.:

Berechnung des erforderlichen lichten Rohrdurchmessers in m: $d = \sqrt{\frac{4 \times m_G}{\pi \times v_L \times \varrho_L \times \mu}}$

Durchführung der Beta-Kontrolle: $\beta = \frac{m_G}{A_R} \quad \left(\frac{kg/s}{dm^2}\right)$

Ergebnis der Beta-Kontrolle: bei Saug-Pneumatik ≤ 1
bei Druck-Pneumatik ≤ 5

v_L = Luftgeschwindigkeit in m/s; v_G = Gutgeschwindigkeit entspricht v_L-v_{schweb}
ε = entspricht Tab. 2-4; für Düse 0,4;
K_h = 0,0079167 × D - 0,2667 (ergibt K_h zwischen 0,05 und 1)
K_V = 0,002333 × D - 0,7333 (ergibt K_V zwischen 0,02 und 0,3)
λ = Rohrreibungswiderstand 0,02-0,03 abhängig von Reynoldszahl R_e
P_{dyn} = dynamischer Druck $\frac{\varrho}{2} \times v_L^2$
μ = Mischungsverhältnis kg Luft zu kg Gut
ϱ = Luftdichte 1,2 kg je m^3
g = Erdbeschleunigung 9,81
A_R = Rohr-Querschnittsfläche in dm^2, P = absoluter Luftdruck 101.325 Pa, bei NN 0 und 20 °C
R = Gaskonstante 288 J/kg K
K = Kelvin 273, Luftdichte: $\varrho_L = \frac{P}{R \times T}$
T = Temperatur 273 K (+ bzw. - Grad C) ; [273 + 20 °C =293]
n = Anzahl der eingebauten Krümmer
Aufstellung der griechischen Buchstaben:
λ Lambda; ε Epsilon; ϱ Rho; ξ Xi; β Beta; μ My; Δ Delta

Tab. 2-3: Formel-Zusammenstellung für die pneumatische Förderung.

Die Gesamtluftmenge für den ND-Ventilator ergibt sich aus:

- Förderluft von 2,0 m^3/s,
- Aspiration der Kleieschleudern 0,15,
- Aspiration der Endproduktwege 0,25,
- Spülluft für den Filter 0,04,

zusammen 2,44 m^3/s = 146 m^3/min.

Aus der Gesamt-Druckdifferenz von 3 000 Pa errechnet sich die Antriebsleistung:

$$P_{eff} = \frac{V_L \times P_{tot}}{\eta} = \frac{2,44 \times 3000}{0,75} = 9760 \text{ W} = 9,76 \text{ kW}$$

Der verfügbare Normmotor hat eine Leistung von 11 kW.
Weitere technische Daten sind den Angaben der Hersteller zu entnehmen.

Bestimmung des Düsenfilters

Zur Reinigung der Abluft der Passagen-Förderung wird ein Düsenfilter eingesetzt, der normalerweise einen Reststaubgehalt von unter 20 mg/m³ Luft garantiert. Voraussetzung ist dabei auch die richtige Beaufschlagung der Aspiration. Die Filterfläche für die Gesamtluftmenge von 146 m³/min wird wie folgt errechnet: Bei einer Beaufschlagung von 3 m³ pro m² Filterfläche ergeben sich 146/3 = 48,8 m². Bei einem Schlauchdurchmesser von 120 mm und einer Schlauchlänge von 2,4 m ergibt sich daraus eine Fläche von 0,9 m² je Schlauch und damit eine Schlauchanzahl von 54. Jeder Schlauch wird einmal pro Minute mit 40 l Luft gespült, was gesamt 54 × 40 = 2 160 l bzw. 2,16 m³/min = 0,04 m³/s ergibt. Weitere Informationen über Widerstand, genaue Spülluftmenge, m²-Zahl und Anzahl der Schläuche etc. des Düsenfilters sind jeweils den Herstellerangaben zu entnehmen.

Tab. 2-4: Faktor ε für 90-Krümmer bei Materialförderung

V_L m/s	e	V_L m/s	e
15	0,9	23	0,535
16	0,835	24	0,51
17	0,78	25	0,48
18	0,73	26	0,465
19	0,68	27	0,45
20	0,64	28	0,44
21	0,6	29	0,435
22	0,565	30	0,43

Tab. 2-5: Faktor ξ zur Druckverlustberechnung für Materialförderung in 90-Krümmern

d in mm	mittlerer Krümmerradius in m							
	0,5	0,6	0,7	0,8	0,9	1,0	1,2	1,4
40	0,65	0,72	0,85	1,0	1,05	1011	1,25	1,4
50	0,51	0,6	0,69	0,76	0,82	0,92	1,1	1,2
60	0,43	0,5	0,59	0,75	0,76	0,78	0,9	1,1
70	0,38	0,43	0,5	0,65	0,66	0,68	0,78	0,9
80	0,34	0,38	0,43	0,48	0,53	0,59	0,68	0,78
90	0,35	0,35	0,38	0,49	0,47	0,51	0,6	0,69
100	0,35	0,34	0,36	0,39	0,43	0,47	0,55	0,62
110	0,35	0,33	0,34	0,37	0,4	0,43	0,5	0,58
120	0,35	0,32	0,33	0,34	0,36	0,39	0,45	0,52
140	0,35	0,31	0,32	0,33	0,34	0,35	0,39	0,44
160	0,31	0,30	0,30	0,31	0,32	0,33	0,36	0,38
180	0,32	0,30	0,30	0,30	0,30	0,31	0,33	0,36
200	0,33	0,31	0,30	0,30	0,30	0,30	0,32	0,33
250	0,35	0,34	0,32	0,31	0,30	0,30	0,30	0,30

2.3.5 Pneumatische Druckförderung

Meist handelt es sich hier um Einstrang-Anlagen, die relativ leicht zu regulieren bzw. zu überwachen sind. Da bei dieser Art von Druckanlage die Luft keine Gelegenheit hat, einen anderen, widerstandslosen Weg zu nehmen

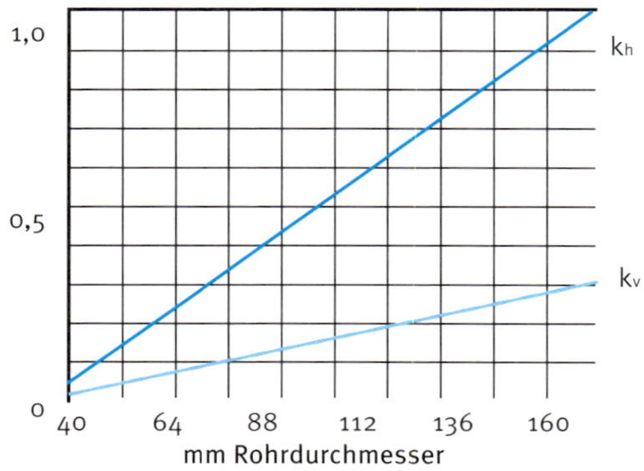

Abb. 2-19: Die Faktoren k_h und k_v werden mit dem Rohrdurchmesser variiert.

und das Drehkolbengebläse den Druck entsprechend dem Widerstand der Anlage aufbaut, gibt es praktisch keine Probleme. Die Druckluft kann aber auch mit einem Drehkolbengebläse auf mehrere Druckstränge verteilt werden. Dabei muss dafür gesorgt werden, dass die Druck- und Luft-Verhältnisse in allen Strängen den erforderlichen Größen angepasst sind. Das geschieht dadurch, dass vor jedem Strang eine Lavaldüse eingebaut wird. Diese Lavaldüsen haben einen sehr hohen Luftwiderstand von 0,7 bar. Die Anwendung dieser Anlagenart wird daher in der Praxis auf kleine Förderleistungen beschränkt. In größeren Mühlen wird normalerweise mit Einstranganlagen gearbeitet, da trotz mehrerer Drehkolbengebläse der Gesamt-Leistungsbedarf wesentlich geringer ist.

Berechnungsbeispiel

Für die Förderung von 8 t/h Weizenmehl in einem Mehlsilo, bei einer Gesamtförderlänge von 30 m (18 m horizontal, 12 m vertikal, 5 Krümmer 90°) soll der erforderliche Luftstromerzeuger mit Antriebsleistung sowie der nötige Rohrdurchmesser errechnet werden.

1. Wahl von **Mischungsverhältnis** μ:
Bei der Druckanlage wird ein μ von 15 gewählt.

2. Berechnung der **Produktmenge** in kg/s:
Gegeben sind

$$8\ t/h = \frac{8\,000\ kg/h}{3600\ s} = 2{,}22\ kg/s$$

$$m_G = 2{,}22\ kg/s$$

3. Wahl der **Luftgeschwindigkeit** in m/s:
Es wird die »normale« Luftgeschwindigkeit (entsprechend Kapitel 2.3) von 20 m/s gewählt.

4. Berechnung des erforderlichen **Rohrdurchmessers** in mm:

$$d = \sqrt{\frac{4 \times m_G}{\pi \times v_L \times \varrho_L \times \mu}} = \frac{4 \times 2{,}22}{\pi \times 20 \times 1{,}2 \times 15} = 0{,}0886\ \text{m}$$

d = 88,6 mm lichter Rohrdurchmesser erforderlich.
Um eine Kontrolle zu haben, ob der errechnete oder gewählte Rohrdurchmesser den technischen Anlagewerten entspricht, d. h. dass der auftretende Rohrwiderstand im Rahmen der Wirtschaftlichkeit liegt, sollte die Beta-Probe/-Kontrolle durchgeführt werden (Tab. 2-3). Damit kann das Verhältnis zwischen kg/s und Rohrquerschnitt in dm^2 festgestellt werden. Bei Saug-Pneumatik sollte es maximal 1 sein, bei Druck-Pneumatik maximal 5. Bei Überschreitung dieser Werte ist es ratsam, einen größeren Rohrdurchmesser einzusetzen.

5. Berechnung der erforderlichen **Luftmenge** in m^3/s:
Mischungsverhältnis $\mu = 15$, d. h. 1 kg Luft soll 15 kg Produkt »tragen«.
Vorhanden sind 2,22 kg/s Produkt, daraus ergibt sich:

$$\text{kg Luft} = \frac{2{,}22}{15} = 0{,}148\ \text{kg Luft/s}$$

Bei einem Luftgewicht von normal 1,2 kg/m^3 errechnet sich die erforderliche Luftmenge in m^3/s

$$\frac{0{,}148}{1{,}2} = 0{,}123\ \text{m}^3/\text{s}$$

Diese Luftmenge ergibt sich auch, wenn die Rohrfläche (0,00616 m^2) mit der Luftgeschwindigkeit von 20 m/s multipliziert wird.

6. Bestimmung des erforderlichen **Luftstromerzeugers**:
Für eine solche Druckförderanlage wird normalerweise eine Drehkolbenpumpe eingesetzt.
Der Gesamtwiderstand (Δp) der Anlage wird bei ca. 0,4 bar (40 000 Pa) liegen.
Die genaue Berechnung kann nach Tabelle 2-3, 2-4 und 2-5 vorgenommen werden.
Der Luftstromerzeuger muss also entsprechend dieser Daten (V_L und Δp) aus dem Herstellerprogramm ausgewählt werden.

7. Berechnung der erforderlichen Antriebsleistung in kW:

$$P_{eff} = \frac{\Delta p \times V_l}{\eta} = \frac{40\,000 \times 0{,}123}{0{,}75} = 6560\ \text{W}$$

P_{eff} = 6,56 kW, gewählter Motor also 7,5 kW

2.3.6 Aspiration

Die pneumatische Förderung ist, sofern es sich um Saugförderung handelt, gleichzeitig fast immer auch mit Aspiration verbunden. Eine Aspiration ist in jedem Betriebsteil einer Mühlenanlage, von der Getreideannahme bis zur Tankwagenbeladung, erforderlich und hat unterschiedliche Aufgaben:

- Verhinderung von Staubaustritt aus Maschinen, Zellen, Förderern, Laufrohren etc.
- Besaugung von Maschinen unter gleichzeitiger Abförderung von Mehl oder Staub.
- Hilfsmittel für die Funktion einer Maschine, z. B. Steigsichter, Steinausleser oder Putzmaschine.
- Abführung von Wärme und Feuchtigkeit nach Vermahlungsmaschinen oder Trocknungsanlagen.

Mit der Verhinderung von Staubaustritt wird zum einen der Staub (Mehlstaub) zurückgewonnen und zum anderen offene Luftverschmutzung und Staubablagerungen im Betrieb vermieden, die insbesondere im Getreidesilo zu gefährlichen Staubexplosionen führen können. Somit ist die Aspiration ein wichtiger Bestandteil im Zusammenhang mit der Wirtschaftlichkeit, Hygiene und Sicherheit im Mühlenbetrieb.

Aspirationsanlagen bestehen in der Regel aus einem zentral angelegten Filter, von dem aus verzweigte Rohrleitungen an alle Besaugungsstellen gehen und einem nachgeschalteten Radialventilator. Für eine einwandfreie Funktion der Anlage sind folgende Auslegungskriterien zu beachten:

Zunächst werden die benötigten Luftmengen aller Maschinen aufgelistet und um einen Zuschlag von etwa 10 % für die Ansaugung an Falschluftstutzen ergänzt. Bei Aspiration von Silozellen sind unter Umständen weitere Zuschläge erforderlich, wenn nicht automatische Luftklappen eingesetzt sind. Für die Aspiration von mechanischen Förderelementen kann allgemein mit folgenden Mindestluftmengen gerechnet werden:

unter 100 t/h,
d. h. praktisch für alle Förderer in Reinigung und Mühle

$$\text{Fördermenge in } \frac{m^3}{min} \times 3 = \text{Luftmenge in } \frac{m^3}{min}$$

jedoch mindestens 3 bis 5 m³/min,

bei 100 bis 300 t/h
im Getreidesilo bzw. Mehlsilo

$$\text{Fördermenge in } \frac{m^3}{min} \times 2 = \text{Luftmenge in } \frac{m^3}{min}$$

über 300 t/h

$$\text{Fördermenge in } \frac{m^3}{min} = \text{Luftmenge in } \frac{m^3}{min}$$

Beispiel:

$$\text{Getreideleistung } 60\ t/h = 80\ m^3/h = 1{,}3\ \frac{m^3}{min} \times 3 = 4\ \frac{m^3}{min}\ \text{Luft}$$

Die **Rohrleitungsquerschnitte** können nach Festlegung aller Besaugungsstellen und der Leitungsführung berechnet werden. Für die Luftgeschwindigkeiten v gelten etwa folgende Richtwerte:
Senkrechte Rohrleitung 12 m/s
Waagerechte Rohrleitung 16 m/s

An der Ansaugstelle eines Aspirationsanschlusses, z. B. an einem Förderer, wie in Abbildung 2-20 gezeigt, darf die Geschwindigkeit 0,5 bis 1 m/s nicht übersteigen, um ein Mitreißen von Produkt zu vermeiden.

Die Querschnitte A errechnen sich dann durch die Kontinuitätsgleichung

$$A = \frac{V}{\upsilon}\ [m^2]$$

V = Luftmenge m³/s, v = Luftgeschwindigkeit m/s

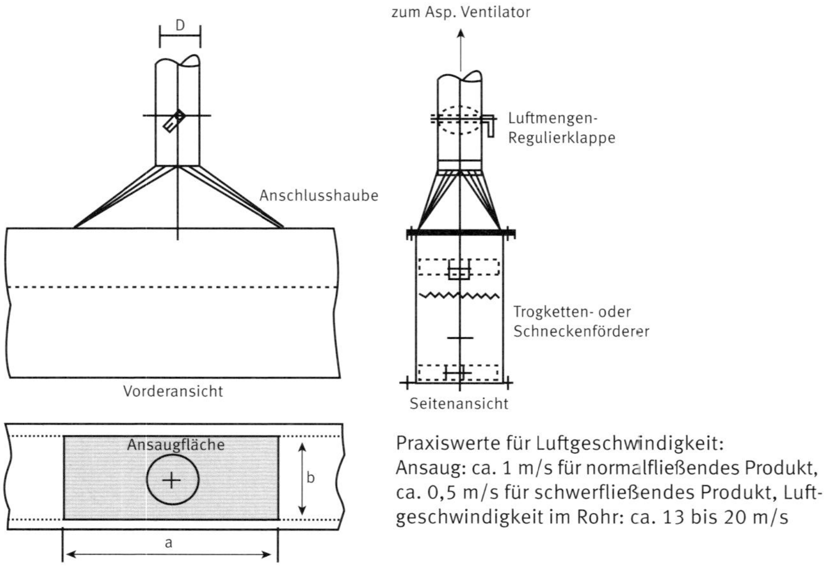

Abb. 2-20: Aspirationsanschlusshaube

Sofern Explosionsschutzmaßnahmen zu beachten sind, müssen in der Rohrleitung mindestens 20 m/s vorgesehen werden und vor dem Filter ist ein Bersttopf wie in Abbildung 2-21 anzuordnen. Der Bersttopf ist eine passive Schutzvorrichtung, die eine etwaige Explosion in der Rohrleitung begrenzen oder völlig unterbrechen soll. Der zylindrische Oberteil enthält eine Berstscheibe, die auf Überdruck anspricht und bei 90 mbar öffnet, sodass der Explosionsdruck ins Freie entweichen kann.

Der Ventilator sollte so ausgelegt werden, dass er in seinem optimalen Betriebspunkt – der vom Hersteller in der Kennlinie angegeben wird – arbeitet. Dabei sind sowohl die erforderliche Luftmenge in m^3/s als auch die notwendige Gesamt-Druckdifferenz zu berücksichtigen. Da in der Abstufung der Baureihen nur selten ein genau passender Ventilator zu finden ist, wird normalerweise immer die nächst größere Type verwendet. Das hat auch den Vorteil, dass bei späteren Erweiterungen der Aspirationsanlage ausreichende Luftreserven zur Verfügung stehen. Die Gesamt-Druckdifferenz wird sich hierdurch nur gering ändern und somit ebenfalls ausreichend sein. Für Aspirationsanlagen in Silo, Reinigung oder Mühle kann mit einem Gesamtdruck von 2,5 bis 3 kPa, bei Einsatz von Bersttöpfen zum Explosionsschutz von 3 bis 3,5 kPa gerechnet werden.

Schließlich ist noch der Filter auszulegen, der aus der Luftmenge und der spezifischen Belastung in m^3 Luft/m^2 Filterfläche bestimmt wird. Für die spezifische Belastung allgemeine Werte anzugeben ist schwierig, da sie von vielen Faktoren abhängt:

- Aufladung der Luft mit Staub,
- Staubart (Reinigung, Mühlen-Pneumatik, Putzmaschine),
- Staubfeinheit,
- Luftfeuchtigkeit,
- Gewebeart, Dichte des Gewebes,
- Intensität der Spülung.

Unter Berücksichtigung der heute üblichen Düsenfilter mit Druckstoßspülung und deutschen Verhältnissen in Abluftanforderungen und Klima können etwa folgende Richtwerte genannt werden:

- Filter für Reinigungsaspiration 4–5 m^3 Luft/m^2 Filterfläche,
- Filter für Putzmaschinenaspiration 4 m^3 Luft/m^2 Filterfläche,
- Filter für Pneumatikluft 3 m^3 Luft/m^2 Filterfläche,
- Filter für Lkw-Annahmegosse bis 8 m^3 Luft/m^2 Filterfläche.

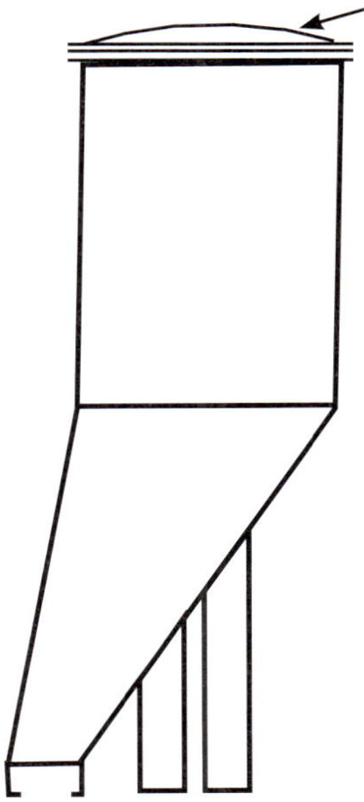

Abb. 2-21: Anordnung eines Bersttopfs

Literaturverzeichnis

[1] *Autorenkollektiv: Aufbereitung von Getreide und Saatgut, 1. Auflage, VEB Fachbuchverlag, Leipzig, 1984.*

[2] *Gerecke, K.H.: Vademekum Teil 3, 1.Auflage, Verlag Moritz Schäfer, Detmold, 1986.*

[3] *Gerecke, K.H.: Vademekum Teil 5, 1.Auflage, Verlag Moritz Schäfer, Detmold, 1993.*

[4] *Klabunde, H.: Pneumatische Passagen-Förderung in der Praxis; Mühle + Mischfutter 138, 2001, 26, S. 850–859.*

[5] *Meissner, W.: Fördertechnik in Silo, Mühle und Kraftfutterwerk; Mühle + Mischfuttertechnik 126, 1989, 40, S. 575–580 und 41, S. 600–601.*

[6] *Rohner, A.W.: Maschinenkunde für Müller, 2. Aufl., Schweizerischen Berufsbidungskommission für Müller, Niederuzwil/Schweiz, 1986*

Empfohlene Literatur

[7] *DIN 15262 Schneckenförderer für Schüttgut, Beuth, Berlin, 1982.*

[8] *DIN 22101 Gurtbandförderer für Schüttgut, Beuth, Berlin*

[9] *Kleeschätzky, E.: Mühlen-Pneumatik heute; Mühle + Mischfuttertechnik 119, 1982, 17, S. 226–230.*

[10] *Kühnemund, B.: Fördern und Lagern von Schüttgütern verlangt spezielles Know-how; Kraftfutter/Feed Magazine, 3/01, S. 92–96.*

[11] *VDI 2320 Übersichtsblätter Stetigförderer Trogkettenförderer; Verein Deutscher Ingenieure, 1980, Beuth, Berlin*

[12] *Verschleissschutztechnik bei Trogkettenförderern, Mühle + Mischfuttertechnik 135, 1988, 20, S. 661–665.*

3 Lager- und Silotechnik

Wolfgang Meissner

3.1 Allgemeines

Getreide fällt saisonal während der Ernte in großen Mengen an und muss qualitätserhaltend eingelagert werden, um den Mühlen über das Jahr hinweg bis zur nächsten Ernte als hochwertige Rohware zur Verfügung zu stehen. Die Lagerhaltung findet sowohl auf dem landwirtschaftlichen Betrieb, beim Land-/Erfassungshandel, beim Lager-/Umschlagsbetrieb als auch in der Mühle selbst statt. Geerntetes Getreide bleibt ein lebendes Gut und wird während der Lagerung und Verarbeitung von zahlreichen Umweltbedingungen, wie vor allem Luftfeuchtigkeit und Temperatur, aber auch von Schädlingen beeinflusst. Das Getreide muss daher zur Gesunderhaltung entsprechend sorgfältig gelagert und gegebenenfalls vor der Lagerung behandelt werden, beispielsweise durch Vorreinigung und Trocknung. Während der Lagerung sollte die Möglichkeit bestehen, im Getreide, wenn nötig, belüften, kühlen und gegen Vorratsschädlinge vorgehen zu können. Für die Zusammenstellung der Lagerpartien ist schließlich zu berücksichtigen, zu welchem Zweck das Getreide verwendet werden soll, ob z. B. zur Herstellung von Lebensmitteln, Futtermitteln, Stärke oder als Saatgut. Die Lagerung der aus Getreide hergestellten Verarbeitungsprodukte stellt wiederum ganz spezifische Anforderungen an die Lagertechnik.

Die gebräuchlichen Lagerarten für Getreide sind:

- Hochlagerung, in Silozellen oder Behältern;
- Flachlagerung, in Lagerhallen oder Schüttböden.

Welche Lagerart gewählt wird und wie groß das Lager sein sollte, hängt wesentlich von folgenden Einflussfaktoren ab:

- Lagergut,
- Lagermenge,
- Lagerzeit bzw. Umschlagszahl,
- vorhandene Grundfläche,
- Vorschriften,
- Kosten.

3.1.1 Lagergut

Es gibt normalfließende Schüttgüter, dazu zählen die Getreidearten, wie Weizen, Roggen, Mais usw., und schwerfließende Schüttgüter, dazu zählen beispielsweise die aus dem Getreide hergestellten Produkte, wie Mehle, Schrote, Kleie, Flocken usw.

Unterschiede bestehen unter anderem im Böschungswinkel. Das ist die Schräge, mit der sich ein frei aufgeschütteter Getreide- oder Produkthaufen abböscht. Bei Getreide liegt dieser Winkel bei etwa 30°, bei schwerfließenden Produkten bei etwa 45 bis 65° (Tab. 2-1). Man bezeichnet diesen Winkel auch als »Winkel der inneren Reibung«. Er kann sich unter verschiedenen Bedingungen, wie beim Ein- und Auslaufen, während der Lagerung oder bei der Förderung, verändern.

Auch von der Schüttdichte unterscheiden sich die Produkte. Als Schüttdichte wird die Produktmasse bezeichnet, die in einem bestimmten Volumen enthalten ist. Bei Weizen sind das etwa 750 kg in einem Kubikmeter. Schwerfließende Produkte haben leichtere Schüttdichten. Sie liegen etwa zwischen 250 bis 500 kg je m^3. Da diese Schüttdichten alle weniger als 1 000 kg/m^3 betragen, bedeutet das, dass die Berechnung des entsprechenden Volumens immer eine Zahl von größer eins ergibt. Bei Weizen beträgt z. B. das zu 1 t (1 000 kg) dazugehörige Volumen 1,33 m^3, was einer Schüttdichte von 0,75 t/m^3 entspricht. Die Schüttdichten für die häufigsten Schüttgüter sind in Tab. 2-1 aufgeführt.

3.1.2 Lagermenge

Die Lagermenge wird meistens in Tonnen angegeben. Da dieser Wert aber für die erforderliche Größe des Lagers allein nicht aussagefähig ist, muss er in Kubikmeter umgerechnet werden, wozu die Schüttdichte dient. Aus wirtschaftlichen Gründen muss die benötigte Lagergröße mit möglichst geringem Aufwand erstellt werden. Je größer die einzelnen Lagereinheiten – z. B. Zellen – sind, desto weniger Wandfläche pro Kubikmeter ist erforderlich. Viele kleine Zellen sind teurer als wenige große. Viele Kubikmeter lassen sich auf kleiner Grundfläche nur in der Höhe unterbringen, was aber auch nur mit bestimmter Bauausführung, z. B. in Stahlbeton, möglich ist. Im Rahmen der Getreidelagerung ist die Höhe von Seiten des Lagerguts praktisch unbegrenzt, was für schwerfließende Produkte, wie die verschiedenen Mahlprodukte, keineswegs zutrifft. Hieraus wird bereits ersichtlich, wie sehr die einzelnen Faktoren bei der Lagerung ineinander greifen.

3.1.3 Lagerzeit bzw. Umschlagszahl

In der Getreidelagerung wird die Lagerzeit oft auch als Umschlagszahl angegeben. Die Umschlagszahl drückt aus, wie oft ein Lager (Halle, Silo) im Jahr befüllt und wieder entleert wird. Hat beispielsweise ein Lager eine Fassung von 5 000 t und werden pro Jahr insgesamt 50 000 t ein- sowie ausgelagert, so entspricht das einer Umschlagszahl von 10.

Je höher die Umschlagszahl, desto wichtiger ist es, für eine vollständig selbsttätige Entleerung zu sorgen. Diese kann etwa mithilfe von Auslauftrichtern (Silo) oder Ausräumförderern (Flachlager) erfolgen. Bei Silos mit Flachböden müssen die nicht selbsttätig auslaufenden Reste durch spezielle Vorrichtungen, wie Räumschnecken, oder manuell ausgeräumt werden, was höhere Betriebskosten zur Folge hat. Die Wirtschaftlichkeit eines Lagers wird auf diese Weise mitbestimmt. Für Mühlenbetriebe wirken sich die verringerten Stundenleistungen, die sich durch die Restentleerung ergeben, jedoch meist nicht so negativ aus, wie bei reinen Umschlagsbetrieben.

Im Zusammenhang mit einem Mehlsilo wird nicht von einer Umschlagszahl gesprochen, da die Lagerzeiten für die Mühlenprodukte, wie Mehl und Kleie, meist nur Stunden oder wenige Tage betragen. Gleichwohl ist auch für diese Lagerzeiten und Produkte die richtige Ausführung des Lagers wichtig, um einen reibungslosen Betriebsablauf zu gewährleisten. So müssen für die schwerfließenden Produkte Massenflusszellen in runder oder eckiger Form, in Stahlbeton-Ausführung oder in eckiger Profilstahl-Ausführung mit Austragshilfen vorgesehen werden. Dabei ist das Verhältnis Durchmesser und kleinste Wandlänge zur Zellenhöhe zu beachten.

3.1.4 Vorhandene Grundfläche

Die für ein Lager zur Verfügung stehende Grundstücksgröße bestimmt ebenfalls die Lagerart. So lässt sich auf einer vorhandenen Fläche von 10 × 10 m sinnvollerweise keine Lagerhalle bauen. Eine größere Lagermenge, z. B. 2 500 t Weizen, kann auf dieser Fläche nur bei Hochlagerung (Silozellen) untergebracht werden. Dabei sind wiederum die auftretende Bodenbelastung – die das Baumaterial beeinflusst – sowie die geltenden baurechtlichen Vorschriften, z. B. Höhenbegrenzung, zu beachten. Wird das Lager auf der »grünen Wiese« errichtet, wie beim Landhandel oft üblich, kann ein Flachlager bevorzugt werden, was bezüglich der Baukosten vergleichsweise günstig und für eine Langzeitlagerung gut geeignet ist. Darüber hinaus ist es auch für andere Lagergüter flexibel nutzbar.

3.1.5 Vorschriften

Zu Beginn der Planung muss man sich über die in seinem Baugebiet geltenden Vorschriften informieren. Besonders die Gebäudehöhen, aber auch andere bauliche Ausführungen (z. B. Fassade) unterliegen oft strengen Auflagen. Da ein Lager – gleich, ob hoch oder flach – immer auch Lärm durch Ventilatoren,

Fördereinrichtungen sowie Staub etc. verursacht, sind die entsprechenden Verwaltungsvorschriften zu den Bundes-Immissionsschutzgesetzen TA Luft und TA Lärm zu berücksichtigen, was besonders in Wohngebietsnähe zu Problemen führen kann, die sich nur mit hohen Kosten bewältigen lassen. Auch Abwasser, Verkehrsführungen, Unfallverhütungs- und Staubexplosions-Vorschriften und andere Punkte können Schwierigkeiten bereiten, die unbedingt vor Baubeginn gelöst werden müssen. Die Berechnung für die Bauausführung erfolgt nach der DIN 1055/6, welche die entsprechend auftretenden Lasten in den Silozellen erfasst.

3.1.6 Kosten

Es sollte selbstverständlich sein, dass man sich im Vorfeld einen Überblick über die Gesamtkosten verschafft. Hier soll nur das eigentliche Lager kurz betrachtet werden. Wie bereits beschrieben, sind die Lagerkosten umso günstiger, je größer die einzelne Einheit ausgeführt wird. Da in vielen Fällen jedoch mehrere verschiedene Getreidearten, unterschiedliche Sorten und Qualitäten einer Getreideart sowie auch Restmengen voneinander getrennt gelagert werden müssen, sind auch mehrere kleine Lagereinheiten, Silozellen, Behälter oder Hallenboxen erforderlich, sodass die optimale Lösung der Großeinheit – die auch ihre Probleme mit sich bringt, beispielsweise bei der Überwachung und Behandlung des Lagerguts – nicht in vollem Umfang gewählt werden kann. Dieser Aspekt soll aber nicht davon abhalten, bei der Planung stets die Lösung mit der geringsten Wandfläche pro Kubikmeter Fassungsvolumen anzustreben.

Aus einer Reihe von Gründen ist es nicht möglich, die Kosten für die verschiedenen Ausführungen der Lager genau zu beziffern. Ungefähr sind für Flachlagerung ca. 30 bis 50 € pro m^3, für Metallsilos 50 bis 70 € pro m^3 und für Stahlbetonsilos 150 bis 200 € pro m^3 anzusetzen. Hinzu kommen noch die Kosten für das Fundament bzw. die Gründung, z. B. Pfähle u. ä. Die genannten Kosten dienen nur als Richtwerte, doch stimmt die Relation zueinander, d. h., dass ein Stahlbetonsilo etwa viermal so teuer wie ein Flachlager ist.

3.2 Silozelle/Hochlagerung

3.2.1 Allgemeines

Die wichtigste Lagereinrichtung für die Roh- und Fertigprodukte der Erfassungs-, Vorrats- und Mühlenbetriebe ist die Silozelle. Durch die geschlossene, stabile und kostengünstige Bauweise ist eine sowohl sichere als auch wirtschaftliche Lagerung gewährleistet. Das Fassungsvermögen einer einzelnen Zelle richtet sich nach deren Verwendungszweck und dem eingesetzten Baumaterial. Es kann beispielsweise bei Getreide mehrere Tausend Kubikmeter betragen. In Spezialbetrieben – wie in der Schälmüllerei – werden meist kleine Fassungen von einigen Kubikmetern benötigt, wobei in diesem Fall eigentlich von Behältern statt Zellen gesprochen wird.

Als Baumaterial kommen Stahlbeton, profilierte Stahlbleche, seltener Kunststoffe, Edelstahl, Holz sowie auch Kombinationen dieser Materialien in Frage, letztere allerdings nur für Behälter. Die Zellenbauart ist im Querschnitt meist zylindrisch oder quadratisch/rechteckig, seltener vieleckig. Die Zellenhöhe kann bis 30 m betragen, wobei für die Getreidelagerung nicht selten Höhen bis 70 m gebaut werden. Als Abmessungen für den Zellendurchmesser können 3 bis 8 m bei Trichterung sowie bis 20 m bei Flachboden angenommen werden. Bei eckigen Zellen in Metallausführung betragen die Wandlängen bis 4 m ohne, bzw. 5 m mit Zugankern.

Maßgebenden Einfluss auf das Fließverhalten des eingelagerten Produkts haben die Form der Zellen im Grundriss, die Wandoberflächen sowie die Schlankheit, also das Höhenverhältnis, bezogen auf die Grundrissabmessungen. Weitere wichtige Kriterien sind die Gestaltung und Ausstattung der Auslauftrichter in Abstimmung mit den gelagerten Produkten und den zugehörigen Fördergeschwindigkeiten.

In Bezug auf die Fließeigenschaften werden im Wesentlichen zwei Zellenbauformen unterschieden:

- Kernfluss
- Massenfluss

Der Unterschied zwischen diesen beiden Bauformen liegt vor allem in der Schräge des Auslauftrichters (Abb. 3-1). Der Winkel des Trichters und das Verhältnis von Zellenwand zum Durchmesser der Austragung stellen die in der Praxis üblicherweise verwendeten Größen dar.

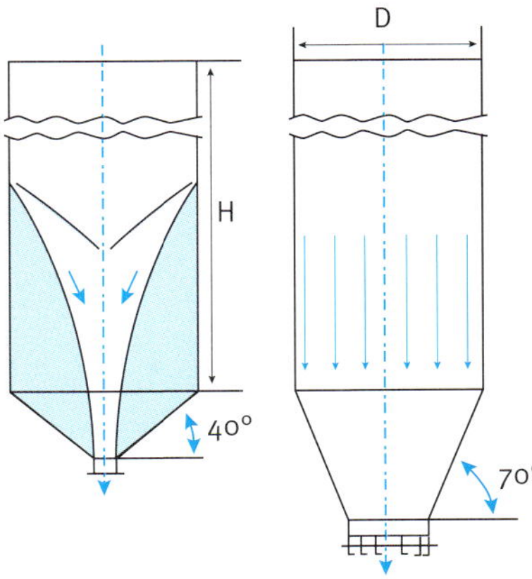

Abb. 3-1: Kern- und Massenflusszelle; Kernflusszelle für freifließende Schüttgüter (links)
Massenflusszelle mit Austragsvorrichtung für schwerfließende Schüttgüter (rechts)

3.2.2 Silozellen für normalfließende Schüttgüter

Rohprodukte für die Mehl- und Schälmüllerei sind meist freifließende Getreidearten, die praktisch aus jeder Art von Silozelle ohne Schwierigkeiten wieder ausfließen. Aufgrund höherer Feuchtigkeiten und von Besatz können jedoch Ausflussprobleme entstehen. In solchen Fällen muss das Getreide vor der Einlagerung in die Silozellen vorgereinigt und getrocknet werden. Für diese Rohprodukte wird als Silozelle die sogenannte Kernflusszelle eingesetzt (Abb. 3-1). Die Auslaufschräge des Trichters beträgt etwa 40° und bewirkt, dass das Lagergut in der Zellenmitte – im Kern – zuerst ausfließt und die Randschichten stehenbleiben und erst am Ende des Entleerungsprozesses ausfließen. Dieser Vorgang hat den Nachteil, dass beim Einfüllen in die Silozelle – unabhängig von der Zellenart – eine Entmischung des Guts entsprechend dem spezifischen Gewicht stattfindet. Das spezifisch schwerere Gut sammelt sich in der Zellenmitte, während das leichtere nach außen – also zur Zellenwand – fließt. Diese Qualitätsverschiebung kann bei der weiteren Verarbeitung unter Umständen zu Problemen führen. Dieser Nachteil lässt sich mit der teureren Bauart einer Massenflusszelle oder mit Einbauten zur Sicherung der Austragung im Massenfluss, wie Mehrfachein-/-ausläufer, vermeiden.

Für die Kernflusszelle bestehen keine Ausführungsbeschränkungen – Querschnitt und Bauhöhe können den Erfordernissen entsprechend angepasst werden. Als Materialien dienen Stahlbeton oder Stahlbleche mit Verstärkungsprofilen. Die früher üblichen Glattblechsilos werden nicht mehr gebaut. Glattbleche, Kunststoffe, Holz oder ähnliche Materialien werden nur noch im Behälterbau verwendet.

Von der Größe sind Zellendurchmesser von 3 bis 8 m bei Ausführung mit Auslauftrichter üblich. Größere Durchmesser bis 20 m sind hingegen mit

Abb. 3-2: Zylindrische Silozellen aus profiliertem Stahlblech, verstärkt, mit Gurtbecherwerken zur Vertikalförderung und Trogkettenförderern zur Horizontalförderung und Befüllen der Silozellen.

flachem Boden ausgestattet, was jedoch nichts am Kernfluss-Prinzip ändert. Die Restentleerung erfolgt bei Flachbodenausführung mit einer umlaufenden Fege- oder Räumschnecke. Die zylindrische Höhe der Zellen ist abhängig vom Baumaterial. Bei Stahlbeton ist diese praktisch unbegrenzt, während die Metallbauweisen – wegen der Blechdicken von einigen Millimetern – auf 20 bis maximal 30 m Höhe begrenzt sind.

Zellen mit quadratischem bzw. rechteckigem Querschnitt haben üblicherweise Kantenlängen von 2 bis 4,5 m. Aus statischen Gründen (Durchbiegung) sind größere Längen unwirtschaftlich. Die Zellenhöhe ist hier meist dem Mühlengebäude angepasst und liegt etwa bei 15 bis 25 m. Die eckigen Zellen haben den Vorteil, dass sie sich erstens gut an die Fassade des Mühlengebäudes anpassen und zweitens die Grundfläche vollständig ausnutzen (Abb. 3-3). Als Nachteile dieser Bauform sei neben den höheren Baukosten genannt, dass sie gegenüber der Rundform das höhere Verhältnis Quadratmeter zu Kubikmeter aufweist. Dies wird durch die Tatsache deutlich, dass eine Kugel mit 1 Liter Volumen eine um etwa 20 % geringere Oberfläche als ein Würfel gleichen Inhalts hat. Aufgrund der kleinen Abmessungen haben diese Zellen immer einen Auslauftrichter.

Generell ist noch zu bemerken, dass eine große Silohöhe auch eine hohe Belastung des Bodens (Erdreich) ergibt. Trägt der Boden nicht ausreichend, so sind teure Gründungen – Pfähle, Bodenaustausch oder ähnliches – erforderlich. Als Richtwerte für das Gesamtgewicht ergibt sich für Stahlbetonzellen etwa die Getreidefassung in Tonnen plus 60 % sowie für Metallzellen die Getreidefassung in Tonnen plus 10 %. Daraus kann sich ein weiterer Entscheidungsgrund für die eine oder andere Zellenausführung ergeben.

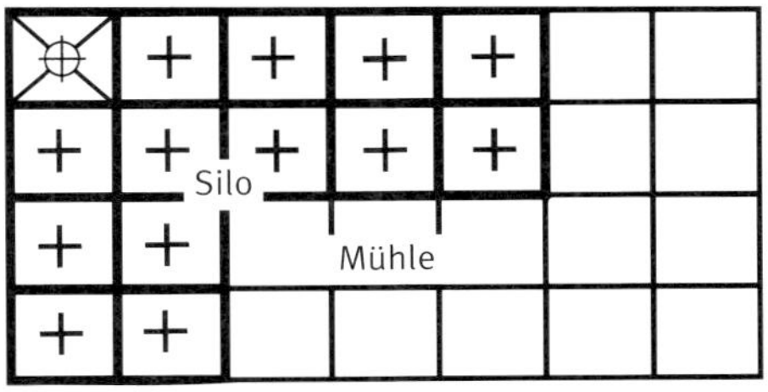

Abb. 3-3: Grundriss eckige Getreide-Silozellen

Die bei Anordnung von Rundzellen entstehenden Zwickelzellen (Abb. 3-4) können bei normalfließenden Gütern sehr gut für kleinere Mengen oder Reste genutzt werden. Dies ist aber nur bei Stahlbetonzellen möglich.

Silozellen für Getreide lassen sich mit entsprechenden Einbauten im unteren Bereich der Zelle, wie Trichtersiebboden, perforierter Zwischenboden, oder Belüftungsbalken, versehen. So kann das Lagergut hinreichend belüftet oder gekühlt und auf diese Weise gesunderhalten werden.

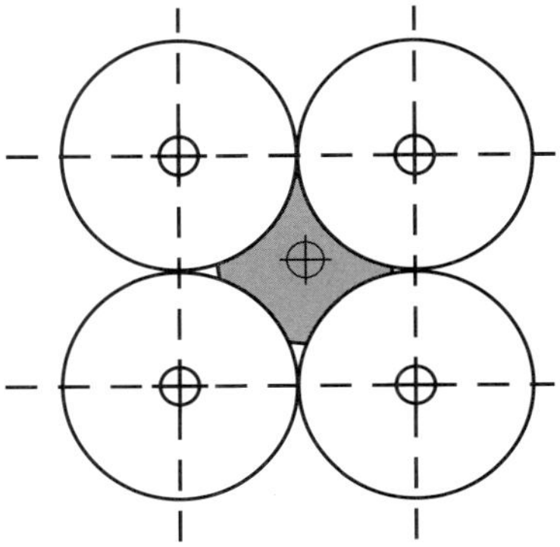
Abb. 3-4: Anordnung einer Zwickelzelle

3.2.3 Silozellen für schwerfließende Schüttgüter

Schwerfließende Produkte wie Mahlerzeugnisse haben unter anderem die ungünstige Eigenschaft, dass sie zwar ohne Schwierigkeiten in eine Silozelle ein-, aber nur unter bestimmten Bedingungen wieder auslaufen. Im Gegensatz zu den leichtfließenden Gütern verdichten sie sich während der Lagerzeit – selbst wenn diese nur kurz ist – durch den auftretenden eigenen Lagerdruck. Das kann man sich ähnlich vorstellen, wie bei einem zusammenfallenden Kartenhaus. Die Produktplättchen legen sich flach übereinander und bilden eine homogene Schicht, die zur Brücken- und Schachtbildung neigt (Abb. 3-5). Die Ausführung der Silozellen für solche Art von Schüttgut muss diesem Umstand Rechnung tragen. Grundsätzlich kommt dafür nur die Massenflusszelle in Frage. Bei dieser Zellenbauform sinkt das Lagergut beim Auslaufen gleichmäßig über den gesamten Zellenquerschnitt ab, wodurch eine Entmischung vermieden wird. Außerdem fließt auf diese Weise das zuerst eingefüllte Gut auch zuerst wieder aus, nach dem »first in – first out«-Prinzip.

Die Massenflusszelle muss entsprechende Abmessungen haben und mit einer Siloaustragsvorrichtung ausgerüstet sein. Zusätzlich zu diesen konstruktiven Maßnahmen ist auf eine für das jeweilige Produkt maximale Lagerzeit zu achten. Bis heute gibt es keine Zellenbauart, aus der das Lagergut ohne Beachtung der Höchstlagerdauer von selbst wieder ausfließt. Es ist deshalb unabdingbar, in diesem Fall außerdem eine Umlaufmöglichkeit vorzusehen, um das Lagergut – zumindest zeitweilig – in Bewegung zu halten.

Während bei der Zellenausführung für leichtfließendes Gut fast keine Abmessungsbeschränkungen bestehen, müssen bei den Zellen für schwerfließendes Gut mehrere Faktoren beachtet werden. Der Zellenauslauftrichter sollte eine Neigung von mindestens 65 bis 70° haben und nach Möglichkeit in Stahlblech ausgeführt sein. Die Zellenauslauföffnung wird dem eingesetzten Siloaustragsgerät, z. B. Vibroboden (Abb. 3-6), angepasst. Wird in Ausnahmefällen auf ein solches Gerät verzichtet, so ist der Auslauf mindestens 400 × 800 mm, bzw. 500 mm im Durchmesser auszuführen.

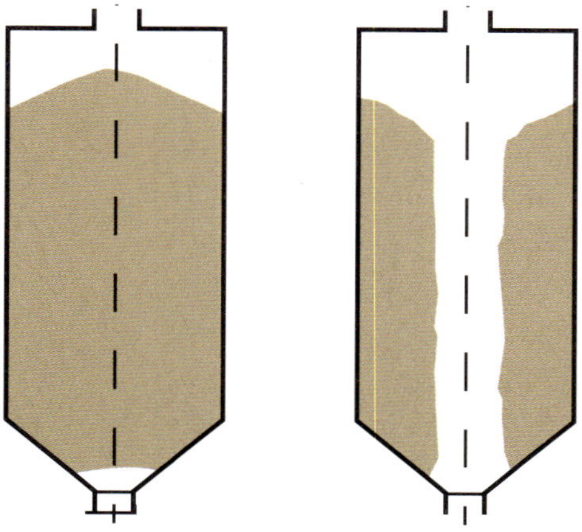

Abb. 3-5: Brücken- und Schachtbildung

Die Zellenabmessungen bei eckigem Querschnitt betragen 2,5 bis 4 m, sowohl für Stahlbeton- als auch für Profilwandsilos. Letztere müssen aber eine Glattblechauskleidung erhalten, da sich sonst das Lagergut auf den Profilschrägen abstützt, auch wenn diese 70°

steil sind. Außerdem sollte eine Isolierung der Außenzellen vorgenommen werden. Die Abmessungen für Rundzellen in Stahlbeton liegen etwa bei 3 bis 6 m im Durchmesser. Rundzellen aus Metall sind für diese Produkte nicht geeignet.

Die Silohöhen stehen in einem gewissen Verhältnis zu den Querschnitten. In der Praxis hat sich ein Verhältnis von etwa 1 : 6 bewährt. Hat die Rundzelle einen Durchmesser von 5 m, so ist die zylindrische Höhe mit 5 × 6 = 30 m begrenzt. Dies ist auch die größte Höhe von Zellen für schwerfließende Produkte. Bei eckigen Zellen muss die kleinste Wandlänge als Faktor eingesetzt werden. Bei einem Querschnitt von 3 × 3,5 m ist die Höhe mit 3 × 6 = 18 m begrenzt. Wie fast überall, gibt es auch hierbei Ausnahmen (Kapitel 3.2.5).

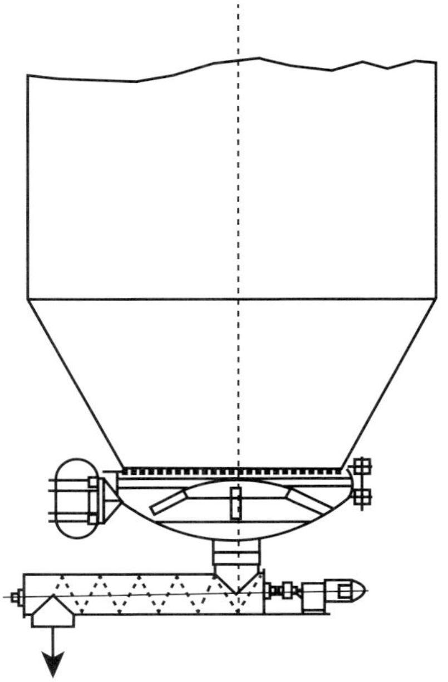

Abb. 3-6: Massenflusszelle mit Vibrationsboden

Die Innenwände der Zellen sollten so glatt wie möglich gehalten sein, beispielsweise durch einen Anstrich auf Epoxidharzbasis. Dieser verhindert außerdem einen Abrieb an der Betonwand, was besonders bei Mehllagerung wichtig ist. Unbedingt zu vermeiden sind irgendwelche »Einbauten« in der Zelle. Die früher üblichen Entlastungsbalken, -kreuz und -nasen, die den Lagerdruck vom Auslauf nehmen sollten, haben fast immer bewirkt, dass sich das Gut noch besser abstützt. Bilden sich Brücken oder Schlote in der Zelle, so werden diese auch wieder zusammenfallen, was dann zu hohen Belastungen auf Wand und Trichter führt. Das ist unter anderem der Grund dafür, dass für solch einen Einsatz keine Rundzelle aus dünnem Blech in Frage kommt. Diesem Umstand wird auch bei der Zellenberechnung nach DIN 1055/6 Rechnung getragen, indem für diese Produkte entsprechende Sicherheitsfaktoren vorgesehen werden müssen.

Der Zelleneinlauf wie auch der -auslauf sollten, wenn irgend möglich, immer mittig vorgesehen werden. Das hat statische Gründe, die sich auf die Kosten des Bauwerks auswirken, verbessert aber auch den gleichmäßigen Ein- und Auslauf des Produkts.

Praktiker wissen, dass der gute Auslauf des Produkts aus der Zelle mit dem richtigen Einlauf beginnt. Wie bei den Zellen für leichtfließendes Gut beschrieben, findet beim Einlauf eine Entmischung statt. Bei schwerfließenden Produkten wirkt sich dieser Sachverhalt sehr nachteilig auf das Ausflussverhalten aus. Günstiger ist hier beispielsweise ein Mehrfacheinlauf, wobei die Entmischung weitgehend vermieden wird (Abb. 3-7).

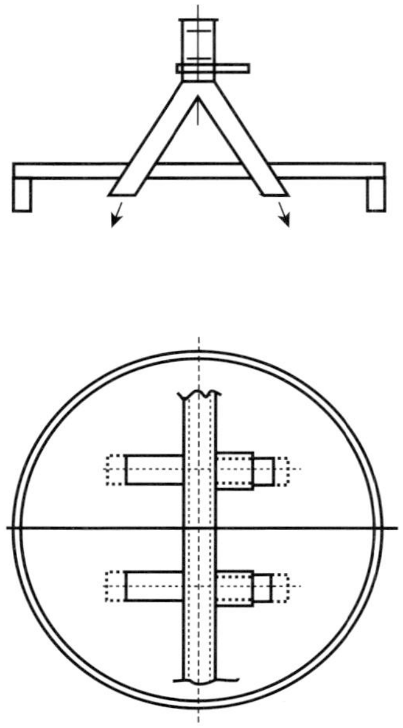

Abb. 3-7: Trogkettenförderer mit Zwischenauslauf und Verteiler

3.2.4 Siloaustragsvorrichtungen

Um das schwerfließende Produkt nach der Einlagerung in die Massenflusszelle wieder zum Auslaufen zu bringen, wird in den meisten Fällen der Einsatz von Austragshilfen unter dem Zellentrichter erforderlich sein. Es ist darauf hinzuweisen, dass diese Austragshilfen nur in diesem Bereich wirksam sind und nicht in die oberen Zellenabschnitte einwirken können. Wenn im Auslaufbereich das Produkt anläuft, müssen in dem darüber liegenden Zellenteil die Voraussetzungen für ein Nachlaufen des Produkts gegeben sein. Das heißt, dass die Voraussetzungen entsprechend Kapitel 3.2.3 erfüllt sein müssen.

Es gibt eine Anzahl verschiedener Siloaustragsvorrichtungen. Für größere Zellen werden vor allem Vibroböden und Austragsschnecken sowie auch Kippbalken und Kettenaustragung verwendet. Für kleinere Zellen, Behälter und Sonderanlagen, wie bei der Mehlverladung, kommen Rührwerke und Pneumaböden zum Einsatz. Am häufigsten findet man heute Vibroböden und Austragsschnecken. Beide Systeme haben sich in der Praxis seit vielen Jahren bewährt. Welches das bessere System ist, kann nicht gesagt werden, da zu viele Faktoren mitwirken. Die Vibroböden werden in Durchmessergrößen von 0,6 bis 2,0 m hergestellt und decken bei größeren Zellenquerschnitten nur einen relativ kleinen Teil des Querschnitts ab. Austragsschnecken, gegenläufig drehend mit Spezialgewinde, haben Abmessungen von bis zu 1,2 × 3,0 m und sind mit regelbarem Antrieb versehen, sodass hier gleichzeitig eine Leistungssteuerung gegeben ist, die beim Vibroboden noch nachgeschaltet werden muss. Das Spezialgewinde sorgt außerdem für ein gleichmäßiges Absinken des Produkts. Pneumaböden, also Auslaufhilfen, die mit Druckluft arbeiten, werden bei Mehlverladebehältern eingesetzt. Durch den Überdruck im Behälter wird neben einem besseren Auslaufverhalten auch noch eine schnellere Entleerung erreicht. Rührwerke kommen in speziellen Fällen zum Einsatz, wo es sich um kleinere Zellen oder Behälter handelt.

3.2.5 Mehlsilo

Da das in der Mühle ermahlene Mehl aus verschiedenen Gründen (Kapazitätsauslastung, Mehlreifung, Herstellung von Mischungen etc.) meist nicht direkt zum Verbraucher gebracht werden kann, braucht die Mühle einen »Puffer«, in welchem die Mehle und auch die Mühlennachprodukte, z. B. Kleie, für eine bestimmte Zeit zwischengelagert werden. Ein Silo im eigentlichen Lagersinn, ist der Mehlsilo insofern nicht, denn die Verweilzeit von Mehlen und Nachprodukten beträgt im Normalfall maximal einige Tage, oft auch nur Stunden. Dieser Umstand kommt der Lagerung von schwerfließenden Produkten sehr entgegen. Der Mehlsilo besteht im Wesentlichen aus:

- Lagerzellen,
- Homogenisierungs-Zellen und Mischzellen,
- Verladezellen.

Je nach Mühlengröße müssen die einzelnen Bereiche vom Fassungsvermögen aufeinander abgestimmt sein, wobei üblicherweise Lagerzellen von ein bis drei Tagesleistungen vorzusehen sind.

Die Mehle sind hochwertige Lebensmittel, für die hohe Hygienevorschriften bei Lagerung und Förderung gelten. Auf diese Tatsache muss besondere Aufmerksamkeit gerichtet werden. So sind etwa »tote« Ecken in Zellen und Behältern, aber auch bei den eingesetzten Fördermitteln, zu vermeiden. Für diese Anwendung ist die pneumatische Druckförderung hervorragend geeignet. Auch auf die richtige Aspiration der Zellen und Behältern ist zu achten, damit Kondensationsprobleme und damit Schimmelbildung, vermieden werden.

Die Aufgaben des Mehlsilos sind im Kapitel 9 ausführlich beschrieben. Daher wird hier nur auf den Bau- und Maschinenteil eingegangen. Abbildung 3-8 zeigt die allgemeine Projektzeichnung eines Mehlsilos. Da der Mehlsilo meist direkt neben dem Mühlengebäude angeordnet wird, ist auch das äußere Erscheinungsbild gleich oder zumindest ähnlich. Das heißt, die Fassade ist gerade und geschlossen. Das kann durch zwei Möglichkeiten der Zellenausführung erreicht werden. Erstens, die Silozellen werden in Stahlbeton bzw. in Profilstahl in eckiger Bauart erstellt oder zweitens, in runder, zylindrischer Form aus Kunststoff (GfK) oder Edelstahl und mit einer geradlinigen Umhausung versehen. Diese Umhausung ist gleichzeitig die erforderliche Isolierung und bietet witterungsgeschützten Raum für die Fördermittel sowie die installierten Aspirationsanlagen, wie Filter und Ventilatoren. Der Mehlsilo muss so angeordnet sein, dass ein reibungsloser Fahrbetrieb der zu beladenden Fahrzeuge gegeben ist. Das gilt für die lose Abgabe (Tankwagenbefüllung), aber auch für Sackware, sofern die Absackung nahe zum Mehlsilo gelegen ist. Das ist wiederum wegen der kurzen Förderwege anzustreben.

Wie bereits beschrieben, können die Zellen des Mehlsilos verschieden ausgeführt sein. Bei den Lager- wie auch den Homogenisierungs- und Mischzellen wird das Baumaterial weitgehend durch das Fassungsvolumen vorgegeben. Für Größen bis 50 t, was etwa 100 m^3 entspricht, wird eine Ausführung in zylin-

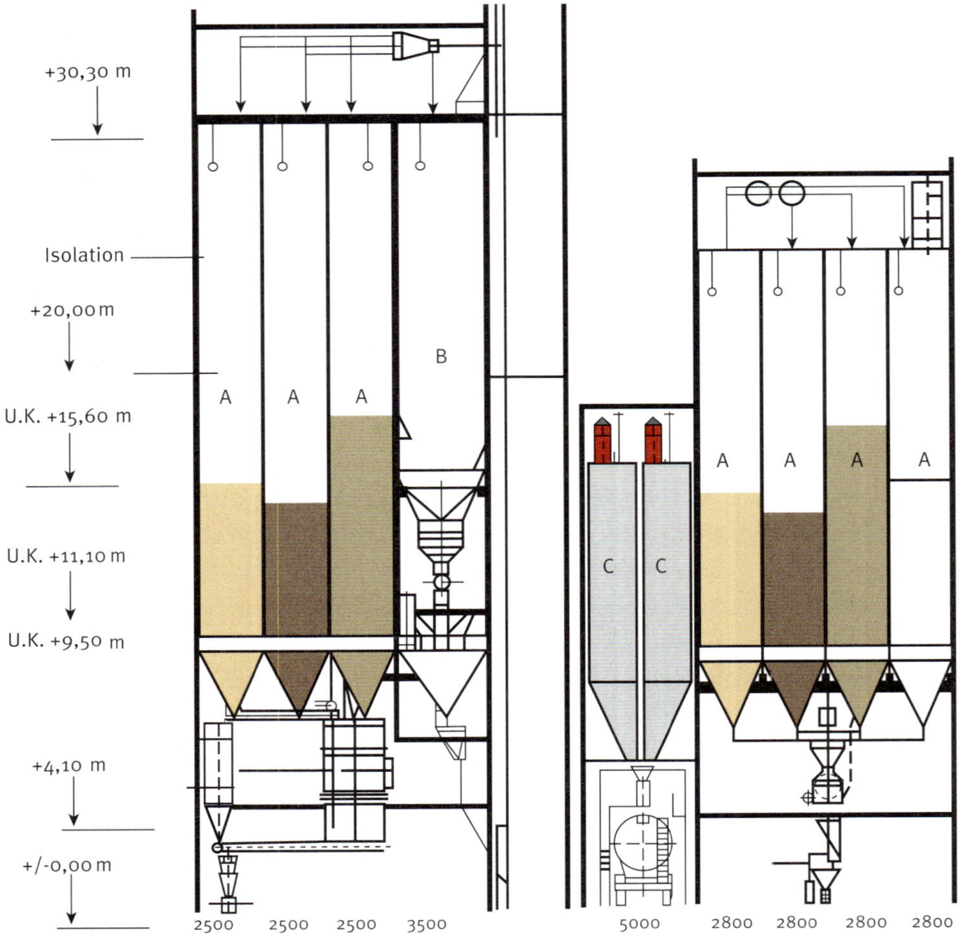

Abb. 3-8: Allgemeine Projektzeichnung eines Mehlsilos

drischer Form und damit auch in Kunststoff oder Metall in Frage kommen. Diese Bauweise hat den Vorteil, dass die Wände sauber und glatt sind und keinen Anstrich benötigen. Bei größeren Fassungen wird meist die Stahlbeton-Variante in runder oder eckiger Form gewählt. Bei der eckigen Form müssen die Ecken gerundet werden, die Betonoberfläche sollte zudem sehr glatt sein. Außerdem ist ein Spezialanstrich auf Epoxidharzbasis aufzubringen. Im Falle einer eckigen Profilstahlausführung – sogenannte Dammwandsilos – ist eine Glattblechauskleidung vorzusehen. Die runde Stahlbetonzelle ist aus Platzgründen nicht zu empfehlen, da die Zwickel nicht nutzbar sind.

Dass alle diese Zellen als Massenflusszellen gebaut werden, versteht sich von selbst. Dazu gehören die 70°-Trichterung und eine Siloaustragsvorrichtung.

Abb. 3-9: Der Zentralkegel am Zellenboden verbessert den Produktauslauf und ermöglicht einen großen Zellendurchmesser (statische Entlastung).

Wegen der sehr kurzen Lagerzeit kann hierbei allerdings vom Verhältnis D zu H abgewichen werden. In der Praxis »laufen« Zellen mit Verhältnissen von bis zu 1 : 12. Das gilt aber nur für die Mehlzellen und sollte nicht bei den Nachproduktenzellen angewandt werden. Welche Siloaustragsvorrichtung (Vibroboden, Schneckenaustrag) im Idealfall eingesetzt wird, kann nicht pauschal beantwortet werden.

Es wurde bereits erwähnt, dass die Zellenisolation eine wichtige Rolle spielt. Auch für außenliegende Stahlbetonzellen sollte eine entsprechende Isolierschicht vorgesehen werden, insbesondere dann, wenn es sich um die Wetterseite handelt. Damit sich innerhalb der Zellen kein Kondensat bildet, also kein Wasser in das Produkt tropft, ist für eine ausreichende Aspiration zu sorgen. Dafür kommen zwei Möglichkeiten infrage: die Einzel- oder die Gruppenaspiration. Bei der Einzelaspiration wird jede Zelle mit einem sogenannten Bunkeraufsatzfilter ausgerüstet. Der Vorteil dabei ist, dass es keine Mehlstaubvermischung gibt. Nachteilig wirken sich Kosten und erhöhte Wartung aus sowie der Umstand, dass es bei eventueller Mehlanbackung im Filter zu Verunreinigungen kommen kann. Bei der Gruppenaspiration werden die Zellen – jede Gruppe – über ein Luftrohrsystem an einen gemeinsamen Filter angeschlossen. Hierbei muss jedoch das anfallende Filtermehl »untergebracht« werden. Auch ist dafür Sorge zu tragen, dass sich eine in einer Zelle auftretende Staubexplosion nicht über das Rohrsystem in andere Zellen verbreiten kann.

Die Verladezellen – eigentlich handelt es sich aufgrund der sehr kleinen Fassung von 12 bis 20 m^3 um Behälter – sind in den meisten Fällen zylindrisch in Stahlblech oder Kunststoff ausgeführt und haben Durchmesser von 2 m, bei Höhen bis 8 m. Um bei der leichten Bauart ein Zusammendrücken der Wände beim Entleeren zu verhindern, sind Ventile in der Silodecke vorzusehen. Es handelt sich auch hierbei um das Massenflussprinzip, als Austragshilfe dient ein Pneumaboden. Auf dem über Luftkissen eingebrachten Luftstrom gelangt das Mehl durch die Verladeschläuche in den Tankwagen. Durch eine geringe Druckerhöhung in der Verladezelle fließt das Mehl schneller aus, mögliches Hängenbleiben wird vermieden.

Die im Mehlsilo angewandte Fördertechnik besteht im Wesentlichen aus der Einlagerung in die Zellen sowie der Auslagerung. Für die Einlagerung wird fast ausschließlich die pneumatische Druckförderung verwendet. Diese hat den Vorteil, sehr hygienisch und platzsparend zu sein. Auch kommt es in Pneuma-Anlagen im Normalfall nicht zu Staubexplosionen, ausgenommen in Filteranlagen. Bei sehr großen Stundenleistungen kann die Mehleinlagerung eventuell auch mit Gurtbecherwerk und Trogkettenförderer erfolgen, was aber eher die Ausnahme darstellt. Für die Auslagerung bzw. Umlagerung werden die unter den Siloaustragsvorrichtungen platzierten Rohrschneckenförderer verwendet. Das Umlaufenlassen – um das Produkt in Bewegung zu halten, wenn nicht verladen oder gesackt wird – kann auch mittels Gurtbecherwerk erfolgen. Allerdings erfordern mechanische Fördermittel hier eine besondere Beachtung der Hygiene und des Explosionsschutzes.

3.2.6 Lagerung für die Schälmüllerei

Die Lagerung der Rohprodukte in der Schälmüllerei unterscheidet sich kaum von den Lagerarten der Mehlmüllerei. Braunreis, Hafer, Gerste, Mais, Hirse und andere Rohwaren der Schälmüllerei werden ebenfalls in Silozellen mit Kernflusseigenschaft aus verschiedenen Baumaterialien und -formen gelagert. Von Vorteil ist jedoch, wenn Massenflusszellen eingesetzt werden, damit eine gleichmäßige Rohwarenqualität in die Produktion gelangt. Es ist eine Möglichkeit zur Überwachung der Rohwarenzellen (z. B. Messsysteme für Temperatur/Feuchte) und zum Umlaufenlassen vorzusehen. Wenn Körnerbruch vermieden werden soll, wird der Zelleneinlauf mit speziellen Einlaufvorrichtungen, z. B. Wendelrutschen oder Kaskaden, ausgeführt, um die Fallhöhe zu reduzieren, Die Zellenhöhen werden allgemein bis 15 m gehalten. Bei vielen Rohwaren der Schälmüllerei ist auch eine Lagerung in Säcken, Big-Bags und Containern möglich.

Massenfluss und Einlaufvorrichtungen sind auch bei der Halbfertigware sehr wichtig. Es ist auf eine gute Aspiration zu achten, um Wärme abzuführen und Kondensation zu verhindern.

Die Lagersituation bei den Zwischen-, Neben- und Fertigprodukten ist ebenfalls mit der Mehlmüllerei vergleichbar. Hier fallen jedoch, mit Ausnahme der Reismüllerei, lediglich kleinere Mengen an. Diese werden meist nur für einige Stunden zwischengepuffert. Da es sich um schwerfließende Produkte handelt, sind Trichterschrägen und Auslaufhilfen entsprechend auszuführen. Das gilt im Besonderen für die anfallenden Nebenprodukte, wie Spelzen,

Kleie oder Schälmehl. Auch der Einsatz von sogenannten Autotrichtern ist üblich, hierzu sei auf Kapitel 10 verwiesen.

Die Behälter sind normalerweise in einem Gebäude angeordnet, was in der Regel weitere bauliche Maßnahmen, wie beispielsweise Isolation, überflüssig macht. Auch bei diesen Behältern ist auf die Fallhöhe bei bruchempfindlichen Produkten, wie Flocken, zu achten. Aus Hygiene- und Brandschutzgründen sollte auf die Verwendung von Holz als Baustoff vollständig verzichtet werden.

3.3 Flachlagerung

Lagerhallen können unter bestimmten Voraussetzungen eine gute und preiswerte Lösung für die Flachlagerung von Schüttgütern darstellen. Eine Hauptvoraussetzung ist das Vorhandensein von genügend Grundfläche, die in Industriegebieten meist nicht gegeben ist. Weitere Bedingungen sind große, einheitliche Partien lagerfesten Guts, das über längere Zeit – oft mehrere Monate bis Jahre – gelagert werden soll sowie ausreichend Personal in der kritischen Zeit (z. B. Ernteerfassung). In einer Lagerhalle können in Ergänzung zu Schüttgütern beispielsweise auch Stückgut, Säcke oder Big-Bags, etc. untergebracht werden oder auch Non-Food-Schüttgüter, sofern sie nicht – wie Pflanzenschutz-, Düngemittel, Treib- oder Schmierstoffe – die menschliche Gesundheit gefährden. Selbstverständlich können fertige Lebensmittel, also Mehle oder Getreideflocken, aber auch die meisten Nachprodukte, wie Kleie, nicht als loses Gut in dieser offenen Lagerform gelagert werden. Aus diesen Vorgaben ergibt sich, dass für die Mühlenbetriebe eine ausschließliche Lagerung aller Produkte in Flachlagern nicht in Frage kommt. Unter Umständen ist jedoch die Nutzung dieser Lagerform für zumindest einen Teil der Rohprodukte gut möglich, z. B. die Lagerung von Roggen bei kombinierten Weizen-Roggen-Mühlen als Pufferlager während der Ernteerfassung oder ähnliches. Im Getreideerfassungshandel dagegen, meist im freien Land gelegen, werden Lagerhallen bis 300 000 t genutzt, oft auch im Rahmen der Lagerhaltung der Bundesanstalt für Landwirtschaft und Ernährung (BLE) als Interventionsstellen oder für die nationale Sicherheitsreserve.

Die Lagerhallen haben in der Regel eine Breite von 20 bis 50 m bei Längen bis 150 m, eventuell auch darüber. Aus statischen Gründen, Belastbarkeit der Seitenwände, sind die Schütthöhen im Allgemeinen auf 6 bis 10 m begrenzt. Die Hallen können mit mobilen oder fest eingebauten Trennwänden in sogenannte Boxen von etwa 10 m Breite unterteilt sein, um mehrere Sorten bzw. Qualitäten voneinander getrennt einzulagern.

Die maschinelle Ausstattung der Halle kann sehr unterschiedlich sein. Bei der einfachsten Ausführung gibt es innerhalb der Halle keinerlei Fördermittel. Das

Gut wird in diesem Fall meistens mit geeigneten Fahrzeugen (z. B. Schaufellader) ein- bzw. ausgelagert. Die Konstruktion der Halle, besonders des Dachs, kann dabei sehr leicht gehalten werden. Das Gegenteil hierzu wäre eine voll automatisierte Halle mit Ein- und Auslagerung über gesteuerte Gurtband- (Einlagerung, unterhalb des Hallendachs) bzw. Trogkettenförderer (Auslagerung, am Hallenboden), bei nur sehr geringem manuellen Arbeitsaufwand. Bezüglich dieser zweiten Variante müssen allerdings die Bau- und Betriebskosten im Vergleich zum Hochsilo genau geprüft werden. Neben den beiden genannten Hallenvarianten gibt es natürlich auch eine Reihe von Zwischenlösungen.

Mittels Gebläsen oder Kühlaggregaten und Belüftungskanälen, die entweder beim Hallenbau direkt in den Hallenboden (Unterflurkanäle) oder flexibel oberirdisch verlegt werden (Oberflurkanäle), lässt sich das Getreide gut belüften und kühlen und auf diese Weise dauerhaft lagern.

Ein Problem ist die Staubentwicklung in der Halle bei der Befüllung, der durch eine Reduzierung der Fallhöhe entgegengewirkt werden kann. Gegen die Kondensation am Hallendach helfen Axialventilatoren, die etwa alle 5 m im Dachfirst eingebaut werden.

An dieser Stelle sein noch der Flachsilo erwähnt. Er besteht immer aus mehreren fest installierten Boxen – also »liegende« Silozellen, die nur für die Getreidelagerung geeignet sind, im Gegensatz zur großräumigen Lagerhalle, die allenfalls mit mobilen Boxenbegrenzungen ausgestattet sein kann. Flachsilos sind jedoch in Mühlenbetrieben nicht zuletzt aufgrund der geringen Flexibilität in der Nutzung sehr selten zu finden.

3.4 Berechnungsformeln

Um entweder das Volumen des jeweiligen Lagers berechnen zu können oder aber die erforderlichen Abmessungen für die Silozelle oder das Flachlager zu bestimmen, sind die Formeln auf der nachfolgenden Seite anzuwenden.

Bei den Silozellen ist die Zellenhöhe H jeweils von der Trichteroberkante bis zur Zellendecke einzusetzen, da der Leerraum, der durch den Schüttkegel entsteht, durch den Auslauftrichterinhalt ausgeglichen wird.

In den genannten Formeln bedeuten:
V Volumen in m^3
A Grundfläche in m^2
a Seitenlänge (innen) in m
b Seitenlänge (innen) in m
D Innendurchmesser in m
H Zellenhöhe (ab Trichter) in m

1. Quadratische Silozelle

$V = A \times H\ [m^3]$

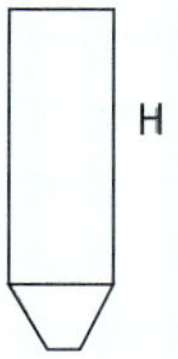

$A = a \times a\ [m^2]$

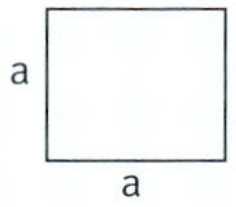

2. Rechteckige Silozelle

$V = A \times H\ [m^3]$
$A = a \times b\ [m^2]$

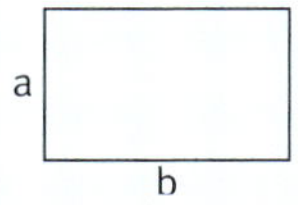

3. Zylindrische Silozelle

$V = A \times H\ [m^3]$

$A = \frac{D^2}{4}\ \pi\ [m^2]$

4. Zwickelzelle

$V = A \times H\ [m^3]$
$A = D^2 \times 0{,}215\ [m^2]$
Hier kann vereinfacht mit ¼ des Volumens der Vollzelle gerechnet werden.

5. Sechseck-Silozelle

$V = A \times H\ [m^3]$

$A = \frac{3}{2} \times a^2 \times 1{,}73\ [m^2]$

6. Lagerhalle:
6.1 Bei freier Schüttung, ohne Wandbelastung, ergibt der aufgeschüttete Haufen ein Prisma, mit je einem halben Kegel an den Enden.
Die Höhe H ist abhängig vom Schüttwinkel und der Hallenbreite (D des Kegels) und errechnet sich aus

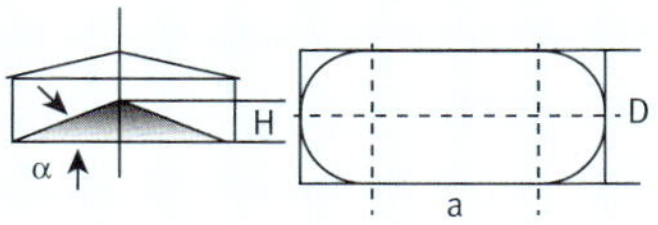

$H = \text{tang}\ \alpha\ \frac{D}{2}\ [m]$

$V = V1 + V2\ [m^3]$

$V1 = \frac{H}{3}\ \pi\ \frac{D^2}{4}\ [m^3]$

$V2 = D \times \frac{H}{2\alpha}\ [m^3]$

6.2 Bei Boxenlagerung mittels Planierung, d. h. Oberfläche glattgezogen, errechnet sich die Fassung

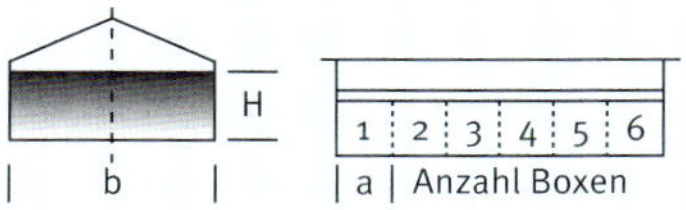

$V = A \times H\ [m^3]$
$A = a \times b\ [m^2]$

Gesamtfassung des Lagers:
V einer Box × Anzahl Boxen $[m^3]$

Literaturverzeichnis

[1] *Kühnemund, B.: Silolagerung von Schüttgütern; Bühler-Miag Nachrichten; Sonderdruck aus Nr. 217.*

[2] *Meissner, W.: Zeitgemäße Lagerungsmöglichkeiten für Schüttgüter in Silo, Mühle und Kraftfutterwerk; Allgemeiner Mühlenmarkt, Wien, Heft 1649/1650, 9/1990*

Empfohlene Literatur

[3] *DIN 1055, Teil 6: Lastannahmen für Bauten, Lasten in Silozellen; Beuth Verlag Berlin, 1987*

[4] *Humpisch, G. (Hrsg.): Getreide und Ölsaaten lagern – Grundlagen, Verfahren, Anwendung; Agrimedia, Clenze, 2014*

4 Getreideannahme/ -trocknung/-belüftung, Vorratsschutz

Dr. Cornel Adler, Dr. Jens Begemann, Dr. Markus Böckelmann, Ottokar Feiß

4.1 Getreideannahme

Ottokar Feiß

4.1.1 Allgemeines

Der Prozess der Getreideverarbeitung im Mühlenbetrieb beginnt stets mit der Annahme des Getreides. Das Getreide wird mittels Straßenfahrzeug, Bahnwagon oder Schiff angeliefert. Eine geeignete Bauform der Annahme ergibt die Grundvoraussetzung zur effizienten losen Anlieferung aller fließfähigen Schüttgüter. Es ist darauf zu achten, dass die Leistung der Annahme richtig dimensioniert ist. Sie sollte groß genug sein, damit auch in den Stoßzeiten, z. B. während der Getreideerfassung in der Ernte oder während der Entladung eines Schiffs, genügend viel Kapazitäten für eine reibungslose Entladung ohne lange Wartezeiten zur Verfügung stehen.

4.1.2 Annahmearten

Je nach Größenordnung der geplanten Anlagen, den örtlichen Verhältnissen, der vorhandenen Infrastruktur sowie dem zur Verfügung stehenden Investitionsvolumen unterscheidet man folgende Arten von Anlagen für die Getreideannahme:

- Annahmegosse für gesackte Ware,
- Annahme von Straßenfahrzeugen (Lkw-Annahme),
- Annahme von Schienenfahrzeugen (Bahn-Annahme),
- Fahrbare pneumatische Schiffsentladeanlagen,
- Stationäre pneumatische Schiffsentladeanlagen,
- Fahrbare pneumatische Saug-Druck-Anlagen für Schiffsentladung, auch universell einsetzbar.

Annahmegosse für gesackte Ware

Diese Art der Getreideannahme aus Lieferfahrzeugen ist wegen ihres hohen Personal- und Zeitaufwands überholt und ist hierzulande kaum noch anzutreffen. Allerdings muss bei der Planung für Anlagen beispielsweise in Entwicklungsländern sehr oft von einfachsten Verhältnissen ausgegangen werden.

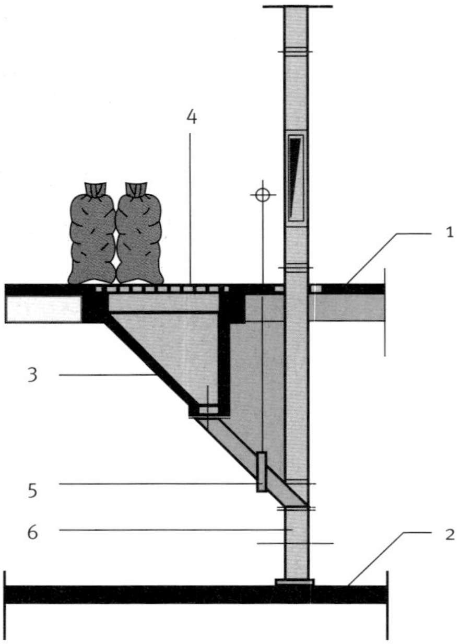

1 Rampenbogen 4 Gitterroste
2 Kellergeschoss 5 Leistungsschieber
3 Annahmegosse 6 Elevator

Abb. 4-1: Einfache Annahmegosse für gesackte Ware; Je nach Personaleinsatz und Arbeitsintensität ist eine Leistung von 20 t/h möglich.

Damit gehört auch dieses Konzept weiterhin zu den realistischen Möglichkeiten (Abb. 4-1). Immerhin ist damit je nach Personaleinsatz eine Stundenleistung von bis zu 20 t möglich. Dementsprechend muss auch die Leistung der anschließenden Vorreinigung mit den erforderlichen Maschinen und Fördereinrichtungen vorgesehen werden. Allerdings sollte die Annahmegosse zumindest überdacht, besser noch in einem geschlossenen Gebäude (Lagerschuppen, Lagerhalle) untergebracht werden.

Annahme von Straßenfahrzeugen (Lkw-Annahme)

Die Anlieferung des Getreides mit Straßenfahrzeugen dürfte die am weitesten verbreitete und bei vielen Mühlen die mengenmäßig wichtigste sein. Dieses liegt zum einen an der großen Flexibilität der Straßenfahrzeuge, nicht nur unmittelbar während und nach der Ernte, zum anderen an der Tatsache, dass immer ein größerer Teil des vermahlenen Getreides aus dem unmittelbaren Umfeld der Mühle stammt, wo diese Transportmittel die günstigste und vielseitigste Variante darstellen.

Die Annahme sollte für die verschiedensten Arten und Größen von Straßenfahrzeugen geeignet sein:

- Landwirtschaftliche Fahrzeuge, meist Anhänger von Zugmaschinen, teilweise ohne Selbstkippeinrichtung,
- Spezielle Lkw-Ausführungen mit besonderer Auslaufvorrichtung (z. B. Tankfahrzeuge),
- Lkw als Seitenkipper,
- Lkw als Heckkipper.

Die Annahme muss zudem einen wirtschaftlichen Einsatz der Fahrzeuge gewährleisten, verbunden mit absolut kurzen Stand- bzw. Entleerungszeiten, insbesondere während der Ernteerfassung. Die Fassung der Annahmegosse sollte daher mindestens dem größtmöglichen Fahrzeugvolumen von etwa 12 bis 18 m^3 entsprechen. Die Entladezeit wird bei selbstkippenden Fahrzeugen

Abb. 4-2: Annahme von Straßenfahrzeugen

auf wenige Minuten gesenkt. Fahrzeuge ohne Selbstkippervorrichtung können durch Anordnung einer hydraulischen Hubvorrichtung an der Gosse, bei der eine Radseite angehoben wird, ebenfalls in kürzester Zeit entleert werden. Um längere Wartezeiten zu vermeiden, sind Annahmeleistungen von 70 bis 120 t/h inzwischen die Regel.

Das geforderte Fassungsvolumen wirkt sich hauptsächlich in der Länge einer Gosse aus, damit Seitenkippfahrzeuge aller Abmessungen auf der gesamten Breite entleert werden können. Als ideal kann der Einsatz ausschließlich von Heckkippfahrzeugen angesehen werden, da in diesem Fall nur eine geringe Gossenlänge benötigt wird, was sich außerdem kostensparend auf die heute unumgängliche Gossenentstaubung auswirkt und zwar, sowohl bei den Investitions-, als vor allem bei den laufenden Betriebskosten. Vorteilhaft für eine kostengünstige Gestaltung der Annahme wäre, wenn immer nur ein und derselbe oder zumindest ein ähnlicher Fahrzeug-Typ zum Einsatz kommt. Aus diesem Grunde haben einige Betriebe die Anlieferung mit einheitlichen Fahrzeug-Typen vertraglich geregelt. Die Gitterroste der Annahmegosse sollten so gestaltet sein, dass keine größeren Fremdkörper durchfallen können, die auf dem weiteren Wege durch die verschiedenen Fördereinrichtungen und Maschinen Störungen und auch Schäden verursachen.

Gossenentstaubung

Neben den rein funktionellen Kriterien, geht es bei der Lkw-Annahme um die Verringerung bzw. Vermeidung der meist starken Staubentwicklung, die sich sehr belastend für Mensch, Anlage und Umwelt auswirkt. Je nach den geltenden Vorschriften zur Luftreinhaltung (Immissionsschutz-Gesetze) – man unterscheidet hier zwischen Industriegebieten, Mischgebieten und Wohngebieten –, muss dieses Problem bereits bei der Planung unbedingt

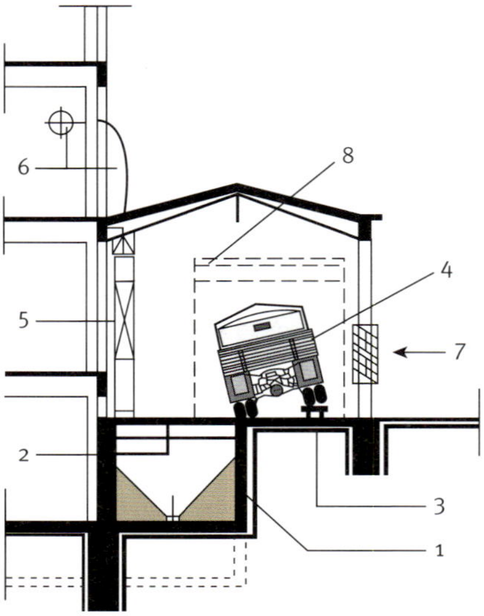

1 Annahmegosse
2 Gitterroste befahrbar für alle Straßenfahrzeugtypen
3 Hydraulische Hubvorrichtung für Fahrzeuge ohne Selbstkippvorrichtung
4 Straßenfahrzeuge verschiedener Größe und Typen
5 Filterwand bestehend aus mehreren Filterelementen (Module)
6 Aspirationsleitung zum Ventilator
7 Luftansaugöffnungen gegenüber der Filterwand
8 Rolltore an Ein- und Ausfahrt der Annahme-Halle

Abb. 4-3: Getreideannahme von Straßenfahrzeugen; Der Aspirationsluftbedarf beträgt etwa 60 m³/min je lfd.m Gosse (Richtwert) unter der Voraussetzung optimaler Bedingungen. Diese Lösung ist bereits häufig zum Einsatz gekommen und der Wert von nicht mehr als 10 mg/Nm³ Staubgehalt konnte eingehalten werden.

beachtet werden. Aber auch bei bestehenden Anlagen älterer Bauart, die diesen Vorschriften meist nicht genügen, ist mit Forderungen seitens der Behörden zur Nachbesserung zu rechnen (Abb. 4-3).

Etwa 70 % des Staubs entstehen in der Gosse gegenüber der Einschüttung als Folge der abrupten Abbremsung des Getreides auf Null beim Aufprall auf dem Gossenboden. Weitere 30 % entstehen zwischen Fahrzeugpritsche und Gitterrost aufgrund der Differenz der Fallgeschwindigkeit des Getreides zur Umgebungsluft. Selbst mit enorm hohen Luftmengen kann mit einer reinen Absaugung der Staubwolke über dem Gitterrost nach älterer Methode kein zufriedenstellendes Ergebnis erzielt werden, da die Absaugung aus dem offenen, nicht begrenzten Raum keine Luftströmung erzeugt, die den Staub erfasst und mitnimmt. Berücksichtigt man zusätzlich den möglichen Windeinfluss (Zugluft) beim Entladen des Getreides, so wäre eine noch größere Absaugmenge notwendig, ungefähr fünf Mal höher. Auch die Absaugung aus dem gesamten Annahmeraum wäre nicht wirtschaftlich, da hier zu große Mengen an Luft vorhanden sind.

Welches Entstaubungssystem vorteilhafter ist, richtet sich nach den örtlichen Verhältnissen, beispielsweise ob es sich um Neubau oder Sanierung handelt und nach der Wirtschaftlichkeit.

Gossenentstaubung mit Klappen

Unter dem Gitterrost sind Klappen (Dachlamellen) angeordnet, die sich durch das Gewicht des fallenden Getreides öffnen, sonst aber einen Abschluss nach oben bilden. Mittels gezielter Aspiration der Gosse (Unterdruck) wird ein wesentlicher Teil der Staubbildung abgesaugt. Es hat sich gezeigt, dass bei etwa 22 t Getreide-Ausschüttung (Richtwert) etwa 30 m³/min. Luftabsaugung pro m² Gitterrost benötigt werden. Um austretende Leckluft auszugleichen, muss jedoch in etwa der dreifache Wert in Ansatz gebracht werden. Für eine einigermaßen vollständige Staubabsaugung müsste zusätzlich auch der Bereich über dem Gitterrost aspiriert werden. Das ist aber nur möglich, wenn eine Umhausung der Annahmegosse vorgenommen wird.

Gossenentstaubung mit Filterwand

Die Filterwand besteht je nach der Länge der Gosse aus einer entsprechenden Anzahl von sogenannten Filtermodulen, die mit einem oder besser mit mehreren Luftabsaugschlitzen versehen sind; davon sollte einer unten, dicht über den Gitterrosten, angeordnet sein und die anderen darüber verteilt bis maximal 2 m Höhe. Filtermodule sind Saugkästen mit integriertem Filter und einer Druckluftreinigung für die Filterschläuche (Düsenfilter). Der Aspirationsluftbedarf beträgt etwa 60 m³/min. je laufenden Meter Gosse. Bei richtiger Gestaltung der Absaugwand kann eine Filterbelastung von etwa 6 bis 8 m³/m²/min. angenommen werden (Abb. 4-5).

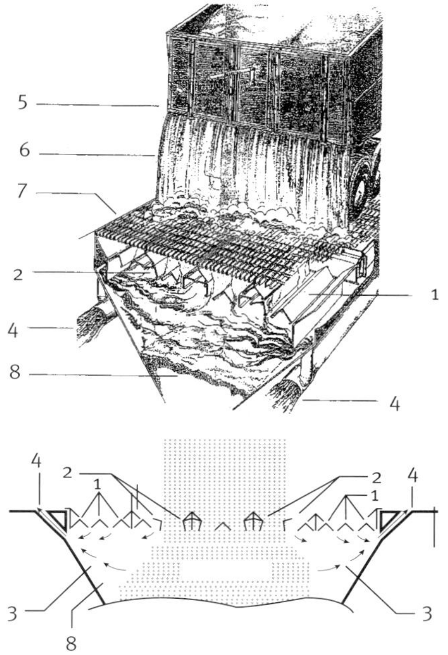

1 Dachlamellen geschlossen, Gossenraum steht im Unterdruck
2 Dachlamellen offen, durch Produkt-Einschüttung betätigt
3 Verdrängte, staubhaltige Luft wird von der Aspiration erfasst und abgesaugt
4 Aspirationsanschluss
5 Lkw
6 Getreideschwall
7 Gitterroste, befahrbar
8 Gosse

Abb. 4-4: Einbau von Klappen (Dachlamellen) unter dem Gitterrost; Der Aspirationsluftbedarf beträgt etwa 90–120 m³/min bei ca. 25 t Getreideausschüttung (Richtwert). Mit diesem System bekommt man einen wesentlichen Teil der Staubentwicklung in den Griff. Nicht erfasst wird jedoch der Bereich über dem Gitterrost, für den es zusätzlicher Maßnahmen bedarf.

Um störende Luftströme (Zugluft) über der Gosse zu vermeiden und um die notwendige Aspirationskapazität möglichst niedrig zu halten, sollte die Annahmegosse im Inneren eines Gebäudes installiert sein bzw. vollständig mit einer Umhausung versehen werden und an den Zufahrten mit Rolltoren ausgestattet sein, die während des Abkippens des Getreides geschlossen sein müssen. Nur so ist eine einwandfreie Luftströmung quer über die Gosse zu den Luftabsaugschlitzen der Filterwand hin gewährleistet. Eine weitere Voraussetzung für eine zuverlässige Funktion der Entstaubung ist eine ausreichende Gossenkapazität (tief genug) damit sich der untere Absaugschlitz beim sekundenschnellen Abkippen nicht zusetzt und die aufsteigende Verdrängungsluft möglichst gut vom Querluftstrom der Aspirationsanlage erfasst wird. Hinsichtlich der Annahme mit möglichst geringer Staubentwicklung bieten sich ferner Lkw mit speziellen Auslauföffnungen unterhalb des Laderaums an.

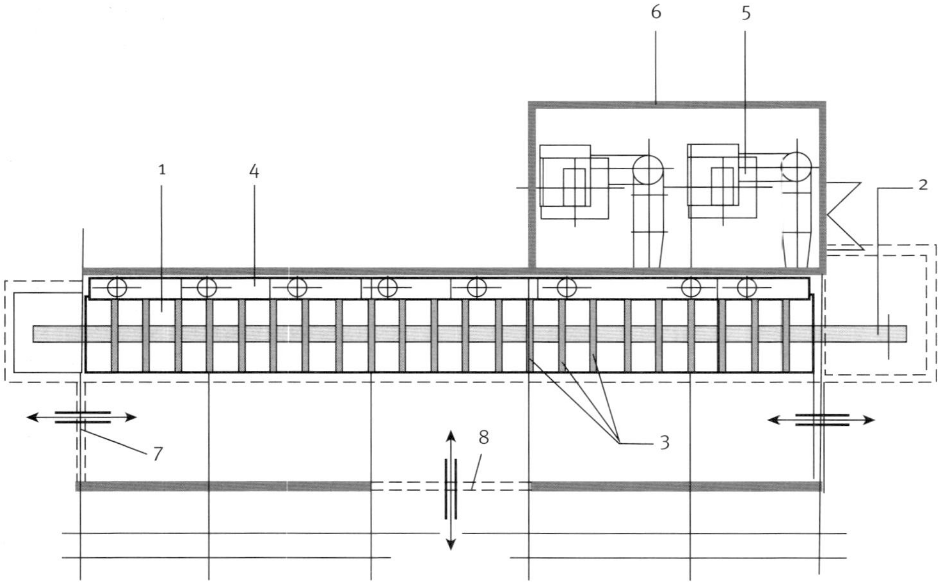

1 Annahmegosse (Bunker)
2 Bunkerabzugsförderer (Trogkettenförderer)
3 Profilstahlträger zur Annahme der Gitterroste (diese sind nicht dargestellt), Achtung: Statik-Nachweis erforderlich, da Gitterrost befahrbar ausgelegt sein muss.
4 Filterwand, bestehend aus 8 Einzelfiltern (Filtermodule, Düsenfilter). Die anschnittsweise Zuschaltung der erforderlichen Modulzahl erfolgt durch Steuerung entsprechender Drosselklappen im Aspirationsleitung-System.
5 Mitteldruck-Ventilatoren zur Erzeugung der Aspirationsluft.
6 Umhausung, kann eine freistehende Halle sein oder ein abgeschlossener Raum innerhalb eines Gebäudes.
7 Ein- und Ausfahrt jeweils mit Rolltor ausgestattet
8 Separate Zufahrt für Heckkipper. Achtung: In diesem Bereich muss das Dach der Annahmehalle entsprechend höher ausgeführt sein.

Abb. 4-5: Grundriss-Skizze einer Getreideannahme für Straßenfahrzeuge mit Gossenentstaubung durch eine Filterwand (Beispiel)

Zum gezielt sparsamen Einsatz der Entstaubungsanlage zur Reduzierung der Betriebskosten (Energie) empfiehlt sich eine Unterteilung der Filteranlage in mehrere Abschnitte, sodass nur ein der Länge des Anlieferfahrzeugs entsprechender Abschnitt eingeschaltet werden muss. Das bedingt zwar zunächst höhere Investitionskosten, wird sich jedoch bei den Betriebskosten positiv auswirken.

Annahme von Schienenfahrzeugen (Bahn-Annahme)

Die Bedeutung des Bahntransports für Getreide hat insgesamt abgenommen, obgleich er für manche Mühlen mit guter Schienennetzanbindung mittlerweile wieder eine sehr sinnvolle Alternative zum Straßengüterverkehr darstellt, dieses gilt insbesondere bei Ferntransporten von Ganzzügen über Land, beispielsweise aus Osteuropa.

Für den wirtschaftlichen Bahntransport von losem Getreide stehen spezielle Silo-Waggons unterschiedlichster Größe mit einem Inhalt von 25 bis 65 t und selbsttätiger Entleerung zur Verfügung. Die Gestaltung der Annahmegosse, also Größe, Annahmeleistung und Gossenent-staubung ist von den jeweiligen Gegebenheiten vor Ort abhängig. Die Bahn-Annahme sollte, ähnlich wie die Lkw-Annahme, universell gestaltet werden, um die Entladung unterschiedlicher Wagontypen und -größen zu ermöglichen. Gleiches gilt für die Gossenentstaubung.

Abb. 4-6: Bahn-Annahme

Fahrbare pneumatische Schiffsentladeanlage

Der Schiffstransport ist, in Bezug auf die Gewichtseinheit, die weitaus kostengünstigste sowie umweltfreundlichste Transportvariante für loses Getreide. Dieses gilt insbesondere für Ferntransporte. Darüber hinaus ermöglicht sie den Getreideeinkauf aus einem größeren, internationalen Einzugsgebiet und damit die strategische Nutzung von überregionalen Preis- und Qualitätsunterschieden. Sie setzen natürlich eine entsprechende Anbindung an das Wasserstraßennetz voraus. Auf dem Seeweg ankommendes Getreide (Importgetreide) wird in einem Seehafen gelöscht, meist in großen Lagerhäusern oder Umschlagsilos eingelagert und von dort mit Fluss-Schiffen, Eisenbahn oder Straßenfahrzeugen weiter verteilt. Einige Mühlenbetriebe, die entsprechend an einer Kaimauer im Hafengebiet liegen, verfügen über eigene Entladeanlagen für Hochseeschiffe.

Das Entladen der Hochseeschiffe erfolgt mechanisch oder pneumatisch mit sehr hoher Förderleistung. Pneumatische Förderer werden bis zu 600 t/h Entladeleistung eingesetzt, mechanische Einheiten (Becherwerke) können bis zu 1 000 t/h und mehr Leistung haben. Letztere kommen jedoch ausschließlich in großen Umschlagbetrieben zum Einsatz.

Um die Liegezeiten der Hochseeschiffe (Kosten) möglichst kurz zu halten und weil sich die großen Massengutfrachter nur mit sehr großem Aufwand verholen lassen, werden die pneumatischen Schiffsentladeanlagen neben einer hohen Förderleistung fahrbar ausgeführt. Auf diese Art kann das Saugrohr

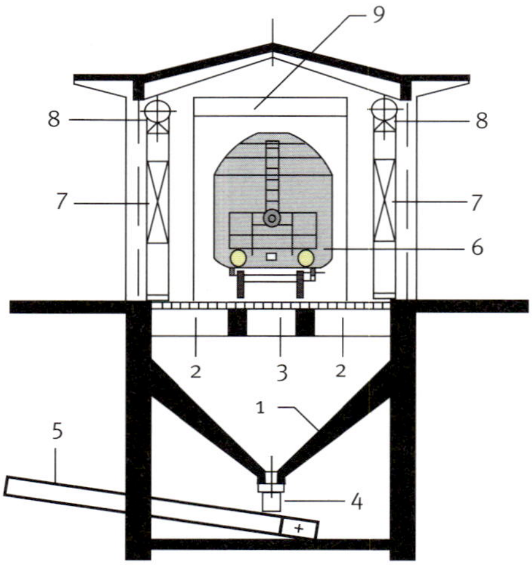

1 Annahmebunker, ausreichend groß dimensioniert, damit Hochstau bis zum Gitterrost nicht möglich
2 Gitterroste für normale und Spezialwaggons in befahrbarer Ausführung, damit auch für Lkw-Annahme geeignet
3 Gitterroste für weitere Spezialwaggons in befahrbarer Ausführung
4 Bunker-Abzugsförderer
5 Trogkettenförderer als Verbindungsförderer zur Getreidevorreinigung im Getreidesilo
6 Normal- oder Spezialwaggons
7 Filterwand, bestehend aus mehreren Filterelementen (Module)
8 Aspirationsleitung zum Ventilator, untergebracht im angrenzenden Gebäude oder in einem Dachaufbau über der Annahmehalle
9 Rolltore an Ein- und Ausfahrt des Annahmeraums

Abb. 4-7: Getreideannahme von Schienenfahrzeugen (Bahnannahme); Eine Fahrzeugwaage zur Verwiegung der gefüllten und anschließend entleerten Waggons kann eventuell im Gleisbereich mit der tragenden Unterkonstruktion integriert werden.

der pneumatischen Förderleitung schnell und flexibel an jeden Punkt der Laderäume eines Schiffs herangeführt werden.

Trotz des hohen Kraftaufwands der Pneumatik gegenüber der mechanischen Variante wird die Förderung mit Luft auch in dieser Größenordnung bevorzugt, da sie keine zusätzlichen Aspirationseinrichtungen benötigt und sehr sauber arbeitet.

Stationäre pneumatische Schiffsentladeanlage

Für Mühlenanlagen, die an einer schiffbaren Wasserstraße (Fluss, Kanal) liegen, kommen entsprechend den kleineren Flussschiffen, die von den großen Lagerhäusern in Binnenhäfen in den großen Getreideanbauregionen an Umschlagsilos im Seehafen oder auch im direkten Umschlagbetrieb vom Hochseeschiff zum Flussschiff beladen wurden, hauptsächlich stationäre (feststehende) Entladeanlagen mit pneumatischer Förderung in Frage. Diese Förderanlagen haben in der Regel eine Saugleistung von 50 t/h und darüber. Ihre Arbeitsweise entspricht jener der fahrbaren Förderanlagen. Der Rohrkrümmer ist bei körnigem Schüttgut starkem Verschleiß unterworfen und muss leicht auswechselbar sein. Im Übrigen müssen die Förderleitungen gut beweglich sein, um das Manövrieren beim Wechsel von einer Schiffsluke in die andere zu erleichtern. Dabei wird der Lastkahn, im Gegensatz zum Hochseeschiff, verholt. Je länger die Unterbrechungen durch das Manövrieren dauern, desto kleiner ist die Nettoleistung der Förderung bzw. desto länger ist die Liegezeit des Schiffs.

Fahrbare pneumatische Saug-Druck-Anlagen für Schiffsentladung, zum universellen Einsatz

Für den Fall schlechter oder gänzlich fehlender Infrastruktur in Hafenanlagen oder an einem provisorischen Schiffsanleger (einfacher Anlegesteg) stehen kleinere pneumatische Einheiten mit limitierter Förderleistung von bis zu 50 t/h zur Verfügung. Derartige saug- und druckseitig arbeitende, pneumatische Anlagen sind gut geeignet, um das Fördergut aus den Laderäumen eines Schiffs abzusaugen und auf der Druckseite weiterzufördern. Allerdings sind die Förderlängen begrenzt, weil bei der Saugpneumatik infolge steigender Druckdifferenz des Luftvolumenstroms am Gebläse auch die Antriebsleistung in unwirtschaftlicher Weise ansteigt und das Gebläse beidseitig (Saug- und Druckseite) belastet wird.

Aus diesem Grund werden diese kleinen kompakten Einheiten bei Hochseeschiffen mittels Ladegeschirr an Bord gehievt, um mit der Saugleitung möglichst nahe an die Absaugstellen im Laderaum heranzukommen. Außerdem muss der Pufferbehälter zur Abgabe an Straßenfahrzeuge bzw.

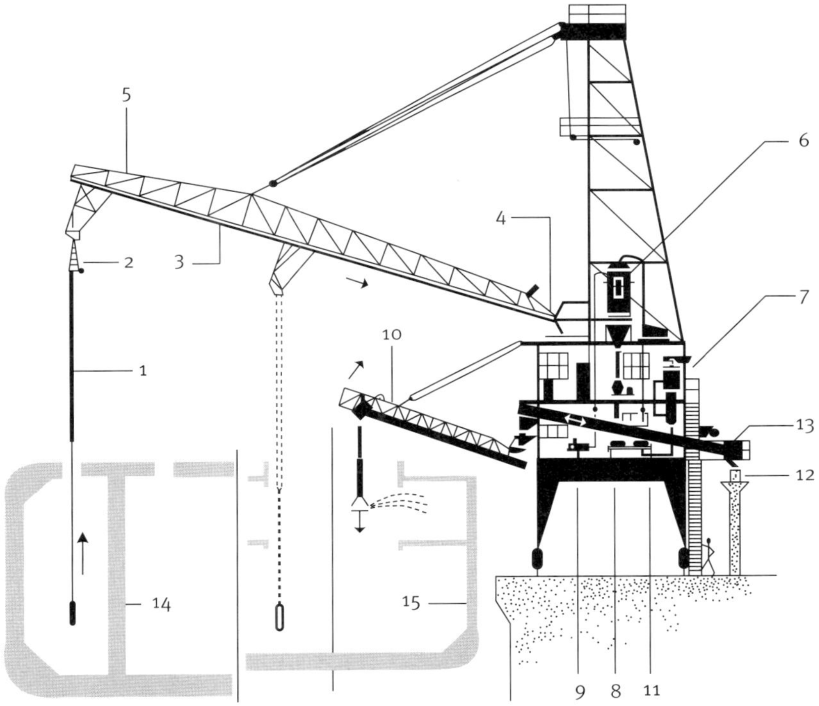

1 Vertikales Teleskoprohr
2 Flexibler Schlauch
3 Horizontales Teleskoprohr
4 Schlauchgelenk
5 Ausleger, nach allen Richtungen schwenkbar
6 Totalabscheider
7 Schalldämpfer
8 Gebläsegruppe
9 Spülluftgruppe
10 Beladevorrichtung
11 Kai
12 Portal, auf Schienen fahrbar
13 Trogkettenförderer als Verbindungsförderer für Be- und Entladung
14 Hochseeschiff
15 Kanalschiffe, Lastkräne (Binnenschiffe)

Abb. 4-8: Fahrbare, pneumatische Schiffsent-/beladeanlage

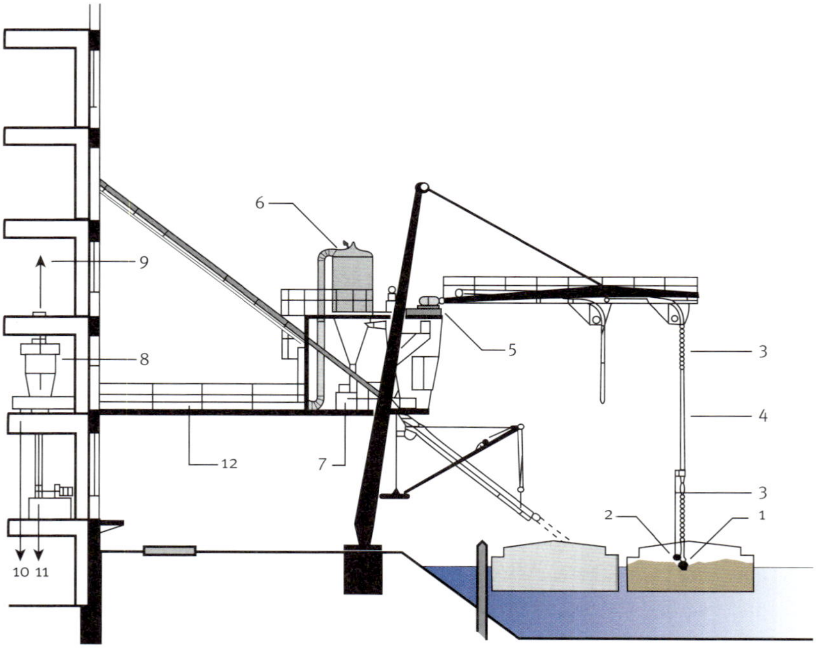

1 Saugdüse, regulierbar

2 Druckknopfschaltung für Höhenverstellung der Düse mittels Elektrowinde zur Anpassung an das Materialniveau

3 Flexible Schläuche, damit alle Bereiche der Ladefläche bestrichen werden können

4 Feste Rohre

5 Gelenk für Schwenkbarkeit in Höhen- und Seitenlage

6 Rezipient zur Trennung von Getreide und Luft-/Staubgemisch

Abb. 4-9: Stationäre pneumatische Schiffsentladeanlage

die Annahmestelle eines Getreidesilos möglichst nahe am Schiffsanleger angeordnet sein. Bei zunehmender Förderlänge auf der Druckseite geht die Förderleistung drastisch zurück, was im Hinblick auf die Liegezeit eines Schiffs nicht akzeptabel ist.

4.1.3 Silo-Vorreinigung des angenommenen Getreides

In der Mühle findet zwischen Annahme des Getreides und Einlagerung in die Silozellen in der Regel eine Vorreinigung und Verwiegung statt. Der gesamte Anlagenbereich gliedert sich demnach in folgende Betriebsteile, die das Schüttgut auf dem Weg vom Transportmittel zur Lagerzelle durchläuft:

- Annahme,
- Silo-Vorreinigung,
- Verwiegung,
- Einfüllen,

- Lagern,
- Entnahme bzw. Umlagern.

Abb. 4-10: Pneumatische Schiffsentladung

Als Hauptmerkmal der Vorreinigung ist eine große Stundenleistung zu nennen, da diese mit der Annahmeleistung weitgehend übereinstimmen sollte. Es ist hierbei nicht beabsichtigt das Produkt bezüglich Besatz wesentlich zu verbessern, denn der technische Aufwand dafür wäre viel zu groß. Dies bleibt die Aufgabe der späteren Mühlenreinigung. Wie schon die Bezeichnung Vorreinigung sagt, wird keine vollständige Besatzentfernung erwartet, sondern das Schüttgut muss nur soweit behandelt werden, dass es lagerfähig ist, d. h. die verschiedenen Maschinen, Waagen und Förderelemente störungsfrei passiert und einen handelsüblichen Reinheitsgrad hat. Allerdings muss bei der Auslegung derartiger Anlagen unterschieden werden, ob es sich überwiegend um Getreide des Erfassungshandels und Importgetreide handelt, das bereits eine gewisse Vorreinigung durchlaufen hat, oder um Mähdruschgetreide direkt vom landwirtschaftlichen Betrieb, das stärker verunreinigt ist.

Nicht zuletzt durch die diversen Maßnahmen des Qualitätsmanagements ist ein deutlicher Trend zu beobachten, der eine intensivere Vorreinigung als bisher üblich verlangt und dem durch Einsatz geeigneter Maschinen entsprochen wird. Im Einzelfall sind hier Mühlenbauer und Anlagenbetreiber gleichermaßen gefordert, gemeinsam die individuell bestmögliche Lösung zu erarbeiten.

Die Vorreinigung soll folgende Funktionen übernehmen:

- Grobe, vom Rost der Schüttgosse nicht zurückbehaltene Teile auszuscheiden,
- Sand zu entfernen,
- große Mengen leichter Ware (z. B. Spelzen, Stroh) auszulesen,
- Eisenteile abzusondern.

Diese Beimengungen können, wenn sie nicht vorher separiert werden, im Prozessablauf des Getreidesilos zu Problemen führen. Eine Ansammlung von Leichtgut (Strohpartikel, Schrollen) im Auslaufbereich der Silozelle wirkt sich beispielsweise sehr schnell störend auf das Auslaufverhalten aus. Zu große

Anteile an Fremdbesatz verringern durch Feuchtenester und Kontamination zudem die Lagerfähigkeit des Getreides. Es kann auch zur Selbsterhitzung des Getreides kommen. Metallteile, Sand und andere Verunreinigungen können außerdem zu Funkenbildung, Beschädigungen und erhöhtem Verschleiß führen.

Die wichtigsten Einrichtungen einer Silovorreinigung sind:

- Magnetapparat
- Separator/Trommelsieb
- Aspirationskanal
- Waage
- Aspirationsanlage

Je nach Konzeption der Anlage kommen diese Elemente in unterschiedlicher Anordnung und Ausführung zum Einsatz. Gegebenenfalls muss auch ein Getreidetrockner in die Silovorreinigung integriert werden, um angeliefertes

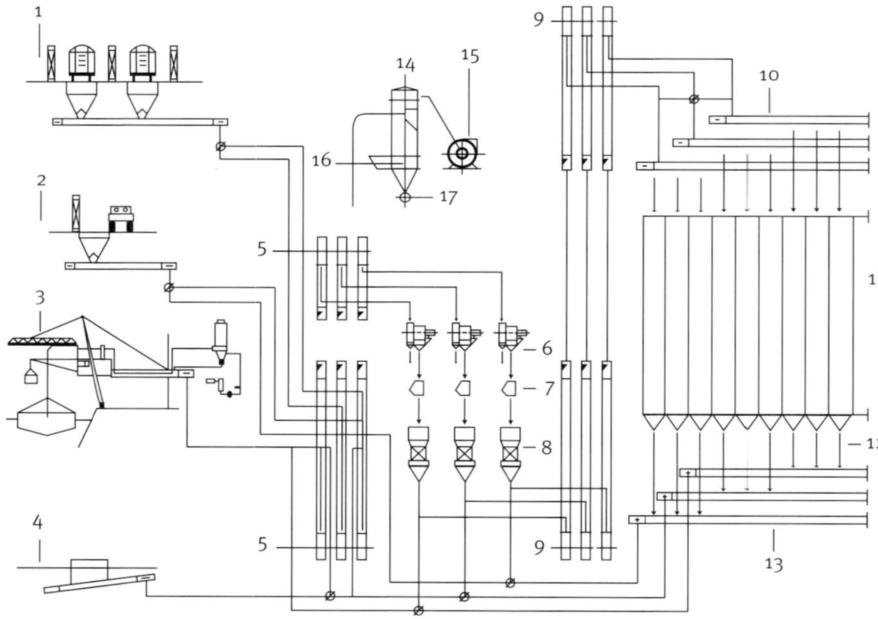

1 Bahn-Annahme, 2 Lkw-Annahme, 3 stationäre Schiffsentladeanlage (pneumatisch), 4 Annahmegosse, 5 Elevatoren (Annahme), 6 Vorreinigung (Trommelsiebe), 7 Magnetapparate, 8 Verwiegung, 9 Elevatoren (Vorreinigung), 10 Trogkettenförderer (Verteilung), 11 Silozellen, 12 Siloausläufe/Dosiereinrichtungen, 13 Trogkettenförderer (Sammeln), 14 Düsenfilter für Zentralaspiration, 15 Mitteldruckventilator, 16 Druckentlastungskanal, 17 Schleuse

Abb. 4-11: Silo-Vorreinigung für das angenommene Getreide (Prinzip-Diagramm); Am Beispiel dieser Getreidesiloanlage im Binnenland sind hier praktisch alle Annahme-Konzeptionen vereint dargestellt. In den meisten Fällen hat man jedoch nur ein oder zwei verschiedene Annahmestellen (z. B. Lkw- und Bahn-Annahme). Der Aufwand an maschinellem Einsatz reduziert sich damit entsprechend.

Getreide mit einem zu hohen Feuchtigkeitsgehalt auf einen lagerfähigen Wert herunter trocknen zu können. Ein solcher Trockner muss nicht die Annahmeleistung vorweisen, sondern kann mit geringerer Leistung aus Pufferzellen im internen Silobetrieb (Tag/Nacht) bedient werden. Der Einsatz eines Trockners ist allerdings mit hohen Investitions- und Betriebskosten (Energie) verbunden. Ein geringfügig zu hoher Feuchtigkeitsgehalt kann auch durch intensives Belüften oder Umlaufenlassen des Getreides so weit wie nötig reduziert werden – und zwar möglichst über die Vorreinigung, da Fremdbesatz feuchtigkeitserhöhend wirkt.

Um gegenüber den anliefernden Transportfahrzeugen in der Annahme möglichst kurze Stillstands- bzw. Liegezeiten zu gewährleisten, muss die Vorreinigungsleistung in Abhängigkeit von der Annahmeleistung genügend groß ausgelegt werden. Anderenfalls kann sich die Vorreinigung schnell zum Engpass in der Annahmelinie entwickeln.

Der Anlagenaspiration sollte auch in diesem Betriebsteil besondere Aufmerksamkeit geschenkt werden. Entsprechend den jeweils geltenden Umweltschutzbedingungen gilt es, die Entstehung von Staubablagerungen in den Betriebsräumen sowie auf Maschinen, Böden und Zellendecken weitgehend zu vermeiden, um auf diese Weise die Vermehrung von Schädlingen (Hygiene) und vor allem das Entstehen von Staubexplosionen gezielt zu verhindern.

Eine Weiterentwicklung verfahrenstechnischer Abläufe geht immer mit Bestrebungen zur Rationalisierung einher: So wird beispielsweise in zunehmendem Maße auf eine separate Verwiegung im Rahmen der Silovorreinigung verzichtet, wenn auf dem Gelände ohnehin eine Fahrzeugwaage zur Verfügung steht. Im Falle einer zusätzlichen Schiffs- bzw. Bahnannahme ist allerdings für die Integration einer adäquaten Verwiegemöglichkeit im Gutstrom der Getreideannahme zu sorgen.

4.1.4 Musternahme im Annahmebetrieb

Für die Qualitätssicherung und die Produktionskontrolle ist es eine unabdingbare Voraussetzung, an verschiedenen Stellen der Lagerung und Produktion eine Musternahme vorzunehmen. Diese Musternahme beginnt bereits mit der Annahme des Rohprodukts, denn für die gezielte Herstellung ganz bestimmter Qualitäten der Fertigprodukte ist es wichtig, frühzeitig die unterschiedlichen Qualitäten der verschiedenen Anlieferungspartien zu registrieren und getrennt einzulagern, um damit einen ebenso gezielten Prozess zur Weiterverarbeitung des Produkts zu ermöglichen. Die Qualität der Endprodukte ist im hohen Masse von der frühzeitigen Klassifizierung der Qualität der Rohprodukte abhängig sowie von dem darauf entsprechend abgestimmten Verarbeitungsverfahren.

Die Musternahme erfolgte in früheren Zeiten – und teilweise auch heute noch – von Hand. Um ein zuverlässiges Durchschnittsmuster zu erhalten, müssen jedoch viele Einzelproben genommen werden, was einen hohen Zeitaufwand und geschultes Personal erfordert. Mittlerweile werden zahlreiche Maschinen und Apparaturen angeboten, die diese Aufgaben kontinuierlich erfüllen und das Bedienungspersonal weitgehend entlasten. Der Vorteil der kontinuierlichen Probenahme liegt in der Verfügbarkeit eines repräsentativen (brauchbaren, aussagefähigen) Durchschnittsmusters der jeweiligen Anlieferpartie.

Um eine einheitliche Bemusterung mit vergleichbaren Werten zu erhalten, verfährt man nach den entsprechend standardisierter Methoden, wie sie beispielsweise im ICC-Standard Nr. 101 oder in der DIN EN ISO 24333: 2010-04 festgelegt sind.

4.1.5 Umweltschutzmaßnahmen

Im Rahmen der Getreideannahme wurde bereits auf die unumgänglichen Maßnahmen zur weitgehenden Vermeidung von Staubentstehung und die Absaugung entstandener Staubwolken (Aspiration) hingewiesen. Dabei kommt es nicht nur darauf an, die Maschinen und Anlagen so zu aspirieren, dass kein Staub in die Betriebsräume gelangen kann und dort zu Ablagerungen führt, sondern, dass die Filterung der Aspirationsluft durch Verwendung entsprechender Filterstoffe mit einer begrenzten Luftdurchlässigkeit so intensiviert wird, dass der Staubgehalt der Abluft den gesetzlich vorgeschriebenen Wert von 50 $m/m^3/min$ nicht überschreitet. Gemäß dem heutigen Stand der Technik wird jedoch von den Betreibern bereits die Einhaltung eines Werts von deutlich unter 20 $mg/m^3/min$ gefordert. Die gesetzlichen Bestimmungen für den zulässigen Staubgehalt in der Abluft sind in der »Technischen Anleitung zur Reinhaltung der Luft (TA Luft)« festgelegt.

4.1.6 Abfallentsorgung

Hinsichtlich der Entsorgung der Abfallprodukte aus Getreideannahme und -vorreinigung war es früher üblich, die Filterprodukte der Gossenentstaubung direkt im Gossenbereich in das Getreide zurückzuführen und nutzbare Abfälle aus Vor- und Mühlenreinigung auf einer separaten Abfallvermahlung zu zerkleinern, um sie anschließend zusammen mit der Kleie dem Mischfutter beizufügen. Seit Verschärfung des Futtermittelrechts hat jedoch ein Umdenken eingesetzt, mit der Forderung, dass Stäube und Filterprodukte, die von der Annahme bis zur Vermahlung des Getreides anfallen, als Risikomaterial gelten und aus der Futtermittel-Lebensmittel-Kette entfernt und getrennt entsorgt werden müssen. Von den Futtermittelherstellern werden daher keine Kleieprodukte mehr angenommen, denen Reinigungsabfälle zugemischt sind. Filterprodukte werden so für die Mühlen zum Entsorgungsproblem und damit zu einer ökonomischen Belastung. Für die Gossenentstaubung bedeutet dies, dass an die Stelle der einzelnen Filtermodule mit integriertem Düsenfilter auf der Längsseite der Gosse einfache Absaug- bzw. Aspirationsmodule treten könnte, von wo die staubhaltige Luft zwecks Abscheiden des Staubs einem zentralen Düsenfilter zugeführt wird. Dieses bedeutet letztendlich eine Entlastung der Vorreinigung.

4.2 Trocknung und Belüftung von Getreide

4.2.1 Wechselwirkung zwischen Getreide und Umgebung

Dr. Jens Begemann

Es ist wichtig, die Eigenschaften von Getreide unter Lagerbedingungen zu kennen, um Lebensmittelsicherheit, physiologischen Wert und Verarbeitungsqualität gegebenenfalls mit geeigneten Maßnahmen wie Trocknung oder Belüftung über die Zeit der Lagerung aufrecht zu erhalten. Durch die gezielte Kontrolle dieser Lagerbedingungen lassen sich mikrobielles Wachstum, Fraß und Verunreinigungen durch Schädlinge und Masseverlust durch übermäßige Atmung des Getreides vermeiden. Die wichtigsten Faktoren sind hier die Temperatur und der Wasserhaushalt innerhalb der Getreidepartie und der Umgebung. Treten ungünstige Kombinationen von Temperatur und Feuchtigkeit auf, kann es zur Vermehrung der im Erntegut natürlich vorkommenden Mikroorganismen wie Schimmelpilzen, Hefen und Bakterien kommen. Auch die verschiedenen Entwicklungsstadien von Insekten wie Kornkäfer oder Mehlmotte und Milben benötigen hohe Feuchtigkeit.

Für mikrobielles Wachstum ist allerdings nicht nur der absolute Wassergehalt einer Getreidepartie ausschlaggebend, sondern das für chemische Reaktionen verfügbare Wasser [1]. Ist Wasser zum Beispiel fest an kristallinen Strukturen oder als Hydratwasser an Molekülstrukturen gebunden, steht es Mikroorganismen, die Wasser für ihre Lebenserhaltung benötigen, nicht zur Verfügung. Ein Indikator für chemisch verfügbares Wasser ist die **Wasseraktivität a_W**. Definiert ist die Wasseraktivität als Verhältnis des Wasserdampfpartialdrucks (»freies« Wasser des Getreides) zu dem Sättigungsdampfdruck reinen Wassers bei einer gegebenen Temperatur (relative Luftfeuchtigkeit des Gasraums über bzw. zwischen dem Getreide), wie in Abbildung 4-12 schematisch dargestellt.

Beispiel 1, geschlossenes System: In ein Getreidesilo wird Weizen mit einem Wassergehalt von 14,5 % eingelagert und dicht verschlossen. Die angenommene Wasseraktivität beträgt dabei a_W 0,65. Im Gasraum des Silos stellt sich nach einiger Zeit ein Gleichgewicht zwischen der Wasseraktivität

Das im Getreidekorn enthaltene Wasser ist unterschiedlich stark gebunden (Abb. 4-12, links). Das Wasser vom Typ I ist am stärksten, und zwar ionisch, an die Makromoleküle gebunden. Der Entzug dieses Wassers würde die Moleküle irreversibel schädigen. Wasser vom Typ II ist an polaren Stellen der Oberflächen der Makromoleküle gebunden. Wasser vom Typ III ist das in oder zwischen den Zellen befindliche, freie, gefrierbare Wasser. In Getreidekörnern mit sehr geringem Feuchtigkeitsgehalt liegt nur Wasser vom Typ I vor, in sehr feuchten Körnern alle drei Typen. In Abbildung 4-12 (rechts) ist dargestellt, dass bei gegebener relativer Luftfeuchtigkeit der Feuchtigkeitsgehalt des Getreidekorns umso höher ist, je niedriger die Temperatur ist. Anders herum absorbieren die Körner bei höheren Temperaturen weniger Wasser.

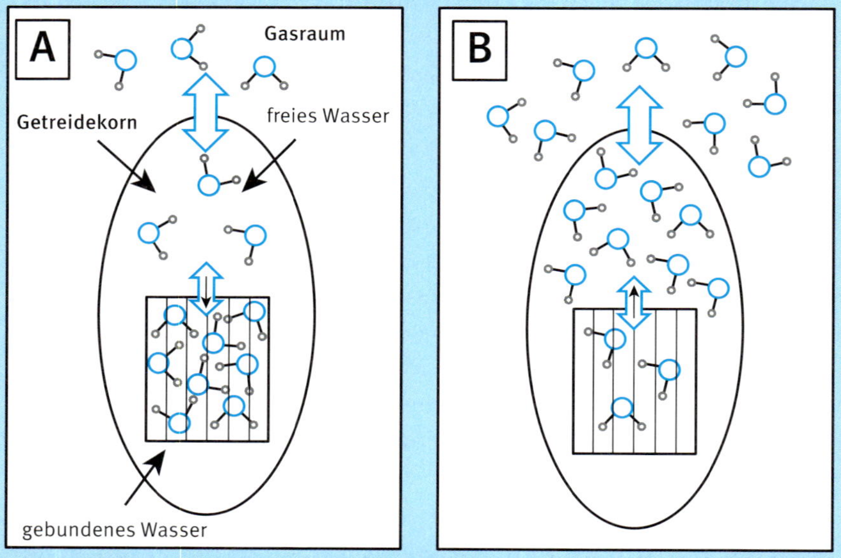

Abb. 4-12: Wasserbindung im Getreidekorn; gebundenes Wasser ist fest an Ionen, Polymere oder Kristalle angelagert und steht im Gleichgewicht mit dem »freien« Wasser. Dieses steht wiederum im Gleichgewicht mit dem Gasraum. In der Abbildung ist der Wassergehalt der beiden dargestellten Getreidekörner gleich (A = B); A: starke Wasserbindung; wenig freies Wasser; a_W = niedrig. B: schwache Wasserbindung; viel freies Wasser; a_W = hoch.

(ausgedrückt als Dezimalbruch 0,65) und der relativen Luftfeuchtigkeit ein. Diese beträgt in diesem Fall 65 % (in Prozent angegeben).

Beispiel 2, offenes System: In ein Getreideflachlager (nicht hermetisch verschlossen) wird Weizen eingelagert. Die relative Luftfeuchtigkeit der Umgebung beträgt 55 %. Wird diese über einen längeren Zeitraum aufrechterhalten, stellt sich, ausreichende Durchlüftung vorausgesetzt, wiederum ein Gleichgewicht zwischen der relativen Umgebungsfeuchte von 55 % und dem eingelagerten Weizen ein. Das Getreide nimmt demnach keine Feuchtigkeit auf und gibt keine Feuchtigkeit ab. Die Wasseraktivität beträgt daraus resultierend $a_W = 0,55$.

Diese Beispiele verdeutlichen den Zusammenhang zwischen der Wasseraktivität des Lagerguts und der relativen Luftfeuchtigkeit der Umgebung. Liegt ein annähernd geschlossenes System mit geringem Gasraum vor, wie in Beispiel 1 beschrieben, ist die Kapazität der Luft, im Gasraum Wasser aufzunehmen oder abzugeben, begrenzt, sodass die relative Luftfeuchtigkeit von der Wasseraktivität des Lagerguts bestimmt wird. Sollte andersherum, wie in Beispiel 2 beschrieben, ein offenes System vorliegen, ist die Wasseraufnahmekapazität der Umgebungsluft im Verhältnis zu der Wassermenge im Lagergut deutlich größer, sodass die Wasseraktivität von der relativen Feuchtigkeit der Umgebungsluft bestimmt wird.

Für eine sichere Lagerung von Getreide wird eine Wasseraktivität von $\mathbf{a_W \leq 0{,}65}$ empfohlen, da unter diesen Bedingungen mikrobielles Wachstum, biochemische Verderbsreaktionen und die Entwicklung von Insekten stark gehemmt sind [2]. Eine sehr geringe Wasseraktivität ($a_W < 0{,}3$) kann wiederum eine Fettoxidation begünstigen, die zu ranzigen Produkten führt. Die Wasseraktivität ist allerdings auch unter konstanten Umgebungsbedingungen nicht unveränderlich. So können sich die Wasserbindungsverhältnisse durch Nachreifeprozesse der polymeren Strukturen innerhalb des Getreidekorns verändern. Zum Beispiel wird durch eine Organisation von Polymeren in Richtung kristalliner oder semikristalliner Strukturen Wasser ausgelagert, was zu einem Anstieg der Wasseraktivität führt und zum Teil als Schwitzwasser auf der Kornoberfläche sichtbar ist.

Des Weiteren besitzen unterschiedliche Lagergüter unterschiedliche Wasserbindungen, weshalb bei identischen Wassergehalten verschiedene Wasseraktivitäten auftreten. Andererseits können bei identischen Wasseraktivitäten der Lagergüter unterschiedliche Wassergehalte beobachtet werden.

Beispiel 3: Wird beispielsweise Weizen zusammen mit Hafer gelagert, die Umgebung (offenes System) besitzt eine relative Luftfeuchte von 65 % und das Getreide steht mit der Umgebung im Gleichgewicht so stellt sich im Weizen ein Wassergehalt von etwa 14,0 bis 14,5 % ein, während der Hafer bei gleicher Wasseraktivität unter identischen Bedingungen von $a_W = 0{,}65$ einen Wassergehalt von ca. 12,0 bis 12,5 % aufweist.

Beispiel 4: Werden Weizen und Hafer mit identischem Wassergehalt von beispielsweise 13,5 % eingelagert (geschlossenes System), weisen zuerst beide Partien unterschiedliche Wasseraktivitäten auf (z. B. Weizen $a_W = 0{,}6$; Hafer $a_W = 0{,}7$). Stellt sich mit der Zeit ein Gleichgewicht zwischen Weizen, Hafer und Gasraum ein, nimmt der Weizen solange Wasserdampf aus dem Gasraum auf, den der Hafer abgibt, bis beide Partien identische Wasseraktivitäten aufweisen. Im Gleichgewicht hat der Weizen daraus resultierend einen höheren Wassergehalt (ca. 14,5 %) als in der Ausgangssituation, während der Hafer einen geringeren Wassergehalt (ca. 12,5 %) aufweist.

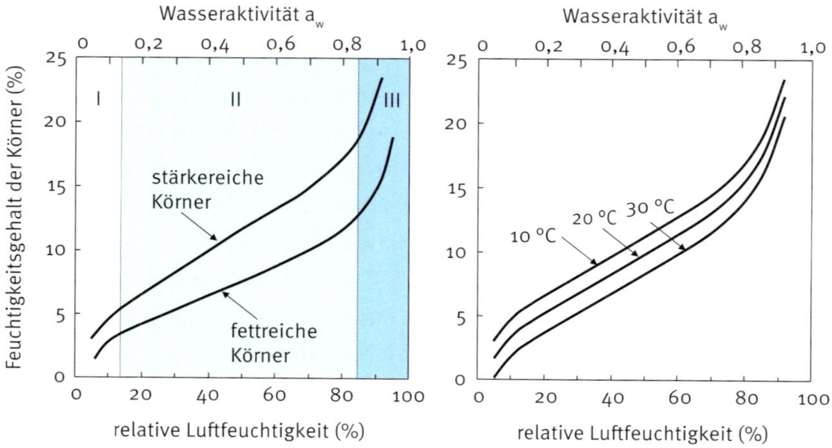

Abb. 4-13: Sorptionsisotherme für Weizen

Die Wasseraktivität (a_w) ist gleichbedeutend mit der Gleichgewichtsfeuchtigkeit einer Ware, charakterisiert durch deren spezifische Sorptionsisotherme. Die Sorptionsisotherme ist die graphische Darstellung deren Sorptionsverhaltens. Sie beschreibt die Beziehungen zwischen dem Wassergehalt der Ware und der relativen Luftfeuchtigkeit der Umgebungsluft bei einer bestimmten Temperatur. Der Verlauf einer Sorptionsisotherme ist charakteristisch für die Hygroskopizität. Hygroskopische Produkte, zu denen beispielsweise die verschiedenen Getreidearten gehören, haben einen niedrigen Wassergehalt (> 1,5 bis < 30 %). Ihnen wurde durch natürliche oder künstliche Trocknung Wasser entzogen, wodurch sich ihre Lagerfähigkeit erhöht. Sie stehen mit dem Wasserdampfgehalt der Umgebungsluft in Wechselwirkung, d. h., sie geben Wasserdampf ab oder nehmen Wasserdampf auf, bis sie mit dem Wasserdampfgehalt der Umgebungsluft im Gleichgewicht stehen. Ihre Sorptionsisothermen sind durch einen kontinuierlichen, s-förmigen Verlauf gekennzeichnet.

Durch die Temperatur wird die Fähigkeit der Luft Wasser aufzunehmen beeinflusst, ebenso die Fähigkeit des Wassers Substanzen in komplexen chemischen Strukturen, wie sie im Getreidekorn vorliegen, zu lösen. Die Wasseraktivität ist also direkt von der Temperatur abhängig. Weiterhin wird die Geschwindigkeit, in der chemische Reaktionen ablaufen, weitgehend von der vorliegenden Temperatur bestimmt. Dies bedeutet, je geringer die Lagertemperatur von Getreide ist, desto langsamer können sich Mikroorganismen und Insekten entwickeln. Auch chemische und biochemische Verderbsreaktionen laufen gehemmt ab.

Das Zusammenspiel von Temperatur und Feuchtigkeit wird auch deutlich, wenn Umgebungstemperatur und die Temperatur der Getreideschüttung unterschiedlich sind. Trifft warme Umgebungsluft auf eine kalte Getreideschüttung, kann an den Oberflächen des Getreides Wasser in Form von Luftfeuchtigkeit kondensieren. Steigt Feuchtigkeit aus einer warmen Getreideschüttung in eine kältere Umgebung auf, kann das Wasser beispielsweise an Silowänden oder der Hallendecke kondensieren. Von dort läuft oder tropft es auf das gelagerte Getreide und führt dort zu Feuchtigkeitsnestern, die dessen Sicherheit und die Qualität gefährden.

Ein weiterer Faktor, der sehr stark von der Wasseraktivität und der Temperatur abhängt, ist die Atmung des Getreides. Diese dient dem Erhaltungsstoffwechsel des Organismus und führt zu einem Masseverlust durch Stärkeabbau [3]. Auch hier sollten Wasseraktivität und Temperatur gering gehalten werden.

Aus den oben genannten Beispielen ergibt sich daher die Wichtigkeit einer trockenen Einlagerung von Getreide, bzw. je höher die Umgebungstemperatur ist, desto trockener sollte die Lagerung erfolgen. Um die Qualität des Getreides und die Lebensmittelsicherheit während der Lagerung zu erhalten, ist eine regelmäßige Kontrolle der Feuchtigkeitsverhältnisse und der Temperatur über die Kornfeuchte hinaus während der gesamten Lagerdauer obligatorisch.

4.2.2 Lagerstabile Bedingungen für Getreide

Dr. Markus Böckelmann

Der Erntezeitpunkt ergibt sich aus der Abreife des Getreides. Er bestimmt die notwendigen Konservierungsmaßnahmen und die Überleitung zur Lagerstabilität. Der Reifegrad von Getreide lässt sich mithilfe abreifetypischer Färbung des Bestands, Härte der Körner, Kornfeuchtigkeit sowie der Widerstand zum Auslösen der Körner aus der Ähre ermitteln. Der Reifegrad von Körnermais ergibt sich aus Kornausbildung, Vegetationshabitus der Pflanze, Härte der Körner, dem Feuchtegehalt und schlussendlich durch den sogenannten »black layer«, einem schwarzen Punkt am Kornfuß.

Um Lagerfähigkeit zu erzielen, sollte aus kornphysiologischen Gründen eine Grenzfeuchte von 14,5 % nicht überschritten werden, wobei bei diesem Wert zur Gesunderhaltung zusätzlich eine lagerbegleitende Belüftung erforderlich ist. Sofern eine kontinuierliche Kontrolle und Belüftungsmöglichkeit ab dem Zeitpunkt der Ernte über den anschließenden Lagerzeitraum bis zur

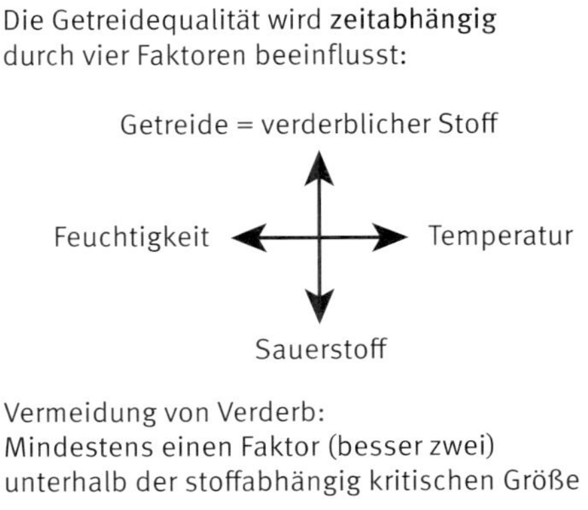

Abb. 4-14: Einflussfaktoren auf den Verderb von Getreide

Tab. 4-1: Mögliche Lagerdauer von Getreide in Abhängigkeit zur Gutsfeuchte und -temperatur (Quelle: Cosima, Bewer)

	Lagertemperaturen (°C)					
Feuchte	5	10	15	20	25	30
14	420	270	160	100	58	30
15	340	200	100	57	30	16
16	260	130	53	30	17	8
17	190	76	31	21	11	4
18	132	42	22	15	6	2

Verwendung nicht sichergestellt ist, empfiehlt sich eine Reduzierung des Feuchtegehalts etwa um einen weiteren Prozentpunkt.

Um die Getreidequalität auch nachhaltig sicherzustellen, müssen die Lagerkonditionen optimal sein. In Abhängigkeit der Lagerdauer sind hierbei die Produktfeuchte und -temperatur die entscheidenden Faktoren. Beide hängen voneinander ab und können sich in ihrer negativen Wirkung potenzieren.

Eine hohe Getreidefeuchte und -temperatur fördern Atmungsverluste, das Wachstum von Pilzen und Mikroorganismen sowie die Entwicklung von Getreideschädlingen (Abb. 4-15).

4.2.3 Möglichkeiten der Konservierung nach der Ernte

Um auf die beiden wichtigen Parameter Feuchtigkeit und Temperatur Einfluss zu nehmen, gibt es grundsätzlich vier verschiedene Verfahren, die vor oder während der Lagerung zum Einsatz kommen.

Der Reifegrad des Getreides hat einen erheblichen Einfluss auf den zur Konservierung erforderlichen Energie- und Trocknungszeitbedarf, wobei nicht nur bei unreifem Getreide höhere Warmlufttemperaturen den spezifischen Trocknungsenergiebedarf begünstigen. Daher werden heute vorzugsweise Trockner verwendet, die während der Trocknung eine Produktbewegung ermöglichen und so die Vorteile höherer Warmlufttemperaturen nutzbar machen.

Das Getreide strebt je nach Reifezustand, Korntemperatur und den umgebenden Witterungsbedingungen (Lufttemperatur und Luftfeuchtegehalt) einen Gleichgewichtszustand an (Abb. 4-16).

Für die Gesunderhaltung von Getreide ist es wichtig, dass die Eigenschaften der Belüftungsluft und deren Wirkung auf das eingelagerte Getreide in Bezug

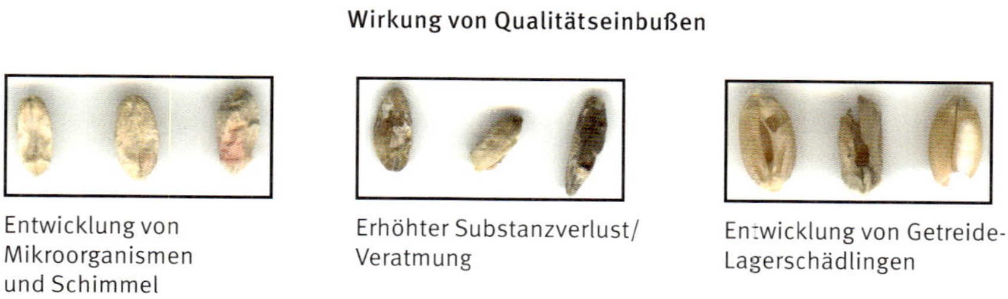

Abb. 4-15: Schädliche Wirkungen von unzureichender Konservierung

Tab. 4-2: Verfahrensdifferenzierung bei der Konservierung von Getreide

Verfahren	Prinzip	Zeitpunkt	Umsetzung
Trocknung	Entzug von Wasser	vor oder während der Lagerung	Satztrocknung Satzumlauftrocknung Silosatztrocknung Lagerbelüftungstrocknung Umlauftrocknung Durchlauftrocknung
Kühlung	Entzug von Wärme	während der Lagerung	Außenluftkühlung Kühlung mit Kältekompressor
Gasdichte Konservierung	Entzug von Sauerstoff	während der Lagerung	Luftdichte Lagerung Konventionelle Silierung Inertgaskonservierung (CCM)
Chemische Konservierung (Säurezugabe)	Abtötung von Mikroorganismen	vor der Lagerung	Säurezugabe Ammoniakzugabe Harnstoffzugabe

auf die Temperatur und relative Luftfeuchtigkeit bekannt sind. Bei langsamer Trocknung und anschließender Lagerung stellt sich die Feuchte des Produkts in ein Gleichgewicht zur Luftfeuchte der Umgebung und in Abhängigkeit zur Produkttemperatur ein, das mithilfe von produktspezifischen Sorptionsisothermen abgeschätzt werden kann (Tab. 4-3).

Wichtig ist, dass die Konservierung stets schneller erfolgt, als Verderb entstehen kann. Die Geschwindigkeit bei der Konservierung schafft Qualitätssicherheit.

Tab. 4-3: Gleichgewichtsfeuchte verschiedener Getreidearten bei 15 °C

Fruchtart	relative Luftfeuchtigkeit (%)			
	60	65	70	75
Weizen	13,2	13,9	14,6	15,9
Gerste	13,2	14,1	15,0	16,1
Hafer	12,5	13,3	14,3	15,4
Roggen	13,3	14,0	14,9	16,2

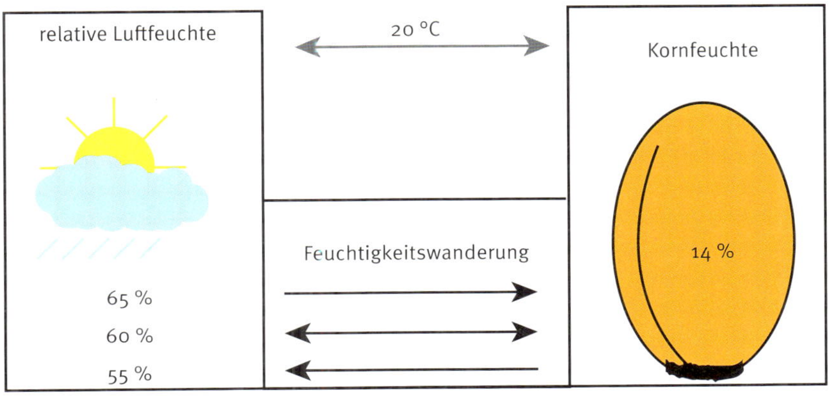

Abb. 4-16: Wirken der Gleichgewichtsfeuchte (RKL)

4.2.4 Grundlagen der Trocknung

Das Trocknen von Getreide ist ein physikalischer Vorgang, bei dem angewärmte Luft solange in der Schüttung am Einzelkorn vorbeiströmt, bis der Restwassergehalt des Produkts so gering ist, wie dieses für die anschließende Lagerung erforderlich ist. Stabile Lagerbedingungen für Getreide ergeben sich bei einer Kornfeuchte < 14 % und Korntemperatur < 15 °C.

Eine Trocknung ist immer dann erforderlich, wenn die auf dem Halm stehende Frucht vegetationsbedingt keine lagerstabile Abreife erreichen kann oder, wenn die Frucht zwar reif ist, aber die Witterungsbedingungen zum Erntezeitpunkt keine trockene Ernte zulassen. Im ersten Fall setzt sich im Trockner die biologische Abreife fort, hierzu ist ein vergleichsweise hoher Energiebedarf erforderlich, weil die Feuchtigkeit im Produkt nicht nur absorbtiv, sondern auch vegetativ gebunden ist. Im zweiten Fall ist das Erntegut reif und wäre bei entsprechender Witterung auch trocken, jedoch ist hier noch Witterungsfeuchte vorhanden, die bei Regen oder Taufeuchte leicht vom Erntegut aufgenommen und auch wieder abgegeben werden kann. In diesem Fall ist der zum Trocknen erforderliche spezifische Energiebedarf geringer.

Die Umgebungsluft hat bei 15 °C und 65 % relativer Luftfeuchte einen Eigenwassergehalt von etwa 8,5 g H_2O/m^3. Bei 100 %iger Abluftsättigung beträgt die dann gebundene Wasserkapazität 14 g H_2O/m^3. Mit mehr als 100 % ist die Luft übersättigt. Sie kann das überschüssige Wasser dann nicht mehr dampfförmig binden, sondern es liegt dann Kondensat vor. In der Praxis sind dieses dann Nebelschwaden in der Abluft des Trockners, die zu vermeiden sind.

Wenn jetzt die Umgebungsluft mit obigen Bedingungen bei der Getreidetrocknung zum Beispiel auf eine Warmlufttemperatur von 85 °C erwärmt wird, so beträgt die sich dann einstellende Luftfeuchtigkeit etwa 3 %. Das Wasseraufnahmevermögen dieser Trocknungsluft beträgt dann bei einer vernünftig möglichen Sättigungsrate im Trockner auf ca. 85 % etwa 32 g H_2O/m^3, wobei sich diese gesättigte Trocknungsabluft dann auf ca. 40 °C abkühlt. Abzüglich der Naturalbeladung von 8,5 g H_2O/m^3 ergibt sich ein effektives Wasseraufnahmevermögen je m^3 Trocknungsluft von ca. 23,5 g H_2O/m^3. Diese Darstellung ergibt sich aus dem h-x-Diagramm und ist für alle trocknungstypischen Zustände ablesbar (Abb. 4-17).

Erfolgt im Satztrockner eine Lufterwärmung von 14 °C auf 52 °C und sodann im Trockner eine 70 %ige Sättigung, lassen sich diese Verhältnisse entsprechend der Buchstaben A, B und C ablesen.

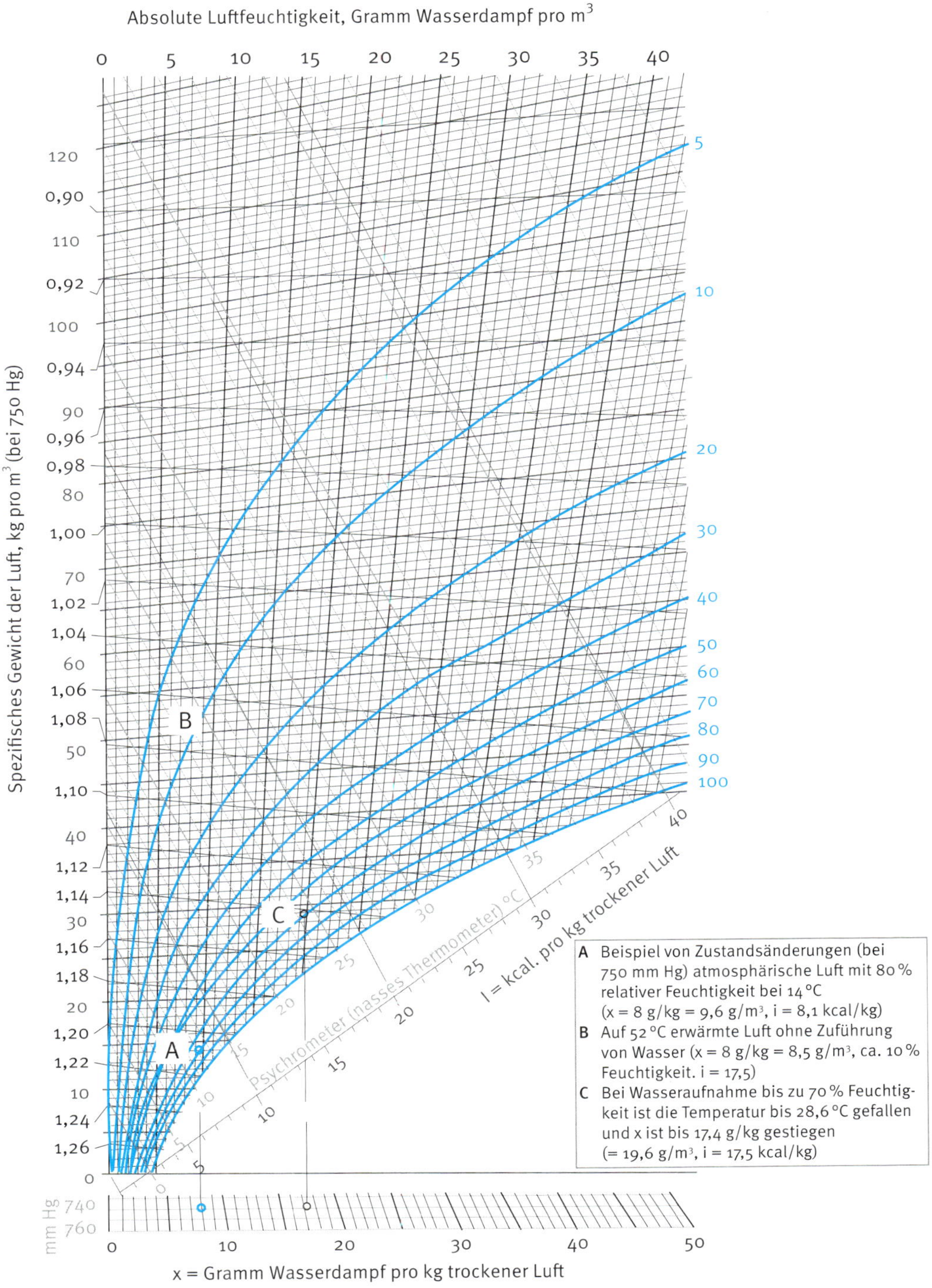

Abb. 4-17: h-x-Diagramm

Soll nun im praktischen Trocknerbetrieb eine Getreidemenge von 15 t (Nassware) pro Stunde von 19 % auf 15 % getrocknet werden, ergibt sich die zu verdunstende Wassermenge nach folgender Formel (Duval'sche Gleichung):

$$X\ kg\ H_2O = \frac{\text{Nassware} \times (\text{Eingangsfeuchte} - \text{Ausgangsfeuchte})}{(100\,\% - \text{Ausgangsfeuchte})}$$

$$X\ kg\ H_2O = \frac{15\,000\ kg\ \text{Getreide} \times (19\,\% - 15\,\%)}{(100\,\% - 15)}$$

$$X = 705{,}88\ kg$$

Um diese Wassermenge aus dem Getreide zu transportieren, ist bei obigen Bedingungen folgende Mindestluftmenge erforderlich:

$$\frac{705{,}88\ kg/h}{0{,}023g\ H_2O/m^3} = 30690\ m^3/h$$

Die Trocknungsanlage sollte jedoch mit Luftmengen- und Heizleistungsreserven ausgestattet sein, damit sie auch bei nicht optimalen Betriebsbedingungen über ausreichend Leistung verfügt. Sie muss so betrieben werden, dass das Trocknungsenergieangebot zur Wasseraufnahme leicht größer ist, als die mögliche spezifische Wasserabgabemenge aus dem Trocknungsgut. Nur so ist sichergestellt, dass die Prozessluft eine Sättigungsreserve behält und nicht im System kondensiert. Auf diese Weise wird gewährleistet, das die Trocknungsleistung gut ausgeschöpft wird und eine Versottung in Teilbereichen des Trockners vermieden wird sowie eine eventuell vorhandene Staubabscheidung nachhaltig funktionsfähig bleibt.

Ein Durchlauftrockner nimmt feuchte Ware auf und gibt an der Austragung auf einen bestimmten Feuchtegehalt heruntergetrocknete Ware ab. Ziel des Trocknerbetriebs ist es, dass Wasserabgabevermögen des Produkts möglichst gut anzupassen und auch auszuschöpfen und dieses bei einem möglichst effizienten Energieeinsatz, abzüglich verfahrenstechnisch notwendiger Sättigungsreserve.

Hierbei gilt grundsätzlich, dass die spezifischen Energieaufwendungen je Tonne Trocknungsgut bzw. je Kilogramm Wasserentzug in Abhängigkeit der Kornfeuchtigkeit umso geringer sein können, je höher die Warmlufttemperatur gewählt wird und ein hoher Sättigungsgrad der Prozessluft erreicht wird. Dieses begründet sich durch den dann im Korninnern höher aufgebauten Dampfdruck, der die Feuchtigkeitsbewegung provoziert. Daraus ergibt sich, dass sowohl Trocknerleistung als auch Wirtschaftlichkeit mit zunehmender Warmlufttemperatur steigen. Dieses gilt aber nur soweit, wie es der Wasserabgabegeschwindigkeit des Produkts entspricht oder andere Prioritäten wie zum Beispiel eine Verwendung als Saatgut oder Brotgetreide begrenzte Produkttemperaturen – und damit verbunden begrenzte Warmlufttemperaturen – bedingen. Im praktischen Einsatz bedeutet dies, dass bei der Trocknung von Brotgetreide, Braugetreide oder Saatgetreide im Durchlaufprinzip eine Leistungsreduzierung von etwa 40 bis 60 % zustande kommt. Kriterien hierbei sind immer die Produkttemperatur und die Einwirkdauer. Die Warmlufttemperatur als solches ist im Grunde nicht das entscheidende Kriterium, wohl aber im Ergebnis welche Korntemperatur sich daraufhin einstellt.

In der Regel beträgt bei einem Durchlauftrockner die tatsächliche Korntemperatur gegen Ende des Trocknungsdurchlaufs etwa 50 % der dortigen Warmlufttemperatur. Die durchschnittliche mögliche Feuchtigkeitsabgabe im Durchlauftrockner liegt bei der Getreide- und Körnermaistrocknung bei etwa 3 bis 4 % pro Stunde. Je feuchter die Eingangsware ist, desto größer der mögliche Feuchteentzug, je näher die Zielfeuchtigkeit von beispielsweise 14,5 % erreicht ist, desto geringer der stündliche Wasserentzug. Körnermais mit einer Eingangsfeuchte von mehr als 30 % gibt anfangs etwa 4 bis 6 % Feuchtigkeit pro Stunde ab, fast trockene Ware mit ungefähr 16 % lediglich etwa 1 bis 3 % pro Stunde. Daraus ergibt sich insgesamt eine notwendige Mindestverweildauer des Trocknungsguts im aktiven Trocknungsbereich der Anlage, um den Wasserentzug überhaupt umzusetzen. Diese Verhältnisse sind bei Getreide und vergleichbaren Warmlufttemperaturen ähnlich. Das Wasserabgabevermögen lässt sich am besten ausschöpfen, wenn das Trocknungsgut regelmäßig in Bewegung ist. Je gleichmäßiger lässt sich dann auch der Trocknungsverlauf steuern.

Das Einfahren eines Durchlauftrockners erfordert meistens eine Produktmenge, die mindestens der vier- bis sechsfachen Trocknungsleistung entspricht, bei einer Dauer von 6 bis 10 Stunden. Das Einfahren wird erleichtert, wenn der Trockner zunächst im Umlaufbetrieb angefahren wird. Je länger die Anlage ohne Produktwechsel betrieben werden kann, desto günstiger ist der Betrieb. Soll der Betrieb eines Durchlauftrockners unterbrochen werden, so ist dieses möglich, indem bei stehender Austragung die Anlage ohne zugeschalteten Warmlufterzeuger für etwa eine halbe Stunde belüftet wird und vor dem erneuten Starten der Austragung der Trockner bzw. das Trocknungsgut für etwa dieselbe Zeit mit eingeschaltetem Warmlufterzeuger wieder angewärmt wird, wobei die Warmlufttemperatur auf etwa zwei Drittel der Zieltemperatur zu begrenzen ist.

Bei mehrtägigen Unterbrechungen des Durchlaufprinzips soll das Trocknungsgut täglich belüftet werden, um Schwitzwasser und Kondensat abzuführen. Bei zum Backen neigenden Produkten ist auch ein kurzzeitiger Betrieb der Austragung sinnvoll, um einem Setzen des feuchten Guts vorzubeugen.

Das regelmäßige Dokumentieren der Trocknereinstellungen (Warmlufttemperatur, Luftmenge, Klappenstellungen usw.) und der Austragergebnisse (Produktfeuchtigkeit, Temperatur, Austragmenge usw.) erleichtert das sichere Betreiben der Anlage und dokumentiert die Produktqualität (Tab. 4-4).

In Abhängigkeit von der Sorte, der Abreife, den Vegetations- und Witterungsbedingungen (Standortfaktoren), der Kornform und -ausbildung ergibt sich ein um bis zu 25 % voneinander abweichender, spezifischer Trocknungsenergiebedarf.

Wenn aus Gründen der Produktqualität das Einstellen einer bestimmten, begrenzten Trocknungsgeschwindigkeit erforderlich ist und von daher eine Maximierung der Trocknungsgeschwindigkeit nicht infrage kommt, ist das Beherrschen der Verfahrenstechnik unter Berücksichtigung der Trocknungswilligkeit des Produkts erforderlich. Die Trocknungswilligkeit von Getreide umschreibt, wie gut dieses in der Lage ist, seine ihm anhaftende und be-

Tab. 4-4: Übersicht Einflussparameter auf den spezifischen Trocknungsenergiebedarf

Technisches Merkmal	Verringert den Trocknungsenergiebedarf um:
Trocknerisolierung (Reduzierung der Strahlungsverluste)	ca. 8 % (Getreide) bis zu 20 % (Körnermais)
Automatische Endfeuchteregelung	ca. 3 bis 10 %
Homogene Eingangsfeuchte bereitstellen, bzw. durch Produktvermengung im Trockner erreicht	ca. 5 bis 15 %
Leistungsorientiert günstig aufeinander abgestimmte Einzelkomponenten der Trocknungsanlage von Warmlufterzeuger, Trocknersäule, Gebläse, Staubabscheidung, Steuerung und Fördertechnik	ca. 5 bis 30 %
Konstruktiv günstig aufeinander abgestimmte Aggregate der Trocknungsanlage (Warmlufterzeuger, Trocknersäule, Ventilator, Staubabscheidung)	bis zu 15 %
Trocknungsanlage günstig in die Getreide-Infrastruktur des Einzelbetriebs eingebunden	bis zu 8 %
Korrekte Messposition der Trocknerregelgrößen (Warmlufttemperatur, Austragtemperatur- bzw. Austragfeuchte)	bis zu 20 %
Angepasste Prozessführung im Trockner (z. B. variable (modulierende) Warmlufttemperaturbereitstellung, Umlaufgeschwindigkeit, Verweildauer, frequenzgesteuerte Gebläse, Prozessluftführung)	ca. 5 bis 20 %
Vorreinigung vor dem Trockner (Windsichter)	ca. 3 bis 5 %
Siebreinigung vor dem Trocknungsprozess	ca. 5 bis 8 %
Indirekt betriebener Warmlufterzeuger	ca. + 4 % (!) bis +16 %

einhaltende Feuchtigkeit bis zu einem Zielfeuchtegehalt abzugeben, unter der Maßgabe einer möglichst optimalen Trocknerkonfiguration.

Konvektionstrockner erfordern eine aufeinander abgestimmte Prozessluftmenge, Heizleistung und Verweildauer des Trocknungsguts. Der Trocknungsverlauf ist bei kapillar-porösen Stoffen (Abb. 4-19) durch drei Abschnitte charakterisiert. Im ersten Abschnitt wird die Oberfläche des Guts getrocknet bis zum ersten Knickpunkt (t_{kn1}). Er ist gekennzeichnet durch eine konstante Trocknungsgeschwindigkeit. Im zweiten und dritten Abschnitt wird kapillar und osmotisch gebundenes Wasser abgeführt. Die Trocknungsfront dringt in das Gut ein, bis schließlich das hygroskopische Gleichgewicht erreicht wird. Dabei verlängern sich die Diffusionswege bei gleichzeitig steigendem Widerstand für den Wärmeeintrag. Dies führt zu einer stetig sinkenden Trocknungsgeschwindigkeit mit einem weiteren Knickpunkt (t_{kn2}), der sich durch den Anstieg der Bindungskräfte bei niedrigeren Feuchtegraden erklären lässt.

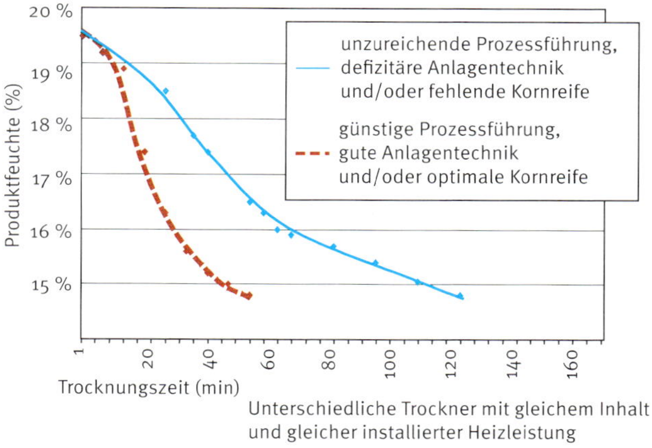

Abb. 4-18: Vergleich unterschiedlicher Trocknungszeiten (Konsumweizen)

Der spezifische Trocknungsenergiebedarf nimmt mit schwindender bzw. geringer Produktanfangsfeuchte zu, insbesondere dann, wenn die vorhandene Kornfeuchtigkeit nicht durch Tau oder leichten Niederschlag, sondern als gebundene Feuchtigkeit vorliegt.

Zwischen leistungsmaximierter und energieeinsatzoptimierter Getreidetrocknung besteht ein Zielkonflikt, wobei sich zur Wahrung hoher Produktqualität letzteres besser kombiniert. Standortspezifische, sorten- und vegetationsbedingte Faktoren beeinflussen in Abhängigkeit von der Reife – und der damit verbundenen Form der Wasserbindungen – bei Körnermais oder Getreide den

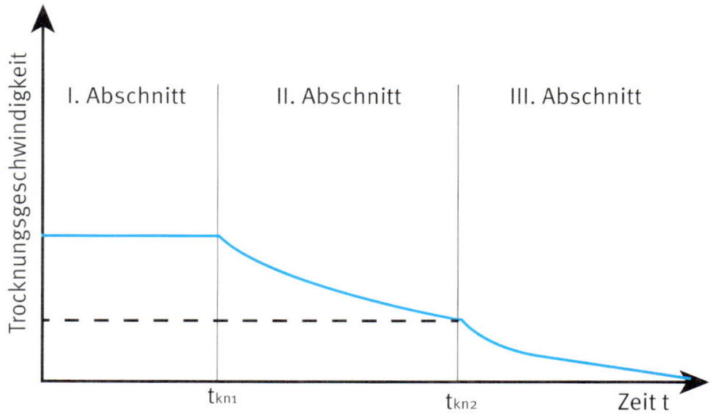

Abb. 4-19: Trocknungsverlauf eines kapillar-porösen Guts mit hygroskopischem Bereich (nach Krischer & Kast)

jeweiligen Trocknungsenergiebedarf. An der erforderlichen Trocknungszeit zeigt sich, wie gut das Wasserabgabevermögen des Trocknungsguts durch die Anlage auch ausgeschöpft werden kann.

4.2.5 Anlagentechnik und Trocknerbauarten

Die zur Steuerung eines Trockners typischerweise installierten Prozessfühler ermöglichen einen Betrieb zum Erreichen eines bestimmten Endfeuchtegrads. Es sind auch Sensoren möglich, die direkt die Produktfeuchte erfassen und danach die Anlage regeln, um optimale Endfeuchtegehalte zu erzielen. Bezugsgröße zum Energiebedarf (kWh) ist der Wasserentzug in Kilogramm (kg).

Der zur Trocknung erforderliche Wasserentzug errechnet sich nach der Duval'schen Gleichung wie folgt:

$$\frac{m_{H_2O} = m_{Nassmais} \times \{(F_A - F_E)}{(100\,\% - F_E)\}}$$

F_A = Anfangsfeuchtegehalt in %
F_E = Endfeuchtegehalt in %
m_{H_2O} = Masse des entzogenen Wassers
$m_{Nassmais}$ = Masse des zu trocknenden Gutes

Tab. 4-5: Anhaltswerte zur Auslegung der Warmlufttrockner

Durchsatzleistung t/h	Wasserentzug kg/h	Erf. Nettoheizleistung kW Durchlauftr.	Erf. Nettoheizleistung kW Satztrockner	El. Anschlusswert kW
Getreide von 18 auf 14 % Feuchtegehalt (1,25 kWh/kg Wasserverdunstung)				
5	233	292	450	8–22
10	466	583	920	15–55
20	932	1 165	–	35–80
30	1 398	1 748	–	50–110
50	2 330	2 920	–	75–130
Körnermais von 35 % auf 14 % Feuchtegehalt (1,15 kWh/kg Wasserverdunstung)				
2	488	560	740	28–45
5	1 220	1 400	1 850	30–85
10	2 440	2 800	–	50–150
20	4 880	5 610	–	75–200

Tab. 4-6: Vergleich der Trocknungsverfahren

Einheit	Satztrocknung	Umlauftrocknung	Durchlauftrocknung	Lagerbelüftungstrocknung
Betriebsweise	absätzig	mehrfach, umschichtig	kontinuierlich	absätzig, gleichzeitg Lagerraum
Bauart	mobil oder stationär	mobil oder stationär	mobil, überwiegend stationär	stationär
Fassungsvermögen t	3–25	3–75	5–200	100–5 000
Luftanwärmung °C	10–40	30–100	30–125	0–8
Trocknungsdauer h	2–10	1–8	1–6	80–240
Nachteile, Gefahren	Feuchtenester möglich, ungleiche Trocknung, geringe Leistung	Staubentwicklung, teurer als Satzverfahren, teilw. Bruchkorngefahr	teuer, Puffersilo und eher gleichmäßige Eingangsfeuchte nötig	gut abgereiftes, vorgereinigtes Getreide notwendig, Hygienekontrolle
Vorteile	kostengünstig, Eigenbau möglich	gut bei schwankender Eingangsfeuchte, Körnermais bis 500 ha	hohe Leistung, gut automatisierbar, energetisch günstig	arbeitswirtschaftlich günstig, teilw. Altgebäudenutzung möglich, gute Energieeffizienz
Anschaffungspreis In 1 000 €	20–38	38–65	15–120	15–150
Fixkosten €/a	1 500–3 000	2 500–4 000	1 000–10 000	1 200–12 000

Dächerschachttrockner

Der Dächerschachttrockner ist mit einer Verbreitung von etwa 90 % die bei weitem gängigste Trocknerbauart. Er besteht aus Beschickung, Vorrats- und Trocknungszone, auch zur Trocknung oder Wärmerückgewinnung nutzbarer Kühlzonen sowie Austragsystem mit Trichter und Unterbau. Die Trocknungszonen und Kühlzonen werden im Querstrom mit Trocknungsluft versetzt. Die Prozessluft der Trocknungszonen wird beheizt. Warmlufterzeuger und Trocknungsluftgebläse sind in der Regel beidseitig der Trocknersäule positioniert. Das Austragsystem gewährleistet ein gleichmäßiges Absinken und einen kontinuierlichen Gutnachlauf im Trockner. Dächerschachtdurchlauftrockner sind modulartig aufgebaut. Durch unterschiedliche Baugrößen der Trocknersäule sowie der installierten Heizleistung und Prozessluftmenge wird die Trocknerleistung bestimmt.

Feuchtes Gut wird bei kontinuierlicher Bewegung in einem Durchgang bis zu einem bestimmten Zielfeuchtegrad getrocknet. Hierbei bestimmt die

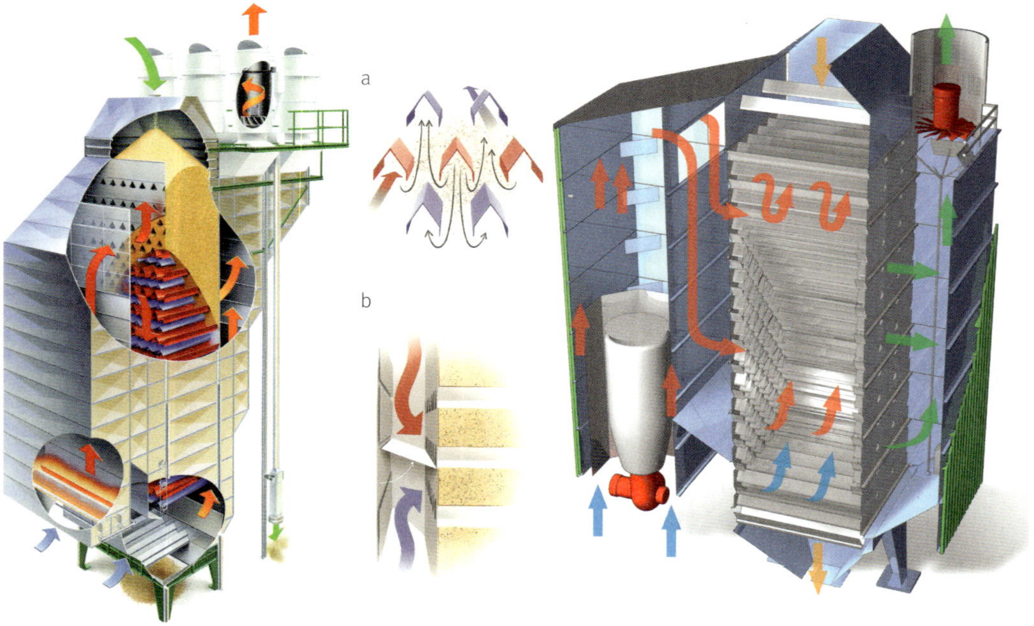

Abb. 4-20: Schemen eines Getreidetrockners (Durchlauftrockner, Bauart Cimbria, links, Bauart Law Denis, rechts)
Das Trocknungsprodukt durchläuft den Trockner von oben nach unten. Der senkrechte Produktschacht ist von waagerecht angeordneten Warm- und Abluftkanälen (Dächer) durchzogen, die nach unten auf der gesamten Länge offen sind (a). Die vom Brenner indirekt erwärmte Luft (Konvektion) strömt in den Schacht ein und durchfließt das Produkt. Das Produkt erwärmt sich, gibt seine Feuchtigkeit an die zugeführte Luft ab und trocknet. Die Warmluft feuchtet sich bis zur Sättigung und kühlt ab. Die feuchte Luft entweicht durch die benachbarten Abluftdächer und wird mit dem Gebläse aus dem Trockner gesaugt. Die Trennung der Trocknungs- und Kühlzone lässt sich mittels Klappen (b) variabel an die Trocknungsbedingungen anpassen.

Baugröße des Trockners die mögliche Leistung und den möglichen Wasserentzug. Die dachförmigen Einbauten sind in unterschiedlichen Ebenen angeordnet und wechselseitig geöffnet oder geschlossen, wobei jedes Trocknungsdach auf der Unterseite geöffnet ist. Auf diese Weise vergrößert sich die Wirkoberfläche der Trocknungsluft bei geringem Durchströmungswiderstand. Der Prozessluftaustausch mit Wärmeabgabe ans Trocknungsgut und Feuchteaufnahme an die Trocknungsluft wird so erleichtert. In der Regel wird die Trocknungsluft durch den Trockner gesaugt. Neben Axialgebläsen werden überwiegend Radialgebläse zur Prozesslufterzeugung eingesetzt. Durchlauftrockner sind für alle Getreidearten geeignet. Meistens wird Heizöl oder Gas zur Warmlufterzeugung eingesetzt.

Die Anlagensteuerung ist weitgehend automatisiert mit drei Regelkreisen. Die Durchsatzmenge bestimmt sich über die Arbeitszeit der Austragung. Diese richtet sich nach Vergleichsgrößen der Korntemperatur, der Ablufttemperatur oder der Produktfeuchte, die zur Ansteuerung der Austragung kontinuierlich erfasst werden. Die direkte Produktfeuchtemessung ist eine inzwischen etablierte Messgröße. Einfachere Systeme mit geringem Parametrieraufwand verwenden hierzu die Korntemperatur, wobei mit mehreren Fühlern die Regelgenauigkeit zunimmt. Die Nachbefüllung des in Betrieb befindlichen Trockners wird in den Vorratszellen über Voll- und Leermelder automatisch nachgeführt. Die Warmlufttemperatur ist die dritte unabhängige Messgröße. Sie wird durch den Betreiber eingestellt. Verbreitet ist nach wie vor eine stufige Brennersteuerung. Moderne Trockner sind mit modulierend arbeitenden Warmlufterzeugern ausgestattet. Sie bewirken eine homogene Warmlufttemperatur und begünstigen so gleichmäßige Austragsfeuchten. Unterschiedliche Temperaturzonen ermöglichen eine weitgehende Anpassung der Prozessluftbedingungen an die Anforderungen des Trocknungsguts, wodurch der spezifische Energieeinsatz reduziert wird.

Hinreichend große Dächerschachtdurchlauftrockner ermöglichen auch eine Trocknung von Körnermais von 35 auf 14 % in einem Durchlauf. Je kleiner der Trockner ist, desto geringer der prozentuale Feuchteentzug je Durchgang, um die Bewegungsgeschwindigkeit im Trockner nicht zu weit abzusenken. Ein Quasi-Produktstillstand, wie beim Satztrockner, führt notwendigerweise zur Reduzierung der zulässigen Warmlufttemperatur und damit zum überproportionalen Absinken der Trocknerleistung. Dächerschachtdurchlauftrockner bestehen aus verzinktem oder Aluminiumblech.

Dächerschachttrockner lassen sich auch als Umlauftrockner betreiben. Das Trocknungsgut wird hierbei mehrfach nach Verlassen aus dem Austragtrichter wieder zum Trocknereinlauf befördert und erneut betrocknet. Hierbei wird die gesamte Trocknungszone auch als solche genutzt. Ein Rückkühlen der getrockneten Ware wirkt auf den gesamten Trocknerinhalt durch Abschalten des Warmlufterzeugers. Als Regelgröße zur Trocknersteuerung hat sich aufgrund der guten Durchschnittsbildung die Ablufttemperatur bewährt. Dächerschachtumlauftrockner eignen sich gut für Anforderungen mit wechselnden Produkten oder kleineren, inhomogen Partien.

Dächerschachttrockner können darüber hinaus als Satztrockner betrieben werden. Hierbei kann auf eine Austragung verzichtet werden, wobei der Sammeltrichter auch mit Belüftungsdächern ausgestattet wird. Satztrockner werden bei einfachem Aufbau auch im Druckverfahren betrieben. Warmlufterzeuger und Gebläse sind gekoppelt und drücken die Warmluft durch das System, wobei die Abluft aus den Abluftdächern entweder ins Freie entweicht oder über eine Ablufthaube und entsprechende Rohrleitung ins Freie geführt wird. Umlauf- oder Durchlauftrockner arbeiten vorteilhafter im Saugverfahren. Bei fehlender Produktbewegung sind die zulässigen Warmlufttemperaturen begrenzt, folglich reduziert sich auch die Leistung. Ein eventuelles Schrumpfen des Trocknungsguts wird durch die Pufferzone ausgeglichen. Der notwendige Aufwand für Fördertechnik ist gering, allerdings sollte ein Umlauf technisch möglich sein, um durch Produktbewegung eine Homogenisierung zu begünstigen. Die Einsatzbedingungen des Satztrockners sind bei geringer Leistung die gleichen wie beim Dächerschachtdurchlauftrockner, allerdings ist dieses System zur Trocknung von Körnermais nur bedingt geeignet.

Bis auf die Steuerung der Warmlufttemperatur sind keine weiteren Regelkreise vorhanden. Eine Einbindung zur Nutzung von Abwärme von Biogasanlagen ist gut möglich. Die zulässigen Warmlufttemperaturen von 65 °C können mit Konvektoren gut erreicht werden.

Bandtrockner

Bandtrockner sind auch für schlecht rieselfähige Trocknungsgüter geeignet. Sie werden als Einband- oder Mehrbandtrockner gebaut. Die Trocknungsluft wird im Gleichstrom, im Gegenstrom, im Querstrom oder im Kreuzstrom an das Trocknungsgut geführt.

In der Lebensmittelindustrie sind sie sehr weit verbreitet, für landwirtschaftliche Trocknungsgüter werden sie weniger eingesetzt. Sie lassen sich dauerbetriebsfest ausführen. Die Wirkbreiten des Trockenbands variieren zwischen 0,3 bis ca. 2 m bei 5 bis 50 m Prozessförderlänge bei einer Produkthöhe auf dem Fördergurt von 0,05 bis 0,20 m.

Die Mehrzahl der Bandtrocknungsanlagen werden als Durchström-Förderbandtrockner gebaut, dass heißt, die Trocknungsluft wird durch ein

Abb. 4-21: Bandtrockner (Bauart Riela)

perforiertes Band gedrückt oder gesaugt und hiernach oder vorher durch das Produkt.

Der mögliche Wasserentzug wird durch die Trocknungsfläche, dass heißt, durch die der Trocknung dienenden Förderbandfläche bestimmt. Das Trocknungsgut wird bei Mehrbandtrocknern auf das obere Band aufgegeben und wird dann auf darunter befindliche Bänder übergeben. Über den Förderbändern lassen sich Misch- und Verteilwerkzeuge befestigen, die eine Produktdurchmischung und ein Homogenisieren der Trockenguthöhe bewirken. Durch unterschiedliche Bandgeschwindigkeiten lässt sich die Trocknungsgutstärke beeinflussen.

Schubwendetrockner

Schubwendetrockner sind Flachbetttrockner, die im Satzdurchlaufverfahren betrieben werden. Das Trockengut liegt mit einer Schichtstärke von etwa 10 bis 30 cm auf einem planen Zwischenboden aus Lochblech auf. Unterhalb des Lochblechbodens ist der Zuluftbereich. Von hieraus wird im vorderen Bereich die Warmluft und im hinteren Bereich die Rückkühlluft von unten zunächst durch das Lochblech und dann durch das Trocknungsgut gedrückt oder gesaugt. Zum Transport, Verteilen und gleichzeitigen Durchmischen des Trocknungsguts wird ein motorisch angetriebener Schub-Wendewagen über die Trocknungsfläche geführt. Schubwendetrockner werden mit einer Wirkbreite von 1 m bis 3 m und einer Wirklänge von 5 m bis ca. 25 m gebaut.

Abb. 4-22: Schubwendetrockner (Bauart Riela)

Schubwendetrockner sind für alle Getreidearten und rieselfähige Trocknungsprodukte geeignet. Eingeschränkte Eignung besteht bei Trocknungsgütern mit einer inhomogenen Produktstruktur in Bezug auf Fließverhalten, Stückgröße und Feuchteverteilung.

Wagentrockner/Containertrockner

Wagentrockner und Containertrockner sind gleichartig aufgebaut. Sie bestehen aus den drei Baugruppen Warmlufterzeuger mit Radialgebläse, Rohrleitung vom Warmlufterzeuger zu den Anschlussstellen der Trocknungswagen sowie Anhänger/Container mit Trocknungseinsatz.

Die Bauweise der Warmlufterzeuger mit dem gekoppelten Radialgebläse ist mit Satztrocknern oder mobilen Umlauftrocknern vergleichbar. Die Rohrleitungen zur Verbindung der Einheiten bestehen in der Regel aus Formrohrstücken mit 0,5 m, 1 m oder 2 m Rohrleitungslänge sowie 90° Bögen, T-Stücken und Absperrklappen, sodass eine gute individuelle Anpassung an die örtlichen Gegebenheiten möglich ist.

Wagentrockner oder Containertrockner arbeiten als Ruheschichttrockner. Die Warmlufttemperatur ist bei der Getreide- und Körnermaistrocknung daher auf etwa 50 bis 65 °C beschränkt. Die Trocknungsluft wird von unten nach oben durch das Trocknungsgut gedrückt. Eine leicht ungleichmäßige Trocknung von unten nach oben ist unvermeidbar, daher sollte die Schichthöhe des Getreides nicht mehr als etwa 1,20 bis 1,40 m betragen und bei Körnermais aufgrund des hohen Feuchtegehalts nicht mehr als etwa 1 m.

Abb. 4-23: Containertrockner mit Radialgebläse und Warmwasserkonvektor

Silosatztrockner

Der Silosatztrockner besteht aus einem Rundsilo aus verzinktem Wellblech mit Abdeckung (Außenaufstellung). Der Siebboden ist vollständig perforiert. An einer im oberen Bereich des Silos befindlichen Tragekonstruktion sind mehrere vertikale Mischschnecken angebaut. Diese sind um den Mittelpunkt drehbar sowie in Teilen axial versetzbar angeordnet. Der Silosatztrockner wird wie ein zentrisches Silo befüllt und entleert. In den Belüftungsboden wird von außen Trocknungsluft eingeblasen, die mit einer vorgebauten Einheit aus Warmlufterzeuger und Radialgebläse erwärmt wird.

Der Trockner arbeitet wie eine Behältertrocknung, wobei die Trocknungsluft von unten nach oben durch das Trocknungsgut gedrückt wird. Die vertikalen Mischschnecken rotieren während des Trocknens und fördern mit ihrem Gewinde kontinuierlich Getreide nach oben. Hierbei bewegen sie sich zusätzlich um den Silomittelpunkt und axial, sodass jeder Bereich der Produktschüttung während der Trocknungsdauer erreicht wird. Hierdurch verläuft die Trocknung gleichmäßig, wandernde Trocknungshorizonte werden vermieden.

Die typische Warmlufttemperatur des Silosatztrockners beträgt etwa 65 °C. Zur Körnermaistrocknung ist ein Silosatztrockner nur bedingt geeignet (Startfeuchte < 25 %).

Lagerbelüftungstrocknung

Die Lagerbelüftungstrocknung besteht aus einem Flachlager mit einer Lagerkapazität von bis zu 3 000 t. Der Boden dieser Lagerhalle ist gegen aufsteigende

Feuchtigkeit isoliert. Zur Gesunderhaltung des Getreides durch Belüftung und eventuell zuvor erforderliche Trocknung sind entweder in den Boden eingelassene, überfahrbare Belüftungskanäle integriert (Unterflurkanäle) oder es werden mit fortschreitender Einlagerung halbmondförmige Belüftungskanäle (Oberflurkanäle) verlegt. Die mögliche Lagerhöhe beträgt etwa 3 bis 5 m. Der Kanalabstand beläuft sich in der Regel auf 1 m. Durch diese Kanäle wird die Trocknungsluft von unten in das Trocknungsgut geblasen. Bei dem System steht primär die Lagerung im Vordergrund, mit der ergänzenden Option einer möglichen Trocknung. Die Prozessluftbereitstellung erfolgt über ein Radialgebläse, welches bei den hohen Leistungen von in der Regel mehr als 40 kW häufig mit einem Dieselmotor angetrieben wird. Die Abwärme des Verbrennungsmotors wird zugleich zur Luftanwärmung verwendet. Die Befüllung des Getreidelagers mit Trocknungsmöglichkeit erfolgt in vielen Fällen durch eine im Dachbereich fest installierte Fördertechnik, wobei Schnecken, Förderbänder oder Trogkettenförderer eine vollständige Hallenlängs- und Querbeschickung ermöglichen. Die Entleerung erfolgt durch mobile Fördertechnik (Teleskoplader usw.). Kleinere Systeme werden mit mobilen Förderbändern, Bandschleudern oder Teleskopladern befüllt. Der bauliche Aufwand ist gering, erfordert aber eine verständnisvolle Betriebsweise.

Das System zielt darauf ab, die Trocknung unter Bereitstellung von Luftkonditionen zu betreiben, die der Gleichgewichtsfeuchte im lagerfähigen Zustand entsprechen (Sorptionsisotherme).

Abb. 4-24: Silosatztrockner, Ansicht von oben, Dach mit Ablufthauben

Abb. 4-25: Silosatztrockner, Ansicht in den doppelten Belüftungsboden

4.2.6 Belüftung von Getreide

Unabhängig davon, welches Lagersystem eingesetzt wird, ist für eine beständige Gesunderhaltung und stabile Lagerfähigkeit bis zur Verarbeitung eine ausreichende Belüftungsmöglichkeit des Getreides von großer Bedeutung.

In der Regel wird das eingelagerte Getreide von unten nach oben belüftet. Zu diesem Zweck werden auf dem Hallenboden oder im Silotrichter Belüftungseinrichtungen installiert. Zu den einzelnen Systemen bieten sich die in Tabelle 4-7 aufgeführten Möglichkeiten an.

Für eine ausreichende Belüftung sind folgende Voraussetzungen wichtig:

- Die Belüftung muss gleichmäßig erfolgen, es dürfen sich keine Nester bilden, die nicht ausreichend belüftet werden können. Der Abstand der Belüftungskanäle sollte bei Flachlägern nicht größer sein als die Befüllhöhe und 5 m nicht überschreiten. Soll im Lager auch getrocknet werden können (Lagerbelüftungstrocknung), darf der Kanalabstand 1–1,5 m nicht überschreiten.
- Das Getreide muss an der Oberfläche gleichmäßig plan eingelagert werden, ohne Bildung von großen Schüttkegeln.

Tab. 4-7: Belüftungstechniken verschiedener Lagersysteme

	Lagervariante	Belüftungsmöglichkeiten
a)	Getreide lose auf Zwischenböden gelagert	Perforierte Halbmondkanäle (Panzertopkanal) oder Trapezkanal
b)	Rundsilo außen ohne Trichter, mit Fegeschneckenentleerung	Unterflurbelüftung durch in den Boden einbetonierte oder gemauerte Kanäle mit Lochabdeckung. Kreuz- oder H-förmig angelegt, um gleichmäßige Belüftung zu ermöglichen.
c)	Rundsilo außen mit Trichter, oberirdisch	Belüftung durch im Trichter ringförmig angeordnete Belüftungsstutzen fest eingebaute Belüftungskegel.
d)	Rundsilo innen, ohne Trichter oder mit in den Boden eingelassenen Trichter	Perforierte Halbmondkanäle (Panzertopkanal). Diese können flach aufliegend oder über dem Trichterbereich in einen Winkelrahmen eingesetzt werden.
e)	Viereckzelle mit Trichter, Ausführung aus Holz oder Metall	• in den Trichter fest eingebaute, unten offene Belüftungsdächer • in den Trichter eingebaute Belüftungsstutzen je nach Größe all- oder zweiseitig
f)	Viereckzellen ohne Trichter	Wellblechkanal, Trapezkanal Schuppenblech zwischen Bodendächern, geeignet zum Belüften und für eine Fließbodenentleerung
g)	Flachlager befahrbar	• Manuell entnehmbare perforierte Wellblechkanäle, Trapezkanäle • Mit Lader entnehmbare gekantete oder geschweißte Dachreiter, unten geöffnet. Die Luft strömt unten seitlich aus. Fest installierte, überfahrbare Unterflurbelüftung mit einbetonierten Luftkanälen und Lochabdeckung

Abb. 4-26: Lagerbelüftungstrocknung im Flachlager mit variablen Oberflur-Belüftungskanälen

- Die Temperatur der einzublasenden Luft muss mehr als etwa 5 K (°C) kälter sein als die Korntemperatur.
- Die Luftfeuchtigkeit muss kleiner sein, als es der erforderlichen Gleichgewichtsfeuchte entspricht, also in der Regel kleiner als 65–70 % rel. Luftfeuchtigkeit (s. hierzu produktspezifische Sorptionsisotherme).
- Die Luftgeschwindigkeit im Hauptluftkanal sollte nicht größer sein als 10 bis 14 m/s.
- Die Luftgeschwindigkeit im Belüftungskanal sollte kleiner sein als 5–8 m/s.
- Die Luftgeschwindigkeit im Getreidestapel sollte ungefähr 0,05–0,2 m/s betragen.
- Der Luftwiderstand des Getreidestapels und der Eigenwiderstand der Anlage müssen bei der Gebläseauswahl berücksichtigt werden. Der Eigenwiderstand der Anlage sollte 40 mm WS nicht überschreiten. Je Meter Schütthöhe sind 20 bis 40 mm WS Luftwiderstand einzurechnen.
- Die Eigenerwärmung der Kühlluft durch das Radialgebläse aufgrund der Luftverdichtung sollte nicht mehr als 1–2 °C betragen, sonst ist das Belüftungsgebläse für den Einsatzfall nicht geeignet.

Tab. 4-8: Feuchtigkeitsgleichgewichte verschiedener Getreidearten (Sorptionsverhalten)

Fruchtart	relative Luftfeuchtigkeit (%)			
	60	65	70	75
Weizen	13,2	13,9	14,6	15,9
Gerste	13,2	14,1	15,0	16,1
Hafer	12,5	13,3	14,3	15,4
Roggen	13,3	14,0	14,9	16,2
Raps, Rübsen	7,4	8,0	8,8	10,2
Ackerbohnen	12,5	13,5	14,7	16,5
Erbsen	12,0	13,0	14,0	15,5
Sonnenblumen	8,1	9,5	10,2	11,8
Leinsamen	8,0	8,6	9,3	11,0
Hirse	12,5	13,5	14,8	16,0
Weidelgras	11,9	12,8	14,0	15,3
Mais	13,2	13,9	14,6	15,9

In der Praxis haben sich zur Belüftung von Getreide folgende Methoden zur Trocknung bzw. zur Gesunderhaltung nach der Einlagerung und Luftmengen bewährt:

Für eine Belüftung kommen vorzugsweise spezielle Radialbelüftungsgebläse zum Ein-

Tab. 4-9: Getreide-Belüftungsverfahren

Verfahren	Ziel	Luftrate (m$_3$/m$_3$/h)	max. Kornfeuchte (%)	max. Lagerhöhe (m)	max. Kanalabstand (m)
Minimalbelüftung	Wärmeabführung	5–7	< 18	6–8	2
Kompressorkühlung	Kühlung	10–15	< 22	15–20	4
Kühlung mit Außenluft	Kühlung	15–20	< 18	10	3
Rückkühlung nach Trocknung	Kühlung + Trocknung	20–25	< 16	10	3
Lager-Belüftungs-Trocknung	Trocknung	70–75 30–40 20	< 20 < 18 < 16	4 5 6	1,2 1,5 2,0
Behälterbelüftung	Trocknung	300–400	< 22	1,5	0
Reife-Wärme-Methode (GFK)	Trocknung	10–20	ca. 20	8	4
natürliche Thermik (xT = 10 °C	Wärmeabführung	2–3	< 16	–	–

satz. Laufruhe, ein hoher Wirkungsgrad und ein hohes Druckaufbauvermögen von 100 bis 400 mm WS kennzeichnen ihren Betrieb.

Das Leistungsvermögen eines Gebläses wird durch den strömungstechnischen Wirkungsgrad und das Produkt aus Volumenstrom und Druckerhöhung bestimmt. Die Energie, die nicht für einen Druckaufbau benötigt wird, wird bis zur Leistungsgrenze des Gebläses entsprechend der Gebläsekennlinie in einen erhöhten Volumenstrom umgesetzt. Deshalb muss jede Belüftungsanlage optimal ausgeführt werden. Kurze Rohrleitungen, große Querschnitte, keine plötzlichen Querschnittsübergänge und Richtungsänderungen der Luft sind wichtig, damit eine möglichst hohe Belüftungsleistung direkt dem Getreide zu Gute kommt.

Bei verschiedenen Getreidearten stellen sich die Eigenströmungswiderstände sowie die Abhängigkeit der Durchströmungsgeschwindigkeit im Stapel wie folgt dar (Tab. 4-10):

Tab. 4-10: Strömungswiderstände von Getreide bei 0,1 m/s Luftgeschwindigkeit

Erntegut	Strömungswiderstände je m Schütthöhe	
	(mm WS)	(PA)
Mais	24	235,4
Weizen	29	284,5
Roggen	36	353,2
Gerste	40	392,4
Hafer	60	588,6

In der Druckleitung zwischen dem Gebläse und der Lagerzelle kann mithilfe

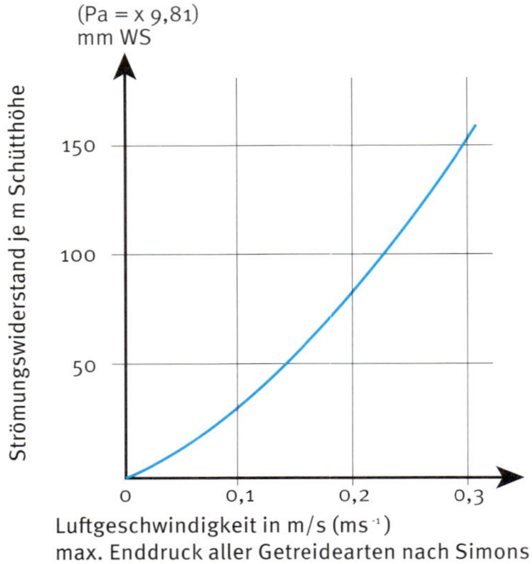

Abb. 4-27: Durchströmungswiderstand in Abhängigkeit der Durchströmungsgeschwindigkeit, schematisch

eines Manometers festgestellt werden, wie weit das Gebläse dann ausgelastet ist. Sehr wichtig ist auch die regelmäßige Kontrolle der Korntemperatur im Lager, auch in den Wintermonaten. Hierzu eigenen sich bei größeren Anlagen fest installierte Temperaturanlagen, bei kleineren Silos genügen Einstechthermometer. Bei Umschlag- oder Puffersilos, in denen das Getreide nur wenige Tage eingelagert wird, benötigt man in der Regel keine Temperaturmessanlage, wenn die Einlagerungsfeuchte und -temperatur bekannt ist.

Die regelmäßige Temperaturkontrolle (Monitoring) ist eine praxiserprobte Maßnahme, um einen stabilen Lagerzustand zu überwachen. Mittlerweile sind auf dem Markt auch Messfühler erhältlich, die zusätzlich direkt die Kornfeuchtigkeit im Getreide, oder die relative Luftfeuchtigkeit der Zwischenkornluft, messen können und die Produktzustände loggen und visualisieren. Wird Getreide nach der Ernte absehbar länger eingelagert, lässt sich durch entsprechende Messfühler auch der Kohlendioxidgehalt der Zwischenkornluft messen, um hiernach das Belüftungsmanagement zur Gesunderhaltung auszurichten.

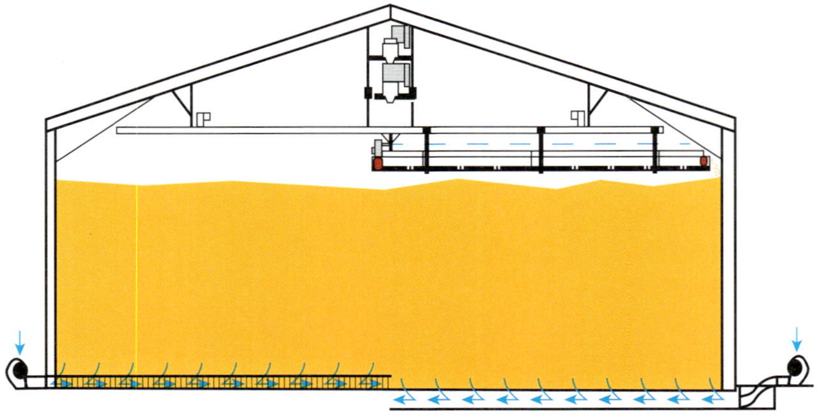

Abb. 4-28: Belüftungstechnik im Flachlager, schematisch

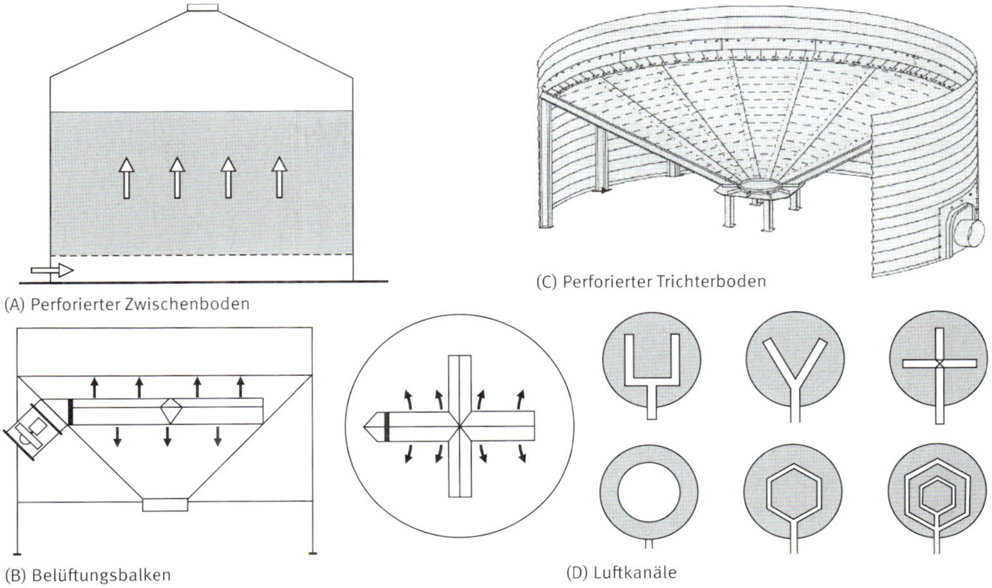

Abb. 4-29: Belüftungsmöglichkeiten für Silozellen

Abb. 4-30: Halbrundkanäle aus Wellblech. Die Wellung der Kanäle führt zu erheblichen Luftturbulenzen. Daher dürfen diese Kanäle nur etwa halb so lang geplant werden wie die glattwandigen Unterflur- oder Teleskopkanäle (links). Unterflurkanäle erfordern zunächst höhere Investitionen sind aber überaus praktikabel im Betrieb des Flachlagers, da die Flächen gut zu befahren und einfach sauber zu halten sind (rechts).

4.3 Vorratsschutz und Hygiene

Dr. Cornel Adler

Seit Menschengedenken ist man darum bemüht, die Lebensmittelvorräte auf effektive Weise vor den seit jeher existierenden Lagerschädlingen zu schützen. Sowohl Getreide als auch Mahlerzeugnisse stellen für diverse Schädlinge eine ausgezeichnete Grundlage zur Ernährung und Vermehrung dar. Im Betrieb muss daher ständig mit deren Vorkommen (Befall) gerechnet werden. Kommt es durch ungünstige Lagerbedingungen (z. B. zu feucht eingelagertes Getreide, undichtes Dach, Bildung von Kondenswasser), Atmungsaktivitäten bei Insektenbefall oder Ausscheidungen von Wirbeltieren zu erhöhter Feuchte, können auch Milben und Mikroorganismen das lagernde Vorratsgut abbauen. In lagernden Pflanzenerzeugnissen ist ein im Produkt gefundenes Schadinsekt Anzeichen für einen Befall, der sich ohne Gegenmaßnahme schnell zum Massenbefall und Totalverlust entwickeln kann. Außerdem gilt ein Vorratsgut nur als »gesund und handelsüblich«, wenn es frei von Vorratsschädlingen und ihren Brutstadien ist.

Die Verluste während der landwirtschaftlichen Lagerung werden von der FAO bei Getreide in mitteleuropäischen Klimaten auf 4 % geschätzt. Hinzu kommen etwa 8 % Verluste während der Verarbeitung und im Vertrieb. Etwa 20 % Verlust entstehen schließlich beim Verbrauch, überwiegend durch das Wegwerfen nicht genutzter oder verdorbener Lebensmittel und Schädlingsbefall. Die Datenbasis für derartige Schätzungen ist aber ungenau, insbesondere für landwirtschaftliche Lager können kaum verlässliche Aussagen gemacht werden. Generell werden nach FAO-Angaben etwa 80 % der tierisch verursachten Nachernteverluste alleine den Insekten zugeschrieben, Wirbeltieren sowie Mikroorganismen jeweils etwa 10 %. In Deutschland konnten im Rahmen von nicht repräsentativen Probenahmen in landwirtschaftlichen Lagern in nahezu allen Getreidepartien vom Vorjahr Insekten nachgewiesen werden.

Nach Wegfall der früher üblichen Phosphorsäureester Dichlorvos und Pirimiphos-methyl stehen Lagerhaltern von Getreide heute am ehesten Kontaktmittel zur Verfügung, die z.B. Naturpyrethrum, Pyrethroide oder Kieselgur enthalten. Begasungen durch professionelle Anbieter sind kostenintensiv und kommen daher in den meisten Fällen nicht in Frage. Aus diesem Grund, aber auch aus dem Vorsorgeprinzip heraus, muss sich der Vorratsschutz bei Getreide heute vor allem auf die Schädlingsvermeidung konzentrieren. Hierzu sind Investitionen in hygienische, gut zu reinigende, gut zu kühlende und schädlingsdichte Getreidelager erforderlich. Als Alternative hierzu bietet der private und genossenschaftliche Getreideerfassungshandel die Einlagerung für landwirtschaftliche Betriebe als Dienstleistung an, der in der Regel über ausreichend Möglichkeiten zum Vorratsschutz verfügt.

Nahezu alle vorratsschädlichen Insekten sind ursprünglich aus eher tropischen Klimaten bei uns eingewandert und suchen in einer lagernden Getreidepartie immer die Bereiche mit möglichst hoher Feuchte und hoher Temperatur auf. Hierdurch kommt es durch Eiablage und Atmung in diesem Bereich zu lokal erhöhter Feuchtigkeit. Außerdem entsteht eine Ansammlung von Kot, den die Larven aus den Körnern nach außen abgeben und der als Fraßmehl bezeichnet wird. Die große Anzahl an Tieren erzeugt bei Atmungsprozessen auch Wärme, die innerhalb der physiologischen Grenzen die Entwicklungsgeschwindigkeit erhöht. Wärme und Feuchte verbleiben durch das Fraßmehl verstärkt in den befallenen Bereichen und es bilden sich sogenannte Wärmenester (hot spots). Durch mikrobielle Massenentwicklung kann die Erhitzung deutlich weiter gehen, als dies für Insekten gut ist. Dies kann zum flächigen Verbacken großer Getreidemengen und bei geschüttetem Getreide über selbstentzündliche Faulgase sogar zum Brand führen. Etabliert sich der Befall, so führen die Atmungsprozesse der Insekten zu lokal stark erhöhter Feuchte. Im Rahmen von Versuchen mit 10 und 20 Kornkäfern in 200 ml Triticale stieg die Feuchte bei einer Temperatur von 25 °C innerhalb von 5 Wochen von 12,5 % auf 17,5 % (Grineva 2011) an.

4.3.1 Wichtige Schadinsekten in Getreide

Kornkäfer (*Sitophilus granarius*), Fam. Rüsselkäfer (*Curculionidae*)

Primärschädling, kann das gesunde Getreidekorn angreifen, alle Brutstadien entwickeln sich im Korn, typische Körperform mit Rüssel und geknieten Fühlern, einfarbig rotbraun bis schwarz, flugunfähig.

Kornkäfer
Sitophilus granarius
bis 4,7 mm groß

Reiskäfer (*Sitophilus oryzae*), Fam. Rüsselkäfer (*Curculionidae*)

Primärschädling, kann das gesunde Getreidekorn angreifen, alle Brutstadien entwickeln sich im Korn, typische Körperform mit Rüssel und geknieten Fühlern, rotbraun bis schwarz mit je zwei hinter einander liegenden roten Punkten auf jedem der beiden Deckflügel, flugfähig. Aus Südeuropa stammen Populationen, die durch langjährigen Kontakt zu diesen Wirkstoffen im Mittelmeerraum tolerant gegen Pyrethroide sind.

Reiskäfer
Sitophilus oryzae
bis 3,5 mm groß

Getreideplattkäfer
Oryzaephilus surinamensis
bis 3,25 mm groß

Getreideplattkäfer (*Oryzaephilus surinamensis*), Fam. Plattkäfer (*Silvanidae*)
Sekundärschädling, benötigt zerbrochenes oder vorgeschädigtes Getreide oder Flocken, alle Brutstadien außerhalb des Korns, einfarbig bräunlich bis schwarz mit Zähnchen seitlich am Brustpanzer.

Leistenkopfplattkäfer
Cryptolestes
etwa 2 mm groß

Rotbrauner Leistenkopfplattkäfer (*Cryptolestes ferrugineus*), Fam. Plattkäfer (*Cucucidae*)
Alle Brutstadien außerhalb des Getreidekorns, frisst hauptsächlich am Keimling, rötlich bis braun.

Amerikanischer Reismehlkäfer (*Tribolium confusum*), Fam. Schwarzkäfer (*Tenebrionidae*)
Bevorzugt Grieße, Mehle, und Stäube, Fühler fadenförmig, rotbraun.

Rotbrauner Reismehlkäfer
Tribolium castaneum
bis 4,4 mm groß

Rotbrauner Reismehlkäfer (*Tribolium castaneum*), Fam. Schwarzkäfer (*Tenebrionidae*)
Bevorzugt Grieße, Mehle, und Stäube, Fühler gekeult, dunkelbraun.

Brotkäfer
Stegobium paniceum
2–3 mm groß

Brotkäfer (*Stegobium paniceum*), Fam. Nagekäfer (*Anobiidae*)
Bevorzugt Getreideprodukte (Backwaren, Nudeln); dunkelbraun, deutlich behaart, Kopf mit fadenförmigen Fühlern ist unter den Brustpanzer zurückzuziehen, Gestalt walzenförmig, dunkelbraun.

Schwarzer Getreidenager
Tenebroides mauritanicus
bis 11 mm groß

Schwarzer Getreidenager (*Tenebroides mauretanicus*), Fam. Flachkäfer (*Ostomidae*)
Schwarzbraun bis schwarz, 6 bis 11 mm lang, typische Einschnürung im hinteren Bereich des Brustschilds, vordere Winkel des Halsschilds sind spitz nach vorne gezogen, Larven hell mit dunkler Kopfkapsel und Fortsätzen, bis zu 19 mm lang.

Mehlmotte (*Ephestia kuehniella*), Fam. Zünsler (*Pyralidae*)
13 mm lang, grauschwarze Flügelzeichnung, Wanderlarven bis 14 mm mit dunkeln Punkten an Borstenansätzen.

Mehlmotte
Ephestia kuehniella
bis 22 mm
Flügelspannweite

Dörrobstmotte (*Plodia interpunctella*), Fam. Zünsler (*Pyralidae*),
10 mm lang, typische Flügelzeichnung mit rostroten Flügelschuppen auf der hinteren Hälfte der Deckflügel und graugelblichen Schuppen auf der vorderen Hälfte abgetrennt durch einen bläulichen Querstreifen beim jungen Falter. Wanderlarven bis etwa 12 mm lang, einfarbig hell und wurmartig mit brauner Kopfkapsel.

Dörrobstmotte
Plodia interpunctella
bis etwa 20 mm
Flügelspannweite

Speichermotte (*Ephestia elutella*), Fam. Zünsler (*Pyralidae*)
11 mm lang, bräunliche Flügelzeichnung mit Längslinie nahe der Mittelachse. Wanderlarven bis ca. 12 mm mit dunklen Punkten an Borstenansätzen.

Speicher-, Heu-, Tabak- oder Kakaomotte
Ephestia elutella
bis 17 mm

Getreidekapuziner (*Rhizopertha dominica*), Fam. Bohrkäfer (*Bostrychidae*)
Wurde im Spätsommer des extrem warmen Jahres 2018 erstmals in einem landwirtschaftlichen Lager in Brandenburg gefunden, früher nur gelegentlich eingeschleppt. Die Larven können sich auch in stärkehaltigen Hölzern entwickeln, Käfer fliegen entlang der Wasserläufe und könnten sich im Rahmen des Klimawandels auch nördlich der Alpen etablieren. Staubläuse und Milben sind Anzeiger für erhöhte Feuchtegehalte. Einzelne Staubläuse sind bei kühlfeuchter Witterung im Getreidelager kein Grund zur Sorge, während Milben immer einen Hinweis auf Schimmelbefall und zu hohe Kornfeuchte geben und giftige Stoffwechselprodukte ausscheiden. Aus den USA und anderen Ländern gibt es allerdings auch Berichte von Massenvermehrungen bei Staubläusen, die zu hohen Temperaturen, erhöhten Feuchtegehalten und Schäden in Getreidelägern geführt haben. Auch über Resistenzen gegen Begasungsmittel wird berichtet.

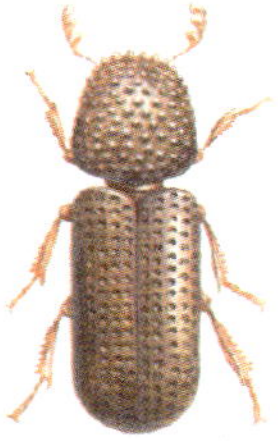

Getreidekapuziner
Rhizopertha dominica
bis 3 mm groß

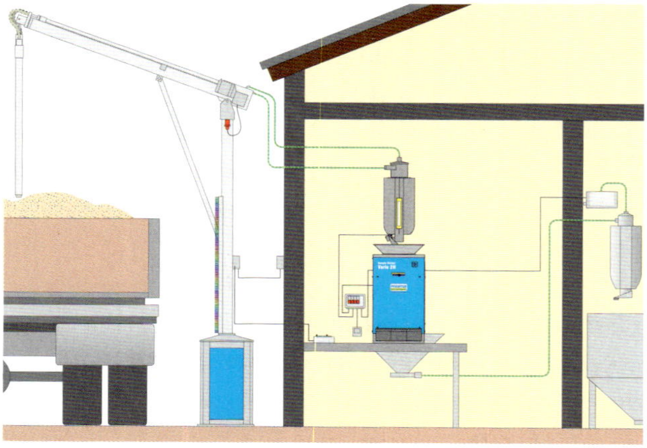

Abb. 4-31: Getreideannahme mit Probensauger

4.3.2 Getreideannahme, Probenahme und Befallsdetektion

Als »gesund und handelsüblich« gilt Getreide unter anderem dann, wenn es frei von lebenden Schädlingen und deren Brutstadien ist. Es stellt sich dabei die Frage, wie man mögliche Schadinsekten in Getreide zuverlässig findet. Ein kritischer Punkt für jeden Getreideverarbeiter stellt zunächst die Beschaffung von neuer Rohware dar. Käufern ist zu empfehlen, das Getreide schon im Lager des Erzeugers oder Zwischenhändlers zu inspizieren, was aber nur in den seltensten Fällen tatsächlich möglich ist. Aus diesem Grund ist die Qualität der Inspektion noch vor der Annahme von besonderer Bedeutung. Die Mehrheit der Lieferanten bietet homogene Getreidepartien an, jedoch könnte sich etwa unter frischem Getreide noch eine Restpartie vom Vorjahr befinden, vielleicht sogar belastet mit Insekten und deren Fragmenten oder Exkrementen von Vögeln oder Nagern. Diese Mogeleien entdeckt man nur, wenn man sich genug Zeit nimmt und optimale Bedingungen für eine gründliche Beschau schafft. So sollte die Ware auf dem anliefernden Transportfahrzeug an einem hellen, warmen, trockenen und zugluftfreien Ort begutachtet werden. Mit einem Saugrüssel lassen sich ausreichend große Proben bis in die Tiefe des Getreidestapels ziehen und auch die dort verborgenen, ausgefressenen Körner finden. Ist es an der Oberfläche eher wärmer als im Getreide, kommen Insekten zum Vorschein. Nach längeren Transportwegen könnten Insekten schon an die Oberfläche der Getreidepartie gewandert sein. Käfer werden durch die Erschütterungen und Vibrationen beim Transport beunruhigt und bei Getreidetemperaturen über 15 °C kurz nach Abstellen des Motors an der Getreideoberfläche im Fahrzeug sichtbar. Ein Reinigen mit Gebläse kann zwar Stäube weitgehend entfernen und beispielsweise Plattkäfer zum Vorschein bringen, die Brut der Rüsselkäfer, Bohrkäfer und Getreidemotten bleibt aber im Korn verborgen. Ist der Ort der Beprobung frei von Zugluft, kann auch der Geruch des Getreides ein wichtiger Anhaltspunkt sein.

In der Müllerei kann es sinnvoll sein, mehrere und größere Proben vom angelieferten Getreide zu ziehen. Wird derzeit von einem Hänger an fünf

Stellen 500 g Getreide gezogen, die Mischprobe dann auf 500 g reduziert und auf Schädlinge geprüft, so müssen statistisch in einem Hänger mit 24 t rund 48 000 Käfer auftreten, bevor der erste Käfer sichtbar wird. Im Getreideexporthafen in Brisbaine, Australien, werden dagegen 20 kg aus 20 t, also 1 kg je t Getreide untersucht, was bei statistischer Gleichverteilung schon einen von 1 000 Käfern im 24 t-Hänger sichtbar machen würde. Wer Schädlingsbefall rechtzeitig feststellt, kann die Ware stoppen und seine Lieferanten zu besserer Lagerung erziehen. Auch eine akustische Beprobung von Getreide ist möglich (Larvenspion). Hierzu werden 500 g Getreide in ein schallisoliertes Gefäß mit Mikrophon eingebracht, das Fraß- und Laufgeräusche von Insekten hörbar macht. Werden Fraßgeräusche festgestellt, ohne dass Insekten sichtbar sind, können im Getreidekorn verborgene, fressende Insekten, wie die Larven des Kornkäfers oder Getreidekapuziners, durch einen Schwemmtest gefunden werden, bei dem ausgefressene Körner in Wasser aufschwimmen.

4.3.3 Getreidelagerung

Getreide sollte bei Temperaturen von unter 13 °C gelagert werden, da in diesem Fall keine Insektenentwicklung zu erwarten ist. Vorhandene Insekten werden zwar nicht abgetötet, frisch aus dem Ei geschlüpfte Larven können solche Bedingungen jedoch nur eine begrenzte Zeit überleben. Der Kornwassergehalt lagernden Getreides darf 14 % möglichst nicht übersteigen. Es hat sich gezeigt, dass die Keimfähigkeit von Weizen (Indikator für die Korngesundheit) bei 14 % Kornwassergehalt schon nach 6 Monaten Lagerung bei 20 °C unter die kritische Grenze von 90 % sinkt (Adler *et al.* 2016). Getreide der Bundesreserve wird bei Wassergehalten unter 13 % für bis zu 10 Jahre gelagert, erhält so seine Keimfähigkeit und kann anschließend dem Verbrauch zugeführt werden. Daher sollte im Sinne der Getreidequalität bei einer angestrebten Lagerdauer von mehr als fünf Monaten eine Trocknung auf unter 13 % Kornwassergehalt erfolgen. Ein niedriger Kornwassergehalt verzögert überdies auch die Entwicklung von Insekten. Bei gas- oder insektendichter

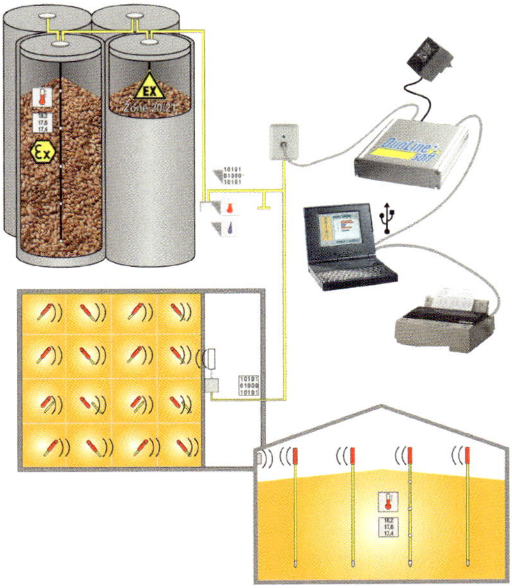

Abb. 4-32: Lagersilo (oben) und Flachlager (unten) mit verschiedenen Messfühlern als Voraussetzung für das kontinuierliche Temperatur- und Feuchtigkeitsmonitoring (Pfeuffer).

Lagerung reduziert die geringe Feuchte das Risiko der Kondensation bei Temperaturschwankungen.

Durch eine regelmäßige, besser noch kontinuierliche Messung der Temperatur und Feuchte des im Flachlager oder Silo lagernden Getreides mit Sensoren (Monitoring) kann eine Massenentwicklung von Insekten frühzeitig erkannt werden, da im Befallsherd die Atmungsprozesse über die Oxidation von Kohlehydraten zur Erwärmung und Befeuchtung des Getreides führen. Wärme und Feuchte breiten sich zusammen mit Insekten in Nachbarbereiche aus, bis der Fühler der Messeinrichtung erreicht wird. Eine akustische Überwachung kann einen Befall aber schon etliche Wochen vor Temperaturanstieg anzeigen. Eine biologische Schädlingsbekämpfung ist somit zu einem Zeitpunkt durchführbar, zu dem sie bei noch geringen Schädlingszahlen besonders effektiv ist. Aufgrund der kurzen Lebensdauer der Nützlinge können diese schon ab etwa zwei Wochen nach Ausbringung im Rahmen der Getreideverarbeitung ausgereinigt werden. Geraten dagegen lebende Getreideschädlinge in Trieure und andere Gerätschaften, wird das gesamte Gebäude schnell mit Insekten kontaminiert. Auch aus Papierbeuteln und Mülleimern für Spelzen und andere Reinigungsrückstände wandern Käfer schnell wieder aus. Sinnvoll könnte daher z. B. die Prallung aller Reinigungsrückstände sein. Das Vermischen verschiedener Getreidepartien sollte erst nach eingehender Prüfung erfolgen, damit ein Befall nicht in unbelastetes Getreide verschleppt wird.

Käfer und Motten sind aufgrund eines gut entwickelten Systems an Sensillen auf den Fühlern (Antennen) in der Lage, geeignete Vorräte nach Geruch aufzuspüren. Dies stellt die traditionell durchgeführte passive Durchlüftung von Getreidelagern grundsätzlich in Frage. Der Wind, der hierbei in das Getreide fährt, nimmt Duftstoffe mit, die Insekten der Strömungsrichtung entgegen den Weg ins Vorratslager weisen.

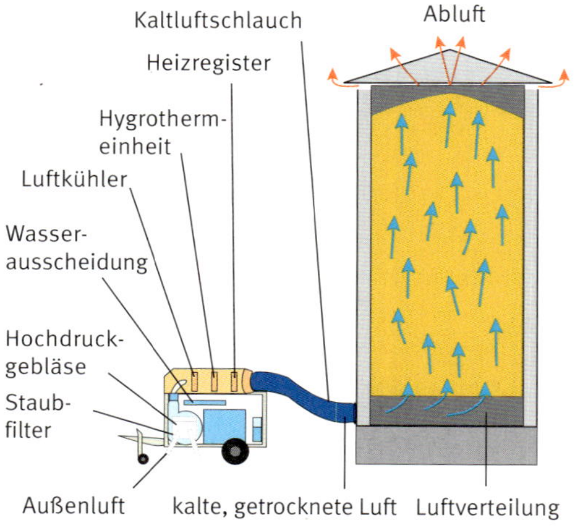

Abb. 4-33: Verfahren der Kühlkonservierung. Körnerkühlgerät an einem Getreidesilo im Einsatz (Bauart Frigortec).

Sinnvoll ist daher eine Kühlbelüftung des Getreides, die für geringe Temperaturen und Feuchtegehalte sorgt und die Entwicklung von Insekten und Pilzen unterbindet (Abb. 4-33). Die Abluft sollte durch Filter abgeführt werden, die entfernt von Eingängen liegen und so wirksam einen Zuflug von Insekten verhindern. Ausreichend trockenes und schädlingsfreies Getreide kann auch in dichten Gebinden ohne ständige Belüftung gelagert werden. So stellt beispielsweise die Lagerung trockenen Getreides unter Vakuum ein interessantes Verfahren dar. Ein Schädlingsbefall kann auf diese Weise ohne Mitteleinsatz bekämpft werden, weil die Insekten den Sauerstoffrest im Getreide veratmen und dann aufgrund von Sauerstoffmangel weder Energie noch Wasser erzeugen können. Gleichzeitig zeigt die Spannung der Vakuumfolie an, dass die Ware sicher gegen Schädlinge geschützt ist.

4.3.4 Integriertes Pest-Management

Schädlingsvermeidung

Im Rahmen einer wirkungsvollen Schädlingsvermeidung sollten durch vorbeugende Maßnahmen und Hygiene alle Möglichkeiten ausgeschöpft werden, Schädlingsbefall in Schüttgütern und Mahlprodukten gar nicht erst entstehen zu lassen. Die Fähigkeit der Insekten, nach Geruch geeignete Substrate zu finden, ist einer der Gründe, warum in modernen Mühlen kaum noch Fenster zu finden sind. Die Zahl der Eintrittspforten sollte möglichst verringert werden. Dies gilt beispielsweise auch für Rohrdurchführungen oder Eingangstüren, die insektendicht mit der Außenwand abschließen müssen. In der Nähe von Rampen und Eingängen sollte im Gebäude möglichst ein Unterdruck herrschen, damit sich Duftstoffgradienten nicht nach außen ausbreiten und Schadinsekten anlocken können. Da vorratsschädliche Insekten eher dämmerungsaktiv sind und dunkle Bereiche bevorzugen, sollten Eingänge und Getreidegosse möglichst hell gefärbt und ausgeleuchtet sein. Starke Luftbewegung behindert ebenfalls die Orientierung hin zum Getreide. Zu öffnende Fenster sollten mit Insektengaze geschützt sein, deren offene Maschenweite nicht über 0,5 mm liegt. Die Eilarven vorratsschädlicher Motten werden sogar erst durch eine Maschenweite von 0,1 mm zurückgehalten, allerdings ist durch diese Gaze kaum noch eine Belüftung möglich. Bei Umbauplanungen ist daher eine Belüftung über Filter oder eine Klimaanlage dem geöffneten Fenster vorzuziehen.

Rohwarensilos sollten räumlich gut getrennt sein von der Getreidevermahlung und vom Fertigwarenlager, damit im Fall einer Bekämpfungsmaßnahme keine Kontamination oder Schädigung der Lebensmittel droht. Gasdichte Silozellen aus wasserdichtem Beton sind daher bei Neubau eine lohnende Investition, da sie einerseits schädlingsfreies Getreide sicher vor Neubefall schützen, andererseits für Begasungsmaßnahmen ohne nachträgliche Abdichtung genutzt werden können, unabhängig davon, ob es sich um Kohlenstoffdioxid oder andere Begasungsmittel handelt. In Australien gibt es zur Gewährleistung der wirksamen Begasung einen Gasdichtigkeitsstandard (AS 2628) für Silos, der bei Wellblechsilozellen durch einen gasdichten und dauerelastischen Farbauftrag gewährleistet wird. Erforderlich ist außerdem eine gasdichte Ausführung im Bereich des Kopfraums und des Auslaufschiebers. Wird echte Gasdichtigkeit erzielt, ist zum Ausgleich von Temperatur- und damit verbundenen Druckschwankungen der Einbau von Druckausgleichsventilen erforderlich, damit es bei Temperaturwechsel nicht zu Schäden an der Anlage kommt.

Im Mühlenbetrieb mit pneumatischem Fördergutstrom und gut eingestellter Staubabscheidung kann die staubdichte Ausführung aller Rohrverbindungen eine Entwicklung der typischen Mühlenfauna weitgehend unterbinden. Fehlerhafte Dichtungen, Trogkettenförderer, Förderschnecken sowie Förderbänder führen dagegen eher zu Rückständen von Getreide und Staub. Überall dort, wo sich Rückstände bilden, müssen diese regelmäßig ausgereinigt werden, damit sich über die Zeit kein Befallsherd entwickeln kann. Dies gilt auch für Toträume in Walzenstühlen, Reinigungsmaschinen, Sichtern, für abgehängte Decken, Kabelkanäle, Schaltschränke, etc. Wird hier wöchentlich, mindestens aber alle 4 Wochen gründlich durch Staubsaugen gereinigt, kann der Aufbau einer Folgegeneration von Schadinsekten unterbunden werden. Offenes Wasser und Feuchtigkeit ist in der Getreideverarbeitung unbedingt zu vermeiden, da Insekten und auch Wirbeltiere durch Wasserquellen in ihrer Entwicklung gefördert werden. In Fallen kann etwas Wasser aber die Fangleistung erhöhen.

Der Mahlprozess endet für die Insekten und deren Entwicklungsstadien in den meisten Fällen tödlich. In befallenen Mühlen kommt es dennoch immer wieder vor, dass Insekten oder deren Eier und Larven lebend im Mahlprodukt ankommen. Hier kann durch die Verwendung von Prallmühlen vor dem Absacken eine gewisse Sicherheit erzielt werden. Prallmühlen zerstören nach dem Mahlprozess abgelegte Insekteneier sowie eingewanderte Insekten durch den Schlag von am Außenrand einer rotierenden Scheibe angebrachte Bolzen. Das auf diese Weise beschleunigte Mahlgut wird an der Außenwand der Prallmühle abrupt abgestoppt und so ein zweites Mal geprallt. Mit einer Sichtung mit 100 µm Maschenweite können Insekteneier, Insektenfragmente und andere Fremdkörper ebenfalls vom Mehl abgetrennt werden. Die Sichtersiebe sollten regelmäßig kontrolliert und Rückstände entfernt werden.

Letztlich ist auch eine rieseldichte, schädlingsdichte Verpackung ein Teil des integrierten Vorratsschutzes und eine Versicherung, dass das Mahlgut oder Produkt den Verbraucher befallsfrei erreicht. Auch bei Papierbeuteln

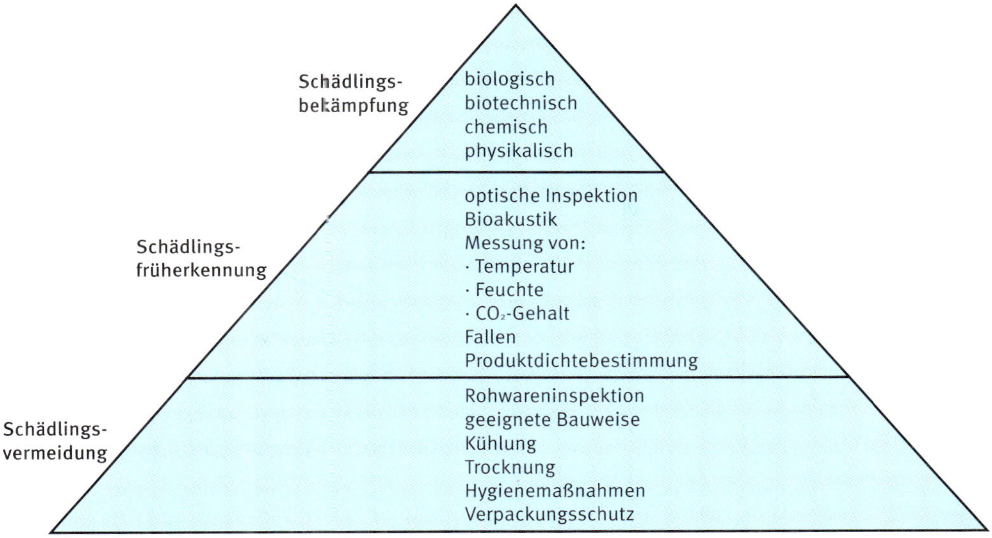

Abb. 4-34: Integrierter Vorratsschutz beginnt mit der Schädlingsvermeidung.

kann durch Klebewülste eine effektive Barriere gegen das Einwandern der Eilarven vorratsschädlicher Insekten gebildet werden. Versuche haben gezeigt, dass Poren in der Verpackung nicht größer als 0,1 mm sein dürfen.

Schädlingsfrüherkennung

Fallen zum Schädlingsmonitoring sollten in der Nähe zu Außenbereichen und in der Nähe möglicher Befallsherde (z. B. Elevatorfüße) angebracht sein. Man unterscheidet Lauffallen (mit/ohne Köder) am Boden für umherkriechende Käfer von frei im Raum hängenden sexualpheromonbeköderten Klebefallen für Motten. In stark staubbelasteten Räumen ist statt der Klebefallen eine Trichterfalle zu bevorzugen, in deren Auffangbehälter durch das Einfüllen von Wasser eine zusätzliche Köderwirkung erzielt wird. Wasser lockt auch weibliche Falter an, während der als Köder verwendete Sexuallockstoff nur für Zünslermotten und auch hier nur für einen Teil der männlichen Falter attraktiv ist. Die nicht auf die Falle gelockten Männchen können aber in den meisten Fällen alle Weibchen begatten. Daher dienen Fallen eher dem Monitoring und haben in der Regel keinen Einfluss auf die Mottenvermehrung.

Schädlingsbekämpfung

Ist es im Betrieb zu Schädlingsbefall gekommen, ist anzuraten, zunächst die Befallsherde aufzuspüren, die zukünftig noch intensiver regelmäßig gereinigt

Wärmeentwesung

Die Wärmeentwesung basiert auf dem Prinzip der Erwärmung eines von Schadinsekten befallenen Gebäudes bis zu einer Temperatur von 45 °C und mehr. Ab dieser Temperatur etwa gerinnen (denaturieren) die körpereigenen Proteine und Enzyme der Schädlinge, die adulten Tiere sowie alle ihre Entwicklungsstadien werden abgetötet. Im Rahmen der Wärmeentwesung von Mühlengebäuden werden oft Temperaturen über 50 °C angestrebt, um eine sichere Wirkung zu erzielen. Eine Obergrenze von etwa 60 °C ist jedoch einzuhalten, um Schäden an Gebäuden, Maschinen und Material zu vermeiden. Die Raumluft wird mit Öfen erwärmt und stetig umgewälzt. Es handelt sich um eine sanfte, schrittweise Erwärmung. Zum Vergleich: bei der früher verbreiteten Hitze-Methode müssen durch außenstehende Brenner über Schläuche hohe Lufttemperaturen von mindestens 100 bis 120 °C eingebracht werden.

Technische Ausstattung

Die Wärme für den Zieltemperaturbereich wird über Elektroöfen (400/440V) erzeugt, die bei erreichter Temperatur eigenständig zurückschalten. Zur Wärmeverteilung werden zusätzlich Bodengebläse eingesetzt. Die Anzahl der erforderlichen Geräte und die Verteilung ergeben sich aus Erfahrungswerten und technischen Gebäudedaten. Mühlen sind staubexplosionsgefährdet, daher müssen alle eingesetzten Maschinen der ATEX-Einteilung Zone 22 entsprechen.

Anwendung

Die Wärmeentwesung ist ein physikalisches Bekämpfungsverfahren für leere Produktions- und Silogebäude. Einzelräume benötigen – je nach Temperatur – eine Einwirkzeit von 24 Stunden, mehrstöckige Gebäude werden bis zu 48 Stunden behandelt. Aufwendige Abdichtarbeiten, wie sie bei Begasungen erforderlich sind, entfallen. Die Räume kann man während der Entwesung beispielsweise zu Kontrollzwecken jederzeit betreten, die Schädlingsverstecke (Befallsherde) werden schnell sichtbar. Die Wärmeentwesung wird weltweit ganzjährig eingesetzt und ist durch die modulare Bauweise an nahezu jeden Betrieb anpassbar.

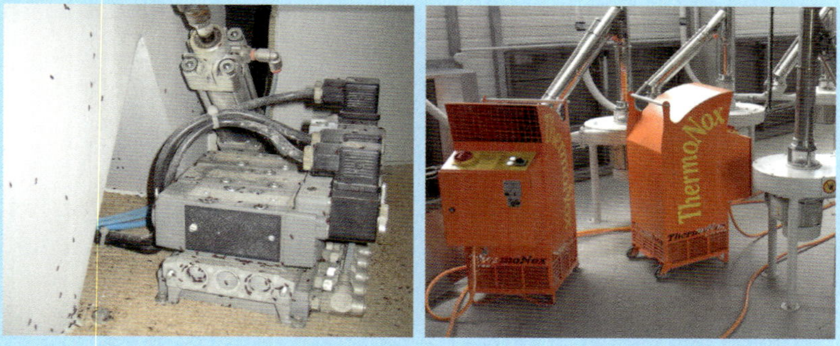

Abb. 4-35: Starker Befall des Reismehlkäfers im Produktionsbetrieb. Elektroöfen zur Wärmeentwesung in einem Mühlengebäude (Bauart Thermonox).

und kontrolliert werden müssen. Die eigentliche Bekämpfung kann dann mithilfe einer Wärmebehandlung erfolgen. Vor der Wärmebehandlung müssen Waren und Materialien, die isolierend wirken könnten, aus dem Gebäude entfernt werden. Fertigwarenlager sind komplett zu räumen, eine ausreichende Energieversorgung ist vorzubereiten. Unter Spannung stehende Bänder sind zu entspannen, Druckkessel drucklos zu legen. Nach der Wärmebehandlung müssen mechanische Teile gegebenenfalls nachgefettet werden. Eine Wärmebehandlung ist auch in großen Mühlen meist während eines Wochenendes möglich, wobei alle Bereiche auf Temperaturen von etwa 55 °C erhitzt werden müssen. Mithilfe von horizontaler und vertikaler Umlüftung können auch Ritzen und Fugen ausreichend erwärmt werden, was durch Messungen überprüft werden sollte. Speziell an Kellerböden, Wasserleitungen, Außenwänden und Fenstern ist zu prüfen, dass die Zieltemperaturen erreicht werden und sich hier keine Tiere verbergen. Erfahrungsgemäß sind Metallstrukturen eher unproblematisch, weil sie gut Wärme leiten. Holzstrukturen und Flusssteinfundamente benötigen mehr Energie. Am meisten Energie wird allerdings für die Erwärmung großer Betonstrukturen benötigt.

Die in Tabelle 4-11 gezeigten Ergebnisse aus Laborversuchen sollten eine besenreine Mühle simulieren. Insekten wurden in 10 ml Substrat der Wärme ausgesetzt, da Tiere ganz ohne Substrat durch zusätzlichen Stress schneller sterben, kleine Substratreste in Gebäuden aber nicht gänzlich auszuschließen sind. Bei 60 °C waren schon nach der kürzesten, geprüften Einwirkzeit keine Überlebenden mehr feststellbar. Tabakkäfer und Getreidekapuziner sind in deutschem Getreide eher nicht anzutreffen, zeigen als wärmetolerante Arten aber die biologische Bandbreite der Insekten an.

Tab. 4-11: Einwirkzeiten (min) zur Abtötung aller Stadien einer Insektenart in je 10 ml Substrat (Adler 2008)

Insektenart	45 °C	50 °C	55 °C
Ephestia kuehniella (Mehlmotte)	660 (11 Std)	27	7.2
Sitophilus granarius (Kornkäfer)	540 (9 Std)	40	30
Sitophilus zeamais (Maiskäfer)	660 (11 Std)	45	30
Cryptolestes pusillus (Kleiner Leistenkopfplattkäfer)	1200 (20 Std)	65	20
Tribolium castaneum (Rotbrauner Reismehlkäfer)	1800 (30 Std)	35	20
Lasioderma serricorne (Tabakkäfer)	2 400 (40 Std)	370	45
Rhizopertha dominica (Getreidekapuziner)	6 000 (100 Std)	370	45

Ist eine Begasung erforderlich, muss sichergestellt sein, dass in nicht zu begasenden Gebäudeteilen kein Insektenbefall aufgetreten ist und dass alle Stadien und Insektenarten mit dem gewählten Verfahren sicher abgetötet werden. Zugelassene Wirkstoffe sind im Pflanzenschutzmittelverzeichnis, Teil V, Vorratsschutz auf der Internetseite der Bundesanstalt für Verbraucherschutz und Lebensmittelsicherheit veröffentlicht. Für leere Räume kommen die Wirkstoffe Kohlenstoffdioxid, Phosphorwasserstoff und Sulfurylfluorid in Betracht. Allerdings ist bei Verwendung von Kohlenstoffdioxid unter Normaldruck und bei Raumtemperatur mit recht langen Einwirkzeiten zu rechnen. Zur Bekämpfung aller Stadien des Kornkäfers sind bei 20 °C beispielsweise 21 Tage vonnöten. Hohe Temperaturen verkürzen diese Zeit. So sind bei 40 °C Umgebungstemperatur nur noch 36 Stunden erforderlich. Phosphorwasserstoff hat in Verbindung mit Luftfeuchte auf metallischen Oberflächen eine korrosive Wirkung. Auch hier könnte also eine Kombination mit Wärme vorteilhaft wirken. Elektronische Bauteile sollten gegebenenfalls durch gasdichte Foliensäcke geschützt werden. Sulfurylfluoridbegasungen können nur in leeren Räumen und nur bei Temperaturen über 20 °C durchgeführt werden. Dieser Wirkstoff darf wegen der Fluoridrückstände nicht in Kontakt mit Getreide- und Getreideprodukten kommen. Die zugelassene Dosierung führt außerdem nicht zur Abtötung der Eier des Reismehlkäfers, was die Nachhaltigkeit dieses Begasungsmittels reduziert. Überdies können die Moleküle nicht durch Filter zurückgehalten werden. Begaser müssen daher Pressluftatemgeräte tragen.

4.3.5 Biologische Bekämpfung

Zur biologischen Schädlingsbekämpfung vorratsschädlicher Motten werden beispielsweise die Eiparasitoiden *Trichogramma evanescens* (Fam. Trichogrammatidae), die Larvalparasitoiden *Habrobracon hebetor* (Fam. Braconidae) und gelegentlich auch *Venturia canescens* (Hym., Ichneumonidae), ein Parasitoid von Larven und Puppen genutzt. Andererseits werden auch Nützlinge angeboten, die als Parasitoide Larven vorratsschädliche Käfer angreifen. *Lariophagus distinguendus* (Hym., Pteromalidae), *Anisopteromalus calandrae* (Hym., Pteromalidae), *Theocolax elegans* (Hym., Pteromalidae) werden gegen Rüsselkäfer in Getreide, Brot- und Tabakkäfer sowie Getreidekapuziner eingesetzt und *Cephalonomia tarsalis* (Hym., Bethylidae) ist Gegenspieler des Getreideplattkäfers. Gegenstand wissenschaftlicher Untersuchungen, aber noch nicht kommerziell erhältlich, ist ein Larvalparasitoid des Reismehlkäfers und zwar *Holepyris sylvanides*. Der Einsatz dieses Nützlings konnte bereits 2010 und 2011 die Zahlen an Reismehlkäfern in Fallen in einer sächsischen Mühle nach anfänglicher Wärmebehandlung auf einem niedrigen Stand halten (Lorenz *et al.* 2010). Allerdings ist die Massenzucht derzeit noch zu aufwändig (personalintensiv) und damit unrentabel.

Der Begriff Parasitoid wird immer dann verwendet, wenn die Brut dieser Art im Laufe ihrer Entwicklung den Wirt abtötet. Der Parasitoid in der

Natur ist bestrebt, seine Wirtspopulation zu erhalten. Eine biologische Bekämpfung ist nur dann erfolgreich, wenn wenige Wirtstiere mit einer großen Zahl von Parasitoiden überschwemmt werden. Denn nur dann kommt es zur Belegung aller Wirte und zur Auslöschung der Schädlingspopulation. Dies ist der Grund, warum in Schüttgütern eine akustische Früherkennung den Einsatz der biologischen Schädlingsbekämpfung fördern könnte.

In der Lebensmittelverarbeitung gibt es Bedenken, dass der Einsatz nützlicher Insekten den Vorgaben der Lebensmittelhygieneverordnung widersprechen könnte (»keine ekelerregenden Zusätze«). Jedoch sind auch die Schadinsekten selbst potenziell ekelerregende Kontaminanten. Verhindern Nützlinge deren Entwicklung, dürfen einheimische Arten nach derzeitiger Rechtslage im Vorratsschutz eingesetzt werden, wenn tote Insekten nach der Behandlung aus dem Getreide abgereinigt werden.

Sonderfall Mehl: In Mehle dringen aufgrund der geringen Partikelgröße weder Gase, noch Nützlinge oder extreme Temperaturen ein.

Nagetiere und Vögel

Im Gegensatz zu vorratsschädlichen Insekten gelten Nagetiere (Mäuse, Ratten) und Vögel als Gesundheitsschädlinge, da sie nicht nur Fraßschäden verursachen, sondern als Vektoren für menschliche Erkrankungen auftreten können. Ausscheidungen, Haare, Federn und tote Tiere erregen Ekel und können Hantaviren, Listerien, Salmonellen oder Bandwürmer übertragen. Eine wirksame Prävention und Bekämpfung kann vor allem mit baulichen Maßnahmen erreicht werden, indem alle Öffnungen des Betriebs nach außen mit Mäusegittern (Maschenöffnung: < 1 cm) versehen werden, um ein Eindringen dieser Schädlinge in Getreidelager oder den Produktionsbetrieb zu erschweren.

Tab. 4-12: Vor- und Nachteile des Nützlingseinsatzes im Vorratsschutz (nach Adler 2010)

Vorteile	Nachteile
• Wenige Wirte im Substrat werden effektiv bekämpft • Pflanzenschutzzulassung einheimischer Arten nicht erforderlich • Arbeit um behandelte Objekte kann weiterlaufen, kein Risiko für Arbeitssicherheit • Geringe Biomasse, keine gesundheitsschädlichen Rückstände	• Bei schwerem Befall nicht wirksam • Nützlinge sind meist art- und stadienspezifisch • Zucht ist aufwendig • Kaum lagerfähig • Kontamination des Endprodukts muss verhindert werden

Nagetiere

Unter günstigen Umweltbedingungen können aus zwei Ratten innerhalb eines Jahres bis zu 1 000 werden. Nagetierbefall wird im Betrieb durch Beobachtung ermittelt. Die zumeist nachtaktiven Tiere suchen im Dunkeln nach Futter und hinterlassen auf ihren Laufwegen Kotrückstände. Nagetierhaare lassen sich auch mit dem Filth-Test nachweisen. Ist ein Befall festzustellen, so werden nach Infektionsschutzgesetz meistens Fraßköder ausgelegt. Die Bundesanstalt für Arbeitsschutz und Arbeitsmedizin (BAUA) publiziert regelmäßig eine Liste der in Deutschland zugelassenen Biozidprodukte. Diese Lockköder sind mit zeitlich versetzt wirkenden Antikoagulantien präpariert. Das Tier verendet innerhalb weniger Tage nach Aufnahme des Köders schmerzlos, sodass die Artgenossen nicht durch sein Verhalten gewarnt werden. Dadurch tritt keine Köderscheu auf und man kann eine Population schädlicher Mäuse und Ratten minimieren oder sogar vollständig beseitigen (tilgen). Eine effektive Bekämpfung kann auch mit Begasung erfolgen. Solche Begasungen müssen jedoch von ausgebildeten Fachleuten durchgeführt werden. Wichtig ist dabei, alle Öffnungen im Außenmauerwerk dauerhaft zu verschließen, damit Tiere nicht während der Behandlung fliehen und später wieder einwandern. Mit Köder bestückte Schlagfallen können ebenfalls mit Erfolg gegen Nager eingesetzt werden. Andere Fallen töten mit Kohlendioxidgas oder melden sich per Datenfernübertragung, sobald sie ausgelöst haben. Die Vergrämung mit UV-Licht oder Schallwellen führt dagegen schnell zur Gewöhnung bei Nagern und kann nicht empfohlen werden. Durch Abrundungen von Kanten zwischen Fußböden und Wänden fühlen sich die Nagetiere weniger geschützt und meiden deshalb häufig solche Durchgänge. Um Kontrollen zu erleichtern und das Auslegen von Ködern zu ermöglichen, sollte das Lagergut mit etwas Abstand zur Wand gestapelt werden. Es ist wichtig, dass auch die Umgebung der Anlage gepflegt und sauber gehalten wird. Versteckmöglichkeiten, wie Pflanzenbewuchs, lagernde Maschinenteile und Materialien sollten konsequent entfernt und Laufwege sowie Eintrittspforten verschlossen werden.

Vögel

Vögel, vor allem Tauben, verursachen ebenfalls Fraßschäden und verunreinigen die Produkte mit pathogenen Mikroorganismen und Wurmeiern, die sie mit ihren Exkrementen und Federn zurücklassen. Vögel dürfen nur vergrämt werden, weshalb auch hier präventiv vorgegangen werden sollte und ein Eindringen von Vögeln in das Getreidelager oder den Verarbeitungsbetrieb durch Gitter an Fenstern und Türen verhindert werden. Die unmittelbare

Umgebung des Betriebs sollte sauber und frei von möglichen Getreide- und Verarbeitungsresten gehalten werden, die den Vögeln als Nahrungsgrundlage dienen könnten.

Literaturverzeichnis

Getreideannahme und -lagerung

[1] Rohner, A.: Maschinenkunde für Müller; Schweizerischen Berufsbildungskommission für Müller

[2] Ulmer, K.: Maschinenkunde für Futtermüller; Schweizerischen Berufsbildungskommmission für Futtermüller

[3] Boxler, H.: Musternahme im Mühlenbetrieb ohne Personal Die Mühle + Mischfuttertechnik, 124. Jahrgang, 14.Mai 1987, Heft 20

[4] Simatek AIS, Hocheffektive Filtertechnologie, Prospekt- und Informationsmaterial

[5] Fischbeck, G., Heyland, K.U. und Knauer, N.: Spezieller Pflanzenbau; Eugen Ulmer Verlag Stuttgart 1973

[6] Gerstenkorn, P., Weipert D., El Bayâ, Münzing K. und Zwingelberg, H.: Veränderungen der Getreidequalität bei der Lagerung; Getreide Mehl und Brot, 4 (1990), S. 104–111

[7] Häberli, G.: Einführung in die Getreidekunde; Skript SMS, St. Gallen, 2002

[8] Hoseney, R.C: Principles of Cereal Science and Technology; American Association of Cereal Chemists, Inc., 3340 Pilot Knob Road, St. Paul, Minnesota 55121, USA (1990)

[9] Lew, H.: Mykotoxinbelastung von Getreide und Konsequenzen für seine Verarbeitung. Getreide Mehl und Brot, 49 (1995) 1, S. 16–19

[10] Otteneder, H. (Hrsg.): Rückstände und Kontaminanten in Getreide und Getreideerzeugnissen, Agrimedia, Clenze, 2. Auflage, 2019

[11] Ocker, H.-D., Eich, E, Tietz, U. und Mrowietz, E.: Rückstände von Pflanzenschutzmitteln und Schwermetallgehalte in den gesamtdeutschen Brotgetreideernten (BEE) der Jahre 1991–1993. – Teil I: Pflanzenschutzmittelrückstände; Getreide Mehl und Brot, 49 (1995) 2, S. 118–123

[12] Münzing, K.: Wasser, ein wichtiger physikalischer Qualitätsfaktor bei Getreide; Getreide Mehl und Brot, 41 (1987) 12, S. 362–372

[13] Vonarburg, J.F.: Das optimale Umfeld für die Getreidelagerung. Die Mühle + Mischfuttertechnik, 128 (1991) 38, S. 481–482

[14] Benzing, L.: Der sachkundige Vorratsschützer: Sachkunde für Anwender und Abgebende von Vorratsschutzmitteln; Agrimedia Bergen/Dumme 2000

[16] Humpisch, G.: Getreide lagern, Belüften und Trocknen: Einführung in Grundlagen, Technik, Anwendung; Agrimedia Bergen/Dumme 1998

[17] Reichmuth, C.: Möglichkeiten der Schädlingsbekämpfung in der Müllerei; Getreide Mehl und Brot, 12 (1990), S. 367–371

[18] Benzing L.: Bekämpfung tierischer Schädlinge in Mühlen; Die Mühle+Mischfuttertechnik; 128 (1991) 24, S. 305–306

[19] Wolff, J.: Zum Vorkommen von Mykotoxinen in Getreide; Getreide Mehl und Brot, 49 (1995) 3, S. 139-147

[20] Büchi R.: Folgen zu hoher Feuchtigkeit: Befall durch Staubläuse und Milben; Die Mühle+Mischfutter; 128 (1991) 32, S. 406–408

[21] Wolff, J., und Richter, W.I.S.: Untersuchungen an Getreide auf Ochratoxin A; Die Mühle und Mischfuttertechnik; 130 (1993), 20

[22] Dexter, J.E.,Clear, R.M. and Preston, K.R.: Fusarium Head Blight: Effect on the Milling and Baking of Some Canadian Wheats; Cereal Chemistry 73(1996) 6, S. 695–701

[23] Spycher, G.und Zwingelberg,H.:Wege zur Verminderung der mikrobiologischen Kontamination des Getreides in der Mühle; Getreide Mehl und Brot, 44 (1990) 3, S. 71–77

[24] Bucheli, B. et al.:Untersuchungen zum Fusarienbefall und zur Mykotoxinbelastung des schweiz. Brotgetreides der Ernten 1992–1994; Mitt. Gebiete Lebensm. Hyg. 87(1996), S. 84–102

[25] Häberli, G.: Hygienische Qualität von Weizen und Mahlprodukten; Vortrag an der Bäckerfachschule Richemont, Luzern, Schweiz, 4.1.1996, nicht veröffentlicht

[26] Mills, R. and Pederson, J.: A Flour Mill Sanitation Manual (1990), Eagan Press, St. Paul, MN 55121, USA

Empfohlene Literatur

[27] Pomeranz, Y. (Ed.): *Wheat chemistry and technology; American Association of Cereal Chemists, St. Paul, Minn., 1988*

[28] Fox, B.A. and Cameron, A.G.: *Food Science; fifth edition (1989), Edward Arnold a division of Hodder & Stoughton Ltd., 41 Bedford Square, London WC1B 3DQ, U.K.*

[29] Kayser, K.-W.: *Qualitätsmanagement-System nach ISO 9000 als Instrument der Unternehmensführung; Getreide Mehl und Brot, 51 (1997) 5, S. 295–297*

[30] Krämer, J.: *Lebensmittel-Mikrobiologie (1997), Verlag Eugen Ulmer Stuttgart*

[31] Wiesmann, E.: *Medizinische Mikrobiologie; Georg Thieme Verlag, Stuttgart (1978)*

[32] Skrigan, E.: *Technologie der Lagerung und Nacherntebehandlung von Körnerfrüchten, Band I + II, Verlag Moritz Schäfer, Detmold, 2005*

[33] Humpisch, G. (Hrsg.): *Getreide und Ölsaaten lagern – Grundlagen, Verfahren, Anwendung; Agrimedia, Clenze, 2014*

[34] Humpisch, G.: *Datenschieber Körnerfruchtlagerung; Agrimedia, Clenze, 2014*

Vorratsschutz und Hygiene

[1] Adler, C. (2014): *Vorratsschutz Getreide – Von der Schädlingsbekämpfung zum Getreidemanagement. Business Agrar 1/2014: 34–37.*

[2] Adler, C. (2014): *Was sind Vorratsschädlinge und woher kommen sie? Mühle+Mischfutter 151 Jg. Heft 3, Februar 2014, 93–94.*

[3] Böye, J., Mück, O., Adler, C. (2014): *Verpackungen gegen Vorratsschädlinge Mühle+Mischfutter 151 Jg. Heft 3, Februar 2014, 88–90.*

[4] Adler, C. (2013): *Schädlinge im Korn – Neue Methoden im Vorrats- und Nachernteschutz. Forschungsreport 1/2013: 24–27.*

[5] Adler, C., Ndomo, A.F. und Münzing, K. (2013): *Vorstellung eines Forschungsprojektes zur schädlingsdichten Getreidelagerung und Orientierung vorratsschädlicher Insekten. Mühle+Mischfutter, 150.Jahrgang, Heft 4, 28. Februar 2013, 107–109.*

[6] Adler, C. (2010): *Biologische Bekämpfung im Vorratsschutz: Besonderheiten rund um den Schutz gelagerter Lebensmittel. Journal für Kulturpflanzen 62 (3). S. 93–96*

[7] Adler, C. (2008): *Zur Wirkung hoher Temperaturen auf vorratsschädliche Insekten. Mitteilungen der Deutschen Gesellschaft für allgemeine und angewandte Entomologie, Bd. 16, Vorträge der Entomologentagung in Innsbruck, 26.2.–1.03.2007, 319–321.*

[8] Reichmuth, Ch.: *Vorratsschädlinge im Getreide: Aussehen, Biologie, Schadbild, Bekämpfung; Verlag Th. Mann Gelsenkirchen, 1997*

[9] Frenzel, W., Krüger, J., Schwarz, P.: *Besatz in Getreide, Agrimedia, 2009*

[10] Poster: *Insekten als Schädlinge in der Getreideverarbeitung; Agrimedia, Clenze, 2018*

[11] Poster: *Insekten als Schädlinge im Vorratslager; Agrimedia, Clenze, 2018*

[12] Steckbriefartige Beschreibung der vorratsschädigenden Insekten und ihrer Brutstadien mit Bildern sind unter http://vorratsschutz.julius-kuehn.de/ zu finden.

5 Getreidereinigung

Thomas Krüger, Heinrich Sollberger

5.1 Besatz

Das an die Mühlen gelieferte Getreide ist in den meisten Fällen nicht vollkommen frei von Verunreinigungen. Die darin enthaltenen Fremdstoffe, wie beispielsweise Unkrautsamen, Steine, Erdklümpchen, Halmteile, Spreu usw. können bereits bei der Ernte ins Getreide gelangen. Während des Transports und der Lagerung können weitere Fremdstoffe hinzukommen, wie Metallteile, Fremdgetreide, Insekten und anderes mehr. Diese Fremdstoffe werden »Besatz« genannt. Jedoch nicht nur Fremdstoffe können ein Problem sein, sondern auch eine Kontamination des Getreides mit Feldpilzen (Mykotoxinbelastung).

Man unterscheidet üblicherweise zwischen Fremdbesatz (Schwarzbesatz) und Kornbesatz. Unter Kornbesatz versteht man korneigene Teile, die durch mechanische oder biologische Einflüsse nicht mehr den vollen müllerischen Wert darstellen. Darunter fallen vor allem gebrochene Körner, unvollständig entwickelte Körner (Schmachtkorn), Auswuchs, durch Insekten beschädigte Körner oder solche, die durch Pilzkrankheiten verändert wurden sowie auch Fremdgetreide. Zum Fremdbesatz (Schwarzbesatz) fallen Unkrautsamen, Steine, Sand, Glas, Spelzen, Halmteile, Mutterkorn und anderes mehr.

Je nach Anbau- und Erntemethoden kann der Anteil an Besatz stark variieren. Üblicherweise liegt er aber unter 3 %.

5.1.1 Einflüsse des Besatzes auf die Endprodukte

Der Besatz hat in den meisten Fällen einen negativen Einfluss auf die Endprodukte:

- Erhöhung des Mineralstoffgehalts (Asche),
- Einfluss auf Geruch und Geschmack,
- Giftigkeit,
- Beeinträchtigung der Backeigenschaften,
- Verursachen von Stippen, Farbverschlechterung,
- Einfluss auf die Hygiene.

Zudem kann der Besatz

- Maschinen beschädigen und
- extremen Verschleiß an Transportelementen und Maschinen verursachen.

5.1.2 Trennmethoden

Für ein Endprodukt, das den hohen gesetzlichen Anforderungen an Lebensmittel gerecht wird, muss der Besatz und der an der Kornoberfläche haftende Schmutz in der Getreidereinigung vor der Verarbeitung entfernt werden.

Zum Glück unterscheiden sich die meisten dieser Fremdstoffe in irgendeiner physikalischen Eigenschaft von der des Getreides. Die in der Getreidereinigung verwendeten Maschinen trennen aufgrund folgender Unterschiede (Trennprinzipien) zwischen Getreide und Besatz:

- Größe, Dicke,
- magnetische Reaktion,
- Schwebegeschwindigkeit,
- Dichte, spezifisches Gewicht,
- Länge,
- Form,
- Prallverhalten,
- optische Unterschiede, Farbe (Reflexionen im sichtbaren und nichtsichtbaren Bereich).

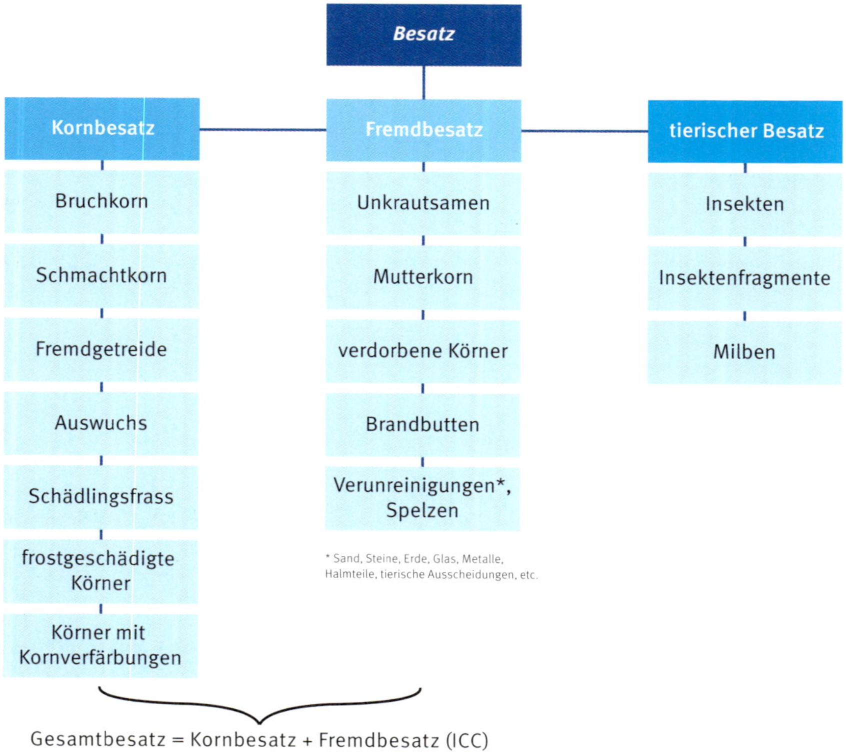

Abb. 5-1: Übersicht der Besatzgruppen

Produkt – unterschiede	Trennmethode	Auslese oder Klassierung von	Verwendete Maschinen
Magnetische Eigenschaften	Magnetismus	Ferromagnetische Teile	Magnete
Größe, Dicke	Rund- und Schlitzlochsieb	Grobbesatz: Schrollen	Siebtrommeln Längssiebe Separatoren Plansiebe
	Rundlochsiebe Dreieckslochung Drahtgewebe	Feinbesatz: Sämereien, Sand	
Schwebegeschwindigkeit	Luftstrom	Leichtbesatz: Staub, Spreu, Spelzen	Aspirationsmaschinen: Aspirationskanäle, Tarare
Spezifisches Gewicht, Dichte	Schichtung mit Luft auf geneigten Flächen, Vibration	Steine, Glas, Metalle	Trockensteinausleser Kombinator
		Schwergut Leichtgut; Produkte mit Unterschiedlichen Sicker-eigenschaften	Leichtkornausleser
			Konzentrator Kombinator
	Umlenkung mit Luftstrom	Schwerteile	Schwerteileausleser
Länge	Taschenförmige Vertiefungen (Zellen)	Langkorn, Rundkorn	Manteltrieure Scheibentrieure
Form	Schräge Gleitflächen Fliehkraft	Wicken, Ackersenf, Sojabohnen, Erbsen, Querbruch	Auslesebänder Spiraltrieure
Reibungswiderstand und Elastizität	Schichtung und Prallung	geschält/ungeschält Schwer-/Leichtgut	Paddy-Auslesetische
Reflektionen im sichtbaren Bereich	Auswertung Reflektion; Ausstoß mit Luftdüse	verfärbte, kranke Körner; ungeschälte Körner	Optischer Sortierer
Reflektionen im Infrarot-Bereich	Auswertung Reflektion; Ausstoß mit Luftdüse	DON, Fusarium	Optischer Sortierer mit IR Kamera

Abb. 5-2: Trennprinzipien/Trennmethoden in der Getreidereinigung

5.2 Reinigungsmaschinen

5.2.1 Getreideseparator

Der Getreideseparator ist eine Siebmaschine, die rein nach Größe, respektive Dicke trennt. Er hat die Aufgabe, alles was größer und alles was kleiner ist als das Getreidekorn auszusieben. Je nach Hersteller werden für diese Aufgabe unterschiedliche Siebbewegungen gewählt:

- horizontale Kreisbewegung,
- vertikale Kreisbewegung,
- horizontale Hin- und Herbewegung,
- schräg nach oben gerichtete Hin- und Herbewegung.

Horizontale Siebbewegungen üben keine transportierende Kraft auf das Siebgut aus. Die Siebe müssen deshalb eine ausreichende Neigung vom Einlauf zum Auslauf aufweisen. Aber auch Separatoren mit transportierender Siebbewegung haben meist etwas Siebneigung.

Als Siebe werden üblicherweise Lochbleche verwendet, die auf Holz- oder Metallrahmen fixiert sind. Für Feinbesatz kommen aber auch Drahtgewebe zum Einsatz. Unter dem Sieb befindet sich ein sogenannter Tragrost mit Gummikugeln, die durch eine klopfende Wirkung das darüber liegende Sieb permanent sauber halten. Ohne Siebreinigung würden die Siebe innerhalb kürzester Zeit verstopfen.

Bei der Herstellung von Lochblechen werden Stanzwerkzeuge eingesetzt. Dort, wo das Stanzwerkzeug in das Blech eindringt, entsteht eine leicht trichterförmige Öffnung, während auf der Gegenseite ganz feine Brauen vorstehen. Gleitet man mit den Fingern über diese Flächen, kann man sehr leicht den Unterschied feststellen. Das Sieb sollte immer so fixiert werden, dass die raue Oberfläche mit dem Produkt in Berührung kommt und folglich nach oben zeigt. Siebe, die hingegen mit der leicht trichterförmigen Öffnung nach oben fixiert werden, neigen zum Verstopfen.

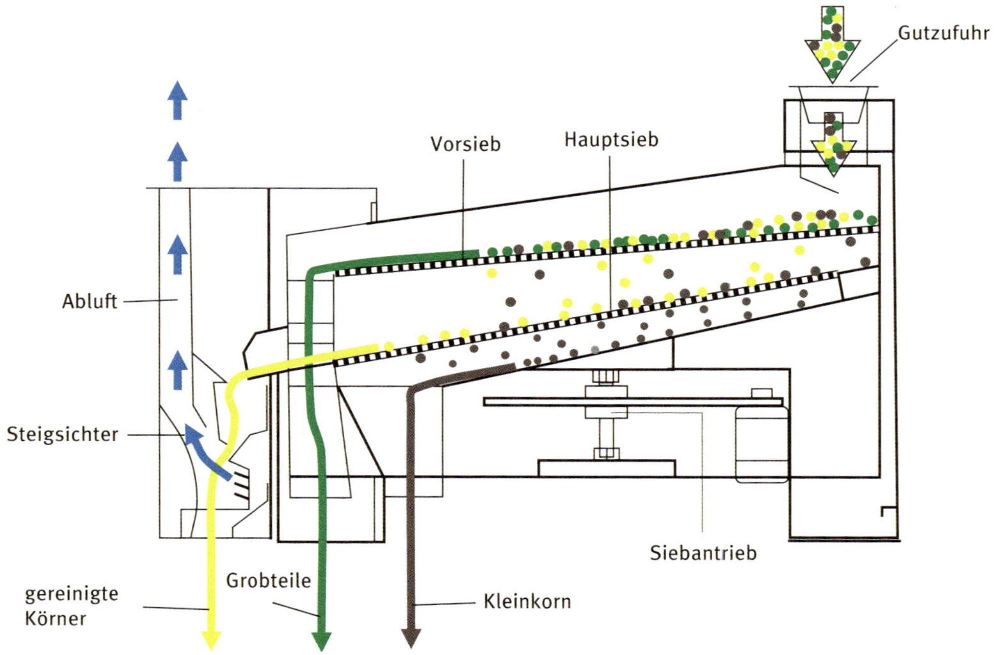

Abb. 5-3: Getreideseparator mit kreisender Siebbewegung (Bauart Bühler)

Für den Abstoß von Fremdteilen die größer als das betreffende Getreide sind, werden Rund- oder Schlitzlochbleche eingesetzt. Für Weizen zum Beispiel beträgt die Rundlochung 6 bis 8 mm, die Schlitzlochung 25 × 4,0 bis 25 × 4,5 mm je nach Größe der Weizenkörner und Intensität der Siebbewegung. In vielen Separatoren wird dieser Grobbesatz auch noch in verwertbaren und nicht verwertbaren Besatz getrennt.

Das darunterliegende Sandsieb hat die Aufgabe, alle kleineren Fremdteile auszusieben. Sand, kleine Steine bis etwa 2 mm Durchmesser, aber auch Unkrautsamen und kleine Bruchkörner müssen vor dem Steinausleser und den Trieuren ausgeschieden werden. Kleine Steine verstopfen das Siebgewebe im Steinausleser und stören so die Luftverteilung. Außerdem können sie wegen ihres ungünstigen Verhältnisses von Oberfläche zu Masse durch den Steinausleser nicht erfasst werden. Sand wirkt sich äußerst negativ auf den Verschleiß der Trieurmäntel aus.

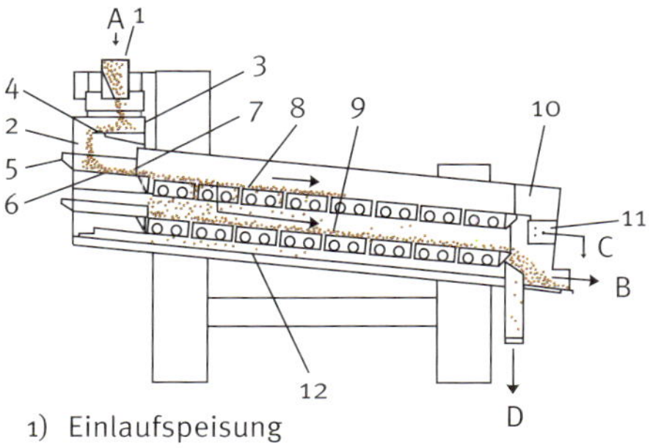

1) Einlaufspeisung
2) Einlaufkasten
3) Verteilschikane
4) Verteilschieber
5) Obere Schublade
6) Untere Schublade
7) Verteilklappe
8) Obere Sieblage (Schrollensieb)
9) Untere Sieblage (Sandsieb)
10) Auslaufkasten
11) Nachlesekanal
12) Siebkasten

A) Produkteinlauf
B) Auslauf Hauptware
C) Auslauf Grobteile (seitlich)
D) Auslauf Sand, Bruch usw.

Abb. 5-4: Getreideseparator mit Hin- und Herbewegung (Bauart Bühler)

Einer einwandfreien Auslese des Feinbesatzes ist deshalb höchste Priorität zu schenken. Ist die Siebfläche im Getreideseparator zu klein oder die Siebreinigung ungenügend, wird sich dies stets nachteilig auf die nachfolgenden Reinigungsmaschinen auswirken, es kann beispielsweise das Traggewebe des Steinauslesers verstopfen.

Sandsiebe werden häufig mit 2 mm Rundlochung oder mit Dreiecklochung versehen, wobei die Seitenlänge dieser Dreiecke ca. 3,5 mm beträgt.

Die Siebrahmen werden in Separatoren in der Regel durch Klemmvorrichtungen festgehalten.

Funktion

Am Einlauf des Separators wird das Getreide zunächst auf die ganze Siebbreite verteilt. Die Verteilung geschieht in den meisten Fällen über Verteilbleche oder mittels Verteilwalzen. Das Hauptsieb lässt das Getreide durchfallen, während die groben Fremdteile am Siebende in einen Sammelkanal abgestoßen werden. Über dem Hauptsieb ist sehr oft noch ein Kunststoffvorhang angebracht, um zu verhindern, dass Getreidekörner mit dem Grobbesatz verloren gehen.

Vom Sandsieb wird das Getreide in einen Sammeltrichter oder direkt in den nachfolgenden Aspirationskanal geführt. Unter dem Sandsieb ist ein Vollblech angeordnet, um den Kleinbesatz aufzufangen und diesen in einen Sammeltrichter oder einen Querkanal zu leiten.

Bei Separatoren mit horizontaler Kreisbewegung ist der Siebkasten freischwingend an Kunststoffstäben aufgehängt. Der Antrieb erfolgt über einen mitschwingenden Motor und einer unter dem Siebkasten oder zwischen den Sieben angeordneten Unwuchtscheibe. Das Ganze ist in einem Stahlrahmen untergebracht.

Hat der Siebkasten eine Hin- und Herbewegung, wird er auf einem Stahlständer mit vier Gummihohlfedern abgestützt. Die lineare Wurfbewegung wird durch zwei seitlich angeordnete Vibromotoren erzeugt. Durch Verstellen der Motorenposition kann der Wurfwinkel problemlos dem jeweiligen Produkt angepasst werden. Die beiden Vibromotoren drehen synchron aber gegenläufig. Damit werden die seitlichen Kräfte neutralisiert. Die kreisende Motorenbewegung wird so in eine schräg nach oben gerichtete Hin- und Herbewegung umgewandelt. Der Hub kann durch Verstellen der Unwuchtgewichte in den Motoren selbst beeinflusst werden. Separatoren dieser Ausführung haben keine Schmierstellen mehr. Für die verschiedenen Leistungsbereiche werden Maschinen unterschiedlicher Länge und Breite angeboten.

Die von den Herstellern angegebenen Stundenleistungen beziehen sich meist auf Schwergetreide (> 75 kg/Hlg) mit einer maximalen Feuchtigkeit von 15 % und einem Besatzanteil von 3 %. Bei höherer Feuchtigkeit und höherem Besatzanteil reduziert sich die Stundenleistung entsprechend.

5.2.2 Magnetapparat

Eisenteile können Maschinen beschädigen, Funken erzeugen und dadurch Schwelbrände oder sogar Staubexplosionen verursachen. Aus diesem Grunde sollten Magnetapparate möglichst immer am Anfang eines Prozessablaufs platziert werden, zum Beispiel am Anfang der Vorreinigung (Getreideannahme), der Reinigung und der Vermahlung.

Je nach örtlichen Gegebenheiten werden sie aber auch generell vor schnellaufenden Maschinen und zur Kontrolle der Endprodukte eingesetzt. Teilweise wird dies vom Gesetzgeber sogar verlangt.

Prinzipiell unterscheidet man zwischen Permanent- und Elektromagneten. In der Mühle kommen mehrheitlich Permanentmagnete, auch Dauermagnete genannt, zum Einsatz. Sie behalten ihre magnetische Eigenschaft dank spezieller Metall-Legierungen fast unbegrenzt.

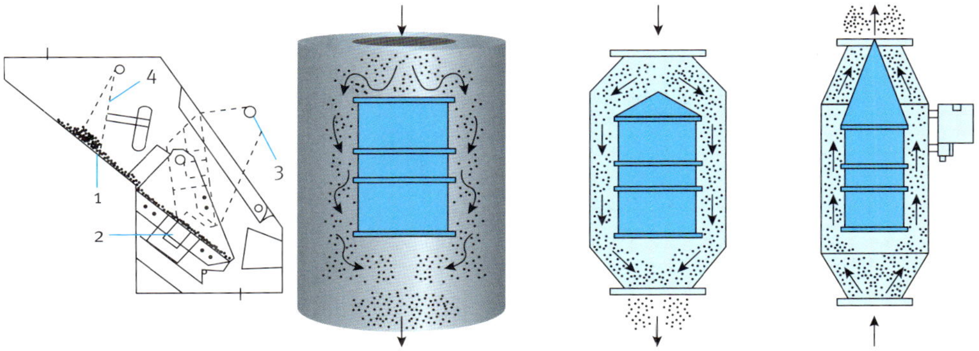

1 Gehäuse,
2 Magnetblock (Hufeisen- oder Plattenmagnet,
3 Griff für Magnetausbau,
4 Stau- und Verteilklappe.

Rohrmagnet für Getreide, Mehl/Kleie und in der Pneumatikleitung

Abb. 5-5: Dauermagnete: Flachmagnete und Rohrmagnete

Dauermagnete werden in vielen verschiedenen Ausführungen angeboten. Grundsätzlich unterscheidet man zwischen Magneten für Handabreinigung und solchen, die selbstreinigend arbeiten.

Die Dauermagnete für Handabreinigung benötigen keinerlei Antrieb oder Elektroanschluss. Sie müssen aber regelmäßig manuell gereinigt werden. Andernfalls wird die Auslese beeinträchtigt, und im Extremfall kommt es sogar zum Produktstau. Beim Einbau dieser Magnetapparate ist deshalb darauf zu achten, dass sie an leicht zugänglicher Stelle platziert werden.

Eine Stauklappe hat die Aufgabe, den Getreidestrom abzubremsen und auf die ganze Magnetbreite gleichmäßig zu verteilen.

Neben den Flachmagneten werden heute häufig auch Rohrmagnete eingesetzt. Sie haben den Vorteil, dass sie vertikal in den Rohrbau integriert werden können. Das Getreide prallt auf den Magnetkern, wird dort abgebremst und auf den ganzen Umfang verteilt. Anschließend fließt es ringförmig an den Magnetfeldern vorbei in den Sammelkonus. Der Magnetkern ist an einer ausschwenkbaren Tür befestigt, sodass er außerhalb des Produktraumes gereinigt werden kann.

Die selbstreinigenden Magnete sind ebenfalls mit Hufeisen- oder Plattenmagneten ausgerüstet. Sie brauchen aber einen Antrieb, sei es nun für die Rotation der Magnete, der Trommel oder des Bandes.

Der Vorteil liegt darin, dass die ausgelesenen Eisenteile fortlaufend abgeworfen werden und der Magnet immer voll aufnahmefähig bleibt. Die Wartung beschränkt sich bei diesen Apparaten auf das Entleeren des Auffangbehälters.

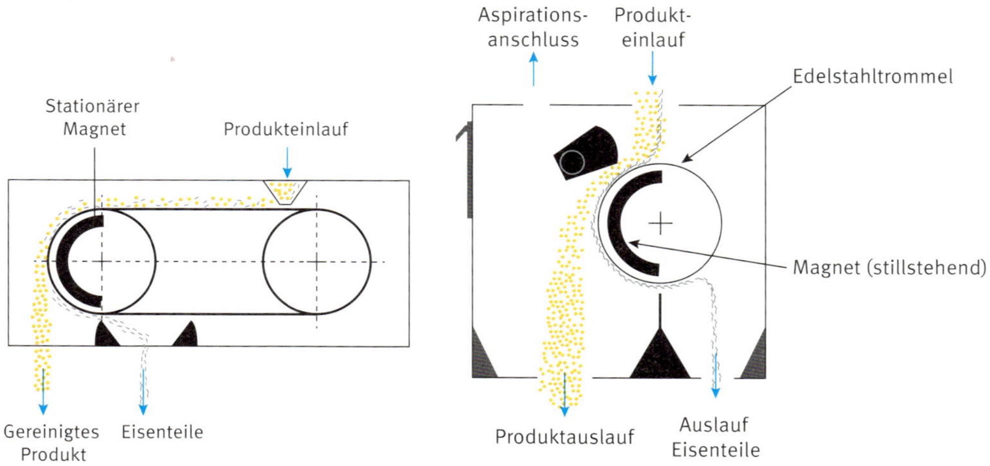

Abb. 5-6: Band- und Trommelmagnet

Elektromagnetapparate haben sich in der Mühlenindustrie nicht durchsetzen können, obschon ihre Anziehungskraft den Dauermagneten ebenbürtig oder sogar überlegen ist. Ihr Nachteil liegt darin, dass sie bei Stromausfall ihre Anziehungskraft verlieren und die anhaftenden Eisenteile in den Produktstrom zurückfallen lassen. Um dies sicher zu verhindern, müsste nach dem Elektromagnet eine automatische Klappe installiert werden, die das Produkt bei Stromausfall sofort in einen Behälter umleitet.

5.2.3 Aspirationskanal/Steigsichter

Aspirationskanäle, auch Steigsichter genannt, werden überall dort eingesetzt, wo aus einem Produktstrom leichte Teile aussortiert werden sollen.

In der Getreidereinigung ist dies vor allem nach dem Getreideseparator, dem Sterilator und nach Scheuermaschine bzw. dem Peeler der Fall.

Je nach Dichte, Form und Oberflächenstruktur weisen die einzelnen Partikel unterschiedliche Schwebegeschwindigkeiten auf. Wird ein Produktgemisch einem genau regulierbaren Luftstrom ausgesetzt, können die leichten Teile vom Schwergut getrennt werden.

Eine exakte Auslese im Aspirationskanal hängt ganz wesentlich von der Einspeisung ab. Nur wenn ein konstanter und auf die ganze Breite gleichmäßig verteilter Produktschleier in die Auslesezone geleitet wird, kann ein gutes Resultat erwartet werden. Ältere Ausführungen waren mit einer Stauklappe mit Gegengewicht ausgerüstet. Neuere Ausführungen sind mit Vibrospeisungen versehen. Die Vibrationsbewegung wird entweder durch Vibromotoren oder Exzenter erzeugt.

Der unter dem Einlaufbehälter angeordnete Vibroboden ist an Stahlfedern pendelnd aufgehängt. Der Federzug wird so eingestellt, dass im Einlaufbehälter ein Produktstau auf der ganzen Kanalbreite entsteht. Das Gewicht des aufgestauten Produkts drückt den Vibroboden nach unten und lässt so einen gleichmäßigen Produktstrom in den Aspirationskanal fließen.

Die von unten einfließende Luft durchspült den horizontal eintretenden Produktstrom und nimmt die leichten Teile wie Staub, Schalen, Kleinbruch, Schmachtkörner usw. mit. Die mitgerissenen Teile werden im Aspirationskanal die aerodynamisch günstigste Lage einnehmen. Danach werden sie entweder zum Schwerprodukt zurückfallen oder endgültig mit dem Luftstrom zum Zwischenabscheider getragen.

Dank der durchsichtigen Rückwand kann dieser Trenneffekt beobachtet werden. Eine endgültige Beurteilung der Rückwand- und der Lufteinstellung kann aber nur über die Kontrolle des Ausleseprodukts und des Schwerprodukts geschehen.

Die Rückwand des Steigkanals ist verstellbar, sodass die Kanaltiefe und die Luftgeschwindigkeit dem Produkt und der Leistung angepasst werden können.

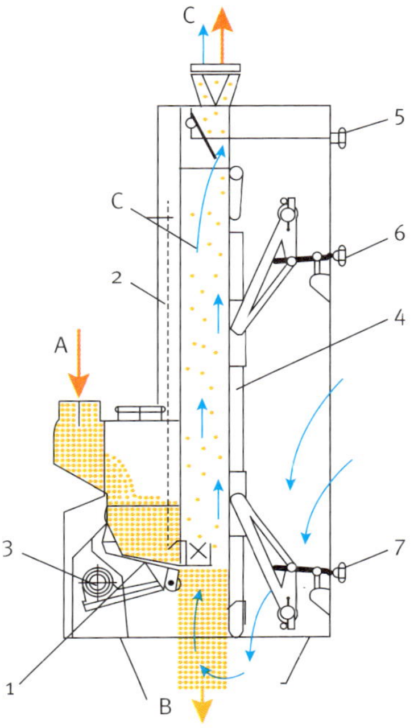

1 Rüttelschuh, 2 Aufhängung des Rüttelschuhs, 3 Exzenterantrieb, 4 verstellbare Rückwand, 5 Einstellung der Drosselklappe, 6 obere Wandeinstellung, 7 untere Wandeinstellung, A Produkteinlauf, B Auslauf des gereinigten Produkts, C Leichtprodukt (zum Filter)

Abb. 5-7: Aspirationskanal mit oszillierender Speisevorrichtung (Bauart Bühler)

Eine Drosselklappe am Aspirationsanschluss erlaubt die Einstellung der Totalluftmenge. Pro 10 cm Kanallänge rechnet man mit einem Luftbedarf von 3 bis 8 m^3/min. je nach Kanaltiefe und Belastung. Ist die Schwebegeschwindigkeit bekannt kann die erforderliche Luftmenge nach folgender Formel vorausbestimmt werden:

Luftmenge $Q = 60 \times b \times t \times v$

b = Kanalbreite in m

t = obere Kanaltiefe in m

v = Schwebegeschwindigkeit in m/s

Das Trennen der mitgerissenen Leichtteile von der Staubluft geschieht entweder durch einen angebauten Expansionsraum oder durch einen Zwischenabscheider.

Das Reinigen von Körnerprodukten mithilfe eines Luftstromes ist eine effiziente und einfache Technik. Als Nachteil ist der große Luftverbrauch

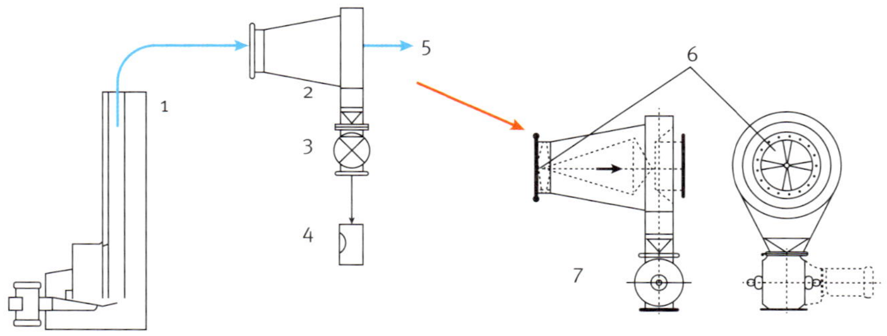

1 Aspirationskanal, 2 Zwischenabscheider, 3 Zellenradschleuse, 4 Kontrollstutzen, 5 zum Filter, 6 Leitschaufeln, 7 Hohlkörper

Abb. 5-8: Aspirationskanal mit Zwischenabscheider

zu werten. Große Luftmengen verlangen auch große Luftleitungen, große Ventilatoren und entsprechend große Filterflächen. Außerdem muss die über die Filter ausgeblasene Luft im Gebäude durch Frischluft ersetzt werden, was bei kalten Außentemperaturen unangenehm ist. Durch den Einsatz von Umluftmaschinen können diese Nachteile weitgehend vermieden werden, da der Großteil der Luft im Kreislauf wieder verwendet wird. Die Abluft mit den Leichtteilen gelangt vom Steigkanal in einen liegenden Spezialabscheider. Dort werden die Leichtteile durch Zentrifugalkraft und Expansion von der Staubluft getrennt. Im unteren Bereich des Abluftkanales sind lamellenartige Schikanen angebracht, die den Trenneffekt verbessern. Auch Staubpartikel können damit von der Luft getrennt werden. Die so gereinigte Luft gelangt zum seitlich angeordneten Radialventilator und von dort über einen Luftkanal zurück in den Sammeltrichter der Aspirationsmaschine.

Staub und ausgelesene Leichtteile werden im unteren Teil des Expansionsraums durch eine Transportschnecke gesammelt und über eine Stauklappe ausgetragen.

5 bis 10 % der Prozessluft wird in die Zentralaspiration geführt um sicherzustellen, dass die Maschine immer leicht im Unterdruck arbeitet und dadurch staubfrei funktioniert.

Das Schwerprodukt verlässt die Maschine über Fingerklappen mit Gegengewicht.

In der Siloreinigung ist der Einsatz von Umluftaspirationskanälen nicht zu empfehlen, da die Chance von Kondensation zu groß ist und das Getreide auch nicht mit Frischluft belüftet werden kann.

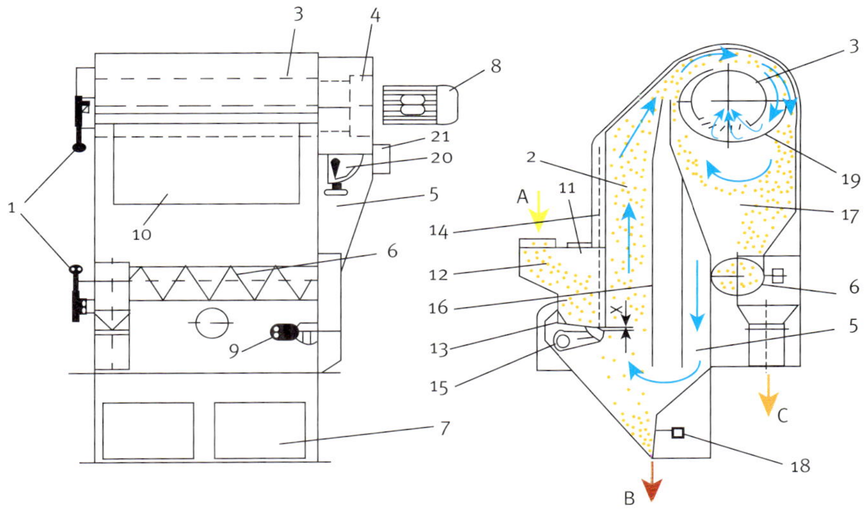

1 Verstellung der Zwischenwand, 2 Aspirationskanal, 3 Leichtgutabscheider, 4 Radialventilator, 5 Rückführkanal, 6 Austragsschnecke mit Klappe, 7 Kontrolltüren, 8 Antrieb Ventilator, 9 Antrieb Austragsschnecke und Rüttelschuh, 10 Reinigungstür, 11 Aspirationsanschluss, 12 Einlaufkasten, 13 Rüttelschuh (Speisung), 14 Federaufhängung des Rüttelschuhs, 15 Exzenterantrieb, 16 verstellbare Zwischenwand, 17 Sammelraum für das Leichtgut, 18 Auslaufklappen mit Gegengewicht, 19 Leitblech mit Putztür, 20 Luftregulierung, 21 Luftanschluss zum Filter

A Produkteinlauf, B Produktauslauf (gereinigtes Produkt), C Auslauf für Leichtgut

Abb. 5-9: Umluftaspirationskanal (Umlufttarar) (Bauart Bühler)

5.2.4 Steinausleser

Steine, Glas- und Metallteile sind spezifisch schwerer als Getreide. Dieser Sachverhalt wird als Trennprinzip im Steinausleser genutzt.

Damit ein Steinausleser optimal arbeiten kann, muss das Getreide frei von groben und feinen Beimengungen sein. Grobe Verunreinigungen verursachen Störungen am Einlauf, in der Auslesezone und bei der Endtrennung. Kleiner Besatz, insbesondere kleine Steine mit einem Durchmesser von weniger als 2 mm, verstopfen das Traggewebe und stören so die Luftverteilung. Das Produkt sollte auch staubfrei sein, damit die Sichtfenster sauber bleiben. Folglich muss ein Steinausleser diagrammatisch immer nach dem Separator eingesetzt werden.

Über eine Speisevorrichtung, die zugleich als Luftabschluss dient, wird das Getreide in das Maschinengehäuse geführt. Umlenkbleche verteilen das Produkt auf die ganze Maschinenbreite. Die eigentliche Trennung der spezifisch schwereren Teile geschieht auf dem luftdurchlässigen, leicht geneigten Auslesetisch. Ein daran befestigter Unwuchtmotor überträgt eine

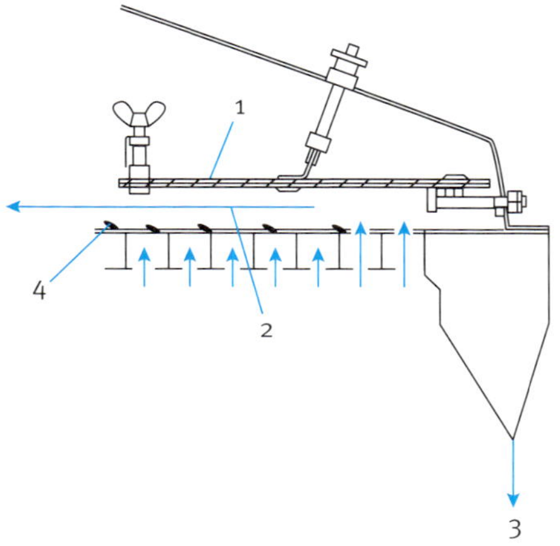

1 verstellbare Abdeckplatte, 2 Luftströmung, 3 Auslauf Steine (Schwergut), 4 Produktschicht
Abb. 5-10: Endtrennzone Steinausleser

schräg nach oben gerichtete Hin- und Herbewegung. Der Auslesetisch erhält dadurch eine Förderbewegung die bewirkt, dass alle mit dem Traggewebe in Kontakt stehenden Produkte nach oben wandern. Gleichzeitig wird die ganze Tischfläche von unten mit Luft durchströmt. Das leichtere Produkt, in diesem Falle das Getreide, wird durch den Luftstrom leicht angehoben. Damit wird es der Förderwirkung des Auslesetisches entzogen und fließt durch die Schwerkraft nach unten zum Auslauf.

Die spezifisch schwereren Teile sinken auf das Traggewebe ab und werden durch die schräg aufwärts gerichtete Wurfbewegung nach oben zur Endtrennzone gefördert. Dort bewirkt eine über dem Auslesetisch angeordnete Platte einen regulierbaren Gegenluftstrom, der praktisch nur die Schwerteile passieren lässt.

Getreide und Schwerteile werden über spezielle Gummimanschetten ausgetragen. Sie dienen als Luftschleusen, damit ein Minimum an Falschluft in die Maschine gelangen kann.

Der Auslesetisch samt Abdeckhaube ist an drei Punkten freischwingend abgestützt (Stahl- oder Gummihohlfedern). Die Tischneigung kann über die Abstützung oben beim Steinauslauf eingestellt werden.

Die Luftmenge wird mittels einer Drosselklappe reguliert. Je nach Luftmenge verändert sich auch der Unterdruck in der Maschine. Ein angebautes U-Rohr zeigt uns den herrschenden Luftwiderstand an. Die richtige Lufteinstellung ergibt ein leichtes Brodeln im Produkt (fluidisieren des Produkts). Bei zu starkem Brodeln riskiert man, dass kleine Steine aufgewirbelt werden und mit dem Weizen abfließen.

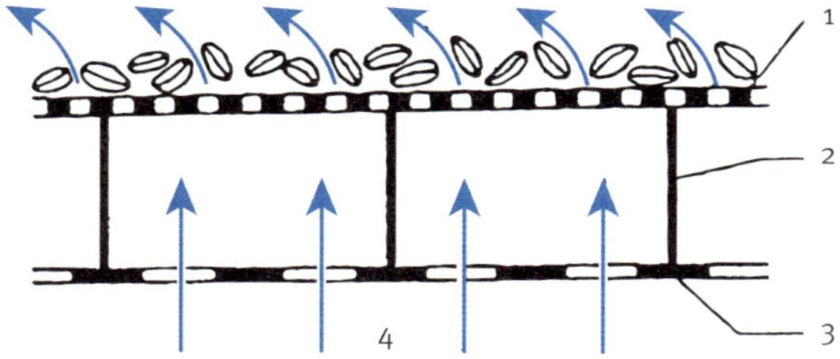

1 Traggewebe (Drahtgeflecht); 2 Stützrost (Feldereinteilung); 3 Lochblech; 4 Luftstrom
Abb. 5-11: Wirkungsweise des Steinauslesers (»Sandwich«)

Eine Schlüsselstellung nimmt die Luftverteilung ein. Da die Schichtdicke des Produkts auf dem schräggestellten Tisch sehr unterschiedlich ist, variiert damit auch der Luftwiderstand. Ohne entsprechende Vorkehrungen würde die Luft den Weg des geringsten Widerstandes wählen, was eine sehr unterschiedliche Durchlüftung zur Folge hätte. Um eine möglichst gleichmäßige Belüftung auf der ganzen Tischfläche zu erreichen, wird ein sogenanntes »Sandwich« eingesetzt. Dieses besteht aus drei Teilen:

- Traggewebe,
- Feldereinteilung/Stützrost,
- Lochblech.

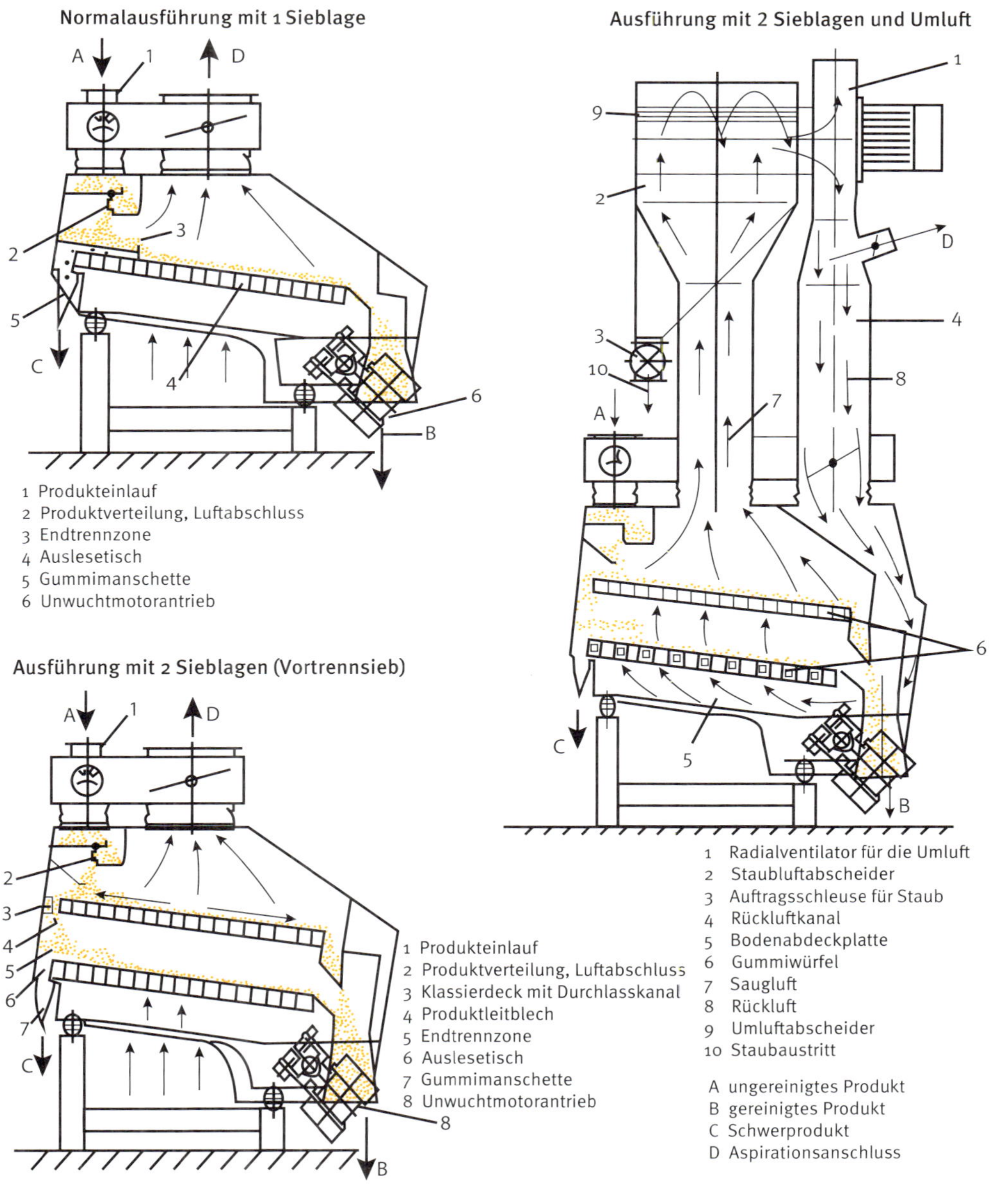

Abb. 5-12: Querschnitte verschiedener Steinausleser (Bauart Bühler)

Die offene Siebfläche des Lochblechs ist so gewählt, dass ein Luftwiderstand entsteht der größer ist als derjenige der Produktschicht. Hat die Luft diesen Widerstand überwunden, wird sie durch die Feldereinteilung gezwungen, innerhalb dieses Feldes auch das Traggewebe zu durchströmen.

Damit ist eine gleichmäßige Luftverteilung gewährleistet.

Der Antrieb wird von einem (oder zwei) Unwuchtmotor(en) übernommen, der (die) eine kreisende Bewegung ausführt(en). Da für den Steinausleser nur eine Hin- und Herbewegung gebraucht wird, lässt man durch Gummipuffer die seitliche Motorenbewegung ausschwingen. Bei zwei Unwuchtmotoren werden die Motoren gegengleich laufen gelassen und so eine Hin- und Herbewegung erzeugt.

Die Hublänge und der Wurfwinkel lassen sich an den Wurfscheiben ablesen. Falls nötig, wird die Hublänge durch Verstellen der Gewichte im Vibromotor korrigiert. Der Wurfwinkel kann über die Position des Vibromotors verändert werden.

Steinausleser gibt es in »Frischluft«- und »Umluft-Ausführung«.

Für große Stundenleistungen werden Modelle eingesetzt mit zwei Tischlagen. Die obere dient als Vortrennzone (schwer und leicht), die untere als eigentlicher Steinausleser.

5.2.5 Trieure

Die Auslese des Trieurs beruht auf der unterschiedlichen Länge der zu trennenden Produkte. Er eignet sich also für Produkte, die in etwa gleich dick sind wie das Getreide, aber in Bezug auf ihre Länge Unterschiede aufweisen.

Angeboten werden heute grundsätzlich zwei Trieurtypen:

- der Manteltrieur und
- der Scheibentrieur.

Beide arbeiten nach dem gleichen Ausleseprinzip, sind aber von ihrer Konstruktion her sehr unterschiedlich.

Je nach Auslesegut spricht man von

- Rundkornausleser oder
- Langkornausleser.

Wie schon der Name sagt, liest der Rundkornausleser Produkte aus die kürzer sind als das zu bearbeitende Getreide und mehrheitlich eine eher runde Form aufweisen, wie Raden, Wicken, Kletten, Bruchkorn, Senfsamen usw. Der Langkornausleser separiert Produkte vom Hauptgetreide, die länger sind als beispielsweise Weizen, Gerste, Hafer, Mutterkorn, Strohhalme usw.

Manteltrieur

Das Hauptelement des Manteltrieurs ist ein Stahlblechzylinder, an dessen Innenfläche sich zellenartige Vertiefungen befinden. Diese Vertiefungen werden in das Stahlblech gepresst. Nach dem Pressen wird die Oberfläche gehärtet um eine möglichst lange Lebensdauer zu gewährleisten. Diese Stahlblechzylinder bestehen aus zwei oder drei Segmenten, die über Flansche an den Längskanten zu einer Einheit verschraubt werden. In einem Maschinenständer werden bis zu drei Zylinder übereinander angeordnet. Die Zellengrößen werden so gewählt, dass das Auslesegut darin Platz findet.

Durch die Drehbewegung des Zylinders wird das Produkt hochgehoben und dann durch die zunehmende Neigung in die Auffangmulde gekippt. In dieser wird das Auslesegut gesammelt und durch eine Transportschnecke zum Auslauf gefördert. Die Auffangmulde ist um die Mantelachse drehbar, sodass die Auslesearbeit auch bei konstanter Drehzahl beeinflusst werden kann. Die Stellung der Auffangmulde sollte von außen kontrollierbar sein.

Je tiefer die Muldenkante steht, desto länger ist das Produkt, das ausgelesen wird, und umgekehrt.

Die sich im Trieur bildende Getreideniere bewegt sich auf der Außenseite mit dem Trieurmantel nach oben und rutscht auf der Innenseite wieder zurück. Die Auslese findet folglich in erster Linie bei der Umkehr der Getreideniere statt, wo das Produkt auf die leeren Zellen trifft.

Um eine eventuelle Schichtung zu vermeiden und auch um die Verteilung des Produkts auf die ganze Länge des Zylinders zu verbessern, werden Verteilspiralen oder Förder- und Mischschaufeln eingebaut.

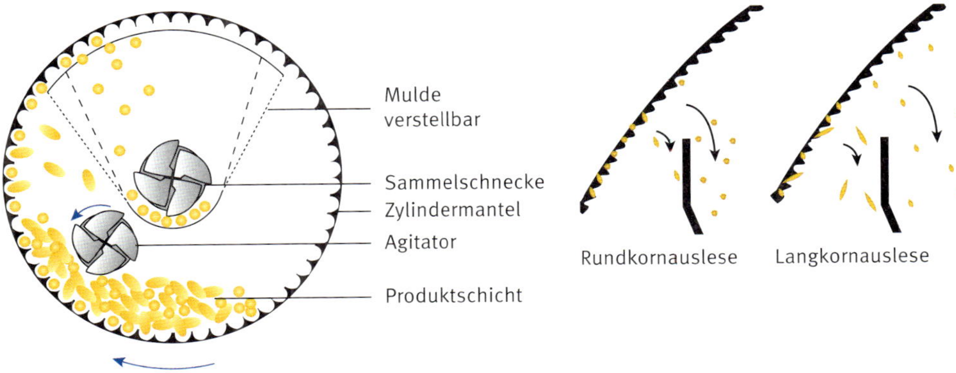

Abb. 5-13: Querschnitt eines Manteltrieurs (Rundkorn) und Trennzonen

Am Ende des Langkorntrieurs sind sogenannte Stauleisten angebracht. Hier wird ja bekanntlich der Weizen selbst in die Mulde gehoben. Die Produktmenge im Zylindermantel wird deshalb immer kleiner. Am Ende bleiben nur noch einige lange Getreidekörner und der Langkornbesatz übrig. Ohne Stauringe würden nun diese einzelnen Körner von einer Schöpfkante zur andern springen und so eine befriedigende Auslese unmögliche machen. Um dies zu vermeiden, werden die Stauringe so eingestellt, dass eine Produktniere bis zum Überlauf erhalten bleibt. Der Zellendurchmesser für Weichweizen beträgt üblicherweise 5,25 mm bis 5,5 mm für den Rundkornausleser und 9,5 mm bis 10,5 mm für den Langkornausleser.

Für sehr hohe Leistungen werden Trieure mit Vorsortierung eingesetzt. Bei diesen übernimmt der Langkorntrieur als erster Zylinder eine Vorsortierung in »Kurz« und »Lang«. Da nur die kurze Fraktion auf den Rundkornhauptzylinder gelangt, wird dieser entlastet und kann somit eine größere Leistung erbringen. Die Fraktion »Lang« wird auf den Langkornausleser (Nachleser) geführt. Dieser ist wesentlich größer als bei einer normalen Trieurbatterie, da er mengenmäßig stärker belastet wird.

Nach großen Manteltrieuren sollte im Rohrbau des Hauptprodukts immer ein Rückstaumelder installiert werden um ein Überfüllen zu vermeiden, ansonsten kann es Anlaufprobleme geben.

Nachlesetrieur

Die Durchsatzleistungen der Haupttrieure sind meist so groß, dass keine exakte Trennung erwartet werden kann. Ihre Zellen werden etwas zu groß (Rundkorn) respektive etwas zu klein gewählt (Langkorn), sodass das Hauptprodukt sicher besatzfrei anfällt. Das Ausleseprodukt (5–8 %) wird auf einem Nachleser mit wesentlich kleinerer Mantelbelastung nachsortiert. Einige Nachlesetrieure sind auch mit Schlitzlochblechmänteln versehen, um eine weitere Trennung nach Dicke zu erhalten. (Schlitzlochung ca. 25 × 2,25 mm) Diese Umlegemäntel werden durch Kunststoff- oder Hartgummiwalzen von außen sauber gehalten.

Die Zellen der Nachlesetrieure für Rundkorn sind meist 0,75 mm kleiner als diejenigen des Haupttrieurs. Für den Langkornnachleser sind sie etwa 0,5 mm größer.

Scheibentrieur

Obwohl der Scheibentrieur nach dem gleichen Trennprinzip arbeitet, unterscheidet er sich von der Konstruktion her grundlegend vom besser bekannten Manteltrieur.

Die beiden Stirnseiten sind aus Gusseisen hergestellt und dienen als Maschinenständer. Geformte Blechteile verbinden die beiden Stirnseiten und bilden so das Maschinengehäuse. Die horizontal angeordnete Welle ist beidseitig an den Stirnwänden gelagert. Auf dieser Welle sind, je nach gewünschter Durchsatzleistung, bis zu 33 Scheiben aufgereiht. Der Scheibenkranz ist beidseitig mit taschenförmigen Zellen versehen. Welle und Scheibenkranz sind über Speichen miteinander verbunden. An den Speichen sind Förderschaufeln befestigt, die das Getreide axial vom Einlauf zum Auslauf fördern.

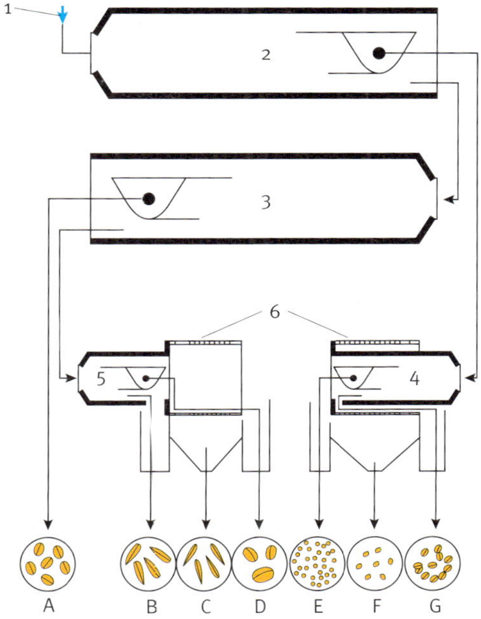

1 Produkteinlauf, 2 Rundkornauslese, 3 Langkornauslese, 4 Rundkornnachlese, 5 Langkornnachlese, 6 Umlegesieb
A Hauptprodukt gereinigt, B dickeres Korn, C dünnes Korn, D Großkorn, E Raden und Bruchkorn, F Kleinkorn, G Wicken

Abb. 5-14: Schema einer kompletten Trieurbatterie

Die Scheiben rotieren in der Getreidemasse, die das Gehäuse zu etwa einem Drittel füllt. Je nach gewählter Zellengröße werden Sämereien oder aber der Weizen hochgehoben. Durch die Drehbewegung der Scheiben wird das Auslesegut aus den Zellen gekippt. Zwischen den einzelnen Scheiben sind Rinnen angeordnet die das Auslesegut auffangen und zum Sammeltrichter oder, je nach Klappenstellung, in die Rückführschnecke leiten. Diese Schnecke ist vorne am Gehäuse angeordnet und transportiert das Gut zum Produkteinlauf zurück. Diese Rückführung ist als Nachlese gedacht. Als solche kann sie in diesem Sinne nicht befriedigen, da ja für die Nachlese wieder die gleichen Zellengrößen zur Verfügung stehen.

Das im Gehäuse verbleibende Produkt wird mittels der Förderschaufeln durch die ganze Maschine transportiert, wo es durch den Auslauf an der Stirnseite die Maschine verlässt. Der Auslauf von Langkorntrieuren ist mit einem Stauschieber versehen, mit dem der Füllungsgrad reguliert werden kann.

Für große Leistungen werden getrennte Maschinen für Lang- und Rundkorn übereinander gestellt. Für kleinere Leistungen gibt es kombinierte Maschinen, die in der ersten Hälfte mit Rundkornscheiben und in der zweiten mit Langkornscheiben ausgerüstet sind.

Früher wurden die Scheiben dieser Trieure aus Guss hergestellt. Heute sind auch Scheiben aus Kunststoff erhältlich. Diese Kunststoffscheiben bestehen aus zwei Hälften, die erst in der Maschine zusammengefügt werden. Dadurch wird das Auswechseln von abgenutzten Scheiben wesentlich erleichtert.

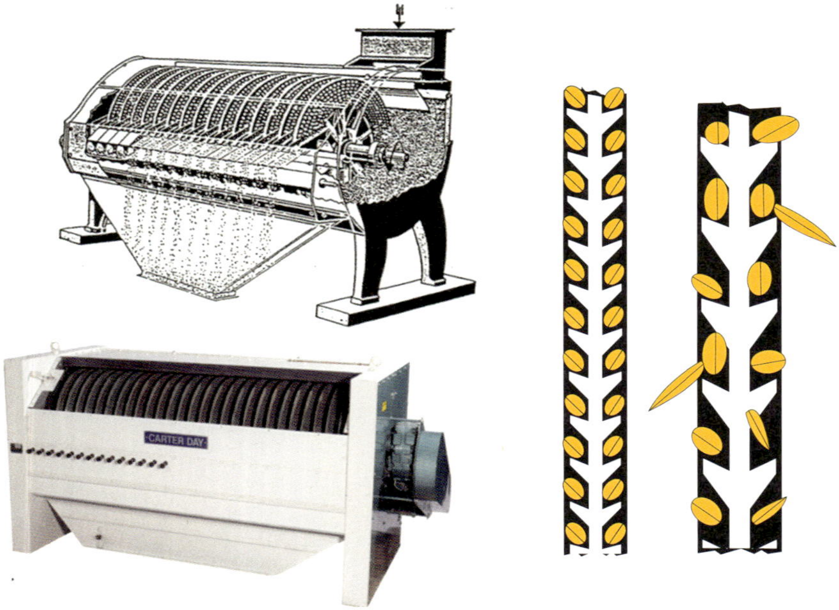

Abb. 5-15: Schema und Bild eines Scheibentrieurs, Ausschnitt einer Rund- und Langkornscheibe

In der Praxis hat sich gezeigt, dass sich für die Langkornauslese die Scheibentrieure besser eignen als Manteltrieure. Für die Rundkornauslese hingegen ergeben Manteltrieure bessere Resultate.

Spiraltrieur

Der Spiraltrieur, auch Schneckentrieur genannt, ist kein Trieur im eigentlichen Sinne, also kein Zellenausleser. Er sortiert aufgrund der unterschiedlichen Fliehkraft, das heißt, Form und Oberflächenbeschaffenheit der Produkte spielen hier eine Rolle. Mit ihm können noch brauchbare Bruchkörner von runden Unkrautsamen (z. B. Raden und Wicken) getrennt werden.

Um eine senkrechte Säule ist eine Blechspirale befestigt, ähnlich einer Transportschnecke. Im Unterschied zu einer Transportschnecke ist diese meist konisch, d. h. der Durchmesser wird nach unten größer. Je nach Hersteller besteht sie aus einer einfachen oder einer doppelten Schnecke. Ein Außenrand am Spiralende verhindert, dass Produkte über den Spiralrand abfließen kann.

Die Spirale bildet eine schiefe Ebene. Das zu sortierende Gut gelangt über den Einlaufstutzen auf die Blechspirale. Der Einlauf sollte mit einem Aspirationsanschluss versehen sein, um den im Trieur entstandenen Schalenabrieb zu entfernen. Schalenabrieb setzt sich sonst auf der Blechspirale ab und verhindert das freie Gleiten des Produkts. Je nach Form, Oberfläche und Volumengewicht ergeben sich für die einzelnen Produkte unterschiedliche Laufgeschwindigkeiten. Runde Samen mit glatter Oberfläche rollen sehr schnell nach unten und werden durch die Fliehkraft über den Rand der inneren Spirale in die große Rinne getragen. Kantige Produkte wie Bruchkorn gleiten eher langsam über die Blechspirale. Der Einfluss der Fliehkraft ist somit unbedeutend. Sie gleiten deshalb nahe der Mittelsäule nach unten.

Am unteren Ende der Spirale sind drei Ausläufe angebracht. Einstellbare Leitbleche leiten das Produkt in den gewünschten Auslauf. Im Allgemeinen ist dies

- am Innenauslauf: vorwiegend Bruchkörner (Querbruch),
- am mittleren Auslauf: halbrunde Unkrautsamen, zum Teil Kleinweizen,
- am Außenauslauf: runde Unkrautsamen.

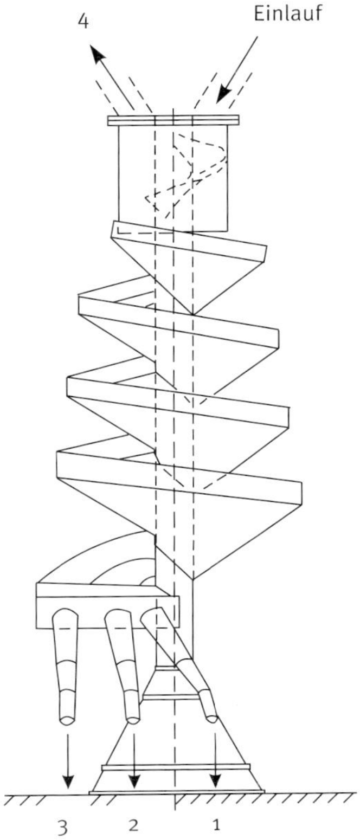

1 Eckige, raue Oberfläche = Bruch
2 Nierenförmige, raue Oberfläche = Raden
3 Runde, glatte Oberfläche = Wicken
4 Aspirationsanschluss

Abb. 5-16: Spiraltrieur

5.2.6 Scheuermaschine

Das Scheuern von Getreide in der Reinigung hat folgende Zielsetzungen:

- Reinigen der Oberfläche des Getreides von anhaftendem Schmutz,
- Zerreiben von noch vorhandenen Erdklumpen und Unkrautsamen,
- Abscheuern der äußersten, zum Teil durch das Netzen und Abstehen teilweise losgelösten Schalenschichten,
- Reduktion der Mikroorganismen.

Aus diesen Zielsetzungen geht klar hervor, wie wichtig die Arbeit der Scheuermaschine für die Herstellung von hygienisch einwandfreien Endprodukten ist. Die einzelnen Körner und deren Kleie dürfen dabei jedoch nicht verletzt werden. Dies würde den anschließenden Schrotprozess negativ beeinflussen. Eine intensive, aber schonende Reibwirkung ergibt die besten Resultate. Moderne Scheuermaschinen arbeiten mit Trommelrotoren und relativ kleinem Durchmesser. Dadurch wird eine bessere Produktverteilung auf den ganzen Mantelumfang und eine gleichmäßigere Bearbeitung der einzelnen Körner erreicht.

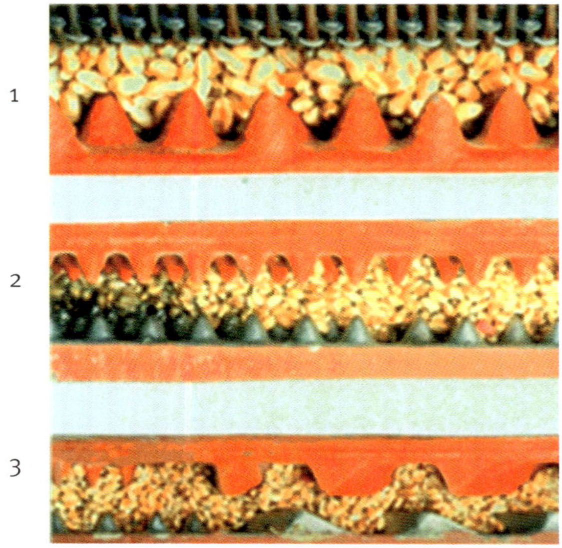

Abb. 5-17: Arbeitsprinzip der Scheuermaschine

Die Trommelrotoren sind entweder mit schmalen, schräggestellten Rippen oder mit Noppen ausgerüstet. Der Mantel besteht ganz aus Drahtgewebe oder aber abwechselnd aus Noppen- und Drahtgewebesegmenten. Anstelle von Drahtgeweben werden auch Stanzbleche eingesetzt. Im engen Arbeitsraum zwischen Trommelrotor und Mantel entsteht so eine intensive und trotzdem schonende Scheuerung. Die Reibung geschieht abwechselnd von

- Korn zu Korn,
- Korn zu Siebmantel (1),
- Korn zu Noppen (2),
- Korn zu Förderelement (3).

Die schräggestellten Rippen oder die Förderriffel transportieren das Getreide vom Einlauf zum Auslauf. Die Intensität der Scheuerung kann zum Teil

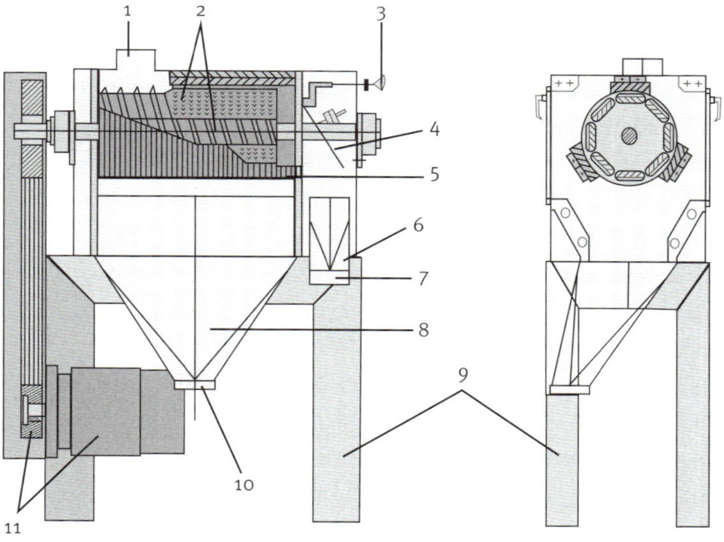

1 Einlauf, 2 Rotor mit Förderelementen und/oder Noppensegmenten, 3 Einstellung der Stauvorrichtung, 4 Stauvorrichtung, 5 Mantel (3 Profilsegmente und 3 Siebsegmente), 6 Sammeltrimelle Auslauf, 7 Auslauf, Getreide, 8 Sammeltrimelle Durchfall, 9 Maschinenständer, 10 Siebdurchfall, 11 Riemenantrieb

Abb. 5-18: Quer- und Längsschnitt einer Scheuermaschine (Bauart Bühler)

durch einen Stauschieber mit Gegengewicht oder Federkraft den jeweiligen Bedürfnissen angepasst werden.

Staub und zerriebene Schalenteile fallen durch den Drahtgewebemantel in einen Sammeltrichter.

Der Scheuermaschine sollte immer ein Aspirationskanal nachgeschaltet sein, um die losgelösten Schalenteile aus dem Getreide zu entfernen.

5.2.7 Konzentrator

Wird ein Getreidestrom in schwer und leicht unterteilt, stellt man fest, dass ein wesentlicher Anteil an Besatz im Leichtprodukt konzentriert ist. Lediglich Steine, Glas, Metall und Wicken bleiben im Schwerprodukt. Werden nun diese unterschiedlichen Getreideströme gezielt und getrennt auf die geeigneten Reinigungsmaschinen geführt, kann mit weniger Aufwand ein besserer Reinigungsgrad erreicht werden.

Für eine solche Trennung in schwer und leicht eignet sich der Konzentrator. Im Vergleich zum Leichtkornausleser arbeitet er mit wesentlich höherer Durchsatzleistung. Der Konzentrator ist im Aufbau wie auch in der Funktion ähnlich der Grießputzmaschine. In einem Stahlrahmen schwingt ein Siebkasten mit einer einzigen Sieblage. Darüber ist die Luftabsaughaube angeordnet. Am Aspirationsanschluss mit Drosselklappe kann die Totalluftmenge eingestellt werden. Zusätzlich hat jede einzelne Schote eine Drosselklappe.

Funktion

Der Produktstrom wird durch eine selbstregulierende Klappe auf die ganze Siebbreite gleichmäßig verteilt. In der ersten Siebhälfte wird das Produkt durch die Siebbewegung und die von unten durchströmende Luft nach spezifischem Gewicht geschichtet (schwer unten, leicht oben). Die zweite Hälfte hat ein Lochblech, welches dem Produkt erlaubt durchzufallen. Dies geschieht nur allmählich, da der Luftstrom die Produktschicht zum Teil trägt. Zuerst fällt der schwere Weizen und eventuell noch vorhandener Schwerbesatz, dann das mittelschwere und zuletzt das leichte Produkt durch. Damit die erwünschte Schichtung bis ans Siebende erhalten bleibt, wird durch einstellbare Abdeckbleche die Siebfläche nach hinten verringert.

Der Konzentrator wird als einfache wie auch als doppelte Maschine gebaut. Auf die gleiche Leistung bezogen benötigt er gegenüber den Leichtkornauslesern nur einen Bruchteil der Luftmenge.

Der Antrieb erfolgt über einen Vibromotor.

Wie bei allen Reinigungsmaschinen, die nach Dichte trennen, ist eine absolut konstante Beschüttung notwendig. Bei Leistungsschwankungen

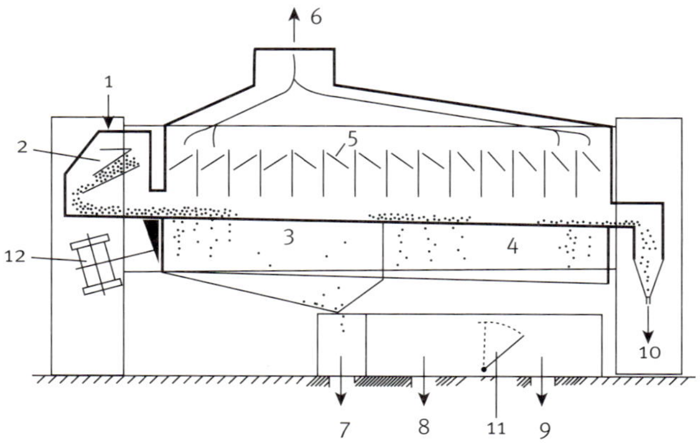

Abb. 5-19: Schema eines Konzentrators (Bauart Bühler)

ergeben sich unliebsame Verschiebungen. In der Mehl- und Grießmüllerei wird der Konzentrator oftmals für folgende Aufgaben eingesetzt:

- Reduktion des Filthgehalts,
- Trennung von Mahlgetreide in Partien verschiedener Amylogrammwerte (Fallzahlwerte),
- Trennung in Mahl- und Futtergetreide,
- Vortrennung von Durumweizen in schwer und leicht.

In der Standard Weizenreinigung wird der Konzentrator nicht mehr eingesetzt. Er eignet sich aber auch zum Sortieren von Maisbruch, um Keime von den Endospermbrocken zu trennen. In Saatgutanlagen übernimmt er oft die Aufgabe einer Vortrennung in für Saatgut brauchbares und unbrauchbares Material.

Kombinierte Reinigungsmaschinen

5.2.8 Kombinator

Wie schon der Name andeutet, sind im Kombinator folgende zwei Maschinen vereinigt, respektive kombiniert:

- Konzentrator,
- Steinausleser.

Wird neben der Steinauslese auch eine Trennung des Getreides in schwer und leicht gewünscht, stellt der Kombinator eine wirtschaftliche Lösung dar. Da die gleiche Luft sowohl für die Steinauslese wie auch für die Trennung in schwer und leicht benutzt wird, beträgt die benötigte

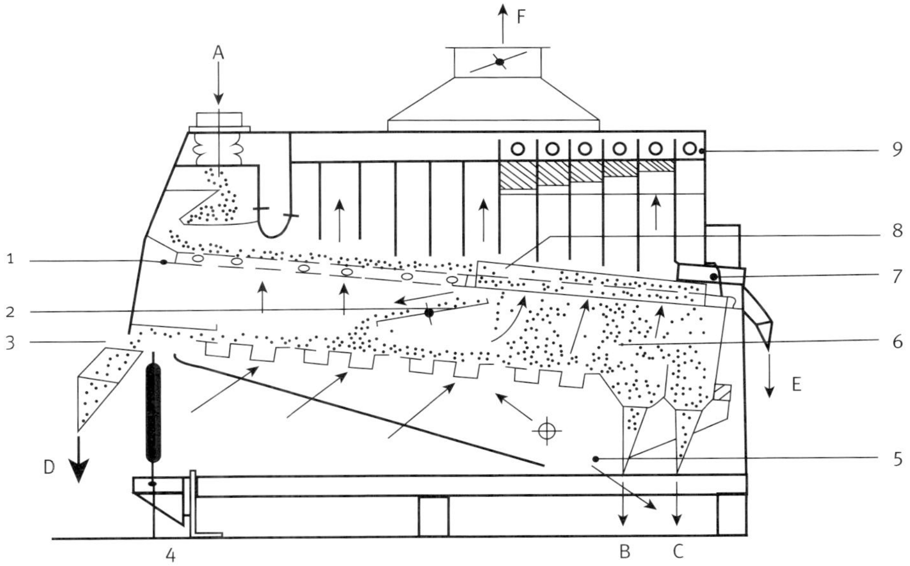

1 Schichtsieb, 2 Leitblech für Schwerprodukt, 3 Steinauslesetisch, 4 Spindel zur Verstellung der Siebneigung, 5 Unwuchtmotor, 6 Klappen zur Produktaufteilung, 7 Verstellung der Siebabdeckung, 8 Durchfallsieb, 9 Einzelluftklappen, A Produkteinlauf, B Schwerproduktauslauf, C Mischproduktauslauf, D Steinauslauf, E Siebabstoß (Option), F Aspirationsanschluss

Abb. 5-20: Schema eines Kombinators (Bauart Bühler)

Luftmenge nur etwa die Hälfte im Vergleich zu zwei Einzelmaschinen. Dadurch ergeben sich gleich mehrere Vorteile wie reduzierter Energiebedarf, weniger Filterfläche, weniger Platzbedarf und somit geringere Investitionen. Durch die Kombination beider Maschinen wird zudem nur eine Etage beansprucht.

Der obere Teil der Maschine entspricht dem eines Konzentrators (s. 5.2.7) und der untere Teil dem eines Steinauslesers (s. 5.2.4). Aus diesem Grunde soll hier nicht weiter auf Einzelheiten eingegangen werden.

Der gleichmäßig zufließende Produktstrom wird über eine selbstregulierende Speiseklappe auf die ganze Siebbreite verteilt. Ein Lochblech (2 mm ø) dient als Träger des Produkts. Von unten strömt Luft durch das Getreide und bewirkt dadurch eine Schichtung nach Dichte, folglich sinkt das Schwerprodukt ab, während das Leichtgut oben aufschwimmt. Die zweite Siebhälfte besteht aus einem Lochblech (6 mm ø) durch welches das Produkt durchfallen kann. Zuerst fällt das schwerste mit Steinen vermischte Produkt auf den darunter angeordneten Steinausleser. Entsprechend dem Durchfall nimmt die Produktmenge auf dem Lochblech laufend ab. Um trotzdem eine Produktschicht aufrecht zu erhalten, wird die Siebfläche nach hinten reduziert. Dies geschieht mit zwei verstellbaren Blechen, die einen Teil der Siebfläche überdecken. Erst am Auslauf der Maschine fällt dann auch das Leichtprodukt durch oder wird über das Sieb abgestoßen. Um zu verhindern, dass irgendwelche Schwerteile zu weit nach unten abwandern, ist auf dem Lochblech, quer zum Produktfluss, eine Stauleiste angebracht.

Alles was vor dieser Stauleiste durchfällt, d. h. schwere Körner, Steine, Metallteile, Glas usw. wird durch ein Leitblech in den oberen Bereich des Steinauslesetisches geführt. Das mittelschwere Produkt fällt auf die untere Hälfte des Steinauslesers und das Leichtprodukt wird über Klappen direkt in den Auslauf geleitet. Dadurch wird der Steinausleser wesentlich entlastet.

Durch die Vorsortierung im oberen Teil der Maschine (Konzentrator) kann der Steinausleser gezielt beschickt werden. Dies bewirkt eine weitere Entlastung des Steinauslesers im Grenzbereich, also dort, wo die eigentliche Trennung von Getreide und Steinen stattfindet.

Der Antrieb geschieht gemeinsam für beide Maschinenteile über Vibromotoren. Der Kombinator ist als Frischluft- wie auch als Umluftmodell erhältlich.

5.2.9 Kombireiniger

Der Kombireiniger ist eine Kombination aus den vier bekannten Einzelmaschinen:

- Getreideseparator (s. 5.2.1)
- Aspirationskanal (s. 5.2.3),
- Konzentrator (s. 5.2.7),
- Steinausleser (s. 5.2.4).

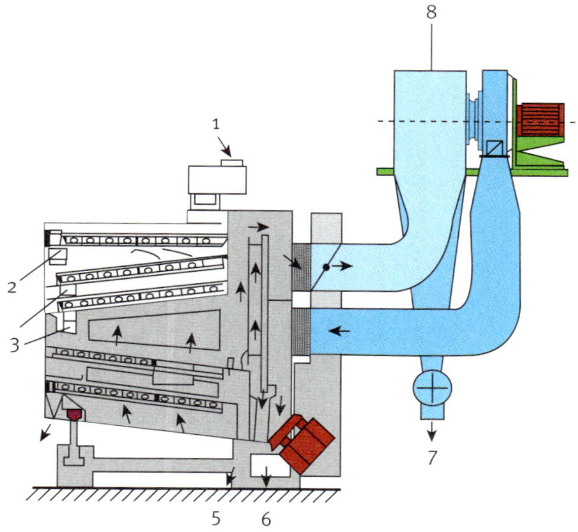

1 Einlauf, 2 Schrollensieb, 3 2 x Sandsieb, 4 Steinauslauf, 5 Schwerproduktauslauf, 6 Mischproduktauslauf, 7 Leichtproduktauslauf, 8 Umluftabscheider, 9 Aspirationsanschluss

Abb. 5-21: Kombireiniger Konzentrat (Bauart Bühler)

Die drei Sieblagen oben im Kombireiniger entsprechen dem Getreideseparator. Das oberste Sieb ist das Hauptsieb, das den Grobbesatz entfernt. Getreide und Feinbesatz fallen durch dieses Sieb und werden auf zwei Sandsiebe verteilt.

Durch den Einsatz von zwei Sandsieben wird die Siebfläche vergrößert und damit die Siebung entsprechend intensiver.

Der Abstoß der beiden Sandsiebe wird auf den darunter angeordneten Tisch geführt. Dieser trennt das vorgereinigte Getreide gemäß seiner Dichte, in schwer, mittel und leicht (Konzentrator).

Das Schwerprodukt (schweres Getreide, Steine, Glas, Metall usw.) wird auf die obere Hälfte des Steinauslesetisches geführt, wo die Steinauslese erfolgt. Das schwere Getreide wandert, durch den Luftstrom getragen, nach unten und vermischt sich mit dem mittelschweren Produkt. Über einen Sammeltrichter werden die beiden Fraktionen gemeinsam ausgetragen.

Das Leichtprodukt (Leichtgetreide und Leichtbesatz) wird vom Konzentratortisch in den Aspirationskanal abgestoßen. In diesem wird entsprechend noch der Leichtbesatz entfernt.

Der gesamte Siebkasten mit den fünf Sieblagen wird von zwei Unwuchtmotoren angetrieben. Er ist als Frischluft- wie auch als Umluftmodell erhältlich.

Durch die Kombination von drei Einzelmaschinen wird eine wesentliche Einsparung an Energie, Filterfläche, Gebäuderaum, Montage- und Elektroinstallationskosten erreicht. In Bezug auf das korrekte Einregulieren stellt er aber etwas höhere Ansprüche an das Personal.

5.2.10 Leichtkornausleser

Der Leichtkornausleser, auch Tischausleser genannt, trennt körnige Produkte, deren Dichte nur wenig voneinander abweicht. Er dient beispielsweise zur Auslese von Schmachtkorn, Auswuchs, Hafer, Gerste, Mutterkorn, Knoblauch und Skabiose aus Weizen oder Roggen. In der Maismüllerei wird er auch eingesetzt, um Maiskeime von Endospermteilen zu trennen.

Aufbau

Der Auslesetisch ist auf einem Grundrahmen an drei Punkten abgestützt. Dieser Rahmen ist sowohl längs wie auch quer verstellbar, sodass die Tischneigung dem Produkt und der Durchlaufmenge angepasst werden kann. Die Verbindung zwischen Grundrahmen und Auslesetisch übernehmen Gummihohlfedern.

Der Auslesetisch entspricht im Aufbau weitgehend demjenigen des Steinauslesers (s. 5.2.4), das heißt, er besteht aus Tragrost, Feldereinteilung und Lochblech.

Die Luftabsaughaube ist meist aus Kunststoff gefertigt und mit Sichtfenstern versehen. Der Aspirationsanschluss mit Luftregulierklappe und ein U-Rohr sind ebenfalls auf der Grundplatte abgestützt.

Funktion

Das Getreide gelangt über die Luftabschlussklappe, eine Klappe mit Federzug, auf den Auslesetisch. Durch die schräg nach oben gerichtete Tischbewegung

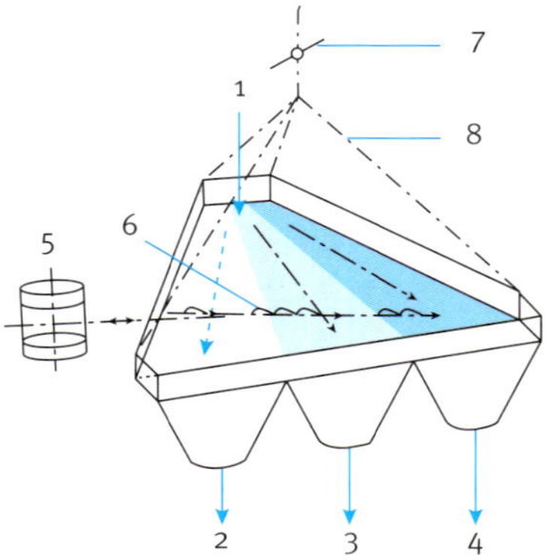

1 Produkteinlauf
2 Leichtprodukt
3 Mischprodukt
4 Schwerprodukt
5 Unwuchtmotor
6 Aufwärtsbewegung schwerer Körper
7 Einstellung der Luftmenge
8 Absaughaube

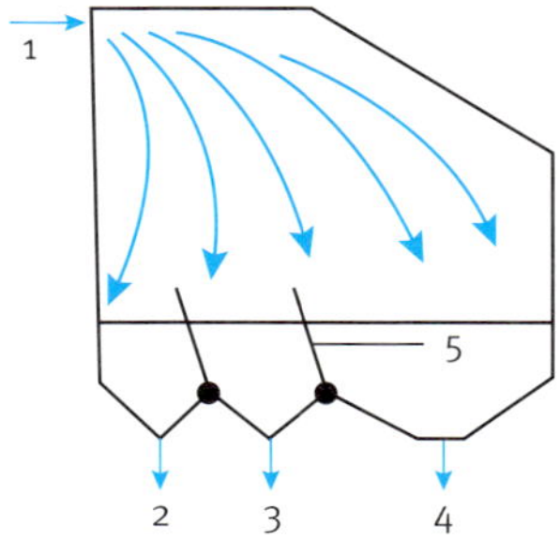

1 Produkteinlauf
2 Leichtprodukt
3 Mischprodukt
4 Schwerprodukt
5 Verteilklappen

Produktaufteilung auf dem Auslesetisch

Abb. 5-22: Leichtkornausleser

wird das Produkt zum oberen Tischende gefördert. Gleichzeitig strömt Luft durch die Getreideschicht und bewirkt zusammen mit der Tischbewegung eine Klassierung; die leichten Teile schwimmen oben auf und fließen, von der Förderbewegung unbeeinflusst, aufgrund der Schwerkraft an den untersten Punkt des Tischs ab. Die schwereren Teile sinken auf das Traggewebe ab, werden da von der Wurfbewegung des Tisches erfasst und somit ans obere Tischende transportiert.

Die Luftverteilung auf die ganze Ausleseflàche spielt eine entscheidende Rolle. Beim Typ »Vibrograder« wurde dies analog dem Steinausleser mit einem »Sandwich« gelöst.

Durch die Regulierung der Luftmenge und die Anpassung der Längs- und Querneigung am Tisch erreicht man eine gleichmäßige Produktverteilung auf der schiefen Ebene und damit auch die gewünschte Trennwirkung. Die richtige Lufteinstellung bewirkt ein leichtes Brodeln der Produktschicht. Der Wurfwinkel kann durch die Position des Vibromotors und des Hub an den Unwuchtplatten verändert werden. Zur Kontrolle von Wurfwinkel und Hub sind sogenannte Kontrollscheiben am Maschinengehäuse angebracht.

Bei jedem Leichtkornausleser fallen drei Produkte an:

- Leichtprodukt an der untersten Stelle,
- Mischprodukt,
- Schwerprodukt an der höchsten Stelle.

Da sich auf dem Auslesetisch keine scharfen Abgrenzungen zwischen den drei Produkten ergeben, ist durch verstellbare Zungenklappen eine schnelle Anpassung oder Korrektur möglich.

Alle Ausläufe sind mit Gummimanschetten versehen, um ein Eintreten von Falschluft möglichst zu verhindern.

Wichtig!
Sämtliche Maschinen, die mithilfe von Luftströmen trennen, reagieren empfindlich auf Druckschwankungen in der Aspiration. Es ist deshalb immer von Vorteil, diese Maschinen mit einer eigenen Aspirationsgruppe zu versehen, die nicht von andern Maschinen beeinflusst werden kann. Pro m^2 Tischfläche ist mit ca. 70 m^3/min. Luftbedarf zu rechnen. Ebenso wichtig ist aber auch eine absolut konstante Beschüttung.

Je kleiner die Granulationsspanne des Produkts ist, desto genauer wird die Auslese sein. Aus diesem Grunde werden in der Maismüllerei die Produkte in zwei oder sogar drei Größenordnungen aufgeteilt, bevor sie auf die Leichtkornausleser geführt werden. Das anfallende Mischprodukt wird, je nach den lokalen Ansprüchen, auf einem Nachleser nachsortiert.

5.2.11 Hochleistungs-Leichtkornausleser

Der Hochleistungs-Leichtkornausleser unterscheidet sich vom herkömmlichen Leichtkornausleser durch seine hohe Siebfläche zur Produktklassierung. Das neue Maschinenkonzept, mit vier übereinander angeordneten Sieblagen ermöglicht eine effiziente Klassierung und Trennung von körnigen Produkten. Die Luftverteilung erfolgt analog der des Steinauslesers »Sandwich« (s. 5.2.4).

Aufbau

Die Maschine besteht aus einem oberen und einem unteren Siebkasten. Im oberen Siebkasten sind die Vor- und Nachlesung eingebaut, im unteren Siebkasten die Endauslesung. Beide Siebkästen sind zusammen als eine Einheit über vier Federelemente auf dem Maschinenständer abgestützt. Während der Einlauf sowie der Aspirationsanschluss getrennt von der Maschine an der Decke befestigt werden, sind die elektrischen Anschlüsse sowie die Produktsammeltrichter selber sind im Ständer integriert.

Als Maschinenschutz ist am Einlauf eine Produktbremse eingebaut. Dies ermöglicht den direkten Anschluss des Rohrbaus am Einlaufkasten.

Funktion

Das Produkt gelangt im freien Fall über die Produktbremse in den Einlauf der Maschine. Mittels integriertem Produktteiler wird das zu klassierende Produkt gleichmäßig auf die beiden oberen Sieblagen verteilt. Die von unten durch die Sieblagen strömende Luft erzielt eine Schichtung nach spezifischem Gewicht erzielt. Auf den ersten beiden Sieblagen erfolgt eine Vortrennung

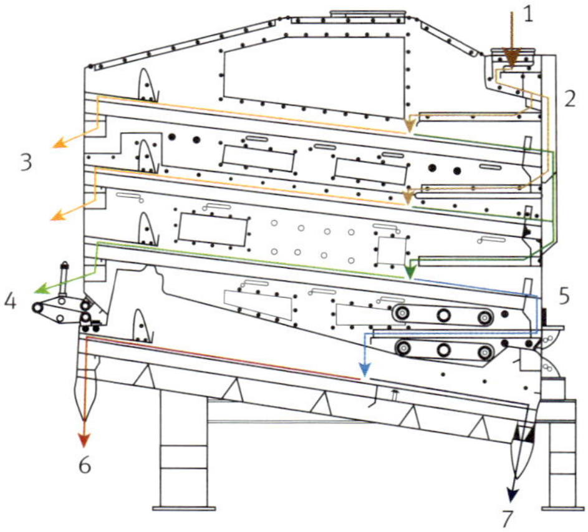

Abb. 5-23: Querschnitt Hochleistungs-Leichtkornausleser (Bauart Bühler)

in Schwer- und Mischprodukt. Der Schwerproduktanteil wandert auf dem Siebgewebe nach oben und wird in den Auslaufkasten geführt (Schwerprodukt 1). Das leichtere Mischprodukt der beiden obersten Sieblagen schwimmt von der Luftschicht angehoben nach unten und wird der nächstfolgenden Sieblage zugeführt. Diese Sieblage dient zur Nachklassierung des Mischprodukts. Das erzielte Schwerprodukt dieser Sieblage steigt ebenfalls zum oberen Siebende und wird über den Auslaufkasten aus der Maschine geführt (Schwerprodukt 2). Das verbleibende Mischprodukt schwimmt auf dem Sieb nach unten und wird der untersten Sieblage zugeführt. Auf dieser Sieblage wird vom Mischprodukt noch das Leichtprodukt abgetrennt. Um eine optimale Produkttrennung erreichen zu können, kann die Neigung der untersten Sieblage unabhängig zu den drei oberen Sieblagen verändert werden.

Zur Erreichung der notwendigen gleichmäßigen Schichthöhe, kann der Auslaufquerschnitt über eine Scherenverstellung der Leistung angepasst werden. Der Durchfall wird über ein Bodenblech gesammelt und kann den Abgängen zugeführt werden.

5.2.12 Prallmaschine (Sterilator)

Getreide kann durch Insekten auch im Innern des einzelnen Korns verunreinigt sein. Wird solches Getreide vermahlen, gelangen Insektenteile ins Mehl, die mit dem sogenannten Filthtest nachgewiesen werden können (Fragment count).

Um solche Verunreinigungen auf ein Minimum zu reduzieren, wird das fertig vorbereitete Getreide vor dem ersten Schrot geprallt und aspiriert.

Von Insekten teilweise oder ganz ausgehöhlte Körner leisten beim Aufprall einen geringeren Widerstand als gesunde Körner. Der Aufprall wird über die Tourenzahl so gesteuert, dass gesunde Körner intakt bleiben, die befallenen aber aufgeschlagen werden. Die Insekten und deren Fragmente werden dadurch freigelegt. Die anschließend intensive Aspiration hat die Aufgabe, diese vom Getreide zu trennen.

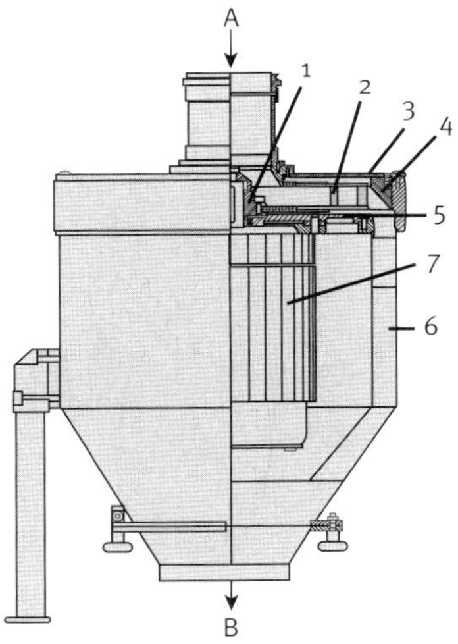

A Produkteinlauf, B Produktauslauf, 1 Rotorachse, 2 Distanzringe, 3 Gehäuse, 4 Prallwand, 5 Bodenplatte, 6 Ringkanal, 7 Motor

Abb. 5-24: Prallmaschine (Sterilator)

Funktion

Das Getreide wird ins Zentrum einer horizontalen Doppelscheibe geführt, die mit einstellbarer Tourenzahl dreht. Das Produkt wird von der unteren Scheibe erfasst und durch die Fliehkraft nach außen an die Prallwand geschleudert. Je nach Härte und Feuchtigkeit (= Widerstandskraft) des Weizens ist die Tourenzahl respektive die Aufprallgeschwindigkeit zu variieren. Früher wurden zu diesem Zweck Variatoren verwendet, während heute Frequenzumformer eingesetzt werden.

Wenn möglich setzt man die Prallmaschinen nach der Vorbereitung ein. Durch das Netzen und Abstehen wird der Weizen elastischer und zäher.

Dadurch entsteht weniger Bruchkorn und damit auch weniger Verlust. Werden Sterilatoren überlastet, bildet sich an der Prallwand ein Produktpolster das die Wirkungsweise stark reduziert.

Normalerweise ist der Prallmaschine ein Aspirationskanal nachgeschaltet, d.h. es werden zwei voneinander unabhängige Maschinen gekoppelt. Es gibt aber auch Ausführungen, bei welchen Prallmaschine und Aspiration eine Einheit bilden.

5.2.13 Optischer Sortierer (Farbsortierer)

Im Getreide gibt es immer auch Besatz, der in Bezug auf seine Dichte, Form und Größe dem Getreide sehr ähnlich oder sogar gleich ist, wie beispielsweise Mutterkorn, Fremdgetreide, Unkrautsamen, Steinchen, verfärbte Weizen-/Reiskörner oder Fusarium-befallene Körner. Ist dies der Fall, versagen die in einer Getreidereinigung üblicherweise eingesetzten Reinigungsprinzipien und -maschinen. Aufgrund ihrer optischen Unterschiede werden solche Körner aber leicht als Fremdkörper wahrgenommen. Für solche Fälle werden Farbausleser oder optoelektronische Sortierer, wie sie in der Fachsprache genannt werden, eingesetzt.

Die Farbsortierung basiert auf der Reflektionsmessung der Produktoberfläche. Das typische optoelektronische Sortiersystem besteht aus vier Grundkomponenten:

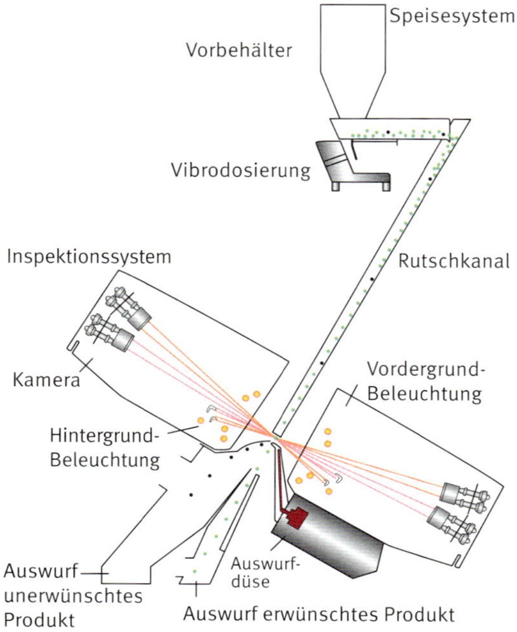

Abb. 5-25: Schema eines optischen Sortierers

- Speisung,
- Produktinspektion,
- Signalverarbeitung/Systemsteuerung,
- Auslesebereich.

Durch die Speisung wird die Leistung gesteuert, und die Körner werden so gut wie möglich vereinzelt. Sie besteht üblicherweise aus einem Produktvorbehälter, einer Vibrodosierung und Rutschkanälen.

Im Bereich der Produktinspektion findet die optoelektronische Erkennung statt. Diese besteht aus Produktbeleuchtung, digitalen Kameras und Hintergrund mit Hintergrundbeleuchtung.

Die Signalverarbeitung dient dazu, die von der Produktinspektion gelieferten Signale auszuwerten und die Auswurfdüsen anzusteuern. Über sie findet auch die Kommunikation zwischen Bediener und dem System statt.

Im Auslesebereich erfolgt dann die pneumatische Trennung zwischen erwünschten und unerwünschten Teilen. Hier findet man die Komponenten Auswurfdüsen, Auswurfbehälter und Auffangtrichter für das Hauptprodukt.

Im Rahmen der optoelektronischen Inspektion werden die vom Speisesystem kommenden, einzelnen Teile mittels Lichtquellen beleuchtet, die Reflektionen der Partikel sowie des Hintergrunds mit dem Kamerasensor gemessen und als elektrisches Signal an die Signalverarbeitung weitergeleitet. Die Sollwerte können dort vom Bediener eingegeben werden. Aufgrund dieser Eingabewerte entscheidet das System dann für oder gegen den Auswurf.

Der Auswurf findet mithilfe von kleinen Luftdüsen statt. Über sie werden extrem kurze Luftstöße von nur ein paar Millisekunden ausgeführt.

Je nach Anzahl gemessener Farbwellenlängen spricht man von mono-, bi- oder trichromatischer Sortierung, oder auch von Schwarz-Weiß- und Echtfarbsortierung.

Infrarotkameras können die Kameras vom sichtbaren Bereich ergänzen. Dabei sind Kameras im niedrigen Nah-infraroten Bereich (NIR, Wellenlänge 780 bis 1 000 nm) für die bessere Auslese von Steinen am geeignetsten und NIR-InGaAs-Kameras (Wellenlänge ca. 1 100–1 700 nm) für die bessere

Auslese von Fusarien-befallenen Körnern. Die meisten Farbausleser haben vier Einbaupositionen für alle ausgewählten Kameras.

Farbsortierer haben ein Leistungsspektrum von bis zu 4 t/h (eine Rutsche ohne Nachsortierung) bis zu 8 t/h (eine Rutsche mit Nachsortierung), abhängig vom Besatzanteil. Mittlerweile gibt es optische Sortierer mit bis zu sieben Rutschen, was einer theoretischen Leistung von bis zu 48 t/h entspricht.

5.3 Bereitstellung und Dosierung

5.3.1 Rohfruchtzellen/Zellenausläufe

Als Bindeglied zwischen Getreidelagerung und Getreidereinigung dienen die Rohfruchtzellen.

Der Totalinhalt dieser Rohfruchtzellen sollte mindestens einer Tagesleistung der Mühle entsprechen. Dieser Vorrat erlaubt den Transfer des Getreides von den Lagerzellen in die Rohfruchtzellen während den Tagesstunden vorzunehmen, in denen der Silo- oder Produktionsleiter anwesend ist. Dadurch entsteht einerseits eine klare Trennung zwischen den Verantwortungsbereichen Lagerung und Verarbeitung, anderseits werden Fehler auf ein Minimum reduziert. Die Anzahl der Rohfruchtzellen richtet sich nach den zur Verfügung stehenden Weizenqualitäten. Für jede Qualität, die später in unterschiedlicher Menge in die Getreidemischung einfließen wird, sollte mindestens eine Zelle zur Verfügung stehen.

Um ein gleichmäßiges Absinken der Getreidesäule zu erreichen, werden die Rohfruchtzellen (und Abstehzellen) mit Mehrfachausläufen oder mit Doppelkonen versehen.

Dadurch wird ein Entmischen während des Auslaufens vermieden und, die Getreidemischung möglichst konstant gehalten.

Mengenregler unter den Rohfruchtzellen erlauben, jede beliebige Getreidemischung zusammenzustellen und eine bestimmte Stundenleistung zu garantieren. Werden Dosiergeräte ohne Gewichtserfassung (z. B. Volumendosierer) eingesetzt, sollte anschließend eine Durchlaufwaage folgen, um eine genaue Gewichtskontrolle zu erhalten. Anhand dieser Waage kann dann auch die Stundenleistung der Reinigung kontrolliert und eingestellt werden.

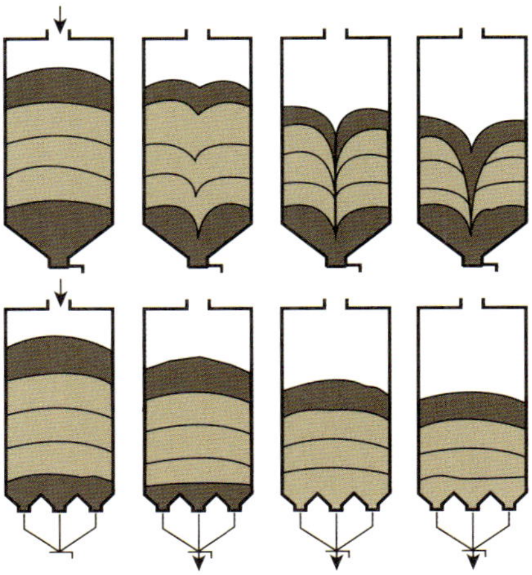

Abb. 5-26: Auslaufverhalten, oben: Einfachtrichter; unten: Mehrfachausläufe

5.3.2 Mengenregler/Dosiergeräte

In der Mühlenindustrie spielen Dosiergeräte eine äußerst wichtige Rolle. Zu unterscheiden ist zwischen solchen für freifließende Produkte wie Getreide und solchen für nicht freifließende Produkte wie Mehl, Kleie usw.

An dieser Stelle werden Dosiergeräte für freifließende Produkte vorgestellt.

Je nach Aufgabe und Einsatzort der Dosiergeräte ergeben sich recht unterschiedliche Ansprüche an die Genauigkeit der Dosierung. Im Lagersilo wird meist mit sehr hohen Durchsatzleistungen gearbeitet, während die Dosiergenauigkeit eine untergeordnete Rolle spielt.

Handelt es sich aber um die Zusammenstellung einer ganz bestimmten Getreidemischung aus unterschiedlichen Qualitätsgruppen, werden wesentlich größere Ansprüche an die Genauigkeit gestellt.

Auch wenn es darum geht Maschinen zu speisen, die empfindlich auf Schwankungen in der Durchflussmenge reagieren, ist man auf genaue Dosierelemente angewiesen. Möchte man nebst genauer und konstanter Dosierung auch noch eine Kontrolle über die ausdosierte Menge in Kilogramm oder Tonnen haben, kommen nur noch gravimetrische Dosiergeräte in Frage.

Aufgrund ihrer Daten erhält man dann eine exakte Gewichtskontrolle, die ihrerseits eine genaue Silobuchhaltung respektive Bestandskontrolle möglich macht.

5.3.3 Dosierschieber

Der Dosierschieber gilt als das älteste und einfachste Dosierelement. Allerdings ist seine Dosiergenauigkeit schlecht, wird sie doch von vielen Faktoren wie Feuchtigkeit, Besatz, Dichte und Fließeigenschaften beeinflusst. Zur Homogenisierung von Getreide in Lagersilos oder ähnlichen Aufgaben kann er aber immer noch genügen. Um eine Einstellung auf einen bestimmten Wert schnell und wiederholbar zu erreichen, werden Dosierschieber mit Skalen und Handrädern ausgerüstet.

Als ein wesentlicher Nachteil des Dosierschiebers muss die ausschließliche Handbedienung erwähnt werden. Der Aufwand für eine Fernbedienung wird sich in den meisten Fällen nicht lohnen.

5.3.4 Volumendosierer

Volumendosierer in verschiedenen Ausführungen waren über viele Jahrzehnte die Dosierer schlechthin. Ihre Dosiergenauigkeit ist besser als diejenige eines Schiebers und zudem konnten sie über die Fernbedienung ein- und ausgeschaltet werden. Das Einstellen der Dosiermenge musste aber auch bei diesen manuell vor Ort vorgenommen werden.

Zunehmende Ansprüche in Bezug auf Dosiergenauigkeit und Fernbedienung brachten neue Dosierer auf den Markt, die den Volumendosierer praktisch vollständig verdrängten. Deshalb wird an dieser Stelle nicht weiter auf ihn eingegangen.

5.3.5 Flowbalancer

Der Volumendosierer war wegen seiner Einfachheit und dank des gleichmäßigen Durchflusses sehr beliebt und entsprechend weit verbreitet. Wo allerdings exakte Weizenmischungen verlangt wurden, konnte er nicht befriedigen.

Heute sind Differential-Dosierwaagen möglich, die sehr genau sind (± 2–3 ‰), aber mehr Einbauhöhe voraussetzen oder Flowbalancer, deren Genauigkeit bei ± 1 % liegt, dafür eine geringere Einbauhöhe haben und preiswerter sind.

Aufbau

Der Flowbalancer besteht aus einem Einlauf, der über einen Segmentschieber dosiert wird. Der Segmentschieber ist über eine Steuermembrane gesteuert. Die Membrane ist mit der Steuerung über Magnetventile verbunden.

Der Getreidestrom fällt auf die Ablenkplatte und ist via Kraftaufnehmer mit der Steuerung verbunden.

Funktion

Der Flowbalancer muss immer aus dem Vollen arbeiten. Der pneumatisch gesteuerte Schieber dosiert den Produktstrom, welcher nach einer kurzen Fallstrecke auf das schräg gestellte Blech aufschlägt und in seiner Richtung abgelenkt wird. Der Aufprall und die Ablenkung des Produktstroms auf dem Blech erzeugen eine Kraft, welche genau proportional dem gewichtsmäßigen Produktstrom entspricht. Diese Kraft wird mittels Kraftaufnemer (Biegestab) abgenommen und mit einer Steuerung ausgewertet. Die Steuerung überwacht und reguliert mithilfe der Steuerventile über den Membranantrieb das Gleichgewicht, in dem der Dosierschieber geöffnet oder geschlossen wird. Dadurch wird eine konstante Durchflussleistung erreicht.

Der Flowbalancer benötigt einen Druckluftanschluss von 0,5 bar und eine Luftmenge von ungefähr 150 l/ h und Dosiergerät. Die

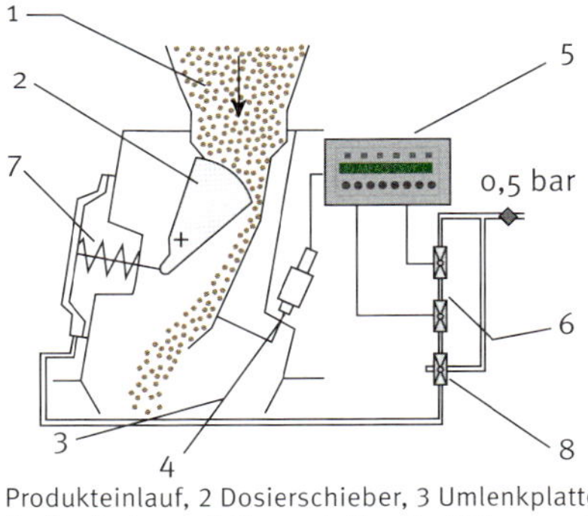

1 Produkteinlauf, 2 Dosierschieber, 3 Umlenkplatte, 4 Kraftaufnehmer, 5 Steuerelektronik, 6 Steuerventile, 7 Membrane, 8 Ventil

Abb. 5-27: Schema eines Flowbalancers (Bauart Bühler)

Vorgabe der gewünschten Leistung erfolgt direkt am Gerät oder ferngesteuert über ein Prozessleitsystem mit entsprechenden Schnittstellensignalen.

Die Flowbalancer decken einen Leistungsbereich von bis zu 30 t/ h ab, Siloausführungen sogar bis 100 t/h. Sie können schnell und einfach mit Gewichten kalibriert werden und machen nach jedem Schließen automatisch eine Systemnullung. Bei Stromunterbrechung schließt der Schieber automatisch.

5.3.6 Rohrwaage

Die Rohrwaage ist eine vollelektronische Schüttwaage mit einer eigenstabilen Drei-Punkt-Aufhängung. Es sind also keine mechanischen Gefäß-Stabilisatoren notwendig. Als Kraftaufnehmer dienen Biegestäbe. Sie arbeitet nach der Ist-Gewichtserfassung, das heißt, es wird keine exakte Gewichtsvorgabe pro Schüttung gemacht. Die Waagen-Steuerung ist aber mit einer Gewichtsoptimierung ausgerüstet, um so zum Beispiel als gesteuerte Waage vor dem ersten Schrot zu dienen. Bei jeder Schüttung wird das Leergewicht vom Vollgewicht subtrahiert und die Differenz in den Summenspeicher übergeben. Dieser addiert fortlaufend die eingegangenen Gewichtsmeldungen.

Aufbau

Der Grundrahmen ist auf vier Säulen am Boden abgestützt oder an der Decke aufgehängt. Darüber angeordnet ist der Einlaufbehälter mit Segmentschieber und pneumatischem Zylinder. Der rohrähnliche Wiegebehälter ist über drei Biegestäbe am Grundrahmen aufgehängt. Entleert wird der Wiegebehälter über eine sogenannte Schmetterlingsklappe, die von zwei pneumatischen Zylindern betätigt wird. In einem separaten, staubdichten Kasten ist die Steuer- und Auswertelektronik untergebracht. Direkt unter diesem Kasten befinden sich die Steuerventile.

Funktion

Der Einlaufschieber wird pneumatisch betätigt und hat nur eine Auf-/Zu-Funktion. Sobald die Waage wiegebereit ist, öffnet der Einlaufschieber ganz oder bis zum einstellbaren Maximalwert.

Erreicht das Produkt den eingegebenen Schüttwert im Wiegebehälter, macht der Einlaufschieber zu. Nach einer kurzen Stabilisierungszeit wird über die drei Biegestäbe das Gewicht genau erfasst und gespeichert. Nun öffnen die beiden Entleerungsklappen, worauf das Produkt binnen kürzester Zeit in den Nachbehälter fällt. Die Entleerungsklappen schließen sich wieder und nun wird das Leergewicht erfasst. Dieser Wert wird vom Vollgewicht subtrahiert und der Differenzwert zur Addition weitergegeben. Nach diesen Operationen beginnt der nächste Wägezyklus. Die Steuerelektronik ist direkt am Grundrahmen befestigt. Sie steuert die Ventile an, welche dann ihrerseits die pneumatischen Zylinder betätigen. Sowohl der Einlaufschieber wie auch die beiden Entleerungsschieber haben nur Auf-/Zu-Funktion. Die Waage hat also nur sehr wenig bewegliche Teile. Die Schmetterlingsklappe am Auslauf erlaubt eine schnelle und erschütterungsarme Entleerung.

Alle zur Waage gehörenden Teile wie Vorbehälter mit Einlaufschieber, Wiegebehälter, Nachbehälter, Steuerventile und Steuerelektronik sind am Grundrahmen befestigt. Dies erlaubt eine schnelle Montage und verhindert Übertragungsfehler. Alle Verschleißteile sind von außen gut zugänglich. Ein Anhängebügel für Kontrollgewichte erleichtert die periodische Kontrolle von Voll- und Leertara.

Der Wiegebehälter als beweglicher Teil, ist jeweils durch eine dünne Gummimanschette mit dem Ein- und Auslaufbehälter staubdicht verbunden. Eine Umluftleitung verbindet den Einlaufteil mit dem Auslaufteil und sorgt so für einen Luftausgleich.

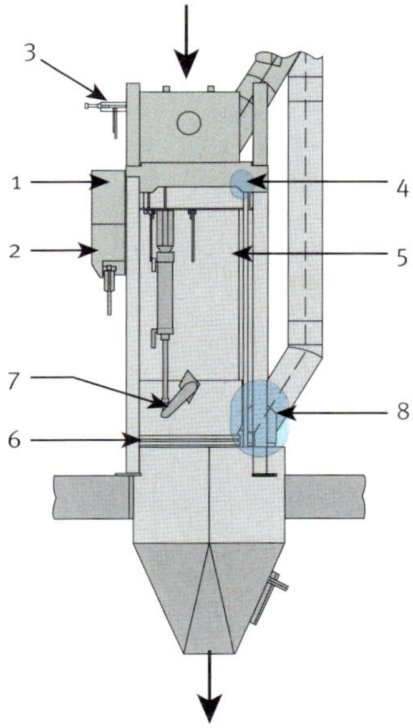

1 Waagensteuerung, 2 Magnetventile, 3 Druckluftzylinder, 4 Kraftaufnehmer 3x, 5 Wiegebehälter, 6 Gummimanschette, 7 Schmetterlingsklappe, 8 Frischluftklappe

Abb. 5-28: Schema einer elektronischen Schüttwaage (Bauart Bühler)

An der Steuer- und Auswertelektronik können folgende Daten abgelesen werden:

- Total der durchgelaufenen Menge in kg (nicht löschbar),
- Total der durchgelaufenen Menge in kg (löschbar),
- Taraanzeige,
- Vorwahl einer gewünschten Durchlaufmenge in kg,
- Fehleranzeige.

Als Sicherheitselemente dienen Voll- und Leerstandsonden. Bei einem Produktrückstau im Vorbehälter wird die Vollstandsonde aktiviert. Diese stellt die zuführenden Elemente ab. Gleichzeitig ertönt der Alarm und die Fehlermeldung wird am Display angezeigt.

Ist die Leerstandsonde im Nachbehälter noch nicht frei, darf die Waage nicht entleeren und geht in Wartestellung über.

Waagen können für zwei Aufgaben eingesetzt werden:

- als Durchlaufwaagen zur reinen Gewichtserfassung und

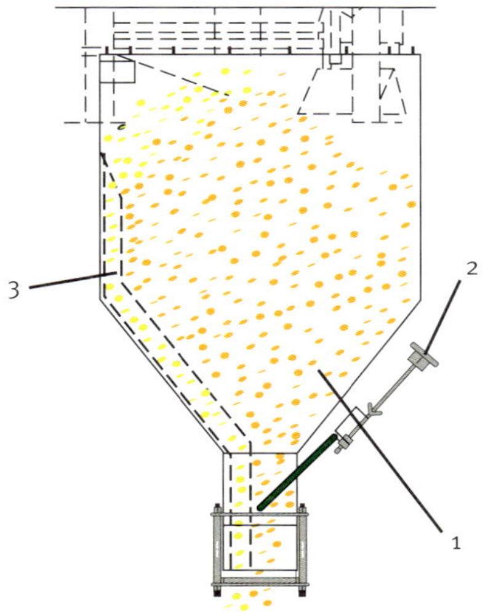

1 Hauptstrom, 2 Dosierschieber, 3 Überlauf
Abb. 5-29: Dosierschieber mit Überlauf

- als kombinierte Dosier- und Gewichtserfassungsgeräte.

Eine Waage wird zum Dosierelement, sobald die Schüttfrequenz gesteuert wird. Gesteuerte Waagen sind die exaktesten Dosierer mit einer Genauigkeit von ± 1 bis 2 ‰.

Wird nach einer Waage ein kontinuierlicher Produktauslauf aus dem Nachbehälter gewünscht, muss dieser mit einem Dosierschieber mit Überlauf versehen werden. Ein Umluftrohr verbindet den Raum über dem Wiegebehälter mit dem Nachbehälter. Die bei jeder Schüttung zwangsweise wechselnden Druckverhältnisse werden damit weitgehend ausgeglichen. Am Umluftrohr selbst ist eine gesteuerte Klappe angebracht, die kurz vor der Gewichtserfassung öffnet und eine Verbindung zur Raumluft herstellt. Ein eventuell noch vorhandener Unter- oder Überdruck wird dadurch ausgeglichen. Dies ist wichtig, um exakte Gewichtserfassungen zu gewährleisten.

5.3.7 Differential-Dosierwaage

Die Differential-Dosierwaage ist, wie die gesteuerte Schüttwaage auch, gleichzeitig ein Dosier- und Gewichtserfassungsgerät. Da sie aber, im Gegensatz zur gesteuerten Schüttwaage, das Produkt kontinuierlich ausdosiert, braucht sie keinen Ausgleichsbehälter mit Dosierschieber. Außerdem verlangt sie etwas weniger Einbauhöhe und ist kostengünstiger. Diese Punkte machen die Differential-Dosierwaage für innerbetriebliche Dosierungen und Gewichtserfassungen zu einem universellen Gerät. Seine Genauigkeit wird mit ± 2 bis 3 ‰ angegeben und kommt somit der gesteuerten Waage sehr nahe.

Der Aufbau der Differential-Dosierwaage entspricht weitgehend der automatischen Rohrwaage. Auch hier ist das Wiegegefäß (Rohr) an drei Biegestäben aufgehängt. Als wesentlicher Unterschied ist nur der Auslauf dieses Behälters zu nennen; anstelle einer Bodenklappe weist er einen motorisch oder pneumatisch gesteuerten Regulierschieber auf. Ihre Hauptbestandteile sind:

- Grundrahmen mit Abstütz- oder Aufhängesäulen,
- Einlaufschieber mit Druckluftzylinder,
- Wiegebehälter mit Regulierschieber (mit Membranantrieb),
- Magnetventile,
- Steuer- und Auswertelektronik.

Funktion

Über die Elektronik wird die gewünschte Austragsleistung und eventuell auch die Totalmenge eingegeben. Der Einlaufschieber wird nun geöffnet, bis im Wiegegefäss ein bestimmtes Gewicht erreicht ist. Nun schließt der Einlaufschieber wieder.

Die Steuerelektronik gibt Impulse via Magnetventile an die Steuermembrane, welcher seinerseits den Regulierschieber öffnet. Nun läuft ein kontinuierlicher Getreidestrom aus dem Wiegegefäß. Ist der Vorrat im Wiegebehälter auf ein bestimmtes Niveau abgesunken, wird der Einlaufschieber wieder geöffnet und der Wiegebehälter nachgefüllt.

Zwischen dem periodischen Nachfüllen des Wiegebehälters wird die Gewichtsabnahme pro Zeiteinheit erfasst und ausgewertet. Aus diesen beiden Einheiten werden die Stundenleistung und die Summe des durchgelaufenen Getreides errechnet und registriert.

Die Elektronik verändert die Stellung des Regulierschiebers so lange, bis die an der Steuerung eingegebene Stundenleistung erreicht ist. Beim Nachfüllen des Getreides in den Wiegebehälter ist eine Gewichtskontrolle nicht möglich. Während dieser kurzen Zeit bleibt der Regulierschieber stehen, bis er über die Steuerelektronik wieder neue Impulse erhält. Dieses Dosiergerät arbeitet somit während der Nachfüllphase volumetrisch und während der Kontrollphase gravimetrisch.

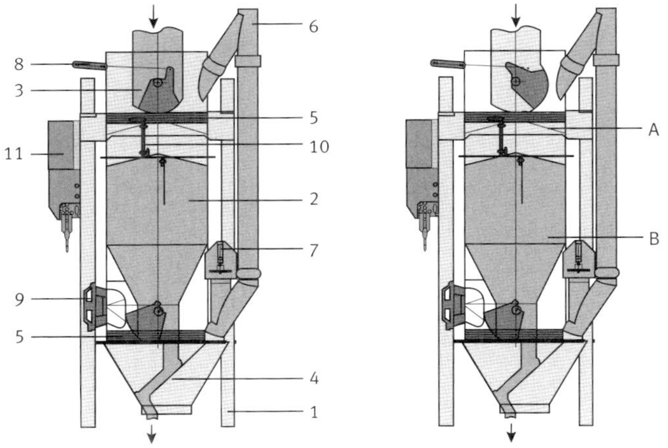

1 Abstütz- oder Aufhängesäule im Grundrahmen, 2 Wiegebehälter an Kraftaufnehmern, 3 Einlauf mit Speiseschieber, 4 Auslauftrichter mit Prallblech, 5 flexible Manschetten, 6 Umluftrohr, 7 Luftausgleichsklappe, 8 Betätigungszylinder des Einlaufschiebers, 9 Membranantrieb (pneumatisch) des Dosierschiebers, 10 Kraftaufnehmer (3 Stück) des Dosierschiebers, 11 Steuer- und Auswerteelektronik (Vorortsteuerung), A max. Füllung (oberer Mengenabschaltpunkt), B min. Füllung (unterer Mengenabschaltpunkt = Auslösung der Wiederbefüllung)

Abb. 5-30: Schema einer Differential-Dosierwaage (Bauart Bühler)

An der Steuer- und Auswertelektronik können folgende Daten eingegeben werden:
- gewünschte Stundenleistung in t,
- zu verarbeitende Totalmenge (Mengenvorgabe).

Angaben wie aktuelle Stundenleistung, eingegebene Totalmenge, bereits durchgelaufene Menge und Fehlermeldungen können am Gerät abgelesen werden.

Das gleiche Gerät kann auch als Durchlaufwaage eingesetzt werden, das heißt, nur zur Gewichtserfassung ohne Dosierfunktion (Transflowmeter).

5.4 Getreidevorbereitung (Konditionierung)

5.4.1 Allgemeines

Das Netzen mit Wasser und Abstehen von Getreide hat folgende Aufgaben:
- die Schale (Kleie) zäh und elastisch zu machen,
- den Mehlkern zu mürben,
- die richtige Mehlfeuchtigkeit zu erreichen,
- konstante Vermahlungseigenschaften zu erreichen.

Die Trennung von Schale und Mehlkern beruht auf dem Prinzip »Trennen nach Größe«. Die einzige Ausnahme im gesamten Vermahlungsprozess machen die Grießputzmaschinen, sofern solche in das System einbezogen sind.

Zähe und elastische Schale

Die Schale des Weizenkorns ist von Natur aus etwas zäher als der Mehlkern. Das bedeutet, dass auch ohne Wasserzugabe eine Trennung von Schale und Mehlkern möglich ist. Nur sind die Resultate bezüglich Mehlausbeute bei einem gegebenen Mineralstoffgehalt entsprechend schlechter.

Durch die Zugabe von Wasser und durch die Abstehzeit können die Resultate wesentlich verbessert werden. Je besser die Vorbereitung gelingt, desto einfacher und erfolgreicher lässt sich die Schale vom Mehlkern trennen.

Mit zunehmender Feuchtigkeit wird die Kleie elastischer und zäher. Gleicher Mahlspalt vorausgesetzt, fällt sie also in größeren Partikeln an. Die Gefahr, dass Schalenfeinteile entstehen und ins Mehl gelangen, wird reduziert. Die Zugabe von Wasser ist aber begrenzt, denn die produzierten Endprodukte müssen lagerfähig und marktkonform sein.

Die optimale Vorbereitung des Getreides auf die Vermahlung umfasst aber nicht nur den richtigen Feuchtigkeitsgehalt, sondern auch die richtige Feuchtigkeitsverteilung. Im Allgemeinen ist ein leichtes Feuchtigkeitsgefälle zwischen Schale und Mehlkern anzustreben, das heißt, die Schale sollte leicht feuchter sein als der Mehlkern. Gesteuert werden kann dies über die Abstehzeit und vor allem über das Netzen vor dem ersten Schrot.

Je nach klimatischen Verhältnissen in Bezug auf relative Luftfeuchtigkeit und Temperatur, entsteht ein Verdunstungsverlust während dem Vermahlungsprozess von 1 % bis 3,0 %. In gemäßigten Klimazonen beträgt er etwa 1,5 %. Wird eine Mehlfeuchtigkeit von 14,5 % angestrebt, müsste der Weizen vor dem ersten Schrot 16,0 % Feuchtigkeit aufweisen. Je nach Jahreszeit und atmosphärischen Bedingungen kann dieser Vermahlungsverlust variieren.

Mürben des Mehlkerns

Durch das Eindringen des Wassers in den Mehlkern wird seine Struktur gelockert, d. h, er wird weicher. Er lässt sich nun mit weniger Kraftaufwand zu Mehl vermahlen. Dabei steht aber nicht die Energieeinsparung im Vordergrund. Vielmehr geht es darum, die einwirkenden Kräfte im Schrotprozess soweit wie möglich zu reduzieren, bei dem die Schale (Kleie) nicht zu sehr zerschnitten wird. Besteht die Schale aus einem harten, unnachgiebigen Material und wird sie so durch die geriffelten Schrotwalzen geführt, wird sie unweigerlich von den Walzenriffeln in kleine Teile zerschnitten. Ist die Masse hingegen eher weich und nachgebend, treten wesentlich kleinere Druck- und Scherkräfte auf. Die relativ elastisch/zähe Schale wird weniger zerschnitten, fällt in größeren Teilen an und kann anschließend durch das Sieben leicht von den kleineren Endospermpartikeln getrennt werden.

Soll der Mehlkern bis ins Zentrum mürbe (weich) werden, muss das Wasser genügend Zeit haben, um bis ins Innerste vordringen zu können. Die Abstehzeit, also die Eindringgeschwindigkeit des Wassers, hängt von verschiedenen Faktoren ab:

- Dichte der Zellen im Endosperm (= Härtegrad),
- Temperatur des Weizens,
- Intaktheit der äußeren Schalenschichten und des Endospermes,
- Ausgangsfeuchtigkeit,
- Proteinmenge (nicht so wichtig, meistens analog zu Härtegrad).

Die Dichte der Zellen hat mit Abstand den größten Einfluss auf die Wassereindringgeschwindigkeit. Je kompakter die Struktur, desto langsamer die Wasserwanderung. Folglich benötigen harte und glasige Weizen eine wesentlich längere Abstehzeit als weiche und mehlige Weizen. Weiche Weizen können schon nach 6 bis 8 Stunden vollständig vom Wasser durchdrungen sein, während harte Weizen auch nach 24 Stunden immer noch einen harten und trockenen Kern aufweisen.

Für die Herstellung von Teigwarengrieß aus Durumweizen ist keine Mürbung des Endosperms erwünscht. Deshalb beträgt die Abstehzeit nur 3 bis 8 Stunden obwohl der Durumweizen eine sehr harte Kornstruktur aufweist.

Die Temperatur des Weizens spielt insofern eine Rolle, als warmes Wasser mehr Energie enthält als kaltes. Da die Masse des Weizens die Masse des Wassers jedoch um ein Mehrfaches übertrifft, nimmt das Netzwasser relativ schnell die Temperatur des Weizens an. Heißwasser hat deshalb nur einen geringfügigen Einfluss auf die Weizentemperatur und somit auf die Wasserwanderung. Dort, wo die Weizentemperatur im Winter stark absinkt, muss die Abstehzeit verlängert werden um den gleichen Mürbungsgrad zu erreichen. Sinkt die Weizentemperatur auf nahezu 0 °C oder tiefer, ist die Wasserwanderung aufgehoben. In Gegenden wo es über längere Zeit sehr kalt ist, wird das Getreide vor dem Netzen in Durchlauferhitzern erwärmt. Versuche haben gezeigt, dass kaltes Getreide unter sonst gleichen Bedingungen bezüglich Mehlausbeute schlechtere Resultate bringt als warmes Getreide. Weizentemperaturen zwischen 18 und 25 °C gelten als günstig.

Die intakte Samenhaut wirkt kurzzeitig wie eine Barriere gegen das eindringende Wasser. Außerdem hat der trockene Weizen eine recht große Oberflächenspannung, die Wasser abweisend ist. Aus diesem Grunde spielt die Art der Netzung eine beachtliche Rolle. Normale Wasserzugabe in eine Paddelschnecke ergibt noch keine zufriedenstellende Wasserverteilung. Versuche mit gefärbtem Wasser zeigten deutlich, dass nur ein Teil der Schale Wasser angenommen hatte. Besonders die Furche und die Keimoberfläche zeigten keine Wasserannahme. Die Wasserannahme kann durch intensives Reiben und Mischen beschleunigt und die Wasserverteilung wesentlich verbessert werden.

5.4.2 Netzsysteme

Jedes Netzsystem hat grundsätzlich zwei Aufgaben zu erfüllen:

- die richtige Wassermenge zu dosieren und
- das zugegebene Wasser gleichmäßig mit dem Getreide zu vermischen.

Zur Wasserdosierung wurde über Jahrzehnte mehrheitlich der Becher- oder Schaufelradnetzapparat verwendet.

Etwas später kam dann der Netzapparat mit Messzylinder dazu. Trotz ihrer zum Teil unbestrittenen Vorzüge können sie den heutigen Ansprüchen nicht mehr genügen. Sowohl der Bechernetzapparat wie auch der Netzapparat mit Messzylinder ergeben nur zufriedenstellende Resultate, wenn folgende Bedingungen erfüllt sind:

- konstante Getreidedurchflussmenge,

- konstante Getreidefeuchtigkeit,
- beim Durchflussmesser: konstanter Wasserdruck.

Diese Bedingungen können aber in den wenigsten Fällen realisiert werden. Ein weiterer Nachteil besteht darin, dass sie von Hand immer wieder neu eingestellt werden müssen. Dies in einem Arbeitsprozess, der in vielen Fällen ohne Überwachung und Bedienung auskommen könnte. Aus diesem Grunde werden die beiden genannten Netzapparate hier nicht mehr behandelt.

Automatische Netzsysteme

Die automatischen Netzsysteme sollen die oben erwähnten Nachteile eliminieren und außerdem von einem Leitsystem ansteuerbar sein.

Diese Aufgabe wird heute mit dem »Feed forward«-System (vorwärts leitend), erledigt.

In den »Feed forward«-Systemen wird die Feuchtigkeit des Getreides vor der Wasserzugabe bestimmt und dann aufgrund der Getreidedurchflussmenge und der Soll-Feuchtigkeit die notwendige Wassermenge errechnet.

Automatische Netzapparate sind auf Schnellmessmethoden und elektronische Rechner angewiesen. In Bezug auf Feuchtigkeitserfassung stehen drei verschiedene Methoden im Vordergrund:

- die Mikrowellenmessung,
- die kapazitive Messung und
- die NIR-Messung.

Mikrowellen erlauben eine genaue Messung sowohl des naturfeuchten wie auch des genetzten Getreides. Dabei wird ein Effekt genutzt, wonach Mikrowellen – d.h. elektromagnetische Wellen – im Bereich von 2 bis 3 GHZ[1], durch Wassermoleküle sehr stark absorbiert werden. Die Wasserverteilung im Korn sowie die Art der Wasserbindung spielen dabei keine Rolle.

Die kapazitive Messung macht sich die Tatsache zunutze, dass die Dielektrizitätskonstante von Wasser wesentlich höher ist als diejenige von Trockensubstanz. Durch die Messung der elektrischen Kapazität eines mit Weizen gefüllten Messbehälters lässt sich deshalb

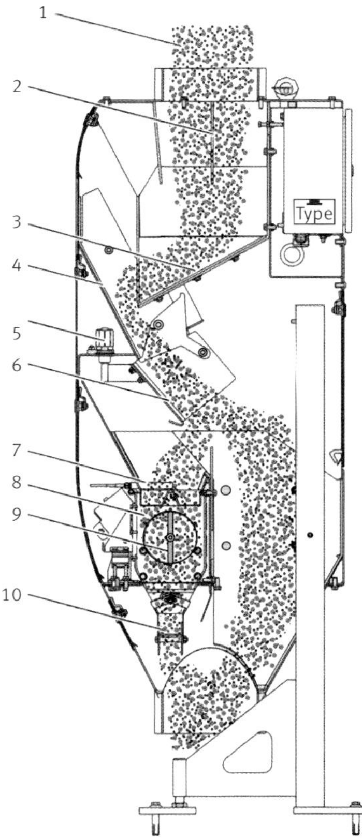

1 Produkt, 2 Trennblech, 3 Produktbremse, 4 Leitblech, 5 Wägezelle, 6 Prallplatte, 7 Temperatursensor, 8 Messbehälter, 9 Mikrowellenschwert, 10 Produktbremse

Abb. 5-31: Schnittbild Automatisches Feuchtigkeitsmess- und Reguliergerät (Bauart Bühler)

die Feuchtigkeit bestimmen. Bedingung ist aber eine relativ gute Wasserverteilung im Korn selbst.

Im nahen Infrarotbereich NIR (bis 2000 nm)[2] weist das Absorptionsspektrum signifikante Maxima auf, die durch Wassermoleküle verursacht werden. Es ist deshalb möglich, aus diesen Absorptionswerten Rückschlüsse auf die Feuchtigkeit zu ziehen. Auf dieser Basis ist die Messung nur an naturfeuchten Weizen möglich. Probleme bietet auch die Sortenabhängigkeit; genaue Resultate können nur erwartet werden wenn das Gerät auf die einzelnen Sorten kalibriert wurde und konstante Temperaturen vorliegen.

In der Praxis werden heute mehrheitlich die Mikrowellenmessung und die Kapazitätsmessung für die Schnellbestimmung eingesetzt. Beide Methoden ergeben gute Resultate und haben sich weltweit bewährt. Sowohl die Mikrowellenmessung wie auch die Kapazitätsmessung werden vom Schüttgewicht und der Temperatur des Getreides geringfügig beeinflusst. Um genaue Resultate zu erhalten, werden deshalb gleichzeitig auch noch das Schüttgewicht und die Temperatur des Weizens gemessen und in die Berechnung der Feuchtigkeitsbestimmung einbezogen.

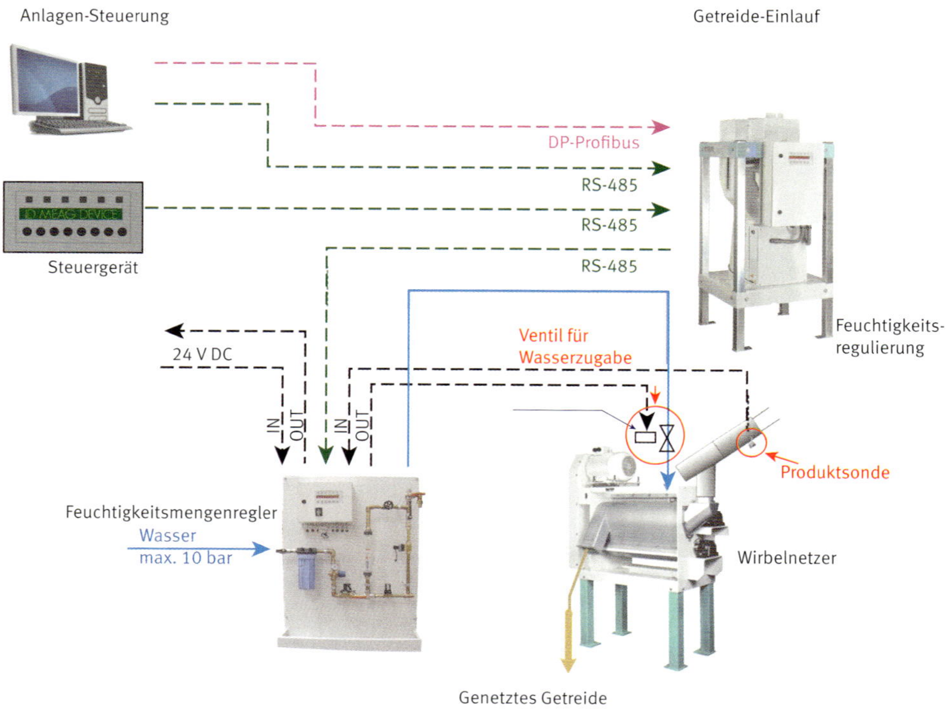

Abb. 5-32: Automatisches Feuchtigkeitsmess- und Reguliergerät (Bauart Bühler)

Abbildung 5-32 zeigt ein Funktionsschema eines automatischen Netzsystems, das mit Mikrowellenmessung arbeitet. Im gezeigten Beispiel ist es ein »Feed forward«-System.

Funktion

Der Produktstrom wird kanalisiert und füllt die obere Produktbremse. Das verhindert das Durchschießen des Produkts. Das Feuchtigkeitsmessgerät ist unabhängig von der Anordnung des Rohrleitungsbaus oberhalb des Geräts. Die obere Produktbremse bremst das Produkt und führt es durch die Öffnung zentrisch auf das Leitblech. Damit die Produktbremse bei Produktstopp leerläuft, ist auf dem Blech eine zusätzliche Öffnung.

Der Produktstrom fließt über die Prallplatte. Eine Wägezelle misst die wirkende Kraft. Nach der Massenstrommessung fließt das Produkt über den Messbehälter. Dadurch entsteht ein Rückstau und es bildet sich auf dem Messbehälter ein Produktdepot. Das Depot ist nötig, um zu gewährleisten, dass der Messbehälter immer voll ist. Nur wenn das Mikrowellenschwert komplett mit Produkt umschlossen ist, werden genaue Messwerte ermittelt. Der Messbehälter hängt an einer Wägezelle. Die Wägezelle misst das Schüttgewicht des fließenden Produkts.

Die Schüttdichte wird für die Feuchtigkeitsbestimmung verwendet. Mit einem Schieber wird die Fliessgeschwindigkeit im Messbehälter eingestellt. Die Fließgeschwindigkeit wird über ein Sichtfenster kontrolliert. Das Produkt, das nicht durch den Messbehälter fließt, fällt in den Überlaufkanal. In der Trimelle werden beide Produktströme wieder vereint.

Das Resultat der Mikrowellenmessung, das Schüttgewicht und die Temperatur werden in die Steuerung übermittelt, welcher die Ist-Feuchte in % errechnet. Die Durchlaufmenge des Produkts wird vom Durchflussmesser erfasst und ebenfalls an die Steuerung weitergeleitet. Aufgrund der Durchlaufmenge in kg/h, der Ist-Feuchte und der eingegebenen Soll-Feuchte wird dann die notwendige Wassermenge bestimmt. Ein hochpräziser Wasserdurchflussmesser übermittelt fortlaufend die aktuell zugegebene Wassermenge an die Steuerung. Dieser vergleicht den errechneten Sollwert mit dem Ist-Wert. Stimmen die beiden Werte nicht überein, gibt die Rechnereinheit solange Impulse zum Öffnen oder Schließen an das Regelventil, bis die Werte übereinstimmen. Da immer die aktuell durchfließende Wassermenge kontrolliert und gemeldet wird, können Druckschwankungen im Wassernetz keinen negativen Einfluss auf die Netzwassermenge ausüben.

Das »Feed forward«-System hat den Vorteil, dass nur trockenes und gereinigtes Getreide durch die Messstrecke fließt und damit das Gerät immer

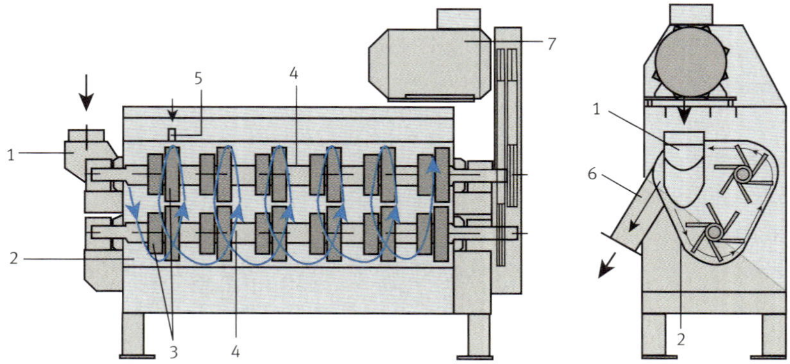

1 Produkteinlauf, 2 Mischkammer, 3 Schläger (Mischwerkzeug und Produkttransport), 4 Wirbelrotoren, 5 Wasserzugabe, 6 Produktauslauf, 7 Antriebsmotor

Abb. 5-33: Wirbelnetzer (Bauart Bühler)

sauber bleibt, im Gegensatz zum »Feed backward«-System, das aber veraltet ist und nicht mehr angewendet wird.

Chloriertes Netzwasser ist äußerst aggressiv. Aus diesem Grund sollten alle Maschinenteile und Transportelemente, die mit dem chlorierten Wasser in Berührung kommen, aus rostfreiem Material gefertigt sein.

Wird mit noch nicht vollautomatischen Netzgeräten gearbeitet, muss die Netzwassermenge nach folgender Formel berechnet werden:

$$\text{Wasseraufnahme in \%} = 100 \times \frac{(F2 - F1)}{100 - F2}$$

F1 = Ausgangsfeuchtigkeit/Rohfeuchtigkeit
F2 = gewünschte Feuchtigkeit/Endfeuchtigkeit

Mischaggregate

Das zugegebene Wasser muss nun intensiv und gleichmäßig mit dem Getreide vermischt werden.

Eine optimale Vermischung ist dann erreicht, wenn jedes einzelne Korn die korrekte Wassermenge erhält und dieses Wasser auf die ganze Kornoberfläche verteilt ist. Diese Verteilung muss unbedingt vor der Wasseraufnahme geschehen, das heißt, bevor das Wasser durch die äußeren Schalenschichten gebunden ist. Dies ist besonders wichtig, wenn nur kleine Wassermengen zugegeben werden können. Mischaggregate sollten folgende Bedingungen erfüllen:

- optimale Wasserverteilung von Korn zu Korn,
- optimale Wasserverteilung auf die ganze Kornoberfläche inklusive Kornfurche,

- vollständige Wasseraufnahme beim Verlassen des Mischaggregats,
- selbstentleerend (gute Hygiene),
- minimale Bruchbildung,
- hohe prozentuale Wasserzugabe ermöglichen.

Eine optimale Wasserverteilung und rasche Wasseraufnahme können nur durch eine schonende und doch intensive Bearbeitung erreicht werden. Durch diesen Energieeintrag wird die Oberflächenspannung rasch durchbrochen und das Netzwasser eingearbeitet.

Funktion

Das Getreide gelangt über den stirnseitig angeordneten Einlauf in den Wirbelnetzer. Das separat zugeführte Wasser und das Getreide werden von den zwei horizontal angeordneten Rotoren erfasst, intensiv gemischt und durcheinander gewirbelt. In diesem Bereich wirken Reibkräfte, Zentrifugalkräfte wie auch Beschleunigungskräfte auf das Getreide ein, welche die erwünschte Verteilung und die rasche Annahme des Wassers bewirken. Anschließend wird das genetzte Getreide über den tangential angeordneten Auslauf ausgeworfen.

5.4.3 Abstehzellen/-ausläufe

In den Abstehzellen wird dem Netzwasser Zeit gegeben, um in dem Endosperm einzudringen. Wichtig ist, dass diese »Ruhezeit« konstant gehalten werden kann. Das heißt das zuerst eingefüllte Getreide soll auch zuerst auslaufen. Nur wenn sich die Getreidesäule über die ganze Zellengrundfläche gleichmäßig absenkt, kann dieses Ziel erreicht werden. Abstehzellen werden deshalb mit Mehrfachausläufen oder mit Doppeltrichtern versehen. Bei den Mehrfachausläufen wird die ganze Zellengrundfläche in mehrere Auslauftrichter unterteilt. Die Auslaufrohre dieser Einzeltrichter werden in einem Sammeltrichter zusammengeführt. Bei richtiger Konstruktion bewirken diese Einzeltrichter ein gleichmäßiges Absinken des Produkts über die ganze Zellengrundfläche und damit eine konstante Abstehzeit.

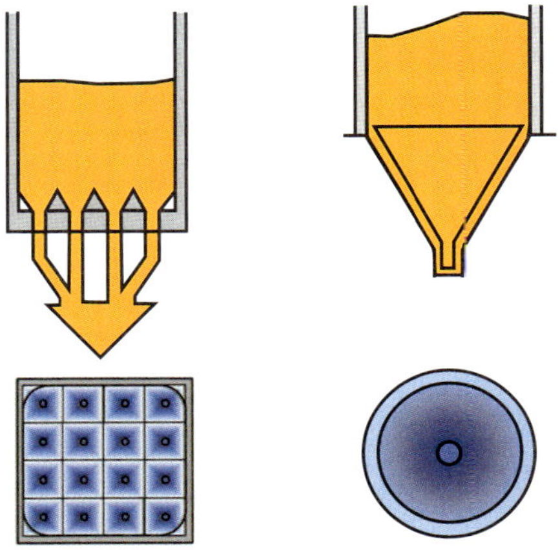
Abb. 5-34: Schnittzeichung eines Mehrfach- (links) und Doppelkonusauslaufs (rechts), Seiten- und Draufsicht.

Der Doppeltrichter besteht aus zwei ineinander gelegten Trichtern, die einen gemeinsamen, vertikalen Auslauf haben. Dieser Auslaufteil ist so gestaltet, dass sich das Produkt im inneren

Trichter und das im Ringquerschnitt gleichmäßig absenken. Damit wird auf der ganzen Zellengrundfläche die gleiche Absenkgeschwindigkeit erreicht.

Zellen mit diesem gleichmäßigen Auslaufverhalten werden als Massenflusszellen bezeichnet.

Werden leere Abstehzellen mit frisch genetztem Getreide gefüllt, führt dies anfänglich zu Schwierigkeiten beim Auslaufen. Durch das Aufnehmen des Netzwassers »quellen« die einzelnen Körner etwas auf und verkeilen sich im Trichterteil. Um dies zu vermeiden, muss zunächst etwas trockenes Getreide eingefüllt oder die Zelle darf nie ganz entleert werden. Bei relativ häufigem Mischungswechsel ist dies jedoch sehr umständlich. Wird das Getreide zuerst in eine kleine Zwischenzelle (Vornetz-Depot) mit einem Totalinhalt von 90 min Abstehzeit geleitet und erst dann in die eigentlichen Abstehzellen gefüllt, können diese Auslaufprobleme vermieden werden.

5.4.4 Nachnetzen

Sofern dem Getreide sehr viel Wasser zugegeben werden muss, beispielsweise wenn seine Feuchtigkeit unter 10 % liegt oder bei Weizen mit harter Kornstruktur, sollte eine Nachnetzung erfolgen. Das Wasser wird in solch einem Fall in zwei Schritten zugegeben. Eine zweimalige Netzung wirkt sich generell positiv auf die Wasserverteilung im Korn aus.

Durch das 1. Netzen sowie die Reibung der Körner untereinander während des Durchflusses durch die Abstehzellen, löst sich viel von den äußeren Schalenschichten ab. Diese Reste sollten aus hygienischen Gründen vor dem Nachnetzen durch eine Aspiration entfernt werden.

5.4.5 Netzen vor dem I. Schrot

Überall dort, wo die Abstehzeit sehr lang ist, wie für harte Weizen, oder in Gebieten wo die relative Luftfeuchtigkeit oft und stark schwankt, ist die Netzung vor dem I. Schrot eine wirkliche Hilfe. Die besten müllerischen Resultate werden erreicht, wenn die Schale eine leicht höhere Feuchtigkeit aufweist als der Mehlkern. Durch lange Abstehzeiten entsteht ein Feuchtigkeitsausgleich zwischen Schale und Mehlkern. Nun durchläuft der Weizen aber noch die zweite Reinigung mit Scheuermaschine und Aspirationskanal, wo der Schale, je nach relativer Luftfeuchtigkeit, Wasser entzogen wird. Somit weist die Schale vor dem I. Schrot eine geringere Feuchtigkeit auf als der Mehlkern. Um diesen Nachteil zu korrigieren, wird dem Weizen etwa 20 Minuten vor der Vermahlung noch etwas Wasser zugegeben. (Maximum 0,5 %) Dieses Wasser hat keinen oder nur einen äußerst geringen Einfluss auf die Mehlfeuchtigkeit.

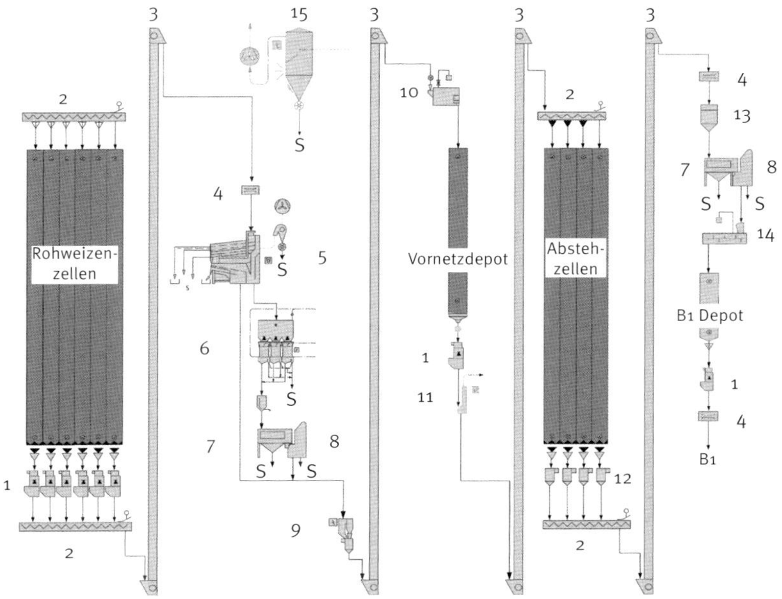

1 Differential-Dosierwaage, 2 Schnecke, 3 Elevator, 4 Magnet, 5 Kombi-Reiniger, 6 Optischer Sortierer, 7 Scheuermaschine, 8 Umluftaspirationskanal, 9 Autom. Feuchtigkeitskontrolle, 10 Wirbelnetzer, 11 Aspirationskanal, 12 Flowbalancer, 13 Sterilator, 14 Netzschnecke, 15 Filter mit Niederdrucklüfter, S Nebenprodukte

Abb. 5-35: Standard-Reinigungsdiagramm mit Vordepot

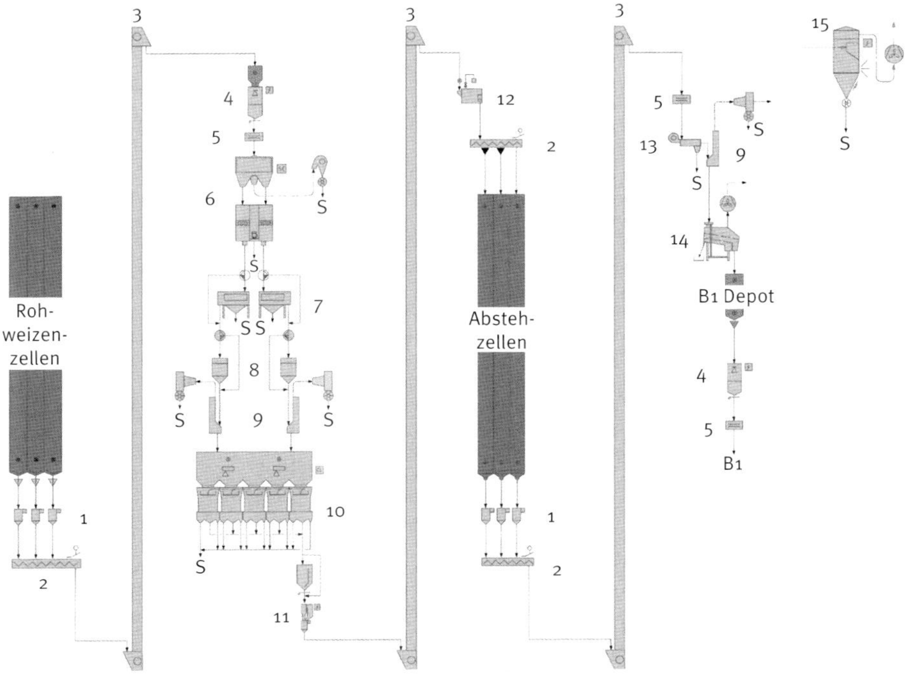

1 Flowbalancer, 2 Schnecke, 3 Elevator, 4 Schüttwaage, 5 Magnet, 6 Hochleistungs-Separator mit Umluftaspirationskanal, 7 Scheuermaschine, 8 Sterilator, 9 Aspirationskanal mit Zwischenabscheider, 10 Optischer Sortierer, 11 Autom. Feuchtigkeitskontrolle, 12 Wirbelnetzer, 13 DC Peeler, 14 Steinausleser, 15 Filter mit Niederdrucklüfter, S Nebenprodukte

Abb. 5-36: Hygiene-Reinigungsdiagramm

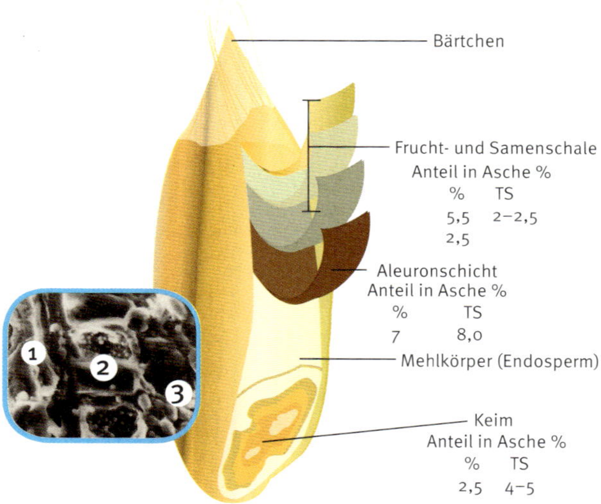

Abb. 5-37: Schematischer Aufbau eines Getreidekorns (1 = Schalenschichten, 2 = Aleuronschicht, 3 = Stärkekörner in Proteinmatrix)

5.5 Reinigungsdiagramme

In Abbildung 5-35 und 5-36 sind zwei typische Beispiele für Reinigungsdiagramme in Mühlenanlagen dargestellt.

5.6 Schälen von Weizen vor der Vermahlung

Unter dem Begriff »schälen« versteht man im deutschen Sprachgebrauch alle Varianten vom üblichen Scheuern bis hin zum vollständigen Abschälen der Kleie. So wird zum Beispiel die Scheuermaschine auch heute noch hin und wieder Schälmaschine genannt obschon sie keine eigentliche Schälarbeit verrichtet. Als Schälmaschinen im eigentlichem Sinne werden vor allem solche Maschinen bezeichnet, die für ein möglichst vollständiges Abschälen der Kleie eingesetzt werden. Dabei handelt es sich um Maschinen von unterschiedlicher Konstruktion mit unterschiedlicher Zielsetzung. Die englische Sprache ist in dieser Beziehung spezifischer und verwendet drei verschiedene Ausdrücke: Scouring, Peeling, Debranning (Pearling). Um Missverständnissen vorzubeugen werden an dieser Stelle folgende Definition gebraucht:

- Scheuern: intensives Trockenscheuern von Oberflächenschmutz.
- »Debranning, Pearling«: schälen von Weizen mit dem Ziel, die Kleie möglichst vollständig abzutrennen um das Schrotsystem teilweise oder ganz zu ersetzen.
- »Peeling«: intensives Feuchtscheuern mit dem Ziel, die äußersten Schalenschichten zu entfernen.

Debranning/ Pearling

Beim Debranning und Pearling wird durch Schleifen ein großer Teil der Schale vom Korn zu entfernen. Das kann bis zu 8 % der Kornsubstanz in einem Arbeitsschnitt ausmachen. Bei zwei aufeinander folgenden Schleifschritten sind dies sogar bis zu 12 %. Dann ist man schon im Endosperm. Der Schrotprozess wird aber nicht vollständig überflüssig, da nicht 100 % der Kleie entfernt wird.

Oft wird Pearling in der Drummüllerei eingesetzt um die Qualität und Ausbeute der Grieße zu steigern.

Funktion des Pearlers

Das Produkt tritt von oben in die Maschine ein und wird zwischen den Schleifscheiben und den Rotor geleitet. Anschließend wird es spiralförmig nach unten geleitet.

Horizontale und vertikale Bremsleisten reduzieren hier die Umfangsgeschwindigkeit des Produkts und bringen es in zusätzliche Drallbewegungen. Dadurch wird die Schleifdauer erhöht und die Schleifqualität verbessert.

Das Produkt trifft am unteren Ende des Schleifraums auf eine horizontal ausgerichtete Blende. Die Blende gibt durch mehrere Schieber die Durchflussöffnung vor. Der Schleifgrad kann durch Öffnen und Schließen der Blende eingestellt werden, wobei das Produktniveau in der Maschine bestimmt wird.

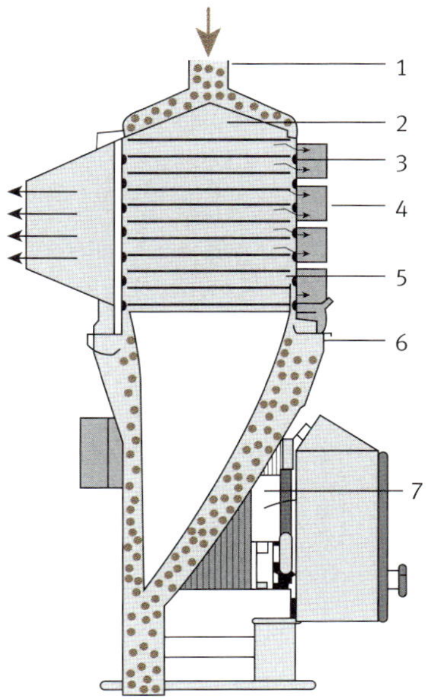

1 Produkteinlauf; 2 Kegelförmiger Rotordeckel; 3 Schleifscheiben; 4 Siebmantel; 5 Schleifscheiben; 6 Einstellbare Auslauföffnung; 7 Antrieb

Abb. 5-38: Schema eines Vertikal-Schleifers, Pearler (Bauart Bühler)

Peeling

Beim Peeling geht es nicht darum, den Prozess des Schrotens zu ersetzen. Im Gegenteil, es gilt, nur die äußerste Fruchtschale zu entfernen, während die Samenhaut und die Aleuronschicht möglichst intakt bleiben sollen.

Obgleich das Peeling seit Jahrzehnten bekannt ist, hat es erst in den letzten Jahren an Bedeutung gewonnen. Dies in erster Linie, um reinere und hygienischere Produkte zu ermöglichen.

Getreide als Naturprodukt ist immer mit Mikroorganismen, Pilzen, Sand, Erde etc. kontaminiert. Der Großteil der genannten Verunreinigungen befindet sich an der Oberfläche und in den äußersten Schalenschichten des Getreidekorns. Gelingt es, die äußersten Schalenschichten zu entfernen ohne die darunter liegende Samenhaut und Aleuronschicht zu verletzen, wird nicht nur die nachfolgende Schrotarbeit erleichtert und optimiert sondern es fallen vor allem reinere Zwischen- und Endprodukte an.

Die Maschine wird in der zweiten Reinigung eingesetzt. Es gibt vom Peeler zwei Ausführungen, einen »Light« und »DC-Peeler« welche unterschiedliche Schälgrade haben. Bei beiden Ausführungen kann der Grad an Schalenentfernung mit Zugabe von Wasser erhöht werden. Aus einem Vorratsdepot wird die gewünschte Stundenleistung in einem Wirbelnetzer ausdosiert.

Differenz vom DC-Peeler zum Light peeler

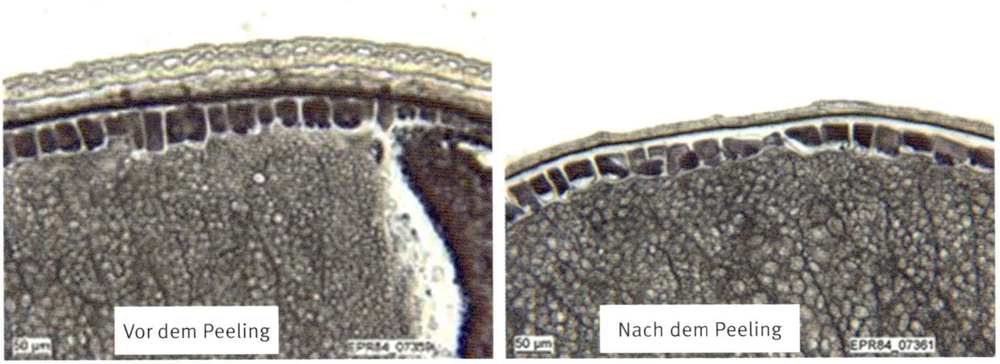

Abb. 5-39: Weizenkornrandschichten vor und nach dem Peeling

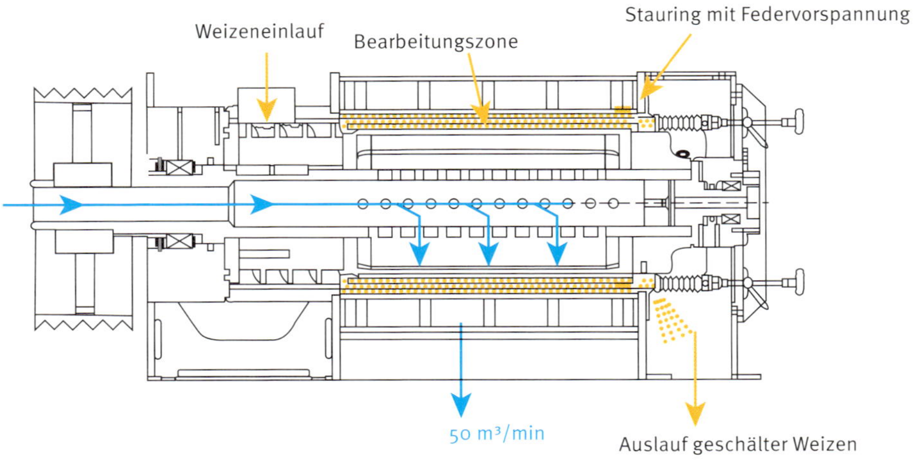

Abb. 5-40: Längsschnitt durch den DC-Peeler

Von diesem gelangt das Getreide über einen Magnet zum Peeler in dem die äußerste Fruchtschale abgetrennt wird. Der nachfolgende Aspirationskanal saugt die losgelösten Schalenteile ab. Diese werden üblicherweise mit den gemahlenen Reinigungsabgängen der Kleie zugegeben und vermischt. Bei stark kontaminiertem Getreide, müssen die Schalenteile hingegen entsorgt werden. Das so vorbereitete Getreide gelangt dann über ein Pufferdepot auf die Vermahlung.

Endprodukte aus Mehlmühlen, die mit diesem Prozess arbeiten, zeigen folgende Eigenschaften:

- reduzierter Sand-/Erdgehalt,
- reduzierter Anteil an Mikroorganismen und Pilzen,
- reduzierte Belastung mit Schwermetallen,
- weniger Mykotoxine,
- geringerer Filth-Gehalt (Insektenfragmente, Haare etc.),
- hellere Farbe,
- geringerer Mineralstoffgehalt respektive höhere Ausbeute an hellen Mehlen,
- bessere Klebereigenschaften und damit größeres Backvolumen,
- Keimgewinnung problemlos.

Diesen positiven Eigenschaften steht ein etwas höherer Energiebedarf gegenüber.

Das Peeling-System kann sowohl Grießmühlen wie auch Mehlmühlen vorgeschaltet werden. Durch Anpassungen in Bezug auf Walzenführung und Riffelung kann das System weiter optimiert werden. Es ergeben sich unter Umständen längere Riffelstandzeiten am I. Schrot und die Möglichkeit einer etwas höheren Mühlenleistung. Bei harten Weizenmischungen und bei der Herstellung von hellen Endprodukten kommen die Vorteile am deutlichsten zum Tragen.

Funktion des DC-Peelers

Über ein robustes Schneckengewinde wird der Weizen in den horizontalen Arbeitsraum gedrückt das heißt, zwischen die gusseiserne Rotortrommel und den Siebmantel. Darin entsteht eine intensive Reibung zwischen Rotor und Siebmantel wie auch von Korn zu Korn. Die Intensität der Bearbeitung kann durch eine einstellbare Stauklappe am Auslauf und über die Wasserzugabe reguliert werden. Der Siebmantel besteht abwechselnd aus gestanzten Lochsieben und gusseisernen Scheuerplatten. Die Luft, die über die Hohlwelle des Rotors in den Arbeitsraum gedrückt wird, kühlt Produkt

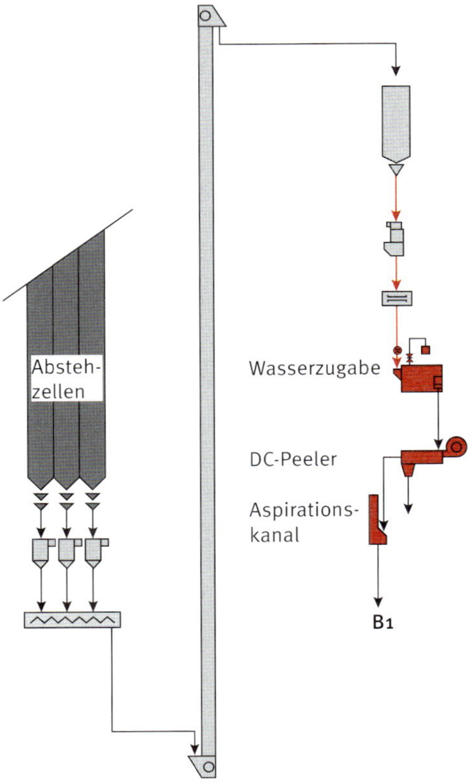

Abb. 5-41: Diagramm der 2. Reinigung mit DC-Peeler und Wasserzugabe vor dem Peeler

und Maschine und unterstützt das Abführen der losgelösten Schalenschichten durch die Siebe.

5.7 Sortieren und Mahlen der verwertbaren Produkte aus der Reinigung

In der Vorreinigung wie auch in der Reinigung werden Produkte mit sehr unterschiedlichen Eigenschaften ausgelesen. Sie werden üblicherweise in verwertbare und unverwertbare Produkte unterteilt. Die unverwertbaren Produkte müssen entsprechend der örtlichen Gesetzgebung oder auch Regulationen der Futtermitelindustrie entsorgt werden. Zum Teil gelten sie jedoch als Sondermüll (z. B. Annahmestäube).

Alle noch verwertbaren Produkte aus der Reinigung werden gesammelt und in eine spezielle Zelle geführt. Der Inhalt dieser Zelle wird durch folgende Faktoren bestimmt:

- durchschnittlicher Besatzanteil,
- Annahmeleistung bzw. Annahmemenge (sofern von Gesetzgeber oder Futtermittelindustrie erlaubt),
- Reinigungsleistung,
- Mühlenleistung,
- Abstehzeit des Weizens,
- Art der Vermahlung der Nebenprodukte (kontinuierlich oder Nachtvermahlung).

Die Zelle dient als Puffer für die in unregelmäßigen Mengen anfallenden Ausleseprodukte, sowie auch für die Zeitdifferenz zwischen Reinigung und Vermahlung.

Die von den verschiedenen Reinigungsmaschinen ausgeschiedenen Produkte werden entweder direkt oder über eine Sammelschnecke dem Becherelevator zugeführt. Ein Teil dieser Produkte ist bereits fein genug und braucht nicht weiter zerkleinert zu werden. Sehr oft sind abrasive Teile darin enthalten, die in der Schlagmühle und in den nachfolgenden Transportelementen zu einem enormen Verschleiß führen würden.

Aus diesen beiden Gründen ist eine Vorsortierung mittels eines Kleinplansichters empfehlenswert. Reinigungsprodukte haben in der Regel schlechte Fließeigenschaften. Die Auslauftrichter der betreffenden Zellen müssen dementsprechend steil sein (mindestens 70°) und mit einer großen Austrittsöffnung versehen werden. Als Dosierelement eignet sich die Speiseschnecke mit Auflockerer besonders gut.

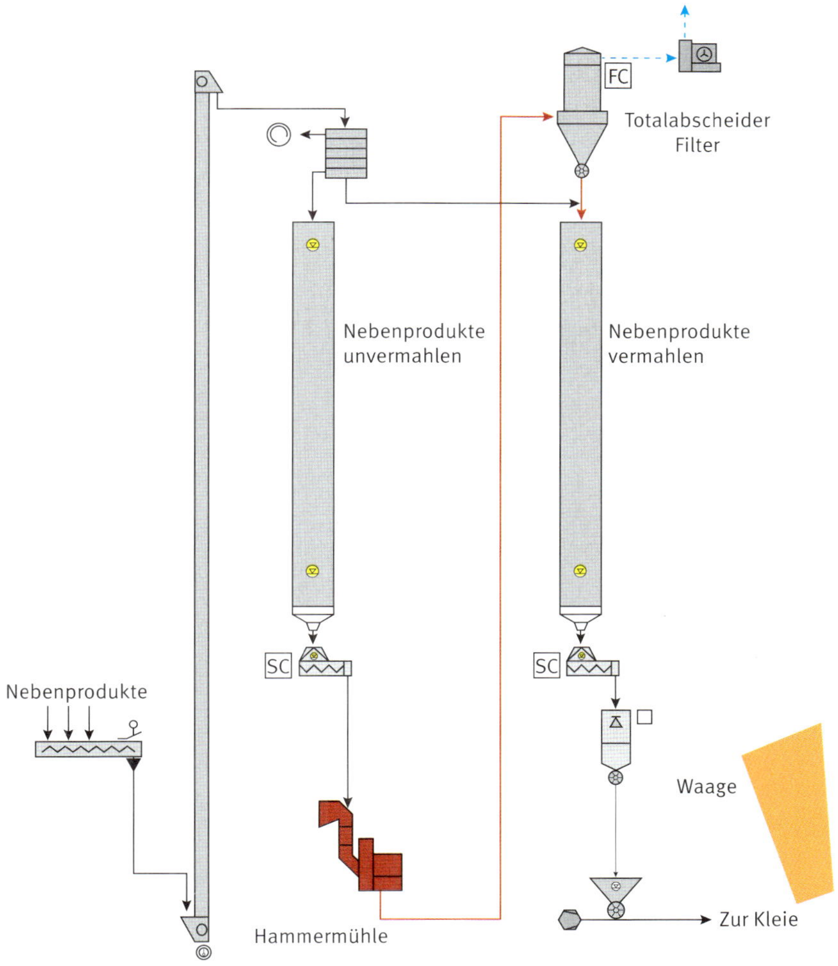

Abb. 5-42: Diagramm Vermahlung Nebenprodukte

Zum Schutz der Schlagmühle sollte zumindest ein starker Magnet oder besser ein Schwerteileausleser vorgeschaltet sein. Harte Fremdteile verursachen große Schäden an der Vermahlungseinheit oder können Staubexplosionen verursachen.

Durch eine starke Aspiration der Schlagmühle oder einen pneumatischen Abtransport des Produkts, wird eine höhere Vermahlungsleistung und ein staubfreier Betrieb erzielt. Die Abluft kann, je nach Ansprüchen an deren Reinheit in einen Nachabscheider oder in den Filter der Zentralaspiration geführt werden.

Je nach gewünschtem Feinheitsgrad wird das Lochblech für die Schlagmühle gewählt. Normalerweise liegt der Lochdurchmesser zwischen 2,0 bis 3,0 mm.

Die gemahlenen Reinigungsprodukte werden den Nachprodukten aus der Mühle kontinuierlich beigemischt, sofern dies nicht gesetzlich untersagt ist. Durch immer strengere ATEX-Regularien werden die Anforderungen an die Maschinen, Elemente und Diagramme hinsichtlich von Explosionssicherheit, Druckentlastung, aktiver Funkenbekämpfung immer anspruchsvoller und aufwendiger.

6 Maschinen im Vermahlungsprozess

Thomas Krüger, Heinrich Sollberger

6.1 Walzenstuhl

Der Walzenstuhl ist bis heute eindeutig die wichtigste Vermahlungsmaschine in der Müllerei und nimmt dementsprechend einen ganz zentralen Platz ein. Einleitend eine kurze Chronik über seine Entwicklung im 19. Jahrhundert:

1815 Josef Anton Müller erwirbt in Warschau eine Mühle und versucht, das Getreide mit zwei gegeneinander abrollenden Walzen zu mahlen.

1821 Versuche, mit Walzen Getreide zu vermahlen durch Helfenberger in Rohrschach, später fortgesetzt von Bollinger in Wien und Collier in Paris.

1832/33 Bau und Einrichtung der Frauenfelder Walzenmühle mit Walzenstühlen von Josef Anton Müller, dessen Walzen noch mit gleicher Drehzahl liefen. Dieses war der Grund, weshalb man zunächst große Mahlverluste hinnehmen musste. 1833 starb J. A. Müller.

1834 Auswechslung aller Walzenstühle von J. A. Müller durch solche von Jakob Sulzberger. Seine wichtigste Neuerung war die Einführung der Differenzialgeschwindigkeit.

1850 Abraham Ganz aus Embrach bei Zürich, Gründer der damaligen Maschinenfabrik Ganz & Co. in Ofen (Ungarn), führte die ersten Hartgusswalzen mit eingegossenen Riffeln ein.

1870 Weitere entscheidende Verbesserung des Walzenstuhls und Einführung der Porzellanwalzen durch Friedrich Wegmann in Oerlikon. Genereller Durchbruch der Walzenmüllerei.

1876 Erste Patentanmeldung des Walzenstuhls durch Friedrich Wegmann.

1878 Erste Walzenmühle in England

1879 Erste Walzenmühle in Amerika

1887 Erste Walzenstühle, auf deren Konzept die heutigen Maschinen basieren.

Aus vielen verschiedenen Konstruktionen bezüglich Walzenanordnung und Walzenanzahl hat sich schließlich der Vier- und Achtwalzenstuhl mit horizontal angeordneten Walzenpaaren durchgesetzt. Verbesserte Konstruktionen

und der Einsatz von neuen Materialien brachten vor allem Maschinen mit höheren Durchsatzleistungen und einfacherem Unterhalt auf den Markt. In den letzten Jahren standen Verbesserungen in Bezug auf Steuerung und Automatisierung, verminderter Lärmpegel, Personenschutz sowie verbesserter Hygiene im Vordergrund.
Bei den älteren Modellen werden die bei der Vermahlung auftretenden Kräfte auf den Maschinenständer übertragen. Dieser muss entsprechend stabil gebaut sein. Ihre Seitenwände und die Traversen sind deshalb meist aus schwerem Guss mit Verstärkungsrippen gefertigt. Die neueren Modelle haben sogenannte »Walzenpakete«, bei denen die Mahlkräfte über einen in sich geschlossenen Kreis aufgenommen und so in gewissem Sinne neutralisiert werden.

Die nachfolgende Beschreibung basiert auf dem im Jahre 2005 erschienenen Modell »Antares« der Fa. Bühler.

6.1.1 Einlauf und Speisung

Der Einlaufteil mit Sichtfenster hat zwecks besserer Überwachung ein großes Volumen und ist nach unten erweitert. Bei einem eventuellen Aufstau auch sperriger Produkte können diese wieder von selbst nachlaufen. Einlauf und Speiseraum sind über ein Verbindungsrohr zum Auslauftrichter aspiriert. Ein an einem Biegestab (elektronischer Kraftaufnehmer) befestigter Metallstab ragt in den Speiseraum. Das sich im Speiseraum aufstauende Produkt übt einen Druck auf diesen Stab aus, der nun analog an die elektronische Steuerung übertragen wird. Ist ein in der Steuerung festgelegter Druck erreicht, werden die Mahlwalzen eingerückt und die Speisewalzen gestartet. Je nach einlaufender Produktmenge wird der Aufstau im Speiseraum größer oder kleiner. Entsprechend wird auch der Druck auf den Biegestab größer oder kleiner. Über die Steuerung wird nun die Drehzahl der Speisewalzen stufenlos so verändert, dass sich der Produktstau auf einer bestimmten Höhe einpendelt und eine Speisung auf die ganze Walzenlänge gewährleistet ist.

Der Spalt und die Parallelität des Speisesegments können manuell von außen dem Produktvolumen und den Fließeigenschaften entsprechend eingestellt werden. Dies geschieht im Normalfall bei der Inbetriebsetzung und braucht nachher nicht mehr verändert zu werden.

Die linke Walzenstuhlseite in Abbildung 6-1 zeigt eine Speisung für Schrotpassagen. Sie ist hinten mit einer Verteilschnecke mit einstellbaren Paletten und vorne mit einer Riffel- oder Pyramidenwalze (Abb. 6-2) versehen. Diese Speisewalze hat einen größeren Durchmesser, um auch extrem sperrige und voluminöse Produkte sicher und gleichmäßig auszutragen.

Die rechte Walzenstuhlseite zeigt die Speisung einer Ausmahlpassage. Diese ist mit zwei Speisewalzen ausgerüstet. Das einstellbare Speisesegment ist über der hinteren Speisewalze angeordnet (Abb. 6-2). Je nach Einstellung dieses Segments wird eine dünnere oder dickere Produktschicht aus dem Speiseraum ausgetragen. Die vordere, etwas schneller laufende Speisewalze übernimmt das Produkt und beschleunigt es. Von dieser wird es zwischen zwei Leitblechen direkt in den Mahlspalt geleitet.

Normalerweise ist die hintere Speisewalze mit feinen Längsriffeln und die vordere mit Querrillen versehen.

Für personalfreie Betriebsführung ist heute eine Stillstandsüberwachung der Speisewalzen eingebaut.

Für die Reinigung des Speiseraums wird zuerst über die Steuerung per Knopfdruck der Speiseraum leer gefahren. Anschließend kann das ganze Speisemodul mit wenigen Handgriffen ausgeschwenkt und gründlich gereinigt werden.

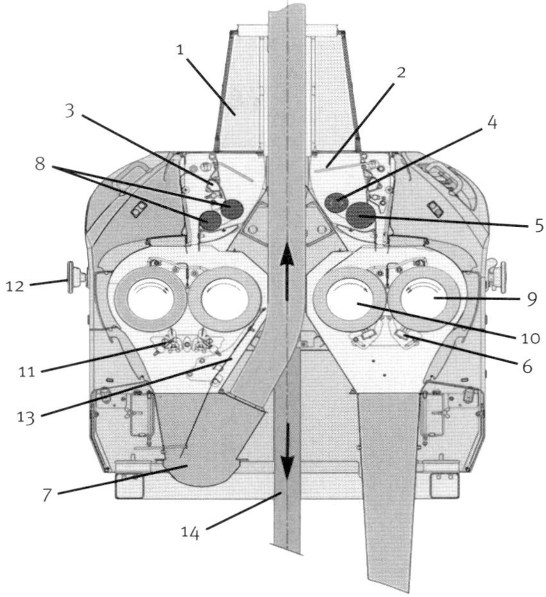

1 Produkteinlauf, 2 Produkterfassung, 3 Speisesegment, 4 Verteilschnecke (Schrot), 5 Speisewalze, 6 Bürstenabstreifer, 7 Trimelle (Direktabsaugung), 8 Speisewalzen (Grieß, Dunst), 9 Schnelllaufende Mahlwalze, 10 Langsamlaufende Mahlwalze, 11 Einstellbare Messerabstreifer, 12 Handrad für Mahlspaltverstellung, 13 Aspirationskanal (Luftabsaugung), 14 Einlaufaspiration (kann auch über eine separate Aspirationsleitung von oben aspiriert werden)

Abb. 6-1: Schnittzeichnung eines Vierwalzenstuhls (Bauart Bühler)

6.1.2 Aufbau und Material der Mahlwalzen

Die Mahlwalze besteht aus einem dickwandigen Rohr, in welches nach der Bearbeitung die beiden Achsschenkel beidseitig eingepresst werden.

Die Mahlwalzen werden entweder statisch oder im Schleudergussverfahren hergestellt. Beim früher üblichen, statischen Gießverfahren wird das Einfüllmaterial in einem einzigen Arbeitsgang in die stehende (statische) Form gegossen. Beim Schleudergussverfahren dreht die liegende Gussform mit recht hoher Drehzahl, sodass das Einfüllmaterial durch die Fliehkraft gleichmäßig am ganzen Umfang verteilt wird. Außerdem ist es bei diesem Gießverfahren möglich, zwei verschiedene Gussmaterialien zu verwenden; zuerst wird der harte und zähe Spezialguss (Hartguss) über eine Einfüllzunge in die Gussform gegeben. Anschließend wird der weichere Grauguss zugefüllt. Bei Einhaltung

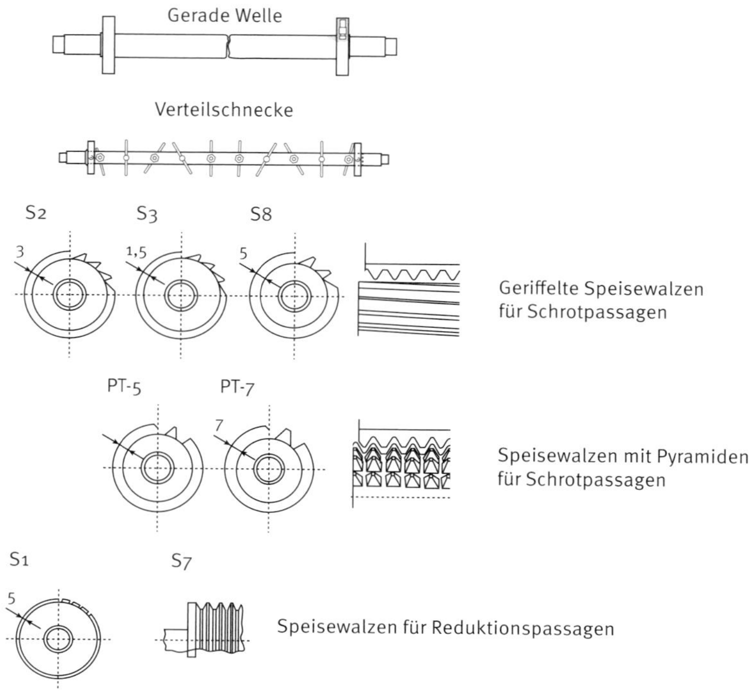

Abb. 6-2: Speisewalzen mit unterschiedlicher Riffelung

der richtigen Temperatur verbinden sich die beiden Materialien zu einem kompakten, dickwandigen Rohr. Der zuerst eingefüllte Spezialguss gibt der Walze die gewünschten Eigenschaften, wie Langlebigkeit und praktisch gleichbleibende Härte über die ganze Verwendungsdauer. Der weichere Grauguss hingegen verleiht der Walze eine gewisse Elastizität, die sie bruchsicherer macht.

6.1.3 Walzenpaket

In modernen, leistungsfähigen Walzenstühlen werden die enormen Mahlkräfte von kraftschlüssigen Walzenpaketen aufgenommen und nicht mehr, wie früher, auf die Seitenwände übertragen. Vereinfacht ausgedrückt, werden die beiden auseinander strebenden Kräfte durch das »Paket« miteinander verbunden und so in gewissem Sinne neutralisiert. Auf den Walzenstuhlständer wirken somit nur noch die Gewichtskräfte der Walzen inklusive deren Lagerung und der Riemenzug.

Beim Walzenwechsel werden die beiden Walzen und deren Lagerung gemeinsam als eine Einheit ausgebaut und ausgewechselt. Die neue Einheit kann bereits in der Werkstatt vorbereitet und zusammengebaut werden, sofern ein Reserve-Walzenpaket zur Verfügung steht. Die Stillstandzeit für einen Walzenwechsel kann damit wesentlich verkürzt werden.

In diesem Walzenpaket sind auch die Spannfedern integriert, um eventuell überproportionale Kräfte beim Durchgang eines harten Fremdkörpers aufzufangen und die Maschine vor Schaden zu schützen.

Zwischen den Walzenpaketen und dem Walzenstuhlständer sind Vibrationsdämpfer befestigt. Sie haben die Aufgabe, Vibrationen zu dämpfen und den Schallpegel zu reduzieren.

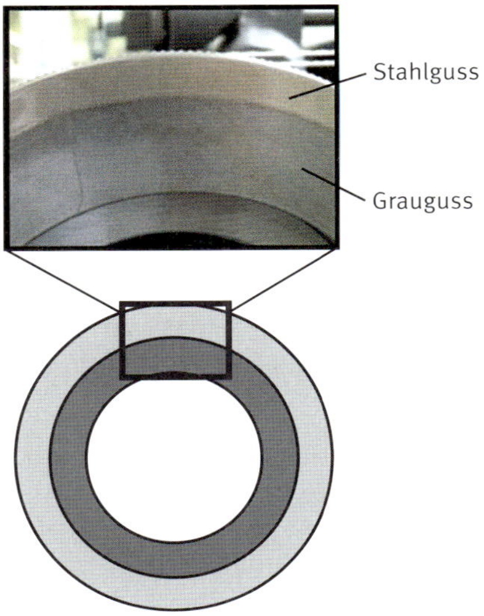

Abb. 6-3: Schnitt durch eine Mahlwalze

Die vordere, schneller laufende Walze ist fix positioniert. Das Ein- und Ausrücken sowie das Einstellen des Mahlspalts geschieht über die hintere, langsamer laufende Walze. Zu diesem Zweck gibt es links und rechts vom Walzenstuhl je ein Handrad mit Skala. Über eine Gewindespindel und einen Exzenter kann der Mahlspalt mit einer sehr hohen Genauigkeit eingestellt und gehalten werden.

6.1.4 Walzenlagerung

Walzen, die den heutigen Ansprüchen genügen sollen, werden ausschließlich mit Pendelrollenlagern ausgerüstet. Der Lagersitz ist meist konisch, damit beim Aufziehen der Lager das korrekte Lagerspiel eingehalten werden kann. Dieser Lagersitz wird möglichst nahe an der Walze positioniert, um die Biegekräfte am Walzenstummel gering zu halten. Hydraulikpressen erleichtern das Abziehen der Lager vom Walzenstummel.

Die Mahlwalzenlager sind pro Walzenstuhlseite mit einer Zentralschmierung ausgerüstet.

Das Ein- und Ausrücken der Mahlwalzen geschieht über Exzenter durch zwei pneumatische Druckluftzylinder. Gesteuert wird dies elektronisch über den Biegestab (Kraftaufnehmer) im Speiseraum oder manuell über die Tastatur am Walzenstuhl.

6.1.5 An- und Übertrieb

Die Antriebsscheibe ist an der vorderen, schneller laufenden Walze befestigt. Da die Walzenpaare heute mehrheitlich durch individuelle Motoren angetrieben werden, sind Keilriemen die Regel.

Bei dem in Abbildung 6-1 gezeigten Modell wird der Übertrieb von der schnelleren auf die langsamere Walze über zwei Zahnriemen (Rillenriemen) vorgenommen. Diese sind individuell spannbar.

Dadurch übertragen beide Riemen die gleiche Energie, was die Lebensdauer der Riemen wesentlich erhöht. Durch den Einsatz von Zahnriemen (Rillenriemen) wird der Übertrieb ölfrei.

Andere Modelle arbeiten mit schräg verzahnten Stirnrädern. Diese drehen im Ölbad, dessen Ölstand periodisch überprüft werden muss. Mit dem Nachschleifen und Nachriffeln der Walzen nimmt deren Durchmesser ab. Dadurch wird auch die Distanz zwischen den beiden Achsstummeln geringer. Somit muss eines dieser beiden Stirnräder durch ein anderes, welches ein bis zwei Zähne weniger aufweist, ausgewechselt werden.

Des Weiteren kann aber auch jede Walze direkt angetrieben werden, per gekoppeltem Motor. Dafür müssen aber spezielle Motoren verwendet werden. Um das Differenzial zu bekommen, muss jeder Motor einen Frequenzumformer haben.

6.1.6 Ständer/Verschalung/Schutzvorrichtungen

Der Walzenstuhlständer ist eine geschweißte Stahlkonstruktion. Auf ihm sind die Walzenpakete, die Seitenwände und die ganze Verschalung abgestützt. Auch die Sammeltrichter für das Mahlgut sind im Ständer eingehängt.

Die Verschalung ist bei dem hier betrachteten Walzenstuhl-Modell aus rostfreiem Edelstahl mit einer Innenbeschichtung aus Polyurethan gefertigt. Polyurethan isoliert gut und reduziert so die Gefahr von Kondenswasserbildung. Die produktführenden Teile bestehen aus hygienischen Gründen aus rostfreiem Edelstahl. Zur Überwachung der Speisung, des Antriebs sowie des Übertriebs, können die seitlichen Türen ausgeschwenkt und, wenn notwendig, sogar ausgehängt werden.

Weitere Optionen für einen sicheren, optimierten Betrieb können eine Temperaturüberwachung der Walzenlager und/oder der Mahlwalzen sein. Auch ist es heute möglich, eine Online-Größen-Messung des vermahlenen Produkts nach der Walze zu integrieren und dadurch den Mahlspalt zu regeln.

Sämtliche sich bewegenden oder drehenden Teile sind von der Verschalung überdeckt. Die Vorschriften bezüglich des Personenschutzes verlangen, dass die Verschalung nur über ein Werkzeug geöffnet werden kann.

6.1.7 Riffelwalzen

Für Riffelwalzen wird ein Hartguss gewählt, der dem Riffel eine möglichst lange Standzeit bei gleichzeitiger Bruchsicherheit bietet. Die Walzenhärte liegt für diese Walzen bei 480 bis 570 Brinell-Härtegraden. Bei noch härteren Walzen besteht die Gefahr des Ausbrechens der Riffel. Niedrigere Werte ergeben unbefriedigende Standzeiten.

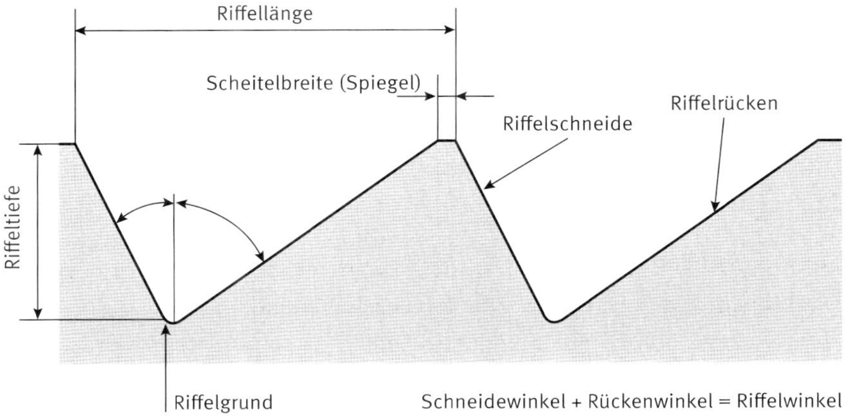

Abb. 6-4: Einzelteile der Riffel

Unter Riffeln versteht man das Schneiden von sägezahnartigen Furchen auf der Oberfläche der geschliffenen Walze. Diese Arbeit wird auf speziellen Riffelmaschinen ausgeführt.

Die Walze wird zuerst absolut parallel zum Riffelstahlhalter auf dem Riffeltisch positioniert. Am Riffelkopf können meist zwei äußerst harte Stähle befestigt werden. Diese Stähle werden zunächst auf die gewünschte Form zugeschliffen. Nun werden die Stähle so an die hin- und herlaufende Walze herangeführt, bis die gewünschte Arbeitstiefe erreicht ist. Bei einigen Riffelmaschinen bearbeiten die beiden Stähle den gleichen Riffel, indem sie hintereinander gestellt sind. Andere bearbeiten zwei unterschiedliche Riffel. Das Ziel ist aber das gleiche: Vor- und Nacharbeit in einem Durchgang.

Feine Riffel können in einem einzigen Arbeitsgang gefertigt werden. Größere Riffel benötigen zwei oder sogar drei Umgänge bis die gewünschte Tiefe erreicht ist.

Am Riffel werden folgende Teile unterschieden:

- Der Riffelgrund sollte leicht abgerundet sein. Dies wird erreicht, indem man am korrekt zugeschliffenen Stahl die Spitze leicht abrundet. Ein abgerundeter Riffelgrund lässt das Produkt besser aus der Riffelöffnung fallen.
- Die Anzahl der Riffel wird über den Einsatz der entsprechenden Zahnräder an der Riffelmaschine bestimmt.
- Die Anzahl der Riffel muss dem Einlaufprodukt und dem zu erzielenden Endprodukt Rechnung tragen. In einer Getreidemühle wird der I. Schrot immer die kleinste und der letzte Feinschrot die größte Anzahl Riffel aufweisen. Angegeben wird die Anzahl der Riffel pro cm oder pro Umfang. Die letztere Angabe ist aber nur aussagekräftig, wenn gleichzeitig der Walzendurchmesser bekannt ist. Der Drall, das heißt, die Schrägstellung

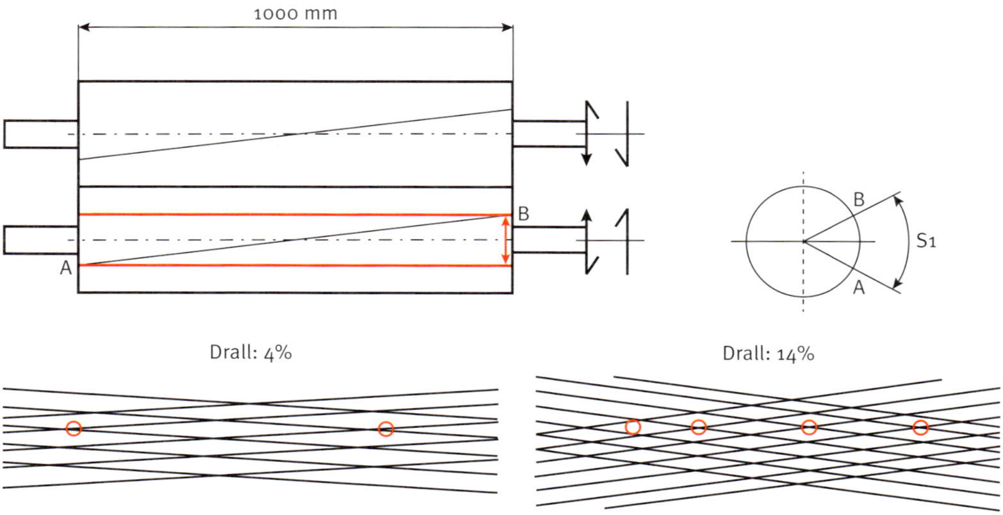

Abb. 6-5: Riffeldrall und Scherenwirkung des Dralls

des Riffels zur Walzenachse, kann mittels eines Führungsarms mit Skala eingestellt werden. Ob Links- oder Rechtsdrall verwendet wird, spielt keine Rolle. Beide Walzen müssen aber die gleiche Drallart haben. Der Drall liegt zwischen 4 % und 14 %. Mit zunehmendem Drall erhöht sich die Schneidewirkung am Produkt.

Der Riffelspiegel (Scheitelbreite) ist der verbliebene Teil der geschliffenen Walzenoberfläche und hat drei wichtige Aufgaben zu erfüllen:

- Er garantiert durch die an dieser Stelle originale Oberfläche, dass die Walze nach wie vor absolut rund ist.
- Er gibt dem Riffel zusätzliche Stabilität, d. h., er bricht weniger aus und hält länger.
- Die unerwünschte Schneidewirkung wird reduziert.

Je nach Größe des Riffels beträgt dieser für Müllereiwalzen 0,1 bis 0,2 mm. Die Tiefe der Riffel ist das Resultat aus der Anzahl der Riffel, der beiden Riffelwinkel und der Breite des Riffelspiegels. Steile Riffelwinkel ergeben enge und tiefe Riffelöffnungen. Solche Riffel entleeren sich schlecht und neigen zum sogenannten »Wickeln«. Außerdem haben sie durch die steile Arbeitskante eine eher schneidende Wirkung, wodurch viel, jedoch unsauberer Grieß anfällt.

Ein offener Riffel, welcher einen großen Schneidewinkel in Verbindung mit einem großen Rückenwinkel hat, ist sehr flach. Solche Riffel entleeren sich leicht und haben eine eher schabende und drückende Wirkung. Sie produzieren daher mehrheitlich Dunste und Mehle und haben kaum schneidende Wirkung auf die Kleie. Die Schneidewinkel variieren von 20 bis 45° und die Rückenwinkel von 45 bis 75°.

Die Riffelteilung ist ein Resultat aus der Anzahl der Riffel und hat somit keine Bedeutung.

In Bezug auf das Zusammenwirken der Riffel in einem Walzenpaar gibt es vier Möglichkeiten:

- Schneide auf Schneide S : S
- Schneide auf Rücken S : R
- Rücken auf Schneide R : S
- Rücken auf Rücken R : R

Die zuerst genannte Walze ist immer die schnellere. Sie wird durch zwei Pfeile gekennzeichnet.

Die Riffelstellung von der schnelllaufenden Walze zur langsamlaufenden Walze hat einen recht großen Einfluss auf das Produkt. Die Riffelstellung Schneide auf Schneide hat eine schneidende Wirkung, das heißt, das Risiko die Kleie zu zerschneiden, ist groß. Es fallen mehrheitlich grobe Zwischenprodukte an und nur wenig Mehl. Die Zwischenprodukte enthalten einen hohen Anteil an feinen Kleieteilen und sehr viele Kopfgrieße (Grieße bestehend aus Endosperm und Schale).

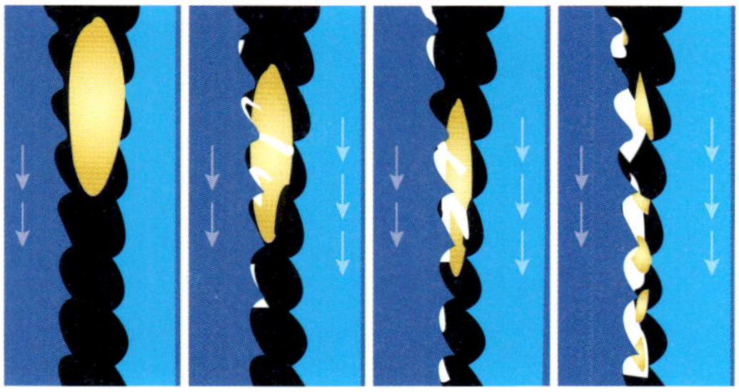

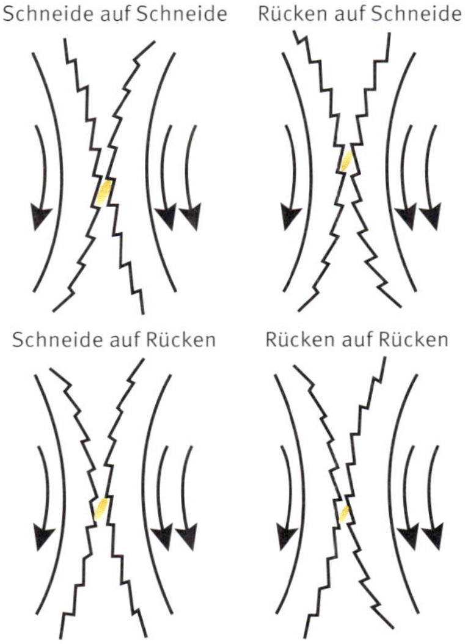

Abb. 6-6: Oben: Aufbrechen eines Weizenkorns an einem Modell; unten: die vier möglichen Riffelstellungen

Die Riffelstellung Rücken auf Rücken hat eine mehr drückende und schabende Wirkung und deshalb einen schonenderen Einfluss auf die Kleie. Diese fällt grobflockiger an und die Zwischenprodukte sind entsprechend sauberer. Die Produktion von groben Zwischenprodukten ist geringer, diejenige von Dunst und Mehl größer.

Die Riffelstellungen Schneide auf Rücken und Rücken auf Schneide ergeben Zwischenresultate. Bei der Riffelstellung Rücken auf Schneide ist eine gewisse Vorsicht geboten. Bei tiefer Walzenführung und/oder hoher Produktfeuchtigkeit presst der Rücken der schnelllaufenden Walze das Produkt in den Riffel der langsamlaufenden Walze. Dies führt dann oft zum sogenannten »Wickeln«.

Die Differenzialgeschwindigkeit bei Schrotwalzen, in der Fachsprache auch Voreilung genannt, beträgt üblicherweise 2,5:1, für Roggen bis 4:1.

In einer Riffeltabelle werden alle relevanten Daten in Bezug auf Speisewalzen und Mahlwalzen sowie deren Drehzahlen festgehalten.

2015									**Riffeltabelle**																
Mühle:									**Ort:**											Land:					
Leistung: 250 t / 24h									Diagr. Nr.:						vom:					Bemerkungen:					
Walzenstuhl			Walzen						Riffel						Glatt.	Speisung				Übertrieb			Antrieb		Bemerkungen
Modell	Order-Nr. oder Masch. Nr.	Passage	Anzahl	Länge	Durchmesser	Dickwandig	Wasserkühlung	Aut. Mahlsp. verst.	Anzahl/Umfang	Anzahl/cm	Stellung	Form	Drall (%)	Scheitelbl./mm	Bombierung/m (auf Durchm.)	Typ vorn	Typ hinten	Verteilbrücke	Speisesteuerung	Zahnriemen Übersetzung		Abstreifer Typ	1/Min.	Motor/kW	
MDDR		B1	4	1250	250	d	/	/	250	3,2	D	30/65	4	0.2		S2	/	/	FC	1:2.0		/	620	30.0	
MDDR		B2	4	1250	250	d	/	/	375	4,8	D	30/65	6	0.2		PT 7	W	/	FC	1:2.0		/	620	30.0	
MDDR		B3	4	1250	250	d	/	/	500	6,4	A	50/65	8	0.1		PT 7	W	/	FC	1:2.5		B	550	18.5	
MDDR		B4 gr.	2	1250	250	d	/	/	650	8,3	A	50/65	8	0.1		PT 7	W	/	FC	1:2.5		B	500	15.0	
MDDR		B4 f.	2	1250	250	d	/	/	750	9,6	A	50/65	10	0.1		PT 5	W	/	FC	1:2.5		B	500	15.0	
MDDR		B5 f.	2	1250	250	d	/	/	850	10,8	A	50/65	12	0.1		PT 5	W	/	FC	1:2.5		B	500	15.0	
MDDR		C1 A	4	1250	250	d	/	/	-	-	-	-	-	-	70-75	S7	S1		FC	1:1.23		M	620	22.0	
MDDR		C2 A	4	1250	250	d	/	/	-	-	-	-	-	-	50-55	S7	S1	x	FC	1:1.23		M	590	18.5	
MDDR		C1 B	4	1000	250	d	/	/	-	-	-	-	-	-	40-45	S7	S1		FC	1:1.23		M	590	18.5	
MDDR		C2 B	2	1000	250	d	/	/	-	-	-	-	-	-	40-45	S7	S1	x	FC	1:1.23		M	500	15.0	
MDDR		C3	4	1000	250	d	/	/	-	-	-	-	-	-	40-45	S7	S1	x	FC	1:1.23		M	500	15.0	
MDDR		C4	2	1000	250	d	/	/	-	-	-	-	-	-	50-55	S7	S1	x	FC	1:1.23		M	590	18.5	
MDDR		C5	4	1000	250	d	/	/	-	-	-	-	-	-	30-35	S7	S1	x	FC	1:1.23		M	470	11.0	
MDDR		C6	2	1000	250	d	/	/	-	-	-	-	-	-	40-45	S7	S1	x	FC	1:1.23		M	500	15.0	
MDDR		C7	2	1000	250	d	/	/	-	-	-	-	-	-	30-35	S7	S1	x	FC	1:1.23		M	470	11.0	
MDDR		C8	2	1000	250	d	/	/	-	-	-	-	-	-	30-35	S7	S1	x	FC	1:1.23		M	470	11.0	
MDDR		C9	2	1000	250	d	/	/	-	-	-	-	-	-	30-35	S7	S1	x	FC	1:1.23		M	470	11.0	
MDDR		C10	2	1000	250	d	/	/	-	-	-	-	-	-	30-35	S7	S1	x	FC	1:1.23		M	470	11.0	
Stellung: A = Schneide/Schneide D = Rücken/Rücken						Speisewalzen: Walzen:			W = Schnecke d = dickwandig						Abstreifer: B = Bürste M = Messer					Speisesteuerung			FC = Frequenz gesteuert 4G = Viergang Getriebe		
			Visum:																						

Abb. 6-7: Beispiel einer Riffeltabelle

6.1.8 Glattwalzen

Der Mahleffekt der Glattwalzen beruht auf dem Zusammenspiel von Walzendruck, Differenzialgeschwindigkeit und Oberflächenstruktur der Walzen. Das Ziel ist immer ein hoher Mehlanfall mit einem geringen Mineralstoffgehalt. Wird eine glänzende Oberfläche gewählt, erhält man zwar Mehle mit einem geringeren Mineralstoffgehalt, aber einen ungenügenden Mahleffekt. Mit sehr rauer Oberfläche ist der Mahleffekt wohl gut, aber die Mineralstoffwerte zu hoch, weil durch die raue Oberfläche auch die im Produkt noch enthaltenen Schalenteile teilweise zerkleinert werden. Eine feine und doch poröse Oberfläche ergibt die günstigsten Resultate. Glattwalzen werden deshalb nach dem Schliff in einem zusätzlichen Arbeitsgang »mattiert«. Dies geschieht meist durch »Sandstrahlen«, wobei grießförmiger Korund mit Luftdüsen auf die Oberfläche der drehenden Walze gesprüht wird.

Damit die Oberflächenstruktur möglichst lange erhalten bleibt, wird für Glattwalzen ein etwas weicherer Guss (440–490 Brinell-Härtegraden) verwendet als für Riffelwalzen.

Die Differenzialgeschwindigkeit für Glattwalzen beträgt im Normalfall 1,25 : 1.

Durch den Mahldruck werden die Walzen geringfügig durchgebogen. Zylindrisch geschliffene Walzen mahlen dadurch im mittleren Bereich ungenügend.

Um diesen Nachteil zu beheben, werden die Glattwalzen »bombiert«. Je nach Länge der Walze und Mahldruck beträgt diese Bombierung zwischen 10 und 70 μm, auch abhängig von Walzendurchmesser und -wandstärke.

6.1.9 Walzenabstreifer

Die Oberflächen der Riffelwalzen werden mit Bürstenabstreifern (breiten Nylonbürsten) sauber gehalten. Die Bürstenhalterung ist beidseitig pendelnd abgestützt. Ein regulierbares Gegengewicht drückt die Borsten gegen die Walzenoberfläche. Bei fixer Anstellung der Bürsten müssen diese von Zeit zu Zeit, entsprechend der Abnutzung, nachgestellt werden. Der I. und II. Schrot braucht unter normalen Betriebsbedingungen keine Abstreifer.

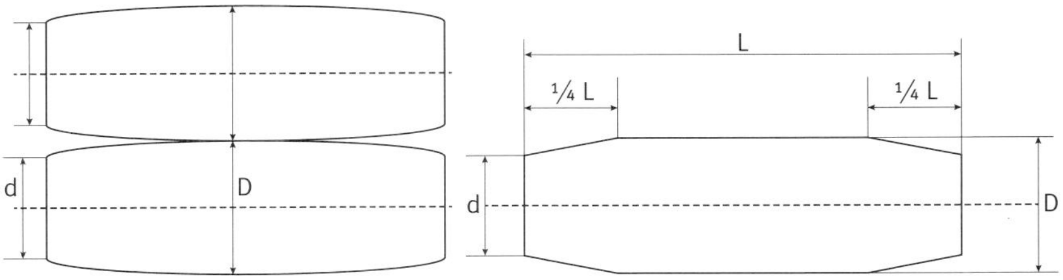

Abb. 6-8: Glattwalzen mit Bombierung; links: runde Bombierung (Kreisbogen); rechts: abgeschrägte Bombierung (dachförmig)

Für Glattwalzen haben sich Messerabstreifer am besten bewährt. Auch sie werden über ein Gegengewicht an die Walzenoberfläche gepresst. Zusätzlich können sie aber noch über Stellschrauben an die bombierte Walzenoberfläche angepasst werden. Messerabstreifer werden im ausgerückten Zustand automatisch von der Walzenoberfläche abgehoben, um ein Glattschleifen der Walzenoberfläche zu vermeiden.

Der »Antares« wird als Vier- oder Achtwalzenstuhl gebaut. Beide Versionen sind mit Walzenlängen von 600, 1 000, 1 250 und 1 500 mm erhältlich. Üblicherweise wird er mit einem Walzendurchmesser von 250 mm ausgerüstet. Walzen mit einem Durchmesser von 300 mm sind auch erhältlich, allerdings nur in den Walzenlängen 1 000 und 1 250 mm.

6.1.10 Zusatzeinrichtungen

Druckluftversorgung: Da die Walzen über Druckluftzylinder ein- und ausgerückt werden, ist eine störungsfrei arbeitende Druckluftversorgung nötig. Besondere Aufmerksamkeit ist dabei der Druckluftqualität zu widmen; sie muss gefiltert und kondenswasserfrei sein.

Wasserkühlung: Bei sehr hohen Durchsatzleistungen und hohem Walzendruck wird sehr viel Energie in Wärme umgewandelt. Diese Wärme wird an die Walzen, die Transportluft und an das Produkt abgegeben. Warmes Produkt und warme Transportluft verursachen einen größeren Feuchtigkeitsverlust. Außerdem entsteht in den Maschinen und im Rohrbau Kondenswasser. Wird die schneller laufende Walze mit Wasser gekühlt, kann sehr viel Wärme über das Kühlwasser abgeführt werden. Aufbereitetes, kalkarmes Wasser wird in einem geschlossenen Kreislaufsystem vom Kühlaggregat zu den Walzen geführt und wieder zurück zum Kühlaggregat.

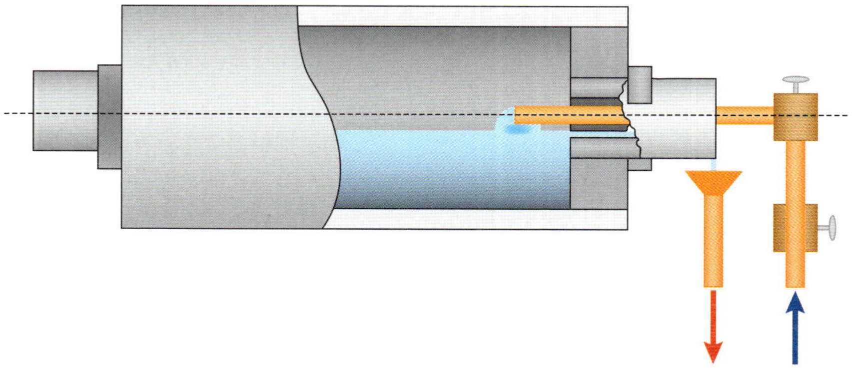

Abb. 6-9: Schema einer Walze mit Walzenkühlung

Direktabsaugung: Darunter versteht man die Absaugung des Mahlguts durch den Walzenstuhl hindurch. Sie hat den Vorteil, dass unter dem Walzenstuhlboden kein Raum beansprucht wird. Der Energiebedarf für den pneumatischen Transport ist aber etwas höher als bei der Untenabsaugung (Abb. 6-10).

Steuerung

Beim oben beschriebenen Walzenstuhl »Antares« hat jede Walzenstuhlseite eine autonome, integrierte Steuerung mit Tastfolie. Diese hat sehr vielseitige Funktionen wie:

- Leerlaufen lassen der Speisung (Restentleerung),
- Ein- und Ausrücken der Mahlwalzen,
- kontinuierliche Drehzahlregulierung der Speisewalzen,
- automatische Mahlspaltverstellung evtl. zusammen mit Online-Partikelgrößenmessung (Option),
- Not-Aus-Schalter,
- Temperaturüberachung für Walze und/oder Lager,
- Master-Slave Funktion (Belastungsausgleich bei Doppelpassagen),
- Drehzahlüberwachung für Speise- und Mahlwalzen.

Folgende Informationen werden am Display angezeigt:

- Betriebszustand,
- Motorenauslastung in % und Ampere,
- aktuelle Drehzahl der Speisewalzen,
- Betriebsstundenanzeige,
- Temperatur der Walze.

6.1.11 Achtwalzenstuhl

Seit der Einführung des Walzenstuhls wurde immer wieder versucht, den Vermahlungsprozess zu vereinfachen oder rationeller zu gestalten. Es wurden Walzenstühle mit mehreren, übereinander angeordneten Mahlpassagen ohne Zwi-

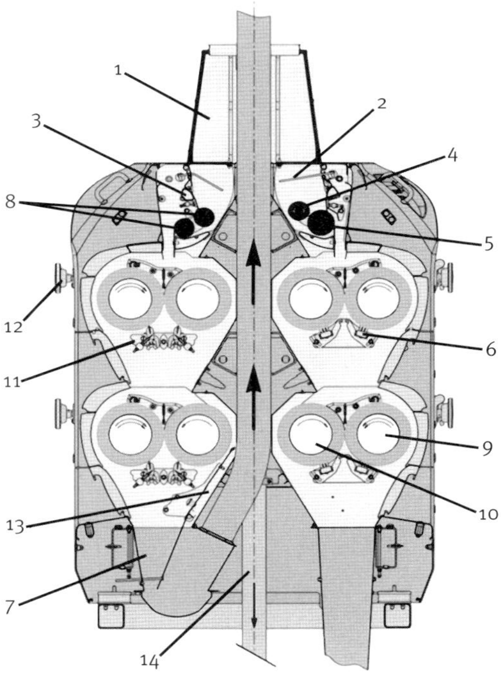

1 Produkteinlauf, 2 Produkterfassung, 3 Speisesegment, 4 Verteilschnecke (Schrot), 5 Speisewalze, 6 Bürstenabstreifer, 7 Trimelle (Direktabsaugung), 8 Speisewalzen (Grieß, Dunst), 9 Schnelllaufende Mahlwalze, 10 Langsamlaufende Mahlwalze, 11 Einstellbare Messerabstreifer, 12 Handrad für Mahlspaltverstellung, 13 Aspirationskanal (Luftabsaugung), 14 Einlaufaspiration (kann auch über eine separate Aspirationsleitung von oben aspiriert werden)

Links: Direktabsaugung, rechts: Untenabsaugung

Abb. 6-10: Schema eines Achtwalzenstuhls (Bauart Bühler)

schensichtung entwickelt. In der Malzaufbereitung werden beispielsweise häufig Walzenstühle mit drei Walzen und zwei hintereinander angeordneten Schrotpassagen ohne Zwischensichtung eingesetzt. In der Mehlmüllerei konnten sich solche Ideen aber in der Praxis nie durchsetzen. Dies änderte sich als der Achtwalzenstuhl »Airtronic« der Fa. Bühler auf den Markt kam. Dabei handelt es sich um zwei übereinander angeordnete Vierwalzenstühle, wobei beim unteren die Speisevorrichtung fehlt.

6.2 Siebmaschinen

6.2.1 Plansichter

Die ersten bekannten Plansichter waren sogenannte »Zwangsläufer« mit einem einzelnen Siebkasten. Das Schwunggewicht war entweder über oder unter diesem Siebkasten angeordnet. Ähnlich wie wir das heute noch bei Laborsichtern finden.

Julius Konegen aus Braunschweig erfand 1894 die Zweiteilung des Siebkastens. Dies erlaubte ihm, das Schwunggewicht in den Schwerpunkt zwischen die beiden Siebkästen anzuordnen. Dadurch konnten wohl die gefürchteten Kippmomente eliminiert werden. Aber in Bezug auf den Antrieb handelte es sich immer noch um einen »Zwangsläufer«.

Das Prinzip des freischwingenden Plansichters, wie wir ihn heute kennen, wurde 1912 durch die Fa. Amme, Giesecke und Konegen in Braunschweig vorgestellt. Die Vorzüge des freischwingenden Plansichters – wie einfache Konstruktion, große Sichtfläche auf kleinem Raum, freie Gestaltung des Laufschemas, minimaler Kraftbedarf usw. – machten ihn schnell zur meistbenutzten Siebmaschine – sowohl in der Müllerei, wie auch in anderen Industrien.

Die kreisende Bewegung in horizontaler Lage bewirkt eine Schichtung des Produkts nach spezifischem Gewicht, sodass die schweren Teile mehrheitlich mit dem Sieb in Berührung kommen, während die leichten Teile obenauf schwimmen. Dadurch wird zusätzlich zur Trennung nach Größe auch eine qualitative Trennung erreicht. Allerdings wird diese erwünschte Schichtung bei der Übergabe von einem Sieb auf das andere zerstört und muss immer wieder neu formiert werden.

Die bis zum Zweiten Weltkrieg gebauten Plansichter mit bis zu 1 600 mm langen Siebrahmen benötigten für den Transport des Sichtguts Förderpaletten. Diese waren einseitig am Siebrahmen befestigt und schoben das Produkt bei jedem Hub vorwärts.

Alle modernen Plansichter arbeiten mit kurzen Sieben von weniger als 750 mm Länge. Allein die Kreisbewegung und der Druck des nachlaufenden Produkts genügen, um das Sichtgut über das Sieb zu transportieren. Förderpaletten braucht es für diese Sieblänge keine.

Plansichterantrieb

Die Drehbewegung auf das kreisende Schwunggewicht wird über einem mitschwingenden Motor mit Keilriemenübertrieb übertragen.

6.2.2 Antrieb mit mitschwingendem Motor

Bei diesem, heute fast ausschließlich benutzten System, ist der Elektromotor am Plansichtergehäuse befestigt. Es ist also keine zusätzliche Stahlkonstruktion erforderlich. Der Übertrieb vom Motor auf das Schwunggewicht geschieht mittels Keilriemen direkt auf die Riemenscheibe der Schwunggewichtswelle.

Am Plansichtergehäuse ist oben und unten je ein Pendelrollenlager befestigt. Diese beiden Lager übernehmen sowohl die axialen (Gewicht der Schwungmasse) wie auch die radialen Kräfte (Riemenzug und im Betrieb die Schwungkräfte).

Der Hubkreis des Plansichters richtet sich nach der Schwungmasse. Je größer die Schwungmasse, desto größer der Hubkreis und umgekehrt. Früher wurde dies durch Wegnehmen oder Zugeben von Bleiplatten geregelt. Moderne Plansichter haben oft ein fixes Schwunggewicht. Der Antrieb mit mitschwingendem Motor ist wohl die einfachste Lösung im Plansichterbau und dementsprechend leicht zu warten. Das Kräftespiel ist allerdings nicht so gut gelöst, wie bei der Variante mit Antriebswelle, was sich beim An- und Auslauf bemerkbar macht. Im Stillstand hängt der Plansichter im Schwerpunkt der vier Aufhängungen. Beim Start wird er von diesem Zentrum abgedrängt und findet erst nach und nach seine gewohnte, kreisrunde Bahn. Beim Auslaufen wird ganz am Schluss ein Anwachsen des Hubs festgestellt. Außerdem geht die Kreisbewegung in eine Hin- und Herbewegung über. In der elektrischen Schaltanlage muss deshalb ein Sperrzeitrelais eingebaut sein, das nach Ausschal-

Abb. 6-11: Antrieb mit mitschwingendem Motor

ten des Motors ein Wiedereinschalten verhindert, bis der Plansichter zum vollständigen Stillstand gekommen ist.

Kontrolliert wird der Hubkreis, indem am Plansichtergehäuse oben und unten ein Bleistifthalter mit Bleistift befestigt wird. Nach dem Start ist abzuwarten, bis der Plansichter seine gewohnte Kreisbahn eingenommen hat. Nun kann mithilfe einer festen Unterlage und einem Blatt Papier ein Hubkreisdiagramm aufgenommen werden.

Ein zu **großer** Hubkreis bedeutet:

- Schwunggewicht reduzieren *oder*
  Distanz Schwunggewicht : Achse verkleinern

Ein zu **kleiner** Hubkreis bedeutet:

- Schwunggewicht erhöhen *oder*
  Distanz Schwunggewicht : Achse vergrößern

Hubkreis und Drehzahl müssen immer im Zusammenhang betrachtet werden. Wird bei einem Plansichter mit Hubkreis »x« die Drehzahl erhöht, können Zentrifugalkräfte entstehen, welche zu Ermüdungserscheinungen oder sogar zum Bruch von tragenden Elementen führen.

6.2.3 Aufhängung der Plansichter

Für die Aufhängung der Plansichtergehäuse wurden über lange Zeit Meerrohrstäbe verwendet. Moderne Sichter verfügen über glasfaserverstärkte Kunststoffstäbe (GFK) als Aufhängung. Diese Stäbe sind absolut zuverlässig und arbeiten über Jahrzehnte problemlos, sofern sie richtig befestigt wurden. Die Auflagefläche der Klemmbacken muss genügend groß und auf der Bewegungsseite abgerundet sein. Damit die Stäbe durch die Klemmschrauben nicht beschädigt werden, sind sie immer mit einem Drehmomentschlüssel gemäß Angaben der Betriebsvorschrift festzuschrauben. Auch die vom Hersteller angegebenen Maximal- und Minimallängen sollten beachtet werden. Je nach Größe des Plansichters werden bis zu acht Stäbe pro Aufhängepunkt eingesetzt. Für den Erdbebenschutz können noch Stahlseile zwischen Plansichter und Aufhängepunkt angebracht werden. Diese dürfen nur lose befestigt sein und würden den Sichter halten, wenn die Kunststoffstäbe brechen.

Plansichter sollten auch immer mit einer Niveau- und Rundlaufüberwachung ausgestattet werden. Zu diesem Zweck befinden sich am Plansichtergehäuse ein oder mehrere Metallteller. Ein induktiver Näherungsschalter, knapp über diesem(n) Teller(n) montiert, schaltet den Antriebsmotor beim Abrutschen

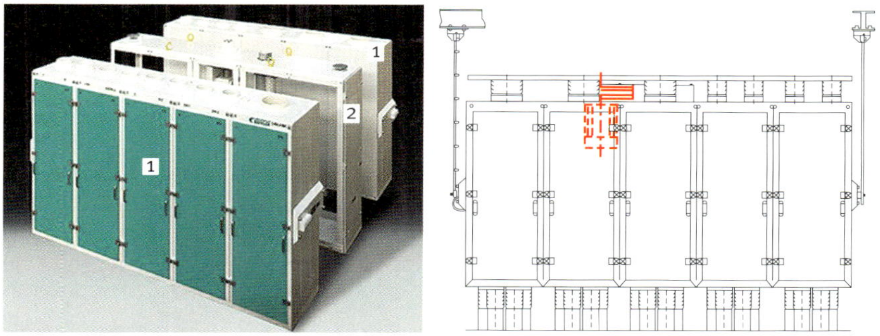

1 Siebkasten, 2 Antriebskasten

Abb. 6-12: Grundelemente und Seitenansicht eines Quadratplansichters

des Plansichtergehäuses oder beim Überschreiten eines vorher bestimmten, maximalen Hubkreises sofort ab.

6.2.4 Quadratplansichter

Wegen der großen Sichtfläche ist der Quadratplansichter der am meisten eingesetzte Sichtertyp in der Mehlmüllerei. Er hat den Namen durch die fast quadratische Form der Siebe und Siebkästen erhalten.

Er besteht aus drei Grundelementen, nämlich den zwei symmetrischen Siebkästen und dem Antriebskasten, die normalerweise erst am Platz zu einer Einheit verschraubt werden.

Die drei Elemente werden von stabilen, horizontalen Trägern links und rechts des Sichters getragen. Das Tragelement seinerseits ist wiederum an glasfaserverstärkten Kunststoffstäben aufgehängt. Früher war er je nach Wunsch mit Wellenantrieb oder mit mitschwingendem Motor erhältlich. Heute wird er ausschließlich mit mitschwingendem Motor gebaut. Die einzelnen Siebabteile sind Winkeleisenkonstruktionen, die ihrerseits auch wieder durch Schrauben verbunden sind. Darüber kommt die Abdeckplatte mit den großen Einlauföffnungen. Unten macht die Bodenplatte den Abschluss mit bis zu zehn kreisförmig angeordneten Ausläufen.

Die leeren Siebabteile weisen durchweg glatte Oberflächen auf und sind meist mit Edelstahl ausgekleidet. Als Halterung für den Siebstapel dienen zwei Winkeleisen an den beiden hinteren Ecksäulen. Die Kunststofftür zur Kontrolle und Wartung wird durch mehrere Verschlüsse gegen den Siebstapel gepresst. Sie hat zudem die Aufgabe, den Siebstapel und das Siebabteil abzudichten.

Der Quadratsichter ist ein typischer Stapelsichter. Auf die flache Bodenplatte mit den Ausläufen wird zuerst der Auslaufrahmen gelegt. Dieser hat die Aufgabe, die verschiedenen Fraktionen zu sammeln und den entsprechenden

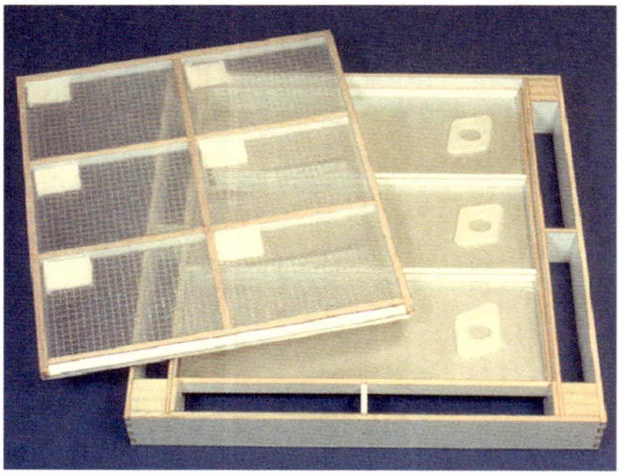

Abb. 6-13: Hauptrahmen mit Einlegerahmen (ältere Bauweise)

Ausläufen in der Bodenplatte zuzuführen. Darauf kommen je nach Schema die einzelnen Siebrahmen zu liegen. Ganz oben, als Teil des Siebkastens, befindet sich der Einlauf. Er dient gleichzeitig als Presselement, mit dem der Stapel gegen die Bodenplatte gedrückt wird.

Die Siebrahmen bestehen immer aus zwei Teilen: Hauptrahmen und Einlegerahmen. Als Material wird mit Kunstharz beschichtetes Holz, Kunststoff (Polyurethan), Aluminium oder rostfreier Edelstahl verwendet.

Die Schluckhöhe kann durch verschieden hohe Hauptrahmen oder zusätzliche Zwischenrahmen den jeweiligen Erfordernissen angepasst werden. Filzbänder an der Rahmenunterseite sorgen für die Dichtheit des Stapels.

Als Hauptrahmen sind mehrere Ausführungen erhältlich (Abb. 6-13):

- Normalrahmen (1)
- Breitrahmen (2)
- Schmalrahmen (3)
- Kontrollrahmen (4)

Der Normalrahmen verfügt über drei interne Kanäle: ein Kanal für den Abstoß und zwei Kanäle für den Siebdurchfall.

Der Breitrahmen hingegen hat nur einen internen Kanal für den Abstoß. Die Siebdurchfälle müssen außerhalb des Siebstapels weitergeleitet werden. Der Breitrahmen hat etwa 20 % mehr Nettosiebfläche als der Normalrahmen.

Für kleinere Leistungen bzw. vertikale Teilung des Abteils können Schmalrahmen zum Einsatz kommen. Mit den Schmalrahmen sind bis zu zehn Ausläufe möglich.

Abb. 6-14: Verschiedene Hauptrahmen

Für den Einsatz eines Quadratplansichters als Kontrollsichter, zum Absieben von Mehl, gibt es sogenannte Kontrollrahmen. Die Nettosiebfläche ist etwas größer als die Normalrahmen, dafür ist für die größere Leistung, die Kanäle breiter.

Eine Kombination von Breit-, Normal- und Schmalrahmen im gleichen

Siebabteil ist problemlos möglich und auch üblich, da die Grundfläche die gleiche ist.

Bei geschlossenem Abteil bilden sich zwischen Siebstapel und Abteilwänden, respektive Abschlusstür, je ein Außenkanal. Diese vier Kanäle können für das Abführen oder Umleiten von Produkten eingesetzt werden. Beim Einsatz des Normalrahmens stehen somit insgesamt sieben Kanäle und beim Breitrahmen insgesamt fünf Kanäle zur Verfügung.

Ist aufgrund der Durchsatzleistung ein Doppellauf von Vorteil, wird das Einlaufprodukt vor oder im Plansichter in zwei Produktströme getrennt. Die eine Hälfte wird auf das oberste Sieb geleitet und ganz normal über die gewünschte Anzahl Siebe geführt. Die zweite Hälfte wird neben dem Siebstapel durch einen Kanal nach unten geleitet und dann durch ein Umlenkteil dort seitlich auf das gewünschte Sieb gebracht.

Das Laufschema kann durch die Wahl der entsprechenden Hauptrahmen und zum Teil durch Verdrehen der Rahmen den jeweiligen Bedürfnissen angepasst werden.

Der Quadratsichter ist mit zwei, vier, sechs, acht oder sogar zehn Abteilen erhältlich (modulare Bauweise). Werden Hauptrahmen der geringsten Höhe verwendet, können bis zu 32 Siebe übereinander angeordnet werden. Hauptrahmen mit größerem Schluck oder zusätzliche Zwischenrahmen reduzieren diese Zahl entsprechend.

Für Passagen mit geringer Durchsatzleistung können die einzelnen Abteile horizontal und vertikal unterteilt werden.

6.2.5 Kleinplansichter

Der Kleinplansichter eignet sich für viele Zwecke und wird in verschiedenen Industrien eingesetzt. In der Müllerei wird er hauptsächlich als Kontrollsichter oder als Sortiersichter für die Reinigungsabgänge verwendet.

Beim Kleinplansichter handelt es sich um einen Quadratplansichter mit nur einem Abteil, das Antriebskonzept ist unterschiedlich. Der Vorteil ist, dass die Rahmen vom Quadratplansichter genutzt werden können. Die Siebrahmen bestehen ebenfalls aus Hauptrahmen aus Polyurethan und Einlegerahmen aus Edelstahl. Der Antrieb ist im Auslaufteil oder im Ein- und Auslaufteil integriert, er ist komplett geschlossen ausgeführt. Der Sichter kann entweder an die Decke gehängt oder mit einem eigenen Rahmen auf dem Boden aufgestellt werden. Die Siebbox ist an GFK-Stäben aufgehängt. Auch ein Einkasten-Plansichter (Bauart Rüter) kann als Kontrollplansichter genutzt werden.

Das Siebstapelgehäuse, der Siebstapel und die Siebe entsprechen denen des Kreuzjochplansichters. In den Siebstapel ist jedoch eine gekapselte Unwucht-

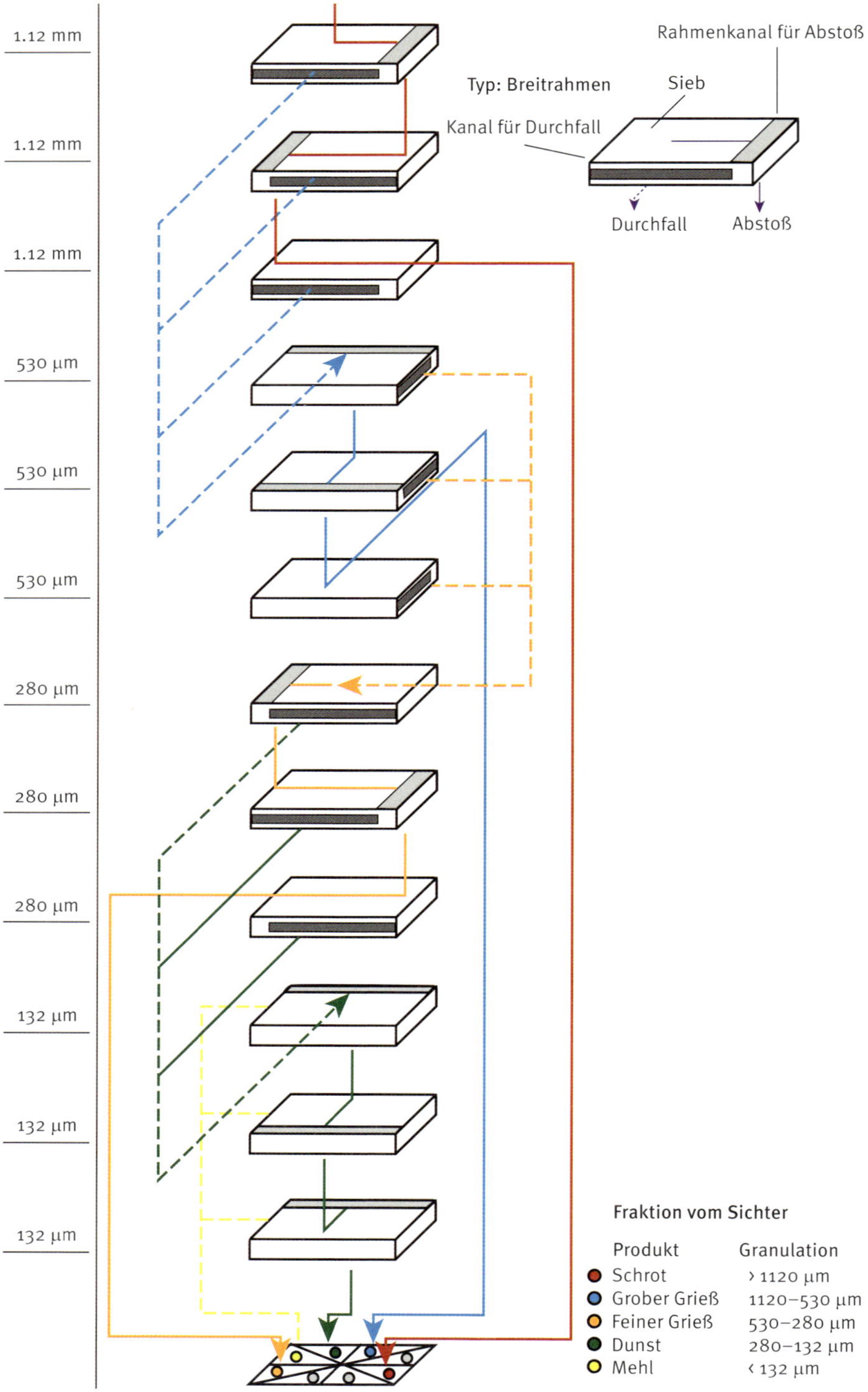

Abb. 6-15: Laufschema eines Quadratplansichters

Antriebseinheit integriert. Diese ist staubdicht verschlossen und beinhaltet einen kleinen Antriebsmotor, der über Riemen eine Schwungmasse antreibt. Das Siebstapelgehäuse ist mit nur drei Glasfasersstäben an einen Haltewinkel aufgehängt. Je nach Einsatz kann dieser an ein Gestell oder direkt an die Decke montiert werden. Aufgrund seiner sehr platzsparenden Bauweise kann dieser Sichter sogar direkt in den Rohrbau integriert werden.

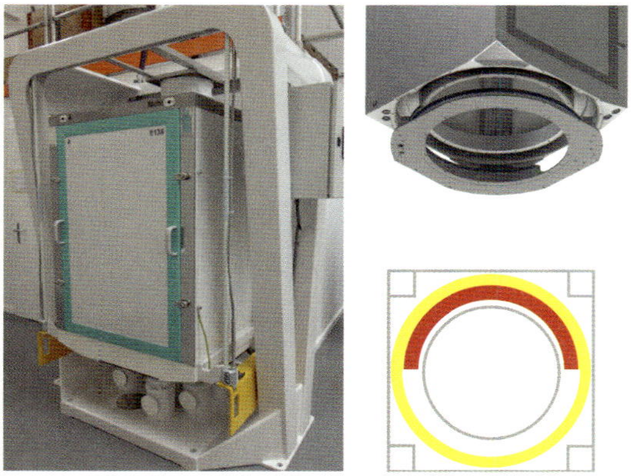

Abb. 6-16: Kleinplansichter mit Antriebseinheit in der Bodenplatte (Bauart Bühler)

6.2.6 Kreuzjochplansichter

Beim Kreuzjochplansichter werden die Siebstapel so aufeinander abgestimmt und einander gegenübergestellt, dass sie sich als Schwungmasse gegenüberstehen. Das Schwunggewicht, wie wir es beim üblichen Antrieb kennen, wird dadurch überflüssig und der Sichter dementsprechend leichter. Je zwei von vier Siebstapeln sind durch ein Trägerjoch fest miteinander verbunden. Die beiden Joche mit den Führungszapfen sind kreuzweise zueinander angeordnet. Die Führungszapfen des oberen Trägerjochs zeigen nach unten und diejenigen des unteren Jochs nach oben. Je zwei von den insgesamt acht Führungszapfen sind mit einem Doppellager verbunden und übernehmen die sich aus der Kreisbewegung ergebenden Zentrifugalkräfte.

Um das Gewicht dieses Sichters weiter zu reduzieren, werden die vier Siebkästen zylindrisch gebaut. Dadurch erhöht sich die Stabilität, das heißt, die Wandstärke kann reduziert werden. Die Siebe im Innern der zylindrischen Siebkasten sind quadratisch. Die vom quadratischen Siebstapel zum zylindrischen Gehäusekasten entstehenden Leerräume werden als Produktkanäle benutzt.

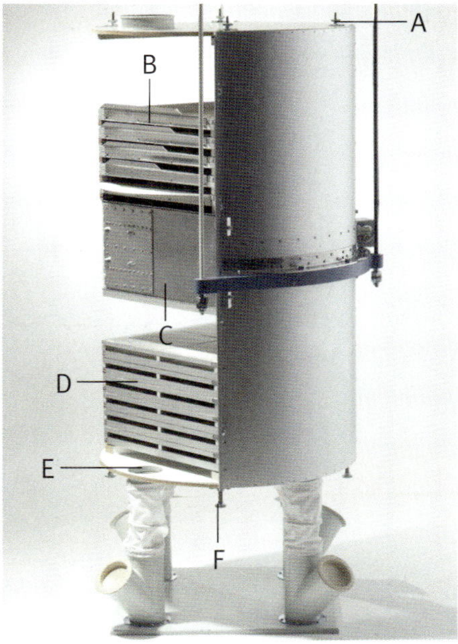

A Obere Spannschrauben
B Oberer Siebstapel
C Gekapselte Antriebseinheit
D Unterer Siebstapel
E Kanalauslauf
F Untere Spannschrauben

Abb. 6-17: Einkasten-Plansichter (Bauart Rüter)

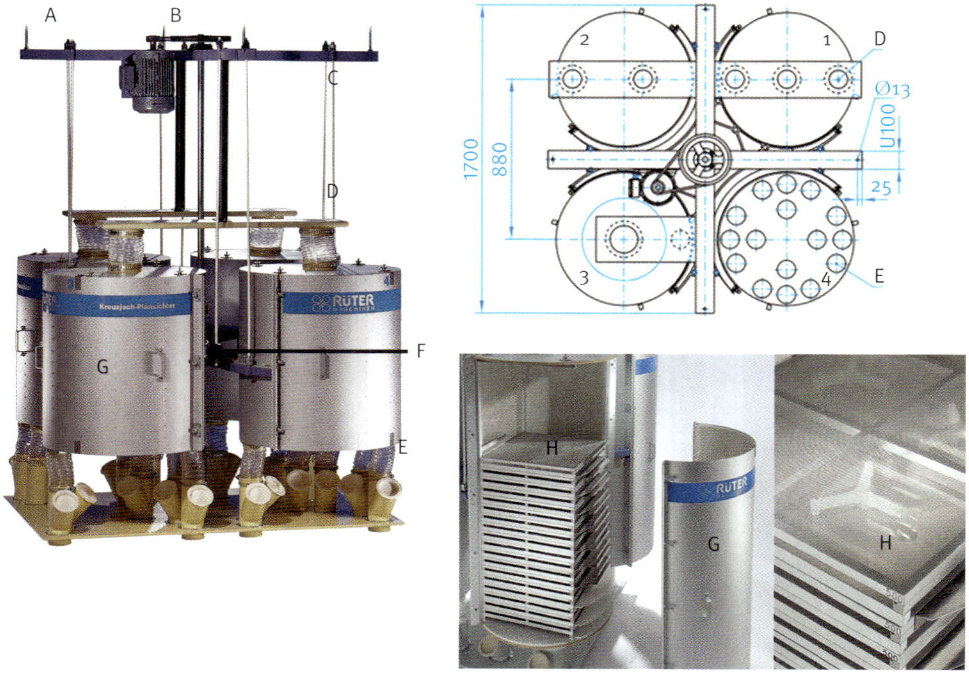

A Obere Spannschrauben
B Oberer Siebstapel
C Gekapselte Antriebseinheit
D Unterer Siebstapel
E Produktaufläufe und Kanalabdeckungen
F Kanalauslauf
G Untere Spannschrauben
H Sieb

Abb. 6-18: Kreuzjochplansichter (Bauart Rüter)

Die Antriebsachse wird von oben ins Zentrum des Kreuzjoches geführt. Über ein Kreuzgelenk ist sie mit dem oberen Trägerjoch verbunden. Die beiden Trägerjoche sind an je vier Punkten (insgesamt acht Aufhängungen) mittels Kunststoffstäben mit der Aufhängekonstruktion pendelnd verbunden.

6.2.7 Siebbespannung und Siebreinigung

Heute werden die Siebrahmen mit Geweben bespannt, welche aus Kunstfasern wie Nylon oder Polyester (für Grießputzmaschinen) hergestellt werden. Diese Fasern sind sehr reiß- und verschleißfest. Dadurch können dünne Einzelfäden verwendet werden, die ein Gewebe mit großer offener Sichtfläche ergeben. Um ihre Eigenschaften weiter zu verbessern, werden sie nach dem Weben gewaschen und in gestrecktem Zustand einer Wärmebehandlung unterworfen. Weiter werden sie antistatisch behandelt, um so die Möglichkeit einer statischen Aufladung zu reduzieren.

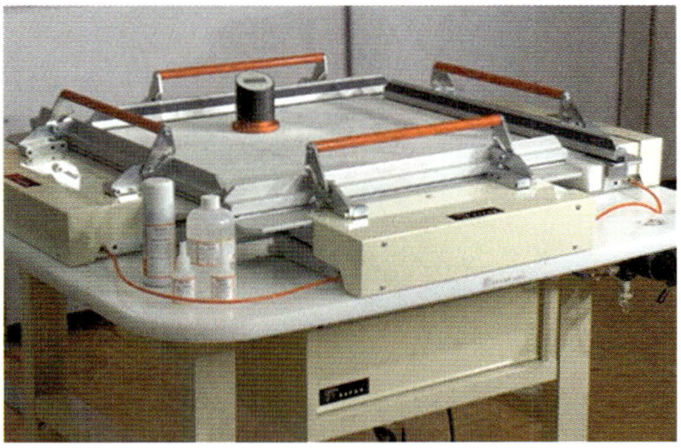

Abb. 6-19: Pneumatischer Spannapparat (Bauart Sefar)

Kunststoffgewebe müssen sehr straff auf die Rahmen gespannt werden. Die Hersteller veröffentlichen für ihre Produkte Tabellen, aus denen die Intensität des Streckens abgelesen werden kann.

Auf Holzrahmen können die Gewebe sowohl mit der Heftpistole wie auch mit Klebstoff fixiert werden. Bei Metallrahmen (Aluminium, Edelstahl) kann man nur Klebstoffe verwenden. Für die unterschiedlichen Rahmen gibt es unterschiedlich starke Klebstoffe. Diese Methode verlangt zwingend einen Bespannungsapparat. Auf dem Markt sind sowohl mechanische wie auch pneumatische Geräte erhältlich. Sie bieten Gewähr, dass die Spannintensität genau nach den Angaben des Gewebeherstellers eingehalten werden kann. Mithilfe eines Kontrollgeräts, dem sogenannten Newtonmeter, kann die Spannintensität geprüft werden.

Für grobe Siebe mit einer Maschenöffnung ab 1 000 µm werden mehrheitlich Drahtgewebe eingesetzt. Dabei handelt es sich um rostfreien Stahldraht.

Stahldraht gibt dem Gewebe positive Eigenschaften wie raue Oberfläche, große offene Siebfläche und Dauerhaftigkeit. Drahtgewebe sind aber wesentlich teurer als Kunststoffgewebe.

Von den Siebgewebeherstellern gibt es Tabellen, in welchen die Kriterien der Gewebe zusammengestellt sind. Das wichtigste Kriterium ist die lichte Maschenweite, sie ist in der Gewebebezeichnung enthalten und bestimmt u. a. die Granulation des abgesiebten Feinguts. Ein weiteres, wichtiges Merkmal ist die Fadendicke, sie bestimmt zum einen die Standfestigkeit (je dicker, desto länger haltbar), zum anderen die offene Siebfläche (je dünner, desto größer die offene Siebfläche und damit die Siebleistung pro Fläche). Um diesen beiden gegensätzlichen Anforderungen gerecht zu werden, muss ein Kompromiss in der Fadendicke eingegangen werden.

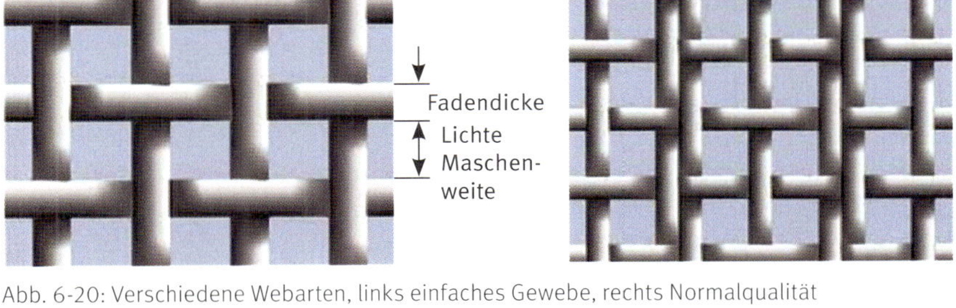

Abb. 6-20: Verschiedene Webarten, links einfaches Gewebe, rechts Normalqualität

Siebreiniger für Siebe mit Wellengitterboden
extra Sammelboden
Baumwollreiniger mit Kunststoffreiniger

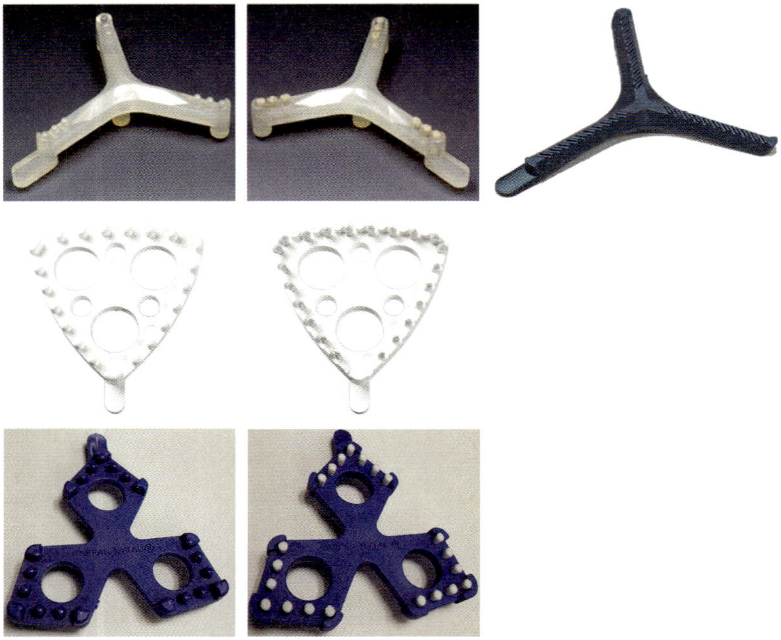

Siebreiniger für Siebe ohne Wellengitterboden (Kippreiniger)
Oben: sternförmige Kunststoffreiniger mit Noppen, Bürsten, Wellengitter (Bauart Bühler)
Mitte: Dreiecksreiniger mit Noppen, Bürsten (Bauart Filip)
Unten: Dreiecksreiniger (Bauart Sefar)

Abb. 6-21: Verschiedene Siebreiniger

Neben der offenen Siebfläche wird in den Tabellen noch die Anzahl von Fäden pro cm angegeben, mit deren Hilfe die Siebnummer eines Gewebes ermittelt werden kann, wenn die Bezeichnung verlorengegangen ist.

Um die Siebe während des Betriebs sauber zu halten, bedarf es der Siebreinigung. Während dies früher mehrheitlich mit Bürsten gemacht wurde, werden heute praktisch nur noch Siebreiniger eingesetzt, welche während des Betriebs eine eine klopfende Wirkung auf das Gewebe ausüben. Siebrahmen mit Gurtenstück- oder Kunststoffreiniger brauchen einen Tragrost auf dem die Reiniger gleiten können. Beim Gleiten des Siebreinigers auf dieser unebenen Tragfläche erhält er die klopfende Wirkung, die er auf das Gewebe überträgt.

Neuere Siebrahmen sind mit Kippreinigern ausgerüstet. Diese brauchen keinen Tragrost mehr, da die Klopfwirkung durch das Kippen des Reinigers auf das Gewebe übertragen wird. Dadurch wird der Siebrahmen einfacher im Aufbau und auch etwas weniger hoch. Gleichzeitig dienen sie auch als Sammelbodenreiniger. Die Siebreinigung der Kippreiniger ist intensiver als diejenige von Gurtenstück- oder Kunststoffreinigern. Sie stellen auch etwas höhere Ansprüche an die Gewebequalität.

6.2.8 Turbo- oder Schleudersichter

Der Schleudersichter ist eine Weiterentwicklung des Zentrifugalsichters. Das Arbeitsprinzip ist gleich geblieben, hingegen hat die Maschine in Bezug auf ihre Konstruktion wesentliche Änderungen erfahren.

In der Müllerei eignet sich der Turbosichter in erster Linie

- zur Aussichtung von schwersichtfähigen Produkten wie Filtermehl oder Durchfälle von Kleieschleudern,
- als Kleieschleuder (s. 6.4.2),
- zur Schrotvorsichtung (veraltet, heute werden meist Kleieschleudern als Schrotvorsichter eingesetzt),
- zur Kontollsichtung von Mehl (Verladung, Absackung),
- zur Aussiebung von Sand und Kleinteilen von Nebenprodukten bei der Vermahlung von Reinigungsnebenprodukten.

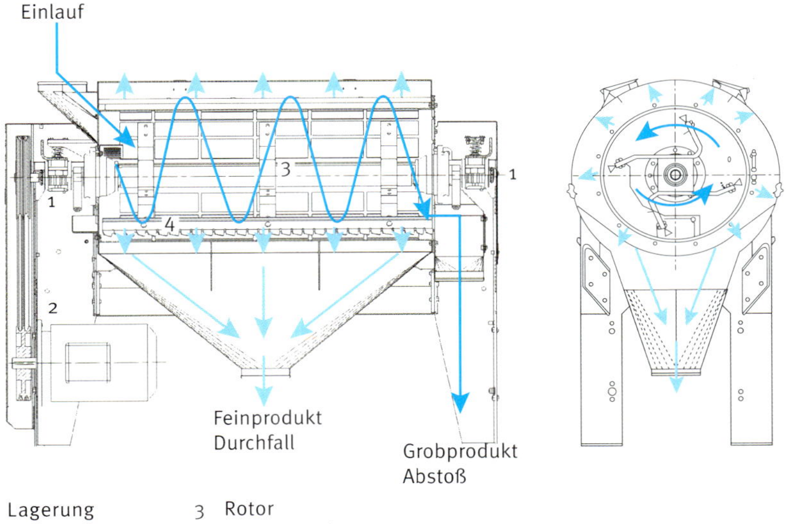

1 Lagerung
2 Antrieb
3 Rotor
4 Schlägerschiene

Abb. 6-22: Schema eines horizontalen Vibro-Schleudersichters

Abb. 6-23: Vertikaler Vibro-Schleudersichter (Bauart Ocrim)

Funktion

Das Produkt wird in direktem Fall oder mit einer kurzen Vollgewindeschnecke ins Innere des Siebzylinders geführt. Dort wird es vom Schlägerrotor erfasst und gegen den Siebmantel geschleudert. Die Schlägerschienen haben etwas Drall, damit das Produkt spiralförmig vom Einlauf zum Auslauf gefördert wird. Der Abstoß wird stirnseitig ausgetragen, während der Siebdurchfall in einen Sammeltrichter fällt.

Die Rotorlagerung ist nicht bei allen Maschinen identisch. Es gibt Schleudersichter, bei denen der Rotor »fliegend« (einseitig) gelagert ist, während andere auch auslaufseitig abgestützt sind.

Die Siebe der Schleudersichter werden durch Vibration saubergehalten. Je nach Art, wie diese Vibration erzeugt wird, unterscheidet man drei Gruppen:

a) Schleudersichter mit losem Siebmantel. Die Vibration wird durch das vom Schlägerrotor an den Siebmantel geworfene Produkt erzeugt (veraltet),
b) Schleudersichter mit mechanischer Siebmantelvibration. Bei dieser Ausführung ist der Siebmantel mit einer Exzenterwelle verbunden (veraltet),
c) Schleudersichter mit vibrierendem Siebkasten. Bei dieser Ausführung wird der ganze Siebkasten über eine Exzenterwelle am Hauptrotor in Schwingungen versetzt. Von diesem Maschinentyp gibt es horizontale und vertikale Schleudern.

6.3 Grießputzmaschine

Von den Schrot- und Auflöspassagen fallen Grieße und Dunste an, die Schalenteile, Köpfe (Endospermteile mit anhaftender Kleie), Keime und reine Endospermteile enthalten. Die Aufgabe der Grießputzmaschine ist es, diese Produkte nach Dichte in drei Fraktionen zu trennen:

- reine Endospermteile,
- kombinierte Teile Endosperm/Schale (Köpfe),
- Schalenteile.

Für die Herstellung von handelsüblichen Grießen und Dunsten ist das Putzen dieser Produkte Voraussetzung. Bei der Produktion von sehr geringaschigen

Mehlen können die Resultate, je nach Härte und Feuchtigkeit des Weizens vor dem I. Schrot, wesentlich verbessert werden.

Das Arbeitsprinzip der Grießputzmaschine beruht auf der Trennung nach Schwebegeschwindigkeit.

Diese wiederum wird von der Dichte, der Größe und der Form beeinflusst.

Der Unterschied in Bezug auf Dichte spielt in der Grießputzmaschine die wichtigste Rolle. Reine Endospermteile sind am schwersten, gefolgt von den Köpfen und Keimen mit mittlerer Dichte, während die Schalenteile die kleinste Dichte aufweisen. Durch die Wurfbewegung der Siebe und durch die von unten durch das Produkt strömende Luft wird eine lose Wirbelschicht gebildet. In dieser Wirbelschicht ordnen sich die Produkte nach Dichte ein: schwer unten, leicht oben.

Um den störenden Einfluss der unterschiedlichen Größe zu limitieren, sollten den Grießputzmaschinen nur Produkte mit eng begrenzter Granulationsspanne zugeführt werden. Aber auch bei kleinen Granulationsspannen ist der Einfluss bezüglich Größe immer noch vorhanden. Um diesen Nachteil möglichst zu eliminieren, wird im Grunde genommen, schrittweise geputzt: Das feinste Produkt innerhalb der gegebenen Granulationsspanne auf dem ersten Sieb, das nächst gröbere auf dem zweiten, usw. Dieses Vorgehen führt dann gelegentlich zu der irreführenden Meinung, das Trennprinzip der Grießputzmaschine beruhe in erster Linie auf Größe und nicht auf Dichte.

Die Siebe bilden einen luftdurchlässigen Träger für das Produkt. Die Luftgeschwindigkeit wird so einreguliert, dass eine leicht brodelnde Wirkung im Produkt entsteht. Losgelöste, dünne Schalenteile (Flugkleie) werden dabei mit der Luft weggetragen und gelangen in den Aspirationsfilter. Der Abstoß der obersten Sieblage besteht mehrheitlich aus Kleie. Im Abstoß der zweiten und dritten Sieblage finden wir vor allem Köpfe und Keime. Die reinen Endospermteile als schwerstes Produkt fallen durch die entsprechenden Siebe in die darunter angeordneten Sammelkanäle.

Aufbau

Der doppelte Siebkasten ist auf vier wartungsfreien Gummihohlfedern abgestützt. Zwei Säulen des Maschinenständers führen zwischen diesen Siebkästen nach oben. Sie tragen die Windhaube, den Beleuchtungsraum und die Abdeckhaube.

Als Antrieb dienen zwei Unwuchtmotoren, die direkt am Siebkasten befestigt sind. Die Sammelkanäle sind beim Model »Polaris« fix mit dem Siebkasten verbunden. Die Luftsammelleitung ist einem liegenden Zyklon ähnlich. Dadurch bewegt sich die Luft spiralförmig durch den Kanal, wodurch die Gefahr von Produktablagerungen reduziert wird. An beiden Enden dieses

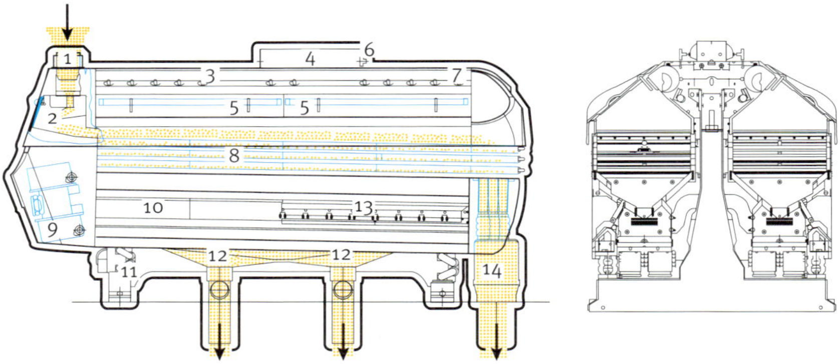

1 Produkteinlauf, 2 Produktvorschichtung, 3 aufklappbarer Luftkanal, 4 Aspirationsanschluss, 5 LED-Beleuchtung, 6 Hauptdrosselklappe, 7 Luftregulierung, 8 Siebkasten, 9 Vibro-Antriebsmotoren, 10 Produktraumabdeckung, 11 Gummihohlfedern, 12 Auslaufrinnen, 13 Produktleitklappe, 14 Abstoßauslaufkasten

Abb. 6-24: Schema einer Grießputzmaschine (Bauart Bühler)

Kanals ist je eine Falschluftöffnung mit Schieber angebracht. Mit diesen kann die Luftgeschwindigkeit im Kanal beeinflusst werden.

Der Einlaufkasten ist fest mit dem Siebkasten verbunden und mit einer selbstregulierenden Verteilklappe versehen. Sie passt sich automatisch dem Produkt und der Durchlaufmenge an. Durch das Plexiglasfenster kann die Produktverteilung leicht kontrolliert werden.

Die Windhaube ist durch vertikale Trennwände in individuelle Felder unterteilt. Die Felder haben Luftregulierklappen, sodass die Luftmenge dem Produkt und der Schichtdicke optimal angepasst werden kann.

Die geneigten Seitenwände der Windhaube sind aus Plexiglas gefertigt. Das Licht der im Zentrum der Maschine angebrachten Stablampe (LED) kann deshalb ungehindert das Innere der Maschine ausleuchten.

Die drei Sieblagen werden von der Rückseite der Maschine bedient. Jede Sieblage enthält vier Metallrahmen.

Als Siebreinigung dienen Wanderbürsten. Die Siebe werden durch eine Schublade mit Schnellverschluss fixiert. In diesen Schubladen sind zusätzlich die Kanäle für die verschiedenen Siebabstöße untergebracht. Der darunter angeordnete Kontrollkasten erlaubt die Überprüfung der Siebabstöße und das Einstellen der Klappen.

Grundbedingungen für eine einwandfreie Putzarbeit sind folgende Punkte:

- Das Einlaufprodukt muss eine eng begrenzte Granulationsspanne aufweisen. Je größer die Ansprüche an die Putzarbeit, desto kleiner muss die Granulationsspanne gewählt werden.
- Die Zulaufmenge muss konstant sein und immer auf die ganze Siebbreite gleichmäßig verteilt werden.

- Die Grießputzmaschine muss absolut plan stehen.
- Die Totalluftmenge und die Luftmenge der Einzelschoten müssen individuell eingestellt werden können.
- Die Verbindungen der Siebe unter sich, wie auch zum Siebkasten, müssen absolut dicht sein.

Pro dm Siebbreite (nur eine Sieblage berücksichtigen) kann mit folgenden Beschüttungen gerechnet werden:

Grobgrieß:	200 bis 320 kg/h
Feingrieß:	150 bis 250 kg/h
Dunst:	100 bis 200 kg/h

6.4 Hilfsmaschinen

6.4.1 Kleieschleuder

Die Kleieschleuder hat die Aufgabe, die noch an der Schale anhaftenden Endospermteile abzuschleudern. Dadurch kann ein wohl aschereiches, aber farblich und backtechnisch noch brauchbares Mehl gewonnen werden. Man kann so, mit relativ geringem Aufwand, die Mehlausbeute verbessern.

Das Produkt kommt via dem Einlauf in die Maschine, wo die rotierenden Schlägerschienen des Rotors erfassen den tangential einlaufenden Kleiestrom und schleudern ihn gegen das gelochte Metallsieb. Mit jeder Schlägerschiene wird die Kleie so oft erfasst, bis sie die Maschine durchlaufen hat. Dadurch lösen sich die Mehlteile von der Schale und fallen durch das Sieb in die untenliegende Trimelle.

Der Durchfall des Siebmantels fällt in einen Sammeltrichter und wird meist pneumatisch abtransportiert. Mit der pneumatischen Absaugung des Durchfalls wird die Maschine gleichzeitig aspiriert. Fehlt diese, muss die Kleieschleuder an die Zentralaspiration angeschlossen werden. Über einer Öffnung an der Oberseite der Maschine gelangt Falschluft in die Kleieschleuder.

Der Antrieb erfolgt mithilfe eines direkt gekuppelten Elektromotors. Der Rotor ist einseitig gelagert, was den Siebkorbwechsel beschleunigt.

Die Maschine wird in verschiedenen Größen angeboten. Eine Kleieschleuder kann auch als Schrotvorsichter benutzt werden.

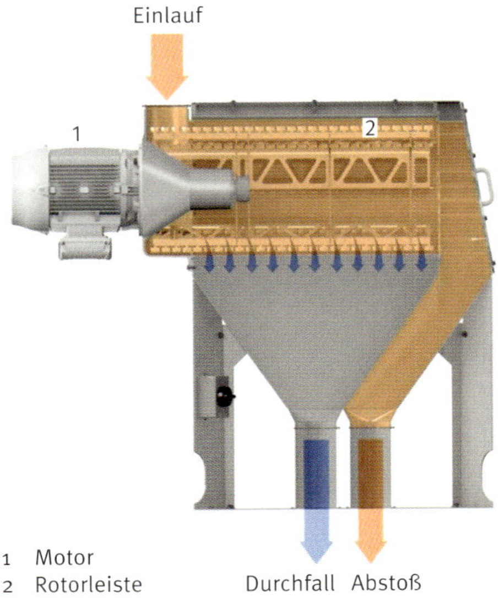

Abb. 6-25: Schema einer Kleieschleuder (Bauart Bühler)

Es gibt je nach Hersteller horizontale Vibro-Kleieschleudern und vertikale Kleieschleudern.

Vibro-Siebmaschine für Kleie

Die intensive Wirkung dieser Maschine beruht auf der Kombination zweier Arbeitsprinzipien, nämlich der Zentrifugal- und Vibrationssiebung. Dabei werden hohe Beschleunigungskräfte sowohl auf das Produkt, wie auch auf die Siebbespannung übertragen. Die Vibro-Siebmaschine hat einen ähnlichen Aufbau wie die oben beschriebene Kleieschleuder. Jedoch ist der runde Siebkasten mit Siebmantel exzentrisch an der Rotorachse befestigt und schwingt mit, wodurch eine effiziente Siebung erreicht wird. Die Schwingungen verhindern außerdem, selbst bei schlechtfließenden Produkten, Ablagerungen in der Maschine.

Als Ausgleichsgewichte für den Siebkasten sind Schwungscheiben angebracht.

Das Sieb umfasst den ganzen Umfang und ist über einen Stützkorb gespannt. Während das schwingende Siebgehäuse mit Auslauftrimmelle auf Druckfedern zur Drehsicherung abgestützt ist, sorgen Schwingungsdämpfer bei der Abstützung des gesamten Maschinenoberteils für einen ruhigen Lauf der Maschine.

Die gleiche Maschine kann, sowohl für das Schleudern von Grob- und Feinkleie, wie auch für das Aussieben von schwer sichtbaren, mehligen Produkten, z. B. Filtermehle, eingesetzt werden. Unterschiedlich sind Motorgröße, Schlägerschränkung beim Rotor sowie die Bespannung des Siebmantels. Anstelle von Federstahldraht wird für das Aussieben von Mehl ein Nylongewebe verwendet.

Für erhöhte Hygieneanforderungen kommt die Ausführung in rostfreiem Stahl zur Anwendung, bei welcher verschiedene produktberührende Maschinenteile in rostfreiem Stahl ausgeführt sind (s. 6.2.10, Abb. 6-22; 6-23).

6.4.2 Auflöser/Detacheure

In der Vermahlung von Grieß und Dunst auf Glattwalzen entstehen Keim- und Endospermplättchen, respektive -flocken. Beeinflusst wird der Anteil solcher Flocken durch den Härtegrad und die Feuchtigkeit des Mahlguts sowie durch den Mahldruck. Die Endospermplättchen werden von den Mehlsieben abgestoßen und gelangen so auf hintere, qualitativ schlechtere Passagen, was zu Ausbeuteverlusten führt.

Detacheure haben die Aufgabe, die Endospermplättchen aufzulösen, ohne dass dabei die Keim- und Kleieteile mitzerkleinert werden und dann ebenfalls ins Mehl gelangen. Früher versuchte man, dieses Ziel hauptsächlich durch Reibung zu erreichen, während heute alle im Einsatz befindlichen Auflöser

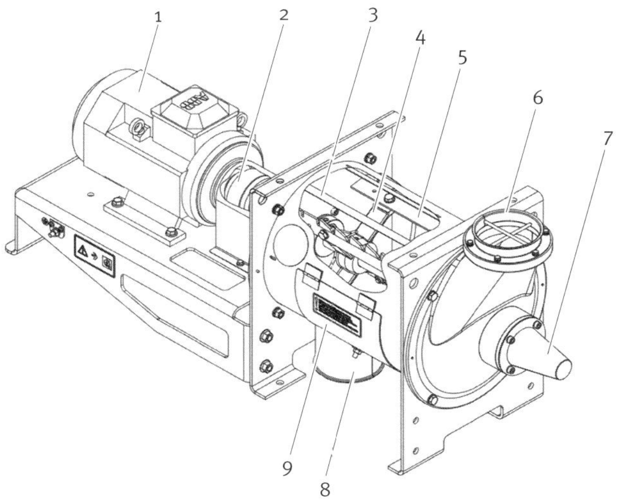

1 Motor, 2 Kupplung, 3 Leisten (6x), 4 Rotor, 5 Schlagschiene am Rotor befestigt (4x), 6 Einlauf, 7 Schutzhaube, 8 Auslauf, 9 Wartungsklappe

Abb. 6-26: Schema eines Trommelauflösers

auf dem Prinzip des Prallens beruhen. Je nach gewünschter Intensität wird entweder der Trommelauflöser oder der Prallauflöser gewählt.

Trommelauflöser

In einem zylindrischen Stahlgehäuse dreht ein Schlägerrotor mit vier Schlagschienen. Diese Schlagschienen sind außen eingeschnitten und die einzelnen Zähne haben etwas Drall.

Die Stirnseiten des zylindrischen Stahlgehäuses dienen als Maschinenständer, an denen auch die Kugellager befestigt sind. Die Konstruktion dieser Stirnwände erlaubt, sowohl eine hängende, wie auch eine stehende Montage. Angetrieben wird der Trommelauflöser entweder von der Walzentransmission oder durch Einzelmotoren. Diese können direkt gekuppelt oder seitlich angeordnet werden.

Funktion

Das Mahlgut wird stirnseitig in den Zylinder geführt, dort vom Schlägerrotor erfasst und intensiv aber schonend gegen die glatte Mantelwand geworfen. Die mit Drall versehenen Zähne fördern das Mahlgut spiralförmig vom Einlauf zum Auslauf.

Der Luftwiderstand des Trommelauflösers ist unbedeutend und beeinträchtigt die Aspiration des Walzenstuhls durch die Pneumatik nicht.

Prallauflöser

Der wenig intensive (Abb. 6-27) und der intensive Prallauflöser (Intensivauflöser, Abb. 6-28) arbeiten mit einer Drehzahl des Prallrads von 3 000 Umdrehungen pro Minute wesentlich intensiver als der Trommelauflöser. Neben dem Auflösen von Mahlgutplättchen werden auch in ihrer Struktur gelockerte Endospermteile zerkleinert. Der Mehlanfall kann durch die Unterstützung des Prallauflösers entscheidend erhöht werden. Durch die intensive Arbeit besteht aber die Gefahr, dass Keim- und Kleieteile reduziert werden, was sich negativ auf die Mehlasche und die Keimausbeute auswirkt. Er eignet sich deshalb besonders für aschearme Passagen und auch für das Ende der Ausmahlung, wo der Aschegehalt nur noch eine untergeordnete Rolle spielt.

Mit einer reduzierten Drehzahl des Prallrads von 1 000 bis 1 500 Umdrehungen pro Minute kann der wenig intensive Prallauflöser auch anstelle des Trommelauflösers eingesetzt werden.

Das Gehäuse hat eine flache, tellerähnliche Form mit zentralem Einlauf und tangentialem Auslauf. Es wird aus Guss oder Stahl gefertigt. Das Schleuderrad ist direkt mit dem unten am Gehäuse befestigten Motor gekuppelt.

Das Produkt wird oben ins Zentrum des Schleuderrads geführt, von diesem erfasst und durch die Zentrifugalkraft an die Innenwand des Gehäuses geschleudert. Dieser Aufprall bewirkt den Auflöse- und Mahleffekt. Die mitzirkulierende Luft fördert das Produkt zum Auslauf.

Die Ausführung mit tangentialem Austritt kann unter dem Walzenstuhl, an der Decke hängend oder am Boden stehend montiert werden. Bei Di-

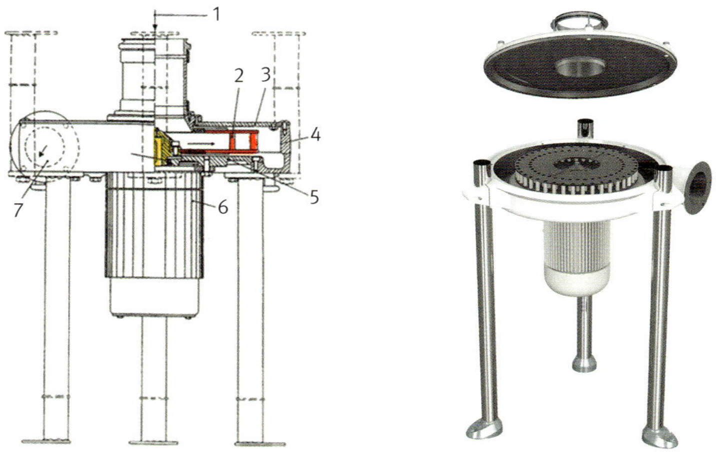

1 Einlauf, 2 Rotorstifte (rund), 3 Deckel, 4 Prallwand, 5 Motorflansch, 6 Motor, 7 Auslauf

Abb. 6-27: Schema eines wenig intensiven Prallauflösers mit tangentialem Auslauf

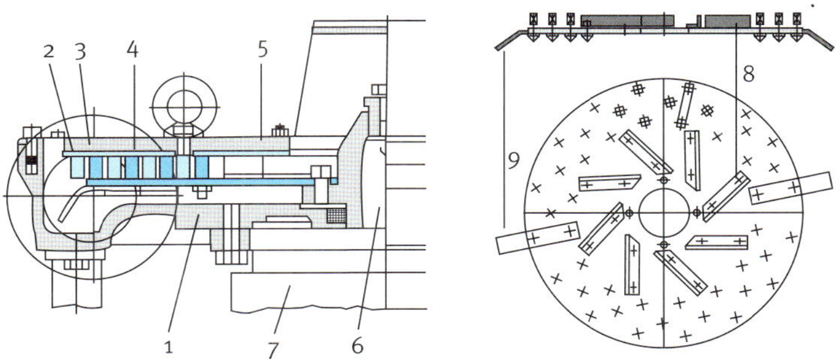

1 Maschinengehäuse
2 runde Prallstifte am Gehäusedeckel
3 Gehäusedeckel
4 quadratische Prallstifte am Rotor
5 Prallrotor
6 Motornabe
7 Motor
8 Einführschienen
9 Mitnehmer

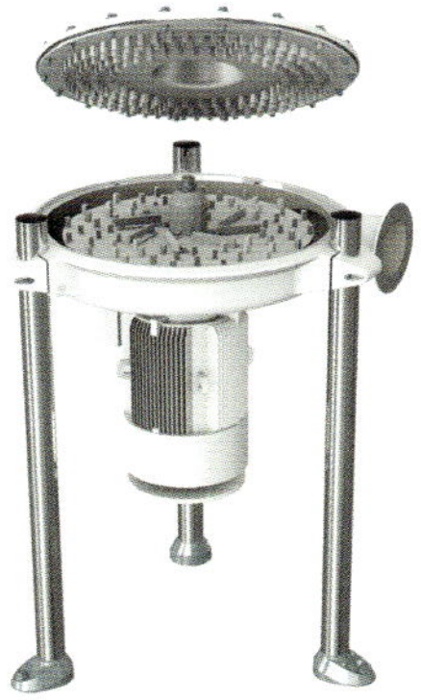

Abb. 6-28: Schema eines intensiven Prallauflösers (Intensivauflöser)

rektabsaugung aus dem Walzenstuhl wird er zum Teil anstelle des oberen Bogens in die Pneumatikleitung integriert.

Die Maschine mit Trichter und vertikalem Austritt wird hauptsächlich zwischen Abscheider und Plansichter eingesetzt.

Eine weitere Ausführung ist mit einer einfachen Scheibe ausgerüstet, auf welcher drei oder mehr Stiftkränze aufgeschraubt sind. Zusätzlich ist auch der Gehäusedeckel mit drei oder mehr versetzt angeordneten Stiftkränzen versehen. Das Produkt wird somit von der Fliehkraft des Rotors und mithilfe von Winkeleisen nach außen getragen, von den rotierenden Stiften erfasst und gegen die statischen Stifte des Gehäusedeckels geschleudert. Es wird also abwechselnd beschleunigt und wieder abgeblockt (Prinzip der Stiftmühle). Das Resultat ist eine noch intensivere Auflöse- und Mahlarbeit. Er wird aus diesem Grunde auch Intensivauflöser genannt.

Abb. 6-29: Feinprallmühle (Bauart Hosokawa Alpine)

6.4.3 Prallmühle

Prallmühlen und Stiftmühlen werden in der Mühlenindustrie hauptsächlich für die sogenannte Feinstvermahlung eingesetzt, also im Granulationsbereich von unter 100 µm. Wird solch eine Feinstvermahlung einer Windsichtanlage vorgeschaltet, kann das Resultat wesentlich verbessert werden. Diese Resultatverbesserung ist aber immer mit einem sehr hohen Energieverbrauch verbunden.

Unterschieden wird zwischen reinen Prall- und Stiftmühlen. Bei der reinen Prallmühle ist das Prallrad direkt auf der Motorwelle aufgekeilt. Auf dem Prallrad sind vier Reihen quadratische Prallbolzen montiert. Das Produkt gelangt über den zentral angeordneten Einlauf in das Prallgehäuse, wo es vom Prallrad erfasst wird. Durch die Zentrifugalkraft wird das Produkt nach außen geschleudert und zwischen den Prallbolzen einer intensiven Prallung ausgesetzt. Durch die im Prallgehäuse zirkulierende Luft wird das zu verarbeitende Produkt dem tangentialen Auslauf zugeführt. Der Antrieb erfolgt direkt durch einen zweipoligen Drehstrom-Flanschmotor mit verstärkten und schmierbarem Lager und Außen-Ventilation. Der Motor wird immer über einen Frequenzumformer angesteuert. Dadurch kann die Intensität der Prallung verändert werden.

6.4.4 Stiftmühle

Stiftmühlen bestehen aus einem Rotor, der mit zwei oder mehr Stiftkränzen versehen ist. Die ausschwenkbare Fronttür hat gleichfalls zwei oder mehrere Stiftkränze, die so angeordnet sind, dass sie genau in die Zwischenräume derjenigen des Rotors passen. Je nach Produktart und gewünschter Feinheit dreht auch dieser Rotor mit sehr hohen Umfangsgeschwindigkeiten (bis 160 m/s).

Die meisten Stiftmühlen arbeiten mit einer rotierenden und einer statischen Stiftscheibe. Es gibt aber auch Ausführungen mit zwei Stiftrotoren die gegenläufig arbeiten. Das Gehäuse ist entweder aus bruchsicherem Guss oder als Schweißkonstruktion gefertigt. Der Lagerbock wird am Mahlgehäuse angeflanscht. Der Antrieb erfolgt über einen Keilriemen. Alle Prall- und Stiftmühlen sollten mit einer elektromechanischen Türverriegelung und Nachlaufsicherung versehen sein.

6.4.5 Steinmühle

Der Mahlgang mit vertikal angeordneten Mahlsteinen wurde früher in Kleinmühlen sehr oft als Mahlpassage am Ende der Ausmahlung oder als Kleiemahlung

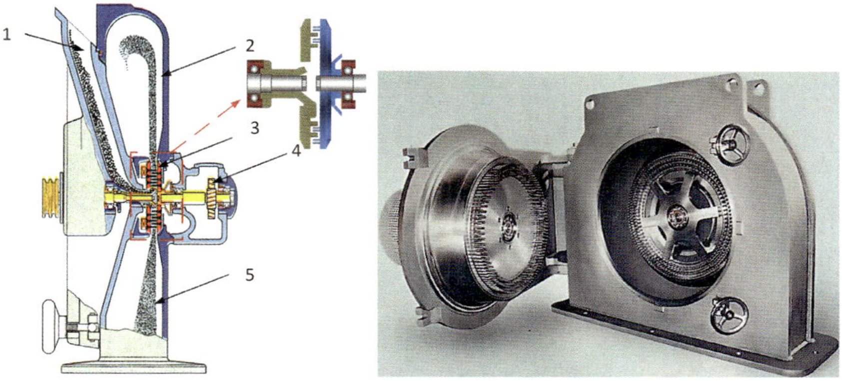

1 Einlauf, 2 Expansions- und Sammelraum für gemahlene Produkte, 3 rotierende Scheiben mit Stiften, 4 Antrieb, Getriebe, 5 Produktauslauf
Abb. 6-30: Schema einer Stiftmühle (Bauart Hosokawa Alpine)

eingesetzt. Er hatte die Aufgabe, das meist kurze Vermahlungssystem zu unterstützen, sodass trotzdem hoch ausgemahlene Mehle hergestellt werden konnten. Das Arbeitsprinzip entspricht dem des horizontalen Mahlgangs. Die Mahlsteine sind aber, wie oben erwähnt, vertikal angeordnet und haben einen wesentlich kleineren Durchmesser. Dadurch wird die Maschine kleiner und kompakter.

Mit dem gestiegenen Interesse an Vollkornmehlen und -schroten ist die Steinmühle wieder aktuell. Sie wird aber auch in der chemischen Industrie und in Gewürzmühlen eingesetzt.

Die beiden Mahlsteine sind in einem Gussgehäuse untergebracht. Auf der Antriebsseite ist ein Lagerbock mit horizontaler Welle befestigt. Am Ende dieser Welle ist der drehende Mahlstein montiert. Ein Pendelrollenlager (antriebsseitig) sowie ein Zylinderrollenlager nehmen sowohl die axialen wie auch die radialen Kräfte auf. Der Antrieb erfolgt über Keilriemen. Die Stirnseite dieser Steinmühle besteht aus einer ausschwenkbaren Türe, in welcher der ruhende Mahlstein integriert ist.

Ist die Tür geöffnet, hat man freien Zugang sowohl zu den beiden Mahlsteinen als auch zum Mahlraum.

Der Mahlspalt wird über ein Handrad mit Skala eingestellt. Über einen Zahnkranz wird die Grundplatte mit dem Mahlstein axial verschoben und damit der Mahlspalt verändert.

Das Steinmaterial besteht meist aus Korund. Für die Herstellung der Steine wird der Korund mit Bindungsmaterial vermischt und auf eine Trägerplatte aus Stahl gegossen. Auf dieser Platte ist eine große Anzahl Stahlstifte mit Köpfen befestigt, welche der Steinmasse den nötigen Halt geben und sie fest mit der Trägerplatte verbinden. Die Trägerplatte ihrerseits wird auf eine Grundplatte geschraubt.

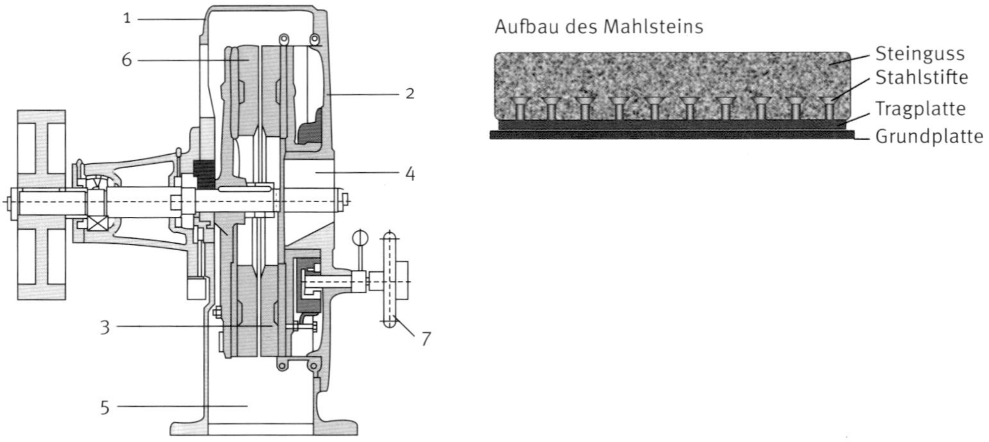

1 Stahl- oder Gussgehäuse, 2 ausschwenkbare Tür, 3 stehender Mahlstein, 4 Produkteinlauf, 5 Produktauslauf, 6 rotierender Mahlstein, 7 Mahlspaltregulierung mit Positionsanzeige

Abb. 6-31: Schema einer vertikalen Steinmühle

Zur Nachbearbeitung können die Steine leicht von der Grundplatte gelöst und abgezogen werden.

Gespeist wird die vertikale Steinmühle meist von einem Vibrodosierer, der eventuell sogar lastabhängig gesteuert wird. Wie alle Steinmühlen reagiert auch diese empfindlich auf harte Fremdkörper. Das zu vermahlende Getreide sollte deshalb im Vorfeld einwandfrei gereinigt werden.

6.4.6 Schlagmühle/Hammermühle

Die Schlagmühle wird überall dort eingesetzt, wo ein Produkt zerkleinert werden muss, ohne dass auf dessen Backfähigkeit oder eine anschließende Trennung von Schale und Mehlkern geachtet werden muss. Sie eignet sich für die Zerkleinerung der verschiedensten Produkte und ist deshalb in vielen anderen Industrien ebenfalls anzutreffen. In der Müllerei dient sie vor allem für die Vermahlung von verwertbaren Produkten aus der Getreidereinigung und teilweise auch zur Reduktion von Spelzen (Schälmüllerei) und Kleie.

Ihre Mahlarbeit beruht auf dem Pralleffekt. Ein Rotor mit vielen beweglich angebrachten Stahlhämmern dreht mit einer Umfangsgeschwindigkeit von bis zu 120 m/s. Beim Aufprall des Produkts auf die rotierenden Schläger entsteht der größte Zerkleinerungseffekt. Das Mahlgut bleibt so lange in der Mahlzone, bis es durch das den Rotor umgebende Lochsieb durchfallen kann. Die Schlagmühle ist also keine reine Zerkleinerungsmaschine, da sie mit dem Lochblech zusätzlich auch eine Siebung vornimmt.

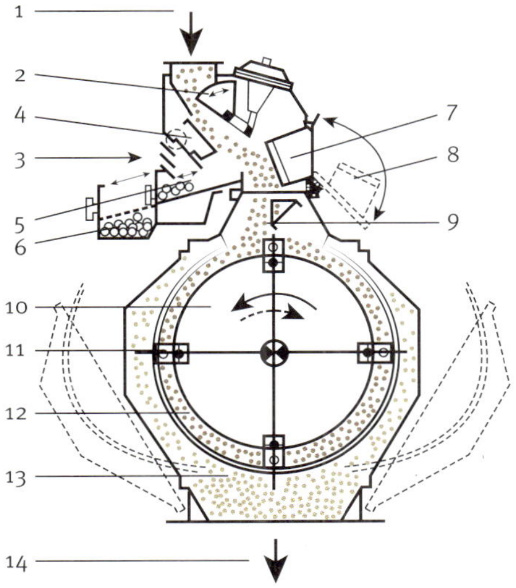

1 Produkteinlauf
2 Dosierschieber (je nach Betriebsart hand- oder pneumatisch betätigt
3 Aspirationslufteintritt
4 Klappe für die Überwachung der Aspirationsluft
5 Schwerteile
6 Schublade zum Entleeren der Schwerteile
7 Permanentmagnet im Betrieb
8 Permanentmagnet ausgeklappt
9 Umlenkklappe (mit dem Antriebsmotor elektrisch verriegelt)
10 Rotor (zwei Drehrichtungen bedeuten weniger Schlägerwechsel)
11 Schläger (Hämmer)
12 Mahlraum
13 Mahlsiebe
14 Produkt- und Luftaustritt

Abb. 6-32: Schlag(Hammer-)mühle mit Schwerteileausleser

Je nach Einspeisesystem wird der Rotor ganz oder nur teilweise vom Lochblech umgeben. Früher wurden die Gehäuse fast ausschließlich aus Guss gefertigt, während es heute eigentlich immer Schweißkonstruktionen sind. Der Übertrieb vom Motor auf die Rotorwelle geschieht entweder über Keilriemen oder direkt über eine Wellenkupplung. Motor und Schlagmühle werden meist auf eine gemeinsame Grundplatte montiert, welche ihrerseits auf Gummidämpfern abgestützt ist.

Mahlarbeit und Durchsatzleistung der Schlagmühle hängen von verschiedenen Faktoren ab:

- Art der Einspeisung (Ort, Verteilung),
- Umfangsgeschwindigkeit des Rotors,
- Anzahl, Form und Zustand der Schläger (Hämmer),
- Lochdurchmesser, offene Siebfläche, Dicke des Siebs,
- Luftdurchsatz,
- Produktbeschaffenheit und Produktfeuchtigkeit.

Die Einspeisung in eine Schlagmühle sollte kontinuierlich und gleichmäßig auf die ganze Mahlbreite verteilt sein. Am besten eignet sich zu diesem Zweck ein geschlossener Vibrodosierer. Sie können entweder von Hand auf eine bestimmte Leistung eingestellt werden oder lassen sich mit einfachen Mitteln lastabhängig steuern. Die Produktzufuhr wird dann entsprechend der Motorbelastung erhöht oder reduziert, sodass die Schlagmühle immer optimal ausgelastet ist. Harte Fremdkörper können die Schlagmühle beschädigen oder Funken erzeugen, welche dann Staubexplosionen oder Schwelbrände auslösen. Es ist deshalb ratsam, Schlagmühlen über sogenannte Schwerteileausleser zu beschicken.

Der Abtransport des gemahlenen Produkts geschieht in der Müllerei meist durch einen pneumatischen Saugtransport. Hierbei wird die benötigte Transportluft durch den Mahlraum der Schlagmühle gesogen. Dies unterstützt die Mahlarbeit und sorgt gleichzeitig für die notwendige Kühlung. Wird das gemahlene Produkt mechanisch oder durch eine Druckpneumatik abtransportiert muss die Schlagmühle aspiriert werden. Als Faustregel für die notwendige Luftmenge gilt:

$$\text{Luftmenge in } m^3/\text{min} = \frac{\text{Siebfläche in } dm^2}{2}$$

Die Schläger (Hämmer) sind ein wesentlicher Bestandteil der Mühle. Sie sind einer sehr starken Belastung ausgesetzt und gelten neben dem Lochblechsieb als eigentliche Verschleißteile. Aus diesem Grunde müssen sie regelmäßig auf ihren Zustand kontrolliert werden. Je weiter die Abnutzung der Schläger fortgeschritten ist, desto geringer wird die Durchsatzleistung. Der Energiebedarf und die Wärmeentwicklung steigen an. Für den Zeitpunkt, wann die Schläger gedreht oder ausgewechselt werden sollten, gibt es eine Faustregel: der einzelne Schläger sollte beidseitig noch etwas Originallänge respektive -fläche oder aber mindestens 10 mm Materialstärke zum Loch aufweisen (Abb. 6-33). Durch Drehen der Schläger können alle vier Ecken genutzt werden. Damit die Schläger nur einmal gedreht werden müssen, werden Schlagmühlen gebaut, welche in beiden Drehrichtungen arbeiten können.

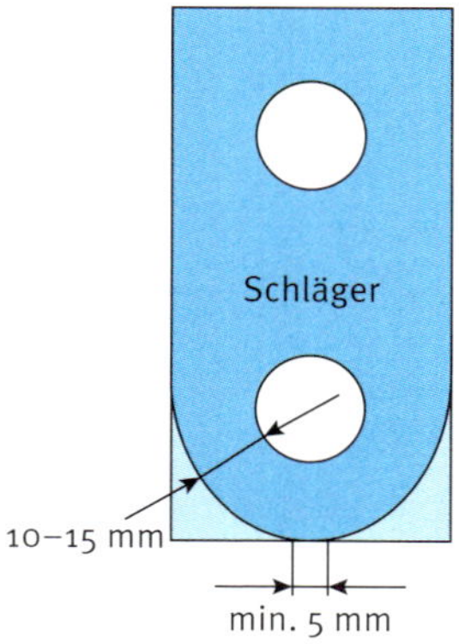

Abb. 6-33: Richtwerte für das Drehen oder Auswechseln der Schläger

Es handelt sich um einen schnelllaufenden Rotor, daher müssen sich immer zwei gleich schwere Schläger gegenüberstehen. Wenn dieses nicht der Fall ist, dann entsteht Unwucht, die zu Vibrationen führt.

Die Vertikalrotormühle stellt eine andere Bauart der Schlagmühlen dar (Abb. 6-34). Die Achse des Rotors ist hier vertikal angeordnet, daher der Name. Sie wird vor allem für große Durchsatzleistungen eingesetzt. Gegenüber den konventionellen, horizontalen Ausführungen ergeben sich bei dieser Variante folgende Vorteile:

- weniger Energiebedarf,
- einfacherer und schnellerer Sieb- und Schlägerwechsel,
- keine Aspiration erforderlich,
- weniger Feuchtigkeitsverlust im Produkt,
- integrierter Nachbehälter,
- weniger Lärm.

Abb. 6-34: Vertikalrotormühle (Bauart Bühler)

Als Besonderheit hierbei gilt vor allem die Einspeisung, weil beim Aufprall des einlaufenden Produkts auf die Schläger der intensivste Zerkleinerungseffekt erreicht wird. Nach dem Schwerteileausleser wird das Einlaufprodukt in drei Einzelkanäle getrennt und dann separat auf den Rotor geführt. Die erstmalige Aufprallfläche wird dadurch verdreifacht und damit die Zerkleinerungsarbeit verbessert.

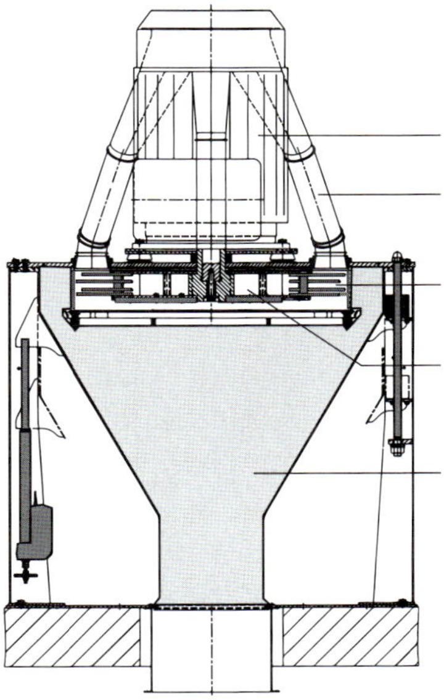

Abb. 6-35: Schema einer Vertikalrotormühle, ohne Dosierteil

6.4.7 Speiseapparate/Beimischer

Speiseapparate werden in einem Mühlenbetrieb an verschiedenen Stellen eingesetzt, beispielsweise für die Dosierung der Reinigungsabgänge in die Schlagmühle, als Beimischer von Schanzprodukten oder um die stoßweise anfallenden Filtermehle dem Mahlsystem kontinuierlich zuzuführen.

Für diese Aufgaben haben sich vor allem zwei Geräte bewährt:

- der Vibrodosierer und
- die Dosierschnecke mit Frequenzdosierer.

Vibrodosierer

Der Vibrodosierer besteht aus einer staubdichten Förderrinne mit aufklappbarem Deckel und Stauschieber. Je nach Volumen und Fließeigenschaften des Produkts, kann mit dem Stauschieber die maximale Austragsmenge begrenzt werden.

Die Förderrinne ist auf Gummiblöcken oder Blattfedern abgestützt und mit einem Elektromagnet verbunden. Durch den Anschluss an Wechsel-

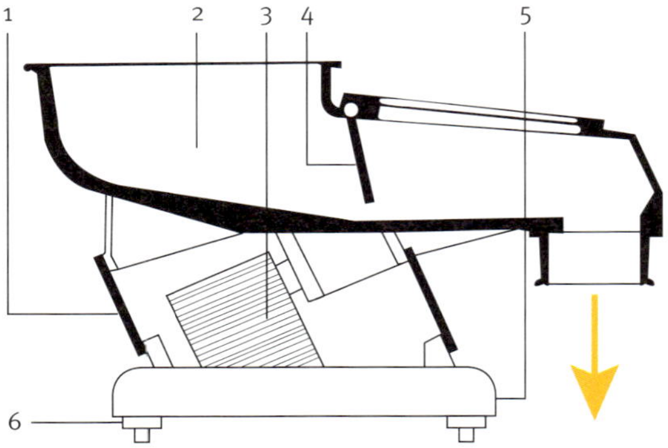

1 Stützfeder, 2 Vibrorinne, 3 Elektromagnet, 4 Stauklappe, 5 Sockel, 6 Vibrodämpfer

Abb. 6-36: Vibrodosierer

strom wird dieser dauernd umgepolt, das heißt, wechselweise angezogen und wieder abgestoßen. Dadurch entsteht eine sehr hohe Schwingungszahl mit relativ kleinem Hub. Die Intensität der Vibration kann über ein Handsteuergerät oder lastabhängig verändert werden. Je stärker die Vibration, desto größer die Dosiermenge.

Dosierschnecke mit Frequenzdosierer

Anstelle von Vibrodosierern werden vermehrt Dosierschnecken eingesetzt. Als Volumendosierer reagieren sie weniger empfindlich auf unterschiedliche Fließeigenschaften. Durch Frequenzumformer sind sie sehr einfach auf die gewünschte Leistung einzustellen oder können lastabhängig gesteuert werden. Der nachfolgend beschriebene Mikrodosierer hat über der Dosierschnecke zusätzlich eine Mischkammer mit großer Eintrittsöffnung. Die große Eintrittsöffnung ist besonders wichtig für Produkte mit schlechten Fließeigenschaften, die im darüber angeordneten Trichter zu Brückenbildung neigen. In der Mischkammer wird das Produkt durch Rührarme aufgelockert und in einen Zustand gleichmäßiger Dichte gebracht. Aufgelockertes Produkt mit gleichmäßiger Dichte lässt sich konstant und mit großer Genauigkeit dosieren.

Dieses Gerät kann unter kleinen Bunkern oder Aufschüttgossen installiert werden. Je nach Einsatzort und Produkt können verschiedene Leistungsbereiche gewählt werden.

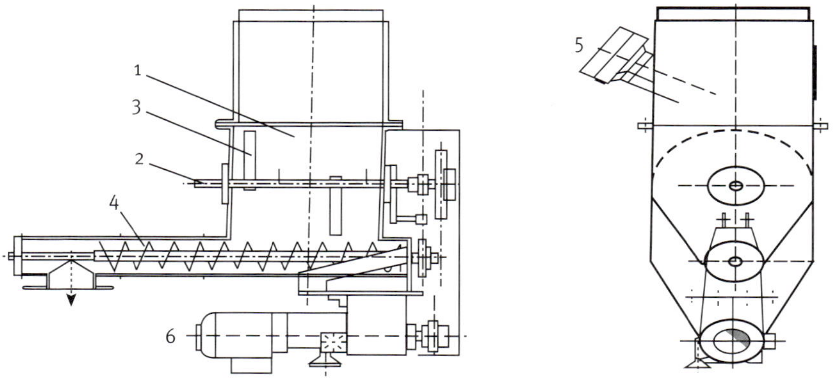

1 Misch- und Auflockerungskammer, 2 Rotorwelle, 3 Hasepel für die Produktauflockerung, 4 Speise-(Dosier-)schnecke, 5 Produktsonde, 6 Antrieb mit Drehzahlverstellung

Abb. 6-37: Dosierschnecke mit Frequenzdosierer

7 Mahlverfahren und Diagrammkunde

Hasso Klabunde

7.1 Allgemeines

Das Prinzip der Mehlmüllerei ist die Vermahlung von Getreide bei gleichzeitiger Trennung in zwei Produktgruppen, die Edelprodukte zur menschlichen Ernährung und die Nachprodukte, die hauptsächlich zu Futtermitteln für landwirtschaftliche Nutztiere weiterverarbeitet werden. Daraus ergibt sich schon eine Besonderheit: Es kommt immer darauf an, das Innere des Getreidekorns – den Mehlkern – zu vermahlen und dabei die ihn umgebende Schale so weit wie möglich zu schonen und nicht zu zerkleinern. Man nennt das *selektive Zerkleinerung*. Nur bei der Herstellung von Vollkornmehl oder -schrot trifft das nicht zu, weil es in dem Fall nur ein Endprodukt gibt, das meist mit einer einzigen Mahlmaschine in einem Durchgang erzeugt wird. Auch die Schälmüllerei mit der umgekehrten Zielsetzung – Entfernung der Schale *ohne* Zerkleinerung des Mehlkerns – ist hier nicht gemeint.

Für eine selektive Zerkleinerung sind eine Vielzahl von Maschinen und Verfahrensstufen erforderlich, die unter dem Begriff »Mahlverfahren« einzuordnen sind. Darunter versteht man die Hintereinanderschaltung und die zweckmäßige Verbindung der Mahl-, Sicht- und gegebenenfalls Putzmaschinen mit den dazugehörenden Hilfsmaschinen, um bei der Vermahlung der gereinigten Rohfrucht den höchsten Nutzeffekt, d. h. die höchstmögliche Ausbeute bei kleinstmöglichem Aufwand zu erzielen. Unter Ausbeute versteht man den Anteil des aus dem Mehlkern gewonnenen Edel-Endprodukts, das ist Mehl und/oder Grieß, im Verhältnis zum Rohprodukt Getreide. Die verbleibenden Nachprodukte Nachmehl, Grießkleie und Kleie kommen aus den Schalenschichten des Getreidekorns und sind für den Menschen weitgehend unverdaulich.

Die Vermahlung des Getreides zu Mehl geht nicht nach einem genormten, einheitlichen Ablauf vor sich, vielmehr sind die Mahlverfahren sehr unterschiedlich, und es dürfte wohl kaum zwei Mühlen mit gleichem Vermahlungsschema geben.

Die Art des Mahlverfahrens hängt von einer Reihe von Faktoren ab. Die wichtigsten davon sind:

- die Mühlenleistung,
- die technische Mühleneinrichtung,
- die Art und Beschaffenheit der Rohfrucht,

- die Höhe der Gesamtmehlausbeute,
- die Anforderungen an die Endprodukte.

Dadurch sind für jede Mühle ganz unterschiedliche Betriebsbedingungen gegeben. Sie unterscheiden sich in den Maschinen und Maschinenkenndaten (Größe, Riffelung, Bespannung usw.) und in der Art der Mahlgutführung. Für die Aufstellung eines Mahlverfahrens sind in erster Linie die verlangten Endprodukte und die Mühlenleistung maßgebend. Endziel eines jeden Mahlverfahrens ist die Erzeugung von marktfähigen, qualitätsgerechten Endprodukten unter gleichzeitiger Einhaltung der Typenvorschriften bei Erhaltung der Wettbewerbsfähigkeit des Betriebs. Diese sehr komplexe Aufgabenstellung erfordert eine vielseitige Ausbildung und Erfahrung des Produktionsleiters mit guten Produktkenntnissen, die nur in einer handwerklichen Ausbildung als Müller vermittelt werden können.

7.1.1 Darstellung des Mahlverfahrens

Als bildliche Aufzeichnung ist das Vermahlungsdiagramm gebräuchlich, wobei der Ausdruck »Diagramm« eine andere Bedeutung hat als in der Technik allgemein üblich. Das Diagramm ist hier als Schemazeichnung zu verstehen und wird auch Vermahlungsschema genannt.

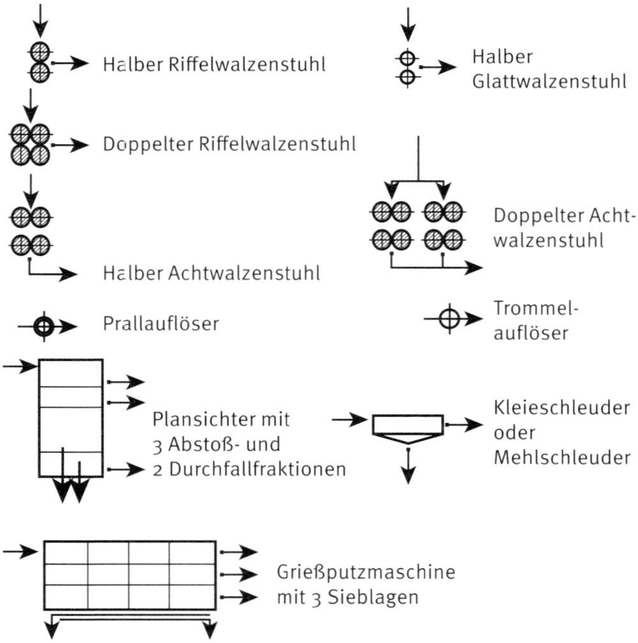

Abb. 7-1: Diagrammfiguren für die Maschinen im Vermahlungsschema

Ihm kann man die Maschinengrößen, die Führung der Produkte und die Bespannung der Plansichter und Putzmaschinen entnehmen, also die für ein Mahlverfahren wichtigen Daten. Die Diagrammzeichen des Vermahlungsdiagramms sind in Abbildung 7-1 wiedergegeben.

Einer Erklärung bedarf die für den Achtwalzenstuhl eingeführte Diagrammfigur, sie ist für den Berufsanfänger etwas verwirrend und unlogisch. Ein halber Doppelstuhl wird seit jeher mit senkrecht übereinander liegenden Walzen dargestellt, obwohl die Walzen früher überwiegend diagonal, heute

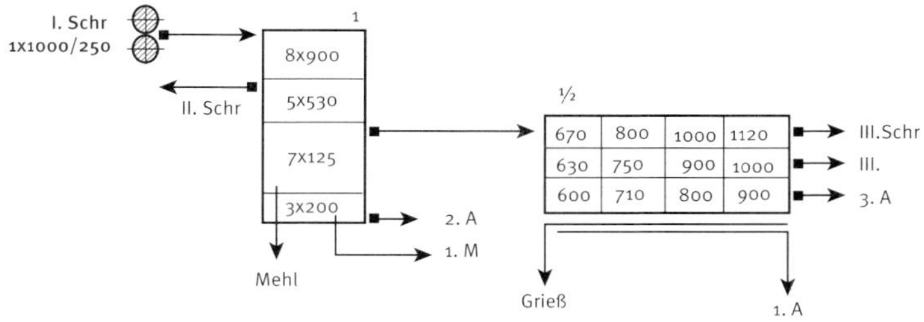

Abb. 7-2: Diagrammausschnitt als Beispiel der Darstellung

fast ausschließlich horizontal liegen. Mehrere Walzenpaare werden nebeneinander gestellt, sodass eine Hälfte eines Achtwalzenstuhls bei undeutlicher Darstellung leicht mit einem Doppelwalzenstuhl verwechselbar ist. Man beachte also die unterschiedliche Pfeilführung.

Wie man ein Diagramm liest, sei an dem Diagrammausschnitt Abbildung 7-2 erklärt. Es handelt sich um einen I. Weizenschrot mit einem Walzenpaar mit 1 000 mm Walzenlänge und 250 mm Walzendurchmesser. Diese Daten schreibt man, wie aus dem Bild hervorgeht, links neben die Walzen unter die Passagenbezeichnung. Laufen in größeren Mühlen zwei oder mehrere Walzenpaare parallel werden sie meistens, jedoch nicht immer, auch mehrfach gezeichnet.

Das die Walzen verlassende Mahlgut wird auf den Plansichter geführt (Linie mit Pfeil). Dazwischen liegt normalerweise eine pneumatische Förderung, die für eine bessere Übersicht nicht dargestellt wird, weil sie kein Bestandteil des eigentlichen Verfahrens ist. Das gleiche gilt auch für andere Zwischenförderungen mit Elevatoren oder Schnecken. Die »1« an der oberen Ecke des Plansichters bedeutet, dass es sich um ein Abteil handelt. In größeren Mühlen arbeiten zwei oder mehr Abteile mit gleichen Daten parallel, welche dann nur einmal abgebildet werden. Die acht Vorsiebe des Sichters sind mit der Nr. 900 bespannt und stoßen zum II. Schrot ab. Der Siebdurchfall einer Fraktion läuft auf das darunterliegende Fach, in diesem Fall die fünf mit Nr. 530 bespannten Grießsiebe. Dieser Übergang geht auf eine Seite einer doppelten Putzmaschine (mit »½« bezeichnet).

Die Siebnummern im Plansichter bedeuten die lichte Maschenweite des Siebes und bestimmen die Körnung des Produkts, auch Granulation genannt, in µm (1 µm = 0,001 mm). Der auf die Putzmaschine geführte Grieß hat also eine Granulation zwischen 900 µm (Obergrenze) und 530 µm (Untergrenze). Der Durchfall durch Nr. 530 geht auf die sieben mit Nr. 125 bespannten Mehlsiebe. Nach den Mehlsieben ist die Weiterführung umgekehrt, hier verlässt der Siebdurchfall den Sichter und gelangt ins fertige Mehl, während der Übergang auf die darunterliegenden Dunstsiebe läuft. Der durchfallende Dunst geht zur 1. Mahlung, der Übergang zur 2. Auflösung.

Der vordere Siebdurchfall der Putzmaschine ist fertiger Speisegrieß, der hintere Siebdurchfall läuft zur 1. Auflösung. Die drei Übergänge werden zum III. Schrot und zur 3. Auflösung geführt.

7.1.2 Passagenbezeichnungen

Die Bezeichnungen der Passagen sind nicht einheitlich. Man findet weltweit überwiegend die auch in Deutschland übliche Dreiteilung: Schrotungen – Auflösungen – Mahlungen. Jede der drei Gruppen wird von vorn nach hinten durchnummeriert, wobei im Deutschen die Schrotungen meist römische, die Auflösungen und Mahlungen arabische Ziffern erhalten. In der Tabelle unten sind die genannten Begriffe den in anderen Ländern üblichen gegenübergestellt und die gebräuchlichen Abkürzungen hinzugefügt.

Plansichterpassagen, die Produkte statt von Mahlmaschinen von Plansichtern erhalten, bezeichnet man als Sortierer (engl. Grader, franz. Diviseur, ital. Divisore).

Die Bezeichnungen werden aber auch verschiedentlich abgewandelt. Weit verbreitet sind die von der Fa. Bühler benutzten französischen Bezeichnungen, wobei die Passagen der Auflösungen und Mahlungen nicht getrennt, sondern

Deutsch	Schweiz	Französisch	Englisch	USA	Spanisch	Italienisch
Schrotungen		**Broyages**	**Breaks**	**Breaks**	**Trituraciones**	**Rottura**
I. Schr	B1	B1	I Bk	1st Brk	T1	1 Rott.
II. Schr	B2	B2	II Bk	2nd Brk	T2	2 Rott.
etc.	etc.	etc.	etc.	etc.	etc.	etc.
Auflösungen		**Claquage**	**Reduction**	**Sizings**	**Reductiones**	**Riduzione**
1. A a	C1A	Cl 1 f	A	1st Siz f	R 1 f	1 Svest f
1. A b	C1B	Cl 1 g	X	1st Siz c	R 1 g	1 Svest g
2. A a	C2A	Cl 2 f	B	1st Midd c	R 2 f	2 Svest f
2. A b	C2B	Cl 2 g	B2	2nd Qu.	R 2 g	2 Svest g
3. A (1Ü)	C4	Cl 3	F	1st Tails	R 3	3 Svest
4. A (2Ü)	C7	Cl 4	J	2nd Tails	R 4	4 Svest
Mahlungen		**Convertis.**	**Reduction**	**Middlings**	**Compress.**	**Rimacine**
1. M	C 3	C1	C	1st Midds.f	C 1	1 Rim
2. M	C 5	C2	D	2nd Midds	C 2	2 Rim
3. M	C 6	C3	E	3rd Midds	C 3	3 Rim
4. M	C 8	C4	G	4th Midds	C 4	4 Rim
5. M	C 9	C5	H	5th Midds	C 5	5 Rim
6. M	C 10	C6	K	6th Midds	C 6	6 Rim
7. M	C 11	C7	L	7th Midds	C 7	7 Rim
8. M	C 12	C8	M	1st L.G.	C 8	8 Rim
9. M	C 13	C9	N	2nd L.G.	C 9	9 Rim

als eine einzige Gruppe durchnummeriert werden. Auch die ehemalige Fa. Simon, Stockport bezeichnete nach diesem System, jedoch mit Buchstaben.

Die 3. und 4. Auflösung wird im Deutschen auch häufig als 1. und 2. Übergang (Abk. Ü oder Übg) bezeichnet. In größeren Mühlen gibt es noch Passagenteilungen. In den Schrotungen – meist erst ab dem III. Schrot – sind es Teilungen nach der Siebfraktion und heißen z. B. III. Schr grob – III. Schr. fein usw., in den Mahlungen sind es qualitätsbezogene Teilungen und heißen z. B. 1. A. a – 1. A. b bzw. C1. a–C1. b.

Im gesamten Text des Kapitels 7 werden die deutschen Bezeichnungen verwendet, in den Tabellen werden sie durch die Bühler-Bezeichnungen ergänzt.

7.1.3 Begriffe im Mahlverfahren

Schroten ist entweder

- der mehrstufige Arbeitsvorgang als Vorstufe für das eigentliche Mahlen mit nachfolgender Sichtung (vier bis sechs Schrotungen mit Riffelwalzen) oder
- der einstufige Zerkleinerungsvorgang in Schrotmühlen verschiedenster Art, meist ohne nachfolgende Sichtung.

Schrot ist das beim Schroten anfallende Produktgemisch aus Grobschrot, Grieß, Dunst und Mehl, dabei kann man den
Grieß in der Granulation zwischen 1 000 und 300 µm,
Dunst von 300 bis 150 µm und
Mehl feiner als 150 µm einordnen (1 µm = 0,001 mm).

Sieben ist die Fraktionierung eines Produktgemischs nach Korngröße bzw. die Abscheidung von Mehl.

Sichten nennt man den gleichen Vorgang, wenn für die Größensortierung noch ein weiterer Effekt beteiligt ist. Bei der Siebung im Plansichter findet eine zusätzliche Schichtung statt, bei der schwere Teile in der Schicht nach unten sinken und leichte oben schwimmen. Die Begriffe »Sieben« und »Sichten« werden aber leider nicht einheitlich angewendet. So gab es früher den Zentrifugal-»Sichter«, bei dem es keine Schichtung gibt. Später wollte man jede Trennung mit Sieben als »sieben«, Trennung im Luftstrom als »sichten« bezeichnen, was sich auch nicht allgemein durchgesetzt hat.

Sortieren ist die Trennung von Grießen und Dunsten nach verschiedenen Größen, also ebenfalls sieben – sichten.

Putzen ist die Trennung nach Korngröße und gleichzeitig spezifischem Gewicht oder genauer nach der Schwebegeschwindigkeit, das ist die aufsteigende Luftgeschwindigkeit, bei der das Produkt in der Schwebe gehalten wird.

Auflösen und Mahlen ist die weitere Zerkleinerung der beim Schroten anfallenden Grieße und Dunste zu aschearmen, typengerechten Mehlen meist auf Glattwalzen, wobei der Unterschied zwischen Auflösen und Mahlen bei den heute kürzeren Mahlverfahren in der Weizenmüllerei geringer geworden ist. Sie unterscheiden sich eigentlich nur im Aufgabeprodukt, Grieß für Auflösungen und Dunst für Mahlungen. In der Durummüllerei werden in den Auflösungen grobe Grieße auf Riffelwalzen weiter zerkleinert und in den Mahlungen nicht mehr für Grieß verwertbare Produkte zu Mehl vermahlen. In der Roggenmüllerei spricht man wegen der tieferen Walzenführung meist nur von Mahlungen.

Früher unterschied man nach der Walzenführung zwischen flacher, halbhoch und hochgeführter Vermahlung und sprach von Flachmüllerei, Halbhochmüllerei und der in Österreich und Ungarn entwickelten Hochmüllerei. Die Begriffe stammen noch aus der Zeit der Vermahlung auf Mahlgängen im 19. Jahrhundert, bei der Walzenvermahlung spricht man von tiefer anstatt flacher Führung. Dabei werden die Walzen eng geführt und die Schrotung auf hohen Mehlanfall eingestellt. In der Halbhochmüllerei werden die Walzen höher geführt, die anfallenden Grieße und Dunste auf getrennten Passagen ausgemahlen. Bei der Hochmüllerei wurden die Walzen hoch geführt, Mehlanfall in der Schrotung soweit wie möglich vermieden, dafür aber umso mehr Wert auf hohen Grießanfall gelegt. Das wird heute nur noch bei der Durumvermahlung praktiziert. Hier werden die Zwischenprodukte hinsichtlich ihrer Qualität und Größe weitgehend sortiert und getrennt geputzt und vermahlen, woraus sich eine große Anzahl von Passagen ergibt. Moderne Roggenmahlverfahren bewegen sich zwischen Flach- und Halbhochmüllerei, moderne Weizenmahlverfahren arbeiten hoch, weichen aber von der ausgesprochenen Hochmüllerei mehr zur Halbhochmüllerei ab.

In einer Weizenmühle fallen etwa 30 bis 50 verschiedene Zwischenprodukte an, so genannt, weil sie im Gegensatz zu Endprodukten sofort weiterverarbeitet werden.

7.1.4 Physikalische Vorgänge beim Mahlen und Sichten

Bevor wir zu den verschiedenen Mahlverfahren kommen, soll als Ergänzung zu den Maschinenbeschreibungen in Abschnitt 6 auf einige Grundlagen eingegangen werden.

Vermahlung im Walzenstuhl

Der Mahlvorgang zwischen Walzen ist ein dynamischer Prozess und ein kompliziertes Zusammenspiel vieler Parameter, die gedanklich und bildlich schwierig zu erfassen sind. Die Walzen als Mahlwerkzeug sind in den Kapiteln 6.1.7 und 6.1.8 mit den Abbildungen 6-4 bis 6-8 schon dargestellt. Zu Riffelung und Drall kommen als weitere Parameter:

Walzendurchmesser und Mahlweg

Unter Mahlweg ist der Weg zwischen dem Einzug des Mahlgutteilchens von den Walzen und der engsten Stelle im Mahlspalt zu verstehen.

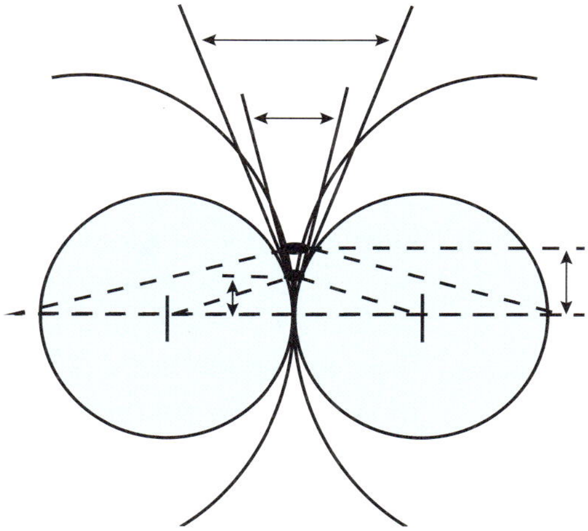

Abb. 7-3: Mahlweg und Einzugswinkel bei verschiedenen Walzendurchmessern

In Abbildung 7-3 sind zwei Walzenpaare gezeigt, die – zur besseren Verdeutlichung – extrem unterschiedliche Durchmesser haben. Von den Walzenmittelpunkten sind Linien zu den Umfangsstellen gezogen, wo mit der Erfassung des Korns der Mahlweg beginnt. An diesen Stellen sind Tangenten angelegt, die den Einzugswinkel bilden. Damit wird deutlich, dass der Einzugswinkel beim großen Walzendurchmesser kleiner ist als beim kleineren und der Arbeitsweg (Mahlweg) des zu vermahlenden Korns beim großen Walzendurchmesser größer ist.

Zugleich hat bei gleichem Walzendurchmesser ein größeres Mahlgutteilchen einen längeren Mahlweg als ein kleineres.

Infolgedessen werden bei Quetschwalzwerken, die das Produkt wegen ihrer glatten Oberfläche schlechter einziehen, große Durchmesser angewendet, während sich in der Praxis der Mehlmüllerei der Standarddurchmesser von 250 mm eingeführt hat. Nur für die Roggenvermahlung oder für glatte Mahlwalzen bei hartem Weizen werden auch 300 mm genommen, um über einem längeren Mahlweg eine stärkere Vermahlung zu erreichen.

Der Mahlweg errechnet sich nach der Formel:

$$w = \sqrt{r \times (d - b)}$$

r = Walzenradius
d = Korndurchmesser
b = Mahlspalt (Walzenabstand)

Walzen mit 250 mm Durchmesser haben für ein Weizenkorn an der I. Schrotung einen Mahlweg von 17 bis 26 mm, abhängig davon, ob es mit seinem kleinsten oder größten Maß erfasst wird. Der Einzugswinkel liegt dann zwischen 8° und 12°.

Drehzahl und Übersetzung (= Voreilung)

Drehzahl und Übersetzung bestimmen bei gleicher Beschüttung die Dichte des Mahlgutschleiers. Das Mahlgut geht (theoretisch) mit der mittleren Geschwindigkeit der beiden Walzen durch den Mahlspalt. Daraus folgt, dass bei gleicher Dichte die Leistung des Walzenstuhls linear mit der Drehzahl der schnellen Walze steigt und mit höherer Übersetzung sinkt. Denn mit einer höheren Übersetzung sinkt – bei gleicher Drehzahl der schnellen Walze – die Drehzahl der langsamen Walze und damit die mittlere Geschwindigkeit.

Gleichwohl kann die Geschwindigkeit und damit die Leistung des Walzenstuhls nicht beliebig gesteigert werden. Denn bei *Glattwalzen* wird bei zu hoher Geschwindigkeit der Mantelwind der Walzen so groß, dass das Produkt nicht mehr einzieht, auch nicht, wenn man den Durchmesser vergrößern würde. Der Mantelwind entsteht durch die Reibung zwischen der Walzenoberfläche und der Luft. Er staut sich im Mahlspalt und verursacht ein Fluidisieren des Mahlprodukts.

Bei *Riffelwalzen* steigt bei hoher Geschwindigkeit die Schlagintensität der Riffeln und als Folge eine – bei gleichem Mahlspalt – etwas stärkere Zerkleinerung sowohl insgesamt als auch besonders der Schale. Der Schrot fällt in feineren Stücken an, die Schalenteile sind kleiner, alle Zwischenprodukte und das Mehl enthalten mehr Schalenteilchen und haben dadurch einen etwas höheren Aschegehalt.

Aus der Übersetzung und dem Mahlweg ergibt sich die *Einwirkungszahl*, auch als Einflusszahl oder Schnittzahl bezeichnet, das sind die Anzahl der Riffelschnitte, welche sich im Mahlweg zwischen der schnellen und langsamen Walze kreuzen. Eine höhere Schnittzahl führt zu einer stärkeren Vermahlung, aber auch zu einem etwas höheren Aschegehalt. Zur Vertiefung des Themas gibt es weiterführende Erklärungen und eine umfangreiche Literaturauswertung unter [4].

Aus der *Riffeltabelle* in Abbildung 6-7 sind Drehzahlen und Übersetzungen zu ersehen, die sich aus der praktischen Erfahrung heraus bewährt haben.

Spezifische Belastung und Beaufschlagung

Die spezifsche Belastung wird als Leistung pro Walzenlänge in kg/dm/h oder t/m/24 h ausgedrückt. Für eine genauere Betrachtung muss aber auch die Drehzahl mit einbezogen werden, und zwar die der langsamen Walze, weil das Korn am Beginn des Einzugs diese Geschwindigkeit (oder eine geringfügig höhere) hat. Auch wenn die Geschwindigkeit des Mahlguts im Verlauf der Mahlzone größer wird, ist für die Durchsatzberechnung die Anfangsgeschwindigkeit maßgebend.

Um dafür zur Unterscheidung einen Begriff zu wählen, soll dies im weiteren »Beaufschlagung« genannt werden, ausgedrückt in kg/dm/h je m/s Geschwindigkeit der langsamen Walze. Dieser Wert ist ein Maß für die Dichte der Belegung im Mahlgutschleier. Er hat einen absoluten Grenzwert, nämlich wenn das Mahlgut so dicht liegt, dass die Walzen blockieren. Nach Berechnungen und praktischen Versuchen liegt er am I. Schrot bei 800 bis 1 000 kg/dm/h je m/s Geschwindigkeit der langsamen Walze.

Nun lässt sich auch dieser Wert nicht beliebig hoch ansetzen, denn bei einer höheren Beaufschlagung steigt der Anteil der Körner, die sich in der Mahlzone berühren oder gar übereinander liegen. Diese sich behindernden Körner werden stärker zerkleinert und verursachen höhere Feinproduktaschen. Mit höherer Beaufschlagung (= dichtere Belegung) wird dieser Anteil kontinuierlich größer und das Ergebnis schlechter.

In der Praxis ist die Beaufschlagung (früher wie heute) in einem ziemlich engen und niedrigen Bereich von 125 bis 220 kg/dm/h je m/s Geschwindigkeit der langsamen Walze, also etwa 15 bis 25 % des maximal möglichen. Auf dieser Basis liegen auch die im späteren Kapitel genannten Berechnungsbeispiele.

Mahlspalt und Siebanalyse

Der Zerkleinerungsgrad der Vermahlung wird mit dem Mahlspalt, also dem Walzenabstand, eingestellt und mithilfe der Siebanalyse gemessen. Dazu mehr im späteren Kapitel 7.3.1.

Der Mahlvorgang am Beispiel des I. Schrot

Aus den bisherigen Ausführungen sieht man schon, wie komplex die Zusammenhänge und Abläufe im Mahlspalt sind. Ein gutes Verständnis vermittelt ein Film, der 1955 am Variostuhl mit einer Spezialkamera gemacht worden ist. Der Variostuhl ist ein Laborwalzenstuhl der ehemaligen Fa. MIAG mit kurzen, fliegend gelagerten Walzen und einer durchsichtigen Scheibe an der Stirnseite.

In Abbildung 7-4 ist der Ablauf als Zeichentrickfilm etwas verkleinert nachgezeichnet, auf sieben Bilder im gleichen Zeitabstand von etwa 1 ms verteilt. Das erste Bild (a) zeigt ein Getreidekorn, wenn es mit den Spitzen, das dritte (c), wenn es mit seinem engsten Maß erfasst wird. Die Pfeile an der Innenseite der Walzen markieren deren Bewegung, sie stehen sich im ersten Bild (a) gegenüber und bewegen sich im Verhältnis 1 : 2,5 weiter, die schnelle Walze rechts.

Die Masse der Körner läuft in irgendeiner Schräglage ein und bei der ersten zarten Berührung mit den Riffelspitzen – also etwa bei (b) – wird

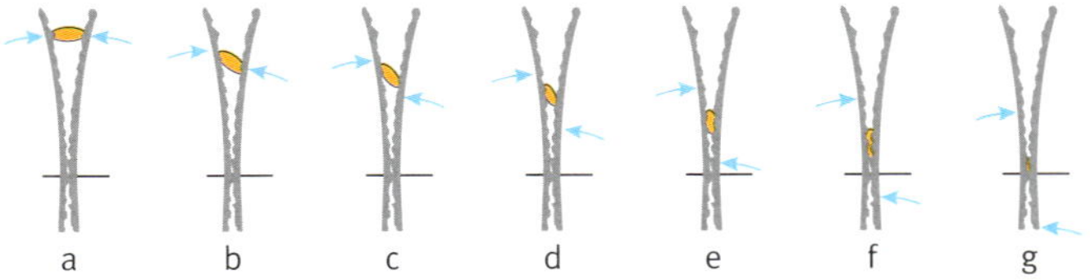

Abb. 7-4: Bildfolge einer Vermahlung am I. Schrot im Abstand von 1 ms.

das unregelmäßige Korn durch die unterschiedliche Walzenbewegung versuchen auszuweichen, es wird sich etwas wegdrehen und in die Riffeln legen, spätestens bei Bild (c) ist das Korn endgültig erfasst. Es geht zunächst mit der Geschwindigkeit der langsamen Walze durch den Anfang des Mahlspalts. Erst wenn es den Schlag von der ersten und gegebenenfalls auch der zweiten Riffel der schnellen Walze erhalten hat, gehen die Bruchstücke des Korns mit zunehmender Geschwindigkeit, fast mit derjenigen der schnellen Walze, durch den Rest des Spalts hindurch. Hierbei werden sie zum Teil, aber nicht alle, weiter zerkleinert. Die größeren Stücke gehen nicht gleichmäßig, sondern ruckweise durch den Mahlspalt, je nachdem, ob sie mehr von der schnellen oder der langsamen Walze erfasst sind. Bei Bild (e) hat die schnelle Walze fast die engste Stelle erreicht, bei Bild (g) auch das Mahlgut und ist damit am Ende des Mahlwegs.

An den übrigen Schrotpassagen muss man sich den Vorgang ähnlich vorstellen, die Riffelung wie auch das Mahlgut wird zunehmend feiner, der Mahlweg wegen des feineren Mahlguts kürzer, obwohl der Mahlspalt enger wird.

An den Glattwalzenpassagen ist die Übersetzung kleiner, es wird mehr gequetscht, weniger gerieben, der zeitliche Ablauf ist kürzer, weil durch die niedrigere Übersetzung die mittlere Walzengeschwindigkeit höher ist.

Zum Sichtvorgang im Plansichter

Das kreisförmig schwingende Sieb – dem Handsieb nachempfunden – ist für die Absichtung der Mühlenzwischenprodukte optimal, weil sich das auf dem Sieb fließende Produkt in einem gewissen Ausmaß schweremäßig schichtet, sodass die leichteren, schlechteren Teilchen oben schwimmen und weniger mit dem Sieb in Kontakt kommen.

Hub und Drehzahl

Sie schaffen die Voraussetzung für die Siebarbeit im Plansichter, sie bilden zusammen die Umfangsgeschwindigkeit der Kreisbewegung. Sie muss eine Mindestgröße erreichen, damit bei gegebener Reibungszahl (μ) zwischen Siebgut und Siebfläche eine Relativbewegung des Materials auf dem Sieb zustande kommt. Die Grenze bildet die sogenannte Rutschdrehzahl, sie liegt bei Mühlenprodukten und einem Hub von z. B. 80 mm bei etwa 100 Umdrehungen/min. Als optimale Betriebsdrehzahl hat sich die doppelte Rutschdrehzahl erwiesen.

Die Rutschbewegung des Siebguts basiert auf drei Kräften (Abb. 7-5):
- Schwerkraft S,
- Zentrifugalkraft Z,
- Reibungskraft R.

Das ist die *theoretische* Erklärung für ein Einzelkorn auf dem Sieb. Praktisch haben wir es aber mit einer Masse an Siebgut zu tun, einem Gemisch von Grob- und Feingut, das eine Schicht bildet, und die *Schichthöhe* ist eine weitere wichtige Komponente für die Siebleistung. Durch die Schicht wird die Schwerkraft S verstärkt und gleichzeitig durch das nachdrückende Material die Förderung auf dem Sieb bewirkt. Das Siebgut erfährt auf dem Siebgewebe eine seitliche Verschiebung, das Feingut findet auf dem Weg die offenen Maschen und kann durchfallen. Gleichzeitig findet in gewissen Grenzen eine Schichtung statt, schweres Produkt sinkt nach unten, leichtes schwimmt oben. Die Schichtung wird allerdings beim Übergang auf das nächste Sieb gestört und muss sich wieder neu bilden.

Der Zusammenhang zwischen Drehzahl (bei gleichem Hub von 80 mm), Schichthöhe und Siebleistung geht aus Abbildung 7-6 hervor.

Man erkennt, ausgehend von der Rutschdrehzahl, eine Steigerung der Siebleistung bis zu einem Optimum und dann wieder ein Abfallen, weil bei zu hoher Drehzahl das Sieb zu schnell unter dem Produkt durchrutscht. Bei höherer Schicht wird die Siebleistung größer, das Optimum der Drehzahl verschiebt sich etwas nach oben.

Einen erheblichen Einfluss auf die Siebleistung haben die *Eigenschaften des Siebguts* selbst:

Ein frei fließendes, hartes Produkt (z. B. Körner oder Durumgrieß) ist besser sichtfähig als ein weiches, pappiges (z. B. Filtermehl, um das andere Extrem zu nennen) und benötigt viel weniger Siebfläche. Das Gleiche gilt für trockenes Produkt gegenüber feuchtem.

Betrachtet man die Siebleistung im Verlauf des Siebweges bzw. der Siebzeit, ergibt sich ein Zusammenhang wie in Abbildung 7-7. In dem Beispiel hat das Siebgut 30 % Feinanteil, man sieht die schnelle Abnahme des

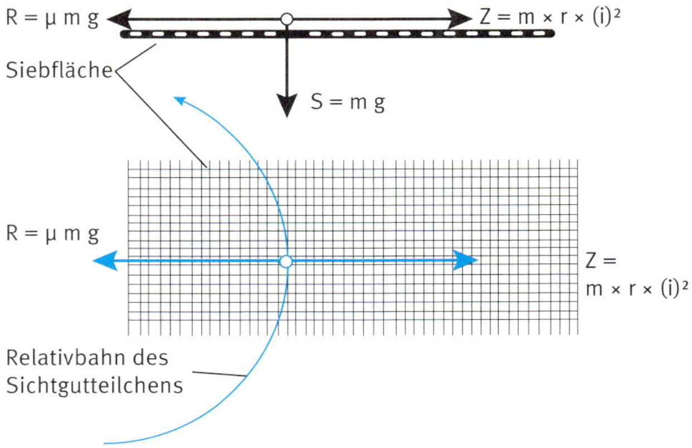

Abb. 7-5: Darstellung der am Siebgut auftretenden Kräfte

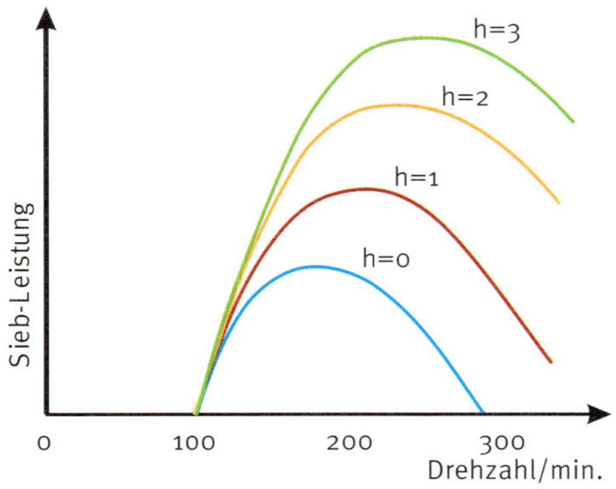

Abb. 7-6: Siebleistung in Abhängigkeit von Drehzahl und Schichthöhe (nach Haltmeier)

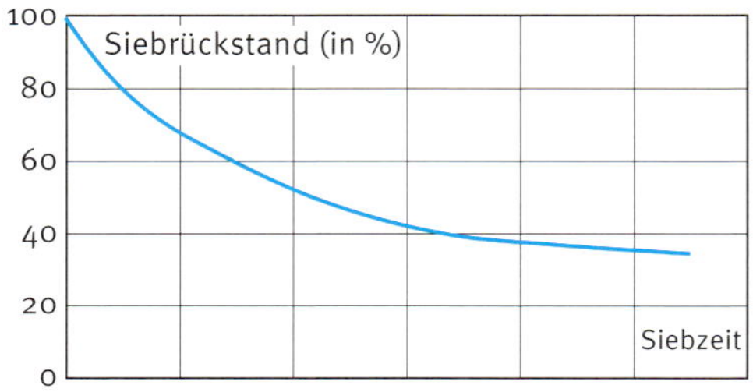

Abb. 7-7: Abnahme des Siebrückstands im Laufe der Siebzeit

Siebrückstands am Anfang des Siebweges und die asymptotische Annäherung an den 30 %-Wert.

Die Gründe dafür sind:

- Das feinste Produkt findet die Maschen am schnellsten und fällt gleich am Anfang in großer Menge durch.
- Dadurch nimmt die Schichthöhe ab und übt immer weniger Druck aus.
- Die Konzentration des Feinguts in der Schicht wird kleiner, ein Feinkorn gelangt immer seltener an das Sieb.

Zugleich wird der Siebdurchfall gegen Ende der Siebzeit immer gröber, zum Schluss fällt nur noch sogenanntes Grenzkorn an, das in seiner Körnung dicht unterhalb der Maschenweite liegt. Wenn es sich um Mehlsiebe handelt, ist es außerdem unsauber, schalenreich und aschereich, weil auch die oben schwimmenden, leichteren Teilchen das Sieb erreichen, man nennt das dann »übersichtet«. Das muss durch geeignete Einstellung der Mehlsieb-Nummern verhindert werden, zum Vergleich hierzu dienen die letzten Absätze im Kapitel 7.2.1.

Will man bei den gröberen Siebfraktionen wirklich das gesamte Feingut restlos aussieben, müßte der Siebweg fast unendlich lang sein, denn die Wahrscheinlichkeit, dass auch das letzte in der Schicht schwimmende Grenzkorn eine Masche findet, ist unendlich klein. Man geht daher in der Praxis einen wirtschaftlichen Kompromiss ein und beendet die Siebung, wenn 90 oder 95 % des Feinguts durchgefallen sind. Das gilt nicht pauschal für jedes Zwischenprodukt, manchmal kann man großzügiger sein, manches muss schärfer gesiebt sein, wie später z. B. in 7.2.3 noch ausgeführt wird.

Man nennt den ausgesiebten Prozentsatz den Siebgütegrad, das im Grobgut noch enthaltene Feingut ist das Fehlkorn.

Mahlen und Sichten sind die elementaren Vorgänge in den im folgenden behandelten Mahlverfahren, die der Müller beide mit seiner handwerklichen Kunst steuern muss.

7.2 Die verschiedenen Mahlverfahren

Als Ausgangspunkt und Basisdiagramm nehmen wir die Weizenvermahlung ohne Putzmaschinen, weil es ein einfaches und häufig anzutreffendes Verfahren ist. Varianten dazu sind Weizenmühlen mit mehr oder weniger Achtwalzenstühlen, Weizenmühlen mit Putzmaschinen sowie kombinierte Weizen-Roggen-Mühlen. Reine Roggenmühlen sind nach anderen Grundsätzen aufgebaut, da die Mahlfähigkeit des Roggens stark von der des Weizens abweicht. Das gilt noch mehr für Maismühlen. Durummühlen kann man als Variante der Weizenmühle mit Putzmaschinen betrachten. In diesem Zusammenhang sollen die verschiedenen Verfahren nun betrachtet werden, wobei die Weizenvermahlung ohne Putzmaschinen ausführlicher beschrieben ist.

7.2.1 Weizenvermahlung ohne Putzmaschinen

Hinsichtlich ihrer Qualität lassen sich die Produkte der einzelnen Passagen etwa folgendermaßen einteilen:

1. (gute) Qualität: I.–II. Schrot, 1. und 2. Auflösung, 1. Mahlung (C1–3),
2. (mittlere) Qualität: III. Schrot, 3. Auflösung (1. Übg.), 2. und 3. Mahlung (C4–6),
3. (geringe) Qualität: restliche Passagen.

Zur besseren Erklärung des Mahlverfahrens wird als Beispiel das Diagramm nach Abbildung 7-8 herangezogen.

Die Schrotungen

Eine Schlüsselrolle bei der selektiven Zerkleinerung nimmt die Schrotung mit Riffelwalzen ein, denn hier wird das Getreidekorn zuerst aufgerollt, der Mehlkörper wird in Grieße und Mehle zerlegt und dann – etwa ab dem III. Schrot – die Schale nach und nach ausgestreift. Die Grießerzeugung findet hauptsächlich am I. und II. Schrot statt, wo die Zwischenprodukte qualitätsmäßig gleich sind und deshalb zusammenlaufen können. Der 1. Plansichterabstoß geht jeweils auf die nächste Schrotung, der 2. Abstoß – der Grobgrieß > 450 µm – auf die 1. A. Das verbleibende Feingrieß-Dunst-Mehlgemisch durchläuft noch einige Mehlsiebe, die aber für eine saubere Absiebung bei der hier vorliegenden Mühlenleistung nicht ausreichen. Um nicht die Siebfläche auf je zwei Abteile zu erhöhen – was zu viel wäre – verlängert man die Absiebung auf einem separaten halben Sichterabteil, bezeichnet mit »Sortierer«. Hier wird das restliche Mehl abgesiebt und anschließend noch eine Trennung in Feingrieß und Dunst mit der Sieb-Nr. 224 vorgenommen. Diese qualitätsmäßig besten Produkte gehen zur 2. A und zur 1. M.

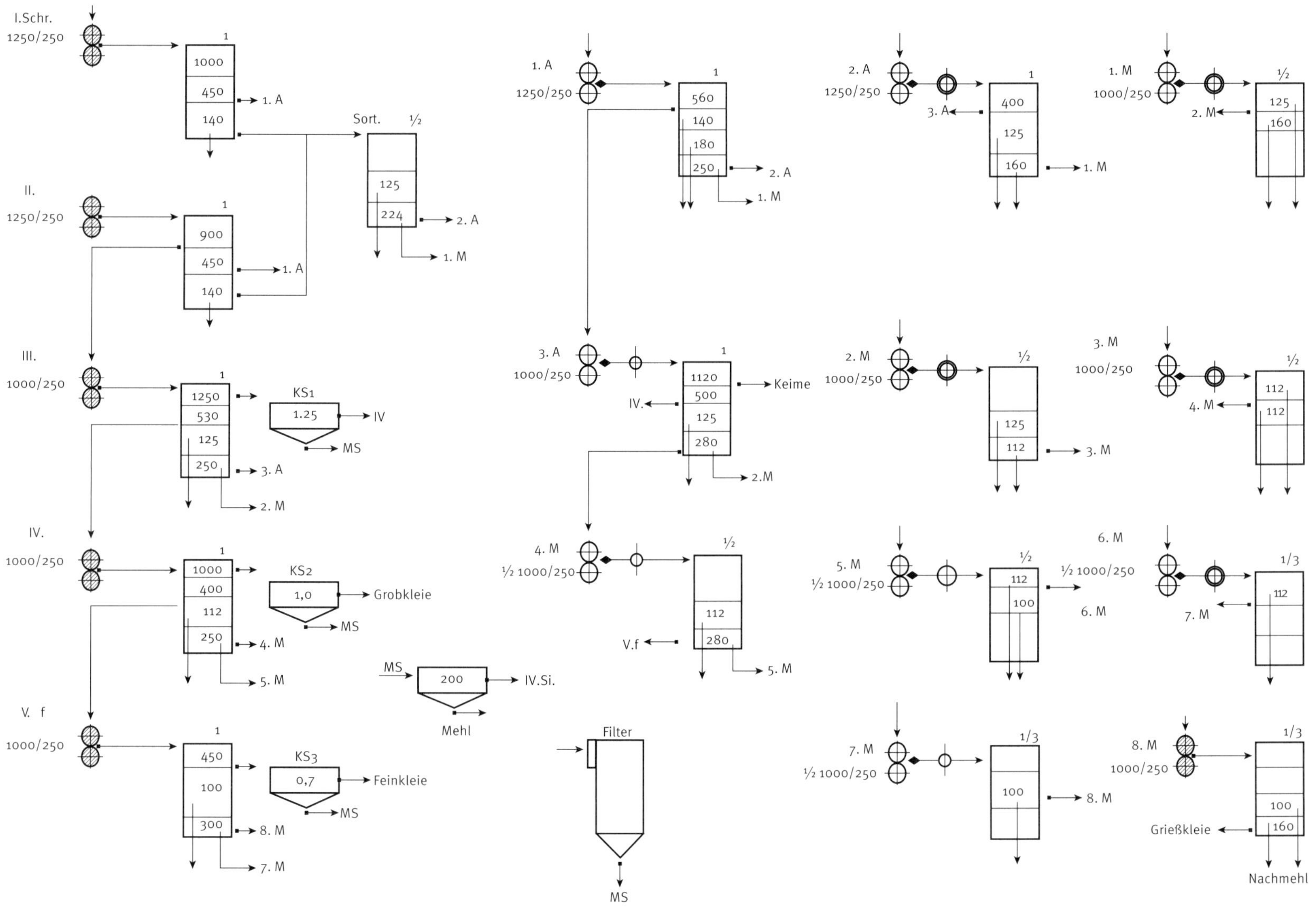

Abb. 7-8: Diagramm einer Weizenmühle ohne Putzmaschinen

Der grobe Übergang des II. Schrots ist schon so weit vom Mehlkörper befreit, dass die nachfolgenden Schrotungen daraus keine guten Produkte mehr erzeugen können und hauptsächlich das Abstreifen des noch an der Schale haftenden Mehlkörpers übernehmen. Zur Unterstützung der Schalenbearbeitung setzt man für die Übergänge der letzten Schrotungen Kleieschleudern ein. Der Durchfall wird entweder auf das Sichterabteil zurückgeführt, welches die Schleuder beschüttet, oder auf einen Schleudersichter. Im ersteren Fall muss die Maschenweite der Schleuder kleiner als die Maschenweite der Vorsiebe sein, weil sonst ein Rundlauf entsteht (s. Abschnitt 7.3.2).

In unserem Beispiel geht der 1. Abstoß des III. Schrot auf die Kleieschleuder KS 1. Deren Abstoß geht zur IV. Schrotung, der Durchfall durch das Sieb 1,25 mm auf einen Schleudersichter, bezeichnet mit »Mehlschleuder«, Abk. »MS«. Der 2. Abstoß des III. Schrots über 530 µm geht ebenfalls zur IV. Schrotung, der 3. Abstoß über 250 µm zur 3. A, der Dunst feiner als 250 µm auf die 2. M. Diese Produkte sind der mittleren Qualität zugeordnet und stellen daher Schlüsselprodukte dar, die vom Obermüller gern für eine Schnellüberprüfung der Mühle herangezogen werden. Sind sie zu hell, dann ist der Mehl- und Grießabzug am I. und II. Schrot zu gering und als Folge die Ausbeute zu niedrig oder die Feuchtigkeit ist zu hoch (s. Kapitel 7.3.5 Wechselwirkungen).

In größeren Mühlen wird ab dem III. Schrot eine Teilung in Grob- und Feinschrot durchgeführt, wenn genügend Walzenlänge vorhanden ist. Nach dem Schroten werden die beiden Produkte wieder vereinigt und gemeinsam abgesichtet. Der Vorteil der Schrotteilung besteht in einer besseren Anpassung der Riffelung und der Walzenführung an die groben und feinen Produkte.

Die Grobschrotung wird abgeschlossen mit dem Abzug der sauber ausgestreiften groben Kleie, in unserem Beispiel geht der 1. Abstoß des IV. Schrots auf die Kleieschleuder KS 2. Der Abstoß ist die fertige Grobkleie, der Durchfall geht gemeinsam mit der KS 1 auf die MS. Der 2. Abstoß über 400 µm wird auf einem nachfolgenden Feinschrot, dem V. Schrot fein weiter ausgemahlen. Dann folgen wieder Mehl- und Dunstsiebe, deren Abgänge gehen zur 4. und 5. Mahlung.

Vom V. Schrot fein wird schließlich über die letzte Kleieschleuder KS 3 die Feinkleie abgezogen, der verbleibende Dunst geht auf die letzten Mahlungen.

Die Anzahl der Schrotpassagen ist von der Ausbeute und der Walzenführung abhängig. Das hier gewählte Beispiel kommt am häufigsten vor. Für eine höhere Ausmahlung oder eine höhere Walzenführung – z. B. um Höchstausbeuten an hellen Mehlen der Type 405 zu bekommen – findet man auch Mühlen mit fünf Grobschrotungen mit oder ohne einem nachgeschalteten VI. Feinschrot.

Generell ist für die Weiterführung der Zwischenprodukte ihre Qualität ausschlaggebend, die nach den hinteren Passagen infolge des zunehmenden Schalenanteiles und höheren Aschegehalts abnimmt. Produkte, die in ihrer Qualität stark voneinander abweichen, dürfen nicht auf eine Passage zusammengeführt werden. Auch dürfen gute Produkte nicht zu weit nach hinten geführt werden, was einen Verlust an hellem Mehl bedeuten würde. Schließlich muss man noch die Granulation berücksichtigen und nach Möglichkeit eine Vermischung stark voneinander abweichender Korngrößen vermeiden.

Die Auflösungen und Mahlungen

Auch hier findet bei der Vermahlung mit Glattwalzen noch eine selektive Zerkleinerung statt, denn auch zwischen den Glattwalzen werden die Endospermteilchen stärker zerkleinert als die Schalenteilchen. Somit gibt es im nachfolgenden Plansichter – wie in der Schrotung – eine Trennung zwischen aschereichen groben Abstößen und aschearmen Feinprodukten und Mehlen. Da bei der Vermahlung zwischen Glattwalzen, besonders bei tiefer Walzenführung, zusammengequetschte Mahlgutplättchen anfallen, werden diese in nachgeschalteten Prallauflösern oder Trommelauflösern aufgelöst und damit ein höherer Mehlanfall erzielt. Im Gegensatz zu den höhertourigen Prallmühlen liegt die Geschwindigkeit bei Prallauflösern mit 60 bis 75 m/s zu niedrig für eine Vermahlung. Teilchen, deren Struktur bereits gelockert ist, werden aber aufgelöst, wobei auch aschereiche Schalenteile erfasst werden können. Daher setzt man Prallauflöser nur an Passagen der 1. Qualität ein oder auch an der letzten Mahlung, wenn dort ein aschereiches Mehl gefordert ist. Die übrigen Passagen sind mit Trommelauflösern besetzt. Trommelauflöser werden von der Fa. Bühler neuerdings nicht mehr gebaut, dafür werden ebenfalls Prallauflöser mit niedrigerer Drehzahl eingesetzt, die den gleichen Effekt wie Trommelauflöser erreichen.

Statt der Kombination Glattwalzen-Prallauflöser ist auch insbesondere an den Passagen der 1. Qualität die Vermahlung mit Prallmühlen bei hohen Geschwindigkeiten versucht worden. Dabei wird aber die selektive Zerkleinerung schlechter, d. h. die mineralstoffreichen, dunklen Schalenteile werden stärker zerkleinert, das anfallende Mehl ist aschereicher. Besser ist das Ergebnis, wenn die Grieße und Dunste vorher geputzt worden sind, aber auch dann wird die reine Prallvermahlung nur dann praktiziert, wenn es nicht auf aschearme Mehle ankommt.

Auch Riffelwalzen werden in Ausnahmefällen eingesetzt, und zwar aus unterschiedlichen Gründen an der 1. Auflösung und/oder an den letzten

Mahlungen. Riffelwalzen verursachen grundsätzlich eine höhere Mehlasche, haben aber eine höhere Leistung als Glattwalzen. An der 1. A kann die höhere Leistung der Riffelwalze besonders bei hartem Weizen vorteilhaft sein, wenn der Grieß sauber geputzt ist und sich deshalb die Mehlasche kaum erhöht. Wenn an der 1. A Grieß und Dunst gezogen werden soll, liefert die Riffelwalze eine größere Menge und schärfere Produkte. An der schalen- und aschereichen letzten Mahlung wird fast immer eine Riffelwalze genommen, weil das Mehl meist nur ins Nachmehl geht.

Die Detailbeschreibung der Auflösungen und Mahlungen anhand des Diagrammbeispiels kann allgemeiner gehalten werden als bei der Schrotung, weil sich gewisse Regeln wiederholen. Der Übergang über die Mehlsiebe, also das Produkt, welches gröber als das Mehl ist, wird immer zur nächsten Passage weitergeführt, der gröbere Abstoß dagegen auf eine weiter hinten liegende Passage. Im Abstoß der 1. Auflösung sind die Keime konzentriert, denn sie sind im Grobgrieß der ersten Schrotungen enthalten und werden zwischen den Glattwalzen breit gequetscht. Die Abstöße der 1. und 2. A. gehen gemeinsam auf die 3. Auflösung, werden dort nochmals gedrückt und können im nachfolgenden Plansichter am 1. Abstoß über ein Sieb von etwa 1 000 µm abgehen. An diesen Passagen mit Keimabstoß werden immer Trommelauflöser eingesetzt, die mit ihrer Drehzahl individuell an eine niedrige Geschwindigkeit angepasst werden, um die Keime nicht zu zerkleinern.

Die so gewonnenen Keime sind aber nicht besonders sauber und nur als Futtermittel zu gebrauchen. Gute Speisekeime erhält man nur in einer Weizenvermahlung mit Putzmaschinen (Kapitel 6.2.3).

Eine weitere Besonderheit bei den Auflösungen und Mahlungen ist die Unterteilung der Mehlsiebe. Sofern es technisch möglich ist, d. h. die Anzahl der Plansichterausläufe es zulässt, werden von jedem Sichterabteil zwei oder sogar drei verschiedene Mehle abgezogen. Dabei werden zwei verschiedene Ziele verfolgt. An den vorderen Auflösungen und Mahlungen der 1. Qualität sind für das erste Mehl feine Siebe eingelegt, um das feine Mehl herauszusieben. Dann folgen gröbere Siebe, von denen ein 2. Mehl ohne den Feinmehlanteil anfällt. Es hat einen gröberen Charakter und wird als »griffiges« Mehl bezeichnet. Dieses Verfahren kann noch ein drittes Mal mit einem noch gröberen Siebsatz wiederholt werden. Das 3. Mehl ist meist bereits ein Dunst im Bereich um 200 µm.

Ein völlig anderer Zweck wird bei der Mehlteilung im mittleren und hinteren Bereich, also in der 2. und 3. Qualität, verfolgt. Nehmen wir als Beispiel die 2. Mahlung, dort sind für das 1. Mehl 10 Siebe eingelegt, die für eine vollständige Absichtung fast ausreichend sind. Die dann folgenden drei Siebe für das 2. Mehl dienen hauptsächlich der Kontrolle, wie weit die Absichtung stattgefunden hat. Die optimale Dimensionierung der Mehlsiebfläche ist dann gegeben, wenn auch das letzte Mehlsieb noch ein wenig Siebdurchfall hat. Bei einer zu großen Siebfläche fallen am Ende mehr und mehr Partikel aus dem Grenzkornbereich durch, die aschereicher und unsauber sind. Das kann nun mit dem 2. Mehl festgestellt werden. Fällt kein Mehl mehr an, ist die Bespannung für das 1. Mehl zu grob. Fällt eine kleine Menge an, die etwas dunkler ist als das 1. Mehl, ist die Bespannung optimal. Fällt eine große Menge 2. Mehl an und ist der Abstoß nicht mehlfrei, muss die Bespannung für das 1. Mehl gröber eingelegt werden.

Dabei gibt es eine weitere Relation sowohl zur Belastung wie zur Walzenführung. Bei höherer Belastung oder tieferer Walzenführung ist der Mehlanfall größer, die Mehlsiebe müssen gröber eingelegt werden, im umgekehrten Fall feiner.

Auf eine Aufteilung in zwei Mehle muss manchmal verzichtet werden, wenn – z. B. bei unterteilten Abteilen – nicht genügend Plansichterausläufe verfügbar sind.

Berechnungsgrundlagen

Die Dimensionierung der Walzenstühle und Plansichter ist in erster Linie von der Mühlenleistung abhängig, aber auch von der Feinmehlausbeute, der Vermahlungsfeuchtigkeit und der Weizenhärte. Da alle letztgenannten Parameter in unserem Sprachraum ziemlich konstant sind, können wir ausgehen von einer

- Mehlausbeute von 78 bis 80 % (bezogen auf I. Schrot),
- Vermahlungsfeuchtigkeit von 16,5 % entsprechend etwa 15 % Mehlfeuchtigkeit
- und mittelhartem Weizen,

sodass nur noch die Mühlenleistung zu berücksichtigen ist. Für die Walzenlängen und Plansichter-Siebflächen haben sich Erfahrungswerte herausgebildet, die als spezifische Daten sowohl für die ganze Mühle wie auch für jede einzelne Passage vorliegen. Nun sind auch diese noch geringfügig von der Mühlenleistung abhängig, denn bei kleineren Mühlen ergibt sich allein durch die Abstufung der Maschinen häufig eine Überdimensionierung, sodass in der Summe der spezifische Wert höher ist als in größeren Mühlen. Ebenfalls können sich Überdimensionierungen ergeben, wenn einheitliche Maschinengrößen gewünscht werden. Unter diesen Gesichtspunkten kann etwa wie folgt gerechnet werden:

Weizenmühlen bis 50 t/24 h

- Walzenlänge bis 15 mm/dt/24 h
  (1 dt = 0,1 t oder 100 kg)
- Siebfläche bis 0,075 m^2/dt/24 h

Weizenmühlen für 100 t/24h und größer

- Walzenlänge 11 bis 13 mm/dt/24 h
- Siebfläche 0,05 bis 0,065 m^2 /dt/24 h

Unter »Siebfläche« wird immer die Nettosiebfläche verstanden, also Siebinnenmaße unter Abzug der Zwischenleisten. Die Werte verteilen sich in Mühlen bis 50 t/24 h auf etwa 14 Passagen, in größeren auf 15 bis 18 Passagen. Logischerweise sollte die Passagenzahl nur von der Mehlausbeute abhängig sein. Praktisch wird man aber bei kleineren Mühlen zu Sparsamkeit neigen und versuchen, weniger, aber dafür etwas größere Maschinen einzusetzen. Tatsächlich kommt man damit auch zum gleichen Ergebnis, d. h. bei niedrigeren Belastungen kann man in einem gewissen kleinen Rahmen Passagen einsparen.

Die Angaben gelten für moderne Maschinen, also Walzenstühle neuerer Bauart mit Rollenlagern und Quadratplansichter sowie Unterstützung durch Hilfsmaschinen wie Kleieschleudern, Mehlschleudern, Prallauflöser und Trommelauflöser. Bei älteren Walzenstühlen kann die Walzenlänge erheblich höher liegen, in den 1970er Jahren rechnete man noch mit 20 mm/dt/24 h, in den 1950er Jahren sogar mit 50 mm/dt/24 h. Bei Plansichtern kommt es sehr auf den Typ an, ob Kurzsiebe mit oder ohne Paletten und Siebreinigung durch Bürsten, Pads oder Kugeln. Als Beispiel sei der alte Plansichter mit 1 300 mm langen Sieben, Palettenförderung und Bürstenreinigung genannt, mit ihm war eine Siebfläche von 0,2 bis 0,3 m^2/dt/24 h erforderlich, also etwa das 4-fache!

Die Tabelle 7-1 zeigt Richtwerte für die spezifischen Daten der einzelnen Passagen. Wenn in größeren Mühlen an den hinteren Schrotungen eine Teilung in Grob- und Feinschrot erfolgen soll, macht man einen Zuschlag von ca. 60 % auf den angegebenen Wert und teilt die errechnete Walzenlänge auf. Weiterhin ist bei überwiegend härteren Weizen an den vorderen Auflösungen ein Zuschlag von ca. 20 % zu berücksichtigen.

Tab. 7-1: Spezifische Daten für die Weizenvermahlung

Passage		Walzenlänge mm/dt/24 h	Siebfläche m^2/dt/24 h
I. Schr	B1	1,0	0,007
II.	B2	1,0	0,007
III.	B3	0,7	0,0055
IV.	B4	0,7	0,005
V.	B5	0,6	0,0045
VI. fein	B6 f	0,5	0,003
1. A glatt	C1	1,0	0,004
1. A geriff.	C1	0,8	0,004
2. A	C2	1,0	0,004
3. A	C4	0,6	0,003
4. A	C7	0,5	0,0025
1. M	C3	0,7	0,003
2. M	C5	0,6	0,0025
3. M	C6	0,45	0,002
4. M	C8	0,35	0,0015
5. M	C9	0,35	0,0015
Gleiche Werte für folgende Passagen			
Letzte Mahl. geriffelt		0,3	0,0015

Für die Walzenlänge gibt es zwei Angaben für die spezifische Belastung, nämlich kg/dm/h und die bisher genannten mm/dt/24 h, die dasselbe nur in anderen Maßen ausdrücken und sich gegenseitig umrechnen lassen. Nehmen wir als Beispiel den II. Schrot mit 1,0 mm/dt/24 h, wenn eine Beschüttung von 65 % vom I. Schrot vorliegt:

$$\text{Spez. Bel} = \frac{\text{Besch\%} \times 100}{\text{mmWL} \times 24} = \frac{65 \times 100}{1{,}0 \times 24} = 271 \text{ kg/dm/h}$$

Spez. Bel = spezifische Belastung
Besch = Beschüttung in % vom I. Schrot

Berechnungsbeispiel

Die Vorgehensweise der Berechnung kann am besten an einem Beispiel erklärt werden, dazu soll das in Abbildung 7-8 gezeigte Diagramm für eine Mühlenleistung von 120 t/24 h nachgerechnet werden. Zunächst muss eine vorläufige Vorauswahl der Maschinengrößen getroffen werden. Wir nehmen

Tab. 7-2: Beispielberechnung der 120-t-Weizenmühle nach Abb. 7-8

Passage		Walzenlänge mm gerechnet	Walzenlänge gewählt	Siebfläche m² gerechnet	Siebfläche Abteile gewählt
I. Schr	B1	1 200	1 250	8,4	1
II.	B2	1 200	1 250	8,4	1+1 Sort
III.	B3	840	1 000	6,6	1+0,5 Sort
IV.	B4	840	1 000	6,0	1
V. fein	B5 f	600	800	4,8	1
1. A glatt	C1	1 200	1 250	4,8	1
2. A	C2	1 200	1 250	4,8	1
3. A	C4	720	1 000	3,6	1
1. M	C3	840	1 000	3,6	1
2. M	C5	720	800	3,0	0,5
3. M	C6	540	600	2,4	0,5
4. M	C7	420	600	1,8	0,5
5. M	C8	420	600	1,8	0,5
6. M	C9	420	600	1,8	0,5
7. M	C10	420	600	1,8	0,5
8. M	C11	420	600	1,8	0,5
Summe			14 200 mm =11,8 mm/dt/24 h		14. Abteile je 5,5 m² =0,064 m2/dt/24 h

an, dass alle verfügbaren Walzenstuhllängen und Quadratplansichter mit 23 Sieben je Abteil und 500 × 560 mm Sieb-Außenabmessungen zum Einsatz kommen sollen. Die Siebaußenmaße ergeben eine Bruttosiebfläche von 0,28 m^2, nach Abzug der Zwischenleisten erhält man eine Netto-Siebfläche von ca. 0,24 m^2 und bei 23 Sieben 5,5 m^2 Siebfläche je Abteil. Mit den spezifischen Daten der Tabelle 7-1 wird nun die Tabelle 7-2 gerechnet.

Am V. Schrot wurde ein Walzenstuhl 800, an der 3. A 1 000 gewählt, obwohl die nächst kleinere Länge rechnerisch reichen würde. Diese Verlängerung ist erforderlich, um eine gerade Anzahl für Doppelstühle zu erhalten. Aus der Vorgabe, alle verfügbaren Walzenstuhllängen zu nehmen, ergeben sich vier verschiedene Größen. Das wird man in der Praxis nicht machen. Da sich in diesem Fall die Möglichkeit einer Walzenunterteilung von der 4. bis 7. Mahlung anbietet, kann man hier statt zwei doppelter Walzenstühle 600 lang einen Doppelstuhl 1 000 lang wählen, der auf beiden Seiten unterteilt ist. Dann würde ein einzelner Doppelstuhl 600 und ein weiterer 800 übrigbleiben, was auch unpraktisch ist. So wird man diese beiden Stühle auf 1 000 mm erhöhen und hat dann als Endresultat
2 Doppelstühle 1 250 mm und
5 Doppelstühle 1 000 mm
= 15 m und 12,5 mm/dt/24 h
was immer noch im Rahmen der eingangs genannten Vorgabewerte liegt. Walzenunterteilungen sind immer möglich, wenn zwei hintereinander liegende Passagen mit den gleichen Walzendaten unterzubringen sind.

Die Vorgabe für die Plansichtergröße ist zunächst geschätzt und ergibt in diesem Fall mit einem 8- und einem 6-teiligen Sichter bei 0,064 m^2/dt/24 h ein befriedigendes Ergebnis. Wenn dies nicht gut aufgeht, muss die Rechnung mit einer kleineren oder größeren Siebanzahl wiederholt werden. Quadratsichter sind in der Beziehung sehr flexibel. Man kann z. B. geteilte Abteile ungleich unterteilen. Dann muss eine höher belastete Passage mit einer niedriger belasteten zusammen liegen.

Weiterhin besteht die Möglichkeit, zu knappe Abteile durch sogenannte »Sortierer« zu erweitern. Das ist in diesem Fall am I. und II. Schrot geschehen. Die Produkte vom I. und II. Schrot gehen weiter zum 1. Sortierer.

Es wurde hier von einer Plansichtergröße ausgegangen, die von vielen Firmen gebaut wird und somit firmenneutral ist. Unter Berücksichtigung spezieller Bauarten ergeben sich für dieses Beispiel aber weitere Varianten. Viele Firmen bauen mehrere Gehäusehöhen mit bis zu 30 Siebrahmen. Weiterhin gibt es »Breitsiebe«, sie haben zwei Innenkanäle weniger und dafür pro Sieb etwa 20 % mehr Siebfläche. Durch die fehlenden Innenkanäle kann aber nur in fünf

Tab. 7-3: Alternativberechnung der 120-t-Weizenmühle mit einem größeren Plansichter

Passage		Siebfläche	
		m^2 gerechnet	Abteile gewählt
I. Schr	B1	8,4	1 B (= Breitsiebe)
II.	B2	8,4	1 B+0,5 N Sort
III.	B3	6,6	1 B
IV.	B4	6,0	1 B
V. fein	B5 f	4,8	0,5 B
1. A glatt	C1	4,8	1 B
2. A	C2	4,8	0,5 B
3. A	C4	3,6	0,5 N (= Normalsiebe)
1. M	C3	3,6	0,5 B
2. M	C5	3,0	0,5 N
3. M	C6	2,4	0,4 N
4. M	C7	1,8	0,3 N
5. M	C8	1,8	0,3 N
6. M	C9	1,8	0,3 N
7. M	C10	1,8	0,3 N
8. M	C11	1,8	0,4 N

verschiedene Fraktionen getrennt werden statt in sieben bei Normalsieben. Da diese meist ausreichen, werden Breitsiebe bei Leistungen über 100 t/24 h gern an den Schrotpassagen eingesetzt, weil dort die höchsten Durchsatzleistungen mit den größten Volumen vorliegen. Breit- und Normalsiebe können auch in einem Abteil kombiniert werden. Wenn im oberen Bereich mit Breitsieben begonnen wird, kann an jeder Stelle ein Übergang zu Normalsieben stattfinden und es lassen sich wieder maximal sieben Ausläufe einrichten. Schließlich gibt es bei manchen Sichtertypen die Möglichkeit einer Drittelteilung, also drei Einläufe für drei verschiedene Passagen je Abteil. Die Einschränkung liegt dann in den Ausläufen, da es immer nur maximal sieben pro Abteil sein können. Dann wird ein Produkt in drei Fraktionen, die beiden anderen in je zwei Fraktionen gesiebt.

Unter Ausnutzung aller genannten Möglichkeiten soll noch eine Variante berechnet werden, die auf weniger Siebabteile hinzielt, z. B. auf zwei Plansichter 6-teilig oder gar einen 10-teiligen. Es wird von einem Plansichtertyp mit 27 Siebrahmen pro Abteil ausgegangen, der bei Normalsieben eine Siebfläche von 6,5 m², bei Breitsieben von 7,8 m² pro Abteil hat. Die Berechnung in Tabelle 7-3 zeigt ein Ergebnis, das nicht so ausgewogen ist wie das erste, weil sich durch die hohen Siebabteile teils Über-, teils Unterlastungen ergeben. Wenn diese sich bei hintereinander liegenden Passagen ausgleichen, kann die Lösung durchaus umgesetzt werden. Sie hat den Vorteil, dass nur ein einziger 10-teiliger Sichter wie in Abbildung 7-9 gebraucht wird, der allerdings wegen des höheren Kastens mehr Höhe im Gebäude erfordert und die schon erwähnten Einschränkungen in den Ausläufen gegeben sind.

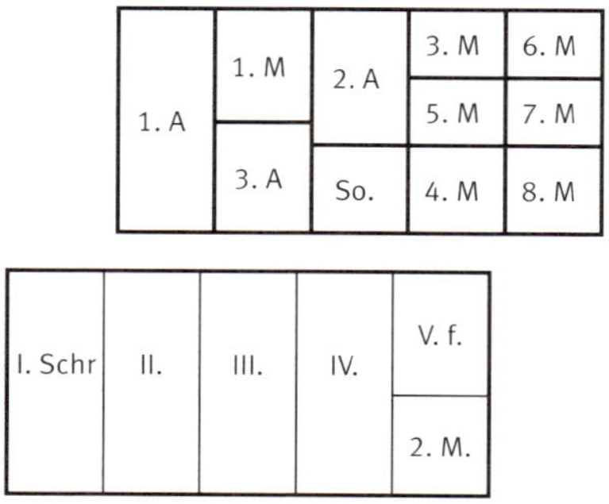

Abb. 7-9: Aufteilung des 10-teiligen Plansichters für 120-t-Mühle

Das Ergebnis im Einzelnen im Vergleich zur ersten Lösung:

Am IV. und V. Schrot werden auch Breitsiebe genommen, obwohl rechnerisch Normalsiebe reichen würden, um wegen der Austauschbarkeit möglichst viel einheitliche Vorsiebe zu bekommen.

In den folgenden drei Abteilen werden Breitsiebe mit Normalsieben kombiniert:

- V. Schr–2. M
- 2. A–Sortierer
- 1. M–3. A

Die 3. bis 8. Mahlung erhält je ein Drittel-Abteil, die Abteile V. Schr. – 2. M und Sortierer – 2. A sind ungleich geteilt, wie aus Abbildung 7-9 zu ersehen ist.

Die beiden Beispiele zeigen die Flexibilität des Quadratplansichters, wie sich die gleiche Mühle sowohl mit 14. Abteilen je 23 Siebe wie auch mit zehn Abteilen je 27 Sieben realisieren lässt. Es leuchtet ein, dass ebenso die Zwischenlösung mit zwölf Abteilen wie in Abbildung 7-8 machbar ist.

Bei der Auslegung größerer Mühlen muss an den vorderen Schrotungen noch auf zwei weitere Punkte geachtet werden: Ein Sichtabteil hat eine maximale Schluckleistung, die nicht überschritten werden darf. Sie ist vom Fabrikat, aber auch vom Weizen und der Vermahlungsfeuchtigkeit abhängig. Durch Einrichtung von Doppelläufen an den Vorsieben lässt sie sich auch verdoppeln. In etwa können für deutsche Verhältnisse folgende Zahlen für den I. Schrot mit Siebrahmen 500 × 560 mm in t/h genannt werden:

	Normalsiebe	Breitsiebe
Einfachlauf	4–5	5–6 t/h
Doppellauf	7–8	9–10 t/h

Diese Maximalzahlen sind aber nur in Ausnahmefällen relevant, meist bleibt man aus anderen Gründen unter diesen Zahlen.

Ein zweiter Punkt ist die Maximalleistung eines pneumatischen Förderstrangs, die mit der Leistung des Sichtabteils und der Verteilung zwischen Schrotsichtern und Sortierern in Einklang gebracht werden muss, damit keine komplizierten Verteilungen entstehen. Anzustreben ist immer ein Förderstrang je Plansichterabteil, eine Teilung von einem Strang auf zwei Abteile ist zwar weniger aufwendig, aber störanfällig.

7.2.2 Weizenmühle mit Achtwalzenstühlen

Seit der Einführung der Hochmüllerei, also seit über 100 Jahren, galt die eiserne Regel, nach jeder Vermahlungsstufe zu sichten, damit fertiges Mehl nicht ein zweites Mal zur Vermahlung gelangt und »verschliffen« oder »totgemahlen« wird. Das hatte früher und auch heute noch dort seine Berechtigung, wo schwache Weizen verarbeitet werden. Heute wird aber überwiegend eine höhere Stärkebeschädigung durch tiefe Glattwalzenführung angestrebt und dann kann die alte Regel vernachlässigt werden. Für die Flachmüllerei und Schrotmüllerei gab es schon im 19. Jahrhundert Walzenstühle mit drei oder vier Walzen und zwei Mahlstufen in einer Maschine. In neuerer Zeit brachte zuerst die Fa. Bühler um 1990 einen Achtwalzenstuhl zum Einsatz in Weizenmühlen heraus (s. Kap. 6 »Achtwalzenstuhl«), dem bald mehrere andere Firmen folgten. Er wurde zuerst am I. und II. Schrot und dann schrittweise auch an weiteren Passagen auf der Mahlungsseite eingesetzt. Schon bald gab es Mühlen, die ausschließlich mit Achtwalzenstühlen ausgerüstet waren [14].

Vor- und Nachteile

Was war der Grund für diese Entwicklung? Es war das Bestreben, die Vermahlung zu verkürzen und zu vereinfachen und damit die Kosten für die Vermahlung zu senken. Tatsächlich können eine ganze Reihe von Einsparungen erreicht werden:

- Verringerung der Pneumatik-Überhebungen,
- daraus folgend kleinere Luftmenge und kleineren Pneumatikfilter sowie,
- weniger Energiebedarf beim Pneumatikventilator,
- weniger Plansichter-Passagen,
- Platzeinsparung auf dem Walzenboden,
- dadurch niedrigere Gebäudekosten oder
- höhere Leistung im vorhandenen Gebäude.

Es zeigte sich aber auch bald, dass das Konzept nicht in allen Fällen aufgeht, denn es hat einige Nachteile:

Nur ein Mehl an jeder Doppelpassage

Man hat also weniger verschiedene Mehle für die Zusammenstellung eines Verbunds wie auch eines durchgemahlenen Typenmehls, wenn die Grenzpassagen in einer Doppelpassage liegen. Weiterhin gibt es weniger Möglichkeiten für eine qualitative Trennung, die gerade am I. und II. Schrot häufig praktiziert wird, weil das I.-Schrotmehl einen niedrigeren Proteingehalt hat als das II. Schrotmehl.

Weniger Grobgrieß – weniger Dunst

Beim Einsatz am I. und II. Schrot fällt weniger Grobgrieß an, dafür mehr Feingrieß, was bei gewünschtem Grießabzug nachteilig sein kann. Beim Einsatz an 2. A–1. M entsteht mehr Feinmehl und weniger Dunst und griffiges Mehl.

Einengung in der Maschinenpaarung

Bei Einsatz von Doppelstühlen müssen je zwei Passagen in einer Maschine gleicher Größe untergebracht werden, bei Achtwalzenstühlen dagegen vier Passagen, die auch planungsmäßig vom Laufrohrgefälle her zusammenliegen müssen.

Einschränkungen in der Diagrammführung

Sie gibt es, weil zu der Unterpassage des Achtwalzenstuhls nur das Produkt der Oberpassage und kein anderes laufen kann. Das lässt sich umgehen, wenn der Achtwalzenstuhl nur an den Stellen eingesetzt wird, wo die Unterpassage ohnehin keinen Zulauf außer von der vorhergehenden Passage hätte wie z. B. der II. Schrot oder die 3., 5., 7. Mahlung. Dieses Konzept hat sich in Mitteleuropa und in Ländern mit höheren Ansprüchen auch durchgesetzt, während man in Ländern ohne Aschetypisierung der Mehle etwas großzügiger verfährt.

Unter den mitteleuropäischen Vermahlungs- und Marktbedingungen wird immer nur ein teilweiser Einsatz von Achtwalzenstühlen in Frage kommen, und bei der Projektierung eines Mühlenneu- oder -umbaus müssen die Vor- und Nachteile an jeder einzelnen Passage sorgfältig gegeneinander abgewogen werden. Es werden auch immer noch Mühlen ohne Achtwalzenstühle gebaut, wenn z. B. am I. und II. Schrot eine Proteintrennung oder ein möglichst hoher Speisegrießabzug erwünscht ist. In Großbetrieben findet man häufig beides nebeneinander, eine Universalmühle ohne Achtwalzenstühle, die alles kann, und daneben die Achtwalzenstuhl-Mühle für die durchgemahlene Haupttype.

Berechnungsgrundlagen

Fällt die Entscheidung zugunsten von Achtwalzenstühlen, ist die nächste Frage, wie weit man gehen soll und bei welchen Passagen dieser eingesetzt werden soll. Eindeutig kommen der I. und II. Schrot und die 2. A – 1. M, also die Kopfpassagen in Frage, bei allen übrigen wird es viele Variationen geben, weil abhängig von der Mühlengröße und der Zahl und Größe der Doppelstühle die Maschinenpaarung zu beachten ist, wie oben schon erwähnt. Mit dem Beispiel in Tabelle 7-4 ist daher nur eine Möglichkeit gezeigt, wie das Berechnungsbeispiel der 120 t-Mühle in Tabelle 7-2 mit Achtwalzenstühlen aussehen kann.

Es sind zwei doppelte Achtwalzenstühle eingesetzt, einer mit 1 250 mm Länge für I. und II. Schrot und 2. A–1. M, der zweite mit 800 mm Länge für die 2., 3., 4. und 5. M. Die rechnerisch zu kurze Walzenlänge an der 1. A kann durch Belastungsverschiebung zur 2. A ausgeglichen werden, die reichlich dimensioniert ist.

Bei jeder Doppelvermahlung wird eine Siebung eingespart, allerdings nicht die gesamte Siebfläche einer Passage, weil das Produkt nach der Unterpassage

Tab. 7-4: Berechnung der 120-t-Mühle mit Achtwalzenstühlen

Passage		Walzenlänge		Siebfläche	
		mm gerechnet	gewählt	m² gerechnet	Abteile gewählt
I. Schr	B1	1200	1250 8W	8,4	
II.	B2	1200	1250 8W	8,4	2+1 Sort
III.	B3	840	1000	6,6	1+0,5 Sort
IV.	B4	840	1000	6,0	1
V. fein	B5 f	600	600	4,8	1
1. A glatt	C1	1200	1000	4,8	1
2. A	C2	1200	1250 8W	4,8	
1. M	C3	840	1250 8W	3,6	1
3. A	C4	720	1000	3,6	1
2. M	C5	720	800 8W	3,0	
3. M	C6	540	800 8W	2,4	1
4. M	C7	420	800 8W	1,8	
5. M	C8	420	800 8W	1,8	0,5
6. M	C9	420	600	1,8	0,3
7. M	C10	420	600	1,8	0,3
8. M	C11	420	600	1,8	0,4
Summe			14600 mm =12,2 mm/dt/24 h		12. Abt. je 5,5 m² =0,055 m²/dt/24 h

viel mehr Feinanteil enthält als nach einer Einfachvermahlung, was im Abschnitt 7.3.1 näher erläutert wird. Man summiert die Siebflächen der beiden Einzelpassagen und nimmt ungefähr 70 % der Summe. Zur Verteilung auf Schrotsichter und Sortierer sei auf den Abschnitt 7.2.1 hingewiesen.

Wenn wir auf die anfangs aufgestellte Liste der Vorteile der Achtwalzenstühle zurückblicken, können in diesem konkreten Beispiel die folgenden Einsparungen genannt werden:

Die »Überhebung mit der Mühlenpneumatik« ist die Summe aller Passagenbeschüttungen gemäß der Tabelle 7-15, jedoch um die notwendige Leistungsreserve erhöht (hierzu s. Abschnitt 2.3.4) [21]. Im Verhältnis der Überhebung mit der Mühlenpneumatik reduziert sich bei der Achtwalzenstuhl-Mühle auch die Pneumatikluftmenge, die benötigte Filterfläche und der Energiebedarf für die Mühlenpneumatik. Im Verhältnis der eingesparten Siebabteile vermindert sich der Laufrohrbau. Somit ergibt sich ein beachtliches Einsparungspotenzial ohne müllerische Nachteile, sofern die eingangs genannten Einschränkungen nicht relevant sind.

	Normal-mühle	Achtwalzen-stuhl-Mühle
Walzenstühle (Plätze)	7 bzw. 8	6
Siebabteile	14	12
Anzahl Pneumatikstränge	21	17
Überhebung mit der Mühlenpneumatik	520 % vom I. Schrot	414 %

Es leuchtet auch ein, dass eine bestehende Mühle, die sich vom Platz her nicht mehr vergrößern ließ, nun durch Austausch von ein oder zwei Doppelstühlen gegen Achtwalzenstühle verhältnismäßig einfach erweiterungsfähig ist.

Zur Darstellung der Doppelvermahlung im Diagramm sei auf die Erklärung der Diagrammfiguren in Abschnitt 7.1.1 hingewiesen.

Als Unterpassagen sind nur Passagen gewählt, die normal keinen weiteren Zulauf erhalten als den von der Oberpassage. Es wurde schon gesagt, dass in diesem Fall mit keiner Beeinträchtigung des Vermahlungsergebnisses zu rechnen ist, weil alle Produktführungen fast genauso laufen wie im normalen Diagramm. Das »fast« bezieht sich auf die Veränderungen in der Siebanalyse, die am Beispiel I. und II. Schrot in Abbildung 7-20 im Abschnitt 7.3.1 im Vergleich gezeigt und näher beschrieben wird. Die Verschiebung der Grobgrießfraktion ins Feine ist einleuchtend. Im Normaldiagramm werden nach der I.-Schrotwalze alle Produkte <1 000 µm ausgesiebt, während sie im Achtwalzenstuhl-Diagramm auf die II.-Schrotwalze gehen und weiter zerkleinert werden. Sinngemäß verändert sich die Siebanalyse auch an den anderen Passagen. Die Folgen sind nur geringe Verschiebungen in den Beschüttungen der Folgepassagen, was müllerisch kein Nachteil ist.

7.2.3 Weizenmühle mit Grießputzmaschinen

Zunächst ein kurzer Rückblick in die Entwicklung der Weizenmüllerei mit und ohne Putzmaschinen. Die Einführung der »Hochmüllerei« in Österreich-Ungarn im 19. Jahrhundert war von Anfang an mit Putzmaschinen verbunden, wenn auch zu Beginn mit sehr einfachen Konstruktionen in Form von Kaskaden-Putzmaschinen, die nach dem Prinzip des Tarars – Sortierung im aufsteigenden Luftstrom – arbeiteten. Das komplizierte Verfahren eignete sich auch nur für größere Mühlen, etwa über 5 oder 10 Tonnen Tagesleistung. Die große Mehrzahl der Mühlen war jedoch kleiner, sie waren damals wie später überwiegend ohne Putzmaschinen ausgerüstet. Die schlechteren Ausbeute-Asche-Ergebnisse dieser meist halbautomatischen und kombinierten Weizen-Roggen-Mühlen waren am wenigsten auf das Nichtvorhandensein von Putzmaschinen zurückzuführen, sondern mehr auf die einfachere Diagrammtechnik mit ihren wenigen oder gar keinen Glattwalzen-Passagen. Alle größeren Weizenmühlen – mit ganz wenigen Ausnahmen – hatten seit Mitte des 19. Jahrhunderts bis nach dem 2. Weltkrieg Putzmaschinen.

Anfang der 1960er Jahre führte Bühler/Uzwil zuerst in Amerika und dann auch in Deutschland ein Weizenmahlverfahren ohne Putzmaschinen unter der Bezeichnung »Neues Bühler-Mühlensystem« ein, das von Beginn an gute Ergebnisse brachte. Da die Vorteile, wie geringere Investition, bessere

Betriebssicherheit, weniger Luft (= weniger Energie), einfachere Bedienung (= Personaleinsparung) usw. auf der Hand lagen, wurde das Verfahren weiterentwickelt und auch von anderen Firmen eingesetzt.

Wann Putzmaschinen?

Es gibt erhebliche Einschränkungen für eine putzmaschinenlose Weizenvermahlung, zum einen der Abzug von sauberem Grieß, Dunst oder Speisekeim als Fertigprodukt und zum anderen eine schlechtere Ausbeute (bei gleichem Mineralstoffgehalt des Mehls), wenn die Vermahlungsfeuchtigkeit niedriger als optimal liegt. Die optimale Feuchtigkeit ist wiederum von der Härte des Weizens abhängig und kann wie folgt beziffert werden:

- weiche Weizen 15,5–16 %
- mittelharte Weizen 16–16,5 %
- harte Weizen 17 %

Die Vermahlungsfeuchtigkeit muss jedoch auf die geforderte Mehlfeuchtigkeit eingestellt werden und liegt oft unterhalb der genannten Werte. Je weiter sie von der optimalen Vermahlungsfeuchtigkeit entfernt liegt, um so höher ist die Minderausbeute sowohl bei Vermahlung mit als auch ohne Putzmaschinen. Aber bei Vermahlung mit Putzmaschinen fällt diese Minderausbeute geringer aus. Die Tabelle 7-5 gibt einen ungefähren Zusammenhang zwischen Vermahlungsfeuchtigkeit mit und ohne Putzmaschinen sowie Weizenhärte bei Herstellung der durchgemahlenen Mehltype 550.

Die Zahlen dürfen nicht zu genau genommen werden, sie sollen nur die Tendenz und die ungefähre Größenordnung aufzeigen. Umgekehrt gibt es auch Minderausbeute bei weichen Weizen und höheren Vermahlungsfeuchtigkeiten, die aber vom Putzmaschineneinsatz nicht beeinflusst werden.

Zu berücksichtigen ist noch das etwas höhere Feuchtigkeitsgefälle zwischen I. Schrot und Mehl bei Vermahlung mit Putzmaschinen, weil diese die Zwischenprodukte durch den Luftstrom stärker austrocknen. Die Feuchtigkeit

Tab. 7-5: Mögliche Minderausbeute in % bei nicht optimaler Feuchtigkeit

% Feuchte am I. Schr	harte		mittelharte		weiche Weizen	
	mit	ohne	mit	ohne	mit	ohne Putzmaschinen
17,0	optimal					
16,0	-0,5	-1	optimal			
15,5	-1	-2	-0,5	-1	optimal	
15,0	-2	-4	-1	-2	-0,5	-1

am I. Schrot muss also um ein paar Zehntel % höher eingestellt werden, wenn die gleiche Mehlfeuchtigkeit erreicht werden soll.

Eine Weizenmühle mit Putzmaschinen ist sowohl in der Investition als auch im Betrieb teurer, so ist besonders im Fall eines Neubaues die Entscheidung oft nicht leicht. Die Tabelle 7-6 zeigt einen Kosten-Nutzen-Vergleich in Stichworten.

Man kann zusammenfassen, dass der Einsatz von Putzmaschinen erforderlich ist, wenn Speisegrieße oder Dunste gezogen werden und/oder die Vermahlungsfeuchtigkeiten unterhalb 15,2 % bei weichen Weizen und 16,5 % bei harten Weizen liegen. Dies ist in vielen, besonders den wärmeren Ländern der Fall, wo mit Rücksicht auf niedrigere Mehlfeuchtigkeiten trockener gemahlen werden muss. Daher überwiegen weltweit die Weizenmühlen mit Putzmaschinen, während in Deutschland und anderen europäischen Ländern das Verhältnis etwa eins zu eins sein dürfte.

Auslegung einer Weizenmühle mit Putzmaschinen

Auf eine neue Berechnung kann hier verzichtet werden, weil sie weitgehend identisch ist mit der Auslegung ohne Putzmaschinen (Abschnitt 7.2.1). Einzige Ausnahme ist die Siebfläche für die I. und II. Schrotung, sie darf aus zwei Gründen nicht zu knapp sein.

Mehr Fraktionen für die Verteilung auf die Putzmaschinen

Die Anzahl der Putzmaschinen und damit die Anzahl der von den Schrotsichtern abgehenden Fraktionen ist abhängig von der Mühlengröße, darf aber andererseits eine Mindestanzahl nicht unterschreiten, damit die Bandbreite der

Tab. 7-6: Kosten und Nutzen einer Weizenmühle mit Putzmaschinen

Kosten	Nutzen
Investitionen Putzmaschinen	ggf. höhere Ausbeuten
Filter	s. Tabelle
ggf. mehr Pneumatik	
mehr Plansichter-Siebfläche	Grieß-Dunst-Abzug jederzeit möglich
Nebenteile	
mehr Montage, Elektrik	
ggf. höhere Baukosten	bessere Keim-Abscheidung
Laufende Mehrkosten	
Abschreibung, Verzinsung	Abzug von Speisekeimen möglich
mehr Energiekosten	
mehr Aufsicht	
Betrieb störanfälliger	

Grießgranulation nicht zu groß wird. Eine Putzmaschine arbeitet umso besser, je schmaler die Bandbreite ist. Der Sichtvorgang im Fließbett der Putzmaschine soll eine Trennung in schwer (Siebdurchfall) und leicht (Siebübergang) herbeiführen. Grießkörner, die wesentlich kleiner sind, werden jedoch wie leichtere vom Luftstrom angehoben und gehen über das Sieb, die Trennschärfe wird schlechter. Als Faustformel gilt, die Bandbreite nicht größer als 1 : 2 zu nehmen, also z. B. bei einer Obergrenze von 1 000 μm soll die Untergrenze nicht feiner als 500 μm, besser aber gröber sein. Zusätzliche Fraktionen gegenüber der Auslegung ohne Putzmaschinen müssen bei der Berechnung der Siebfläche berücksichtigt werden.

Schärfere Absiebung der Grieße und Dunste

Alle Fraktionen, die auf Putzmaschinen gehen, müssen aus den gleichen Gründen, die im vorigen Absatz genannt sind, scharf abgesiebt sein. Das gilt besonders für die feinste Fraktion, die Trennung zwischen Dunst und Mehl. Im Putzdunst enthaltenes Restmehl wird von der Putzmaschinenluft mitgenommen und wandert ins Filtermehl, also in eine schlechtere Qualität. Eine knappe Schrotsichter-Siebfläche in einer putzmaschinenlosen Mühle ist nicht so schädlich, wenn die Folgepassagen stark genug sind und ungenügend ausgesiebte Produkte ausgleichen. In der Mühle mit Putzmaschinen ist das nicht zulässig und muss bei der Auslegung beachtet werden.

Diagrammgestaltung

Das Diagramm nach Abbildung 7-8 wurde für eine Mühle mit Putzmaschinen umgestaltet und ist in Abbildung 7-10 in dem veränderten Teil als Ausschnitt gezeigt. Für diese Mühlengröße bieten sich zwei doppelte Putzmaschinen an, von denen eine Hälfte, bezeichnet mit P4, an der 1. A eingesetzt werden kann. Die Fraktionen in den Schrotsichtern sind geändert, um die Beschüttung auf die Putzmaschinen P1 bis P3 gleichmäßig zu verteilen. Die veränderten Produktführungen gehen aus der Zeichnung hervor.

Mit dieser Anordnung wird der Hauptzweck des Putzmaschineneinsatzes – Veredlung der Zwischenprodukte zur Erzeugung aschearmer Mehle – erreicht. Eine weitere Verbesserung wird erzielt, wenn die Putzmaschine P4 nicht wie dargestellt von der 1. A, sondern wie in Abbildung 7-11 mit dem 3. Abstoß vom III. Schrot beschüttet wird, der sonst auf die 3. A geht. Aber Putzmaschinen dienen auch noch für andere Aufgaben und sind schwerpunktmäßig so einzusetzen, wie sie den größten Nutzen bringen.

Schwerpunkt Grießabzug

In dem Fall wird man das Diagramm wie in Abbildung 7-10 gestalten. Damit kann sowohl Haushaltsgrieß (von P1 und/oder P2) wie auch Teigwarengrieß (von P2, P3 und P4) gezogen werden. Die Riffelwalze an der 1. A erhöht die Menge des TW-Grießes an der P4 und verbessert außerdem das Erscheinungsbild, die Körnung ist schärfer, das Aussehen brillanter. Der Nachteil der Riffelwalze ist ein aschereicheres Mehl an der 1. A und eine kleinere Mehlmenge, sodass man häufig bei der Glattwalze bleibt, wenn nicht ein Maximum an TW-Grieß gefordert ist. Sehr wichtig für einen optimalen Grießabzug ist die Entfernung von Steinen und allem Besatz in der Reinigung, der schwarze Stippen im Grieß verursacht, das sind insbesondere Rundkorn-Gesäme. Steine im Grieß sind im Labor mit der Schwimmprobe leicht nachweisbar.

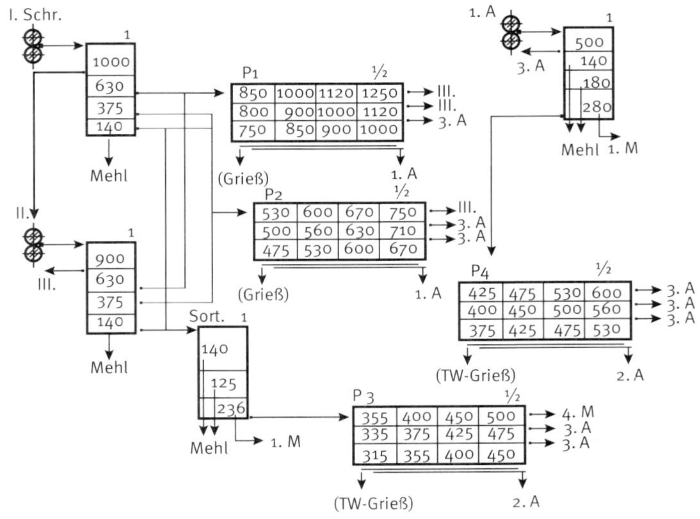

Abb. 7-10: Diagrammausschnitt einer Weizenmühle mit Putzmaschinen – Schwerpunkt Grießabzug

Schwerpunkt Keimabzug

Für eine optimale Keimgewinnung ist das Diagramm wie in Abbildung 7-11 ausgerichtet. Die Vorsiebe am I. Schrot und möglichst auch am II. Schrot sind mit 1 120 µm, besser noch 1 250 µm einzulegen und reichlich zu dimensionieren, weil sonst nicht alle Keime durchfallen. Keime, die zum III. Schrot abgestoßen werden, sind praktisch verloren. Sie kommen zwar mit dem 3. Abstoß z.T. noch auf die 3. A, sind dann aber zu fein, um von der 3. A-Walze auf die notwendige Größe gequetscht zu werden. Das wichtigste Augenmerk gilt der P1, an deren letztem Sieb die Trennung zwischen III. Schrot und 3. A unter starker Luftanstellung sauber einreguliert werden muss. Die Schalenteile müssen zum III. Schrot abschwimmen, die Keime so weit wie möglich durchfallen. Es gab schon Experten, die für dieses letzte Sieb zwei verschiedene Bespannungen zusammengenäht haben, wenn z. B. 1250 µm zu fein und 1370 µm zu grob ist. Die 1. A muss für eine maximale Keimgewinnung eine Glattwalze haben, da eine Riffelwalze nicht quetscht und einen Teil sogar zerschneidet. Die Keime im 3. Abstoß der P1 und im 1. Abstoß der 1. A konzentrieren sich dann an der 3. A, werden von der Walze gequetscht und mit dem Vorsieb abgestoßen. Die Maschenweite dieses Siebs bestimmt die Menge und Reinheit der Keime. Häufig findet man auch zwei Abstöße untereinander, z. B. über 1 250 μm Speisekeime und über 900 μm Futterkeime oder eine Weiterführung des 2. Abstoßes auf die 4. M, um dort noch einmal zu quetschen und über 900 μm abzuziehen.

Die zu erwartende Menge liegt bei 0,3 %, davon 0,1 % Speisekeime, bei weichen Weizen mehr als bei härteren Sorten.

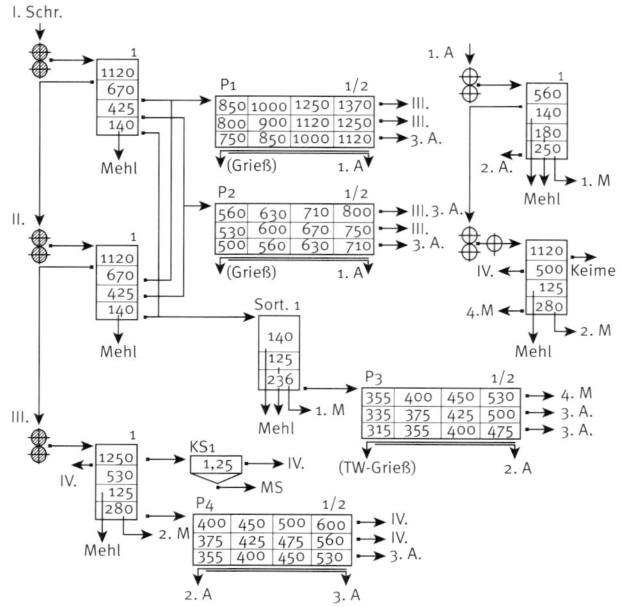

Abb. 7-11: Diagrammausschnitt einer Weizenmühle mit Putzmaschinen – Schwerpunkt Keimabzug

Putzmaschinenbespannung

Die Bespannung der Putzmaschinensiebe ist auf die Granulation des Einlaufprodukts Grieß oder Dunst auszurichten. Sie geht von den beiden Eckpunkten Obergrenze (wo durchgefallen im Plansichter) und Untergrenze (wo übergegangen) aus. Im Beispiel der Putzmaschine P1 im Diagramm Abbildung 7-10 ist die Obergrenze 1 000 μm und die Untergrenze 630 μm. Theoretisch müsste nun das feinste Sieb in der Putzmaschine gröber als 630 μm und das gröbste feiner als 1 000 μm sein, damit durch das feinste Sieb noch etwas durchfällt und über das gröbste Sieb etwas übergeht. Wenn Durchfälle und Übergänge ungefähr gleichmäßig verteilt sein sollen, müssen auch die Siebe zwischen den beiden Eckpunkten gleichmäßig verteilt sein, und zwar vom Einlauf zum Auslauf steigend und von der oberen zur unteren Sieblage fallend. Praktisch muss jedoch der ganze Siebsatz um einige Nummern gröber liegen, denn das Produkt wird durch den steigenden Luftstrom in der Putzmaschine angehoben und fällt etwas verzögert durch die Siebe. Um wieviel die Siebe gröber sein müssen, hängt noch von der Granulation und auch von der Belastung der Putzmaschine ab.

Geht man von einer normalen Belastung aus, kann als Faustregel gelten:

- bei Grobgrieß 1–2 Nummern gröber,
- bei Mittelgrieß 2–3 Nummern gröber,
- bei Feingrieß 3–4 Nummern gröber,
- bei Dunst 4–5 Nummern gröber und nicht feiner als 280 μm.

Man vergleiche die Angaben mit dem Beispieldiagramm in Abbildung 7-10. Hinzu kommt die Abhängigkeit von der Belastung, die nur praktisch ausprobiert werden kann. Bei Überlast ist alles gröber einzulegen, bei Unterlast feiner. Einer starken Unterbelastung kann man entgegenwirken, wenn man die ersten Siebe am Einlauf feiner einlegt als die Untergrenze, sodass nichts durchfällt und nur mit drei Sieben hintereinander geputzt wird.

7.2.4 Roggenmühle

In der Roggenvermahlung ist leider seit Jahren eine ständig sinkende Tendenz zu beobachten, was sehr zu bedauern ist. Verdanken wir dem Roggen doch – im Gegensatz zu vielen anderen Ländern – unsere einmalige Brotvielfalt. Der Roggenanteil liegt bereits unter 15 %, davon sind ca. 20 % Vollkornprodukte. Um 1900 war er mit etwa 60 % noch höher als der Weizenanteil. Die mittlere Größeneinheit unserer Roggenmühlen ist wegen des kleineren Marktanteils auch kleiner als bei Weizen, wir wählen als Beispiel deshalb eine Tagesleistung von 50 t.

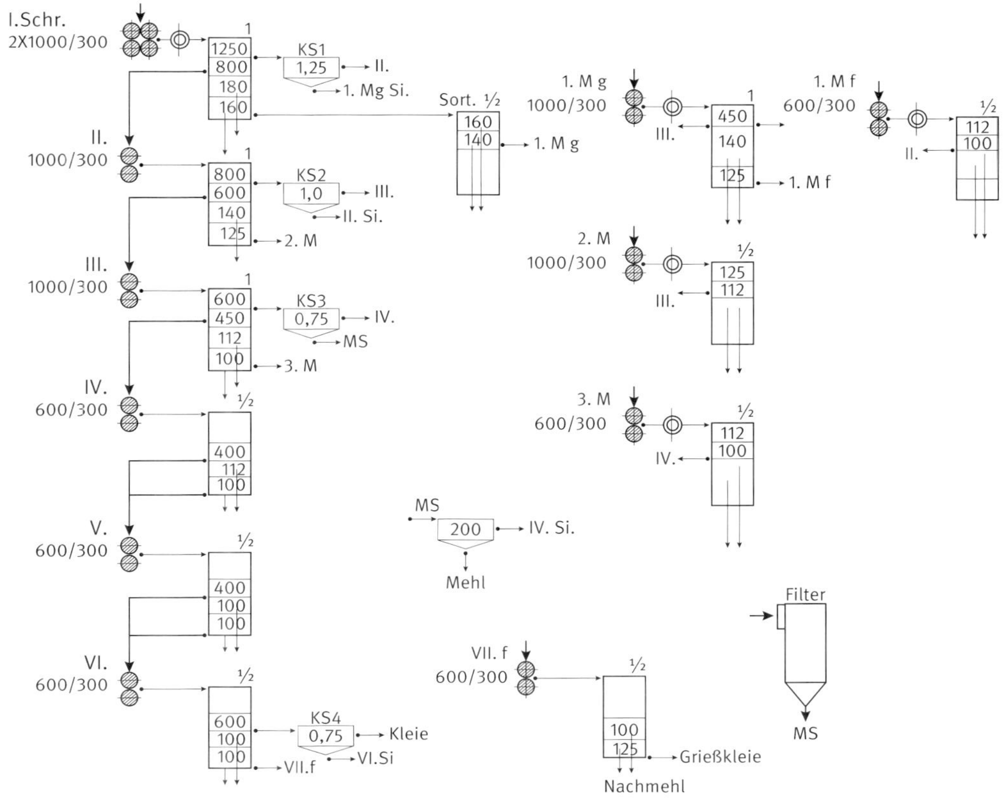

Abb. 7-12: Diagramm einer Roggenmühle

Diagrammführung – Unterschiede zur Weizenvermahlung

Im Vergleich zu Weizen soll auch die Reinigung erwähnt werden, sie ist heute mit der Weizenreinigung praktisch gleich. Früher war bei Roggen eine intensive Schälung mit Schmirgel-Schälmaschinen üblich, bei der die äußere Schale und ein großer Teil der Keime – etwa 2 bis 3 % vom Korn – abgehen. Des Weiteren wurde Roggen vor der I. Schrotung stark gequetscht und anschließend gesiebt. Das dabei anfallende sogenannte Blaumehl enthält einen großen Teil der Verunreinigungen aus dem Spalt des Roggenkorns und hat einen hohen Mineralstoffgehalt. Beide Maßnahmen – schälen und quetschen – hatten so lange Bedeutung, wie die hellen Roggenmehltypen 630 (in Österreich sogar 500) hergestellt werden mussten. Sie sind heute nicht mehr notwendig.

Gequetscht wird manchmal auch ohne nachfolgende Siebung, nur um den zähen Roggenkern aufzuschließen und die I. Schrotung leichter zu machen. Das spart Walzenlänge und auch etwas Energie und schont die Riffelung. Quetsche + I. Schrot benötigen bei gleichem Mehlanfall nachgewiesen weniger Kraft als die I. Schrotung allein, vorausgesetzt, es ist keine Überhebung erforderlich.

Da der Mehlkern des Roggens zäher ist als der des Weizens, ist die Vermahlung schwieriger. Man benötigt größere Walzenlängen – bevorzugt mit 300 mm Durchmesser – und größere Siebflächen, hat einen höheren Energiebedarf für die Walzenstühle, eine feinere Schrotriffelung und ausschließlich Riffelwalzen für die Mahlungen. Die vorderen Schrotungen werden viel tiefer geführt, die Mehlsiebbespannung ist gröber. In der Roggenmühle läuft das Produkt der letzten Mahlung auf die Schrotung weiter, die Grießkleie fällt an der letzten Schrotung an. Außerdem ist in Deutschland die wesentlich höhere Mehlausbeute – bis zu 90 % – zu beachten. Auch gibt es große Unterschiede in der Mahlfähigkeit, manche Roggen mahlen sich leichter, andere sind besonders zäh.

Die Abbildung 7-12 zeigt den Aufbau einer typischen deutschen Roggenmühle. Sie hat gegenüber der Weizenmühle wesentlich weniger Passagen, aber doppelt so viele Riffelwalzenpassagen. Prallmaschinen sind in dem Beispiel nur soweit enthalten, wie sie in den meisten Mühlen zu finden sind. Weitere Entwicklungen zur Passagenverkürzung sind im nächsten Kapitel behandelt.

Die I.-Schrotwalze wird sehr tief geführt und noch durch eine Prallmaschine unterstützt, um einen möglichst hohen Mehlanfall zu erzielen. Er liegt ohne Prallmaschine bei etwa 25 %, mit Prallmaschine je nach deren Intensität bei 30 bis 40 %. Wenn außerdem noch eine tief geführte Quetsche vorgeschaltet ist, sind schon Mehlanfälle bis 50 % erreicht worden. Das I.-Schrotmehl hat auch den niedrigsten Mineralstoffgehalt. Der im Diagrammbeispiel eingesetzte »Sortierer« ist nur eine Verlängerung des I.-Schrot-Sichters, weil ein Abteil nicht genügend Siebfläche hat, zwei Abteile aber zu reichlich wären. Das hier anfallende Mehl gehört also zum I.-Schrotmehl. Aus der tiefen Führung der I.-Schrotwalze folgt auch, dass bereits nach dem I. Schrot eine Kleieschleuder – man muss sie an dieser Stelle »Schrotschleuder« nennen – eingesetzt wird, weil der Effekt der Kleieschleuder an den vorderen Schrotungen am größten ist. An den mittleren Schrotungen lässt der Effekt nach, der Einsatz lohnt nicht mehr, nur die Kleie wird vor Verlassen der Mühle meist noch einmal geschleudert. Durch die tiefe Schrotführung insgesamt, die wegen der hohen Mehlausbeute notwendig ist, gibt es nur noch einen minimalen Anteil an Grobkleie. Die am VI. Schrot abgestoßene Kleie ist überwiegend Feinkleie, eine Trennung wie bei Weizen wird meist nicht gemacht.

Ein weiteres auffälliges Merkmal in der Produktführung bei Roggen ist die Rückführung der Mahlungsprodukte auf die jeweils nächste Schrotung. Der 1. Abstoß der 1. M g geht auf die III., der Abstoß der 1. M f auf die II. Schrotung. Damit werden die feinsten Produkte, die auch die qualitativ besten sind, so oft wie möglich gemahlen, die gröberen Produkte dagegen weniger oft. Das setzt sich bei den nächsten Passagen fort: Feinprodukt vom II. Schrot auf die 2. M, Abstoß von der 2. M zum III. Schrot usw.

In größeren Mühlen kann der 2. M ebenfalls eine 2. M f nachgeschaltet werden, auch kann das Feinprodukt vom IV. Schrot noch über eine 4. M gehen. Weiterhin werden die Schrotwalzen wie bei Weizen in Grob- und Feinschrotungen geteilt, sofern von der Walzenlänge her Doppelstühle erforderlich sind oder wenn ein halber Stuhl bei der Berechnung übrigbleibt.

Möglichkeiten zur Verkürzung der Passagenzahl

Sie beziehen sich hauptsächlich auf den verstärkten Einsatz von Prallmaschinen, sowohl in Kombination mit dem Walzenstuhl wie auch Vermahlung auf Prallmühlen als Selbstpassage. Eine zu starke Verlagerung der Vermahlungsarbeit auf Prallmaschinen hat aber Grenzen. Prallmaschinen erzeugen–abhängig von der Prallgeschwindigkeit – ein Mehl mit höherem Feinanteil, höherem Mineralstoffgehalt und dunklerer Farbe. Der höhere Feinanteil kann in Auswuchsjahren zu Qualitätsproblemen führen. Die Möglichkeiten dieser Technik und ihrer Kombinationen sind so vielfältig, dass eine umfassende

Darstellung den Rahmen des Buchs sprengen würde, daher sei auf einige Veröffentlichungen hingewiesen. [26, 27, 28, 29]

Eine interessante Maschine ist die »Discmill« der Fa. United Milling A/S, Kopenhagen, die von der Arbeitsweise mit dem Vertikalmahlgang vergleichbar ist, als Mahlflächen aber geriffelte Stahlscheiben hat, die produktabhängig einzurichten sind und bei Verschleiß leicht ausgetauscht werden können. Die Mühle kann vorteilhaft in den Mahlungspassagen und hinteren Schrotpassagen eingesetzt werden. Sie erreicht einen höheren Mehlanfall als der Walzenstuhl – allerdings einhergehend mit starker Erwärmung des Mahlguts – und verkürzt die Passagenanzahl (s. [24]).

Auch die »Ultra-Rotor-Mühle« der Fa. Jäckering, Altenburger Maschinenfabrik ist keine Prallmühle, sie arbeitet mit hochfrequenten Luftwirbeln nahe der Schallgrenze, in denen das Mahlgut aufeinanderprallt. Damit ist eine extrem kurze Vermahlung in nur 1 bis 2 Stufen mit wenigen zusätzlichen Maschinen möglich (s. [22]).

Ganz ohne energieintensive Prallmaschinen kommt das neuartige Walzenantriebssystem »Variomills S« der Fa. Kastenmüller GmbH, Martinsried aus, das durch Einzelantriebe der Vermahlungswalzen und Steuerung der Motoren über Frequenzumrichter eine stufenlose Änderung der Walzendrehzahlen und dadurch auch der Übersetzung ermöglicht. Der erzeugte Strom des im Generatorbetrieb befindlichen Motors der langsamen Mahlwalze wird zurückgewonnen und dem der schnelllaufenden Walze übertragen. Durch höhere Übersetzungen bis 1 : 7 wird ein höherer Mahleffekt, ein höherer Anfall an dunklen Passagenmehlen und damit eine Verringerung der Passagenanzahl erreicht. Gegenüber herkömmlichen Mühlensystemen mit Mahlhilfsmaschinen kann eine Energieeinsparung von bis zu 20 % erreicht werden (s. [34]).

Achtwalzenstühle wurden anfangs in Roggenmühlen nicht eingesetzt, u. a. auch, weil die ersten Modelle nicht mit Walzendurchmesser 300 mm erhältlich waren. Inzwischen gibt es sie, und es sind schon Roggenmühlen mit Achtwalzenstühlen gebaut worden. Beachtet man die in Kapitel 7.2.2 für Weizen genannten Einschränkungen, bieten sich die folgenden Passagenkombinationen an:

- Quetsche – I. Schrot
- I.–II. Schrot
- III.–IV. Schrot
- V.–VI. Schrot

Berechnungsgrundlagen

Für die Vorgehensweise gilt das gleiche wie unter 7.2.1 für Weizen dargestellt, nur die spezifischen Daten liegen aufgrund unserer hohen Mehlausbeute und der im letzten Abschnitt beschriebenen Gründe durchweg höher. Die hier zu Lande übliche Mehlausbeute liegt in Nord- und Ostdeutschland zwischen 85 und 90 % entsprechend der durchgezogenen Type 1150, in Süddeutschland, Österreich und der Schweiz etwas niedriger, weil dort mehr hellere Typen verlangt werden. Unter ungünstigen Voraussetzungen muss gerechnet werden mit einer

- Walzenlänge von 15 bis 20 mm/dt/24 h, abhängig von den Zahl der Prallmühlen
- und einer Siebfläche von 0,08 bis 0,09 m^2/dt/24 h.

Die Passagenzahl ist wieder von der Anzahl der Prallmühlen abhängig, bei der angenommenen Leistung gehen wir von einem mittleren Wert von 11 Passagen aus. Die Tabelle 7-7 zeigt die Aufteilung, sie enthält einige Passagen mehr, die in größeren Mühlen infrage kommen.

Auf die Umrechnung der spezifischen Walzenlänge in die spezifische Belastung in kg/dm/h sei wieder auf das Kapitel 7.2.1 hingewiesen.

Wie im Kapitel 7.2.1 bei Weizen soll ein Beispiel gerechnet werden. Als vorläufige Vorauswahl der Maschinen wird wieder angenommen, dass alle verfügbaren Walzenstuhllängen und Quadratplansichter mit 23 Sieben je Abteil und 500 × 560 mm Außenabmessungen entsprechend 5,5 m^2 Siebfläche je Abteil zum Einsatz kommen sollen. Das ergibt in Tabelle 7-8 mit den spezifischen Daten der Tabelle 7-7 die

Tab. 7-7: Spezifische Daten der Roggenmühle

Passage		Walzenlänge mm/dt/24 h	Siebfläche m^2/dt/24 h
Quetsche		0,8	0,003
I. Schr.	B1	2,8	0,013
II.	B2	2,0	0,009
III.	B3	1,5	0,008
IV.	B4	1,2	0,006
V.	B5	1,1	0,0055
VI.	B6	1,0	0,0045
VII.	B7	1,0	0,004
VIII.	B8	1,0	0,004
1. M g	C1g	1,8	0,008
2. M g	C2g	1,5	0,007
3. M	C3	1,2	0,004
4. M	C4	1,0	0,0035
1. M f	C1f	1,2	0,004
2. M f	C2f	1,0	0,003

Tab. 7-8: Berechnung der 50 t/24h-Roggenmühle

Passage		Walzenlänge mm gerechnet	Walzenlänge mm gewählt	Siebfläche m^2 gerechnet	Siebfläche Abteile gewählt
I. Schr	B1	1400	1600	6,5	1+0,5 Sort
II.	B2	1 000	1 000	4,5	1,0
III.	B3	750	800	4,0	1,0
IV.	B4	600	600	3,0	0,5
V.	B5	550	600	2,8	0,5
VI.	B6	500	600	2,3	0,5
VII.	B7	500	600	2,0	0,5
1. M g	C1g	900	1 000	4,0	1,0
1. M f	C1f	600	600	3,5	0,5
2. M	C2	750	800	2,0	0,5
3. M	C3	600	600	2,0	0,5
		Summe	8 800 mm		8,0
		=17,6 mm/dt/24 h		=44 m^2 = 0,087 m^2/dt/24 h	

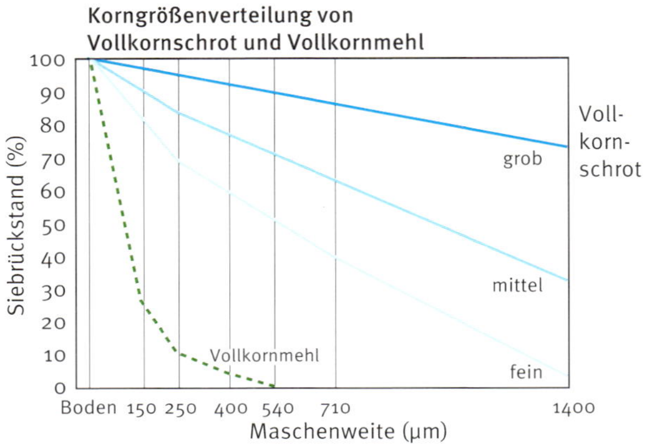

Abb. 7-13: Siebanalysen von handelsüblichen Vollkornprodukten

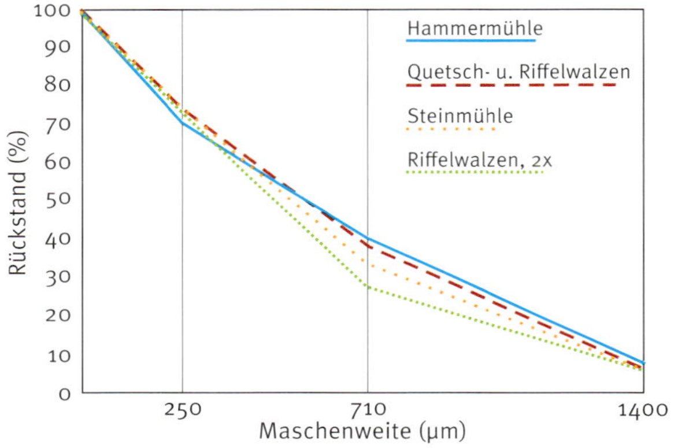

Abb. 7-14: Siebanalysen von Roggenschrot aus verschiedenen Mühlen

Berechnung der Roggenmühle aus Abbildung 7-12 mit 50 t Tagesleistung.

Die Vorgaben ergeben drei Walzenstuhlgrößen, davon zwei Doppelstühle 800 lang. Aus praktischen Gründen wird man diese auch 1 000 mm lang wählen und kommt dann auf

- drei Doppelstühle 1 000/300 und
- drei Doppelstühle 600/300 mm
- mit einer Gesamtwalzenlänge von 9,6 m = 19,2 mm/dt/24 h.

Die Plansichterberechnung ergibt glatt acht Abteile, also ein Plansichter 8-teilig. Das zu knappe Abteil am I. Schrot wird durch ½ Abteil Sortierer verlängert.

Herstellung von Vollkornschrot bzw. -mehl

Die Herstellung von Vollkornschrot erscheint zwar simpel, stellt aber aufgrund der vielfältigen Kundenansprüche auch eine gewisse Anforderung an den Müller. Von den Roggen-Mahlerzeugnissen werden 20 bis 25 % als Vollkornprodukte verkauft, Weizenschrote hingegen viel weniger – regional sehr unterschiedlich.

Vorab muss die erhöhte Bedeutung der Reinigung für Schrotroggen erwähnt werden. Bei Mahlroggen kann mancher versehentlich nicht entfernte Besatz in die Kleie wandern, Steine werden fein gemahlen und fallen nicht auf. Schrotroggen muss dagegen besonders intensiv gereinigt werden, das gilt sowohl für Steine wie für Rund- und Langkorn. Schwarze Gesäme erscheinen im Schrot als schwarze Stippen, Haferspelzen sind besonders hässlich. Eine intensive Oberflächenbehandlung ist wichtig zur Reduzierung von Schmutz und Schadstoffen.

Die Anforderungen an den Feinheitsgrad schwanken vom geschnittenen Korn bis zum Vollkornmehl. Abbildung 7-13 zeigt Siebanalysen von handelsüblichen Schrotprodukten.

Hergestellt werden sie mit fast allen Mühlen, die es gibt:
- Schrotgang bzw. vertikale Steinmühle
- Schlagmühle
- Walzenstuhl
- Zahnscheibenmühle, Stiftmühle, Prallmühlen aller Art
- Kornschneider/Grützeschneider

Jede Mühle erzeugt einen Schrot mit unterschiedlicher Charakteristik. Es wird möglichst immer eine Herstellung in einem Durchgang ohne Siebung angestrebt, was bei den groben und mittleren Schrotsorten kein Problem darstellt. Abbildung 7-14 zeigt die Siebanalysen von Feinschroten aus verschiedenen Mühlen in einem Durchgang, außer beim Walzenstuhl in zwei Durchgängen.

Neben ihrer Korngrößenverteilung unterscheiden sich die Schrote noch durch ein anderes Merkmal, die sogenannte »Wolligkeit«. Dieser mehr gefühlsmäßige Eindruck entsteht durch unterschiedliche Kornstruktur innerhalb einer Korngröße. Es ist ein Unterschied, ob ein Körnchen rund ist (grießig) oder flach (wollig). Ein grießiger Schrot hat ein höheres Schüttgewicht. Alle Schlagmühlen erzeugen grießige, Steinmühlen und Walzenstühle – das sind die für die selektive Zerkleinerung benutzten Mahlmaschinen – hingegen wollige Produkte.

Für die Einrichtung einer Schrotanlage kann kein allgemein gültiges Rezept gegeben werden. Ist der Schrotanteil gering, kann Roggenschrot mit der Mehlmühle hergestellt werden, indem alle Zwischenprodukte je nach verlangtem Feinheitsgrad nach der I., II. oder III. Schrotung zusammen herausgeführt werden. Vollkornmehl lässt sich einfach herstellen, indem man die letzten Schrotungen zur Feinvermahlung der Kleie tiefer führt und die Kleie zusammen mit der Grießkleie ins Mehl laufen lässt.

Spezielle Anlagen zur Schrotherstellung bestehen aus einer oder mehreren der oben genannten Maschinen mit oder ohne Ergänzung durch eine Siebung oder auch aus ein oder zwei Doppelstühlen mit einem ein- oder zweiteiligen Plansichter und flexiblen Produktführungen, die einen oder mehrere Schrotdurchgänge erlauben. Mit dem neuartigen Walzenstuhl-Antriebssystem »Variomill S«, das Übersetzungen bis 1:7 erlaubt, kann bereits in einem Durchgang ein höherer Feinanteil erreicht werden. Näheres zu diesem System s. im Abschnitt 7.2.4.

7.2.5 Kombinierte Weizen-Roggenmühle

Die Mühlenindustrie entwickelte sich in den letzten Jahrzehnten zu größeren Einheiten und kombinierte Mühlen verlieren an Bedeutung, weil sie überwiegend kleineren Leistungen zuzuordnen sind. Dennoch gibt es Umstände, die selbst bei größeren Anlagen für eine kombinierte Mühle sprechen, weil einige Vorteile gegenüber zwei getrennten Mühleneinheiten bestehen.

Die Investitionskosten einer großen Mühle sind niedriger als die von zwei kleineren, solange die Tagesleistung bei 150 t oder niedriger liegt, zumal zwei Mühleneinheiten in der Gesamtleistung etwas höher ausgelegt werden müssen, um bei schwankenden Absatzverhältnissen von einer Getreideart auf die andere ausweichen zu können.

Die Flexibilität im Mengenverhältnis der beiden Fruchtarten ist in einer kombinierten Mühle größer und somit anpassungsfähiger an schwankende Marktverhältnisse.

Demgegenüber stehen aber auch Nachteile:

Häufige Umstellungen und Neu-Einstellungen erfordern zusätzliche Arbeitszeit, d. h. unter Umständen mehr Personal.

Der Mehlsiloraum muss größer dimensioniert sein, um z. B. Roggenmehl solange vorrätig zu halten, wie Weizen läuft und umgekehrt. Je größer der Mehlsilo ist, desto seltener muss umgestellt werden.

Unterschiede zwischen der Weizen- und Roggenvermahlung

sind im Kapitel 7.2.4 schon deutlich gemacht worden und sind die Grundlage für die Gestaltung einer kombinierten Anlage. Eine kürzere Roggenvermahlung vereinfacht die Kombination, Achtwalzenstühle hingegen machen sie schwieriger. Will man sich den Aufbau einer kombinierten Mühle vorstellen, ist es hilfreich, sich klar zu machen, was passiert, wenn Roggen ohne Änderung auf der Weizenmühle vermahlen wird oder umgekehrt. Im ersten Fall wird man alle Walzen tiefer führen und die Dunste vom ersten und zweiten Schrot direkt ins Mehl führen. Da die Antriebsmotoren für die Walzenstühle dann zu schwach sind, muss die Mühlenleistung herabgesetzt werden. Trotz allem wird weder die Kleie und noch mehr die Grießkleie weit genug ausgemahlen sein. Die Glattwalzen sind einfach nicht in der Lage den zähen Roggenkern fein zu mahlen.

Daraus folgt schon, dass der umgekehrte Fall viel leichter vonstatten geht. Bei Vermahlung von Weizen auf einer Roggenmühle muss die Mühlenleistung erhöht werden. Auch wenn alle Walzen höher geführt werden, sind die Mehle zu grob und liegen durch die Riffelwalzen im Mineralstoffgehalt zu hoch. Auch bei guter Einstellung der Mühle ist das Ausbeute-Asche-Verhältnis um etwa 5 % Ausbeute schlechter gegenüber der Weizenmühle.

Solche Vermahlungen wurden in besonderen Fällen schon durchgeführt, sind aber keine Dauerlösung.

Kombiniertes Diagramm

Das Basisdiagramm einer kombinierten Mühle muss von der Weizenmühle ausgehen, denn Weizen ist die Hauptfruchtart, die Weizenvermahlung hat die größere Passagenanzahl und die Weizenausbeute darf nicht geschmälert werden.

Bei Einfügung des Roggendiagramms ergibt sich zwangsläufig eine kleinere Roggen-Mühlenleistung, damit sich die benötigte größere spezifische Walzenlänge und Siebfläche einstellt und auch die Antriebsmotoren für die Walzenstühle ausreichen. Kombinierte Mühlen in Deutschland haben in der Regel eine Roggenleistung von ca. 70 % der Weizenleistung.

Als Nächstes ist an den Ausgleich für die fehlenden Riffelwalzen zu denken. Das wird durch folgende Maßnahmen erreicht:

Wechsel-Walzenstühle für einige Haupt-Mahlungspassagen, das heißt bei Weizenvermahlung läuft die Glattwalze, bei Roggenvermahlung die Riffelwalze. Sind beide Walzenpaare in einem Doppelstuhl untergebracht, ist nur ein Pneumatikstrang erforderlich. Es gibt jedoch kombinierte Mühlen ohne Wechselwalzenstühle, dann werden die folgenden Punkte verstärkt angewendet:

Ergänzung von Prallmaschinen nach Glattwalzen, vorzugsweise Intensiv-Prallauflöser oder Prallmühlen. Bei Weizenvermahlung darf die Prallgeschwindigkeit mit Rücksicht auf niedrige Mehlaschen nicht zu hoch sein, bei Roggen wäre diese Geschwindigkeit zu niedrig. Ideal sind hier Prallauflöser mit polumschaltbaren oder frequenzgeregelten Motoren, die bei Roggen mit höherer Geschwindigkeit laufen.

Einsatz von intensiven Prallmühlen, die bei Weizen umgangen werden.

Einsatz des neuartigen Walzenantriebs »Variomills S«, wie in Kapitel 7.2.4 beschrieben. Durch Änderung der Drehzahlen der vorderen und hinteren Walze kann zusätzlich eine Änderung der Riffelstellung sowie der Differenzialgeschwindigkeit (m/s - Riffeleinwirkzahl) ermöglicht werden. Man kann dann beim Umstellen von Weizen auf Roggen die Riffelstellung in den Schrotpassagen von Rücken : Rücken auf Schneide : Schneide ändern. Weiterhin können bei Roggen- (und ggf. auch bei Weizenvermahlung) höhere Übersetzungen eingestellt und dadurch die Mehlausbeuten und Aschewerte optimiert werden.

Zusätzliche Führung von Mahlungsprodukten über Riffelwalzen:

An geeigneten Stellen auf der Mahlungsseite sind Klappenkästen eingerichtet, mit denen die Mahlungsprodukte bei Weizenvermahlung zur nächsten Mahlung, bei Roggenvermahlung über die nächste Schrotwalze geführt werden.

Klappenkästen für verschiedene Zweier- oder Dreier-Mehle, um sie wahlweise ins Mehl oder auf die nächste Passage führen zu können und auf diese Weise unterschiedlich benötigte Mehlsiebbespannungen zu nutzen.

Putzmaschinen, sofern vorhanden werden bei Roggen umgangen.

Darüber hinaus haben manche kombinierte Mühlen Wechsel-Walzenstühle für die I. Schrotung. Das ist immer empfehlenswert, wenn der Anteil der Roggenvermahlung groß ist. Es bedeutet zwar eine höhere Investition, hat aber Vorteile. Die Roggenwalze kann mit der optimalen (feinen) Riffelung versehen werden und liefert bei tiefer Walzenführung den gewünschten hohen Mehlanfall. Bei so tiefer Führung der Weizenwalze hätte man einen hohen Riffelverschleiß. Eine andere Kombination mit dem gleichen Resultat ist die Vorschaltung einer Quetsche vor dem I. Schrot. Eine hoch geführte Quetsche hat auch bei Weizen keine müllerischen Nachteile; bei Roggen wird sie tief geführt und leistet eine Vorarbeit für die I.-Schrotwalze mit der gröberen Weizen-Riffelung, die dann nicht so stark beansprucht werden muss.

Somit lassen sich alle Merkmale des Roggendiagramms in der kombinierten Mühle realisieren, und es werden bei beiden Vermahlungen gleiche Ausbeuten erreicht wie in getrennten Mühlen.

Umstellung der Vermahlungen

In der Reinigung gibt es wenig Probleme. Sieb- und Lufteinstellungen können unverändert bleiben, lediglich am Trieur muss ein kleiner Kompromiss in Bezug auf die Zellenweiten eingegangen werden, denn normalerweise unterscheiden sie sich bei Weizen und Roggen geringfügig.

In der Mühle sind folgende Umstellungen erforderlich:

Zwischen den Vermahlungen entsteht zwangsläufig eine Pause, damit die Vermischung der beiden Fruchtarten im Mehl nicht zu groß wird. Erfahrungsgemäß führt ein Anteil von maximal 5 % Roggenmehl im Weizenmehl noch nicht zu Beanstandungen. Da die Umstellung dynamisch abläuft, ist kurzzeitig auch ein höherer Anteil zulässig, weil er in der nachfolgenden Mischerei weiter verdünnt wird. So genügt es, die Schrot- und die vorderen Mahlungspassagen etwa 15 Minuten leerlaufen zu lassen, weil in diesen Passagen die weitaus größte Mehlmenge anfällt. Diese Zeit wird ohnehin benötigt, um alle Laufrohrklappen umzulegen.

Wegen der niedrigeren Leistung bei Roggen ist eine Drosselung der Mühlenpneumatik – entweder zentral an der Hauptdrosselklappe oder an einzelnen Strängen oder beides – sinnvoll, weil dadurch der Filtermehlanfall reduziert und Energie gespart wird.

Beim Wiederanlaufen mit der neuen Frucht sind zuerst die Endprodukt-Wege und dann Zug um Zug die Walzenstühle neu einzustellen. Wenn die Mühle nach 1 bis 2 Stunden eingelaufen ist und der Ausbeuterechner die erste Ausbeute zeigt, wird gegebenenfalls nachreguliert.

Wirtschaftlichkeit

Die Wirtschaftlichkeit einer kombinierten Weizen-Roggen-Mühle ist nach einer Untersuchung bis zu einer Tagesleistung von etwa 150 t gegeben, darüber hinaus baut man besser zwei getrennte Mühlen [3]. In die Analyse einbezogen sind Investitionskosten und Betriebskosten (Energie, Personal). Mit Minderausbeuten ist bei guter Konzeption einer kombinierten Mühle nicht zu rechnen, es sei denn bei Umstellungen wird nicht sorgfältig genug vorgegangen. Für den Müller ist die kombinierte Mühle unbequemer, jede Umstellung ist eine zusätzliche Belastung, auch in der Disposition. Es sollten daher möglichst lange Laufzeiten mit der gleichen Frucht angestrebt werden.

7.2.6 Durummühle

Die Durummüllerei ist eine sehr spezielle, aber auch interessante Variante der Getreidemüllerei, bei der Mehl ein Nebenprodukt und Grieß – besonders zur Herstellung von Teigwaren – das Hauptprodukt ist. Durummühlen sind in der Welt ungleich verteilt, sie sind in vielen Ländern gar nicht vertreten und am stärksten in den Mittelmeerländern konzentriert. In Deutschland gab es vor 50 Jahren bis zu 15 Durummühlen, von denen 2003 noch ein Drittel in Betrieb sind. Der Anteil der Durumvermahlung an der Gesamtvermahlung beträgt mit rund 350 000 t im Jahr ca. 5 % (zum Vergleich Italien: 4. Mio. t = 38 %). Unser Prokopfverbrauch an Teigwaren liegt bei 4,5 kg/Jahr, während Italien mit 28 kg/Kopf und Jahr mit Abstand der Weltspitzenreiter ist.

Rohstoff Durumweizen

Der Stammbaum des Weizens in Abbildung 1-3 zeigt, wie weit der Durumweizen (*Triticum durum*) von den gewöhnlichen Weizensorten (*Triticum aestivum*) botanisch entfernt ist. Sie gehören verschiedenen Generationen an und haben unterschiedliche Chromosomenzahlen. Ebenso weit entfernt sind auch die morphologischen Eigenschaften: Durumweizen hat eine dünnere Schale, also einen höheren Endospermanteil. Das Endosperm ist wesentlich härter, hat einen höheren Mineralstoffgehalt, eine bernsteinartige, gelbliche Färbung und eine unelastische Kleberqualität. Alle diese Eigenschaften machen Durumweizen für Brotmehlherstellung nur bedingt geeignet, dafür aber um so besser für die Herstellung von Teigwarengrieß.

Die in der Durummüllerei relevanten Qualitätsmerkmale sind mit denen in der Weizenmüllerei ähnlich, wobei der Besatz einen höheren Stellenwert hat. Hinzu kommt noch die Glasigkeit als Indiz für die erreichbare Grießausbeute und der Pigmentgehalt, d. h. die Gelbfärbung des Endosperms, je höher er ist, desto besser ist auch die vom Verbraucher geschätzte gelbe Farbe der Teigwaren.

Durumreinigung

An die Durumreinigung werden wesentlich höhere Ansprüche gestellt als an die Reinigung einer Mehlmühle. Ähnlich intensive Reinigungsanlagen gibt es auch für die Herstellung von Vollkornschrot. Schwarze und dunkle Beimengungen verursachen Stippen im Grieß und müssen deshalb so weit wie möglich ausgelesen werden. Gleichzeitig soll aber der Anteil der Reinigungsabgänge so gering wie möglich sein, weil Durumweizen teurer ist als Weichweizen und das Preisgefälle zu den Nachprodukten größer ist.

Um diese beiden gegensätzlichen Forderungen zu erfüllen, ist in der Durumreinigung ein erheblich höherer Maschinenumfang und der Einsatz von exakt arbeitenden Maschinen erforderlich. Zwar lassen sich eine ganze Reihe von Unkrautsamen wie grobe Beimengungen, größere Steine usw. relativ leicht entfernen, größere Schwierigkeiten und höheren Aufwand erfordern jedoch z. B.:

- Mutterkorn,
- Skabiose,
- kleine Steine,
- großkörnige Wicken,
- Keimverfärbung,
- Kornverfärbung.

Mutterkorn und Skabiose sind spezifisch etwas leichter und mit feinfühlig arbeitenden Maschinen wie Leichtkornauslesern und Paddy-Auslesern auszulesen.

Kleine Steine sind ein ständiges Problem. Das Drahtgewebe auf dem Steinausleser wird nach längerer Betriebszeit glatt und dann gehen die kleinen wie auch die glatten Steine als erste mit dem Weizen mit. Diese gelangen – wenn auch nur in winzigen Mengen – in den Grieß und die Folge ist langfristig eine Verstopfung und gegebenenfallsBeschädigung der Matrizen in den Teigwarenpressen, was natürlich reklamiert wird. Da hilft nur gute Justierung und Wartung der Steinausleser.

Wicken treten hauptsächlich im Durumweizen der Mittelmeerländer auf. Die Entfernung gelingt fast vollständig, erfordert aber viel Aufwand. In Sortierzylindern mit engem Schlitzloch oder Drahtsieben und großen Siebflächen werden die großen Wicken ausgelesen, die kleinen holt der Trieur heraus. Eine lückenlose Erfassung erreicht man, wenn die Siebe eine Schlitzweite haben, die kleiner ist als die Trieur-Zellenweite, also unter 4,5 bis 5 mm.

Verfärbte Keime lassen sich durch starkes Scheuern und Schälen weitgehend, wenn auch nicht vollständig, entfernen. Bei besonders starker Keimverfärbung kann die Arbeitsintensität der Schälmaschine durch stärkeren Staudruck oder stufenlose Drehzahlverstellung gesteigert werden, im Extremfall auch über die Grenze der Bruchbildung hinaus.

Das schwierigste Problem sind die durch Witterungsschäden oder andere Ursachen dunkel verfärbten Körner. Wenn sich die Verfärbungen nur über die Schalenschichten erstrecken, lassen sie sich ebenfalls durch starkes Schälen, aber auch in der Putzmaschine zum großen Teil ausputzen. Oft geht sie aber mehr oder weniger tief in das Endosperm hinein. Diese Körner bzw. Kornteile können weder in der Reinigung noch in der Mühle erfasst werden, wenn sie außer der Verfärbung keine weiteren Unterschiede zu gesunden Körnern aufweisen. Nur wenn mit der Verfärbung eine Schrumpfung des Korns einher geht, was oft der Fall ist, lassen sich diese Körner wie Leichtkorn entfernen, wobei selbstverständlich auch die nicht verfärbten Schrumpfkörner verlorengehen.

Erst neuerdings gibt es die Möglichkeit der Farbsortierung, auf die bereits eingegangen worden ist, ebenso auf eine seit kurzem auf dem Markt befindlichen Schälmaschine von Bühler, den »DC-Peeler«, die aber beide nur bei oberflächlicher Verfärbung helfen. Es soll zunächst der heute anzutreffende Stand der Technik vorgestellt werden, um anschließend die Zukunftsmöglichkeiten zu behandeln.

Beispiel einer einfachen Durumreinigung (Abb. 7-15)

Sie ist als Minimalversion zu verstehen, Erweiterungen und Varianten werden im folgenden beschrieben. Die Reinigung beginnt nach einer Waage und einem Magnet mit dem »Kombireiniger«, einer Kombinations-Reinigungsmaschine, die mehrere Funktionen in einer einzigen Maschine vereinigt (Kapitel 5.2.8):

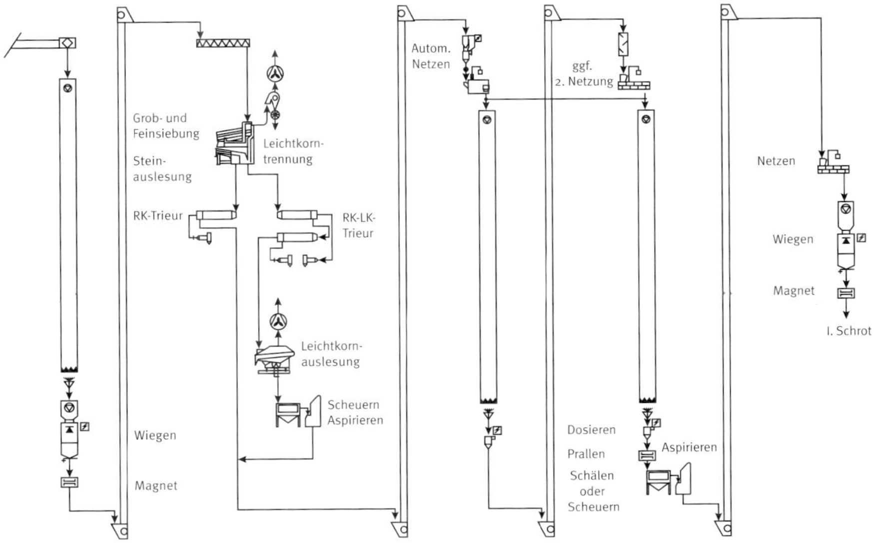

Abb. 7-15: Beispiel einer einfachen Durumreinigung

- Körnersieb und Sandsieb,
- Trennung in Schwer- und Leichtgetreide,
- Steinauslesung aus dem Schwergetreide,
- Leichtgutauslesung aus dem Leichtgetreide.

Die Schwerfraktion ist soweit gereinigt, dass nur noch ein Rundkorntrieur folgen muss, während in der Leichtfraktion viel Besatz konzentriert ist. Nur dieser viel kleinere Strom – etwa ⅓ der Leistung – muss nun intensiv gereinigt werden über Rundkorn-Langkorn-Trieur, Leichtkornausleser, Scheuermaschine und Aspirationskanal. Hier kann auch der Langkorntrieur zur Auslese von Hafer und Gerste eingesetzt werden, weil die großen und langen Durumkörner, die der Langkorntrieur sonst mit auslesen würde, nicht enthalten sind, sie befinden sich im Schwerprodukt.

In größeren Anlagen findet man die Kombination von Leichtkornausleser und Paddy-Ausleser hintereinander. Sie hat sich als besonders vorteilhaft erwiesen, weil diese Maschinen zwar beide nach spezifischem Gewicht jedoch nach völlig anderen Prinzipien separieren und sich in hervorragender Weise ergänzen. Beide Maschinen trennen außer in schwere und leichte auch in große und kleine Körner, aber genau umgekehrt. Beim Leichtkornausleser wandern kleine Körner auf die Leichtgutseite, beim Paddy-Ausleser auf die Schwergutseite. Durch die Kombination der beiden Maschinen erreicht man eine größere Trennschärfe, der Reinigungseffekt lässt sich erheblich verbessern.

Weiterhin findet man in größeren Anlagen zur Verbesserung der Steinauslesung eine separate Führung des Kleinweizens. Statt des Sandsiebs liegt im Separator oder wie in diesem Beispiel im Kombireiniger eine 3 bis 3,5 mm Rundlochung, der Durchfall ist der Kleinweizen zusammen mit dem Feinbesatz, der anschließend auf einen Sortierzylinder zur Sandaussiebung und nachfolgend einen separaten Steinausleser geht. Der trennt die problematischen kleinen Steine besser ab als der Steinausleser im Hauptstrom.

Die Rohfeuchtigkeiten liegen meist bei 12 bis 14 %, sodass eine Aufnetzung auf 16 bis 16,5 % leicht in nur einer Stufe möglich ist. Das geschieht heute mit der automatischen Wasserdosierung und anschließender Intensivnetzung, genau wie bei Weichweizen. Nur in den Ländern des südlichen und östlichen Mittelmeers gibt es Weizen unter 10 % Feuchtigkeit und die erfordern ein zweistufiges Netzen. Da deutsche Mühlen auch mit solchen Importen rechnen müssen, ist die Möglichkeit der zweiten Netzung immer vorzusehen, um sie bei Bedarf einzusetzen.

Die Abstehzeit ist viel kürzer als bei Weichweizen, 3 bis 4 Stunden bei einmaliger Netzung bzw. zweimal 3 bis 4 Stunden bei zweimaliger Netzung. Dadurch wird eine feuchte Schale erreicht, die Schale zersplittert beim Schroten weniger, der Grieß ist schon am Einlauf der Putzmaschinen sauberer. Die Abstehzeit ist dann optimal, wenn die Grobkleie so feucht ist wie der I. Schrot, während die Kleie in Mehlmühlen bekanntlich 2 bis 3 % trockener ist.

Die Arbeitsgänge in der 2. Reinigung sind Schälen bzw. Scheuern und gegebenenfalls Prallen sowie Aspirieren, alles intensiver als bei Weichweizen, um Korn- und Keimverfärbungen weiter zu reduzieren. Dabei fallen 1 bis 3 % Schälkleie an, die wegen der kurzen Abstehzeit sehr feucht ist. Das Schälen geschieht auf Schmirgelschälmaschinen mit Stauklappe am Auslauf oder stufenloser Drehzahlregelung, Maschinen, die sonst für Reis und Gerste genommen werden.

Ein letzter sehr wichtiger Schritt ist eine Schalennetzung vor dem I. Schrot, eine Wasserzugabe von 0,5 bis 1 % bei sehr kurzer Abstehzeit von 3 bis 10 Minuten, welche den Effekt der kurzen Abstehzeit der Hauptnetzung noch verstärkt.

Ein hoher und besonders ein schwankender Schälkleieabgang wie auch die Schalennetzung müssen bei Ausbeutevergleichen, wenn sie auf die I.-Schrotwaage bezogen sind, beachtet werden.

Neue Tendenzen

Farbsortierer gibt es zwar schon seit Jahrzehnten, aber erst in den letzten Jahren sind durchsatzsstarke, robuste Maschinen auf dem Markt (Kapitel 5.2.12), die bis zu 14 t/h leisten und in neu zu bauenden Anlagen kann die Reinigungsarbeit stark auf diese Maschinen verlagert werden. Wie weit herkömmliche Maschinen dafür entfallen können, muss die Erfahrung noch zeigen. Die Maschine kann sowohl in der 1. wie auch in der 2. Reinigung eingesetzt werden, wie es die Platzverhältnisse erlauben. Die einzelnen Kanäle werden aus einem Vorbehälter gespeist. Bei mehr als 3 Kanälen wird ein Kanal als Nachleser vorgesehen. Die Vorleser können dann erheblich höher belastet werden, die Gesamtleistung ist höher.

Seit kurzem gibt es die neue Schälmaschine »Pearler« der Fa. Bühler (s. Abschnitt 5.6). Entscheidend für die Arbeitsweise dieser Maschine ist eine kurze Netzung direkt davor, es handelt sich also um eine Feuchtschälung, wobei etwa 3 bis 8 % Schälkleie abgehen. Mithilfe dieses Verfahrens erreicht man eine bessere Grießqualität in Bezug auf Reinheit und Schadstoffe. Bei höherem Abzug von Schälkleie muss gegebenenfalls die Schrotung angepasst werden. Soviel zur Durumreinigung der Zukunft.

Aus den aufgezeigten Beispielen geht hervor, wie vielseitig eine Durumreinigung eingerichtet sein muss, wenn sie allen Ansprüchen gerecht werden soll. In den Durumweizen erzeugenden Ländern können die Mühlen sich speziell auf die landeseigenen Probleme beschränken, in den Importländern muss aber mit jeder Weizenqualität und der Reinigung aller schwierigen Besatzarten gerechnet werden.

Grießmühle

In den letzten 50 Jahren beobachten wir eine stetige Tendenz zu feinerer Grießgranulation, bedingt durch die veränderte Technologie der Teigwarenherstellung [s. Literatur 5, 15, 16]. Konventionell war früher ausschließlich ein Grieß mit einer Obergrenze um 600 µm auf dem Markt, der zum Teil auch heute noch verlangt wird. Daneben fordern Abnehmer heute eine Obergrenze von 400 µm, ja sogar 250 bis 300 µm, was man schon als Mehl bezeichnen kann.

Die Herstellung wechselnder Granulationen ist jedoch nicht ohne weiteres möglich. Eine Durummühle kann nur auf eine einzige Gesamtgrieß-Granulation am Ausgang der Mühle eingestellt werden, der Spielraum durch Regulierung ist gering. Somit ist für jede Grießobergrenze ein spezielles Verfahren erforderlich.

Die größte Ähnlichkeit im Verfahren besteht zur Weizenvermahlung mit Putzmaschinen und Grießabzug, und da dieses am besten bekannt ist, soll es als Vergleich herangezogen werden. Der Passagenaufbau zeigt

- eine längere Schrotung (6–7 Schrotungen) mit Achtwalzenstühlen am I. und II. Schrot,
- Putzmaschinen bis zum VI. Schrot,
- 6 bis 7 geriffelte Auflösungen evtl. noch Reduzierpassagen,
- Fertiggrießputzmaschine hinter allen Auflöspassagen,
- nur wenige (bis 5) oder keine Ausmahlpassagen, überwiegend mit Glattwalzen.

Das wesentliche Merkmal gegenüber einer Mehlmühle ist die erheblich größere Anzahl von Grieß- und Dunstputzmaschinen. Achtwalzenstühle können außer am I. und II. Schrot auch an der 1. und 2. Auflösung und bei der Grießreduzierung eingesetzt werden.

Wir behandeln zunächst den Mühlentyp, der früher ausschließlich und heute noch weitgehend anzutreffen ist.

Konventionelle Grießgranulation

Im Prinzipdiagramm Abbildung 7-16 sollen der Passagenaufbau und die wichtigsten Regeln der Haupt-Produktführungen erläutert werden. Eine Darstellung bis in alle Details wäre zu kompliziert. Es wird von einer Fertiggrieß-Obergrenze von 600 µm ausgegangen. Die Grießobergrenze ist die Siebnummer, auf der bei der Siebanalyse nur ein minimaler Anteil liegen darf, wie auf den oberen Sieben in den Beispielen der Tabelle 7-11. Sie ist ein wichtiges Merkmal und bestimmt in hohem Maße die Diagrammgestaltung. Eine spätere Änderung bedeutet eine erhebliche Umstellung, gegebenenfalls sogar einen Umbau der Mühle.

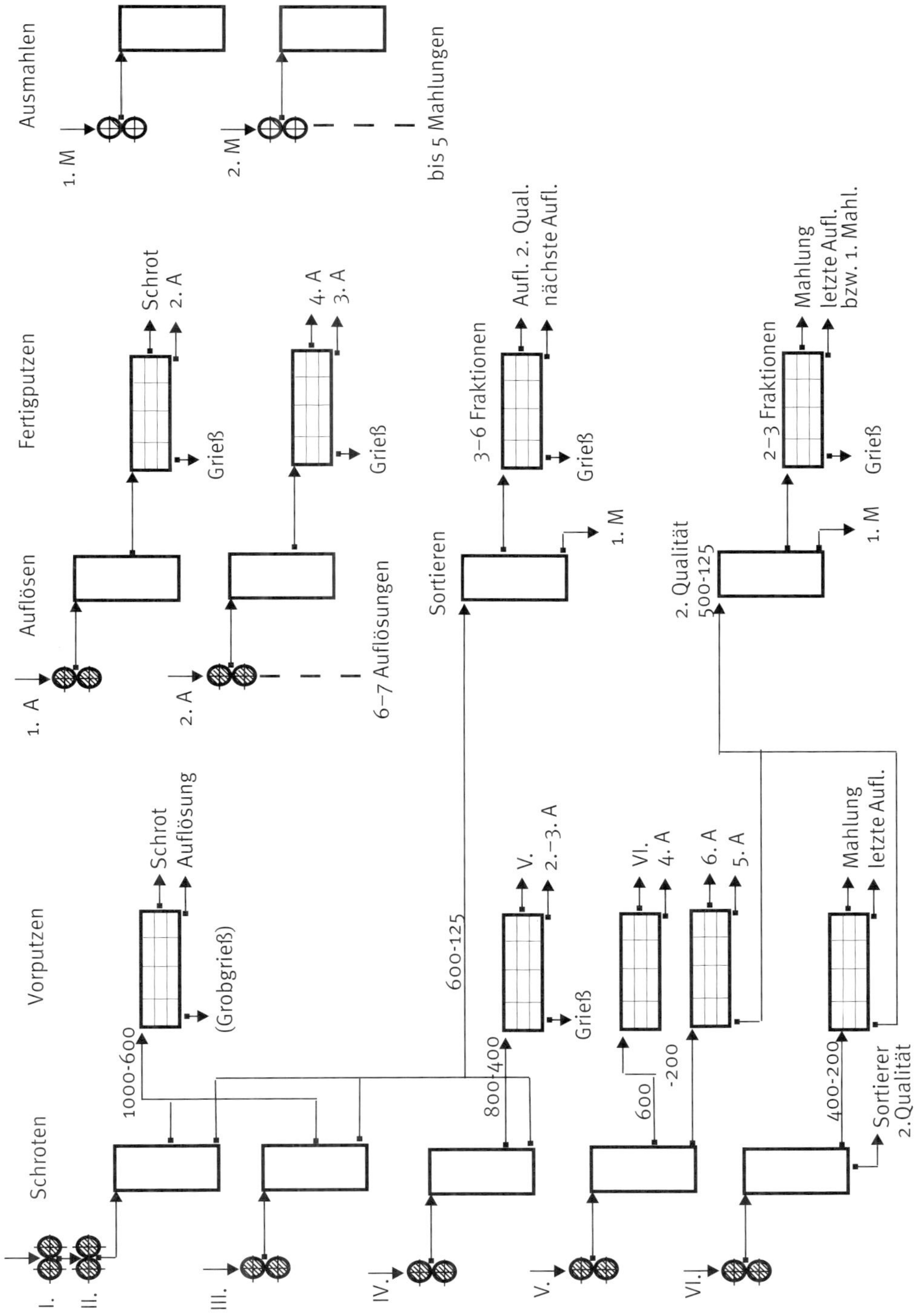

Abb. 7-16: Prinzipdiagramm einer Durummühle mit den wichtigsten Eckdaten

In den meisten Fällen wird eine Grießgranulation gewünscht, bei der ein möglichst hoher Anteil dicht unterhalb der Obergrenze liegen soll. Dann ist es vorteilhaft, wenn in den Sichtern der Schrotungen und vorderen Auflösungen mit der Siebnummer der Obergrenze fraktioniert wird, sodass die Putzmaschinen klar in Vor- und Fertigputzmaschinen abgegrenzt sind.

Die Schrotung der Durummühle ist auf möglichst hohen Grießanfall und wenig Mehlanfall ausgerichtet. Das wird erreicht durch die gegenüber Mehlmühlen größere Passagenanzahl, spitzere Riffelung und höhere Walzenführung.

Von allen Schrotungen werden die groben Grieße vorgeputzt, vom I. bis III. Schrot passen sie qualitätsmäßig zusammen. Die groben vorgeputzten Grieße gehen auf die ersten Auflösungspassagen zur vorsichtigen Reduzierung auf die Fertiggrieß-Granulation, ebenfalls mit spitzer Riffelung und hoher Walzenführung zur Vermeidung von zu hohem Mehlanfall. Von allen Auflösungen laufen wieder alle Grieße auf (Fertig)-Putzmaschinen.

Die Schrotgrieße unterhalb der Fertiggrieß-Obergrenze passen vom I. bis IV. Schrot qualitätsmäßig zusammen, sie gehen über Sortierer, werden in drei bis sechs Fraktionen sortiert und Fertiggrieße soweit möglich von den Putzmaschinen abgezogen.

Allgemeine Regeln zur Einstellung der Putzmaschinen (Abb. 7-17)

Von allen Fertigputzmaschinen gehen die sauberen Grieße ins Endprodukt, die etwas unsauberen zur nächsten Auflösung. Die besten Abstöße laufen zur jeweils nächsten Schrotung bzw. Auflösung, die nächst schlechteren entsprechend ihrer Qualität weiter nach hinten. Die schlechtesten Abstöße, aus denen kein Grieß mehr gewonnen werden kann, gehen zusammen mit den zu feinen und zu schlechten Schrotdunsten auf Mahlungspassagen zur Weitervermahlung zu Mehl.

Für die Bespannungen der Putzmaschinensiebe gelten die gleichen Regeln wie im Kapitel 7.2.3 für Weizenmühlen beschrieben. Einzig die Bemerkung, kein feineres Sieb als 280 µm zu verwenden, trifft bei Durum nicht zu. Wegen der schärferen Durumgrieße sind Bespannungen bis etwa 180 µm möglich.

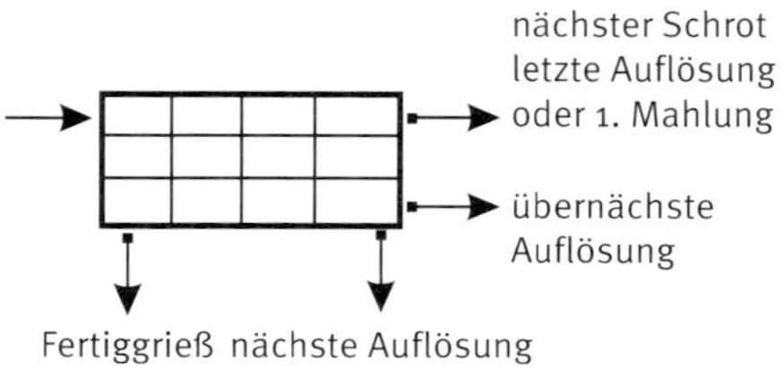

Abb. 7-17: Allgemeine Führung der Putzmaschinen

Der Grobgrieß vom IV. Schrot 800 bis 400 µm wird vorgeputzt, enthält aber bereits etwas Fertiggrieß. Die weiteren Produkte gehen auf passende Auflösungen. Vom V. Schrot wird alles vorgeputzt, diese Produkte gehören in die 2. Qualität und werden auf einen getrennten Sortierer geführt, der hier gewonnene Fertiggrieß liegt bereits im feineren Bereich. Ähnlich der VI. Schrot, auch hier lässt sich noch ein wenig Grieß der 2. Qualität gewinnen.

In den mittleren und hinteren Auflösungen hat das Mahlgut bereits die Fertiggrieß-Granulation, ist aber mehr oder weniger mit Schalenteilchen behaftet. Durch die Auflösung wird wieder sauberer Grieß freigelegt, der auf der jeweils nachfolgenden Putzmaschine gewonnen wird.

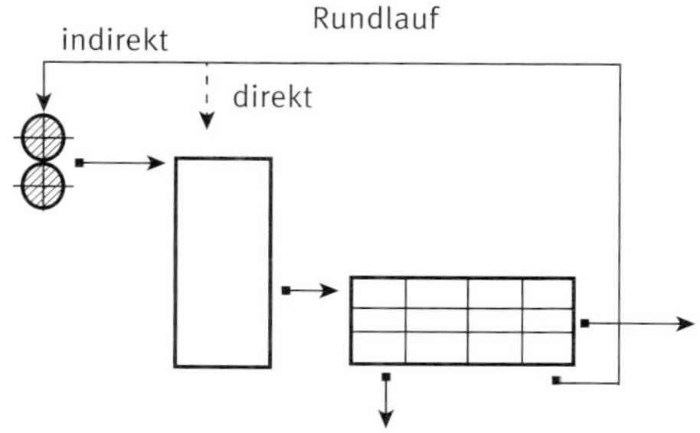

Abb. 7-18: Direkter und indirekter Rundlauf eines Produkts

Je nach Typenanforderungen sind bis zu fünf Ausmahlpassagen mit Glattwalzen vorhanden, aus denen kein Edelprodukt mehr gezogen wird, sie dienen nur noch zur Erzeugung von Mehl der Type 1 600 und Nachmehl.

Ältere Diagramme, besonders die klassischen italienischen, enthielten viele Rundläufe. Sie machen den Betrieb unstabil und bedürfen einer höheren Aufsicht. Deshalb vermeidet man sie heute möglichst, nur in kleineren Mühlen mit weniger Passagen lassen sie sich nicht immer umgehen. Besonders gefährlich sind »direkte« Rundläufe wie in Abbildung 7-18 dargestellt. Näheres darüber ist in Kapitel 7.3.2 gesagt.

Grießmühlen für Grieße mit feinerer Granulation

Als die Nachfrage nach Feingrießen größer wurde, bauten die im vorigen Abschnitt beschriebenen konventionellen Mühlen Grieß-Reduzieranlagen ein. Sie bestehen aus zwei bis vier Passagen von Walzenstühlen – meist noch durch Plansichter ergänzt – und werden als eigenständige Vermahlungsanlage der Mühle nachgeschaltet. So kann das Mühlensystem eine gleichmäßige Granulation erzeugen, die bei Bedarf auf der Grieß-Reduzieranlage zu Feingrieß beliebiger Granulation kalibriert wird.

In Deutschland arbeiten einige Mühlen nach diesem Verfahren.

Es gibt aber auch Mühlensysteme, die Feingrieße direkt herstellen, deren Diagramm auf eine feinere Obergrenze eingestellt ist. Das bedeutet zweimal weniger Aufwand, zum einen weil die gesamte Nachvermahlungs-Anlage entfallen kann, zum anderen weil ein Feingrieß bereits in der Mühle weniger Verarbeitungsstufen und damit weniger Maschinen erfordert. Das lässt sich folgendermaßen erklären:

Wenn die Aufschrotung von der Riffelung und der Walzenführung her auf einen gröberen Grieß eingestellt wird, ist der Anteil schalenhaltiger Grießteilchen größer, als wenn schon beim Schroten mit flacherer Riffelung auf einen feinen Grieß hingezielt wird. Ein feiner Grieß ist also bereits am

Eingang der Putzmaschinen sauberer und benötigt bis zum Fertigprodukt weniger Putzdurchgänge und weniger Auflösungspassagen.

So lassen sich Mühlen, die exklusiv für die Herstellung von Feingrieß konzipiert sind, diagrammatisch wesentlich vereinfachen. Ein stark gefragtes Produkt ist z. Z. ein Grieß mit der Obergrenze von 400 µm. Soll eine Mühle speziell darauf eingerichtet werden, kann sie mindestens eine Schrot- und eine Auflösungspassage weniger haben als die konventionelle Mühle. In den Plansichtern liegen alle Vorsiebe und Siebe für die Trennung der Obergrenze entsprechend feiner, die Walzenführung ist angepasst etwas tiefer. Im übrigen gelten für diesen Mühlentyp noch die Regeln wie im Zusammenhang mit Abbildung 7-16 beschrieben.

Soll dagegen die Obergrenze 300 oder sogar 250 µm sein, würde eine dafür eingerichtete Mühle mehr einer Weichweizenmühle mit einer erweiterten Grießputzerei ähneln. Ein solcher Mühlentyp ist zur Zeit in Deutschland noch nicht existent, aber in Zukunft zu erwarten. Dann fällt auch ein Teil des Fertiggrießes an den Plansichtern an, das verringert den Bedienungsaufwand der Mühle, weil sie weniger Putzmaschinen hat. Durch mehr Achtwalzenstühle kann eine weitere Verkürzung des Verfahrens erzielt werden. Die Abstehzeiten können länger sein, die Mühle wird unempfindlicher bezüglich Schwankungen in der Abstehzeit wie auch in der Durummischung. Ein zeitweiser personalfreier Betrieb macht weniger Probleme.

Berechnungsgrundlagen – Spezifische Daten

Der Maschinenpark ist generell größer als in Mehlmühlen, die Aufteilung wegen der Vielzahl der Varianten schwierig darzustellen. Ungefähre Summen-Richtwerte zeigt die Tabelle 7-9.

Um die notwendige Passagenzahl zu realisieren, ist eine Mindestanzahl von fünf doppelten Putzmaschinen erforderlich. Bei einer Siebbreite von 300 mm ergeben sich 3000 mm Putzbreite und in der konventionellen Mühle eine

Tab. 7-9: Spezifische Daten

		Konventionelle Mühle	Feingrießmühle
Walzenlänge	Schrotungen	6–8	5–7 mm/dt/24h
	Auflösungen	6–8	5–7 mm/dt/24h
	Mahlungen	0–3	1–3 mm/dt/24h
	Summe	13–19	12–15 mm/dt/24h
Siebfläche		0,06–0,07	0,055–0,06 m^2/dt/24h
Putzbreite		6–8	3–7 mm/dt/24h

Tagesleistung von 35 bis 40 t als untere Grenze. Die Durchschnittsgröße liegt bei 200 t/24 h.

Mühlenbetrieb und Betriebsverhalten

Die wichtigste Voraussetzung für einen konstanten, störungsfreien Betrieb ist eine gleichmäßige Abstehzeit. Da sie im Vergleich zur Mehlmühle sehr kurz ist, gibt es Komplikationen im Fall einer Unterbrechung der Vermahlung, die Abstehzeit verlängert sich ungewollt. Beim Neustart der Mühle führt das zu einem veränderten Ergebnis, die Grieße werden unsauber. So muss gegebenenfalls kurzzeitig nachreguliert werden, bis nach Ablauf von etwa 4 Stunden wieder die normale Abstehzeit erreicht ist. Damit es gar nicht zu Unterbrechungen kommt, ist eine sorgfältige Wartung geboten, desgleichen eine gute Ausrüstung, ausreichende Sicherheiten, ohne Engpässe, und ein hoher Grad der Überwachung. Dann ist die Mühle auch weniger störanfällig, denn alle Produkte sind gut rieselfähig, weniger staubig, neigen weniger zu Verstopfungen. Allerdings ist die Wetterfühligkeit, d. h. der Einfluß der relativen Luftfeuchte, wegen der größeren Luftmengen durch die Putzmaschinen eher stärker als in Mehlmühlen und muss durch Nachregulierung kompensiert werden.

Führung der Mühle

Auch die Führung ist auf einen stabilen Lauf ohne Störungen auszurichten, es darf nirgends zu Engpässen oder Überlastungen kommen, denn jede Störung erzeugt kurzfristig unsauberen Grieß.

Die Walzenführung wird konstant gehalten, die Hauptregulierung geschieht mit den Putzmaschinen. Die Walzen I.–III. Schrot werden so eingestellt, dass die Abgänge vom IV. Schrot bestimmte, gleichmäßige Qualitäten im Sinne des vorgegebenen Diagramms erreichen, wie normale Belastung der Grobgrieß-Putzmaschine und qualitätsgleiche Feingrieße passend zum I.–III. Schrot. Nach einer einmal gefundenen optimalen Einstellung werden sie durch Siebanalysen kontrolliert. Die Zahlen in Tabelle 7-10 beziehen sich

Tab. 7-10: Beispiel einer Walzenführung und Beschüttung der vorderen Schrotwalzen

	Siebanalyse		Beschüttung bez. auf I. Schrot
	‹1 120 mm	›1 120 mm	
I. Schr.	15 %	85 %	85 % gehen nach II. Schrot
II. Schr	30 %	70 %	60 % gehen nach III. Schrot
III. Schr.	65 %	35 %	21 % gehen nach IV. Schrot

auf eine Mühle ohne Achtwalzenstühle, sie sind nur Richtwerte und sollen den Unterschied zur Führung einer Mehlmühle verdeutlichen. Zu beachten ist, dass der III. Schrot durch Zulauf von Putzmaschinenabstößen eine etwas höhere, der IV. Schrot eine erheblich höhere Belastung hat.

Die hinteren Schrotungen sind auf die Belastung der nachfolgenden Putzmaschinen und auf gut ausgemahlene Kleie einzustellen.

Die Auflösungen führt man am besten nach der Qualität und der Menge der nachfolgenden Vorsiebabstöße, sie sollen nicht zu mager sein, aber auch nicht zu viel guten Grieß enthalten. Umgekehrt müssen die Vorsiebe der Auflösungen auf die Walzenführung abgestimmt sein.

Die eigentliche Führung der Mühle erfolgt – wie schon erwähnt – mit den Putzmaschinen. Generell werden alle auf einen maximal möglichen Abzug von sauberem Fertiggrieß eingestellt, um möglichst keine Ware zu verschleppen. Andererseits muss eine kleine Sicherheit vorhanden sein, damit der Grieß nicht bei der kleinsten Belastungsschwankung unsauber wird. Die weiteren Putzmaschinenabgänge sind nach ihrer Qualität abgestuft auf die passenden Auflösungen zu führen. Dabei sind auch die Mengen zu beachten. Ist eine bestimmte Auflösung zu hoch belastet, muss mehr Produkt auf die davor und dahinter liegende gelenkt werden.

Die Einstellung der hinteren Putzmaschinen mit den letzten Feingrießen und -dunsten bestimmen die Grießausbeute. Sofern der Aschegehalt und der Feinanteil in der Siebanalyse noch unter den Grenzwerten liegen, kann von den jeweils besten Produkten mehr in den Fertiggrieß geführt werden. Diese Grenzprodukte gehen sonst auf die 1. Mahlung, deren Einlaufprodukt somit ein Spiegelbild der Ausbeute ist. So ist dies der Hauptüberwachungsbereich und die Justierung ist hier besonders sensibel, weil in dem Bereich meist Rundläufe liegen.

Ein Schwachpunkt sind die Putzmaschinenbürsten in ihrer Vielzahl. Ein Stocken einer einzigen Bürste kann den Produktlauf erheblich verschieben, so ist zur Vorbeugung von Störungen ohnehin eine tägliche Kontrolle der Abstöße notwendig.

Fertigprodukte

Im konventionellen Verfahren werden oft zwei Typen im Verbund gezogen, typisch ist der unten genannte Verbund SSSE–SSF. Feingrieße sind meist durchgemahlen und kommen aus Feingrießmühlen oder werden aus SSSE-Grieß durch eine nachgeschaltete Vermahlungsanlage auf eine feinere Granulation kalibriert. Das dabei anfallende Mehl bleibt im Produkt, was von den meisten Abnehmern toleriert wird.

Die wichtigsten Endprodukte sind:

- Spezialgrobgrieße, in kleinen Mengen (G = gros) 800–600 µm
- Teigwaren- und Haushaltsgrieße (SSSE = Semoule superieure spezial extra) 600–200 µm
- Teigwarenfeingrieß (SSF = Semoule superieure fine) 400–125 µm
- Teigwarengrieße SSSE reduziert 400–125 µm
- »Einheitsgrieße« (durchgezogen) 600–125 µm
- oder »Einheitsgrieße« (durchgezogen) reduziert 400–125 µm
- Feingrieße 300–0 µm
- Durummehl Type 1 600
- Durumnachmehl (Aschegehalt 2,0–3,0 %)

Viele Abnehmer stellen detaillierte Ansprüche, oft müssen für jeden Kunden spezielle Grieße erzeugt werden, wobei nicht nur Ober- und Untergrenzen, sondern auch minimale und maximale Zwischenwerte gefordert sind. Dazu kommt die Einhaltung der Aschegrenzen, sodass die Einstellung von Verbunden erheblich mühsamer ist als in Mehlmühlen. Die Siebanalyse ist die wichtigste Kontrolluntersuchung, die Tabelle 7-11 zeigt Beispielergebnisse und die üblichen Siebsätze.

Die Ausbeute ist meist durch die Höchstaschewerte begrenzt, manchmal auch durch die Grießuntergrenze. Sie ist mit dem geforderten maximalen Feinanteil durch 160 µm gegeben, d. h. wenn der Kunde im Feingrieß SSF statt wie im obigen Beispiel 14 % nur 12 % toleriert, muss von der feinsten Putzmaschine etwas mehr auf die Mahlungen statt in den Fertiggrieß laufen.

Die Ausbeuten unterliegen rohstoffbedingt starken Schwankungen. Der (unvermeidliche) Mehlanfall an den Schrotungen und Auflösungen liegt bei ca. 7 %, abhängig von der Glasigkeit der Rohfrucht. Die niedrigste Grießasche ist aufgrund des höheren Endosperm-Mineralstoffgehalts von Durum um 0,6 %, die niedrigste Passagenmehlasche merkwürdigerweise aber bei etwa 1,2 %. Allerdings ist die Mehlfarbe etwas heller mit gelblichem Farbton als die vom Weizenmehl bei gleichem Mineralstoffgehalt.

Tab. 7-11: Typische Siebanalysen

Grieß SSSE		Feingrieß SSF		Einheitsgrieß durchgezogen		Grieß SSSE reduziert	
µm	%	µm	%	µm	%	µm	%
>630	0,5	>500	1,0	>630	0,5	>500	0,5
>500	15,5	>400	6,0	>500	8,0	>400	6,0
>400	34,0	>250	35,0	>400	20,0	>250	60,0
>200	48,0	>160	44,0	>200	60,0	>160	25,0
<200	2,0	<160	14,0	<200	11,5	<160	8,5

Tab. 7-12: Beispiel einer typischen Ausbeute

	Ausbeute %	Mineralstoff-gehalt %
SSSE	40	0,75
SSF	26	1,1
Summe	66	0,888
1600	6	1,7
Nachmehl	8	3,0
Kleie	19	5,0

Qualitätsmerkmale

Die wichtigsten täglichen Kontrolluntersuchungen für die Grieße sind:

- Feuchtigkeit – Asche
- Stippen – Farbe
- Granulation durch Siebanalyse

Da sowohl die Stippenzählmethode wie auch die Siebanalyse keine Standardmethoden sind, ist eine gute Abstimmung zwischen den Laboratorien von Mühle und Kunde erforderlich.

7.3 Mühlenbetrieb

Die Ausführungen in diesem Abschnitt beziehen sich auf die Weizenvermahlung, die ja insgesamt mit großem Abstand überwiegt. Auf die Roggenvermahlung sind die Zahlenangaben sinngemäß anzuwenden, die Durumvermahlung wurde unter 7.2.6 behandelt.

7.3.1 Schrotwalzenführung und Siebanalyse

Die Walzeneinstellung wird normalerweise sensorisch ausgeführt, sie gehört zur Kunst des Müllers, sie ist überhaupt seine wichtigste handwerkliche Tätigkeit. Die aus einer Kombination von Fühlen, Schütteln und Ansehen der Handprobe (manchmal auch noch Hören des Mahlgeräuschs) bestehende Prüfung muss vom Jungmüller lange geübt werden, denn das Produkt sieht an jeder Passage anders aus. Das Ziel ist stets die selektive Zerkleinerung, also immer möglichst wenig Schale, aber viel Mehlkern zu ermahlen.

Entscheidenden Einfluss hat die I. und II. Schrotung, aber gerade diese Produkte können sehr unterschiedlich sein. Da es sich um die gröbsten Produkte der Mühle handelt, sind die Schwankungen bei weichem – hartem – zähem Weizen, bei unterschiedlichen Feuchtigkeiten und dazu noch unterschiedlichen Riffelschärfen so groß, dass diese Wechselwirkungen die sensorische Einstellung auf einen bestimmten Durchfall durch ein Prüfsieb mit 1 120 µm (dies wird zumeist benutzt) schwierig macht.

Anders sind die Verhältnisse bei Roggen und Durum. Die Roggenschrotungen werden sehr viel tiefer geführt, die Produkte sind daher weicher und die Gefühlseinstellung genauer.

Die Einstellung der I. und II. Schrotung in Weizenmühlen und der I. bis III. Schrotung in Durummühlen durch Siebanalyse empfiehlt sich immer

- bei Wechsel der Weizenmischung oder Vermahlungsfeuchtigkeit,
- wenn die Einstellung durch verschiedene Personen auszuführen ist.

Läuft die I. und II. Weizenschrotung über einen Achtwalzenstuhl, genügt für die Einstellung der I. Schrotung die Handprobe, nur die II. Schrotung ist durch Siebanalyse zu kontrollieren, denn die Beschüttungen der Folgepassagen sind allein vom Produkt unter der II. Schrotwalze abhängig.

Die I. und II. Schrotung bilden bei Weizen eine Schlüsselstellung, die Zwischenprodukte dieser beiden Passagen laufen normalerweise zusammen und beschütten die Passagen der 1. Qualität mit einem Gesamtmehlanfall (zusammen mit den beiden Schrotmehlen) um 50 %. Schon eine geringe Fehleinstellung führt zu großen Beschüttungsverschiebungen.

Die Siebanalyse gehört nicht zu den ICC-Standard-Untersuchungsmethoden, weil sie sich nicht generell standardisieren lässt. Es gibt unterschiedliche Analysensichter und auch das Produkt selbst verursacht eine erhebliche Fehlerstreuung, allein schon durch Feuchtigkeitsschwankungen. Die im Folgenden beschriebene Methode ist eine spezielle Empfehlung zur Prüfung der Walzenführung:

Schrotanalysen dürfen nicht aus einem vorgewogenen Muster gemacht werden, wie es z. B. bei Mehl oder Grieß möglich und auch üblich ist. Bei einer Vorwiegung von 100 g erspart man sich das Rechnen nach dem Auswiegen der Fraktionen, denn Gramm sind gleich Prozent. Bei Schrot ist aber die Entmischungsgefahr zu groß. Das mithilfe eines Blechs oder einer Schaufel unter den Walzen gezogene Muster muss im Ganzen gesiebt werden. Das übliche Prüfsieb ist die Nr. 1 120 µm (die alte Nr. Draht 20), oder auch 1 000 µm. Es muss nicht unbedingt mit dem Vorsieb im Plansichter übereinstimmen.

Weitere Richtwerte bei Siebdurchmesser 20 cm (früher auch 22 oder 25 cm):

- Mustergröße 150–200 g,
- Siebzeit 3 min bei einem Sieb oder 10 min bei fünf Sieben.

Aus den Wägeergebnissen sind dann die Prozente auszurechnen. Abbildung 7-19 zeigt eine Grafik zur direkten Ablesung

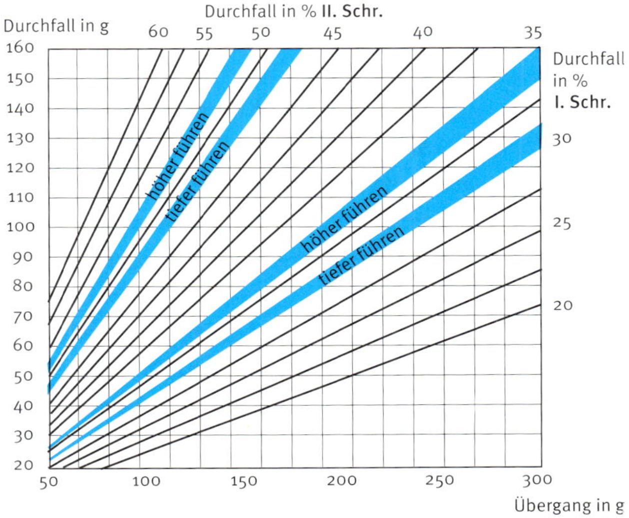

Abb. 7-19: Diagramm zur prozentualen Berechnung des Siebdurchfalls mit beispielhafter Eintragung des Sollbereichs und der Toleranzen

der Prozentzahlen ohne zu rechnen. Der Obermüller kann sie noch um die Sollwerte der Führungen und zulässigen Abweichungen ergänzen [6].

Vollständige Siebanalyse

Bisher war nur von einer Analyse mit einem Prüfsieb die Rede, was zur Kontrolle der Walzenstühle ausreicht. Für eine vollständige Untersuchung aller Zwischenprodukte siebt man das Muster mit einem kompletten Siebsatz von fünf Sieben. Das gröbste Sieb liegt oben, die nächstfolgenden haben immer kleinere Maschenweiten. Für die Durchführung gilt das im vorigen Abschnitt gesagte. Für jede einzelne Rückstandsfraktion werden zunächst die Einzelprozentwerte ausgerechnet, dann werden von oben beginnend diese Einzelwerte summiert. Der erhaltene Summenprozentwert zeigt dann den Rückstand auf dem jeweiligen Sieb so, als wenn man nur das eine Sieb benutzt hätte. Anders erklärt: Die errechneten Summenprozente würde man (annähernd) auch erhalten, wenn man fünf einzelne Siebanalysen mit den fünf verschiedenen Sieben machen würde. Nur annähernd deshalb, weil bei der Einzelsiebung die Belastung ein wenig anders ist und – wie oben erwähnt – deshalb die Siebzeit kürzer genommen wird.

In den Tabellen 7-13 und 7-14 sowie in Abbildung 7-20 werden typische Siebanalysen vom I. und II. Schrot gezeigt und bei der Gelegenheit mit der Analyse bei Doppelvermahlung verglichen. Die Analysen in Tabelle 7-13 entsprechen einer Schrotführung mit einem Rückstand von 60 % am I. und 45 % am II. Schrot, gesiebt mit Prüfsieb 1 120 µm. Spricht man allein von der Schrotführung, werden normalerweise nicht die Rückstände, sondern die Siebdurchfälle genannt, das wären dann 40 % am I. und 55 % am II. Schrot. Bei dem Siebsatz wurde als gröbstes Sieb 1 000 µm gewählt, weil im 1. Abstoß des I.-Schrotsichters dieses Sieb eingelegt ist. Zum Vergleich mit der Doppelvermahlung müssen nun alle Fraktionen unter 1 000 µm vom II. Schrot auf die Beschüttung des I. Schrots umgerechnet und dann vom I. und II. Schrot summiert werden. Am I. Schrot ist auf dem Sieb 1 000 µm ein Rückstand von 63,4 % als Beschüttung für den II. Schrot. Die Einzelprozente der II.-Schrot-Analyse multipliziert mit 0,63/100 finden wir in der letzten Spalte unter »II. bez. auf I.«.

Die nächste Tabelle 7-14 zeigt nun in der 1. und 2. Spalte den Rückstand auf 1 000 µm vom II. Schrot und darunter die rechnerische

Tab. 7-13: Typische Siebanalysen vom I. und II. Schrot (E% = Einzelprozent, S% = Summenprozent)

Sieb	I. Schr		II. Schr		II. bez. auf I.	
	E%	S%	E%	S%	E%	S%
(1120)		60%		45%		
1000	63,4	63,4	50,3	50,3	31,9	31,9
630	11,9	75,3	15,7	66	10	41,8
450	6,5	81,8	8,5	74,5	5,4	47,2
280	6,5	88,3	9,0	83,5	5,7	52,9
Boden	11,7	100	16,5	100	10,5	63,4

Tab. 7-14: Vergleich I. / II. Schrot mit und ohne Zwischensiebung (Doppelvermahlung)

Sieb	Summe I.+II. Schr		Doppelvermahlung	
	E%	S%	E%	S%
1 000	31,9	31,9	31,9	31,9
630	21,9	53,8	16,1	48,0
450	11,9	65,7	12,0	60,0
280	12,2	77,9	13,0	73,0
Boden	22,1	100,0	27,0	100,0

Summe der Fraktionen unter 1 000 µm vom I. und II. Schrot. Man stelle sich vor, die Feinfraktionen des I. Schrots laufen mit dem Produkt unter der II.-Schrotwalze zusammen, die Siebanalyse davon würde diese Zahlen ergeben. Sie sollen hier zum Vergleich mit der Siebanalyse der Doppelvermahlung dienen, die in der 3. und 4. Spalte aufgeführt ist. Die Walzen des Achtwalzenstuhls sind so geführt, dass nach dem II. Schrot der gleiche Rückstand bleibt, wie in der rechnerischen Summe der Vermahlung mit der Zwischensiebung, nämlich 31,9 %. Und nun sieht man die Auswirkung der Doppelvermahlung, weniger Grobgrieß zwischen 1 000 und 630 µm, etwa gleich viel Mittelgrieß zwischen 630 und 450 µm und mehr Feingrieß, Dunst und Mehl. Im gleichen Maße verschieben sich auch die Passagenbeschüttungen in der Mühle, was schon in Kapitel 7.2.2 angesprochen wurde, aber kein Nachteil ist.

Anschaulicher werden die Zahlen, wenn man sie graphisch darstellt. In Abbildung 7-20 sind auf der Waagerechten die lichten Maschenweiten der Siebe und auf der Senkrechten die Rückstands-(=Summen-) Prozente eingetragen. Die Kurven lassen sich besser vergleichen als Zahlenkolonnen und man kann aus ihnen auch jede Zwischengröße ablesen.

Für wissenschaftliche Studien, Unterrichtszwecke oder Verfahrensentwicklung kann man darüber hinaus alle Einzelfraktionen der Siebanalysen veraschen und in Aschekurven umrechnen. Damit lässt sich z. B. in Reihenuntersuchungen die optimale Walzenführung ermitteln oder es können unterschiedliche Walzenriffelungen, Voreilungen etc. verglichen werden. Dazu sei auf die angeführte Literatur verwiesen [18, 19, 25].

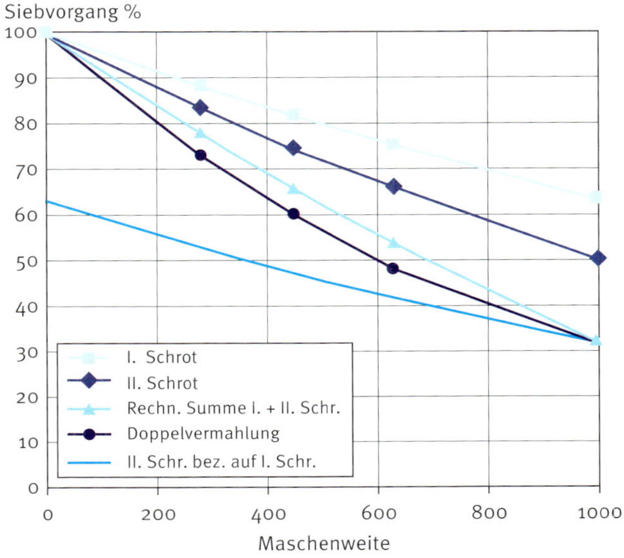

Abb. 7-20: Schrotanalysen nach Tab. 7-9 und 7-10

Wenn von den Siebanalysen nun auf die Passagenbeschüttungen übergeleitet wird, muss auf den Unterschied zwischen Analysensichter und dem Plansichter in der Mühle hingewiesen werden. Da man mit dem Analysensichter ein möglichst wirklichkeitstreues Ergebnis haben möchte, sind Belastung und Siebzeit auf eine scharfe Absiebung abgestimmt, die im großen Plansichter nicht erreicht wird und auch nicht erreicht werden muss. Man kann annehmen, dass praktisch in jedem Plansichterabstoß Feinprodukt – man nennt es Fehlkorn – in der Größenordnung von 5 bis 10 % vom Produkt enthalten ist. Eine (unnötige) schärfere Absiebung würde eine unverhältnismäßig große Siebfläche erfordern.

7.3.2 Produktfluss und Passagenbeschüttungen

Aus der Walzenführung und der Plansichterbespannung ergeben sich die Beschüttungen der jeweiligen Folgepassagen. In der Tabelle 7-15 ist ein Beispiel aufgeführt, das sich auf das Diagramm der Weizenmühle in Abbildung 7-8 und die Schrotführung in Abschnitt 7.3.1 bezieht.

Die Summe der Endprodukte ist wegen des Feuchtigkeitabfalls während der Vermahlung nur 98 % vom Eingangsgewicht. Siehe dazu Kapitel 7.3.6.

Eine andere Darstellung der Produktführung wird mit dem Diagramm in Abbildung 7-21 gezeigt. Zur Unterscheidung und Bewertung aller Zwischen- und Endprodukte werden drei Eigenschaften herangezogen, nämlich

- Qualität (Mineralstoffgehalt in %),
- Granulation (Korndurchmesser in µm),
- Ausbeute (bezogen auf die Beschüttung der I. Schrotung in %).

In dem Diagramm sind alle Zwischen- und Endprodukte in ein Koordinatensystem eingeordnet, in welchem waagerecht die Qualität in % Mineralstoffgehalt und senkrecht die Körnung in µm eingetragen ist. Die Mengenanfälle der einzelnen Zwischenprodukte sind durch die Größe der Sektoren (voller Kreis = 100 %) und die Anzahl der Pfeile dargestellt. Jeder Pfeil entspricht etwa 5 % Beschüttung. Der Lauf der Produkte ist in großen Zügen aus den Laufpfeilen erkennbar, wobei die nach rechts gerichteten Pfeile die Laufrichtung der gröberen, aschereichen Produkte und die nach links gerichteten die feineren, aschearmen Produkte andeuten.

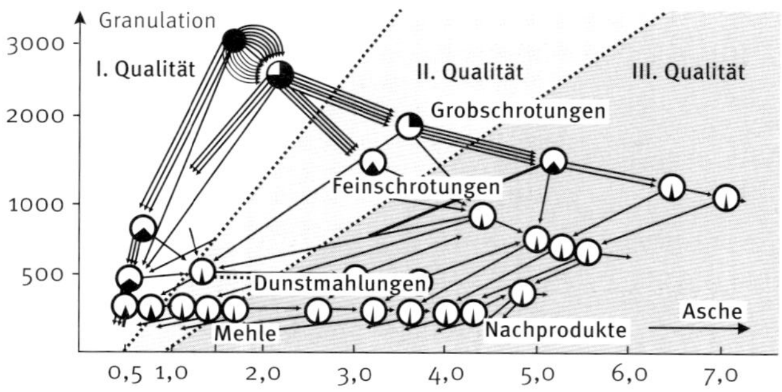

Abb. 7-21: Korngrößen-Asche-Diagramm einer Weizenmühle

Tab. 7-15: Beschüttungstabelle und Endprodukte der Weizenmühle

Passage	Beschüttung % vom I. Schr	Mehl	Nachm.	Keime	Kleie
I. Schr	100	6			
II.	63	5			
So	23	5			
1. A	31	10			
2. A	28	14			
1. M	20	12			
III.	34	4			
KS 1	10				
3. A	12	3		0,5	
2. M	14	6			
3. M	8	4			
IV.	24	2			
KS 2	11				8
4. M	8	2			
5. M	5	2			
6. M	3	1			
V. f	9	1			
KS 3	6				5
7. M	4	0,5			
8. M	4,5	0,5	0,5		4
MS	7	2			
Summe	425	80	0,5	0,5	17

Die ungefähren Bereiche der 1., 2. und 3. Qualität sind durch gestrichelte Linien getrennt. Die Abbildung soll nur die Zusammenhänge zwischen Mengen, Körnungen und Qualitäten verdeutlichen.

Es gibt noch viele andere Möglichkeiten der Darstellung des Mengenflusses, eine weitere ist mit der Tabelle 7-16 gezeigt und mit ihr gleichzeitig die Beschüttungen in der Roggenmühle nach Abbildung 7-12. Sie gibt von allen Darstellungen die ausführlichste Information, näheres in der Tabellenüberschrift.

Rücklauf und Rundlauf

Die beiden in der Überschrift der Tabelle 7-16 erwähnten Begriffe bedürfen einer Erklärung. Wenn ein Zwischenprodukt auf eine vorhergehende Passage zurückläuft, kann das zu einem Rundlauf führen, muss aber nicht. Im Diagramm der Roggenmühle gibt es zwei Rückläufe, von KS 2 zum II.-Schr.-Sichter und von KS 4 zum VI.-Schr.-Sichter. Der erstere ist mit Sicherheit dann kein Rundlauf, wenn im 1. Abstoß des II.-Schr.-Sichters die Sieb-Nr. 1 000 eingelegt wäre. Dann würde der Durchfall von KS 2 (durch 1 mm = 1 000 µm) im Wiederholungsdurchgang auch durch das Sieb 1 000 im II.-Schr.-Sichter fallen und nicht auf die KS 2 zurückkommen. Nun liegt aber im II.-Schr.-Sichter die Nr. 800 und es könnte theoretisch der Anteil zwischen 800 und 1 000 µm im Wiederholungslauf auf die KS 2 zurückkehren. Praktisch passiert das aber nicht, denn die Kleieschleuder siebt nach dem Prinzip des Schleudersichters. In Abbildung 7-22 wird erklärt, warum der Siebdurchfall durch die tangentiale Beaufschlagung wesentlich feiner ist als bei einem Plansichter. Um wieviel kann nicht generell berechnet werden, das hängt wesentlich von der Konstruktion der Maschine (Schlägerstel-

Tab. 7-16: Beschüttungs- und Verteilungstabelle der Roggenmühle nach Abb. 7-12 in % bezogen auf I. Schrot. Die Passagen sind waagerecht und senkrecht in der Reihenfolge der Hauptfließrichtung geordnet. Aus jeder waagerechten Zeile ersieht man die Zwischenprodukte, die von der Passage der linken Spalte zur Passage der oberen Zeile laufen. An der diagonalen Nahtstelle bildet sich eine Treppenlinie. Produkte, die links aus dieser Treppenlinie herausragen, sind als Rücklaufprodukte erkennbar. Sie müssen besonders beachtet werden, damit kein Rundlauf entsteht. Die Spaltensummen sind die Gesamtbeschüttungen der jeweiligen Passage.

	KS 1	**So**	**1 Mg**	**1 Mf**	**II**	**KS 2**	**2M**	**III**	**KS 3**	**3. M**	**MS**	**IV**	**V**	**VI**	**KS 4**	**VII**	**Mehl**	**NM**	**Kleie**
I. Sch	40	28			10												22		
KS 1			8		32														
So			20														8		
1 Mg				11				6									10		
1 Mf					4												7		
II						18	18	6									9		
KS 2					6			12											
2. M								9									9		
III									11	13		4					5		
KS 3											4	7							
3. M												8					3		
MS												1					3		
IV													17				3		
V														16			1		
VI															7	9	2		
KS 4														2					5
VII																	2	1	6
	40	28	27	11	52	18	18	33	11	13	4	20	17	18	7	9	86	1	11

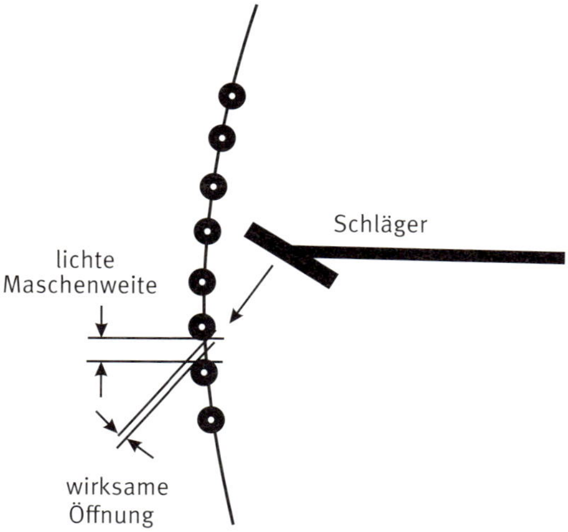

Abb. 7-22: Siebwirkung eines tangential beaufschlagten Siebs

lung und Geschwindigkeit) und dem verwendeten Sieb (Maschenweite und Siebstärke) ab. In Abbildung 7-22 ist das Sieb als Gewebe dargestellt. Bei Lochblech ist der Effekt der gleiche, dann kommt aber noch die Differenz zwischen Quadratöffnung und Kreisöffnung hinzu, d. h. ein Sieb mit 1 mm Rundloch ist feiner als ein Gewebe mit 1 mm lichter Maschenweite.

Kommt es zu einem Rundlauf, schaukelt sich die Beschüttung immer höher auf, bis es durch Überlastung zu einer Störung kommt oder die höhere Beschüttung führt zu einer schlechteren

Absiebung und der Zustand stabilisiert sich. Das wäre aber ein Führungsfehler mit nachteiligen Folgen und muss vermieden werden. Ein Rücklauf kann auch über mehrere Passagen gehen, wie im Beispiel der Weizenmühle nach Abbildung 7-8: Durchfall KS 3 nach MS, Abstoß MS zurück nach IV.-Schr.-Sichter. In diesem Fall liegt mit dem V. Schr. f. eine Vermahlungsstufe im Rundlauf, das Produkt wird also etwas zerkleinert und die Gefahr einer Aufschaukelung ist geringer. In jedem Fall ist ein Rücklauf mit Rundlaufverdacht sorgfältig zu beobachten und gegebenenfalls zu beheben. Eine Ausnahme ist die Durumvermahlung (s. 7.2.6).

7.3.3 Typenmüllerei

Wie schon im Kapitel Getreidekunde ausgeführt, sind die Mineralstoffe im Getreide, die bei der Verbrennung als Asche zurückbleiben, sehr unterschiedlich im Korn verteilt.

Botanisch hat der Mehlkern mit einem Anteil von gut 80 % einen Mineralstoffgehalt von 0,4 bis 0,5 %, die ihn umgebenden Schalenschichten zusammengenommen etwa 8 %. Auch innerhalb des Mehlkerns haben manche Weizensorten eine unterschiedliche Verteilung, die von 0,3 % im Inneren bis 0,8 % in den Randschichten des Mehlkerns reichen kann.

Müllerisch wird durch die selektive Zerkleinerung eine möglichst saubere Trennung angestrebt, die aber praktisch nicht ganz erreicht werden kann. Bei Betrachtung der einzelnen Passagenmehle auf ihren Mineralstoffgehalt findet man in den vorderen Passagen einen niedrigen, in den mittleren einen allmählich ansteigenden und in den hinteren einen stark ansteigenden Mineralstoffgehalt. Die Erklärung dafür ist der in den hinteren Passagen zunehmende Schalenanteil im Mahlgut, von dem unvermeidbar etwas auf Mehlfeinheit zerkleinert wird und ins Mehl gelangt.

Es ergibt sich also eine Abhängigkeit zwischen der Mehlausbeute und dem Mineralstoffgehalt – je höher die Ausbeute, desto höher der Mineralstoffgehalt und desto dunkler auch die Farbe. Aus dieser Tatsache heraus wurde in Deutschland 1934 durch Prof. Mohs eine Mehltypen-Verordnung nach ihrem Mineralstoffgehalt – damals sagte man Aschegehalt – entwickelt, die in ihrem Kern heute noch besteht. So hat z. B. die Mehltype 550 einen Mineralstoffgehalt von 0,55 %, die Type 1600 von 1,6 %, immer bezogen auf die Trockensubstanz. Somit lässt sich der Ausmahlungsgrad eines Mehls im Nachhinein indirekt durch Veraschung prüfen. Da jedoch der Mineralstoffgehalt im Mehl wie auch im ganzen Korn sortenbedingten Schwankungen unterliegt, wurden nach oben und unten Latitüden und Grenzwerte festgelegt, die dem Müller eine Ausgleichsmöglichkeit geben.

Die heute gültigen Typenregelungen sind für die deutschsprachigen Länder im nächsten Kapitel zusammengestellt.

Man spricht mühlenintern immer noch vom »Aschegehalt«, weil er das Ergebnis der Veraschung eines Mehlmusters ist. Für den Laien oder Kunden ist ein »Aschegehalt im Mehl« missverständlich und man bemüht sich in Deutschland deshalb seit längerem, den Ausdruck durch den »Mineralstoffgehalt« zu ersetzen. Im Kundenverkehr ist das mit der DIN-Norm 10 355 auch weitgehend durchgesetzt. Im Mühlenbetrieb wird es schwer sein, einen so fest geprägten kurzen Begriff – der früher offiziell war und in anderen Ländern heute noch offiziell ist – durch einen langen zu ersetzen.

Mehltypen-Verordnungen

Für die deutschsprachigen Länder sind im folgenden die wichtigsten Daten zusammengestellt.

Deutschland

Die Vorschriften stehen in der deutschen Norm DIN 10 355, hier die beiden ersten Seiten:

Anwendungsbereich

Diese Norm gilt für Mahlerzeugnisse aus Getreide.

Begriffe

Getreide im Sinne dieser Norm sind Roggen (*Secale cereale*), Weizen (*Triticum aestivum*), Durumweizen (*Triticum durum*) und Dinkel (*Triticum spelta*).

Mahlerzeugnisse im Sinne dieser Norm sind Mehl, Backschrot, Vollkornmehl, Vollkornschrot, Grieß und Dunst.

Bezeichnung

Bezeichnung eines Weizenmehls (WM), Type 405:
Weizenmehl DIN 10355–WM 405

Anforderungen

Mahlerzeugnisse aus Getreide müssen den in Tabelle 7-17 aufgeführten Anforderungen entsprechen.

Tab. 7-17: Anforderungen der DIN-Norm 10355

Mahlerzeugnisgruppe	Mahlerzeugnis			Mineralstoffgehalt in g je 100 g Trockenmasse [4]		Siebrückstand in % [1] auf Siebboden [2] Maschenweite mm				
	Benennung	Kurzzeichen	Type	Mindestwert	Höchstwert	0,8	0,5	0,315	0,224	0,160
Mehl	Weizenmehl	WM	405	–	0,50			–		
			550	0,51	0,63					
			812	0,64	0,90					
			1 050	0,91	1,20					
			1 600	1,21	1,80					
	Durum-Weizenmehl	DWM	1 600	1,55	1,85					
	Dinkelmehl	DM	630	–	0,70					
			812	0,71	0,90					
			1 050	0,91	1,20					
	Roggenmehl	RM	815	–	0,90					
			997	0,91	1,10					
			1 150	1,11	1,30					
			1 370	1,31	1,60					
			1 740	1,61	1,80					
Backschrot	Weizenbackschrot	WBS	1 700	–	2,10			–		
	Roggenbackschrot	RBS	1 800	–	2,20					
Vollkornmehl [3]	Weizenvollkornmehl	WVM	–	–				–		
	Dinkelvollkornmehl	DVM	–	–						
	Roggenvollkornmehl	RVM	–	–						
Vollkornschrot [3]	Weizenvollkornschrot	WVS	–	–				–		
	Dinkelvollkornschrot	DVS	–	–						
	Roggenvollkornschrot	RVS	–	–						
Grieß	Weizengrieß	WG	–	–		0	–	≥ 25	≥ 90	–
Dunst	Weizendunst	WD	–	–		–	0	‹ 25	–	≥ 90

[1] *Massenanteil*
[2] *Drahtsiebböden nach DIN 4188 Teil 1*
[3] *Vollkornmehl und Vollkornschrot müssen die gesamten Bestandteile der gereinigten Körner, einschließlich des Keimlings, enthalten. Die Körner dürfen vor der Verarbeitung von der äußeren Fruchtschale befreit sein.*
[4] *Bei den Grenzwerten handelt es sich um gemessene Werte unter Einschluss der methodisch bedingten Fehlertoleranzen.*

Österreich

Die Abschnitte 8 bis 10 »Allgemeine Beschaffenheit der Mahl- und Schälprodukte« im Codexkapitel B 20 des Österreichischen Lebensmittelbuchs enthalten folgende Vorschriften:

Für den Feuchtigkeitsgehalt der Mahl- und Schälprodukte gelten folgende Höchstwerte:

- für Schrot, Grieß und Dunst 15,8 %
- für Mehle aller Typen sowie für Schälprodukte (soweit nicht im einzelnen anders festgelegt) 15,5 %
- für Vollschrote und Vollmehle in Kleinpackungen 14,5 %

Die Mahlprodukte werden nach dem Aschegehalt typisiert. Handelsüblich sind die in Tabelle 7-18 aufgeführten Mehltypen.

Mahlprodukte können sich auch aus Produkten verschiedener Handelsgetreidearten zusammensetzen und auch mit anderen Aschegehalten hergestellt werden. Sie sind nach ihrer Zusammensetzung und nach dem Aschegehalt zu kennzeichnen, wobei die Toleranz des Aschegehalts 10 % beträgt.

Der Säuregrad ist bei der Beurteilung von Mahl- und Schälprodukten zu berücksichtigen. Die angegebenen Typennummern der einzelnen Mahlprodukte bedeuten den 1 000-fachen Aschegehalt in % der Trockensubstanz (W = Weizenmahlprodukt, R = Roggenmahlprodukt).

Tab. 7-18: Aschetoleranzen und Säuregrade der österreichischen Mehltypen

Mahlprodukt	Type	Aschetoleranz % i. Tr.	Säuregrad	
			Normalwert	Grenzwert
Weizengrieß Weizendunst	W 480	0,33–0,58	1,6	2,4
Weizenauszugsmehl Weizenkoch- und -backmehl	W 700	0,66–0,79	1,9	2,5
Weizenbrotmehl	W 1 600	1,5–1,75	3,3	4,1
Weizenvollkornschrot Weizenvollkornmehl Weizenbackschrot		1,5–1,9	3,0	3,6
Roggenvorschussmehl	R 500	0,43–0,57	1,6	2,4
Roggenbrotmehl	R 960	0,88–1,08	2,6	3,3
Schwarzroggenmehl	R 2 500	2,0–3,0	5,1	5,9
Roggenvollkornschrot Roggenvollkornmehl Roggenbackschrot		1,5–1,9	3,8	4,5

Schweiz

Im Schweizerischen Lebensmittelbuch sind die Mehltypen wie folgt umschrieben:

Backmehle aus Weichweizen

Weißmehl Typ 400 ist ein Auszugsmehl, das bei der Herstellung von Halbweißmehl bzw. Ruchmehl entzogen wird. Es entspricht 20 bis 40 % (durchschnittlich ca. 30 %) des Weizenkorns. Der Mineralstoffgehalt (Asche) beträgt bis 0,48 % der Trockenmasse.

Weißmehl Typ 550 ist, ohne Mehlentzug, ca. bis 65 % ausgemahlen. Der Mineralstoffgehalt beträgt 0,49 bis 0,58 % der Trockenmasse. Dieser Mehltyp wird vielmals anstelle des Typs 400 verwendet.

Halbweißmehl Typ 720 ist ein Mehl mit möglichst wenig Schalenteilchen, welches nach Abzug von Weißmehl Typ 400 bis 75 % des ganzen Korns ausmacht. Der Mineralstoffgehalt beträgt 0,64 bis 0,76 % der Trockenmasse.

Ruchmehl Typ 1 100 ist dunkler als Halbweißmehl und macht nach Entzug des Weißmehls bis 85 % des ganzen Korns aus. Der Mineralstoffgehalt beträgt 1,00 bis 1,15 % der Trockenmasse.

Vollkornmehl Typ 1 900 ist das feiner oder gröber gemahlene backfähige ganze Getreidekorn. Alle Vollkornmehle und Vollkornschrote müssen die gesamten Bestandteile der gereinigten Körner einschließlich des Keimlings enthalten. Die Körner dürfen vor der Verarbeitung von der äußeren Fruchtschale befreit sein (Ausmahlung mindestens 98 %). Grahammehle sind Vollkornmehle. Der Mineralstoffgehalt beträgt 1,7 bis 2,1 % der Trockenmasse.

Die übrigen Backmehle müssen ebenfalls mit der Typenbezeichnung gekennzeichnet werden (Mineralstoffgehalt in mg/100 g), wobei die Abweichung des Mineralstoffgehalts nicht höher als 50 mg/100 g sein darf.

Backmehle aus Roggen

Roggenmehl hell, Roggenmehl dunkel, Roggenvollkornmehl, Roggenschrot. Die Typenbezeichnung bzw. die Ausmahlungsgrade sind analog den Weizenmehltypen.

Backmehle aus Dinkel (Kornkerne)

Dinkelmehl hell, Dinkelmehl dunkel, Dinkelvollkornmehl, Dinkelschrotmehl, Dinkelschrot. Die Typenbezeichnung bzw. die Ausmahlungsgrade sind analog den Weizenmehltypen.

Aschekurve

Die Aschetabelle und die aus ihr errechnete Aschekurve ist ein wichtiges und bequemes Instrument zur Berechnung und Zusammenstellung der Mehltypen. Sie dient auch zur Beurteilung und Bewertung der Mahlfähigkeit von Getreidesorten oder dem Wirkungsgrad einer Mühle. Zur Aufstellung einer Aschetabelle müssen die Ausbeuten und Aschegehalte mindestens aller Passagenmehle vorliegen, besser aller Endprodukte bis einschließlich der Kleie. Das Ziehen der Muster mit gleichzeitiger Mengenbestimmung erfordert einige Sorgfalt. Wenn nicht über den Mehlschnecken eine Möglichkeit zum Abfangen von Mustern vorgesehen ist, muss dies an den Plansichterauslaufschläuchen geschehen. In jedem Fall muss das System zum Musterziehen geöffnet werden, wobei wegen des vorhandenen geringen Unterdrucks Luft nach innen strömt. Da dies zu Fehlern führen kann, sind vor der Aktion alle Fühlstutzen der Plansichterausläufe für Mehl zum Luftausgleich zu öffnen. Weiterhin muss eine gleichmäßige Einspeisung des Getreides in die Mühle sowie ein gleichmäßiger Lauf an den Walzenstuhlspeisungen sichergestellt sein. Es darf keine Speisung wellenförmig öffnen und schließen oder gar den Walzenstuhl ausrücken.

Dann fängt man jedes Passagenmehl je nach Anfall 30 oder 60 Sekunden lang – mit der Stoppuhr gemessen – zur anschließenden Verwiegung ab. Die Verwiegung muss mindestens am gleichen Tag sobald wie möglich erfolgen, damit die Muster nicht austrocknen. Mit der Verwiegung werden gleichzeitig Proben zur Veraschung gezogen. Dann werden sofort die Ausbeuteprozente aller Produkte errechnet und summiert. Die Summe muss mit der am Ausbeuterechner gezeigten auf ±1 bis 2 % übereinstimmen, also zwischen 96 und 99 % liegen. Bei größerer Abweichung muss man sich überlegen, ob man die Messung trotzdem weiter auswertet und einen Fehler in Kauf nimmt oder ob man sie wiederholt.

Nach Vorliegen aller Aschewerte aus dem Labor wird die Tabelle wie folgt gerechnet:

Die Ausbeute- und Ascheprozente aller Passagen werden – mit dem niedrigsten Aschegehalt beginnend – nach aufsteigendem Aschegehalt aufgelistet. Dann wird die Ausbeute, die bisher auf die Getreidewaage am I. Schrot bezogen ist, auf die Summe der Endprodukte umgerechnet, die entweder 100 oder auch 98 oder 99 sein kann, aber zum Vergleich konstant sein muss, wie im Abschnitt 7.3.6 noch ausführlich begründet wird.

In der Tabelle 7-19 sind die typischen Aschegehalte aller Passagenmehle, bezogen auf das Mühlendiagramm nach Abbildung 7-8 und die Mehlausbeuten nach Tabelle 7-15, beispielhaft aufgeführt. Die Summe aller Endprodukte ergibt in diesem Fall 98 % vom I. Schrot, sodass eine Umrechnung nicht mehr erforderlich ist, wenn man von diesem Wert zum Vergleich mit anderen Berechnungen ausgehen will.

Das Ziel ist nun, die Passagenmehle rechnerisch so zu mischen, dass in jeder Zeile die Ausbeute und Asche des gemischten Mehls aller jeweils vorangegangenen Passagen ersichtlich ist.
Für die Mischung zweier Mehle gilt die Beziehung:

(1)

$$\text{Ausb}_1 \times \text{Asche}_1 + \text{Ausb}_2 \times \text{Asche}_2 = \text{Ausb}_{ges} \times \text{Asche}_{ges}$$

und

$$\text{Ausb}_1 + \text{Ausb}_2 = \text{Ausb}_{ges}$$

nach Asche_{ges} aufgelöst:

(2)

$$\text{Asche}_{ges} = \frac{\text{Ausb}_1 \times \text{Asche}_1 + \text{Ausb}_2 \times \text{Asche}_2}{\text{Ausb}_{ges}}$$

Legende zu Formel (1) und (2):

Ausb_1, Asche_1 = Ausbeute und Asche des 1. Mehls
Ausb_2, Asche_2 = Ausbeute und Asche des 2. Mehls
Ausb_{ges}, Asche_{ges} = Ausbeute und Asche des gemischten Mehls

Nach Formel (2) wird die Tabelle nun Zeile für Zeile gerechnet. Zunächst mischt man die beiden Mehle der 1. und 2. Zeile, die als »1. Mehl« und »2. Mehl« in der Formel stehen. Die Ausbeute multipliziert mit der Asche wird als »Aschewert« bezeichnet und in die 3. Spalte geschrieben. Dann werden zwei Summenspalten gebildet, dazu sind die Aschewerte und die Ausbeuten der beiden Zeilen zu summieren. Aus diesen beiden Werten wird dann als letzte Spalte die Gesamtasche errechnet, indem man die »Summe Aschewert« durch die »Summe Ausbeute« dividiert. In der 2. Zeile ist die »Summe Asche« dann die Asche des gemischten Mehls der 1. und 2. Zeile.

Bei der 3. Zeile wird die »Summe Ausbeute« und die »Summe Asche« der 2. Zeile als »1. Mehl« und die Ausbeute und Asche der 3. Zeile als »2. Mehl«

Tab. 7-19: Ausbeute-Asche-Tabelle der Weizenmühle nach Abb. 7-8 mit einer Typenkombination

Passage	Ausbeute %	Asche %	Asche-wert	Summe Aschewert	Summe Ausbeute	Summe Asche	Type
2. A II	4,0	0,36	1,44	1,44	4,0	0,360	1
2. A I	10,0	0,37	3,70	5,14	14,0	0,367	1
1. A II	3,0	0,38	1,14	6,28	17,0	0,369	1
1. A I	7,0	0,39	2,73	9,01	24,0	0,375	1
1. M I	8,0	0,39	3,12	12,13	32,0	0,379	1
1. M II	4,0	0,41	1,64	13,77	36,0	0,382	1
2. M I	5,0	0,41	.	.	41,0	0,386	1
II	5,0	0,43	.	.	46,0	0,391	1
2. M II	1,0	0,45	.	.	47,0	0,392	2
So.	5,0	0.46	.	.	52,0	0,398	1
I	6,0	0,5			58,0	0,409	2
3. M I	3,0	0,7			61,0	0,423	1
3. A	3,0	0,74			64,0	0,438	2
MS	2,0	0,75			66,0	0,448	2
3. M II	1,0	0,78			67,0	0,453	1
4. M	2,0	0,85			69,0	0,464	1
5. M I	1,5	1,2			70,5	0,480	1
5. M II	0,5	1,4			71,0	0,486	2
III	4,0	1,6			75,0	0,546	1
6. M	1,0	1,8			76,0	0,562	2
IV	2,0	2,2			78,0	0,604	1
V f	1,0	3,2			79,0	0,637	2
7. M	0,5	3,8			79,5	0,657	2
8. M I	0,5	4,2			80,0	0,679	2
Keime	0,5	4,5			80,5	0,703	
8. M II	0,5	4,8			81,0	0,728	
Grießkleie	4,0	5,0			85,0	0,929	
Feinkleie	5,0	6,0			90,0	1,211	
Grobkleie	8,0	7,3			98,0	1,708	

in die Formel gesetzt. Das Ergebnis ist das gemischte Mehl der drei ersten Zeilen – und so fort.

In der Tabelle 7-19 sind zur Demonstration des Rechnungsgangs die ersten Zeilen vollständig gezeigt. Da man die Berechnung normalerweise mit einem Computer erledigt, lässt man dann die Spalten »Aschewert« und »Summe Aschewert« weg, da sie nur Zwischenwerte sind. Die »Summe Asche« der letzten Zeile ist der Gesamtaschegehalt aller zusammengemischten Endprodukte, er ist gleichbedeutend mit dem Ganzkornaschegehalt des Weizens am I. Schrot. Das Verfahren stellt eine Mischungsrechnung dar und kann auch sehr vielseitig für Teilberechnungen angewendet werden. Nimmt man zum Beispiel zwei Einzelpassagenmehle heraus, summiert deren Aschewerte und dividiert sie durch die Summe der Ausbeuten, erhält man den Aschegehalt des gemischten Mehls. Die Mischung von 2. A I + 1. M II ergibt z. B.:

$$\frac{3{,}7 + 1{,}64}{10 + 4} = 0{,}381\,\%\ \text{Asche}$$

Genauso lassen sich in der Verbundmüllerei ganze Typenkombinationen errechnen. In der letzten Spalte der Tabelle 7-19 ist ein Typenverbund aufgelistet, auf den im späteren Abschnitt 7.3.3 noch eingegangen wird.

Einstellung der Mehltype

An jeder Passage fallen in den Plansichtern Mehle mit typischen Eigenschaften an, die zu der oder den gewünschten Mehltype(n) zu mischen sind. Das geschieht in den Mehlsammelschnecken unterhalb der Plansichter. Meistens liegen zwei, manchmal auch drei oder sogar vier Schnecken nebeneinander, in welche die Einzelmehle über Klappenkästen, Drehrohr- oder Schwenkrohrsysteme verteilt werden. Für die Zusammenstellung zu einer bestimmten Mehltype interessiert zunächst nur der Aschegehalt der Einzelmehle, der weitgehend mit der Helligkeit parallel läuft.

Die einfachste Typeneinstellung ist die eines »durchgemahlenen« Mehls, das ist die Erzeugung einer einzigen Mehltype. Dazu werden zu allen hellen Passagenmehlen die jeweils dunkleren in aufsteigender Reihenfolge solange dazugeklappt, bis die gewünschte Mehltype – meist wird es 550 sein – erreicht ist. Im Schnelltest wird das durch Pekarisieren (Kapitel 8.3.8) mit einem Vergleichsmuster geprüft, dessen Aschegehalt bekannt ist. Hier kann die Aschetabelle Tabelle 7-19 zur Einstellung der Type dienen. Die Passagenmehle sind nach aufsteigendem Aschegehalt geordnet, die beiden Spalten »Summe Ausbeute« und »Summe Asche« zeigen die Ausbeute und den Aschegehalt des durchgemahlenen Mehls. Will man z. B. die Type 550 mit 0,58 % Asche herstellen, kann man alle Mehle bis einschl. der 6. M zusammenführen und erhält einen Aschegehalt von 0,562 %. Klappt man das nächste Mehl, den IV. Schrot mit Asche 2,2 %, dazu, liegt die Gesamtasche mit 0,604 % zu hoch, aber man kann einen Teil des IV.-Schrot-Mehls dazu nehmen. Der Anteil errechnet sich nach der Mischungsformel wie folgt:

1. Mehlasche 0,562 %	2. Mehlasche 2,2 %
gewünschte Asche 0,58 %	
Differenz nach unten 0,58–0,562 = 0,018	Differenz nach oben 2,2–0,58 = 1,62

Nach der Mischungsregel sind
1,62 Teile mit Asche 0,562 und
0,018 Teile mit Asche 2,2

zu mischen. Wenn 1,62 Teile = 76 % bezogen auf den I. Schrot sind, dann sind vom IV. Schrotmehl 0,018 Teile beizumischen.

$$\frac{76 \times 0{,}018}{1{,}6} = 0{,}84\,\%$$

Das Ergebnis ist dann 76 + 0,84 = 76,84 % Ausbeute mit Asche 0,58 %. Die restlichen 3,16 % dunkle Mehle vom IV.–V. Schrot und 7.–8. M werden in die 2. Schnecke geführt und verlassen die Mühle als Nachmehl. Berechnet man den Aschegehalt dieses Mehls nach der unten genannten Formel (5), erhält man:

$$\text{Asche} = \frac{(80 \times 0{,}679) - (76{,}84 \times 0{,}58)}{80 - 76{,}84} = 3{,}086\,\%$$

Nur zur Verdeutlichung der Berechnung sind hier alle Ausbeuten mit zwei Stellen hinter dem Komma angegeben, was in der Praxis wegen der viel größeren Fehlerstreuung unsinnig wäre.

Verbundmüllerei

Das soeben beschriebene Verfahren ist nur zur Erzeugung heller Mehltypen geeignet, die Type 812 oder 1 050 oder auch die Roggenmehltype 1 370 können so nicht erreicht werden, weil ausbeutemäßig nicht so viel Feinmehl anfällt. Sie können nur im Verbund mit einer helleren Type hergestellt werden.

Wenn drei oder vier Mehlschnecken in der Mühle vorhanden sind, lassen sich auch Mehrfachverbunde einstellen, z. B.

- 405–550–1 600
- 405–550–1 050
- 405–812–1 050

Die Einrichtung eines neuen Verbunds wird erleichtert, wenn man vorher das Ausbeuteverhältnis berechnet. Die benötigten Formeln dafür sind Gleichungen mit zwei Unbekannten. Die Berechnung der Aschetabelle nach der Beziehung in Formel (1) wurde im vorigen Kapitel erklärt. Wenn das Ausbeuteverhältnis zweier Typen bei gegebener Gesamtausbeute und deren Asche gesucht wird, sind $Ausb_1$ und $Ausb_2$ unbekannt. Um $Ausb_2$ berechnen zu können, muss nach dem Substitutionsverfahren die unbekannte $Ausb_1$ in Gleichung (1) durch den Ausdruck

$$Ausb_1 = Ausb_{ges} - Ausb_2$$

ersetzt werden. Nach Umformen und Ausklammern erhält man:

(3)

$$Ausb_2 = \frac{Ausb_{ges} \times (Asche_{ges} - Asche_1)}{Asche_2 - Asche_1}$$

$$Ausb_1 = Ausb_{ges} - Ausb_2$$

Bei einer 3-Typenkombination muss eine Type, in diesem Fall $Ausb_1$ und $Asche_1$ vorbestimmt werden, sodass wieder zwei Unbekannte bleiben, $Ausb_2$ und $Ausb_3$:

(4)

$$Ausb_3 = \frac{Ausb_{ges} \times (Asche_{ges} - Asche_2) + Ausb_1 \times (Asche_2 - Asche_1)}{Asche_3 - Asche_2}$$

$$Ausb_2 = Ausb_{ges} - Ausb_1 - Ausb_3$$

Wird von einer Type Ausbeute und Asche bei gegebener Gesamtausbeute und deren Asche gesucht, erhält man nach geänderter Umformung der Gleichung (1) die Formel:

(5)

$$Asche_2 = \frac{Ausb_{ges} \times Asche_{ges} - Ausb_1 \times Asche_1}{Ausb_{ges} - Ausb_1}$$

$$Ausb_2 = Ausb_{ges} - Ausb_1$$

Oder bei drei Typen:
(6)

$$Asche_3 = \frac{Ausb_{ges} \times Asche_{ges} - Ausb_1 \times Asche_1 - Ausb_2 \times Asche_2}{Ausb_{ges} - Ausb_1 - Ausb_2}$$

$$Ausb_3 = Ausb_{ges} - Ausb_1 - Ausb_2$$

In diesem Fall müssen zwei Typen mit Ausbeute und Asche vorbestimmt werden.

Wenn eine Type mit Ausbeute und Asche gegeben ist und die Gesamtausbeute und die Ausbeute von der anderen Type gesucht wird, kann man die Rechnung nur durch Iteration (Wiederholungsrechnung) lösen, indem die Gesamtmehlausbeute und -asche als Startwert genommen und mit der zuletzt genannten Formel gerechnet wird. Abhängig von der Abweichung wird dann die Gesamtmehlausbeute stufenweise so oft geändert und neu gerechnet, bis das Ergebnis in der gewünschten Genauigkeit erreicht ist. Wird diese Aufgabe in einem Rechner programmiert, benötigt er die komplette Aschekurve und muss auch Zwischenwerte rechnen können.

Mit den gleichen Formeln lassen sich auch alle anderen Inhaltsstoffe, wie z. B. Protein oder Fett (bei Mais), eines Typenverbunds berechnen, es sind dann die Aschewerte in den Formeln durch die Proteinwerte zu ersetzen. Bei allen Berechnungen müssen selbstverständlich die eingesetzten Werte realistisch sein. Die Ergebnisse dienen dann als Richtschnur für die Verbundzusammenstellung mit den Mehlklappen, die um so genauer erreicht wird, je mehr Einzelmehle zur Verfügung stehen.

Praxis

In der Verbundmüllerei gibt es zwei verschiedene Methoden, die beide je nach den gestellten Anforderungen gebräuchlich sind:

Durchmahlen der helleren Hauptmehltype und Mischen der 2. Type aus einem Teil des Hauptmehls und dem nachfolgenden Nachmehl. Dies kann direkt unter der Mehlschnecke in der Mühle oder in einer Chargenmischerei geschehen.

Vorteil dieser Methode

Beide Mehltypen haben ihre charakteristische Qualität, weil in beiden alle Passagenmehle der Hauptmehltype enthalten sind. Das dunklere Mehl hat zu Lasten des helleren Mehls eine relativ gute Qualität.

Im Beispiel der Tabelle 7-19 hat das Gesamtfeinmehl mit 80 % Ausbeute einen Aschegehalt von 0,679 %. Aus ihm soll der Typenverbund 550 bis 1 050 mit 0,58 und 1,05 % Asche hergestellt werden. Das Ausbeuteverhältnis ergibt sich aus der Formel (3):

$$\text{Ausbeute}_2 = \frac{80 \times (0{,}679 - 0{,}58)}{1{,}05 - 0{,}58} = 16{,}85\,\%$$

und

$$\text{Ausbeute}_1 = 80 - 16{,}85 = 63{,}15\,\%$$

Aus dem Hauptmehl – der durchgemahlenen Type 550 mit 76,84 % Ausbeute und 0,58 % Asche – werden nun 76,84 bis 63,15 = 13,7 % abgeteilt und mit dem Restmehl von 3,16 % mit 3,085 % Asche gemischt.

In Abbildung 7-23 ist die Verschneidung direkt nach der Mehlschnecke als Diagrammausschnitt gezeigt. Das Mehl 1 hat am Ende der Schnecke den richtigen Mineralstoffgehalt für die gewünschte Hauptmehltype (in unserem Beispiel 0,58 %), Mehl 2 ist das nachgezogene Mehl. Es ergeben sich folgende Zahlen:

	Ausbeute %	Mineralstoffgehalt %
Schnecke 1	76,84	0,58
Schnecke 2	3,16	3,085
Einstellung der Verschneidung	13,70	0,58
ergibt den Verbund Type 1 (550)	76,84–13,7 = 63,15	0,58
Type 2 (1 050)	13,7 + 3,16 = 16,85	1,05

Die Kontrollrechnung (wie in Kapitel 7.3.3 beschrieben) ergibt:

13,7 %	mit	0,58 % Asche
+ 3,16 %	mit	3,086 % Asche
= 16,85 %		1,05 % Asche

Die Zahlen machen den hohen Anteil des durchgemahlenen Mehls in der 2. Type deutlich und erklären deren gute Qualität. Dafür büßt die 1. Type etwas ein, weil in ihr sehr dunkle Mehle bis zur 8. Mahlung enthalten sind. Ist eine Chargenmischerei vorhanden, kann die Aufmischung genauso auch dort geschehen.

Die Chargenmischerei ist aber ein zusätzlicher Arbeitsgang, verursacht also Mehr-

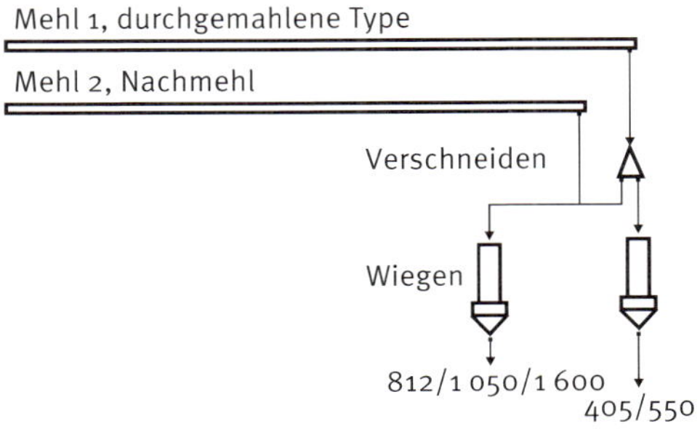

Abb. 7-23: Herstellung eines Mehltypenverbunds durch Verschneiden

kosten und wo sie nicht aus anderen Gründen benutzt wird oder gar nicht vorhanden ist, mischt man die dunkle Type direkt nach der Mehlschnecke. Die technische Durchführung erfordert aber einige Sorgfalt. Der neuralgische Punkt ist immer die Teilung des Mehlstroms, die sehr genau und vor allem konstant sein muss, aber auch die Vermischung und die Beimischung müssen beachtet werden.

Für die Dosierung aus dem laufenden Mehlstrom gibt es mehrere technische Lösungen. Voraussetzung für alle ist ein gut gemischtes, homogenes Mehl, d. h. nach Zufließen des letzten Einzelmehls in die Schnecke muss bis zum Auslauf noch eine Mischstrecke vorhanden sein.

Beim einfachen Verteilerkasten (Teilung durch eine Verschneidezunge) läuft der zu teilende Mehlstrom auf eine schräge Fläche, damit er sich möglichst breit fächert. In diesem breitgezogenen Strom liegt eine mittels Feingewinde verstellbare Zunge zur feinfühligen Teilung.

Eine andere Lösung ist die Dosierung eines Teilstroms aus einem Zwischenauslauf der Hauptmehlschnecke. Man konnte dafür schon einen einfachen Dosierschieber finden, der aber ungenau ist. Eine Vibrations-Dosierrinne ist schon erheblich besser, schwankt aber ebenfalls, weil die Fließeigenschaften des Mehls sich mit der Feuchtigkeit und der Griffigkeit des Mehls ändern. Die beste Lösung ist eine Dosierschnecke bzw. ein -zellenrad mit Varioantrieb, sie bringt die bestmögliche Genauigkeit mit der Möglichkeit einer Fernbedienung und Automatisierung.

Zusammenstellung der Typen durch Einzelpassagenmehle

Vorteil dieser Methode:

Die Mehlqualität – z. B. der Proteingehalt – kann zwischen den Typen in beiden Richtungen in einem gewissen Umfang verschoben werden. Darauf wird im nächsten Kapitel eingegangen.

Die Einstellung dieser Methode ist gegenüber der vorhergehenden etwas mühsamer. Bleiben wir bei der gleichen Aufgabe, einen Verbund 550 bis 1 050 herzustellen. Dazu müssen für die 2. Mehlschnecke helle und dunkle Einzelmehle so ausgewählt werden, dass sich eine Mischung von 16,8 % Ausbeute und 1,05 % Asche ergibt. Das kann nur durch Probieren erreicht werden, wobei es stets mehrere Möglichkeiten gibt und das Ergebnis nie ganz genau sein wird. Es ist umso schwieriger, je weniger Einzelmehle vorhanden sind. In Kleinmühlen müssen gegebenenfalls Mehle geteilt werden.

In der Tabelle 7-19 ist in der letzten Spalte eine Klappenkombination mit folgendem Ergebnis gezeigt:

Type 1 64,5 % Ausbeute mit 0,581 % Asche und
Type 2 15,5 % Ausbeute mit 1,088 % Asche

Man rechne nach, wie in Kapitel 7.3.3 erklärt und versuche, andere Kombinationen zu finden!

7.3.4 Beeinflussung der Mehleigenschaften in der Weizenmüllerei

Die Mehlqualität wird zwar in erster Linie durch den Rohstoff bestimmt, dennoch gibt es eine Reihe von Beeinflussungsmöglichkeiten innerhalb der Vermahlung oder durch nachgeschaltete Maßnahmen, wie z. B.:

Die *Granulation* (Korngrößenverteilung) wird durch die Mehlsiebbespannung in Kombination mit der Walzenführung verändert, besonders an den Passagen mit den hohen Beschüttungen (1.–2. A, 1. M). S. hierzu die Beschreibung für »griffiges Mehl« im Kapitel 7.2.1.

Die *Wasseraufnahmefähigkeit* wird in gewissen Grenzen durch eine tiefe Führung der Glattwalzen erhöht, vorzugsweise auch an diesen Passagen. Durch den hohen Mahldruck werden Stärkezellen teilweise beschädigt. In Verbindung mit feinerer Siebung ergibt sich als Resultat eine höhere Wasseraufnahmefähigkeit im Teig, insbesondere bei härteren Weizensorten. S. [13].

Der *Proteingehalt* kann in der Verbundmüllerei bei der unter 7.3.3 beschriebenen Methode zwischen den Verbundtypen in beiden Richtungen verschoben werden. Untersucht man die Proteingehalte der Passagenmehle und ergänzt sie in der Tabelle 7-19, so stellt man fest, dass sie ähnlich wie die Aschegehalte zuerst allmählich, dann steiler ansteigen, aber starke Unregelmäßigkeiten aufweisen. Die Mehle des II. bis V. Schrots einschließlich deren Sortierer liegen im Proteingehalt bei gleicher Asche um einige Prozent höher als die der übrigen Passagen. Bei entsprechender Selektierung können Mehle gleicher oder verschiedener Typen mit unterschiedlichem Proteingehalt im Verbund erzeugt werden. Eine Steuerung über die Rohstoffmischung kann damit zusätzlich verstärkt werden, wobei gleichzeitig eine Abschwächung der anderen Verbundtypen erreicht wird. Ein Zahlenbeispiel soll etwa die Grenzen aufzeigen. Hat die durchgemahlene Type 550 einen Proteingehalt von 12,3 %, können durch Splitten in zwei gleiche Teile Mehle mit 12,9 und 11,7 % Protein zusammengestellt werden. Hat das Gesamtfeinmehl bei 80 % Ausbeute 12,5 % Protein, lässt sich der Verbund 550 bis 1 050 entweder mit annähernd gleichem Proteingehalt einstellen oder mit 11,7 % im 550 und 15,4 % im 1 050.

Eine weitere Steigerung lässt sich in Großmühlen erreichen, wenn die 1.–2. A und eventuell auch die 1. M geteilt werden können. Dann kann man die Zwischenprodukte vom I. und II. Schrot trennen, die proteinärmeren vom I. Schrot gehen auf die 1. A. a–2. A. a usw., die vom II. Schrot auf die entsprechenden b-Passagen. Proteinärmere Mehle vom I. Schrot und den a-Auflösungen lassen sich dann von proteinreicheren der II.-Schrot-Linie selektieren.

Das Verfahren lässt sich nochmals steigern durch Vorabsiebung der proteinreichen feinsten Mehlfraktion. Legt man z. B. im Diagramm Abbildung 7-8 in der 1. A als 1. Mehl statt 140 µm das (feinste gängige) Mehlsieb 90 µm ein, dann hat dieses 1. Mehl einen etwas höheren Proteingehalt als das nachfolgende 2. Mehl. Voraussetzung dafür ist eine größere Mehlsiebfläche.

Eine viel weitergehende Proteinverschiebung erreicht man durch eine Prallvermahlung mit anschließender Windsichtung des Mehls. Mit der Windsichtung wird eine Korngrößentrennung im Feinstbereich vorgenommen, die durch Sieben nicht möglich ist. Dabei nutzt man die Tatsache aus, dass der Proteingehalt einer Weizenmehlfraktion wie folgt von der Körnungsgröße abhängt:

Partikelgröße	Proteingehalt	Ursache
‹ 18 µm	hoch	hoher Anteil an freigelegtem Zwickelprotein
18–50 µm	niedrig	überwiegend freigelegte Stärkekörner
› 50 µm	mittel	Stärkekörner sind mit Proteinen verkittet

Daraus geht bereits hervor, dass der Effekt einer Windsichtung um so höher ist, je mehr Feinanteile unter 50 µm im Ausgangsprodukt vorhanden sind, d. h. je besser die einzelnen Agglomerate aus Stärkekörnern und Zwickelproteinen aufgelöst sind. Deshalb wird vorher eine Prallvermahlung durchgeführt. Da die aufwendige Technik nur in wenigen Mühlen vorhanden ist, sei auf die angegebene Literatur verwiesen [10, 30]. In Tabelle 7-20 ist ein Beispielergebnis aufgeführt, das mit einer Windsichtanlage der Fa. Hosokawa Alpine, Augsburg, erreicht wurde. Die Maschine und das Verfahren sind in [10] ausführlich beschrieben.

Prallvermahlung und Windsichtung erfordern einen hohen Energieaufwand. Man beachte auch die starke Austrocknung.

Tab. 7-20: Veränderungen von Mehleigenschaften durch Windsichtung

	Aufgabeprodukt	Grobfraktion	Feinfraktion
Mengenanteil %	100	72	28
Proteingehalt %	11,8	7,0	24,2
Wassergehalt %	14,6	10,8	9,5
Fallzahl s	309	342	190

Weitere Techniken zur Qualitätsbeeinflussung, die erst in jüngster Zeit Bedeutung gewonnen haben, sind thermische und hydrothermische Mehlbehandlungsverfahren.

Dabei wird das Mehl zunächst mit Dampf und Wasser angefeuchtet und in Heizschnecken erwärmt. Durch Feuchtigkeit, Temperatur und Zeit wird der Prozess für die gewünschte Veränderung gesteuert.

Erreicht wird eine
- Kleberkürzung,
- Reduktion der α-Amylase,
- Reduzierung der Keimzahlen

und damit eine Veränderung der Teigeigenschaften.

Auch die Mehltrocknung und Extrudierung ist in dem Zusammenhang zu nennen [23].

7.3.5 Wechselbeziehungen im Mühlenbetrieb

Eine große Bedeutung haben die Wechselwirkungen und Abhängigkeiten zwischen der Mahltechnik, den Stoffeigenschaften des Getreides, dem Wetter und der Mehlausbeute. Die folgenden Parameter beeinflussen sich gegenseitig:
- Mühlenleistung,
- Vermahlungsfeuchtigkeit,
- relative Luftfeuchtigkeit,
- Mehlsiebfläche,
- Mehlsiebbespannung,
- Ausbeute – Asche.

Da die Mehlsiebfläche, die relative Luftfeuchtigkeit wie auch die Vermahlungsfeuchtigkeit – abhängig von der gewünschten Mehlfeuchtigkeit – vorgegeben sind und auch die Mehlsiebbespannung nicht kurzfristig geändert werden kann, bleibt als veränderliche Größe nur die Mühlenleistung. Sinkt die Ausbeute bei zu niedriger Asche, kann durch Drosselung der Mühlenleistung – natürlich nur in engen Grenzen – gegengesteuert werden. Das passiert z. B. wenn die Luftfeuchtigkeit bei Regenwetter sehr hoch ist. Das gleiche gilt, wenn die Vermahlungsfeuchtigkeit versehentlich vorübergehend zu hoch ist. Umgekehrt kann die Mühlenleistung etwas erhöht werden, wenn ein Posten mit niedrigerer Feuchtigkeit laufen muss und das Ausbeute-Asche-Verhältnis bleiben soll.

Steht die Mehlsiebfläche nicht im richtigen Verhältnis zur Mühlenleistung, muss mit der Mehlsiebbespannung ausgeglichen werden, d. h. eine überlastete Mühle benötigt gröbere Mehlsiebe, eine unterlastete feinere. Beides führt jedoch zu einem schlechteren Ausbeute-Asche-Verhältnis. Die gleiche Regel gilt auch für eine einzelne Passage, wie schon im Kapitel 7.2.1 ausgeführt.

7.3.6 Mahlfähigkeit und Ausbeute

Unter Mahlfähigkeit eines Getreides versteht man deren (technische) Ausbeute bei einem bestimmten Mineralstoffgehalt, z. B. 0,6 %. Die Ausbeute kann sehr verschieden gerechnet werden und es muss immer dazu angegeben werden, worauf sie bezogen ist.

Die *technische Ausbeute* ist die zwischen der I. Schrotung, also dem gereinigten und genetzten Getreide und den Endprodukten am Ausgang der Vermahlung. Auch dafür gibt es verschiedene Möglichkeiten:

Die Ausbeute bezogen auf I. Schrot wird in der täglichen Praxis – auch vom Ausbeuterechner – benutzt, es sind die Gewichte der Endprodukte prozentual auf das Gewicht an der I. Schrotwaage gerechnet. Für Ausbeutevergleiche oder Auswertung von Aschekurven ist sie nicht geeignet, denn sie beinhaltet den Feuchtigkeitsabfall während der Vermahlung. Deshalb ist dafür die genauere Ausbeute bezogen auf die Summe der Endprodukte üblich, wobei diese = 100 % gesetzt werden können oder auch auf 98 % oder 99 %, um einen konstanten Wert für den Mahlverlust einzuschließen. In dem Fall liegen die Ausbeutewerte ganz in der Nähe der I.-Schrot-Ausbeuten.

Zwischen dem Getreide am I. Schrot und den Endprodukten entsteht während der Vermahlung ein Feuchtigkeitsabfall, der witterungsbedingt zwischen 1 und 4 Prozent schwankt und die Ausbeute auf die I.-Schrot-waage beeinflusst. Eine höhere Differenz zwischen der Eingangs- und Ausgangsfeuchtigkeit täuscht eine niedrigere Ausbeute vor und hat daher keine vergleichende Aussagekraft. So ergibt beispielsweise eine um 1 % höher eingestellte I.-Schrot-Feuchtigkeit bei gleicher Mehlfeuchtigkeit eine (scheinbar) fast 1 % niedrigere Mehlausbeute, weil das Getreide dann weniger Trockensubstanz enthält. Beim Ausbeutebezug auf die Summe aller (Mühlen-)Endprodukte tritt der Fehler nicht auf, Ausbeuten verschiedener Tage oder verschiedener Mühlen sind vergleichbar.

Ein solcher Vergleich wird in Abbildung 7-24 zwischen drei Aschekurven dargestellt.

»Vermahlung A« ist als Basis das Beispiel aus Tabelle 7-19.

In »Vermahlung B« liegt die Ausbeute bei 0,6 % Asche um ca. 2 % höher. Da aber die Ganzkornasche mit 1,6 % entsprechend niedriger ist, kann die Mehrausbeute allein darauf zurückgeführt werden. Bekräftigt wird diese Annahme durch den parallelen Kurvenverlauf zwischen 80 und 98 % Ausbeute.

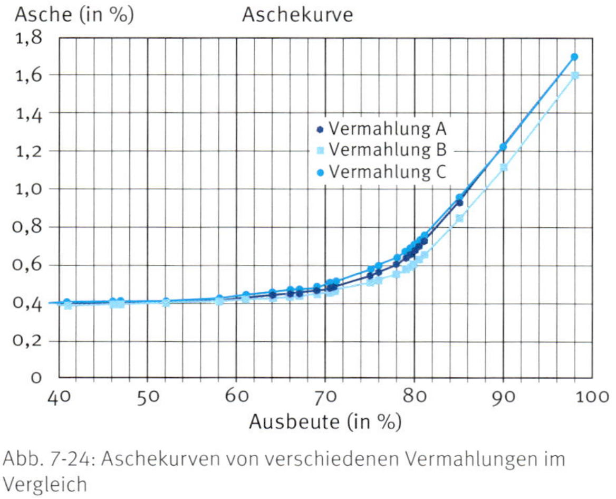

Abb. 7-24: Aschekurven von verschiedenen Vermahlungen im Vergleich

In »Vermahlung C« hingegen ist die Ausbeute 2 % niedriger bei gleicher Ganzkornasche wie in der Vermahlung A. Hier ist mit großer Wahrscheinlichkeit in der Mühle etwas nicht in Ordnung und sollte kontrolliert werden, z. B. stumpfe Riffelung, verklebte Siebe und Verschleppung von Produkten, falsche Walzenführung etc.

Die *kaufmännische Ausbeute* ist eine völlig andere Berechnung, sie ist das Verhältnis zwischen Getreidesilo-Eingang und Mehlsilo-Ausgang:

$$Ausb_k = \frac{\text{verkauftes Mehl (oder Kleie)} \times 100}{\text{eingekauftes Getreide}}$$

Sie ist die Grundlage für die kaufmännische Kalkulation und die Lieferanten- und Kundenabrechnung, sagt aber weder etwas über die Mahlfähigkeit des Getreides noch über die Führung der Mühle aus, weil sie von der Rohfeuchtigkeit und den Reinigungsabgängen beeinflusst wird.

Weiterhin sind die Ausgangsdaten nicht kurzfristig greifbar, sondern erst am Monats- oder gar am Jahresabschluss bekannt. Soll die kaufmännische Ausbeute eines Einzelpostens aus den Daten der technischen Ausbeute ermittelt werden, so müssen die Feuchtigkeiten an allen vier im Prozessverlauf vorkommenden Kontrollwaagen und die Reinigungsabgänge in die Rechnung eingehen:

$$Ausb_k = \frac{(100 - \text{Abg.}\,\%) \times (100 - F1) \times (100 - F3) \times Ausb_1\,\%}{(100 - F2) \times (100 - F4) \times 100}$$

Abg. % =	Reinigungsabgänge bezogen auf Rohgetreide
$Ausb_1$ % =	technische Ausbeute, bez. auf I. Schr.-Waage
F1 =	Feuchtigkeit % des Rohgetreides am Siloeingang
F2 =	an der I.-Schrot-Waage
F3 =	an der Mehl-(Kleie-)Waage
F4 =	beim Versand

Sind F3 und F4 gleich, können die beiden Glieder aus der Formel gekürzt werden.

Berechnet man so alle Endprodukte einzeln und summiert sie, wird die Summe über oder unter 100 liegen, abhängig davon, ob die Durchschnittsfeuchte aller Endprodukte höher oder niedriger ist als die des Rohgetreides und ob die Reinigungsabgänge der Kleie zugeführt werden.

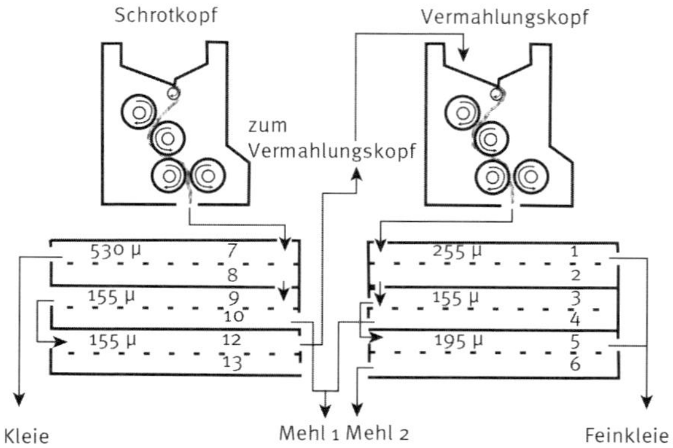

Abb. 7-25: Schema der Labormühle »Quadrumat Senior« (Bauart Brabender)

Labor-Mahlautomaten

Labormühlen dienen zur Herstellung praxisgleicher Versuchsmehlmuster, wie auch zur Prüfung der Mahlfähigkeit eines Weizens vor der Vermahlung [31, 32]. Drei verschiedene Typen werden kurz beschrieben, beginnend mit der kleinsten:

Der »Quadrumat Senior« von Brabender – in Abbildung 7-25 als Schema gezeigt – besteht aus zwei Miniatur-Walzenstühlen mit je vier Walzen, einer zum Schroten, der andere zum Ausmahlen, die jeweils 3-fach ohne Zwischensichtung mahlen. Darunter befinden sich zwei Siebkästen mit je drei Sieben. Die Förderung vom Schrotsichter zur Ausmahlung erfolgt durch eine Senkrechtschnecke. Der Apparat hat eine Leistung von 8 bis 12 kg/h bei einer Mindestprobemenge von 200 g und einer Mehlausbeute von 60 bis 70 %.

Der etwas größere Mahlautomat Modell MLU-202 von Bühler (Abb. 7-26) besteht aus drei Schrot- und drei Mahlpassagen auf zwei je 3-fach unterteilten Walzenstühlen. Die Walzenlängen sind abgestuft, die Walzenriffelung an jeder Passage verschieden. Die Mahlungsseite hat Glattwalzen. Der 6-teilige Sichter hat schräge Siebe, damit sie restlos leerlaufen und keine Vermischung zwischen den Mustern entsteht. Die Zwischenprodukte werden pneumatisch überhoben. Bei einer Mindestmenge von 0,5 bis 1 kg wird eine Leistung von 6 bis 10 kg/h eingestellt und eine Ausbeute um 70 % erreicht. Mit einer nachgeschalteten Kleieschleuder kann die Ausbeute bis zur durchgemahlenen Type 550 erhöht werden.

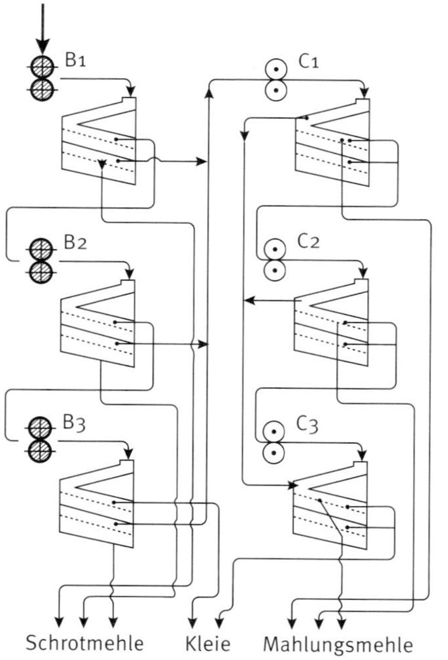

Abb. 7-26: Diagramm des Mahlautomaten MLU-202 (Bauart Bühler)

Nicht mehr auf dem Markt, aber in einigen Institutionen noch in Gebrauch, ist der MULTOMAT der ehemaligen MIAG, mit acht Mahl- und zehn Sichtpassagen etwas größer als der Bühler-Automat, aber genauso aufgebaut und ebenfalls durch eine Kleieschleuder erweiterbar. Die Leistung ist 50 kg/h, die Mindestmenge 5 kg, die Ausbeute 75 bis 80 %. Die Ergebnisse reichen nahe an die einer kommerziellen Mühle heran.

7.4 Energieverbrauch im Mühlenbetrieb

Die zur Vermahlung von Weizen zu Mehl benötigte Arbeit schwankt zwischen 55 und 80 kWh/t Weizen, bezogen auf die gesamte Produktion vom Getreidesilo über Reinigung, Vermahlungsanlage bis zur Absackung der Fertigprodukte. Dabei gelten die unteren Werte für größere Betriebe mit direkten und kurzen Förderwegen, die oberen Werte für kleinere Betriebe bzw. Betriebe mit großen Lagerkapazitäten und entsprechend viel Umlagerung.

Dieser in Arbeitseinheiten angegebene Wert lässt sich auch in Leistung umrechnen, die Leistung ist dann

$$\frac{55}{24} \text{ bis } \frac{80}{24} = 2{,}3 \text{ bis } 3{,}3 \text{ kW/t/24h Weizen}$$

Diese Leistung ist jedoch nur ein theoretischer Wert, weil die Auslastung des Betriebs nicht über 24 Stunden gleichmäßig sein kann.

In der gesamten Produktionskette vom Getreideanbau bis zum Brotverbraucher ist der Primär-Energieverbrauch der Müllerei verschwindend klein. Die Getreideerzeugung in der Landwirtschaft verschlingt etwa das zehnfache, hauptsächlich für die Düngung – der Preis für die heutigen hohen Ernteerträge. Auch die Bäckerei verbraucht mit 600 bis 700 kWh/t Weizen ein mehrfaches der Mühle.

Ein niedriger Energiebedarf des Mühlenbetriebs ist aber kein Wertungsmaßstab, im Gegenteil: Ein hochtechnisierter moderner Betrieb wird in der Regel mehr Energie benötigen als ein anderer, der personalintensiv arbeitet und kann trotzdem ein besseres Ergebnis erwirtschaften. In der Kalkulation machen die Energiekosten etwa 1,5 bis 2 % der Produktionskosten aus, während die Personalkosten um ein Mehrfaches höher liegen.

Abbildung 7-27 zeigt den Energiebedarf der einzelnen Betriebsteile einer typischen Weizenmühle, unterteilt in Leerlauf und Belastung. Der zur

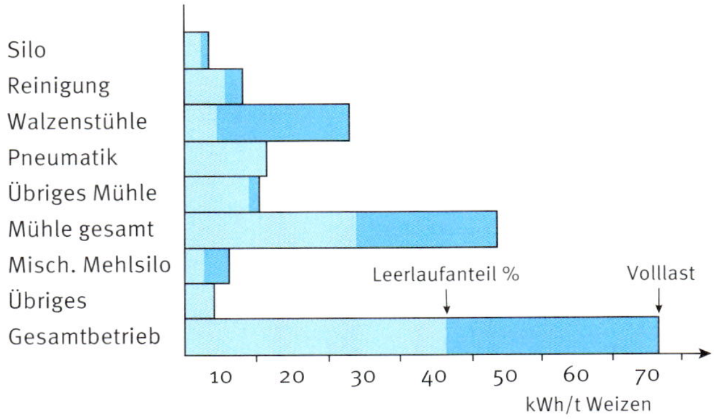

Abb. 7-27: Energieverteilung einer Weizenmühle

Tab. 7-21: Faktoren zur Berechnung der Walzenstuhlmotoren

Weizen			Roggen		
Passage		kW-Bedarf kW/t/24h	Passage		kW-Bedarf kW/t/24h
I. Schrot	B1	0,18	Quetsche		0,1
II.	B2	0,12	I. Sch	B1	0,5
III.	B3	0,09	II.	B2	0,2
IV.	B4	0,08	III.	B3	0,1
V.	B5	0,07	IV.	B4	0,09
VI. f	B6f	0,04	V.	B5	0,08
1. A glatt	C1	0,1	VI.	B6	0,07
1. A Riffel	C1	0,07	VII.	B7	0,06
2. A	C2	0,09	VIII.	B8	0,06
3. A	C4	0,05	1. M.g	C1g	0,1
1. M	C3	0,064	2. M.g	C2g	0,065
2. M	C5	0,042	3. M	C3	0,04
3. M	C6	0,042	4. M	C4	0,04
4. M	C7	0,035	1. M.f	C1f	0,04
5. M	C8	0,03	2. M.f	C2f	0,03
6. M	C9	0,02			
weitere wie 6. M					

Tab. 7-22: Berechnung der Walzenstuhlmotoren für die Weizenmühle nach Abb. 7-8

Passage	kW effektiv	+35%	Motor kW
I. Schrot	21,6	29,2	30,0
II.	14,4	19,4	22,0
III.	10,8	14,6	15,0
IV.	9,6	13,0	15,0
V. f	4,8	6,5	7,5
1. A	12,0	16,2	18,5
2. A	10,8	14,6	15,0
3. A	6,0	8,1	11,0
1. M	7,7	10,4	11,0
2. M	5,0	6,7	7,5
3. M	5,0	6,7	7,5
4. M	4,2	5,7	7,5
5. M	3,6	4,9	5,5
6. M	2,4	3,2	4,0
7. M	2,4	3,2	4,0
8. M	2,4	3,2	4,0

Zerkleinerung zwischen den Walzen direkt benötigte Anteil macht etwa ein Drittel des Gesamtumfangs aus. Diese Werte liegen bei Roggen um etwa 10 kWh/t höher, im Ausland bei niedrigeren Ausbeuten um einige kWh niedriger.

Nur dieser Anteil der Vermahlung verringert sich bei Leerlauf der Anlage sehr stark, in allen übrigen Betriebsteilen ist die Differenz zwischen Leerlauf und Belastung gering. Somit ist für die Walzenstuhlantriebe eine besondere leistungsbezogene Berechnung erforderlich.

7.4.1 Berechnung der Walzenstuhlantriebe

In der Tabelle 7-21 sind Erfahrungswerte für die Passagen einer Weizen- bzw. Roggenmühle aufgeführt, die auf Messwerte für mittlere Verhältnisse, beruhen. Für besondere Verhältnisse wie über- oder unterlastete Passagen, sehr tiefe Walzenführung o. ä., müssen die Werte angepasst werden. Die Faktoren mit der Mühlenleistung multipliziert ergeben den Leistungsbedarf. Für die Auslegung von Einzelmotoren schlägt man eine Reserve von 30 bis 40 % auf und nimmt dann den nächstgrößeren Motor.

Mit der Tabelle 7-22 wird als Beispiel die Weizenmühle nach Abbildung 7-8 berechnet.

7.5 Aspiration in der Vermahlung

Der Hauptzweck in der Mühle ist – im Gegensatz zu den anderen Betriebsteilen – die Abführung der beim Mahlvorgang entstehenden Wärme und der freigewordenen Feuchtigkeit, wobei der Walzenstuhl gleichzeitig im Unterdruck gehalten wird, sodass es auch beim Öffnen der Klappen nicht staubt. Aus diesem Grunde ist hier auch die relative Luftfeuchtigkeit der Frischluft von Bedeutung, denn je trockener die Luft ist, desto mehr Feuchtigkeit kann sie aufnehmen und desto stärker ist die Austrocknung des Mahlguts und als Folge ein höherer Feuchtigkeitsabfall vom I. Schrot zu den Endprodukten. Ohne eine ausreichende Aspiration würde jedoch die feucht-warme Luft an den Innenwänden der Maschinen und Laufrohre kondensieren und mit dem Mahlgut verkleistern. Demnach muss die Aspirationsluft so bemessen sein, dass auch bei feuchtem Wetter noch eine ausreichende Kühlung und Trocknung erreicht wird.

Diese Aufgabe wird fast ausschließlich durch die Förderluft der pneumatischen Passagenförderung übernommen. Die intensive Umspülung aller Mahlgutteilchen während der Förderung bewirkt eine genügende Abtrocknung der Oberflächen, obwohl der Vorgang nur etwa zwei Sekunden dauert. Eine Aspiration des nachfolgenden Plansichters ist daher nicht erforderlich, zumal er durch die (geringe) Leckluft der Mahlgutschleuse im leichten Unterdruck gehalten wird.

Nur an Passagen, die nicht im Saugbetrieb gefördert werden, z. B. wenn in Großmühlen am I. Schrot eine Druckpneumatik eingesetzt ist, muss sowohl der Walzenstuhl wie auch der Plansichter einen Aspirationsanschluss erhalten.

Neben der Hauptaufgabe der Aspiration, der Abführung der Mahlwärme, sind aber auch in der Vermahlung die anderen Gründe relevant, wie sie schon im Kapitel 2.3.6 genannt sind. Dafür sind an den betreffenden Stellen etwa folgende Luftmengen anzusetzen:

Walzenstühle (aus denen nicht mittels Saugpneumatik abgefördert wird)
bei Weizen
je m Walzenlänge 4 bis 5 m^3/min,
bei hohen Drehzahlen 6 bis 7 m^3/min
bei Roggen wegen der tieferen Walzenführung
je m Walzenlänge 6 bis 7 m^3/min

Plansichter (die nicht mittels Saugpneumatik beschickt werden)
je Abteil 3 bis 5 m^3/min

Grießputzmaschinen je dm Siebbreite (siehe Tab. 7-23)

Kleieschleudern
je nach Maschinengröße 3 bis 7 m^3/min, abzüglich der Luftmenge der Saugpneumatik, die fast immer vorhanden ist. Das bedeutet, dass kleinere Maschinen keine zusätzliche Aspiration benötigen.

Tab. 7-23: Grießputzmaschinen je dm Siebbreite

Grießgranulation Obergrenze	**Weizen m^3/min**	**Durum m^3/min**
300	3,2	3,8
500	4,3	4,9
670	5,4	6,0
850	7,1	7,6
1 120	8,7	9,2
Mittelwert	5,5	6,0

Weitere Aspirationsanschlüsse sind erforderlich an

- Förderern (Elevatoren, Schnecken, Drucksträngen etc.), deren Luftmengen in Kapitel 2.3.6 genannt sind,
- automatischen Waagen älterer Bauart,
- Walzenstuhleinläufen, bei hohen Durchsatzleistungen, wenn nicht schon im Walzenstuhl eine Einlaufaspiration integriert ist,
- Laufrohrsystemen, nur bei hohen Durchsatzleistungen an kritischen Stellen.

Filter- und Ventilator-Anordnungen

In der Luftsammelleitung der Mühlenpneumatik wird die Luft aus allen Strängen zusammengeführt und geht in den Filter, um das von den Abscheidern nicht ausgeschiedene geringere Restmehl herauszufiltern. Der Wirkungsgrad der Abscheider liegt bei Mühlenzwischenprodukten im Bereich von 99,6 bis 99,7 %. Wenn wie im Beispiel der Tabelle 7-15 die Summe aller überhobenen Produkte bei 425 % liegt, ergibt dies einen Filtermehlanfall von 1,3 bis 1,6 % der Mühlenleistung.

In kleineren Mühlen wird der Filter außer der Pneumatikluft zusätzlich Aspirationsluft von Putzmaschinen oder von der Mühlenaspiration aufnehmen, dann ist die althergebrachte Anordnung Hochdruck-Ventilator – Filter – Niederdruck-Ventilator wie in Abbildung 7-28 zwingend. Der ND-Ventilator wird dann so eingestellt, dass am Filtereintritt der notwendige Unterdruck für die Aspirationsanlage von 500 bis 800 Pa (= 50 bis 80 mm WS) anliegt. Zählt man den maximalen Filterwiderstand von ca. 2 kPa dazu, muss der ND-Ventilator auf eine Druckhöhe von 2,5 kPa ausgelegt sein.

In größeren Mühlen sieht man getrennte Filter für Pneumatikluft und Aspirationsluft vor. In dem Fall kann am Pneumatikfilter der Niederdruck-Ventilator entfallen. Der Filter arbeitet dann als Druckfilter im Überdruck. Das bedeutet aber nur eine geringe Energieeinsparung, denn der HD-Ventilator muss den Druck des ND-Ventilators zusätzlich mit übernehmen, also entsprechend größer dimensioniert sein. Weil der Filter in diesem Fall gleichzeitig die Funktion eines Schalldämpfers für den HD-Ventilator hat, wird diese Anordnung bevorzugt, obwohl die umgekehrte Reihenfolge Filter-Ventilator ebenfalls möglich ist. Der Filter arbeitet dann als Saugfilter. Ein Nachteil dieser Anordnung ist jedoch, dass man die Türen während des Betriebs bei einer Störung nicht öffnen kann.

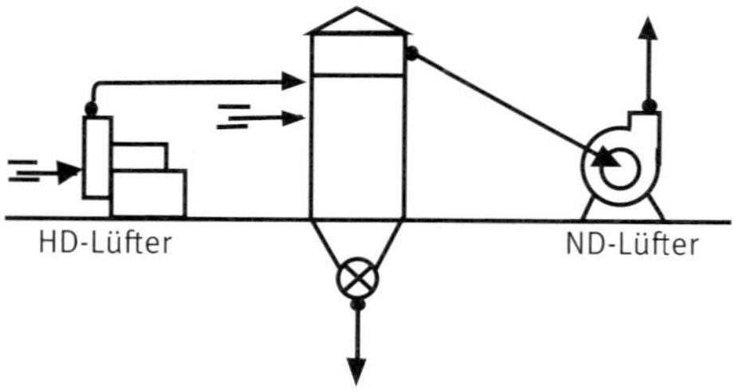

Abb. 7-28: Anordnung Hochdruckventilator – Filter – Niederdruckventilator

Zu erwähnen sind noch die besonderen Eigenschaften des Filtermehls. Der Abscheider verhält sich wie ein Windsichter und lässt nur die feinsten Mehlanteile mitgehen. Das Filtermehl fühlt sich schliffig an und kann für sich allein nicht gesiebt werden, da sich jedes Sieb in kurzer Zeit zulegen würde. Es hat – wie auch die feinste Fraktion vom Windsichter – einen extrem hohen Proteingehalt. Wegen seiner schlechten Siebfähigkeit wird es bevorzugt mit anderen Zwischenprodukten, z. B. Kleieschleudermehl, gemischt und auf Rotationssiebmaschinen nachgesiebt (Abb. 7-8 und 7-12). Sie dient nur zur Sicherheit für den Fall, dass unter einem Abscheider eine Verstopfung eintritt und das gesamte Produkt einer Passage in den Filter geht. Leider ist die Filtermehlführung sowohl bei der Förderung wie bei der Siebung eine häufige Störquelle, der ganze Weg muss mit Überwachungsgeräten besonders gut kontrolliert werden.

7.6 Produktionskontrolle

Für die betriebswirtschaftlichen Belange sind die genaue Verwiegung des eingehenden Getreides wie auch der ausgehenden Endprodukte obligatorisch. Diese Waagen müssen unbedingt geeicht sein, denn sie bilden die Schnittstellen zu den Lieferanten und zu den Kunden, sie erfassen die buchhalterisch und kalkulatorisch relevanten Gewichte und sind auch die Basis für die kaufmännische Ausbeute.

Da diese Ausbeute aber nur langfristig – etwa monatlich – gerechnet werden kann, sind darüber hinaus während des Verarbeitungsprozesses weitere Kontroll-Verwiegungen erforderlich, um z. B. die Zelleninhalte zu verfolgen oder die tägliche (technische) Mühlenausbeute festzustellen.

Die wichtigsten innerbetrieblichen Kontrollpunkte sind:

- Übergabe vom Silo in die Rohfruchtzellen,
- Gereinigtes Getreide vor dem I. Schrot,
- Endprodukte am Ausgang der Mühle, mindestens die Edelprodukte, besser alle Produkte.

Zweck dieser Verwiegungen ist die Kontrolle der Gewichtsveränderung innerhalb der Reinigung durch Reinigungsabgänge und Netzwasser-Zugabe, vor allem aber zur Feststellung der technischen Mühlenausbeute. Diese Waagen müssen nicht geeicht sein, denn eventuelle Wiegefehler sind kleiner als andere Fehlereinflüsse. Deshalb interessieren diese innerbetrieblichen Gewichte den Kaufmann wenig. Sie stimmen weder mit dem Silo-Eingangsgewicht noch mit dem Gewicht der verladenen Endprodukte überein, denn innerbetriebliche Gewichtsdifferenzen sind erheblich und haben folgende Ursachen:

Veränderungen durch den *Feuchtigkeitsgehalt* machen den Hauptanteil aus. Dies bedarf keiner Erklärung, jede Trocknung, Verdunstung oder Netzung verändert das Gewicht, das kann mehrere Prozente betragen. Verluste durch *Verspritzung und Verstaubung* sind gering, liegen im Zehntel-Promille-Bereich.

Gewichtsverluste durch *Atmung*, also echte Substanzverluste. Sie entstehen hauptsächlich im Silo, sind bei trockenem Getreide minimal, können aber bei feuchtem und frisch geerntetem Getreide mehrere Promille pro Monat betragen, noch mehr bei Erwärmung des Getreides.

Substanzverluste während der Vermahlung entstehen ebenfalls, sind aber gering, wurden bisher wenig untersucht und überschneiden sich mit dem nächsten Punkt.

Scheinbare Verluste durch *Fehler in der Feuchtigkeitsbestimmung* entstehen dadurch, dass Getreide vor der Feuchtigkeitsbestimmung geschrotet wird, die Endprodukte jedoch nicht. Bei dieser Schrotung entsteht ein Verdunstungsverlust, der eigentlich unter 0,2 % liegen sollte (dies ist die Fehlertoleranz der Feuchtigkeitsbestimmung), bei unsachgemäßer Durchführung – besonders bei schnelllaufenden Schrotmühlen – aber oft höher liegt. Dadurch wird eine niedrigere Feuchtigkeit im Getreide und als Resultat ein Substanzverlust während der Vermahlung vorgetäuscht.

7.6.1 Ausbeuteerfassung

Seit dem Einzug der Elektronik in die Mühle in den 1970er Jahren gibt es Ausbeuterechner, anfangs als eigenständige Geräte, heute als Bausteine in der übergeordneten Steuerung, die über ein Interface die Waagenimpulse erhalten.

Die Aufgabe des Ausbeuterechners besteht darin, die durchgelaufenen Gewichte aller Waagen zu erfassen, zu summieren und über vorgegebene Zeiträume – Schichten, Tage oder Monate – zu speichern. Darüber hinaus werden diese Gewichte der Ausgangswaagen in Prozentwerte der Eingangswaage umgesetzt, das ist die Berechnung der technischen Ausbeute. Alle erfassten und errechneten Zahlen sind auf dem Bildschirm abrufbar.

Eine ausreichende Genauigkeit dieser Ausbeute wird aber erst nach längerer Zeit – etwa 1 bis 3 Stunden – erreicht, denn bei den unregelmäßig eingehenden Waagenimpulsen wird eine Mindestanzahl benötigt, ehe eine aussagefähige Prozentzahl gerechnet werden kann. Um dem Müller auch eine kurzfristige Ausbeuteinformation geben zu können, muss parallel zu der soeben beschriebenen Methode noch eine andere angewendet werden, die der Zeitmessung zwischen den Waagenschüttungen. Der Rechner misst von jeder Waage die Zeiten zwischen den Schüttimpulsen, errechnet über die Chargengewichte die Durchlaufleistung und mittelt sie über eine einstellbare

Zeit aus. Diese Leistungen der Ausgangswaagen werden dann – wie vorher bei den Gewichten beschrieben – in Prozentwerte der Eingangswaage umgesetzt. Diese Ausbeute ist dann die analog gerechnete Kurzzeitausbeute, sie ist kurzzeitig verfügbar, aber wegen der Schwankungen der Mühle nicht so genau und so konstant wie die anfangs beschriebene digital über eine Schicht oder einen Tag errechnete Langzeitausbeute.

Durch die laufende Kontrolle der Ausbeute wird ein etwaiger Ausbeuteabfall schnell erkannt, bei Wechsel der Rohstoffmischung oder des Endproduktverbunds lassen sich z. B. die Mehltypen schnell und zuverlässig einstellen. Um eine vollständige und genaue Aussage zu erhalten, müssen alle Produkte einschließlich aller Nachprodukte waagenmäßig erfasst werden und der Ausbeuterechner muss eine Summe aller Produkte fertig ausgerechnet ausgeben. Eine Verwiegung nur der Edelprodukte allein, wie häufig praktiziert, gibt nur einen groben Überblick über die tatsächliche Ausbeute. Dann würden auch weitere Nebensachen nicht erkannt, die nur bei Voll-Erfassung zutage treten:

- Feuchtigkeitsabfall während der Vermahlung, der wetterbedingt zwischen 0,5 und 4 % liegen kann.
- Falsche Ausbeuten durch Störungen oder Waagenfehler
- Falsche Ausbeuten durch Beimischung

Die Ausbeutewerte im Ausbeuterechner müssen also stets in Relation zur Summe aller Produkte gesehen werden. Der Ausbeuterechner ist für den Obermüller das wichtigste Kontrollinstrument, denn eine gute und gleichmäßige Ausbeute macht sich nicht nur schnell bezahlt, sondern trägt auch zu einer gleichmäßigen Qualität bei.

Literaturverzeichnis

Verwendete Literatur

[1] Kolleg der Deutschen Müllerschule Braunschweig

[2] Klabunde, H.: Grießputzen – wann und warum?; Die Mühle + Mischfuttertechnik 133 (1996) 8, S. 121–123 (mit weiteren Literaturhinweisen)

[3] Klabunde, H.: Kombinierte Mühlen in der Praxis;Mühle + Mischfutter 137 (2000) 22, S. 705–707

[4] Klabunde, H.: Analyse einiger Vorgänge in der Walzen-Mahlzone; Die Mühle + Mischfuttertechnik 136. Jahrg. (1999) 12, S. 353–358

[5] Klabunde, H.: Durummühle – Beispiel einer fortschrittlichen Neubaukonzeption; Die Mühle + Mischfuttertechnik 129 (1992) 51/52, S. 736–739

[6] Klabunde, H.: Schrotwalzeneistellung nach Siebanalyse; Die Mühle + Mischfuttertechnik 134 (1997) 20, S. 605–609

[7] Klabunde, H.: Mehltypenverbund durch Verschneiden des Hauptmehls; Die Mühle + Mischfuttertechnik 134 (1997) 12, S. 349–351

[8] Klabunde, H.: Proteinverschiebung durch Passagenauswahl; Die Mühle + Mischfuttertechnik 133 (1996) 39, S. 619–624

[9] Krach, H. und H. Klabunde: Einflüsse und Größenordnung des Energiebedarfs in der Gertreideverarbeitung; Die Mühle + Mischfuttertechnik 117 (1980) 8, S. 91–96

[10] Müller, Ulf und Schneeweiß, V.: Optimierung funktioneller Eigenschaften von Mehlen; Mühle + Mischfutter 139 (2002) 19, S. 530–535

[11] Zwingelberg, Heinz: Verarbeitung von Roggen in der Mühle; Die Mühle + Mischfuttertechnik 134 (1997) 17, S. 505–507

[12] Zwingelberg, H., Prof. Dr. W. Seibel und H. Stephan: Einfluß der Zerkleinerung von Weizen und Roggen auf das Backergebnis von Vollkornmahlerzeugnissen; Die Mühle + Mischfuttertechnik 121 (1984) 17/18, S. 224–232

Empfohlene Literatur

[13] Ander, E.: Zur Beeinflussung der Wasseraufnahmefähigkeit der Mehle durch die Stärkeschädigung; Die Mühle 107 (1970) 14, S. 197–199

[14] Baltensperger, W.: Vermahlungsdiagramme mit Achtwalzenstühlen; Die Mühle + Mischfuttertechnik 130 (1993) 40, S. 519–521

[15] Baltensperger, W.: Granulation von Grießen für die Teigwarenhersteller; Getreide, Mehl und Brot, 49 (1995), Heft 1

[16] Fischer, H. (Dusty Miller): Von der Hartgrießmüllerei; Die Mühle + Mischfuttertechnik 125 (1988) 51, S. 672–679

[17] Fischer, H. (Dusty Miller): Mais und die Maismüllerei; Die Mühle + Mischfuttertechnik 126 (1989) 51/52, S. 733–738

[18] Haltmeier, Dr. O: Diagrammverbesserung durch Anwendung der Siebanalyse; Die Mühle 91 (1954), 44, S. 573–574

[19] Handreck, Prof. Dr. B. und L. Pötschke: Zweistufiges Aufschroten von Weizen mit und ohne Zwischenabsieben ; Die Mühle + Mischfuttertechnik 130 (1993) 32, S. 389–391

[20] Klabunde, H.: Ausbeutebewertung durch Vergleich mit Aschekurve; Die Mühle + Mischfuttertechnik 133 (1996) 51/52, S. 850–861 (hier weitere Literaturhinweise)

[21] Klabunde, H.: Pneumatische Passagenförderung in der Praxis-Mühle + Mischfutter 138 (2001) 26, S. 850–859

[22] Kürzel, H.-J.: Kurzmahlverfahren mit Luftwirbel (Ultra-Rotor-Mühle) zur Herstellung von Weizen- und Roggenmahlprodukten; Die Mühle + Mischfuttertechnik 132 (1995) 51/52, S. 863–864

[23] Schlauri, M.: Veränderung der Mehlqualität durch definierte thermische Behandlung ; Mühle + Mischfutter 137 (2000) 15, S. 469–470

[24] Schofield, J.: Die Discmill – weitere Fortschritte in der Mühlenindustrie; Mühle + Mischfutter 139 (2002) 6, S. 162–164

[25] Will, F.: Schrotversuche mit dem Variostuhl – Die Mühle 100 (1963) 38, S. 407–408; 39, S. 418–419

[26] Zwingelberg, H.: Untersuchungen zur Verkürzung der Roggenvermahlung; Die Mühle + Mischfuttertechnik 129 (1992) 9, S. 103–107

[27] Zwingelberg, H.: Vermahlung von Roggen durch Prallbeaufschlagung (mit einem umfangreichen Literaturverzeichnis zu diesem Thema) Die Mühle + Mischfuttertechnik 131 (1994) 16, S. 219–224

[28] Zwingelberg, H.: Möglichkeiten und Grenzen im Einsatz vereinfachter Mehlherstellungsverfahren; Die Mühle + Mischfuttertechnik 132 (1995) 21, S. 361–365

[29] Zwingelberg, H. und H. Zwingelberg: Mühlen- und Mischfutterjahrbuch 2002, Verlag Moritz Schäfer, Detmold, S. 163–174, Diagrammbeispiele in Weizen- und Roggenmühlen

[30] Zwingelberg, H.: Prallzerkleinerung und Windsichtung integriert in ein Vermahlungssystem; Die Mühle + Mischfuttertechnik 135 (1998) 12, S. 389–394 (mit einem umfangreichen Literaturverzeichnis zu diesem Thema)

[31] Zwingelberg, H.: Vergleichende Untersuchungen über die Mahlfähigkeit von Weizen mit verschiedenen Versuchsmühlen; Die Mühle + Mischfuttertechnik103 (1966) 50, bis 104 (1967) 2 (mit weiterer Literatur)

[32] Zwingelberg, H.: Die Herstellung der Mehltype 550 auf Versuchsmühlen; Die Mühle + Mischfuttertechnik108 (1971) 38, S. 549–550

[33] Kastenmüller, A., Schofield, J. und Höhndorf, T., Einsatzmöglichkeiten von Disc-Mühlen; Vortrag auf der 53. Tagung für Müllerei-Technologie am 17.9.2002 in Detmold

[34] Schmid, F. Martinsried: Innovative Walzenstuhlsteuerung mit stufenloser Änderung der Übersetzungsverhältnisse speziell für kombinierte Mühlen; Mühle + Mischfutter 152 (2015) 15, S. 481

8 Qualitätsuntersuchung / Labortechnik

Stefan Kastenmüller, Michaela Waldbart

8.1 Allgemeines

Das Labor ist ein wichtiger Bestandteil des Mühlenbetriebs. Es übernimmt dort im gesamten Produktionsprozess verschiedene Funktionen:

- Qualitätskontrolle in der Getreideannahme: »gesund und handelsüblich«?, Ablehung/Zurückweisung (»stoßen«), differenzierte Einlagerung und/oder Abrechnung mit den Lieferanten.
- Qualitätssteuerung und -kontrolle in der Produktion: Herstellung von Mehlen gleichmäßiger, gesicherter Qualität. Herstellung von Spezialmehlen mit spezifischen Eigenschaften für bestimmte Verarbeiter (z. B. Keksmehle).
- Verfügbarkeit und Dokumentation von Qualitätsparametern, die für den Abnehmer belegt werden müssen: Werte von Inhaltsstoffen, Kurven etc.
- Chargenrückverfolgbarkeit im Rahmen von QS-Systemen, insbesondere in Bezug auf Vorschriften der Lebensmittelhygiene.

An den genaueren Zielsetzungen des Labors im Betriebsablauf der Mühle orientiert sich wiederum die Auswahl der Untersuchungsmethoden und Geräte im Einzelnen.

Zunächst stellt sich die generelle Frage, in welchem Umfang in ein Mühlenlabor investiert werden sollte, um einen Anhaltspunkt zu haben. Es ist wenig sinnvoll, zu den Kosten absolute Zahlen zu nennen, da die Preisentwicklung bei Laborgeräten progressiv ist. Je nach Anspruch und Betriebsgröße kann jedoch ein Verhältnis unterschiedlicher Laborausstattungen gegenüber den Gesamtinvestitionen in etwa von 1 : 10 angenommen werden.

Ein weiterer wichtiger Aspekt ist der Aufwand an Zeit und Personal. Einige Schnellbestimmungen können möglicherweise von vorhandenem Personal durchgeführt werden. Kommt aber zum Beispiel die Teigrheologie und der Backversuch dazu, wird man eine geschulte Fachkraft zusätzlich benötigen.

Bei der Einrichtung eines Laborraums, der Anordnung der Geräte und Auswahl des Mobiliars sind einige Grundsätze und Erfahrungen sowie die Richtlinien der Berufsgenossenschaften zu berücksichtigen. Ein Beispiel für den funktionalen Aufbau eines Mühlenlabors ist in Abbildung 8-1 dargestellt.

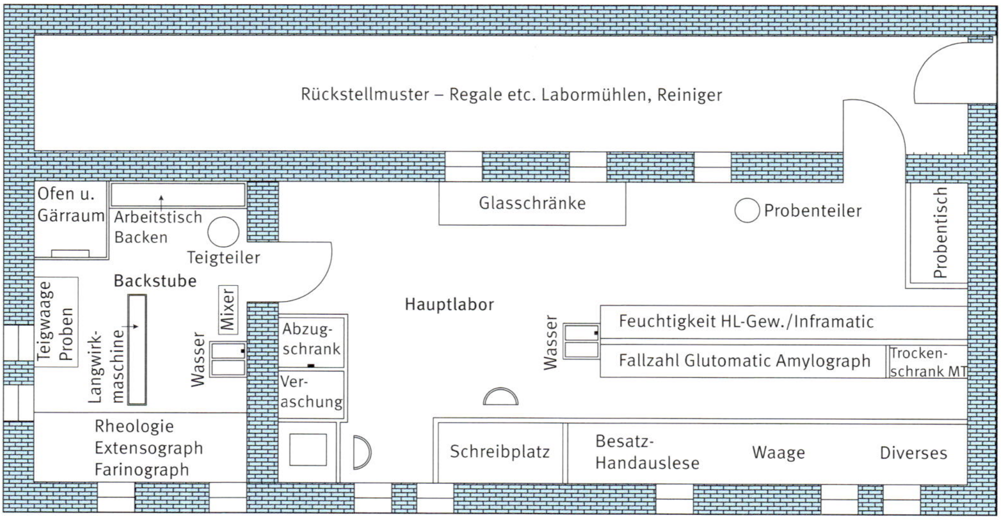

Abb. 8-1: Labor-Aufstellungsplan (Beispiel)

Die Ver- und Entsorgung (Wasser, Abwasser, Normalstrom, Dreiphasenwechselstrom) muss den vorgesehenen Geräten entsprechend verlegt sein und die täglichen Arbeitsabläufe vereinfachen. Geräte, wie Fallzahl, Amylograph etc., sollten beispielsweise nicht zu weit vom Wasserzu- und -ablauf entfernt stehen. Je nachdem, ob ein Arbeitsvorgang sitzend oder stehend ausgeführt wird, müssen die Labortische entweder 750 oder 900 mm hoch sein. Sicherheitsvorschriften für Gasabzug, Lüftung, Raumhöhe, Augendusche, usw. sind zu beachten. Für die analytischen Waagen sollten vibrationssichere Tische verfügbar sein (separater Wägetisch). Labormühlen und Laborreiniger werden zweckmäßigerweise in einem extra Raum untergebracht, um Lärm- und Staubbelästigungen zu vermeiden.

Wird ein Labor neu gestaltet, so ist, auch wenn vorhandene Räumlichkeiten die Möglichkeiten meist begrenzen, eine durchdachte Planung unter Berücksichtigung der logistischen Abläufe und Durchführung der Methoden erforderlich.

8.2 Getreide

8.2.1 Probenahme

Eine richtige Probenahme bei der Getreideanlieferung ist die wichtigste Voraussetzung für die Zuverlässigkeit einer Qualitätsanalyse. Aus diesem Grund gibt es beispielsweise mit den »ICC-Standard Nr.101/1: Musternahme bei Getreide«, »ICC-Standard Nr.120: Mechanische Musternahme bei Getreide« und der »DIN EN ISO 24333: Getreide und Getreideerzeugnisse – Probenahme« detaillierte Bestimmungen für die Probenahme.

An Gerätschaften werden darin ein pneumatisches Probenahmegerät oder Probenstecher, mindestens 2 m lang, sowie ein Probeteiler, vorgeschrieben. Zur Durchführung der Probenahme gibt es Bestimmungen, die grundsätzlich bei jeder Annahme verwendet werden sollten. Bei der Probenahme mit einem pneumatischen Gerät ist wie folgt zu verfahren:

- Es ist das beim Herausziehen des angeschlossenen Saugrohrs aus der Lagerung ab der Bodenlage entnommene Material zu verwerten.
- Aus dem lose fließenden Getreide ist je angefangene 5 t eine Einzelprobe zu entnehmen.

Sofern es nicht möglich ist, Proben aus dem fließenden Gut zu entnehmen, sind die Fahrzeuge mittels Probenstecher/pneumatischem Probenahmegerät nach folgenden Schemata zu bemustern:

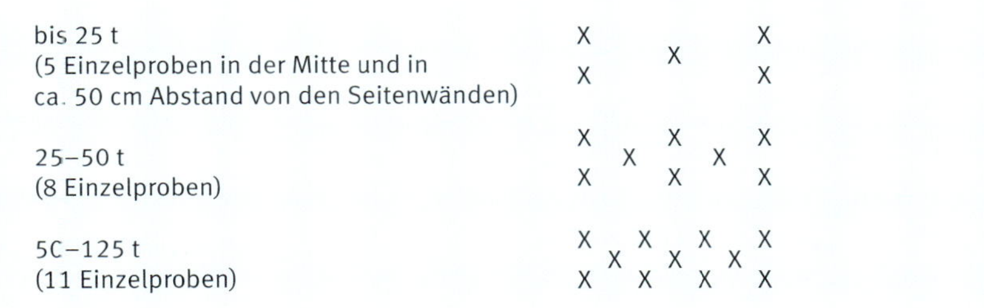

Gerätschaften

Getreidestecher sollten so ausgestattet sein, dass die Schlitze beim Einführen verschlossen sind und diese erst in der Endstellung durch Verdrehen des Innenrohrs geöffnet werden. Noch geeigneter sind die Getreidestecher mit versetzten Schlitzen, die sich beim Drehen nacheinander von unten nach oben öffnen. Das sichert die Entnahme aus allen Schichten des Stecherbereichs.

Für die pneumatische Probenahme gibt es tragbare Sauggebläse, ähnlich einem Staubsauger. In den letzten Jahren haben sich auf dem Gebiet der pneumatischen Probenahme automatische, ferngesteuerte Probenahmestationen für eine stationäre Aufstellung bewährt (Abb. 8-2). Diese stehen entweder auf einem festen Sockel mit Drehgelenk und haben einen Schwenkbereich von etwa 9 m, ferner einen Hebelarm und eine Teleskopvorrichtung oder an einer verfahrbaren Schiene. Über Getriebemotoren kann in alle Richtungen gesteuert werden. Das Probeentnahmerohr von etwa 2 m Länge ist pendelnd aufgehängt. Wesentlich ist, dass diese Probenahmen über eine Fernbedienung (Steuerbirne) direkt vom Fahrer, Wiegehaus oder Labor aus gesteuert werden können. In manchen Fällen

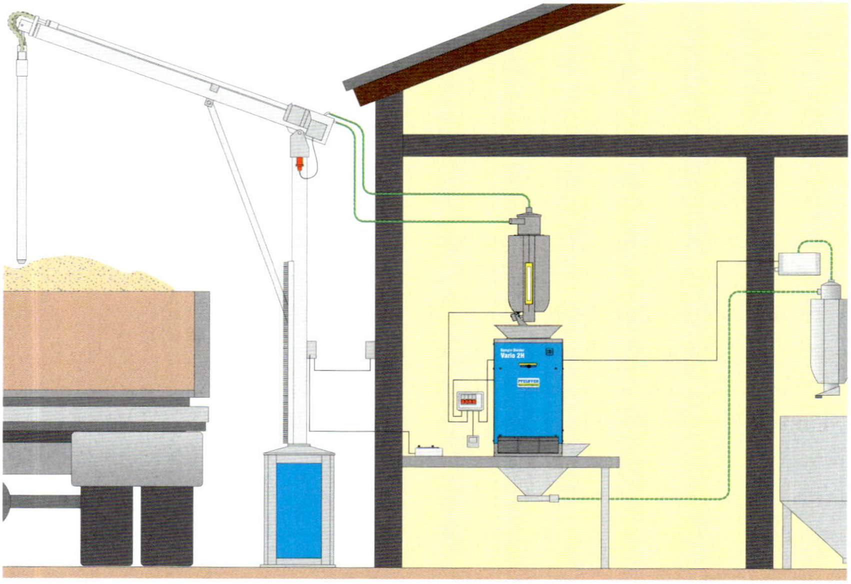

Abb. 8-2: Pneumatischer Probennehmer

unter Verwendung einer Kamera, welche dem Bediener die entfernt stehende Ladefläche zeigt. Neben der erwähnten Kamera als Sichtkontakt zur Positionierung der Sauglanze empfiehlt sich eine zweite, die so montiert ist, dass das Kennzeichen des Lkw von vorne erkannt und auf dem Annahmeschein registriert werden kann. Über das doppelwandige Entnahmerohr wird das Produkt vom Luftstrom erfasst, der von einem Saug-Druckgebläse erzeugt wird und der über einen Kunststoffschlauch die Probe in einen Sammelbehälter fördert.

Im Anschluss an den Sammelbehälter, der als Abscheider wirkt, wird die Probe bei Ankunft in der Regel sofort auf einen Probenteiler geführt. Dieser teilt die Probe in zwei gleichgroße repräsentative Teile. Ein Teil läuft in eine Probeschale und steht für die nachfolgenden Untersuchungen (Besatzanalyse, Feuchte, Protein usw.) zur Verfügung. Ein weiterer Teil dient als Rückstellmuster. Neben einem elektrischen Probeteiler gibt es auch die einfachen Tischprobenteiler in verschiedenen Größen. Hier wird die Probe durch mehrere Schlitze in zwei Teile geteilt. Dieser Vorgang wird dann mit einer Hälfte wiederholt.

Zur Probenahme im »lose fließenden Getreide« – also z. B. aus einem Fallrohr – gibt es die Musterentnahme aus dem Materialstrom beispielsweise über eine kleindimensionierte Rohrschnecke mit geringem Durchmesser (z. B. 60 mm), welche innerhalb des Fallrohrs (Materialstrom) in einer Halbschale läuft. Wichtig ist die dazugehörige einstellbare Zeitsteuerung, über die Entnahmeintervalle und damit Probemengen regulierbar sind. Vor jeder Probenahme läuft die Schnecke zur Selbstreinigung rückwärts. Damit ist gewährleistet, dass die entnommene Probe tatsächlich nur aus dem momentan fließenden Produkt gezogen wird (Abb. 8-3).

8.2.2 Sensorische Prüfung

Die sensorische Überprüfung von Getreidepartien bei der Anlieferung, aber auch bei der Überführung vom Getreidesilo (oder Flachlager) zur Produktion, ist der erste Schritt zur Qualitätskontrolle und zu der im Abschnitt M beschriebenen Hygienevorsorge.

Unter einer sensorischen Überprüfung versteht man:

- Prüfung des Aussehens und Beurteilung nach arteigener Farbe, sichtbaren Schimmelbefall, Schädlingsbefall (in jedem Entwicklungsstadium), Besatzanteile (Vorprüfung, s. auch 8.2.3)
- Prüfung des Geruchs
  Die Prüfung erfolgt am angelieferten naturfeuchten Korn. Es gibt verschiedene Ausprägungen und unterschiedliche Geruchsrichtungen. Zusätzlich kann man bei auffälligem Geruch noch differenzieren in »stark«, »mittel« oder »schwach«.

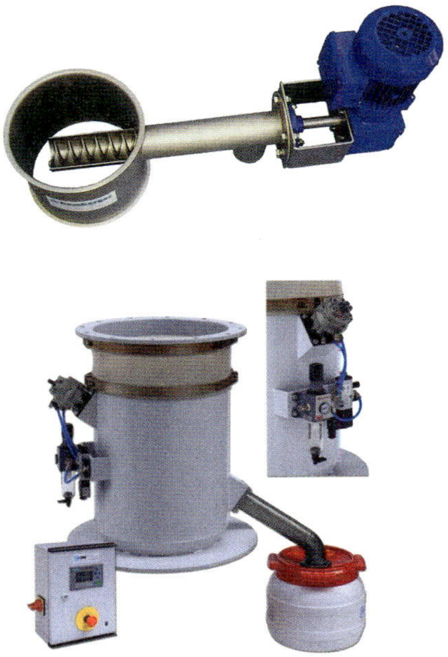

Abb. 8-3: Probenahme aus fließendem Gut

In den Handelsbezeichnungen dienen die vorgenannten sensorischen Überprüfungen zur Beurteilung der gebräuchlichen Vertragsklausel, ob ein Getreide »gesund und handelsüblich« ist.

8.2.3 Besatzbestimmung bei Weizen und Roggen / ICC Standard Nr. 102/1 und 103/1

Allgemeines

Unter Besatz versteht man alle Anteile einer Getreidepartie, welche nicht einwandfreies Grundgetreide sind. Der prozentuale Anteil von Besatz ist entscheidend für eine Übernahme und/oder einen Preisabschlag, sowie für betriebliche Maßnahmen.

Besatzfraktionen

Nach ICC-Standards, DIN EN ISO-Norm und den Bedingungen des Getreidehandels und der Verarbeiter finden folgende Definitionen von Besatzfraktionen, die »nicht einwandfreies Grundgetreide« sind, Anwendung:

Bruchkorn

Als Bruchkorn gelten alle nicht angefressenen Körner, bei denen Teile des Endosperms freiliegen. Hierunter fallen auch angeschlagene Körner mit ausgeschlagenen Keimlingen. Diese Definition gilt nicht für Mais.

Kornbesatz

Schmachtkorn

Als Schmachtkorn gelten die Körner, die nach Entfernung sämtlicher anderer hier genannten Bestandteile der Getreideprobe durch Schlitzsiebe mit folgenden Schlitzbreiten fallen: Weichweizen 2 mm, Roggen 1,8 mm, Durumweizen 1,9 mm, Gerste 2,2 mm. Hierunter fallen auch frostgeschädigte Körner und alle nicht ausgereiften Körner (grüne Körner).

Fremdgetreide

Als Fremdgetreide gelten alle nicht zum Grundgetreide gehörenden Getreidekörner und deren Besatzfraktionen, so beispielsweise Gerstenkörner in einer Weizenpartie.

Schädlingsfraß

Zum Schädlingsfraß (z. B. Insekten, Nagetiere) zählen diejenigen Körner, die Fraßstellen aufweisen. Wanzenweizen gehört ebenfalls zur Untergruppe Schädlingsfraß.

Keimverfärbungen sowie fleckige und fusariumbefallene Körner

Körner mit Keimverfärbungen sind Körner mit braunen bis braunschwarzen Verfärbungen der Schale am unversehrten, nicht ausgewachsenen Keimling. Körner mit Keimverfärbungen bis zu 8 % bleiben unberücksichtigt. Als fleckige Körner gelten Körner, die an anderen Stellen als am Keimling braune bis braunschwarze Verfärbungen aufweisen.

Als fusariumbefallene Körner gelten Körner, deren Fruchtwand durch den Fusariumpilz befallen ist; diese Körner erscheinen leicht brandig, eingeschrumpft und tragen rosa oder weißgefärbte Flecken mit fließenden unscharfen Konturen.

Auswuchs

Auswuchs liegt vor, wenn Wurzel- und/oder Blattkeime mit bloßem Auge deutlich zu erkennen sind. Zur Beurteilung des Auswuchsgehalts darf der allgemeine Habitus der Getreideprobe nicht außer Acht gelassen werden. Bei manchen Getreidearten, zum Beispiel bei Durumweizen, tritt – sortenmäßig bedingt – der Keimling stark hervor, sodass bei der Bewegung des Getreides die den Keimling bedeckende Schale leicht aufbricht und auf diese Weise Auswuchs vorgetäuscht wird. Ein solches Korn ist nicht als Auswuchs zu bezeichnen.

Schwarzbesatz

Unkrautsamen

Fremdkörner (Unkrautsamen) sind Körner von angebauten oder nicht angebauten Pflanzen, ausgenommen Getreide. Diese Fremdkörner Unkrautsamen) bestehen aus unverwertbaren und schädlichen Körnern.

Als schädliche Körner (schädliche Unkrautsamen) gelten:

- die für Mensch und Tier giftigen Körner,
- Körner, die die Reinigung und das Ausmahlen des Getreides behindern oder erschweren,
- Körner, die die Qualität der Getreideverarbeitungserzeugnisse verändern.

Verdorbene Körner

Zu den verdorbenen Körnern zählen solche, die durch Fäulnis, Schimmel- oder Bakterienbefall oder durch sonstige Einwirkungen für die menschliche Ernährung und für die Fütterung landwirtschaftlicher Nutztiere unbrauchbar sind.

Zu den verdorbenen Körnern gehören auch durch Selbsterhitzung oder zu starke Trocknung geschädigte Körner. Dieses sind vollausgebildete Körner, deren Schale eine graubraune bis schwarze und deren Mehlkörper beim Durchschneiden eine gelblich-graue bis bräunlich-schwarze Färbung zeigt.

Verunreinigungen

Zu den Verunreinigungen zählen sowohl die in einer Getreideprobe enthaltenen Bestandteile, die beim Sieben mit einem 3,5-mm-Schlitzsieb zurückbleiben (ausgenommen Fremdgetreide und sehr dicke Körner des Grundgetreides), als auch die Bestandteile, die beim Sieben mit einem 1-mm-Schlitzsieb durchfallen.

Steine, Erdklumpen, Strohteile und andere Verunreinigungen zwischen 1 mm und 3,5 mm, die sich in den Getreideproben befinden, zählen ebenfalls zu den Verunreinigungen.

Ferner zählen zum Besatz: Spelzen, Mutterkorn, Brandbutten, tote Insekten, Insektenfragmente und natürlich lebende Schädlinge.

Der »Gesamtbesatz« ist die Summe aus Korn- und Schwarzbesatz. Die kaufmännische Auswirkung (Preis) von Besatzanteilen ergibt sich aus den im Getreidehandel üblichen Abzugstabellen.

In neuester Zeit wird der häufiger auftretende Pilzbefall zum Problem und erfordert besondere Aufmerksamkeit bei der Getreideannahme.

Durchführung der Besatzanalyse

Als gebräuchliche Methode empfiehlt sich, ein Muster von mindestens 250 g auf 0,1 g genau verwogen auf einem Schlitzsieb von 1 mm etwa eine halbe Minute zu sieben. Bei Handsiebung müssen die horizontalen Bewegungen parallel zur Länge der Schlitze erfolgen. Um eine gleichmäßige Siebung zu gewährleisten kann eine Siebmaschine (z.B. Vibrationsapparat, Schüttelsieb) verwendet werden. Grobe Verunreinigungen werden mit der Hand entnommen und zusammen mit dem Siebdurchfall von 1 mm verwogen und als Verunreinigung, nach Gewichtsermittlung eingestuft. Aus dem Rückstand des 1 mm Siebes wird mittels eines Probenteilers ein Muster zwischen 50 und 100 g hergestellt und auf 0,1 g genau verwogen.

Dieses Teilmuster wird auf einer Tischplatte zu einer Schicht ausgebreitet. Die Fraktionen Bruchkorn, Fremdgetreide, Auswuchs, Schädlingsfraß, frostgeschädigte Körner, Körner mit Keimverfärbungen, Unkrautsamen, Mutterkorn, verdorbene Körner und Brandbutten werden mithilfe einer Pinzette oder eines Hornspatels daraus ausgelesen.

Befinden sich im Teilmuster K Weizenkörner, die noch in den Spelzen sitzen, so sind diese Körner von Hand aus der Umhüllung herauszuholen. Die Spelzen zählen zur Fraktion Verunreinigungen und Spelzen.

Anschließend wird das gleiche Teilmuster eine halbe Minute durch ein Schlitzsieb (2,0 mm bei Weizen, 1,8 mm bei Roggen etc.) gesiebt. Der Durchfall dieser Siebung zählt zur Fraktion Schmachtkorn, ebenfalls die im Rückhalt vorhandenen grünen, nicht ausgereiften Körner.

Die Berechnung der Besatzprozente muss auf einer Verwiegung mit 0,01 g Genauigkeit basieren. Für die Angaben im Abrechnungsbogen sind Werte mit 0,1 % üblich. Beim Mutterkorn und Unkrautsamen muss der Wert mit 0,01 g Genauigkeit angegeben werden. Die Darstellung von Käfer- und Insektenfragmenten erfolgt in Stück/kg Weizen bzw. Roggen.

Berechnung und Darstellung der Ergebnisse/ ICC-Standard Nr. 102

Der Prozentanteil der Verunreinigungen errechnet sich wie folgt:

$$A = \frac{b}{a} \times 100$$

A = % Verunreinigungen
a = Gewicht des Durchschnittsmusters
b = Gewicht der Verunreinigungen

Getreidestaub

Auffällig ist, dass der Getreidestaub bislang nicht ausdrücklich erwähnt ist. Aber gerade der Getreidestaub, der als potenziell hoch belastet gilt (Mykotoxine, Schadstoffe), ist in den letzten Jahren ein wichtiges Thema geworden. Insbesondere bezüglich der Annahmestäube wurden viele Empfehlungen und Richtlinien erlassen. Wesentlicher Inhalt ist die Verpflichtung der Verarbeiter (Mühlen) zur Entfernung der Stäube aus dem Nahrungsmittelkreislauf und zu deren Entsorgung.

Eine Wiedereinführung von zunächst aussortierten Reinigungsabgängen, insbesondere der belasteten Getreidestäube, in müllerische Nebenerzeugnisse (z. B. Kleie) ist kategorisch verboten. Darauf bezieht sich auch das Futtermittelrecht, nach dem Kleie auch als Einzelfuttermittel oder Mischfutterkomponente nur aus gereinigtem Getreide hergestellt werden darf.

Was nun die Getreidestäube betrifft, so verursacht die Entsorgung erhebliche Kosten. Aus diesem Grund gibt es verschiedene Systeme, diese Kosten für die Entsorgung wenigstens teilweise dem Vorlieferanten weiterzugeben. Grundsätzlich gibt es zwei Möglichkeiten, entweder ein »Pauschalabzug« je

Tab. 8-1: Beispiel für ein Untersuchungsprotokoll

Kornbesatz		15,6 %
Bruchkorn	4,1 %	
Schmachtkorn	2,5 %	
Fremdgetreide	0,4 %	
Auswuchs	2,8 %	
Schädlingsfraß	0,4 %	
frostgeschädigte Körner	0,0 %	
Körner mit Keim	5,4 %	
Verfärbungen		
Schwarzbesatz		**1,9 %**
Unkrautsamen (giftig; nicht giftig)	0,0 %	0,6 %
Mutterkorn	0,1 %	
verdorbene Körner		0,7 %
Brandbutten	0,0 %	
Verunreinigungen und Spelzen, Sand, Steine etc.		0,5 %
Gesamtbesatz		**17,5 %**
Tierischer Befall:		
Insektenfragmente	2 Stck/kg	
Käfer	5 Stck/kg	

angelieferte Tonne Getreide oder eine Mengenerfassung der Staubanteile und einen Preisabschlag nach einer Abzugstabelle. Der Verband Deutscher Mühlen empfiehlt in seinem Vorschlag zur Neugestaltung der Einkaufskonditionen für Getreidemühlen einen Pauschalbetrag (€ 0,25/t) oder die Anwendung der Abzugstabelle für Schwarzbesatz. Das ergäbe z. B. bei 0,5 % Staub € 0,50/t, bei 1 % = € 1,0/t und bei 1,5 % = € 1,50/t.

Laborreiniger

Die Erfassung der Staubmenge wie auch der meisten Besatzanteile im Labor ist mit einem sogenannten Laborreiniger möglich. Dieser ist mit zwei bis vier Sieblagen ausgestattet. Nach dem Abwiegen wird die Probe bei geschlossenem Entgrannerboden in den Entgranner eingeschüttet. Nach dem Schließen des Deckels läuft die Maschine an. Der Entgranner öffnet sich automatisch nach voreingestellter Zeit. Der leichte Abfall wird durch die verstellbare Aspiration abgesaugt und in den Zyklon abgeschieden. Auf diese Fraktion kommt es bei der Staub- und Windputzerfassung an. Die Probe läuft über das Schrollensieb, wo größere Verunreinigungen abgesiebt werden und danach über das Sandsieb. Hier fallen die kleineren Verunreinigungen durch das Sieb in eine Schale und das reine Getreide in eine andere, gewichtsgleiche Schale (Abb. 8-4).

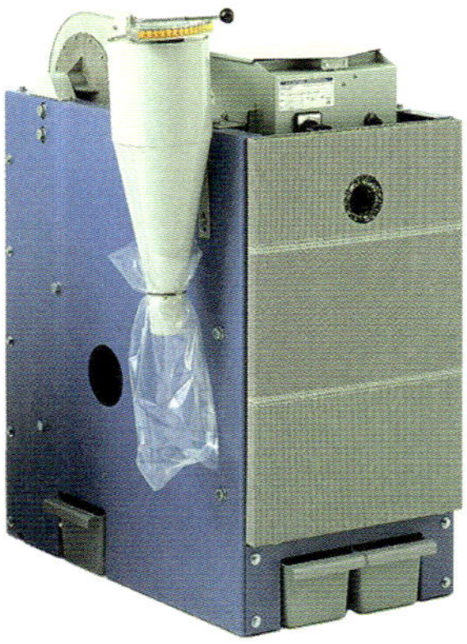

Abb. 8-4: Handsieb-Satz (oben) und Probenreiniger mit Entgranner, drei Sieblagen und Leichtgutabsaugung (unten)

Mindestausstattung für die Besatzkontrolle ist ein kompletter Handsieb-Satz nach DIN EN ISO 5223, z. B. für Getreide:

- 1,0 × 20 mm Schlitzlochweite
- 1,8 × 20 mm Schlitzlochweite
- 2,0 × 20 mm Schlitzlochweite

Anschließend erfolgt eine Besatzanalyse ohne die Siebung.

8.2.4 Feuchtigkeit

Allgemeines

Die große Bedeutung der Feuchtigkeit von Getreide für die Lagerung und für die Vermahlung ist in den Kapiteln 4 (Getreidelagerung) und 7 (Mahlverfahren) ausführlich dargestellt. Selbstverständlich spielt die Produktfeuchtigkeit auch kaufmännisch eine große Rolle. Für die Abrechnung bei der Getreideanlieferung im Handel wie auch in der Mühle gibt es genaue Abzugstabellen. Die Obergrenze, ohne Abzug, liegt normalerweise bei einer Feuchte von 14,5 %. Auch bei der staatlichen Intervention ist der Wert von 14,5 % bei Weizen, Roggen und Gerste als Höchstwert festgelegt.

Abgesehen von der Lager- und Mahlfähigkeit einer Getreidepartie stellen Abnehmer immer häufiger Anforderungen bezüglich der maximalen Feuchtigkeit der Fertigprodukte, also der Mehle. Die Grenzwerte liegen normalerweise bei 14 bis 15 % Mehlfeuchtigkeit. Schließlich ist die Feststellung der Feuchtigkeit eines Produktmusters auch als Voruntersuchung für einige Analysen erforderlich, z. B. für die Mehlveraschung, Fallzahlbestimmung u. a.

Bei den Methoden zur Getreidefeuchtemessung wird in Deutschland grundsätzlich unterschieden, welche Systeme bzw. Geräte die Eichzulassung der Physikalisch-Technischen Bundesanstalt in Berlin hat und welche nicht. Für den Handelsverkehr muss man ein eichfähiges und amtlich geeichtes Gerät verwenden, um Streitigkeiten zu vermeiden. Im innerbetrieblichen Gebrauch kann man auf die Eichung verzichten.

Die Standardmethode ist das Wäge-Trocknungsverfahren, also die Bestimmung des Masseverlustes der Probe durch Trocknung bei einer bestimmten Temperatur in einem bestimmten Zeitraum. Auch der ICC Standard Nr. 110/1 sieht dieses Prinzip vor.

Als Temperatur im Trockenschrank sind 130 °C gebräuchlich; die Verweilzeit beträgt normalerweise 1 Stunde (nach ICC 2 Stunden, für Mehl 90 min), aber entscheidend ist, wann die Gewichtskonstante erreicht wird. Bei zu langem Trocknen und hohen Temperaturen können Substanzverluste eintreten. Bei der Trockenschrankmethode ist für die Verweilzeit wichtig, ob eine Zwangsventilation im Gerät vorhanden ist.

Die Wäge-Trocknungsmethode, Gerätschaften

Analytische oder halbanalytische

Waage, mit einer Genauigkeit von ± 0,001 g (1 mg) und einem Wägebereich von mindestens 200 g.

Zerkleinerungsgerät (Labormühle)

leicht und restefrei zu reinigen, gleichmäßige Zerkleinerung ohne merkbare Erwärmung.

Zur Korngröße als Anhaltspunkt:

Lt. ICC-Standard	10 %	1,0 mm
	50 %	0,5 mm

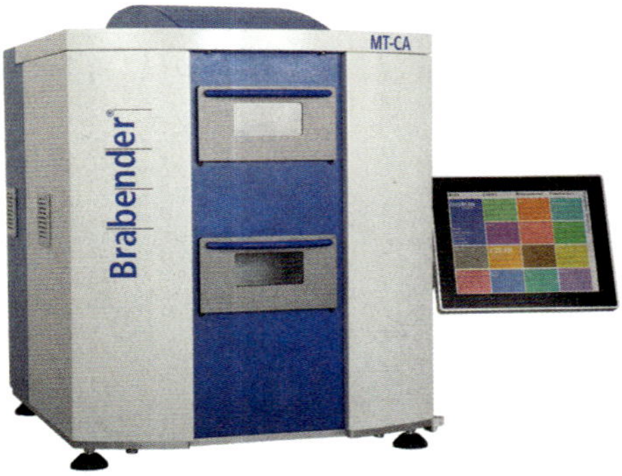

Abb. 8-5: Trockenschrank mit elektronischer Verwiegung und Auswertung (Modell MT-CA)

Beispiele von Labormühlen
SM4 (Brabender), Milomat (Pfeuffer) und 3 310 (Perten)
Die früher häufig verwendeten Messerschroter sind nicht mehr erhältlich und für neue geeichte Geräte unzulässig.

Trockenschränke

Die klassische Feuchtigkeitsbestimmung nach der Trockenschrankmethode mit dem Typ MT-CA (Brabender). Beliebige Einwaage 1 bis 20 g, Übernahme einer variablen Tara, wählbare Trocknungszeit für jede Probe, Sensor für die Probenposition, automatische Berechnung der absoluten Gewichtsabnahme und der prozentualen Feuchte. Das Gerät ist eichfähig (Abb. 8-5).

Es werden auch Trockenschränke einfacher Bauart verwendet, allerdings ist hier eine besondere Probenbehandlung vor und nach der Trocknung erforderlich – u. a. Abkühlung im Exsikkator vor der Rückverwiegung. Ferner ist es wichtig, dass der Trockenschrank über eine elektrische Entlüftung verfügt, da sonst die Trocknungszeit zu lange dauert.

Zu den Geräten für die Feuchtigkeitsbestimmung nach der Trocknungsmethode gehören auch die Infrarot-Feuchtebestimmer (Kern, Sartorius). Hier befindet sich die Probe in einer Aluschale und diese wiederum auf einer Waage mit einer Ablesbarkeit von 0,01 %. Über dem Muster sind zwei Halogen-Quarzstrahler angeordnet. Ein Display zeigt das Gewicht und die Gewichtsveränderung an. Die Trocknungszeit kann manuell eingestellt werden, weitere Möglichkeiten sind:

- Vollautomatisch: Trocknung bis zur Gewichtskonstante,
- Halbautomatisch: Trocknungsende, wenn der Gewichtsverlust pro Zeiteinheit den Sollwert unterschreitet. Die Messabfragen in Verbindung mit RS 232 und Drucker sind möglich.

Die Waage hat eine Ablesbarkeit von 1 mg und einen Wägebereich von 120 g. Die einfachste Art zur Anwendung der Trocknungsmethode, ist die Verwendung eines Trocknungstopfes mit der Typenbezeichnung Hohex (Fa. Pfeuffer).

Elektronisches Verfahren

Seit Jahrzehnten ist eine Vielzahl von Schnellfeuchtemessern in Gebrauch, welche auf dem Prinzip der Leitfähigkeit oder anderen elektronischen Funktionen basieren. Der Messvorgang in den weit verbreiteten Geräten HE 6O/HE 90 (Pfeuffer), welche eichfähig sind, ist sehr einfach: Die Produktprobe wird in die Messzelle eingefüllt und mithilfe einer Ratsche bis zum Anschlag zusammengedreht (Abb. 8-6).

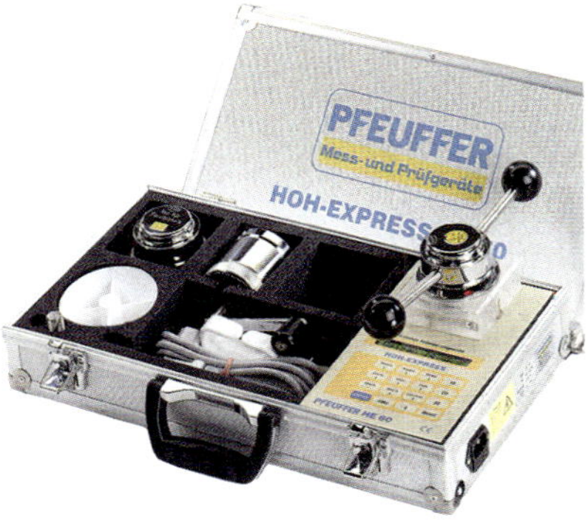

Abb. 8-6: Feuchtemessgerät für Getreide, Mehl u. a. (Modell HE 60)

Es sind Kalibrationen für bis zu 28 Produkte möglich – also alle Getreidearten und Mehle. Es gibt einen integrierten Belegdrucker und optional eine Computerschnittstelle RS 232 C – schließlich noch eine eigene Messzelle für Nassmais.

Neben den eichfähigen Geräten gibt es für den mobilen Gebrauch – z. B. zur Messung auf dem Feld – auch eine Anzahl von Schnellfeuchtebestimmern. Seit vielen Jahren ist die Ganzkornmessung marktreif und deren Eichzulassung erreicht worden. Auf diese Geräte wird im Abschnitt NIR-Messung eingegangen. An dieser Stelle seien lediglich zwei Gerätetypen erwähnt (Granomat/Fa. Pfeuffer, Abb. 8-7; Aquamatic/Fa. Perten), die auf der Basis der Dielektrizitätskonstante arbeitet und neben der erforderlichen Temperatur auch die Schüttdichte (hl-Gewicht) messen, anzeigen und ausdrucken – also eine Ganzkornmessung, bei der die Feuchtigkeit (amtliche Eichung möglich) und das hl-Gewicht bestimmt werden.

Abb. 8-7: Feuchtebestimmer mit hl-Gewicht Granomat

Der a_w-Wert/Wasseraktivitätsbestimmung

Die Bedeutung dieses Themas wird im Kapitel 4.2.1 ausführlich erläutert. Die Bestimmung des »frei verfügbaren Wassers« im Getreide fällt im weitesten Sinne unter den Begriff »Probenhygrometrie«. Die Wasseraktivität gibt Aufschluss über die Gefährdung z. B. durch mikrobielle Aktivitäten, Schwitzprozesse, Milben und die Erntesituation und Lagerfestigkeit einer Getreidepartie. Die Wissenschaft empfiehlt, den a_w-Wert in die Beurteilung für die Einstufung »gesund und handelsüblich« einzubeziehen. Gesundes und handelsübliches Getreide besitzt idealerweise eine Wasseraktivität von 0,60 bis 0,65 entsprechend einer Kornfeuchte von 14 bis 14,3 %.

Das Gerät zur Messung des a_w-Wertes besteht aus einem Hygrometer und einer a_w-Wert Messkammer. Hier wird das Feuchtegewicht in 5 min^{-1} h eingestellt, je nach Produktfeuchte. Nach der Equilibrierung (Einstellung des Feuchtegleichgewichts), kann der Messwert direkt abgelesen werden.

8.2.5 Hektolitergewicht

Anders als in früheren Zeiten spielt die Bestimmung des sogenannten Hektolitergewichtes (hl-Gewicht = Gewicht von 100 l Getreide) keine entscheidende Rolle bei der Qualitätsbewertung von Brotgetreide mehr. Anders verhält es sich in der Schälmüllerei, wie dies aus dem Kapitel 13 ersichtlich ist. Der Grund für die geringere Beachtung des hl-Gewichtes ist die bessere und schnellere Analytik der Inhaltstoffe und des Verarbeitungswertes. Außerdem beeinflussen Sorte, Kornausbildung und Wassergehalt das hl-Gewicht – ohne verbindliche Aussage über die Qualität. Selbstverständlich sind Mindestwerte gefordert, wie zum Beispiel bei der Intervention. Bei Weizen wird ein Minimum von 76 kg/hl verlangt – andernfalls sind folgende Abzüge vorgesehen:

Die Gerätschaften zur Bestimmung des hl-Gewichts, welche die Eichzulassung haben müssen, sind fast hundert Jahre gleich geblieben. Die sogenannten Getreideprober gibt es in einer Ausführung für ¼ l (in Mühlen gebräuchlich), während im Getreidehandel die 1 l-Ausführung verbreitet ist.

Der Aufbau ist in beiden Fällen gleich. Ein Holzkoffer dient als Grundplatte, auf der die Präzisionsbalkenwaage und das Hohlmaß arretiert werden. Weitere Bestandteile sind ein Füllzylinder, ein Schüttgefäß und das Abstreichmesser, sowie ein Präzisionsgewichtsatz (Abb. 8-8).

Das theoretische Raumgewicht kann jedoch nicht einfach umgerechnet und als offizielles hl-Gewicht gelten. Vielmehr gehört zu dem Getreideprober die »Amtliche Vergleichstabelle«. Diese berücksichtigt die Pressung und Schichtung bei einer größeren Getreidemenge als ¼ oder 1 l. Alternativ gibt es eine Volumenmesseinrichtung. Diese ist für elektrische Waagen gebaut und wird nicht mehr mit einer Balkenwaage betrieben. In Verbindung mit einer geeichten Waage ist die Volumenmesseinrichtung eichfähig. Neben dieser klassischen Methode, die noch immer vielfach angewendet wird, gibt es heute elektronische Verfahren bzw. Geräte, wie z. B. in Abbildung 8-8 (Granomat) dargestellt. Diese sind jedoch bis heute in Deutschland nicht eichfähig.

Abb. 8-8: Volumenmesseinrichtung (hl-Gewicht)

8.2.6 Beurteilung der Brotgetreide-Qualität nach der »Besonderen Ernteermittlung« (BEE)

Getreideernten haben stets jahrgangsspezifische Merkmale, sowohl Ertrag als auch Qualität sind das Ergebnis von Sortenwahl, Anbaumaßnahmen und Witterungsverlauf. Das Max Rubner-Institut, Bundesforschungsinstitut für Ernährung und Lebensmittel, Institut für Sicherheit und Qualität bei Getreide in Detmold berichtet seit 1957 alljährlich zu Beginn des Getreidewirtschaftsjahrs über die Quantität und Qualität der zurückliegenden Brotgetreideernte. Diese sogenannte »Besondere Ernteermittlung« (BEE) mit den darin ermittelten Parametern ist ein Beispiel für die Qualitätsbeurteilung von Brotgetreide. Die Muster kommen aus allen Bundesländern und der Anteil, der für die Brotherstellung geeignet ist, wird über indirekte Methoden und auch über Backversuche ermittelt.

Roggen

Die Brotroggenqualität wird im Handel üblicherweise mit den Merkmalen der Stärkebeschaffenheit (Fallzahl > 120 s), der Amylogramm-Verkleisterungstemperatur (> 63 °C) und Amylogramm-Maximum-Viskosität (> 200 AE) definiert. Verkleisterungstemperaturen von über 63 °C signalisieren die grundsätzliche Eignung des Roggens für vielseitige Backzwecke; der Bereich 64 bis 67 °C bestätigt eine hervorragende Backqualität.

Einen Anhaltspunkt geben die Durchschnittszahlen der Ernten 2013 und 2014 für das gesamte Bundesgebiet. Die beiden Jahre zeigen im Vergleich witterungsbedingte Abweichungen durch relativ viel Regen in 2014. Die Verarbeitung von Brotroggen in der Bundesrepublik Deutschland beträgt ca. 1 Mio. t pro Jahr, sodass der jährliche Bedarf reichlich gesichert ist.

Weizen

	Erntemenge Roggen gesamt in 1 000 t	Fallzahl	AE_{max}
2013	4 689	276	74,7
2014	3 854	201	67

In dem hier beispielhaft gewählten Jahr 2014 beruhte die Datenerhebung auf etwa 1 152 Weizemproben aus dem gesamten Bundesgebiet. Als Hauptkriterien für die Weizenqualität dienen der Proteingehalt, der Sedimentationstest und das Backvolumen nach dem Rapid-Mix-Test.

Die Winterweizenernte 2014 weist im Durchschnitt aller untersuchten Proben einen Proteingehalt von 12,2 % auf, um 0,7 % unter dem Mittel der vergangenen 10 Jahre. Der Sedimentationswert, ein indirektes Maß für die Proteinqualität, erreichte mit 40 ml nicht den Wert des Vorjahres (43 ml), deutlich unter dem Durchschnittswert der letzten 10 Jahre (46 ml). Das anhand von Proteingehalt, Sedimentationswert und Backqualitätsgruppe berechnete Backvolumen im Rapid-Mix-Test liegt mit 656 ml/100 g Mehl unter dem Ergebnis des Vorjahres (673 ml/100 g Mehl) und auch unter dem Zehnjahresmittel (686 ml/100 g Mehl). Die Fallzahl ist mit 1,3 % unter 160 s und 5,7 % unter 220 s in 2014 aufgrund des teilweise ungünstigen Witterungsverlaufes zur Ernte etwas schlechter ausgefallen als im Vorjahr.

Mit diesem Beispiel einer umfassenden Qualitätsbeurteilung von Brotgetreide soll die Bedeutung der Untersuchungsmethoden dargestellt werden, die in den folgenden Abschnitten im Detail beschrieben werden.

8.2.7 Elektrophorese

Die inzwischen schon standardisierte Methode zur Indentifizierung von Weizensorten durch Elektrophorese der Gliadine im Stärkegel beruht auf der elektrophoretischen Trennung der aus dem Weizenkorn extrahierten Gliadine. Sie liefert ein sortenspezifisches, genetisch bedingtes Diagramm der jeweiligen Weizensorte. Die Methode ermöglicht eine gute Reproduzierbarkeit der Ergebnisse unabhängig von Standort, Erntejahr, Proteingehalt, Apparatur und Bedienungspersonal. Der apparative Aufwand ist nicht groß. Trotzdem erfordert die Durchführung labortechnische Arbeitsroutine.

Bei der Elektrophorese wandern die gelösten Teilchen in einem Gleichstromfeld. Als Trägermaterial wird heute hauptsächlich Stärkegel verwendet, da es gegenüber Polyacrylamid den Vorzug der leichteren Hand-habung und Ungiftigkeit hat. Nach mehreren Schritten einer chemischen Behandlung entstehen sogenannte Gliadinbanden, die für eine Sorte spezifisch und kaum verwechselbar sind. Empfohlen wird trotzdem eine Vergleichsuntersuchung mit einer definierten Sortenprobe, um mittels Gegenüberstellung die vermutete oder gesuchte Sorte zu erkennen. Es gibt verschiedene Varianten der Durchführung. Eine davon ist die Polyacrylamidgel-Anwendung zur Herstellung von Gliadin-Elektropherogrammen nach Günzel.

Die sichere Erkennung einer Weizensorte durch eine analytische Methode ist insbesondere dann interessant, wenn auf dem Markt bestimmte Sorten oder auch Mischungen mit sehr unerwünschten teigrheologischen und backtechnischen Eigenschaften angeboten werden.

Die Anwendung in der Praxis ist heute jedoch eher selten, dank generell besserer Getreidequalitäten, einer besser definierten Gruppierung der Getreidesorten und einer vereinfachten Analytik.

8.2.8 Keimfähigkeit

Die Keimfähigkeit ist, neben der Saatgutprüfung, auch bei Brotgetreide ein Parameter für Qualitätsmängel. Insbesondere Trocknungs- und Lagerschäden sind damit erkennbar. Trotzdem wird in der Müllerei die Bestimmung der Keimfähigkeit selten durchgeführt, es sei denn, es besteht der Verdacht auf die oben genannten Schädigungen, die sich nachteilig auf die Kleberqualität und damit auf das Backverhalten der Mehle auswirken. Auch EG-Verordnungen enthalten Auflagen betreffend der Keimfähigkeit für die Anlieferung zur Intervention. Von entscheidender Bedeutung ist die Keimfähigkeit bei der Braugerste. Für die Herstellung von Braumalz wird eine Keimfähigkeit von mindestens 95 % gefordert.

Es gibt verschiedene Methoden der Keimfähigkeitsbestimmung:

- Das Keimbettverfahren erfordert keinen apparativen Aufwand, ist aber sehr zeitaufwendig und deshalb für eine Kontrolle bei der Annahme nicht geeignet – höchstens bei der Suche nach Qualitätsmängeln. Die einfachste Methode ist die Verwendung von zwei Petrischalen mit 140 mm Durchmesser. In diese werden passende Filterscheiben eingelegt und mit normalem Trinkwasser gesättigt. Es wird eine gut vorbereitete Probe (Probenteiler) von 50–70 g zunächst vorgequollen. Nach 16 h (Weizen) bzw. 6 h (Roggen) werden 100 Körner auswuchs- und bruchkornfrei, mit der Furche nach unten, auf die oben genannte Filterscheibe eingelegt. Nach 5 Tagen – bei Temperaturen von 18–22 °C können die gekeimten Körner ausgezählt und in % angegeben werden.
- In letzter Zeit haben sich einige Keimfähigkeitsprüfgeräte wie der »Vita Tester« durchgesetzt. Sie ermöglichen die Ermittlung der Keimkapazität in wenigen Minuten durch eine kolorimetrische Methode. Benötigt werden 50 geteilte Körner, die in einer Tetrazolium-Lösung bei 45 °C durch Verfärbung die »lebenden« Körner erkennen lassen. Das Gerät ist für alle Getreidearten geeignet.

8.2.9 Tausendkorngewicht (TKW)

Das Tausendkorngewicht wird, wie der Name sagt, durch Zählen von 1 000 Körnern ermittelt. Es geschieht mit der Hand bzw. einem Zählbrett – oder mit einem Körnerzählgerät. Bei der Qualitätsbeurteilung von Brotgetreide oder als Preisparameter im Handel findet dieses Verfahren wenig praktische Anwendung. Da das spezifische Gewicht des Getreides nur in relativ geringem Maße schwankt, sind schwere Körner im Allgemeinen groß, während ein niedriges Tausendkorngewicht auf eine Kleinkörnigkeit schließen lässt.

Insofern kann der Müller bei einem hohen Tausendkorngewicht auf eine gute Mehlausbeute schließen.

In der Züchtung spielt das TKW eine wichtigere Rolle. Durchschnittliche Werte in der Bundesrepublik sind 30 bis 40 g bei Weizen und 20 bis 30 g bei Roggen.

Wie erwähnt, gibt es neben der Handauszählung Körnerzählgeräte. Das Prinzip bedarf einer Erklärung: Ein Zuführbehälter wird auf das Gerät gesetzt.

Während der Zählung wird dieser durch einen Elektromagneten festgehalten und in Schwingungen versetzt. Das Zählgut gelangt zum Auslauf und fällt durch eine fotoelektronische Zählvorrichtung in den Auffangbehälter. Sobald die vorgewählte Menge erreicht ist, schaltet das Körnerzählgerät ab.

Der Contador beispielsweise wählt die Zählgeschwindigkeit automatisch in Abhängigkeit von der Größe des Zählguts. Damit ist eine optimale Ausnutzung der Zählkapazität garantiert. Gleichzeitig wird die Zählzeit bei größter Genauigkeit auf ein Minimum reduziert. Im Display wird die eingestellte Zählgeschwindigkeit, Korngröße sowie Vorwahl und Zählerstand angezeigt.

8.2.10 NIR-Verfahren / ICC-Empfehlung Nr. 202

Das NIR-Verfahren ist eine Reflektionsanalyse im nahen Infrarotbereich. Diese Methode – auch NIR-Spektroskopie genannt – hat in der Getreide- und Mehlanalytik eine beachtliche Entwicklung vollzogen. Mit diesem Verfahren steht eine Schnellmethode zur Verfügung, mit der Werte wie Proteingehalt, Kornhärte, Sedimentationswert und Feuchtigkeit in wenigen Minuten festgestellt werden können. Die Wichtigkeit beispielsweise des Proteingehalts ist schon dadurch verdeutlicht, dass er bei der »Besonderen Ernteermittlung« die entscheidende Rolle spielt. Die Anwendung dieses Parameters im Handel mit Getreide oder bei kurzfristigen Maßnahmen in der Produktionssteuerung ist durch die Einführung der NIR-Schnellmethode erst möglich geworden. Durch laufende Entwicklungen gibt es inzwischen mehrere Prinzipien und Applikationen:

- Die Ganzkorngeräte mit Gittermonochromator und Transmissionsmessung, für die keine Vermahlung der Getreideprobe erforderlich ist, kürzen logischerweise das Verfahren ab, Analysenzeit ab 60 s (z. B. Type DA 7 250 von Perten mit Diodenzellen-Technologie, oder IM 9 500). Einige Ganzkorngeräte haben die Eichzulassung der PTB für die Messung der Kornfeuchtigkeit.
- Die Anwendung der NIR-Spektroskopie im Online-Verfahren (Perten/Büchi). Mit dieser Einrichtung werden die Mehle in der laufenden Produktion besonders auf die Inhalte und Eigenschaften untersucht: Protein, Asche und Wassergehalt.

Das Grundprinzip der NIR-Spektroskopie besteht darin, dass die zu analysierende Probe mit Licht im nahen Infrarotbereich bestrahlt wird (570–2 500 nm). Aus der unterschiedlichen Reflektion werden die Ergebnisse berechnet.

Ein wichtiger Punkt bei allen Geräten ist die Kalibrierung, die zunächst vom Gerätehersteller standardmäßig erfolgt, aber von Zeit zu Zeit nach

Vergleichsmustern und Standardmethoden erneut vorgenommen werden muss. Das kann in gewissem Umfang selbst durchgeführt werden, aber eine Überprüfung empfiehlt sich im Interesse der Zuverlässigkeit der Werte.

Eine Reihe von Firmen stellen verschiedene Modelle von NIR-Geräten her, die auf dem eingangs beschriebenen Prinzip beruhen.

8.3 Inhaltsstoffe Getreide und Mehl (Indirekte Methoden)

8.3.1 Fallzahl/ ICC-Standard Nr. 107/1

Allgemeines

Die Fallzahl misst den Zusammenhang zwischen Stärke und der α-Amylase-Aktivität im Getreide, wie z. B. Weizen und Roggen und deren Endprodukt Mehl. Die Fallzahlbestimmung gilt als wichtige Schnellmethode und unverzichtbares Qualitätsmerkmal für die Beschaffenheit der Stärke.

Die Fallzahl ist die Zeit in Sekunden, in der ein Rührviskometer eine bestimmte Strecke durch eine heiße Wasser-Mehl-Suspension herunterfällt. Die vorausgegangene Anrührzeit von 60 s. wird dieser »Fallzahl« hinzugerechnet. Die Methode beruht auf der mehr oder weniger raschen Verkleisterung einer wässrigen Suspension aus feinem Mehl oder Feinschrot (800 µm) im kochenden Wasserbad sowie der nachfolgenden Messung der Verflüssigung der Stärke durch die α-Amylase. Die Referenzmethode erfordert für die Getreideuntersuchung die offizielle Schlagkreuzmühle Typ 120 oder 3 100 (Fa. Perten).

Während man bei Geräten früherer Bauart die Rührbewegung manuell vornahm, sind die heutigen Fallzahlgeräte automatisiert. Das Gerät besteht aus einem Wasserbad mit einem Kühldeckel für die Wasserdampfkühlung, einem Mikroprozessor zur Steuerung des Rührwerks, einer Tastatur oder einem Touchscreen für die Eingabe der Probennummern und einem Display und Drucker zum Ablesen der Ergebnisse. Eine RS-Schnittstelle steht zur Verfügung. Als Zubehör zur Durchführung benötigt man eine Präzisionswaage mit einer Ablesbarkeit von 0,01 g, eine der oben erwähnten Fallzahlmühlen, eine Pipette für 25 ml, Fallzahlgläser und den Viskometerumrührer.
Die Feuchtigkeit muss vorher bestimmt und die Einwaage entsprechend korrigiert werden.

Aktuelle Geräte

Das derzeit aktuelle Gerät für die Einzelbestimmung hat die Typenbezeichnung 1 500, während der Typ 1 000, die neue Generation, zur Doppelbestimmung Verwendung findet. Das Doppelgerät hat die Möglichkeit zwei verschiedene Muster gleichzeitig zu untersuchen oder aber die Doppelbestimmung eines Musters durchzuführen (Abb. 8-10).

Abb. 8-10: Fallzahl-Messgerät 1 000 zur Doppelbestimmung

Mit der elektronischen Kontrolleinheit kann bei dem Doppelgerät eine Einwaagekorrektur in Abhängigkeit zur Feuchtigkeit sowie die Berechnung des Mittelwertes, der Malzmehlzugabe oder einer Mehlmischung durchgeführt werden.

Durch das Erhitzen im Wasserbad entsteht Wasserdampf und es kommt zum Verlust von destilliertem Wasser. Um dies zu vermeiden wird der Deckel mit kühlem Leitungswasser, oder einem Fallzahlkühler gekühlt.

8.3.2 Amylograph / ICC-Standard Nr. 126/1

Der Amylograph dient der Untersuchung der Verkleisterungseigenschaften der Stärke unter Einfluss von Temperatur und Zeit. Eine Wasser-Mehl-Suspension wird im Verlauf einer genau gesteuerten konstanten Erhitzung auf ihre Viskosität geprüft. Die Daten und Kurven werden elektronisch ausgewertet. Gemessen wird die Amyloviskosität durch den Widerstand als Drehmoment, welcher bei einer konstanten Rotation entsteht und in Amyloeinheiten (AE) angezeigt wird. Die wichtigsten Daten sind:

Das Verkleisterungsmaximum entspricht dem Höhepunkt der Viskosität und damit der Stärkeverkleisterung, bevor die Verflüssigung eintritt (Abb. 8-11).

Die Verkleisterungstemperatur errechnet sich aus der Zeit x des definierten Temperaturanstiegs. Letztere ist konstant gesteuert und zwar 1,5 °C pro Minute plus Anfangstemperatur.

Hierfür folgendes Beispiel:

22 min bis Maximum x 1,5 °C =
33 °C + 30 °C Anfangstemperatur =
63 °C Verkleisterungstemperatur

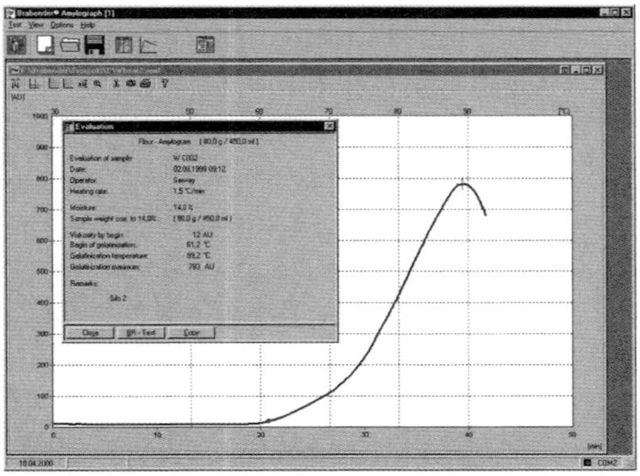

Abb. 8-11: Amylogramm

Die im Vergleich zu anderen Schnellmethoden lange Versuchszeit von 40 Minuten ist insofern ein Vorteil, da der Temperaturanstieg in der Suspension mit 1,5 °C/min der Temperaturentwicklung im Brot beim Backen entspricht. Auf diese Weise werden die Verkleisterungseigenschaften der Stärke realitätsgetreu erfasst. Die Ergebnisse des Verkleisterungsbeginns und -endes und auch die Art des Kurvenanstieges liefern wichtige Zusatzinformationen.

Die Bedeutung der Amylographdaten zeigt die Untersuchung bei der Besonderen Ernteermittlung, welche die Verkleisterungstemperatur neben der Fallzahl als entscheidendes Kriterium zur Beurteilung der Roggenqualität heranzieht. Der Grenzwert ist dort eine Verkleisterungstemperatur von mindestens 63 °C und ein Verkleisterungsmaximum von mindestens 200 AE.

Das Gerät (Abb. 8-12) selbst besteht in der klassischen Ausführung aus einem Rührtopf mit Rühr- und Messfühler, einer elektrischen Messdose sowie einem Temperaturregler.

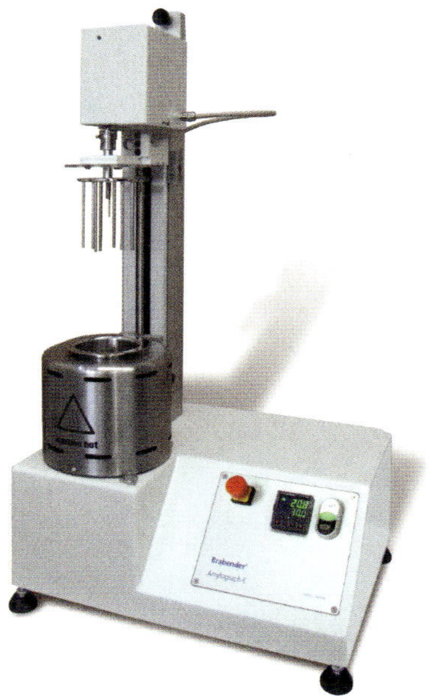

Abb. 8-12: Amylograph E (Brabender)

Zur Vorbereitung der Untersuchung benötigt man eine Waage mit einer Genauigkeit von 0,1 g, um die Mehlmenge von 80 g vorzubereiten und eine Überlaufbürette für 450 ml Wasser, welches nach und nach in einem Becherglas zu einer Mehl-Wassersuspension klumpenfrei angerührt und restefrei in den Rührtopf geschüttet wird. Bei der Ganzkornuntersuchung von Feinschrot wird als Einwaage 90 g empfohlen. Wenn die Feuchtigkeit der Probe von der Standardfeuchte von 14 % stark abweicht, erfolgt bei genauen Untersuchungen eine Korrektur der Einwaage.

8.3.3 Maltose

Allgemeines

Maltose (Malzzucker) ist ein Zweifachzucker. Der Maltosewert entspricht der Menge Maltose, die nach der Methode Berliner im Photometer gemessen wird. Sie entsteht innerhalb von 60 min bei 27 °C in einer definierten Mehl-Wasser-Suspension. Obwohl der Maltosegehalt für das Gärverhalten eines Teiges von Bedeutung ist – ein hoher Maltosegehalt weist auf eine starke Amylase-Aktivität hin – wird die Bestimmung im täglichen Laborbetrieb nicht oft durchgeführt. Im Mühlenlabor scheut man im Allgemeinen den apparativen und zeitlichen Aufwand.

Methode Berliner

Die Methode Berliner dient der Bestimmung des Maltosebildungsvermögens. Sie sieht den Gebrauch eines Rotationsthermostaten vor, in dem eine Mehl-Wasser-Suspension von 10 g Weizenprodukt bzw. 5 g Roggenprodukt in passenden Gläsern rotiert; ferner eine Titriereinrichtung, ein Wasserbad und ein Photometer

(Kolorimeter). Nach der Extraktion und Kalibrierung wird die gut gemischte Lösung gekocht, abgekühlt und im Photometer gegen einen Blindwert gemessen. Die Umrechnung auf die Maltose % i. Tr. erfolgt mithilfe einer Kalibrierkurve (vereinfacht dargestellt, s. ICC-Standard).

niedrige Werte	< 2,2 %
normale Werte	2,2 bis 2,6 %
hohe Werte	> 2,6 %

Methode Neo-Komparator

Die Maltosebestimmung mit dem Neo-Komparator hat den Vorteil eines geringen apparativen Aufwandes. Auch hier handelt es sich um eine Farbmessung – also Farbvergleich mittels zweier Farbskalen (Scheiben) speziell für die Maltosebestimmung bei Getreide und Mehl. Dazu gehören der Komparatorkopf, Spezialküvetten und eine Tageslichtleuchte. Eine Farbscheibenserie deckt den Bereich von 0,8 bis 2,4 % Maltose ab, die zweite 2,4 bis 4 %.

Die Durchführung der Maltosebestimmung ist hier ähnlich aufwendig wie bei der Berliner Methode:

10 g Weizenmehl oder Roggenmehl in 50 ml destilliertem Wasser 1 Stunde bei 27 °C digieren, filtrieren, mit Natronlauge erhitzen und schließlich in einem Küvettenhalter den Farbvergleich nach Vorschrift durchführen. Die Zahlen geben für Weizenmehl direkt die Prozente Maltose (g Maltosehydrat $C_{12}H_{22}O_{11}$ H_2O in 100 g Mehl) an; bei Roggenmehl sind die Zahlen mit dem Faktor 2 zu multiplizieren.

8.3.4 Proteinbestimmung nach Kjedahlund Dumas

Der Proteingehalt ist mittlerweile zum wichtigsten Qualitätsparameter bei Züchtung, Handel und Verarbeitung von Weizen geworden. Ebenfalls von großer Bedeutung ist der Proteingehalt in der Futtermittelindustrie. In der Getreidewirtschaft ermittelt man heute den Proteinwert zumeist mit einer Schnellmethode und zwar mit der NIR/NIT-Spektroskopie. Diesbezüglich sei auf das Kapitel 8.2.10 verwiesen. Die Genauigkeit der Ergebnisse, die z. B. mit einem NIR/NIT-Gerät ermittelt wurden, liegt im Hinblick auf die genannten Vorteile (einfache, schnelle, z. T. zerstörungsfreie Messung am ganzen Korn) im akzeptablen Bereich, ist aber mit denen einer Standard-Laboranalyse auch aufgrund der ständig zu erweiternden Kalibrationen noch nicht zu vergleichen.

Für eine genaue Analyse des Proteingehaltes gibt es zwei unterschiedliche international anerkannte Verfahren, wobei ein besonderes Augenmerk auf Analysengeschwindigkeit, Analysenkosten und Umweltverträglichkeit gelegt wird.

Kjeldahl-Methode/ICC-Standard Nr. 105/2

Diese Standardmethode beruht auf einem nasschemischen Verfahren. Sie ist sehr aufwendig an Zeit, Fachpersonal, Gerätschaften sowie Reagenzien. Der Zeitaufwand beträgt mindestens 1 bis 2 Stunden. Die Einrichtung einer Kjeldahlmethode besteht in der Hauptsache aus einer Aufschluss-, einer Destillations- und einer Titrierapparatur. Je nach der Zahl der anfallenden Proben wird man den Umfang der Gerätschaften wählen. So gibt es ein Aufschlussgerät mit 4 bis 20 Plätzen. Auch für die Destillation gibt es Geräte mit unterschiedlichem Komfort – schließlich auch Auto-Kjeldahl-Einheiten mit integrierter Titration. Für das Absaugen der Säuredämpfe wird ein Scrubber eingesetzt, welcher mittels einer Waschlösung neutralisiert. Zur Vorbereitung einer Probe bedarf es einer Präzisionswaage (0,5 mg Ablesbarkeit) und für Getreide einer Feinschrotmühle. Die ausführliche Verfahrensbeschreibung ist im ICC-Standard Nr. 105/2 dargestellt.

Dumas-Methode/ICC-Standard Nr. 167

Als Alternative zum nasschemischen Verfahren (Kjeldahl), ist die schnelle Verbrennungsmethode nach Dumas zu sehen.

Die Probe wird in einer sauerstoffreichen Atmosphäre bei etwa 1 000 °C verbrannt. Hierbei entstehen Stickstoffoxide. Diese werden im Weiteren katalytisch zum molekularem Stickstoff reduziert. Andere Verbrennungsprodukte werden durch eine selektive Absorption entfernt. Der molekulare Stickstoff wird zu einem Wärmeleitfähigkeit-Detektor geleitet und gemessen. Der Gesamtstickstoffgehalt wird vom Detektor quantitativ erfasst. Der Detektor lässt sich mit einem bekannten Stickstoffstandard kalibrieren. Die automatischen Verbrennungsgeräte benötigen ein Trägergas, z. B. Kohlendioxid oder Helium. Sowohl bei der Kjeldahl- als auch bei der Dumas-Methode wird der Gesamtstickstoffgehalt bestimmt. Vorteil der Dumas-Methode ist dabei immer die vollständige Ermittlung des Stickstoffs unabhängig von seiner chemischen Bindung.

Der gemessene Stickstoffgehalt wird bei beiden Methoden mit einem Faktor von 5,7 (bei Weizen und Weizenmahlerzeugnissen) bzw. 6,25 (bei anderen Getreidearten und Getreideerzeugnissen) multipliziert, der definitionsgemäß der Konzentration bzw. dem Gehalt an Rohprotein in der zu analysierende Probe entspricht.

Die Kjeldahl-Methode ist derzeit noch die Referenzmethode nach § 35 LMBG. In der Praxis wird die Proteinbestimmung vielfach nach der Dumas-Methode durchgeführt, da der Analysenwert innerhalb weniger Minuten vorliegt und somit auch für die prozessbegleitende Analytik tauglich ist.

8.3.5 Feuchtkleberbestimmung (Glutengehalt)

Allgemeines

Feuchtkleber (Feuchtgluten) in Weizenmehl ist eine plastisch-elastische Substanz aus den quellfähigen Eiweißstoffen Gliadin und Glutenin. Man erhält den Feuchtkleber durch Auswaschen des Weizenmehls in Natriumchloridsalzlösung. Ziel des Auswaschens, das manuell oder maschinell erfolgen kann, ist die Entfernung der Stärke und anderer wasserlöslicher Mehlbestandteile. Der aus dem Mehl ausgewaschene, feuchte Kleber wird gewogen. Sein Gewicht wird in % vom Mehl angegeben.

Der Feuchtklebergehalt ist traditionell ein wichtiger Qualitätsparameter. Der Klebergehalt ist trotz der Tendenz zum Proteinwert ein außerordentlich wichtige. Er spielt bei den Ansprüchen an die Mehlqualität eine entscheidende Rolle. Dies gilt natürlich vor allem auch für die Kleberqualität, auf die noch eingegangen wird.

Es gibt einen gewissen Bezug von Klebermenge zum Proteingehalt, aber keine absolute Relation. Die Beziehung zwischen beiden ist nicht immer eindeutig und vorhersagbar, je nach Sorte und Erntejahr – wenngleich es nicht an Studien fehlt, ein genaueres Verhältnis herauszufinden.

Handauswaschung/ ICC-Standard Nr. 106/2

Die Handauswaschung ist die einfachste Methode der Kleberbestimmung: 10 g Mehl werden über eine Bürette mit 5 ml Wasser stufenweise angeteigt und homogenisiert. Die Handauswaschung erfolgt mit einer 2 %-igen Kochsalzlösung, etwa 120 ml Lösung, in 2 min. – zur Vermeidung von Kleberverlusten sollte man einen Holzrahmen mit Grießgaze unterstellen. Anschließend erfolgt die Abtrocknung der anhaftenden Feuchtigkeit – nach Berliner bzw. dem o. g. Standard mit einer Kleberpresse mit definiertem Plattenabstand (2,4 mm am mittleren Plattenrand).

Zwischen der reinen Handauswaschung und der vollautomatischen Methode liegt die Verwendung einer Kleberauswaschmaschine mit einem Exzenterteller. Hier erfolgt die Auswaschung mittels 400 ml Kochsalzlösung maschinell. Anteigen und Abtrocknung erfolgen nach wie vor manuell, was bei unterschiedlicher Handhabung Abweichungen ergeben kann.

Vollmechanische Bestimmung des Feuchtklebergehalts/ ICC-Standard Nr. 137/1

Dieser internationale Standard bezieht sich auf die Verwendung des Gerätes Glutomatic der Fa. Perten (Abb. 8-13). Hier erfolgt das Anteigen und Auswaschen in einem einzigen Anrühr- und Auswaschgefäß mittels eines gesteuerten Zulaufs einer **gepufferten** 2 %-igen Kochsalzlösung, einer Zeitsteuerung sowie unter Verwendung einer standardisierten Knetvorrichtung (Knethaken). Im Unterschied zu den unter 8.3.5 genannten Verfahren wird bei der Glutomatic-Methode der ausgewaschene Feuchtkleber in einer Zentrifuge abgetrocknet. Man kann die Zentrifuge natürlich auch für Feuchtkleber verwenden, der manuell oder halbmechanisch ausgewaschen wurde.

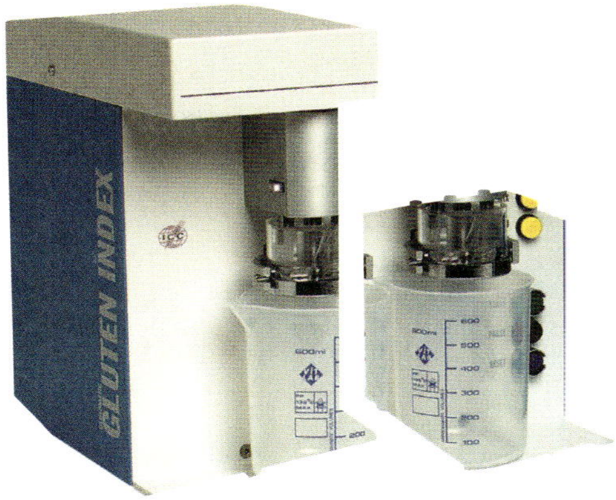

Abb. 8-13: Glutomatic (Perten)

Dieser ICC Standard (Nr. 137/1) ist nur für die mechanische Bestimmung des Feuchtklebergehaltes in Weizenmehl anzuwenden. Will man hingegen den Feuchtklebergehalt in Weizenvollkornmehl oder Weizenvollkornschrot sowie den Glutenindex ermitteln, so ist der ICC Standard Nr. 155 durchzuführen.

Glutenindex/ ICC-Standard Nr. 155

Der Vorteil der Kleberauswaschung liegt nicht allein in der quantitativen, sondern mindestens gleichbedeutend, in der qualitativen Auswertung. Da die Kleberqualität entscheidend für das Gashaltevermögen bei der Gebäckherstellung ist, müssen »schwacher« Kleber oder Kleberschäden erkannt werden, wie Leimkleber, Wanzenbefall oder Hitzeschäden.

Um die physikalischen Eigenschaften des Klebers zu standardisieren und die individuelle Beurteilung zu ergänzen, entwickelte man den sogenannten Glutenindex.

Man verwendet die oben erwähnte Zentrifuge, die mit einem speziellen Siebeinsatz ausgestattet wird. Für das Auwaschen wird beim ICC Standard Nr. 155 eine **nicht gepufferte** 2 %ige Kochsalzlösung verwendet. Der ausgewaschene Feuchtkleber (= 100 %) wird in einem Stück in das Sieb eingebracht und eine Minute bei 6000 Upm ±5 Upm zentrifugiert. Die Zeit zwischen Beendigung des Waschvorganges und Beginn des Zentrifugierens muss exakt 30 s betragen. Der durchdrungene Kleberanteil wird mit einer Spatel entfernt und gewogen. Der Anteil auf dem Sieb wird mit einer Pinzette entfernt und ebenfalls gewogen. Die Berechnung sieht wie folgt aus:

$$\frac{\text{nicht-durchdrungener Kleber}}{\text{Gesamtkleber}} \times 100$$

d. h. der auf dem Sieb verbliebene Anteil ist die Kleber-Indexzahl bzw. Glutenindex.

Diese Feuchtkleber-Mengen- und Index-Bestimmung ist für die Untersuchung von Weizenmehl und Weizenvollkornschrot möglich. Sie sind somit zur Qualitätsbestimmung nicht nur für Verarbeiter (Mühlen etc.), sondern auch für Züchter, Anbauer und Handel geeignet. Die Vermahlung zu einem feinen Vollkornschrot (Probenaufbereitung) erfolgt auf einer Labormühle, vergleichbar zu Fallzahl und NIR-Methode. Anschließend wird der Schrot-Feuchtkleber mit dem Waschverfahren für Weizenschrot hergestellt: 2 min auf einem Feinsieb (Polyestergewebe ca. 88 µm) und 3 min über einem groben Sieb aus Polyamid (840 µm), um einen Großteil der Kleie herauszuwaschen.

Für die Bestimmung des Feuchtklebergehaltes in Weizenmehl kann man also sowohl den ICC Standard Nr. 137/1 als auch mit geringer Modifikation den ICC Standard Nr. 155 verwenden. Letzterer liefert zudem noch Informationen über die Kleberbeschaffenheit in Form des Glutenindex. Möchte man dagegen anhand eines Weizenschrotes oder eines Weizenvollkornmehls eine Kleberuntersuchung durchführen, so ist der ICC Standard Nr. 155 anzuwenden. Vergleicht man die Ergebnisse des ICC Nr. 137/1 und des ICC Nr. 155 für Weizenmehl, so liegen die ermittelten Werte mit dem erstgenannten Standard (Nr. 137/1) um etwa 1,5 % niedriger als mit dem ICC Standard Nr. 155. Diese Differenz lässt sich auf die Spezial-Siebeinsätze der Zertifuge zurückführen. Aus diesem Grund ist bei der Ergebnisdarstellung in jeden Fall die angewandte Methode mit aufzuführen.

Glutopeak

Der GlutoPeak (Abb. 8-14) der Fa. Brabender misst im Schnellverfahren die Gluten-Qualität von Schrot, Mehl, Vital Gluten und Backmischungen. Die Ergebnisse liefern Aussagen über die Eignung für verschiedene Verwendungszwecke.

In einer Mehl-Schrot-Gluten-Wassersuspension wird durch Auswaschen Gluten aus der Probe separiert und in der Probe aggregiert. Dabei bleibt die Proben- und Wassermenge während des gesamten Versuchs konstant. Die Drehzahl des Messpaddels und die Probentemperatur bleiben ebenfalls konstant.

Nach einer gewissen Zeit, die für das Mehl (Gluten) charakteristisch ist, aggregiert der Gluten schlagartig innerhalb kurzer Zeit.

Es wird ein uniformes Glutennetzwerk gebildet, das sich grafisch als Peak darstellt. Durch die weitere Rotation des Messpaddels wird dieses Netzwerk binnen kurzer Zeit wieder zerstört. Die erhaltene Drehmomentkurve zeigt einen Verlauf und Abfall.

Nach dem Versuch wertet die Software die Ergebnisse automatisch aus. Hierbei ist insbesondere die Peakzeit –bis zum Erreichen des Maximums – und die Peakhöhe an dieser Stelle eine wichtige und für die Probe spezielle Information. (Abb. 8-15). Starkes Gluten zeigt sehr schnelle, hohe Peaks, während schwaches Gluten spätere, flachere oder im Extremfalle auch keine Peaks zeigt (Keksweizen). Die Peakzeiten werden in Sekunden gemessen und liegen in der Range von 60 bis 600 s (1 bis 10 min). Aufgrund der unterschiedlichen Peakzeiten und Höhen können die Muster sehr schnell charakterisiert und mit den Spezifikationen abgeglichen werden. Zur Vorbereitung der Untersuchung benötigt man eine Waage mit einer Ablesbarkeit von 0,1 g um die Probenmenge von ca. 8 bis 10 g bereitzustellen.

Abb. 8-14: GlutoPeak (Brabender)

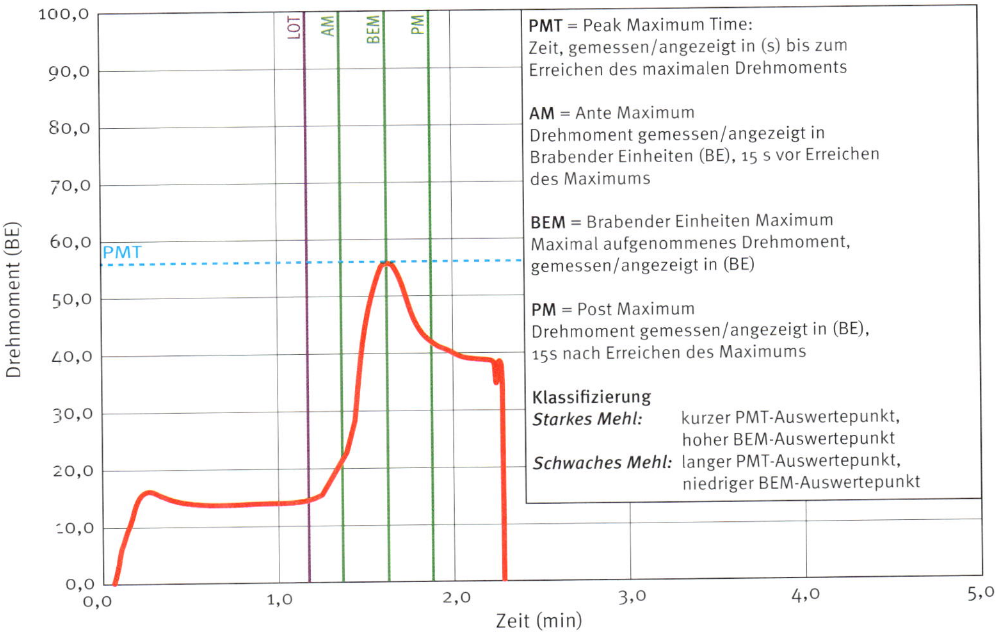

Abb. 8-15: GlutoPeak Kurvenverlauf

Die Wassermenge von ca. 10 ml kann auch abgewogen werden. Beides wird in den Probentopf gegeben und der Versuch wird durch Einbringen des Messpaddels gestartet.

8.3.6 Sedimentationstest nach Zeleny/ ICC-Standard Nr. 116/1

Der Sedimentationstest basiert auf dem Prinzip der Quellung einer Mehlsuspension in Milchsäurelösung und dient zur orientierenden Bestimmung der Backqualität von Weizen(mehl). Hoher Klebergehalt und bessere Kleberqualität (Quellfähigkeit) führen zu langsamerer Sedimentation und höheren Sedimentationswerten. Im Rahmen der Besonderen Ernteermittlung spielt der Sedimentationswert neben dem Proteingehalt und der Fallzahl die wichtigste Rolle.

Wichtig ist vor allem die Herstellung geeigneter, einheitlicher Versuchsmehle für die Durchführung des Sedimentationstests aus verschiedenen Weizenproben, denn die Werte sind nur dann vergleichbar, wenn die Korngrößenverteilung der Mehle übereinstimmt. Voraussetzung ist die Verwendung einer in der ICC-Standardmethode Nr. 118 genannten Schrotmühle und eine Absichtung über 150 µm Maschenweite. Die Ausbeute ist dementsprechend gering und beträgt nur etwa 12 bis 15 %, das ist so gewollt und bei der Entwicklung der Methode berücksichtigt. In der Mühle Sedimat der Fa. Brabender gibt es vier Mahlwalzen nacheinander – das Mahlgut durchläuft somit drei fest eingestellte Zerkleinerungspassagen (Abb. 8-16). Die Vermahlung ist bei 15 % Produktfeuchte durchzuführen.

Im Sedimentationstest werden zunächst die Eiweißstoffe mit einer Indikatorlösung sichtbar gemacht. Ein Hinzufügen von verdünnter Milchsäure bewirkt die Quellung des Klebers, der dann zu einem deutlich sichtbaren Bodensatz sedimentiert. Zur Durchführung benötigt man 3,2 g der wie geschildert hergestellten Probe, verwogen auf einer Waage mit einer Genauigkeit von 0,01 g.

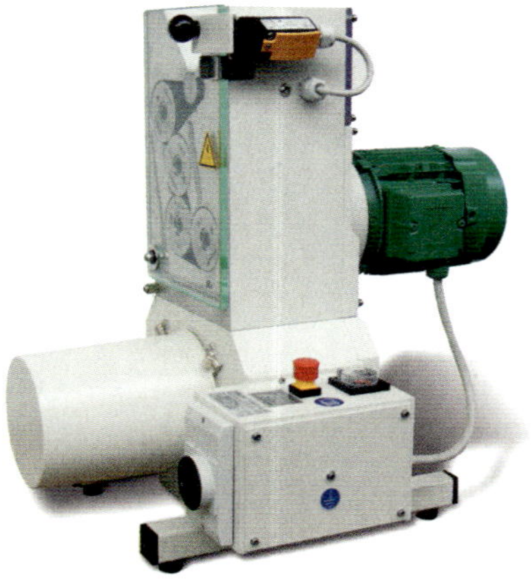

Abb. 8-16: Sedimat-Mühle (Brabender)

Ferner werden folgende vorbereitete Reagenzien benötigt:

Sedilösung 1 besteht aus 4 g Bromphenolblau, welches in 1 l destilliertem Wasser aufgelöst wird.

Sedilösung 2 besteht aus 180 ml Milchsäurevorratslösung (6 h unter Rückfluss gekocht), 200 ml Isopropanolalkohol mit destilliertem Wasser auf 1 l aufgefüllt.

Benötigt werden außerdem Vollpipetten (50 ml, 25 ml), eine Schüttelapparatur sowie Schüttelzylinder mit Stopfen.

Die 3,2 g Schrotprobe im Schüttelzylinder versetzt man zunächst mit 50 ml der Sedilösung 1, dann folgt ein kurzes intensives Schütteln per Hand. Anschließend legt man den Zylinder mit der Mischung 5 min auf die Schüttelapparatur. Der Vorgang auf der Schüttelapparatur wiederholt sich nach Zugabe von 25 ml der Sedilösung 2. Nach Ablauf der zweiten 5 min stellt man den Schüttelzylinder auf und liest nach genau 5 min das Volumen des Sediments in ml auf der Skala des Zylinders ab. Diese Zahl entspricht dem Sedimentationswert.

8.3.7 Mineralstoff-(Asche-)bestimmung/ ICC-Standard Nr. 104/1

Unter Aschegehalt versteht man den Gehalt an Mineralstoffen, der bei einer Verbrennung bei 900 °C als unverbrennbarer Rückstand verbleibt. Wenn auch der Mineralstoffgehalt keine entscheidende Aussage über die Backfähigkeit von Mehlen darstellt, so ist diese Bestimmung aus folgenden Gründen eine der wichtigsten Analysen in einem Mühlenlabor.

Mehltypen

Handelsmehle werden nach dem Mineralstoff-(Asche-)gehalt in Mehltypen eingeteilt – wobei die Typenbezeichnung den Aschegehalt wiedergibt – z. B. Type 550 hat im Mittel 0,55 % Mineralstoffe [Mehltype = Mineralstoffgehalt (%) i.Tr. × 1 000]. Die Einteilung in Mehltypen ist seit der Einführung der »Typenmüllerei«/ »Aschemüllerei« – in Deutschland 1934 – gesetzlich geregelt und wird lebensmittelrechtlich überwacht. Es gibt dabei gewisse Höchst- und Mindestgrenzen, die erlaubt sind – zurzeit gültig nach DIN-Norm 10355.

Wertigkeit

Mehle mit niedrigem Aschegehalt haben eine höhere Wertigkeit, sie sind besser backfähig. Mit höherem Aschegehalt sind Mehle dunkler. Der Grund liegt in der unterschiedlichen Verteilung der (farbgebenden) Mineralstoffe im Korn – sie sind hauptsächlich in der Schale und im Keimling konzentriert. Dunklere Mehle sind schlechter backfähig, da sie verhältnismäßig weniger Klebereiweiß enthalten.

Typenmüllerei/ Aschemüllerei

Der Aschegehalt steht in einem gewissen Verhältnis zur erzielbaren Mehlausbeute. Die wichtigste Größe ist das Verhältnis von Asche zur Ausbeute, was im Kapitel 7.3 ausführlicher beschrieben ist.

In vorbereitete und vorgewogene Schälchen werden 5 bis 6 g Mehl (bei < 1 % Asche) oder 2 bis 3 g (bei > 1 % Asche) auf 1 mg genau eingewogen. Nach dem Abbrennen mit 1 bis 2 ml Ethanol werden die nummerierten und registrierten

Schälchen in den Muffelofen eingebracht und bei 900 °C für etwa 2 bis 3 Stunden »verascht«, bis keine schwarzen Kohlenstoffteilchen mehr zu erkennen sind. Zum Abkühlen werden die Schälchen in einen Exsikkator gestellt. Nach der Abkühlzeit (1 h) erfolgt die Rückverwiegung auf einer analytischen Waage mit einer Genauigkeit von 0,1 mg. Zur Berechnung des Mineralstoffgehaltes ist der Feuchtigkeitsgehalt der Probe vor der Veraschung zu beachten.

$$\frac{100 \times (b-a)}{M} \times \frac{100}{100-F}$$

a = Masse leerer Veraschungsschälchen
b = Masse der Veraschungsschälchen mit den Glührückstand
M = Masse des eingewogenen Testmusters
F = Feuchtigkeitsgehalt der Probe in %

Neben der Waage ist ein elektrisch beheizter und thermostatisch geregelter Muffelofen mit 900 bis 1 000 °C, ein Exsikkator mit Trockenmittel, Veraschungsschälchen aus Porzellan, Quarz oder Platin (Abb. 8-17) erforderlich.

Die Bestimmung des Mineralstoffgehalts des ganzen Korns – die sogenannte Ganzkornasche – ist für die Verarbeitung wichtig. Je niedriger die Ganzkornasche, desto besser ist das Asche-Ausbeute-Verhältnis zu erwarten. Zur Bestimmung der Ganzkornasche ist eine Zerkleinerungsmühle erforderlich, mit Teilchengrößen < 1,7 mm und 50 % > 0,5 mm.

Abb. 8-17: Labor-Muffelofen zur Mehlveraschung

8.3.8 Farbmessung

Pekarisieren

Eine einfache Methode der Farbmessung wird heute noch täglich angewendet. Pekarisieren bedeutet: Glattstreichen und visuelles Betrachten sowie Vergleichen von Mehlproben. Die Methode geht zurück auf den österreich-ungarischen Getreide- und Mehlwissenschaftler Emerich Pekar.

Die zu vergleichenden Mehlproben werden auf einem schmalen Holzbrettchen in gleichmäßig große Häufchen nebeneinander gelegt und anschließend mit einem Mehlspatel unter kräftigem Andruck abgezogen. So liegen sie gleichmäßig glatt nebeneinander und können in verschiedenen Blickwinkeln zum Licht betrachtet und verglichen werden. Die Farbunterschiede treten noch deutlicher hervor, wenn man sie vorsichtig in Wasser taucht, bis keine Blasen mehr austreten, und so herauszieht, dass schwimmende Teilchen nicht von einer Probe auf die andere übergehen. Die feuchten Proben werden getrocknet und nochmals verglichen. Experten auf dem Gebiet tauchen die Proben nur zur Hälfte in Wasser und können dann gleichzeitig trocken und nass vergleichen.

Stippen treten besonders deutlich hervor, wenn man statt Wasser eine 0,2 %-ige frische Brenzkatechinlösung verwendet und einige Minuten wartet – ist allerdings in der Praxis wenig gebräuchlich.

Praktische Anwendung findet die Methode in der täglichen Mühlenkontrolle. Ein Muster des laufenden Mehls wird mit einem Vergleichsmuster, dessen Aschegehalt bekannt ist, verglichen. Eine Möglichkeit der Sofortkontrolle in der laufenden Produktion – auch nachts, wenn das Labor nicht besetzt ist und vor der Aschebestimmung, die etwa 2 Stunden dauert.

Eine andere Anwendung ist die Passagenkontrolle bei der Einregulierung einer Mühle. Man legt möglichst viele Passagenmehle in ihrer Reihenfolge auf ein Brettchen nebeneinander und sieht deren Abstufung. Damit lässt sich im Zusammenhang mit den übrigen Zwischenprodukten erkennen, ob die Mehlsiebbespannung optimal ist.

Helligkeitsmessgeräte

In vielen Ländern ist nicht der Aschegehalt für die Einteilung der Mehltypen und für den Handelsstandard maßgeblich, sondern die Farbe. Vor der Einführung der »Aschemüllerei« war auch in Deutschland und in anderen Ländern wie Österreich eine Typenbezeichnung üblich, die sich auf die Farbe bezog: z. B. »0« oder »00« (Doppelnuller).

Wenn die Typenbezeichnung oft auch subjektiv war, so gab die Farbe mehr oder minder einen Anhaltspunkt für den Grad der Ausbeute. Sehr bald versuchte man eine zahlenmäßige Festlegung des Farb- und Helligkeitswertes von Mahlprodukten.

Die Faktoren, die beeinflussend auf die Farbe wirken, sind in erster Linie der Carotinoidgehalt und der Schalenanteil des Mehls. An zweiter Stelle wirken sich Feinheitsgrad, ein weiches Endosperm oder Glasigkeit, der Feuchtigkeitsgehalt und natürlich Verunreinigungen, wie eventuell mit vermahlene Besatzanteile aus.

Einige dieser Faktoren lassen erkennen, dass die Mehlfarbe nicht allein innerhalb engerer Grenzen mit dem Ausmahlungsgrad zusammenhängt und eine direkte Gegenüberstellung von Mehlfarbe und Asche zu falschen Schlüssen führen kann. Wenn man aufgrund eigener Erfahrungen einen Bezug herstellen kann, so gelingt das eher im helleren Farbbereich.

Die bekannteste Entwicklung zur numerischen Erfassung der Farbe ist das Kent-Jones-Verfahren. So arbeitet man in den entsprechenden Ländern mit einer Mehltypengraduierung nach einem sogenannten KJ-Wert.

Bei allem Vorbehalt und den oben gemachten Einschränkungen hier ein Zahlenvergleich zur Orientierung:

Type	405	–	1,5 KJ
Type	550	–	3,0 KJ
Type	812	–	9,0 KJ
Type	1050	–	10,5 KJ

Verbreitet ist das Kent-Jones-Gerät SIMON-Martin Serie 4, welches abgelöst wurde von dem Farbmessgerät PCGA Serie 4. Das Gerät ist heute weitgehend automatisiert. Anbieter ist jetzt die Fa. Satake UK Ltd.

Wichtig ist die Farbmessung bei der Qualitätsbewertung von Hartgrieß. In der Teigwarenbranche gehören die Werte die Farbmessung zum Standard und finden in den Lieferverträgen für Grieß ihren Niederschlag. Es findet meistens ein Gerät der Fa. Minolta Anwendung, und zwar der sogenannte Chroma-Meter der Serie 310. Dieses Gerät ist mit einem Zweistrahl-Mess- und Kontrollsystem ausgerüstet. Die erste Sensoreinheit misst das von der Probenoberfläche reflektierte Licht, während die zweite Sensorgruppe direkt das von der Xenon-Lampe abgestrahlte Licht aufnimmt und auf Abweichungen der spektralen Energieverteilung kontrolliert.

Die Ausgabe des Messergebnisses kann entweder als effektiver Farbort oder als Farbdifferenz erfolgen.

8.4 Rheologie

Die Rheologie gehört zur den weiterführenden Analysemethoden im Labor und orientiert sich beispielsweise an den üblichen Prozessen bei der Teigbereitung. Die Getreide- und Mehlqualität wird hierbei anhand der elastischen und plastischen Eigenschaften sowie des Fließverhaltens des komplexen Stoffs »Teig« bestimmt. Hierzu werden Messmethoden auf physikalischer Grundlage angewandt, bei denen der Widerstand des Teiges gegenüber einer stets gleichbleibenden mechanischen Beanspruchung – unter konstanten Versuchsbedingungen – gemessen wird. Vom Augenblick der Teigbildung an wird ein Kraft-Zeit-Diagramm aufgezeichnet.

8.4.1 Farinograph/ ICC-Standard Nr. 115/1

Das Farinogramm (Abb. 8-18) zeigt die Qualitätscharakteristika Wasseraufnahmefähigkeit und Kneteigenschaften des geprüften Mehls anhand

folgender Parameter:
- Wasseraufnahme,
- Teigentwicklungszeit,
- Teigerweichungsgrad,
- Teigstabilität,
- Qualitätszahl.

Der Farinograph besteht aus einem Antrieb mit eingebautem Messkneter, letzterer ist das empfindliche Herzstück des Gerätes, der eine exakte Ausführung im Interesse der Reproduzierbarkeit der Daten erfordert. Die Mehlprobe und das über eine Bürette exakt dosierte Wasser wird in den temperierten Messkneter gegeben. Im Mühlenlabor werden üblicherweise Kneter mit Mehl-Einwaage von 300 g eingesetzt. In Forschung und Züchtung, wo oft nur kleinere Muster zur Verfügung stehen, kommen 50 g-Kneter oder sogar 10 g-Kneter zum Einsatz. Der auf die Schaufeln wirkende Knetwiderstand führt zu einer Auslenkung des Motorgehäuses, die als Drehmoment gemessen und als Funktion der Zeit registriert wird.

Der eigentlichen Teigprüfung geht die Feststellung der Wasseraufnahme voraus. Die Wasseraufnahme (ml) ist die Menge an Wasser, die benötigt wird, um einen Teig mit einer maximalen Konsistenz von 500 FE unter Arbeitsbedingungen dieses Standards herzustellen, ausgedrückt in ml auf 100 g Mehl mit einem Feuchtigkeitsgehalt von 14,0 %.

Die Teigentwicklungszeit (min) ist die Zeit, von Beginn der Teigknetung bis zum Erreichen der festgelegten Teigfestigkeit, bis zu dem Punkt auf der Kurve, wo die ersten Zeichen eines Konsistenzabfalls auftreten. Der Teigerweichungsgrad (FE), auch als Konsistenzabfall bezeichnet, wird 12 min nach Erreichen der festgelegten Teigfestigkeit ermittelt. Er besagt, wie stark ein Teig durch die mechanische Beanspruchung erweicht. Die Teigstabilität (min) ist die Zeit, während der sich die Konsistenz des optimal entwickelten Teiges (Knettoleranz) soweit verringert, bis die Knetkurve die 500er Linie unterschreitet. Die Qualitätszahl ergibt sich aus der Länge (mm) entlang der Zeitachse zwischen der Wasserzugabe und dem Punkt, an dem die Mitte der Kurve um 30 FE gegenüber der

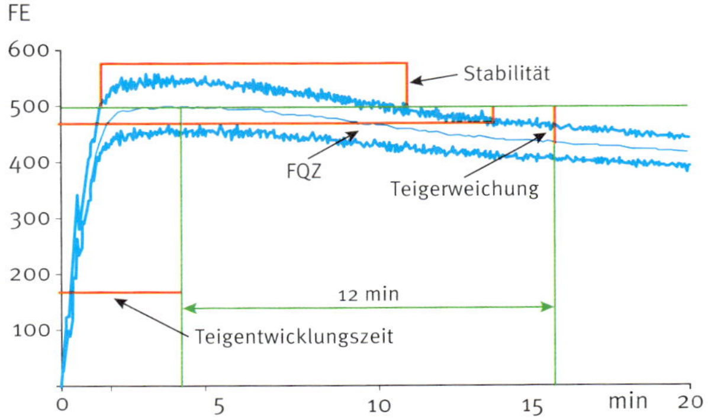

Abb. 8-18: Farinogramm (starkes Mehl), Standardbedingungen (30 °C)

Mitte der Kurve der Teigentwicklungszeit abgefallen ist. Seit Jahrzehnten findet diese Methode weltweit Anwendung.

Der Farinograph E mit seinem elektronischen Messsystem bietet eine Datenübertragung über USB-Schnittstelle und somit eine automatische Auswertung und Dokumentation unter allen gängigen Windows Programmen.

Eine weitere Neuentwicklung ist die automatische Bürette. Diese dient der genauen Dosierung und der Vermeidung von Ableseungenauigkeit.

Auch die Weiterentwicklung einer webbasierten Software erleichtert das Arbeiten und die Dokumentation der Ergebnisse. Die Software ermöglicht einen ortsabhängigen Zugriff auf Ihre Laborprojekte. Dabei werden alle modernen Endgeräte unterstützt und es können beliebig viele Nutzer mit individuell Konfigurierbaren Berechtigungen auf Messungen zugreifen (Abb. 8-19).

Eine zusätzliche Möglichkeit für die intensive, qualitätsoptimierende Forschungs- und Entwicklungstätigkeit besteht in der Temperierung des Kneters. Für Mehluntersuchungen nach den geltenden Standards ist eine genau definierte Temperatur festgelegt, die durch einen Thermostat garantiert wird, der das entsprechend temperierte destillierte Wasser durch den doppelwandigen Kneter pumpt. Für spezielle Fragestellungen und Applikationen ist es jedoch ohne weiteres möglich, die Temperatur im Kneter den Anforderungen entsprechend anzupassen. Somit sind teigrheologische Messungen bei traditionell recht kühlen Teigführungen (z. B. Blätterteig) möglich. Es sind aber auch Messungen möglich, bei denen die Teigtemperaturen weit über den üblichen 30 °C liegen.

Die in den Standards festgelegte Auswertegrenze von 500 Farinogramm-Einheiten für das Teigoptimum kann den innerbetrieblichen Bedürfnissen angepasst werden. Wird die optimale Teigkonsistenz auf zum Beispiel 350 FE festgelegt, so wertet die Software die Parameter der Messkurve in der Auswertung entsprechend um.

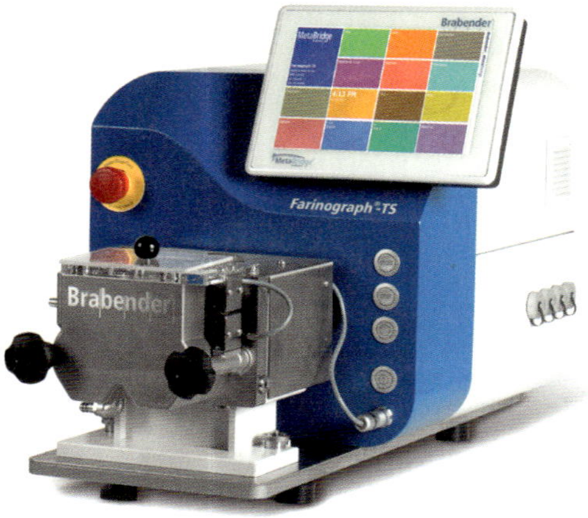

Abb. 8-19: Farinograph-TS mit webbasierter Software (Brabender).

8.4.2 Extensograph/ ICC-Standard Nr. 114/1

Der Extensograph (Abb. 8-20) misst die Dehneigenschaften eines Teiges, in erster Linie den Dehnwiderstand und die Dehnbarkeit und liefert damit eine Information über das spätere Backverhalten (Verhalten auf Gare, Gebäckvolumen). Ferner wird mit den Extensographkurven der Einfluss von Mehlzusätzen, also von Backmitteln wie Ascorbinsäure, Enzymen und Emulgatoren erkennbar.

Das Extensogramm (Abb. 8-21) zeigt die Kraft als eine Funktion des Dehnungsweges (Zeit). Angezeigt und ausgewertet werden:

- Fläche (Energie),
- Dehnwiderstand,
- Dehnbarkeit,
- Maximum,
- Verhältnis Dehnbarkeit/Dehnwiderstand.

Der eigentlichen Untersuchung geht die Herstellung eines Teiges im Farinograph mit einer genauen Endkonsistenz von 500 Farinoeinheiten voraus. Der Teig wird im Kugelhomogeniseur und einer Trommelwalze präpariert und in temperierten Gärkammern 45, 90 und 135 min aufbewahrt.

Da die Dehneigenschaften eines Teiges sehr stark von der Temperatur abhängen, sind nicht nur die Gärkammern, sondern alle mit dem Teig in Berührung kommenden Teile temperiert. Dazu ist ein Umlaufthermostat erforderlich, der das temperierte Wasser durch die entsprechenden Bereiche des Gerätes pumpt.

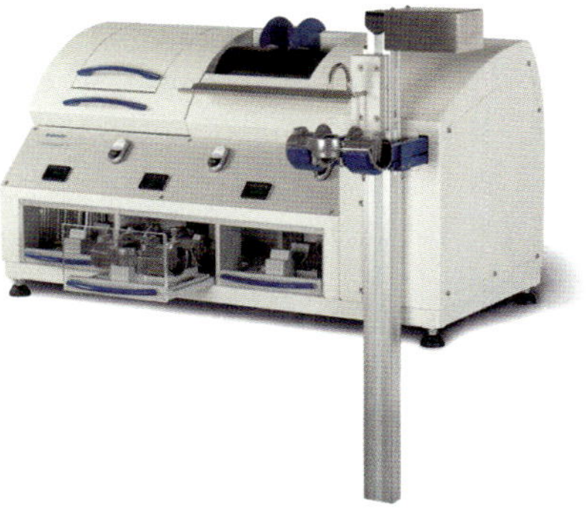

Abb. 8-20: Extensograph-E (Brabender)

Die Messapparatur des Extensographen besteht aus der Zerreißschiene mit Haken (Dehnvorrichtung) und dem Waagen-System. Die geformten Teigstücke, welche in den Teigkammern die erwähnten Zeiten einer Teigruhe absolviert haben und in Teigschalen eingespannt sind, werden über einen Haken der Dehnung ausgesetzt. Der Teig wird bis zum Zerreißen gedehnt.

Nach der ersten Probe wird der Teig von der Teigschale und dem Haken gesammelt, wie oben beschrieben geformt und wieder in eine Teigschale eingespannt und für die nächsten 45 min in die Gärkammer gestellt.

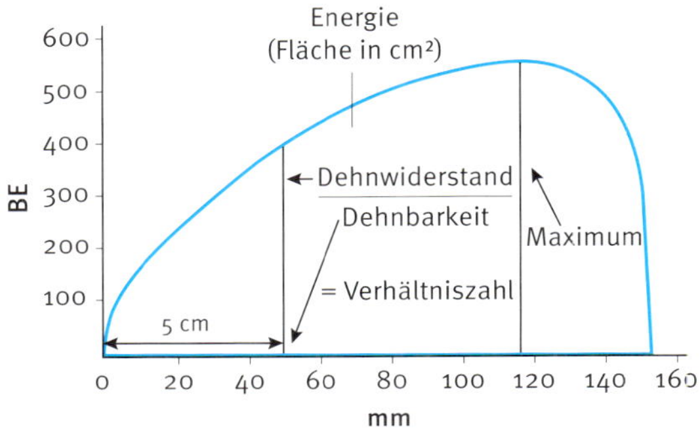

Abb. 8-21: Extensogramm-Auswertung

Die Auswertung der erhaltenen Werte lässt sich wie folgt beschreiben: Energie E ist eine Fläche, die von der Kurve und der Nulllinie begrenzt wird. Die Fläche wird mit einem Planimeter in cm^2 gemessen und ist ein Maß für die bei der Teigdehnung aufzuwendende Kraft. Der Dehnungswiderstand Dw wird als Höhe des Extensogramms 50 mm nach Beginn des Dehnungsvorganges in Extensogramm-Einheiten (EE) gemessen und charakterisiert die Kraft, mit welcher der Teig seiner Dehnung entgegenwirkt. Zur vollständigen Auswertung der Kurve ist außerdem die Angabe der Höhe des Dehnwiderstandes im Maximum der Kurve Dmax notwendig. Die Länge eines Extensogramms in mm gilt als Maß für die jeweilige Dehnbarkeit Db des Teiges. Die Verhältniszahl Dw/Db wird als Quotient von Dehnwiderstand zu Dehnbarkeit errechnet und dient, in Verbindung mit der Energie, zur Charakterisierung des Teigverhaltens, des Teig- und Gebäckstandes und des Gebäckvolumens.

Die Auswertung des Extensograph E erfolgt elektronisch, das Extensogramm wird während der laufenden Messung online aufgezeichnet und auf dem Monitor dargestellt. Die Software errechnet die Standardwerte automatisch.

8.4.3 Alveograph/ ICC-Standard Nr. 121/1

Der Alveograph dient zur Bestimmung der plastischen und damit auch der technologischen Eigenschaften von Teigen aus Weizenmehl.

Das Messprinzip beruht auf der biaxialen Verformung einer Teigblase, deren Widerstand gemessen wird, bis diese reißt. Die Druckveränderungen in der Blase werden aufgezeichnet und beschreiben den Dehnwiderstand und die Dehnbarkeit der Teigprobe, festgehalten und dargestellt in einer Kurve, dem Alveogramm (Abb. 8-22, Durchschnitt von 5 Werten).

P = Mittelwert der maximalen Ordinaten (maximaler Druck, welcher zur Verformung des Teigmusters erforderlich ist = Zähigkeit)
p = Druckmaß zum Zeitpunkt des Platzens der Teigblase (Toleranz)

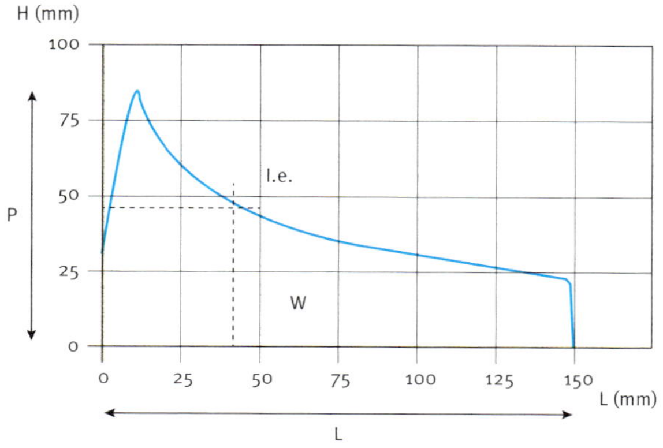

L = Länge der Kurve
S = Fläche unter der Kurve
G = 2,22 × √L = Ausdehnungsindex in cm^3 (Luftvolumen, welches zur Ausdehnung der
Teigblase bis zu ihrem Platzen erforderlich ist)

W = 6,54 × S
oder

$$\frac{1{,}32 \times G^2 \times S}{L}$$

Abb. 8-22: Alveogramm-Auswertung

Die Messung mithilfe des Alveographen folgt den arithmetischen Mischungsregeln. Dies ist vor allem bei der Zusammenstellung von Weizen- und Mehlmischungen wichtig. Der Einfluss von verschiedenen Zusätzen wie Ascorbinsäure wird gut sichtbar und lässt sich dadurch kontrollieren.

Das Alveolink-System NG ist eine Ergänzung zum bekannten Alveographen. Der Luftstrom wird vom Gerät gemessen und ausgewertet. Auf dem Bildschirm wird die Kurve angezeigt und mit den Ergebnissen ausgedruckt.

Ergänzt wird die geschilderte Prüfeinrichtung außerdem durch den Consistograph (ICC Standard Nr. 171). Dieser integriert einen speziellen Kneter, der mit einem Drucksensor und einem zweiarmigen Knetarm ausgestattet ist. Die Werte werden in dem angeschlossenen Rechner, dem oben erwähnten Alveolink, ausgewertet und ausgedruckt. Wesentliche Aufgabe ist die Messung der Wasseraufnahmefähigkeit des Mehls, um eine gewünschte Teigkonsistenz zu erhalten. Ferner ist die Untersuchung des Teigverhaltens während des Knetvorganges von Bedeutung (Abb. 8-23).

250 g Mehl mit 15 % Feuchtigkeit werden auf 0,5 g genau eingewogen. Die definierte Menge Kochsalzlösung wird zugegeben und der Teig 6 min geknetet.

Aus dem entstandenen Teig wird ein Teigstück erstellt. Nach 28 min Ruhezeit wird das Teigstück aufgeblasen, bis die Blase zu reißen beginnt.

8.5 Diverse Labortechnik

8.5.1 Labormühlen

In Mühlenlaboratorien gibt es meistens gleich mehrere Labormühlen, begründet in der Tatsache, dass einige Untersuchungsmethoden im Rahmen der Probenvorbereitung eine ganz bestimmte Mühle erfordern. So ist beispielsweise für die korrekte Untersuchung des Sedimentationswertes die Sedimat-Mühle vorgeschrieben, während für die Fallzahl oder die NIR-Untersuchung eine andere Labormühle benötigt wird.

Für viele Untersuchungen ist es außerdem wichtig, eine hohe Ausbeute an Mehl zu erhalten, damit für die nachfolgenden Untersuchungen ein Versuchsmehl zur Verfügung steht, welches dem Mehl aus der Produktion möglichst nahe kommt.

Abb. 8-23: Alveograph (Chopin)

Außerdem muss man bedenken, welche Untersuchungen nachfolgend vorgesehen sind. Für die Rheologie oder gar für den Backversuch sollte eine entsprechend leistungsfähige Labormühle verfügbar sein.

Die Versuchsmühlen für Mahlversuche sind in Kapitel 7.3.6 beschrieben.

Quadrumat Junior (Brabender)

Diese Labormühle kommt den Anforderungen zur Herstellung von praxisgleichen Versuchsmehlen am nächsten. Diese Mühle arbeitet mit vier unterschiedlich geriffelten Walzen, welche nacheinander so angeordnet sind, dass sich drei Mahldurchgänge ergeben. Nach dem letzten Walzenpaar fällt das Mehl in einen Rundsichter. Das vom Sichter abgesiebte Mehl sammelt sich in der Mehllade und die Kleie sammelt sich in einem separaten Kleiebehälter unter dem Sichterübergang (Abb. 8-24).

Schlagkreuzmühle (Perten)

Diese Laborschlagkreuzmühlen gehören zur Standardausrüstung bei der Ermittlung der Fallzahl (ICC-Standard Nr. 107/1). Die Mühle hat ein hochtouriges Schlägerwerk (Schlagkreuz) und eine Zwangssiebung durch ein Lochblech mit 0,8 mm Rundloch. Der Typ 120 lässt den Siebdurchgang in einen Auffangsack gelangen. Der Typ 3100 hat eine pneumatische Überhebung in einen abnehmbaren Topf. Die Förderung des Mahlgutes erfolgt mittels der im Mahlprozess erzeugten Druckluft.

Milomat (Pfeuffer)

Diese Labormühle ist eine Schrotmühle (ohne Sieb) und zerkleinert nach dem Prallmühlensystem. Das Modell K ist speziell zur Probenvorbereitung für die Feuchtigkeitsbestimmung, z. B. für die Geräte HE 60 und HE 90 abgestimmt und in Verbindung mit der Eichung zugelassen. Dies wurde besonders wichtig, weil die im Zusammenhang mit eichfähigen Feuchtemessgeräten früher oft verwendeten Schroter nicht mehr verfügbar sind. Das Modell produziert einen höheren Feinheitsgrad, also eher mehlige Produkte und ist der ISO-Norm 3310.10 angepasst.

Abb. 8-24: Labormühle Quadrumat Junior (Brabender)

Ultra-Zentrifugalmühle ZM 100 (Retsch)

Diese vielseitige Maschine ist auch zur Probenaufbereitung für andere Produkte als Getreide geeignet (z. B. Futtermittelkomponenten, Presslinge usw.). Je nach Produkt kann der hochtourig laufende Rotor (14 000/18 000 U/min) ausgewechselt werden – für mittelgrobe Güter wie Getreide etc. wird ein 12-Zahnrotor empfohlen. Auch die Ringsiebe können den Anforderungen angepasst und leicht ausgewechselt werden.

Abb. 8-25: Fallzahl-Labormühle (Perten)

8.5.2 Siebanalyse/Laborsichter

Auf die verschiedenen Anwendungen der Siebanalyse im Mühlenbetrieb wurde im Kapitel 7.3.1 sehr genau eingegangen – sowohl zur Überwachung der Vermahlung wie auch zur Kontrolle der Einzelpunkte.

Hier sollen daher nur die verwendeten Geräte erwähnt werden. Die Prüfsiebmaschine Typ JEL 200 II (Abb. 8-26) arbeitet nach dem Plansichterprinzip mit horizontalen Schwingungen, wobei Drehzahl und Hub nach langjährigen Erfahrungen ausgelegt sind. Der Hub beträgt 15 mm bei einer Drehzahl von 270 Upm. Für eine sehr abgestufte Siebanalyse ist es wichtig, dass bis zu 8 Siebrahmen mit einer Höhe von 25 mm pro Sieb eingesetzt werden können.

Die Siebrahmen haben einen Durchmesser von 200 mm. Die Bespannungen sind heute ausschließlich aus Edelstahlgewebe nach ISO 3310 bzw. ASTM-Norm; einsetzbar sind diese Gewebe theoretisch bis zu einer Maschenfeinheit von 25 µm, bei Mehl aber bis 90 µm gebräuchlich. Zur Unterstützung der Siebwirkung empfiehlt es sich, Siebreiniger (Kunststoffwürfel) oder ähnliches zu verwenden.

Die Fa. Retsch bietet mit der AS 200 eine Vibrationssiebmaschine mit variablen Schwingungen. Die Anzahl der maximalen Fraktionen liegt hier bei 17 mit einer Höhe von 25 mm.

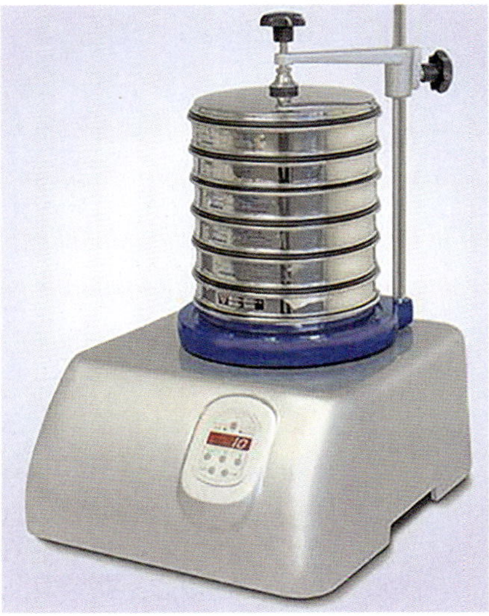

Abb. 8-26: Prüfsiebmaschine Typ JEL 200 II

Luftstrahlsieb

In der Mühlenpraxis finden feinere Mehlfraktionen, also die Korngrößen 90 µm, meist zu wenig Beachtung. Zumindest bei der Herstellung von Spezialmehlen oder der Überprüfung von Ergebnissen der Windsichtung wird die Korngrößenverteilung genauer zu prüfen sein. Dazu verwendet man ein Luftstrahlsieb. Mit diesem ist eine Korngrößenmessung von 10 bis 4000 µm möglich.

Das Analysengut wird auf dem Sieb nur durch den Luftstrom bewegt. Dadurch wird eine mechanische Beeinflussung der Siebung vermieden, es kommt zu keiner Zerkleinerungswirkung. Bei gleichem Unterdruck, der durch eine Art Staubsauger erzeugt wird, und bei gleicher Zeitdauer sind reproduzierbare Analysen zur Korngrößenverteilung möglich. Der aus der rotierenden Schlitzdüse austretende scharfe Luftstrahl bewirkt ein kontinuierliches Freiblasen des Siebgewebes und führt zu kurzen Siebzeiten. Zu dem Grundgerät mit Staubsauger empfiehlt sich optional die Ergänzung durch einen Feingutauffangfilter für Kleinstmengen und einen Hochleistungszyklon zur Rückgewinnung des Siebfeingutes.

8.5.3 Backversuch/Rapid-Mix-Test

Der Backversuch ist als direkte Methode ein bedeutender Bestandteil im Rahmen der Beurteilung von Getreide und Mehl im »Labormaßstab«. Die direkten Methoden sind zur Beurteilung von Mahlerzeugnisse oftmals aussagekräftiger – schließlich sieht man dabei das Endprodukt der Getreideverarbeitung, das Gebäck –, allerdings sind sie nicht so schnell durchzuführen und relativ aufwendig. Zur Erkennung von Abweichungen und Ursachen bei Mängeln sind außerdem die Kenntnise der Inhaltsstoffe wichtig, also die Werte der indirekten Methoden wie Protein, Kleber, Sedimentationswert, Fallzahl oder Amylogrammwert.

Ein wesentlicher, aber nicht einziger Parameter bei der Beurteilung der Backergebnisse ist das Backvolumen. Diese Größe kann unter Berücksichtigung der oben genannten indirekten Werte auch errechnet werden, aber nur bei grober Annäherung.

Grundsätzlich gibt es viele AGF-Standards (Arbeitsgemeinschaft Getreideforschung e. V., Detmold) und Empfehlungen zur Durchführung eines Backversuchs – in diesem Rahmen ist eine Beschränkung auf die gebräuchlichsten erforderlich.

Der Rapid-Mix-Test (RMT) als Standard-Backversuch ist in Deutschland als Brötchenbackversuch grundsätzlich für die Beurteilung einer Weizenqualität entwickelt worden und findet daher Anwendung auch bei der

Sortenbewertung in der Pflanzen- und bei den Ernteermittlungen. Für die Durchführung dieses RMT-Brötchen-Backversuchs benötigt man nach den Standardvorschriften den STEPHAN-Schnellkneter UMTA 12 mit Knetarm Form »Detmold«, eine Teigteil- und Wirkmaschine und eine Langwirkmaschine. Die Zusätze wie Frischhefe, Ascorbinsäure, Salz, Zucker etc. sind festgelegt. Auch die Herstellung der Mehle aus den Weizenproben ist mittels Mahlautomat standardisiert. Die Wasserschüttung ergibt sich aus einer Farinograph-Untersuchung, die Malzmehlzugabe aus der Fallzahl.

Für die Untersuchung von Handelsmehlen gibt es den RMT-Kastenbackversuch, der sich besonders auch für Mehle mit höheren Mineralstoffgehalten (z. B. 1 050) und für Vollkornmehle empfiehlt. Bei diesem sind angepasste Gärzeiten und Rezepturen nötig. Die Ergebnisse bezüglich des Gebäckvolumens weichen kaum von dem oben genannten Brötchenbackversuch ab. Für den Kastenbackversuch ist der maschinelle Aufwand geringer, weil die Teigteil- und Wirkmaschine entfallen. Der hier erwähnte RMT-Test entspricht in etwa dem ICC-Standard Nr. 131. Bei der Berechnung der Volumenausbeute geht man von der Formel aus:

$$\text{VA} = \frac{\text{Gebäckvolumen in cm}^3 \times 100}{\text{Mehlgewicht}} = \frac{\text{ml}}{\text{100 g Mehl}}$$

Das gilt sowohl für den Brötchentest (hier 30 Stück) wie für den Kastenbackversuch. Zur Orientierung für die Beurteilung kann man folgendes Schema heranziehen:

Backweizen VA in ml/100 g	Aufmischweizen VA in ml/100g	Backverhalten
‹600	‹660	nicht befriedigent
601–630	661–700	befriedigent
631–660	701–740	gut
›660	›740	sehr gut

Natürlich gibt es weitere Beurteilungskriterien, die bei der Gebäckbeurteilung herangezogen werden, vor allem sind zu nennen:

- Ausbund,
- Bräunung,
- Rösche,
- Porengleichmäßigkeit,
- Krumenelastizität,
- Geschmack.

Für jeden dieser Parameter gibt es spezielle Graduierungen oder Begriffe.

Ein weiterer Versuch ist der Backversuch für Roggenmehle. Man unterscheidet je nach Verfahren und Zutaten grundsätzlich drei Roggenbackversuche:

- Hefebackversuch,
- Milchsäurebackversuch,
- Sauerteigbackversuch.

Für alle drei Backversuche gibt es spezielle Standards, bei denen jeweils von 1 000 g Mehl für freigeschobene Brote ausgegangen wird.

Heutzutage bevorzugt man den praxisgerechten Sauerteigbackversuch, wobei man die Wasserzugabe aufgrund der veränderten Mehlqualitäten gegenüber dem Standard erhöht hat.

Die Beurteilungskriterien der Roggenbackversuche und deren Bezeichnungen gleichen den Weizenbackversuchen ziemlich genau.

8.5.4 Gebäckvolumen

Die Bestimmung der Gebäckvolumina erfolgt nach dem Verdrängungsprinzip. Eine nach dem Volumen definierte Menge von feinkörnigem Gut (z. B. Hirse-, Rübsamen) wird in ein Gefäß mit gleichem Volumen gegeben, in dem sich die Backprobe befindet. Das Volumen des feinkörnigen Messgutes, welches nicht in dem Messgefäß Platz hat, ist logischerweise das Volumen des bzw. der Gebäckstücke.

Es gibt eine Vorrichtung nach Neumann und Dose, welche das Verfahren vereinfacht (1 Trichter, 1 Überlauftrichter, zwei Messgefäße – untereinander angeordnet in einem Gestell).

Ein alternatives Volumenmesssystem ist der BVM.

Eine Laser-basierte Volumen- und Dichtemessung für Brot, Backwaren uva.

Literaturverzeichnis

[1] *Bundesanstalt für Getreide- Kartoffel- und Fettforschung: »Die Qualität der deutschen Weizen- und Roggenernte 2002«, Mühle + Mischfutter Heft 21/2002*

[2] *Internationale Gesellschaft für Getreidewissenschaft und -technologie: ICC-Standardmethoden, Wien 2001*

[3] *Arbeitsgemeinschaft Getreideforschung e. V., Detmold: Standard-Methoden für Getreide, Mehl und Brot, Verlag Moritz Schäfer, 1994*

[4] *Kirsch, B., Odenthal, A.: Fachkunde Müllereitechnologie – Werkstoffkunde, Selbstverlag Bayerischer Müllerbund e. V. München, 2003*

[5] *Getreide Jahrbuch 2015/2016, Verlag Moritz Schäfer, Detmold*

9 Mischen, Homogenisieren, Verladen, Absacken

Stefan Kastenmüller

9.1 Mischen und Homogenisieren

9.1.1 Definition der Funktionen

Die Begriffe Mischen und Homogenisieren bedürfen zunächst einer Definition. Mischen bedeutet mehrere Sorten oder Qualitäten zusammenmischen zur Herstellung eines gezielten Endprodukts (Mischung). Homogenisieren bedeutet eine Partie zu einem gleichmäßigen Produkt vereinheitlichen.

Wenngleich sich bei den Mühlenfertigprodukten diese beiden Funktionen des Öfteren überlappen, so sind doch von dem Konzept her in einer Mühle häufig getrennte Betriebsbereiche vorgesehen.

Besonders die heutigen Ansprüche bezüglich »Mehl nach Maß«, also der Bedarf an unterschiedlichen Qualitäten einzelner Lieferpartien, erfordern besondere Einrichtungen.

9.1.2 Verfahren im Bereich Mischerei/Mehlsilo

In der klassischen Konzeption einer Mühle waren »Mischerei« und »Mehlsilo« getrennte Bereiche. Die Mischereibehälter waren unmittelbar neben der Mühle angeordnet. In diese wurde »hineingemahlen«, d. h. die in der Produktion anfallenden Produkte gefördert. Schon während dieses Vorgangs wurde oft homogenisiert. Ein Rundlauf sorgte für eine homogene Partie und glich Schwankungen, bedingt durch die Getreidemischung oder Vermahlung, aus. Eine solche »Partie« wurde, falls nicht direkt abgesackt oder verladen, in das Mehlsilo gefördert – als fertiges Endprodukt. Wie schon angedeutet, erfordert der Mehlmarkt heute eine besondere Flexibilität in Bezug auf Qualität und besondere Eigenschaften.

Deshalb werden Mehle oft erst kurz vor der Auslieferung bzw. Bereitstellung entsprechend den Anforderungen und Rezepturen gemischt. Die verschiedenen Mehle werden dazu in separaten Silozellen bevorratet und über ein Dosier- oder Wiegesystem, nach einem vorgewählten Programm, zu einer bestimmten Qualität (oder Type) gemischt. Das geschieht über einen Schnellmischer – davon wird noch die Rede sein.

Am besten sind diese Funktionen anhand eines Beispiels darzustellen (Abb. 9-1).

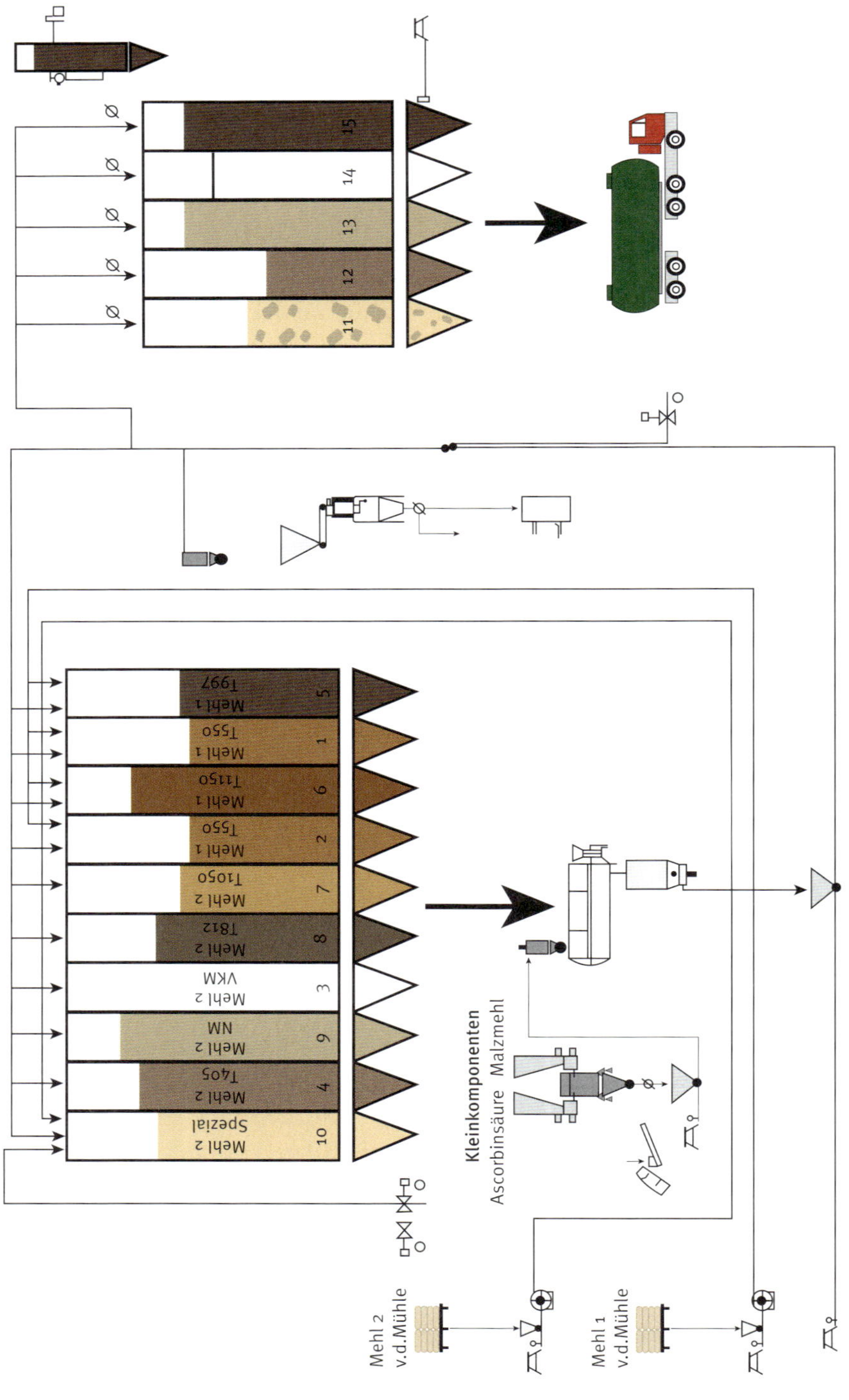

Abb. 9-1: Beispiel einer Mehlsilo-, Misch- und Verladeanlage

Wie in dem abgebildeten Schema erkennbar, hat diese Anlage insgesamt 10 Lagerzellen (1 bis 10). Nach einer Kontrollsiebung in der Mühle werden Mehl 1 und Mehl 2 direkt von der Produktion in die dafür bestimmten Zellen gefördert. In diesen Förderwegen ist jeweils eine Inline-Prallmaschine zur Schädlingsbekämpfung integriert.

Die Anwahl der Mehlzellen erfolgt über elektropneumatisch angetriebene Rohrweichen. Mehl 1 und Mehl 2 sind bestimmten Zellen zugeordnet.

Diese Lagerzellen sind beispielsweise aus GFK (glasfaserverstärktem Kunststoff). Aber die unterschiedlichen Materialien, Ausführungen und Austragselemente wurden bereits in den Kapiteln 3.2.3 und 3.2.4 beschrieben.

Wesentliches Merkmal dieses Beispiels ist die Herstellung von Mehlmischungen über einen Schnellmischer. Aus allen zehn Mehlzellen gelangt das Mehl über Vibrationsaustragungen und Rohrschnecken in einen 2000 l-Schnellmischer. Dieser steht auf vier eichfähigen Messdosen. Die Rezeptur (erforderliche Mischung) wird über eine Steuerung angewählt, welche im Schaltschrank integriert ist. Über eine Grob- und Feinsteuerung und eine automatische Nachlaufkorrektur optimiert sich das Wiegesystem selbstständig. Parallel zur Hauptcharge ist an die Rezeptursteuerung eine Kleinkomponentenwaage angeschlossen, mit der Backmittel grammgenau zudosiert werden können. Nach dem Mischer puffert ein Behälter die Charge vor der Weiterförderung über eine Druckpneumatik in die vier Verladezellen (11–15) oder zur Ventilsack-Füllmaschine.

Die oben beschriebene Funktion des Homogenisierens eines ganzen Zelleninhalts ist in diesem Konzept auch vorgesehen. Alle Mehle können einzeln oder verschnitten im Rundlauf zurück in die gleiche oder in eine andere Silozelle gefördert werden.

Die Produkte werden von den Lose-Verladezellen durch Luftauflockerung ohne mechanische Förderelemente mit hoher Leistung in den Tankwagen verladen.

In einer solchen Anlage sind darüber hinaus viele Details zu beachten, wie die Aspiration und Zellenentlüftung oder die Voll- und Leermeldung der Zellen, um Fehlmischungen zu vermeiden.

Bevor nachstehend auf einige maschinelle Einrichtungsbereiche eingegangen wird, sollen einige Grundsätze aufgeführt werden, die bei Anlagen für die beschriebenen Funktionen berücksichtigt werden müssen:

- lebensmittelunbedenkliche Werkstoffe verwenden,
- Hygieneanforderungen beachten,
- weitgehende Automation und Flexibilität der Mischverfahren,
- mechanische Förderelemente weitgehend vermeiden,

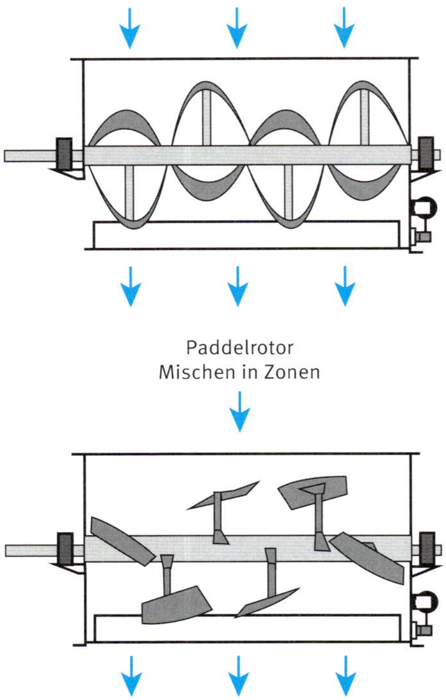

Abb. 9-2: Mischprinzip des Spiral- und Paddelrotors

- schnelle und personalarme Bedienung und Verladung.

9.1.3 Schnellmischer

Einer der wichtigsten Bestandteile einer solchen Anlage ist der Schnellmischer. Immer häufiger werden solche Mischer in Mühlen fast jeder Größe eingesetzt, um die individuellen Anforderungen der Abnehmer erfüllen zu können. Eingesetzt werden heute ausschließlich liegende Mischer (Abb. 9-2).

Bei einer optimalen Geometrie des Mischtroges und darauf abgestimmte Mischwerkzeuge (Spirale(n), Paddel, Pflugschare etc.) reduziert sich die reine Mischzeit auf ca. 1,5 min, unter Beibehaltung einer qualitätsgerechten Homogenität, cv = 5 % bei einem Mischungsverhältnis 1 : 100 000. Je nach Anordnung rechnet man unter Berücksichtigung der Befüll- und Entleerungszeit mit 10 bis maximal 20 Mischungen pro Stunde.

Entscheidend ist auch die Gestaltung der Befüllung, der Entleerung und Steuerung der Komponentenverwiegung. Im Gegensatz zur Mischfutterindustrie wird in der Müllerei meist keine eigene Komponenten-Chargewaage vorgeschaltet, sondern der Mischer steht auf geeichten Messdosen und ist somit selbst das Wiegegefäß. Deshalb dauert der Ablauf der Befüllung nach dem gewählten Programm (Rezeptur) etwas länger, und man sollte bei der Auswahl der Mischergröße von zehn Chargen pro Stunde ausgehen.

Beispiel: gewünschte Leistung 20 t Mehl/h

Mischerfassung 4000 l = 2 t Mehl
2 t × 10 Mischungen =20 t/h

Wichtig für den schnellen Ablauf der Chargenverwiegung sind nicht nur die Befüllorgane, sondern auch die Konstruktion des Mischerauslaufes. Doppelauslaufklappen ermöglichen beispielsweise eine Schnellentleerung innerhalb von 10 s. Nach dem Mischer ist immer ein Nachbehälter anzuordnen, damit die Mischung nach einer schnellen Leerung für den Abtransport (mechanisch oder pneumatisch) gepuffert wird und die neue Charge schnell angesteuert werden kann (Abb. 9-3).

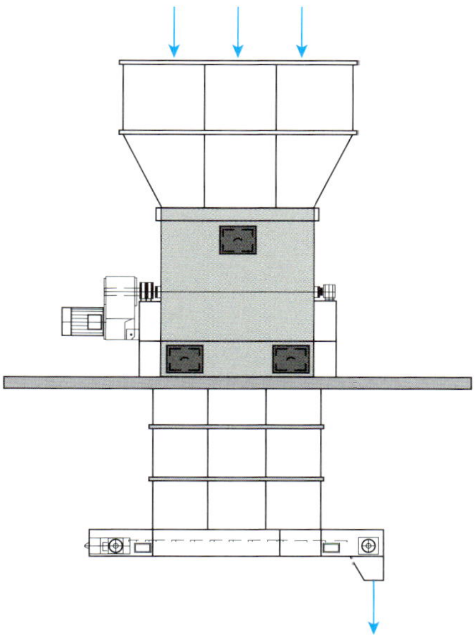

Abb. 9-3: Anordnung eines Chargenmischers mit Vor- und Nachbehälter

9.1.4 Dosieren von Komponenten

Die einfachste Art des Dosierens von Produkten, die in der Müllerei vorkommen – von Getreide bis Mehl – ist die volumetrische Dosierung über Schnecken. Beispielsweise können über Rohrschnecken mit verstellbarem Antrieb (Frequenzumrichter) Getreidemischungen zusammengestellt werden oder Mehle verschnitten werden. Dabei kann man davon ausgehen, dass jede Schneckendrehung einer Fördermenge entspricht, wenn aus dem Vollen gefördert wird. Die Kennlinie n (Umdrehungen) zur Förderleistung laufen linear.

Bei Mehl findet dieses System in der Herstellung von besonderen Typen oder Qualitäten Anwendung. Der Einsatz von Schneckendosierern oder Schneckenaustragungen mit Dosierfunktionen erfordert eine besondere Beachtung des Einlaufs und der Ausführung der Gewinde. Die Abbildung 9-4 zeigt als Beispiel:

a) Einen Schneckeneinlauf mit progressivem Gewinde, wobei der Austragsteil und der Förderteil unterschiedliche Schneckengewinde haben.
b) Einen Schneckeneinlauf mit konischer Schneckenwelle.

Während die Dosierschnecken in dem unter 9.1.2 vorgestellten Beispiel (Abb. 9-1) nur die Funktion einer Produktzuführung in einen Wiegebehälter haben – in diesem Fall einer Mischerwaage –, ist der Ablauf bei dem Einsatz von Differential-Dosierwaagen ein völlig anderer.

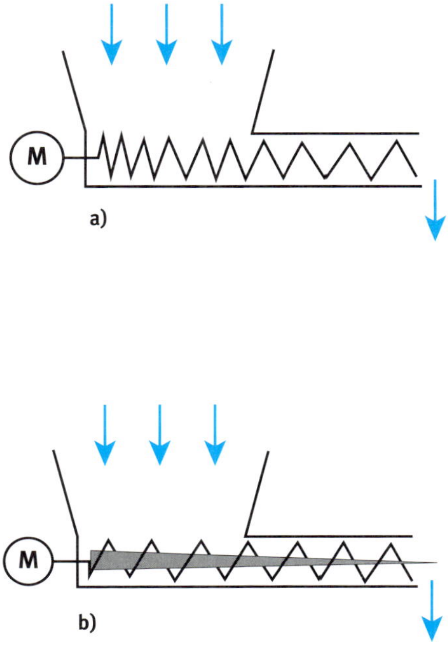

Abb. 9-4: Schneckendosierung a) Progressive Steigerung; b) Konischer Schneckenkern

Differential-Dosierwaagen werden zur Messung und Regulierung eines nicht frei fließenden Produktstroms wie Mehl, Grieß, Kleie usw. eingesetzt. Als Massenfluss-Regler dosieren und regeln diese Waagen einen Produktstrom, beispielsweise von zehn verschiedenen Mehlen zu einer kontinuierlichen Mehlmischanlage (Abb. 9-5). Zudem können alle Gewichte und Leistungen von einem Waagenleitgerät erfasst werden.

Im Prinzip kann eine solche Waage als Massenflus-Regler oder auch als Massenfluss-Messer eingesetzt werden.

In erstgenannter Funktion wird mit der Vorort-Elektronik der Frequenzumformer angesteuert und die Drehzahl der Austragsschnecke entsprechend der vorgegebenen Leistung geregelt. Im zweiten Anwendungsfall erfasst die Waage das Gewicht und die Leistung eines gegebenen Produktstroms, z. B. als Kontrollwaage für innerbetriebliche Prozessüberwachung wie die Mehlkontrollwaagen in der Mühle (Abb. 9-6).

Abb. 9-5: Kontinuierliche Mehlmischanlage mit zehn Differentialwaagen

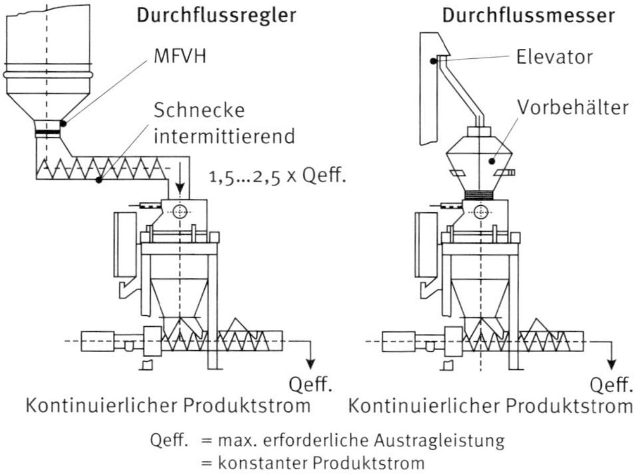

Abb. 9-6: Differential-Dosierwaagen als Durchflussregler oder Durchflussmesser

9.1.5 Dosieren von Kleinkomponenten

Die einfachste Form der Dosierung von Kleinkomponenten in der Mehlmüllerei geschieht volumetrisch und zwar über drehzahlgesteuerte Mini-Rohrschnecken. Gebraucht werden solche Geräte in jedem Mühlenbetrieb zum kontinuierlichen und Gramm-genauen Einbringen von Backmitteln zur Qualitätsverbesserung, wie Ascorbinsäure, Malzmehl oder entsprechende Präparate. Da oft eine äußerst geringe Menge von solchen Zuschlagstoffen erfolgt – z. B. 2 oder 3 g Ascorbinsäure – ist die Vorbereitung von

Vormischungen gebräuchlich (z. B. 1 : 10 mit Weizendunst).

Abbildung 9-7 zeigt ein solches volumetrisches Dosiergerät mit frequenzgeregeltem Antrieb. Der erforderliche Dosierleistungsbereich ist bestimmend für die Bemessung der Schneckengarnitur, welche auswechselbar ist. Je nach Größe derselben und Drehzahl beträgt die Dosierleistung beispielsweise 0,06 bis 500 l/h. Bei schwer fließenden Produkten und Mischungen empfiehlt sich eine Auflockerungseinrichtung über der Dosierschnecke.

Abb. 9-7: Volumetrisches Dosiergerät für Kleinkomponenten (Rohrschnecke, drehzahlgesteuert)

Ein anspruchsvolleres System der Dosierung von Kleinkomponenten ist der Einsatz von Dosierwaagen. Hier ist eine größere Genauigkeit zu erwarten und eine zentrale Steuerung und Integration in ein Programm bzw. in eine Rezeptur ist gegeben. Verwendet werden beispielsweise Mikro-Differential-Dosierwaagen (Abb. 9-8).

Nach der Verwiegung wird der Waageninhalt kontinuierlich ausgetragen. Je nach den Erfordernissen kann man von einem Waagentyp (Beispiel) drei Größen einsetzen, mit folgenden Dosierbereichen:

Schneckengröße	37 mm	0,2–95 l/h
	76 mm	5–415 l/h
	103 mm	40–1 000 l/h

Eine Mikrodosierwaage kann entsprechend dem gewählten Leistungsbereich sehr präzise einen kontinuierlichen, definierten Produktstrom dosieren, oder sie verwiegt Gramm-genau eine vom Rezept vorgegebene Kleincharge.

Sie ist also einzusetzen beim kontinuierlichen Zusatz von beispielsweise Vitaminen, Ascorbinsäure, Trockenkleber – im Mehlstrom parallel zur Vermahlung oder als Charge beim Herstellen von Backmischungen (Fertigmehle).

Besonders bei dem letztgenannten Einsatz gibt es Mikrodosiersysteme, die mit einer elektronischen Waage, aber bis zu 20 Dosierbehältern ausgerüstet sind. Diese können mit einer

Abb. 9-8: Mikro-Differential-Dosierwaage

Abb. 9-9: Mikrodosiersystem mit bis zu 20 Komponenten auf einer Mikro-Dosierwaage

verfahrbaren Beladevorrichtung hygienisch und staubfrei befüllt werden. Die Behälter sind im Kreis über der Waage angeordnet und haben jeweils eine Dosierschnecke, die zur Mitte auf die Waage fördert. Die Regelung und Überwachung erfolgt durch die Dosiersteuerung nach Rezeptur (Abb. 9-9).

9.2 Loseverladung

9.2.1 Verladezellen, Tankwagen-Befüllsysteme

Die Loseverladung von Mühlenfertigprodukten hat in den letzten Jahrzehnten eine stets zunehmende Bedeutung gewonnen. In den Mühlenbetrieben wird heute oft bis zu 90 % des Mehls im Tankwagen ausgeliefert – analog dazu hat die Sackware abgenommen. Nahezu jeder Mehlkunde hat heute Mehlsilos und bezieht das Mehl »lose«. Sowohl für die Mühle als auch für den Mehlkunden ergibt sich einerseits ein Rationalisierungseffekt, andererseits sind für beide Seiten erhebliche Investitionen erforderlich. Anders verhält es sich bei Backmischungen oder Kleinmengenabnehmern: Hier ist noch die Sackware im Vertrieb gebräuchlich.

Ähnlich ist die Situation bei der Kleie und anderen Mühlennachprodukten. Abnehmer sind im großen Umfang die Mischfutterwerke, die ebenfalls nur Loseware annehmen können. Auch dafür muss die Mühle Verladevorrichtungen schaffen. Auf die Fragen zum Material und der Zellenkonstruktionen wurde schon im Abschnitt 3.2.5 eingegangen. Die Auswahl – ob Beton-, Aluminium-, Stahl- oder Kunststoffzellen – hängt zwar auch von den Vorlieben des Bauherrn ab, im Wesentlichen aber von der Größe der geplanten Zellen und den örtlichen Platzverhältnissen.

Die Fassung und Anzahl der Zellen wiederum hängen von der Absatzstruktur einer Mühle und dem technischen Konzept einer Loseverladung ab.

Erfordert der Markt eine Kommissionierung, d. h. Bereitstellung vieler kleiner Liefermengen, wird man anders bauen, als wenn hauptsächlich Großabnehmer ganze Züge bestellen. So sind Verladezellen zwischen 5 und 30 t gebräuchlich, unter Umständen größer, wenn eine Verwiegung bei der Verladung erfolgt.

Eine Prämisse bei der Konzeption einer Loseverladung ist die Schnelligkeit und Flexibilität. »Der Lkw gehört auf die Straße, nicht auf den Hof«. In der

Regel sollte ein 25 t-Zug in 20 min verladen sein. Maßgebend ist, wie viele Tankwagenkammern aus wie vielen Zellen befüllt werden müssen. Der Zellenauslauf ist dabei nicht das Zeitmaß, denn Luftauflockerung und/oder Vibrationsaustragung lassen noch kürzere Beladezeiten zu.

Voraussetzung für diese Aussagen ist natürlich, dass die Zellen unterbefahrbar sind.

Wenn der Tankwagen während der Verladevorgänge verfahren werden muss, geht das auf Kosten der Zeit. Deshalb gibt es die Variante mit einem verfahrbaren, reversierbaren Verladeredler oder einer Schnecke (Abb. 9-10). Jeweils am Ende des Förderers ist ein Verladebalg. Die Ausläufe der Zellen führen zu einem festen Aufgabepunkt. Der unter einer Abdeckung verschiebbare Förderer fördert zu jeder beliebigen Tanköffnung. Einige Details noch zu den Verladezellen:

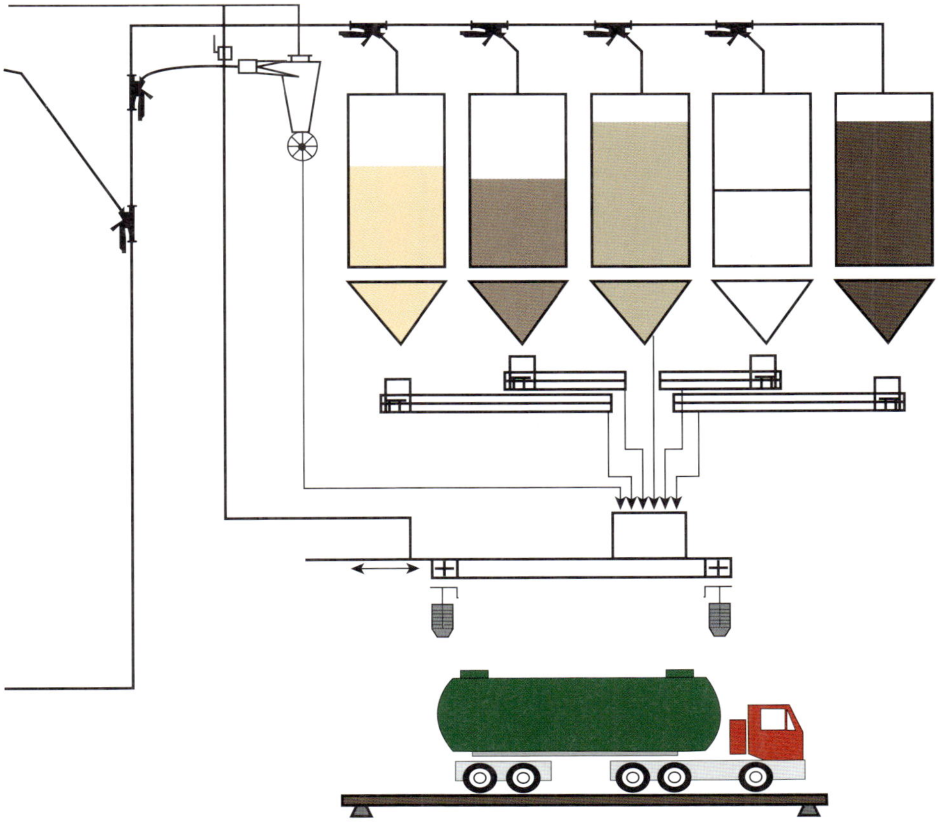

Abb. 9-10: Lose-Verladesystem: Verfahrbarer Trogkettenförderer (reversierbar) vermeidet rangieren des Tankwagens

Abb. 9-11: Lose-Verladesystem mit Verladebälgen zur staubarmen Tankwagenverladung

Die meist pneumatische Befüllung der Zellen erfordert deren Entlüftung. Grundsätzlich kann man für jede Zelle einen Aufsatzfilter anordnen oder eine Zentralaspiration schaffen. Diese muss sorgfältig ausgelegt werden, um Anbackungen an der Zellenabdeckung zu vermeiden.

Ein wichtiger Teil sind die Verladebälge, welche eine möglichst staubfreie Verladung ermöglichen sollen. Empfehlenswert ist die Ausstattung mit einem Innen- und Außenbalg zum Entweichen der Luft – optimal ist eine Besaugung. Der Verladebalg kann auch mit einem Vollmelder ausgestattet werden, der mit der Materialzuführung verriegelt ist.

Besonders staubgefährdet ist die Loseverladung von Kleie – meist auf offene Lkw. Hier empfiehlt sich ein Verladebalg mit einem Sensor, welcher den Balg schrittweise anhebt, um große Fallhöhen zu vermeiden.

9.2.2 Gewichtserfassung bei der Verladung

Die einfachste Methode ist die Verwiegung über eine vorhandene Durchlaufwaage mit einem Abstellzählwerk oder elektronischer Mengeneingabe bei nachfolgender Förderung einer bestimmten vorbestellten Menge in die Verladezellen. Der Nachteil ist, dass diese vorbereiteten Lieferaufträge in entsprechender Reihenfolge abgerufen werden müssen, weil ja die Zellen belegt sind.

Eine häufig angewendete Variante ist die Verwiegung der ganzen Verladezelle – oder auch mehrerer gemeinsam – mittels Druckmessdosen. Diese Messdosen werden unterhalb der Stützkonstruktion angebracht. Das Verfahren ist inzwischen relativ preisgünstig zu realisieren. Die Vorteile bei der Organisation der Loseverladung auf diese Weise sind vielseitig:

- die Zelle kann beliebig befüllt werden,
- der Zelleninhalt kann jederzeit abgefragt werden,
- Voll- und Leermeldung erfolgen automatisch,
- die Verlademenge pro Tankwagen-Kammer kann beliebig vorgegeben werden, eine Verriegelung mit den Absperrklappen der Verladezellen ist natürlich Voraussetzung,

- eine genaue Produkt- und Verladebilanz kann bei entsprechender Ausstattung der Elektronik abgerufen werden.

Ähnliche Vorteile ergeben sich, wenn der zu beladende Tankwagen auf einer Brückenwaage steht, ein gerne angewendetes System. Das heißt, die Anordnung der Waagenplattform unter den Zellen. Die Brückenwaage kann dann auch für andere Gewichtsermittlungen verwendet werden, sofern nicht gerade verladen wird. Durch die Anwendung moderner Wiegetechnik (Druckmessdosen) und die Verwendung von Betonfertigteilen ist der bauliche Aufwand für eine Brückenwaage erheblich geringer geworden.

In letzter Zeit sind auch einige Anlagen mit einer verfahrbaren Behälterwaage gebaut worden. Das System besteht aus einer Waage mit einer Fassung von z. B. 1 oder 2 t, welche zunächst eine Charge unter einer bestimmten Zelle »abholt« und dann auf einer Schienenbahn zu der vorgewählten Tanköffnung führt, wo sich die Waage entleert. Mit einem aufwendigen elektronischen Programm können alle Verladeaufträge vom Fahrer abgerufen werden.

Der wichtigste Vorteil: Der Tankwagen muss nicht verfahren werden – egal wie viele Kammern zu befüllen sind (Abb. 9-12).

Eine besonders interessante Variante ist die verfahrbare Brückenwaage, auf der automatisch der ganze Zug hin und her gefahren wird. Jede Tankwagen-Einlauföffnung fährt zum zentralen Verladepunkt. Auch das alles EDV-gesteuert (Abb. 9-13).

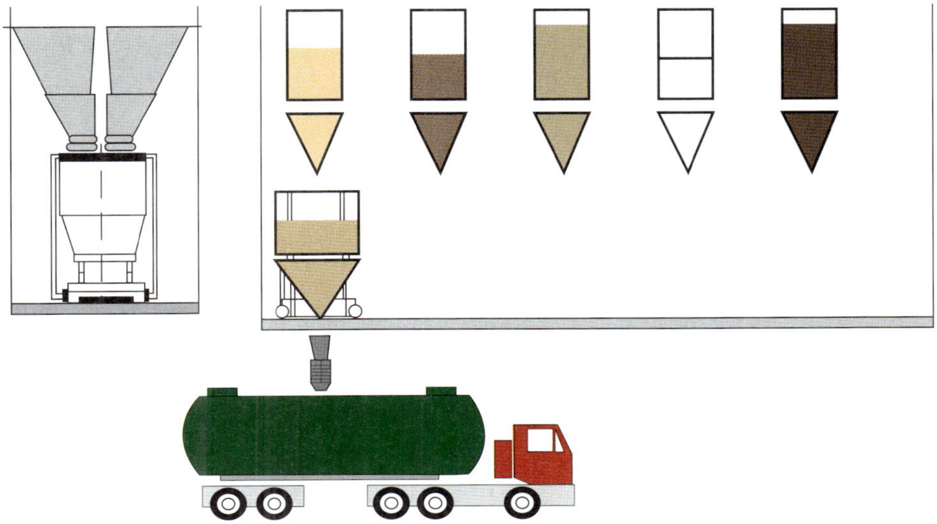

Abb. 9-12: Lose-Verladesystem: Verfahrbare Behälterwaage fährt zu den Tankwagen-Öffnungen

Sämtliche dargestellten Wiege-Systeme müssen natürlich die amtliche Eichzulassung haben, was im Handelsverkehr zwingend vorgeschrieben ist.

9.2.3 Gewichtserfassung im Tankwagen

Unter diesem Punkt soll die sogenannte »An-Bord-Verwiegung« angesprochen werden, welche neben vielen anderen Branchen vereinzelt auch schon bei der Auslieferung von Mühlenprodukten eingesetzt wird.

Das eichfähige On-Bord-Weighing-System, wie es meist genannt wird, erhöht die Ausnutzung des Tankwagens und ermöglicht eine flexible Belieferung des Kunden mit den jeweils gewünschten Mengen. Der Silowagen kann mit dem höchst zulässigen Gewicht beladen werden, und die Verwiegung erfolgt vor und nach der Auslieferung beim Kunden.

Die Verwiegung des Tankaufsatzes erfolgt über Wiegezellen aus Edelstahl. Die Gewichtsanzeige und der Lieferschein-Drucker befinden sich im Führerhaus oder Bedienkasten. So kann sofort abgelesen werden, welche Mengen zugestellt werden und einfach per Ausdruck das Zustellgewicht quittiert werden.

Das System ist eichfähig und somit im gesamten EU-Raum durch entsprechende Zulassungen anerkannt.

Abb. 9-13: Lose-Verladesystem: Verfahrbare Brückenwaage

9.2.4 Hygienegrundsätze und Maßnahmen

Das Mehl als Hauptbestandteil des wichtigsten Grundnahrungsmittels erfordert ein Höchstmaß an Produkthygiene. Durch die Einführung der DIN EN ISO 9000/1/2 und die Belange des HACCP-Systems sind auch im Betriebsbereich Loseverladung entsprechende Grundsätze zu berücksichtigen.

Bevor das Mehl zur Verladung gelangt ist schon durch den Einsatz von Prallmaschinen für eine möglichst vollständige Mortalität von Insektenentwicklung zu sorgen. Ferner sorgen Siebmaschinen für eine absolute Fremdkörperfreiheit.

Was die Verladung aus den so gefüllten Verladezellen betrifft, ist eine Konzeption ideal, welche nach der oben erwähnten Behandlung der Mehle horizontale bzw. mechanische Förderelemente vermeidet. Das wird allerdings nicht immer möglich sein.

Grundsätzlich sind folgende weiteren Punkte zur Erreichung einer optimalen Produkthygiene im Bereich der Loseverladung zu beachten:

- Vermeidung von »toten Ecken« und Hohlräumen, sowohl in den Zellen als auch in den Förderaggregaten,
- Vermeidung von Kreuz- und Fremdkontaminationen bei der Abwicklung der eigentlichen Verladung,
- die Beladegarnituren sollten im Ruhezustand an der Auslaufseite luftdicht verschlossen sein (Kegel ohne Klappen),
- während der Beladung luftdichter Anschlusskegel zwischen Verladeschlauch und Tanköffnung (gummierte Kontaktfläche),
- Umhausung des Verladebereiches, dessen Tore nur bei Ein- und Ausfahrt geöffnet werden. Vermeidung von Vogelflug etc.
- Staubvermeidung durch Aspiration aller relevanten Stellen.

Wenn diese in diesem Abschnitt erwähnten Maßnahmen bei einer Planung berücksichtigt werden – soweit es die örtlichen Verhältnisse erlauben – wird man gegenüber den heutigen Hygieneansprüchen der Kunden eine große Sicherheit haben und diese nachweisen können.

9.3 Absackung

Zunächst einige grundsätzliche Ausführungen, die für alle Arten der Absackung von Mühlenprodukten gelten.

Das Thema Absackung hat mittlerweile sehr an Bedeutung verloren, da die Mühlenprodukte heute zum überwiegenden Teil in Tankwagen ausgeliefert werden. Trotzdem hat sich in der technischen Entwicklung auch auf diesem Gebiet viel getan. Das liegt vor allem an den elektronischen Möglichkeiten, welche die früher komplizierten mechanischen Waagen stark vereinfachen und höhere Leistungen sowie Genauigkeiten zulassen.

Höhere Leistungen erfordern aber nachgeordnete Einrichtungen, weil ja die anfallenden Säcke verschlossen und gelagert werden müssen – also braucht man beispielsweise Palettierer oder Palettierungshilfen. In seltenen Fällen wird eine Direktverladung praktiziert: Absackung – Transport – Lkw oder Schiff.

Eine Unterscheidung trifft für alle Absackungen (offen oder Ventil) zu: Es gibt die sogenannte »Brutto-« oder »Netto-«absackung.

Bei der Bruttoabsackung ist – vereinfacht gesagt – der Sack das Wiegegefäß. Der Sackstutzen mit Sack hängt im Wiegesystem, die Befüllung erfolgt über den Grob- und Feinstrom der Speisung. Wenn das Gewicht erreicht ist, schaltet das Füllaggregat (Schnecke oder Luftstrom) aus – der Sack wird abgenommen und der nächste wird angehängt. Dieser Sackwechsel vermindert natürlich die Absackleistung.

Bei der Nettoabsackung ist der Sackstutzen bzw. der Ventilpacker von der Waage getrennt. Während des Sackwechsels füllt und tariert sich die Waage erneut – die Leistung der Anlage verdoppelt sich.

Diese Unterscheidung gilt, wie schon erwähnt, für die Offensackabfüllung wie für die Ventilsackabfüllung.

Grundsätzlich besteht jede Waage aus drei Hauptelementen:

- Produktzuführung/Speisung – bei Mehl und Kleie meist Schnecken und/oder Rührwerk, bei Futtermittel oft Bandspeisung oder Vibrationsrinnen,
- Wiegegefäß – bei der Bruttoverwiegung der Sack, bei der Nettowaage meist ein Bodenklappengefäß für mehlige Produkte,
- Wiegesystem – über elektronische Kraftaufnehmer, selbstjustierend und unabhängig von Schwankungen im Schüttgewicht.

Für beide Absackungen gibt es einige Optionen, je nach Umfang der Anlage. Eine davon ist eine automatische Sackanhänge- oder Sackansteckeinrichtung, die auch für mehrere Füllstutzen gebaut wird. Der Rationalisierungseffekt liegt auf der Hand, wenngleich eine solche Anlage auch einer ständigen Beobachtung bedarf. Damit die automatische Sackanhängung permanent arbeiten kann, muss natürlich ein ausreichendes Leersackmagazin, oft auch für unterschiedliche Säcke (Typen) ausgelegt, vorgesehen werden.

9.3.1 Offensackabfüllung

Wenngleich in der Mehlmüllerei im Normalfall der Ventilsack vorherrscht, gibt es Anwendungen, bei denen Offensack- Abfüllungen in großem Umfang und mit großem technischen Aufwand installiert werden. Die Exportmüllerei ist eine davon. Es gibt darüber hinaus Länder, in denen der Markt offene Säcke bevorzugt.

Schließlich gibt es noch in vielen Mühlen Absackeinrichtungen für die Abfüllung von Kleie und Nachprodukten in offene Säcke (Abb. 9-14).

Für große Leistungen gibt es das sogenannte Absackkarussell, mit Netto- und/oder Differential-Absackwaagen, mit oder ohne Sackhängeautomat. Für die Verdichtung setzt man Rüttler oder Seitenpacker mit einem Schlagrost ein. Absackkarusselle können mit drei bis sechs Sackstutzen ausgestattet sein. Bei Füllgewichten bis 50 kg betragen die Leistungen analog zur Ausstattung sechs bis 20 Säcke pro Minute, abhängig vom eingesetzten Wiegesystem, Abfüllgewicht, Produkt und Bedienungspersonal.

Ein großer technischer Aufwand ist bei der Offensack-Abfüllung mit großen Leistungen für das automatische Verschließen erforderlich.

Die häufigste und einfachste Art zum Verschließen von offenen Säcken für kleine und mittlere Leistungen ist das Vernähen mit einer Sackzunähmaschine. Zweckmäßig ist der Einsatz eines Nähbands, welches den Sack zur Nähstation führt. Es muss Seitenführung haben und sollte höhenverstellbar sein. Für die vollautomatische Abfolge bis zum Vernähen oder Verschließen gibt es Einrichtungen wie das Sackübernahme- oder Spreizgerät. Mit der kontrollierten Sackführung vom Sackstutzen bis zum Verschließsystem können alle Arten von Säcken aus Papier, Kunstoff, Gewebe und andere Sackmaterialien mit geringster Eigenfestigkeit verschlossen werden.

Die sich anschließende Verschließstation kann auch einen hohen Grad der Automation haben, beispielsweise ein Sackfaltgerät, wenn im Interesse der Dichtigkeit die Sackkante vor dem Vernähen umgefaltet werden soll. Es gibt eine Reihe solcher Verschlusstypen und je nach geforderter Dichtigkeit kann unter den Optionen gewählt werden, die in der Abbildung 9-15 dargestellt sind.

Als letzte Verschlussart muss die Verleimung von offenen Säcken erwähnt werden, was natürlich die beste Dichtheit gewährleistet. In der Mehlmüllerei wenig gebräuchlich, wohl auch zu teuer, kann man einige Vorteile aufführen:

Dichter Verschluss, kein Staubaustritt, kein Schadinsekteneintritt, gute Hygiene, keine Schmutztaschen im Verschlussbereich, kompakte Sackform, keine Fäden oder Papierschnitzel beim Öffnen, sofort belastbar nach Verlassen der Verleimmaschine.

Der Einsatz einer Verleimstraße dürfte sich nur bei hohen Leistungen und Produkten mit einer großen Wertschöpfung lohnen – z. B. bei Fertigmehlen, Backmitteln etc. Die Leistung einer Verleimstraße kann bis 20 Sack pro Minute betragen.

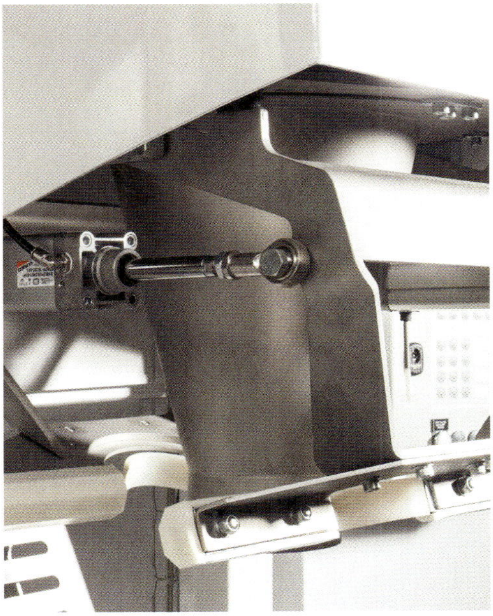

Abb. 9-14: Brutto-Absackwaage, hier mit Doppelschneckenzuführung für mehlige Produkte

9.3.2 Ventilsackabfüllung

Der Ventilsack war in anderen Industrien (z. B. Zement-, Bauindustrie) schon länger gebräuchlich und kommt nach Abschaffung der 100 kg Jute- oder ähnlicher Säcke ab etwa 1950 auch in der Müllerei fast ausschließlich zur Anwendung. Normalerweise

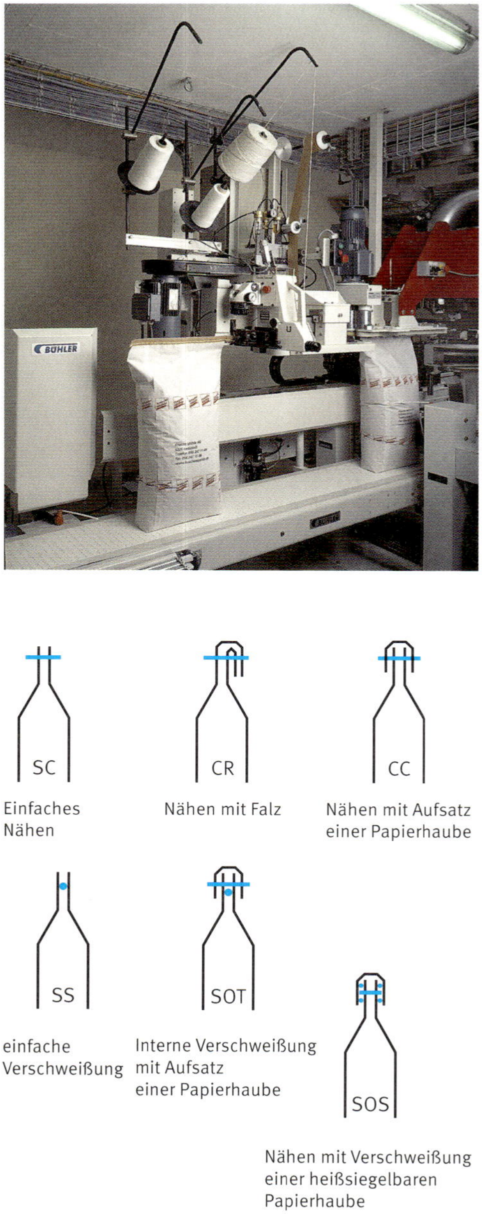

Abb. 9-15: Automatische Sackverschließstation (oben),Verschiedene Verschlusstypen (unten)

als 50 kg-Sack, aber auch für 25 kg bis 10 kg. In manchen Ländern und für verschiedene Müllereiprodukte sind nur noch Füllgewichte bis zu 25 kg zulässig bzw. üblich.

Die Vorteile des Ventilsacks liegen auf der Hand – das zeitaufwendiges Verschließen entfällt. Durch die Kastenform ist der Ventilsack gut stapelfähig – besonders wichtig bei dem Transport auf Paletten – sowohl innerbetrieblich wie auch bei dem Paletten-Transport zum Abnehmer.

Die »Konstruktion« der Papiersäcke ist ein eigenes Thema, sie hat einige Entwicklungen erfahren. Ursprünglich hatten die Füllöffnungen Außenlaschen, die nach dem Füllvorgang per Hand eingeschlagen werden mussten. Das bedeutete Zeitverlust bei der Absackleistung pro Stunde und mehr Personaleinsatz.

Spätestens bei der Ausstattung der Füllmaschinen mit dem automatischen Sackabwurf fand das selbstverschließende Innenventil Verwendung. Die Papiersackindustrie brachte und bringt weiterhin verbesserte Ventile auf den Markt, beispielsweise eines mit innenliegendem Poly-Schlauch usw. Alle Bemühungen zielten auf eine möglichst gute Produktsperre, was so nicht vollständig gelingt. Deshalb wurden letztlich Systeme zum Verkleben als hermetischer Verschluss der Füllventile entwickelt. Die Füllmaschinen für schwerfließende Produkte sind, wie schon eingangs erwähnt, sowohl als Brutto- als auch mit Nettoabsackwaagen ausgestattet.

Als Nettowaagen können bei Mehl elektronische Wiegesysteme mit einer Leistung bis zu 600 Sack/h eingesetzt werden. Der Waage folgt eine Füllstation, meistens mit zwei Füllstutzen. Das häufigste Füllsystem für Mehl sind Schnecken, also sogenannte Schneckenpacker. Pro Stutzen kann man je nach Geschicklichkeit des Bedienungspersonals mit bis zu 200 Sack/h rechnen, ausgehend von 50 kg-Säcken (Abb. 9-16).

Andere Nettofüllsysteme sind Turbinen-, Schleuderband- und Fallrohrpacker, letztere für freifließende Produkte (Pellets).

Der Ventilpacker für Mehl sollte mit einem höhenverstellbaren Sackstuhl und Rüttler ausgestattet sein, welche das Mehl (beim Nettopacker während des Befüllens) im Sack verdichten. Die dadurch erreichte Einsparung an Sacklänge ist finanziell wichtig (Sackpreise) und kann auch für die Belegung der Palette von Bedeutung sein. Am Ventilsack-Stutzen wird der Sack mit einer pneumatischen Sackklemme festgehalten. Bei einem automatischen Sackabwurf, der heute allgemein üblich ist, löst sich diese nach einer eingestellten Füllzeit.

Beim automatischen Sackabwurf auf ein Abzugsband ist zu beachten, dass der Sack mit dem Boden aufsetzt und mit dem Boden voraus in die Sackegalisierung (Bügelung) eingeführt wird. Dadurch wird das Produkt auch in den oberen Teil des Sacks gedrückt, wodurch das Ventil verdichtet.

Bei der Bruttoabsackung, also Dosierung und Verwiegung des Füllprodukts im Sack, findet häufig der sogenannte Pneumatikpacker Verwendung. Das Füllgut wird in einer vorgeschalteten Druckkammer über Fluidisierungsplatten einem definierten Druck ausgesetzt und über eine Reihe von Ventilen zur Steuerung der Wägephasen (Grob-Feinstrom) pneumatisch in den Sack gedrückt. Bei Füllgewichten von 50 kg sind Leistungen bis 250 Sack/Stunde pro Maschine möglich.

Für alle Absacksysteme bestehen heute Vorschriften zur Arbeitsplatzbeschaffenheit und eine Staubabsaugung an den Füllstutzen ist unerlässlich.

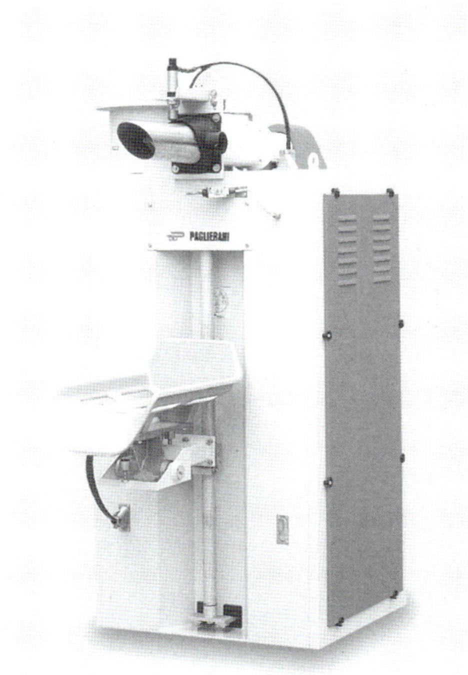

Abb. 9-16: Einfacher Ventil-Schneckenpacker mit verstellbarem Sackstuhl und Sackrüttler (optional: automatischer Sackabwurf)

9.4 Big-Bag-Abfüllung

Eine neuere Verpackungs- und Transportart für Mühlenprodukte und Komponenten ist der Big-Bag (Groß-Sack).

Die Technik des Befüllens, des Transports und der Entleerung der Big-Bags hat sich ständig entwickelt und lässt weitgehend automatische Abläufe zu: vom einfachen System, das verwiegt und abfüllt, bis zur kompletten Anlage mit einem Palettenspender und einer Vollsäcke-Stauvorrichtung auf Rollenbahnen (Abb. 9-17).

Wie schon bei den normalen Abfüllwaagen ist die erste Komponente die Beschickungseinrichtung. Je nach Produkt kann man wählen: Fallbeschickung, Schnecke, Band oder Schleusendosierung. Wichtig ist eine hermetisch dichte Verbindung zwischen Füllstutzen und Sack.

Die einfachste Art der Verwiegung ist gegeben, wenn der Big-Bag auf einer Plattformwaage steht. Meist verwendet man jedoch die Gewichtserfassung in hängender Position mit einer elektronischen, programmierten Waage – also ähnlich wie bei der beschriebenen Bruttoabsackung (Sack = Wiegegefäß). Eine praktische Option ist die hydraulische Hebe- und Senkeinrichtung. Sie dient zur automatischen Positionierung des Sacks während des Verwiegens und setzt nach Erreichen des Gewichts den Big-Bag ab. Auch ist sie bei der Verwendung von Gebinden mit verschiedenen Höhen dienlich sowie eine Hilfe für den Bediener. Zum Verdichten des Produkts kann ein Zwischenzyklus mit Absetzen des Sacks eingelegt werden. Es kann aber auch ein Rütteltisch zum Einsatz kommen.

Verwendung finden Big-Bags häufiger bei Grieß- und Dunstprodukten, Futtermittelkomponenten u. a. – in letzter Zeit auch bei der Entsorgung von Reinigungsabfällen und anderen Nebenprodukten. Normalerweise verwendet man Big-Bags mit 2 bis 3 m^3.

9.5 Sacktransporte

Hier denkt man in erster Linie an Förderbänder zum Transport von der Absackung zum Zwischenlager und vom Sacklager zur Verladung – in Einzelfällen von der Absackung direkt zur Verladung.

In den früheren Jahrzehnten, als die Sackware einen wesentlichen Marktanteil hatte, wurden erhebliche Investitionen zur Vermeidung von manuellen Förderwegen getätigt. Die Transportrationalisierung mit Bandförderern war ein wichtiges Gebiet. Aber auch bei geringerem Anteil der Sackware sind gut durchdachte Bandtransporte wichtig, denn der Fachmann weiß: Das teuerste Transportmittel in einer Mühle ist der Sackkarren.

Vereinfacht kann man den Einsatz von Transportbändern wie folgt gliedern:

- Abzugsbänder nach der Absackung.
- Bügelbänder, welche die Säcke egalisieren, was eine wichtige Voraussetzung für eine ordentliche Palettierung ist.
- Staubänder, die beispielsweise nach der Absackung eine Palettenbefüllung puffern (für den Einmannbetrieb), oder welche vor einer Palettieranlage

Säcke bevorraten, z. B. während des Palettenwechsels.
- Palettierhilfen bei der Palettenbelegung per Hand. Das sind Spezialbänder, die höhenverstellbar und schwenkbar sind, sodass das Bedienungspersonal nicht heben muss.
- Verladebänder, die zur Lkw- oder Waggonverladung eingesetzt werden. Auch diese sind höhenverstellbar, oft als Teleskop- oder Gliederbänder ausgestattet.
- Schließlich einfach Förderbänder, bei Sacktransport meist mit Trommelmotoren ausgestattet, Bandgeschwindigkeit ist üblicherweise 0,5 m/s

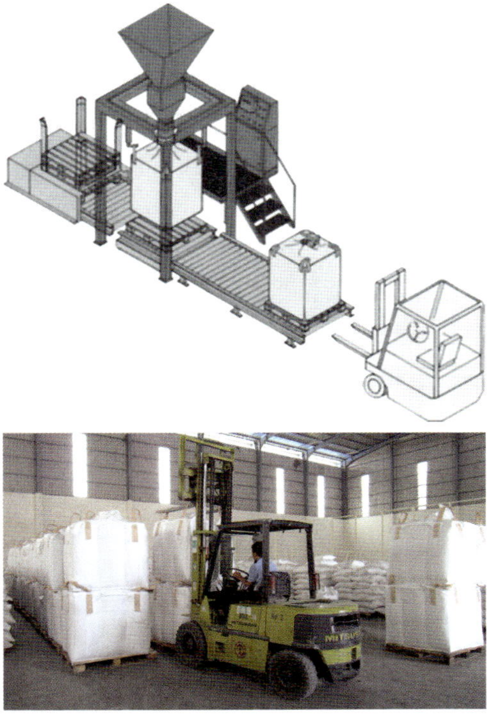

Abb. 9-17: a) Schema einer Big-Bag-Füllstation mit Palettenmagazin und Staustrecke b) Big-Bags im Lager

Die Projektierung und Ausführung von Bandanlagen ist nicht so einfach wie es scheint. Besonders wenn verwinkelte Wege zu überwinden sind, und nicht selten bleibt der Sack hängen, wenn er rechtwinklig ablaufen soll. Deshalb gibt es speziell ausgebildete Sackabweisen, und auch bei Überkopfwurf muss das nachfolgende Band etwas tiefer liegen.

Sacktransportbänder sollen nicht zu leicht sein: Es sollten kugelgelagerte Tragrollen verwendet werden, und der Abstand der Tragrollen darf nicht zu groß sein. Im Bereich der Sackaufgabe empfiehlt sich ein sehr geringer Abstand der Tragrollen oder solche in verstärkter Ausführung. Wichtig ist auch die richtige Auswahl des Gurts. Während man bei Schüttgütern (wie Getreide) meist Muldenbänder mit U-Profilen verwendet, setzt man beim Sacktransport normalerweise einen glatten Gummi- oder Kunststoffgurt ein, zwingend erforderlich bei seitlichem Sackabwurf. Bei ansteigenden Gurtförderern verwendet man Gurte mit Fischgrätenmuster oder Stollen, jedoch sollte man keine Steigung über 27 Grad verwenden, weil sonst der Sack nach hinten umkippt.

9.6 Palettierung

Die Palettierung von Säcken fand auch relativ spät Eingang in die Müllerei.

Nun aber hat es aus verschiedenen Gründen Bedeutung: Rationalisierung des innerbetrieblichen Materialhandlings, platzsparende Bevorratung (z. B. Regallager) und vor allem die Anforderungen der Abnehmer (Abb. 9-18).

Die sehr variantenreiche Ausstattung einer Palettieranlage wird von folgenden Faktoren bestimmt:
- Leistung der meist vorausgehenden Absackung pro Stunde,
- Packungsgrößen und Sackarten,
- Schüttgewicht der Produkte,
- Gewünschte Packmuster,
- Palettenarten.

Von der gewünschten Leistung pro Stunde wird es abhängen, welcher Grad der Automation gewählt wird. Während in der Müllerei Leistungen bis 500 Sack gewöhnlich ausreichen, werden für andere Industrien Anlagen mit Leistungen von 1 500 bis 4 000 Sack pro Stunde gebaut. Dementsprechend werden Palettieranlagen modular angeboten. Optionen sind nachrüstbar.

Vor dem Eintakten der Säcke in den Palettierer müssen die Säcke egalisiert werden, um eine optimale Form zu erhalten. Das geschieht normalerweise mit einem sogenannten Press- oder Bügelband. Dieses besteht aus einem Bodenband und einem einstellbaren Deckband.

Jede Anlage hat eine Programmsteuerung, und am Bedienpaneel sind die Parameter wie das gewünschte Packmuster einzustellen. Bei den nun folgenden Abläufen ist die schonende Behandlung des Packgutes von größter Wichtigkeit.

Es folgt nun die Platzierung der Säcke entsprechend dem angewählten Packmuster. Dabei müssen die Säcke, welche in Längsrichtung und mit dem Boden voran zugeführt werden, teilweise gedreht werden. Das kann mit Greifern, Hubgittern oder ähnlichen Vorrichtungen erfolgen. Danach wird die gebildete Palettenlage auf ein eingestelltes Maß zusammengeschoben und auf das Palet abgesetzt, meist über einen Ladeschieber. Je nach Ausstattung wird die Lage durch eine Andruckplatte nachegalisiert. Der

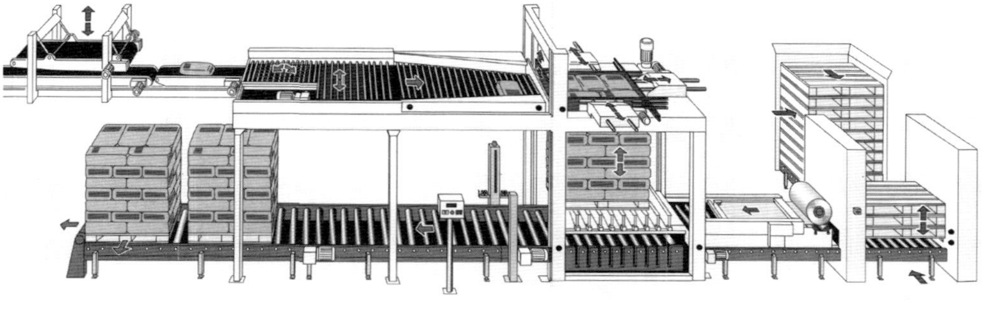

Abb. 9-18: Palletierautomat mit Sackpresse, Lagerkalibrierung, Hubtisch, Folienauflegegerät und Leerpalettenmagazin

Palettenfahrstuhl senkt sich in die eingestellte Position zur Aufnahme der nächsten Lage.

Nach der fertigen Belegung der Palette verlässt diese die Anlage über eine Rollenbahn, die beliebig lang ausgestattet werden kann. Das üblicherweise vorhandene Leerpaletten-Magazin führt die nächste Palette automatisch ein und die Neubelegung beginnt. Für eine rationelle Arbeitsweise kann das Palettenmagazin mit einer Palettenstapelzuführung ausgestattet werden.

Fertig beladene Paletten können zur Transportsicherung mit Stretchfolie umwickelt oder mit Schrumpffolie überzogen werden.

Weitere Zusatzeinrichtungen sind Folien- oder Papierauflagen zwischen den Sacklagen, Etikettieranlagen oder Codierung nach dem Ink-Jet-System, Metallsuchgeräte oder Kontrollwaagen.

Abschließend sei noch ein Problem erwähnt, welches sich aus den in der Müllerei üblichen Sackmaßen ergibt. Fast ausnahmslos werden Euro-Paletten mit dem Maß 800 × 1200 verwendet. Viele Abnehmer oder Situationen erfordern eine Belegung »überstandsfrei«, also die Säcke dürfen nicht über den Palettenrand hinausragen. Das erfordert bei dem für 50 kg üblichen 3er-Verbund, dass der Sack ein Grundflächenmaß von nur 400 × 800 haben darf, was nicht leicht zu erreichen ist. Weniger problematisch ist das bei 25 kg Säcken, die normalerweise im 5er-Verbund palettiert werden.

Das Thema Palettierung ist technisch sehr variabel und von den eingangs genannten Faktoren bestimmt.

10 Schälmüllerei

Detlef Blass, Hubertus Boxler, Werner Rohde, Volker Strobel

10.1 Allgemeines

Der Begriff Schälmüllerei deutet bereits darauf hin, dass es um die Entfernung der Schalen geht, die einige Körnerfrüchte umgeben. Sie wirken sich negativ auf das Geschmacksempfinden aus und sind vom menschlichen Organismus nicht verdaulich. Die bedeutendsten in Schälmühlen verarbeiteten Produkte sind die Getreidearten Reis, Gerste, Hafer und Mais, deren Bearbeitungsmethoden im Folgenden ausführlicher beschrieben werden. Darüber hinaus gibt es andere Körnerfrüchte, die als Schälmühlenprodukte gelten und in Schälmühlen verarbeitet werden, wie z. B. Hülsenfrüchte, Buchweizen, Hirse. Jedes dieser Rohprodukte erfordert ein besonderes Anwendungsverfahren. Es kommt demnach kaum vor, dass alle erwähnten im selben Betrieb zur Verarbeitung kommen. Im Unterschied zur Mehlmüllerei steht bei der Schälmüllerei nicht die selektive Zerkleinerung im Vordergrund. Der Kern soll beim Schälen möglichst unversehrt bleiben, um ihn dann in weiteren Schritten zu bearbeiten. Schälmühlenbetriebe beschränken sich nicht allein auf das Entfernen der Schale, sie liefern ein für die Zubereitung im Haushalt fertiges Nahrungsmittel, teilweise sogar ein verzehrfertiges, z. B. wenn eine Hafermühle Müsli oder Müsliriegel herstellt.

Die erwähnten Körnerfrüchte weisen Unterschiede in Form, Größe, Struktur und auch in der Haftung der Spelze, Hülsen oder Schalen am Kern auf, die auch unterschiedliche Techniken zum Schälen erfordern. Für die Reinigung der Rohfrucht eignen sich die Maschinen, die für die Getreidereinigung in der Mehlmüllerei üblicherweise eingesetzt werden. Dabei müssen natürlich die besonderen Anforderungen hinsichtlich Sieblochungen, Belastung, und erforderlicher Aspirationsluftmengen, sowie an den Verschleißschutz beachtet werden. Für die Bearbeitung am zu schälenden Korn selbst müssen eigens für die Schälmüllerei konstruierte Maschinen eingesetzt werden, die von verschiedenen Herstellern angeboten werden. Die Auswahl in den folgenden Ausführungen stellt keine Bewertung dar. Sie dient lediglich als Beispiel zur Verdeutlichung der angewendeten Prinzipien.

In diesem Zusammenhang soll auch erwähnt werden, dass die in den Tabellen aufgeführten Angaben über Inhaltstoffe verschiedener Produkte Mittelwerte darstellen, die je nach Sorte, Erntebedingungen und Herkunft des betreffenden Getreides natürlichen Schwankungen unterliegen und daher als Richtwerte zu betrachten sind.

10.2 Maschinen für die Schälmüllerei

Die **Stutzmaschine** (Abb. 10-1) dient in der Reinigung für Hafer und Gerste zum Entfernen der Grannen. Beim Hafer werden außerdem Doppelkörner voneinander getrennt.

Die Maschine besteht im Wesentlichen aus der feststehenden, horizontal liegenden Siebtrommel (6), dem Schlägerwerk (4) und dem Gehäuse.

Die Siebtrommel ist in drei Segmente unterteilt, deren Rahmen mit Federstahldrahtgewebe bespannt sind. Die Stahlschläger des Schlägerwerks sind verstellbar hinsichtlich des Abstandes und des Anstellwinkels zum Sieb, sowie des Dralls, welcher die Förderung zum Auslauf hin bewirkt. Mit einer am Auslauf angeordneten Stauklappe mit Gegengewicht (7) kann die Verweildauer in der Maschine eingestellt werden. Der bei der Bearbeitung des Getreides entstehende Abrieb (3) fällt zum größten Teil durch das Sieb und wird mit Aspirationsluft zum Filter geführt. Diese tritt am Oberteil des Gehäuses in die Maschine und sorgt gleichzeitig für eine staubfreie Arbeitsweise.

In der Schälabteilung der Hafermühle wird diese Maschine unter der Bezeichnung »Flaumtrenner« zum Abtrennen des Bärtchens, des sogenannten Flaums, von den Kernen verwendet. In diesem Fall ist die Maschenweite des Siebes enger und die Drehzahl herabgesetzt.

Die Stutzmaschine kann auch durch die aus der Weizenreinigung bekannten Scheuermaschine ersetzt werden.

Der **Trommelsortierer** (Abb. 10-2) wird für Sortieraufgaben an Körnerprodukten in der Schälmüllerei bevorzugt eingesetzt, um eine sehr exakte Größensortierung der Körner zu erreichen.

Das Sieb (1) hat die Form eines Zylinders, der von einer mit Stegen verschweißten Drahtspirale gebildet wird. Es können Siebe mit unterschiedlichen Spaltweiten zwischen den Wickeldrähten gewählt werden, entsprechend der geforderten Korngröße des Übergangs- bzw. Durchfallprodukts.

In den Siebzylinder ist eine sogenannte Vorschub-

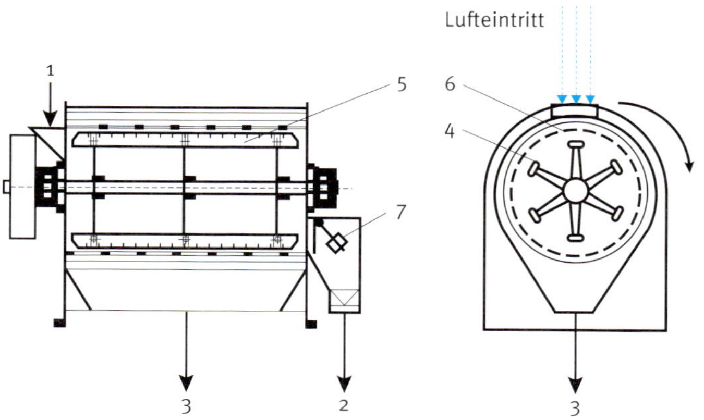

1 Getreideeinlauf
2 Getreideauslauf
3 Abriebsauslauf
4 Schlägerrotor
5 Schlägerleiste
6 Siebtrommel, dreiteilig
7 Stauklappe mit Gegengewicht

Abb. 10-1: Stutzmaschine (Bauart Bühler)

einrichtung, bestehend aus einer Achse mit verstellbaren Förderpaletten (2), eingeführt, die für den Transport des Siebgutes sorgt. Der Siebzylinder wird mittels eines Spannbügels mit der Achse verbunden und zwischen die beiden Antriebsringe (3) gespannt. Diese werden über ein Zahnrad (4) und eine Führungsrolle (5) angetrieben. Die Siebreinigung erfolgt durch eine Bürste (6), die von der Drehung des Siebzylinders mitgenommen wird.

Das Produkt wird durch ein Einlaufrohr in den Siebzylinder geführt. Der Siebdurchgang fällt in den Trichter darunter. Der Siebübergang wird in einem Rohr abgeführt. Für den Antrieb der Maschine sorgt ein Verstellgetriebemotor, (7) der eine Drehzahl der Siebtrommel zwischen 22 und 110 U/min ermöglicht. Es können bis zu sechs Siebtrommeln in einem Gehäuse angeordnet werden mit unterschiedlichen Varianten hinsichtlich der Produktführung.

Der **Unterläuferschälgang** (Abb. 10-3) wurde in der Reismüllerei durch den Gummiwalzenschäler und in der Hafermüllerei durch den Prallschäler abgelöst. Der Gebrauch in vielen älteren Anlagen – besonders in Asien – und seine frühere Bedeutung rechtfertigen aber seine

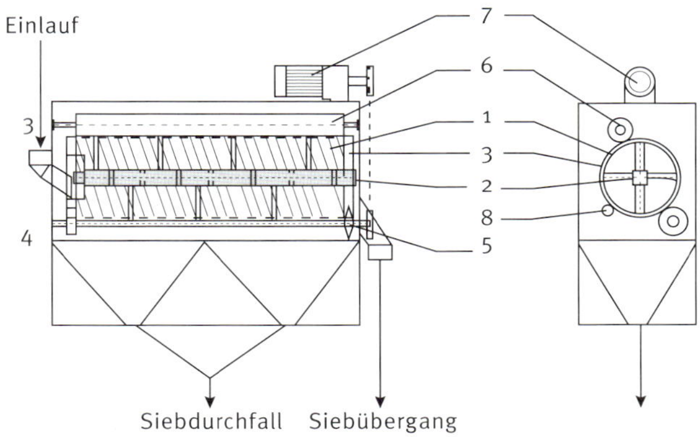

1 Siebzylinder
2 Achse mit Förderpaletten
3 Antriebsringe
4 Zahnrad
5 Führungsrolle
6 Reinigungsbürste
7 Stellgetriebemotor
8 Tragrolle

Abb. 10-2: Trommelsortierer (Bauart Bühler)

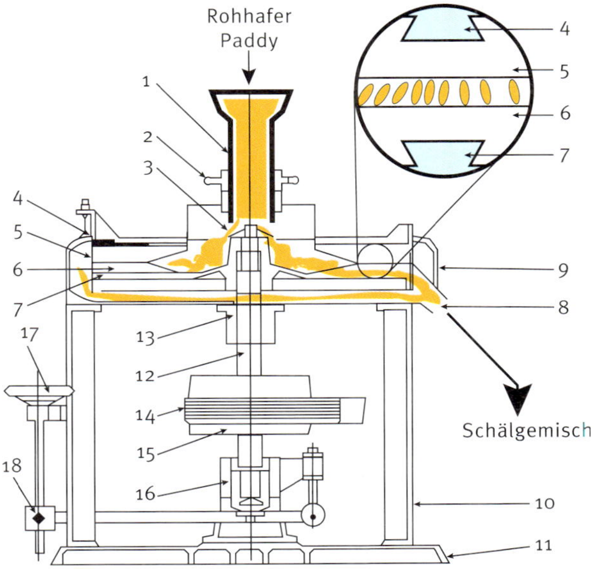

1 Einlaufrohr, höhenverstellbar
2 Handrad zur Höhenverstellung
3 Streuteller
4, 5 Oberstein, feststehend
6, 7 Unterläuferstein
8 Produktauslauf
9–11 Maschinengehäuse
12–16 Antriebs- und Lagerteile
17, 18 Heb- und Senkvorrichtung für Läuferstein

Abb. 10-3: Unterläuferschälgang

Erwähnung, galt er doch über viele Jahre hinweg als die Lösung, um bespelzte Getreidearten wie Dinkel, Buchweizen und auch Hülsenfrüchte für die menschliche Ernährung zu veredeln.

Die Arbeitswerkzeuge dieser Maschine sind die beiden waagrecht angeordneten mit Schmirgelmasse belegten Eisenscheiben. Die untere (6) wird durch eine senkrecht stehende Welle (12) über einen Riemenantrieb (14) in Drehung versetzt, während die obere (4) durch Regulierschrauben mit dem Gehäuse (9) verbunden ist. Der Abstand zwischen Ober- und Unterstein ist mittels der Hebe- und Senkvorrichtung (17 und 18) veränderbar und kann entsprechend der Korngröße des zur Verarbeitung kommenden Getreides eingestellt werden.

Die Produktdosierung erfolgt durch ein höhenverstellbares Einlaufrohr (1), über einem kegelförmigen Streuteller (3). Die Mahlbahnoberfläche ist entsprechend der Schmirgelkörnung rauh, hat aber keine Furchen. Die Steine unterliegen einem gewissen, von der Leistung und dem Produkt abhängigen Verschleiß und müssen dann neu mit Schmirgelmasse belegt werden.

Unterläuferschälgänge werden mit einem Durchmesser von 0,75 m bis 1,40 m gebaut.

Je nach Produkt variieren die Leistungen je m² Steinfläche:

- Rundkornreis 1 250 kg/h/m²
- Langkornreis 950 kg/h/m²
- Hafer 700 kg/h/m²

Der **Gummiwalzenschäler** (Abb. 10-4) wird zum Schälen von Reis eingesetzt. Er besteht aus der Speisung, dem eigentlichen Schäler mit Antrieb und dem Auslauf.

Der Reis wird durch einen Einlaufkasten mit Schauglas (1) zugeführt. Ein Näherungsinitiator überwacht die Füllung des Einlauftrichters. Befindet sich genug Produkt im Einlauftrichter, gibt der Näherungsinitiator (2) ein Freisignal zum Starten der Maschine. Das Produkt fällt über einen Vibrationsförderer (3) auf die pendelnd aufgehängte Speiserutsche (4). Der Vibrationsförderer regelt die Produktzulaufmenge über die in der Steuerung einstellbare Frequenz.

Die Speiserutsche wird durch eine Zugfeder und einen Hebel, der an der beweglichen Gummiwalze (5) anliegt, zwangsgeführt. Dadurch gelangt das Produkt unabhängig vom Walzendurchmesser beziehungsweise der Walzenabnutzung immer in den Schälspalt zwischen die beiden Gummiwalzen.

Das Gehäuse des Gummiwalzenschälers bildet den Schälraum, in dem die beiden Gummiwalzen, mit 254 mm Ø und 254 mm Länge, untergebracht sind. Dieser Masse sind weltweiter Standard und weichen nur in Brasilien

(12") oder zum Teil in China (20") ab. Der Antriebsmotor (6) treibt mit einem Riemen die Riemenscheiben der Gummiwalzen an. Der Riemen läuft über eine federgespannte Umlenkrolle (7). Damit wird die Abnutzung der Gummiwalzen ausgeglichen und die Riemenspannung bleibt konstant. Motor, Umlenkrolle und Lagerung der langsamen Walze sind auf einer Schwinge (8) montiert, deren Welle im Gehäuse drehbar gelagert ist.

Die Gummiwalzen drehen sich entgegengesetzt und mit unterschiedlicher Geschwindigkeit von z. B. 16 bzw. 12 m/s. Damit wird eine Relativbewegung zwischen den Gummiwalzen erzeugt, welche die Schalen vom Reiskorn trennt. Die Geschwindigkeit kann bei verschiedenen Reissorten abweichen, um Einfluss auf die Bruchbildung und den Walzenverschleiß zu nehmen.

Eine Gummiwalze ist fest mit dem Gehäuse verbunden. Die zweite Gummiwalze befindet sich an der beweglichen Schwinge. Beide sind fliegend gelagert und von einer Stirnseite her zugänglich, um bei Abnutzung einen schnellen Austausch zu ermöglichen. Die Walzen können, je nach Reissorte, Schälleistung und Schälgrad nach 25 bis 60 h. verschlissen sein und sind damit ein starker betriebswirtschaftlicher Faktor in einer Paddyreismühle.

Aus- und Einrücken der Gummiwalzen erfolgt elektropneumatisch durch einen Druckluftzylinder, der am Gehäuse und an der Schwinge befestigt ist. Die Kraft des Druckluftzylinders drückt die bewegliche Walze an die

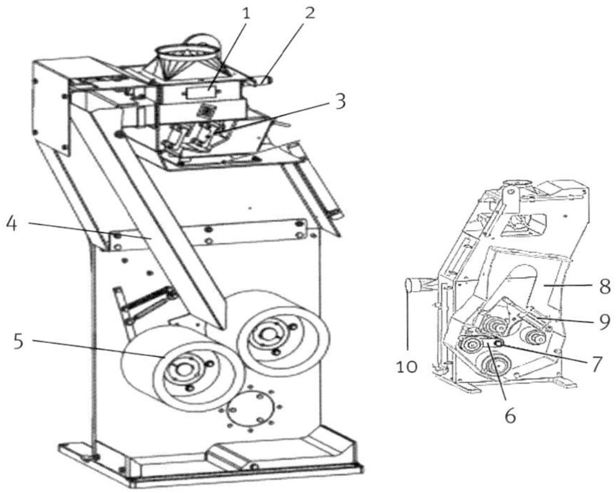

1 Einlauf
2 Näherungsinitiator
3 Vibrationsförderer
4 Speiserutsche
5 Gummiwalze
6 Motor
7 Umlenkrolle
8 Schwinge
9 Druckluftzylinder
10 Aspiration

Abb. 10-4: Gummiwalzenschäler (Bauart Bühler)

feststehende Walze, diese würden ohne Produktstrom aufeinander laufen. Daher wird beim Ausbleiben des Produktzulaufs automatisch der Schälspalt maximal geöffnet, wodurch verhindert wird, dass sich die Walzen berühren und Schäden an den Walzen oder dem Antrieb entstehen könnten. Der Produktstrom drückt die Walzen auseinander. Die Kraft des Druckluftzylinders (9), die durch ein Druckreduzierventil geregelt werden kann, wirkt entgegen. Der als Gegenkraft wirkende Luftdruck ist auf einem Manometer abzulesen und kann als Maßstab für den Walzenanpressdruck angesehen werden. Auf diese Weise wird auch bei Abnützung der Walzen der eingestellte Schälspalt eingehalten.

Eine zusätzliche automatische Anpressdruckregulierung kann die manuelle Regelung des Walzenanpresssdruckes übernehmen. Hierbei wird, bei einer festeingestellten Leistung und dem gewünschten Schälgrad, ein Motorstrom an der Steuerung vorgegeben. Der Motorstrom wird mittels Stromwandler gemessen und ist auf der Steuerung ersichtlich. IST und SOLL Vorgabe dieses Motorstromes werden kontinuierlich abgeglichen und eine Abweichung wird mit Regulierung des Walzenanpressdruckes über den Druckluftzylinder ausgeglichen. Hierdurch wird ein gleichmäßiger Schälgrad und Walzenverschleiß über längerem Zeitraum sichergestellt, da manuelle oder Einflüsse aus dem Druckluftsystem der Anlage ausgeschlossen sind.

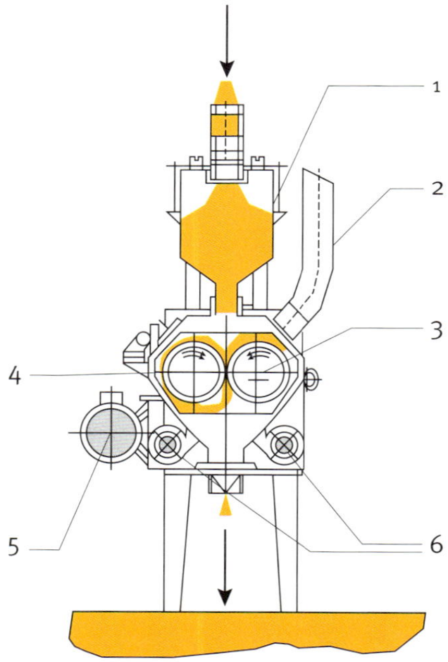

1 pneumatisch gesteuerte Einlaufregelung
2 Aspiration
3 bewegliche Gummiwalze
4 feste Gummiwalze
5 Antriebsmotor (7,5 kw)
6 Kühllüfter

Abb. 10-5: Gummiwalzenschäler (Bauart Schule)

Zur Abführung der beim Schälen entwickelten Wärme wird ein Luftstrom um die Walzenoberflächen geführt. Die Aspiration (10) der Walzen ist, speziell in tropischen Ländern, besonders wichtig, da sich die Wärmebildung auf den Verschleiß der Walzen auswirkt.

Der Gummiwalzenschäler Bauart Schule (Abb. 10-5) hat eine pneumatisch gesteuerte Einlaufregelung (1). Öffnen und Schließen des Schälspalts zwischen den Gummiwalzen (3 und 4) erfolgt linear. Zur Kühlung der Gummiwalzen sind zwei Lüfter (6) unterseits angeordnet.

Der **Schalenseparator** (Abb. 10-6) (Umlufthülsenseparator) bildet mit dem Gummiwalzenschäler eine Einheit und heute sind diese Funktionen separat in einer Reismühle nicht mehr oder nur noch sehr selten zu finden.

Beim Separationsprozess wird das vom Gummiwalzenschäler kommende Braunreis-Schalen-Gemisch in zwei Fraktionen separiert:

- Schalen
- Schwergut (Braunreis, Paddy)

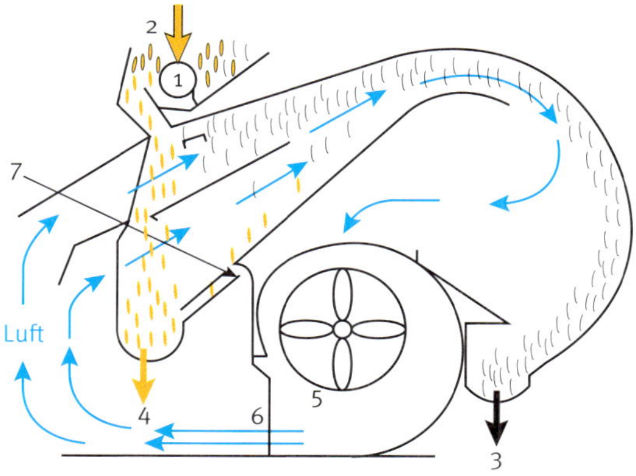

1 Ventilschnecke
2 Einlauf
3 Schalen
4 Braunreis
5 Ventilator
6 Hauptluftklappe
7 Bypassluftstrom

Abb. 10-6: Schalenseparator (Bühler)

Der Ventilator erzeugt einen umlaufenden Luftstrom (Pfeile), der das Gut aufgrund seiner unterschiedlichen Schwebegeschwindigkeit in die zwei Fraktionen trennt. Intern erzeugt der Separator zusätzlich eine Schmachtkornfraktion, die dem Braunreis wieder zugeführt wird. Das vom Gummiwalzenschäler kommende Separiergut (Braunreis-Schalengemisch) wird durch die Verteilschnecke (1) über die gesamte Separatorbreite verteilt und durch den Eintritt (2) in die obere Sichtzone geführt. Hier wird ein Großteil des Leichtgutes (Schalen) vom Gemisch separiert. In der unteren Sichtzone wird das restliche Gemisch in Schwer- und Leichtgut getrennt. Das Leichtgut wird an einer Umlenkung abgeschieden und der Austragschnecke für die Schalen (3) zugeführt. Die separierten Fraktionen werden über die Austragschnecken, in den zugehörigen Auslauf geleitet. Der Ventilator wird über einen Riementrieb von einem Drehstrommotor und die Verteilschnecke sowie die Austragschnecken werden von einem Getriebemotor über Keilriemen angetrieben.

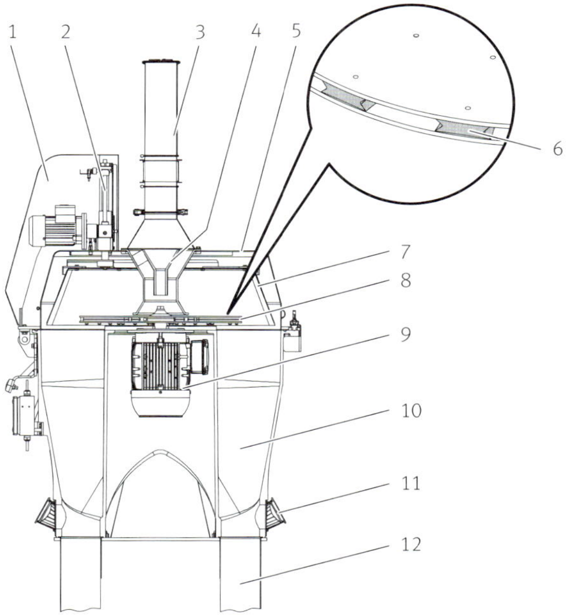

1 Abdeckung Hubeinheit
2 Hubeinheit für Prallring
3 Einlaufrohr
4 Einlauftrichter
5 Deckel kippbar
6 Rotorsegment
7 Prallring
8 Rotor
9 Motor
10 Gehäuse
11 Kontrollstutzen
12 Auslaufrohre

Abb. 10-7: Prallschäler (Bühler)

Der Hauptluftstrom wird über die Hauptluftklappe (6) eingestellt. Der Bypassluftstrom zum Ausblasen der Schalen aus dem Schmachtkornkanal wird über die Bypassklappe (7) eingestellt.

Der **Prallschäler** (Abb. 10-7) eignet sich zum Schälen von Hafer, Buchweizen oder Sonnenblumensaat. Er besteht aus der Dosiereinrichtung, dem Rotor, dem Prallring, dem Gehäuse und dem Antriebsmotor.

Das Produkt läuft durch das Einlaufrohr (3) in den Einlauftrichter (4). Dieser führt das Schälgut auf das Zentrum des Rotors (8). Der Rotor hat eine obere und eine untere Abschlussplatte. Zwischen diesen beiden befinden sich Rotorsegmente (6), die jeweils eine Nut auf einer Seite aufweisen. Das Korn richtet sich in dieser Nut horizontal in Laufrichtung aus, wird durch die Drehung des Rotors beschleunigt, und gegen den Prallring (7) geschleudert. Dabei löst sich die Spelze vom Kern. Der Antrieb erfolgt durch den Motor (9), dessen Drehzahl durch einen Frequenzregler, entsprechend der Schälbarkeit des Aufgabeprodukts, verändert werden kann.

Die Hubeinheit (2) bewegt den Prallring auf und ab. Dieser ist mit einem verschleißfesten Kunststoff belegt, da er einem hohen Verschleiß ausgesetzt ist. Durch die Bewegung in vertikaler Richtung ist diese Abnutzung über die ganze Höhe gleich.

Das Schälgemisch fließt durch Kanäle im Maschinenfuß zu den zwei Auslaufrohren (12). Durch Kontrollstutzen (11) können Proben entnommen werden.

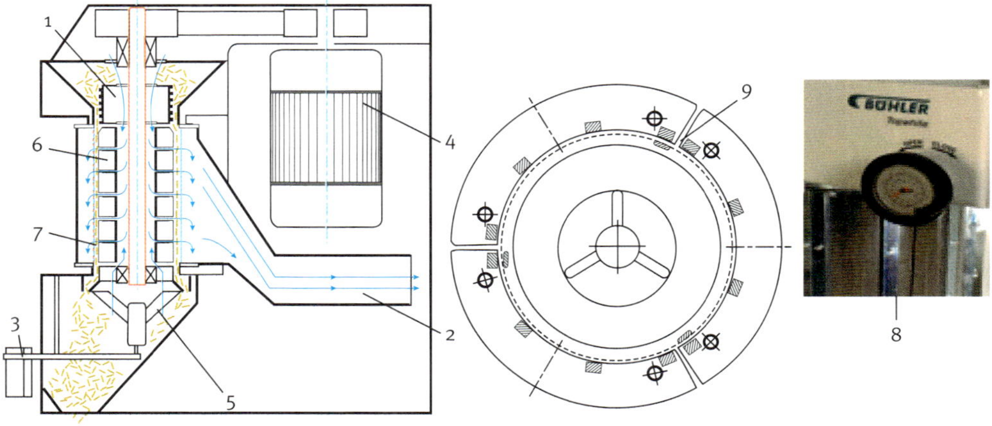

1 Speiseschnecke
2 Aspiration
3 Gegengewicht
4 Motor
5 Auslaufrichtung
6 Schleifring
7 Siebkorb
8 Verstellvorrichtung
9 Bremsleiste

Abb. 10-8: Vertikalschleifer (Bauart Bühler)

Der **Vertikalschleifer** (Abb. 10-8) wird eingesetzt zum Schleifen von Braunreis, zum Schälen von Gerste, Hülsenfrüchten und Getreide. Das geschieht mithilfe eines vertikal in einem Siebkorb angeordneten Rotors.

Dieser wird durch mehrere Schleifringe (6) aus Schmirgel gebildet, die zwischen Spannflanschen gehalten mit der Antriebswelle verbunden sind. Der Siebkorb (7) besteht aus drei Segmenten mit je einer Bremsleiste (9). Der Abstand zwischen Bremsleisten und Rotor kann mittels einer zentralen Verstellvorrichtung (8) verändert werden. Das zu bearbeitende Produkt wird von oben in den Einlauftrichter dosiert und von der Speiseschnecke (1) über den Umfang des Rotors verteilt. Das Schleifen oder Schälen erfolgt zwischen dem mit Schlitzlochblech bestückten Siebkorb und dem Rotor. Durch Verändern der Stellung des Gegengewichtes (3) wird mittels des konisch geformten Auslaufrings (5) das Produkt mehr oder weniger Zeit im Arbeitsraum gehalten, und somit die Intensität des Schleifens beeinflusst. Zur Abführung der Arbeitswärme geht ein Teilluftstrom in den Hohlraum des Rotors und durch die Spalte zwischen den Steinringen. Dieser wird zusammen mit der Luft für die Schleifmehlabsaugung über den Anschlussstutzen (2) zur Aspirationsanlage geführt. Der Antriebsmotor (4) ist an die Decke des Maschinengehäuses angeflanscht.

Beim Konischen Reisschleifer Bauart Schule (Abb. 10-9) hat der Schleifrotor (4) eine konische Form. Durch Heben und Senken kann der Schleifspalt feinfühlig an das Produkt angepasst werden (11). Für die Abführung der Arbeitswärme ist ein Kühllüfter (10) vorgesehen, der Frischluft in den Hohlraum des Rotors drückt. Der Produktauslauf wird durch einen Auslaufring mit Federandruck (8) geregelt. Leistungsangabe für Cargoreis je nach gewünschtem Schleifgrad:

VPC 320 2,5 bis 4 t/h bei 30 kW Motorleistung

VPC 470 5,0 bis 8 t/h bei 55 kW Motorleistung

Der Kühlluftventilator ist für beide Maschinentypen mit einem Motor von 2,6 kW ausgestattet.

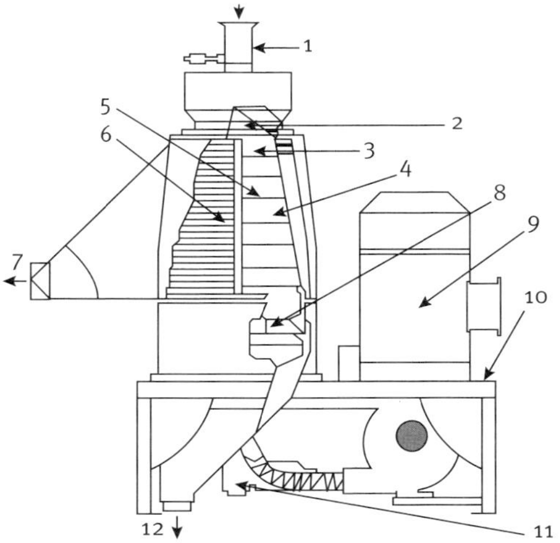

1 Dosierschieber
2 Verteiler
3 Speiseschnecke
4 Schleifringe
5 Belüftungsschlitze
6 Siebe
7 Schleifmehlabsaugung
8 Auslaufring mit Federandruck
9 Antriebsmotor
10 Kühllüfter
11 Schleifspalteneinstellung
12 Auslauf

Abb. 10-9: Reisschleifmaschine (Bauart Schule)

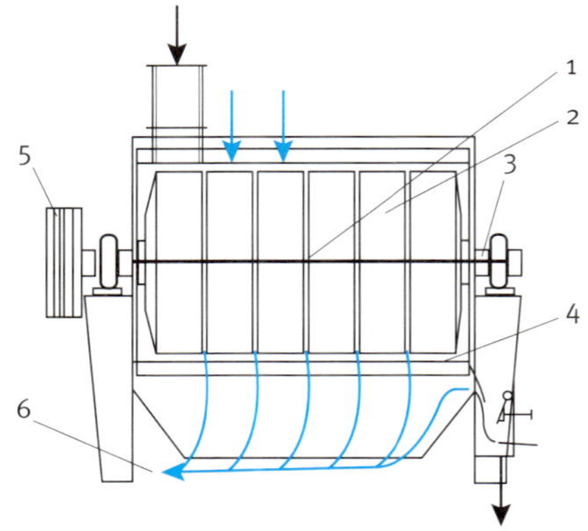

Abb. 10-10: Horizontalschälmaschine (Bauart Bühler)

Die **Horizontalschälmaschine** (Abb. 10-10) wird insbesondere zum Rundschleifen von geschälter Gerste zu Perlgraupen eingesetzt. Die Maschine besteht im Wesentlichen aus dem waagerechten Rotor (1) mit sechs auswechselbaren Schleifsteinen (2), dem zweiteiligen Siebkorb (4) und dem Gehäuse. Die Steine können mit unterschiedlicher Körnung und die Siebbleche mit verschiedener Lochung – je nach Produkt – gewählt werden.

Das Produkt wird dosiert der Maschine zugeführt. Die Bearbeitung erfolgt zwischen dem Schleifrotor und dem Siebkorb. Die oberhalb des Siebkorbes und durch den Einlauf angesaugte Luft der allgemeinen Aspiration sorgt für staubfreies Arbeiten und Kühlung des Produkts. Dabei wird auch der durch das Sieb tretende Abrieb abgesaugt.

Aufgrund der geringeren Durchsatzleistung ist diese Maschine nur noch selten anzutreffen. Früher wurden für die Perlgraupenherstellung auch stehende Mühlsteine mit ca. 2 m Durchmesser eingesetzt, die im Chargenbetrieb gefahren wurden.

Der **Hülsenfrüchte-Schäler,** Pulsroll (Abb. 10-11) ist eine Weiterentwicklung der zuvor beschriebenen Horizontalschälmaschine und hat eine höhere Leistung. Er wird neben dem Schälen von Hülsenfrüchten wie Bohnen, Linsen oder Erbsen auch zum Rollen von Gerstengraupen verwendet. Über den Einlauf (A) gelangt das Produkt in die Bearbeitungskammer (C). Diese besteht aus den Siebrahmengruppen (B) und den auf der schräg liegenden Welle (E) befestigten Schleifringen (D). Hier erfolgt die Bearbeitung zwischen den Sieben und den Schleifsteinen. Entsprechend der Neigung bewegt sich das Produkt in Richtung Produk-

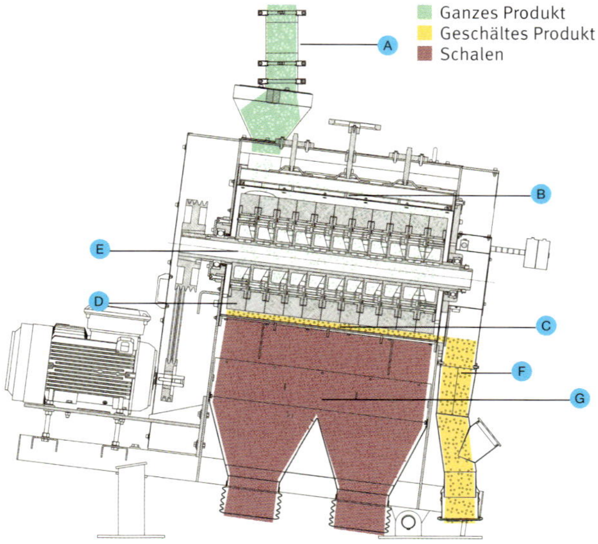

Abb. 10-11: Hülsenfrüchte-Schäler Pulsroll (Bauart Bühler)

tauslauf. Mithilfe der Gewichte wird ein Gegendruck am Auslauf aufgebaut, über den sich der Schleif- bzw. Schälgrad einstellen lässt. Das geschliffene Übergangsprodukt fällt in den Auslauf (F) und wird dem nächsten Verarbeitungsschritt zugeführt.

Mittels des Handrads auf der Maschinenoberseite kann der Abstand der Siebe zu den drehenden Schleifscheiben vertikal eingestellt und damit auch der Schleifgrad verändert werden. Das abgeschliffene Material gelangt unter den Sieben in den Sammeltrichter (G) und wird abgesaugt.

Der **Polierer** (Abb. 10-12) dient zum Bearbeiten von geschliffenem Braunreis nach den Schleifpassagen. Das geschieht innerhalb eines mehreckigen Siebkorbs (2), in dem sich der Polierrotor (3) befindet.

Der Reis wird von der Speiseschnecke (1) in den Arbeitsraum gedrückt. Die Stauscheibe (4) bewirkt durch das Schiebegewicht einen Gegendruck, der zusammen mit der Reibung der Körner unter sich, am Arbeitswerkzeug und am Sieb den Poliereffekt bewirkt. Speiseschnecke und Rotor sind auf einer Hohlwelle (5) befestigt, durch die vom Ventilator Kühlluft gedrückt wird. Die Welle hat im Bereich des Rotors Öffnungen, die die Aspirations-Luftströmung in den Arbeitsraum durch das zu behandelnde Produkt treten lassen. Die beim Arbeitsprozess entstehende Wärme und Feinteile werden so mit der

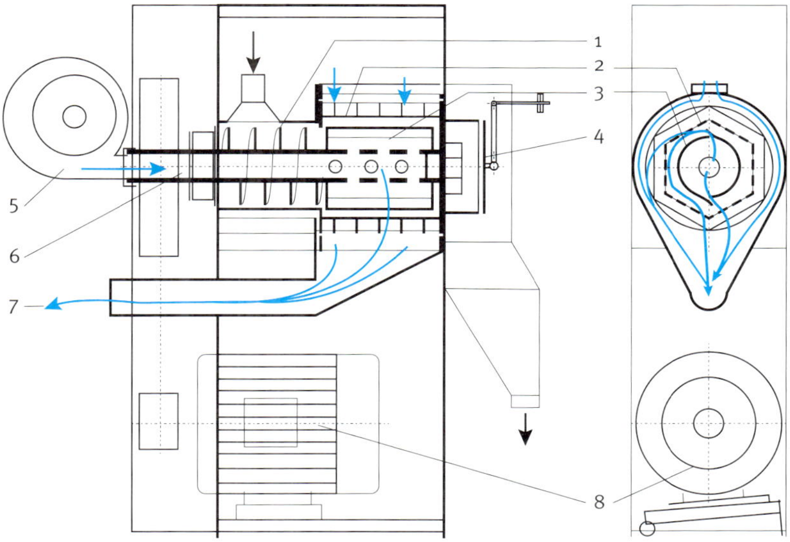

1 Speiseschnecke
2 Siebkorb
3 Polierrotor
4 Stauscheibe mit Hebelarm und Schiebegewicht
5 Kühllüfter
6 Hohlwelle
7 Feingutabsaugung / Aspiration
8 Antriebsmotor

Abb. 10-12: Polierer

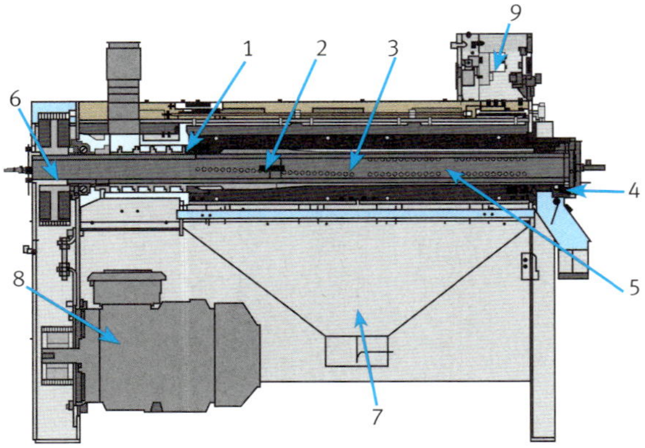

1 Speiseschnecke	4 Staubscheibe	7 Aspiration
2 Siebkorb	5 Hohlwelle	8 Motor
3 Polierrotor	6 Zweistoff-Düse	9 Steuerung

Abb. 10-13: Reis-Polierer mit Wasserzugabe (Bauart Bühler)

Aspirationsluft (7), abgeführt. Der Antriebsmotor (8) ist unterhalb der Maschine angeordnet.

Die **Polierung mittels Wasserzugabe** (Abb. 10-13) hat sich in der Reisindustrie durchgesetzt und ist heute in fast allen Reismühlen zu finden. Das Arbeits- und Antriebsprinzip ist meist identisch mit dem vorher beschriebenen. Der Unterschied liegt in der Wasserzugabe. Über die Hohlwelle wird mit einer Zweistoff-Düse (6) (Wasser/Luft) ein gleichmäßiger Wasserfilm auf das Produkt aufgebracht. Hierdurch erhöht sich die Reibung der Körner untereinander. Gleichzeitig wird aus dem Gemisch aus Rest-Aleuronschichten und Wasser das Korn geglättet. Hierdurch entsteht eine glasig-glänzende Oberfläche.

Der Bereich, in dem das Wasser dem Produkt zugeführt wird, kann über einen verstellbaren Stopfen in der Hohlwelle eingestellt werden. Diese Einstellung hat Einfluss auf den Poliereffekt. Anders als bei den meisten »Trocken« Polierern wird bei der Wasserpolierung die erforderliche, prozessunterstützende Aspirationsluft durch die beidseitig offene Hohlwelle von innen nach außen durch den Arbeitsraum geführt. Dadurch wird der Reis gekühlt und das Schleifmehl (Siebdurchgang) abgeschieden. Zusätzliche Luft tritt durch die einstellbaren Schlitze in den Türen ein.

Die Menge des benötigten Wassers wird mit der Wasserdosierung (9) gesteuert. Die Dosierung wird über eine Kompakt-Steuerung geregelt. Über einen Stromwandler bekommt die Steuerung den aktuellen Stromwert des Motors. Über einen Parameter kann der Bediener einstellen, ab welchem Motorstrom die Wasserzufuhr geöffnet oder geschlossen wird. Gleichzeitig mit dem Wasserventil öffnet das Luftventil. Die Wassermenge stellt der Bediener über das Nadelventil am Durchflussmesser ein. Der Bediener kann an der Steuerung einen Max-Stromwert einstellen, der bei Überlast das Wasser- und Luftventil sowie einen Schieber vor dem Einlauf schließt. Fällt der Stromwert wieder unter den eingestellten Wert, wird das Wasser- und Luftventil sowie der Schieber zeitverzögert geöffnet. Die Verzögerungszeit ist einstellbar.

Der **Entkeimer** (Abb. 10-14) wird zur Bearbeitung von speziellen Rundkornreissorten (China, Japan) eingesetzt, um mittels hohem Druck den

Keim aus dem geschälten und geschliffenem Korn zu lösen. Der Druck im Arbeitsraum bewirkt eine starke Reibung der Körner unter sich, am Arbeitswerkzeug und am Sieb. Hierdurch wird ein Schleif- und Poliereffekt erzeugt sowie die Entfernung des Keims erreicht.

Das Produkt wird mit einer Speisevorrichtung (1) in den Bearbeitungsraum geschoben und von dort mittels einer Speise- und Stopfschnecke (2) dem Siebkorb (3) zugeführt. Ähnlich wie bei dem Polierer sind Speiseschnecke und Rotor (5) auf einer Hohlwelle befestigt, hier allerdings vertikal angeordnet. Auch hier erzeugt die Stauscheibe durch das Schiebegewicht (4) einen Gegendruck. Die Hohlwelle hat im Bereich des Rotors Öffnungen, sodass der vom Ventilator (6) erzeugte Luftstrom oben in die Hohlwelle eintritt und durch die Produktschicht und das Sieb geleitet wird. Das dabei austretendende Schleifmehl wird mittels der Aspiration (7) abgesogen. Gleichzeitig wird hierdurch eine Kühlwirkung des Produkts erreicht.

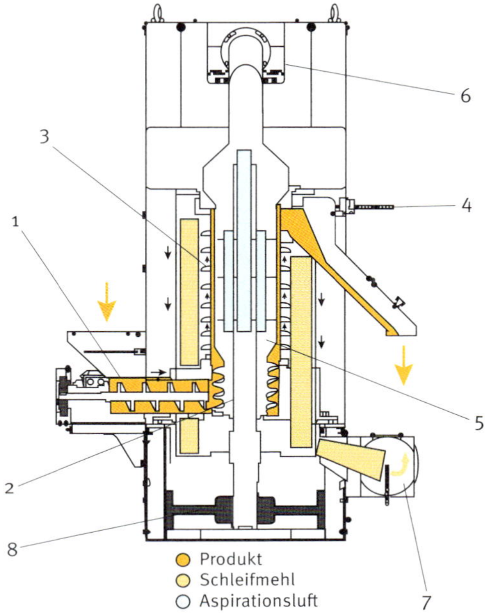

1 Speisevorrichtung
2 Speiseschnecke
3 Siebkorb
4 Stauscheibe & Gegengewicht
5 Rotor
6 Ventilator
7 Aspiration
8 Antrieb

Abb. 10-14: Reis-Entkeimer (Bauart Bühler)

Optional kann über den Luftstrom des Ventilators Wasser eingesprüht werden, um den Poliereffekt zu erhöhen.

Der **Tisch-, Paddy-** oder **Planausleser** (Abb. 10-15) – ursprünglich für die Auslese von geschältem Reis oder Hafer aus dem Kerngemisch konzipiert – wird heute auch für viele andere körnige Güter zur Trennung in die beiden Fraktionen Leichtgut und Schwergut eingesetzt.

Die Maschine besteht im Wesentlichen aus dem Grundgestell und dem auf einem einseitig heb- und senkbaren Rahmen aufgebauten Auslesetisch (3). Dieser hat mehrere – je nach Type zwei bis zu fünf – übereinander angeordnete Decks, auf denen nebeneinander je nach Type sechs bis zwölf Auslesekammern (10) angeordnet sind. Der Tragrahmen des Tischs liegt mit seiner Laufbahn auf Rollen (4, 5). Die Hin- und Herbewegung (11) wird durch einen verstellbaren Exzenter an der Schwungscheibe bewirkt, womit die Veränderung des Hubs möglich ist. Der Antrieb erfolgt durch einen in der Drehzahl veränderbaren Motor (9). Mit der Tischneigungsverstellung (8)

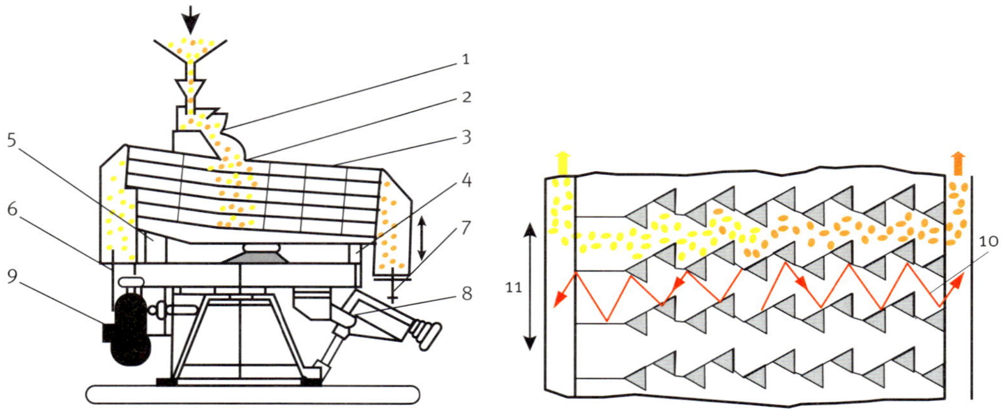

Abb. 10-15: Tischausleser (Bauart Schule)

kann die Neigung verändert werden. Die Speisevorrichtung (1) sorgt für die gleichmäßige Verteilung in die einzelnen Auslesekammern (10). Das Ausleseprinzip macht sich die Unterschiede im spezifischen Gewicht, im Prallverhalten und in der Sickerfähigkeit geschälter und ungeschälter Körner zunutze. Durch die Hin- und Herbewegung erhalten die Körner von den im Zick-Zack schräg angeordneten Kammerwänden einen Impuls. Die Bewegungsbahn des Schwergutes beschreibt einen stärker gekrümmten Bogen, es folgt der Tischneigung. Die spezifisch leichten Körner machen einen nur schwach gekrümmten Bogen und bewegen sich entgegen der Tischneigung zur Leichtgutsammelrinne.

Dem **Planausleser** (Abb. 10-16) liegen die gleichen physikalischen Prinzipien für die Trennung von geschälten und ungeschälten Körnern zugrunde. Das Kerngemisch läuft ebenfalls in der ersten Hälfte auf die einzelnen Decks.

Die Maschine besteht aus zwei Ausleseeinheiten (10). Diese werden von einem drehzahlveränderbaren Motor (14) über einen Excenterantrieb (16), Pleuel (15) und Schwingen (13) in gegenläufige Bewegung (12) versetzt. Mit der Anordnung von zwei nacheinander geschalteten Decks (4) und (5) ist ein besserer Trenneffekt beabsichtigt, der bei schwierigen Trennaufgaben den Einsatz nur einer Maschineneinheit erlaubt, wo sonst zwei Maschinen nacheinander auf zwei Ebenen unterzubringen wären. Die Speise- und Verteilvorrichtung (3) ist gegenüber den Ausläufen für Schwergut (7) und Leichtgut (8) angeordnet.

Die Neigungsverstellung (6) geschieht mithilfe eines Stellmotors. Die Hubverstellung kann nur bei Stillstand der Maschine vorgenommen werden.

In einer Weiterentwicklung wurden Antrieb und Abstützung geändert. Die Decks stehen nun auf Blattfedern und werden über einen Zahnriemen mittels Servoantrieb bewegt. An dem Bedienungstableau können nun Hub, Frequenz und Neigung während des Betriebes jederzeit angepasst werden.

In der Reismüllerei hat sich für die Separation des Schälgemisches ein weiteres Konzept durchgesetzt und löst hier in den meisten Fällen den Planausleser ab.

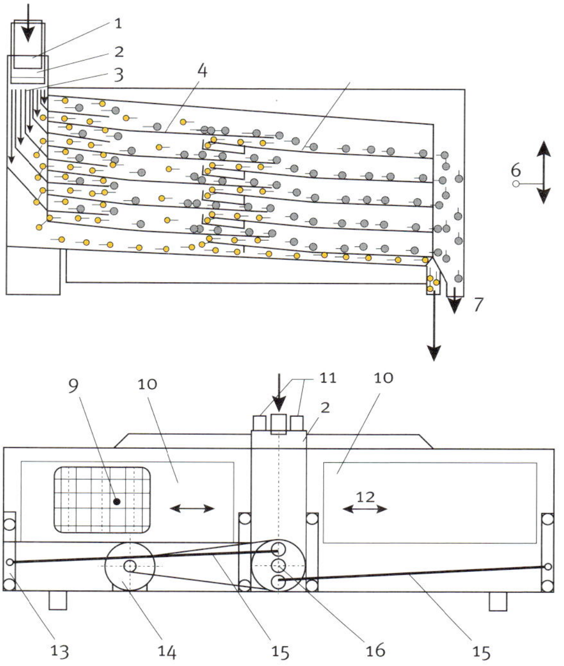

1 Feststehender Einlauf
2 Verteilrinne
3 Verteilereinrichtung
4 Auslesedeck zur Vorauslese
5 zur Nachlese
6 Neigungsverstellung
7 Schwergut
8 Leichtgut
9 Auslesekammern
10 Ausleseeinheiten
11 Aspirationsanschluss
12 Bewegungsrichtung der Ausleseeinheiten
13 Schwinge
14 Motor
15 Pleuel
16 Kurbelwelle

Abb. 10-16: Planausleser (Bauart Bühler)

Beim **Schwerkraftausleser** (Abb. 10-17) nutzen die zweifach geneigten und pendelnden, perforierten Separationsplatten des Schwerkraftauslesers die verschiedenen physischen Eigenschaften von Paddy und Braunreis, um die Mischung zu trennen. Auch wie beim Planausleser macht sich hier das Ausleseprinzip die Unterschiede im spezifischen Gewicht, im Prallverhalten und in der Sickerfähigkeit geschälter und ungeschälter Körner zunutze. Zusätzlich wirkt sich hier aber noch die Größe der Körner aus. Es gibt verschiedene Baugrößen dieser Separatoren, die sich in der Separationsdeck-Anzahl und Dimension unterscheiden. Die Separationsdecks sind abgewinkelt zur Maschinenmitte und zum Auslauf angeordnet. Der seitliche Winkel der Separationsdecks ist einstellbar.

Das Schälgemisch wird über die Einlaufverteilung gleichmäßig über Kanäle verteilt und den einzelnen Separationsdecks zugeführt. Durch die Hubbewegung erhalten die Körner von den perforierten Separationsplatten einen Impuls. Dieses Arbeitsprinzip erfordert allerdings immer gleichmäßig gefüllte

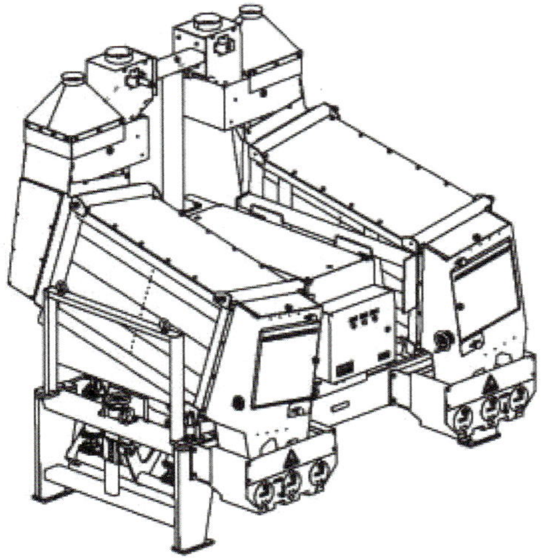

Abb. 10-17: Schwerkraftausleser (Bauart Bühler)

Separationsdecks. Um dies sicherzustellen, wird der Schwerkraftausleser über den Kontakt eines Näherungsschalters, an der Einlaufverteilung, abhängig vom Produktstrom, an- und abgeschaltet. Anders als beim Planausleser bewegen sich die einzelnen Fraktionen des Schälgemisches aber alle auf verschiedenen Bahnen abwärts in Richtung der Ausläufe für Rohreis (Paddy), Braunreis und dem Gemisch. Während der Braunreis, bedingt durch sein spezifisches Gewicht, Prallverhalten und Größe nach unten »sinkt«, »schwebt« der Paddy Richtung obere Längsseite der Separationsdecks. Dazwischen entsteht eine Mischfraktion aus Roh- und Braunreis die ebenfalls auf der unteren Seite dem Auslauf zugeführt wird. Die Abbildung (Abb. 10-18) zeigt den Längswinkel α und den seitlichen Winkel β. Der Braunreis wird über den Auslauf entlang der oberen Seite des seitlichen Winkels β ausgetragen, während der Paddy über den entsprechenden Auslauf entlang der unteren Seite des seitlichen Winkels β ausgetragen wird.

Der Auslauf ist in drei einstellbare Segmente eingeteilt. Hier kann, je nach Reinheit der einzelnen Fraktionen, Einfluss auf den Volumenstrom der verschiedenen Produkte genommen werden. Ein großer Vorteil dieses Maschinenkonzeptes ist die hohe Durchsatzleistung mit geringem Platz- und Energiebedarf.

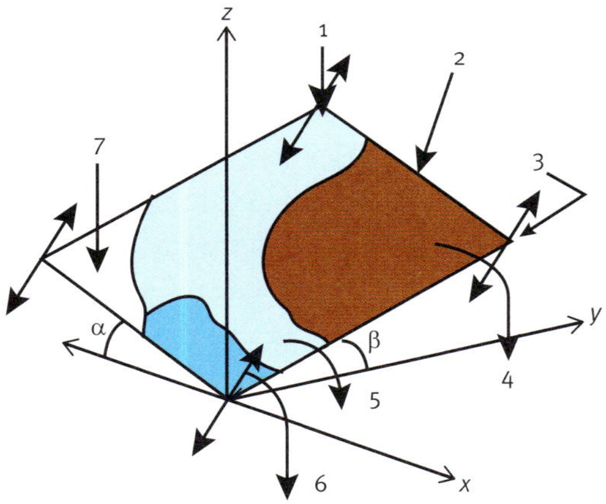

Abb. 10-18: Schwerkraftausleser Prinzip

Der Motor ist am unteren Rahmen angeflanscht und treibt die Hauptwelle an. Über Schubstangen ist die Hauptwelle mit den beiden Separationsdecks verbunden. Die exzentrische Bewegung der Welle wirkt auf die über Gummischwingelemente verbundenen Separationsdecks und bewirkt eine Hubbewegung.

Farbsortierer (Abb. 10-19) werden heute in vielen Bereichen der Getreidereinigung und -verarbeitung eingesetzt und ersetzen z. T. herkömmliche

Reinigungsmaschinen. Ursprünglich nur in der Reismüllerei anzutreffen, sind diese jetzt auch in der Hafer- und Maisverarbeitung und der Mehlmüllerei zu finden. Durch die steigenden Anforderungen an die Endprodukte haben sie sich fest etabliert und werden für die Sicherstellung der Produktqualität und Reinheit immer wichtiger. Separiert werden neben den unterschiedlichsten Verunreinigungen wie z. B. Besatz, Steine, Glas, etc. hauptsächlich Kontaminationen wie z. B. Körner, die Farbunterschiede im Korn aufweisen. Hier unterscheidet man zwischen unterschiedlichsten Farbveränderungen wie: weiß, schwarz und gelb.

Abb. 10-19: Farbsortierer (Bauart Zorkiy), Gut- und Schlechtprodukt von Triticale (oben).

Im Haferbereich wird die Maschine neben der Auslese von Farbabweichungen der geschälten Kerne auch speziell zur Auslese von ungeschälten Haferkörnern aus den Kernen eingesetzt.

Je nach Art der Farbveränderungen und Ausleseanforderungen ändern sich die Maschinenkonfigurationen. Kameras und Software müssen entsprechend angepasst werden. Die Leistung und Baugröße der Maschinen hängt neben der Anlagenleistung im Wesentlichen von dem Prozentsatz der Kontamination ab.

Die Speisung der Maschinen erfolgt kontinuierlich über das notwendige Vordepot, über welches den Vibrationsrinnen (1) das Produkt zugeführt wird. Die Vibrationsrinnen speisen in die Rutschen (2), welche die Körner ausrichten, vereinzeln und eine bestimmte Fließgeschwindigkeit sicherstellen. Am Ende der Rutschen sind Kameras (3) installiert (Erfassungsabschnitt), die die vereinzelten Körner durch das optische System erfassen. Dieser Bereich wird mittels LED Lampen (4) ausgeleuchtet, welche vor und hinter (Back & Foreground Lighting) dem Produktstrom installiert sind, um eine ausreichende Helligkeit für die optische Erfassung sicherzustellen. Die Körner, die durch den Erfassungsabschnitt hindurchgehen, werden sowohl von der Vorder- als auch der Rückseite durch die Kameras erfasst. Das Bild, welches hierbei entsteht, wird mit den Vorgaben aus den programmierten Rezepten verglichen und in dem Moment, in dem die Kamera Farbveränderungen erkennt, wird über die Software ein Druckluftventil geöffnet, welches mit dem eingebauten Auswerfer (5) verbunden ist. Die plötzlich austretende Druckluft schießt das farblich defekte Material (Ausschuss/Rejects) aus dem Produktstrom in einen dafür vorgesehenen Kanal (6), von dem das ausgestoßene Material entweder zu den Abgängen gelangt oder einer optischen Nachsortierung zugeführt wird. Das Gutprodukt (Accepts) läuft über den Hauptkanal (7) aus der Maschine und wird dem weiteren Prozess zugeführt.

Für unterschiedliche Getreidesorten und Farbveränderungen, sowie Maschinenkonfigurationen können eine Vielzahl an verschiedenen Programmen gespeichert werden. Der Bediener kann innerhalb des laufenden Prozesses Anpassungen an der Trennschärfe und der Leistung, sowie der gespeicherten Rezepte über das Touch-Panel der Steuerung vornehmen.

Der **Trommelgrützeschneider** (Abb. 10-20) dient zur Herstellung von Grütze aus Hafer-kernen, Gerstenkernen, Roggen oder Weizen. Das zu schneidende Gut wird mithilfe einer Dosierrinne (1) durch ein mittig geteiltes Zuführrohr stirnseitig den beiden Trommeln (2) hälftig zugeführt.

Die Trommeln (2) sind mit Löchern versehen, deren Durchmesser der Korndicke des zu verarbeiteten Getreides angepasst ist. Die Löcher sind so ausgebildet, dass das einzelne Korn aufrecht in die Lochöffnung rutscht. Das wird durch die an der Trommelstirnseite befestigten Schaufeln (3), die das Produkt aufwärtsbewegen, unterstützt. Die Trommeln sind in der unteren Hälfte von einem Messerkorb (5), der im Wesentlichen aus je zwei Messerkorbringen (10) und den Messern (12) besteht, umgeben. Der Vorgang des Schneidens ist in Idealvorstellung im unteren Teil der Abbildung 10-20 dargestellt. Die Länge der

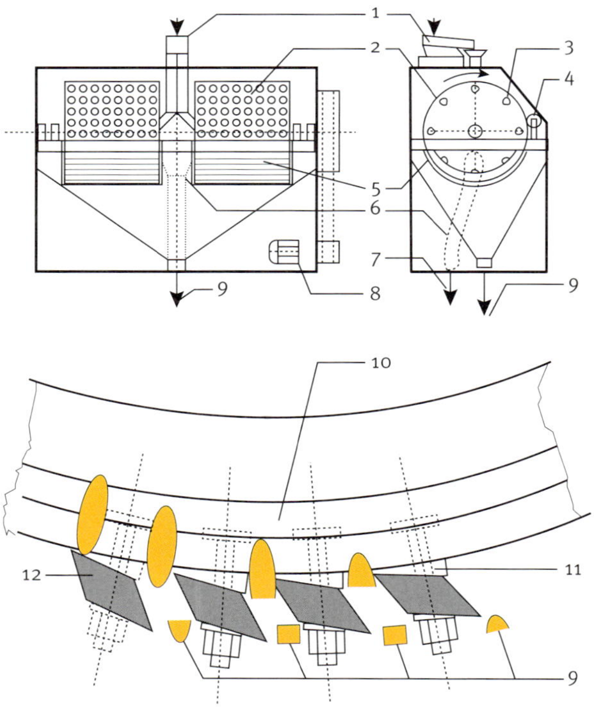

1 Vibrorinne
2 Trommel
3 Schaufeln
4 Stiftenrädchen
5 Messerkorb
6 Überlaufrohr
7 nicht geschnittene Körner
8 Getriebemotor
9 Grütze
10 Messerkorbring
11 konische Unterlegscheiben
12 Messer

Abb. 10-20: Trommelgrützeschneider (Bauart Streckel & Schrader)

Grützekörner (9), also die Körnung, wird durch die Steigung der konischen Unterlegscheiben (11) bestimmt. Diese können für grobe, mittlere oder feine Körnung gewählt werden. Um ein Blockieren von Löchern durch Grützekörner, die sich eventuell darin festgekeilt haben, zu verhindern, werden diese von an der Peripherie der Trommel mitdrehenden Stiftenrädchen (4) zurückgestoßen. Im Falle einer über die Aufnahmefähigkeit der Trommeln hinausgehenden Dosierung, kann das überschüssige Gut durch das Überlaufrohr (6) ablaufen. Für den Antrieb der Maschine ist der Getriebemotor (8) vorgesehen. Messer und Trommeln sind Verschleißteile und sollten rechtzeitig gewechselt werden; denn abgenützte Messer und ausgearbeitete Löcher in den Trommeln haben einen erhöhten Schneidmehlanfall zur Folge. Die Messer sind beidseitig mit Schneiden versehen, und ermöglichen durch Drehen eine doppelte Nutzung. Die Standzeit je Seite erstreckt sich beim Schneiden von Haferkernen auf eine Verarbeitungsmenge von etwa 1 500 t. Bei einem Spelzengehalt der Kerne von wesentlich mehr als 0,03 % ist mit einer kürzeren Standzeit zu rechnen.

Die **Darre** (Abb. 10-21) wird zur Wärmebehandlung von Hafer und anderen Getreidearten, sowie von Buchweizen und Hülsenfrüchten, eingesetzt. Sie bildet den Hauptteil einer hydrothermischen Anlage, der meist ein Dämpfer zur Temperartur- und Feuchtigkeitszufuhr vorgeschaltet ist. Außerdem gehören ein Vorbehälter, ein Dosiergerät mit Steuerung zur gleichmäßigen Gutabführung, die Dampfversorgung mit den entsprechenden Regel- und Steuereinheiten, sowie lufttechnische Geräte für die Absaugung von Brüden und der zum Kühlen notwendigen Luft dazu.

Die Darre besteht aus mehreren übereinander angeordneten schachtförmigen Abteilen, (Heizabteilen und Kühlabteilen), ausgerüstet mit Ein- und Ausbauten für die Führung des Darrgutes (Mehrfachauslauf) und der Behandlungsmedien Dampf (D und K) und Luft (2 und 3) mit den dazugehörigen Ventilen (1) und Luftdrosselklappen. Die tragenden Teile und die Radiatoren sind aus Stahl – vorzugsweise Edelstahl –, die sonstigen Teile aus Aluminium oder Edelstahl. Jedes Heizabteil hat vier Radiatoren, deren Dampfeintritt jeweils

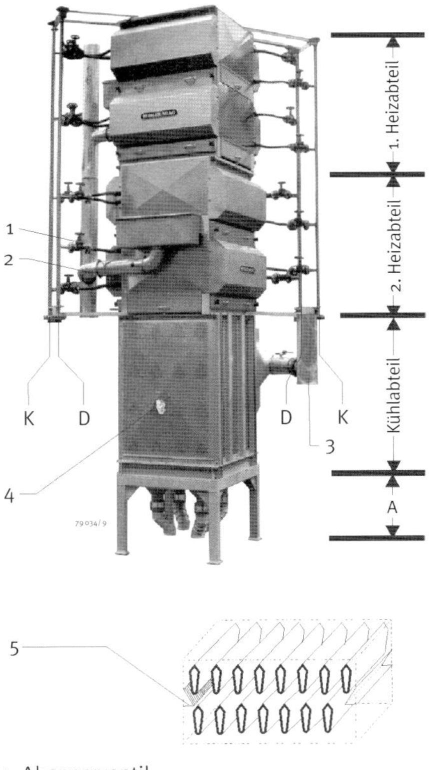

1 Absperrventil
2 Brüdenabsaugung
3 Kühlluftabsaugung
4 Kühllufteintritt
5 Radiatoranordnung
K Kondensat
D Dampf
A Mehrfachauslauf

Abb. 10-21: Darre (Bauart Bühler)

um 180° versetzt ist. Die Radiatorenglieder haben eine stromlinienförmige Ausbildung, um dem Getreidefluss eine ideale Strömung zu ermöglichen. Außerdem sind sie auf Lücke zu den jeweils darüber liegenden gesetzt. Die Heizabteile wiederum sind um 90° zueinander verdreht. Mit dieser Anordnung wird eine gleichmäßige Erwärmung der absinkenden Getreidesäule angestrebt. Jedes Heizabteil ist mit einem Luftzutritt und einem Absaugkanal zur Brüdenabsaugung versehen. Die Kühlung des behandelten Produkts geschieht in den Kühlabteilen. Die Luft tritt in dachförmige Kanäle, strömt durch das Getreide und wird durch ebensolche Kanäle, die in einer Absaughaube enden, zur Aspirationsanlage gesaugt. Die Anzahl der übereinander anzuordnenden Heiz- und Kühlabteile richtet sich nach der geforderten Leistung und Temperatur des zu behandelnden Produkts.

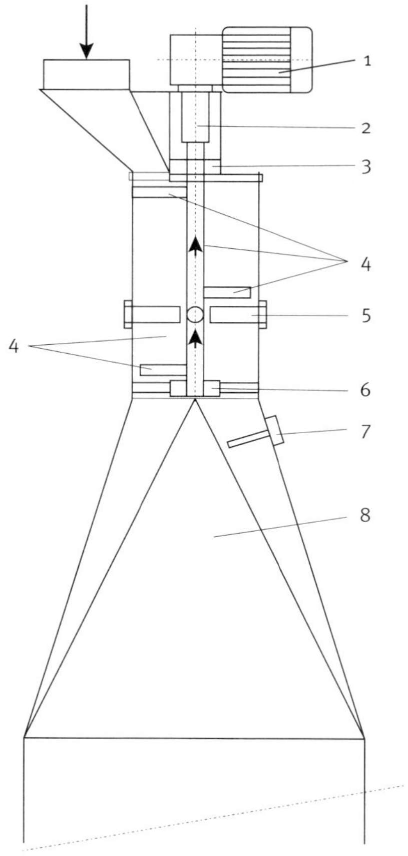

1 Getriebemotor
2 Kupplung
3 Rührwerksmotor
4 Rührarme
5 Dampfdüsen (4 x)
6 Rührwerkslager
7 Temperaturfühler
8 Dämpferbehälter

Abb. 10-22: Dämpfer

Der **Dämpfer** (Abb. 10-22) dient zur hydrothermischen Behandlung von Getreide. Er wird vor der Flockieranlage oder, wie oben erwähnt, vor der Wärmebehandlung in der Darre eingesetzt. Die direkte Dampfzugabe bewirkt sowohl eine Temperaturerhöhung wie auch eine Feuchtigkeitsanreicherung im Produkt.

Der Dämpfer besteht im Wesentlichen aus dem zylindrischen Dämpferoberteil und dem anschließenden Dämpferbehälter (8) über dem Speiseapparat zum Walzwerk, bzw. dem Zwischenstück über der Darre. Die Dampfzugabe erfolgt im unteren Drittel des zylindrischen Teils über mehrere in einer Ebene liegende Düsenrohre (5), jedes mit einer Anzahl Düsenlöcher, deren Öffnungen entsprechend der erforderlichen Dampfmenge bemessen sind.

Die Düsenöffnungen sind schräg nach unten gerichtet. Das über den Düsen liegende Produkt wirkt als Dampfsperre und verhindert das Entweichen von Dampf nach oben. Die Rührarme (4) unterstützen die gleichmäßige Dampfverteilung, und der unter dem Deckel angeordnete Arm sorgt für die gleichmäßige Füllung auch im Einlaufbereich. Die Größe des Dämpferbehälters richtet sich nach der gewünschten Einwirkdauer des Dampfes auf das Produkt. Diese ist somit auch von der Durchsatzleistung bestimmt.

Für den Betrieb des Dämpfers werden die An- und Ausbauteile der Dampfdosierung benötigt, die bei der Darre bereits erwähnt sind. Wichtig ist eine sichere Kondensatabscheidung, damit möglichst wenig Wasser in das Produkt gelangt. Die erforderliche Wärmedämmung wird in der Regel nach der Montage vorgenommen.

Das **Flockierwalzwerk** (Abb. 10-23) in der beschriebenen Bauweise mit einem Walzendurchmesser von 500 mm findet insbesondere in der Nahrungsmittelindustrie zur Herstellung von Flocken aus Getreide Anwendung.

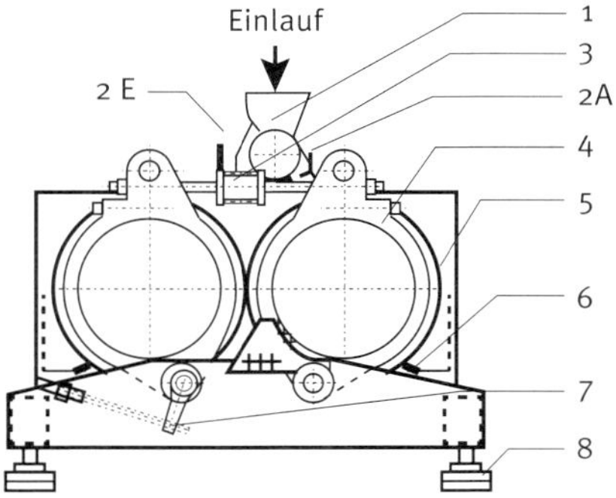

1 Speiseapparat
2 Schläuche zur Hydraulik
E Einrücken
A Ausrücken
3 Hydraulikzylinder zur Hebellagerkupplung
4 Hebellager
5 Feste Arbeitswalze
6 Abstreifer
7 Stellzeug
8 Schwingungsdämpfer

Abb. 10-23: Flockierwalzwerk

Das hydrothermisch behandelte Produkt wird durch einen Speiseapparat (1) zugeführt, dessen Speisewalzenlänge der der Flockierwalzen entspricht. Dieser Speiseapparat dient gleichzeitig als Austrager aus dem eventuell vorgeschalteten Dämpfer. Über Leitbleche gelangt das Getreide schleierförmig in den Spalt, der von den beiden gegeneinander drehenden Walzen gebildet wird. Die beiden Hebellager (4) jeder Walze werden durch Bolzen im Grundrahmen gehalten. Die der Festwalze (5) sind fest mit dem Rahmen verbunden, die anderen sind auf einem Exzenterbolzen beweglich und können über die beidseitig angeordneten Spindeln der Stellzeuge (7) im Abstand zur Festwalze verändert werden. Das ermöglicht die Einstellung auf die Flockendicke des gewünschten Endprodukts. Die beiden Hebellagerkupplungen mit Hydraulikzylindern (3) bilden die obere Verbindung zwischen den Lagern beider Walzen. Die Hydraulikzylinder sind durch Schläuche (2A und 2E) mit einem Hydraulikaggregat verbunden, dessen Pumpe den Druck zum Ein- und Ausrücken der Walze liefert. Walzen und Lager sind vor Beschädigung bei Fremdkörperdurchgang durch Scherbolzen in jedem Hydraulikzylinder geschützt. Das Hydrauliksystem sorgt automatisch für das Wiedereinrücken der Walze, und löst ein Signal aus als Hinweis auf den erforderlichen Austausch des Scherbolzens beim nächsten Betriebstillstand. Die Messerabstreifer (6) verhindern das Anhaften von Produkt. Die Walzen sind für den Anschluss an ein Kühlsystem vorgesehen. Als Kühlmedium wird Wasser verwendet. Für das Anfahren nach längerem Stillstand an kalten Tagen kann auch Warmwasser zum Aufwärmen der Walzen verwendet werden, damit diese zu Beginn der Flockierung bereits die optimale Arbeitstemperatur haben. Der Antrieb erfolgt durch einen Elektromotor über Riementrieb auf die Festwalze. Für die Kraftübertragung auf die bewegliche Arbeitswalze ist gegenüber der

Antriebseite ein Zahnradpaar im geschlossenen Räderkasten angeordnet. Das Walzwerk wird zweckmäßigerweise auf Schwingungsdämpfer (8) gestellt.

Auch das Flockierwalzwerk wurde mittlerweile weiterentwickelt. So werden bei einigen Konstruktionen jetzt die Walzen mittels zwei getrennten Getriebemotoren angetrieben, der Walzenabstand wird mittels Servostellantrieb verändert und Walzendurchmesser und -länge können der Durchsatzleistung angepasst werden. Über eine Vor-Ort-Steuerung lassen sich viele Parameter überwachen und auch im Betrieb verändern.

Der **Wirbelschicht-Trockner/Kühler** (Abb. 10-24) ist Teil einer Trocknungsanlage, welche Zusatzaggregate für die Versorgung mit dem Trocknungsmedium Luft und den notwendigen Geräten und Armaturen für die Erwärmung der Luft benötigt. Er wird für die Trocknung und Kühlung von Getreideflocken nach dem Flockieren eingesetzt, findet aber auch Anwendung für viele andere fluidisierfähige Güter, die eine schonende Trocknung oder Kühlung erfordern.

Das Arbeitsprinzip beruht auf dem Fließbettverfahren. Dabei strömt Luft entgegen der Schwerkraft durch das Produkt und fluidisiert es. Durch die Neigung des Gerätes und die spezielle Lochung des Siebrostes (6) wird eine zum Auslauf hin gerichtete Bewegung bewirkt, wobei dem Behandlungsgut Feuchtigkeit und Wärme entzogen werden. Die Luftzuführungskanäle unter dem Siebrost sind in Fließrichtung geteilt. Die Luftströmung wird abwechselnd durch sogenannte Pulsatoren (8), das sind durch einen Getriebemotor (4) angetriebene rotierende Klappen, unterbrochen. Dadurch wird erreicht, dass sich das

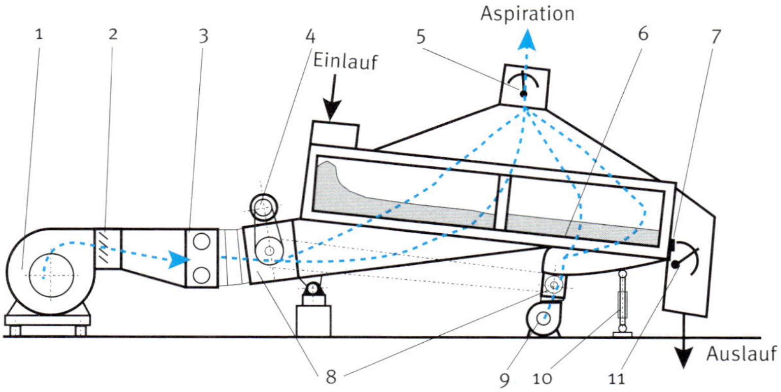

1 Warmluftventilator
2 Drosselklappe
3 Lufterhitzer
4 Antriebsmotor für Pulsatoren
5 Abluftdrosselklappe
6 Siebrost
7 Stauklappe zur Schichthöheneinstellung
8 Pulsatoren
9 Kühlluftventilator
10 Neigungsverstellung
11 Klemmvorrichtung für Siebrost

Abb. 10-24: Wirbelschichttrockner / Kühler (Bauart Bühler)

Fließbett abwechselnd setzt, und jedes Teilchen vom Luftstrom umspült und gleichmäßig behandelt wird. Am Auslauf befindet sich eine Stauklappe (7), mit der die Höhe des Fließbetts eingestellt werden kann. Die Neigungsverstellung (10) ermöglicht die Anpassung an unterschiedlich zu behandelnde Produkte. Die erforderliche Luftströmung wird durch Ventilatoren (1) für Warmluft und (9) für Kühlluft erzeugt. Vor der Trockensektion ist ein Lufterhitzer (3) angeordnet, der meist mit Dampf beheizt wird. Luftdrosselklappen (2) und (5) erlauben die richtige Wahl der Luftmengen. Die Maschinengrößen richten sich nach Durchsatzleistung und gewünschtem Feuchtigkeitsentzug.

10.3 Reis

Detlef Blass

10.3.1 Geschichte und Anbau

Gemäß neuerer archäologischer Erkenntnisse kultivierten bereits 5 000 v. Chr. im Delta des Jangtsekiang lebende Menschen Rispengräser von Reis.

Aus diesem Reis ist der uns heute bekannte Saatreis mit der botanischen Bezeichnung *Oryza sativa* hervorgegangen. Mit dem Abwandern der Urbevölkerung aus dieser Gegend begann die Verbreitung des Reises nach Indonesien, Malaysia, zu den Philippinen und nach Indien. Alexander der Große nahm den Reis mit nach Persien, zum Euphrat und Tigris und an den Nil.

Um 1 000 n. Chr. brachten ihn die Mauren nach Spanien und er verbreitete sich weiter nach Frankreich und Italien. Mit der Entdeckung Amerikas fand der Reis seinen Weg nach Süd- und im 17. Jahrhundert auch nach Nordamerika.

Dank der Anpassungsfähigkeit und der Züchtung unterschiedlicher Sorten ist der Reisanbau heute vom 40. südlichen bis zum 50. nördlichen Breitengrad möglich. Reis trägt mit etwa 20 % zur Deckung der Kalorien bei, welche die Bevölkerung unserer Erde zu ihrer Ernährung benötigt.

Die Methoden des Reisanbaus sind unterschiedlich wie die klimatischen Bedingungen und die Voraussetzungen der Regionen, in denen er angebaut wird. In Hinterindien, China, Japan, Indonesien, Philippinen und Europa wird der Reis in Saatbeeten innerhalb von etwa 30 Tagen zu Schösslingen herangezogen, und diese in bewässerte Felder gepflanzt. Die bereits entwickelte Pflanze verhindert das Überwuchern durch Fremdkräuter. In Amerika und Australien geschieht die Aussaat mit Maschinen, nach etwa vier Wochen werden die Felder überschwemmt. Teils wird die vorgekeimte Saat auch mit Flugzeugen in den bereits überfluteten Boden eingebracht.

Hochlandreis wird ähnlich wie Weizen ausgesät und geerntet. Er bringt geringe Erträge und nimmt demzufolge auch nur einen geringen Teil der gesamten Anbaufläche ein.

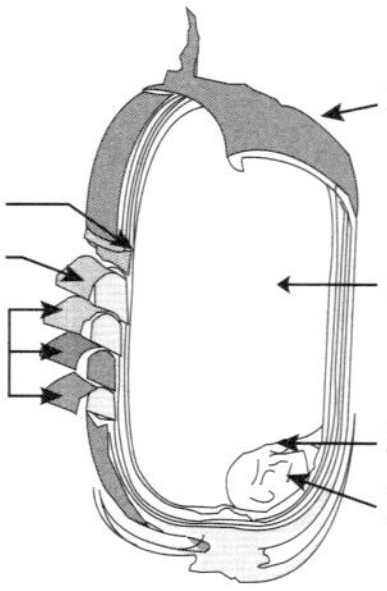

Abb. 10-25: Schnitt durch ein Reiskorn

Zwischen Aussaat und Ernte vergehen je nach Sorte und Klima 100 bis 250 Tage. Sobald die Reife erreicht ist, werden die Felder in etwa 5 Tagen trockengelegt. Das Ernten geschieht mithilfe von Mähdreschern oder von Hand.

10.3.2 Biologischer Aufbau des Reiskorns

Das Reiskorn wird durch die Spelze umhüllt. Diese besteht zum großen Teil aus Rohfaser und etwa 20 % Kieselsäure. Aus diesem Grund ist sie für den menschlichen Organismus unverdaulich und wird auch als Futterkomponente nicht geschätzt. Sie wird im Verlauf des Schälprozesses entfernt. Bei genügend großer Menge lohnt ihre Weiterverarbeitung für industrielle Zwecke oder zur Verfeuerung.

Der Kern wird von der sogenannten Silberhaut umgeben. Diese besteht aus der Fruchtschale, Samenschale und der Aleuronschicht. Die Silberhaut enthält einen großen Anteil der im Reiskorn vorhandenen Vitamine, Mineralstoffe, Fette und Eiweiße. Der Keim hat einen hohen Fettgehalt. Beim Schleifen werden Silberhaut und Keim vom Endosperm entfernt und fallen als Schleifmehl (= rice bran) an, das als Tierfutter einen hohen Wert besitzt. Bei genügend großer Menge lohnt unter Umständen eine der Futterverwertung vorangehende Ölextraktion. Die Hauptnährstoffe im Reis bilden die Kohlehydrate.

10.3.3 Roh- und Fertigprodukte

In Deutschland wird Reis erst seit knapp 350 Jahren konsumiert. Der Verbrauch pro Kopf und Jahr liegt unter zwei Kilogramm. Da sich die klimatischen Bedingungen hierzulande für den Anbau nicht eignen, wird Reis meist als Zwischenprodukt der Reisverarbeitung importiert, nämlich als Cargoreis. So sind einige internationale Begriffe in der hiesigen Reismüllerei gebräuchlich geworden.

Paddy bezeichnet den Rohreis oder ungeschälten Reis, der noch mit der Spelze verbunden ist.

Cargorice ist Braunreis, auch geschälter Reis genannt, von dem die Spelze entfernt ist. In dieser Form wird der Reis in den Erzeugerländern – meist zum Übersee-Export – verladen (cargo = Ladung). Cargoreis hat gegenüber Rohreis ein geringeres Volumen, wodurch sich die Transportkosten reduzieren.

Milled rice ist der in der Mühle geschliffene Reis und wird Weißreis genannt.

Rohreis (Paddy), der für die Verarbeitung zu menschlicher Ernährung vorgesehen ist, unterliegt je nach Land unterschiedlichen Kriterien:

- Der Rohreis muss ausgereift, vorgereinigt und sortenrein, gesund und frei von Käferfrass und Insektenbefall sein. Er darf keine Hitze- oder Altersschäden infolge unsachgemäßer Trocknung oder Lagerung haben. Er darf nicht muffig oder stockig riechen.
- Die Feuchtigkeit darf 14 % nicht übersteigen.
- Der Anteil an Schwarzbesatz darf max. 1 %,
- an Fremdkorn max. 2 %,
- an Auswuchs 0 % erreichen.
- Die Schüttdichte soll mindestens 58 kg/hl betragen.
- Rohreis hat einen Spelzenanteil von etwa 20 %.

Eine übliche Klassifizierung ist der Standard der USDA (Tab. 10-1).

Für Cargoreis oder Braunreis, der zur Weiterverarbeitung hier in Europa importiert wird, gibt es analog den Anforderungen für Rohreis ebenfalls ländertypische oder kundenspezifische Anforderungen.

Tab. 10-1: USDA-Standard Rohreis

	Maximum limits of							
	Seeds and heat-damaged kernels				Chalky kernels[1,2]			
Grade	Total (singly or combined) (Number in 500 grams)	Heat-damaged kernels and objectionable seeds (singly or combined) (Number in 500 grams)	Heatdamaged kernels (Number in 500 grams)	Red rice and damaged kernels (singly or combined) (Percent)	In long grain rice (Percent)	In medium or short grain rice (Percent)	Other types[3] (Percent)	Color requirements[1] (minimum)
U.S.No. 1	4	3	1	0.5	1.0	2.0	1.0	Shall be white or creamy.
U.S.No. 2	7	5	2	1.5	2.0	4.0	2.0	May be slightly gray.
U.S.No. 3	10	8	5	2.5	4.0	6.0	3.0	May be light gray.
U.S.No. 4	27	22	15	4.0	6.0	8.0	5.0	May be gray or slightly rosy.
U.S.No. 5	37	32	25	6.0	10.0	10.0	10.0	May be dark gray or rosy.
U.S.No. 6	75	75	75	15.0[4]	15.0	15.0	10.0	May be dark gray or rosy.

U.S. Sample grade

U.S. Sample grade shall be rough rice which: (a) does not meet the requirements for any of the grades from U.S. No. 1 to U.S. No. 6, inclusive; (b) contains more than 14.0 percent moisture; (c) is musty, or sour, or heating; (d) has any commercially objectionable foreign odor; or (e) is otherwise of distinctly low quality.

[1] For the special grade Parboiled rough rice, see §868.212(b).

[2] For the special grade Glutinous rough rice, see §868.212(d).

[3] These limits do not apply to the class Mixed Rough Rice.

[4] Rice in grade U.S. No. 6 shall contain not more than 6.0 percent of damaged kernels.

[56 FR 55978, Oct. 31, 1991]

Weißreis ist geschliffener Cargoreis, der je nach Marktanforderung in verschiedenen Helligkeitsgraden hergestellt wird. Er wird sortiert in Ganzreis (1/1), Bruchreis (¾, ½, ¼ bzw. 6/8.........⅛) und Spitzen. Je nach Qualitätsstandard des Herstellers ist ein gewisser Anteil an Bruchreis im verkaufsfertigen Produkt üblich.

Parboiled-Reis, hierfür wird der Rohreis nach der Reinigung einer hydrothermischen Behandlung, dem Parboiling, unterworfen. Er hat einen höheren Vitamin- und Mineralstoffgehalt sowie bessere Kocheigenschaften aufgrund der Teilverkleisterung der Stärke, wodurch er nach der Zubereitung eine angenehme körnige Struktur behält. Geschliffener und polierter Parboiled-Reis hat ein glasiges, leicht gelbliches Aussehen.

Brauereigrieß wird aus Reisbruch (½ und kleiner) durch Vermahlen auf Walzenstühlen und Absieben der Korngröße zwischen 200 und 1 400 µm gewonnen. Der Fettgehalt soll 1,3 % Trs. nicht übersteigen. Er wird in vielen Ländern als »Rohfrucht« dem Gerstenmalz zur Bierherstellung beigegeben.

Tab. 10-2: Mineralstoffe und Vitamine im Weißreis

Mineralstoffe	mg/100 g	Vitamine	mg/100 g
Natrium	6,00	Vitamin E	0,400
Kalium	103,00	Vitamin B_1	0,060
Calcium	6,00	Vitamin B_2	0,032
Eisen	0,60	Nicotinamid	1,300
Kobalt	0,60	Pantothensäure	0,630
Kupfer	0,13	Vitamin B_6	0,150
Phosphor	120,00		
Jodid	2,20*		

** µg/100g*

Tab. 10-3: Inhaltsstoffe von Reis- und Reisprodukten

Bestandteile im Mittel	Rohreis	Braunreis	Weißreis	Parboiled Reis
Feuchte	12,0 %	12,0 %	12,0 %	10,3 %
N-freie Extraktstoffe	66,0 %	77,5 %	80,5 %	81,5 %
Protein	6,9 %	7,5 %	6,7 %	7,4 %
Fett	2,1 %	1,9 %	0,4 %	0,3 %
Rohfaser	8,5 %	0,9 %	0,3 %	0,2 %
Asche	4,4 %	1,2 %	0,5 %	0,7 %
Stärke	55,0 %	67,6 %	72,1 %	81,7 %
Energie/100 g		1 088 kJ	1 520 kJ	1 545 kJ

Reismehl wird auf gleiche Weise aber mit einer Feinheit < 180 µm hergestellt.

Reisflocken, hierfür wird meist Bruchreis (½ und kleiner). verwendet. Das angewendete Verfahren entspricht dem für die Haferflockenherstellung.

Aufgeschlossener Reisgrieß wird durch Vermahlen von Reisflocken auf Walzenstühlen und Absieben des Mehls auf Plansichtern produziert, Korngröße zwischen 200 und 400 µm.

Schnellkochreis, zur Verkürzung der Kochzeit von 20 auf etwa 8 Minuten.

Durch Hitzebehandlung wird die Kornstruktur in der Weise verändert, dass feine Haarrisse entstehen, die dem Kochwasser ein schnelles Eindringen in das Korninnere ermöglichen.

Korneigener Besatz

- Roter Reis, hat einen von einer roten Schale umgebenes Endosperm.
- Kalkiger Reis, dieser Reis hat ein Endosperm, das zu mehr als 50 % mehlig ist.
- Beschädigter Reis (damaged rice), Reiskörner mit Verfärbungen, die durch Einwirkung von Hitze, Feuchtigkeit, Insekten oder anderen Einflüssen hervorgerufen sind.

Nebenprodukte

- Reisspelzen, fallen beim Schälen von Rohreis an.
- Reisschleifmehl (rice bran), entsteht beim Schleifen und Polieren von Braunreis.

Tab. 10-4: Inhaltsstoffe von Reis-Nebenprodukten

Bestandteile im Mittel	Reis-schleifmehl	Reis-spelzen
Feuchte	8,8 %	6,6 %
N-freie Extrakttoffe	44,4 %	29,6 %
Protein	15,3 %	2,4 %
Fett	23,9 %	0,9 %
Rohfaser	7,7 %	47,1 %
Asche	9,6 %	20,0 %
Stärke	19,3 %	3,2 %

Handelsklassen

Aus dem Ursprungsreis *Oryza sativa* sind inzwischen über 8 000 biologische Reissorten hervorgegangen. Im Welthandel unterscheidet man nach Form und Größe des Reiskorns drei Arten:

- **Langkornreis** mit einer Länge des Roh-Reiskorns von 8,5–10 mm, Dicke/Länge = 0,2 bis 0,17. Das Endosperm ist hart und glasig, der Reis kocht trocken und körnig. Dieser Reis wird vor allem in Südostasien, Indien (Patna), USA (Carolina) und Südamerika angebaut.
- **Mittelkornreis** mit einer Länge des Roh-Reiskorns von 7,3 bis 8,4 mm, Dicke/Länge = 0,3 bis 0,24. Das Endosperm ist weicher und kalkig und ähnelt im Kochverhalten dem Rundkornreis. Anbaugebiete für diesen Reis sind Italien, Spanien, Portugal, Ägypten, China und USA sowie Teile Indiens.

- **Rundkornreis** mit einer Länge des Roh-Reiskorns von 7–7,3 mm, Dicke/Länge = 0,36 bis 0,31. Der Reis ist (mit Ausnahme des in Japan angebauten) weich und hat ein kalkiges Aussehen, beim Kochen gibt er bis zu 15 % Stärke in das Kochwasser ab. Rundkornreis wird hauptsächlich in China und Japan angebaut, sowie in Italien. Der japanische Rundkornreis hat ein hartes und glasiges Endosperm.

10.3.4 Verarbeitung von Reis

Die Anforderungen an das Rohprodukt und die Vielzahl der Endprodukte lassen erkennen, dass die Reisverarbeitung sich nicht allein auf die Reismühle beschränken kann. Die verschiedenen Teil- und Spezialanlagen sind in Abbildung 10-26 schematisch dargestellt. Diese soll Abhängigkeiten verdeutlichen, d. h. aber nicht, dass alle Betriebe derart ausgestattet sein müssen.

Die Getreideannahme, Vorreinigung und Lagerung wurde bereits in vorangegangenen Kapiteln behandelt. Für Reis sind dieselben Grundlagen gültig. Besondere Erwähnung verdient allerdings das **Trocknen von Reis**. Frisch

Tab. 10-5: Schüttdichte

	kg/m³		kg/m³
Rohreis (Paddy) vorgereinigt	510–600	Parboiled, Langkorn, Braunreis	750
Braunreis (Cargoreis)	750–780	Parboiled, Langkorn, Weißreis	760–800
Weißreis, Langkorn	750–850	Parboiled, Mittelkorn, Weißreis	830–840
Weißreis, Mittelkorn	800–830	Schnellkochreis, Langkorn	400–600
Weißreis, Rundkorn	810–850	Schnellkochreis, Mittelkorn	550–650
Weißreis, Bruch	810–840	Puffreis	50
Reisschleifmehl	350–400	Reisflocken	190–210
Reisspelzen	110–120		

Tab. 10-6: Abmessungen und Tausendkorngewicht

Handelsklasse		Länge mm	Breite mm	Dicke mm	g/1 000-Korn
Langkorn-Reis	Rohreis	8,5–10	2,3–2,5	1,7–2,0	20–25
	Braunreis	6,6–7,5	2,0–2,2	1,5–1,8	16–20
	Weißreis	6,5–7,2	1,8–2,0	1,5–1,6	15–18
Mittelkorn-Reis	Rohreis	7,3–8,4	3,0–3,3	2,0–2,2	21–31
	Braunreis	5,5–6,6	2,6–2,8	1,7–1,9	17–24
	Weißreis	5,3–6,1	2,4–2,6	1,6–1,8	16–22
Rundkorn-Reis	Rohreis	7,0–7,3	3,6–3,8	2,3–2,5	bis 28
	Braunreis	bis 5,4	bis 3,2	bis 2,1	bis 23
	Weißreis	4,7–5,1	2,7–2,9	1,9–2,0	bis 22

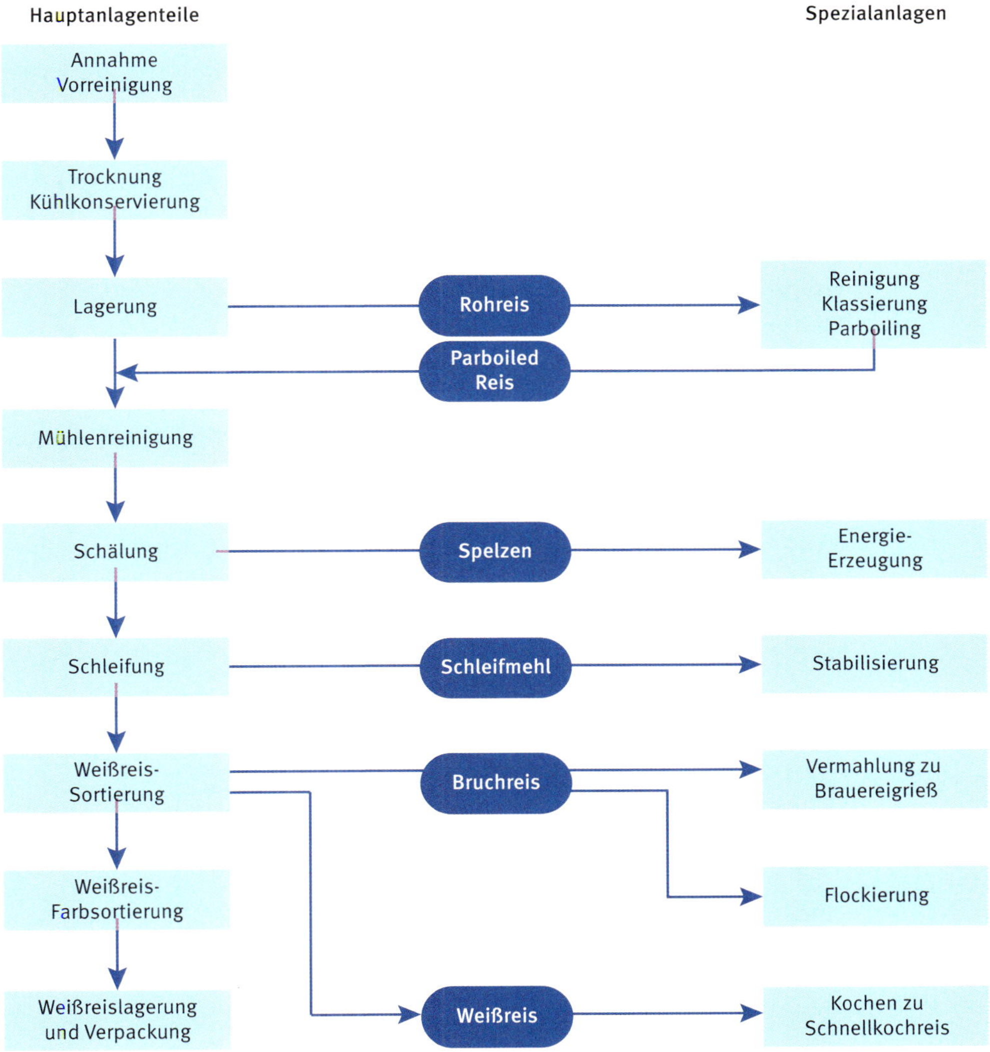

Abb. 10-26: Reisverarbeitungsanlagen

geernteter Reis hat einen Feuchtigkeitsgehalt von etwa 25 %, und häufig sogar bis 30 %. Im feuchtheißen Klima würde so eingelagerter Reis in wenigen Tagen geschädigt werden oder völlig verderben. Daraus ergibt sich die Notwendigkeit zur möglichst sofortigen Kühlkonservierung und umgehenden Trocknung auf die lagerfähige Feuchtigkeit von 12 bis 14 %. Sofern die klimatischen Bedingungen es erlauben, ist gelegentlich auch noch heute die Sonnentrocknung anzutreffen. Vorwiegend verwendet man jedoch mit Warmluft beaufschlagte Säulentrockner (Dächertrockner). Die anzuwendenden Temperaturen müssen bei Mühlenreis in den letzten Trocknungsstufen unter 60 °C liegen. Bei höheren Temperaturen und zu langer Wärmeeinwirkung schließen sich die Kapillaren im Reiskorn, die den Feuchtigkeitstransport von innen nach außen ermöglichen. Das führt zu Spannungen und Trockenrissen im Korn, die bei der Verarbeitung den Bruchanteil erhöhen. Reis erfordert also eine mehrstufige Trocknung mit dazwischen liegenden Abstehzeiten von etwa 12 Stunden. Der Feuchtigkeitsentzug in den einzelnen Passagen soll je nach Anfangsfeuchte 2 bis 4 % nicht übersteigen. Die Ausnahme bildet hier in den meisten Fällen die erste Trocknungsstufe, in der sehr hohe Kornfeuchtigkeiten anstehen (>22 %). In diesem Bereich kann mit höherer Trocknungstemperatur und Feuchtigkeitsentzug von 6 bis 8 % gearbeitet werden, da sich der Reis hier noch nicht im kritischen glasigen Zustand befindet. In einigen Ländern oder im ersten Schritt nach dem Kochprozess beim Parboiling werden auch Wirbelschichttrockner eingesetzt. Die Endtemperatur des Reises vor Einlagerung in die Vorratszellen sollte die der Umgebungsluft nicht wesentlich übersteigen.

Die eigentliche Reisbearbeitung umfasst das Reinigen, Schälen, Schleifen/ Polieren und Sortieren des Weißreises. Abbildung 10-27 zeigt die einzelnen Verfahrensstufen und prozentuale Mittelwerte der einzelnen dabei anfallenden Produkte. Diese sind bezogen auf das Ausgangsprodukt Rohreis oder Paddy für Betriebe, die den ganzen Umfang der Reisbearbeitung vom Paddy bis zum Weißreis durchführen, bzw. auf Cargoreis für solche Anlagen, die mit der Cargoreisbearbeitung beginnen. Hier ist eine nochmalige Reinigung des Braunreises erforderlich, um die beim Beladen und während des Transports verursachten Verunreinigungen zu entfernen.

Für das **Reinigen von Reis** verwendet man die im Kapitel Getreidereinigung erwähnten Maschinen. Bespannungen von Sieben und Zellenweiten von Trieuren müssen entsprechend der Korngröße gewählt werden. Darüber hinaus ist zu berücksichtigen, dass Reis als ganzes Korn in den Handel gebracht wird, und jede Art von Beimengung leicht erkennbar ist und den Käufer (Endverbraucher) irritiert. Es ist daher eine optimale Auslese auch unschädlicher Beimengungen anzustreben, und bei der Auswahl von Maschinen auf die Leistungsangaben zu achten. Diese sind häufig nur für Schwergetreide, wie Weizen und Roggen, in den Maschinenprospekten verzeichnet. Aufgrund des höheren Volumens von Schälgetreide und höherer Anforderungen an den Reinheitsgrad kann man mit ungefähr 50 % der Leistung von Schwergetreide rechnen.

Rohreis (Paddy) hat in den meisten Anbauländern einen starken Anteil von spezifisch sehr leichten Verunreinigungen wie z. B. Stroh und Hülsen. Auch ein auf das Gewicht bezogener Anteil von z. B. 5 % kann ein großes Volumen ergeben, welches entsprechend separiert und transportiert werden muss. Außerdem ist auf die Erntemethode zu achten, da in einigen Län-

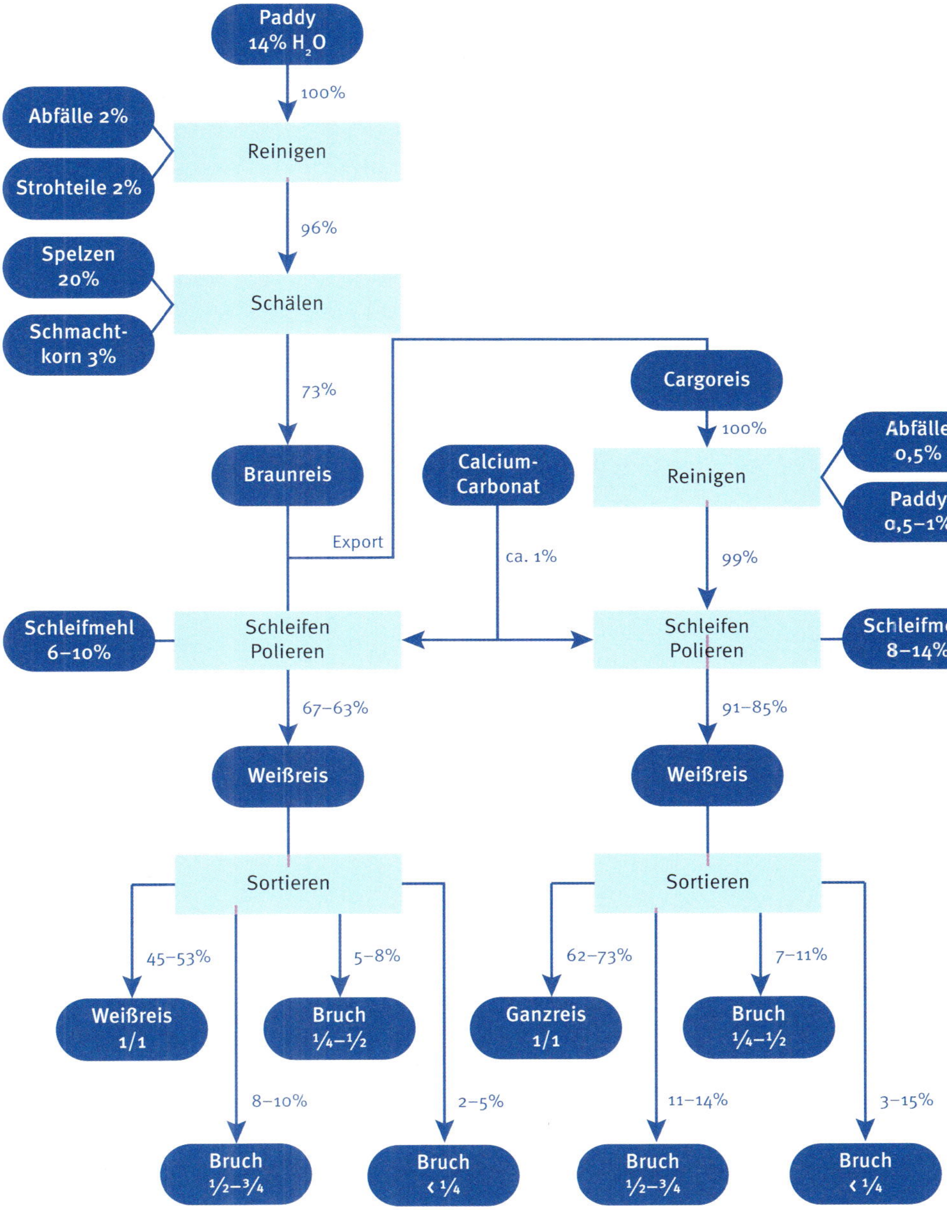

Abb. 10-27: Ausbeuteschema

dern der Rohreis noch mit der Hand geerntet wird und dadurch mit einem erhöhten Anteil von langem Stroh zu rechnen ist. Diese langen Strohteile sind schwer zu separieren und können die Maschinen verstopfen, sodass ein erhöhtes manuelles Reinigungsintervall notwendig wird. Dies muss bei der

Leistungsauslegung der Reinigungsmaschinen, sowie bei der Planung der Aspirations- und Förderanlagen berücksichtigt werden. Hier ist auch mit extremer Staubbildung zu rechnen.

Außerdem ist Rohreis durch seinen hohen Silikatanteil extrem schleißend. Die Maschinen müssen entsprechenden Verschleißschutz in den kritischen Bereichen wie z. B. Einläufen aufweisen. Dies ist speziell auch bei der Auslegung der Vorreinigung vor dem Trocknen zu berücksichtigen, wo der Rohreis zusätzlich noch eine sehr hohe Kornfeuchtigkeit aufweist und dementsprechend sehr schlechte Fließeigenschaften hat. Die Durchsatzleistungen können hier bei nur 25 % der Leistung von Schwergetreide liegen.

In der Abbildung 10-28 ist eine Reisreinigung mit den dafür verwendeten Maschinen dargestellt. Der auf Lagerfähigkeit getrocknete und vorgereinigte

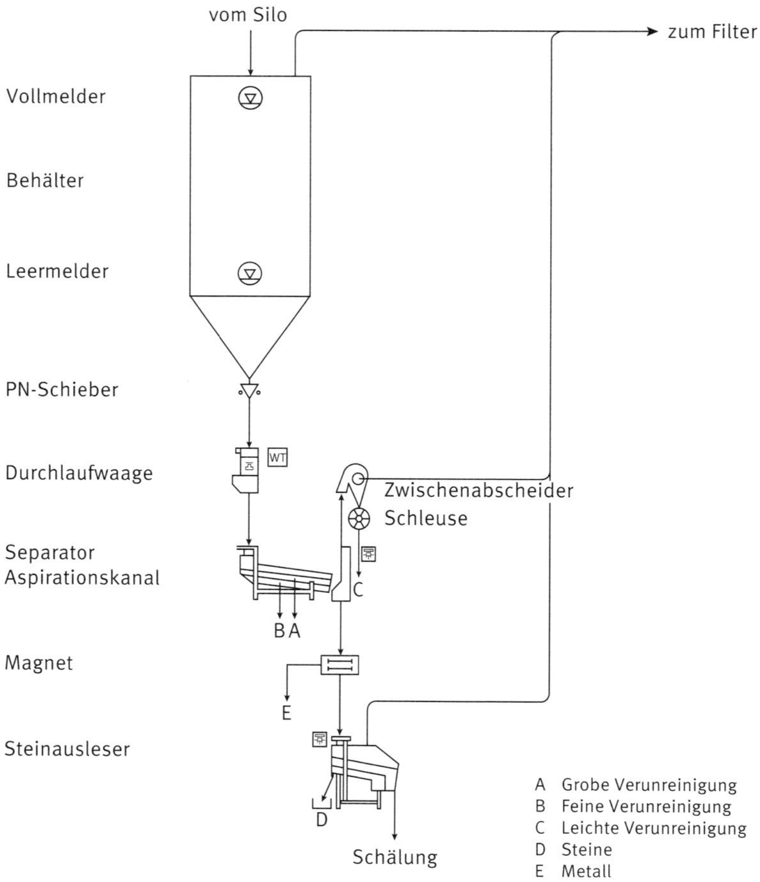

Abb. 10-28: Diagramm einer Reisreinigung

Reis wird vom Silo in die Reinigungszellen übernommen. Die Fassung dieser Zellen sollte etwa der Tagesleistung der Schälanlage entsprechen, damit die Übernahme in den Nachtstunden erfolgen, und der Annahmebetrieb im Silo – besonders in der Erntezeit – ungestört ablaufen kann. Der Reis wird über eine Waage entnommen, welche nach Vorgabe die Leistung pro Stunde dosiert und die Durchlaufmenge registriert, um sie für die innerbetriebliche Kontrolle des Durchsatzes innerhalb eines bestimmten Zeitraumes zur Verfügung zu stellen. Auf diese Weise kann man Rückschlüsse auf ungewollte Betriebsunterbrechungen ziehen. Außerdem ist im Zusammenhang mit den Daten der Endproduktewaagen die Ermittlung der Ausbeute möglich. Im Getreidereiniger werden über das Körnersieb die groben Beimengungen ausgeschieden. Durch das darunterliegende Sandsieb fallen Teile, wie Sand, Kleinsämereien und Ähnliches, die kleiner als das zu reinigende Getreide sind. Das Getreide gelangt vom Sandsieb in den Aspirationskanal. Aufgrund unterschiedlicher Schwebegeschwindigkeiten werden leichte Teile vom aufsteigenden Luftstrom mitgenommen und im Zwischenabscheider ausgeschieden, während das Getreide absinkt und über den Magneten zur Abscheidung von Eisenteilen geführt wird. Für die Auslese von Schwerteilen, insbesondere von Steinen, ist der Steinausleser, vorgesehen. Alle Maschinen werden aspiriert und die Luft zum Filter geführt.

Das **Schälen des Reises** bezieht sich auf die Entfernung der für den Menschen unverdaulichen Spelze. Vor dem Schälen gelangt er über einen Magneten in den Vorbehälter, aus dem sich die Schäler speisen. Dieser ist mit einem Vollmelder mit Zeitglied versehen. Durch die automatische Steuerung der Getreidezufuhr aus den Rohreiszellen (s. auch 12, Verriegelung von Antrieben) wird sichergestellt, dass genügend Reis für die Schäler zur Verfügung steht. Der Unterläuferschälgang war viele Jahre hindurch die einzig geeignete Maschine zum Schälen von Reis, Hafer und Buch- und Dinkelweizen. Er ist in älteren Anlagen auch heute noch in Betrieb. Die Ergebnisse sind befriedigend, wenn das zu verarbeitende Produkt von einheitlicher Korngröße ist, sodass die Steine alle Körner zum Schälen erfassen und doch nicht zerkleinern (Abb. 10-3). Aus diesem Grunde hat man in vielen Mühlen vor die Schälung mit Unterläuferschälgängen eine umfangreiche Sortierung gesetzt und die einzelnen Größenklassen getrennt verarbeitet. Das verkompliziert den Ablauf und verlangt vom Betriebspersonal besondere Aufmerksamkeit. Außerdem erfordert das Belegen der Steine gewisse handwerkliche Fähigkeiten. Die Notwendigkeit zur Rationalisierung und die konstruktive Verbesserung des Gummiwalzenschälers haben schließlich dazu geführt, dass dieser sich durchgesetzt hat, nicht zuletzt aufgrund des erzielbaren höheren Schälgrades

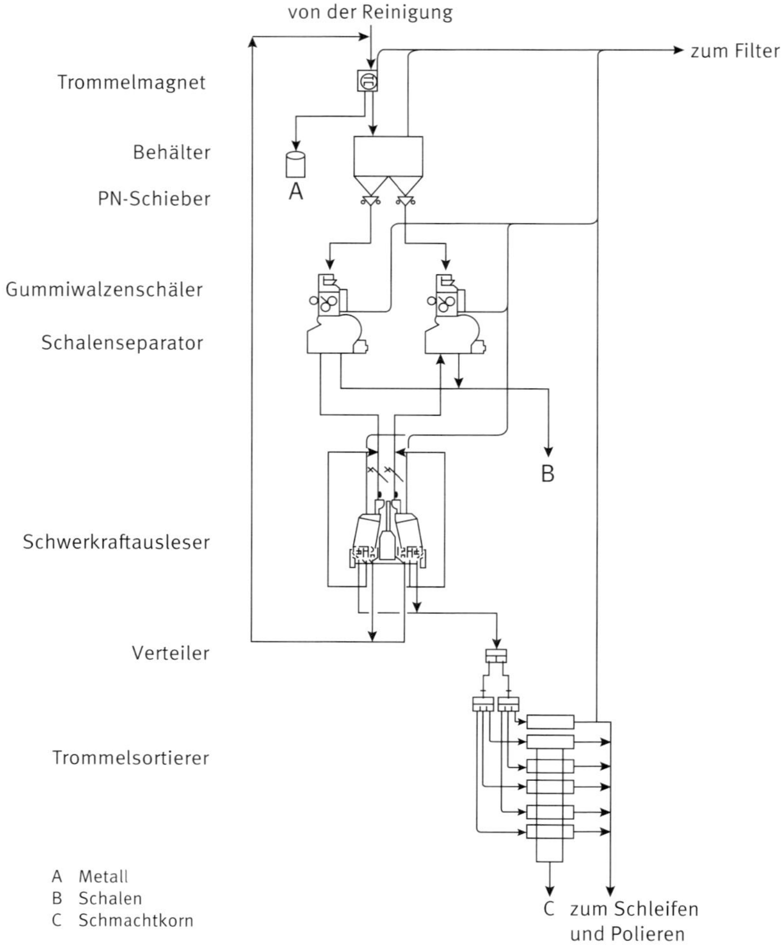

Abb. 10-29: Diagramm einer Reisschälanlage

bei geringerer Bruchbildung, höherer Durchsatzleistung und geringerem Platzbedarf. Die Gummiwalzen können nach Abnützung schnell ausgetauscht werden. Die Standzeit des Gummibelages wird wegen der unterschiedlichen Reissorten mit einer weiten Spanne angegeben, die zwischen 150 und 600 Tonnen liegt. Die Durchsatzleistung ist abhängig von der Reissorte wie z. B.: Homali, Basmati und Standard US, der Reisart: Lang-, Mittel- und Rundkorn, sowie der Bruchanfälligkeit des jeweils zur Verarbeitung anstehenden Rohreises. Generell werden mit Mittel- und Rundkornreissorten höhere Leistungen und Schälgrade erzielt. Bruchempfindliche Reissorten werden mit geringeren Leistungen und Schälgraden verarbeitet. Auch kann der Schalenanteil einen Einfluss auf die Durchsatzleistung des Schälers haben, da höhere Schalenanteile (> 20 %) schwieriger im nachfolgenden Schalenseparator zu trennen sind. Je dm Walzenlänge kann im Mittel mit 2 000 kg/h gerechnet werden.

Abbildung 10-29 zeigt das Diagramm einer Reisschälanlage mit zwei Gummiwalzenschälern, den darunter angeordneten Schalenseparator und dem doppelten Schwerkraftausleser als den wesentlichen Maschinen. Die Spelzen werden beim Durchgang durch den Schälspalt zwischen den beiden Walzen vom Reiskorn gelöst. Das geschieht durch Scherwirkung aufgrund der unterschiedlichen Geschwindigkeit der Walzen. Die Einstellung des Schälspaltes muss unterschiedlich je nach Form und Größe des Reiskorns vorgenommen werden, um eine Beschädigung der Körner zu vermeiden und doch einen möglichst hohen Schälgrad (zwischen 85 bis 95 %) zu erzielen.

Der Schälgrad wird durch das Verhältnis der Menge des geschälten zur Menge des gesamten dem Schäler zugeführten ungeschälten Produkts in Prozent dargestellt, beispielsweise werden bei der Analyse eines nach dem Schäler entnommenen Musters festgestellt:

geschälter Reis	42 g
Spelzen und Feingut	7 g
Menge des geschälten Produkts =	49 g
Ungeschälter Reis	4 g
Gesamt =	53 g
Schälgrad =	$49 \times \frac{100}{53} = 92{,}4\,\%$

Nach dem Schäler geht das als Schälgemisch bezeichnete Produkt zum Schalenseparator. Je nach Ausführung werden hier Spelzen und Schmachtkorn ausgeschieden. Während die Spelzen zur weiteren Verwertung gehen, kann das Schmachtkorn einer separaten Schälung zugeführt oder für Futterzwecke verwendet werden. In diesem Prozess wird versucht, bei der Separation die Fehlkornanteile in den einzelnen Fraktionen möglichst gering zu halten. In den Schalen sollte praktisch kein Reis enthalten sein und die Braunreisfraktion darf nur einen geringen Anteil an Schalen aufweisen, da dies den Trennungsprozess im nachfolgenden Schwerkraftausleser negativ beeinflusst.

Die Auslese des ungeschälten Reises wird auf Schwerkraftauslesern durchgeführt, die sich für diese Aufgabe heute gegen den Planausleser durchgesetzt haben. Die Auswahl der erforderlichen Type ergibt sich aus der Leistung und dem zu bearbeitenden Produkt. Die im Diagramm dargestellten Schwerteileausleser separieren das schalenfreie Schälgemisch in drei Fraktionen. Der Rohreis wird dem Schälprozess erneut zugeführt, der geschälte Reis (Braunreis) gelangt nach einer Verwiegung in die Zellen für Cargoreis. Die anfallende Mischfraktion wird dem Schwerkraftausleser erneut zugeführt. Ziel dieser Separation ist den Rohreisgehalt im Braunreis unter vier Körner pro 500 g Braunreis zu halten, um internationale Standards für Braunreis einzuhalten und die Farbsortierung im späteren Prozess nicht zu überlasten.

Für die Weiterverarbeitung in der nachfolgenden Reisschleifanlage ist alternativ eine Dickensortierung des Braunreises auf Trommelsortierern möglich. Hier werden, je nach Anwendung des Trommelsortierers, entweder Schmachtkorn oder Fremdsaaten ausgelesen. Tendenziell wird in den asiatischen Anbauländern eher Schmachtkorn separiert und in Nord- und Südamerika Fremdsaaten. Dementsprechend ändern sich die Führungen der Übergangs- und Durchgangsprodukte des Trommelsortierers.

Die Aspirationsluft für Maschinen, Elevatoren und Produktenzellen wird im Filter entstaubt und vom Lüfter ins Freie geblasen. Bei der Verarbeitung von Rohreis sind in der Planung geeignete verschleißreduzierende Maßnahmen einzuhalten, um eine entsprechende Lebensdauer der Maschinen, des Laufrohr- und Aspirationsrohrbau zu gewährleisten. Auch dürfen Stäube oder andere Aspirationsprodukte nicht mit den Produkten der Aspirationsanlage aus der nachfolgenden Schleiflinie gemischt werden.

- **Schleifen und Polieren von Cargoreis.** Das Schleifen bezweckt die Entfernung der sogenannten Silberhaut, welche fest mit dem nunmehr von der Spelze befreiten Reiskorn verwachsen ist und aus der Fruchtschale, der Samenschale und der Aleuronschicht besteht. Beim Polieren werden die Schleifriefen egalisiert und die Oberfläche des Korns geglättet, damit der Weißreis staubfrei wird, ein glänzendes Aussehen erhält und dem Konsumenten in der Verpackung einen ansprechenden Anblick bietet. Die Arbeitswerkzeuge der verwendeten Maschinen sind dementsprechend ausgebildet. Das Schleifen geschieht an einer rauen Oberfläche (Schmirgelbelag). Man nennt diese Maschinen auch abrasive-type-machines = A, während Poliermaschinen, die mit ihrem Arbeitswerkzeug aus Gusseisen das Prinzip Reibung und Druck anwenden, als friction-type-machines = F bezeichnet werden. Der Maschineneinsatz ist von folgenden Faktoren abhängig: Parboiled-Reis, Non-Parboiled-Reis, Reissorte, Reis-Type und gewünschten Helligkeitsgrad des Weißreises. Es werden zwischen zwei und fünf Schleifpassagen und zwischen ein bis drei Polierpassagen angewendet.

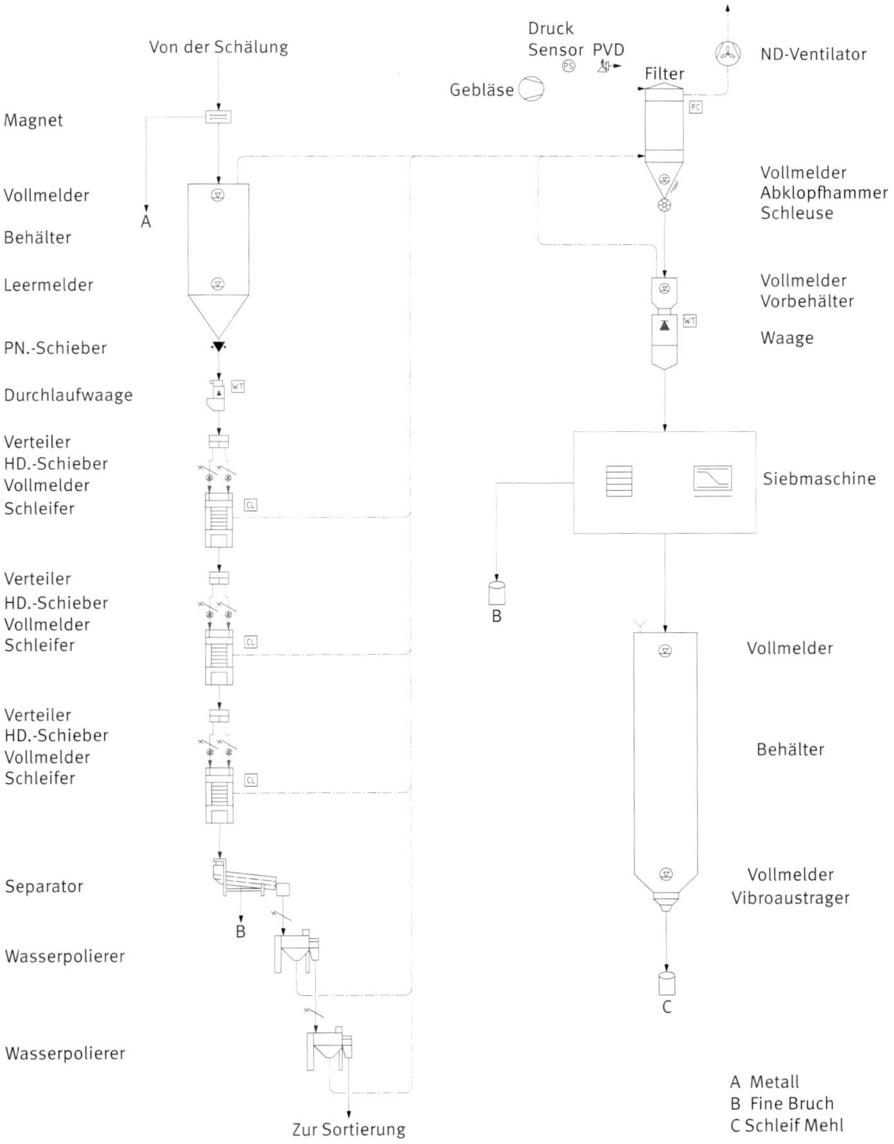

Abb. 10-30: Diagramm einer Reisschleifanlage

Entscheidend für die Endproduktqualität sind Bruchanteil, Helligkeit oder Fettanteil, sowie Oberflächenbeschaffenheit des Weißreis, wie z. B. staubfrei oder Glanz. Anders als beim Parboiled-Weißreis, wo üblicherweise der Restfettgehalt des Reises gemessen wird, gibt beim Standard-Weißreis die Helligkeit eine Aussage über den gewünschten Schleif- und Poliergrad. Die

Helligkeit wird mittels eines Laborgerätes ermittelt und gibt im Grunde die Reflektion des Weißreis gemessen gegen ein Standardweiß an.

Die in Abbildung 10-30 dargestellte Reisschleifanlage zeigt ein typisches Beispiel für eine Schleif- und Polierlinie. Der Braunreis durchläuft drei Schleif- und zwei Polierpassagen. Die Schleifmaschinen werden in ihrer Ausführung wie z. B. Umfangsgeschwindigkeit und Granulation der Schleifsteine, sowie Sieblochung der jeweiligen Passage und der Reissorte angepasst. Die Poliermaschinen haben meist nur eine Ausführungsvariante und sind somit in allen Passagen identisch ausgerüstet. Die Konfiguration der Schleifmaschinen unterscheidet sich wesentlich bei der Verarbeitung Lang-, Mittel oder Rundkornreis und weist bei den verschiedenen Langkornsorten nochmals Unterschiede in der Ausführung auf, was auch zum Teil der hohen Anzahl an Schleifpassagen z. B. bei Basmati geschuldet ist. Die Wasserpoliermaschinen benötigen zum Teil unterschiedliche Ausrüstungen, wenn ein sehr hochwertig glänzendes Endprodukt verlangt wird.

Manchmal wird der Braunreis vorweg in zwei Größenklassen sortiert, dick und dünn. Dazu sind Trommelsortierer notwendig. Somit kann die Einstellung der Maschinen an die Korngröße angepasst werden und dicke wie dünne Körner erhalten den gleichen Abschliff. Das bedeutet einen geringeren Feinanteil, also höhere Ausbeute. Bei kleineren Leistungen, die nur eine Linie erfordern, wird man allerdings diese Lösung aufgrund der doppelten Investitionskosten pro Leistungseinheit kaum wählen.

Eine große Ausnahme bei der Diagrammführung und Maschinenausrüstung bildet die Verarbeitung von Rundkornreis. Ein großes Qualitätskriterium ist hier der Grad der Entkeimung. Anders als bei der Verarbeitung von Lang- und Mittelkornreis, wo der Keim recht einfach bei Schleifen entfernt werden kann, ist der Keim vom Rundkornreis nur schwierig zu trennen, da dieser durch die Kornform praktisch nicht hervorsteht. Hier kommt in der Schleiflinie eine weitere Maschine zum Einsatz, der Entkeimer. Beim Entkeimer handelt es sich ebenfalls um eine friction-type-Maschine. Der Diagrammaufbau solch einer Schleiflinie besteht aus: einer Passage abrasiven Schleifer, ein bis zwei Passagen Entkeimer und je nach gewünschtem Endproduckt ein bis zwei Wasserpolierer. Hierbei wird ein Entkeimungsgrad von min. 95 % erwünscht.

Eine weitere Besonderheit sind die sogenannten re-milling-Anlagen, bei denen fertiger Weißreis nochmals gereinigt und über bis zu vier Polierpassagen bearbeitet wird. Hierbei wird eine extrem hochglänzende Oberfläche erzielt. Üblich sind solche Anlagen in den südostasiatischen Ländern, sowie Indien und Pakistan.

Der Braunreis durchläuft die Schleif- und eine Polierpassagen und von jeder Maschine wird Reisschleifmehl abgesaugt. Bei der Verarbeitung von Parboiled-Reis wird zum Teil Calciumcarbonat ($CaCO_3$) zugegeben, damit das Fett des Reisschleifmehls gebunden und das Verschmieren von Maschinen und Rohrleitungen reduziert wird. Die Zugabe von Calciumcarbonat ($CaCO_3$) wird in der zweiten und dritten Schleifpassage mittels Dosiergerät vorgesehen. In einigen asiatischen Ländern werden bei der Verarbeitung von Parboiled Reis, aus Kosten- oder Verfügbarkeitsgründen, Schalen statt Calciumcarbonat zugegeben. Diese erhöhen allerdings den Verschleiß der Anlage, sind schwierig zu dosieren und müssen später aufwendig vom Schleifmehl getrennt werden. Generell wird ein reines Schleifmehl gefordert, also ohne Zusätze. Dies gilt insbesondere für das Schleifmehl aus der Rohreisverarbeitung, das meistens einer weiteren Verarbeitung wie z. B. der Stabilisierung oder Ölgewinnung zugeführt wird. Dieses Schleifmehl hat einen geringen Anteil von freien Fettsäuren, da es frisch aus der Verarbeitung kommt und kann dadurch für diese Prozesse verwendet werden. Allerdings muss dies umgehend im Anschluss nach Austritt aus der Schleiflinie geschehen, da sich der Prozentsatz der freien Fettsäuren des Reisschleifmehls innerhalb kurzer Zeit stark erhöht und somit das Mehl unbrauchbar für diese Prozesse wird (s. auch Stabilisierung Schleifmehl) Teilweise und je nach Verwendungszweck, werden aus dem vom Filter abgeschiedenen Schleifmehl Reisbruch und Keime abgesiebt. Hierfür werden Turbosiebmaschinen, Vibroschleudern oder Plansichter eingesetzt. Hierbei ist zu beachten, dass das Schleifmehl einen sehr hohen Fettanteil besitzt und sich die Siebe und Maschinen dementsprechend schnell zusetzen können.

Weißreissortierung: Bei der Verarbeitung von Rohreis zu Weißreis entsteht in den einzelnen Verfahrensschritten Bruch. Man kann, abhängig von der Reissorte und Art, folgende Durchschnittswerte annehmen: Schälen ca. 3 bis 6 % Bruch, Schleifen und Polieren ca. 8 bis 12 %. Allerdings ist der Rohreis meist durch Ernte- oder Trocknungseinflüsse bereits vorbeschädigt, sodass der Gesamtbruchgehalt bis ca. 25 % beträgt. Parboiled-Reis hat aufgrund der Vorverkleisterung und der dadurch entstehenden Kornhärte einen wesentlich geringeren Gesamtbruchanteil von ca. 3 bis 6 %. Zu beachten ist, dass diese Werte Ernte- und Reissortenspezifisch stark abweichen können und daher nur als Anhaltswerte anzusehen sind.

Die letzte Verfahrensstufe vor der Verpackung, die Sortierung, hat nun die Aufgabe, diesen Bruch zu separieren und verkaufsfähige Mischungen zu erstellen. Diese enthält hierfür die folgenden Prozessschritte: Separation von Bruch, Mischerei und Farbsortierung. Für die Sortierung in Ganzreis, die

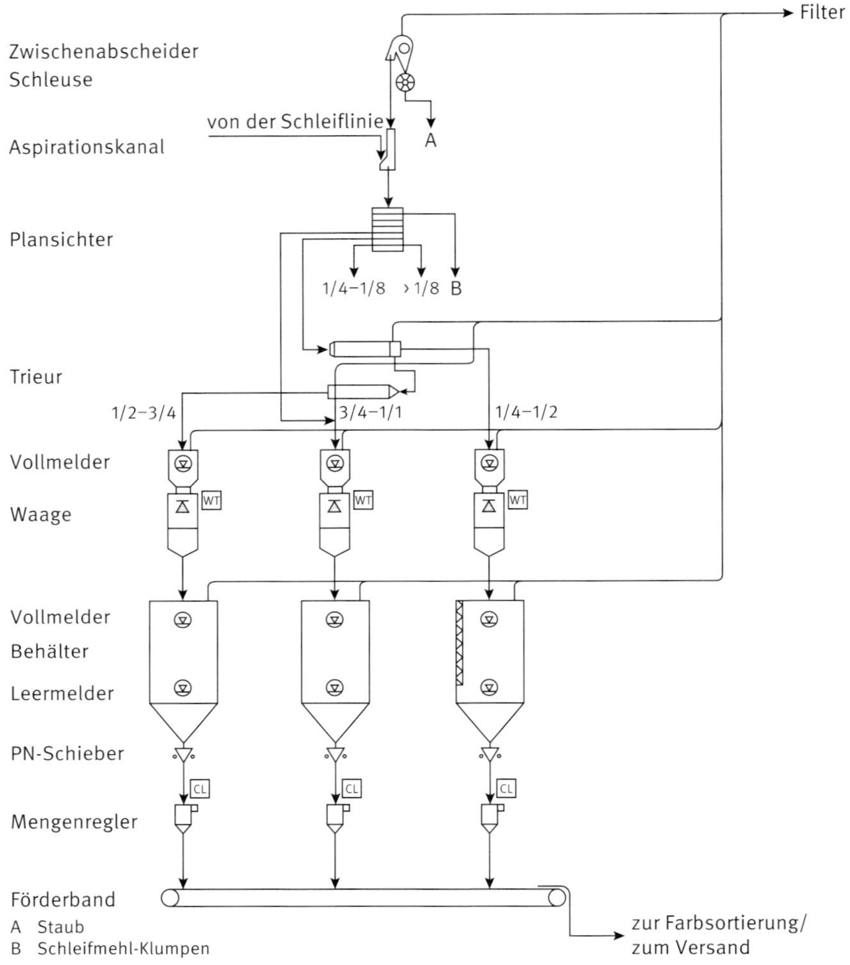

Abb. 10-31: Diagramm Weißreis-Sortier- und Mischanlage

verschiedenen Bruchsorten und Spitzen sind Plansichter und Trieure vorgesehen. Für die Errechnung der erforderlichen Siebfläche gelten folgende Werte:

Sieblochung	kg/h/m² Nettosiebfläche
• 3,5 mm Ø	1 700–2 500
• 1,6 mm li. Mw.	ca. 800–1 200
• 1,0 mm li. Mw.	ca. 200–500

Im Plansichter wird das Weißreisgemisch in den meisten Fällen in drei Fraktionen geteilt: Ganzreis, kleinste Bruchstücke, sogenannte Spitzen (tips) und die Mischfraktion bestehend aus Ganzreis und Bruchreis. Der

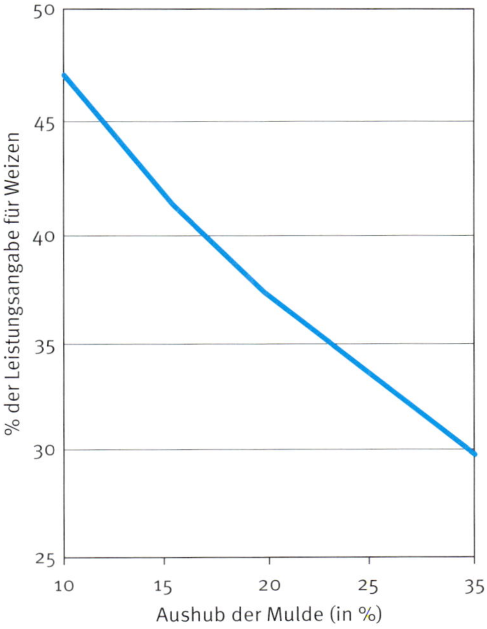

Abb. 10-32: Weißreissortierung mit Trieur

Ganzreisanteil aus dem Plansichter liegt zwischen 20–30 % je nach Reissorte und gewünschter Reinheit. Der Anteil der Spitzen liegt bei ca. 2–5 %.

Die Mischfraktion wird den Trieuren zugeführt, welche dann den Bruch separieren und in die einzelnen Bruchgrößen aufteilen. Üblich sind hier ¼ Kornlängen oder auch 1/8 wie z. B. in Thailand. Die Leistung der Trieure ist vom Bruchanteil, also von der in die Mulde zu hebenden Menge abhängig. In Abbildung 10-32 sind die prozentualen Leistungen im Vergleich zu den Angaben für Weizen dargestellt.

Die verschiedenen Fraktionen des fertig geschliffenen und sortierten Weißreises werden in Mischzellen befördert und verwogen. Der horizontale und vertikale Transport geschieht mit mechanischen Förderern oder besser mit pneumatischen Langsamförderern, die einen schonenden und entmischungsfreien Transport auch über lange Strecken ermöglichen.

Aufgrund erhöhter Ansprüche an Qualitätsreis haben in fast allen Reismühlen die automatischen Farbsortierer Eingang gefunden. Damit werden dunkle, verfärbte und kalkige Körner durch optische Inspektion ausgesondert. Die Leistung dieser Maschinen ist abhängig von dem prozentualen Anteil der verfärbten Körner im Weißreis, Art der Verfärbung, welche separiert werden soll und vom Aufbau der Sortierung, d. h. wird die gesamte Weißreismischung optisch sortiert oder die einzelnen Fraktionen separat. Die Speisung der Maschinen erfolgt durch Vibrorinnen auf die einzelnen Module. Aufgrund der unterschiedlichen Anforderungen kann man leider nur grobe Anhaltswerte für die Leistungen annehmen:

Hauptsortierung: 1 500 bis 4 000 kg/h pro Vibrorinne
Nachsortierung: 200 bis 1 100 kg/h pro Vibrorinne

Ein entscheidendes Kriterium für die Leistungsfähigkeit dieser Maschinen ist die »Ausstoß-Rate«. Dies bezeichnet das Verhältnis zwischen verfärbten und nicht verfärbten (guten) Körnern im endgültigen Ausschuss und ist ein starker wirtschaftlicher Faktor für den Reismüller. Bei hohen Durchsätzen der Rinnen werden bei jedem Ausstoß auch gute Körner mit ausgeschossen.

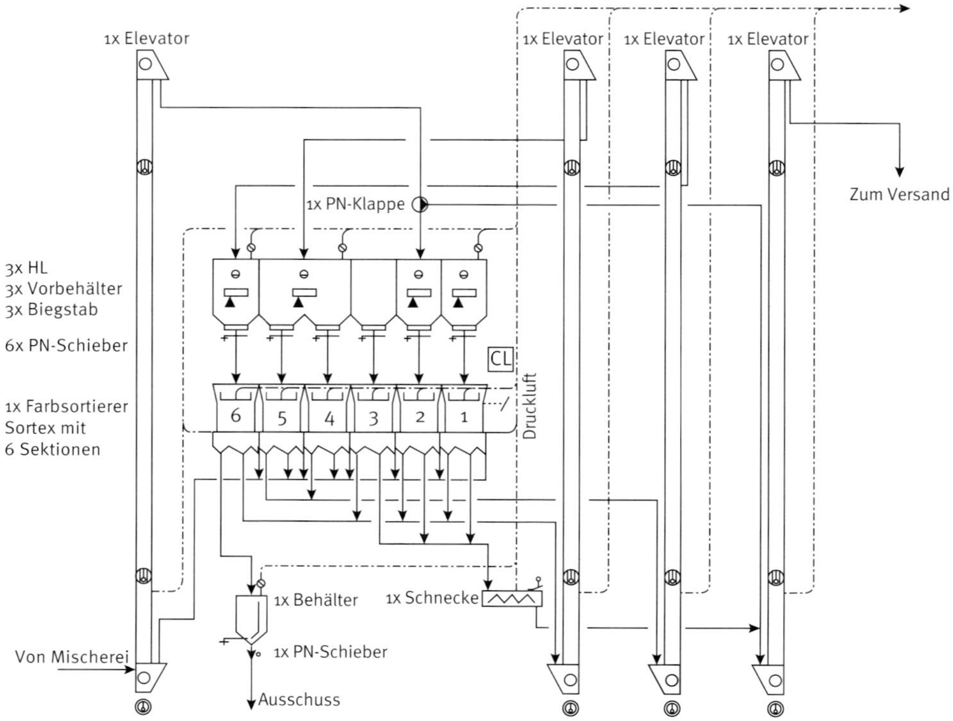

Abb. 10-33: Beispiel Farbsortieranlage mit 2-fach Nachlese (Bauart Bühler-Sortex)

Dieser Ausstoß gelangt dann zur ersten und zweiten Nachsortierung, wobei dann nur noch sehr wenige gute Körner im Abgang verbleiben. Bei leistungsfähigen Farbsortieren liegt das Verhältnis bei 1:2 (verfärbt/nicht verfärbt).

Zusammenstellung der verkaufsfertigen Reismischung. Wie bereits erwähnt, richtet sich diese an den am Markt üblichen Standards aus, die einen gewissen Anteil an Bruch erlauben. Früher wurde die Mischung direkt aus der Reissortierung kommend durch Muldeneinstellung und Verteilklappen mehr oder weniger genau zusammengestellt; in einfachen Anlagen wird dies auch heute noch so gehandhabt. Bei wesentlichen Preisunterschieden zwischen den einzelnen Qualitäten ist die genaue Einhaltung der Grenzwerte jedoch von betriebswirtschaftlicher Bedeutung. Die Entnahme aus den Mischzellen erfolgt mit kontinuierlichen Mengenreglern/Dosierwaagen, die über einem Transportband angeordnet sind. Ein mechanisches Mischen findet nicht mehr statt, um Bruchbildung zu vermeiden. Die verkaufsfertige Mischung wird nun, gegebenenfalls über die Farbsortierung, in Zellen zum Absacken bzw. zur Verpackung in Kleinpackungen gefördert. Nachfolgend eine Vergleichstabelle der in Thailand, USA und Deutschland üblichen Standards.

10.3.5 Spezialanlagen

Das **Parboilen** oder Vorkochen von Paddy ist seit den Anfängen der Reisbearbeitung bekannt. Es hat seinen Ursprung in Südostasien und Indien. Der Grund für die Anwendung war wahrscheinlich die Beobachtung, dass sich die Spelze nach dem Kochen leichter entfernen lässt. Die Methoden waren dem Zeitalter entsprechend primitiv und wenig hygienisch, sodass das Endprodukt sich nicht der gleichen Beliebtheit erfreute, die es heute genießt. Erst Anfang des zwanzigsten Jahrhunderts wurden Studien über das Vorkochen von Paddy erarbeitet. Diese führten unter anderem zu der Erkenntnis, dass die sogenannte Beriberi-Krankheit seltener in den Reisanbaugebieten auftrat, wo die Menschen ihren Nahrungsbedarf mit Parboiled-Reis anstelle von unbehandeltem Weißreis befriedigten. Beriberi ist eine Nerven-Erkrankung, die sich in Erschöpfung und Muskelschwäche äußert. Sie wird auf die mangelnde Zufuhr von Vitaminen, besonders B1 (Thiamin) zurückgeführt. Das Parboilen bewirkt die Wanderung von Vitaminen und Mineralien aus der sogenannten Silberhaut und dem Keimling in das Korninnere. Diese wertvollen Stoffe gehen also beim Schleifen und Polieren von vorgekochtem Reis nicht in das Schleifmehl, sondern bleiben für die menschliche Ernährung erhalten.

Tab. 10-7: Vergleich der Reis-Standards

	Thailand			USA						Germany		
Grade				No. 1	No. 2	No. 3	No. 4	No. 5	No. 6	Spitzenreis	Standardreis	Haushaltsreis
	Brokens (%)			4	7	15	25	35	50	5	15	25
		Size		less than ¾ and small brokens						¾ or less and small brokens		
			milling Degree	well milled		reasonably well milled		lightly milled		well milled	reasonably well milled	
100 % A	– 4	‹5,2	extra well milled	X								
100 % B	– 4,5	‹5,2								X		
100 % C	– 5	‹5,2			X							
10 %	8–12	‹4,6	well milled			X					X	
15 %	13–17	‹4	reasonably well milled				X					
20 %	18–23	‹3,8										X
25 % super	23–28	‹3,8						X				
25 %	23–28	‹3,2	ordinary milled									
35 %	33–40	‹3,2							X			
45 %	42–50	‹3,2										

Die Tabelle 10-8 zeigt die Vitamingehalte von nicht behandeltem Braunreis, Weißreis und Parboiled-Reis.

Die Verkleisterung der Stärke beim Parboilen des Paddy bewirkt außerdem eine Strukturveränderung im Korn. Dadurch erhält der Reis günstigere Verarbeitungseigenschaften hinsichtlich seiner Bruchanfälligkeit, was folglich zu einer Verbesserung der Ausbeute führt. Auf die Verbesserung der Kocheigenschaften vor dem Verzehr wurde bereits im Abschnitt Roh- und Fertigprodukt hingewiesen.

Vor der hydrothermischen Behandlung muss der Paddy von fremden Beimengungen gereinigt werden. Um einen gleichmäßigen Kochprozess zu gewährleisten, muss auch Eigenbesatz wie Bruchkorn, Reis, der schon beim Transport die Spelze verloren hat, nicht ausgereifte Körner, Schmachtkorn und Kleinkorn aussortiert werden. Das bedeutet, dass die Reinigungsanlage über den normalen Maschinenumfang hinaus mit Sortierzylindern zur Schmacht- und Kleinkornauslese und Trieuren oder Planauslesern zur Abtrennung von entspelztem Reis ausgestattet sein muss. Bei der Auslegung der Rundkornausleser ist die Abtrennung von Bruchkorn zu berücksichtigen.

Das Parboiling ist ein hydrothermischer Prozess, der die Schritte Einweichen, Dämpfen/Kochen und Trocknen mit Abstehen umfasst. Zum Einweichen wird der gereinigte Paddy in geschlossene Tanks gefüllt. Diese werden mit erhitztem Wasser geflutet. Während der Verweildauer von 4 bis 6 Stunden zirkuliert das Heißwasser. Der Paddy erreicht dabei eine Feuchtigkeit von ca. 35 %. Nach Ablassen des Wassers erfolgt das Dämpfen. Hierfür werden je nach Leistung unterschiedliche Apparaturen eingesetzt. Bei kleineren Anlagen bis ca. 1 000 kg/h, die im Chargenbetrieb arbeiten, geschieht das Kochen im selben geschlossenen Einweichtank oder im Trommelkocher. Für das kontinuierliche Kochen finden Autoklaven Anwendung. Der Paddy wird durch druckdichte Schleusen zu- und abgeführt. Ein weiteres kontinuierliches Verfahren ist das Dämpfen im vertikalen Dämpfer, der für die anschließende Wärmebehandlung durch Kontaktwärme über einer Darre angeordnet ist. Die Behandlungsdauer in der Darre beträgt etwa 60 min bei einer Temperatur im Paddy von 100 °C. Dieses Verfahren hat den Vorteil, dass es keine kostspieligen

Tab. 10-8: Vitamingehalt von unbehandeltem Braunreis, Weißreis und Parboiled Reis nach Borasio u. Gariboldi

	Braunreis unbehandelt mg/1 000 g	Weißreis mg/1 000 g	Parboiled Reis mg/1 000 g
Vitamin B1	3,55	0,65	1,35
Vitamin B2	0,66	0,26	0,40
Nicotinsäure	55,00	18,00	47,00
Vitamin E	15,25	Spuren	8,18

Druckbehälter erfordert. Das anschließende Trocknen nach dem Dämpfen/Kochen wird in drei Passagen, jeweils mit zwischenzeitlichem Abstehen durchgeführt, um den Feuchtigkeitsausgleich im Korn zu ermöglichen, und damit Spannungen und Rissbildung zu vermeiden. Man verwendet in der ersten Passage Bandtrockner oder Fließbettrockner mit Zwangsförderung. Für die folgenden Passagen werden Schachttrockner eingesetzt. Nach der letzten Trockenpassage hat der Paddy eine Feuchte von 12 %.

Stabilisierung des Reisschleifmehls. Beim Schleifen werden Frucht- und Samenschale, Aleuronschicht und Teile des Keimlings miteinander vermischt, die Zellen werden zerstört, und die Inhaltsstoffe freigelegt. Das fettspaltende Enzym Lipase beginnt das Fett abzubauen. Ebenso werden nichtenzymatische Oxydationsvorgänge beschleunigt. Die Folge ist der schnelle Anstieg der freien Fettsäuren (FFA), das Schleifmehl wird ranzig. Durch die Inaktivierung der fettspaltenden Enzyme wird dieser Vorgang erheblich hinausgezögert und die Stabilisierung des Reisschleifmehls erreicht. Diese ist immer dann notwendig, wenn Reisschleifmehl für die Speiseölgewinnung verwendet werden soll, und die Extraktion nicht sofort erfolgen kann. Dafür können Maßnahmen getroffen werden, die hinsichtlich Effektivität und Aufwand unterschiedlich sind. Das einfache Trocknen im Wirbelschichttrockner bewirkt in den ersten zwei bis drei Wochen einen verminderten Anstieg der FFA. Für eine vollständige Inaktivierung der Enzyme ist eine hydrothermische Behandlung erforderlich, bei der eine Temperatur von mehr als 100 °C über etwa 20 min gehalten werden muss. Der Temperaturanstieg wird durch direkte Dampfzugabe erreicht. Dafür werden mantelbeheizte Dämpfschnecken eingesetzt. Zum Halten der Temperatur ist die nachfolgende Schneckenlänge je nach Leistung nicht immer ausreichend. Dann werden mehrere Schnecken nacheinander angeordnet. Wenn der für die Ölgewinnung vorgesehene Extrakteur ein granuliertes Aufgabeprodukt verlangt, empfiehlt es sich, eine Pelletpresse in den Stabilisierungsprozess mit einzubeziehen. Die nachfolgende Trocknung und Kühlung erfolgt auf einem Kühlband oder im Wirbelschichttrockner.

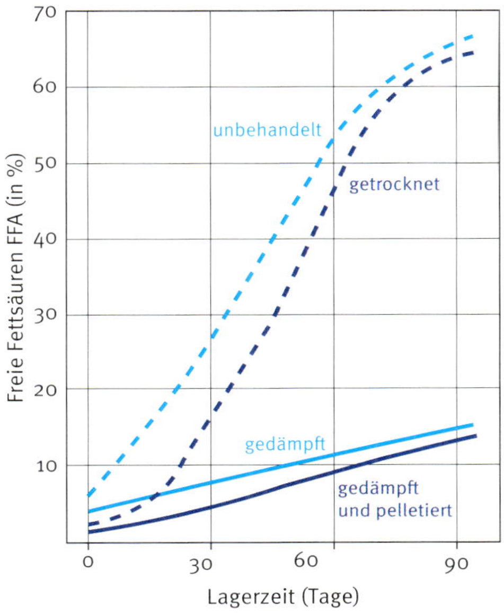

Abb. 10-34: Bildung freier Fettsäuren während der Lagerung von unterschiedlich behandeltem Reisschleifmehl.

Die in Abbildung 10-34 dargestellten Kurven zeigen die Veränderung des Gehaltes an freien Fettsäuren bei 30 °C und 75 bis 95 %

Tab. 10-9: Durchschnittliche Zusammensetzung von Reisspelzen

	Anteil in %		Anteil in %
Wasser	8–11	SiO_2	18,000
Rohfaser	40–48	davon freier Quarz	8,900
Asche i.T.	17–22	Al_2O_3	0,055
Protein i.T.	2,5–2,7	Fe_2O_3	0,050
Fett i.T.	0,4–0,6	CaO	0,210
N-freie Extraktstoffe	28–30	MgO	0,240
		SO_3	0,110

relativer Luftfeuchte während der Lagerung.

Reisspelzenverwertung: Reisspelzen haben wegen ihres hohen Rohfaser- und Siliziumgehalts keinen Wert für die menschliche Ernährung.

Die Möglichkeiten der Nutzung von Reisspelzen sind in Abbildung 10-35 aufgeführt.

In der Tierhaltung werden Spelzen als Einstreu in Geflügelstallungen verwendet, in gemahlenem Zustand als Füllstoff, besonders im Geflügelfutter. Dabei ist zu bemerken, dass der hohe Anteil an freiem Quarz in den Spelzen zu einem schnellen Verschleiß der Vermahlungswerkzeuge der Schlagmühlen führt. Der Energieverbrauch für die Vermahlung der Spelzen liegt bei 10 % Feuchte der Spelzen und 2 mm Ø Sieblochung bei 30 kWh je 1 000 kg.

Bei großen Anlagenleistungen, wo entsprechend große Mengen an Spelzen anfallen, ist ihre Nutzung zur Energieerzeugung wirtschaftlich. Spelzen haben einen unteren Heizwert (Hu) von ca. 11 700 kJ/kg und einen oberen Heizwert (Ho) von ca. 14 700 kJ/kg. Bei Verbrennung in Dampfkraftanlagen werden zur Erzeugung von 1 kWh im Mittel 4 kg, bei Vergasung und den Antrieb von Gasmotoren 1,5 kg Spelzen benötigt.

10.4 Gerste

Volker Strobel

10.4.1 Geschichte und Anbau

Die Kulturformen unserer heutigen Gerste (*Hordeum vulgare*) wird auf die Wildgerste zurückgeführt. Deren Ursprung in Mesopotamien wurde im 2. Jahrhundert v. Chr. erwähnt. Funde in ägyptischen Grabstätten und in europäischen Pfahlbauten lassen darauf schließen, dass schon ca. 3000 v. Chr. Gerste dem Menschen als Nahrungsmittel diente. Wahrscheinlich wurde sie als Brei verzehrt, oder der Brei zur besseren Haltbarkeit getrocknet und geröstet und dann gegessen. Es soll aber auch eine Art Bier aus Gerste bei den Ägyptern, Galliern und Germanen bekannt gewesen sein, wie Tacitus und Plinius berichten. Heute wird Gerste vom Äquator bis nach Norwegen und auch auf der südlichen Erdhalbkugel und in Höhenlagen bis zu 3000 m angebaut. Die besten Qualitäten wachsen allerdings im gemäßigten Kli-

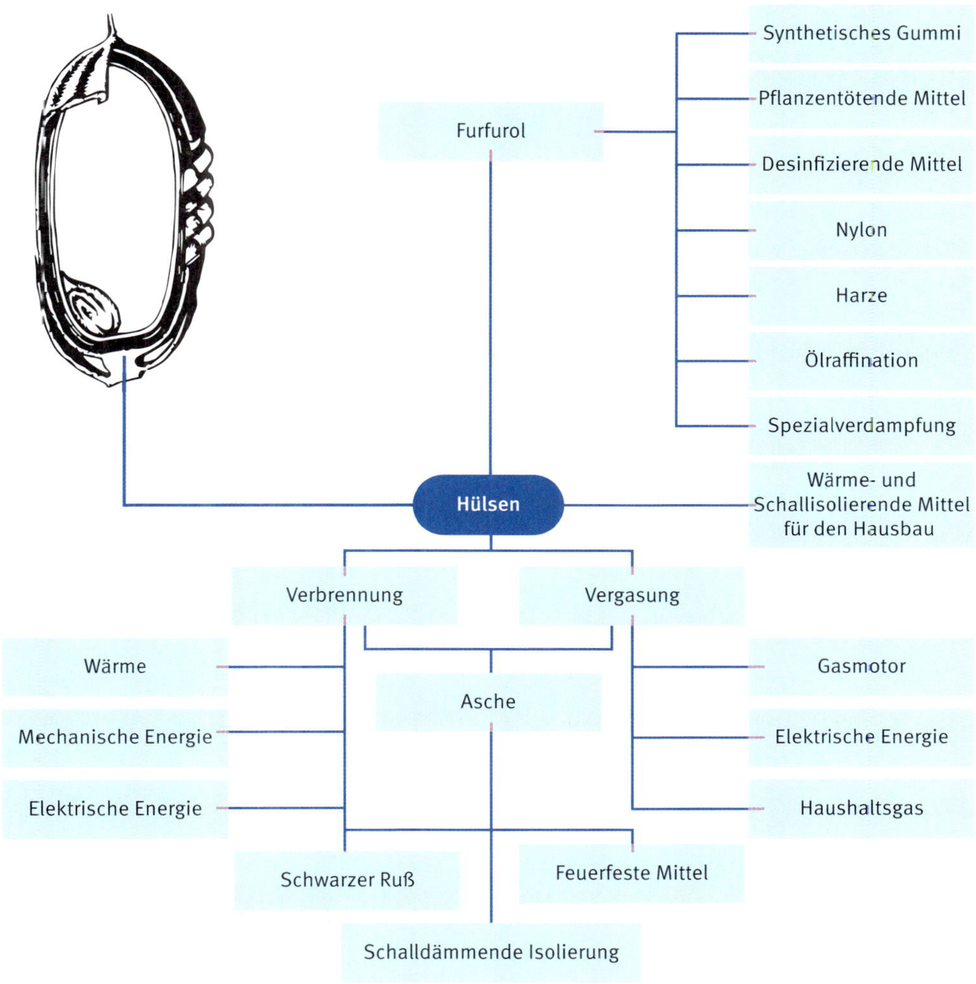

Abb. 10-35: Möglichkeiten der Reisspelzenverwertung

ma. Gerste dient heute in erster Linie zur Verarbeitung zu Gerstenmalz als Grundstoff für die Bierbrauerei und Whiskyherstellung. Ein Großteil wird auch in der Futtermittelindustrie gebraucht. In der Schälmüllerei wird Gerste zur Herstellung von Nahrungsmitteln in Form von Graupen verschiedenster Körnung und von Mehl für Diätkost verwendet. Für die Verarbeitung zu Nährmitteln wird sowohl Sommergerste als auch vierzeilige Wintergerste herangezogen. Die Mälzereien bevorzugen Sommergerste. Für die Auswahl zu Nährmitteln ist eine kurze und dicke Kornform, helles Aussehen und ein geringer Spelzenanteil entscheidend.

10.4.2 Biologischer Aufbau des Gerstenkorns

Gerste gehört zu den härtesten Getreidearten. Das Gerstenkorn ist von einer Spelze umschlossen, die an der Spitze in einer Granne endet. Diese bricht zum großen Teil beim Dreschen und Transport in den Fördergeräten ab.

Die Spelze ist fest mit der Fruchtschale verbunden. Sie ist für die menschliche Ernährung nicht geeignet und findet als Komponente in der Futtermittelherstellung Verwendung.

Die Fruchtschale wiederum ist mit der Samenschale verwachsen. Je nach Schleifgrad wird sie beim Entfernen der Spelze mehr oder weniger abgerieben.

10.4.3 Roh- und Fertigprodukte

Für die Nährmittelherstellung wird zwei- oder vierzeilige Gerste verwendet. Sie soll ausgereift, vorgereinigt, sortenrein und frei von Trocken- oder Lagerschäden sein. Es versteht sich von selbst, dass Partien mit Insektenbefall, Schimmelschäden oder Auswuchs für Zwecke der menschlichen Ernährung ungeeignet sind. Die Körner sollen gleichmäßig groß ausgebildet sein, eine helle Farbe und ein glasiges Endosperm haben.

Die Schüttdichte liegt zwischen 65 und 68 kg/hl, der Spelzenanteil bei etwa 15 %. Die Fertigprodukte sind:

Geschälte Gerstenkerne, hier wird nur die Spelze abgeschliffen.

Gerstengrütze, hierfür werden die geschälten Gerstenkerne zu Grütze geschnitten. Diese kann in unterschiedlicher Körnung hergestellt und in den Handel gebracht werden.

Graupen erhält man durch weiteres Schleifen der Kerne, wobei die Spitzen gerundet werden. Sie werden in unterschiedlicher Körnung hergestellt, die sich nach den Verzehrgewohnheiten des Marktes richtet. Dazu gehören Perlgraupen. Sie haben eine rundliche Form, die der einer Perle ähnlich ist. Dazu werden die Kerne zu grober Grütze verarbeitet, die dann,

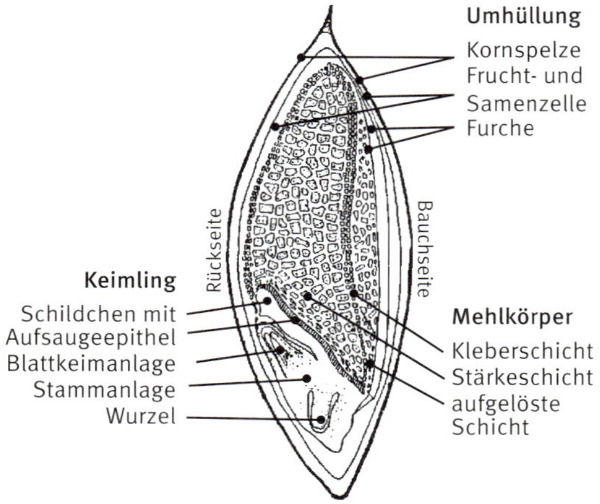

Abb. 10-36: Schnitt durch ein Gerstenkorn

Tab. 10-10: Gehalt an Mineralstoffen und Vitaminen in der Gerste

Mineralstoffe	mg/100 g	Vitamine	mg/100 g
Calcium	38,00	Vitamin B_1	0,43
Eisen	2,80	Vitamin B_2	0,18
Mangan	1,70		
Kupfer	0,30		
Zink	2,70		

auf Schleifmaschinen bearbeitet, die rundliche Form erhalten.

Gerstenflocken werden hergestellt, indem Gerstenkerne einer hydrothermischen Behandlung unterzogen und zu Flocken gewalzt werden, dann handelt es sich um Ganzkernflocken.

Wird die Gerstengrütze nach dem gleichen Prinzip behandelt, so erhält man Kleinblattflocken.

Gerstenmehl aufgeschlossen: Durch die Vermahlung von Gerstenflocken auf Walzenstühlen oder Gebläsemühlen und Absiebung auf Plansichtern erhält man aufgeschlossenes Gerstenmehl.

Tab. 10-11: Inhaltsstoffe von Gerste und Gerstenprodukten (in %)

	Gerste	Graupen	Gerstenmehl
Feuchte	12,50	11,00	10,00
Kohlenhydrate	69,00	78,30	76,30
Eiweiß	10,00	8,70	10,20
Fett	1,90	1,00	1,70
Rohfaser	4,50	0,80	0,70
Asche	2,60	1,20	1,20

Tab. 10-12: Inhaltsstoffe von Gersten-Nebenprodukten (in %)

	Futtermehl II (Gerstenspelzen)	Futtermehl I (Fruchtschale)	Futtermehl I (Gerstenabrieb)
Feuchte	10,40	10,00	13,00
Kohlenhydrate	48,30	57,90	65,20
Eiweiß	1,40	14,90	11,80
Fett	0,30	3,60	2,20
Rohfaser	34,00	8,60	4,60
Asche	5,60	5,00	3,20

Nebenprodukte

- Futtermehl II, dieses beinhaltet die in der ersten und zweiten Schleifpassage anfallenden Gerstenspelzen mit geringen Anteilen der Fruchschale.
- Futtermehl I enthält die Fruchtschale und den Abrieb, der beim Grützeschneiden und Rundschleifen (Rollen) der geschälten Gerste entsteht.
- Gerstenschalen aus der Reinigung werden meist gemahlen dem Futtermehl II zugemischt

Tab. 10-13: Handelsübliche Graupenqualitäten

Land	Qualitätsgruppe	Ausbeute %	Nr.	Durchfall	Übergang
				Körnung = Sieblochung Durchmesser in mm	
Frankreich	A	35–40	5/0	1,50	
			4/0	1,75	1,50
			3/0	2,00	1,75
			2/0	2,25	2,00
			0	2,50	2,25
Deutschland	B	40–45	1	2,75	2,50
			2	3,00	2,75
			3	3,25	3,00
	C	55–60	4	3,50	3,25
			5	4,50	3,50
			6	5,50	4,00

Wie oben erwähnt, werden Graupen in verschiedenen Größenklassen angeboten. Die Tabelle 10-13 zeigt eine Zusammenstellung in Deutschland und Frankreich üblicher Handelssorten.

Tab. 10-14: Schüttdichte von Gerste und Gerstenprodukten

	kg/m³
Vorgereinigte Rohgerste	650–680
Geschälte Gerstenkerne	750
Gerstengrütze	680–700
Grobe Graupen, C4–C6	750
Mittlere Graupen, B1–B3	750
Perlgraupen A/B 5/0-A/B 0	720
Gerstenflocken	320–350
Futtermehl I	400
Futtermehl II	300

Graupen der Qualität B Nr. 3 fallen z. B. durch ein Sieb mit 3,25 mm Ø und gehen über ein Sieb mit 3,00 mm Ø.

10.4.4 Verarbeitung von Gerste

Die Auslegung einer neu zu projektierenden Anlage richtet sich nach den Gegebenheiten des Absatzmarktes. Die Verarbeitung von Gerste umfasst nicht in jedem Betrieb die Produktion der gesamten Palette der erwähnten Endprodukte, wie sie im Folgenden beschrieben wird. So kommen auch einfachere Schleiflinien zum Einsatz, auf denen die Gerste in wenigen Stufen so lange geschliffen wird, bis die gewünschte Graupengröße erreicht wird. Dies ist in der Regel aber mit Ausbeuteverlusten verbunden.

In Abbildung 10-37 sind die einzelnen Verfahrensschritte schematisch dargestellt und die Mengenströme in Prozent angegeben. Dabei handelt es sich um Mittelwerte, die einer gewissen Schwankungsbreite je nach Herkunft und Qualität des Rohprodukts unterliegen.

Die Herstellung von Nährmitteln aus Gerste zielt nicht nur auf die Entfernung der Spelze ab, sondern das Korn erfährt eine Veränderung seiner äußeren Form, indem es in Grütze, Graupen, Perlgraupen oder Flocken umgewandelt wird. Das geht mit einer Verminderung am Endospermanteil einher, um welche die Ausbeute des angestrebten Hauptprodukts verringert wird. Bei Graupen der Qualitätsklasse »A« (Perlgraupen) etwa muss mit einem Anfall von im Mittel 38 % Roll- und Poliermehl, das in der Futtermittelverarbeitung verwertet wird, gerechnet werden, um dem Korn eine perlenähnliche Form zu verleihen. Wie das Schema zeigt, gliedert sich der Prozess in die Schritte Reinigen, Schälen, Grützeschneiden, Rollen und Sortieren.

Die Abbildung 10-38 zeigt den Ablauf und den Maschineneinsatz für das **Reinigen der Gerste.** Die Gerste wird vom Silo in Tageszellen übernommen. Unter diesen Zellen ist eine Dosierwaage (5) angeordnet, welche die Durchlaufmenge registriert und gleichzeitig die Leistung nach Vorgabe auf die nachfolgenden Maschinen dosiert. Zum Ausscheiden von Eisenteilen ist der Stutzmaschine (2) ein Magnet (1) vorgeschaltet. Entgegen der üblichen Anordnung in Getreidereinigungsanlagen wird hier als erste Maschine eine Stutzmaschine eingesetzt. Sie dient zum Entfernen der Grannen und zum Auflösen von Doppelkörnern. Durch diese Anordnung kann die Siebbespannung des folgenden Getreidereinigers (3) entsprechend der Korngröße der Gerste gewählt werden, ohne dass mit Grannen behaftete Gerste und

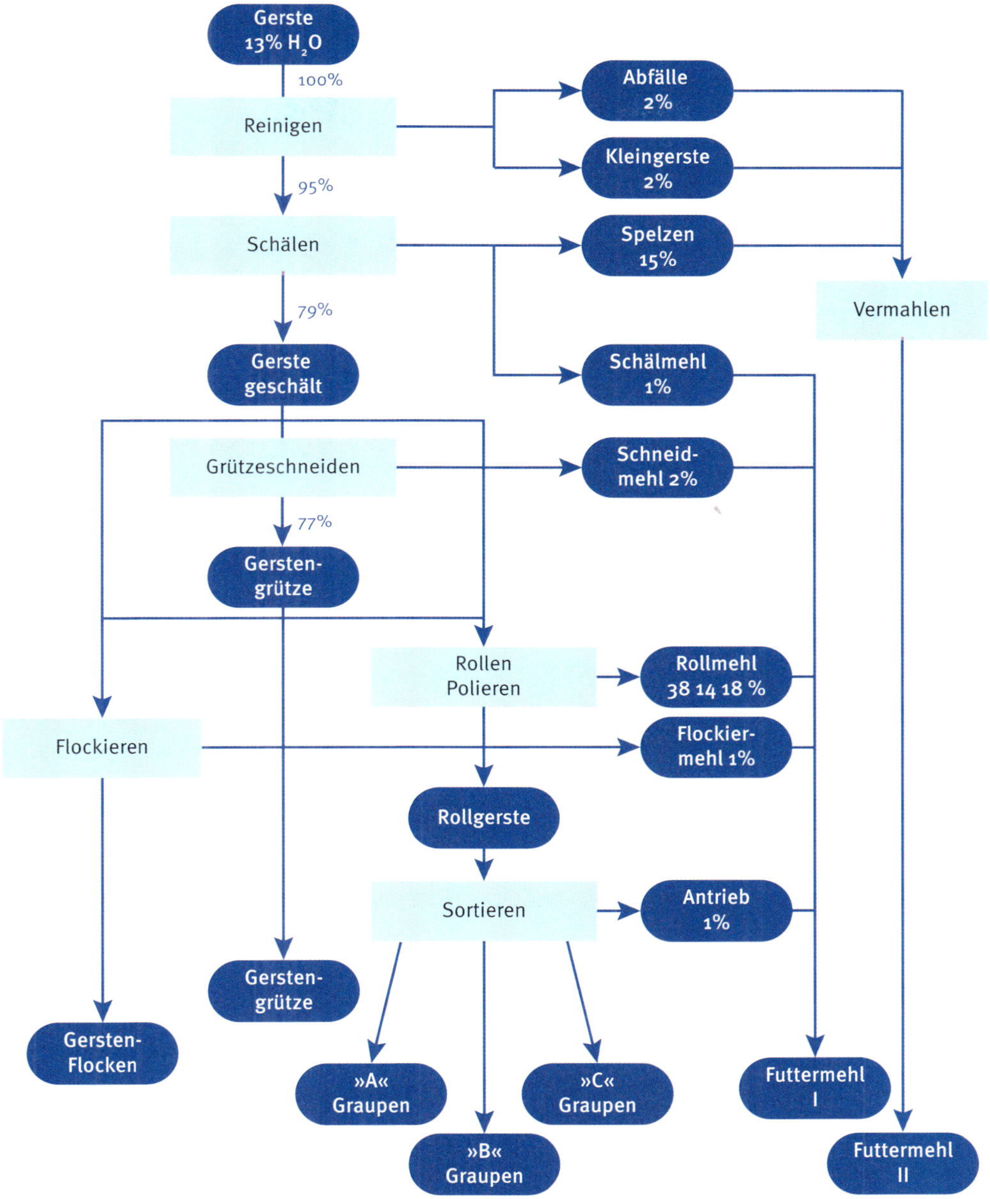

Abb. 10-37: Ablaufschema einer Gerstenverarbeitung

Doppelkörner über das Vorsieb abgestoßen werden und in die Reinigungsabgänge gelangen. Voraussetzung hierfür ist eine wirkungsvolle Vorreinigung im Silo, wo grobe Beimengungen aussortiert worden sind. Sowohl der Getreidereiniger als auch der nachfolgende Steinausleser (4) können vorteilhaft für

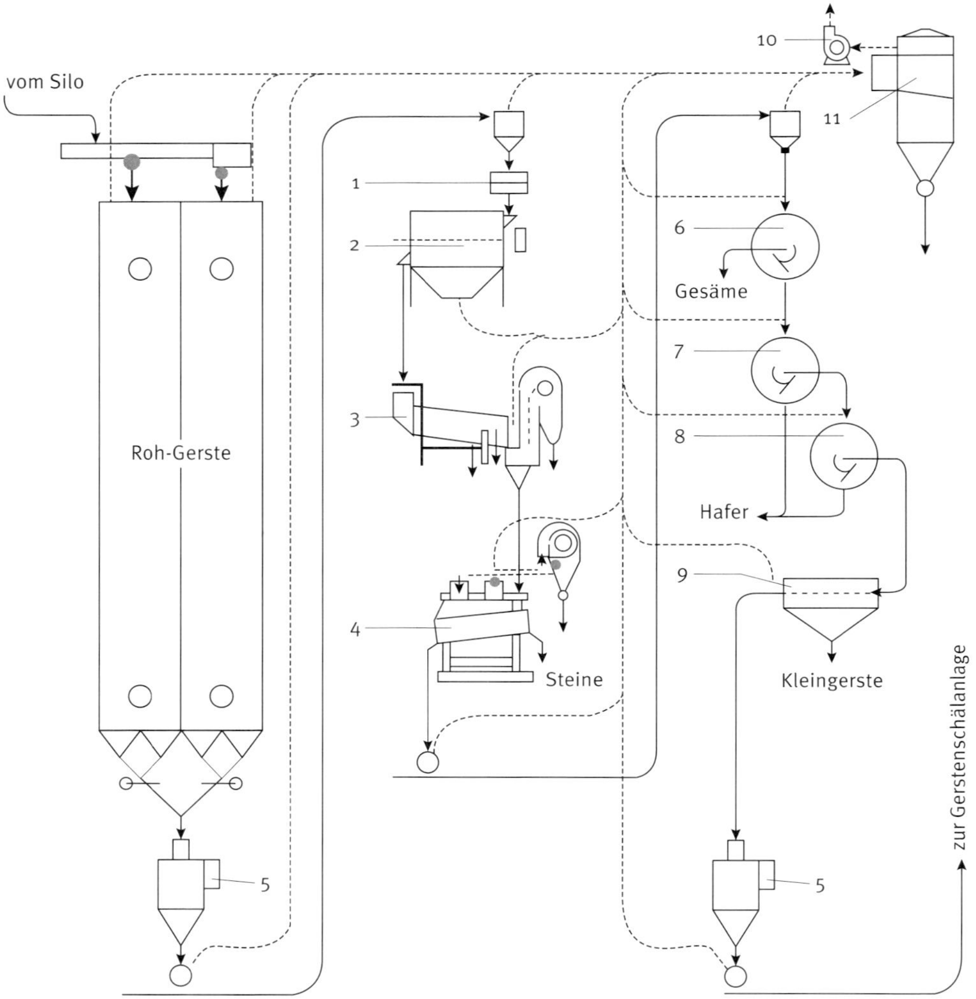

1 Magnet
2 Stutzmaschine
3 Getreidereiniger mit Umlufttarar
4 Steinausleser mit Umluft
5 Waage (Dosieren, Wiegen)
6 Rundkorntrieur
7 Langkorntrieur
8 Langkorntrieur
9 Trommelsortierer
10 Ventilator
11 Filter

Abb. 10-38: Diagramm einer Gerstenreinigung

Umluftbetrieb eingerichtet werden. Gesäme wird vom Rundkorntrieur (6) ausgelesen, Langkorn, insbesondere Hafer, auf zwei nacheinander geschalteten Langkorntrieuren (7 und 8). Der Trommelsortierer (9) hat die Aufgabe Kleingerste auszusortieren, welche beim Schälen nur ungenügend oder gar nicht behandelt würde. Die Waage (5) dient zur Erfassung der gereinigten Gerste vor der Schälung. Durch Subtraktion kann man auch die Menge Reinigungsabgänge ermitteln.

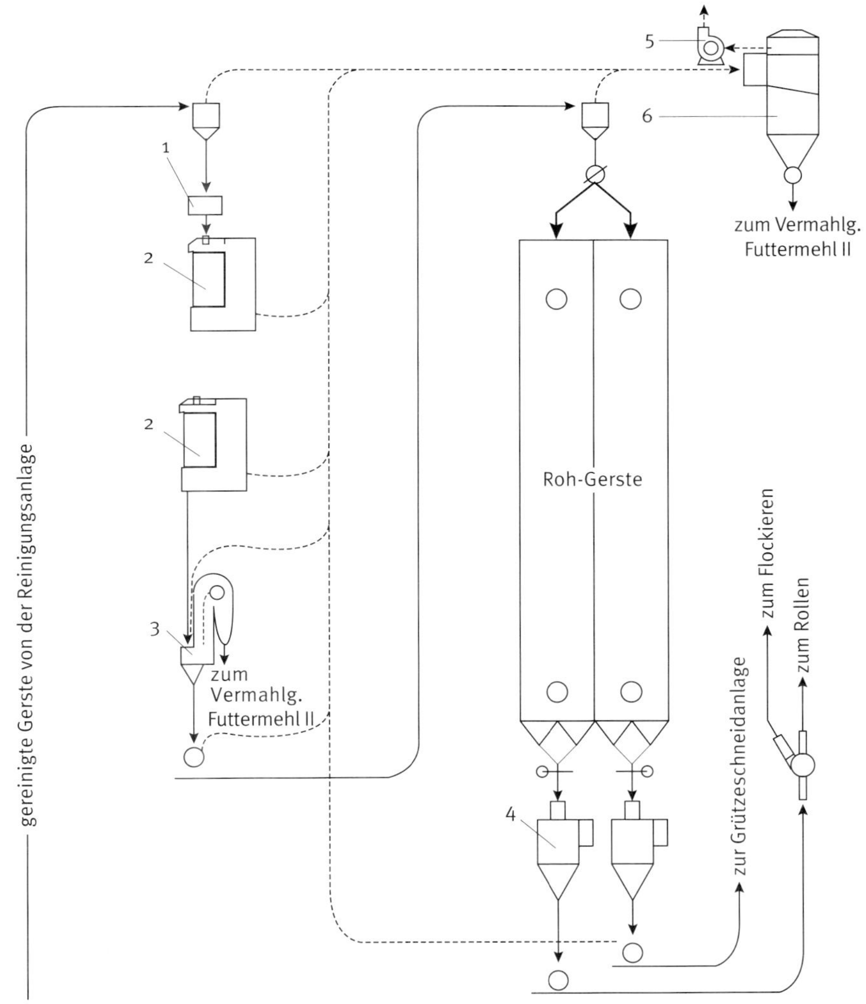

1 Magnet
2 Vertikalschleifer
3 Umlufttarar
4 Waage
5 Ventilator
6 Filter

Abb. 10-39: Diagramm einer Gerstenschälanlage

Gerste schälen: Das Entfernen der mit dem Kern verwachsenen Gerstenspelze erfolgt in zwei Passagen mit Vertikalschleifern (2). Das Schälen der Gerste geschieht zwischen der rauen Oberfläche der mit Schmirgel belegten Schleifringe und dem sie umgebenden Siebkorb.

Die Körnung des Schmirgelbelags (24 bzw. 30) und die Sieblochung (1,5 mm Schlitzweite) werden entsprechend der Aufgabenstellung gewählt. Der Rotor hat eine Umfangsgeschwindigkeit von ca. 25 m/s. Der Energieaufwand für das

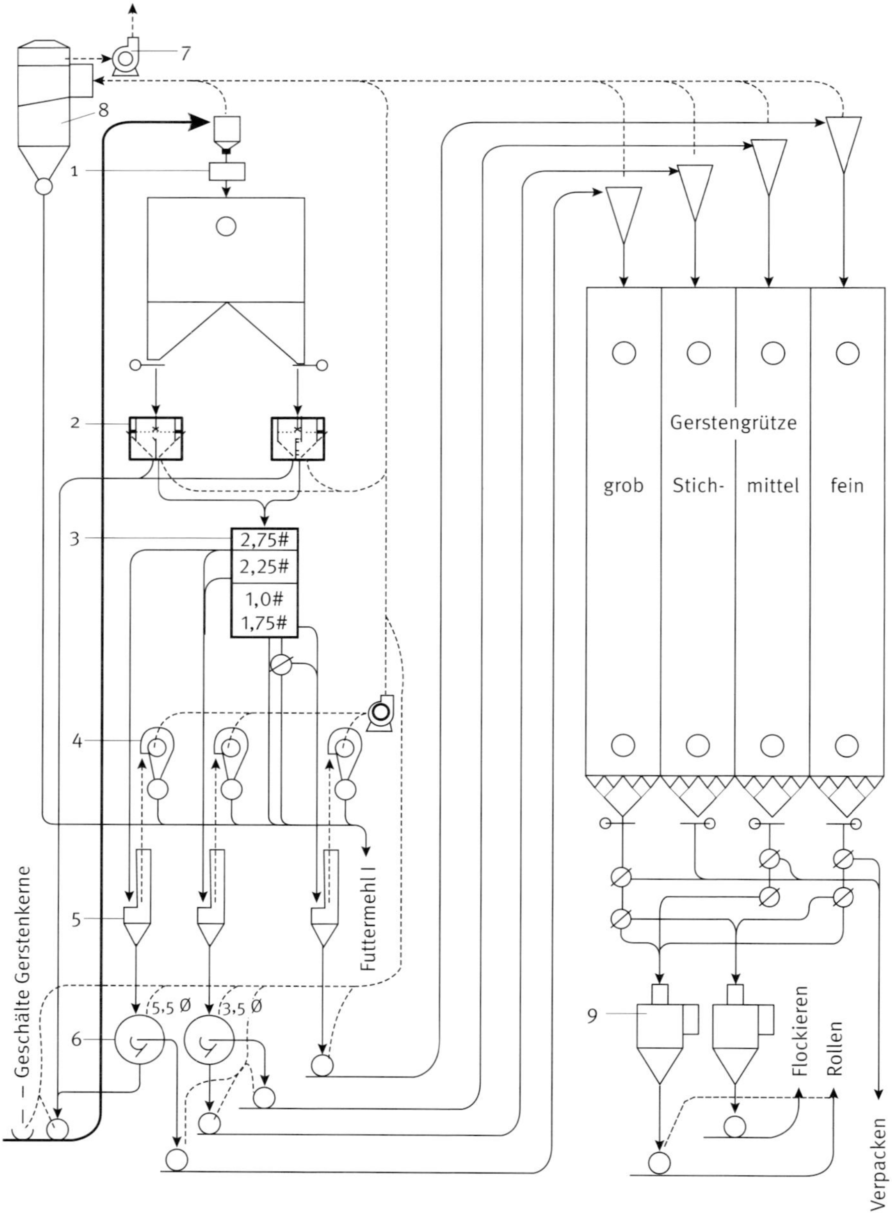

1 Magnet
2 Grützeschneider
3 Plansichter
4 Zwischenabscheider
5 Steigsichter
6 Trieur
7 Ventilator
8 Filter
9 Waage

Abb. 10-40: Grützeschneidanlage für geschälte Gerste

Schälen von Gerste ohne Leerlaufbedarf der Maschine liegt bei 8 kWh je 100 kg Abschliffmenge. Die Spelzen fallen zum großen Teil durch den Siebkorb, werden abgesaugt und im Filter (6) abgeschieden. Die Restspelzen werden im Umlufttarar (3) abgetrennt, bevor die geschälte Gerste in die Behälter zur Zwischenlagerung vor der Weiterverarbeitung zu Grütze, Graupen oder Flocken gefördert wird.

Das **Grützeschneiden** hat die Verkürzung der Zubereitungszeit vor dem Verzehr und ein ansprechenderes Aussehen des Endprodukts zum Ziel. Die geschälte Gerste wird über einen Magneten (1) in einen Vorbehälter gefördert. Die Zufuhr wird über den dort installierten Vollmelder mit Zeitglied gesteuert. Unter diesem Behälter sind die Grützeschneider (2) angeordnet. Für das Schneiden von Gerstenkernen wählt man erfahrungsgemäß Trommeln mit 4,2 mm Lochdurchmesser. Bei Bestellung neuer Trommeln sollte man mit der Einsendung eines Durchschnittsmusters von Gerstenkernen die Empfehlung der Lieferfirma einholen. Die Auswahl der konischen Unterlegscheiben zwischen Messer und Messerkorbring zur Erzeugung der gewünschten Grützekörnung »grob« bis »fein« wird durch die Nachfrage nach den verschiedenen Grützen bestimmt. Dabei ist zu berücksichtigen, dass auch bei der Ausrüstung mit Keilen für grobe Grütze mit ca. 15 % Anfall durch das Sieb mit 2,25 mm li. Mw. des Sortierplansichters, also feiner Grütze, zu rechnen ist (Abb. 10-20, unteres Bild; dort ist erkennbar, dass beim letzten Schnitt – je nach Länge des Korns – ein kürzerer Rest entstehen kann). Um die gewünschten Anteile der Grützeklassen zu erhalten, können natürlich auch unterschiedlich bestückte Messerkörbe kombiniert werden. Die Leistung von Grützeschneidern ist von Größe und Anzahl der Lochtrommeln, also von der Anzahl der Löcher, abhängig, sowie von der Körnung der herzustellenden Grütze. Der Überlauf wird zusammen mit dem Mantelprodukt (5,5 mm Zellen-Ø) des Trieurs zum Vorbehälter zurückgeführt. Für die Sortierung werden meist Plansichter (3) eingesetzt, wo auch das Schneidmehl, < 1 mm li. Mw., abgesiebt wird. Die dabei anfallenden Größenklassen werden getrennt auf Steigsichter (5) geführt, um noch evtl. vorhandene. Spelzen- und Leichtteile abzusaugen. Zur leichteren Kontrolle und einfacheren Einstellung der Luftklappen ist jedem Steigsichter ein Zwischenabscheider (4) zugeordnet. Für die Übergänge 2,75 und 2,25 mm li. Mw. der Plansichtersiebe sind Trieure (6) eingesetzt. Das Mantelprodukt des Trieurs mit 3,5 mm Zellen-Ø ist »Stichgrütze«; das sind Körner, welche längs des Spaltes gebrochen – also dünner – sind, deswegen nicht geschnitten wurden und im Plansichter senkrecht durch das Sieb 2,75 mm li. Mw. treten konnten. Die verschiedenen Grützen werden in Zellen zwischengelagert, von wo aus sie zur Weiterverarbeitung mittels Dosierwaagen (9) entnommen

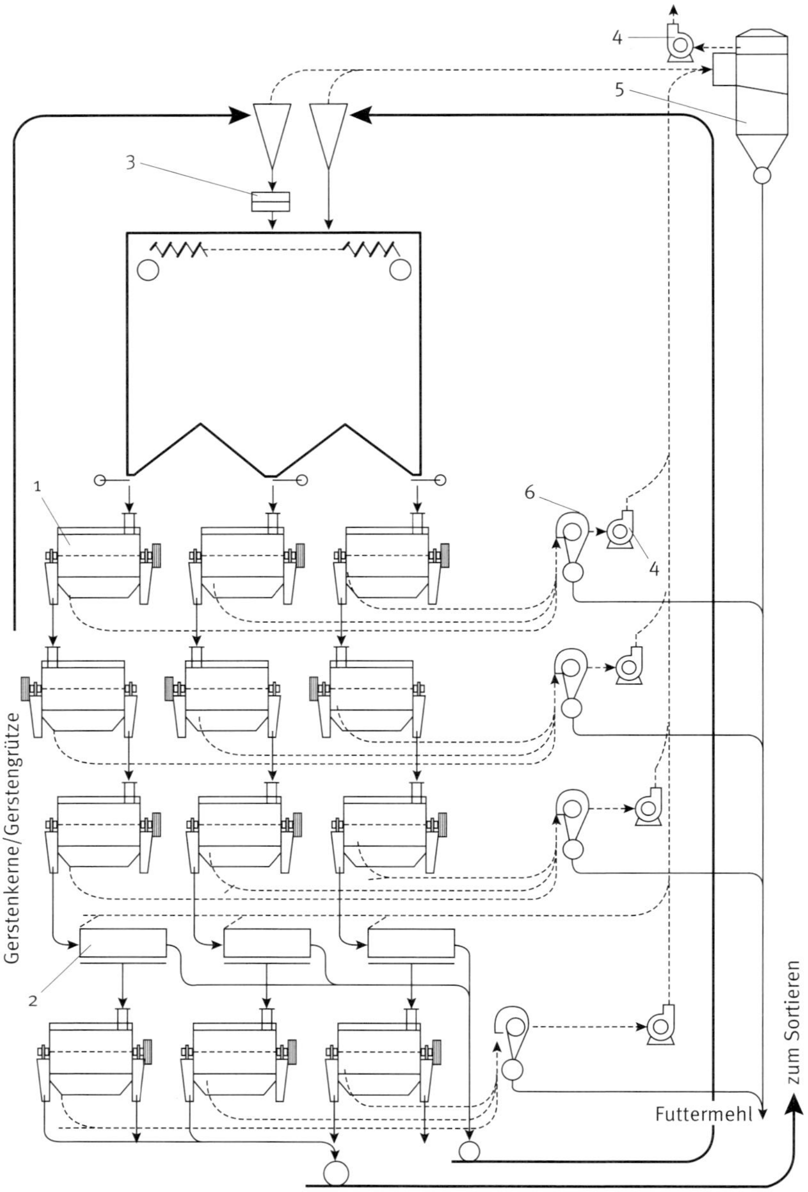

1 Horizontalschälmaschine
2 Trommelsortierer
3 Magnet
4 Ventilator
5 Filter
6 Zwischenabscheider

Abb. 10-41: Gersten-Roll- und -Polieranlage (Prinzip)

werden können. Das Schneidmehl und die Aspirationsprodukte werden zu Futtermehl I geführt.

Für das **Rollen und Polieren von Gerstenkernen bzw. Grütze** wird das Produkt aus den betreffenden Zellen in einen Vorbehälter übernommen, der die Maschinen der Schäl- und Polieranlage speist. Zuvor hat das Produkt einen Magneten (3) passiert, der die Maschinen vor Beschädigung durch Eisenteile schützt.

Das Rollen geschieht auf Horizontalschälmaschinen (1) oder heute auch auf den Hülsenfrüchteschäler »Pulsroll«, in denen – aufgrund der horizontalen bzw. schrägen Lage des Rotors – auch die Kornspitzen abgeschliffen werden. Schleifmaschinen mit vertikal angeordnetem Rotor sind für diesen Zweck weniger geeignet, da sie vornehmlich in der Längsachse des Korns, also über den Bauch, schleifen. Im vorliegenden Diagramm sind drei Linien mit jeweils drei Schleif- und einer Polierpassage angeordnet. Die Graupen, die noch die maximale Größe überschreiten, werden nach der 3. Schleifpassage auf Trommelsortierern (2) abgetrennt und zum Vorbehälter zurückgeführt. Die Aspirationsluft der einzelnen Maschinen wird getrennt nach Schleifpassagen in Zwischenabscheider (6) geführt. Damit wird die Kontrolle der abgehenden Produkte erleichtert und das Personal kann die Ursache von Unregelmäßigkeiten, z. B. Siebbruch, schneller orten. Das dargestellte Diagramm sieht vor, dass die verschiedenen Qualitätsklassen (A, B, C) nacheinander diesen Anlagenteil durchlaufen. Das erlaubt eine größere Flexibilität hinsichtlich der jeweils herzustellenden Partie. Wenn die drei Linien die Qualitätsklassen parallel herstellen sollen, ist der Vorbehälter entsprechend geteilt vorzusehen. Das hätte den Vorteil, dass der Siebwechsel für die Aussortierung der Übergröße bei jedem Produktwechsel entfallen kann. Voraussetzung wäre allerdings, dass die drei Qualitätsklassen in gleicher Menge herzustellen wären, wenn die Maschinen gleichmäßig ausgelastet werden sollen. Die fertig geschliffenen und polierten Graupen werden dann zur Sortieranlage überhoben.

Die **Gerstengraupensortierung** ist im Diagramm gemäß Abbildung 10-42 dargestellt, dem die in der Tabelle 10-13 aufgeführten Graupenqualitäten zugrunde liegen.

Daraus ergibt sich eine Sortierung in elf Größenklassen; die Anzahl kann aber auch an die Erfordernisse angepasst werden. Für die Sortierung eignet sich am besten die Siebung auf Plansichtern, die eine breit gefächerte Aufteilung innerhalb einer Maschine ermöglichen. Die Sortierung erfolgt auf Siebblechen mit Rundlochung. Die Siebfraktionen über 4 bzw. 3,5 mm Lochdurchmesser werden auf Trieuren nochmals nach Länge sortiert. Körner, die wegen ihrer Länge > 5,5 mm als Mantelprodukt des Trieurs anfallen, werden zur Roll- und Polieranlage zurückgeführt. Der beim Sortieren entstandene Abrieb wird mithilfe von Steigsichtern abgesaugt. Auch hier sind Zwischenabscheider für je sechs Steigsichter vorgesehen, um schneller herauszufinden, an welcher

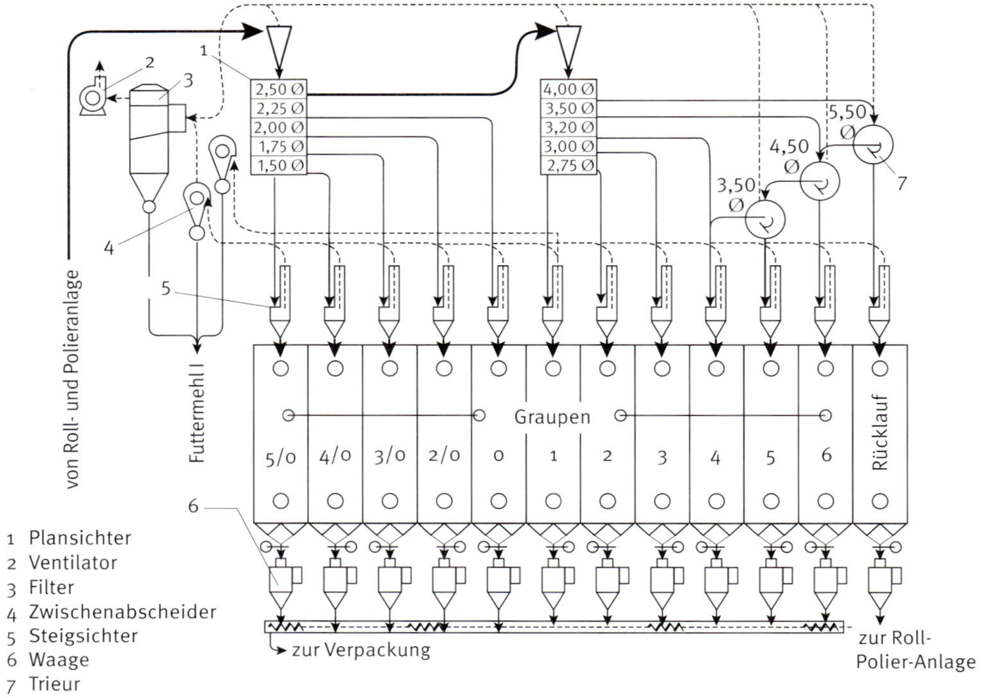

Abb. 10-42: Gerstengraupensortieranlage (Prinzip)

Maschine die Absaugung evtl. zu stark eingestellt ist. Unter den Behältern für die einzelnen Graupenklassen sind Dosierwaagen angeordnet. Diese können außer zur dosierten Entnahme und Gewichtsregistrierung auch zum Mischen dienen, wenn der Markt nach Zwischenqualitäten verlangt. Die von der Aspiration aus Zwischenabscheidern und Filter anfallenden Feinprodukte werden dem Futtermehl I zugeführt.

10.5 Hafer

Volker Strobel

10.5.1 Geschichte und Anbau

Die Herkunft des uns bekannten Saathafers (*Avena sativa*) ist nicht in den Kulturen Mesopotamiens und Ägyptens zu suchen, wo Gerste und Weizen ihren Ursprung haben. Der Hafer war dort als Nahrungsmittel unbekannt. Dagegen geben Funde von Hafer aus der Bronzezeit in den Pfahlbausiedlungen am Bodensee und in Dänemark den Hinweis, dass er in Europa angebaut wurde und den hier ansässigen Menschen als Nahrung diente. Den Römern galt der Verzehr von Hafer als eine sonderbare Eigenart der Germanen. Mit dem Vordringen südlicher Lebensart veränderten sich auch die Ernährungsgewohnheiten nördlich der Alpen, und dem Hafer wurde die Rolle des Kraftspenders für Pferde zugeteilt. Später drängte sich sogar der Eindruck auf, dass nur Getreide mit der Eignung zur Brotbereitung vor Hungersnöten bewahre. Trotzdem hat Hafer als Grundnahrungsmittel der ärmeren Bevölkerung im nördlichen Europa ihr Überleben über Jahrhunderte gesichert. Heute findet der Hafer aufgrund seiner hervorragenden ernährungsphysiologischen Eigenschaften weithin Anerkennung. Hafer wird vom 45. bis zum 65. Breitengrad angebaut. Er bevorzugt ein kühles und feuchtes Klima, gilt als anspruchslos und gedeiht auf jedem Boden. Zwei Drittel der Welthaferernte werden in Russland und dem übrigen Europa eingebracht, danach folgen USA, Kanada und Australien.

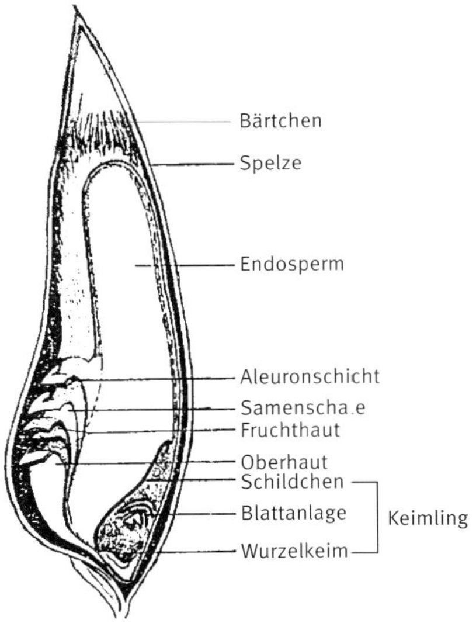

Abb. 10-43: Schnitt durch ein Haferkorn

10.5.2 Biologischer Aufbau

Hafer gehört, wie der Reis, zu den Rispengräsern. Der Fruchtstand ist eine 15 bis 30 cm lange Rispe, die aus einem zentralen Teil und seitlich verzweigten Ästen besteht. Diese tragen zwei bis drei spelzblütige Ährchen. Die Außenkörner dieser Ährchen entwickeln sich früher und stärker als die Innenkörner, haben eine länglichere Kornform und einen festeren Spelzenschluss als die Innenkörner.

Die verschiedenen Bestandteile des Haferkorns haben eine unterschiedliche Bedeutung für die Ernährung. Der Keimling mit Blattanlage und Schildchen macht knapp 3 % des entspelzten Korns aus. Das Endosperm oder der Mehlkörper enthält die Nährstoffreserven für den sich nach der Aussaat zur Pflanze entwickelnden Keimling. Der Anteil des Endosperms am entspelzten Korn beträgt etwa 62 %. Es ist von den Aleuronzellen umgeben. Samenschale, Frucht- und Oberhaut bilden die äußere Schicht, die dem entspricht, was man bei der Mehlherstellung als Kleie bezeichnet. Sie wird aber nicht entfernt, sondern verbleibt als wertvoller Träger von Eiweiß- und Ballaststoffen mit einem hohen Anteil an löslicher Rohfaser in den Haferflocken. Die den Haferkern schützende Spelze ist für den menschlichen Organismus nicht verdaulich. Sie hat am Gesamtkorn einen Anteil von etwa 26 %. Ihre Entfernung ist eines der wesentlichen Anliegen des Hafermüllers.

Besonders zu erwähnen ist der hohe Anteil an essenziellen Aminosäuren

Tab. 10-15: Gehalt an Mineralstoffen und Vitaminen im Hafer und in Haferflocken

Mineralstoffe	Hafer mg/100 g	Haferflocken mg/100 g	Vitamine	Hafer mg/100 g	Haferflocken mg/100 g
Calcium	79,60	66,00	Vitamin B1	0,52	0,40
Eisen	5,80	3,60	Vitamin B2	0,17	0,14
Mangan	3,70	3,70			
Kupfer	0,47	0,47			
Zink	4,00	4,00			

Tab. 10-16: Essenzielle Aminosäuren, Bedarf und Gehalt in Hafer- und Gerstenmehl

Aminosäure	Tagesbedarf in g	Aminosäuregehalt in 100 g Mehl aus	
		Hafer	Gerste
Valin	0,80	0,89	0,50
Leucin	1,10	1,12	0,69
Isoleucin	0,70	0,77	0,42
Methionin + Cystin	1,10	0,54	0,34
Threonin	0,50	0,49	0,33
Phenylalanin + Tyrosin	1,10	1,35	0,87
Tryptophan	0,20	0,19	0,12
Lysin	0,80	0,55	0,33

im Eiweiß des Hafers. Sie sind für den Aufbau der Zellen des menschlichen Körpers unentbehrlich, da sie nicht im Körper selbst gebildet werden können, sondern mit der Nahrung aufgenommen werden müssen. In der Tabelle 10-16 ist der Tagesbedarf an essenziellen Aminosäuren dem Gehalt im Hafermehl und Gerstenmehl gegenübergestellt. Es ist erkennbar, dass mit dem Verzehr von 100 g Hafermehl oder Haferflocken der Bedarf bei sechs dieser Aminosäuren gedeckt werden kann. Das Defizit lässt sich durch die Zugabe von Milch ausgleichen, d. h. dass der tägliche Bedarf an essenziellen Aminosäuren durch den Verzehr von 100 g Haferflocken mit Milch am Tag befriedigt werden kann.

10.5.3 Roh- und Fertigprodukte

Die Abbildung 10-44 gibt einen Einblick in die vielfältige Verwendung von Hafer und Haferprodukten in unserer Ernährung.

Zur Herstellung einwandfreier Nährmittel ist eine gesunde und ungeschädigte Rohware Voraussetzung. Für Hafer, der zu Nahrungsmitteln verarbeitet werden soll, gelten folgende Qualitätsansprüche:

- Aussehen: weiß, gelb, Kerne hell, nicht verfärbt oder hitzegeschädigt
- Geruch: gesund, nicht muffig oder sauer
- Feuchtigkeit: max. 14 %
- Schüttgewicht: min. 55 kg/hl
- Tausendkorngewicht: min. 27 g
  (bez. auf Trockenmasse)

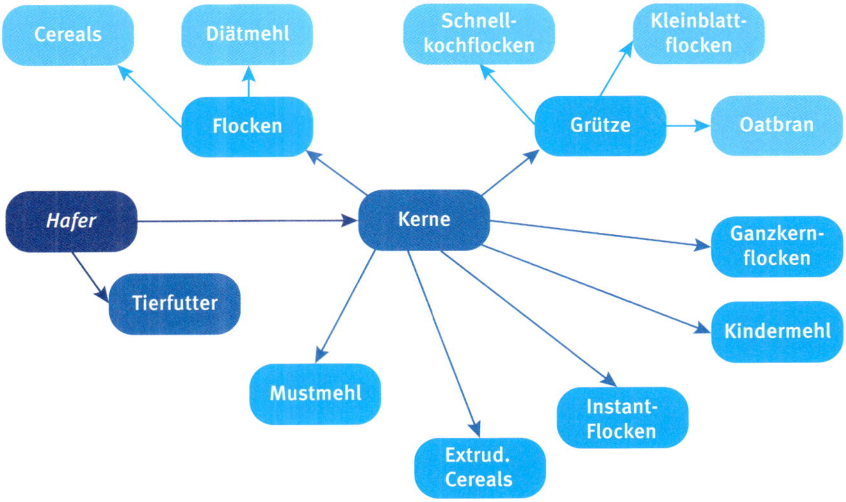

Abb. 10-44: Produkte aus Hafer

- Tausendkerngewicht: min. 20 g (bez. auf Trockenmasse)
- Spelzengehalt: max. 26 % (bez. auf Trockenmasse, handentspelzt)
- Korndicke: min. 90 % Übergang über 2 mm Schlitzlochprüfsieb
- Doppelkorn: max. 0,8 %
- Fremdkorn: max. 3 %
- Schwarzbesatz: max. 1 %

Darüber hinaus werden von den Hafermühlen gewisse Kriterien im Hinblick auf Schälverhalten, zu erwartender Ausbeute und innerer Qualitätsmerkmale, wie Eiweiß- und Fettgehalt, beachtet. Diese müssen natürlich in Einklang gebracht werden mit dem am Markt angebotenen Rohhafer, dessen Eigenschaften aufgrund von Jahr zu Jahr wechselnder klimatischer Voraussetzungen und Erntebedingungen schwanken können. Ein wichtiger Faktor für die Wirtschaftlichkeit einer Haferverarbeitungsanlage ist die zu erwartende Ausbeute, die neben den oben genannten Korneigenschaften – besonders dem Spelzengehalt – auch vom Schälverhalten beeinflusst wird. Die Abbildung 10-45 zeigt dies am Beispiel einer Untersuchung an Haferherkünften aus Schweden, USA und Argentinien.

Ein Hafer hat dann ein gutes Schälverhalten, wenn beim Durchgang durch den Schäler ein hoher Anteil an unbeschädigten geschälten Kernen erzielt wird. Für die Untersuchung des Schälverhaltens, ebenso wie für die Gewin-

Herkunft		Schweden	USA	Plata
Feuchte	%	11,5	11,5	10,6
Schüttgewicht	kg/dm	0,649	0,578	0,564
Spelzenanteil	%	23,7	28,4	33,2

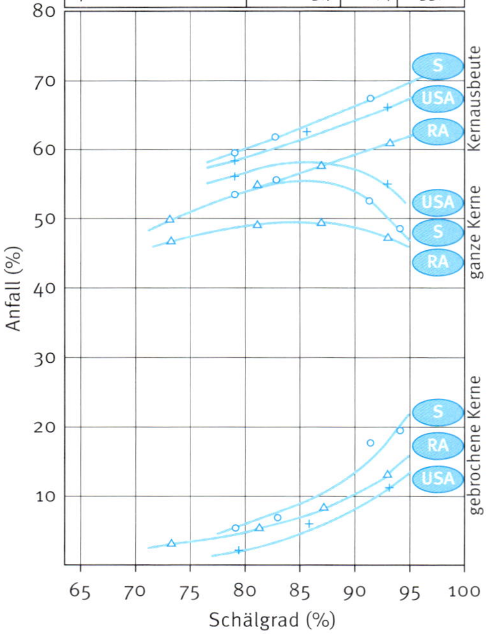

Abb. 10-45: Schälverhalten unterschiedlicher Haferherkünfte und sein Einfluss auf die Kernausbeute

nung entspelzter Kerne zur analytischen Untersuchung wird in vielen Mühlen der Druckluft-Laborschäler verwendet. Die sorgfältige Untersuchung des Hafers schon bei der Annahme ermöglicht die Einordnung und Lagerung getrennt nach seinen Eigenschaften und erleichtert die Prozessführung bei der späteren Verarbeitung. Es ist also nicht zu empfehlen, Anlieferungen mit abweichenden Eigenschaften im Schälverhalten vor der Verarbeitung zu mischen.

Haferkerne sind entspelzte Haferkörner, die meist im selben Betrieb weiterverarbeitet werden. Sie sind Ausgangsprodukt für die in Abbildung 10-44 dargestellten Erzeugnisse. Gelegentlich werden sie auch zur Weiterverarbeitung in Länder exportiert, wo die klimatischen Bedingungen für den Eigenanbau von Hafer nicht geeignet sind, aber trotzdem eine genügend große Nachfrage nach Hafernährmitteln besteht, die wirtschaftlich im eigenen Land herzustellen sind. Haferkerne sollen möglichst keine Spelzen und ungeschälten Haferkörner enthalten – besonders, wenn sie zur Herstellung von Ganzkernflocken bestimmt sind. Außerdem muss ihre Haltbarkeit gewährleistet sein, die durch das fettspaltende Enzym Lipase und Peroxidase gefährdet ist. Die Bestimmung des Lipasewertes ist sehr aufwendig, deshalb wendet man in der Praxis die einfachere Methode der kolorimetrischen Bestimmung der Peroxidase oder Tyrosinase zum Nachweis der Inaktivierung dieser Enzyme an.

Grütze wird aus Haferkernen in den Körnungen grob, mittel, fein (Kornlänge ca. 3, 2, und 1 mm), hergestellt. Man verwendet dazu Trommelgrützeschneider. Sie dient nur noch selten dem direkten Verzehr; meist wird sie weiterverarbeitet zu Kleinblattflocken, Schnellkochflocken oder in geringen Mengen zu Oatbran (= Haferkleie).

Haferflocken sind das Hauptprodukt aus der Haferverarbeitung. Sie werden aus Kernen oder Grütze auf speziellen Flockierwalzwerken in unterschiedlicher Größe hergestellt. Sie gehen über den Verkauf zum Verbraucher oder zur Verwendung in anderen Nahrungsmitteln. Die Qualitätsstandards werden von den Herstellern unterschiedlich definiert. Die im Folgenden angegebenen

Tab. 10-17: Inhaltsstoffe von Hafer, Haferkernen und Spelzen (Anteil in %)

	Hafer		
	Ungeschält	Kerne	Spelze
Eiweiß	7,5–14,5	12–16	2,5
Fett	4,5–7,5	6–8	1,3
Kohlenhydrate	53–65	62–69	52
Rohfaser	7–13	0,8–2,0	33
Asche	2,3–4,2	1,2–2,5	3,5

Zahlen sind also als Orientierungswerte anzusehen:

- Ganzkernflocken aus Haferkernen, Flockendicke 0,5 bis 0,9 mm, Spelzenanteil 0,03 %, Feuchte 11 %,
- Kleinblattflocken aus Grütze mittlerer Körnung, Flockendicke 0,3 bis 0,4 mm, Spelzenanteil 0,01 %, Feuchte 11 %,
- Schnellkochflocken aus Grütze feiner Körnung, Flockendicke 0,2 bis 0,3 mm, Spelzenanteil 0,01 %, Feuchte 11 %.
- In manchen Spezifikationen der Abnehmer ist der Spelzenanteil auch anders definiert. So werden z. B. maximal 2–3 Spelzensplitter in 100 g Flocken verlangt.

Instantflocken sind beim Anrühren mit Wasser oder Milch sofort löslich. Als Ausgangsprodukt dienen gemahlene Haferkerne. Das Mehl wird mit Wasser in beheizten Tanks zu einer Suspension angerührt. Durch anschließendes Kochen wird die Stärke dieser Suspension aufgeschlossen. Sie wird dann auf die beheizte Walze eines Einwalzentrockners gegeben, wo das Wasser verdampft, und die an der Walze haftenden Flocken mithilfe eines Abstreifmessers entfernt werden.
Kindermehl. Hierbei ist Hafermehl nur eine von mehreren Komponenten, die für den Nährstoffbedarf von Kleinkindern erforderlich sind. Für die Herstellung wird das gleiche Verfahren wie für Instantflocken angewendet, jedoch mit anschließender Feinvermahlung.
Diätmehl aus Haferflocken wird durch Vermahlen (meist auf Luftstrommühlen) und Sieben auf eine Körnung von:

- min. 98 % Durchfall durch ein Sieb von 250 mm li. Mw. und
- min. 60 % Durchfall durch ein Sieb von 160 mm li. Mw. hergestellt.

Mustmehl wird als Frühstücksgetränk in Skandinavien, speziell in Schweden, in Milch aufgelöst genossen. Hierbei handelt es sich um ein durch Kochen der Haferkerne – oder des Hafers bei nachfolgender Schälung – aufgeschlossenes Hafermehl mit einer Körnung von:

- min. 98 % Durchfall durch ein Sieb von 250 µm li. Mw. und
- min. 80 % Durchfall durch ein Sieb von 160 µm li. Mw.
- min. 25 % Durchfall durch ein Sieb von 80 µm li. Mw.

Mit **Cereals** oder **Müsli** bezeichnet man tischfertige Getreideprodukte, die unter Zugabe von Milch ohne weitere Zubereitung, meist als Bestandteil des Frühstücks, genossen werden. Neben Haferflocken enthalten sie auch sol-

Tab. 10-18: Bestandteile von Hafermehl, Oatbran und Weizenkleie

Anteile in g/100g	Hafermehl	Oatbran = Haferkleie	Weizen-kleie
Fett	8	8	6
Eiweiß	1	21	14
Balaststoffe, gesamt	8	22	40
Balaststoffe, löslich	4	11	3

Tab. 10-19: Schüttdichte von Hafer und Haferprodukten

	kg/m³
Futterhafer	420–450
Industriehafer (vorgereinigt)	560–630
Industriehafer (gereinigt und gedarrt)	490–520
Haferkerne	660–700
Hafergrütze	660–700
Haferspelzen (nicht gemahlen)	150–180
Haferspelzen (gemahlen)	230–260
Haferschälkleie	300–350
Ganzkernflocken (Dicke 0,8 mm)	ca. 400
Ganzkernflocken (Dicke 0,5 mm)	ca. 365
Kleinblattflocken (Dicke 0,3 mm)	ca. 310
Schnellkochflocken (Dicke 0,2 mm)	ca. 220
Hafermehl	ca. 450

che aus Weizen und Gerste und Cornflakes, sowie andere Komponenten zur Geschmacksbereicherung, wie Nüsse, Rosinen, Honig oder Schokosplitter. Besonderer Beliebtheit erfreuen sich Cereals, bei deren Herstellung ein Röstprozess angewendet wird.

Oatbran wird auch als Haferkleie bezeichnet. Es handelt sich um die grobe Fraktion aus der Vermahlung und anschließenden Siebung von **Hafergrütze**. Sie ist reich an Eiweiß, Fett und Ballaststoffen. Gemäß der »DLG-Qualitätsprüfung von Getreidenährmitteln« wird Haferkleie den Speisekleien zugeordnet. Sie soll bezogen auf Trockenmasse mindestens 20 % Ballaststoffe enthalten. Ihre Bedeutung ist auf ihren Wert als Diätkost zurückzuführen. So hat sich gezeigt, dass ein überhöhter Cholesterinspiegel im Blut bei einer Diät mit Oatbran deutlich gesenkt wird. Dies wird dem in der Haferkleie besonders hohen Anteil an löslichen Ballaststoffen zugeschrieben, der z. B. den der Weizenspeisekleie wesentlich übersteigt, wie die Tabelle 10-18 zeigt. Auch bei Diabetes sollen positive Auswirkungen festgestellt worden sein.

Nebenprodukte aus der Verarbeitung von Hafer sind die in der Reinigung anfallenden Beimengungen, wie z. B. tauber Hafer, gelöste Spelzen, Fremdkorn und Kleinhafer.

Die beim Schälen entfernten Spelzen und Feinteile bilden den Hauptanteil der Nebenprodukte, dazu kommen Schneidmehl und Flockiermehl. Manche Mühlen haben für Spelzen einen Absatz als Einstreu für Hühnernester. An diese Spelzen werden besondere Anforderungen an die Reinheit gestellt, sodass sie einer Nachreinigung unterzogen werden müssen. Von den meisten Betrieben werden aber alle diese Produkte gemeinsam in gemahlenem Zustand als Haferschälkleie zur Weiterverwertung an die Futtelmittelindustrie veräußert. Man kann die Spelzen auch als Rohstoff für die Energieerzeugung heranziehen.

10.5.4 Verarbeitung von Hafer

Bei der Haferverarbeitung werden mehrere Ziele verfolgt,
- den Hafer von der Spelze zu befreien, da sie für den menschlichen Organismus unverdaulich ist und bei der Nahrungsaufnahme als störend empfunden wird,
- das Fertigprodukt vor Verderbnis zu schützen,
- die Verdaulichkeit zu verbessern,
- dem Endprodukt einen angenehmen Geschmack zu verleihen,
- das Aussehen des Produkts so zu verändern, dass das Lustgefühl beim Verzehr nicht enttäuscht, aber Sättigung erreicht wird, ohne dass übermäßige Mengen aufgenommen werden.

Diesem Bedürfnis des Verbrauchers entgegenzukommen, erfordert eine Anzahl von Arbeitsschritten, die in der Abbildung 10-46 schematisch dargestellt sind.

Aus den im Schema angemerkten Prozentzahlen für die Schlüsselprodukte kann man die zu erwartenden Mengen für die Auslegung der einzelnen Anlagenteile ermitteln, wobei die Nachfrage nach den verschiedenen Produkten ab »Hydrothermisch Behandeln« für die Bestimmung der Leistungen zu berücksichtigen ist.

Die **Reinigung des Hafers** erfolgt nach den gleichen Prinzipien wie in der Reinigung einer Mehlmühle. Nur ist hier vor dem Separator noch eine Stutzmaschine oder heute eine Scheuermaschine zur Oberflächenbearbeitung/Lösen von Doppelkörnern eingesetzt. Wichtig ist auch eine funktionierende Steinauslese. Für die Abtrennung von Gesämen ist ein Rundkorntrieur (5) vorgesehen. Eine Langkornauslese ist nicht zu berücksichtigen, da eventuell vorhandenes Fremdgetreide nicht die Länge von Hafer erreicht.

Besondere Aufmerksamkeit verdient die effektive Auslese des Kleinhafers, der auch viele taube Körner enthält. Der Spelzengehalt des Kleinhafers liegt häufig über 60 %, d. h., dass er für die Ausbeuteergebnisse von geringem Wert ist. Er erhöht aber den Anteil an ungeschältem Hafer in den Kernen, weil er sich nicht nur schlecht schälen lässt, sondern auch deren Trennung auf den Planauslesern kaum möglich ist; es sei denn man verarbeitet ihn allein auf einem separaten System, wo die Einstellung der Maschinen auf die Schäleigenschaften des Kleinhafers abgestimmt werden kann. Der Kostenaufwand rechtfertigt dies aber nur unter besonderen Umständen, sodass er in den meisten Betrieben als Schälkleie in die Futtermittel geht. Dasselbe gilt für die eventuelle Rückgewinnung von Nackthaferbesatz, dies ist Hafer ohne Spelze. Dieser fällt zusammen mit dem Gesäme des Rundkorntrieurs an. Es muss also eine Trennung dieses Gemisches erfolgen, welche den zusätzlichen Einsatz von Trieur und Leichtkornausleser erfordert. Manche Anlagen ver-

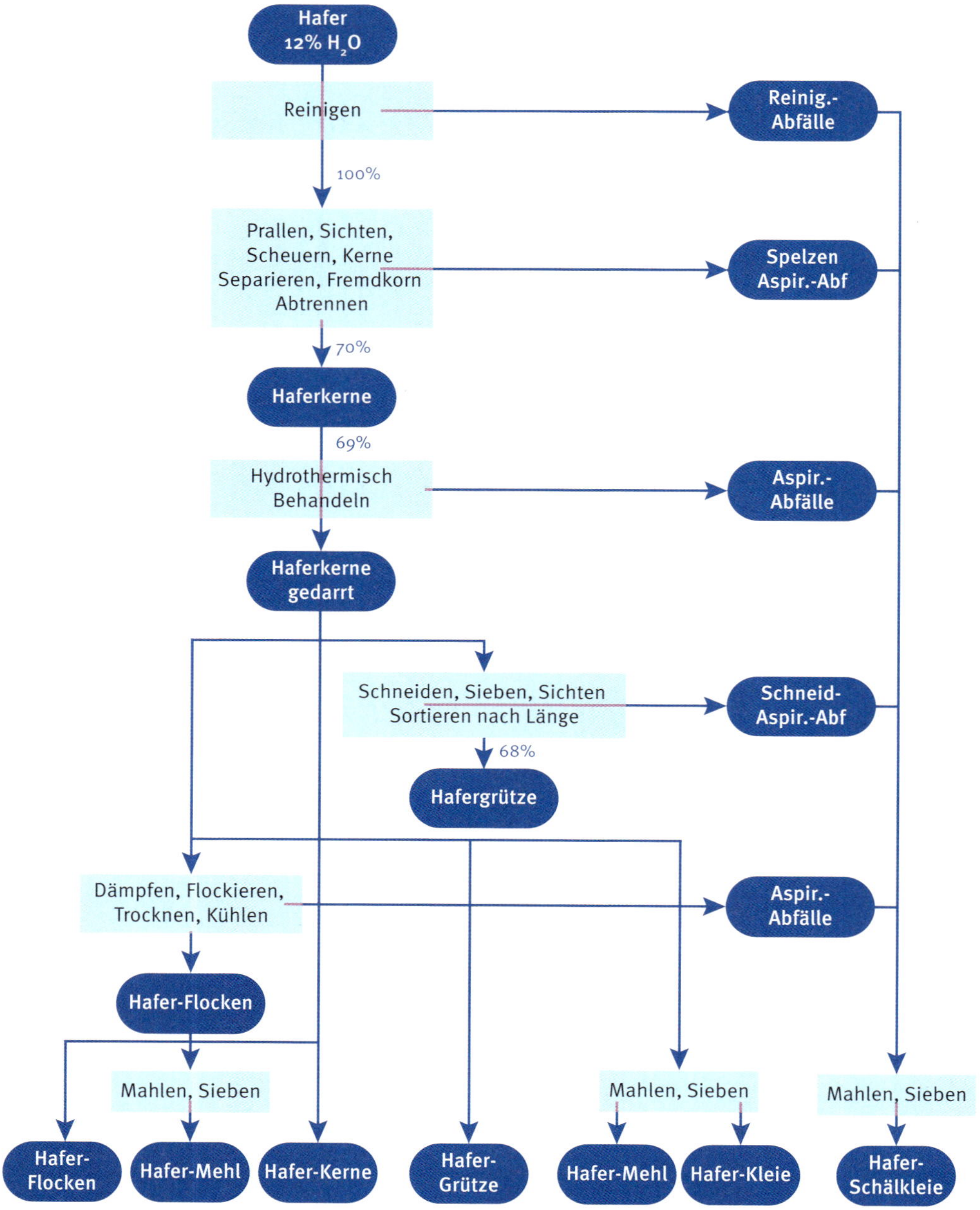

Abb. 10-46: Haferverarbeitung, Ablaufschema

fügen über die Möglichkeit zum Netzen des Hafers vor dem Schälen. Die davon erwartete Verbesserung der Schäleigenschaften konnte allerdings in der Praxis nicht nachgewiesen werden. Bei mehr als 2 % Feuchtigkeitszugabe wurde sogar eine Verschlechterung des Ausleseergebnisses der Planausleser

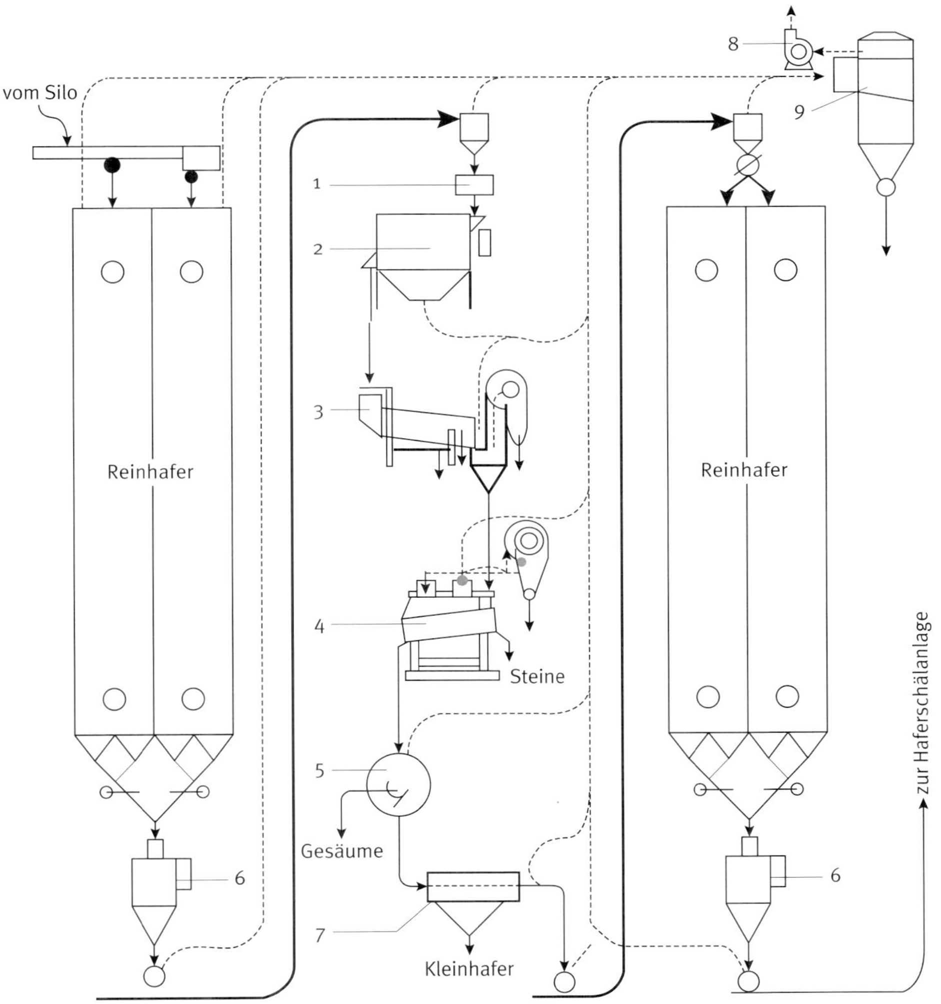

1 Magnet
2 Stutzmaschine
3 Getreidereiniger mit Umlufttarar
4 Steinausleser mit Umluft
5 Rundkorntrieur
6 Waage (Dosieren, Wiegen)
7 Trommelsortierer
8 Ventilator
9 Filter

Abb. 10-47: Diagramm einer Haferreinigung

festgestellt, die zu Qualitätseinbußen führte. So wird eine Befeuchtung des Hafers vor dem Schälen nur noch selten praktiziert.

In der **Schälabteilung** einer Hafermühle werden diverse Operationen am Korn ausgeführt:

- Für das Lösen der Spelze benützt man vorwiegend Prallschäler. Das danach anfallende Schälgemisch besteht aus Kernen, Spelzen und Feinteilen sowie ungeschälten Haferkörnern.

- Durch Luftsichten dieses Gemisches im Steigsichter trennt man die Spelzen mit den Feinteilen vom Kerngemisch, welches noch Kerne und ungeschälte Haferkörner enthält.
- Dies geschieht in zwei Passagen. Zwischen diesen beiden erfolgt die Entfernung der Barthärchen vom Haferkern auf sogenannten Flaumtrennern. Dafür wird heute die bekannte Scheuermaschine mit Noppenrotor eingesetzt. Hierbei kommt den Spelzen im Gemisch eine unterstützende Wirkung zu.
- Die Trennung des Kerngemisches erfolgt auf Planauslesern, wobei man bei den modernen Maschinen ohne Nachlese auskommen kann. Die ungeschälten Kerne werden zu einer nochmaligen Bearbeitung zum Prallschäler zurückgeführt.
- Die Kerne kommen zur Sortierung, um Fremdkörner auszulesen, die in der Reinigung nicht entfernt werden konnten, weil sie in ihren Abmessungen dem Haferkorn sehr ähnlich sind. Sie weisen aber Größenunterschiede gegenüber dem Haferkern auf. Dabei handelt es sich speziell um Gerste, deren Spelze beim Prallen nicht entfernt wird, und die Qualität der Kerne mindert, aber auch um Weizenkörner.
- Bei sehr hohen Anforderungen an die Kernereinheit setzt man hier heute noch einen Farbsortierer ein, um noch ungeschälte Körner oder verfärbte Kerne und anderen Besatz abzuscheiden.

Die Tabelle 10-20 zeigt Richtwerte für die Auswahl der Maschinen für eine Haferschälanlage. Die Bedarfswerte für die Aspiration beziehen sich auf Frischluftansaugung. Wenn die Steigsichter für Umluftbetrieb vorgesehen werden, sind 10 % der angegebenen Werte für die Frischluftzufuhr anzusetzen. Wenn vom Flaumtrenner der Siebdurchfall saugpneumatisch abgefördert wird, muss die angegebene Aspirationsluftmenge für die Förderung eingesetzt werden, um die ordnungsgemäße Staubabsaugung von der Maschine zu gewährleisten.

Anders als beim Unterläuferschälgang erfordert das Schälen auf Prallschälern nicht unbedingt eine Größensortierung. Sie ist jedoch von Vorteil und auch betriebswirtschaftlich gerechtfertigt, wenn aufgrund der Leistungsgröße einer Anlage mehrere Schällinien benötigt werden. Man kann auf diese Weise die Einstellung der Maschinen jeder Linie an die unterschiedlichen Verarbeitungseigenschaften der Größenfraktionen anpassen.

In Abbildung 10-48 ist von drei Fraktionen mit unterschiedlichem Tausendkorngewicht die Zentrifugalkraft C eines Haferkorns über der Umfangsgeschwindigkeit des Schälerlaufrads aufgetragen. Daraus ist zu erkennen, dass

Tab. 10-20: Leistungsdaten und Aspirationsbedarf

Spezif. Leistung bei Haferbearbeitung	Bezogen auf			Lstg. kg/h	Aspirationsluft m³/min
Prallschäler	1	m	Laufradumfang	1 400	2,4
Steigluftsichter					
1. Spelzenseparation	1	dm^2	Sichtfläche	200	3,3
2. Spelzenseparation	1	dm^2	Sichtfläche	100	3,3
Flaumabtrennung	1	m^2	Trommelfläche	1 100	7,5
Tischausleser					
1. Kernseparation	1	Stk.	Auslesekammer	45	0,35
2. Kernseparation	1	Stk.	Auslesekammer	40	0,35
Trommelsortierer					
Größensortierung	1	m^2	Siebtrommel	800	3
Fremdkornauslese	1	m^2	Siebtrommel	1 000	3

bei gleicher Umfangsgeschwindigkeit die Körner mit geringerem Tausendkorngewicht, die naturgemäß auch kleiner sind, weniger Beschleunigung erhalten, also mit geringerer Energie auf den Prallring treffen als die größeren mit einem höheren Tausendkorngewicht. Wenn man den gleichen Schälgrad für die drei Fraktionen erreichen will, muss also die Drehzahl des Laufrads entsprechend der Korngröße eingestellt werden. In Abbildung 10-49 ist das Beispiel für eine Sortierung mit Trommelsortierern dargestellt.

Obwohl im gezeigten Beispiel nur drei Klassen – grob, mittel, fein – erforderlich sind, wird in vier Fraktionen getrennt, um einen häufigen Siebwechsel zu vermeiden, da innerhalb der Partien mit gewissen Schwankungen in der Korngrößenzusammensetzung gerechnet werden muss. Die Fraktion zwei kann zu »grob« oder teilweise automatisch zu »mittel« laufen, wenn im Behälter ein gewisses Niveau überschritten ist, die Fraktion 3 nach dem gleichen Prinzip zu »mittel« oder »fein«. Die Siebanalysenkurven im rechten Teil des Bildes verdeutlichen die mögliche Schwankungsbreite in der Korngrößenzusammensetzung des zu verarbeitenden Hafers.

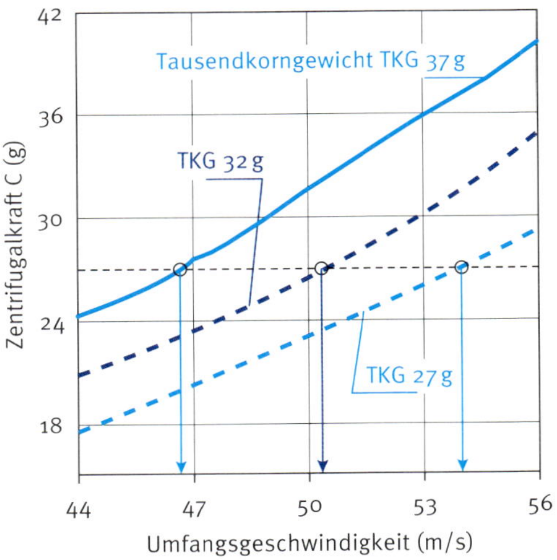

Abb. 10-48: Umfangsgeschwindigkeit und Zentrifugalkraft beim Prallschälen

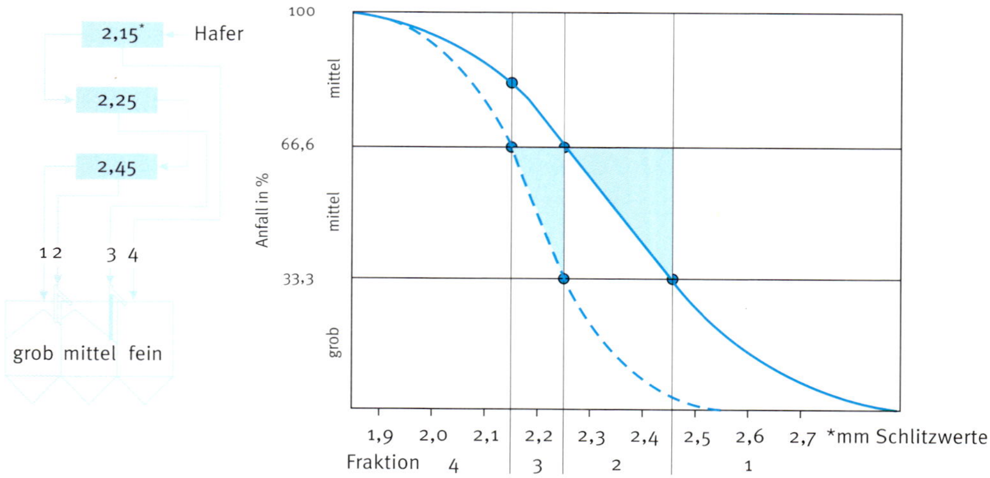

Abb. 10-49: Beispiel einer Größensortierung von Hafer bei Verarbeitung auf drei Schällinien

Die Auswahl der Spaltweiten der Siebtrommeln hat entsprechend der Korngröße des Hafers zu erfolgen, die durch Laborsiebanalyse zu ermitteln ist.

Die Abbildung 10-50 zeigt das Diagramm einer Haferschälanlage mit drei Schällinien. Der gereinigte und sortierte Hafer (1 bis 4) gelangt in Vorbehälter, die direkt über den Prallschälern (5) angeordnet sind. Danach folgen Umlufttarar (6), Flaumtrenner (7), Umlufttarar (6) zur zweiten Spelzenabtrennung, Tischausleser (8) für die erste und (zweite) Kerneseparation, Trommelsortierer (9) zur Auslese von Gerste und Weizen und heute standardmäßig der Farbsortierer (noch nicht im Diagramm dargestellt). Dann folgt noch eine Waage (10) zur Registrierung der angefallenen Menge von Kernen, die gleichzeitig für die innerbetriebliche Ausbeuteüberwachung verwendet wird. Die aus der Kerneseparation an der Leichtgutseite der Tischausleser anfallenden nicht entspelzten Haferkörner mit einem gewissen Anteil an Kernen werden zum Vorbehälter der zugehörigen Linie zurückgeführt, um den Prozess erneut zu durchlaufen. Bei der Auswahl der Maschinen für eine bestimmte Anlagenleistung muss dieser Rücklauf berücksichtigt werden. Er ergibt sich aus dem Schälgrad der Prallschäler und dem Auslesegrad der Tischausleser.

Bei Zugrundelegung von 87 % Schälgrad und 25 % Kerne im Rücklaufprodukt, ergibt das für eine verlangte Schälanlagenleistung von 100 %:

Hafer im Rücklauf	$\left(\frac{100}{87} \times 100\right) - 100$	= 14,9
Kerne im Rücklauf	$\left(\frac{14,9}{100 - 25}\right) \times 100 - 14,9$	= 5,0
Gesamtrücklauf		19,9

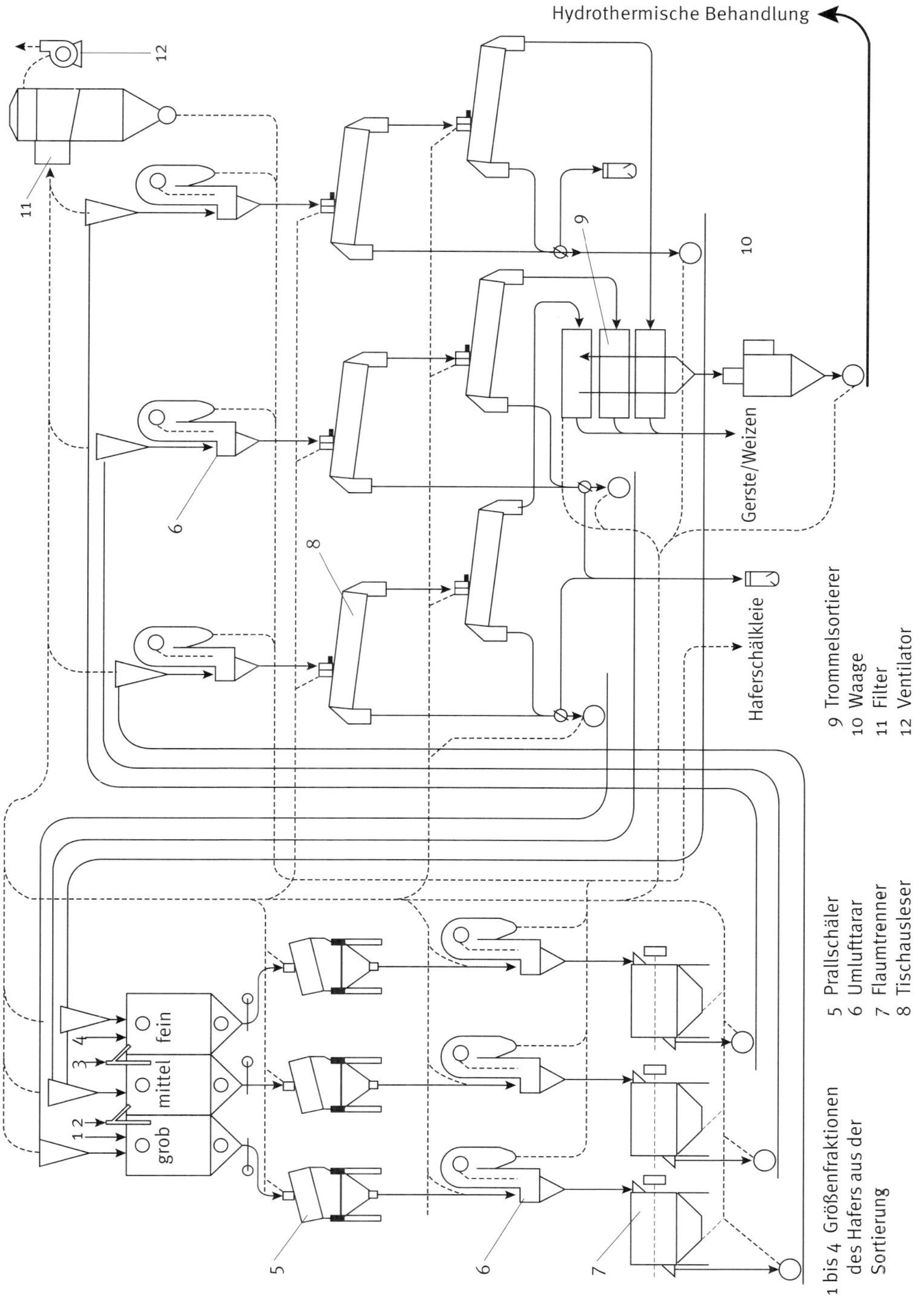

Abb. 10-50: Diagramm einer Haferschälanlage (Prinzip)

- Demnach muss für die Belastung der Schäler und der Umlufttarare der ersten Spelzenseparation von der gewünschten Schälanlagenleistung gerechnet werden mit rd. 120 %,
- für die Flaumtrenner minus ca. 11 % Spelzen = 109 %,
- für die Umlufttarare der zweiten Spelzen-Separation minus 4 % Flaum und feine Spelzen = 105 %,
- für die Tischausleser der ersten Kerne-Separation 93 %,
- für die Tischausleser der zweiten Kerne-Separation 81 %,
- für die Gerste- und Farbauslese 75 %,

Es ist einerseits wichtig, dass die Basiswerte für Schälgrad und Kernanteil im Rücklauf nicht überschritten werden. Bei überhöhtem Rücklauf verringert sich analog die Zulaufmenge an Hafer aus der Reinigung. Der Versuch, die Speisung der Schäler weiter zu öffnen, würde zur Überlastung der Maschinen führen und das Ergebnis möglicherweise verschlechtern. Abbildung 10-51 verdeutlicht diese Zusammenhänge.

Andererseits sollte die Drehzahl des Schälerlaufrads so gewählt werden, dass bei möglichst geringem Kernbruch (s. auch Abb. 10-45) der für den Hafer optimale Schälgrad erreicht wird. Sicherlich können erfahrene Schälmüller durch visuelle Prüfung der Abgänge von den Maschinen die Einstellung beurteilen.

Die Kontrolle des Schälgrads und des Kernanteils im Rücklauf durch Mengenbestimmung hat jedoch gegenüber dem Augenschein den Vorteil, dass diese Werte als Teil des Qualitätsmanagements Zusammenhänge verdeutlichen. Wenn die Einstellungsparameter der Maschinen in die Betrachtung einbezogen werden, lassen sich außerdem die Gründe für Ausbeuteabweichungen schneller auffinden. Für die Ermittlung des Schälgrads wird man im praktischen Betrieb die Rücklaufmenge messen. Das kann entweder manuell durch Abfangen mithilfe eigens dafür eingebauter Klappenkästen geschehen (wie im Diagramm Abb. 10-50 dargestellt), oder besser, indem man Waagen zur kontinuierlichen Kontrolle vorsieht. Aus dem Rücklauf wird anhand eines Musters der Anteil an Ungeschälten durch Handauslese ermittelt. Die Berechnung des erzielten Schälgrads geht aus Abbildung 10-52 hervor.

Die richtige Einstellung der Tischausleser ist durch die Kontrolle der Haferkerne hinsichtlich ihres Gehalts an Spelzen und ungeschälten Körnern und des Leichguts im Hinblick auf den Anteil an Kernen zu überwachen. Das ist aus zwei Gründen von Bedeutung:

- Der Spelzengehalt in den Kernen mindert die Qualität der Endprodukte. Das ist besonders schwerwiegend bei der Weiterverarbeitung der Kerne zu

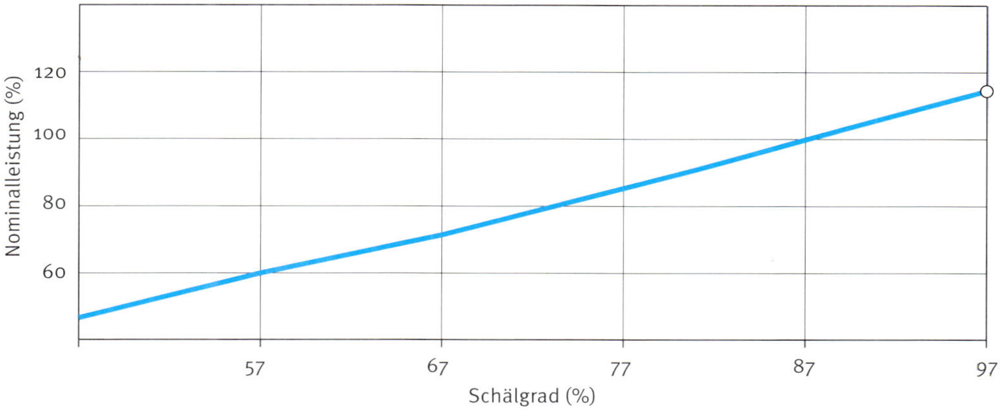

Abb. 10-51: Leistung der Schälanlage in Abhängigkeit vom Schälgrad

Ganzkernflocken, da es in diesem Fall keine Eingriffsmöglichkeiten zur Entfernung gibt. Es sei denn, man hat einen Farbausleser im Einsatz.

- Ein unnötig hoher Kernanteil im Produkt von der Leichtgutseite des Tischauslesers führt zu erhöhter Bruchbildung, da dieses zurück zum Schäler geführt wird, wo die Kerne – ungeschützt durch die Spelze – der Prallwirkung ausgesetzt sind. Bruchbildung ist mit Ausbeuteverlust an Kernen verbunden, weil der Feinbruchanteil zusammen mit den Spelzen von der Aspiration abgesaugt und der Schälkleie zugeführt wird.

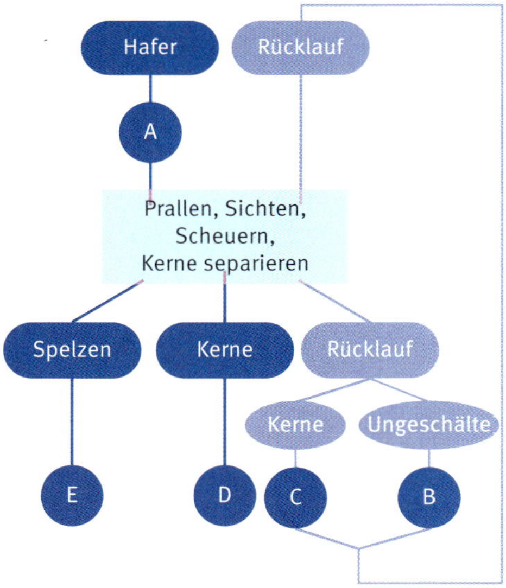

$$\text{Schälgrad in \%} = \frac{(D+E)}{(A+B)} \times 100$$

$$(D+E) = A$$

$$\boxed{\text{Schälgrad in \%} = \frac{A}{(A+B)} \times 100}$$

Abb. 10-52: Ermittlung des Schälgrades

Die **hydrothermische Behandlung** wird mit unterschiedlicher Zielsetzung durchgeführt:

- Zum Schutz vor Verderben, bevor die Kerne zwischengelagert werden. Endprodukte aus Hafer sind fast immer Vollkornprodukte, die die gesamten Bestandteile des Korns enthalten, den Keimling sowohl als auch die verschiedenen Schichten der Schale. Der ohnehin hohe Fettanteil des Haferkerns bleibt also auch im Endprodukt erhalten. Bei der Bearbeitung werden die Zellwände der fettreichen Gewebe teilweise beschädigt und bieten fettspaltenden Enzymen, insbesondere den Lipasen, Zugang. Sie setzen Reaktionen in Gang, die einen ranzigen Geruch und Geschmack – also Verderben – zur Folge haben. Diese enzymatischen Umwandlungsprozesse können durch die Inaktivierung der Enzyme beherrscht werden, indem die Haferkerne nach dem Schälen über einen gewissen Zeitraum der Einwirkung von Hitze und Feuchtigkeit ausgesetzt werden. Dieser Vorgang wird auch Darren genannt. Damit kann eine längere Haltbarkeit gewährleistet werden. Außerdem werden Aromastoffe hervorgehoben, die den Haferprodukten einen angenehmen nussartigen Geschmack verleihen.

- Zur leichten und zerstörungsfreien Verformung des Kerns oder der Grütze vor der Flockierung. Durch Feuchtigkeit- und Hitzeeinwirkung werden Kerne und Grütze plastisch und lassen sich beim Durchgang durch den Spalt zwischen den Walzen zu Flocken formen, die auch bei der Verpackung und auf dem langen Weg bis zum Verbraucher ihre Festigkeit behalten. Dazu werden die Kerne während 15 bis 30 Minuten mit Dampf behandelt. Zusammen mit der anschließenden Flockierung wird ein gewisser Stärkeaufschluss erzielt, der eine verkürzte Kochzeit ermöglicht und zur leichteren Verdaulichkeit beiträgt.

Die Vorgänge beim Darren sind in der Abbildung 10-53 zu erkennen.

Durch die direkte Dampfzugabe steigt die Temperatur des Darrprodukts innerhalb von wenigen Minuten auf den vorgegebenen Wert von 87 °C an bei gleichzeitiger Feuchtigkeitszunahme auf etwa 20 %. Die dampfbeheizten Radiatoren in den Heizabteilen bewirken durch Kontakterwärmung eine Erhöhung auf 100 °C, die für etwa 15 Minuten überschritten werden.

Bis zu diesem Zeitpunkt ist die Enzymaktivität auf Null reduziert. Während der Erwärmungsphase wird nur der überschüssige Brüden (Dampf) abgeführt, jedoch keine Abtrocknung des Produkts beabsichtigt. In den anschließenden Trockenabteilen wird durch Kontaktwärme bei gleichzeitiger Absaugung des Brüdens die Feuchtigkeit auf ca. 12 % gesenkt. Die Kerne haben dann eine Temperatur, die zwischen 60 und 80 °C liegt. Sie müssen vor der Zwischenlagerung auf etwa 8 °C über Raumtemperatur gekühlt werden. Das geschieht im Kühlabteil. Hierbei sinkt die Feuchtigkeit auf etwa 11 % ab.

Für einen störungsfreien Ablauf der hydrothermischen Behandlung sind folgende Voraussetzungen von Bedeutung:

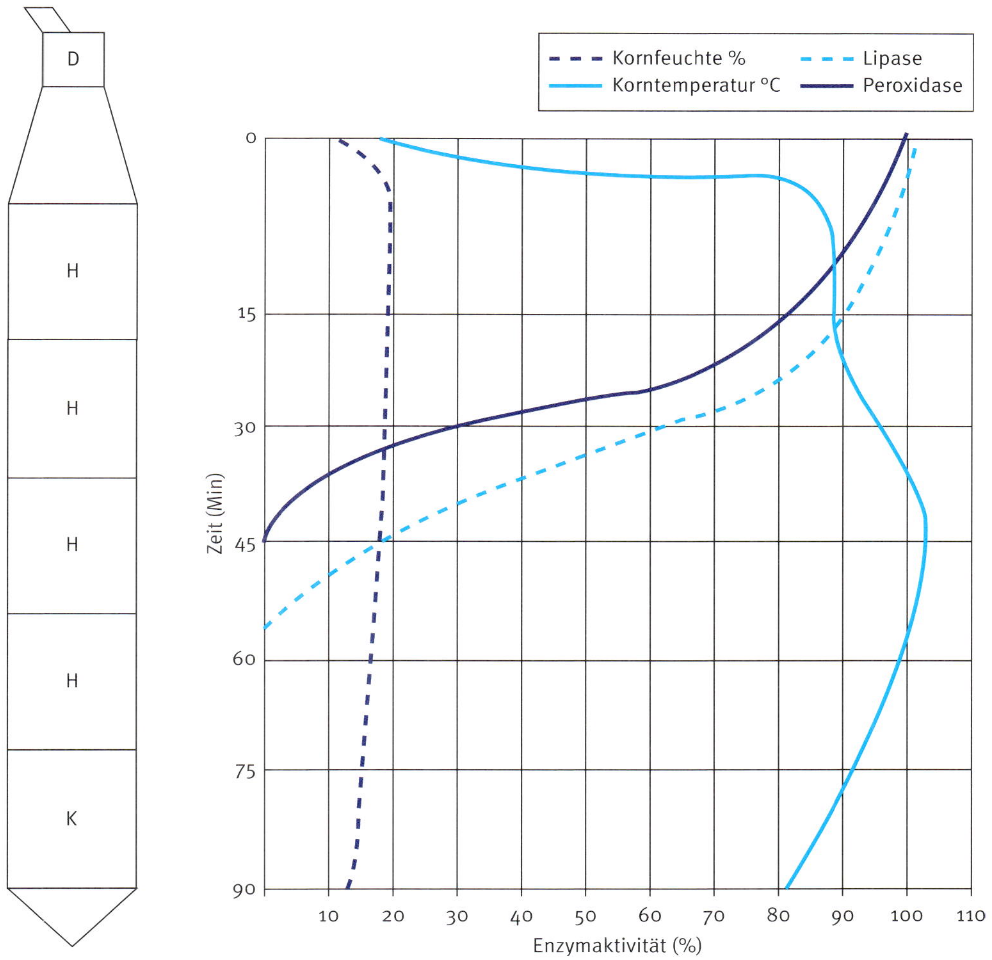

Abb. 10-53: Hydrothermische Behandlung in der Darre

- Kontinuierliche Zu- und Abführung des Darrguts,
- Schwankungsfreies Temperaturprofil
- Gefüllter Zustand der Behandlungsapparaturen

Abbildung 10-54 zeigt eine Darranlage zur hydrothermischen Behandlung von Hafer.

Die Haferkerne werden von der Schälanlage mittels Druckpneumatik über einen Umlufttarar (1) in den Vorbehälter geführt. In diesem Behälter befindet sich eine Stabsonde (2) die fortlaufend das Niveau misst. Die Daten werden zum Regler geleitet, der dafür sorgt, dass die Grenzwerte des vorgegebenen Füllstands im Behälter eingehalten werden. Das geschieht durch entsprechende Regelung der Auslaufklappe an der Dosierwaage (4) unter der Darre (8). Außerdem befinden sich Voll- und Leermelder im Behälter. Bei Vollmeldung werden die Antriebe der zuführenden Maschinen abgeschaltet. Bei Leermeldung schließt nach Ablauf einer vorgegebenen

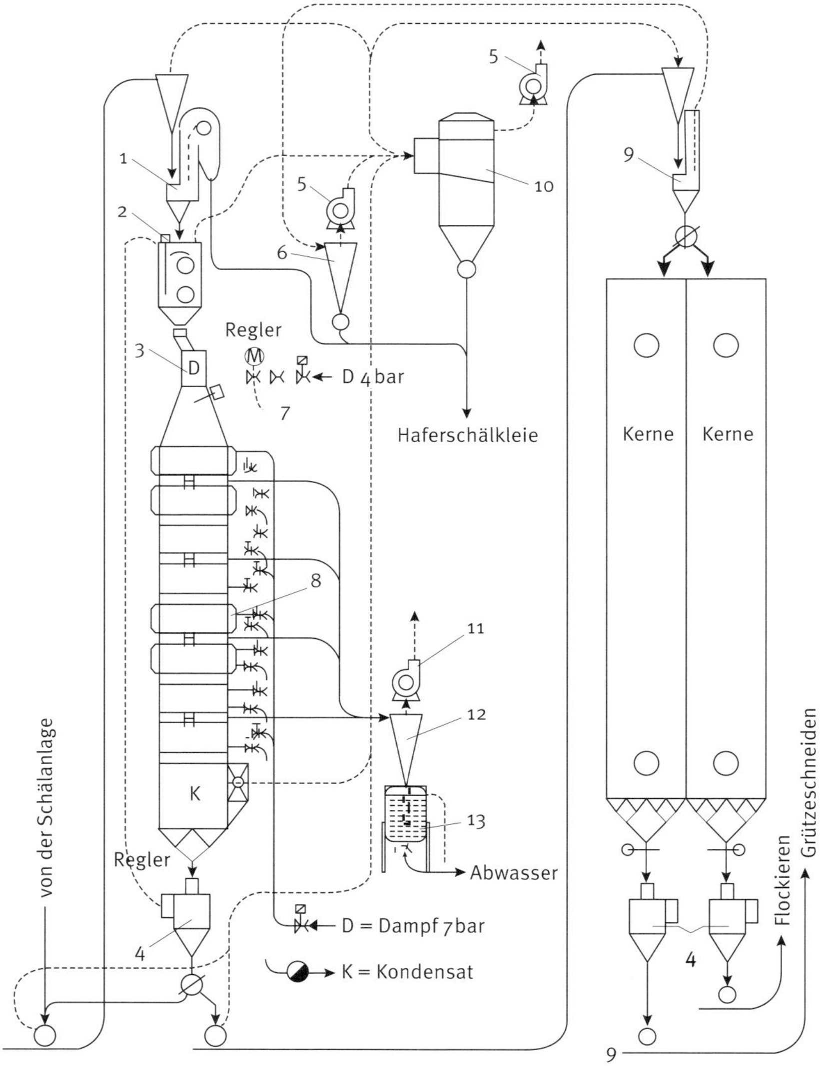

1 Umlufttarar
2 Niveausonde
3 Dämpfer
4 Waage (Dosieren, Wiegen)
5 Ventilator
6 Staubabscheider
7 Motorventil
8 Darre
9 Steigsichter
10 Filter
11 Brüdenventilator
12 Brüdenabscheider
13 Brüdenschleuse

Abb. 10-54: Darranlage zur hydrothermischen Behandlung von Hafer

Zeit, das Magnetventil für die Direktdampfzugabe, die Dampfzufuhr zu den Heizabteilen wird verzögert über das entsprechende Magnetventil abgesperrt.

Aus dem Vorbehälter sinkt das Produkt in den Dämpfer. Die Dampfmenge wird über das Motorventil (7) geregelt, entsprechend der vom Temperaturfühler gemessenen Produkttemperatur und dem vorgegebenen Wert. Aus dem Dämpfer mit seinem Zwischenstück durchläuft das Produkt als geschlossene Säule die Heizabteile und das Kühlabteil der Darre (8). Der Brüden wird separat (11 und 12) von der übrigen Aspiration abgesaugt und als Kondensat in einem Wasserbecken (13) abgeschieden.

Das gedarrte Produkt wird dann über einen Steigsichter (9) in Zellen zur Zwischenlagerung vor dem Flockieren oder Grützeschneiden gefördert. Wie oben erwähnt, müssen die Apparaturen vor Beginn der Wärmebehandlung gefüllt sein. Beim Füllen ist die Dampfzufuhr zum Dämpfer und zu den Heizabteilen abgesperrt. Danach muss der Inhalt des Dämpfers und der Darre bei geöffneten Dampfventilen aufgeheizt werden. Dazu muss das noch kalte Produkt im Rundlauf zum Dämpfen und Darren zurückgeführt werden. Für diesen Zweck ist die Klappe unter der Dosierwaage so zu stellen, dass das Produkt in den Zuführungsstrang geleitet wird. Während des Aufwärmens befindet sich die Schälanlage im Stillstand.

Im Vorangegangenen wurde davon ausgegangen, dass Haferkerne gedarrt werden. Für die Inaktivierung der Enzyme ist es aber unerheblich, ob das Darren an gereinigtem Hafer oder an den entspelzten Kernen vorgenommen wird. Beim früher verwendeten Unterläuferschälgang hatte die Sprödigkeit der Spelze, die beim Haferdarren erreicht wurde, – meist auch durch eine höhere Abtrocknung – eine weitaus höhere Bedeutung für das Lösen der Spelze, als bei der heute vorherrschenden Prallschälung, d. h. dass es sich beim Rohhafer-Darren um das ältere Verfahren handelt. Dies wurde zunächst auch nach Einführung des Prallschälers beibehalten, da man davon ausging, dass die Aromabildung durch das Darren des ganzen Haferkorns, einschließlich Spelze, begünstigt würde. Das konnte nicht nachgewiesen werden, und man ist heute der Ansicht, dass es keinen geschmacklichen Unterschied zwischen Produkten aus der einen oder anderen Behandlungsart gibt. In der Tabelle 10-21 sind die beiden Behandlungsarten rechnerisch gegenübergestellt.

Für die Anwendung der Kerndarrung sprechen:

- die geringeren Investitionskosten, da die Darre für ein kleineres Produktvolumen ausgelegt werden kann,
- der niedrigere Energieverbrauch, der vor allem auf den geringeren Dampfbedarf zurückzuführen ist, der auch nicht durch den höheren

Tab. 10-21: Gegenüberstellung Darren von ungeschältem und geschältem Hafer

Rohstoff	Einheit	Haferdarrung	Kerndarrung
Hafer, ungeschält	kg		1000,00
Feuchte	%	13,50	13,50
Schüttgewicht	kg/dm³	0,55	0,55
Schälen			
Spelzen	kg		300,00
Feuchte	%		13,50
Kerne	kg		700,00
Feuchte	%		13,50
Schüttgewicht	kg/dm³		0,70
Darren			
Dämpfen	20 → 80 °C		x
Feuchte	%	17,80	17,80
Erwärmen	80 → 100 °C		
Temperatur halten und trocknen			
Feuchte	%	13,00	13,00
Kühlen	100 → 28 °C		
Feuchte	%	12,00	12,00
Energiebedarf Darren			
Dampfmenge	kg	136,00	82,50
Wärmemenge	kJ	283 279	172 471
Luftmenge	m³/min	50,00	36,00
El-Energie Luft	kW	2,45	2,10
Endprodukt	kg	983,00	688,00
Feuchte	%	12,00	12,00
Schälen			
Spelzen	kg	295,00	
Feuchte	%	12,00	
Kerne	kg	688,00	
Feuchte	%	12,00	
Energiebedarf für Spelzen-Vermahlung			
Zerkleinerung	kW	12,10	16,50

elektrischen Energiebedarf für die Zerkleinerung der feuchteren Spelzen ausgeglichen werden kann.

- Wenn heute eine Entscheidung für die Haferdarrung getroffen wird, so geschieht dies meist im Zusammenhang mit bestimmten Anforderungen, die eine Hitzebehandlung der Spelzen erfordern, wie z. B. die Reduzierung der mikrobiologischen Belastung. Dabei wird man berücksichtigen, ob die gesamte Menge an Spelzen davon betroffen ist.

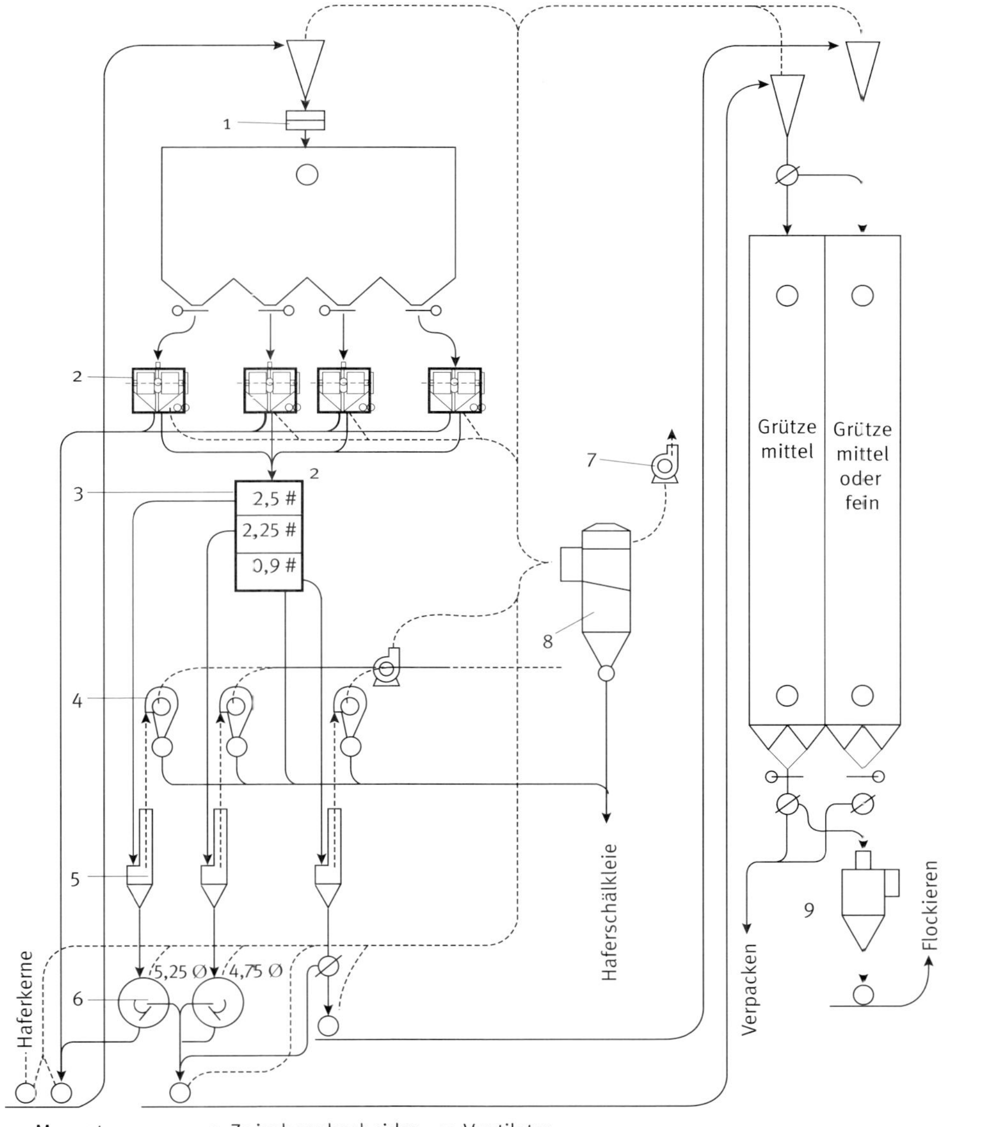

1 Magnet
2 Grützeschneider
3 Plansichter
4 Zwischenabscheider
5 Steigsichter
6 Trieur
7 Ventilator
8 Filter
9 Waage

Abb. 10-55: Grützeschneideanlage für Haferkerne

Bei geringem Anteil ist es vielleicht vorteilhafter, nur diese Menge einer gesonderten Behandlung zu unterziehen.

Hafer wird meist in Form von Flocken verzehrt, die aus Kernen oder Grütze hergestellt werden können. Die Dicke der Flocken hat Einfluss auf die

Kochzeit und die Verdaulichkeit. Dünne Flocken haben einen höheren Stärkeaufschluss aufgrund der mechanischen Beanspruchung im Spalt zwischen den beiden Walzen und benötigen eine kürzere Kochzeit. Dünne Flocken, aus ganzen Kernen hergestellt, neigen aufgrund der entsprechend großen Fläche zum unregelmäßigen Brechen. Der hohe Feinanteil und die unregelmäßigen Bruchkanten ergeben einen unschönen Anblick. Darum werden Schnellkochflocken und Kleinblattflocken aus Grütze hergestellt, aus der sich eine dünne Flocke mit gutem Aussehen walzen lässt.

Beim **Grützeschneiden** wird der Kern in gleichmäßige Teile, geschnitten. In Abbildung 10-55 ist eine Grützeschneideanlage für Haferkerne mit vier Trommelgrützeschneidern (2) zu sehen. Die eingesetzten Maschinen und der Ablauf sind vergleichbar mit denen für die Grützeschneideanlage für geschälte Gerste. Haferkerne werden meist nur zu einer Sorte, und zwar Mittelgrütze geschnitten. Dementsprechend werden die Unterlegkeile für die Messer gewählt. Die Lochung der Trommeln muss, entsprechend der gegenüber Gerste schlankeren Form des Haferkerns, enger sein, normalerweise sind 4,0 mm Ø angemessen. Dies betrifft aus dem gleichen Grund auch die Bespannungen der Plansichter und Zellengrößen der Trieure (6). Das Mantelprodukt beider Trieure wird zusammen mit dem Überlauf der Trommelgrützeschneider zum Vorbehälter zurückgeführt. Die Rücklaufmenge sollte 10 % des Zulaufprodukts nicht übersteigen, um die Belastungsgrenze der pneumatischen Überhebung nicht zu überschreiten. Im Diagramm ist die Möglichkeit zum Abzug einer feinen Grützefraktion vorgesehen, die für die Herstellung von Schnellkochflocken zwischen 0,2 und 0,3 mm Flockendicke Verwendung findet. Die Grütze wird zur weiteren Bearbeitung in der Flockieranlage oder zur Verpackung in Zellen zwischengelagert. Das Fassungsvermögen dieser Zellen sollte so bemessen sein, dass eine ausreichende Flexibilität für das Grützeschneiden und das nachfolgende Flockieren gewährleistet ist, um Verluste an Produktionszeiten wegen häufigen Umstellens von Kerne- auf Grützeflockieren möglichst zu vermeiden.

Es ist nicht allein das Verformen von Kernen oder Grütze zu Flocken, was sich im Wort **Flockieren** ausdrückt, sondern damit sind auch die Maßnahmen angesprochen, die diesem Prozess vorangehen oder ihm folgen; nämlich die hydrothermische Behandlung durch Feuchtigkeits- und Wärmeeinwirkung im Dämpfer und durch Feuchtigkeitsentzug mittels Warmluft und Kühlluft im Trockner-/Kühler. Im Diagramm gemäß Abbildung 10-56 sind die einzelnen Schritte vom Kern oder der Grütze bis zur verpackungsfertigen Flocke dargestellt. Die Waage (1) dosiert die vorgegebene Leistung. Mit einer druckpneumatischen Förderung geht das Produkt über Steigsichter (2)

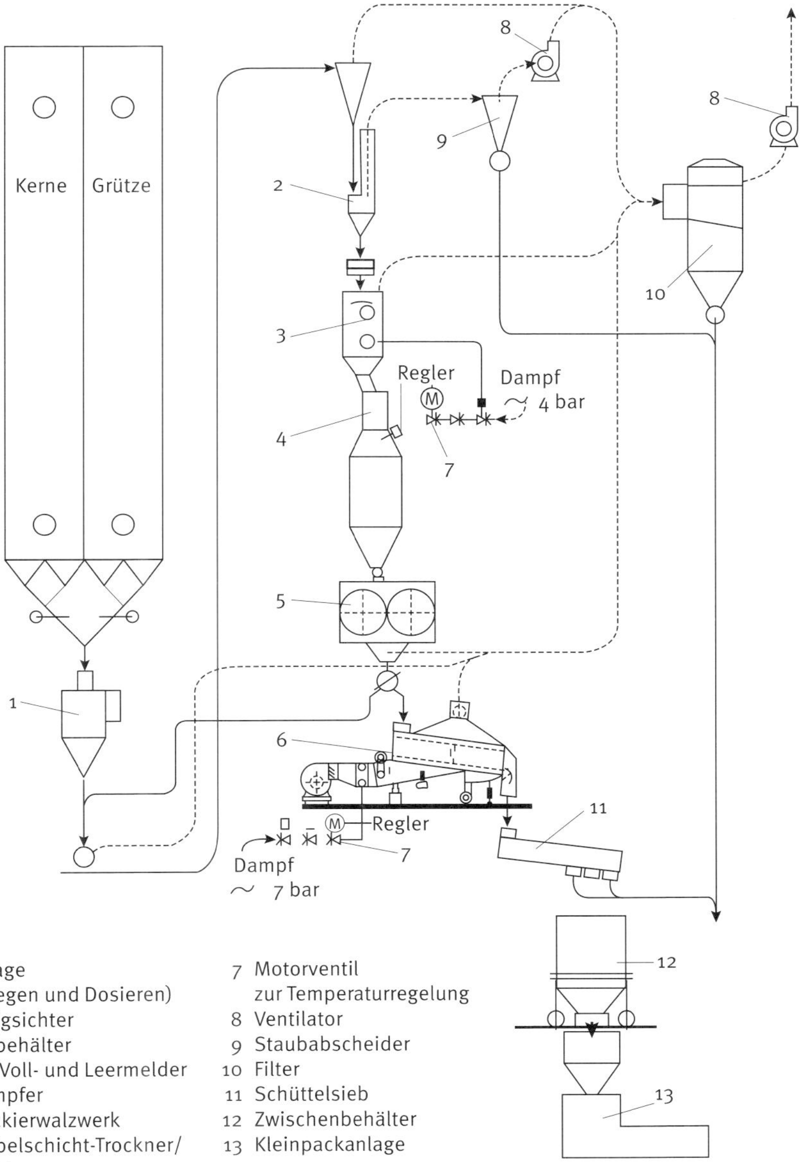

1 Waage (Wiegen und Dosieren)
2 Steigsichter
3 Vorbehälter mit Voll- und Leermelder
4 Dämpfer
5 Flockierwalzwerk
6 Wirbelschicht-Trockner/-Kühler
7 Motorventil zur Temperaturregelung
8 Ventilator
9 Staubabscheider
10 Filter
11 Schüttelsieb
12 Zwischenbehälter
13 Kleinpackanlage

Abb. 10-56: Flockieranlage

und Magnet zum Vorbehälter (3) über dem Dämpfer. Der Steigsichter hat die Aufgabe, Feinteile zu separieren. Diese würden im feuchten Milieu des Dämpfers zu Agglomerationen führen und den gleichmäßigen Durchlauf behindern. Der im Vorbehälter erkennbare Verteilteller dient der Selbstreinigung der Behälterwand von Staubansatz, und verhindert die Entmischung. Der Vollmelder steuert im Zusammenwirken mit einem Zeitglied die Produktzufuhr und verhindert das Überfüllen. Der Leermelder schließt bei Ansprechen das Magnetventil für die Dampfzufuhr. Im runden Oberteil des Dämpfers (4) strömt Dampf in die geschlossene Produktsäule. Die Dampfmenge stellt sich über eine Regelanlage, bestehend aus Temperaturfühler, Regler und Motorventil (7) gemäß der vorgegebenen Produkttemperatur von 100 bis 102 °C automatisch ein. Dabei erhöht sich der Wassergehalt je nach Anfangsfeuchte und Temperatur des Einlaufprodukts in den Dämpfer um 4 bis 5,5 %. Die Verweildauer des gedämpften Produkts bis zur Austragung durch den Speiseapparat des Flockierwalzwerkes ergibt sich aus der Fassung (kg) des Dämpferbehälters und der Leistung (kg/h) der Flockieranlage, z. B.

Fassung 1 500 kg, Leistung 4 000 kg/h

$$\text{Verweildauer} = \frac{1\,500\ \text{kg}}{4\,000\ \text{kg/h}} = 0{,}375\ \text{h das entspricht 22,5 Minuten.}$$

Da beide Parameter mit dem Bau der Anlage festgelegt wurden, lässt sich die Verweildauer also nicht verlängern, wenn man nicht die Leistung herabsetzen will. Meist wird bei der Auswahl eines neuen Dämpfers mit 15 bis 30 Minuten Dämpfzeit gerechnet. Diese Spanne ergibt sich auch aus der Abstufung der Dämpfergrößen. Für die Flockierung nach vorangegangenem Dämpfen werden Flockierwalzwerke (5) in geschlossener Ausführung, also mit Gehäuse, eingesetzt. Auf diese Weise kann der Brüden gezielt abgesaugt werden. Das geschieht über den Zuführkanal zum Wirbelschichttrockner (6), von dessen Absaugluft ein Teil durch das Walzwerk strömt. Während des Rundlaufens des Dämpferinhalts zum Aufwärmen erfolgt die Aspiration mit etwa 10 m^3/min Luft durch einen Anschluss am Auslauftrichter.

Das gedämpfte Produkt wird durch den Speiseapparat schleierartig in den Spalt zwischen den Flockierwalzen geführt. Dieser wird gemäß der gewünschten Flockendicke über die gesamte Länge der Walzen parallel eingestellt. Die Kontrolle geschieht durch Dickenmessung einer gewissen Anzahl Flocken der an verschiedenen Stellen unter den Walzen gezogenen Muster. Die Walzen erreichen nach kurzer Anlaufzeit eine Temperatur, die etwa 20 °C unter der des gedämpften Gutes liegt.

Der Hohlraum der Walzen wird vor Erstinbetriebnahme mit einem Kühlmittel gefüllt, wodurch Wärmegefälle und damit verbundene ungleiche Ausdehnung des Walzenkörpers ausgeglichen werden sollen. Bei hohen Leistungen empfiehlt sich der Einsatz einer Wasserkühlung zur Wärmeabführung. Für die Herstellung von Haferflocken sind Flockierwalzwerke mit Walzen von 500 oder 600 mm Durchmesser und 800, 1 000 oder 1 250 mm Länge üblich. In der Kurve in Abbildung 10-57 kann man die Leistung in kg/h/dm Walzenlänge bei verschiedenen Haferflockendicken sowie den Energiebedarf in kWh/t ablesen.

Die Vorgänge des Füllens und des Aufwärmens des Dämpferinhalts erfolgen nach dem gleichen Verfahren, das auch bei der Darre angewendet wird. Für diesen Zweck ist die Klappe zwischen Walzwerk und Wirbelschicht-Trockner/Kühler vorgesehen. Das Walzwerk ist während des Füllens in Betrieb, befindet sich aber im ausgerückten Zustand.

Die Haferflocken werden getrocknet und gekühlt, sodass sie mit einer Endfeuchte von ca. 11 % lagerfähig sind. Hierfür können Band-Trockner/Kühler oder Wirbelschicht-Trockner/Kühler verwendet werden. Wegen der schonenden Trocknung und aus hygienischen Gründen bevorzugt man Wirbelschicht-Trockner/Kühler (6). Sie werden als einfache Maschinen zum Trocknen oder Kühlen gebaut, oder als kombinierte Maschinen, bei denen zwei Drittel der Fläche des Wirbelbettes zum Trocknen und ein Drittel zum Kühlen vorgesehen sind. Meist sind letztere ausreichend für die in Haferverarbeitungsanlagen üblichen Leistungen. Aus Abbildung 10-58 können die Leistungen in kg/h/m², bezogen auf die Fläche des Anströmbodens, für Haferflocken mit unterschiedlichem Schüttgewicht entnommen werden. Die für Haferflocken übliche Luftmenge beträgt 60 m³/min/m² Anströmboden.

Die Regulierklappen für Warmluft, Kaltluft und Abluft müssen so justiert werden, dass sich auf dem Anströmboden ein Produktbett mit einer Höhe von ca. 20 cm einstellt, welches sich im Takt des Pulsators zum Auslauf hinbewegt.

Die Flocken werden abschließend über ein zweilagiges Schüttelsieb (11) geführt. Über dessen oberes Sieb werden mögliche Agglomerationen abgeschieden, durch das untere fallen feine Partikel des Flockenabriebs. Die Haferflocken sind nun zum Verpacken fertig.

Die Anordnung der Maschinen ohne Zwischenförderung wie in Abbildung 10-56 ist aus Gründen der Hygiene und zur Vermeidung von Flockenbruch zweckmäßigerweise auch bei der Einplanung in ein Gebäude zu

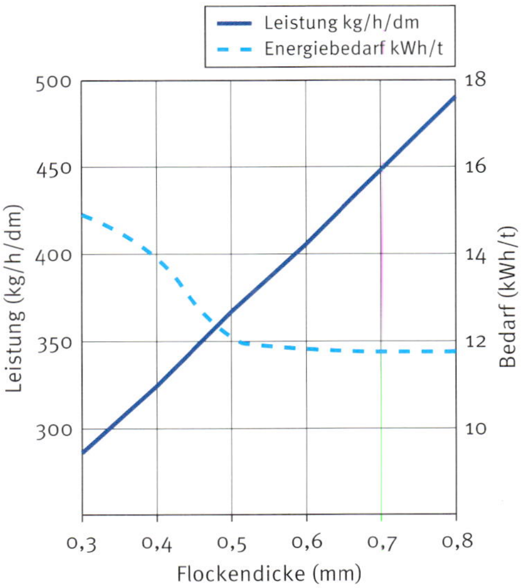

Abb. 10-57: Leistung und Energiebedarf, Flockieren von Haferkernen und Grütze

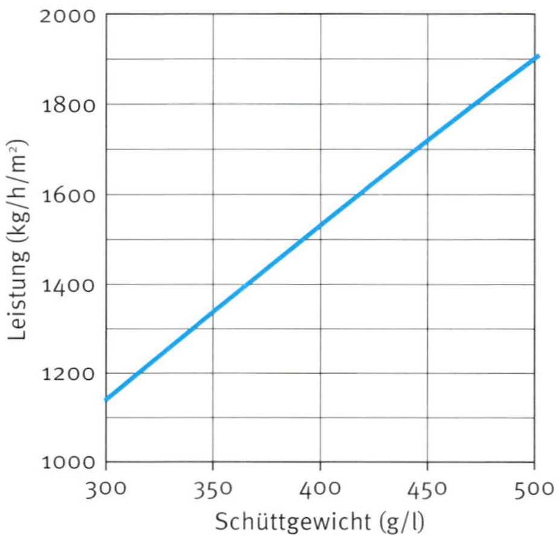

Abb. 10-58: Leistung Wirbelschicht-Trockner/Kühler für Haferflocken

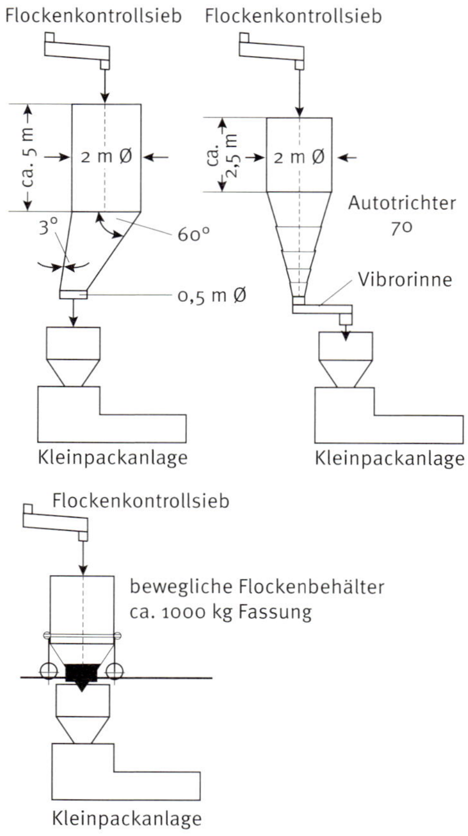

Abb. 10-59: Ausführung von Zwischenbehältern vor dem Verpacken von Haferflocken

berücksichtigen. Wenn eine Förderung der Flocken nach dem Trocknen und Kühlen unumgänglich ist, werden dafür Pendelbecherwerke und Förderbänder eingesetzt, die einen schonenden Transport ermöglichen. Ferner ist anzustreben, dass das Verpacken der Flocken möglichst im Gleichtakt mit der Fabrikation, wie in Abbildung 10-56 dargestellt, erfolgt. Im Falle einer Störung der Kleinpackanlage können kleine fahrbare Behälter für diesen Zeitraum die Produktion aufnehmen. Sollte eine Zwischenlagerung unvermeidlich sein, so sind gewisse Regeln für die Ausführung der Behälterform zu beachten.

Die Abbildung 10-59 zeigt neben den erwähnten fahrbaren Behältern in der Praxis vorgefundene Zwischenbehälter etwas größerer Dimension. Dabei wurde ein gewisser Flockenbruch verbunden mit Abrieb, der beim Füllen und Entleeren der Behälter entsteht, in Kauf genommen.

Für die **Herstellung von Haferkleie (Oatbran)** ist Voraussetzung, dass das Ausgangsprodukt einer hydrothermischen Behandlung unterworfen wurde, die ihre Haltbarkeit bis zum Verbrauch durch den Konsumenten gewährleistet. Normalerweise wird Hafergrütze dafür verwendet. Die Ballaststoffe befinden sich in den Randschichten des Haferkerns, die es vom Endosperm in möglichst reiner Form zu trennen gilt, um die für Speisekleie geltenden Empfehlungen für den Gesamtballaststoffgehalt von 20 % zu erfüllen. Im Interesse einer möglichst hohen Ausbeute an Haferkleie der gewünschten Qualität ist eine selektive Zerkleinerung anzustreben, die am besten mit mehreren Vermahlungspassagen auf Walzenstühlen erreicht werden kann. Das anfallende Hafermehl neigt wegen seines schliffigen Charakters stark zum Anbacken. Das ist beim Gefälle der Laufrohre, bei Übergangstrichtern und auch bei der Auswahl der Siebmaschinen zu berücksichtigen. Aus diesem Grund werden zur Absiebung Schleudersichter bevorzugt.

Abbildung 10-60 zeigt ein Diagramm zur Herstellung von Haferkleie, aus dem auch die Beschüttung der einzelnen Passagen entnommen werden kann. Die Leistung solcher Anlagen ist meist nicht größer als 2 000 kg/h. Dafür werden dann zwei Doppelwalzenstühle mit 1 000 mm Walzenlänge eingesetzt

Aus der Abbildung 10-61 geht der Zusammenhang zwischen Ausbeute und dem Gesamtballaststoffgehalt hervor. Im dargestellten Fall wird bei 20 % Ballaststoff ein Anfall von nahezu 35 % Haferkleie erreicht.

Im Kapitel »Roh- und Fertigprodukte« wurde bereits die Bedeutung von Oatbran oder Haferkleie in der Diät erwähnt. Die Wirkungsweise der Ballaststoffe oder Nahrungsfasern auf die Stoffwechselvorgänge im menschlichen Organismus ist im Kapitel 1.4.1 »Kohlenhydrate« beschrieben.

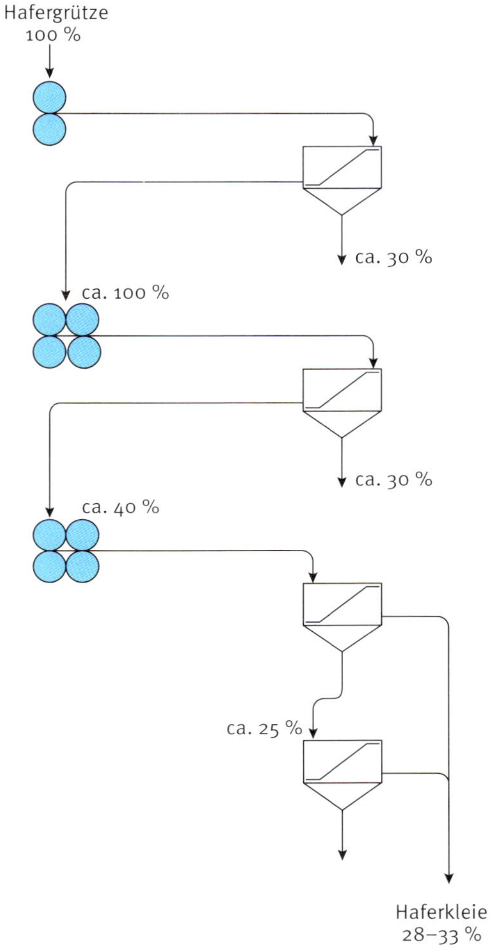

Abb. 10-60: Diagramm zur Herstellung von Haferkleie

Die Abbildung 10-62 zeigt die Anteile an Gesamt- und an löslichen Ballaststoffen innerhalb einzelner Siebfraktionen einer Haferkleie. In den feinen Fraktionen (< 0,2 und 0,355 mm) ist der Gehalt an löslichen Ballaststoffen eher gering. Die saubere Aussiebung der Feinteile ist also wichtig, wenn man einen hohen Anteil löslicher Ballaststoffe in der Haferkleie erzielen möchte.

Die **verwertbaren Nebenprodukte** aus der Haferverarbeitung sind:

- aus der Reinigung: Leichtteile, Fremdkorn und Kleinhafer,
- aus der Schälanlage: Spelzen und andere Leichtteile sowie Fremdkorn, insbesondere Gerste und Weizen,
- aus der Grützeschneideanlage: Spelzen und Schneidmehl,
- aus der Flockieranlage: Feinteile vom Abrieb der Flocken.

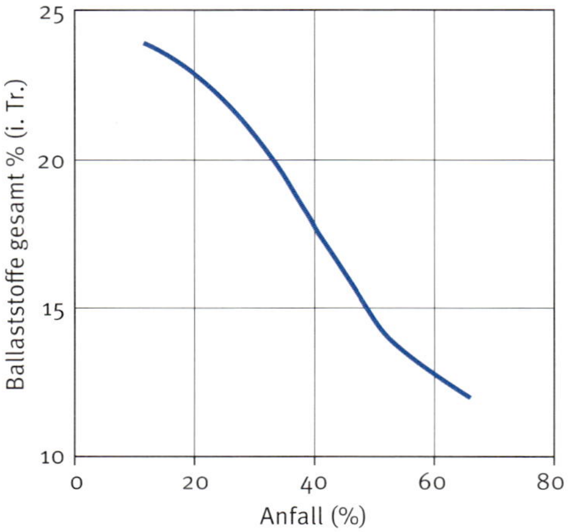

Abb. 10-61: Gesamtballastgehalt von Haferkleie bei verschiedener Ausbeute

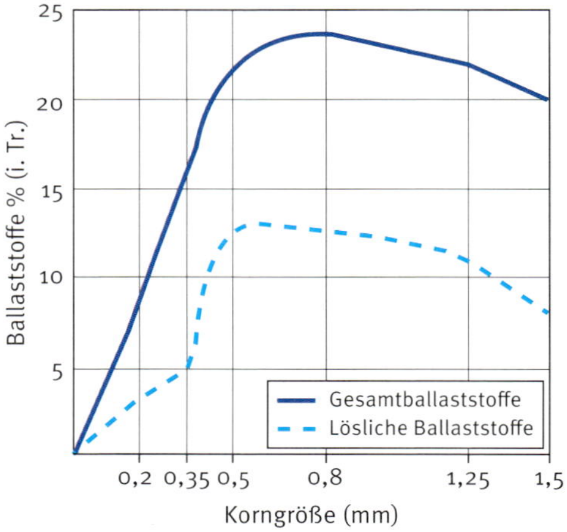

Abb. 10-62: Ballaststoffe in einzelnen Fraktionen der Haferkleie

Schneidmehl und Flockenabrieb, die einen höheren Futterwert haben, bilden nur einen geringen Anteil von der Gesamtmenge verwertbarer Nebenprodukte. Der erzielbare Gewinn kann die Kosten für das separate Handling nicht decken. In den meisten Mühlen werden daher alle diese Produkte zusammengeführt, um sie an die Futtermittelindustrie zu verkaufen. Wenn aber, wie in einigen wenigen Ländern üblich, Haferschälkleie zur Verfütterung bestimmte Anforderungen an einen niedrigen Rohfasergehalt erfüllen muss, werden Spelzen gesondert abgezogen und dienen der Energieerzeugung.

Das Schüttgewicht der gemischten Nebenprodukte liegt unter 200 kg/m^3. Um das Volumen für die Zwischenlagerung in der Hafermühle und im Futtermittelwerk zu reduzieren, wird das Produkt zerkleinert. Da für die Weiterverarbeitung zu Mischfutter ohnehin eine Vermahlung erforderlich ist, wird diese Maßnahme auch wirtschaftlich gerechtfertigt. Man setzt dafür Schlagmühlen und, zur Begrenzung der oberen Kornbandbreite, Schleudersiebmaschinen ein. Haferschälkleie gilt wegen der Zähigkeit der Spelzen und des Verschleißes an Sieben und Hämmern als schwierig zu vermahlendes Produkt, was bei der Auslegung einer solchen Vermahlungsanlage zu berücksichtigen ist. Für die übliche Feinheit der gemahlenen Schälkleie werden Schlagmühlensiebe mit Lochungen von 2 mm Ø bzw. 2,5 mm Ø eingesetzt. Leistung und Kraftbedarf sind unterschiedlich je nach Haferherkunft und Feuchtigkeit.

Bei einer Feuchtigkeit von 12 % können für die Vermahlung von Haferschälkleie aus europäischen Hafersorten folgende spezifische Werte angenommen werden:

Sieblochung	2 mm Ø	2,5 mm Ø
spezif. Leistung je m² Siebfläche in kg/h	ca. 1 000	ca. 1 400
spez. Kraftbedarf je t/h in kW	ca. 90	ca. 75
Aspirationsluft je m² Siebfläche in m³/min	ca. 50	ca. 50

Das Pelletieren der gemahlenen Haferschälkleie wird nur selten angewendet, weil die Kosten meist nicht abgedeckt werden können. Es bietet Vorteile im Hinblick auf Reduzierung des Volumens und damit des erforderlichen Lagerraums, leichtere und staubärmere Handhabung und nötigenfalls Nutzung von Getreidezellen zur Zwischenlagerung.

10.6 Mais

Hubertus Boxler

Im Gegensatz zu den sogenannten Schälprodukten ist Mais nicht von einer Spelze oder Hülse umgeben und nimmt insofern eine Sonderstellung innerhalb des Gebietes der Schälmüllerei ein. Daher wird die Maismüllerei auch oftmals der normalen Mehl- und Grießmüllerei zugeordnet. Sie befasst sich insbesondere mit der Verarbeitung von Mais zu Nahrungsmitteln. Diese müssen gewisse Anforderungen an Geschmack und Haltbarkeit erfüllen. Dafür ist vor der Zerkleinerung oder weiteren Verarbeitung in den meisten Fällen die Zerlegung des Korns in seine wesentlichen Bestandteile erforderlich. Die Zielrichtung entspricht also der, die auch in der Schälmüllerei verfolgt wird.

10.6.1 Geschichte und Anbau

Der erste Bericht über den Mais kam von Christoph Columbus nach Europa, dessen Tagebucheintragung vom 5. November 1492, drei Wochen nach seiner Landung auf der Watlingsinsel, besagt, dass der Mais wohlschmeckend sei und alle Menschen im Lande von ihm leben. Wir wissen aus Überlieferungen ihrer religiösen Bräuche, dass er die wichtigste Nahrungsquelle der damaligen Bewohner Amerikas war und sie ihn als ein Geschenk ihrer Götter betrachteten. Genforscher gehen aufgrund von vergleichenden Untersuchungen davon aus, dass die Urform des Maises auf das Teosinte-Gras zurückzuführen und sein Alter auf mehr als 9 000 Jahre anzusetzen ist. Columbus brachte den Mais nach Spanien. Venezianische Kaufleute nützten ihn zu Handelsgeschäften mit den Türken. Einige Jahre später kam er dann mit dem Namen »granoturco« (Türkenkorn) zurück nach Italien. Der Mais wird in Amerika auch als »corn«, in England gelegentlich als »indian corn« bezeichnet.

10.6.2 Biologischer Aufbau

Der Mais (*Zea mays*) gehört zu den Gräsern. Der Fruchtstand ist eine Spindel, auch Kolben genannt, auf der in regelmäßigen Reihen die wohlgeordneten Körner sitzen, deren Form je nach Varietät unterschiedlich rund (Rundkornmais) oder flach (Zahnmais) ist, und deren Farbe entsprechend der Sorte von weiß (Weißmais) über gelb (Gelbmais) bis dunkelrot sein kann.

Die Abbildung 10-63 zeigt den Schnitt durch ein Maiskorn. Die verschiedenen Bestandteile sind durch eine feste glasige Außenhaut geschützt, unter der Keimling und Endosperm erkennbar sind. Der Keimling macht nahezu 30 Volumenprozent des Korns aus. Das Endosperm besteht aus einem glasigen und einem mehligen Anteil.

Mais hat kein Klebereiweiß. Daher ist sein Mehl für die Brotbereitung nur in begrenzter Menge zur Beimischung zum Weizenmehl geeignet. Das verschafft ihm aber die Wertschätzung von Personen, die unter einer angeborenen Unverträglichkeit von Getreideeiweiß (Zöliakie) leiden.

In Tabelle 10-23 sind die Inhaltsstoffe der verschiedenen Kornanteile von Zahnmais dargestellt.

Tab. 10-22: Mineralstoffe und Vitamine in Mais und Weizen

Mineralstoffe	Mais mg/100 g	Weizen mg/100 g	Vitamine	Mais mg/100 g	Weizen mg/100 g
Calcium	15,00	43,70	Vitamin B_1	0,36	0,48
Eisen	1,50	3,30	Vitamin B_2	0,20	0,24
Magnesium	120,00	173,00			
Kalium	330,00	502,00			

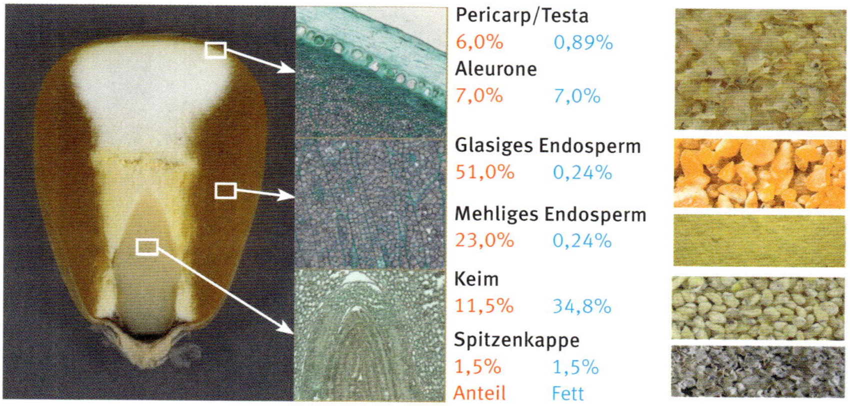

Abb. 10-63: Aufbau des Maiskorns (Bühler)

10.6.3 Roh- und Fertigprodukte

Die Abbildung 10-64 zeigt die wichtigsten Verwendungsmöglichkeiten von gedroschenem Körnermais. Der größte Teil dient der Tierfutterherstellung oder Ethanolproduktion. 10 % des in der EU verarbeiteten Maises von ca. 33 Millionen t werden zu Stärke oder Zucker (Isoglukose) verarbeitet. 10 % gehen in die Nahrungsmittelindustrie, in der die hier behandelte Maismüllerei eine wichtige Stellung einnimmt.

Im Interesse eines ansprechenden und bekömmlichen Endprodukts soll der Mais bestimmte Qualitätsansprüche erfüllen:

- Aussehen: glänzende Oberfläche der Körner, nicht verfärbt,
- keine Trocknungs- oder Hitzeschäden
- Geruch: gesund, nicht muffig oder sauer
- Feuchtigkeit: max. 14 %
- Fremdkorn: max. 3 %
- Schwarzbesatz: max. 1 %

Darüber hinaus werden von den Maismühlen, je nach Anforderung an das zu erzeugende Endprodukt, weitere Kriterien beachtet:

- Fettsäurezahl,
- Keimfähigkeit,
- Ganzkornfettgehalt,
- Keim – Anteil und Fettgehalt,
- Mehliges Endosperm – Anteil und Fettgehalt,
- Glasiges Endosperm – Anteil und Fettgehalt.

Fettsäurezahl und Keimfähigkeit geben Auskunft über den Gesundheitszustand der Maislieferung. Stark verminderte Keimfähigkeit lässt auf überhöhte Temperaturen während der Lagerung oder Trocknung schließen.

Tab. 10-23: Inhaltsstoffe der verschiedenen Kornanteile von Zahnmais (in %)

	Mais	Endosperm	Schalen	Keim	Kappe
Anteil vom ganzen Korn	Mittelwerte	79,7–83,5	4,4–6,2	10,2–14,1	0,8–1,1
Protein	10,5	6,7–12,8	2,9–4,6	17,3–20,2	9,1–10,7
Asche	1,6	0,22–0,46	0,29–2,0	9,16–11,3	1,43–1,95
Fett	5,1	0,7–1,1	0,7–1,2	31,1–38,9	3,7–3,9
N-freie Extraktstoffe	71,8	83,9–88,9	3,5–10,4	5,1–10	–
Zucker	1,9	0,47–0,82	0,19–0,52	9,87–12,51	1,44–1,61

(aus: Cereal as Food and Feed)

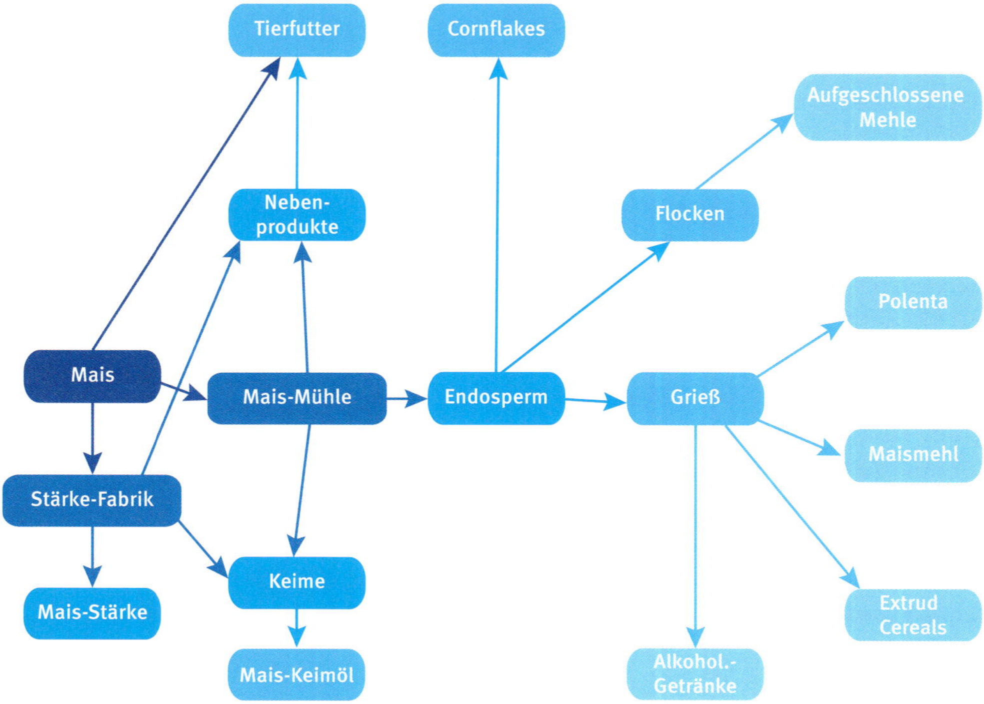

Abb. 10-64: Produkte aus Mais

Diese haben Haarrisse im glasigen Endosperm zur Folge, wodurch sich die Ausbeute an groben Grits sehr stark verringern kann.

Der Anteil des Keims und sein Fettgehalt sind dann ein Kriterium für die mögliche Fettausbeute, wenn Keime für die Speiseölgewinnung abgezogen werden sollen.

Der Anteil an glasigem Endosperm mit niedrigem Fettgehalt gibt Hinweise auf die mögliche Ausbeute an fettarmen Endospermprodukten, also Grits oder Grieß. Die Untersuchung und Verarbeitung verschiedener Maislieferungen ergab, dass die Ausbeute an Grit mit einem Fettgehalt bis 1 % mit steigendem Anteil an glasigem Endosperm ansteigt. Die Ergebnisse sind in der Abbildung 10-65 dargestellt.

Maissorten mit einem glasigen, also harten Endosperm, wie z. B. Platamais, werden bevorzugt zu Grits (Hominy) für Cornflakes verarbeitet (Abb. 10-66).

Die von der Maismüllerei verlangten Fertigprodukte sind je nach den örtlichen Verzehrsgewohnheiten und den Anforderungen der weiterverarbeitenden Abnehmer unterschiedlich hinsichtlich Körnung, Fett-, Protein-, Asche- und Rohfasergehalt. Der Feuchtigkeitsgehalt soll normalerweise 14 %

betragen. Hier können nur die wesentlichen Produkte und deren Merkmale aufgeführt werden. Sie variieren in der Regel immer in der Granulation von ganz grob (< 6,3–3,5 mm für Cornflakes-Grits oder Hominys), grobe bis mittlere Grits (4,5–2,0 mm für Stärkeaufschluss), Grieß (1,25–0,3 mm für Brauereigrits, oder etwas feiner für Polenta) und bis zu Mehlfeinheit (< 0,355 mm) für Breie, Fladen, Suppen etc.

Mit Maisgrits bezeichnet man das entkeimte und geschälte Endosperm. In der Körnung zwischen 6,3 und 2,0 mm wird er in den USA »Hominy« genannt.

Eine Hauptforderung ist der maximale Fettgehalt im Endprodukt, meist < 1.0 %, lediglich für Extrudergrieß oder Mehl können höhere Werte bis zu 2 % akzeptiert werden. Bei Keimen für die Speiseölgewinnung werden dagegen Fettwerte > 20 % verlangt. Einige Produkte sind auch im Rohfasergehalt begrenzt. Dieser wird vom Anteil der Schalenteile (Fruchthaut) beeinflusst. Der maximale Feuchtigkeitsgehalt wird

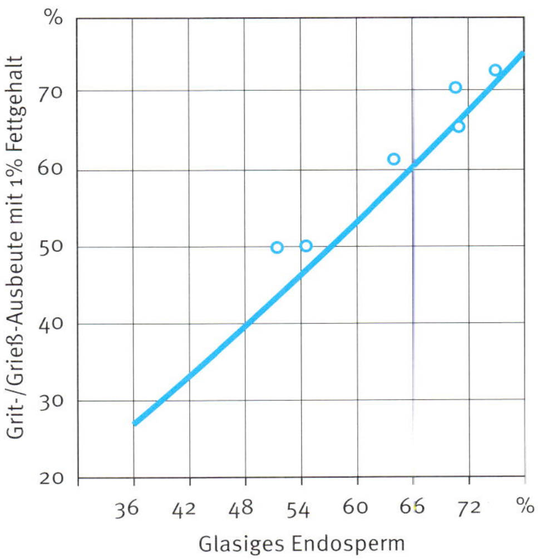

Abb. 10-65: Glasiger Endospermanteil und Grit-Ausbeute

Abb. 10-66: Plata-Mais und Hominy

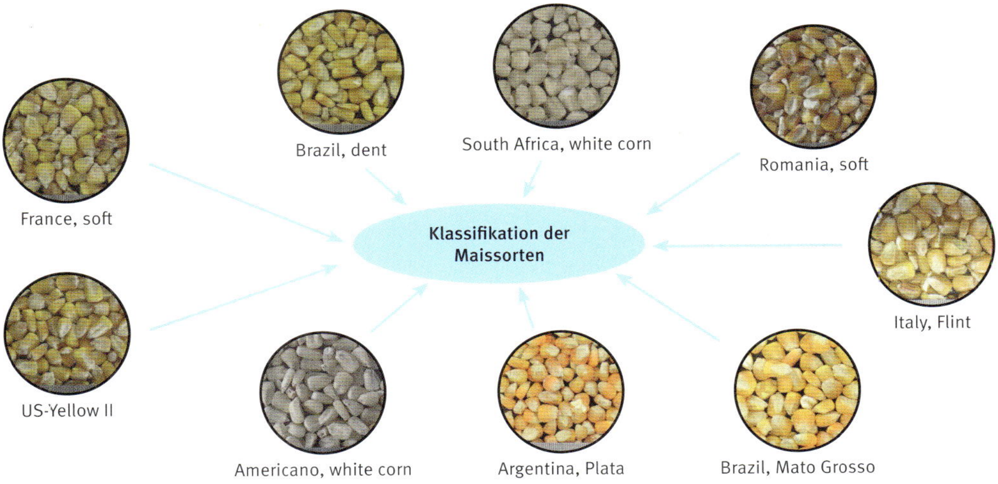

Abb. 10-67: Klassifikation von Mais (Bühler)

meist auch vorgeschrieben. Dies ist bei der sogenannten Feuchtentkeimung manchmal ein Problem, wenn die Produkte noch getrocknet werden müssen. Die üblichen Anforderungen sind in der Tabelle 10-24 zusammengefasst. Tabelle 10-25 zeigt die Schüttdichten von Mais und Maisprodukten.

10.6.4 Verarbeitung von Mais

Annahme, Reinigung und Vorbereitung

Wird der Mais vom Erzeuger nach dem Dreschen direkt angenommen, kann die Feuchtigkeit bis 35 % und mehr betragen. Deshalb wird nach der Vorreinigung auf einem Silo-Getreidereiniger oftmals eine Trocknung notwendig, um die Lagerfähigkeit bei einem Feuchtigkeitsgehalt von 14 bis 15 % zu erreichen. Im Normalfall wird die Rohware aber verarbeitungsfertig per Schiff, Bahn oder Lkw angeliefert. Dann gelangt der Mais direkt in die Rohfruchtzellen. Während der Lagerung ist die gleiche Sorgfalt in Bezug auf die Qualitätserhaltung wie bei den anderen Getreidearten erforderlich, besonders ist auf eine ausreichende Belüftung zu achten. Vorteilhaft ist eine langsame, schonende Förderung mit den Förderelementen, um Verschleiß an Maschinen und Bruchbildung vor allem bei weichen Maissorten zu verringern.

Aus den Rohfruchtzellen mit Mehrfachausläufen gegen eine Entmischung wird der Mais mittels Mengenreglern dosiert und gelangt nach einer Verwiegung und dem Magneten auf den Separator mit Aspirationskanal, um Schrollen,

Tab. 10-24: Fertigprodukte aus der Maisverarbeitung

Produkt	Verwendungszweck	Korngröße mm		Fettgehalt	Rohfaser
		‹	›	%	%
Grit	Hominy zur Weiterverarbeitung zu Cornflakes	6000	3550	0,8	0,3–0,4
Grit	Weiterverarbeitung zu Mehl mit teilweisem Stärkeaufschluss, das z. B. Im nördlichen Südamerika zur Zubereitung der – wie Brötchen verzehrten – Arepas dient	6000	2000	‹ 1,0	0,3–0,4
Grit	Maisreis (in Südafrika wie Reis verzehrt)	4500	1120	‹ 1,5	0,8
Brauerei-Grieß	Rohfrucht zur Herstellung von Bier und Whisky (in Deutschland nicht gestattet)	1400	300	‹1,0	
Grieß	Polenta	850	400	‹ 1,0	0,7
	Polenta	600	200	‹ 1,0	0,7
Mehl	Weiterverarbeitung zu Teigwaren, Suppen- und Soßenmischungen	300		‹ 1,0	0,5
Mehl	Zubereitung von Brei und Fladen	300		‹2,0	0,8
Keime	Weiterverarbeitung zu Speiseöl, die Keime dürfen keine Schäden durch unsachgemäße Lagerung aufweisen oder ranzig schmecken			20	
Neben-Produkte	Futter-Komponenten in der Tierfütterung				

Fein- und Leichtteile zu entfernen. Die Sieblochung richtet sich nach der Größe der Maissorte. In der Regel werden als Vorsiebe 10 bis 12 mm Rundlochung eingesetzt. Großer Zahnmais kann auch bis zu 14 mm oder mehr erforderlich machen. Man wählt die Lochung so, dass nur selten ein ganzes Korn im Abstoß vorkommt. Beim Sandsieb wird man 3,0 bis 4,0 mm Rundlochung einsetzen, um auch schon kleine Bruchstücke zu entfernen. Offene Bruchstücke bieten eine gute Eintrittspforte für Mikroorganismen und daher ist man aus Hygienegründen darauf bedacht, den Bruch in der Reinigung zu entfernen. Der Aspirationskanal sollte nicht als Umluftmaschine ausgeführt werden. Dies gilt übrigens für alle Aspirationsmaschinen in der Maismühle. Das Abriebmehl ist meist sehr fetthaltig und neigt stark zum Ansetzen und Kleben. Dadurch können schnell Verstopfungen auftreten. Im Aspirationskanal werden Staub und leichte Kornteile abgezogen. Ein Zwischenabscheider danach ist von Vorteil, um den Einstellungsgrad beurteilen zu können.

Tab. 10-25: Schüttdichte von Mais und Maisprodukten

	kg/m³
Zahnmais	700–800
Rundkornmais	800–880
Maisgrit	750–850
Maisgrieß	550–650
Maismehl	550–600
Maiskeime	350–450
Nebenprodukt	300–350

Anschließend ist immer ein Steinausleser erforderlich. Eine erhöhte Luftmenge gegenüber der Weizenreinigung und ein höherer Unterdruck für den Zwischenlüfter sind zu berücksichtigen. Gegebenenfalls wird der einfache Steinausleser auch durch einen Combinator mit zusätzlichem Abstoß ersetzt. Hiermit kann man neben den Steinen auch taube Körner und Kolbenstückchen besser entfernen.

Bei hohen Anforderungen an die Endproduktenqualität kommt auch eine Farbsortierung mit zusätzlicher infraroter Kamera zum Einsatz, um verfärbte und aflatoxinbelastete Körner sowie andere Fremdteile zu entfernen.

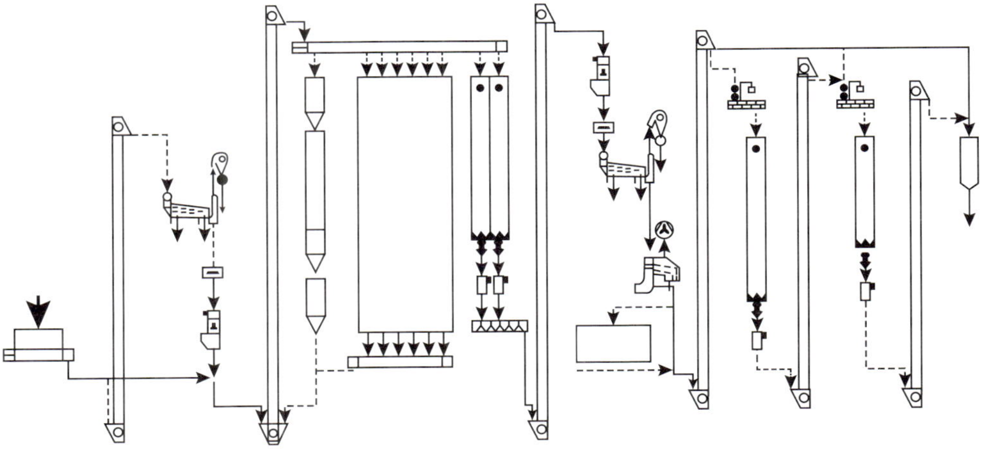

Abb. 10-68: Diagramm Maisannahme, -trocknung, -lagerung, -reinigung und -vorbereitung

Die Vorbereitung zur Verarbeitung richtet sich nach den gewählten Mahlverfahren, auf die später noch im Einzelnen eingegangen wird. Ist mit sehr trockenen Maispartien zu rechnen, sollte eine Netzmöglichkeit vorgesehen werden. Sonst besteht die Gefahr, dass die Endprodukte zu trocken erzeugt werden und man Gewichtsverluste erleidet. Folgende Abstehzeiten sind vorzusehen:

Endosperm-Feuchtigkeitserhöhung	12 bis 24 Stunden	Kaltwasser
elastische Keimlinge	8 bis 12 Stunden	Kaltwasser
gelöste, elastische Schale	3 bis 7 Minuten	Kalt-, Warmwasser oder Dampf

Aus der Mühlenleistung t/h und der Abstehzeit errechnet sich dann die Größe der benötigten Abstehzellen. Diese müssen immer mit Mehrfachausläufen oder Vibrationsaustragsböden ausgerüstet werden, um einen Kernfluss zu vermeiden bzw. ein gleichmäßiges Absinken zu erreichen.

Als Netzgeräte werden langsam laufende Paddelschnecken aus rostfreiem Stahl verwendet. Intensiv-Netzer erzeugen in der Regel zu viel Bruch. Die einstellbaren Paddel sind auf einen großen Trogfüllungsgrad einzustellen, um eine gute Durchmischung der Körner mit dem Wasser zu erreichen. Dazu werden die Trogschnecken auch mit Frequenzumrichter versehen. Schneckenlänge und -durchmesser richten sich nach der Stundenleistung, es wird eine Verweilzeit von 3 bis 7 Minuten angestrebt.
Beispiel: Mühlenleistung 100 t/24h = 4,17 t/h = 70 kg/min = 210 kg in 3 min / 0,8 = 260 l

Paddelschnecke Durchmesser 300 mm Länge 3 000 mm = 280 l
Paddelschnecke Durchmesser 400 mm Länge 2 000 mm = 250 l = zu kurz

Maisentkeimung

Entweder aus der Reinigung direkt oder aus den Abstehzellen dosiert kommt der Mais in der Regel immer auf einen Maisentkeimer, außer bei reiner Walzenvermahlung. Hier wird das Korn mittels Schlag-, Scher- und Reibwirkung aufgebrochen. Es zerlegt sich in grobe und feinere Endospermstücke mit anhafteten Schalen und Keimteilen sowie Keime, Mehl und Schalen.

Der Entkeimer besteht aus einem Siebkorb, der teilweise mit Noppenelementen oder Prallleisten bestückt sein kann. Im Siebkorb läuft ein Rotor mit Schlägerleisten, Noppenoberfläche oder einem sogenannten Walzenelement mit vorstehenden Arbeitsnasen (Nocken). Meist ist im Einlaufbereich eine Stopfschnecke integriert, um das Produkt zwangsweise in den Arbeitsraum

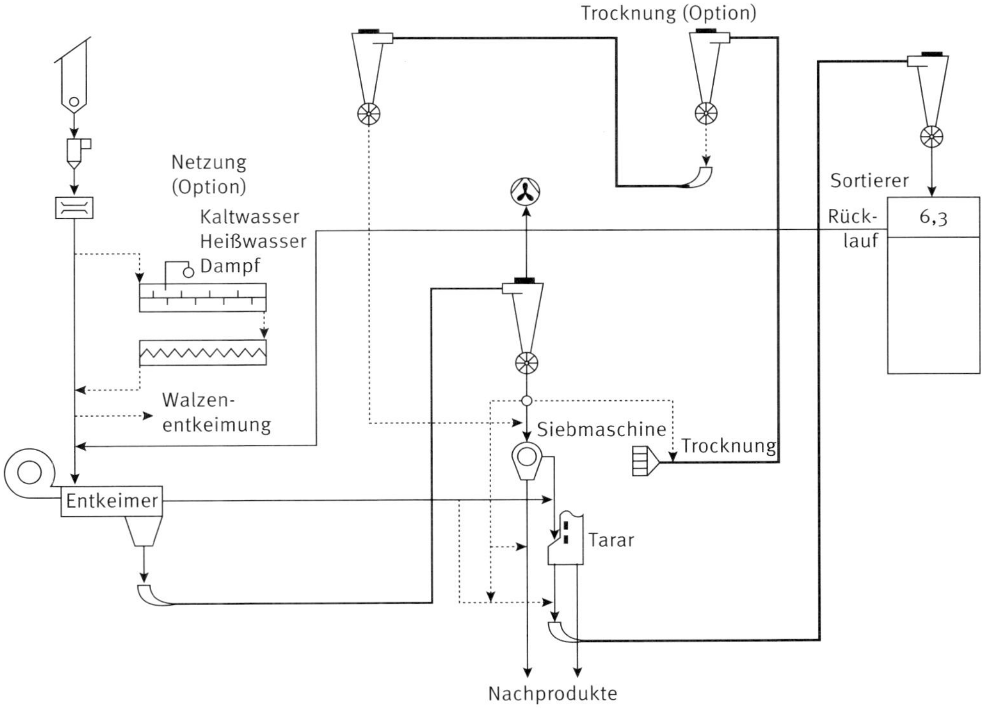

Abb. 10-69: Diagramm Maisentkeimung (punktierte Linien = verfahrensabhängig)

zu pressen. An der Auslaufseite ist eine Stauklappe (gewichtsbelastet) oder ein Stauteller mit Federdruck angebracht, mit dem die Arbeitsintensität geregelt werden kann. Weitere Varianten sind der Abstand von Siebkorb/Reibelement zum Rotor oder die Rotordrehzahl.

Der Abstoß besteht meist aus den gebrochenen Endospermstücken und ungebrochenen Körnern, die auf den Sortierer-Sichter der Mühle laufen. Meist stellt man die Maschine so ein, dass noch ca. 10 % ungebrochener Mais im Abstoß enthalten ist, der später im Rücklauf wieder auf den Entkeimer läuft. Der Durchfall ist das Schälmehl mit zerriebenen Keimestücken und kleinen Grießteilen. Je nach Feuchtigkeitsgehalt muss der Durchfall mittels Thermopneumatik getrocknet werden und/oder gelangt dann auf die Vermahlung oder geht direkt in die Nachprodukte. Wenn der Durchfall zur Vermahlung gehen soll, zieht man das klebrige Entkeimungsmehl mittels Siebmaschine/Vibroschleuder ab und schickt die Bruchstücke mit dem Entkeimer-Abstoß danach noch über einen Aspirationskanal/Tarar, um Schalenteile zu separieren und zu kühlen. Die gesamten Schwerteile laufen dann auf den Sortierer.

Einfache Maisentkeimer hatten Schlägerpaletten auf einem Rotor und einen Siebmantel aus Drahtgewebe. Die Welle war entweder horizontal oder vertikal angeordnet. Mittels Abstand der Schläger zum Siebmantel oder durch eine Drehzahlregulierung konnte man die Arbeitsweise beeinflussen. Bekannt hierfür waren die Prallmaschine oder auch der Maisentkeimer MHXG von Bühler. Andere Hersteller haben auch Scheibenmühlen mit geriffelten Mahlscheiben oder stehende Schleudern, die unten beaufschlagt werden.

Seit etwa 1940 ist der sogenannte »Beall Degerminator and Corn Dehuller« bekannt. Er war der erste Entkeimer, der Hominy-Grits für die Cornflakes-Herstellung schälen konnte. Er hatte einen konischen Rotor mit verschiebbarer Welle und einen konischen Mantel mit ca. 4,5 mm Lochblechen und noppenbesetzten Reibplatten. Der Rotor hatte auf der Einlaufseite schräggestellt Elemente, die als Stopfschnecke fungierten. Danach kamen Noppenelemente, die die Körner durch Schlag- und Reibwirkung aufbrachen. Durch ein Verschieben der Welle konnte der Abstand zwischen Rotor und Mantel eingestellt werden.

Eine Weiterentwicklung wurde von der Fa. Bühler mit einem zylindrischen Noppenrotor auf den Markt gebracht. Dieser hatte einen unterteilten Mantel mit Reibplatten, die von außen mittels Schrauben eingestellt werden konn-

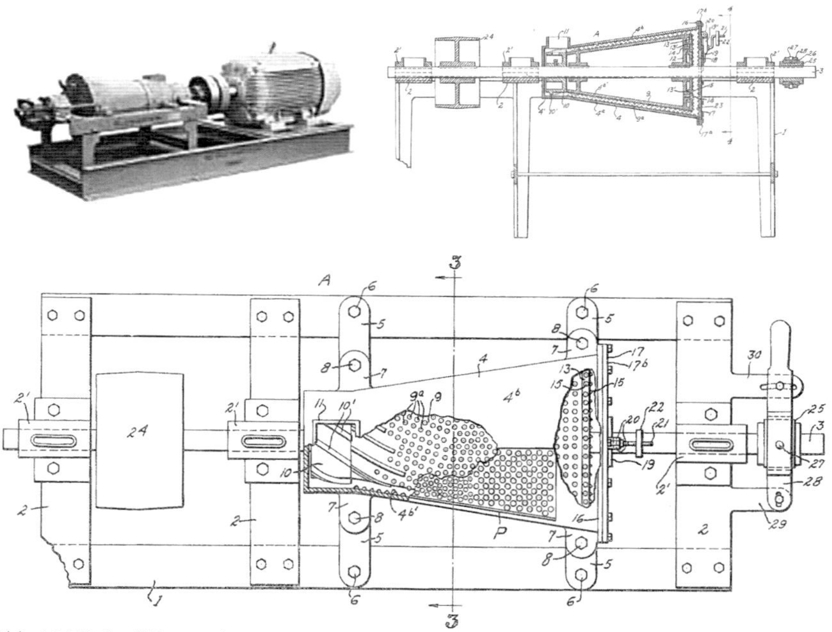

Abb. 10-70: Beall Degerminator

ten. So konnte man den Abstand zum Rotor verändern und anpassen. Auch diese Maschine hatte noch relativ grobe Siebe und Übergang und Durchfall wurde gemeinsam weiterverarbeitet.

Die Suche nach einer einfachen Entkeimungsmaschine für Cornflakes-Grits führte dann zum Umbau einer Reis-Poliermaschine mit Nockenrotor. Hierzu wurde der Siebkorb mittels auf Distanz gehaltener innen eckiger Blechscheiben gebildet, sodass Schlitze von wenigen mm gebildet wurden. Auf den mit Dampf oder Heißwasser vorbereiteten Körnern lösten sich die Schalen komplett von der Maisoberfläche, die Körner wurden gebrochen und die Keime zerrieben. Das Resultat waren sehr sauber geschälte Maisbruchstücke mit einem Fettgehalt unter 0,5 % im Abstoß. Diese wurden nur noch sortiert und man hatte das Ausgangsprodukt für die Cornflakes-Herstellung. Der Siebdurchfall aus Mehl, Schalenbruch und zerriebenen Keimteilen wurde pneumatisch abgesaugt, ggf. mittels Thermopneumatik getrocknet und direkt zu den Nachprodukten geführt. Ohne Nassvorbereitung konnte man den Abstoß auch direkt zur Walzenreduktion auf die gewünschte Grießgranulation geben. Mit zwei Mahlpassagen und einem Einkastensichter hatte man eine einfache Maismühle mit sehr niedrigen Fettresultaten. Leider war die Leistung mit 700 kg/h auf einer Maschine sehr gering.

Die nächste Stufe war dann der zylindrische Walzenrotor mit drei Nocken und einer Stopfschnecke am Einlauf, eckigem Siebmantel mit feinen Siebblechen und Reibelementen und einem federbelasteten Stauteller auf der Abstoßseite. Es gibt eine Hohlwelle, über die mittels Ventilator Kühlluft in den Arbeitsraum gedrückt wird, wodurch der Feinanteil sofort durch die Sieblochung abtransportiert wird. Die Fettwerte im Abstoß sind mit der

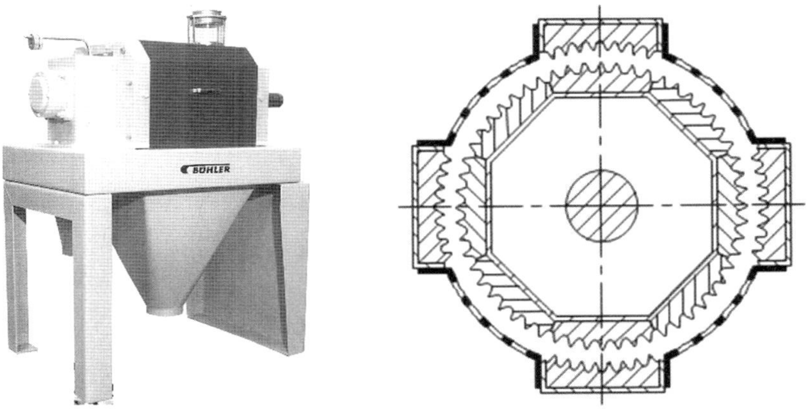

Abb. 10-71: Maisentkeimer MHXK mit zylindrischem Noppenrotor

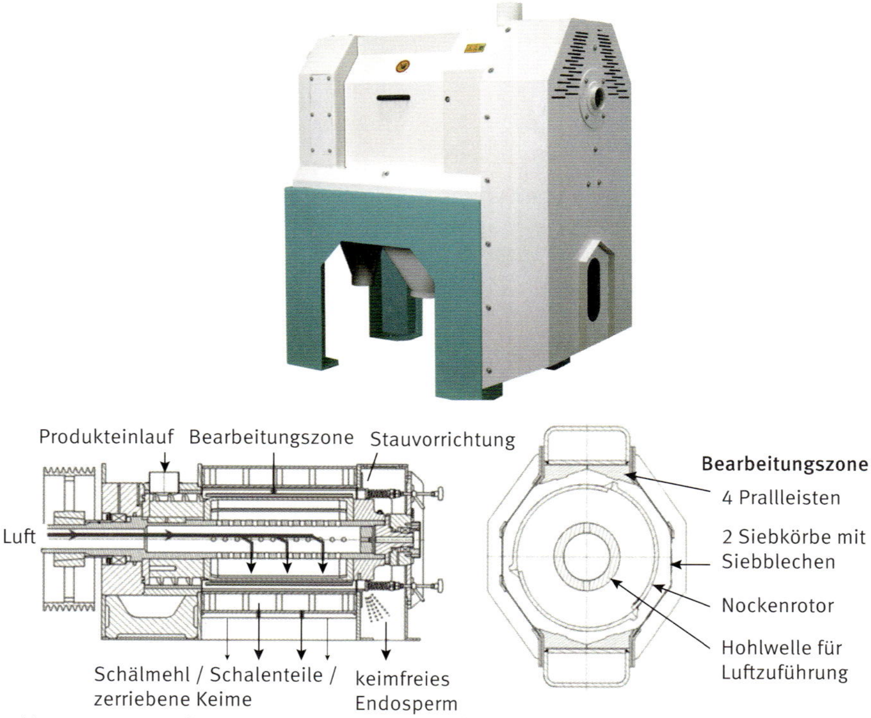

Abb. 10-72: Maisentkeimer MHXM mit Nockenrotor (Bauart Bühler)

kleinen Maschine vergleichbar, jedoch können Leistungen bis zu 5 t/h und mehr erreicht werden. Durch Anpassungen in der Rotor- und Siebmantelausführung kann die Maschine an besondere Anforderungen wie weiche Maissorten oder Keimegewinnung angepasst werden.

Diagrammbeispiele Maismühlen

Walzenentkeimung

Mit dem einfachen Vermahlen auf Walzenstühlen erreicht man einen oder zwei Grießsorten mit einem Fettgehalt über 1,5 %. Der ganze Mais kommt auf einen Brechstuhl, wird dort aufgebrochen und auf einem Sichtabteil sortiert. Die gröbsten Teile mit Schalenanteilen laufen über einen Aspirationskanal zur weiteren Reduktion auf die 2. bis 4. Walzenpassage. Hier wird auf dem Sichter dann das Mehl abgezogen, Grieß gelangt in die Endprodukte und der 1. Abstoß mit Grits-, Keime- und Schalenteilen wieder über Aspirationskanal zur sogenannten Keime- oder Übergangspassage B4. Hier wird nochmals vorsichtig gemahlen, um Restgrieß und Mehl noch zu gewinnen, der Abstoß vom Sichter ist das Nachprodukt.

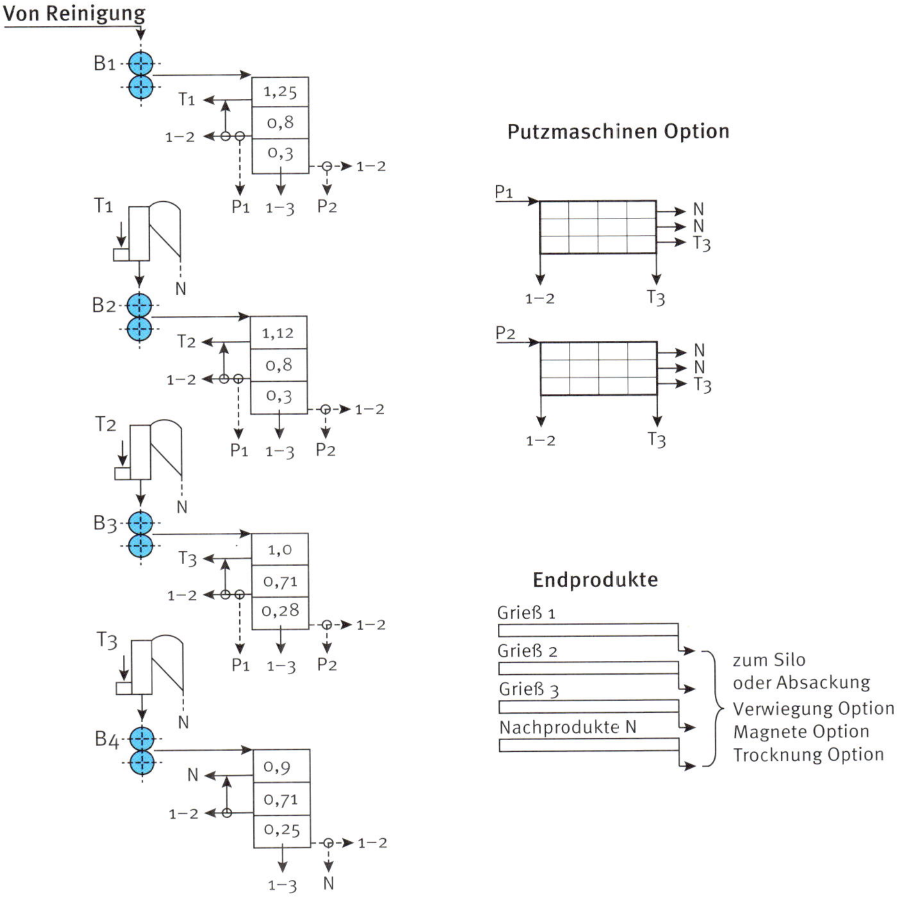

Abb. 10-73: Einfaches Maisdiagramm mit Walzenentkeimung

Als Aspirationskanal wird vielfach ein Tarar verwendet. Dieser hat eine Klappenschleuse, die beim Zufallen die Maschine mit einem Schlag erschüttert, wodurch Anhaftungen vom sehr klebrigen Maismehl verhindert werden.

Wird kurz vor der Vermahlung genetzt, kann man den Schalenabzug erhöhen, da diese dann sich leichter von der Kornoberfläche lösen und mit der Aspiration abgezogen werden können. Mit einer Keimenetzung und einer Abstehzeit von 8 bis 12 Stunden vor dem Vermahlen wird der Keim sehr elastisch und kann über die groben Vorsiebe im Sichter abgestoßen werden. Dann ist aber ggf. eine Trocknung erforderlich, da das zugesetzte Wasser noch in den Keimen und den Schalen enthalten ist.

Werden saubere Grieße gewünscht, wird man noch eine Grießputzmaschine vorsehen. In der Regel wird man zwei Hauptprodukte vorsehen, damit man

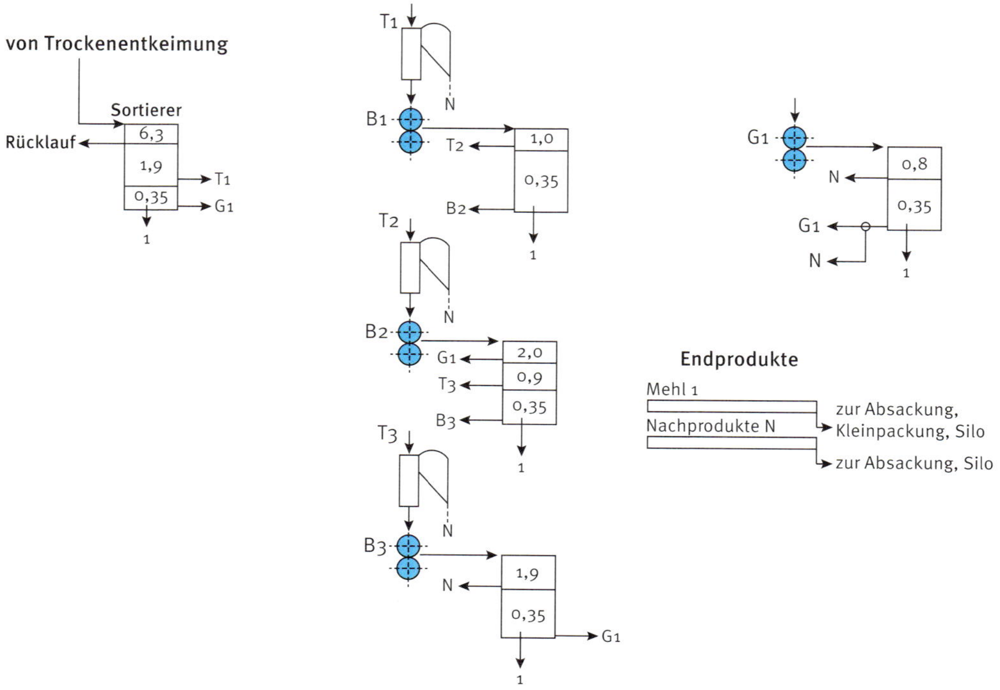

Abb. 10-74: Mais-Mehlmühle mit Trockenentkeimung

zwei Grieße mit unterschiedlichen Granulations- oder Fettwerten herstellen kann. Meist kann auch das Maismehl getrennt abgezogen oder den Hauptgrießen beigemischt werden.

Mais-Mehlmühle mit Trockenentkeimung

Im östlichen Afrika wird oftmals aus Weißmais ein Mehl mit hoher Ausbeute und feiner Granulation, möglichst hell gewünscht.

Für diese Diagramme werden dann schon einfache Entkeimer vorgesehen, die den Mais aufbrechen. Im Sortierer wird aus dem Gesamtprodukt der Rücklauf und das Mehl abgezogen und die groben Produkte gelangen wieder über Aspirationskanäle auf mindestens vier Mahlpassagen. Im Sichter wird nur das Mehl ausgesichtet, der Rest gelangt auf die nächste Passage. Der Abstoß der letzten Passage wird als Nachprodukt verwendet.

Das Mehl von den Sichtabteilen wird mit einer Schnecke gesammelt und oftmals direkt abgesackt bzw. in Kleinpackungen eingefüllt. Größere Anlagen verfügen über einen Mehlsilo.

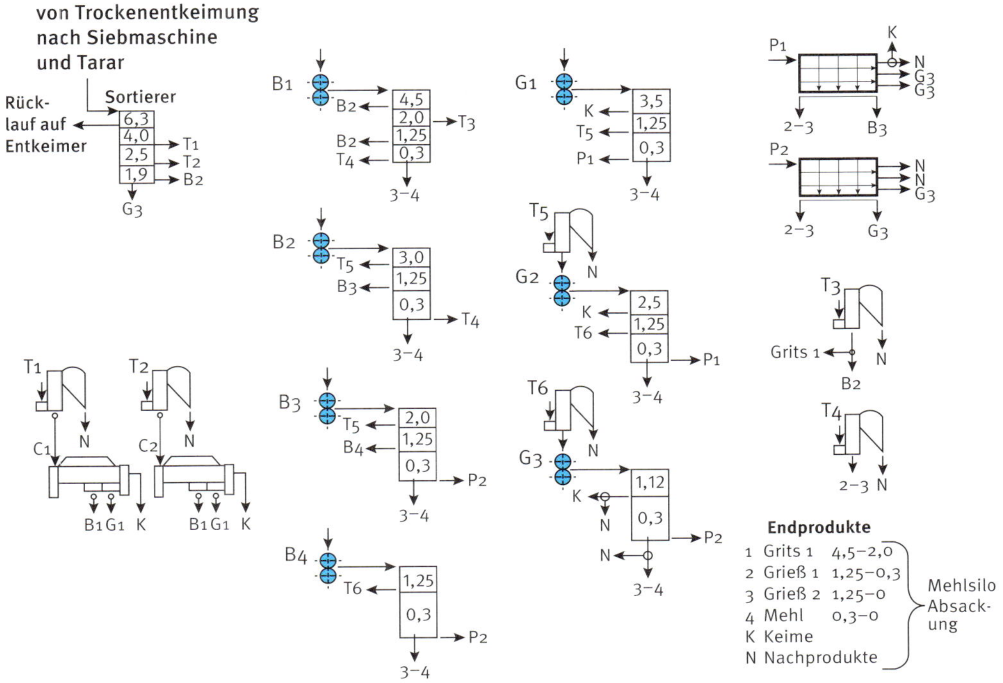

Abb. 10-75: Diagramm Trockenentkeimung mit Keimeabzug

Trockenentkeimung mit Keimeabzug

Der Entkeimer ist in der Regel mit einem Noppenrotor und Sieblochung 4,5 mm ausgerüstet. Während der Abstoß direkt über einen Aspirationskanal auf den Sortierer gelangt, läuft der Durchfall noch über eine Siebmaschine zum Absieben des sehr fetthaltigen Entkeimungsmehls.

Im Sortierer wird dann aufgeteilt in:

- 1. Abstoß = Rücklauf ganze Körner auf Entkeimer, ca. 10 % Anfall
- 2. bis 3. Abstoß = Grieß grob, mittel, fein auf Aspiration und Leichtkornausleser
- 1. Durchfall = < 1,9 mm auf 3. Keimpassage

Der Leichtkornausleser kann ein Sortiertisch oder ein Concentrator sein. Hier fällt ein Schwerprodukt aus sauberen Gritsstücken an, die auf die Reduktionspassagen laufen. Das Mischprodukt sind Gritstücke mit anhängenden Keimestückchen, sie werden auf den Keimepassagen aufgelöst, der Grieß gelangt zur Reduktion und die Keime entweder zur nächsten Keimepassage oder direkt in die Keimesammelschnecke. Das Leichtgut sind saubere Keime ohne Grießanteil. Sie laufen auch direkt in die Keimesammelschnecke.

Von den Reduktionspassagen kann man den Grieß < 1,0 % Fett direkt vom Sichter ziehen, sofern dieser in das Granulationsspektrum passt. Mehl wird immer abgezogen und der Grobabstoß gelangt zur nächsten Reduktion. Dabei werden die Schalen aber vorher mittels Aspiration separiert. Um möglichst wenig Mehl zu ermahlen, werden die Walzen Schneide : Schneide eingelegt.

Die Walzen der Keimepassagen sind dagegen für eine schonendere Auflösung Rücken : Rücken eingelegt. Man gibt den Grieß meist noch über Putzmaschinen, um Keimestückchen zu separieren und auf niedrigere Fettwerte zu kommen. Der 1. Abstoß vom Sichter gelangt dann auf die folgende Keimpassage oder direkt in die Nachprodukte.

Die verwendbaren Endprodukte werden auf Schnecken gesammelt. Für Zusammenstellungen sollten diese klappbar sein, sodass Grieß 1 und 2 sowie Mehl getrennt abgefördert werden können. Dann gibt es noch die Keime und das Nachprodukt für die Futterverwertung.

Wird beispielsweise in der Ethanolproduktion nur eine Keimeseparation gewünscht und ist die Granulationsverteilung zu vernachlässigen, kann man die Reduktionspassagen und die hinteren Keimepassagen auch einsparen. Dann werden die Grits direkt zur Vermahlung auf eine Schlagmühle gege-

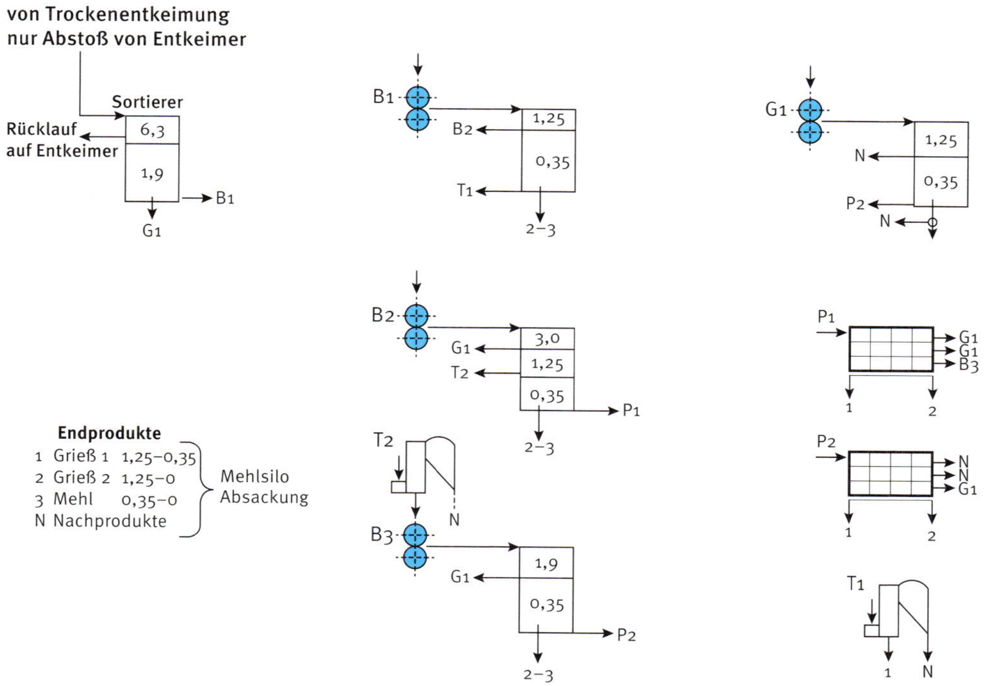

Abb. 10-76: Diagramm Trockenentkeimung ohne Keimeabzug

ben und die Mischprodukte der Leichtkornauslese einmal mittels Walzen reduziert. Dies gilt auch, wenn sehr feines Maismehl mittels Schlagmühle produziert werden soll.

Für eine höhere Keimeausbeute ist eine Vornetzung mit Abstehzeiten 8 bis 12 Stunden vorteilhaft. Aber Trocknungsbedarf der Keime dann beachten.

Trockenentkeimung ohne Keimeabzug

Hier kommt der Entkeimer mit Nockenrotor und Siebkorb 1,2 mm Langlochung zur Anwendung. Der Durchfall ist direkt dem Nachprodukt zuzuführen, da zerriebene Keime und Entkeimungsmehl einen hohen Fettgehalt aufweisen und nicht mehr getrennt werden können. Der Abstoß sind sehr fettarme Gritsstückchen mit noch ca. 10 % ganzen Körnern.

Der Sortierer hat nur noch einen Abstoß als Rücklauf zum Entkeimer und einen Durchfall <1,9mm zur Keimpassage. Die Gritstücke laufen direkt auf die 1. Reduktion und der Sichter teilt in Grob, Grieß und Mehl auf. Grob wird auf der 2. und nach Aspiration auf der 3. Reduktion weiter zu Grieß vermahlen, der Rest kommt noch auf die einzige Keimpassage G1, wo der Rest als Grieß und Futterprodukte anfällt.

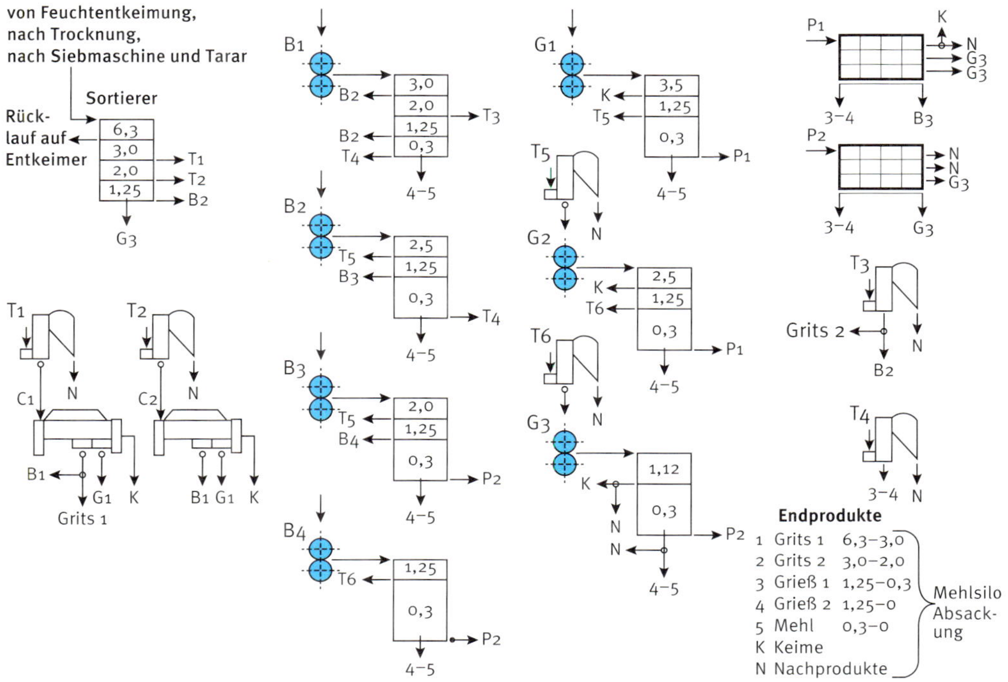

Abb. 10-77: Diagramm Feuchtentkeimung mit Grits-, Grieß- und Keimeabzug

Mittels Grießputzmaschinen kann das Aussehen des Grießes noch verbessert werden, da man die schwarzen Keimspitzen in die Abstöße verschieben kann, die dann auf der Keimpassage nachbehandelt werden können.

Feuchtentkeimung mit Grits-, Grieß- und Keimegewinnung

Dieses Diagramm wird notwendig, wenn keime- und schalenfreie Grits (Hominys) für die Cornflakes-Produktion erzeugt werden sollen. Für eine wirtschaftliche Ausbeute sollten aber nur sehr harte Maissorten (z. B. Platamais) oder naturgetrockneter Mais zur Verarbeitung kommen.

Vor dem Entkeimer werden die Körner mittels Dampf oder Heißwasser ca. 2 bis 3 % aufgenetzt und anschließend in einer Verweilschnecke für ca. 3 bis 7 Minuten stehen gelassen. Dabei lösen sich die Schalen von der Kornoberfläche. Wartet man zu lange, verbindet sich die Schale wieder mit der Kornoberfläche. Der richtige Zeitpunkt ist erreicht, wenn man mittels Fingernagel die Schale von einem Korn abschieben kann.

Der Entkeimer mit Noppenrotor und Sieblochung (4,5 mm) und Reibeelementen bricht die Körner, reibt die Schalen von der Oberfläche und legt den Keim frei. Ein Teil des Mehlkörpers wird auch abgerieben und gelangt mit den anderen Feinteilen in den Durchfall. Wie bei der Trockenentkeimung sind die groben Grit-Stücke wieder der Abstoß und müssen nicht getrocknet werden. Der Durchfall hat aber um die 20 % Feuchtigkeit und muss mittels Thermopneumatik getrocknet und gekühlt werden. Dann folgt wieder das Absieben des Entkeimungsmehls und die Weiterbehandlung wie beim Diagramm Keimegewinnung.

Die Cornflakes-Grits werden nach dem Sortierer aus der 2. Fraktion nach Aspiration beim Leichtkornausleser abgezogen.

10.6.5 Auslegungshinweise Maisdiagramme

Den Maschinenumfang im Maisdiagramm richtet sich in erster Linie nach dem Mahlverfahren und den gewünschten Endprodukten und natürlich nach der Mühlenleistung. Hier wird sich in der Regel auf die Eingangsleistung zur Entkeimung bezogen. Man wird die Auslegung in der Regel dem Maschinenlieferanten überlassen, der auch das endgültige Diagramm erarbeitet. Dabei sind auch die Nebenaggregate wie Aspirationsfilter und Förderpneumatik zu berücksichtigen.

Die Aspiration sollte großzügig ausgelegt werden und die Filterbelastung infolge des erhöhten Fettgehalts der Produkte bei modernen Filtern nicht über 3 bis 4m³/min pro m² Filterfläche betragen (Mühlenpneumatik < 3).

Als spezifische Walzenlänge ist für eine Mehlmühle, Granulation < 0,35 mm = ca. 10 mm/100 kg Mais/24 h vorzusehen. Gleiche Werte sollten auch für Mühlen mit Keimeabzug und umfangreicherer Passagenanzahl vorgesehen werden. Beim Reduktionsdiagramm ohne Keimeabzug reichen auch schon 6 bis 8 mm/100 kg Mais/24 h aus.

Für die spezifische Sichtfläche kann man von 0,02 bis 0,03 m^2/100 kg Mais/24 h ausgehen. Wenn aber sehr enge Granulationsgrenzen gefordert werden, kann sich dieser Wert schnell verdoppeln oder muss noch höher angesetzt werden.

10.6.6 Nebenanlagen

Die Herstellung von Maismehlen mit einem teilweisen Stärkeaufschluss erfordert die Behandlung der Maisgrits durch Flockieren und Vermahlen der Flocken. Für das Flockieren gelten die im Kapitel 10.5.3 »Die Verarbeitung von Hafer« unter »Flockieren« erwähnten Grundsätze. Bei der hydrothermischen Behandlung vor der Flockierung ist die härtere Struktur der Maisgrits gegenüber Haferkernen zu berücksichtigen, die eine zusätzliche Vornetzung mit einer kurzen Abstehzeit erforderlich macht. Die Vermahlung der Flocken erfolgt auf Walzenstühlen mit nachfolgender Sichtung auf Plansichtern. Bei einer Granulation von

- < 525 µm min. 98 %
- < 140 µm max. 4 %,

wie sie z. B. für Mehl für Arepas verlangt wird, benötigt man vier bis fünf Passagen mit geriffelten Walzen.

Die Extruderproduktion für Cerealien oder Snackprodukte und die Cornflakesherstellung verlangen dann zusätzliche Anlagen mit z.T. beträchtlichem Umfang.

Für die eventuelle Weiterverarbeitung von Nebenprodukten aus der Maismüllerei gelten die Grundsätze, die im Kapitel 11 Pelletieren von Mühlennachprodukten beschrieben sind.

Literaturverzeichnis

[1] Cleve, H. und Ander E.: Neue Gesichtspunkte bei der Trockenentkeimng und Vermahlung von Mais; Bericht über die Tagung für Müllerei-Technologie vom 11. bis 13. Okt. 1967

[2] Fuhlbrügge, R. und Strand, T.: Neue Reis-Parboiling Anlagen in Griechenland; Die Mühle und Mischfuttertechnik, 135 (1998) 6; S. 178–182

[3] Ganzmann, W.: Qualitätshafer, Anforderungen und Zukunftsaussichten für den Markt; Die Mühle und Mischfuttertechnik, 120 (1983) 3.27–28

[4] Kunde, K.-H.: Reis – seine Bedeutung und seine Bearbeitung; Die Mühle und Mischfuttertechnik, 124 (1987) 32/33, S. 443–447

[5] Miecke, W. und Vorwerck, K.: Dämpfen und Flockieren von Getreideprodukten Getreide Mehl und Brot 33 (1979) 6, S. 123–127

[6] Rohde, W.: Automation in der Hafermühle; Die Mühle und Mischfuttertechnik, 126 (1989) 10, S.136–138

[7] Rohde, W.: Technik dere Haferverarbeitung – Eine Situationsanalyse; Die Mühle und Mischfuttertechnik, 129 (1992) 10, S. 117–119

[8] Rohde, W. und Miecke, W.: Vergleichende Versuche mit unterschiedlichen Verfahren zur Entkeimung von Mais; Die Mühle und Mischfuttertechnik, 112 (1975) 24, S. 324–327

[9] Runte, R.: Die historische Entwicklung der Reismüllerei; Die Mühle und Mischfuttertechnik, 129 (1992) 10, S. 115–116

[10] Runte, R.: Parboiled oder vorgekochter Reis; Die Mühle und Mischfuttertechnik, 130 (1993) 39, S. 692–696

[11] Sonntag, J.: Automation von Reismühlen; Die Mühle und Mischfuttertechnik, 129 (1992) 10, S. 119–121

[12] Speulda, W.: Verarbeitung von Gerste zu Graupen; Die Mühle und Mischfuttertechnik, 129 (1992) 10, S.121–122

[13] Strand, T.: Eine Parboiling Anlage mit neuem Verfahren in Italien; Die Mühle und Mischfuttertechnik, 130 (1993) 39, S. 499–502

[14] Vorwerck, K.: Chemische Zusammensetzung und physikalische Eigenschaften von Reis in den verschiedenen Bearbeitungsstufen Getreide, Mehl und Brot Heft 7, Juli 1982

[15] Vorwerck, K.: Hafermahlprodukte mit erhöhtem Ballaststoffgehalt. Getreide Mehl und Brot 44(1990) 9, S. 265–266

[16] Vorwerck, K.: Hydrothermische Behandlung von Hafer; Sonderdruck aus »Getreide Mehl und Brot« Nr.7/88

[17] Vorwerck, K. und Rohde, W.: Auswirkung des Schälverhaltens verschiedener Haferherkünfte auf die Funktion der Schälabteilung Getreide Mehl und Brot 38 (1984) 6; S. 163–166

[18] Voss, G.: Qualitative Unterschiede zwischen Weißreis und Parboiled (Converted) Reis; Bericht über die 1. Getreidenährmitteltagung 1979, S.20–24 G Veröffentlichungen der Arbeitsgemeinschaft Getreideforschung e. V., Detmold Band 174

Literaturverzeichnis

Empfohlene Literatur

[19] Angermann, A.: Stand der hydrothermischen Behandlung in der Schälmüllerei; Bericht über die 1. Getreidenährmitteltagung 1979, S.43–50 Veröffentlichungen der Arbeitsgemeinschaft Getreideforschung e. V., Detmold Band 174

[20] Brandt, U.: Neue Darre; Die Mühle und Mischfuttertechnik, 124(1987) 34

[21] Cinquetti, M.: L'Industria del Mais; Chiriotti Editori – Pinerola (1972)

[22] Gerecke / Kunde Vademekum Technische Werte der Getreideverarbeitung und Futtermitteltechnik, Teil 5: Schäl und Gewürzmüllerei; Verlag Moritz Schäfer, Detmold

[23] Görlitz, F.O. und Oeding, J.: Ein neues Konzept zur Trennung von Hafer- und Reis-Schälgemischen; Die Mühle und Mischfuttertechnik, 135 (1998) 6, S.183–184

[24] Kühnau/Ganßmann: HAFER Ein Element der Modernen Ernährung; Umschau Verlag Frankfurt Am Main (1991)

[25] Meyer, D. und Zwingelberg, H.: Erfahrungen mit dem Druckluftschäler bei der Bewerung von Hafer Getreide Mehl und Brot 36 (1982) 9, S. 227–230

[26] R. W. Welch: The oat crop, Published by Chapman & Hall, London SE1 8HN, UK, 1995

[27] Sontag, J. (ed.): Rice Processing – The Comprehensive Guide to Global Technology and Innovative Products; Erling Verlag, Clenze, 2014

11 Pelletieren von Mühlennachprodukten

Jens Kersten, Hans-Rainer Rohde

Kleie und andere Mühlennachprodukte, die der Herstellung von Mischfutter dienen, können pelettiert werden. Ziel des Pelletierens ist es, aus einem losen, mehlförmigen Schüttgut mittels Dampfkonditionierung, Kompaktierung und Formgebung ein Pellet, meist in Zylinderform, herzustellen. Durch die Komprimierung verringert sich das Volumen des Produkts (um etwa ⅔) und die Staubbelastung. Die Pellets sind somit besser lagerfähig, transportierbar und dosierbar, als das lose Produkt.

Der Pelletierprozess gliedert sich in drei wesentliche Arbeitsschritte:
1. Vorbehandeln zu pressenden Guts,
2. Verdichten zu Pellets,
3. Nachbehandeln der Pellets.

11.1 Vorbehandlung (Konditionierung)

Damit aus dem Mühlennachprodukt abriebarme Pellets von hoher Festigkeit entstehen, sind Haftkräfte notwendig, welche die einzelnen Partikel zusammenhalten. Die Entwicklung von Haftkräften steht im direkten Zusammenhang mit der Zugabe von Wärme und Feuchtigkeit in Form von Dampf. Der Dampf kondensiert am Produkt und bildet einen gleichmäßigen und dünnen Flüssigkeitsfilm auf der Oberfläche der Teilchen. Die meist kantigen und rauen Oberflächen der Teilchen in den Mühlennachprodukten werden hierdurch aufgeweicht und abgerundet, was sich positiv auf die Entstehung von Feststoffbrücken auswirkt.

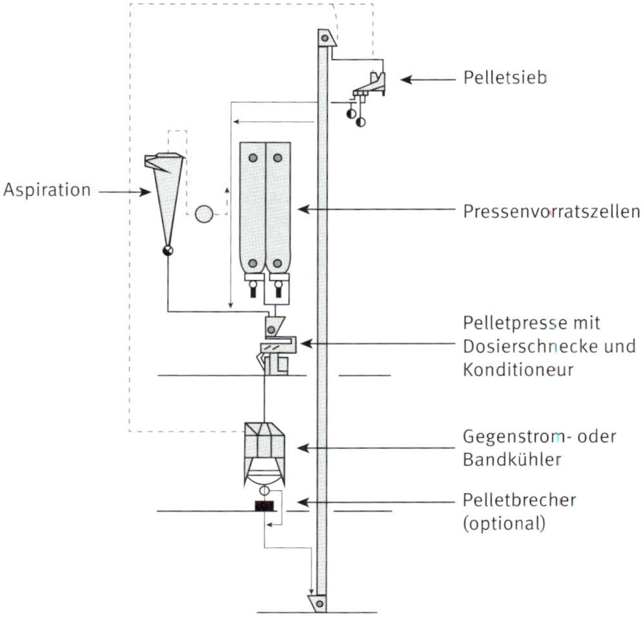

Abb. 11-1: Schema einer Press- bzw. Pelletlinie

Gleichzeitig bilden sich durch die Beigabe von Dampf Flüssigkeitsbrücken, welche durch die natürliche Produktfeuchte sowie durch zugesetzte Flüssigkeiten weiter verstärkt werden.
Die Aufgaben der Vorbehandlung sind:
- den spezifischen Energiebedarf der Presse zu senken,
- die Durchsatzleistung in der Presse zu erhöhen,
- die Stabilität und Abriebfestigkeit der Pellets zu verbessern,
- die Bakterien und Pilze zu reduzieren,
- die Verdaulichkeit zu erhöhen.

Aus der Pressenvorratszelle wird die Mühlennachproduktmischung über eine regelbare Speiseschnecke einem Konditioneur zugeführt. Das ist ein liegender Durchlaufmischer, der mit einem Paddelrotor ausgerüstet ist und unmittelbar der Presse vorgeschaltet wird. Hier besteht die Möglichkeit neben Dampf auch Flüssigkeiten – wie Wasser – zuzuführen.

Die Verweilzeit des Materials im Konditioneur beträgt ca. 10 bis 20 Sekunden (Kurzzeitkonditionierung). Durch die Dampfzugabe wird das Pressgut angefeuchtet. Als Faustregel gilt: Eine Temperaturzunahme um 10 °C bewirkt eine Feuchtigkeitszunahme von 0,6 bis 0,7 % des Pressguts.

Diese Faustregel ermöglicht es, durch Messen der Produkttemperatur vor und nach dem Konditionieren, den Feuchtigkeitsgehalt des Pressguts unmittelbar vor der Presse zu bestimmen. Eingesetzte Temperaturfühler müssen ständig vom Material umspült werden und sind von Ablagerungen frei zu halten.

Der zugegebene Dampf soll so trocken wie möglich sein und kein Kondensat enthalten, da dieses ansonsten einerseits zu einer Überfeuchtung des Produkts und andererseits zu einer ungleichmäßigen Feuchtigkeitsverteilung und damit zu ungleichmäßiger Pelletqualität führen kann. Es können sich Klumpen im Pressgut bilden, die zu einem »abschmieren« der Presse führen. Durch lange, unzureichend wärmegedämmte Dampfleitungen kann sich jedoch Kondensat bilden, das mit dem Dampf mitgerissen wird. Diese Kondensattröpfchen werden in Kondensatabscheidern auf mechanischem Wege abgeschieden. Hier werden sie in einem kleinen Behälter, damit größerem Volumen und geringerer Geschwindigkeit, auf eine Prallplatte abgelenkt und durch einen Kondensatableiter abgeführt. Trotzdem bleibt im Dampf eine Restfeuchte von 1 bis 2 % zurück, die durch eine weitere physikalische Dampftrocknung entfernt werden muss. Wenn die Dampfanlage einen Druck von z. B. 8 bar erzeugt, dann hat der Dampf eine Temperatur von 170 °C. Wird der Druck auf z. B. 2,5 bar reduziert, sinkt die Temperatur auf 130 °C, wobei Wärme frei wird. Die freigewordenen Wärmeeinheiten sind in der Lage, den Dampf nachzutrocknen. Diese Druckreduzierung muss sich direkt am Konditioneur befinden, damit eine weitere Kondensatbildung vermieden wird.

11.2 Verdichten/Pelletieren

In der Presse findet der Verdichtungsprozess des Materials zu Pellets statt. Die wichtigsten Pressorgane sind Pressform (Matrize) und Pressrolle (Koller).

Der eigentliche Pressvorgang erfolgt nach der Produktverteilung auf die beiden Pressrollen und auf die Formbreite, ab dem Moment, in dem der Pressgutteppich die Pressrolle berührt.

11.2.1 Pressvorgang

Das vorbehandelte Pressgut gelangt durch den axialen Einlauf in den Pressraum. Ein oder mehrere Einstreifer sorgen für eine gleichmäßige Verteilung auf die ganze Matrizenbreite. Hieraus ergibt sich eine bestimmte Schichtdicke. Das Pressgut wird jetzt zwischen der Matrize und Koller eingekeilt und durch den enger werdenden Spalt in einer sich rasch verstärkenden Kompression stark verdichtet. Die Druckkraft steigt beim Rollen in Richtung Presskanal stetig an, bis diese so groß geworden ist, dass der im Kanal befindliche

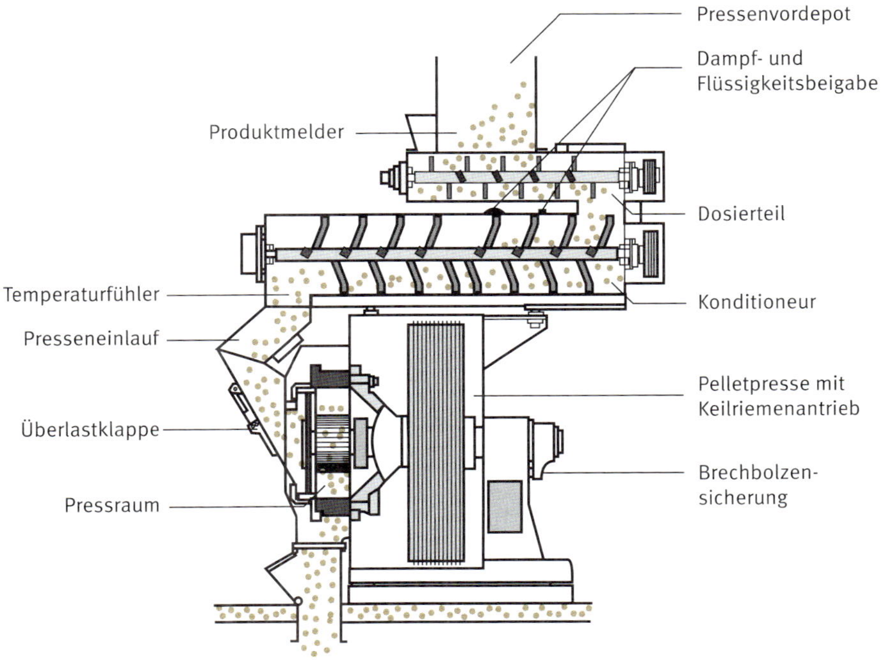

Abb. 11-2: Aufbau und Arbeitsweise einer Pelletpresse

Materialpfropfen ein Stück weitergeschoben wird. Dabei darf die Reibkraft innerhalb des Presskanals nicht größer sein, als die wirksame Presskraft des Kollers. Andererseits muss die entstehende Reibkraft groß genug für eine ausreichende Verdichtung des Produkts zu einem festen Agglomerat sein. Der Materialpfropfen im Presskanal wird um die eingedrückte Materialschichtdicke weiter bewegt. Zurück bleibt ein dünner vorverdichteter Materialteppich, der beim zweiten Koller eine weitere Verdichtung erfährt. Wiederum erfolgt ein Vorwärtsschieben des Materialpfropfens im Presskanal. Die aus dem Presskanal austretende Materialsäule wird jeweils von zwei Abstreifmessern von der Matrize abgetrennt. Die Pellets sollten eine hohe Abriebfestigkeit aufweisen, bei großer Durchsatzleistung und geringem Energiebedarf während des Pelletierprozesses. Diese Anforderungen sind nur schwer gleichzeitig zu erfüllen. Die Herstellung fester Pellets erfordert einen höheren Druck und damit einen höheren Energieaufwand, als weiche Pellets. Die Abriebfestigkeit verbessert sich sofort, wenn die Durchsatzleistung verringert wird, auch dies ist ein Zielkonflikt. In der Praxis muss deshalb ein Kompromiss gefunden werden, wobei die vom Kunden erwarteten Abriebkennwerte nicht überschritten werden dürfen.

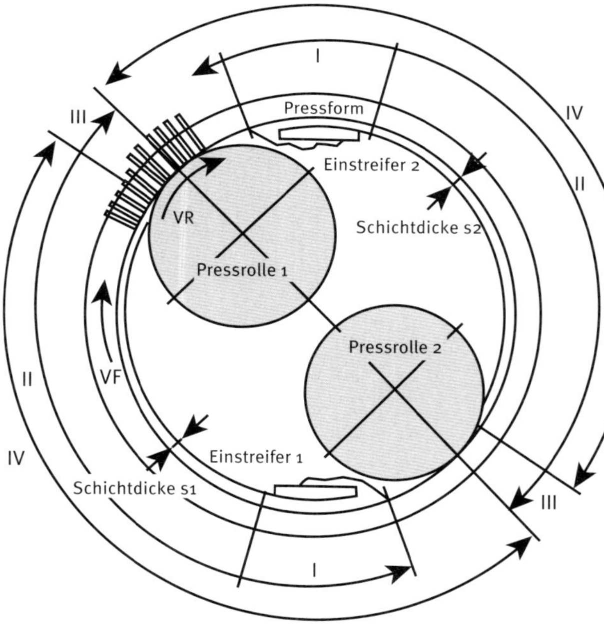

I = Produkteintritt
II = Produktverteilung
III = Kompression mit Ausdrückphase
IV = Verweilzone
Pellet ohne Vorschub

Abb. 11-3: Pressvorgang bei Ringmatrizenpressen

Neben der dargestellten Ringmatrize mit vertikaler Anordnung der Pressmechanik, gibt es die horizontal angeordnete Scheibenmatrize (Flachmatrize). Die Flachmatrize zeichnet sich durch eine vielseitige Verwendbarkeit (unterschiedliche Schüttdichten, Materialfeuchten, großvolumige Produkte), Pressgutzuführung im freien Fall (kein Blockieren), Vorverdichtung und -verkleinerung im Pressenraum (Verbesserung der Pelletqualität), eine Verstellbarkeit des Abstands zwischen Koller und Matrize während des Pressvorgangs (Optimierung der Materialschicht) sowie geringe Koller-Umlaufgeschwindigkeiten (hohe Lebensdauer) aus.

Bei den Kollern ist ein großer Außendurchmesser und eine solide Lagerung erforderlich. Das Profil der Lauffläche kann variiert werden, hat jedoch keinen so großen Einfluss wie die Ausführung der Matrize. Bei den Profilen der Laufflächen unterscheidet man im wesentlichen genutete, gelochte und geriffelte Oberflächen.

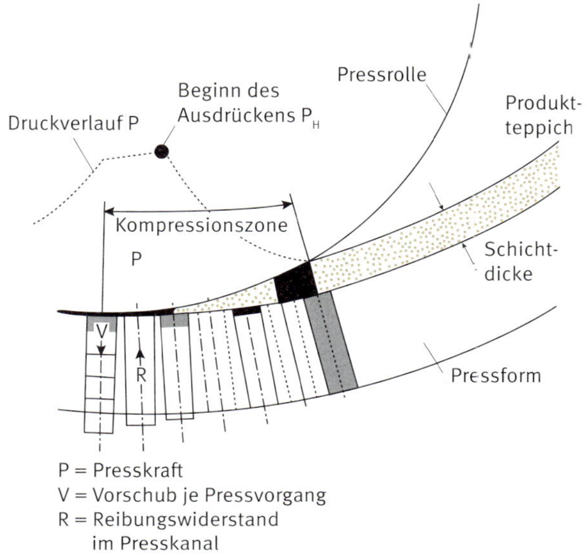

Abb. 11-4: Durchschub des Produkts durch den Presskanal

Eine große Bedeutung kommt der jeweiligen Ausführung der Matrize zu. Das Verhältnis zwischen dem Durchmesser der Bohrungen und der Länge des Presskanals wird als »Pressverhältnis« bezeichnet und bestimmt mit den Produkteigenschaften die jeweils entstehende Reibkraft. Das Pressverhältnis muss dem Produkt sehr genau angepasst werden, um optimale Ergebnisse hinsichtlich Pelletqualität und Durchsatzleistung der Maschine zu erzielen. Dabei wird berücksichtigt, dass sich das Verhältnis der Pelletoberfläche zum Volumen mit dem Pelletdurchmesser verändert. Wichtige Kenngrößen der Matrizen sind außerdem die Anzahl der Löcher und damit die zur Verfügung stehende »offene Lochfläche«, die sich zusammen mit der zur Verfügung stehenden Antriebsleistung unmittelbar auf die Durchsatzleistung der Presse auswirkt. Wichtig ist ferner der richtige Einzugswinkel zwischen Form und Rollen, sowie die Umfangsgeschwindigkeit der Form.

11.3 Kühlen der Pellets

Wenn die Pellets die Presse verlassen, sind sie heiß, weich und feucht. In diesem Zustand sind sie weder transport- noch lagerfähig. Damit die Pellets aushärten, kühlen und trocknen, ist unmittelbar unter der Pelletpresse ein Kühler angeordnet, in dem die Pellets auf ca. 5 °C über der Umgebungsluft-Temperatur abgekühlt werden. Sie sollten eine Feuchtigkeit annehmen, die nicht wesentlich unter 14 % aber auch nicht darüber liegt. Für die Kühlung werden in der Regel entweder Band- oder Gegenstromkühler verwendet.

11.3.1 Gegenstromkühler

Die heißen Pellets gelangen durch den Schikaneneinlauf in den achteckigen Kühler. Durch die annähernd runde Form des Kühlers ist die Verteilung der Pellets in die Mitte problemlos. Die Pellets werden durch den kegelförmig ausgebildeten Siebboden aufgefangen. Sobald die Produktschicht die Drehflügelsonde erreicht, läuft der Vibromotor an, und der Ringschieber läuft auf die vorgewählte Stellung auf. Die Pellets werden nun über den gesamten Kühlerquerschnitt ausgetragen. Der pneumatisch gesteuerte Ringschieber kann wahlweise auf eine von zwei verstellbaren Schieberöffnungen angefahren werden. Dies ermöglicht den Austragdurchsatz auf einfache und genaue Art und Weise zu beeinflussen, was wiederum ein annähernd kontinuierliches Auslaufen des Kühlers mit sich bringt.

11.3.2 Bandkühler

Das Produkt durchläuft den Kühler mit einer Geschwindigkeit von ca. 0,4 bis 1,8 m/min doppelstöckig in entgegengesetzter Richtung, indem es unmittelbar vor der Bandumlenkung unter Auflockerung vom oberen auf das untere Trum abgegeben wird. Die Pellets müssen gleichmäßig auf der ganzen Bandbreite verteilt sein. Die Kühlluft durchströmt das Produkt von unten nach oben.

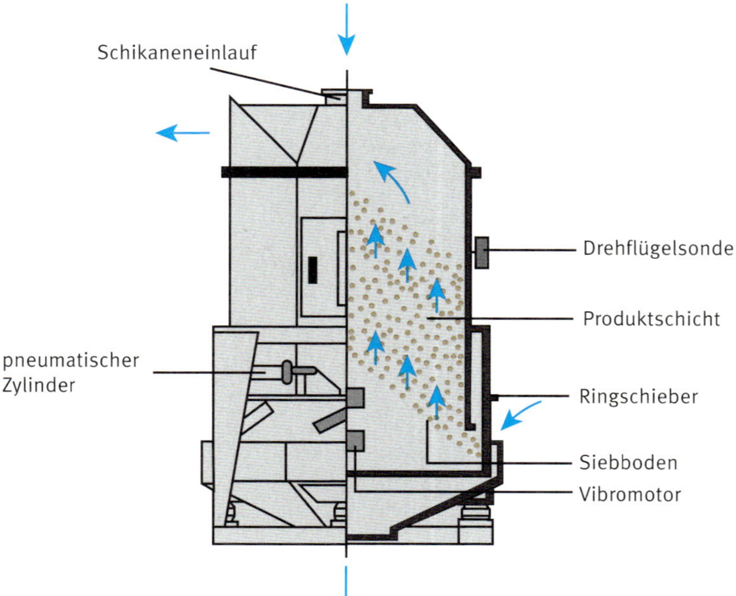

Abb. 11-5: Gegenstromkühler

12 Energie- und Automatisierungstechnik

Uwe Schulz

12.1 Energietechnik

12.1.1 Versorgung mit elektrischer Energie

Die elektrischen Betriebsmittel einer Mühle werden über ein Dreiphasen-Wechselspannungsnetz (Drehstromnetz) mit der Frequenz von $f = 50$ Hz (in Europa) bzw. $f = 60$ Hz (z. B. in den USA) versorgt. Im europäischen Netz schwankt die Frequenz nur in sehr geringen Grenzen. Länger anhaltende und höhere Frequenzschwankungen führen zum Abschalten der Netzbereiche, in denen die Ursachen der Instabilität liegen.

Die Versorgung der Mühle erfolgt in der Regel aus dem öffentlichen Mittelspannungsnetz. Die Spannung des Mittelspanungsnetzes beträgt üblicherweise 10 kV oder 20 kV (1 kV = 1 000V). Mit Transformatoren wird diese auf die Höhe der Niederspannung, die in Europa einen Nennwert von U = 400 V hat, herunter transformiert. In einigen wenigen Fällen werden Industrienetze auch mit Nennspannungen von U = 690 V betrieben. Bedingt durch die höhere Spannung sinken zwar die Verluste der Betriebsmittel, wie z. B. Leitungen auf ⅓ im Vergleich zu 400V-Netzen, aber es steigen die Investitionskosten für die Errichtung der entsprechenden Anlagen. In Abbildung 12-1 ist der prinzipielle Anschluss einer größeren Mühle an das Mittelspannungsnetz dargestellt.

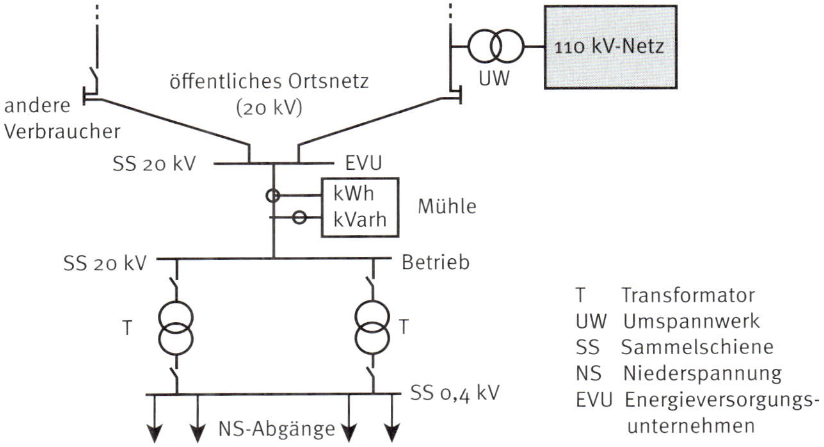

Abb. 12-1: Prinzipieller Anschluss einer Mühle an das öffentliche Mittelspannungsnetz

Die Übergabestation mit den Übergabetransformatoren befindet sich bei größeren Betrieben im Besitz der Mühle. Die Eigentumsgrenze zwischen EVU und Mühle befindet sich also auf der Mittelspannungsebene. Bei kleineren Betrieben liegt die Eigentumsgrenze meist auf der Niederspannungsebene, wobei diese Mühlen oft durch einen Niederspannungsanschluss mit Leitung oder Kabel exklusiv versorgt werden. Das kann Auswirkungen auf die Ermittlung der Kosten für die elektrische Energie haben, weil die Durchleitungskosten auf der Niederspannungsebene entfallen.

Die elektrische Wirk- und Blindarbeit wird an der Eigentumsgrenze mithilfe von Wirk- und Blindarbeitszählern gemessen.

Spannung

Im Gegensatz zur Frequenz ist die Spannung ständigen Schwankungen unterworfen. Das Energieversorgungsunternehmen muss die Spannung im öffentlichen Niederspannungsnetz in den Grenzen von 400 V ±10 % sicherstellen.

Durch den verstärkten Einsatz der Leistungselektronik, sowohl bei Verbrauchs- (z. B. Frequenzumrichter) als auch bei den Erzeugungsanlagen (z. B. Photovoltaikanlagen), ergeben sich Rückwirkungen auf die Netze. Diese können sich u. a. in der Änderung von Höhe und Kurvenform der Netzspannung bemerkbar machen. Als Folge können andere an das Netz angeschlossene elektrische Betriebsmittel und Anlagen gestört werden. Es sind deshalb Funktionsausfälle (z. B. Ausfall eines PC), Fehlfunktionen (z. B. fehlerhafte Messergebnisse) sowie mittelbare oder unmittelbare Schäden einschließlich eventueller Folgeschäden (Ausfall von Anlagen) möglich.

Abbildung 12-2 zeigt den Verlauf der Niederspannung in der Niederspannungshauptverteilung eines Mühlenbetriebs bei ungünstigen Verhältnissen im Netz. Deutlich zu Erkennen ist Einbruch der Spannung um ca. 35 V während der Betriebsphase der Mühle.

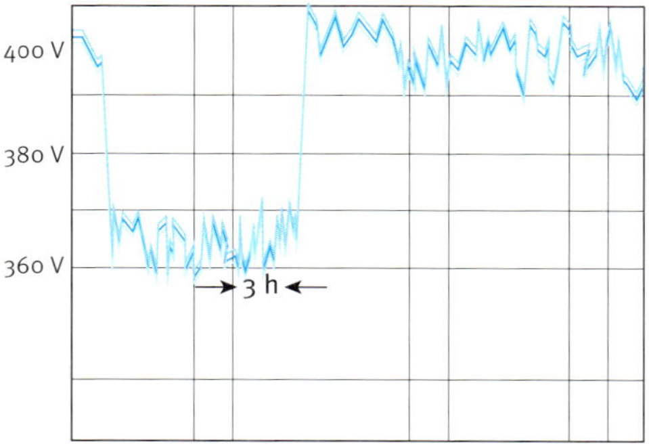

Abb. 12-2: Spannungsverlauf in der NS-HV eines Mühlenbetriebs bei ungünstigen Netzverhältnissen

Das Energieversorgungsunternehmen (EVU) muss die Spannungsqualität entsprechend der europäischen Norm EN 50160 sicherstellen. Häufig (ca. 70 % aller Fälle) sind die Störungen im Netz jedoch auf interne Quellen im Netz des Betriebs zurückzuführen. Betreiber von Eigenerzeugungsanlagen (Biogasanlagen, Windkraftanlagen usw.) sollten grundsätzlich darauf achten, dass auch in der eigenen Anlage die Einhaltung der Spannungsqualität nach EN 50160 sichergestellt ist. Andernfalls können elektrische Betriebsmittel auch in der eigenen Anlage gestört werden. Zur Messung der Spannungsqualität sind am Markt verschiedene Geräte verfügbar. Die meisten EVU aber auch externe Gutachter sind in der Lage Messungen entsprechend EN 50160 durchzuführen und entsprechende Protokolle zu erstellen.

12.1.2 Wechselstromleistungen

Wirkleistung und Wirkungsgrad

Ein elektrischer Verbraucher (z. B. ein Antriebsmotor eines Walzenstuhls) am Wechselspannungsnetz entnimmt während des Betriebs dem Netz die Wirkleistung P_{el}. Diese ist erforderlich, um die mechanische Arbeit P_{mech} zum Beispiel zum Vermahlen des Produkts zu verrichten und die Verlustleistung des Motors P_v zu decken.

Die Wirkleistung wird in der Einheit »W« (Watt) oder einem Vielfachen davon (kW, MW...) angegeben.

Die Verlustleistung ist im Wesentlichen auf Stromwärmeverluste in den Wicklungen und mechanische Reibverluste in den Lagern zurückzuführen. Die an der Welle abgegebene mechanische Leistung P_{mech} muss deshalb geringer sein als die aufgenommene elektrische Leistung P_{el}.

$$P_{mech} = P_{el} - P_v$$

Als Motoren werden fast ausschließlich die wartungsarmen Drehstromasynchronmotoren eingesetzt.

Für jedes Betriebsmittel wird eine Bemessungsleistung P_r (früher Nennleistung genannt) angegeben. Zum Beispiel ist diese für einen Motor die mechanische Leistung, die er unter vorgegebenen Betriebsbedingungen, wie Umgebungstemperatur, Spannung und Frequenz, ständig an der Welle abgeben kann.

Der Wirkungsgrad eines Motors bei Bemessungsleistung ist der Quotient aus der mechanischen Bemessungsleistung an der Welle und der bei Bemessungsleistung aufgenommenen elektrischen Leistung. Als Richtwert kann aber bei einer Last von mehr als 50 % der Wirkungsgrad für die Bemessungsleistung angenommen werden.

$$\eta = \frac{P_r}{P_{el}}$$

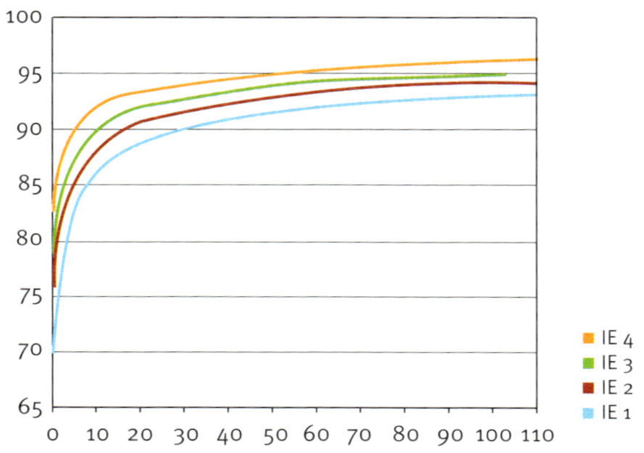

Abb. 12-3: Wirkungsgrad in % über der Leistung in kW für 6-polige Drehstromasynchronmotore der Effizenzklassen IE1 bis IE4

Der Wirkungsgrad aller in der Technik eingesetzten Geräte ist kleiner als 1. In Abbildung 12-3 sind Richtwerte für den Wirkungsgrad von 6-poligen Drehstrommotoren dargestellt.

Beispiel: Ein Antriebsmotor am 1. Schrot einer Weizenmühle mit der Bemessungsleistung P_r = 22 kW habe bei Volllast einen Wirkungsgrad η = 0,9. Die aufgenommene elektrische Leistung beträgt also bei Bemessungsleistung

$$P_{el} = \frac{P_r}{\eta} = 24{,}4 \text{ kW}$$

Es liegt eine Verlustleistung von P_v=2,4 kW vor.

Blindleistung

Um die Rotation des Motorläufers und damit die der Antriebswelle zu erreichen, wird die Kraftwirkung des magnetischen Feldes benötigt. Deshalb muss neben der Wirkleistung P_{el} auch die sogenannte magnetische Blindleistung Q_M vom Netz bereitgestellt werden. Blindleistungen Q treten in induktiver (magnetisches Feld) oder kapazitiver (elektrisches Feld) Form auf. Induktive und kapazitive Blindleistung werden durch das Vorzeichen (induktiv = positiv = +; kapazitiv = negativ = -) unterschieden.

Die Blindleistung wird in der Einheit »Var« (Volt Ampere reaktiv) oder einem Vielfachen davon (kVar, MVar...) angegeben.

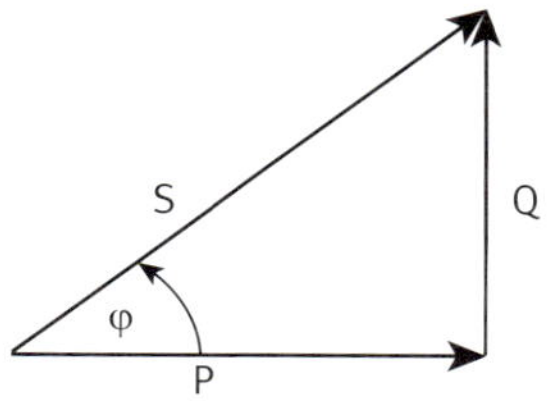

Abb. 12-4: Leistungsdreieck

Scheinleistung

Aufgrund der physikalischen Zusammenhänge müssen an einem Motor also die Wirk- und die Blindleistung eingespeist werden. Sie können nicht voneinander getrennt werden. Insgesamt wird die Scheinleistung eingespeist. Die Wirkleistung P und die Bildleistung Q werden geometrisch zur Scheinleistung S addiert (s. Abb. 12-4). Aus dem Satz des Pythagoras und den Winkelbeziehungen kann die Scheinleistung berechnet werden.

$$S = \sqrt{P^2 + Q^2}\,;\ P = S \times \cos\varphi;\ Q = S \times \sin\varphi;\ \tan\varphi = \frac{Q}{P}$$

Die Scheinleistung wird in der Einheit »VA« (Volt Ampere) oder einem Vielfachen davon (kVA, MVA...) angegeben.

Die Scheinleistung S ist das Produkt aus Strom I und Spannung U. Wird eine konstante Spannung zugrunde gelegt, so muss der Strom linear abhängig von der erforderlichen Scheinleistung sein. Also von der Höhe der Wirkleistung und der Höhe der Blindleistung.

$$S = U \times I$$

$$I = \frac{S}{U} = \frac{\sqrt{P^2 + Q^2}}{U}$$

Der Gesamtstrom, den die Verbraucher aufnehmen, bestimmt den Querschnitt der benötigten Leitungen bzw. die Baugröße von anderen Betriebsmitteln, wie z. B. Transformatoren. Da Blindleistung und Spannung aber abhängig von der Belastung des Motors sind, kann aus der Stromaufnahme eines Motors nur sehr ungenau die Wirkleistung ermittelt werden. Früher war es relativ aufwändig und teuer die aufgenommene elektrische Wirkleitung messtechnisch zu erfassen, deshalb ist häufig der aufgenommene elektrische Strom als Maß für die Belastung eines Motors benutzt worden. Heute können für die Wirkleistungsmessung Messumformer oder Leistungsmessgeräte verwendet werden.

Leistungsfaktor cos φ

Der Leistungsfaktor cos φ ist der Quotient aus Wirk- und Scheinleistung. Er ist ein Maß für die Aufnahme von Blindleistung.

$$\cos\varphi = \frac{P}{S} \leq 1$$

Wenn der Leistungsfaktor den Wert 1 annimmt, ist die erforderliche Scheinleistung gleich der Wirkleistung und damit der Strom minimal klein. Ein Leistungsfaktor deutlich kleiner als 1 bedeutet also, dass Betriebsmittel für höhere Ströme ausgelegt werden müssten, als eigentlich notwendig wäre.

Deshalb wird bei Sonderverträgen zwischen dem Energieversorgungsunternehmen und dem Kunden (z. B. dem Mühlenbetrieb) eine Maximalleistung oder ein minimal zulässiger Leistungsfaktor vereinbart. Bei einer Überschreitung werden erhöhte Kosten in Rechnung gestellt.

Der Leistungsfaktor darf nicht mit dem Wirkungsgrad (z. B. eines Motors) verwechselt werden.

Beispiel: Der Antriebsmotor aus vorherigem Beispiel mit der Bemessungsleistung P_r = 22 kW hat einen Leistungsfaktor cos φ = 0,85 bei Volllast. Bei einem Wirkungsgrad von η = 0,9 ist die dem Netz entnommene Leistung P_{el} = 24,4 kW. Es ergibt sich für die Scheinleistung

$$S = \frac{P_{el}}{\cos \varphi} = 28{,}8 \text{ kVA}$$

und für die Blindleistung

$$Q = \sqrt{S^2 - P^2} = 15{,}2 \text{ kVar}$$

In Abbildung 12-5 ist der prinzipielle Anschluss eines Elektromotors zum Betrieb einer Maschine dargestellt.

12.1.3 Kompensation

Induktive Blindleistung Q_M (z. B. eines Motors) lässt sich aufgrund physikalischer Zusammenhänge durch kapazitive Blindleistung Q_C (Kondensator) kompensieren. Durch Parallelschaltung von Kondensatoren zu Motoren (s. Abb. 12-6) besteht die Möglichkeit dezentral den Leistungsfaktor zu

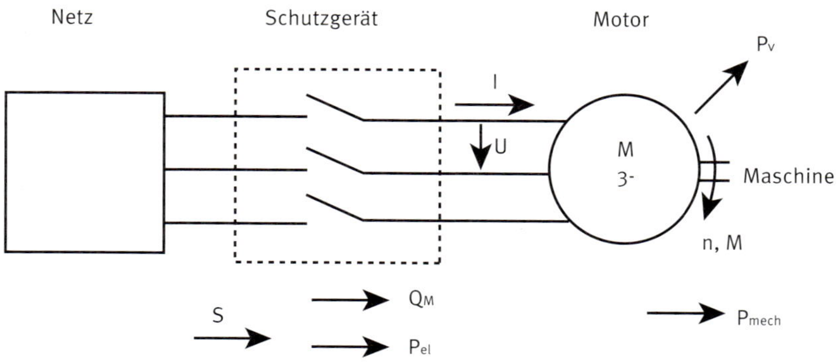

Abb. 12-5: Prinzipieller Anschluss eines Motors

verbessern und damit den Strom auf der Anschlussleitung zu verringern.

$$S = \sqrt{P^2 + (Q_M - Q_C)^2}$$

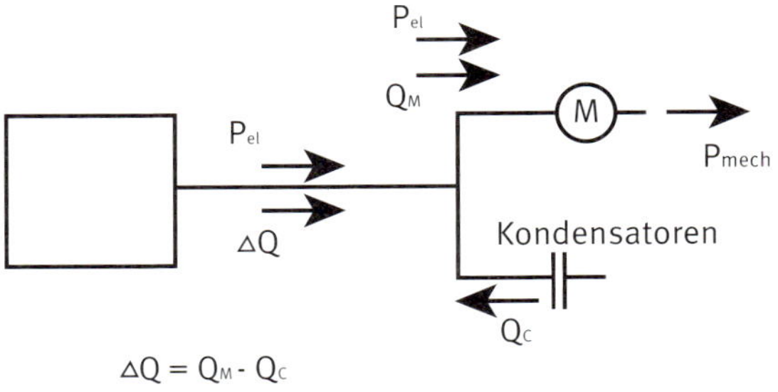

Abb. 12-6: Einzelkompensation eines Motors

In zentralen Kompensationsanlagen wird der Leistungsfaktor der gesamten Elektroinstallation meist in der Hauptverteilung geregelt. Bei der Gruppenkompensation werden unmittelbar an mehreren Verbrauchern (z. B. Motoren) Kondensatoren parallel geschaltet, die die Gruppe kompensieren. Das hat den Vorteil, dass hier die Strombelastung der Leitung zur Gruppe verringert wird und sich dadurch eine – wenn auch geringe – Reduzierung der Verlustleistung auf der Leitung erreichen lässt. In Abbildung 12-7 sind die zentrale und dezentrale Kompensation prinzipiell dargestellt.

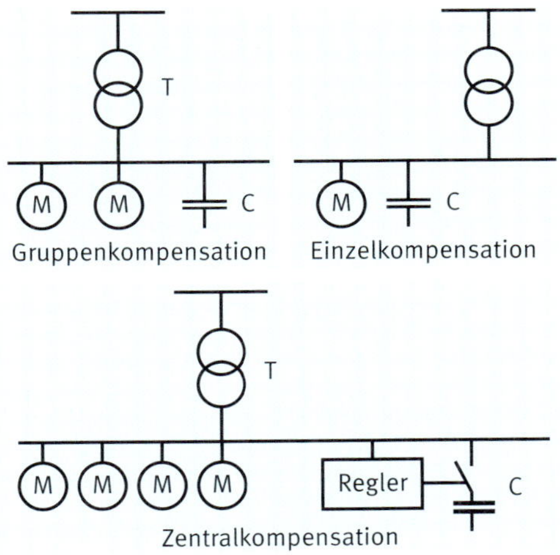

T Transformator
M Motor
C Kondensator
Regler Geregelte Kompensationsanlage

Abb. 12-7: Prinzipielle Darstellung von Kompensationsmöglichkeiten

12.1.4 Drehstromnetze

Das Dreiphasenwechselstromnetz (Drehstromnetz) besteht aus den drei spannungsführenden Leitern L1, L2, L3, dem Neutralleiter N und dem Schutzleiter PE (Abb. 12-8).

Der Schutzleiter PE hat eine Isolation in den Farben gelb und grün. Er ist ausschließlich für den Schutz gegen elektrischen Schlag vorgesehen und darf im ungestörten Betrieb keinen Strom führen. Der Neutralleiter N ist meist mit einer Isolierung in blauer Farbe ausgeführt, die Leiter L1 bis L3 haben meist schwarze, graue oder braune Isolierungen.

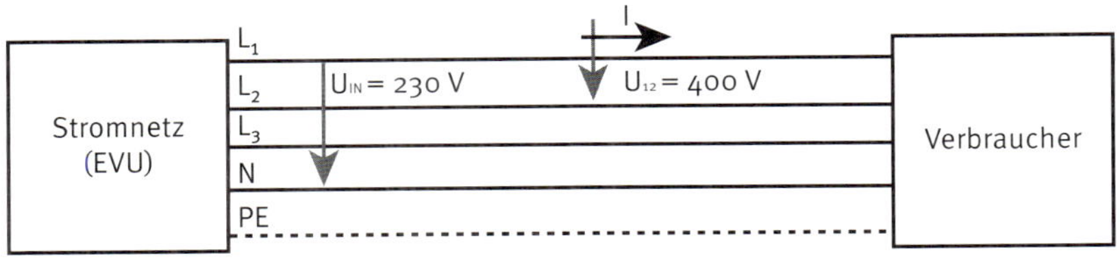

Abb. 12-8: Dreiphasenwechselstromnetz (Drehstromnetz)

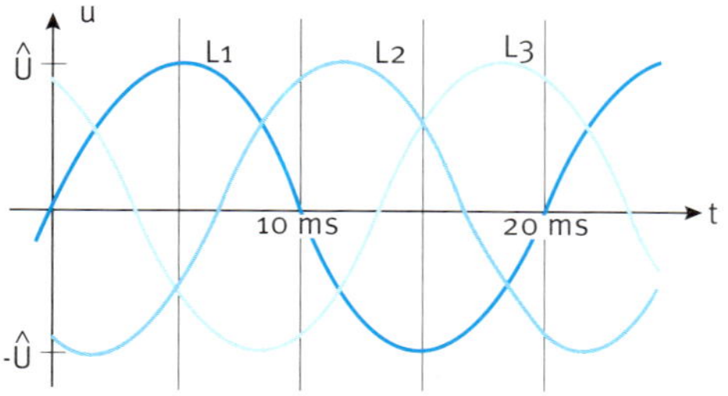

Abb. 12-9: Dreiphasenwechselspannungen

Die Spannungen sind Wechselspannungen mit gleicher Frequenz und gleicher Höhe jedoch um jeweils 120° gegen einander versetzt (Abb. 12-9).

Die Spannung (U_{12}) zwischen den Leitern wird »Außenleiterspannung« genannt. Sie beträgt im normalen Niederspannungsnetz 400 V. Die Spannung (U_{1N}) zwischen einem Außenleiter und dem Neutralleiter beträgt dann 230 V. Das ergibt sich durch die zeitliche Verschiebung der drei Phasen untereinander. Es existiert ein Verkettungsfaktor mit dem Wert

$$\frac{U_{12}}{U_{1N}} = \sqrt{3} = 1{,}73$$

Unter der Voraussetzung, dass die Außenleiterspannung und der Strom, der auf einer Leitung fließt, bekannt sind, können die Drehstromleistungen durch die nachstehenden Gleichungen ermittelt werden.

$$P = \sqrt{3} \times U \times I \times \cos\varphi$$
$$S = \sqrt{3} \times U \times I$$
$$Q = \sqrt{3} \times U \times I \times \sin\varphi = \sqrt{S^2 - P^2}$$

Beispiel: Der Strom den der Motor aus vorherigem Beispiel maximal aufnimmt, beträgt

$$I = \frac{S}{\sqrt{3} \times U} = \frac{28{,}8\ \text{kVA}}{\sqrt{3} \times 400\ \text{V}} = 41{,}6\ \text{A}$$

12.1.5 Bezug von elektrischer Energie

Die Arbeit W ist das Produkt aus Leistung P und Zeit t.

$$W = P \times t$$

Beispiel: Für vorheriges Beispiel beträgt die elektrische Arbeit pro Tag unter der Annahme, dass die abgenommene Leistung 80 % der Bemessungsleistung erbringt:

$$W = P \times t = 0{,}8 \times 24{,}4\,\text{kW} \times 24\,\text{h} = 469\,\text{kWh}\,.$$

Lastgang

Die Darstellung der abgenommenen Leistung über der Zeit wird als Lastgang bezeichnet.

In der Abbildung 12-10 ist beispielhaft der Lastgang eines Tages dargestellt. Erkennbar ist eine Differenz zwischen der minimalen und der maximalen Last. Die Spitzenlast liegt bei etwa 1,25 MW und die minimale Last bei etwa 0,8 MW. Der Mittelwert liegt bei etwa 1,1 MW.

Verteilung auf der Niederspannungsebene

Von der Niederspannungshauptverteilung (NS-HV) verlaufen elektrische Leitungen zu den Unterverteilungen (UV) in den Betriebsteilen. Von dort werden die einzelnen Maschinen und Geräte gespeist (Abb. 12-11).

Gleichzeitigkeitsfaktor

In einer Betriebsstätte sind eine Vielzahl von elektrischen Geräten oder Maschinen installiert. Die abgenommene Leistung schwankt abhängig von Betriebszustand und Betriebsparametern. Deshalb ist die dauerhaft abgenommene Leistung kleiner als die installierte Leistung.

Der Gleichzeitigkeitsfaktor g gibt an, wie hoch das Verhältnis der durchschnittlich abgenommenen zur installierten Leistung ist. Bei Industriebetrieben mit kontinuierlich laufenden Prozessen liegt der Gleichzeitigkeitsfaktor bei etwa 0,7 bis 0,8.

$$P_{mittel} = g \times P_{inst}$$

Beispiel: Bei einer mittleren Leistung von 400 kW und einem Gleichzeitigkeitsfaktor von g = 0,75 ergibt sich eine installierte Leistung von

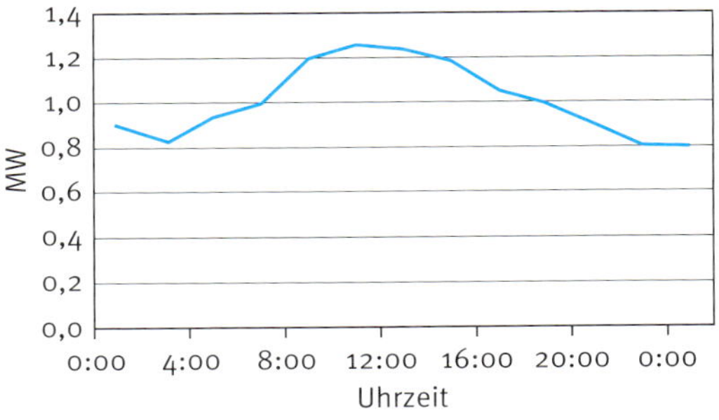

Abb. 12-10: Tageslastgang einer größeren Mühle

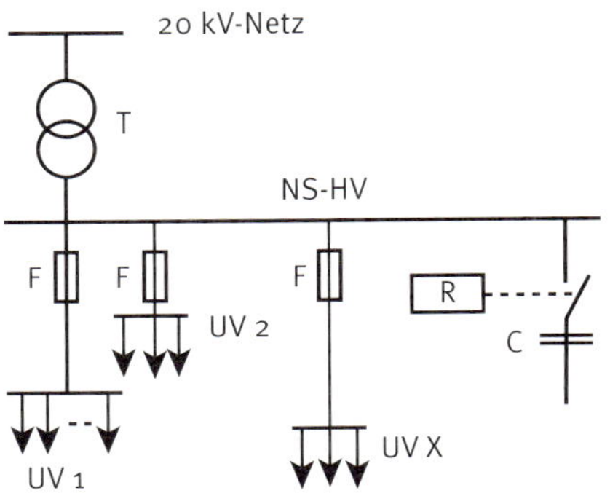

F Sicherung R Regler Kompensationsanlage
NS-HV Niederspannungshauptverteilung
UV Unterverteilung T Transformator

Abb. 12-11: Verteilung auf der Niederspannungsebene

$$P_{inst} = \frac{P_{mittel}}{g} = 533\ kW = 0{,}533\ MW$$

Kosten der elektrischen Energie

Betriebe mit hohem Verbrauch an elektrischer Energie, z. B. große Mühlen, schließen mit den EVU Sonderverträge über die Lieferung mit elektrischer Energie ab. Darin werden die Kosten für die Spitzenleistung, die Wirkarbeit und die Blindarbeit festgelegt.

Spitzenlast

Mithilfe des Wirk- und Blindarbeitszählers werden diese Größen kontinuierlich gemessen und meist monatlich abgerechnet. Die Spitzenlast (maximale Abnahmeleistung im Jahr) wird im 15-Minuten-Takt ermittelt, indem der Wert die gemessene Wirkarbeit durch die Zeit geteilt wird. Der Maximalwert dieser Spitzenlast bestimmt die Kosten für die Spitzenleistung im Abrechnungsjahr. Die Einhaltung der vereinbarten Spitzenlast bzw. die Reduzierung der Jahresspitzenlast ermöglicht erhebliche finanzielle Einsparungen, sodass jeder Betrieb bemüht sein sollte, die Spitzenlast zu minimieren. Folgende Maßnahmen sind dazu üblich:

- Durch geregelte Kompensation kann erreicht werden, dass aus dem Netz des EVU praktisch keine Blindleistung bezogen wird. Die Spitzenwirkleistung entspricht dann etwa der Spitzenscheinleistung. Der Lastgang wird nicht beeinflusst.
- Durch Abschalten von Anlagenteilen oder Maschinen zu Zeiten mit hoher Leistung kann die Spitzenleistung ebenfalls eingehalten werden.
- Im Idealfall können die Verbraucher bei entsprechender Führung durch das Prozessleitsystem so produktions- und lastabhängig ein- und ausgeschaltet werden, dass der Lastgang praktisch einen konstanten Verlauf in Höhe der vereinbarten Spitzenlast annimmt.

Wirkarbeitskosten

Die reinen Arbeitskosten, also die Kosten K für die verrichtete Wirkarbeit können mit der Gleichung

$$K = k \times P \times t = k \times W$$

berechnet werden. Darin sind k die Kosten je kWh und P die mittlere Leistung über den Zeitraum t.

Beispiel: Der Motor aus den vorherigen Beispielen sei mit 75 % seiner Bemessungsleistung belastet. Die täglich erforderliche Arbeit beträgt

$$W = 0{,}75 \times 24{,}4\ \mathrm{kW} \times 24\ \mathrm{h} = 439\ \mathrm{kWh}$$

Die Kosten betragen unter der Annahme von 0,08 €/kWh für eine Kilowattstunde:

$$K = k \times W = 439\ \mathrm{kWh} \times 0{,}08\ € / \mathrm{kWh} = 35{,}14\ €$$

Blindarbeitskosten

Der Blindarbeitszähler dient im Allgemeinen zur Ermittlung der (meist induktiven) Blindarbeit W_B. Sie ist das Produkt aus der Blindleistung Q und dem Messzeitraum t.

$$W_B = Q \times t$$

Meist gewährt das EVU eine hohe Freigrenze, bis zu der der Bezug von Blindarbeit kostenfrei ist. Lediglich bei Störungen der Kompensationseinrichtungen kann die Blindarbeit stark steigen. Das führt zu erhöhten Kosten für den Blindarbeitsbezug und damit bei der Spitzenlast. Diese Mehrkosten können die Größenordnungen von einigen 10 000 € erreichen.

Über Wirk- und Blindarbeit lässt sich die Spitzen(schein)leistung S_{max} ermitteln.

$$S_{max} = \frac{\sqrt{W^2 + W_B^2}}{t}$$

12.1.6 Energiebedarf einer Mühle

Zwischen 2000 und 2010 hatten sich die Kosten für elektrische Energie für Industrieunternehmen deutlich erhöht. Durch den Einsatz Erneuerbarer Energie stagnieren seit 2010 die Preise oder sie steigen moderat, in einigen Fällen sind auch rückläufige Preise zu verzeichnen. Es blieben aber Preisunsicherheiten wegen der heute relativ kurzen Vertragslaufzeit mit den Energieversorgungsunternehmen. Die im Folgenden angegebenen Werte dienen zur Orientierung. Abhängig von der eingesetzten Technik, der hergestellten Produkte, der historische Entwicklung der Mühle usw. können die Werte in der Praxis stark abweichen.

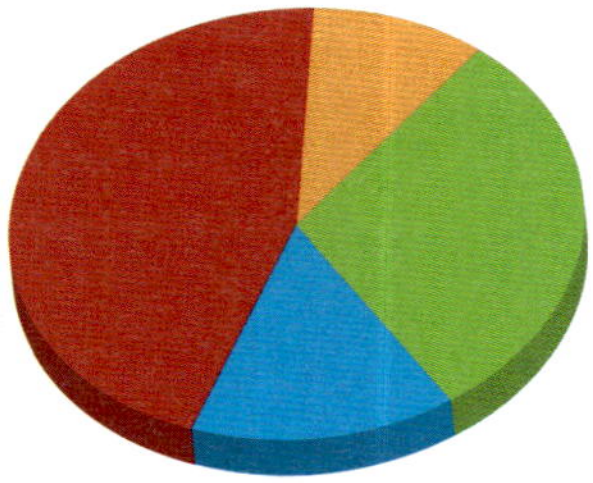

Abb. 12-12: Energieaufwand zur Herstellung von Broterzeugnissen

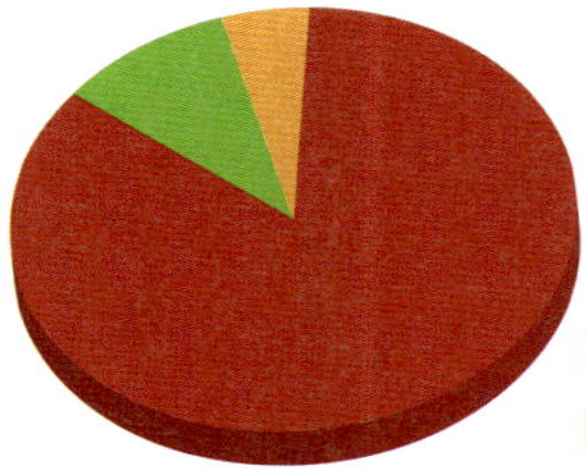

Abb. 12-13: Verteilung der Energiekosten in einer Mühle

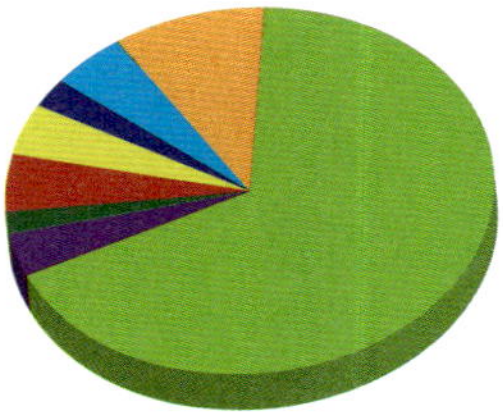

Abb. 12-14: Verteilung des Energieaufwand s in einer Mühle

Gesamter Energieaufwand zur Herstellung von Broterzeugnissen

Bei Betrachtung des Energieaufwandes zur Herstellung von Broterzeugnissen entfällt auf die Mühle ein Anteil von ca. 10 % (Abb. 12-12).

Energieträger und Verteilung

In der Müllerei entfällt ca. 75 % der Energiekosten auf elektrische Energie und ca. 25 % auf Gas und Treibstoff (Abb. 12-13). Wird nun versucht, den Verbrauch elektrischer Energie den einzelnen Bereichen der Mühle zuzuordnen, so ist eine Verteilung nach Abbildung 12-14 denkbar.

Energiebedarf für die Vermahlung von Getreide

Im Laufe der Jahrzehnte sind u. a. in der Fachzeitschrift »Mühle und Mischfutter«[1] wiederholt Beiträge über den elektrischen Energiebedarf je Tonne bei der Vermahlung von Weizen erschienen. Daraus lässt sich ablesen, dass sich dieser Wert in den letzten Jahrzehnten nicht signifikant erhöht hat, obwohl elektrotechnische Einrichtungen fast den gesamten Leistungsbereich einer modernen Mühle abdecken und die Elektrotechnik in vielen Bereichen mechanische, hydraulische und pneumatische Systeme abgelöst hat.

[1] *Mühle und Mischfutter, Verlag Moritz Schäfer, Detmold*

Je nach Fundstelle[2,3,4] in der Literatur wird heute der spezifische Energiebedarf von Weizenmühlen mit 50 bis 80 kWh/t in Ausnahmefällen bis zu 105 kWh/t angegeben. Im Rahmen von praktischen Untersuchungen an der Deutschen Müllerschule Braunschweig (DMSB) durch den Verfasser dieses Kapitels wurde beispielhaft für eine kombinierte Weizen-/Roggenmühle ein Wert von ca. 85 kWh/t ermittelt.

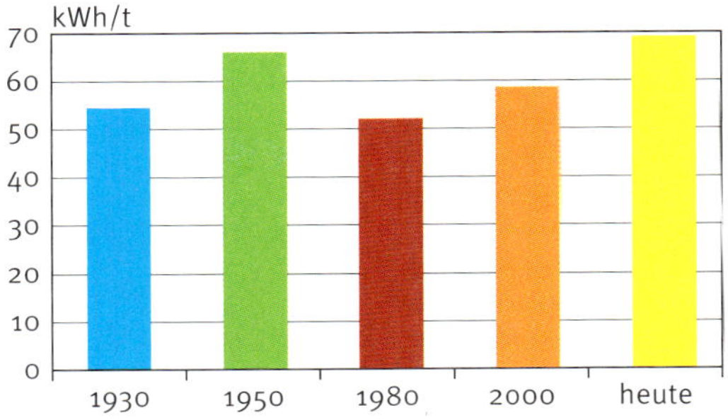

Abb. 12-15: Entwicklung des Elektrischen Energiebedarfs in kWh/t deutscher Weizenmühlen

12.1.7 Einsparpotenziale in der Mühle für ausgewählte Bereiche

Die energieeffiziente Produktion, also höchster Qualität bei einem minimalen Energieaufwand, hat mittlerweile den gleichen Stellenwert wie die Arbeits- und Produktsicherheit.

Die Kosten für die elektrische Energie stellen für jeden Mühlenbetrieb einen gewichtigen Kostenfaktor dar. Deshalb ist das Energiesparen eine sinnvolle Maßnahme zur betrieblichen Kostenreduzierung.

Energieeffizienz elektrische Maschinen und andere elektrisch betriebene Einrichtungen

Mithilfe von Elektromotoren werden u. a. Walzenstühle, Schleudern, Sichter, Ventilatoren und Kompressoren angetrieben. Mindestens 75 % der installierten Leistung in der Mühle entfällt deshalb auf elektrische Antriebe. Diese liegen im Leistungsbereich von 0,5 kW bis über 50 kW (Hammermühlen bis 500 kW) liegen.

In Mühlen werden fast ausschließlich Drehstromasynchronmotore als elektrische Antriebe eingesetzt. Diese haben einen sogenannten Schlupf, der die Nenndrehzahl um ca. 2 bis 3 % von der synchronen Drehzahl abweichen lässt. Die Drehzahlen der Normmotoren liegen deshalb bei etwa 730, 970, 1 460 und 2 950 1/min (Richtwerte).

Die Anschaffungskosten eines Motors betragen etwa 3 % der Lebenszykluskosten. Der Einsatz von Motoren der höchsten Energieeffizienzklasse (IE 3, besser IE 4) ermöglicht Einsparungen bis zu etwa 15 %.

---

[2] *Erling, P. (Herausgeber): Handbuch Mehl- und Schälmüllerei, 2. Auflage, S. 289, ISBN: 978-3-860-372-302*

[3] *Hirschberg, H.G:. Handbuch Verfahrenstechnik und Anlagenbau, S. 481 Springer-Verlag 1999 ISBN: 978-3-540-60623-9*

[4] *Österreichisches Bundesministerium für Land- und Forstwirtschaft, Umwelt und Wasserwirtschaft: Energieeffizienz-Konzept des Bereichs Mahl- und Schälmühlen und Herstellung von Futtermitteln in Österreich*

Drehstromasynchronmaschinen können über Frequenzumrichter (FU) betrieben werden, die aus der Spannung und der konstanten Frequenz des öffentlichen Versorgungsnetzes Drehstromsysteme mit variabler Frequenz und Spannung erzeugen. Das ermöglicht z. B. die Motore bei verschiedenen Drehzahlen und trotzdem konstanten Drehmoment zu betreiben. In Abbildung 12-16 ist der prinzipielle Aufbau eines mit einem FU geregelten Antriebs dargestellt.

Als weitere Geräte, die in der Mühle elektrisch betrieben werden, seien hier u. a. die Beleuchtungsanlage, die Laborausrüstungen und die Warmwasserbereiter genannt.

Antriebe und Maschinen mit veränderlichen Drehzahlen

Ein hohes Potenzial zur Energieeinsparung und Senkung der Energiekosten liegt bei Antrieben im Einsatz von Direktantrieben anstelle von Getriebelösungen. Beispielsweise kann der Energieverbrauch eines Ventilators durch direkte Kopplung der Ventilatorwelle mit dem Motor anstelle eines Riementriebs erheblich gesenkt werden. Auch der Ersatz von Keil- und Zahnriementrieben durch Flachriemen kann den Wirkungsgrad verbessern. Allein eine sachgerechte Wartung, wie z. B. das Nachspannen und das rechtzeitige Austauschen der Riemen, verringert neben der Ausfallwahrscheinlichkeit auch die Energiekosten.

Beispiel: Ventilatoren

Bei direkter Kupplung von Motor- und Laufradwelle ist der Wirkungsgrad bei der Kraftübertragung am günstigsten. Allerdings besteht der Nachteil, dass eine erforderliche Verschiebung des Betriebspunktes durch mechanische Drosselung notwendig wird. Dabei wird der Strömungsdruckverlust künstlich erhöht. Die Leistungsaufnahme des Ventilators verringert sich dadurch kaum, denn die nicht zur Erzeugung der Strömungsenergie gebrauchte Leistung erzeugt Wärmeenergie. Wenn darüber hinaus durch großzügige Auslegung der Anlage weit mehr Luftleistung bereitgestellt werden könnte, als eigentlich benötig wird, tritt ein unnötig hoher Energieverbrauch auf.

Der Einsatz eines Frequenzumrichters (FU) ermöglicht die stufenlose Veränderung der Antriebsdrehzahl des Ventilators, damit wird der Betriebs-

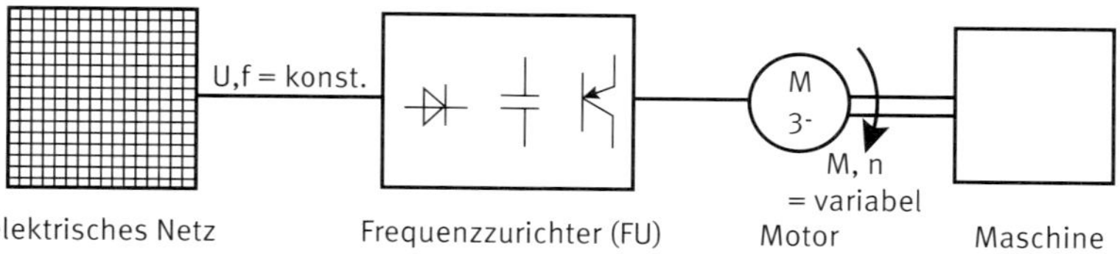

Abb. 12-16: Prinzipielle Darstellung eines mit einem FU geregelten Antriebs

punkt auf der Ventilatorkennlinie verschoben und nur die erforderliche Leistung aus dem Netz bezogen. Moderne FU haben Wirkungsgrade von nahezu 1.

Orientierende Messungen im Technikum der Deutschen Müllerschule Braunschweig, durch den Verfasser dieses Kapitels, haben gezeigt, dass die erforderliche elektrische Leistung erheblich gesenkt werden kann. In Abbildung 12-17 ist die aufgenommene Leistung eines Ventilators in Abhängigkeit vom Volumenstrom bei mechanischer Drosselung und Drehzahlstellung über einen Frequenzumrichter dargestellt. Diese Ergebnisse können auch auf Pumpen und andere mechanisch gedrosselten Fördersysteme übertragen werden.

Beleuchtungsanlage

Von den Gesamtkosten einer Beleuchtungsanlage entfallen ca. 10 % auf die Investitions- aber etwa 90 % auf die Betriebskosten. Ein Einsparpotenzial von ca. 20 % ergibt sich durch den Einsatz moderner Lichtsysteme, Energiesparlampen und elektronische Vorschaltgeräte, sowie durch einen bedarfsgesteuerten Betrieb.

Fördertechnik

Mit der Wahl geeigneter Fördertechnik ist ein erhebliches Sparpotenzial verbunden, z. B. durch die Wahl von Förderschnecken statt pneumatischer Förderung. Obwohl hygienische, verfahrenstechnische und räumliche Faktoren bei der Wahl der Fördertechnik ausschlaggebend sind, sollte zumindest der bedarfsgerechte Betrieb realisiert werden. Mit relativ geringem Aufwand lässt sich das Programm der Anlagensteuerung bzw. des Leitsystems dahingehend optimieren, dass Leerlaufverluste der Förderelemente vermieden werden. Es sind allerdings die Auswirkungen auf die Lebensdauer des Förderelements durch den häufigeren Wiederanlauf zu berücksichtigen

Druckluft

Bei der Drucklufterzeugung und -verteilung ist das Vermeiden von Leckagen und Überdimensionierungen sowie der bedarfsabhängige Betrieb zu berücksichtigen. Die Deutsche Energieagentur (DENA) gibt an, dass dadurch eine Energieeinsparung bei der Druck-

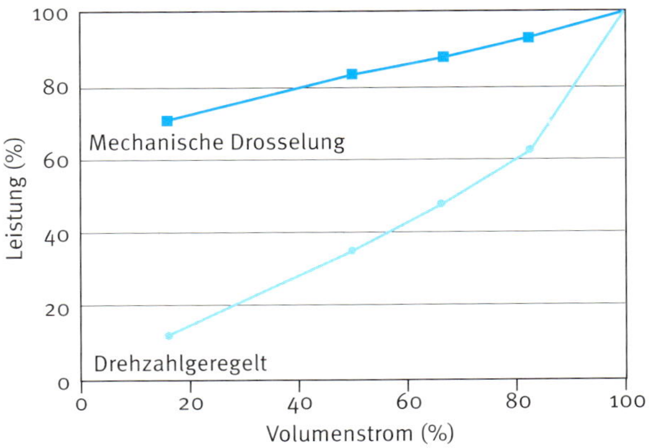

Abb. 12-17: Leistungsaufnahme des Motors eines Ventilators mit Drosselung bzw. Drehzahlregelung (Messungen an der Deutschen Müllerschule Braunschweig)

lufterzeugung von bis zu 50 % möglich ist. In den meisten Mühlen haben Druckluftsysteme einen geringen Anteil am Gesamtaufwand an elektrischer Energie. Praxisberichte aus Mischfutterbetrieben zeigen, dass eine Modernisierung unter dem Aspekt der Energieeinsparung starke Sparpotenziale eröffnet.

Stern-Dreieck-Anlauf von Motoren

Im Gegensatz zur oft vertretenen Meinung ist der Stern-Dreieck-Anlauf von Motoren keine Energiesparmaßnahme. Um eine Maschine anlaufen zu lassen, ist immer eine bestimmte Energiemenge erforderlich. Durch den Anlauf in der Betriebsart »Stern« wird der Anlaufstrom minimiert. Erst nach dem Umschalten in Betriebsart Dreieck entwickelt der Motor sein Bemessungsmoment. Sanftanlaufgeräte (sog. Softstarter) ermöglichen den Anlauf an einer festen Stromgrenze und verhindern so Stromspitzen und mechanische Stoßbeanspruchungen der Maschine. Der dabei entstehende geringe Energieeinspareffekt durch verminderte geringere Stromwärmeverluste ist zu vernachlässigen.

Prozessführung und Personal

Eine wesentliche Eingriffsmöglichkeit zur Verringerung des Energiebedarfs besteht durch die Prozessführung und das Einbeziehen des Personals in die Überlegungen und Maßnahmen zur Einsparung.

Verfahrenstechnik

In der Verfahrenstechnik (Mahldruck, Mahlspalt, Maschineneinsatz) steht ein noch nicht vollständig publiziertes Potenzial zur Verfügung. Es gibt Zusammenhänge der Walzeneigenschaften zum Energieverbrauch. Nachweislich ist es möglich, durch den Direktantrieb der beiden Mahlwalzen über einen FU gesteuerten Motor Energie über die langsame Walze zurückzugewinnen. Walzenstühle mit entsprechender Technologie sind heute am Markt verfügbar.[5]

12.1.8 Beispiel für eine fiktive 70 t-Getreidemühle

Im folgenden sollen auf Basis einer fiktiven 70 t-Getreidemühle die Verbrauchs- und Abrechnungsstruktur, sowie mögliche Sparpotenziale dargestellt werden. Die Mühle wird aus dem öffentlichen Mittelspannungsnetz versorgt. Der Transformator befindet sich im Besitz des EVU. Die Messung der elektrischen Arbeit erfolgt auf der Niederspannungsseite in der Hauptverteilung der Mühle.

Von den Niederspannungsklemmen der Ortsnetzstation des EVU wird über ein Kabel (Erdverlegung) auf die Sammelschiene der Niederspan-

[5] *z. B. Walzenstuhl »Saphir« der Fa. Kastenmüller, Martinsried*

nungshauptverteilung der Mühle gespeist. Dort sind die Unterverteilungen der verschiedenen Betriebsteile (wie Annahme, Verladung, Mühlenböden usw.) über Leitungen angeschlossen. In Abbildung 12-16 ist die prinzipielle Versorgung dargestellt.

Wie üblich hat die Mühle mit dem EVU einen Sondervertrag über die Lieferung mit elektrischer Energie abgeschlossen. In diesem werden die Kosten für die Spitzenleistung, die Wirkarbeit und die Blindarbeit festgelegt.

Daten der fiktiven Mühle:

- Mühlenleistung: 70 t/24 h Weizen
- Transformator 400 kVA
- keine Eigenerzeugung
- Das EVU ist ein überregionaler anbietender Großkonzern, der einen Energiemix aus 20 % Kernenergie, 50 % fossiler Energie und 30 % erneuerbare Energie liefert.
- Installierte Leistung 335 kW
- ca. 6300 Betriebsstunden pro Jahr

Lastgang

In der Abbildung 12-19 ist der Lastgang des gesamten Betriebs dargestellt. Die Spitzenlast liegt bei etwa 260 kW und die minimale Last bei etwa 145 kW. Die mittlere Leistung beträgt etwa P_{Mi}= 235 kW.

Am Abgang zur Vermahlung ist der Lastgang nach Abbildung 12-20 gemessen. Wie zu erwarten war, sind kaum Lastspitzen vorhanden, weil die Vermahlung ein kontinuierlich laufender Prozess ist.

Gleichzeitigkeitsfaktor

Bei einer mittleren Leistung von 235 kW und einer installierten Leistung von 335 kW ergibt sich als Gleichzeitigkeitsfaktor

$$g = \frac{P_{mittel}}{P_{inst}} = \frac{235\ \text{kW}}{335\ \text{kW}} \approx 0{,}7$$

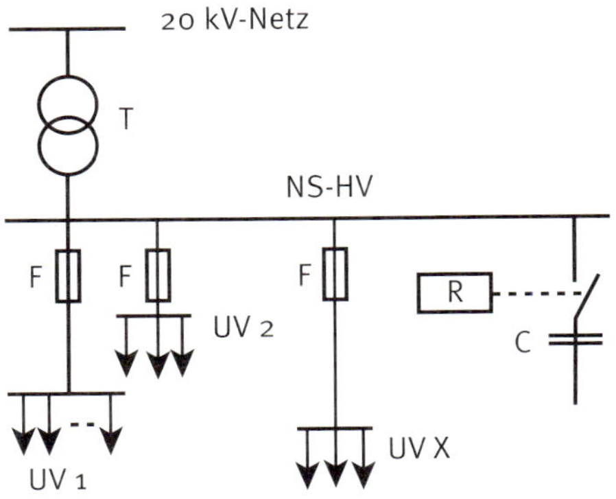

F Sicherung R Regler Kompensationsanlage
NS-HV Niederspannungshauptverteilung
UV Unterverteilung T Transformator

Abb. 12-18: Elektrische Energieversorgung der fiktiven 70 t-Getreidemühle

Spezifischer elektrischer Energieeinsatz

Der spezifische Energieeinsatz ist der Quotient aus benötigter Energie W zu verarbeitetem Produkt $\dot{m}$

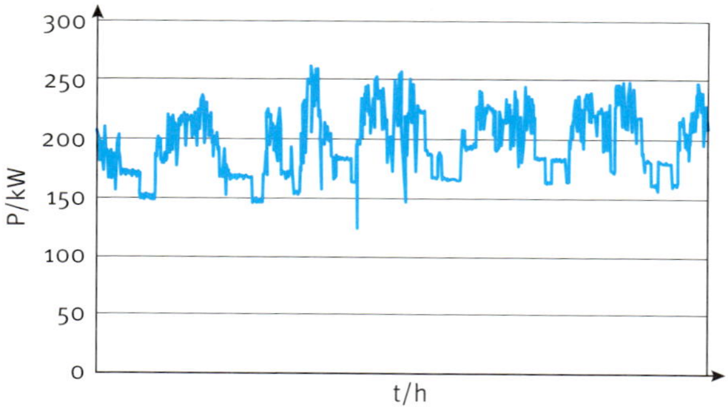

Abb. 12-19: Lastgang der Gesamtmühle

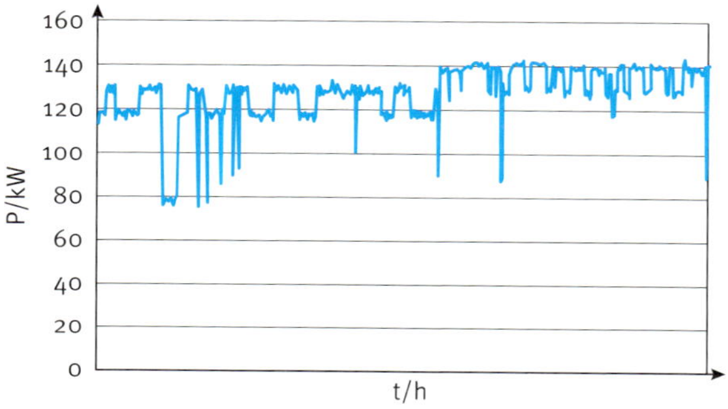

Abb. 12-20: Lastgang der Vermahlung

$$W_{spez} = \frac{W}{\dot{m}}$$

$$\dot{m} = \frac{70\ t}{24\ h} = 2{,}92\ \frac{t}{h}$$

es ergibt sich also

$$W_{spez} = \frac{W}{\dot{m}} = \frac{1\,300\,000\ kWh}{2{,}92\ t \times 6300h} = 70{,}7\ \frac{kWh}{t}$$

Energiekosten und Maßnahmen zur Energieeinsparung.

Spitzenlast

Für das Beispiel wird angenommen, dass die Jahresspitzenlast der Spitzenlast im Diagramm nach Abbildung 12-19 entspricht. Die Spitzenlast beträgt also P_{Max}= 250 kW.

Die Spitzenlastkosten k_S wurden mit dem EVU

$$\frac{65\ €}{kVA}$$

vereinbart.

Bei einer Jahresspitzenlast von 250 kVA ergeben sich für das Jahr Kosten K in Höhe von

$$K = P_{max} \times k_s = 250\ kW \times \frac{65\ €}{kW} = 16\,250\ €$$

Kosten der elektrischen Arbeit

Bei einer angenommenen Jahresarbeit von W_{ges} = 1300 MWh und Kosten

$$K = W_{ges} \times k = 1\,300\,000\ \frac{kWh}{a} \times 0{,}10\ \frac{€}{kWh} = 130\,000\ €\ \frac{€}{a}$$

Das entspricht einem CO_2-Ausstoß von 700 bis 840 t/a.

Bezogen auf die mittlere Leistung bedeutet das, dass je Kilowatt an reduzierter Leistung etwa 550 €/kW bzw. etwa 3,2 kg CO_2/kW pro Jahr eingespart werden können.

Einsparpotenziale an einigen Beispielen aus der Praxis

Die im Folgenden dargestellten Einsparmöglichkeiten basieren auf Studien des Verfassers und Ergebnissen von Projektarbeiten an der Deutschen Müllerschule Braunschweig. Zugrunde liegen zumeist Mühlen mit Vermahlungsleistungen unter 100 t/24 h. Sie können deshalb nicht als allgemeingültig gelten.

Ersatz von Motoren

Die Anschaffungskosten eines Motors betragen etwa 3 % der Lebenszykluskosten. Der Einsatz von Motoren der geringsten Effizienzklasse durch Motore der höchsten Energieeffizienzklasse (IE 3, besser IE 4) ermöglicht Einsparungen bis zu etwa 8 %. Das entspräche einer Kostenreduzierung von ca. 10 500 €.

Beachtung der Energieeffizienz bei Ersatz von Maschinen/ Anlagen oder Umbauten

In diesem Fall wurde eine bereits begonnene Umbaumaßnahme in der Annahme einer Mühle unter dem Aspekt der Energieeffizienz verändert. Die Einsparung entsprach mit etwa 3 % der Energiekosten etwa 1 000 € pro Jahr.

Ersatz von Riementrieben durch direkte Kupplung und Steuerung des Motors über FU

Insbesondere bei Ventilatoren, die über Riemen angetrieben werden, sollte diese Maßnahme geprüft werden. Das Einsparpotenzial bei einen Ventilator mit einem Druck von 4 000 Pa und einem Volumenstrom von 500 m^3/min lag bei ca. 90 000 kWh/a bzw. 9 000 €.

12.2 Automatisierungstechnik

12.2.1 Einführung

Die Automatisierungstechnik hat heute in fast jedem produzierenden Betrieb eine herausragende Bedeutung. Die Verknüpfung verschiedener Aufgaben, wie Steuerung von Maschinen, Prozessführung, Prozessdatenverarbeitung und -verwaltung und Qualitätssicherung sind Stand der Technik. Über alle Hierarchieebenen eines Betriebs wird damit auf Produktqualität, Arbeitsvorgänge, Wirtschaftlichkeit usw. eingewirkt.

Neben den reinen Produktionsdaten stehen auch Informationen über den Zustand von Betriebsmitteln zur Verfügung. Die Instandhaltung von Maschinen und Anlagen kann über Leitsysteme organisiert werden. Dem Personal kann dazu online eine Serviceanleitung oder ein Video über die Maschinenreparatur zur Verfügung gestellt werden. Eingriffe in den Prozess können vor Ort ausgeführt und zentral dokumentiert werden.

Die Aufgaben der Automatisierungstechnik bestehen aus einer Vielzahl verschiedener Einzelfunktionen. Sie werden heute fast ausschließlich mit Geräten und Baugruppen realisiert, die auf dem Einsatz von Mikroprozessoren basieren. Sie sind über Kommunikationsmedien miteinander vernetzt. So sind die »klassischen« Automatisierungsaufgaben wie die Maschinen- und Anlagensteuerung mit den Funktionen der Datenverarbeitung und -übertragung verknüpft.

12.2.2 Industrie 4.0

Eine Vernetzung der Automatisierungskomponenten über Bussysteme ist seit ca. 2005 fast durchgängig über alle Ebenen eines Betriebs möglich. Durch die fortschreitende Entwicklung der Netzwerke im Büro- und Internetbereich und deren Integration in die Automatisierungstechnik werden heute aber neue Dimensionen hinsichtlich Geschwindigkeit, Datenvolumen und Transparenz erreicht. Es ist zu erwarten, dass künftig die Automatisierungstechnik mit der Informationstechnik noch stärker und schneller verschmolzen wird. Das wird unter dem Schlagwort »Industrie 4.0« propagiert. »Industrie 4.0« basiert auf einem Projekt der Forschungsunion der deutschen Bundesregierung. Es wird erwartet, dass die fortschreitende Entwicklung der Netzwerke und deren Verbindung in die Produktionstechnologie dazu führen, dass die Produktion hochflexibel und mit höchster Qualität realisiert werden kann. Besonders die Interaktion zwischen Mensch und Maschine (z. B. Roboter) weist noch ein recht hohes Optimierungspotenzial auf. Die Bezeichnung 4.0 soll deutlich machen, dass nach Mechanisierung, Massenfertigung und Automatisierung die vierte industrielle Revolution eingeleitet werden kann. Neben dieser rein deutschen Initiative existieren ähnlich Projekte unter anderem in Frankreich, den USA und China.

12.2.3 Prozessinformationen

Prozessinformationen (Abb. 12-21), die entweder die Wertigkeit 1 (wahr) oder 0 (nicht wahr) haben, wie z. B. »maximale Füllhöhe erreicht« (Abb. 12-22) oder »Motor einschalten«, werden binäre Informationen oder auch Bitinformationen genannt. Analoge Informationen, wie z. B. die Füllhöhe eines Silos (Abb. 12-21), beruhen auf Zahlenwerten. Sie werden im Allgemeinen über elektrische Spannungen (z. B. 0 bis 10 V) oder Ströme (z. B. 4 bis 20 mA) abgebildet. Zur Verarbeitung in der Steuerung müssen diese Messwerte über sogenannte Analog-Digital-Wandler (AD) in die digitale Form überführt werden, um eine Verarbeitung mit dem Mikroprozessor zu ermöglichen.

Prozessinformationen über den aktuellen Zustand einer Anlage werden durch Sensoren erfasst (Tab. 12-1).

Der Eingriff des Automatisierungsgerätes in die Anlage bzw. Maschine erfolgt u. a. über die Aktoren (auch »Aktuatoren« genannt), wie in Tabelle 12-2 dargestellt.

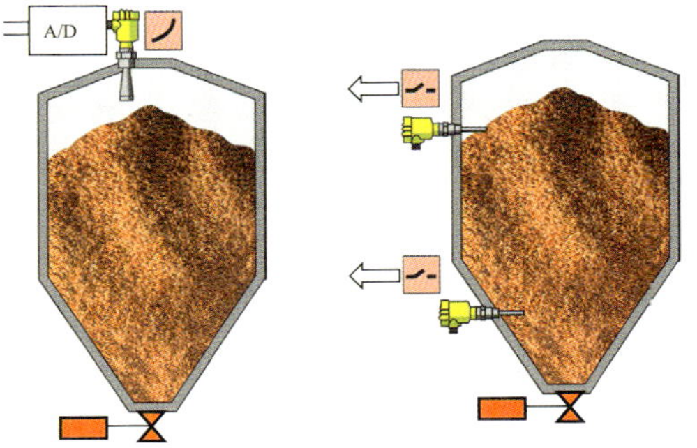

Abb. 12-21: Analoge (links) und binäre Informationen am Silo

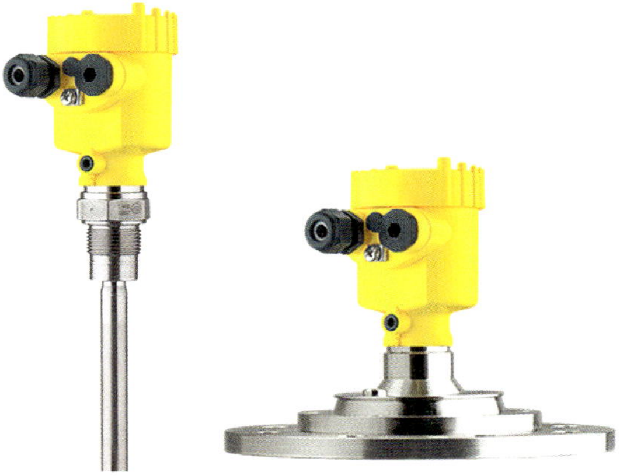

Abb. 12-22: Links: Vibrationsgrenzstandschalter Typ √EGA; rechts: Füllstandmessgerät Typ VEGA Puls

12.2.4 Steuerungs- und Regelungstechnik im Betrieb

Die Steuerungs- und Regelungstechnik in einer Mühle dient unter anderem

- zum automatischen Anfahren und Herunterfahren der Anlage,
- zum Verriegeln von Antrieben und Maschinen,
- zum Überwachen von Betriebsabläufen und Betriebsmitteln,
- zur Regelung von Teilfunktionen, z. B. der Speisung einer Walzenstuhls oder der Dosierung

Tab. 12-1: Beispiele für Sensoren zur Erfassung von Prozessinformationen

Sensor	Signalform
Füllstandmessgeräte (z. B. in Silozellen)	Analog bzw. Digital
Grenzstandmelder (z. B. in Silozellen)	Binär
Drehzahl- oder Stillstandwächter (z. B. an Gurtbecherwerken)	Binär
Endschalter (z. B. an Austrageinrichtungen),	Binär
Druckmessdosen (z. B. an pneumatischen Fördereinrichtungen)	Analog bzw. Digital
Motorschutzgeräte (z. B. Überstrommeldung)	Binär
Taster und Schalter für die Handbedienung	Binär
Informationen von Bedienern über Operator Panels zur Handsteuerung von Anlagenteilen	Binär und Digital/Analog

Tab. 12-2: Beispiele für Aktoren zum Eingriff in den Prozess (in die Maschine)

Aktor	Signalform
Leistungsschütze für große elektrische Lasten (z. B. für die Fördertechnik)	Binär
Frequenzumrichter zur Drehzahlstellung	Binär und Digital/Analog
Sanftanlaufgeräte (Softstarter) für Motoren	Binär
Antriebe für Austrageinrichtungen oder Klappen	Binär
Informationen für Bediener über Operator Panels zur Prozessdarstellung	Binär und Digital/Analog

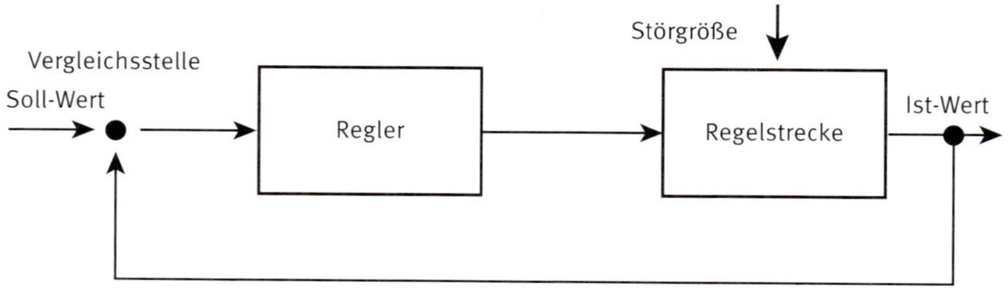

Abb. 12-23: Prinzip der Regelung

- zur Visualisierung und Bedienerführung des Gesamtprozesses oder von Teilprozessen.

Regelungstechnik

Beim Regeln werden vorwiegend Größen verarbeitet, die als Digital- oder Analogwerte vorliegen. Das Ziel einer Regelung ist es, einen Wert (z. B. eine Temperatur) – den Istwert – konstant zu halten. Die Vorgabe erfolgt mit einem meist einstellbaren Sollwert. Damit kann, trotz auftretender Störgrößen (z. B. Änderung der Umgebungstemperatur oder Zufuhr von Wärmeenergie), ein möglichst optimaler Betriebspunkt erreicht und gehalten werden. Das setzt die Messung des Istwerts und den Vergleich von Soll- und Istwert voraus. Bei Abweichungen wird eine geeignete Reaktion der Regeleinrichtung erforderlich (Abb. 12-23).

Beispielsweise wird am Walzenstuhl die Beschüttung so geregelt, dass die Füllstandhöhe im Einlauf konstant bleibt.

Eine Regeleinrichtung kann mechanisch, pneumatisch, hydraulisch oder elektrisch/elektronisch (Abb. 12-24) ausgeführt sein. Aufgrund des fortschreitenden Einsatzes der Mikroprozessortechnik sind sehr häufig digitale Regler im Einsatz.

12.2.5 Steuerungstechnik

Die Steuerungstechnik wird dort eingesetzt, wo Funktionen ausgeführt werden, die auf logischen »Wenn-Dann-Entscheidungen« beruhen. Beispiele für Steuerungsfunktionen sind das Einschalten eines Walzenstuhls oder das Starten eines Ventilators. Dabei werden vorwiegend binäre Informationen (z. B. »Motorschutz ok« oder »Taster betätigt«) verarbeitet und daraus Befehle (z. B. »Motor einschalten«) erzeugt. In Abbildung 12-25 ist das Prinzip der Steuerungstechnik dargestellt.

Abb. 12-24: Kompakter Einbautemperaturregler mit Anzeige des Istwerts und Tastatur zur Sollwertvorgabe

Abb. 12-25: Prinzipbild der Steuerung

Verbindungsprogrammierte Steuerung (VPS)

Die früher übliche Steuerungstechnik, die wohl noch in älteren Anlagen anzutreffen ist, realisierte die Steuerungsaufgabe durch logische Verknüpfungen, deren Programm durch die Verdrahtung von Schützen, Relais, Tastern usw. aufgrund eines Schaltplans (Abb. 12-26) erfolgte. Deshalb wird sie Verbindungsprogrammierte Steuerung (VPS) genannt.

Ein Schütz ist kein eigenständiges Schutzgerät, sondern ist ein elektromagnetisches Schaltgerät (Abb. 12-28). Bei Stromfluss durch eine Spule wird ein magnetisches Feld aufgebaut, das durch die Kraftwirkung eine lineare Bewegung hervorruft und dadurch mehrere Schaltkontakte öffnet oder schließt. Wird der Stromfluss zur Spule unterbrochen, bewegen sich die Kontakte durch Federkraft in den ursprünglichen Zustand zurück. Das Funktionsprinzip ist in Abbildung 12-25 dargestellt. Schütze können als Leistungsschütze zum Schalten von großen Lasten (Abb. 12-27) oder als Steuerschütze (dann oft auch »Relais« genannt) zur Realisierung der VPS ausgeführt sein. Auch in der SPS-Technik werden meist noch Leistungsschütze zum Schalten hoher Lasten benötigt.

Ein »Umprogrammieren« der Logik ist durch das Umverdrahten möglich. Heute wird diese Form der Steuerungstechnik bei Neuanlagen kaum noch angewandt, weil sie meist unwirtschaftlich und wenig flexibel hinsichtlich der Änderungs- und Parametriermöglichkeiten (z. B. von Zeitabläufen) ist.

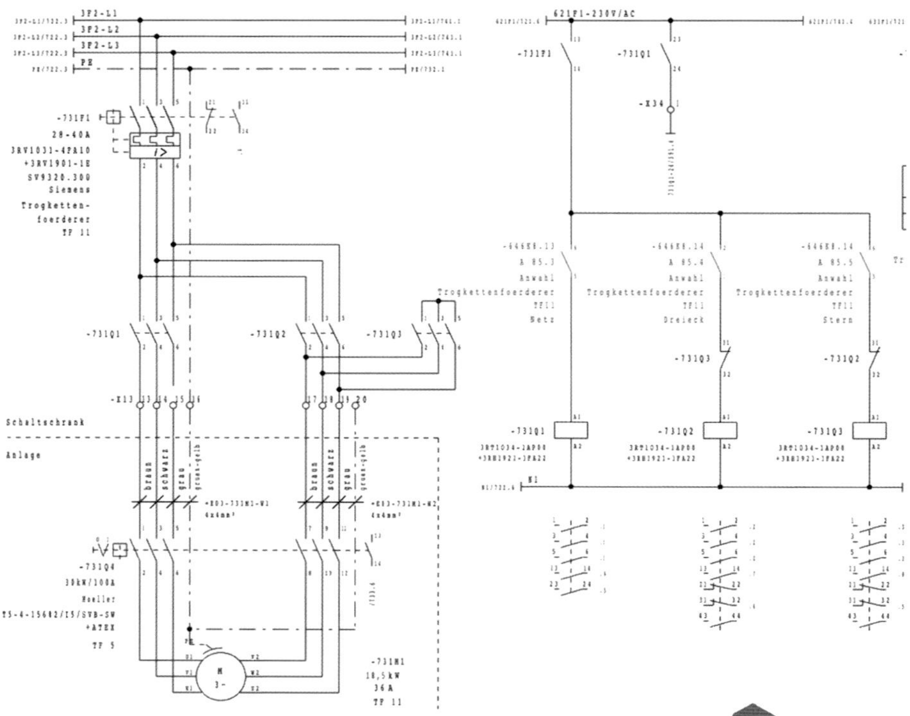

Abb. 12-26: Ausschnitt aus einem Schaltplan

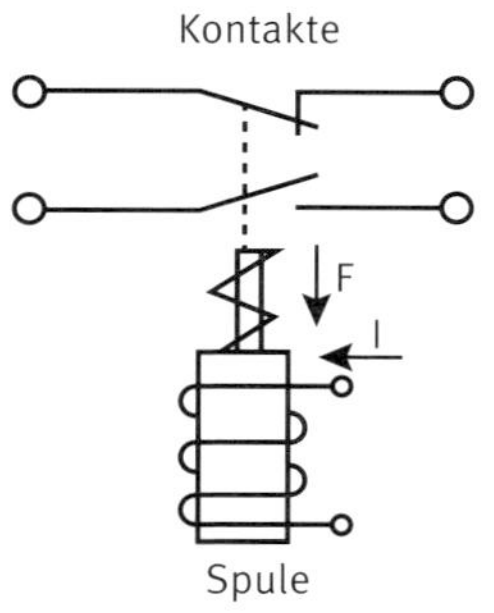

Abb. 12-27: Prinzip eines Schützes

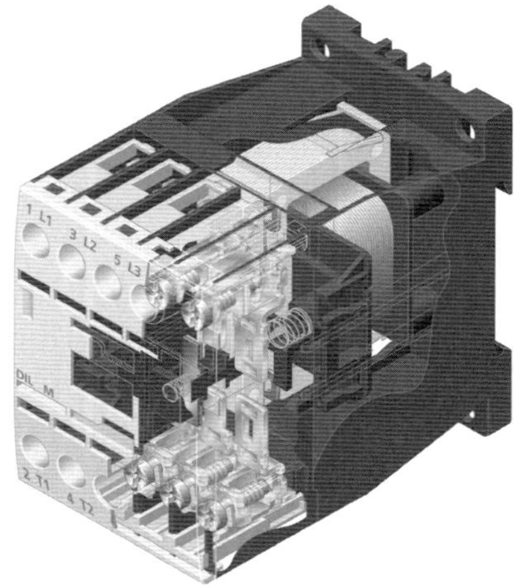

Abb. 12-28: Leistungsschütz

Speicherprogrammierbare Steuerung (SPS)

Die Mikroprozessortechnik hat durch die Automatisierungstechnik in den 1970er-Jahren die dritte industrielle Revolution ausgelöst. Auch noch heute dominieren »Speicherprogrammierbare Steuerungen (SPS)« die Steuerungstechnik. Außerhalb des deutschen Sprachraumes werden sie

PLC (Programmable Logic Controller) genannt. Der Ersatz durch andere Techniken ist vorläufig nicht zu erwarten. Marktführer in Europa ist Siemens mit dem System SIMATIC. Auch andere Hersteller, wie Bosch Rexroth, EATON, Phoenix-Contact bieten solche Systeme an.

Hardware der SPS

Eine SPS (Abb. 12-29) ist ein für den Einsatz in industrieller Umgebung geeignetes Mikroprozessorsystem und muss somit Staubentwicklung, erhöhten Temperaturen und mechanischen Schwingungen standhalten. Üblicherweise kommt es ohne Komponenten mit beweglichen Teilen wie Festplatten und Diskettenlaufwerken aus.

Eine SPS ist in der Regel modular aus verschiedenen Baugruppen aufgebaut, die auf einem Baugruppenträger montiert sind. Eine Stromversorgungsbaugruppe versorgt die Elektronik mit der erforderlichen Betriebsspannung und schützt dass System vor Störsignalen aus dem Niederspannungsnetz.

Das Herzstück der SPS ist die Zentraleinheit (CPU-Baugruppe). Dort ist ein spezielles Betriebssystem fest installiert. Das Betriebssystem der CPU hat u. a. die Aufgabe, Fehler im Programm oder an der Hardware zu erkennen und das Anwendungsprogramm entsprechend zu informieren. Darüber hinaus ermöglicht es, zeitkritische Situationen zu beherrschen oder zeitgetaktete Aktionen auszulösen.

Das Anwendungsprogramm zur Realisierung der Steuerungsaufgabe wird auf die Zentralbaugruppe geladen und dort gespeichert.

Die Signale aus der Anlage werden mit den Eingangsbaugruppen in das System eingelesen. Die Eingangsbaugruppen haben die Aufgabe, die Signale der Anlage (z. B. vom Vollmelder) an den elektrischen Spannungspegel der CPU anzupassen und die Elektronik innerhalb der SPS gegen Störungen abzuschirmen.

Vor Beginn der eigentlichen Programmbearbeitung werden alle Informationen der Maschine über die Eingangsbaugruppen eingelesen und gespeichert, danach werden die gespeicherten Informationen verknüpft und das Ergebnis der Verknüpfungen dem Ausgangsbereichen zugewiesen. Nach Abschluss der Programmbearbeitung werden die Ausgangsinformationen freigegeben und die Aktoren greifen in den Steuerungsprozess ein. Dieses Prinzip wird »zyklische Programmbearbeitung« genannt.

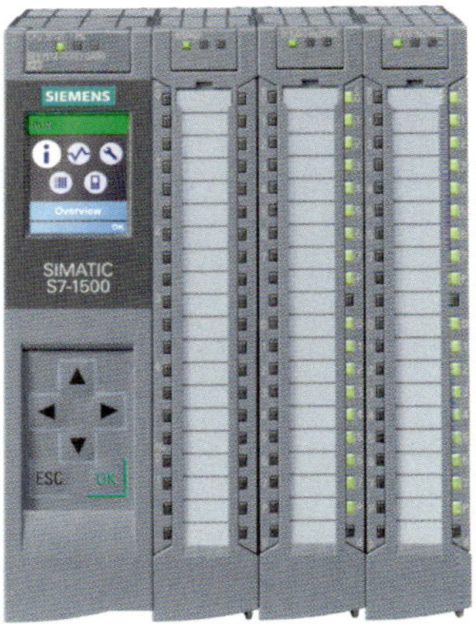

Abb. 12-29: SPS Typ Siemens S7-1500, Zentraleinheit und drei Ein- bzw. Ausgabebaugruppen (Quelle: Siemens AG alle Rechte vorbehalten)

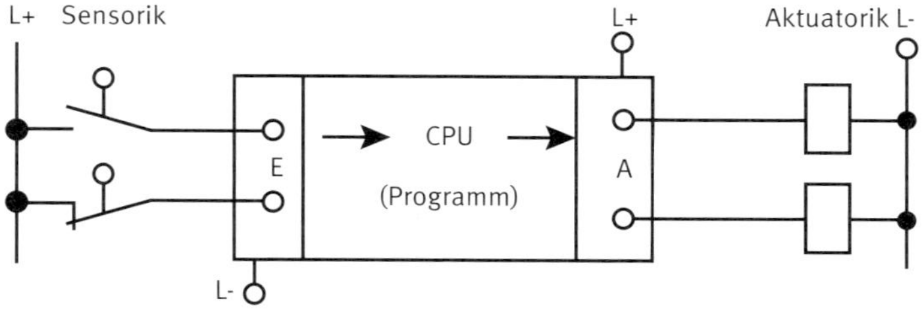

Abb. 12-30: Funktionsprinzip einer SPS

Die Ein- und Ausgangsbaugruppen, von denen z. B. bis zu 32 einer CPU SIMATIC S7-300 zugeordnet werden können, bearbeiten jeweils meist 32 binäre Signale. Somit ergibt sich der theoretische Wert von je 1024 Ein- und Ausgangssignalen, die von dieser CPU gelesen, verknüpft und an die Maschine übertragen werden können. Üblicherweise wird heute jedoch die gesamte Prozesssteuerung auf mehrere SPS mit jeweils überschaubaren Einzelaufgaben verteilt. Die einzelnen Geräte werden miteinander und dem Leitrechner über Bussysteme vernetzt.

Zur Bearbeitung der Steuerungsaufgabe sind elektrische Leitungen zwischen jedem Sensor (z. B. Füllstandsmelder) und jedem Aktor (z. B. Austrageinrichtung) und den Ein- und Ausgangsbaugruppen der SPS erforderlich. Dieser hohe Leitungsaufwand kann vermieden werden kann, wenn die Signale dort erfasst werden, wo sie enstehen (z. B. im Walzenstuhl) und über eine serielle Datenübertragung zur Zentraleinheit der Steuerung übertragen werden. Dieses als »dezentrale Peripherie« bezeichnete Verfahren ist heute genormt. Beispiele sind PROFIBUS DP und PROFINET.

Das Gesamtsystem ist in der Regel über einen Schnittstellenbaugruppe mit den Internet verbunden. So sind Fernwartung und Nutzung von Internetdiensten wie SMS durch das Steuerungssystem möglich.

Software-SPS

Bei der sogenannten Software-SPS wird auf einem industrietauglichen Personal Computer ein Programm bearbeitet, das einer – in Hardware ausgeführter – SPS-Zennraleinheit (CPU) entspricht. Die Ein- und Ausgangsdaten werden über einen Feldbus (z. B. PROFIBUS DP) gelesen bzw. geschrieben. Als Vorteil dieser Software-SPS wird die einfachere Kopplung von komplexen Anwendungsprogrammen, die z. B. in der Hochsprache C erstellt wurden, mit dem Steuerungsprogrammen sowie die Anbindung an ein Prozessleitsystem im PC genannt. Nachteil ist die direkte Verbindung mit der PC-Welt und der damit verbundenden Gefahr von Hackerangriffen und Schadsoftware.

Software

Die erforderliche Programmier- und Parametriersoftware dient dazu das Steuerungsprogramm zu erstellen, die Hardware der SPS zu konfigurieren und zu parametrieren. Sie basiert meist auf dem internationalen Standard IEC 1131 (EN 611319). Üblicherweise ist das Programmiergerät, auf dem die Software installiert ist, ein industrietauglicher Personal Computer. Einige SPS-Hersteller setzen Standardprogrammiersoftware (z. B. CODESYS) ein, mit der die Hardware unterschiedlicher Anbieter projektiert und programmiert werden kann.

Für die Programmierung sind in der Norm die folgenden Programmiersprachen definiert:

- Anweisungsliste (AWL)
- Kontaktplan (KOP)
- Funktionsplan (FUP)
- Ablaufsprache (AS)
- Strukturierter Text (ST)

Die AWL ist der Maschinensprache des Mikroprozessors am nächsten, wird aber wegen der Unübersichtlichkeit – insbesondere bei der online Fehlersuche – von einigen Herstellern nicht mehr realisiert. Der KOP (Abb. 12-31) orientiert sich an der Darstellung von Schaltplänen und der FUP (Abb. 12-32) an den digitaltechnischen Schaltkreisen. Sie stellen das Steuerungsprogramm in unterschiedlichen Formen dar.

Die Ablaufsprache (AS) basiert auf Funktionsplänen und ermöglicht eine grafische Programmierung von Schrittketten (Abb. 12-33). Das sind Abläufe, die darauf beruhen, dass Programmschritte nacheinander abgearbeitet werden müssen. Diese Schrittketten können auch von Personen erstellt werden, die mit dem zu steuernden Prozess vertraut sind, aber die Programmierung und

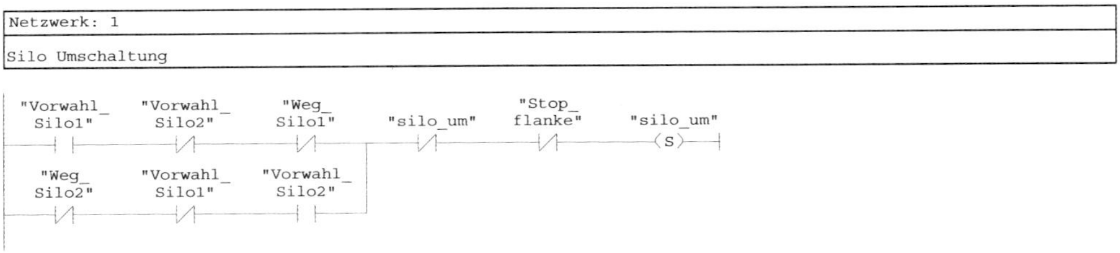

Abb. 12-31: Programmteil in KOP

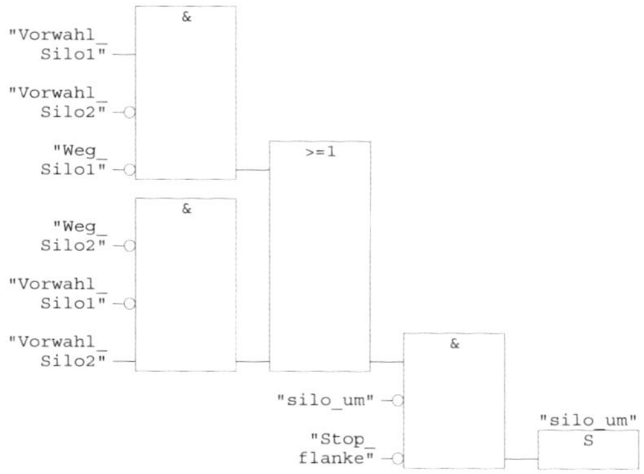

Abb. 12-32: Programmteil in FUP

Parametrierung von SPS im Detail nicht beherrschen. Das Ablaufprogramm wird durch die Programmiersoftware in eine Anweisungsliste übersetzt.

Programmteile, die durch die Anwendung von Programmiersprachen aus der PC-Welt effizienter zu erstellen sind, können mit der Sprache »Strukturierter Text (ST)« programmiert werden.

Operanden

Innerhalb der CPU stehen für das Anwenderprogramm folgende Operanden zur Verfügung:

Eingänge (E)	Informationen, die aus der Maschine gelesen worden sind
Ausgänge (A)	Informationen, die zu der Maschine geschrieben werden
Merker (M)	Allgemeine Variablen innerhalb der CPU
Zeiten (T)	unabhängige Zeitkreise in verschiedenen Arten
Zähler (Z)	unabhängige Zähler
Daten (D)	beliebige Daten wie Rezepturen, Fahrpläne, Produkttypen
...	

Operationen

Die Operationen sind programmierte logische oder arithmetische Rechenanweisungen mit denen die CPU das Steuerungsprogramm ausführt.

Binäre Operationen verknüpfen z. B. den Zustand von Eingangsinformationen (wie Vollmelder und Taster) nach den logischen UND- bzw. ODER-Funktionen und weisen Ausgängen (z. B. Ventile, Schütze, Schieber) binäre Informationen zu.

Die digitalen Operationen bearbeiten Byte- oder Wortinformationen, sowie die Zustände von Zeit- und Zähloperanden. Beispiele von digitalen Operationen sind u. a. das Vergleichen von Zahlenwerten (z. B. zur Füllstanderfassung) und arithmetische Operationen (z. B. zur Ausbeuterechnung).

Eine Symboldatei ist die Zuordnungsliste zwischen absolutem Operanden und symbolischem Namen im Programm (z. B. Betriebsmittelkennzeichen). Dadurch erhält das Programm einen stärkeren Bezug zu der zu steuernden Maschine.

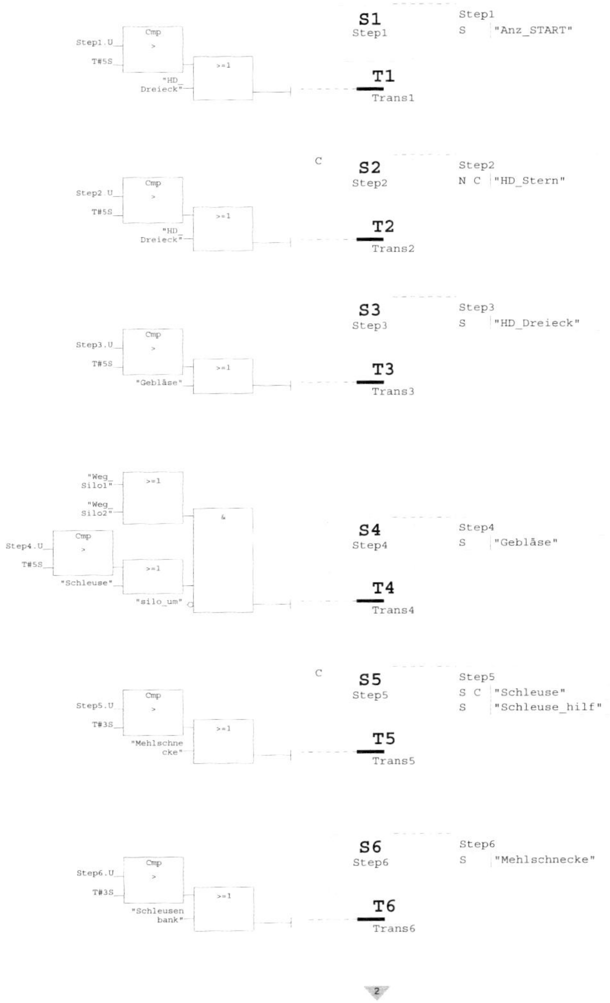

Abb. 12-33: Programm in Ablaufsprache (hier Simatic S7 Graph)

12.2.6 Netzwerke und Kommunikation

Um 1983 begann die Entwicklung industrietauglicher Kommunikationslösungen für die SPS-Technik. Sie vernetzt Komponenten, wie Arbeitsplatz- und Leitrechner, Speicherprogrammierbare Steuerungen, Frequenzumrichter, Wäge- und Dosiereinrichtungen sowie Messgeräte miteinander. Dazu sind Schnittstellen und Übertragungsmedien erforderlich. Die Teilnehmer bilden mit dem Übertragungsmedium das Kommunikationssystem. Als Übertragungsmedien sind heute vorwiegend Lösungen auf Basis von Kupferkabeln und WLAN im Einsatz.

Serielle Datenübertragung

Im Feldbereich wird heute fast ausschließlich das serielle Datenübertragungsverfahren angewandt. Die Übertragung der Informationen erfolgt dabei Bit für Bit nacheinander über je eine Empfangs- und eine Sendeleitung.

Die Länge der Übertragungsleitung ist wegen deren elektrischer Eigenschaften begrenzt. Bei größeren Entfernungen müssen die Signale über Verstärker (sog. »Repeater«) aufbereitet werden.

RS 232

Der RS-232-Standard beschreibt eine Punkt-zu-Punkt-Verbindung (Point-to-point) zweier Teilnehmer. Da im industriellen Bereich ist im allgemeinen die Vernetzung von vielen Geräten, also eine Mehrpunktschnittstelle erforderlich ist, wird das RS232 kaum noch angewandt. Es ist weitgehend durch Bussysteme verdrängt worden. Bei Labor- und Spezialgeräten ist die RS232-Schnittstelle teilweise noch zu finden.

RS485

Der RS485-Standard beschreibt ein mehrpunktfähiges Netzwerk (Multipoint) bei dem an einer Leitung mehrere Geräte mit der gleichen Berechtigung (Master) angeschlossen sind. RS485 ist u. a. die physikalische Basis für das Bussystem »PROFIBUS«.

Ethernet

Der IEEE 802-Standard (besser bekannt als Ethernet) ist ein Projekt des Institute of Electrical and Electronics Engineers (IEEE) aus den 1980er Jahren und bildet den Standard bei den lokalen Netzwerken (LAN) in der Büroumgebung. Durch ständige Weiterentwicklung an Hard- und Software sind mittlerweile eine Vielzahl von Übertragungsmedien und Zugriffsverfahren standardisiert worden wie das »Wireless LAN (WLAN)« entsprechend des Standards IEEE 802.11. Im industriellen Bereich spricht man von »Industrial Ethernet«. Die dabei eingesetzten Komponenten sind mechanisch und elektrisch robuster ausgeführt.

Standards bzw. Normen in der Kommunikation

Jeder Kommunikationsauftrag kann grob in zwei Teile, den übertragungsorientierten und den anwendungsorientierten Teil getrennt werden.

Als Beispiel soll ein Laborgerät z. B. ein Fallzahlmessgerät dienen: Nach Abschluss der Messung wird von dem Gerät ein Datentelegramm mit den Ergebnissen an einer seriellen Standardschnittstelle ausgegeben. Um diese Daten empfangen und auswerten zu können, sind bei dem empfangenden Gerät

(Personal Computer) die gleiche Schnittstelle mit den gleichen Einstellungen wie Übertragungsgeschwindigkeit und Anzahl der Datenbit sowie das gleiche Verfahren zur Erkennung von Übertragungsfehlern die Voraussetzung für eine erfolgreiche Kommunikation. Das entspricht dem übertragungsorientierten Teil.

Im Programm des anwendungsorientierten Teils müssen die Datenbytes interpretiert werden, um die eigentlichen Informationen herzustellen und zu prüfen, ob die gesamte Datenübertragung vollständig und fehlerfrei abgewickelt worden ist. Anschließend können mit einem weiteren Programm die so empfangenen Messdaten verarbeitet werden.

In der industriellen Kommunikation haben sich verschiedene Verfahren durchgesetzt, die im wesentlichen auf genormten Übertragungsverfahren beruhen und deren anwendungsorientierter Teil (Protokoll) ebenfalls genormt oder herstellerspezifisch ist.

Die Länge der Übertragungsleitung hängt meist umgekehrt von der in Bit je Sekunde angegebenen Übertragungsgeschwindigkeit (Baudrate) ab, d. h. je höher die Übertragungsgeschwindigkeit, desto niedriger ist die mögliche Ausdehnung des Netzes.

PROFIBUS

Im Rahmen eines öffentlich geförderten Vorhabens spezifizierten ab ca. 1985 mehrere Firmen und Hochschulinstitute einen bitseriellen herstellerübergreifenden Feldbus. Dieser PROFIBUS (PROcessFIeldBUS) ist Anfang der 1990er Jahre unter DIN 19245 genormt und 1996 in EN 50170 bzw. 1999 in die internationale Normung überführt worden. Hersteller und Anwender sind in der PROFIBUS-Nutzerorganisation (PNO) zusammengeschlossen. Profile beschreiben die Anforderungen an die Kommunikation spezieller Geräte auf dem PROFIBUS, wie z. B. PROFIDRIVE, für die Kommunikation zwischen SPS und Antrieben (Frequenzumrichter).

Es existieren drei PROFIBUS-Ausprägungen:

- PROFIBUS FMS (Fieldbus Message Specification) für komplexe Kommunikationsaufgaben wie Kommunikation zwischen SPSen. Profibus-FMS ist heute praktisch nicht mehr in Anwendung.
- PROFIBUS DP (Decentralized Peripherals) für die

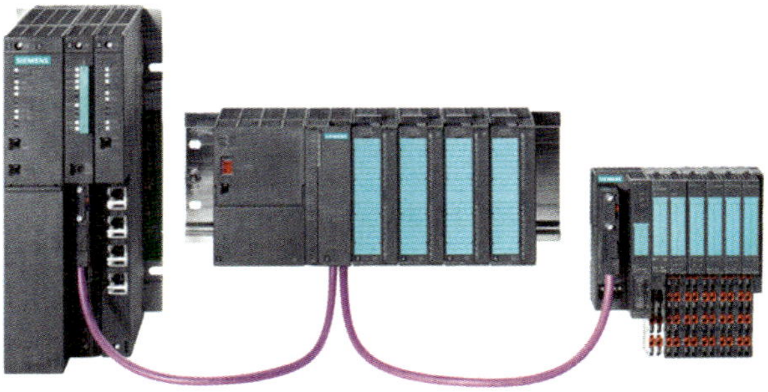

Abb. 12-34: Beispiele einer Kopplung über PROFIBUS mit CPU 400 und Dezentraler Peripherie (Quelle: Siemens AG alle Rechte vorbehalten)

Kommuniktaion zwischen SPS und unterlagerten Feldgeräten wie Ein- und Ausgangsbaugruppen. PROFIBUS DP ist heute einer der weltweit am weitesten verbreiteten Feldbusse. Das zweiadrige Standardbuskabel ist lilafarben.

- PROFIBUS PA (Process Automation) ist für explosionsgefährdete Bereiche im Gasexplosionsschutz vorgesehen und hat im Vergleich zu PROFIBUS DP eine sehr geringe Datenübertragungsrate. Im Bereich der Mühlen und Mischfutterindustrie wird er aber nicht verwendet.

Physikalisch wird bei PROFIBUS der RS485-Standard angewandt.

Dezentrale Erweiterung von SPS mit PROFIBUS DP

Sind die Ein- und Ausgangsbaugruppen der SPS unmittelbar an der Zentralbaugruppe (CPU) installiert und mit dem herstellerspezifischen internen Peripheriebus der SPS gekoppelt, spricht man von »zentraler Installation«. In einer Mühle sind aber die Signalgeber (Sensoren) z. B. Voll- oder Leermelder und die stellenden Komponenten (Aktuatoren), z. B. Ventile oder Schütze, weit verstreut – also dezentral – installiert. Es wäre also notwendig von jeder Komponente eine mehradrige elektrische Leitung zu der zentralen SPS zu verlegen. Diese große Anzahl von Leitungen und der Installationsaufwand führt zu erheblichen Kosten. Darüber hinaus sind große Leitungstrassen erforderlich, die auch hygienische Probleme darstellen können, da sie relativ schlecht zu reinigen sind.

Das genormte Datenübertragungssystem PROFIBUS DP ermöglicht es, die Informationen eines Anlagenteils (z. B. des Mühlenbodens) vor Ort mit Eingangsbaugruppen zu erfassen und über die Busleitung zur CPU zu übertragen. Vor Ort installierte Ausgangsbaugruppen erhalten ihre Daten von der CPU über den Bus und steuern die Motorschütze, Klappen usw. Neben den Ein- und Ausgangsbaugruppen sind auch intelligente Geräte, wie z. B. Frequenzumrichter vernetzbar, die über den Bus die erforderlichen digitalen Informationen, wie Drehzahlsoll- und -istwerte mit der CPU auszutauschen. Für PROFIBUS DP bieten alle namhaften Hersteller von Mess- und Steuerungstechnik Geräte und Komponenten an.

PROFINET

Während der Entwicklungs- und Implementierungssphase der Feldbusse entwickelte sich parallel die Vernetzung von Personal Computern im Bürobereich rasant. Dabei hat das Ethernet-Verfahren, das in den 1970er Jahren in den USA als firmenspezifische Lösung entwickelt und später unter IEEE

802 standardisiert wurde, alle anderen Verfahren weitgehend verdrängt. Es ist heute unter der Verwendung des TCP/IP-Protokolls der Standard der Vernetzung im Bürobereich. Als sogenannte »Industrial Ethernet« ist es mittlerweile auch der Standard bei der Vernetzung von SPSen untereinander und von SPS mit Leitsystemen im industriellen Bereich.

Die Entwicklung zu Ethernet als Standard in der Vernetzung hat dazu geführt, dass auch in der PROFIBUS-Nutzerorgansiation Überlegungen angestellt wurden, Ethernet als Basis für die Kommunikation zu verwenden. Ständig neu entstehende Einsatzgebiete wie in Eisenbahnzügen oder auf Schiffen sowie steigende Anforderungen an die Datenübertragungsgeschwindigkeit führten dazu, dass Ethernet in den PROFIBUS-Standard unter dem Namen »PROFINET« integriert wurde. Die Standardbusleitung bei PROFINET ist hellgrünfarben.

PROFINET sieht die folgenden Ausprägungen vor:

- **Profinet IO** (In/Out) führt eine taktsynchrone Kommunikation mit der dezentralen Peripherie aus. Dabei werden zwischen der Steuerung und den Feldgeräten zyklisch Daten ausgetauscht.
- **Profinet CBA** (Component Based Automation) ist für die Kommunikation über TCP/IP und IO-Kommunikation im modularen Anlagenbau gedacht. Beide Kommunikationswege können parallel genutzt werden.

12.2.7 Dezentrale Erweiterung von SPS mit PROFINET IO

Ebenso wie bei PROFIBUS DP ermöglicht PROFIBUS IO den Aufbau einer Dezentraler Peripherie eines SPS-Systems. Ein- und Ausgabebaugruppen (IO-Devices) stehen in ähnlichem Umfang wie bei PROFIBUS DP zur Verfügung. Die heute bei Ethernet heute üblicherweise verwendete Anschlusstechnik erfordert Switches. Deshalb haben die IO-Devices meist einen 2-Port-Switch integriert. Damit ergibt sich im Wesentlichen der gleiche Einsatz wie PROFIBUS DP, jedoch mit deutlich höherer Geschwindigkeit und Performance. Durch Koppelbaugruppen besteht die Möglichkeit PROFIBUS DP-Komponenten in PROFINET-Anwendungen zu integrieren.

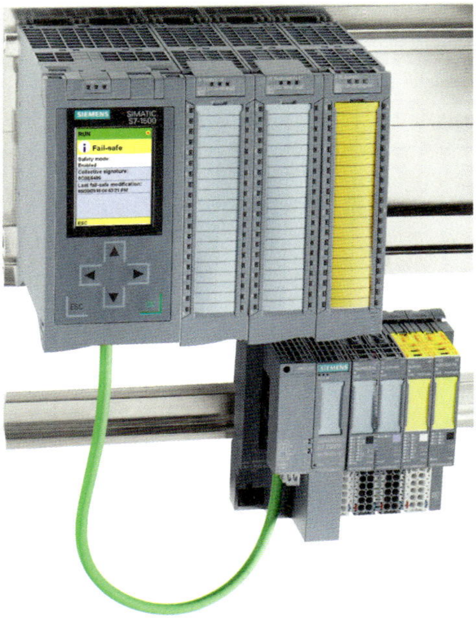

Abb. 12-35: Beispiele einer Kopplung über PROFINET CPU 1500 und Dezentraler Peripherie (Quelle: Siemens AG alle Rechte vorbehalten)

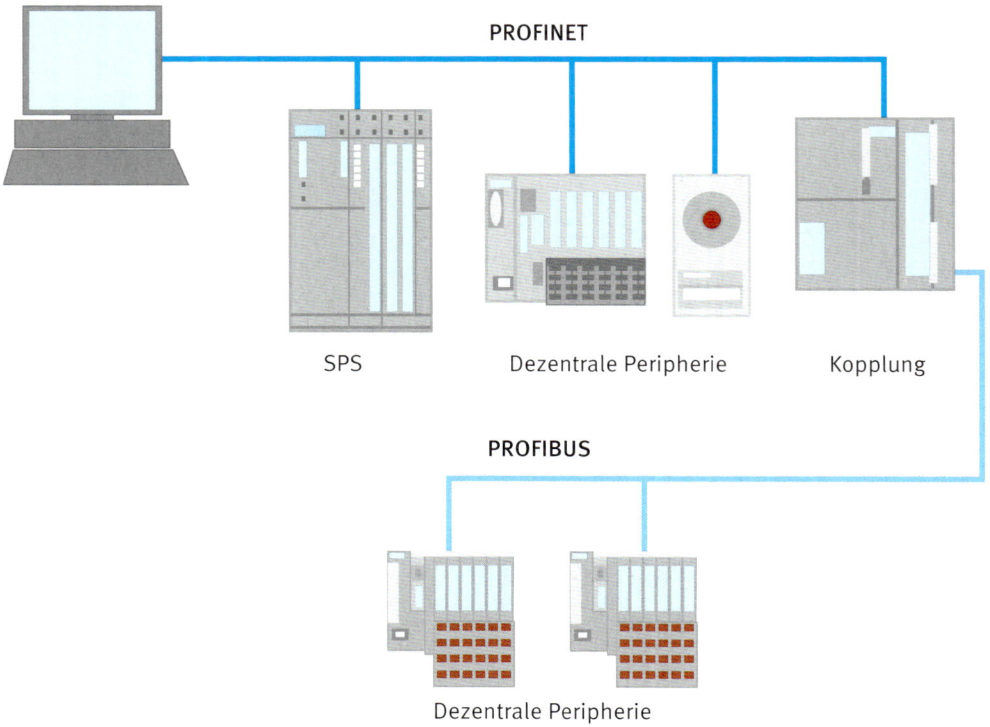

Abb. 12-36: Beispiel eines PROFINET-Netzwerks

Industrial Ethernet

Das Industrial Ethernet wird eingesetzt, um SPS untereinander und mit dem Leitrechner zu vernetzen. Es basiert auf dem IEEE 802-Standard.

AS-Interface

In einer Abpackanlage für Kleingebinde sind hohe Taktraten erforderlich. Binäre Informationen der Sensoren von Vollmeldern, Staumeldern usw. müssen schnell erfasst und die Befehle, z. B. an Ventile, schnell ausgegeben werden. Die Datenmenge ist auf nur einige Dutzend Bit beschränkt. Ein für eine solche Anwendung optimiertes Bussystem ist das Aktuator-Sensor-Interface (ASI; Abb. 12-37). Damit werden in hoher Geschwindigkeit (maximal 5 ms) zyklisch Daten von einzelnen Sensoren gelesen und an einzelne Aktoren geschrieben. Im Gegensatz zu den meisten Bussystemen werden beim ASI die Daten auf die Versorgungsspannung der Buskomponenten aufmoduliert und auf den Anschlussleitungen übertragen.

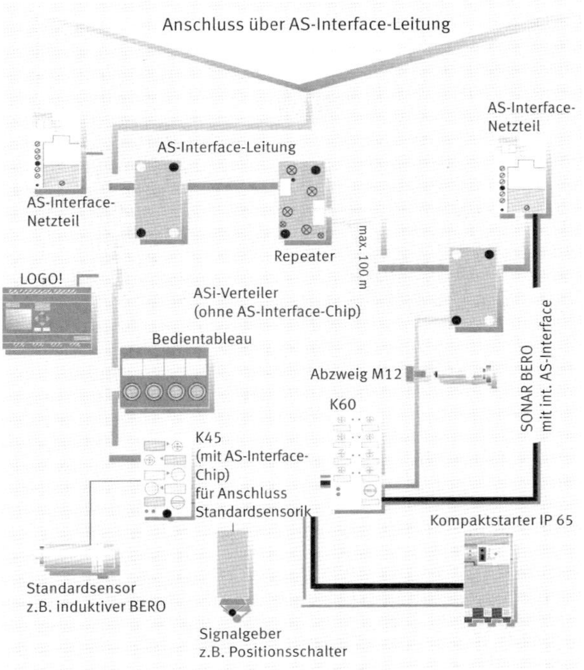

Abb. 12-37: Beispiel eines ASI-Netzwerks

12.2.8 Prozessvisualisierung

Bedienen und Beobachten an der Maschine

Zur Vor-Ort-Bedienung an einer Maschine kann es ausreichend sein, einige Taster oder Schalter bzw. Signalleuchten zu installieren. Die Möglichkeit zur Änderung einer Rezeptur oder von Prozessparametern wie Temperatur oder Druck, erfordert meist schon den Einsatz eines Bedienterminals (OP, Operator Panel). Diese Geräte sind im Prinzip modifizierte Computer, die für die entsprechende Aufgabe mit einer speziellen Software versehen sind. Diese Software stellt die Basisfunktionen des Bediengeräts sicher. Zur Projektierung der Anwendung ist eine spezielle Software erforderlich, wie z. B. WinCC der Fa. Siemens.

Das Bediengerät ist über einen Bus mit der SPS gekoppelt und liest dort die Informationen, die zur Darstellung der Maschinen erforderlich sind. Über den gleichen Weg besteht die Möglichkeit, Informationen und Befehle in die SPS zu schreiben.

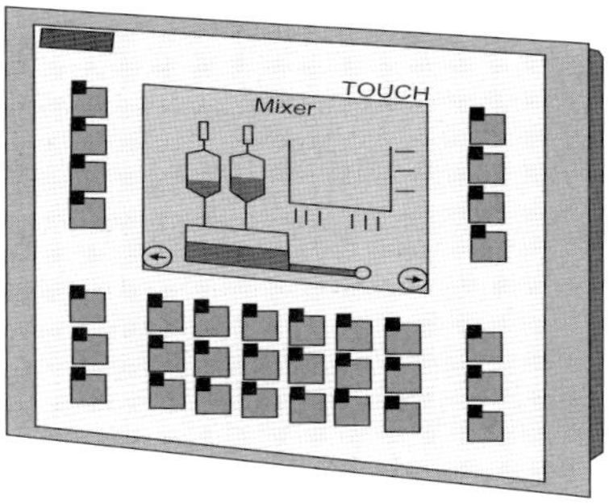

Abb. 12-38: Prinzipielle Darstellung eines Bediengeräts vom Typ Siemens OP 177B (Siemens)

Leitsysteme

Die Steuerung von einzelnen Maschinen oder Anlagenteilen wird über einzelne SPS vorgenommen. Ihnen können andere Steuerungen als Leitsteuerungen übergeordnet sein.

Für komplexe Steuer-, Regel- und Bilanzierungsaufgaben werden den SPS Leitrechner übergeordnet. Deren Aufgabe ist die Kontrolle und Führung des gesamten Betriebs. Für den Gesamtbetrieb reichen die Aufgaben des Leitsystems von der Annahmeverwiegung bis zum Ausdrucken der Lieferscheine. Die Leitsysteme haben üblicherweise mehrere Bedienplätze (Terminals). Die Leitrechner sind aus Gründen der Betriebssicherheit oft redundant aufgebaut. Dabei arbeiten zwei Rechner parallel, um bei Ausfall eines Rechners den Betrieb aufrecht erhalten zu können. Die Einzelsteuerungen, Leitsteuerung und Leitrechner müssen vernetzt sein.

In Abbildung 12-39 ist beispielhaft eine Automatisierungsstruktur dargestellt. SPS steuern auf der Prozessebene autark Maschinen und Anlagenteile, sie lesen über den PROFIBUS DP die Sensoren und steuern die Stellglieder an. Die SPS erhalten ihre Aufträge über die Leitsteuerungen. Die Leitsteuerungen können als SPS, als Industrie-PC ausgeführt sein. Die Kommunikation wird über ein Industrial Ethernet abgewickelt.

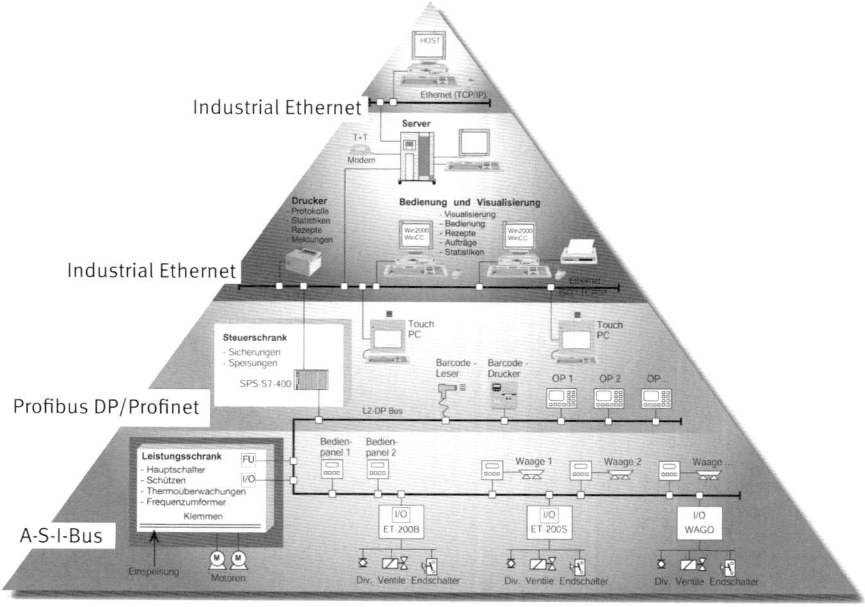

Abb. 12-39: Automatisierungsstruktur (Quelle: Bühler)

13 Qualitätsmanagement

Sabine Botterbrodt

13.1 Qualitätsmanagement

13.1.1 Einleitung

Die Hersteller von Lebensmitteln und Futtermitteln sind seit vielen Jahren in den Fokus der europäischen und nationalen Gesetzgebung gerückt. Innerhalb der Europäischen Union ist, nicht nur aufgrund verschiedener Skandale, ein immer größer werdendes Interesse an der Lebensmittel- und Futtermittelsicherheit zu verzeichnen gewesen. Auch der oberste Grundsatz der EU, dass der freie Warenverkehr innerhalb der Mitgliedsstaaten gewährleistet werden muss, machte und macht eine Harmonisierung der unterschiedlichen Rechtsprechungen und Standards notwendig. Viele Gesetze und Verordnungen schließen nicht mehr nur die Herstellung sondern auch den Vertrieb oder sonstige Behandlungsverfahren, wie z. B. die Lagerung und den Transport von Lebens- und Futtermitteln mit ein und folgen somit dem umfassenden Ansatz der Lebensmittel- und Futtermittelsicherheit über alle Prozessstufen hinweg (from farm to fork).

Es existiert eine Vielzahl von Managementsystemen und Standards, die die Lebens- und Futtermittelsicherheit gewährleisten sollen. Die Standards des deutschen Einzelhandels – International Featured Standard (IFS) [1] sowie der Standard des British Retail Consortium (BRC) [2] haben sich bei den Lebensmittelbetrieben, die entweder direkt, oder deren Kunden, den Einzelhandel beliefern, durchgesetzt. Aber auch der FSSC 22000 [3], der von allen Beteiligten der Prozesskette angewendet und demnach auch in übergreifenden Bereichen (z. B. Reinigungsdienstleister, Schädlingsbekämpfer…) zertifiziert werden kann, findet in einigen Betrieben Anwendung.

Die grundlegenden Aspekte der bekannten ISO Norm 9001 [4] zum Qualitätsmanagement sind in allen Standards des Lebens- und Futtermittelbereiches zu finden. Ergänzt werden die Aspekte durch die Anforderungen zur Lebensmittelsicherheit (Food Safety), zum Produktschutz (Food Defense) und neuerdings auch zum Lebensmittelbetrug (Food Fraud).

Als Futtermittel oder deren Komponenten, die aus der Mühle stammen, sind insbesondere die Kleie, Grießkleie, Futtermehle und Nachmehle zu nennen. Unter anderem für die hier genannten Neben- oder Koppelprodukte der Müllerei, haben die Niederlande bereits seit 1992 für alle ausländischen Lieferanten von Tierfutterkomponenten ein eigenes so genanntes Qualitätslenkungssystem (für Futtermittel-Ausgangserzeugnisse) den GMP+ -Standard B2 etabliert [5]. Dieses System legt die Mindestanforderungen an ein Managementsystem innerhalb des vom PDV (Markenverband für Tierfutter) entwickelten und geforderten GMP (Good Manufacturing Practice = Gute Herstellungspraxis) bzw. GMP+ -Konzept fest und ist verpflichtend, wenn man etwa Kleie in die Niederlande ausführen möchte. Parallel dazu wurde von führenden Verbänden und Organisationen der deutschen Lebensmittelwirtschaft (QS Qualität und Sicherheit GmbH, Bonn) im Herbst 2001 das QS-System aufgebaut [6]. Hierbei wurde die gesamte Kette zusammengeführt, vom Lebensmitteleinzelhandel über die Landwirtschaft bis zur Futtermittelwirtschaft. Demnach wird für den Futtermittelbereich in Mühlenbetrieben mindestens die Teilnahme an diesem QS-System und eine Auditierung bzw. Inspektion nach QS-Kriterien gefordert. Entweder nimmt der Betrieb eigenständig oder über einen Systemkoordinator teil, wie Bundesmühlenkontor GmbH oder Verband der Agrargewerblichen Wirtschaft e. V.

Neben diesen Standards hat der Gesetzgeber, und hierbei insbesondere die Europäische Kommission, den Rechtsrahmen im Lebens- und Futtermittelbereich stetig erweitert und fordert die Umsetzung von Verordnungen (unmittelbare Gültigkeit in jedem Mitgliedsstaat) bzw. Richtlinien (müssen in den Mitgliedsstaaten noch das Gesetzgebungsverfahren durchlaufen).

Bereits im Jahr 2000 wurde durch die Europäische Kommission das Weißbuch zur Lebensmittelsicherheit veröffentlicht. Ein Kernpunkt dieses Weißbuchs ist die EU-Basisverordnung zur Lebensmittel- und Futtermittelsicherheit (Verordnung (EG) Nr. 178/2002), welche im Jahr 2002 veröffentlicht wurde [7]. Durch die Basisverordnung wurde sowohl international wie auch national, eine Angleichung verschiedener anderer Gesetze und Verordnungen notwendig, unter anderem auch eine Anpassung im Bereich der Lebensmittelhygiene. Seit 2006 gilt das »Hygienepaket«, welches neben der »Verordnung (EG) Nr. 852/2004 über Lebensmittelhygiene« unter anderem auch die Verordnung (EG) Nr. 853/2004 mit spezifischen Hygienevorschriften für Lebensmittel tierischen Ursprungs enthält [8]. Das Ziel dieser Verordnungen besteht darin, ein hohes Maß an Lebensmittelsicherheit und Gesundheitsschutz zu gewährleisten.

Die Futtermittelhygieneverordnung (EG) Nr. 183/2005 [9], die seit dem 1. Januar 2006 in Kraft ist, ergänzt und vertieft die allgemeinen Vorschriften über die Futtermittelsicherheit der Verordnung (EG) Nr. 178/2002. Sie benennt die wichtige Rolle der Tierproduktion in der Landwirtschaft der Europäischen Gemeinschaft und stellt Basisregularien für die Produktion und das Inverkehrbringen von hochwertigen und sicheren Futtermitteln auf. Grundsatz ist, dass die Verantwortung für die Futtermittelsicherheit beim

Futtermittelunternehmer liegt. Dieser hat die Futtermittelsicherheit auf allen Stufen der gesamten Kette, angefangen bei der Futtermittelprimärproduktion (Kleie, Nachmehle etc.) bis hin zur Fütterung von zur Lebensmittelgewinnung bestimmten Tieren, zu gewährleisten. Schon immer stehen Futtermittel am Anfang der gesamten Herstellungskette tierischer Lebensmittel. In der Futtermittelhygieneverordnung sind unter »Futtermittelsicherheit« unter anderem Bedingungen zu Zulassung und Registrierung von Herstellern und Inverkehrbringern von Futtermitteln festgeschrieben, dazu die allgemeine Verpflichtung der Anwendung von Verfahren aufgrundlage der »Grundsätze der Gefahrenanalyse (HACCP)« bei der Produktion und das Ziel einer lückenlosen Rückverfolgbarkeit von Futtermitteln.

In diesem Zusammenhang stehen die Verpflichtungen für alle Futtermittelunternehmer, sich bei ihrer zuständigen Behörde

- registrieren zu lassen,
- schriftlich zu erklären, dass sie die Vorschriften der Verordnung einhalten und
- Änderungen ihrer Tätigkeit anzuzeigen.

Dass die Futtermittelproduktion ein wichtiges Glied in der Lebensmittelherstellungskette ist, wird in Deutschland insbesondere durch die quasi Gleichstellung von Lebens- und Futtermitteln deutlich. Das LFGB (Lebensmittel-, Bedarfsgegenstände- und Futtermittelgesetzbuch) regelt diese Bereiche national und mit ihm wurde zugleich eine Anpassung des nationalen Lebensmittel- und Futtermittelrechts an die Basisverordnung vorgenommen. Demnach besitzen die Futtermittel den gleichen Status wie Lebensmittel und sind in dieser Form in einem Gesetz zusammen verankert.

Natürlich nicht nur im Bereich der Nach-/Koppelprodukte der Müllerei (Futtermittel) stellt der Verordnungsgeber Anforderungen an die Hygiene. Die hergestellten Mahlerzeugnisse sind jedoch relativ »sichere« Lebensmittel, da sie zum einen in geschlossenen Systemen hergestellt werden und zum anderen zu einem hohen Anteil noch einem weiteren Verarbeitungsschritt unterliegen. Betrachtet man die Typenmehle werden diese beispielsweise bei der Herstellung von Backwaren noch durchgebacken. Auch mögliche Fremdkörper spielen im Bereich der »feinen« Mehle kaum eine Rolle, da etwaige Verunreinigungen durch die Schwarz-/Weißreinigung herausgereinigt werden und bei der abschließenden Kontrollsichtung eine weitere Sicherungsstufe (neben Metallabscheidern / Metalldetektoren) durchlaufen wird. Je gröber die hergestellten Produkte (Schrote, Flocken etc.) hingegen sind oder wenn sie keinem Erhitzungsprozess unterliegen, müssen entsprechende Sicherungsmaßnahmen innerhalb des Mühlenbetriebs und unter Umständen auch bei den vorgelagerten Stufen installiert werden.

13.1.2 Qualitätsmanagement nach DIN EN ISO 9000ff.:2015

Die wohl bekanntesten Normen im Bereich Qualitätsmanagement sind die ISO-Reihe 9000ff.:2015 [4], hierbei vor allem die zertifizierungsrelevante Norm DIN EN ISO 9001. Zwar hat diese Norm keinen verpflichtenden Charakter, wie etwa Verordnungen, Richtlinien oder Gesetze. Dennoch haben (bereits seit Mitte der 1990er Jahre) etliche Betriebe im Lebensmittel- und Futtermittelbereich diese Norm in ihren Unternehmen eingeführt und sind zertifiziert, um sich ihre Qualitätsfähigkeit durch eine unabhängige Stelle bestätigen zu lassen und/oder weil dies von Kundenseite gefordert wurde.

Mit Entwicklung des IFS Food, des BRCs, des GMP+ und anderer privatrechtlicher Standards trat die Norm als Zertifizierungsstandard in den Hintergrund. Die Qualitätsmanagement Grundsätze der ISO Norm 9001 sind aber in allen Standards des Lebens- und Futtermittelbereichs zu finden.

DIN EN ISO 9001:2015

Mit der Veröffentlichung der ISO 9001:2015 lief die dreijährige Übergangsfrist zur Umstellung des Qualitätsmanagementsystems auf die neuen Anforderungen. Stichtag war der 14.09.2018. An diesem Tag haben alle Zertifikate nach ISO 9001:2008 unabhängig von ihrem Ausstellungsdatum ihre Gültigkeit verloren. Die Gliederung der neuen Qualitätsnorm hat sich erheblich verändert. Sie wurde an die normierte Grundstruktur für Managementsysteme, die sogenannte High Level Structure, angepasst. Damit ist sie zu den Vorgaben unterschiedlichster Normen – zum Beispiel für Umwelt, Arbeitssicherheit, Energie und eben auch Qualität – konform. Die Grundstruktur der Managementnormen, die Basistexte sowie die Begriffe und Definitionen sind mit dieser High Level Structure vereinheitlicht worden [4].

Qualitätsmanagement-Grundsätze

Die ISO 9001:2015 basiert auf den folgenden sieben Grundsätzen des Qualitätsmanagements, die in der ISO 9000 ausführlich und nachfolgend kurz beschrieben sind.

Kundenorientierung

Kern ist die Erfüllung der Kundenanforderungen. Nachhaltiger Erfolg wird nur dann erreicht, wenn die Bedürfnisse bzw. Zufriedenheit der (potenziellen) Kunden gründlich erhoben und verstanden werden und im Prozess der Leistungserbringung Berücksichtigung finden.

Führung

Die nicht delegierbare Aufgabe der obersten Führung ist die nachhaltige Sicherstellung der Wirksamkeit und damit die Aufrechterhaltung des Qualitätsmanagementsystems. Sie vermittelt und kommuniziert die unternehmenseigenen Strategien und Prozesse innerhalb der gesamten Organisation und unterstützt die Mitarbeiter im Sinne der Erreichung der Qualitätsziele.

Engagement von Personen

Elementarer Bestandteil einer wirksamen Organisationssteuerung ist der Einsatz von kompetenten, befugten und engagierten Personen. Anerkennung, Befähigung sowie Förderung von Kompetenzen erleichtert die Einbeziehung von Personen zur Erreichung der Qualitätsziele.

Prozessorientierter Ansatz

Wenn verschiedene Tätigkeiten als zusammenhängende Prozesse und damit als Teil eines Systems verstanden werden, so ermöglicht dies eine Optimierung der Leistung des Managementsystems.

Verbesserung

Verbesserung ist substanziell, der kontinuierliche Verbesserungsprozess ein dringender Bestandteil. Nur wer sich fortlaufend weiterentwickelt, kann das Leistungsniveau und die Wettbewerbsfähigkeit aufrechterhalten, auf dynamische interne und externe Entwicklungen reagieren und neue Möglichkeiten identifizieren.

Faktengestützte Entscheidungsfindung

Entscheidungen zu treffen ist ein komplexer Prozess, bei dem viele verschiedene Aspekte berücksichtigt werden müssen. Entscheidungen auf Basis von Daten bzw. Auswertungen von Informationen verringern den Grad der Unsicherheit und führen eher zu den gewünschten Ergebnissen.

Beziehungsmanagement

Das Beziehungsmanagement hat den Nutzengewinn sämtlicher interessierter Parteien (z. B. Kunden, Lieferanten, das eigene Unternehmen) zum Ziel. Eine gezielte Steuerung sämtlicher Beziehungen erhöht die Wahrscheinlichkeit, nachhaltig erfolgreich zu sein.

Abb. 13-1: Die sieben Grundsätze ISO 9001:2015

Abb. 13-2: Der PDCA-Zyklus zum kontinuierliche Verbesserungsprozess (KVP)

13.1.3 Der PDCA-Kreislauf

Der PDCA-Kreislauf, der von William Edwards Deming entwickelt wurde, ist in allen modernen Managementsystemen verankert. Egal ob ISO 9001 (Qualitätsmanagement) oder ISO 14001 (Umweltmanagement), der Kern des Managementsystems – von der Planung bis zur Verbesserung – basiert auf der Philosophie von Deming. Man spricht in diesem Zusammenhang vom kontinuierlichen Verbesserungsprozess (KVP).

Die Tabelle 13-1 zeigt einige Begrifflichkeiten der ISO 9001:2008 im Vergleich zur ISO 9001:2015 um den Wandel darzustellen.

Die Gliederung der neuen ISO 9001:2015 und insbesondere die Kapitel 4 bis 10 spiegeln den PDCA Zyklus (Tab. 13-2).

Qualitätsbegriff

Die Anforderungen der Kunden an die Produkte und Dienstleistungen zu ermitteln und umzusetzen, die gesetzlichen und behördlichen Anforderungen zu erfüllen und dadurch die Kundenzufriedenheit zu erhöhen ist das erklärte Ziel eines Qualitätsmanagementsystems und demnach die Grundlage der Qualität. Qualität ist also kein absoluter Begriff, sondern an bestimmte festgelegte und vorausgesetzte Eigenschaften geknüpft. Es gibt nach der Norm keine gute oder schlechte Qualität, sondern entweder erfüllt ein Produkt die festgelegten Erfordernisse oder es erfüllt sie eben nicht. Diese Auffassung von Qualität ist für die Mühlenwirtschaft nichts Neues. Die Qualitätsmerkmale von Mahlerzeugnissen wurden schon von jeher auf die Bedürfnisse der Kunden zugeschnitten. Damit ein Betrieb auf Dauer existieren kann, ist es für ihn notwendig, die Erfordernisse der Kunden genau zu kennen und diese möglichst gut zu erfüllen.

Tab. 13-1: Begriffe ISO 9001:2008 vs. ISO 9001:2015

ISO 9001:2008	ISO 9001:2015
Produkte	Produkte und Dienstleistungen
Dokumentation, Handbuch, dokumentierte Verfahren, Aufzeichnungen	dokumentierte Information
Arbeitsumgebung	Prozessumgebung
Überwachungs- und Messmittel	Ressourcen zur Überwachung und Messung
beschafftes Produkt	extern bereitgestellte Produkte und Dienstleistungen
Lieferant	externer Anbieter

Tab. 13-2: DIN EN ISO 9001:2015 Gliederung und Vergleich mit dem PDCA-Zyklus (Deming-Kreis)

Gliederung DIN EN ISO 9001:2015		PDCA-Zyklus/Deming-Kreis
0 1 2 3	Einleitung Anwendungsbereich Normative Verweise Begriffe	
4 5 6	Kontext der Organisation Führung Planung	PLAN
7 8	Unterstützung Betrieb	Do
9	Bewertung der Leistung	CHECK
10	Verbesserung	ACT
Anhang A	Struktur, Terminologie, Konzepte	
Anhang B	andere ISO-Normen zu Qualitätsmanagement	

Qualität der Mahlerzeugnisse

Betrachtet man nun die Aspekte, die die Qualität der Mahlerzeugnisse bestimmen, so kommen hier eine Vielzahl von Merkmalen und Produkteigenschaften zusammen. Man kann sie wie folgt einteilen [10]:

1. Gebrauchswert:
   - backtechnisch,
   - verarbeitungstechnisch.
2. Nährwert:
   - Anteil an Ballaststoffen,
   - Protein,
   - Kohlenhydrate,
   - Fett,
   - Mineralstoffe.

3. Genusswert:
   - Geruch und Geschmack,
   - Helligkeit,
   - Stippen im Mehl.
4. Gesundheitswert:
   - Mykotoxine,
   - mikrobiologischer Status,
   - Schwermetalle,
   - Pflanzenschutzmittelrückstände,
   - Schädlinge (lebend, tot),
   - Fremdkörper.

Diese Aufstellung ist sicherlich nicht vollständig. Besondere Merkmale sind auch beispielsweise die Herkunft des Getreides oder spezielle Anbaumethoden (kontrollierter Anbau). Qualität ist kein feststehender Begriff, sondern ist stets eng mit den Kundenerwartungen verknüpft. Je nach Verwendungszweck ergibt sich jeweils ein ganz bestimmtes Muster an Merkmalen, die in ihrer Gesamtheit die Qualität der Mahlerzeugnisse ausmachen. Gelingt es nun mithilfe eines Qualitätsmanagement-Systems, diese »Kundenerwartungen« klar zu erfassen und dem Kunden die Mahlerzeugnisse zu liefern, die er benötigt, so ist dies ein nicht zu unterschätzender Beitrag zur Zukunftssicherung des Betriebs.

Der Aufbau bzw. die Zertifizierung eines Qualitätsmanagement-Systems ist freiwillig und steht allen Industrie-, Handwerks- und Dienstleistungszweigen offen. Mithilfe von festgelegten Verfahren, Prozessen und deren Überwachung lassen sich Kundenerwartungen, gesetzliche und sonstige Anforderungen für den Lebensmittel- und Futtermittelsektor verwirklichen.

Insbesondere durch die Entwicklung der privatrechtlichen Standards und im Lebensmittelbereich durch die weite Verbreitung des IFS Food ist heute die Zertifizierung eine wichtige Grundvoraussetzung für die Belieferung des Einzelhandels bzw. die Belieferung der Kunden (Backbetriebe), die den Einzelhandel beliefern.

Ist ein Lebensmittelsicherheitsmanagement-System z. B. im Mühlenbetrieb eingeführt, so kann es durch eine akkreditierte (zugelassene) Einrichtung (z. B. TÜV, auditpartner, SGS, LACON u. a.) zertifiziert werden. Der Ablauf eines Zertifizierungsverfahrens ist durch entsprechende Regelungen in den jeweiligen Standards festgelegt und läuft bei allen akkreditierten Einrichtungen vergleichbar ab. Es finden jährliche Audit (angekündigt oder unangekündigt) statt, die durch die Zertifizierungseinrichtungen durchgeführt werden [1].

Ein Zertifikat erlaubt keine direkten Aussagen über die Qualität der Mahlerzeugnisse wie etwa über die Backfähigkeit etc., sondern belegt die Qualitätsfähigkeit des Mühlenbetriebs. Qualitätsfähigkeit heißt in diesem Zusammenhang, dass die Mühle in der Lage ist, die mit dem Kunden festgelegten Vereinbarungen bezüglich der Qualität der Mahlerzeugnisse auch einzuhalten. Dies ist auch in Hinblick auf die gesundheitliche Unbedenklichkeit der in der Mühle hergestellten Lebens- und Futtermittel von Bedeutung, da es sich hierbei nicht nur um gesetzliche Anforderungen, sondern auch um teilweise darüber hinausgehende Kundenanforderungen handelt.

Innerhalb des Audits wird geprüft ob ein Lebensmittelhersteller kontinuierlich in der Lage ist, ein sicheres Erzeugnis zu liefern, welches sowohl die Qualitätsanforderungen / die Spezifikation des Handelsunternehmens (Kunden) als auch die geltenden Rechtsvorschriften z. B. Hygiene/HACCP Rückverfolgbarkeit, Kennzeichnung von GVO und Allergene etc. erfüllt. Der nach einem Audit generierte umfangreiche Auditbericht stellt detailliert die Stärken und Schwächen eines Lieferanten dar.

Im Folgenden wird der IFS Food Standard ausführlich und die Standards IFS Broker, Logistic & IFS Global Market Foods kurz erläutert.

13.1.4 IFS (International Featured Standard Food)

Der deutsche Einzelhandelsverband hat für die Auditierung von Lieferanten im Jahr 2003 den IFS-International Featured Standard Food entwickelt [1]. Er wurde in die Bundesvereinigung Deutscher Handelsverbände (BDH) e. V. eingebracht und vom gesamten deutschen Handel anerkannt. Ursprüngliche Ziele waren die Schaffung einer Beurteilungsgrundlage für alle Eigenmarkenhersteller, einheitliche Formulierungen und Durchführungen der Audits, gegenseitige Anerkennung der durchgeführten Audits und eine hohe Transparenz innerhalb der gesamten Lieferkette. Dass eine Zertifizierung zur Grundlage der Belieferung des Einzelhandels geworden ist, gilt mittlerweile nicht mehr nur für die Hersteller von Eigenmarken. Die IFS Management GmbH ist Eigentümerin verschiedener Zertifizierungsstandards, wie z. B. dem IFS Food, IFS Logistic, IFS Broker, IFS Global Markets Food.

Ausgangspunkt für den Standard ist die Global Food Safety Initiative (GFSI), die im Jahr 2000 zur Verbesserung der Lebensmittelsicherheit durch den Wirtschaftsverband CIES – The Global Food Business Forum gegründet wurde. Ein Ziel der GFSI ist die Festlegung internationaler Sicherheitsstandards für Unternehmen, die den Handel mit Eigenmarken beliefern. Zu diesem Zweck hat die GFSI Schlüsselkriterien zusammengestellt, an denen Lebensmittelsicherheitsstandards gemessen werden und damit die Grundlage für eine zentrale Anerkennung solcher Standards geschaffen. Darüber hinaus ist die GFSI für die Prüfung und Anerkennung der eingereichten Standards verantwortlich. Zu diesem Zweck wurde ein Prüfverfahren unter Beteiligung eines unabhängigen Experten-Komitees installiert. Die Schlüsselkriterien umfassen:

- Lebensmittelsicherheitsmanagementsysteme,
- Gute landwirtschaftliche Praxis/Herstellungspraxis/Handelspraxis,
- HACCP-Systeme.

Intention des Lebensmittelhandels

Die steigenden gesetzlichen Anforderungen an die Sicherheit von Lebensmitteln sowie ein immer wettbewerbsintensiverer Markt fordern von jedem Produzenten und Händler immer größere Anstrengungen in Bezug auf die Qualität der Produkte. Auch der Handel hat dabei als Inverkehrbringer seiner Eigenmarken sicherzustellen, dass seine Produkte die gültigen EU-Verordnungen und nationalen Gesetze erfüllen. Die Vielzahl von EU- und nationalen Lebensmittelrechtsvorschriften führt dazu, dass, wenn jeder Marktteilnehmer für sich alleine versuchen würde, alle diese Regeln umzusetzen, er einen hohen bürokratischen und damit verbunden monetären Aufwand betreiben müsste. Gerade kleine und mittelständische Betriebe, aber auch die meisten großen Konzerne in der Industrie und im Handel sind z. T. damit überfordert. Hier stellt aus Sicht des Handels der IFS Food ein effektives Mittel dar, um die Umsetzung der geltenden Normen und Gesetze zur Lebensmittelsicherheit sicherzustellen. Er bündelt das Knowhow einer Vielzahl von Experten und stellt sicher, dass die auf seiner Basis durchgeführten Audits bei den Produzenten immer dem aktuellen rechtlichen Stand entsprechen. Darüber hinaus schafft er die nötige Transparenz, damit für alle Lebensmittelproduzenten und -händler die gleichen Regeln gelten.

Der IFS Food ist nichts Statistisches, denn Gesetze und Verordnungen, Stand der Technik sowie Verbraucheranforderungen entwickeln sich immer weiter. Aus diesem Grund ist auch eine neue Version (6.1) des IFS Food im März 2018 veröffentlicht worden. Er definiert inhaltliche Anforderungen, den Ablauf und die Bewertung des Audits sowie ein Anforderungsprofil für die Zertifizierungsstellen.

Anforderungskatalog IFS Food, Version 6.1

Der Anforderungskatalog gliedert sich in folgende sechs Kapitel:

1. Unternehmensverantwortung,
2. Qualitäts- und Lebensmittelsicherheits-Managementsystem,

3. Ressourcenmanagement,
4. Planung und Herstellungsprozess,
5. Messungen, Analysen, Verbesserungen,
6. Produktschutz (food defense), Plan und externe Kontrollen.

Der Standard beinhaltet verschiedene Schwerpunkte, die mit unterschiedlicher Gewichtung bezogen auf die Lebensmittelsicherheit in die Gesamtbeurteilung einfließen.

Im Folgenden ist eine Zusammenfassung der Inhalte aufgeführt:
Das erste Kapitel »Unternehmensverantwortung« befasst sich mit der Verantwortung der Geschäftsleitung, deren Engagement und Überprüfung der Qualitäts- und Produktionssysteme zur Optimierung der Ergebnisse sowie der Kundenorientierung. Die Akzeptanz des Qualitätsmanagements durch die Unternehmensleitung; d. h. starke Einbindung der Unternehmensleitung in die Prozesse und Verfahren, wird erwartet und gefordert.

Im zweiten Kapitel »Qualitäts- und Lebensmittelsicherheits-Managementsystem« werden eingangs Regelungen über die Einführung eines Lebensmittelsicherheits- und Qualitätshandbuchs getroffen sowie die Aufzeichnungspflichten/Anforderungen an die Dokumentation behandelt. Das Kernstück eines Lebensmittelsicherheits-Managementsystems ist das HACCP-Konzept. Die IFS-seitigen Anforderungen an das HACCP-System, das HACCP-Team sowie an eine HACCP-Studie sind hier definiert. Das HACCP-Konzept stellt einen wesentlichen Bestandteil des Standards dar. Die Einarbeitung des Codex Alimentarius (CA) verfolgt das Ziel der Einheitlichkeit und internationalen Akzeptanz. Die Hygieneanforderungen sind an die gesetzlichen Bestimmungen angepasst und fokussieren verstärkt die internationale Ausrichtung der Handelshäuser. Allgemeine Hygienegrundsätze stellen hierbei die Basis dar.

Im Fokus des dritten Kapitels »Ressourcenmanagement« steht das Personal, die Personalhygiene, die Schulung und Einweisung der Mitarbeiter sowie die Sozialeinrichtungen in den Betrieben. Nicht nur für die eigenen Mitarbeiter, sondern auch für Dienstleister und betriebsfremde Personen müssen Vorgaben zur Personalhygiene gemacht und von diesen Personen auch beachtet und angewendet werden.

Am umfangreichsten ist das Kapitel vier, hier geht es um »Planung und Herstellungsprozess«. Mit einem detaillierten Anforderungskatalog schlägt es einen Bogen vom Einkauf über die Betriebsumgebung – von der Standortwahl über die Beschaffenheit der Türen – bis hin zur Abfallentsorgung. Auch Rückverfolgbarkeit und Einhaltung von vereinbarten Spezifikationen sind hier verankert. Die Bestimmungen für zugekaufte Produkte (Handelsware etc.) und externe Dienstleister (z. B. Co-Packer, Speditionen) sind ebenfalls geregelt. Der Einkauf muss ein Verfahren zur Zulassung und Überwachung von Lieferanten mit klaren Bewertungskriterien einführen und umsetzen. Hier verlangt der Standard, dass die Angaben auf dem Zertifikat klar herausstellen, ob die zugekaufte Waren aus IFS-zertifizierten Betrieben stammen.

Die Anforderungen an die Verpackung sind ein weiterer wesentlicher Bestandteil. Dies beinhaltet, dass aussagekräftige Konformitäts- oder Unbedenklichkeitserklärungen zu den Packstoffen (Tüten, Säcke, Big-Bags etc.) vorliegen müssen, aus denen unter anderem der Verwendungszweck (z. B. für fetthaltige Lebensmittel, wie Weizenkeime, oder für trockene Lebensmittel, wie Typenmehl 550) hervorgeht. Die Unternehmen sollten sich nicht nur auf die Vorgaben der Verpackungsmittelhersteller verlassen, sondern dem Packstofflieferanten auch mitteilen, was wie und womit verpackt werden soll. Zudem ist die Überprüfung der entsprechen Erklärungen wichtig um sicherzustellen, dass die rechtlichen Anforderungen an das entsprechende Verpackungsmaterial eingehalten werden. Auch die Rückverfolgbarkeit der Verpackungsmaterialien ist hierbei von Bedeutung. Die IFS Management GmbH hat einen »Food Verpackungsleitfaden« zur Umsetzung der IFS Food-Anforderungen zur »Produktverpackung« herausgegeben. Dieser Leitfaden ist unter www.ifs-certification.com zu erwerben. Ferner gibt es in der IFS Familie einen eigenen Standard für Hersteller von Verpackungen den »IFS PACsecure 1.1«. Der IFS PACsecure-Standard ist ein Verpackungsmaterial-Sicherheits- und Qualitätsstandard, der für Hersteller aller Arten von Primär- und Sekundärverpackungen anwendbar ist. PAC stellt generische HACCP-Pläne und HACCP-Workbooks zur Verfügung, die als nützliche Werkzeuge zur Bestimmung potenzieller Gefahren verwendet werden können, die bei den 24 typischen Prozessschritten der Verarbeitung von Verpackungsmaterialien eine Rolle spielen. Der IFS PACsecure wurde für die Hersteller der folgenden Materialien entwickelt:

- Flexibler Kunststoff,
- Hartplastik,
- Papier,
- Metall,
- Glas,
- andere natürliche Materialien.

In Kapitel 4 des IFS Food Standards wird ebenfalls der Bereich aller in Kontakt mit den Lebensmitteln kommenden Materialien (nach VO Nr. 1935/2004) [11] abgefragt. Insbesondere die Artikel aus Kunststoff (z. B. Einlagen in

Papiersäcken, Folienbeutel, Arbeitsgeräte), die direkt mit dem Lebensmittel in Berührung kommen, müssen nach der Verordnung (EU) Nr. 10/2011 ff. für den entsprechenden Verwendungszweck konform sein. [12]

Ein starker Fokus liegt in diesem Kapitel auch auf dem Fremdkörper- und Allergenmanagement. Hintergrund sind immer wieder auftretende Fälle von Fremdkörpern oder eine fehlerhafte Allergendeklaration z. B. in Eigenmarkenprodukten der Handelshäuser. Bei der Umsetzung eines funktionierenden Fremdkörper- und Allergenmanagements wird jedoch keine Standardlösung verlangt, sondern Wert auf einen risikoorientierten Ansatz gelegt. Zudem sind im Kapitel vier, seit der IFS Food Version 6.1 (gültig seit 01.07.2018), auch Anforderungen zum Schutz vor Lebensmittelbetrug (Food fraud) enthalten.

In Kapitel 5 des IFS Food Standards »Messungen, Analysen, Verbesserungen« werden Temperatur-, Zeit- und Mengenparameter hinterfragt. Die Beherrschung der Produktkontamination, die Behandlung der Reklamationen, der Rückruf von Erzeugnissen und der Umgang mit nichtkonformen (fehlerhaften) Erzeugnissen sind ebenfalls Gegenstand der Betrachtungen. Rückrufe und Rücknahmen sind nach Vorgaben des IFS wichtige Instrumente zur Lebensmittelsicherheit und Kundenkommunikation und bilden somit auch einen weiteren zentralen Punkt im IFS-Standard. Nicht nur für Produktionsfehler, sondern auch bei Krisen müssen im Unternehmen Verfahren und Prozesse so installiert sein und funktionieren, dass ein reibungsloser Rückruf/Rücknahme aus dem Markt erfolgen kann. Die Notwendigkeit Produktanalysen zu beauftragen oder selber durchzuführen wird beschrieben. Zusätzlich zum geforderten Analysen-/Kontrollplan muss dieser, basierend auf einer Risikobewertung, durch interne und externe Informationen stetig angepasst werden.

Auditdauer und -häufigkeit

Der Ablauf des Audits und dessen Bewertung sind durch den IFS-International Featured Standard ebenfalls klar geregelt. Die für das Audit erforderliche Zeitdauer ist abhängig von den Umständen des Einzelfalls (Größe des Standortes, Art des Herstellungsverfahrens, Erfassungsbereich des Audits). Zunächst ist von einer Auditdauer von mindestens eineinhalb Tagen auszugehen. Ein Programm zur Berechnung der Auditzeit steht unter www.ifs-certification.com/calc_audittime.php zur Verfügung und ist von den Zertifizierungsstellen verpflichtend anzuwenden. Um Problemen mit bereits frühzeitig abgelaufenen IFS-Zertifikaten entgegen zu wirken, wurde das Verfahren des Zertifizierungszyklus bereits mit Veröffentlichung der IFS Food Version 6 angepasst. Die Gültigkeit für das Zertifikat ist jedes Jahr gleich. Das jährliche Überwachungsaudit kann maximal acht Wochen vor und darf maximal zwei Wochen nach diesem Fälligkeitsdatum stattfinden.

Bewertung

Die IFS Anforderungen sind in etwa 250 Fragen in der Version 6.1 formuliert. Dem Auditor stehen für die Bewertung der Einhaltung der Vorgaben vier abgestufte Beurteilungen zur Verfügung. Die Beurteilungen reichen von »A = volle Übereinstimmung mit dem Kriterium des Standards« (20 Pluspunkte) bis »D = die Anforderung wird nicht umgesetzt« (20 Minuspunkte).

Neben dieser Einstufung kann der Auditor ein »KO« bzw. eine »erhebliche Nichterfüllung (Major)« vergeben, was zu Abzügen von der Gesamtpunktzahl führt. Erfüllt das auditierte Unternehmen einen der 10 im Standard definierten »KO«-Kriterien nicht, hat es das Audit automatisch nicht bestanden und erhält demnach auch kein Zertifikat. Eine Nachauditierung ist aber möglich. Durch dieses Verfahren wird eine nachvollziehbare, transparente und fein abgestufte Bewertung ermöglicht. Abgerundet wird das Verfahren durch einen Auditbericht und die Möglichkeit eines Einspruchsverfahrens bei der Zertifizierungsstelle. Auch die Anforderungen an die Zertifizierungsstellen und die Auditoren sind geregelt. Die Zertifizierungsstellen müssen über eine Akkreditierung nach der EN 45011 verfügen. Die Auditoren müssen einer akkreditierten Zertifizierungsstelle angehören. Darüber hinaus müssen sie zur Prüftätigkeit qualifiziert sein, über Auditerfahrung verfügen und schließlich zur Durchführung des Audits nach dem IFS-International Featured Standard geschult sein.

Der IFS Food ist also ein Standard für die Auditierung von Unternehmen, die Lebensmittel verarbeiten, oder Unternehmen, die lose Lebensmittelprodukte verpacken. Der IFS Food findet nur Anwendung, wenn das Produkt »verarbeitet oder behandelt« wird oder wenn die Gefahr einer Produktkontamination während der Erstverpackung besteht.

Der IFS Food gilt für die:

- Verarbeitung und Bearbeitung und/oder
- Behandlung von losen Produkten und/oder
- Aktivitäten, die während der Erstverpackung unternommen werden.

Weitere IFS Standards mit Bedeutung in der Müllerei sind der IFS Logistics und IFS Broker oder auch der IFS Global Markets Food.

IFS Logistics 2.2

Der IFS Logistics ist sowohl für Lebensmittel- als auch Nichtlebensmittelprodukte anwendbar und deckt alle logistischen Aktivitäten wie Be- und

Abb. 13-3: International Featured Standards decken viele Bereiche ab

Entladen sowie den Transport ab. Der Standard kann für alle Transportarten angewendet werden; Lastkraftwagen, Züge, Schiffe, Flugzeuge und jede andere Transportart (unter kontrollierten Temperaturbedingungen oder bei Raumtemperatur). Demnach wird der Standard auch in der Müllerei angewandt oder gefordert (z. B. für eingesetzte externe Speditionen). Werden externe Spediteure zum Transport der Mahlerzeugnisse (lose und/oder gesackt) eingesetzt, die nicht nach IFS Logistics oder einem anderen von der GFSI anerkannten Standard (BRC Global Standard for Storage & Distribution) zertifiziert sind, muss eine Dienstleitungsvereinbarung mit dem Spediteur getroffen werden, der die Transportanforderungen der Standards beinhaltet.

IFS Broker

Der International Featured Standard (IFS) Broker wurde speziell für Zwischenhändler (Broker) und Importeure in der Lebensmittelindustrie entwickelt. Bis zu seiner Veröffentlichung Anfang 2010 existierte kein Qualitätsstandard nach dem sich Unternehmen, die Waren einkaufen, aber nicht zwangsläufig mit den Waren in Berührung kommen, zertifizieren lassen konnten. Der IFS Broker schließt diese Lücke in der Prozesskette. Der Standard beinhaltet folgende Themen:

- Verantwortung der Unternehmensleitung,
- Qualitäts- und Produktsicherheits-Managementsystem,

- Ressourcenmanagement,
- Planungs- und Serviceprozesse,
- Messungen, Analyse und Verbesserungen,
- Food Defense.

Eine Zertifizierung nach IFS Broker hat zum Ziel, auf der Grundlage eines einheitlichen Bewertungssystems die Sicherheit und Qualität von Produkten zu gewährleisten und die Lücke zwischen Herstellung und Vertrieb zu schließen. Somit entsteht Vergleichbarkeit und Transparenz innerhalb der gesamten Lieferkette.

Der Standard prüft, wie Händler ihre Lieferanten auswählen und ob diese in Übereinstimmung mit Produktsicherheits- und Qualitätsanforderungen handeln. Damit wird sichergestellt, dass die gelieferten Waren die gesetzlichen und kundenspezifischen Anforderungen erfüllen. Der IFS Broker kann demnach für alle Unternehmen angewendet werden, die hauptsächlich »Handelsaktivitäten« ausüben. Broker wählen ihre Lieferanten selbst aus und kaufen die Ware selbst oder im Auftrag zum Zwecke des Weiterhandelns. Sie können logistische Aktivitäten (Lager, Transport) auf eigenen Namen oder über Dienstleister organisieren. Sie berechnen ihren Kunden die Ware direkt, ohne zwangsläufig selbst mit dem Produkt in Berührung gekommen zu sein.

Dieser Standard kann auch in der Getreidewirtschaft von Bedeutung sein, so im Getreideeinkauf/-handel oder im Bereich der »Zukaufware«. Handelt ein Mühlenbetrieb neben seinen eigenen Produkten (= IFS Food) auch Waren anderer Lebensmittelhersteller – beispielsweise andere Mehltypen, Backgrundstoffe etc. – nur durch, um ein erweitertes Produktsortiment für seine Kunden anzubieten, bringt eine kombinierte Zertifizierung IFS Food & Broker Vorteile. So entfällt beispielsweise im Auditbericht eine Nennung (Offenlegung) der Unternehmen von denen »Zukaufsware« bezogen wird. Die gleichzeitige Zertifizierung IFS Food und IFS Broker als Kombiaudit an einem Termin birgt auch sonst viele Synergieeffekte, da die übergeordneten Anforderungen etc. gemeinsam betrachtet werden können. Zudem sind die dokumentarischen Anforderungen des IFS Broker Standards leicht in ein bestehendes IFS Food System mit einzubinden. Es gibt aber keine Verpflichtung Kombiaudits IFS Food und IFS Broker bei Lebensmittelproduzenten durchzuführen. Sofern Kombiaudits IFS Food und IFS Broker seitens der Kunden von IFS Food-zertifizierten Lebensmittelherstellern gewünscht werden, ist dies eine zusätzliche Anforderung mit dem Ziel, in einem speziellen Audit das Einkaufsmanagement der durch das Unternehmen eigenverantwortlich gehandelten Produkte und deren Herkunft zu überprüfen.

IFS Global Markets Food

Der IFS Global Markets Food (GMF) dient zur Beurteilung der Sicherheit von Lebensmitteln für kleine und/oder aus Sicht des Qualitätsmanagements wenig entwickelte Unternehmen. Das Ziel ist es, Unternehmen den Zugang zu lokalen Lieferketten zu erleichtern, gegenseitige Akzeptanz in der Lieferkette zu schaffen, Wissenstransfer zu ermöglichen sowie einen Rahmen für die Entwicklung in Richtung IFS Food Standard zu schaffen. Dieser Standard ist insofern interessant, dass kleinere und/oder regional agierende Betriebe, die den (örtlichen) LEH beliefern wollen, ihn nutzen können.

Ein Lebensmittelsicherheitssystem einzuführen und dieses im Geschäftsalltag aufrechtzuerhalten, stellt insbesondere für kleinere und unerfahrene Unternehmen aufgrund ihrer Größe, fehlendem Fachkenntnissen, fehlender finanzieller Mittel oder der Art der Tätigkeit oft eine Herausforderung dar. Das Programm beinhaltet verschiedene Checklisten sowie ein Assessmentprotokoll, um auf Basis eines kontinuierlichen Verbesserungsprozesses stufenweise ein vollständiges, funktionierendes Lebensmittelsicherheitssystem zu implementieren. Später kann sich dem IFS Global Markets Food dann eine Zertifizierung nach dem IFS Food anschließen.

Insgesamt besteht das Programm aus Grundstufen- und Mittelstufen-Anforderungen. Ziel ist die Unterstützung von kleinen und/oder weniger entwickelten Unternehmen bei der Ausbildung ihrer Lebensmittelsicherheitssysteme, um auf die IFS Food Zertifizierung hinzuarbeiten. Zu den Anforderungen, die in der Grundstufe geprüft werden, gehören beispielsweise die Spezifikation einschließlich der Produktfreigabe. Das Unternehmen stellt damit sicher, dass die Produktspezifikationen angemessen und genau sind und den Anforderungen an die Lebensmittelsicherheit und gesetzlichen Vorgaben sowie den Kundenanforderungen entsprechen.

Ziele des IFS Global Markets Food

- Erleichterung des Zugangs zu inter-/nationalen Märkten
- Erzeugung gegenseitiger Akzeptanz in der Lieferkette
- Kleine und weniger entwickelte Unternehmen durch folgende Aspekte zu unterstützen (Mentoring, Entwicklung und Bewertung)

Die jeweiligen Standards sind unter www.ifs-certification.com kostenfrei erhältlich.

Akzeptanz des IFS

Zu Beginn (2003) wurde der IFS zunächst nur vom deutschen Einzelhandel unterstützt, um seine Qualitätssicherungsaktivitäten zu bündeln. 2004 hat sich der französische Einzelhandel diesem System angeschlossen. In den IFS Food Version 5 wurde dann auch der italienische Einzelhandel einbezogen. Somit ist der IFS mittlerweile ein international harmonisierter Lebensmittelsicherheitsstandard, der auch von der Global Food Safety Initiative (GFSI) akzeptiert wird.

Die IFS Food Version 6.1 wurde notwendig, weil im Benchmarkverfahren aller GFSI-gelisteter Standards eine Anpassung hinsichtlich der Anforderung zum Schutz vor Lebensmittelbetrug (Food fraud) aufgenommen wurde (Abgleich mit den GFSI Guidance Documents). Der IFS wird mittlerweile von einer Vielzahl von Unternehmen in Deutschland, Frankreich und Italien akzeptiert, wie beispielsweise:

- Deutschland: Aldi, Edeka, Metro, Netto, Kaufland/Lidl, REWE, tegut etc.
- Frankreich: Auchan, Carrefour, L'Eclecerc etc.
- Italien: Coop, Conand etc.

Darüber hinaus akzeptieren Handelsunternehmen in vielen anderen Ländern den IFS. So zum Beispiel in der Schweiz Migros und Coop, in Österreich Billa, Hofer etc. sowie die Niederlassungen der deutschen, französischen und italienischen Handelshäuser in vielen europäischen Ländern und auch in Asien [1].

BRC Global Standard for Food Safety

Ähnlich wie IFS gilt der vergleichbare Standard des British Retail Consortium (Verband britischer Einzelhändler, BRC) für alle Lebensmittelunternehmen, die Eigenmarkenprodukte des Handels herstellen. BRC ist ebenso wie IFS bei der GFSI anerkannt. Der BRC definiert demnach genauso klare Anforderungen an die Lebensmittelsicherheit. Er hat sich aber im Vergleich zum IFS mehr im englischsprachigen Europa sowie in Teilen Asiens und den USA durchgesetzt. Für die Platzierung von Produkten im britischen Handel wird er sogar vorausgesetzt. Am 1. August 2018 wurde der BRC Global Standard for Food Safety als Version 8 veröffentlicht. Die Anwendung der neuen Version ist für alle Audits, die seit dem 1. Februar 2019 stattfinden, verpflichtend. Der Standard kann im BRC Bookshop [14] nach Registrierung heruntergeladen werden. Er steht seit der Veröffentlichung bereits auf Deutsch und 13 weiteren Sprachen zur Verfügung.

ISO 22000:2018

Die ISO 22000 ist der einzige stufenübergreifende und weltweit ausgelegte, zertifizierbare Standard für Managementsysteme der Lebensmittelsicherheit. Voraussetzung für die Entwicklung des ISO 22000-Standards waren Kompatibilität und Harmonisierung mit anderen internationalen Standards für Managementsysteme, unter anderem der ISO 9001. Aus diesem Grund bietet er sich besonders für die Integration in bereits bestehende Managementsysteme und -prozesse an.

ISO 22000 gilt für alle Organisationen, die direkt oder indirekt an der Wertschöpfungskette in der Lebensmittelherstellung beteiligt sind. Das schließt die Hersteller von Verpackungs- und Reinigungsmitteln ebenso ein, wie die Anbieter von Reinigungsarbeiten, Schädlingsbekämpfung oder industrielle Wäschereien. Mit dem ISO 22000-Standard können die Betriebe belegen, dass die Produkte bzw. Dienstleistungen den Anforderungen, die an die Lebensmittelsicherheit gestellt werden, genügen und dass sie die Risiken der Lebensmittelherstellung unter Kontrolle haben. ISO 22000 garantiert, basierend auf den folgenden allgemein anerkannten Kernthesen, Lebensmittelsicherheit vom Anbau bis auf den Tisch der Verbraucher:

- Interaktive Kommunikation: innovativer und entscheidender Faktor des Risikomanagements. Ein strukturierter Informationsfluss in alle Richtungen, intern und extern, garantiert eine effektive Überwachung potenzieller Gefahren.
- System-Management: Überwachung der Interaktion zwischen den einzelnen Systemelementen garantiert Effizienz und Effektivität des Systems.
- Notwendige Voraussetzungen: Gute Herstellungspraxis, Gute Hygienepraxis und Gute Agrarpraxis, einschließlich zum Beispiel der Programme und der Praxis zur Instandhaltung von Gebäuden und Anlagen und zur Schädlingsbekämpfung. Dies sind die Säulen, auf denen das HACCP-Konzept zur Gefahrenanalyse und Bestimmung der kritischen Kontrollpunkte basiert.
- HACCP-Konzept: grundlegender methodischer Ansatz zur Planung sicherer Herstellungsprozesse, von jedem Unternehmen ohne unnötigen Verwaltungsaufwand umsetzbar.

Revision der ISO 22000:2018 ist in Kraft

Am 19. Juni 2018 wurde die überarbeitete Fassung der ISO 22000 für Lebensmittelsicherheits-Managementsysteme final veröffentlicht. Damit hat für zertifizierte Unternehmen die Transitionsphase begonnen. Zertifizierte

Unternehmen haben nun drei Jahre Zeit (bis 19.06.2021) ihr Lebensmittelsicherheits-Managementsystem (Food Safety Management System – FSMS) auf die neue Norm umzustellen. Allerdings ist die ISO 22000 kein von der GFSI anerkannter Standard. In Verbindung mit der ISO/TS 22002-1 wurde der FSSC 22000 entwickelt.

FSSC 22000

FSSC 22000 bietet für alle an der Lebensmittelerzeugung Beteiligten ein zertifizierbares und von der GFSI anerkanntes Managementsystem für Lebensmittelsicherheit. Der FSSC wurde aufgrundlage der ISO 22000 entwickelt und kann daher in bestehende Normen für Qualitätsmanagementsysteme, wie ISO 9001, ISO 14001 (Umweltmanagementsystem) und OHSAS 18001 (Arbeitsschutzmanagementsystem), integriert werden. Der FSSC beinhaltet die Anforderungen der ISO 22000, die Umsetzung sogenannter Präventivprogramme (Prerequisite Programs, PRP) von PAS 220:2008 bzw. ISO/TS 22002-1 und dazu die Anforderungen an ein HACCP-Konzept nach Codex Alimentarius (CA) zu installieren und aufrechtzuhalten. Alle Standards und Normen fordern demnach, neben dem auch gesetzlich vorgeschriebenen HACCP-Konzept (vgl. Verordnung (EG) Nr. 852/2004 ff. (EU-Hygienepaket)) auch ein Qualitätsmanagementsystem ähnlich der ISO 9001:2015.

13.2 Lebensmittelhygiene-Verordnung und HACCP

13.2.1 LFGB

Das an die EU-Gesetzgebung angepasste LFGB »Lebensmittel- und Futtermittelgesetzbuch« ist als Bundesgesetz in Deutschland am 7. September 2005 in Kraft getreten. Es löste weitgehend die Bestimmungen des Lebensmittel- und Bedarfsgegenständegesetzes (LMBG) ab. Damit wurde das deutsche Lebensmittelrecht entsprechend der seit dem 1. Januar 2005 gültigen EU-Basisverordnung umgestaltet und somit zum Dachgesetz des deutschen Lebensmittelrechts. Das LFGB umfasst alle Produktions- und Verarbeitungsstufen entlang der Agrar- und Ernährungswirtschaft (Food-Value-Chain) und gilt außer für Lebensmittel und Bedarfsgegenstände auch für Futtermittel und Kosmetika. Oberstes Gebot ist die Lebensmittelsicherheit. Der Hersteller, Händler oder Inverkehrbringer hat die einwandfreie Qualität der Ware sicherzustellen. Auf allen Verarbeitungsstufen innerhalb der Prozesskette ist die Rückverfolgbarkeit der Produkte zu gewährleisten. Das LFGB beinhaltet 11 Abschnitte, wobei Abschnitt 2 den Verkehr mit Lebensmitteln, und Abschnitt 3 den Verkehr mit Futtermitteln regelt (Tab. 13-3).

13.2.2 Verordnung über Lebensmittelhygiene

Einleitung

Wer mit Lebensmitteln oder Futtermitteln umgeht, sei es mit Rohwaren (Getreide) oder als nachgeschalteter Be- und Verarbeiter (z. B. Müller, Bäcker, Futtermittelhersteller), trägt gegenüber dem Endverbraucher eine große Verantwortung.

Ein wichtiger Punkt der Lebensmittelsicherheit ist die Lebensmittelhygiene und alle damit verbundenen Aufgaben und Verantwortlichkeiten, die die Betriebe, die Lebensmittel herstellen, erfüllen müssen. Bereits im Jahr 1998 wurde in Deutschland die von der EU geforderte »Hygiene-Richtlinie« innerhalb der Lebensmittelhygiene-Verordnung (LMHV) veröffentlicht.

Tab. 13-3: Auszug aus dem Inhaltsverzeichnis des LFGB

Abschnitt 2 – Verkehr mit Lebensmitteln	
§ 5	Verbote zum Schutz der Gesundheit
§ 6	Verbote für Lebensmittel-Zusatzstoffe
§ 7	Ermächtigungen für Lebensmittel-Zusatzstoffe
§ 8	Bestrahlungsverbot und Zulassungsermächtigung
§ 9	Pflanzenschutz- oder sonstige Mittel
§ 10	Stoffe mit pharmakologischer Wirkung
§ 11	Vorschriften zum Schutz vor Täuschung
§ 12	Verbot der krankheitsbezogenen Werbung
§ 13	Ermächtigungen zum Schutz der Gesundheit und vor Täuschung
§ 14	Weitere Ermächtigungen
§ 15	Deutsches Lebensmittelbuch
§ 16	Deutsche Lebensmittelbuch-Kommission
Abschnitt 3 – Verkehr mit Futtermitteln	
§ 17	Verbote
§ 18	Verfütterungsverbot und Ermächtigungen
§ 19	Verbote zum Schutz vor Täuschung
§ 20	Verbot der krankheitsbezogenen Werbung
§ 21	Weitere Verbote sowie Beschränkungen
§ 22	Ermächtigungen zum Schutz der Gesundheit
§ 23	Weitere Ermächtigungen
§ 24	Gewähr für die handelsübliche Reinheit und Unverdorbenheit
§ 25	Mitwirkung bestimmter Behörden

Im April 2004 wurde dann das neue »Hygienepaket« (Abb. 13-4) veröffentlicht und seit dem 1. Januar 2006 gilt die »Verordnung (EG) Nr. 852/2004 über Lebensmittelhygiene«. Mit dieser Verordnung wurden die in der Europäischen Union geltenden Hygienevorschriften harmonisiert und die Anforderungen der Basisverordnung (VO (EG) Nr. 178/2002) umgesetzt. Damit wurde ein jahrelanger Reformprozess abgeschlossen, der das etablierte Hygienerecht in seiner Konzeption grundlegend verändert hat und in einen neuen Rechtsrahmen brachte. Das erklärte Ziel, das gesamte gemeinschaftliche Hygiene- und Veterinärrecht zusammenzufassen, es übersichtlicher, einfacher und schlüssiger zu gestalten, sollte somit erreicht werden. Gleichzeitig wird durch Einbezug der Landwirtschaft zeitgemäß der »Farm-to-Fork-Ansatz« unter Berücksichtigung der Grundsätze und Grundbegriffe der EU-Basisverordnung Nr.178/2002 verwirklicht.

Die Rechtsprechung auf europäischer Ebene ist, insbesondere wenn es sich um Verordnungen handelt, direkt in den Mitgliedstaaten umzusetzen bzw.

Verordnung: (EG) Nr. 852/2004	über Lebensmittelhygiene
Verordnung: (EG) Nr. 853/2004	mit spezifischen Hygiene-Vorschriften für Lebensmittel tierischen Ursprungs
Verordnung: (EG) Nr. 854/2004	mit besonderen Verfahrensvorschriften für die amtliche Überwachung von zum menschlichen Verzehr bestimmten Erzeugnissen tierischen Ursprungs
Verordnung: (EG) Nr. 882/2004	»Kontrollverordnung« (Lebensmittelüberwachung)

Abb. 13-4: »Hygienepaket« Auszug VO EG Nr. 852-854/2004 sowie Nr. 882/2004

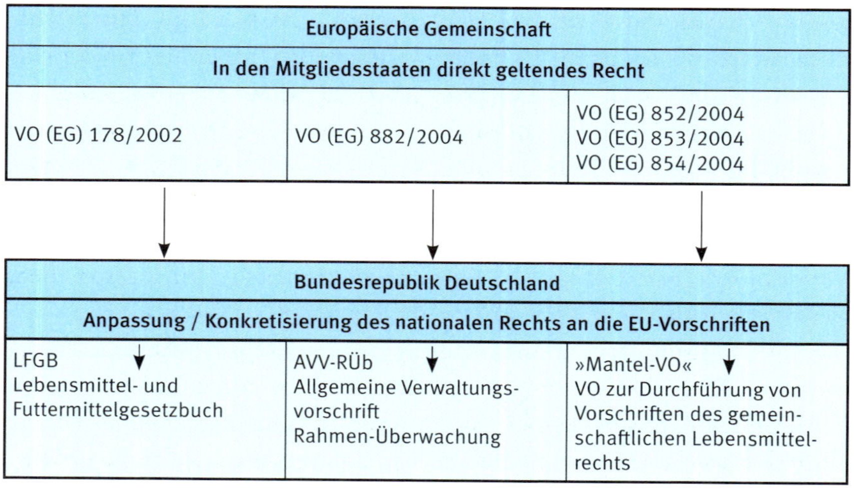

Abb. 13-5: Umsetzung der EU-Verordnungen

anzuwenden. In der Abbildung 13-5 ist eine Übersicht der drei wichtigen Verordnungen zum Lebensmittelrecht (inklusive Hygienerecht) enthalten und die daraus auf nationaler Ebene erfolgte Anpassung und Konkretisierung der EU-Vorschriften dargestellt.

Die primäre rechtliche Verantwortung für die Erfüllung des Lebensmittelrechts trägt der Lebensmittelunternehmer. Er hat sowohl nach der Basisverordnung (Art. 17, 21 VO (EG) 178/2002) als auch nach der Verordnung über Lebensmittelhygiene (Art. 1 VO (EG) 852/2004) die Pflicht

- die Lebensmittelsicherheit zu gewährleisten,
- die Anwendung des EU Rechts sicherzustellen und
- die Haftung für fehlerhafte Produkte zu übernehmen.

Bei der Anwendung des EU Rechts erstrecken sich die Pflichten der Lebensmittelunternehmer auf folgende Bereiche:

- Eigenkontrollen entlang der Lebensmittelkette durchzuführen,
- Gute Hygienepraxis umsetzen,
- HACCP-Konzepte verwirklichen,
- Weitergabe von Informationen zur Rückverfolgbarkeit,
- Rücknahme unsicherer Lebensmittel,
- Informationspflicht, z. B. gegenüber Behörden und Verbrauchern,
- Zusammenarbeit mit Behörden,
- Produkthaftung.

Die europäische Verordnung über Lebensmittelhygiene gilt für alle Produktions-, Verarbeitungs- und Vertriebsstufen von Lebensmitteln. Demnach ist nicht nur die Herstellung der Mahlerzeugnisse aus hygienischer Sicht entscheidend, sondern auch die Lagerung, das Verpacken sowie der Transport.

Zur Lebensmittelhygiene zählen »die Maßnahmen und Vorkehrungen, die notwendig sind, um Gefahren unter Kontrolle zu bringen und zu gewährleisten, dass ein Lebensmittel unter Berücksichtigung seines Verwendungszwecks für den menschlichen Verzehr tauglich ist«. Damit ist nicht nur die Vermeidung von gesundheitsschädigenden Mikroorganismen angesprochen, sondern auch die Vermeidung von Fremdkörpern oder chemischen Verunreinigungen. Beispiele hierzu sind in Tabelle 13-3 aufgeführt. Die Verordnung fordert, dass die Herstellung, Verpackung usw. bis hin zum Verkauf von Lebensmitteln unter hygienisch einwandfreien Bedingungen zu erfolgen hat. Weiterhin wird verlangt, dass die Lebensmittelhersteller die für die Lebensmittelsicherheit kritischen Punkte im Prozessablauf identifizieren müssen und diesbezügliche Sicherheitsvorkehrungen zu treffen haben. Dies erfolgt durch ein Konzept, das der Gefahrenidentifizierung und -bewertung dient und zu deren Beherrschung beiträgt, dem sogenannten HACCP-Konzept (Hazard Analysis and Critical Control Point).

Aufbau der Verordnung über Lebensmittelhygiene: VO (EG) Nr. 852/2004

Die Anhänge I und II der Verordnung gelten getrennt nach Urproduktion und Weiterverarbeitung. Der Anhang I beschreibt die allgemeinen Hygienevorschriften und die Empfehlungen für Leitlinien für die Gute Hygienepraxis (GHP) innerhalb der Urproduktion (Landwirtschaft). Der Anhang II stellt maßgebliche Anforderungen an alle Lebensmittelunternehmer, demnach auch an Mühlenbetriebe – die Urproduktion ausgenommen. Die allgemeinen Hygienevorschriften für alle Lebensmittelunternehmer werden hier in 12 Kapiteln aufgeführt (Tab. 13-4). Diese Kapitel umfassen die gesamte Lebensmittelherstellung von den Anforderungen an die Betriebsstätten in denen Lebensmittel hergestellt werden bis hin zur Abfallentsorgung, Per-

Tab. 13-3: Möglichkeiten der gesundheitsgefährdenden Beeinflussung

Gefahren	
physikalisch	Fremdkörper (Steine, Glas, Metallteile, Holz, Kunststoff ...)
chemisch	Rückstände (Vorratsschutzmittel, Pflanzenschutzmittel ...), Kontaminanten (Blei, Cadmium) Allergene, Mykotoxine
biologisch und mikrobiologisch	Mikroorganismen tierische Schädlinge tierische Ausscheidungen Unkrautsamen
durch Mitarbeiter	mangelnde Qualifikation mangelnde Motivation mangelnde Personalhygiene

sonalhygiene und Schulungspflicht der Mitarbeiter. Die Auslegung der Anforderungen sollte auf einer risikobasierten Betrachtungsweise beruhen, d. h. da z. B. von Mahlerzeugnissen ein vergleichbar geringes Risiko ausgeht (im Gegensatz zu Fleisch- und Wurstwaren oder Feinen Backwaren mit nicht durchgebackenen Anteilen etc.), kann ohne weiteres eine entsprechende Anpassung auf betriebsspezifischen Gegebenheiten vorgenommen werden.

Die amtliche Lebensmittel-/Futtermittelüberwachung und auch die Kunden legen ihr Augenmerk verstärkt auf die oben genannten Bereiche. Es gilt daher als unverzichtbar, ein Hygiene-Konzept nach den HACCP-Kriterien für Mühlenbetriebe aufzubauen. Nur so können die Anforderungen an qualitativ einwandfreie und gesundheitlich unbedenkliche Produkte erfüllt werden und die gesetzlichen Vorgaben eingehalten werden. Um den Nachweis über die Umsetzung der Anforderungen gegenüber Weiterverarbeiter, Endverbraucher und Behörden zu gewährleisten müssen Hygienemaßnahmen wie Reinigungs- und Schädlingsbekämpfungspläne, Risikoanalysen, Schulungsmaßnahmen etc. schriftlich festgehalten (dokumentiert) werden. Die Überwachungsämter sollen mit der Überprüfung der Dokumentationen verstärkt die Eigenkontrollen in den Betrieben sicherstellen und vor allem überwachen, ob diese Eigenkontrollen sinnvoll festgelegt und regelmäßig durchgeführt werden. Die Nachweisdokumente sind aber auch wichtig im Produkthaftungsfall, da der Betrieb seine, zur Hygienesicherung ergriffenen Maßnahmen, schriftlich nachweisen kann. Die Möglichkeiten der gesundheitsgefährdenden Beeinflussung von Getreide und Mahlerzeugnissen sind vielfältig. In Abbildung 13-6 sind einige Punkte aufgeführt, die innerhalb der Risikoanalyse des HACCP-Konzepts zu berücksichtigen sind.

13.2.3 HACCP-Konzept (Hazard Analysis and Critical Control Point)

Das HACCP-Konzept lässt sich mit Gefährdungsanalyse und kritische Lenkungspunkte übersetzen und versteht sich als vorbeugendes System. Vor Einführung eines umfangreichen HACCP-Konzepts und Umsetzung der

Tab. 13-4: Gliederung der Verordnung (EG) Nr. 852/2004 – Anhang II

Kapitel	Titel	Erläuterungen/Beispiele
I.	Allg. Vorschriften für Betriebsstätten in denen mit Lebensmitteln umgegangen wird	Instandhaltung, geeignete Bearbeitungs- und Lagerräume, Handwaschbecken, Toiletten
II.	Besondere Vorschriften für Räume in den Lebensmittel zubereitet, behandelt oder verarbeitet werden	Beschaffenheit der Böden, Wandflächen und Decken, Fenster, Türen...
III.	Vorschriften an ortsveränderliche und/oder nichtständige Betriebsstätten	Verkaufsstände, Aktionszelte...
IV.	Vorschriften an Beförderung	Transportbehälter wie z. B. Big-Bags, Container, Transportfahrzeuge, Temperaturanforderungen
V.	Vorschriften für Ausrüstungen	Gegenstände, Ausrüstungen und Armaturen, die mit Lebensmitteln in Berührung kommen
VI.	Lebensmittelabfälle	verschließbare Behälter, regelmäßiges Entleeren, Schädlingsvermeidung und -bekämpfung
VII.	Wasserversorgung	zur Lebensmittelherstellung darf nur Trinkwasser eingesetzt werden (Netzung)
VIII.	Persönliche Hygiene	Arbeitskleidung
IX.	Vorschriften für Lebensmittel	Warenannahme und Überprüfung, Lagerhaltung, Schädlingsbekämpfung, Temperaturanforderungen, getrennte Lagerung von z. B. Reinigungsmitteln
X.	Vorschriften für das Umhüllen und Verpacken von Lebensmitteln	sauberes, lebensmitteltaugliches Verpackungsmaterial (geschützte Lagerung)
XI.	Wärmebehandlung	gilt nur für Lebensmittel in hermetisch verschlossenen Behältern (Konserven)
XII.	Schulung	Hygieneschulungen für alle Mitarbeiter und separate Schulungen für das HACCP-Team

gesetzlichen Forderungen, sollte die Überprüfung des gesamten Produktions- und Vertriebswegs stehen. Zudem sollten erst die Grundlagen zur sicheren Herstellungsweise bzw. die Gute Herstellungs- und Hygienepraxis im Betrieb umgesetzt werden. Betrachtet man beispielsweise die Gebäudevoraussetzungen, fallen unter Umständen in den Betrieben noch Schwachstellen auf, wie z. B. ungehinderte Zugänge für Schädlinge. Diese Schwachstellen, die teilweise bereits durch kleine bauliche Maßnahmen behoben werden können, sollten zuerst beseitigt werden bevor man mit der Gefahrenanalyse und Risikobewertung im Sinne eines HACCP-Konzepts beginnt. Zur Sicherung der Guten Herstellungspraxis (GHP/GMP) werden Reinigungs- und Hygienepläne sowie Wartungspläne und Anweisungen für die Mitarbeiter erstellt. Schädlingsbekämpfungsprogramme, Wareneingangskontrolle, Rohstoffpolitik, all das sind zu betrachtende Faktoren und stellen die Grundlage zur Durchführung der HACCP-Gefahrenanalyse dar. Vergleichend wird immer wieder von einem

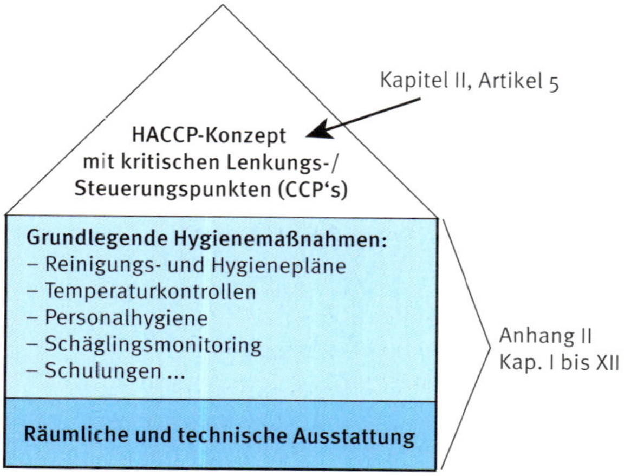

Abb. 13-6: Das »Hygienehaus«

sogenannten Fundament im Hygienekonzept gesprochen, welches in Abbildung 13-6 dargestellt ist.

Das HACCP-Konzept, das der Gefahrenidentifizierung und -bewertung dient und zu deren Beherrschung beiträgt, soll nach den HACCP-Grundsätzen der Codex Alimentarius Kommission [16] in den Betrieben umgesetzt werden. Die notwendigen Schritte sind in der Verordnung über Lebensmittelhygiene (EG) Nr. 852/2004, Kapitel II Artikel 5) aufgeführt. [8]

a) Ermittlung von Gefahren in den Produktions- und Arbeitsabläufen beim Herstellen, Behandeln und Inverkehrbringen von Lebensmitteln, die vermieden, ausgeschaltet oder auf ein akzeptables Maß reduziert werden müssen.
b) Bestimmung der kritischen Lenkungspunkte (CCPs) auf den Prozessstufen, auf denen eine Kontrolle notwendig ist, um eine Gefahr zu vermeiden, auszuschalten oder auf ein akzeptables Maß zu reduzieren.
c) Festlegung von Grenzwerten zur Vermeidung oder Reduzierung ermittelter Gefahren (Unterscheidung zwischen akzeptablen und nicht akzeptablen Werten).
d) Festlegung und Durchführung wirksamer Sicherungsmaßnahmen zur Überwachung der CCPs.
e) Festlegung von Korrekturmaßnahmen, falls ein CCP nicht unter Kontrolle ist.
f) Regelmäßige Überprüfung der Gefahrenanalyse, der kritischen Punkte und der Sicherungsmaßnahmen, um sicherzustellen, dass die Vorschriften a) bis e) eingehalten werden.
g) Erstellung von Dokumenten und Aufzeichnungen, die der Art und Größe des Lebensmittelunternehmens angemessen sind, zum Nachweis der Vorschriften a) bis f).

Diese gesetzlichen Anforderungen müssen auch von einem Mühlenbetrieb umgesetzt und an die betrieblichen Gegebenheiten vor Ort anpasst werden. Ein so aufgebautes HACCP-Konzept stellt die Grundlage vieler Standards im Lebensmittel- und Futtermittelbereich dar und kann in ein bestehendes oder neu aufzubauendes Qualitätsmanagement-System integriert werden.

13.3 EU-Basisverordnung (Verordnung (EG) Nr. 178/2002)

13.3.1 Allgemeines

Am Beginn des Umbauprozesses der Neugestaltung des europäischen Lebensmittelrechts stand das Grünbuch zu den »Allgemeinen Grundsätzen des Lebensmittelrechts in der EU«. Ihm folgte das Weißbuch zur Lebensmittelsicherheit. Im Mittelpunkt des Weißbuchs steht die Schaffung eines umfassenden Sicherheitssystems für Lebensmittel, das die gesamte Lebensmittelkette – vom Feld bis auf den Teller – umfassen soll. Zur Umsetzung dieses Vorhabens sah das Weißbuch einen »Fahrplan« mit 84 Einzelmaßnahmen vor [7]. Dazu gehörte vor allem der Erlass der EG-Verordnung Nr. 178/2002 »zur Festlegung der allgemeinen Grundsätze und Anforderungen des Lebensmittelrechts, zur Errichtung der Europäischen Behörde für Lebensmittelsicherheit und zur Festlegung von Verfahren zur Lebensmittelsicherheit« – das so genannte General Food Law (GFL) welches auch als EU-Basisverordnung zur Lebens- und Futtermittelsicherheit [7] bezeichnet wird. In dieser EU-Basisverordnung ist festgelegt, dass z. B. Getreide ab dem Zeitpunkt der Ernte als Lebensmittel zu betrachten ist und dass auch Landwirte als Lebensmittel- oder Futtermittelunternehmer anzusehen sind. Des Weiteren sind detaillierte Anforderungen zur Rückverfolgbarkeit, Meldepflichten, Haftung und Risikomanagement dargelegt.

Lebensmittelkette

Mit der EU-Basisverordnung wurde ein umfassendes Sicherheitskonzept für Lebensmittel verwirklicht, das die gesamte Lebensmittelkette umfasst: »From the Stable to the Table« was somit von der Urproduktion bis zum Endverbraucher gilt. In den Regelungsbereich der Basisverordnung fallen neben Lebensmittel auch Futtermittel.

Lebensmittelsicherheit

Im Vordergrund des Rechtsregimes steht die Lebensmittelsicherheit. Die Basisverordnung zur Lebens- und Futtermittelsicherheit postuliert folgende zentrale Anforderung an die Lebens- und Futtermittelsicherheit: »Lebens- und Futtermittel, die nicht sicher sind, dürfen nicht in Verkehr gebracht werden. Als nicht sicher gelten Lebensmittel, wenn sie gesundheitsschädlich oder für den Verzehr durch den Menschen untauglich sind. Futtermittel gelten als nicht sicher, wenn davon auszugehen ist, dass sie sich schädlich auf die Gesundheit von Mensch oder Tier auswirken oder bewirken, dass das Lebensmittel, das mithilfe des für die Nahrungserzeugung dienenden Tieres gewonnen wird, als nicht sicher für den menschlichen Verzehr anzusehen ist«.

Verantwortung der Unternehmen

Die Verantwortung für die Einhaltung der Anforderungen an die Lebensmittelsicherheit tragen die Lebens- und Futtermittel-Unternehmer. Sie haben unverzüglich Verfahren in Gang zu setzen, um unsichere Lebens- oder Futtermittel vom Markt zu holen, müssen die Behörden und gegebenenfalls den Verbraucher über risikobehaftete Produkte informieren und bei der Risikoabwehr und -vermeidung mit den Behörden zusammenarbeiten.

Wissenschaftlicher Ansatz

Zielsetzungen und Entscheidungen im Bereich der Lebensmittelsicherheit sollen künftig auf den wissenschaftlichen Ergebnissen der Risikoanalyse basieren.

13.3.2 Regelungsschwerpunkte der EU-Basisverordnung

Definitionen

Innerhalb der EU-Basisverordnung sind wichtige Begriffe einheitlich definiert: u. a. Lebensmittel, Futtermittel, Lebensmittelsicherheit, Lebens- und Futtermittelunternehmen, Endverbraucher. Diese Definitionen dienen dem gemeinsamen Sprachgebrauch und der Festlegung von Verantwortlichkeiten bzw. zur Abgrenzung dieser.

Risikoanalyse

Zielsetzungen und Entscheidungen im Bereich der Lebensmittelsicherheit sollen auf den Ergebnissen der Risikoanalyse basieren.

Die Risikoanalyse ist ein Prozess, der aus drei Einzelschritten besteht:

- der Risikobewertung,
- dem Risikomanagement und
- der Risikokommunikation.

Die Risikobewertung ist die Identifizierung und Einschätzung eines Risikos. Sie besteht aus folgenden vier Teilschritten:

a) Gefahrenidentifizierung,
b) Gefahrencharakterisierung,
c) Expositionsabschätzung,
d) Risikocharakterisierung.

Die Risikobewertung zählt zu den Aufgaben der Europäischen Behörde für Lebensmittelsicherheit (EFSA). Das Risikomanagement obliegt den dazu berufenen Entscheidungsträgern. Kommission, Parlament und Rat, aber auch Risikomanager auf mitgliedstaatlicher Ebene, sollen auf der Grundlage des Ergebnisses der Risikobewertung Maßnahmen zur Risikovermeidung oder -beseitigung treffen. Die Risikokommunikation ist der Austausch von Informationen und Meinungen zwischen den Risikomanagern und -bewertern sowie mit den Verbrauchern, Herstellern oder anderen Betroffenen. Die Risikokommunikation soll von der Kommission, den Mitgliedstaaten und der Europäischen Lebensmittelbehörde wahrgenommen werden.

Vorsorgeprinzip

Für den Fall, dass ein Risiko festgestellt wird, wissenschaftliche Daten jedoch nicht ausreichend vorhanden sind, können zur Sicherung des Gesundheitsschutzes – auf der Grundlage des Vorsorgeprinzips – vorläufige Risikomaßnahmen getroffen werden. Diese müssen verhältnismäßig sein und innerhalb einer angemessenen Frist überprüft werden. Die Wahl der vorläufigen Maßnahme richtet sich nach der Art und Schwere des Risikos und kann von der bloßen Verbraucherinformation bis zur Verhängung eines Ausfuhrverbotes (EuGH C-157/96 und C-180/96 – BSE-Urteil) reichen (vgl. Mitteilung der Kommission zur Anwendung des Vorsorgeprinzips, KOM (2000) 1 endg. vom 2.2.2000).

Rückverfolgbarkeit

Ein zentraler Ansatz im Lebensmittelrecht ist die Rückverfolgbarkeit (traceability). Damit wird es ermöglicht, im Anlassfall mangelhafte Produkte zuverlässig zu identifizieren und gezielt vom Markt zu nehmen.

Rückverfolgbarkeit bedeutet, dass

- ein Lebens- oder Futtermittel,
- ein der Nahrungsgewinnung dienendes Tier oder
- ein Inhaltsstoff

durch alle Produktions-, Verarbeitungs- und Vertriebsstufen verfolgt werden kann.

Man unterscheidet zwischen der produktstromaufwärts (hin zum Ursprung) und der produktstromabwärts (hin zum Endverbraucher) gerichteten Rückverfolgbarkeit. Die Lebens- und Futtermittelunternehmer sind bereits seit dem 1. Januar 2005 verpflichtet, Systeme und Verfahren einzurichten, mit deren Hilfe jede Person, von der sie beispielsweise ein Lebensmittel erhalten bzw. an die sie ein solches geliefert haben, festgestellt werden kann. Unternehmer müssen zumindest ihren unmittelbaren Lieferanten und ihren unmittelbaren Abnehmer für die Rückverfolgbarkeit dokumentieren. Welche Stoffe in welchem Ausmaß über die Mindestanforderungen hinaus rückverfolgt werden sollen, liegt in der Entscheidung des Unternehmers.

Voraussetzungen für eine effiziente Rückverfolgbarkeit sind:

- Festlegung, welcher Stoff in welchem Ausmaß verfolgt werden soll,
- Identifizierung der zweckdienlichen Datenquellen,
- Verknüpfung der Daten mit der zur verfolgenden Einheit mittels Codierung (Loskennzeichnung, betriebliche Codes, Bar- oder Strichcodes),
- Durchgängigkeit der Datenkette,
- Kompatibilität der von allen Beteiligten bezogenen und weitergegeben Daten.

Als Datenquellen für die Rückverfolgbarkeit können folgende Informationen herangezogen werden:

- Loskennzeichnung (Loskennzeichnungsrichtlinie 89/396/EWG),
- Lebensmittelkennzeichnung (Lebensmittelinformations-Verordnung (LMIV) [17],
- Palettennummer (Strichcodes z. B. EAN-Codes),
- Gebindekennzeichnung (z. B. Stempel/Aufdruck auf den Säcken)
- Spezifikationen,
- Lieferschein, Warenbegleitpapiere,
- Buchungsbelege,
- Produktionsaufzeichnungen,
- QM-Aufzeichnungen,
- Auditberichte.

Einzelne Waren lassen sich nicht in allen Fällen vollständig rückverfolgen. Grenzen ergeben sich aus:

- den angewandten Produktionsmethoden (wird Getreide in einem Silo gelagert, können die einzelnen Teillieferungen im Gesamtgetreidebestand nicht mehr identifiziert werden),
- dem Vorverarbeitungsgrad der Zutaten (je höher der Verarbeitungsgrad der Zutaten, desto schwieriger ist deren Rückverfolgbarkeit),
- dem Beschaffungsmarkt (z. B. Börsen, weltweiter Handel, Bezug aus Drittländern ohne ausreichende technische und personelle Infrastruktur zur Datenerfassung).

Ansätze für eine Rückverfolgbarkeit finden sich schon im geltenden Lebensmittelrecht:

- EU-Rindfleischetikettierungsverordnung,
- EU-Verordnung über den ökologischen Landbau,

- EU-Verordnung zum Schutz geographischer Angaben und Ursprungsbezeichnungen.

Die gesetzlich geforderte Rückverfolgbarkeit ist weniger umfangreich als die Rückverfolgbarkeit in den diversen Standards (IFS, BRC...). Letztere erfordern beispielsweise eine chargenbezogene Rückverfolgbarkeit, die alle Informationen berücksichtigt, die zu dem Produkt geführt haben. So werden auch Schichtprotokolle, Informationen über die CP/CCP Kontrolle (wer hat wann wie geprüft) etc. verlangt.

Einfuhr aus Drittstaaten

In die Gemeinschaft eingeführte Lebens- und Futtermittel müssen

- den in der Basisverordnung festgelegten Sicherheitsanforderungen oder
- den von der Gemeinschaft als gleichwertig anerkannten Bedingungen oder
- den in zwischenstaatlichen Abkommen enthaltenen Anforderungen entsprechen.

Ausfuhr in Drittstaaten

Aus der Gemeinschaft in Drittstaaten ausgeführte Lebens- und Futtermittel müssen den

- in der Basisverordnung festgelegten Sicherheitsanforderungen oder
- den in bilateralen Abkommen festgelegten Bedingungen entsprechen,

sofern die Behörden des Einfuhrlandes nichts anderes verlangen oder die rechtlichen Bestimmungen nicht anderes festlegen. Entsprechen sie nicht den Anforderungen, so können sie nur bei ausdrücklicher Zustimmung der zuständigen Behörden des Einfuhrlands ausgeführt werden. Gesundheitsschädliche Lebensmittel oder unsichere Futtermittel dürfen aber auch bei ausdrücklicher Zustimmung nicht ausgeführt werden.

Inkrafttreten

Die Basisverordnung wurde im Mitentscheidungsverfahren entschieden. Die Verordnung ist in allen ihren Teilen verbindlich und gilt unmittelbar in allen Mitgliedstaaten. Die Bestimmungen über die Verpflichtung des Lebensmittelhandels (Artikel 11 und 12) sowie über die allgemeinen Anforderungen des Lebensmittelrechts (Artikel 14 bis 20, u. a. die Rückverfolgbarkeit von Lebens- und Futtermittel) gelten seit dem 1. Januar 2005.

13.4 GMP+ B2-Standard

Mühlenbetriebe gelten als Lebensmittelhersteller, da sie als Hauptprodukt Lebensmittel produzieren. Sie sind aber ebenfalls Teil der Futtermittelkette, da sie als Neben- oder Koppelprodukt Futtermittel herstellen und demnach müssen sie die nachfolgenden Anforderungen an die Futtermittelsicherheit erfüllen. Diese Anforderungen werden sinnvollerweise in ein bereits existierendes Qualitätssicherungs- und HACCP-System, evtl. auch verknüpft mit einer bestehenden IFS-Zertifizierung, in den Betrieben integriert. Es muss keine separate Dokumentation für die Futtermittel aufgebaut werden, nur die Anforderungen des jeweiligen Standards müssen berücksichtigt werden.

Der Productschap Diervoeder (PDV, niederländische Futtermittelindustrie) hat im Jahr 1992 die erste Fassung des GMP+-Zertifizierungssystems als Antwort auf diverse mehr oder weniger schwere Zwischenfälle mit Verunreinigungen in Einzelfuttermitteln initiiert und entwickelt. Es war zunächst nur als nationales System konzipiert worden, hat sich jedoch zu einem internationalen System entwickelt, das von GMP+ International in Zusammenarbeit mit diversen internationalen interessierten Parteien verwaltet wird.

GMP+ International unterstützt die GMP+-Teilnehmer mit praktischen und nützlichen Informationen. Dies erfolgt mithilfe einer Reihe von Leitfäden sowie mithilfe von Datenbanken, Rundschreiben, Fragen- & Antworten-Katalogen und Seminaren. Das Zertifizierungssystem setzt sich verschiedenen Normdokumenten zusammen, die in Dokumente der Rubrik A, B oder C gegliedert sind. Außerdem gibt es die so genannten D-Dokumente. Dabei handelt es sich um keine normativen Dokumente. D-Dokumente sind als Zusatzinformation oder zur ergänzenden Erläuterung der Systemdokumente gedacht.

Obwohl das GMP+ Feed Certification scheme aus der Perspektive der Unbedenklichkeit von Futtermitteln entstanden ist, wurde im Jahr 2013 der erste Standard für Futtermittelnachhaltigkeit veröffentlicht. Vor diesem Hintergrund sind zwei Module entwickelt worden:
- GMP+ Feed Safety Assurance (Futtermittelsicherheit),
- GMP+ Feed Responsibility Assurance (nachhaltige Futtermittel).

GMP+ Feed Safety Assurance ist ein vollständiges Modul mit Normen zur Gewährleistung unbedenklicher Futtermittel auf allen Stufen der Futtermittelkette. Denn die nachweisliche Gewährleistung der Futtermittelsicherheit ist in vielen Ländern und Märkten eine unabdingliche Voraussetzung für den Verkauf in der Futtermittelbranche, und die Teilnahme am GMP+ FSA Modul kann als Instrument dienen.

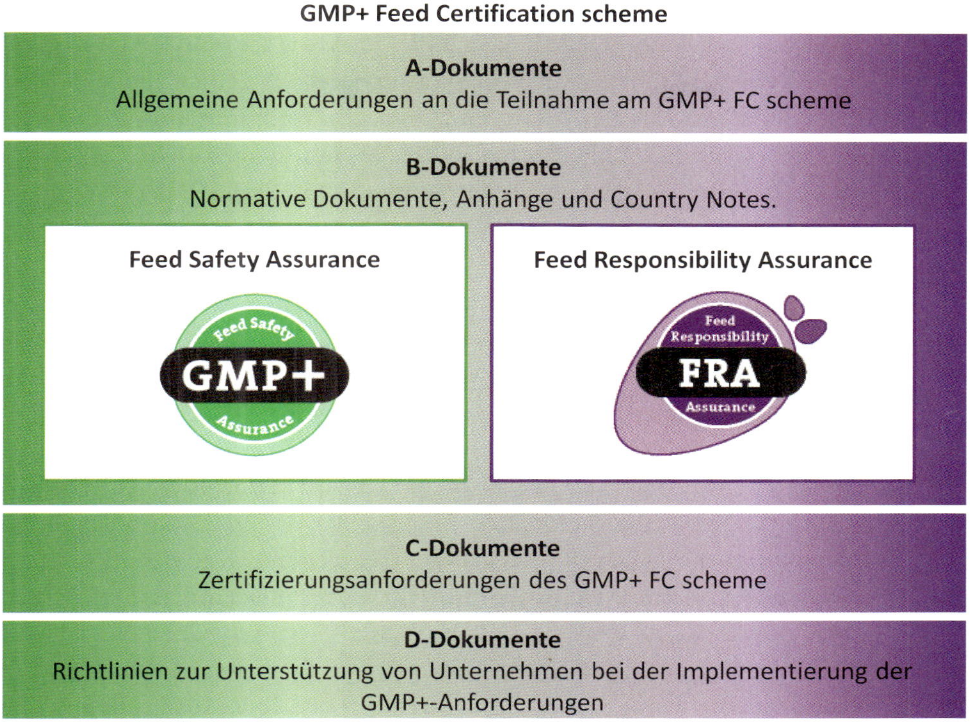

Abb. 13-7: Aufbau des GMP+ Feed Certification scheme

Auf der Grundlage der Bedürfnisse aus der Praxis sind diverse Komponenten in den GMP+-FSA-Normen integriert worden, etwa die Anforderungen an ein »feed safety management system« (Sicherheitsmanagementsystem für Futtermittel) und an die Anwendung von HACCP-Prinzipien sowie Elemente wie die Rückverfolgbarkeit, die Überwachung, das Programm mit Grundbedingungen, der Kettenansatz und das Frühwarnsystem (Early Warning System = EWS). Dieser Standard ist gemäß der einschlägigen Futtermittelgesetzgebung sowie den Futtermittelsicherheitsprinzipien und Normen im Bereich von Futtermitteln, die in der Futtermittelwirtschaft allgemein akzeptiert sind und denen bei der Herstellung und Lieferung unbedenklicher Futtermittel Rechnung zu tragen ist, konzipiert worden.

Das in den Unternehmen aufgebaute Futtermittelsicherheitssystem (»feed safety management system«) hat sicherzustellen, dass die einschlägigen gesetzlichen Vorschriften und branchenspezifischen Anforderungen sowie die einschlägigen vertraglichen Regelungen erfüllt werden.

Zu den gesetzlichen Anforderungen sei hier nur noch einmal auf die Basis-Verordnung (EG) Nr. 178/2002 zur Lebensmittel- und Futtermittelsicherheit und auf die die Verordnung (EG) Nr. 183/2005 mit Vorschriften für die Futtermittelhygiene genannt, welche die Anwendung der HACCP-Grundsätze und Leitlinien für die gute Verfahrenspraxis enthält. Zudem muss sich der Mühlenbetrieb auch als Futtermittelunternehmen bei der zuständigen Behörde registrieren (gemäß Artikel 5, Absatz 6 der VO (EG) Nr. 183/2005).

Die futtermittelrechtlichen Bestimmungen befassen sich mit der Herstellung, Verwendung und dem Inverkehrbringen von Futtermitteln, Vormischungen und Zusatzstoffen, und zwar im Einzelnen mit folgenden Bereichen:

- Zulassung und Registrierung der Futtermittelbetriebe,
- Inverkehrbringen,
- Kennzeichnung,
- Liste der verbotenen und unerwünschten Stoffe,
- Liste der zugelassenen Zusatzstoffe,
- Futtermittelkontrolle.

Diese gesetzlich geregelten Anforderungen werden auch in dem entsprechenden Qualitätsstandards behandelt und die Erfüllung der Anforderungen zertifiziert.

Die Grundlage der Qualitätspolitik der PDV ist, dass der einzelne Unternehmer in erster Linie selbst für die Qualität und die Sicherheit seiner Produkte für jedes Glied in der Kette verantwortlich ist und deshalb auch dafür verantwortlich gemacht werden kann. Die gesetzlich verankerte Produkthaftung legt hierauf großen Wert.

13.4.1 Geltungsbereich

Um die Qualitätssicherheit im Tierfutterbereich zu verbessern, wird in der GMP+-Zertifizierungsregelung für die Futtermittelwirtschaft die Einbindung der Qualitätssysteme der vorausgehenden Produktionskettenglieder und des Handels mit Futterkomponenten gefordert. Dieses Qualitätssystem, basierend auf den HACCP-Prinzipien, muss die Sicherheit von Futtermittelkomponenten im Tierfutter gewährleisten. Das bedeutet, dass die Lieferanten (z. B. Mühlen, die Kleie liefern), die Futtermittelkomponenten an einen GMP-zertifizierten Käufer liefern wollen, zumindest ein Qualitätsmanagementsystem besitzen müssen, das den Anforderungen des Standards GMP+ B2 entspricht und auch danach zertifiziert sein. Der GMP+ B2 Standard enthält die Mindestanforderungen an dieses Qualitätslenkungssystem.

Die oben genannte Risikoanalyse beinhaltet drei Aspekte:

- Bewertung der Risiken auf Basis einer wissenschaftlichen und fachkundigen Beratung und Informationsanalyse,

- Lenkung der Gefahren und Gefährdungen durch das Verabschieden einschlägiger Vorschriften, Lenkungsmaßnahmen usw.,
- Mitteilung der Gefahren und Gefährdungen.

Wichtig ist, dass die potenziellen Gefahren und die kritischen Lenkungspunkte in der Herstellungskette durch ein systematisches Verfahren identifiziert werden, dass bereits im Vorfeld entsprechende Lenkungsmaßnahmen in die Wege geleitet werden und dass deren Wirksamkeit im Anschluss daran auch tatsächlich verifiziert wird. Die Qualität der Futtermittel muss so gut sein, dass die Sicherheit der Tiere (Tiergesundheit) und die der Menschen als Verbraucher von tierischen Erzeugnissen (öffentliche Gesundheit) hinreichend gut gewährleistet sind. Die Verbraucher wie auch die anderen Partner in der Herstellungskette für Tiererzeugnisse müssen bleibendes Vertrauen in das System haben (Fleisch, Milchprodukte und Eier verarbeitende Industrie), wie auch Einzelhandel und die Behörden. Deshalb ist der Slogan dieser Qualitätsausrichtung »Feed for Food« (= Futtermittel für Lebensmittel).

13.4.2 Dokumentation des GMP+-B2-Standard

Der Lieferant muss ein Handbuch erstellen und aufrechterhalten, das alle erforderlichen Dokumente enthält oder sich auf diese bezieht (Betriebsverfahren, Anweisungen, Formulare sowie weitere Unterlagen), die zur praktischen Verwirklichung des in diesem Standard beschriebenen Qualitätslenkungssystems erforderlich sind. Zudem enthält dieses Handbuch zumindest die folgende Dokumentation (auf der Grundlage der HACCP-Prinzipien [18]):

- Produktspezifikationen: Die endgültigen Produktspezifikationen für die Futtermittel-Ausgangserzeugnisse,
- Prozess-Spezifikation: Die Prozessschritte und Prozessbedingungen des gesamten Herstellungsprozesses (Anbau, Lagerung, Transfer, Behandlung, Verarbeitung, Transport usw.),
- Identifizierung der Gefahren: Die Identifizierung der Gefahren, die die Futtermittel-Ausgangserzeugnisse möglicherweise mit aus der Umgebung oder aus dem Prozess stammenden mikrobiologischen, chemischen oder physikalischen Kontaminanten kontaminieren können,
- Beurteilung der Risiken und Bestimmung des kritischen Lenkungspunkts,
- Die vom Lieferanten ergriffenen Lenkungsmaßnahmen zum Schutz vor möglicher Produktkontaminierung, wobei mindestens die folgenden kritischen Lenkungspunkte gelenkt werden müssen,

- Die Messpunkte und die Prüfungen (Überwachung und Verifizierung), die durchgeführt werden, um sicherzustellen, dass die Lenkungsmaßnahmen auch tatsächlich realisiert werden,
- Beurteilung und Kommunikation.

Der im Ausland ansässige Lieferant der Futtermittel-Ausgangserzeugnisse verpflichtet sich vertraglich gegenüber dem GMP+-zertifizierten Abnehmer, das Handbuch bzw. die o. g. Dokumentation unverzüglich zu aktualisieren, sobald sich irgendwelche notwendigen Änderungen ergeben. Er gewährleistet ebenfalls, dass die oben genannten Lenkungsmaßnahmen und internen Prüfungen durchgeführt werden.

13.4.3 Externe Überwachungsaudits

Es wird jährlich ein Überprüfungsaudit von einer anerkannten Zertifizierungsstelle durchgeführt [18].

13.5 QS-Standard für Einzelfuttermittelhersteller

13.5.1 Allgemeines

Von führenden Verbänden und Organisationen der deutschen Lebensmittelwirtschaft (QS Qualität und Sicherheit GmbH, Bonn) wurde im Herbst 2001 das QS-System aufgebaut. Auf der Grundlage einer freiwilligen Selbstkontrolle haben alle an der Lebensmittelerzeugung beteiligten Unternehmen die Möglichkeit, sich dem QS-System anzuschließen, sofern sie die Vorgaben erfüllen und sich regelmäßigen Kontrollen unterziehen. Das gilt für Betriebe im Inland und im Ausland. QS ist offen für alle, denn der globale Handel verlangt eine grenzüberschreitende Qualitätssicherung [19].

Das QS-System umfasst alle Stufen, die an der Erzeugung von Fleisch und Fleischwaren beteiligt sind. Der Weg beginnt bei der Futtermittelindustrie und beinhaltet Einzelfuttermittel wie Kleie aus Mühlen. Weiter läuft der Weg über die Landwirtschaft, die Schlacht- und Zerlegebetriebe, die Fleischwarenindustrie und endet, als Bindeglied zum Verbraucher, beim Lebensmitteleinzelhandel. Alle Glieder der Kette arbeiten in diesem Qualitätssicherungssystem zusammen, denn sie bilden ein Ganzes und sind aufeinander angewiesen. Der Prozess der Futtermittelherstellung muss nachvollziehbaren, produktspezifischen Kriterien und Qualitätsmaßstäben unterliegen.

Ein wichtiger Baustein für mehr Lebensmittelsicherheit ist demnach die Einbeziehung der Futtermittelwirtschaft in das QS-System, zu dem auch die Einzelfuttermittel (z. B. Kleie, Grießkleie) zählen. Um eine geprüfte Qualitätssicherung bereits am Anfang der Ernährungskette gewährleisten zu können, müssen alle Einzelfuttermittel in die Kontrolle integriert werden.

Also sind Lebensmittelhersteller, die als Nebenprodukt Futtermittel herstellen, wie Mühlen, Teil der Futtermittelkette und zertifizierungspflichtig als Futtermittelhersteller. Die Anforderungen an die Futtermittel dürfen dabei in das unternehmensinterne Qualitätssicherungs- und HACCP-System integriert werden. Vorhandene Kontroll- und Dokumentationssysteme, die belegen, dass die Anforderungen erfüllt werden, können verwendet werden.

Für die einzelnen Produktbereiche bzw. Stufen, die bei der Herstellung, der Behandlung oder dem Vertrieb von Einzelfuttermittel beteiligt sind, hat die QS GmbH so genannte Leitfäden veröffentlicht, deren Anwendung und Umsetzung die vorgenannten Sicherheitskriterien erfüllen sollen. Im QS-Leitfaden »Futtermittelwirtschaft«, sind die Kriterien und Prüfvorgaben, die beispielsweise von Mühlenbetrieben umzusetzen sind, definiert. Nach diesen Anforderungen wird beispielsweise ein Mühlenbetrieb zertifiziert und für die Teilnahme am QS-System zugelassen. Das Handbuch umfasst dabei alle Leitfäden, Checklisten und mitgeltenden Unterlagen sowie die Prüfsystematik. Grundlegendes zum QS-System wie Organisation, Teilnahmebedingungen, Zeichennutzung und Sanktionsverfahren sind im »Leitfaden Allgemeines Regelwerk« enthalten.

Der QS-Leitfaden Futtermittelwirtschaft umfasst unter anderem die in der Müllerei wichtigen Bereiche:

- Einzelfuttermittelherstellung, (Produktionsart 72),
- Handel (Produktionsart 76),
- Straßentransport (Produktionsart 78).

Neben dem detaillierten Anforderungskatalog [20], den es zu erfüllen gilt, müssen die Betriebe am Futtermittelmonitoring der QS GmbH teilnehmen. Hier sind, entsprechend der hergestellten Jahresmenge Futtermittel, diverse Analysen in einem zugelassenen Labor auf bestimmte Parameter zu untersuchen. Die Beauftragung der Analysen muss über die QS Datenbank erfolgen, ebenso müssen die Ergebnisse (vom beauftragtem Labor) in die QS-Datenbank eingepflegt werden. Synergieeffekte ergeben sich aus dem vom Verband der Getreide-, Mühlen und Stärkewirtschaft (VGMS) e. V. initiierten Europäischen

Abb. 13-8: Logo/Zeichen des QS-Systems

Getreidemonitoring (EGM). Die Untersuchungen im EGM sind mit den für das QS-System notwendigen Untersuchungen abgestimmt.

Die Teilnahme am QS-System kann auch über einen Systemkoordinator erfolgen, wie Bundesmühlenkontor GmbH. Dieser tritt unter anderem als Systempartner (Vertragspartner) im QS-System auf. Jeder vom Systemkoordinator organisierte Einzelfuttermittelhersteller stellt einen Standort des Systemkoordinators dar und wird als dessen Betriebsstätte zugelassen. Für die Zulassung des Herstellers ist die Zertifizierung dieser Betriebsstätte durch eine QS-zugelassene Zertifizierungsstelle erforderlich.

Analysiert man die Inhalte des Leitfadens Futtermittelwirtschaft und hierbei die Anforderungen zur Futtermittelherstellung, sind die Anknüpfungspunkte zu gängigen Lebensmittelsicherheitsstandards augenscheinlich. Neben den allgemeinen Anforderungen an die Rückverfolgbarkeit und an ein Ereignis- und Krisenmanagement bildet der Leitfaden Futtermittelwirtschaft die Anforderungen an ein Qualitätsmanagementsystem ab:

- Aufbau eines Qualitätsmanagementsystems,
- Anforderungen an die Dokumentation,
- Verantwortung der obersten Leitung,
- Management von Ressourcen,
- Produktrealisierung und Dienstleistungen,
- Messung, Analyse, Prüfung und Verbesserung.

Darüber hinaus ist ein HACCP-Konzept nach Codex Alimentarius gefordert und der Bereich der Produktspezifikationen (Positivliste) spielt ebenso eine Rolle wie die Erstellung notwendiger Beschaffungsangaben.

Über Betriebseinrichtung, Wartung und Instandhaltung, Reinigung, Schädlingsmonitoring, Personalhygiene und weiteren Regelungen für das Betriebsgelände hinaus werden Fremdköper bzw. Verunreinigung der Futtermittel, beispielsweise mit Glas und anderem brüchigen Material und die Fremdkörperabscheidung, thematisiert.

Zusätzlich wird in Audits die Verwendung von Wasser (Netzwasser muss Trinkwasserqualität haben) beleuchtet ebenso wie die Entsorgung von Abfällen, wie die Annahmestäube die ja bekanntlich als Schadstoffsenken gelten und aus dem weiteren Prozess eliminiert werden müssen. Kontaminationen und die Lagerung an sich wird betrachtet, genauso der Transportbereich (Straßentransport, Beauftragung von Schienen und Schiffstransporten). Sämtliche Trocknungs-, Belüftungs- und Kühlvorgänge (Getreide, Mehl, Nachprodukt) müssen unter beherrschbaren Bedingungen durchgeführt werden. Die Bestimmungen zur Deklaration der hergestellten Futtermittel nach aktueller

Positivliste und die Kennzeichnung als Futtermittel aus dem QS-System, runden gemeinsam mit dem durchzuführenden Futtermittelmonitoring und dem Rückstellmusterhandling den Leitfaden zur Futtermittelherstellung ab.

Bearbeitet wird die Positivliste in der Normenkommission Einzelfuttermittel. Herausgeber ist der Zentralausschuss der deutschen Landwirtschaft:

- Deutscher Bauernverband e. V.,
- Deutsche Landwirtschafts-Gesellschaft e. V.,
- Deutscher Raiffeisen-Verband e. V.,
- Verband der Landwirtschaftskammern e. V.

Die QS-Zertifizierung wird von vielen internationalen Standardgebern, wie z. B. GMP+ anerkannt. Umgekehrt erkennt auch QS andere Standards für die Einzelfuttermittelherstellung an. Demnach ist die Zertifizierung eines Systems zur Futtermittelsicherheit (GMP+, QS, …) ausreichend für die Belieferung verschiedener Kunden im Ausland.

Mit der QS-Inspektion bietet die QS GmbH den Kleinstherstellern von Einzelfuttermitteln eine fachgerechte Qualitätssicherung. Diese den speziellen Anforderungen angepasste Kontrolle ermöglicht den Kleinstherstellern die nachfolgenden Stufen (Mischfutterhersteller und Landwirtschaft) im QS-System zu beliefern. Als Kleinsthersteller von Einzelfuttermitteln gelten die Produzenten, deren Jahresproduktion Futtermittel 1 000 t (Trockenmasse) nicht überschreiten.

Der QS-Inspektion umfasst die relevanten Kriterien der Qualitätssicherung, die im Rahmen der neutralen Kontrolle nachgewiesen werden müssen (u. a. ein kontrollfähiges, firmenspezifisches HACCP-Konzept) und leistet Hilfestellung bei der Erfüllung der Anforderungen, z. B. aus der Futtermittelhygieneverordnung (Verordnung (EG) Nr. 183/2005).

Weitere Elemente sind zum Beispiel Betriebshygiene und Endproduktkontrollen. Die Hersteller müssen sicherstellen, dass geltende rechtliche Vorgaben sowie QS-spezifische Bestimmungen eingehalten werden.

13.5.2 Fazit

Zum einen werden die Anforderungen an Mühlenbetriebe durch die europäische Gesetzgebung zur Lebens- und Futtermittelsicherheit (EU Basisverordnung, EU Hygienerecht, etc.) festgelegt. Zudem sind die Ansprüche der Kunden in einem globalisierten Markt hinsichtlich der Lebens- und Futtermittelsicherheit stark gestiegen. Der Lebensmitteleinzelhandel (LEH) legt also auch verstärkt Anforderungen an seine Lieferanten fest. Dabei werden Mühlenbetriebe, die zwar nicht selber den LEH aber beispielsweise

Backbetriebe mit Siloware beliefern, vermehrt angehalten die Sicherheitsstandards, wie der IFS Food sie fordert, zu erfüllen.

Um den Anforderungen auf dem heutigen und zukünftigen Lebens- und Futtermittelmarkt gerecht werden zu können, muss sich jeder Betrieb mit den aufgezeigten Notwendigkeiten beschäftigen und eine entsprechende Dokumentation, falls noch nicht geschehen, aufbauen und weiterentwickeln. Gesetze und Verordnungen sind von jedem Unternehmen einzuhalten. Ein funktionierendes Lebensmittel-/ Futtermittelsicherheitsmanagementsystem, welches innerhalb eines Audits von einer Zertifizierungsstelle geprüft wird, hilft den Betrieben sowohl die gesetzlichen als auch die kundenseitigen Anforderungen zu erfüllen.

Verwendete Abkürzungen

DIN	Deutsches Institut für Normung
EN	Europäische Norm
GFL	General Food Law = EU Basisverordnung zur Lebensmittel- und Futtermittelsicherheit
GMP	Good Manufacturing Practice = Gute Herstellungspraxis
HACCP	Hazard Analysis Critical Control Points = Risikoanalyse der kritischen Steuerungs-/ Lenkungspunkte
IFS	International Featured Standard
ISO	Internationale Standard Organisation
LFGB	Lebensmittel und Futtermittel-Gesetzbuch
LMHV	Lebensmittelhygiene-Verordnung
PDV	Productshap Diervooder = Markenverband für Tierfutter (NL)
QMS	Qualitätsmanagement-System

Literaturverzeichnis

[1] *International Featured Standard, IFS Food Version 6.1, November 2017, IFS Management GmbH, Berlin, www.ifs-certification.com*

[2] *British Retail Consortium – BRC Global Standards, Food Safety Issue 8, 01. August 2018, BRC Global Standard, London (GB) www.brcglobalstandards.com*

[3] *Food Safety System Certification – FSSC 22000, Version 4.1 Juli 2017, Foundation FSSC 22000 Gorinchem (NL), www.fssc22000.com*

[4] *DIN EN ISO 9001:2015-11, Qualitätsmanagementsysteme Anforderungen November 2015, Beuth-Verlag GmbH, Berlin, www.beuth.de*

[5] *GMP+ FSA »Feed Safety Assurance« – Futtermittelsicherheit, GMP+ International B.V, Rijswijk (NL), www.gmpplus.org*

[6] *QS Leitfaden Futtermittelwirtschaft, 01. Juli 2018, QS Qualität und Sicherheit GmbH, www.q-s.de*

Mitteilung der EU-Kommission: Anwendbarkeit des Vorsorgeprinzips KOM (2000) 1 endgültig, Brüssel den 2. Februar 2000

[7] *Verordnung (EG) Nr. 178/2002 vom 28. Januar 2002 zur Festlegung der allgemeinen Grundsätze und Anforderungen des Lebensmittelrechts, zur Errichtung der Europäischen Behörde für Lebensmittelsicherheit und zur Festlegung von Verfahren zur Lebensmittelsicherheit, Amtsblatt L 31/1 vom 1.2.2002, www.eur-lex.europa.eu/legal-content/DE/TXT/?uri=CELEX:32002R0178*

[8] *Verordnung (EG) Nr. 852/2004 vom 29. April 2004 über Lebensmittelhygiene, Amtsblatt der EU Nr. L 139/1 vom 30.04.2004, www.eur-lex.europa.eu/legal-content/DE/TXT/?uri=celex%3A32004R0852*

[9] *Verordnung (EG) Nr. 183/2005 vom 12. Januar 2005 mit Vorschriften für die Futtermittelhygiene, Amtsblatt L 35/1 vom 8.2.2005, www.eur-lex.europa.eu/legal-content/DE/TXT/?uri=CELEX%3A32005R0183*

[10] *Leitfaden HACCP für Mühlenbetriebe, Hrsg.: Arbeitsgemeinschaft Getreideforschung e. V., 1995, 32756 Detmold*

[11] *Verordnung (EG) Nr. 1935/2004 vom 27. Oktober 2004 über Materialien und Gegenstände, die dazu bestimmt sind, mit Lebensmitteln in Berührung zu kommen, Amtsblatt L 338/4 vom 13.11.2004, https://eur-lex.europa.eu/legal-content/DE/TXT/?uri=celex:32004R1935*

[12] *Verordnung (EU) Nr. 10/2011 vom 14. Januar 2011 über Materialien und Gegenstände aus Kunststoff, die dazu bestimmt sind, mit Lebensmitteln in Berührung zu kommen, Amtsblatt L 12/1 vom 15.01.2011, https://eur-lex.europa.eu/legal-content/DE/TXT/?qid=1541603891795&uri=CELEX:32011R0010*

[13] *DNV GL, Business Assurance – www.dnvgl.de/services/ifs-global-markets-food-85102*

[14] *British Retail Consortium, BRC Global Standards Bookshop, www.brcbookshop.com,*

[15] *Lebensmittel- und Futtermittelgesetzbuch (LFGB) in der Fassung der Bekanntmachung vom 3. Juni 2013 (BGBl. I S. 1426), das zuletzt durch Artikel 1 des Gesetzes vom 30. Juni 2017 (BGBl. I S. 2147) geändert worden ist*

[16] *Recommended International Code of Practice - General Principles of Food Hygiene incl. HACCP, CAC/RCP 1-1969, Revision 3 (2003)*

[17] *Verordnung (EU) Nr. 1169/2011 vom 25. Oktober 2011 betreffend die Information der Verbraucher über Lebensmittel (LMIV), Amtsblatt L 304/18 vom 22.11.2011, https://eur-lex.europa.eu/legal-content/DE/ALL/?uri=CELEX%3A32011R1169*

[18] *Herstellung von Futtermittelinhaltsstoffen - GMP+ B 2, Fassung DE: 1. Juli 2018, GMP+ Feed Certification scheme, www.gmpplus.org, GMP+ International b.v., Rijswijk (NL)*

[19] *QS – Ihr Prüfsystem für Lebensmittel, Qualität und Sicherheit GmbH, Bonn, www.q-s.de*

[20] *QS Leitfaden Futtermittelwirtschaft Stand: 01.07.18, Qualität und Sicherheit GmbH, Bonn, https://www.q-s.de/dokumentencenter/dc-futtermittelwirtschaft.html*

14 Anlagensicherheit/ Explosionsschutz

Dr. Frank Hauert, Stefan Grund

14.1 Rechtliche Grundlagen

Für alle Betriebe, in denen durch Gase oder Stäube explosionsfähige Atmosphäre entstehen kann, sind seit dem 1. Juli 2003 die Anforderungen von zwei europäischen Richtlinien maßgebend, die in den einzelnen Mitgliedsstaaten der EU jeweils in nationales Recht umgesetzt wurden:

- Die Richtlinie 2014/34/EU (früher 94/9/EG) [9], umgesetzt mit der 11. Verordnung zum Produktsicherheitsgesetz (ProdSG) und
- die Richtlinie 1999/92/EG [8], national in erster Linie durch die Gefahrstoffverordnung (GefStoffV) [2] sowie die Betriebssicherheitsverordnung (BetrSichV) [3] umgesetzt.

Da Mühlenbetriebe brennbare Stäube verarbeiten, die aufwirbeln und dabei explosionsfähige Atmosphäre bilden können, sind die Betriebe von beiden Richtlinien hinsichtlich des Explosionsschutzes betroffen. Die Richtlinie 2014/34/EU regelt das Inverkehrbringen von Produkten, hier Geräte, Schutz-

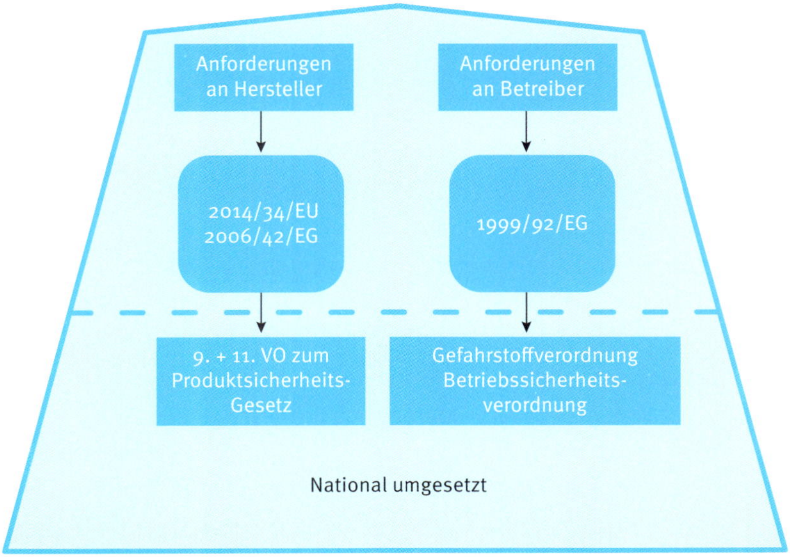

Abb. 14-1: Unterscheidung der Anforderung an Hersteller und Betreiber von Anlagen in explosionsfähiger Atmosphäre

systeme sowie Sicherheits-, Kontroll- und Regelvorrichtungen zum Einsatz in explosionsgefährdeten Bereichen und wendet sich an den Hersteller dieser Produkte. Die Richtlinie 1999/92/EG regelt den betrieblichen Gesundheits- und Arbeitsschutz und hat den Betreiber als Adressaten.

14.2 Betreiberrichtlinie 1999/92/EG

Die Richtlinie 1999/92/EG [8] beschreibt die Anforderungen an den Explosionsschutz beim Betreiben von Anlagen. Diese Richtlinie wird durch die Gefahrstoffverordnung (GefStoffV) sowie die Betriebssicherheitsverordnung (BetrSichV) [2] in deutsches Recht überführt. Die Forderungen der Gefahrstoffverordnung, insbesondere zur Zoneneinteilung, werden in den folgenden Abschnitten beschrieben.

14.2.1 Zoneneinteilung bei Stäuben und Anforderungen in diesen Bereichen

Gemäß den Anforderungen der Gefahrstoffverordnung kann der Arbeitgeber explosionsgefährdete Bereiche in Zonen einteilen. Wird auf eine Zoneneinteilung verzichtet, sind die Anforderungen an die höchste Kategorie (Kategorie 1) für alle elektrischen und nicht elektrischen Geräte gemäß der Richtlinie 2014/34/EU zu erfüllen. Dies ist in der Regel nicht sinnvoll, da damit auf ein risikobasiertes Explosionsschutzkonzept verzichtet wird und unnötige Kosten für den Betreiber entstehen.

Somit sollte jeder Mühlenbetreiber in seinem Betrieb eine Zoneneinteilung für die Bereiche vornehmen, in denen mit dem Auftreten von gefährlicher explosionsfähiger Atmosphäre mit einer gewissen Wahrscheinlichkeit gerechnet werden muss.

Explosionsgefährdete Bereiche sind als Bereiche definiert, in denen die Atmosphäre aufgrund der örtlichen und betrieblichen Verhältnisse explosionsfähig werden kann.

Für brennbare Stäube sind die Zonen wie folgt definiert (s. Anhang 1 Nr. 1 aus [2]):

- Zone 20 ist ein Bereich, in dem gefährliche explosionsfähige Atmosphäre in Form einer Wolke aus brennbarem Staub, der in der Luft enthalten ist, ständig, über lange Zeiträume oder häufig vorhanden ist.
- Zone 21 ist ein Bereich, in dem sich im Normalbetrieb gelegentlich eine gefährliche explosionsfähige Atmosphäre in Form einer Wolke aus in der Luft enthaltenem brennbaren Staub bilden kann.
- Zone 22 ist ein Bereich, in dem im Normalbetrieb eine gefährliche explosionsfähige Atmosphäre in Form einer Wolke aus in der Luft enthal-

tenem brennbaren Staub normalerweise nicht auftritt, und wenn doch, dann nur selten und für kurze Zeit.

Als Normalbetrieb gilt dabei der Zustand, in dem Anlagen innerhalb ihrer Auslegungsparameter benutzt bzw. betrieben werden.

Inspektion und Wartung sowie die Freisetzung geringer Mengen brennbarer Stoffe können zum Normalbetrieb gehören, z. B. die geringe Freisetzung von Stoffen

- aus Dichtungen oder
- bei betriebsüblichen Störungen (z. B. Abrutschen eines Sacks von einer Fülleinrichtung).

  Störungen (z. B. Versagen von Dichtungen, von Pumpen oder Flanschen oder die Freisetzung von Stoffen infolge von Unfällen), die z. B. eine Instandsetzung oder eine Abschaltung der Anlage/Komponente erfordern, werden nicht als Normalbetrieb angesehen.

Eine Zone 20 ist im Allgemeinen nur im Inneren von Behältern, Rohrleitungen, Apparaturen etc. zu erwarten.

In der Praxis ist zu beachten, dass das Vorhandensein von Staub nicht unbedingt auch eine explosionsfähige Atmosphäre zur Folge hat. Erst wenn die Staubkonzentration die untere Explosionsgrenze (UEG), die charakteristisch für den jeweiligen Staub ist, übersteigt, wird von explosionsfähiger Atmosphäre gesprochen (s. Abb. 14-2). Daher lässt sich insbesondere durch Reinigung der Räume aber auch durch entsprechende Wartung der Anlagen (Verhinderung des Staubaustritts) die vorhandene Zone beeinflussen.

Im Anschluss an die Zoneneinteilung müssen in der Anlage die grundlegenden Anforderungen hinsichtlich des Brand- und Explosionsschutzes umgesetzt werden (Anhang 1 Nummer 1 in [2]).

Hierzu zählen u. a.:

- Festlegung der organisatorischen und technischen Schutzmaßnahmen nach dem Stand der Technik, die zum Schutz von Gesundheit und Sicherheit der Beschäftigten oder anderer Personen vor Brand- und Explosionsgefährdungen erforderlich sind.

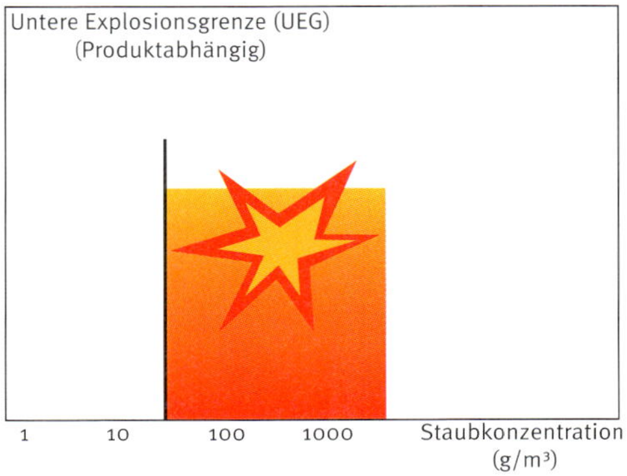

Abb. 14-2: Der Konzentrationsbereich oberhalb der produktabhängigen unteren Explosionsgrenze (UEG) liefert explosionsfähige Atmosphäre. Bei Weizen- und Roggenmehl liegt die UEG bei ca. 30 g/m³. Die Häufigkeit und Dauer des Überschreitens der UEG bestimmt die Zone.

- Frei werdende Gefahrstoffe, die zu Brand- oder Explosionsgefährdungen führen können, sind an ihrer Austritts- oder Entstehungsstelle gefahrlos zu beseitigen, soweit dies nach dem Stand der Technik möglich ist.
- Arbeitsbereiche mit Brand- oder Explosionsgefährdungen sind
  - mit Flucht- und Rettungswegen sowie Ausgängen in ausreichender Zahl so auszustatten, dass die Beschäftigten die Arbeitsbereiche im Gefahrenfall schnell, ungehindert und sicher verlassen und Verunglückte jederzeit gerettet werden können,
  - so zu gestalten und auszulegen, dass die Übertragung von Bränden und Explosionen sowie die Auswirkungen von Bränden und Explosionen auf benachbarte Bereiche vermieden werden,
  - mit ausreichenden Feuerlöscheinrichtungen auszustatten; die Feuerlöscheinrichtungen müssen, sofern sie nicht selbsttätig wirken, gekennzeichnet, leicht zugänglich und leicht zu handhaben sein,
  - mit Angriffswegen zur Brandbekämpfung zu versehen, die so angelegt und gekennzeichnet sind, dass sie mit Lösch- und Arbeitsgeräten schnell und ungehindert zu erreichen sind.
- das Erstellen von schriftlichen Anweisungen und Arbeitsfreigaben
- die Unterweisung der Beschäftigten
- Beschäftigte in explosionsgefährdeten Bereichen müssen angemessen beaufsichtigt werden

Zu den Anforderungen nach der Gefahrstoffverordnung zählt auch die Kennzeichnung der Bereiche, in denen explosionsfähige Atmosphäre auftreten kann; also dort wo eine Zone definiert ist. Die Kennzeichnung erfolgt mit dem gelb unterlegten Symbol an den Zugängen zu diesen Bereichen.

Der Mühlenbetreiber ist weiterhin verpflichtet ein Explosionsschutzdokument bereitzuhalten (§6 (9) GefStoffV).

Es handelt sich dabei um die Dokumentation einer Gefährdungsbeurteilung, in der die Risiken, die von gefährlichen explosionsfähigen Gemischen ausgehen, beurteilt werden müssen. Dabei ist in Mühlenbetrieben insbesondere die Wahrscheinlichkeit für das Auftreten von explosionsfähiger Atmosphäre und von Zündquellen unter Berücksichtigung der Anlage und der verwendeten Stoffe zu beurteilen. Weiterhin sind die möglichen Auswirkungen einer dennoch auftretenden Explosion zu ermitteln.

Ausgehend von den Ergebnissen dieser Gefährdungsbeurteilung sind die erforderlichen Schutzmaßnahmen, z. B. Maßnahmen zur Vermeidung explosionsfähiger Atmosphäre, Maßnahmen zur Vermeidung von Zündquellen, Maßnahmen des konstruktiven Explosionsschutzes und auch organisatorische Maßnahmen festzulegen.

Die Gefahrstoffverordnung fordert hier ausdrücklich eine vollständige Darlegung des Explosionsschutzkonzepts im Explosionsschutzdokument.

Aus dem Explosionsschutzdokument muss insbesondere hervorgehen,

1. dass alle relevanten Explosionsgefährdungen ermittelt und einer Bewertung unterzogen worden sind,
2. welche Maßnahmen zu Explosionsschutz getroffen wurden (Darlegung eines Explosionsschutzkonzepts),
3. ob und welche Bereiche in Zonen eingeteilt wurden,
4. für welche Bereiche Explosionsschutzmaßnahmen gemäß den Anforderungen der GefStoffV getroffen wurden,
5. wie die Vorgaben bezüglich der Koordination von Fremdarbeiten umgesetzt werden und
6. welche Prüfungen zum Explosionsschutz gemäß BetrSichV durchzuführen sind.

In welcher Form die Dokumentation erfolgt, bleibt dem Unternehmer überlassen, sie muss aber immer auf dem aktuellen Stand gehalten werden. Dies bedeutet, dass nach Änderungen an der Anlage oder auch den verarbeiteten Produkten eine entsprechende Anpassung des Explosionsschutzdokuments erfolgen muss. Auf bereits vorhandene Gefährdungsbeurteilungen oder andere relevante Dokumente kann bei der Erstellung des Explosionsschutzdokuments verwiesen werden [14].

Weiterhin ist der Betreiber verpflichtet die Ex-Anlage entsprechend der Vorgaben des Anhangs 2 Abschnitt 3 der BetrSichV wiederkehrend von einer ZÜS (zugelassene Überwachungsstelle) oder einer befähigten Person prüfen zu lassen.

Hier sind insbesondere Geräte, Schutzsysteme und Sicherheits-, Kontroll- und Regelvorrichtungen im Sinne der Richtlinie 2014/34/EU wiederkehrend alle 3 Jahre sowie die Anlagen in explosionsgefährdeten Bereichen (Gesamtanlage) hinsichtlich ihrer Explosionssicherheit alle 6 Jahre zu prüfen.

Wer genau als befähigte Person gilt, ist dem Anhang 2 Abschnitt 3 der BetrSichV zu entnehmen.

Es ist dabei anzumerken, dass es nicht die eine befähigte Person zur Durchführung von Prüfungen von Anlagen in explosionsgefährdeten Bereichen gibt. Vielmehr ist je nach der Prüfart und dem zu prüfenden Arbeitsmittel eine entsprechend geeignete befähigte Person mit der Prüfung zu beauftragen.

Dies bedeutet, dass z. B. elektrische Betriebsmittel durch eine Elektrofachkraft, die die weiteren Voraussetzungen wie Explosionsschutzerfahrung und zeitnahe berufliche Tätigkeit erfüllt oder ein Schutzsystem z. B. durch den Hersteller geprüft werden können.

14.3 Anforderungen an Produkte nach der Richtlinie »2014/34/EU«

Die europäische Richtlinie 2014/34/EU [9] wendet sich ähnlich wie die Maschinenrichtlinie an Hersteller bzw. Inverkehrbringer von Geräten, Komponenten, Schutzsystemen sowie Sicherheits-, Kontroll- und Regelvorrichtungen, die in explosionsgefährdeten Bereichen eingesetzt werden (zu den Begriffen s. Tab. 14-1). Sie ist seit dem 1.7.2003 verbindlich.

Diese Produktrichtlinie gilt neben den elektrischen Geräten auch für sogenannte nichtelektrische Geräte (z. B. Mühlen, Mischer, Förderer) sowie für Schutzsysteme, wie z. B. Druckentlastungseinrichtungen und Unterdrückungsanlagen.

Der Hersteller muss zunächst für sein Produkt anhand einer Risikobeurteilung feststellen, welche Zündquellen auftreten können. Anhand des Ergebnisses legt er für sein Produkt die entsprechende Kategorie fest (Tab. 14-2). Die Einteilung der Kategorien richtet sich nach der Sicherheitsstufe des Produkts

Tab. 14-1: Definition der Begriffe

Geräte	sind Maschinen, Betriebsmittel, stationäre oder ortsbewegliche Vorrichtungen, Steuerungs- und Ausrüstungsteile sowie Warn- und Vorbeugungssysteme, die einzeln oder kombiniert zur Erzeugung, Übertragung, Speicherung, Messung, Regelung und Umwandlung von Energien sowie zur Verarbeitung von Werkstoffen bestimmt sind und die durch eine eigene potenzielle Zündquelle eine Explosion verursachen können.
Beispiele:	Mühlen, Zentrifugen, Rührwerke, Hebezeuge, Elevatoren, Pressen, Leuchten
Komponenten	sind solche Bauteile, die für den sicheren Betrieb von Geräten und Schutzsystemen erforderlich sind, ohne jedoch selbst eine autonome Funktion zu erfüllen.
Beispiele:	Druckfeste Gehäuse, Lager, Messfühler, Ventilatorblätter
Schutzsysteme	sind alle Vorrichtungen mit Ausnahme der Komponenten der vorstehend definierten Geräte, die anlaufende Explosionen umgehend stoppen und/oder den von einer Explosion betroffenen Bereich begrenzen. Sie werden als autonome Systeme in Verkehr gebracht.
Beispiele:	Explosionsunterdrückungssysteme, Druckentlastungseinrichtungen, Schnellschlussschieber
Sicherheits-, Kontroll- und Regelvorrichtungen	sind für den Einsatz außerhalb von explosionsgefährdeten Bereichen vorgesehen. Sie sind jedoch im Hinblick auf Explosionsgefahren für den sicheren Betrieb von Geräten und Schutzsystemen erforderlich oder tragen dazu bei.
Beispiele:	Steuerzentrale für Explosionsunterdrückungsanlage

und entscheidet darüber in welcher Zone das Gerät eingesetzt werden darf. Abhängig von dieser Kategorie muss der Hersteller/Inverkehrbringer mit seinen Produkten ein bestimmtes Konformitätsbewertungsverfahren (z. B. EG-Baumusterprüfung oder »Interne Fertigungskontrolle« nach Anhang VIII der Richtlinie) durchlaufen (s. Abb. 14-3), bevor die EG-Konformitätserklärung ausgestellt und das CE-Zeichen angebracht werden darf.

In einigen Fällen (z. B. für Geräte in »Zone 20« und damit Kategorie 1) fordert die Richtlinie als Teil des Konformitätsbewertungsverfahrens eine EG-Baumusterprüfung (Zertifizierung), die von einer benannten Stelle ausgestellt wird. Hier ist zudem eine Bewertung des Qualitätssicherungssystems des Herstellers durch eine benannte Stelle erforderlich.

Im Fall von nichtelektrischen Geräten der Kategorien 2 und 3 reicht die Interne Fertigungskontrolle aus. Dies bedeutet, dass alle notwendigen Unterlagen wie z. B. Konstruktionspläne, Zeichnungen, Berechnungen, Beschreibungen des Produkts, Zündgefahrenbewertung und eine Liste der angewandten Normen zusammengestellt werden und – nur bei Kategorie 2 – an eine benannte Stelle zur Aufbewahrung geschickt werden. Im Falle von Kategorie 3-Produkten verbleiben diese Unterlagen beim Hersteller.

Durch solch ein Konformitätsbewertungsverfahren bestätigt der Hersteller, dass sein Produkt die grundlegenden Sicherheitsanforderungen (nach Anhang II in [9]) erfüllt, also konform mit der Richtlinie ist. Die Produkte müssen, um die Sicherheitsanforderungen der Richtlinie in Abhängigkeit von der zugewiesenen Kategorie zu erfüllen, bestimmte Kriterien hinsichtlich der Wahrscheinlichkeit des Auftretens von Zündquellen erfüllen.

Diese sind in Tabelle 14-2 aufgeführt. Anhand einer Risikobeurteilung muss der Hersteller ermitteln, ob Zündquellen auftreten, wenn ja, mit welcher Wahrscheinlichkeit und wie er diese vermeidet.

Tab. 14-2: Komponenten und Geräte (für explosionsfähige Atmosphäre durch Staub) werden folgendermaßen in Kategorien eingeteilt.

Mit explosionsfähiger Atmosphäre ...	**»Zone« gem. BetrSichV**	**Kategorie nach 2014/34/EU**	**Gerätesicherheit muss gewährleistet sein ...**	**Die Geräte haben ein ...**
muss ständig, häufig und langzeitig gerechnet werden	20	1	selbst bei seltenen Gerätestörungen	sehr hohes Sicherheitsmaß
ist gelegentlich zu rechnen	21	2	bei häufigen Gerätestörungen oder Fehlerzuständen, die üblicherweise zu erwarten sind	hohes Sicherheitsmaß
muss nicht gerechnet werden, und wenn dann nur kurzzeitig	22	3	im Normalbetrieb	normales Sicherheitsmaß

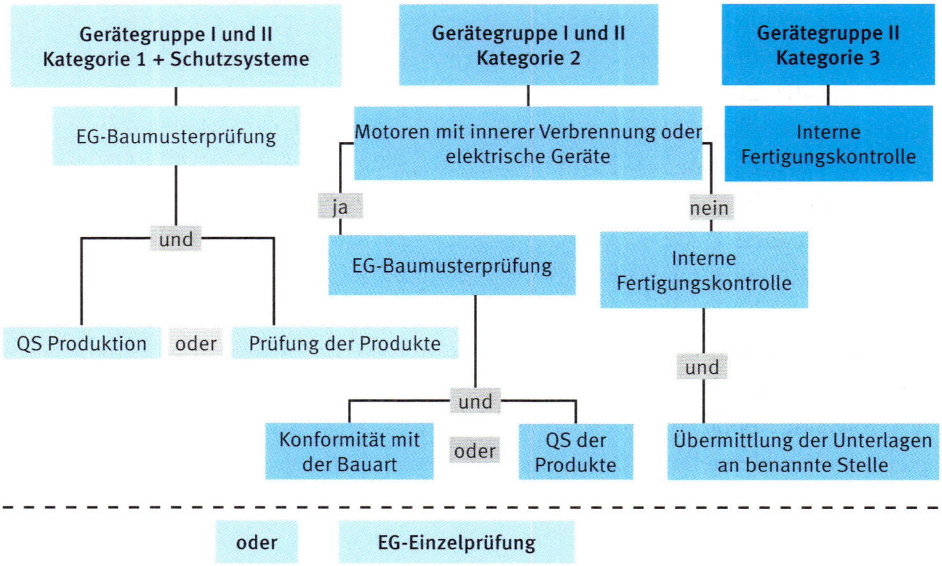

Abb. 14-2: Die notwendigen Konformitätsbewertungsverfahren in Abhängigkeit von der Gerätekategorie

Selbstverständlich können beispielsweise Geräte der Kategorie 1 auch in Bereichen eingesetzt werden, in denen nach den Vorgaben nur ein Gerät der Kategorie 2 oder 3 notwendig wäre.

Obwohl sich die Richtlinie an den Hersteller wendet, muss der Mühlenbetreiber ebenfalls über die Anforderungen Bescheid wissen, da dieser von seinem Lieferanten die entsprechenden Unterlagen (Betriebsanleitung, Konformitätserklärung) nach der RL 2014/34/EU fordern und prüfen muss.

14.3.1 Wie kann der Mühlenbetreiber erkennen, ob der Hersteller die RL 2014/34/EU erfüllt hat?

Die Richtlinie legt u. a. fest, wie das Gerät zu kennzeichnen ist, d. h. am Typenschild kann erkannt werden, ob die RL 2014/34/EU angewandt wurde.

Die Kennzeichnung von Geräten besteht aus dem CE-Zeichen, gefolgt von dem bekannten sechseckigen Ex-Symbol und der Gerätegruppe I oder II (außer im Bergbau, unter Tage immer II). Dann folgt die Kategorie sowie bei Stäuben der Buchstabe »D«. Anschließend können noch weitere Angaben über verwendete Schutzarten oder die maximale Oberflächentemperatur des Gerätes folgen. Bei Komponenten hat die Kennzeichnung in gleicher Weise zu erfolgen, jedoch ohne das CE-Zeichen.

Beispiel: Beschließt ein Mühlenbetrieb eine neue Siebmaschine anzuschaffen, so muss für diese durch den Hersteller eine EG-Konformitätserklärung gemäß der »RL 2014/34/EU« ausgestellt werden, und alle dort geforderten Bedingungen erfüllt sein. Im Innern der Siebmaschine ist i. d. R. zeitlich überwiegend mit explosionsfähiger Atmosphäre zu rechnen. Somit ergibt sich eine Zone 20 für das Innere der Maschine. Die Siebmaschine hat damit der Kategorie 1 zu entsprechen. In der Umgebung der Siebmaschine nehmen wir Zone 22 an und benötigen damit die Kategorie 3 (Tab. 14-2).

Abbildung 14-3 zeigt exemplarisch das Typenschild für eine Siebmaschine. Als Alternative kann sich der Betreiber diese Information auch aus der Konformitätserklärung holen, die der Hersteller ausstellt und mitliefern muss.

Die folgende Abbildung 14-4 veranschaulicht noch einmal das Zusammenspiel zwischen Hersteller und Betreiber bei der Beschaffung von Produkten, die der Richtlinie 2014/34/EU unterliegen.

14.4 Weitere Vorgaben für Arbeitsmittel nach der Betriebssicherheitsverordnung

Von der Betriebssicherheitsverordnung sind nicht nur Anlagen, die in explosionsgefährdeten Bereichen eingesetzt werden, bzw. Druckbehälter und Aufzüge erfasst, sondern alle Arbeitsmittel, die der Arbeitgeber seinen Beschäftigten zur Verfügung stellt, betroffen. D. h. die Verordnung gilt sowohl für den Bleistiftspitzer als auch für komplexe Anlagen. Hierfür muss der Arbeitgeber u. a.:

- alle Gefährdungen, die von dem Arbeitsmittel ausgehen, ermitteln und bewerten, d. h. eine Gefährdungsbeurteilung erstellen

Abb. 14-3: Typenschild für die oben abgebildete Siebmaschine mit Kategorie 1 im Innern und Kategorie 3 im Außenbereich. Die maximal erreichbare Oberflächentemperatur beträgt 135 °C.

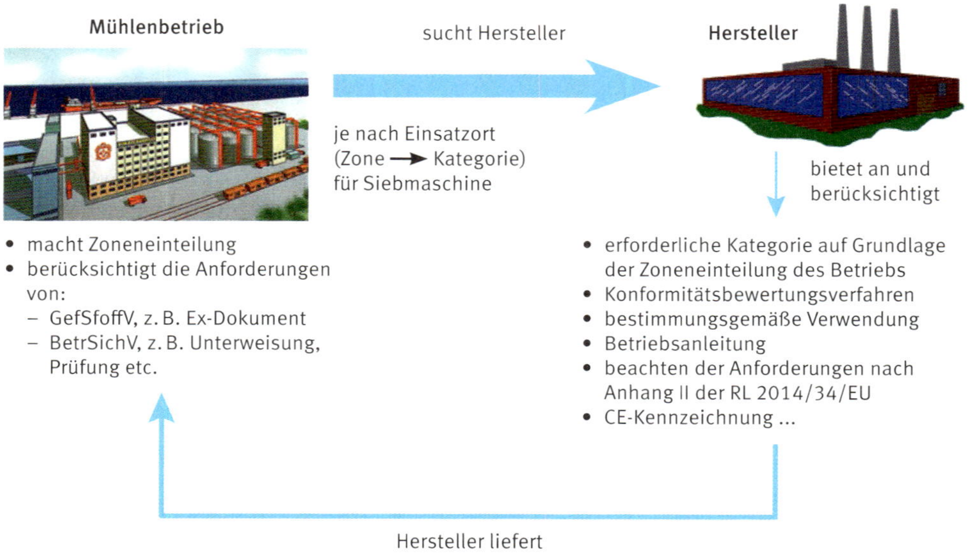

Abb. 14-4: Ablaufschema für das Zusammenspiel zwischen Hersteller und Betreiber bei der Beschaffung von Produkten, die der Richtlinie 2014/34/EU unterliegen.

- die Gefährdungen so gering wie möglich halten
- darauf achten, dass er nur Arbeitsmittel zur Verfügung stellt, die geeignet sind und dem Stand der Technik entsprechen
- Fristen nach der Gefährdungsbeurteilung festlegen, wann die Arbeitsmittel zu prüfen sind
- die Beschäftigten entsprechend unterweisen

14.5 Praktische Umsetzung von Explosionsschutzmaßnahmen

Um die durch die Richtlinie bzw. nationalen Gesetze geforderte Sicherheit zu erreichen, müssen entsprechende Maßnahmen angewandt werden. Im Folgenden werden die grundsätzlich möglichen Explosionsschutzmaßnahmen vorgestellt.

Prinzipiell ist zwischen vorbeugenden und konstruktiven Schutzmaßnahmen zu unterscheiden [1,10]. Während vorbeugende Explosionsschutzmaßnahmen der Vermeidung von Staubexplosionen dienen, können konstruktive Schutzmaßnahmen diese zwar nicht verhindern, sie begrenzen aber die Auswirkungen auf ein ungefährliches Maß (Abb. 14-5).

Da in vielen industriellen Anlagen die vorbeugenden Maßnahmen insbesondere im Hinblick auf eine ausreichend sichere Vermeidung von Zündquellen alleine keinen hinreichenden Schutz bieten können, werden in der Regel beide Maßnahmenpakete in Kombination angewendet.

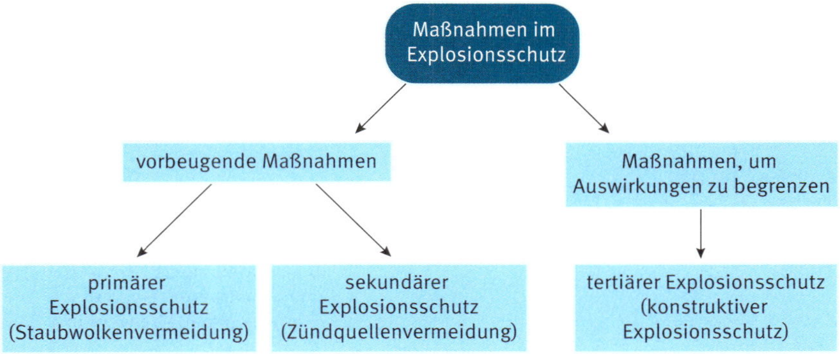

Abb. 14-5: Die Schutzmaßnahmen im Explosionsschutz lassen sich gemäß des dargestellten Schemas unterteilen. Die organisatorischen Maßnahmen sind sowohl in den primären als auch in den sekundären Maßnahmen enthalten.

14.5.1 Vorbeugende Schutzmaßnahmen

Vermeidung explosionsfähiger Staub/Luft-Gemische

Primär sollten Arbeitsverfahren und Prozesse so geführt werden, dass das Auftreten von Staub/Luft-Gemischen innerhalb der Explosionsgrenzen vermieden wird. Wie Gefährdungsbeurteilungen einzelner Anlagenbereiche in der Industriepraxis jedoch zeigen, sind explosionsfähige Staubkonzentrationen nicht generell zu verhindern, da die explosionsfähige Atmosphäre i. d. R. durch das verarbeitete Produkt gebildet wird. In jedem Falle sollte jedoch der Staubeintritt in Bereiche, die betriebsmäßig nicht durch explosionsfähige Staub/Luft-Gemische belastet sind (z. B. Aufstellungsräume der Anlage), so gut wie möglich vermieden werden.

Hierzu dienen vor allem folgende Maßnahmen:

- Absaugung des Staubes an der Entstehungsstelle
- Verhinderung des Staubaustritts durch Innenaspiration
- staubdichte Ausführung der technischen Einrichtungen (z. B. mechanische Fördereinrichtungen, Entstauber, Abscheider, pneumatische Fördersysteme)
- Verhinderung von Staubablagerungen in Räumen durch regelmäßige Reinigung

Im Luftstrom von Raumluftabsauganlagen und Reingasleitungen nach Filtereinrichtungen wird im Normalbetrieb die untere Explosionsgrenze nicht erreicht. Im Laufe der Zeit muss jedoch mit Ablagerungen von Staub gerechnet werden. Beim Aufwirbeln dieser Produktablagerungen kann ein explosionsfähiges Staub/Luft-Gemisch entstehen, weshalb hier ebenfalls wiederkehrende Reinigung erforderlich ist.

Die Inertisierung, d. h. die Reduktion des Luftsauerstoffs, der für eine Entzündung nötig ist, durch Zugabe von zumeist Stickstoff oder Kohlendioxid, findet aufgrund der fehlenden Gasdichtheit in Mühlenanlagen in der Regel keine Anwendung.

Vermeidung von Zündquellen

Staubexplosionen können verhindert werden, wenn das Auftreten von wirksamen Zündquellen vermieden wird. Hierunter sind solche Zündquellen zu verstehen, die aufgrund ihrer Eigenschaften (z. B. Energie, Temperatur, Zeitverlauf) in der Lage sind, die betreffenden Staub/Luft-Gemische zu entzünden.

Als Zündquellen für Staubexplosionen sind insbesondere zu beachten:

- Triviale Zündquellen, wie Schweißen, Schleifen, glimmende Tabakreste durch Rauchen usw.
- heiße Oberflächen, z. B. durch Reibung bewegter Teile (z. B. der Gurt an der Scheibe im Elevator)
- defekte Lager (z. B. am Elevator)
- metallische Fremdkörper (z. B. Schraube im Mahlwerk einer Hammermühle)
- mechanisch erzeugte Funken (Schleif- und Reibfunken)
- Lichtbögen, Funken und heiße Oberflächen nicht staubexplosionsgeschützter elektrischer Betriebsmittel
- elektrostatische Entladungen, speziell Funkenentladungen, Gleitstielbüschelentladungen und Schüttkegelentladungen
- Glimmnester

Heiße Oberflächen

Heiße Oberflächen haben sich in der Praxis als sehr häufig auftretende Zündquellen erwiesen. Sie können durch direkten Kontakt sowohl Staubexplosionen auslösen als auch abgelagerten Staub entzünden. Sie werden häufig durch Störungen an Apparaten und Maschinen mit bewegten Teilen hervorgerufen, wie z. B. Motoren, Ventilatoren, mechanischen Fördereinrichtungen oder Gleit- und Wälzlagern, die über ihre Betriebstemperatur hinaus erhitzt werden.

Als Maßnahme, um beispielsweise die Reibung zwischen Gurt und Umlenkrolle beim Elevator nach dem Schanzen zu vermeiden, eignet sich eine Drehzahlüberwachung, die die Drehzahl der oberen und unteren Rolle vergleicht und bei Abweichungen den Antrieb stillsetzt. Das Anlaufen des Gurts an der Schachtwand wird z. B. mit einem Schieflaufwächter im Bereich der Umlenkrollen vermieden.

Damit heiße Oberflächen der Betriebsmittel nicht zur wirksamen Zündquelle werden, müssen diese einen ausreichenden Sicherheitsabstand zu den kritischen Temperaturwerten des Produkts haben. Sie dürfen ⅔ der Zündtemperatur des Staub/Luft-Gemisches nicht übersteigen [6].

An Flächen, auf denen eine gefährliche Ablagerung glimmfähigen Staubes nicht wirksam verhindert werden kann, muss die Oberflächentemperatur die Glimmtemperatur des jeweiligen Staubes um mindestens 75 °C unterschreiten [6, 10].

Die Zündtemperatur bzw. Glimmtemperatur sind stoffspezifische Größen, die experimentell im Labor ermittelt und in Datenbanken gesammelt werden (z. B. www.dguv.de/ifa/gestis/gestis-stoffdatenbank/index.jsp). Für Weizenmehl sind die Kenngrößen exemplarisch in Tabelle 14-3 aufgeführt.

Mechanische Funken

Mechanische Funken können durch Schleifen und Anschlagen bewegter Teile entstehen. Die Erfahrung hat in diesem Zusammenhang gezeigt, dass rotierende Teile, die sich mit einer Relativgeschwindigkeit von 1 m/s bewegen, im Allgemeinen keine Zündgefahr darstellen.

Elektrostatik

Bei der Betrachtung der Elektrostatik als Zündquelle wird zwischen verschiedenen Entladungsarten unterschieden, die in [4, 7] detailliert dargestellt sind.

Zündfähige Entladungen treten üblicherweise dann auf, wenn leitfähige Objekte (Anlagenteile, Gebinde, Produkte, Personen usw.), die nicht geerdet sind, aufgeladen werden und bei Annäherung an einen geerdeten Gegenstand Ladungsausgleich erfolgt.

Als Maßnahme gegen elektrostatische Aufladungen gilt: Alle metallischen Teile, die mit dem Staub in Kontakt stehen, müssen geerdet werden.

Um eine weitere Entladungsart, die sogenannte Gleitstielbüschelentladung, zu verhindern, sind vor allem kunststoffbeschichtete Metalloberflächen, wie sie z. B. in Silos zu finden sind oder andere isolierende Oberflächen in produktberührten Anlagenteilen zu vermeiden.

Tab. 14-3: Explosionstechnische Kenndaten für ein Weizenmehl, die im Labor nach genormten Verfahren gemessen wurden. Die einzelnen Kenndaten sind stark von der Korngrößenverteilung abhängig, die deshalb mit angegeben werden muss

	Korngrößenverteilung				
Fraktion [mm]	<500	< 250	< 125	< 63	< 32
Kornanteil [Gew.-%]	100	99	90	54	30

Selbstentzündung

Durch Selbstentzündung in Staubschüttungen können Glimmnester oder Brände entstehen, die für Staub/Luft- Gemische zur Zündquelle werden können. Die Selbstentzündung wird begünstigt durch schlechte Wärmeleitung von Staubschüttungen, durch erhöhte Produkttemperatur, große Lagermengen und lange Lagerzeiten ohne Bewegung des Produkts. Glimmnester in Schüttungen können nicht mit Sicherheit identifiziert werden und können deshalb unerkannt an beliebige Stellen der Betriebsanlage verschleppt werden.

Triviale Zündquellen

Bei Schweiß- und Trennschleifarbeiten werden Apparaturen und Rohrleitungen auf sehr hohe Temperaturen erhitzt. Die hierdurch entstehenden heißen Oberflächen haben in der Praxis oftmals Explosionen ausgelöst.

1. Wassergehalt	6	%
2. pmax	8,3	bar
3. KST	94	bar . [m/s]
4. Mindestzündenergie	›10	mJ
5. Untere Ex.-Grenze	30	g/m^3
6. Zündtemperatur	400	°C
7. Glimmtemperatur	›450	°C
8. Brennbarkeit	2	

Schweiß- und elektrische Lichtbögen reichen in jedem Fall zur Entzündung explosionsfähiger Staub/Luft-Gemische aus. Außerdem entstehen beim Schweißen und Schneiden Metall- und Schweißperlen, die nach allen Seiten mehrere Meter wegfliegen können und die ebenfalls sehr wirksame Zündquellen darstellen und Glimmnester in Staubablagerungen hervorrufen können. Wenn solche Arbeiten an staubführenden Apparaten oder in deren Nähe durchgeführt werden, so sind besondere Schutzmaßnahmen in Form von schriftlichen Festlegungen von Verhaltensweisen und Sicherheitsmaßnahmen zu ergreifen [2].

Konstruktive Schutzmaßnahmen

In Mühlenbetrieben ist das vollständige Vermeiden von explosionsfähiger Atmosphäre nicht möglich, da die explosionsfähige Atmosphäre innerhalb der Anlage durch das Produkt gebildet wird. Abhängig von der Zoneneinteilung ist ein entsprechend der Zone ausreichendes Niveau der Zündquellenvermeidung erforderlich. Liegt eine Zone 20 vor, müssen auch seltene Zündquellen sicher vermieden werden. Diese Anforderung für die Zone 20 ist i. d. R. in der in Mühlenbetrieben für bestimmte Bereiche verwendeten Anlagentechnik nicht zu erfüllen. Dies gilt z. B. für Aspirationsfilter oder auch Hammermühlen.

Wenn die vorbeugenden Maßnahmen »Vermeiden explosionsfähiger Staub/Luft-Gemische« und »Vermeiden von Zündquellen« das Risiko alleine nicht ausreichend reduzieren, so sind konstruktive Maßnahmen zwingend erforderlich. Folgende konstruktive Schutzmaßnahmen sind prinzipiell möglich [1]:

- explosionsfeste Bauweise
- Explosionsdruckentlastung
- Explosionsunterdrückung
- explosionstechnische Entkopplung

Explosionsfeste Bauweise

Zum Schutz gegen die Auswirkungen von Explosionen können Silos, Behälter und Apparate explosionsfest für den maximalen Explosionsdruck ausgelegt werden. Bei der explosionsfesten Bauweise unterscheidet man zwischen explosionsdruckfester und explosionsdruckstoßfester Bauweise [6,11]. Im letztgenannten Fall werden durch höhere Ausnutzung der Materialfestigkeit bleibende plastische Verformungen zugelassen, während bei explosionsdruckfester Bauweise keine bleibenden Verformungen auftreten.

Prinzipiell führt die explosionsfeste Bauweise zu sehr teuren und schweren Konstruktionen, weshalb sie im Allgemeinen nur bei kleinen Apparaten, z. B. Schlagmühlen, Anwendung findet.

Explosionsdruckentlastung

Eine sehr häufig angewandte Schutzmaßnahme besteht in der Explosionsdruckentlastung. Sie ist im Prinzip als Sollbruchstelle aufzufassen, die bei Überschreitung eines definierten Drucks eine Öffnung freigibt, durch die der entstehende Überdruck entweichen kann.

Da bei Anwendung der Explosionsdruckentlastung mit Druckwellenausbreitung und Flammenstrahl im Außenraum zu rechnen ist (Abb. 14-6), muss die Druckentlastung in ungefährliche Richtung erfolgen. Im Falle toxischer Stäube kann diese Schutzmaßnahme nicht eingesetzt werden, weil stets beträchtliche Staubmengen freigesetzt werden.

Die Wirksamkeit der Explosionsdruckentlastung, d. h. der resultierende Explosions-überdruck im Behälter, hängt von der Größe der Entlastungsfläche, ihrer Entlastungsfähigkeit und dem Ansprechdruck ab. Die Entlastungsfähigkeit spielt insbesondere bei Klappenkonstruktionen eine Rolle, die aufgrund der Mas-

Abb. 14-6: Druckentlastung einer Staubexplosion (Weizenmehl) in einem 60 m^3-Behälter. Deutlich sichtbar ist die Sekundärexplosion im Außenraum.

Abb. 14-7: Beispiele für Bersttöpfe (links) und Berstscheiben (rechts) in einem Mühlengebäude (Bauart Kastenmüller)

senträgheit verzögert öffnen (Abb. 14-7). So haben beispielsweise auf Silos lose aufgelegte Deckel eine deutlich geringere Entlastungsfähigkeit als Berstscheiben. Diese Einrichtungen sind Schutzsysteme nach 2014/34/EU (siehe Abschnitt 14.3).

Die Dimensionierungsgrundlagen, d. h. der Zusammenhang zwischen Entlastungsfläche, Ansprechdruck der Entlastungseinrichtung sowie verbleibendem Explosionsdruck, für den die Silos, Behälter oder Apparate explosionsfest auszulegen sind, werden in der europäischen Norm EN 14491 [13] angegeben.

Explosionsunterdrückung

Eine alternative Schutzmaßnahme zur Explosionsdruckentlastung ist die Explosionsunterdrückung, bei der eine anlaufende Explosion bereits im Anfangsstadium dadurch gestoppt wird, dass sehr rasch – innerhalb weniger Millisekunden – Löschmittel in den zu schützenden Behälter eingebracht wird.

Explosionsunterdrückungsanlagen bestehen i. Allg. aus Löschmittelbehältern mit Schnellöffnungsventilen, einer elektronischen Steuerzentrale und Detektoren zur Erkennung der Explosion. Als Detektoren finden Druck- und Flammendetektoren oder auch Kombinationen von beiden Verwendung.

Bei der Festlegung der erforderlichen Löschmittelmengen bzw. der Anzahl an Löschmittelbehältern spielen u. a. produktspezifische Eigenschaften (z. B. K_{ST}-Wert und p_{max}), das zu schützende Volumen, die Festigkeit der zu schützenden Anlagenkomponente, die Ansprechzeit der Unterdrückungsanlage, die Dispergierung des Löschmittels und die Art des Löschmittels eine wesentliche Rolle. Ähnlich wie im Falle der Explosionsdruckentlastung verbleibt je nach Auslegung der Unterdrückungsanlage ein gewisser »reduzierter Explosionsüberdruck«, für den die zu schützende Anlagenkomponente explosionsfest ausgelegt werden muss.

In Betrieben der Nahrungs- und Futtermittelproduktion müssen Fehlauslösungen unbedingt vermieden werden, da ansonsten das Produkt kontaminiert wird.

Entsprechende Dimensionierungsgrundlagen werden in der europäischen Norm DIN EN 14373 festgelegt.

Explosionstechnische Entkopplung

Überall dort, wo staubexplosionsgefährdete Behälter und Apparate durch Rohrleitungen oder Fördereinrichtungen verbunden sind, besteht die

Gefahr der Explosionsübertragung. Dabei kann es vorkommen, dass durch Flammenstrahlzündung entweder überhöhte Explosionsdrücke in miteinander verbundenen Anlagenkomponenten auftreten, oder dass die Explosion in Bereiche übertragen wird, die ursprünglich nicht als Risikobereiche definiert waren. Schwerwiegende Sekundärexplosionen mit hoher zerstörerischer Wirkung können die Folge sein.

Es ist daher unbedingt erforderlich, explosionsgefährdete Anlagenkomponenten untereinander (auch wenn diese konstruktive Schutzmaßnahmen besitzen) und gegenüber ungeschützten Bereichen explosionstechnisch zu entkoppeln [6,10]. Als Beispiel sei hier die Entkopplung des Mühlenbereichs von den Mehlsilos genannt.

Entkopplungsmaßnahmen können beispielsweise sein:

- Zellenradschleusen
- Löschmittelsperren
- Produktvorlagen
- Schnellschluss- bzw. Explosionsschutzventile

Prinzipiell wird zwischen selbsttätig wirkenden und fremdbetätigten Entkopplungseinrichtungen unterschieden. Erstgenannte werden durch die physikalischen Auswirkungen der Explosion wie Druckwellen und Expansionsströmungen ausgelöst, fremdbetätigte Entkopplungseinrichtungen dagegen werden über ein Detektionssystem aktiviert.

In beiden Fällen muss beim Einbau von Entkopplungseinrichtungen in Rohrleitungen oder Kanälen, z. B. Explosionsschutzventilen oder Löschmittelsperren, ein bestimmter Mindestabstand zwischen Einbauort und möglichem Zündort eingehalten werden, wie in Abbildung 14-8 schematisch gezeigt wird.

Besonderes Augenmerk muss bei fremdbetätigten Entkopplungssystemen auf die Detektionseinrichtung gerichtet werden, die maßgeblich für die Wirksamkeit des Entkopplungssystems ist. Hier ist besonders auf die richtige Einbaulage gemäß den Vorgaben des Herstellers zu achten.

Im Falle von Druckdetektoren wird in der Praxis häufig der Fehler begangen, dass Ansprechschwellen zu hoch eingestellt werden und dadurch die Entkopplungssysteme von Flammen schwach anlaufender Reaktionen umgangen werden. Diese können jedoch in nachfolgenden Anlagenkomponenten schwerwiegende Sekundärexplosionen auslösen.

Flammen- oder Funkendetektoren sind oft durch den Staub verschmutzt und damit unwirksam. Sie müssen daher regelmäßig überprüft und gewartet werden.

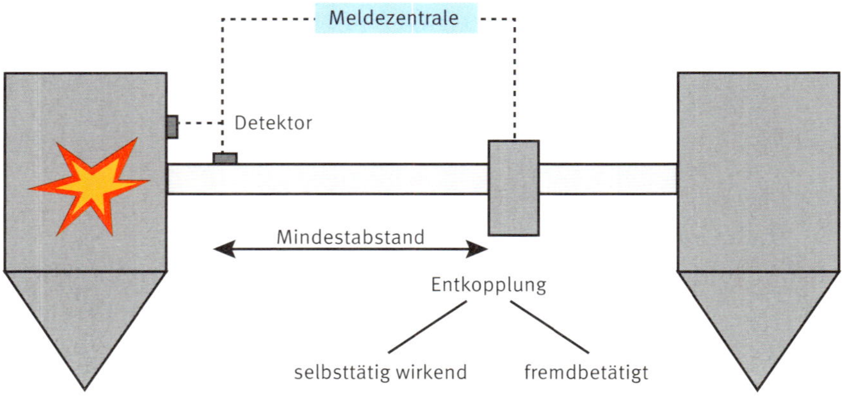

Abb. 14-8: Schematische Darstellung der explosionstechnischen Entkopplung. Der Mindestabstand muss unter Berücksichtigung der Eigenzeit des Entkopplungssystems so bemessen werden, dass rechtzeitiges Schließen vor einem Flammendurchlauf erfolgen kann. Die Entkopplungseinrichtung kann selbsttätig, also ohne Detektoren wirken (z. B. Zellenradschleuse, Explosionsschutzventil) oder fremdbetätigt sein (z. B. Löschmittelsperre, Explosionsschutzklappe, Schnellschlussschieber).

Literaturverzeichnis

[1] *Bartknecht W.: Explosionsschutz. Springer-Verlag, Berlin, Heidelberg, New York, 2. Auflage, 1993*

[2] *Gefahrstoffverordnung (GefStoffV), Verordnung zum Schutz vor Gefahrstoffen vom 26.11.2010, zuletzt geändert 03.02.2015*

[3] *Betriebssicherheitsverordnung (BetrSichV), Verordnung über Sicherheit und Gesundheitsschutz bei der Verwendung von Arbeitsmitteln vom 03.02.2015, zuletzt geändert 02.06.2016*

[4] *TRGS 727 (Technische Regeln für Gefahrstoffe), Vermeidung von Zündgefahren infolge elektrostatischer Aufladungen, 2016*

[5] *TRBS 1112 Teil 1 (Technische Regeln für Betriebssicherheit), Explosionsgefährdungen bei und durch Instandhaltungsarbeiten – Beurteilung und Schutzmaßnahmen, 2010*

[6] *DIN EN 1127-1. Explosionsfähige Atmosphären – Explosionsschutz – Teil 1: Grundlagen und Methodik. CEN, Europäisches Komitee für Normung, 2007*

[7] *Klais O., Franke H., Glor M., Maurer B. und Walther D.: Vermeiden von Zündquellen als vorbeugender Explosionsschutz. In VDI Berichte 975, Sichere Handhabung brennbarer Stäube, Seite 543–560. VDI-Verlag, Düsseldorf, 1992*

[8] *Richtlinie 1999/92/EG, Über Mindestvorschriften zur Verbesserung des Gesundheitsschutzes und der Sicherheit der Arbeitnehmer, die durch explosionsfähige Atmosphären gefährdet werden können*

[9] *Richtlinie 2014/34/EU, Geräte und Schutzsysteme zur bestimmungsgemäßen Verwendung in explosionsgefährdeten Bereichen*

[10] *VDI 2263. Staubbrände und Staubexplosionen, Verein deutscher Ingenieure, Beuth-Verlag, Berlin, Juli 2018*

[11] *VDI 2263 Blatt 3. Staubbrände und Staubexplosionen, Explosionsdruckstoßfeste Behälter und Apparate; Berechnung, Bau und Prüfung. Verein deutscher Ingenieure, Beuth-Verlag, Berlin, 1990*

[12] *VDI 2263 Blatt 4. Staubbrände und Staubexplosionen, Unterdrückung von Staubexplosionen. Verein deutscher Ingenieure, Beuth-Verlag, Berlin, 1992*

[13] *DIN EN 14491, Schutzsysteme zur Druckentlastung von Staubexplosionen; Deutsche Fassung EN 14491:2012*

[14] *Praxisleitfaden zur Erstellung eines Explosionsschutzdokumentes für Betriebe der Getreide verarbeitung, Getreidelagerung und des Handels, FSA Forschungsgesellschaft für angewandte Systemsicherheit und Arbeitsmedizin, Ausgabe 10/2014*

[15] *Hauert, F. und Radandt, S.: Brand- und Explosionsschutz in Mühle, Mischfutterwerk und Landhandel; Agrimedia, Clenze, 2. Auflage, 2018*

15 Gesamtkonzeption einer Mühlenanlage

Ottokar Feiß

15.1 Bedarfsgenerierung und Aufgabenstellung

Eine wichtige Voraussetzung für die zweckmäßige Planung einer Mühlenanlage ist, dass der Auftraggeber (Betreiber der Anlage) eine Reihe von Fragen geklärt hat, bevor er eine detaillierte Anfrage an den Auftragnehmer (Mühlenbauunternehmen, Anlagenbauer) weitergibt. Von Beginn an gilt: Die Wirtschaftlichkeit beginnt mit der Planung, oder anders ausgedrückt, eine gezielte Planung sollte von vornherein Unklarheiten und damit verbundene Doppelarbeit vermeiden, um Kosten und Zeit zu sparen. Bei diesen Fragen handelt es sich im wesentlichen um:

- Marktsituation: orientiert sich am möglichen Absatzgebiet, der Bevölkerungsdichte, -struktur, den Verzehrgewohnheiten der Bevölkerung, der Struktur der Weiterverarbeitung (Handwerkliche Backbetriebe, Großbäckereien, Stärkefabriken, Lebensmittelverarbeitung etc.), der Exportmöglichkeiten, der Struktur der Nachproduktabnehmer (z. B. Mischfutterwerke) und der Wettbewerbssituation gegenüber anderen Mühlenbetrieben.
- Bezugsquellen für Rohprodukte: Liegt die geplante Anlage in einem maßgeblichen Getreideanbaugebiet mit regelmäßiger, zuverlässiger Versorgung bezüglich der Mengen und Qualitäten? Oder ist die Mühle an diesem Standort auf Getreide vom Getreidehandel angewiesen oder kann sie (ganz oder teilweise) auf Importgetreide zurückgreifen?
- Logistik für die Getreideannahme: Einzugsgebiet, Loseanlieferung mit landwirtschaftlichem Fahrzeug, Lkw, Eisenbahn oder Schiff. Dies ist auch abhängig von der Lage und Beschaffenheit des Grundstücks und der anknüpfenden Infrastruktur.
- Art und Beschaffenheit (Qualität) der zur Verarbeitung kommenden Getreidesorten.
- Art, anteilige Mengen und Qualität der Mühlen-Endprodukte (Mehle, Grieß, Kleie etc.).
- Kapazität der Mühlenanlage: basierend auf dem tatsächlichen Bedarf. Die Kapazität wird in der zu verarbeitende Getreidemenge am Tag (24 Stunden) in Tonnen bemessen.

- Logistik für die Verteilung der Endprodukte: Einzugsgebiet, anteilige Mengen verschiedener Mühlenprodukte, als gesackte Ware, als Haushaltsware oder als Loseverladung in Abhängigkeit der jeweilig Abnehmerstruktur und der vorhandenen Annahmeeinrichtungen bei den Abnehmern.

15.2 Planung/ Projektion

Mit der Entgegennahme der Anfrage durch den Anlagenbauer beginnt die Umsetzung der Aufgabenstellung. Dabei gilt es, unter Berücksichtigung der unter 15.1 genannten Punkte, geeignete Verfahren und Prozesse für die verschiedenen Anlagenbereiche zu entwerfen und die Art und Anzahl der erforderlichen Maschinen festzulegen. Dies geschieht mithilfe der jeweiligen Ablaufschemata, den sogenannten Diagrammen. Hier kommt es darauf an, dass der Auftraggeber mit dem Mühlenbauunternehmen sehr eng zusammenarbeitet, um auf diese Weise die Anforderungen vor Ort und die persönlichen Vorstellungen des Auftragsgebers einerseits, sowie die technischen Möglichkeiten (Verfahren, Maschinen) der Mühlenbauer andererseits für eine optimale Lösung in Einklang zu bringen. Erst jetzt kann mit der eigentlichen Raumplanung begonnen werden. Sie beinhaltet zunächst die Frage nach einem geeigneten Grundstück. Muss ein solches erst noch gefunden werden, so wird hierfür vom Planungsingenieur ein Lageplanvorschlag (Gesamtlayout) erstellt. Bei bereits vorhandenen Grundstücken sollte ein dazu gehörender Lageplan vorliegen, mit allen erforderlichen Informationen. Fehlt dieser, dann ist die Aufnahme des Grundstücks mit allen Gegebenheiten unabdingbar, da diese Informationen für die planerische Auslegung und Anordnung der Gebäude benötigt werden. Dabei geht es zum Beispiel um folgende Daten und Informationen: Abmessungen, Höhe des Geländes über NN, Himmelsrichtung, Verkehrsanschluss (Lkw, Bahn, Schiff), Energieanschluss, Kanalisationsanschluss, vorgeschriebene Grenzabstände, limitierende Bauhöhe, Nähe zu einem Wohngebiet (Umweltschutzvorschriften, Staub, Lärm), vorhandene und wieder zu verwendende Gebäude, um nur hier die wichtigsten zu nennen.

Die Vorteile eines neu zu errichtenden Gebäudes liegen auf der Hand:

Die Gesamtkonzeption kann von vornherein ganz gezielt auf die Anforderungen an ein modernen Betrieb abgestimmt und ausgelegt werden. Handelt es sich hingegen um ein vorhandenes, in seiner Bausubstanz und Statik zwar geeignetes, jedoch beispielsweise von der Anordnung und Raumaufteilung nicht ideales Gebäude, so wird man bei der Unterbringung der neuen Maschinen und Anlagen mehr oder weniger Kompromisse hinnehmen müssen.

Hier gilt es genau abzuwägen, welche Lösung im wirtschaftlichen Sinne die bessere ist.

Bei der Auslegung der Pläne für die Maschinenräume und Silozellen der einzelnen Bereiche der Mühlenanlage sind folgende Punkte zu beachten:

- Zweckmäßige Gliederung des Raums in Rasterfelder, deren Abmessungen so gewählt sein müssen, dass sie dem Bauingenieur gleichzeitig für seine Bauplanung und statischen Berechnungen dienen können; und zwar in den drei Dimensionen Länge, Breite und Höhe des Gebäudes. Die Stockwerkshöhen entsprechen hierbei den müllerischen »Boden«-Höhen.
- Zweckmäßige Silozellengestaltung im Rahmen der Rasterfelder.

Es ist bei der Anordnung der Maschinen auf eine sparsame Raumausnutzung zu achten. Andererseits sollte diese nicht zu knapp ausgelegt werden, im Hinblick auf eine gute Betriebsführung, Hygiene sowie Sicherheit bei der Bedienung und Wartung der Maschinen. Dagegen ist eine Bereitstellung von Maschinenraum bereits jetzt für eine eventuelle spätere Erweiterung (z. B. Erhöhung der Vermahlungsleistung) zu vermeiden. Dieses sollte aus Wirtschaftlichkeitsgründen der eventuellen Erweiterungsbaustufe vorbehalten bleiben. Bei den Silozellen sollten, mit Rücksicht auf die entstehenden Baukosten, nicht zu viele kleine Einheiten und nicht zu viele unterschiedliche Größen gewählt werden.

Die bestmögliche Bauweise hängt unter anderem von den regionalen Gegebenheiten an der Baustelle ab; d. h. gibt es qualifizierte Baufirmen und stehen die benötigten Baumaterialien zur Verfügung. Neben der unterschiedlichen, althergebrachten Bauweisen wie z. B. Ziegelmauerwerk mit Holzbalkendecken oder einfache Stahlbetongebäude, ohne die benötigten Silozellen, steht heute, als dominierende Bauweise für Industriebauten, die hochfunktionale Stahlbetonkonstruktion mit individueller, flexibler Integration aller Anlagenbereiche zur Verfügung, mit der auch Silozellen entweder in der Schalungsbauweise oder, bei größeren Objekten, in Gleitbauweise errichtet werden können. Auch die Bodenbelastbarkeit des Baugrunds spielt bei der Bauweise eine Rolle. Ist diese nicht ausreichend, so kann das komplette Mühlengebäude in der leichteren, vorgefertigten Stahl-Skelett-Bauweise mitgeliefert werden.

15.3 Projektphasen

Die Gesamtlaufzeit eines Projekts gliedert sich in zwei wesentliche Bereiche:

- Die Verkaufsphase erstreckt sich von der Bedarfsgenerierung, der Anfrage/Spezifikation, der anschließenden Projektierung und Offerteerstellung

über die Verhandlungsphase bis hin zur Auftragsbestätigung und obliegt dem Verkaufspersonal.
- Die Engineeringphase beginnt mit der Freigabe (finanzielle Klärung liegt vor) und damit verbunden der Feinplanung. Diese erstreckt sich auf Übernahme der Angebotsunterlagen vom Verkauf, zusammen mit den während der Verhandlungen getroffenen Vereinbarungen, und den damit verbundnen Anpassungen der Verfahrenstechnik (Diagramme), Projektierungen (Projektbezeichnung, Gebäudekonzept, Maschinenanordnung) und Zeitablaufpläne (Termine).

Im Rahmen der Engineeringtätigkeiten müssen folgende Aufgaben wahrgenommen werden:
- Maschinenangaben für die Fertigung,
- Materialbestellungen bei Unterlieferanten,
- Montageplanung, Montagevorbereitungen und Durchführung der Montage durch das Montagepersonal,
- Inbetriebnahme der Anlage gemeinsam mit dem Auftraggeber und, soweit erforderlich, mit den Behörden (gesetzliche Vorschriften und Auflagen, z. B. bezüglich der Anlagensicherheit).

Für diesen komplexen Bereich ist seitens der Mühlenbaufirma in der Regel ein Projektleiter verantwortlich, der das Projekt mit der Freigabe übernimmt. Von Fall zu Fall, und insbesondere bei Großprojekten, ist der Projektleiter jedoch bereits von Beginn an eingeschaltet. Der Projektleiter erstellt eine Projektstruktur, nach der die einzelnen Aufgaben terminlich eingeordnet sind und entsprechend abgearbeitet werden, überwacht die ordnungsgemäßen Arbeiten bezüglich der Qualität und der Einhaltung des Endtermins mithilfe laufender Fortschritts- und Kostenkontrollen.

15.4 Service

Der Service ist insofern als außerordentlich wichtig anzusehen und gehört zum Gesamtablauf eines Projekts, weil diese Maßnahmen für die Mühle möglichst schon im Zusammenhang mit dem Kaufvertrag ganz oder teilweise vereinbart werden sollten. Dazu gehört vor allem die weitere regelmäßige Betreuung durch den Außendienst/Verkauf sowie durch die Verfahrenstechniker der zuliefernden Maschinenbaufirmen und Mühlenbauanstalt. Hierunter ist zu verstehen:
- Vertraglich festgelegte technische Assistenz für eine bestimmte Zeit (~ 1–2 Jahre) nach der Inbetriebnahme in der einer oder auch mehrere

Fachleute, Reise-Obermüller, Projektingenieure, Montagepersonal dem Kundedienst zwecks Einarbeitung vor Ort zur Verfügung stehen (Schulung).

- Lieferung von Ersatz- und Verschleißteilen und Aufbau einer gezielten Ersatzteilhaltung und -verwaltung für den Kunden oder
- einen vertraglich vereinbarten Service, der in vollem Umfang vom Verkäufer jederzeit vorzuhalten ist.

15.5 Beispiel einer Mühlenanlage

Abbildung 15-1 zeigt eine neue Gesamtanlage einer Getreidemühle. Sie zeichnet sich durch eine sehr funktionale, kompakte Anordnung der einzelnen Betriebsteile aus. Daraus ergeben sich unter anderem kurze Förderwege für die Roh-, Zwischen- und Endprodukte.

Es folgt eine kurze Beschreibung der einzelnen Anlagenteile:

Getreideannahme und Getreidesilo

Alle eintreffenden und wegfahrenden Lastkraftwagen haben eine Brückenwaage zu befahren (1). Der ankommende Weizen kann erst in den Getreidesilo (3) gelangen, wenn die Laborresultate der Musteruntersuchungen vorliegen (2) und als gut befunden wurden.

Eine Gruppe von Abstehzellen (4.6) gestatten es, den Weizen für die Reinigung (4) und Vermahlung (5) in der gewünschten Qualitätszusammensetzung bereitzustellen.

Getreidereinigung

Als erste Maschine in der Getreidereinigung durchläuft der Weizen den Aspirateur (4.1) zur Entfernung der groben und feinen Beimengungen. Im nachfolgenden Aspirationskanal saugt ein Luftstrom Schalenteile und kleine leichte Körner aus dem Weizen.

Die nächste Maschine, der Concentrator, teilt den Getreidestrom nach spezifischem Gewicht in 3 Qualitäten auf. Die Bearbeitung dieser sortierten Ware ist leichter und gestattet es den nachfolgenden Maschinen wie z. B. dem Trockensteinausleser (4.2) wirkungsvoller zu arbeiten. Mit der Scheuermaschine (4.7) löst man Erd- und Schmutzteile am Weizen auf, um sie zusammen mit weiteren leichten Abriebteilen im nachfolgenden Aspirationskanal zu entfernen.

Für eine optimale Vermahlung wird der Weizen einmal, wenn nötig zweimal, genetzt. Die fortlaufende, von der Rohfeuchtigkeit abhängende Wasserdosierung besorgt ein automatisch arbeitendes Feuchtigkeits-Reguliergerät (4.5). In den Abstehzellen nimmt das Getreide die mit einem Intensiv-Netzaggregat gut verteilte Wassermenge auf. Vor dem Vermahlungsprozess durchläuft das Getreide nochmals eine Scheuermaschine und einen Aspirationskanal, bevor es nach einer letzten Netzung über eine Waage (4.8) und einen Magnetapparat dem ersten Schrotwalzenstuhl zugeführt wird.

Mühle

Getreidereinigung und Mühle sind im gleichen Raum untergebracht. Die gesamte Frischluft von ausserhalb des Gebäudes wird filtriert und bei Bedarf teilweise im Wärmetauschverfahren erwärmt. Alle Räume in diesem Bereich sind in Überdruck versetzt, um möglichst Staubablagerungen zu vermeiden. Walzenstühle und Waagen können vom Kommandoraum aus beobachtet werden (12).

Die Walzenstühle (5.1) stehen auf vibrationsdämpfenden Sockeln. Die Plansichter (5.2) für die Siebarbeit, die Grießputzmaschinen (5.3) für das Putzen der Grieße sowie verschiedene weitere Siebmaschinen folgen danach. Die anfallenden Mehle werden mittels Metalldetektoren auf Metallpartikel kontrolliert. Der Einsatz von Prallmaschinen ergibt eine einwandfreie hygienische Lagerung im Mehl- (6) und Kleiesilo (7).

Eine Schlagmühle vermahlt die verwertbaren Reinigungsabgänge, bevor sie der Kleie beigemischt werden. Die Kleie wird zu Kleiepellets verpresst.

Lagerung der Fertigprodukte
Mischerei/Kleinkomponenten-Beimischung
Bereitstellung der Fertigprodukte zur Verladung

Sämtliches Mehl gelangt über die Lagerzellen auf die Mischerei, die mit einer kleineren und einer grösseren Mischanlage ausgerüstet ist. Die über den Mischern angeordneten Waagen erhalten das Mehl von den Vibroaustragapparaten mit Dosierschnecken unter den Lagerzellen. Mit einer Mikrodosiereinrichtung können auch kleinste Mengen Spezialprodukte abgewogen und dem gewünschten Mischer zugeleitet werden (9). Die vorgesehene Mischreihenfolge mit nachfolgender Einfüllung in die Absack- oder Loseverladzellen (10) ist vorprogrammierbar und erlaubt die Bereitstellung der benötigten Produktsorten und -mengen.

Die Anlage ist für den Vertrieb sowohl gesackter als auch loser Ware eingerichtet.

Überall, wo es auf Einhaltung der Qualitätsansprüche ankommt, sind regelmäßige Probenahmen der Produkte eingebaut und wird das versandbereite Mehl im Labor kontrolliert (11).

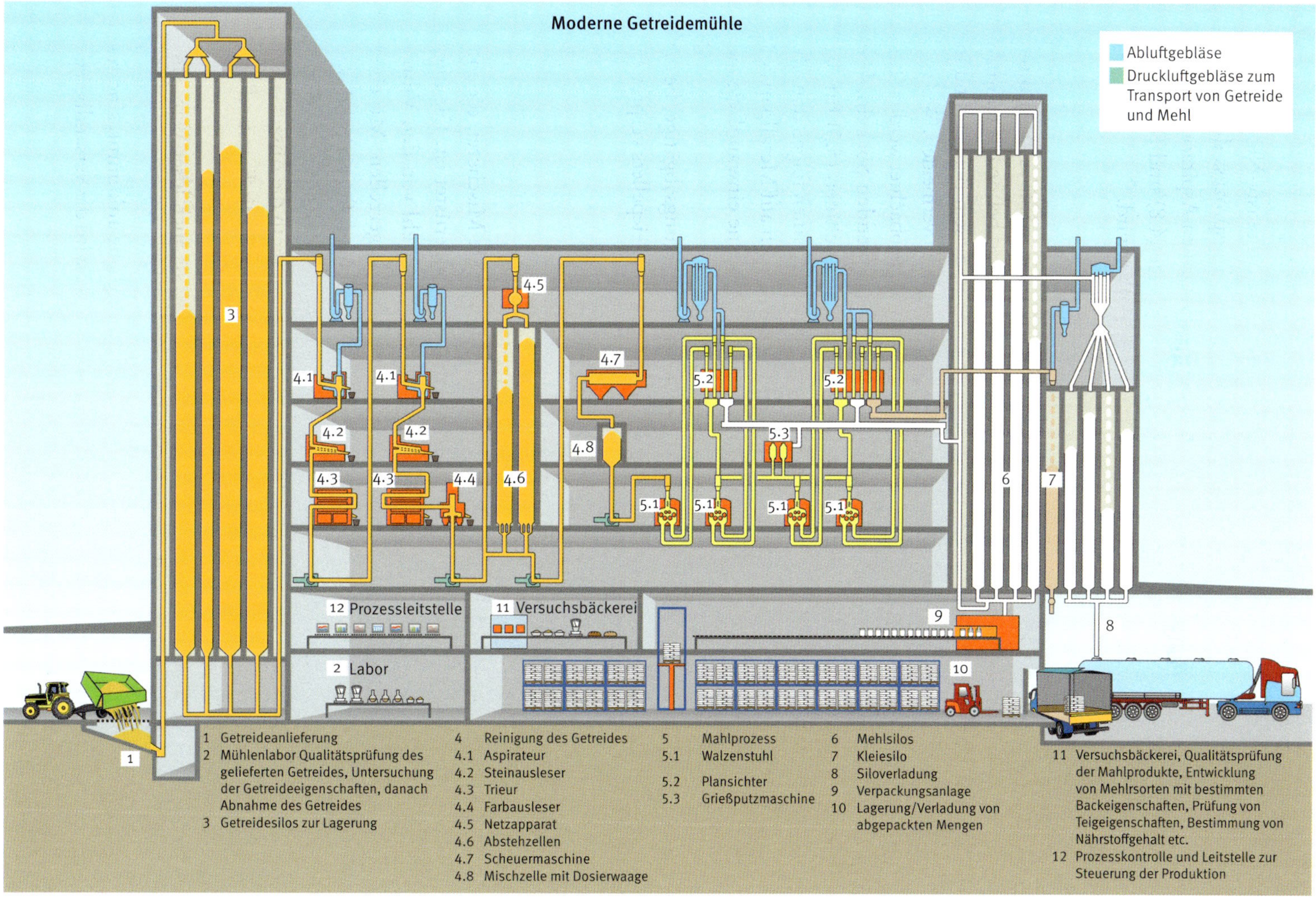

Abb. 15-1: Längsschnitt durch eine Weizenmühle mit verschiedenen Anlagen-Bereichen als Beispiel für die »Gesamtkonzeption einer Mühlenanlage«

Autoren

Dr. Cornel Adler ist Biologe und seit vielen Jahren tätig in der Abteilung Vorratsschutz des Julius Kühn-Instituts in Berlin. Er studierte an der Freien Universität Berlin und der Tulane University, New Orleans, USA. Sein Arbeitsschwerpunkt ist der nicht-chemische Vorratsschutz. Dabei geht es um die Biologie vorratsschädlicher Insekten, ihre Vermeidung durch geeignete bauliche Gestaltung, Kühlung, Trocknung und Verpackungsschutz, ihre frühe Erkennung z. B. durch optische oder akustische Verfahren und Fallen sowie ihre Bekämpfung mit physikalischen, biologischen oder biotechnischen Verfahren. Thema seiner Promotion war die Nutzung sauerstoffarmer und kohlendioxidreicher Atmosphären für den Vorratsschutz.

Dr. Jens Begemann wechselte nach erfolgreichem Studium der Lebensmitteltechnologie an der HS-OWL an die RWTH Aachen, wo er sein Studium der Biotechnologie mit dem Erwerb des M. Sc. beendete. 2016 schloss er dort seine Promotion am Lehrstuhl für Enzymprozesstechnik der Aachener Verfahrenstechnik ab. Am Max Rubner-Institut, Bundesforschungsinstitut für Ernährung und Lebensmittel, Institut für Sicherheit und Qualität bei Getreide am Standort Detmold sind seit 2014 seine wissenschaftlichen Schwerpunkte im Fachgebiet Getreidetechnologie die Herstellung und Verarbeitung von Mahl- und Getreideerzeugnissen, sowie die Lagerhaltung, Aufbereitung und Gesunderhaltung von Getreide. Des Weiteren beschäftigt er sich mit der sensorischen Bewertung von Mahl- und Getreideerzeugnissen sowie deren Rohstoffen.

Sabine Botterbrodt studierte nach der Berufsausbildung zum Konditor Lebensmitteltechnologie an der Fachhochschule Lippe in Lemgo mit dem Schwerpunkt Getreidetechnologie. Von 1997 bis 2013 arbeitete sie als Angestellte bzw. als Geschäftsführerin (Technologie & Beratung) bei der Arbeitsgemeinschaft Getreideforschung e.V. (AGF) und bei dem Detmolder Institut für Getreide- und Fettanalytik GmbH (DIGeFa). Seit 2013 unterstützt Sabine Botterbrodt als Beraterin Unternehmen der Getreidebranche bei der Einführung und Aufrechterhaltung von Managementsystemen zur Lebensmittel-/Futtermittelsicherheit, wie z.B. IFS Food, IFS Broker, QS. Weitere Tätigkeiten erstrecken sich auf die Bereiche Planung, Durchführung von Schulungen, Vorträgen oder auch Lehrveranstaltungen zu verschiedenen Themenbereichen.

Detlef Blass wurde 1964 in Salzgitter geboren. Nach der Ausbildung zum Weizenmüller in einem Familienbetrieb nahe Peine, hat er 1988 bis 1990 die Deutsche Müllerschule in Braunschweig besucht und ist seitdem bei Bühler in der Abteilung – Reis – tätig. Während seiner Tätigkeit als Inbetriebsetzer und später als Technologe hat er zehn Jahre Mühlen rund um die Welt besucht und in Betrieb gesetzt. Nachdem er 15 Jahre weltweit die Technologie für die Abteilung Reis leitete, hat er 2015 den Geschäftsbereich Reis International bei Bühler in Braunschweig mit Verantwortlichkeit für Europa, Nord- und Südamerika übernommen.

Hubertus Boxler entstammt einer Müllerfamilie aus Rheinland-Pfalz und nach der Ausbildung zum Müllergesellen studierte er 1972/73 an der Deutschen Müllerschule Braunschweig. Danach trat er als Reiseobermüller in den Dienst der Firma Bühler-MIAG (heute Bühler GmbH) ein, um Inbetriebnahmen von Mühlenanlagen im In- und Ausland durchzuführen. Zuerst im Bereich Weizen-, Roggen-, Mais- und Durummühlen, später kamen auch Hafer- und Reismühlen sowie verwandte Bereiche dazu. 1994 wurde er zum Leiter der Technologie in Braunschweig ernannt und war damit verantwortlich für die Diagrammgestaltung der gebauten Anlagen vom Angebot bis zur Übergabe an die Kunden. Unterstützung der Verkaufsabteilung in technologischer Sicht sowie Vorträge auf Müllereitagungen gehörten ebenfalls zu seinen Aufgaben. 2014 beendete er seine Tätigkeit für die Firma Bühler und ist heute gelegentlich noch als Berater für die Müllerei tätig.

Dr. Markus Böckelmann war nach der landwirtschaftlichen Ausbildung und anschließendem Maschinenbaustudium zunächst in der Konstruktion und Projektierung von Trocknungs- und Getreideanlagen im landwirtschaftlichen Anlagenbau tätig. Im Institut für Agrartechnik der Universität Göttingen forschte er von 2002 bis 2007 als externer Wissenschaftlicher Mitarbeiter an verfahrenstechnischen Kombinationen der Körnermaistrocknung und promovierte dort.
Seit 1999 ist er als Sachverständiger selbständig. Er ist für Technik in der Landwirtschaft, Biogasanlagen, Stallklima- und Energietechnik von der Landwirtschaftskammer Nordrhein-Westfalen öffentlich bestellt und vereidigt.

Ottokar Feiß studierte, nach Lehre und Facharbeiterzeit bei der MIAG, an der Deutschen Müllerschule. Es schloss sich eine langjährige Tätigkeit in der Planungsabteilung der Müllerei bei der Fa. MIAG (jetzt Fa. Bühler) an. Die Planung und Ausführung von kompletten Anlagen im In- und Ausland gehörten dort zu seinen zentralen Aufgaben. Schon nach kurzer Zeit wurde er zum Projektleiter berufen. Darüber hinaus engagierte er sich ehrenamtlich für die Deutsche Müllerschule, wo er 1996 bis zum Abschluss des Sommersemesters 2003 für das Fachgebiet Mühlenplanung/Anlagenplanung zum Gastdozenten berufen wurde. In dieser Zeit hat er den Unterrichtsstoff vollkommen überarbeitet und an die heutige Praxis angepasst.

Stefan Grund absolvierte eine Ausbildung zum Chemieingenieur an der Universität Dortmund. Anschließend folgte eine 10-jährige Tätigkeit als Projekt- und Vertriebsingenieur im Lebensmittel-Anlagenbau. 2001 wechselte er zur der Berufsgenossenschaft Nahrungsmittel und Gastgewerbe und ist dort als Aufsichtsperson und Fachberater für den Explosionsschutz beschäftigt. Seit 2004 ist er weiterhin als Gutachter bei der FSA »Forschungsgesellschaft für angewandte Systemsicherheit und Arbeitsmedizin GmbH« tätig. Im Rahmen dieser Tätigkeiten führt er Beratungen von Unternehmen zum Explosionsschutz insbesondere zur Erstellung von Explosionsschutzkonzepten durch. Weitere Aufgaben sind die Erstellung von Gutachten und Sicherheitsbetrachtungen sowie Durchführung von Prüfungen überwiegend im Staubexplosionsschutz.
Herr Grund ist weiterhin Mitglied im Fachbereich »Rohstoffe« Sachgebiet Explosionsschutz der BGRCI sowie des Ausschusses für Betriebssicherheit UA3 AK Brand- und Explosionsschutz.

Dr. Stefan Gräber studierte nach dem Abitur Lebensmitteltechnologie an der Universität Hohenheim, Stuttgart. Anschließend hat er im Fachgebiet Getreidetechnologie der Universität Hohenheim promoviert und danach sechs Jahre als Oberassistent im Bereich Forschung und Lehre gearbeitet. 2001 begann er ein Referendariat im Schuldienst des Landes Baden-Württemberg, seit 2003 unterrichtet er die angehenden Müller in Fachtheorie und im Laborunterricht an der Gewerbliche Schule Im Hoppenlau mit Technischer Oberschule in Stuttgart.

Dr. Gerold Häberli hat seine Studien als Lebensmittel-Ingenieur an der Eidgenössischen Technischen Hochschule in Zürich (ETHZ) mit dem Doktorat abgeschlossen. Im Anschluss absolvierte er verschiedene Praktika in Mühlen-Laboratorien und Getreideforschungszentren im In- und Ausland. Neben seiner Funktion als Direktor der Schweizerischen Müllereifachschule in St. Gallen war er Gastdozent an der ETHZ und an der Universität St. Gallen und engagierte sich in verschiedenen nationalen und internationalen Organisationen als Spezialist für Getreidewissenschaften. Seine Verdienste wurden durch die ICC mit der Verleihung des Harald-Perten-Preises gewürdigt. Heute arbeitet er als freischaffender Experte für verschiedene internationale Organisationen auf dem Gebiet der Getreidewissenschaften und Ausbildung.

Dr. Frank Hauert promovierte nach seinem Studium der Physik in Heidelberg am deutschen Krebsforschungszentrum. Seit 1993 war er bei der Berufsgenossenschaft Nahrungsmittel und Gaststätten in angewandten Forschungsprojekten zum Staubexplosionsschutz tätig und leitete mehrere Jahre die Abteilung Sicherheit. Er war Leiter der Zertifizierungsstelle der FSA zur ATEX. Darüber hinaus war er Mitglied im Ausschuss Brand- und Explosionsschutz zur Betriebssicherheitsverordnung.

Stefan Kastenmüller absolvierte eine Ausbildung in der Müllerei, im Anschluss erfolgte das Studium an der Deutschen Müllerschule. Fünf Jahre arbeitete er bei der damaligen Fa. MIAG (jetzt Fa. Bühler). 1961 gründet er die Fa. Kastenmüller GmbH in Martinsried bei München, ein Ingenieur- und Verkaufsbüro für Mühlen- und Anlagenbau. Für soziale Engagements und Nachwuchsförderung wird ihm 2001 das Bundesverdienstkreuz und 2002 Ernst Amme Medaille der Arbeitsgemeinschaft Getreideforschung in Detmold verliehen. Er ist Ehrenpräsident des Verbandes »Glück zu«.

Jens Kersten absolvierte das Studium der Agrarwissenschaften an der Universität Göttingen, Fachrichtung Tierproduktion. Zwischen 1984 und 1985 war er an der Lehr- und Versuchsanstalt Echem der Landwirtschaftskammer Hannover tätig. Seit 1985 Lehrtätigkeit an der BBS II Gifhorn, Abteilung Müller, unterbrochen vom Referendariat in Leer.

Hasso Klabunde war nach seiner Müllerlehr-, Gesellen- und Studienzeit an der Deutschen Müllerschule langjähriger Reiseobermüller der Fa. MIAG (jetzt Fa. Bühler) in Braunschweig. Im Rahmen dieser Tätigkeit oblag ihm bei der Planung und Ausführung von Getreidemühlen im In- und Ausland die Verfahrenskonzeption, die Begleitung eines Projekts vom ersten Entwurf bis zur Inbetriebsetzung. Daneben arbeitete er an Vorträgen für Tagungen und Fachartikeln mit und war Berater für den Lehrstoff der Deutschen Müllerschule.

Thomas Krüger, Müllereitechniker, Jahrgang 1972, geboren in Österreich, lebt und arbeitet seit 1996 im Bereich Müllerei in der Schweiz. Er war als Dozent der Schweizer Müllereifachschule, in St. Gallen von 2009 bis 2018 tätig. Seit 2018 ist er bei der Bühler AG, Uzwil im Bereich Spezialmüllerei tätig.

Wolfgang Meissner hat nach Schlosserlehre und Abendschulstudium des Maschinenbaus in Braunschweig seine Berufslaufbahn bei der Fa. MIAG (jetzt Fa. Bühler) in der Abteilung Speicherbau begonnen. Innerhalb dieser Abteilung war er für die allgemeinen Technik zuständig, dann für Kalkulation und Verkauf, wo er bis 1984 für das Unternehmen weltweit tätig war. Danach war er als hauptberuflicher Dozent an der Deutschen Müllereischule Braunschweig tätig, zunächst in dem Gebiet Förder- und Silotechnik und Industriebetriebslehre, später auch in den Fachbereichen Müllereimaschinen Mahlverfahren, Diagrammtechnik sowie technisches Zeichnen. Vorträge auf Burg Warberg und zahlreiche Publikation von Fachartikel folgten.

Prof. Dr. Thomas Miedaner ist Leiter des Arbeitsgebietes Roggen und Biotischer Stress bei der Landessaatzuchtanstalt, Universität Hohenheim, Stuttgart. Seine Arbeitsgruppe beschäftigt sich mit der Züchtungsforschung bei Roggen und der Resistenzgenetik von Getreide gegen zahlreiche Schadpilze einschließlich molekularer Techniken. Prof. Miedaner ist Autor zahlreicher Lehr- und Fachbücher zu diesen Themen.

Hans-Rainer Rohde studierte nach eine Lehre als Mess- und Regelmechaniker bei der DEA in Heide Elektrotechnik an der TFH Berlin. Ein Aufbaustudium zum Lehramt an berufsbildenden Schulen an der TU Berlin schloss sich an, mit Referendariat an den Berufsbildenden Schulen in Gifhorn. Seit 1982 war er an der BBS II Gifhorn in der Abteilung Müller als Berufschullehrer und darüber hinaus seit 1990 als Ausbildungsleiter beschäftigt.

Werner Rohde trat nach dem Studium an der Deutschen Müllerschule in die Fa. MIAG, (jetzt Fa. Bühler) ein. Er war zunächst in der Verfahrenstechnik der Abteilung Mühlenbau tätig. Danach arbeitete er für mehrere Jahre in den nördlichen Ländern Lateinamerikas, wo er sich insbesondere der Beratung der örtlichen Mühlenindustrie widmete. In seiner späteren Tätigkeit war er bei der Planung und Ausführung von Schälmühlenanlagen für die verfahrenstechnische Entwicklung und Ausführung bis zur endgültigen Inbetriebnahme zuständig. Darüber hinaus unterrichtete er das Fach Schälmüllerei in der Landesberufsschule für Müller in Wittingen und gehörte mehrere Jahre dem Gesellenprüfungsausschuss Lüneburg-Stade sowie dem Meisterprüfungsausschuss Braunschweig an.

Heinrich Sollberger hat nach seiner dreijährigen Müllerlehre eine Handelsschule besucht und anschließend seine kaufmännischen Kenntnisse im Getreidehandel erweitert. Nach kurzer Gesellenzeit als Müller begann er sein Studium an der Schweizerischen Müllereifachschule in St. Gallen. Nach dieser Ausbildungszeit arbeitete er 12 Jahre als Reiseobermüller für die Fa. Bühler in Uzwil. Seine Aufgaben umfassten das Ausarbeiten von Diagrammen für die Mehl-, Grieß- und Maismüllerei, Betriebsberatungen und Inbetriebsetzungen weltweit. Anschließend wurde er als Dozent an die Schweizer Müllereifachschule berufen, wo er verantwortlich für alle müllereispezifischen Fächer und die praktischen Arbeiten in der schuleigenen Mühle war.

Uwe Schulz, Jahrgang 1952, war von 1993 bis 2018 Dozent an der Deutschen Müllerschule Braunschweig (DMSB) für die mathematisch/naturwissenschaftlichen Fächer, für Maschinentechnik, sowie für Energie- und Automatisierungstechnik. Nach dem Studium der Elektrischen Energietechnik an einer Fachhochschule und der Automatisierungstechnik an einer Technischen Universität war er bis zum hauptamtlichen Eintritt in die DMSB im Jahr 2003 Lehrkraft an einer Hochschule. Neben seiner Tätigkeit als Lehrbeauftragter an Hoch- und Technikerschulen betreibt er heute ein Ingenieurbüro und berät Industriebetriebe und Energieversorgungsunternehmen in der Thematik Automatisierung, Energieversorgung, Spannungsqualität, Immissionsschutz und Netzentwicklung.

Volker Strobel entstammt einer Müllerfamilie aus Hessen und hat nach der Ausbildung zum Müllergesellen 1982–1985 an der Deutschen Müllerschule ein Studium zum Müllerei- und Mühlenbautechniker absolviert. Danach trat er als Untermüller eine Anstellung in der Krämer'schen Kunstmühle in München an. Zum Jahresbeginn 1990 wechselte er zur Bühler GmbH nach Braunschweig und war als Reiseobermüller weltweit im Bereich Schälmüllerei, speziell im Bereich der Haferverarbeitung tätig. 1999 wechselte er in den Vertriebsbereich der Abteilung »Müllerei« und ist verantwortlich für das Gebiet Norddeutschland.

Michaela Waldbart studierte Lebensmittelchemie an der Technischen Universität München. Schwerpunkt der Abschlussarbeit war die sensorische Veränderung von Weißbier unter Beeinflussung der Gärtemperatur.
Seit 2015 leitet sie die Abteilung Labortechnik bei der Firma Kastenmüller.

Sachwortverzeichnis